无机卷

Inorganic Compounds Volume

化工物性速查速算手册

Rapid-Access Handbook of Chemical Property Data

全国图算学培训中心
青岛科技大学　组织编写

刘光启　马连湘　毕荣山　主编

孙晓岩　葛纪军　展红明　副主编

化学工业出版社

·北京·

内容简介

《化工物性速查速算手册》分为无机卷和有机卷，本书为无机卷，以数表形式给出了水和水蒸气、无机气体、无机酸、金属单质及其氧化物、非金属单质及其氧化物、氢化物和氢氧化物、氮化物和硝酸盐、氰化物和氰酸盐、氟化物和氟酸盐、氯化物和氯酸盐、溴化物和溴酸盐、碘化物和碘酸盐、碳化物和碳酸盐、硫化物和硫酸盐、磷化物和磷酸盐、多金属含氧酸盐、其他无机物料的物理性能，包括各类无机物的一般特性、密度、相变点、黏度、表面张力、溶解度、热导率、蒸气压、比热容、焓和熵、汽化热和熔化热、气液平衡、危险品一般特性等物性数据。书中还给出了250余张算图。

本手册采用法定单位制，以物性为主线，用数据和算图表达了2800余种物料的物性，说明了360余种危险品特性，内容全面、资料准确、实用性强、方便查阅，可供化学、化工、环保、医药、轻工、机械、食品、纺织等企业和设计院所科技人员、大专院校师生及各行各业的化验人员使用。

图书在版编目（CIP）数据

化工物性速查速算手册．无机卷 / 全国图算学培训中心，青岛科技大学组织编写 ；刘光启，马连湘，毕荣山主编．-- 北京 ：化学工业出版社，2025．12．

ISBN 978-7-122-49185-5

Ⅰ．O6-62

中国国家版本馆CIP数据核字第20250GQ779号

责任编辑：傅聪智　仇志刚　王　琰　　装帧设计：刘丽华

责任校对：李　爽

出版发行：化学工业出版社

（北京市东城区青年湖南街13号　邮政编码100011）

印　　装：北京建宏印刷有限公司

787mm×1092mm　1/16　印张41¾　字数1050千字

2026年1月北京第1版第1次印刷

购书咨询：010-64518888　　售后服务：010-64518899

网　　址：http://www.cip.com.cn

凡购买本书，如有缺损质量问题，本社销售中心负责调换。

定　　价：298.00元

前言

化学工程是研究化工产品生产过程共性规律的一门学科，工艺计算、设备设计、流程控制、物料储存、产品质量优化、化合物鉴别及应用研究等均离不开基础数据。随着我国经济的发展和科学技术水平的不断提高，化工研究和设计已经发展到过程模拟仿真的阶段，作为基础的物性数据的重要性日益凸显。准确而又完善地掌握物性数据，是化工人应该具备的基本素质之一。但是要熟悉并掌握浩如烟海的物质的固有特性和随外界因素变化的规律，实非易事。编写本手册的目的就是希望能在这方面助你一臂之力。

化工物性数据的表现形式，不外乎数表、算图、经验公式和数据包四种。数表为传统形式，算图在此前一百多年内相当盛行，是我们的前辈智慧和经验的结晶，也可以说是一种非物质文化遗产。经验公式乃是对实验数据的拟合，而数据包则是当今信息时代的产物。使用数据包和经验公式时，需要代入一系列系数或者输入分子式并进行选择，十分麻烦，得到的结果误差也较大。所以本手册采用以数表和算图为主的形式。

本手册内容按物料大类分章，物性为节，数表和算图融为一体，介绍了工作中常用物料的物性，以达到“速查速算”的目的。为了排版方便和整体美观，各章数表中的算图只表明了其编号、名称以及所在页码，而将所有算图都统一放在所有数表之后。

在当今信息高度发达的时代，算图还有没有它的地位？可谓仁者见仁，智者见智。有一种看法是，有了计算机，算图就没有什么用处了。但在实际上，算图的实用功能，并没有因为计算机的出现而丧失，只是仍然侧重于常规计算罢了，俗语说“寸有所长，尺有所短”。算图与计算机相比，就好比交通工具中的自行车、汽车和飞机一样，相互不可代替。算图容易掌握，对使用者的文化程度要求不高，求解迅速，不易出错，计算结果一目了然，且便于现场使用。而使用数据包要求有较高的文化程度，不是每个人都能熟练掌握，何况输入一系列的分子式和数据也很麻烦，结果又不能直观反映参数变化的影响；加之价格昂贵等原因，不能满足广大科技人员的需求。再者，数据包也不是万能的，笔者曾经遇到几个问题，明明应该有解，可它却告诉我“无解”。所以，有人把我们二十年前出版的《化工物性算图手册》做成 PDF 完整版，在互联网上的点击量至今仍然居高不下，就是一个有说服力的证明。

化工物性包括物料的固有特性、传递特性、相平衡特性、热力学特性和热化学特性和安全性等，种类繁杂。本手册在编排上，大致按此先后次序并有所侧重。

古人云：“工欲善其事，必先利其器。”称为化学化工领域科技人员“囊中之宝”的物性数据，是从业人员在生产、科研或设计中经常要查阅的资料。本手册在笔者等编写的《化学化工物性数据手册》（增订版）基础上，整合了《化工物性算图手册》的大部分内容，试图为化工和其他领域的读者提供一部内容更为全面系统、资料准确、实用性强、查阅方便、采用法定单位制的物性工具书。

本手册在编写过程中，根据市场反应和读者反馈的信息，对以往的数据进行了许多重大补充和修改，丰富了内涵并增强了实用性。

本手册无机卷由刘光启、马连湘、毕荣山任主编，孙晓岩、葛纪军、展红明任副主编。参加编写的还有苗春发、马茹茹、王祥、孙康佳、杜晓斌、徐莉芳、张阳、杨圣俊、刘文娜、李娟、梁荣花、甘延寒、邢甲富、朱腾飞、李亚男、戴亚森。由于我们的学识和专业水平有限，缺点和不足在所难免，敬请同仁们不吝指正。

马连湘

2025 年 8 月

总目录

有机卷

第 1 章　有机酸和酸酐 001
第 2 章　有机盐和有机碱 044
第 3 章　烷烃 073
第 4 章　烯烃 174
第 5 章　炔烃 240
第 6 章　芳烃 258
第 7 章　醇类 315
第 8 章　酚类 391
第 9 章　醚类 413
第 10 章　酮类 444
第 11 章　醛类和醌类 467
第 12 章　酯类 490
第 13 章　胺类 553
第 14 章　腈类 604
第 15 章　油类和燃料 619
第 16 章　其他有机物料 639
算图 677
附录 878
主要参考文献 886

无机卷

第 1 章　水和水蒸气 001
第 2 章　无机气体 026
第 3 章　无机酸 138
第 4 章　金属单质及其氧化物 175
第 5 章　非金属单质及其氧化物 214
第 6 章　氢化物和氢氧化物 235
第 7 章　氮化物和硝酸盐 257
第 8 章　氰化物和氰酸盐 280
第 9 章　氟化物和氟酸盐 290
第 10 章　氯化物和氯酸盐 311
第 11 章　溴化物和溴酸盐 366
第 12 章　碘化物和碘酸盐 383
第 13 章　碳化物和碳酸盐 402
第 14 章　硫化物和硫酸盐 419
第 15 章　磷化物和磷酸盐 458
第 16 章　多金属含氧酸盐 474
第 17 章　其他无机物料 495
算图 520
附录 650
主要参考文献 658

无机卷使用说明

一、本手册（无机卷）将物料分为水和水蒸气、无机气体、无机酸、金属单质及其氧化物、非金属单质及其氧化物、氢化物和氢氧化物、氮化物和硝酸盐、氰化物和氰酸盐、氟化物和氟酸盐、氯化物和氯酸盐、溴化物和溴酸盐、碘化物和碘酸盐、碳化物和碳酸盐、硫化物和硫酸盐、磷化物和磷酸盐、多金属含氧酸盐、其他无机物料共17章。

二、物性用表格和算图的形式表示，包括物性总览（一般特性）表和个性图表两大项。物性总览（一般特性）表中的物料次序，一般按分子式字母排列，其晶形栏中文字的含义如下：

无—无定形	三—三斜晶	四—四方晶	六—六方晶	八—八面晶	平—平面晶
正—正方晶	立—立方晶	单—单斜晶	角—角柱晶	羽—羽毛状	针—针状晶
斜—斜方晶	棱—棱角晶	晶—结晶体	非—非晶体	固—固　体	液—液　体
玻—玻璃体	片—片　状	粉—粉末状	油—油　状	团—团　状	墨—石墨状
丝—丝　状	粒—粒　状	浆—浆　状	糖—糖浆状	淀—沉淀物	黏—黏稠液
胶—胶　状	蜡—蜡　状	膏—膏　状	鳞—鳞片状	∟—晶形变化	

三、在密度一栏中，数字右上角标明的为与其相应的温度值，未标明的为常温下的密度。

四、在熔点（t_m）和沸点（t_b）栏中，140-41表示140～141℃，240-55表示240～255℃，以此类推。在一些情况下，它们还可能与压强有关，为此在其数值右上角标明了相应大气压值（以kPa为单位），例如40^{70}表示在70kPa压强下，其熔点（或沸点）是40℃；未标明的为常压下的数值。另外，“200 //”表示其熔点（或沸点）为200℃，此时物料发生分解；而“// 200”则表示在到达熔点（或沸点）之前（<200℃）就发生分解。

五、在颜色一栏中，由于有些物料的颜色与杂质含量的多少、贮存时间的长短，或是否见阳光、接触氧气、受热等因素有关，且不同的人对同一颜色的分辨和表达也有一定的差异，可能会有细微差别。

六、在溶解度或溶解情况一栏中，溶解度数值右上角标明的亦为与其相应的温度值，例如130^{80}表示在80℃时，100g某溶剂中可溶解130g（无水）某物质。当溶解度不能定量表示时，则使用定性符号：－—不溶，÷—微溶或难溶，÷÷—极微溶或极难溶，+—溶解，++—易溶，+++—极易溶，∞—可以任何比例互溶。

溶剂一栏中的冷水是指温度为0℃的水，而热水是指温度为100℃的水，否则会注明具体温度。当原参考文献中未注明是冷水还是热水时，则采用通栏形式；该栏中的酸，用 N 表示硝酸，S 表示硫酸，Cl 表示盐酸，且一般是指它们的稀水溶液，对其浓水溶液，则加“′”表示，对其热溶液，则加“*”表示，对其冷溶液，则加“⁎”表示；该栏中的“碱”只表示 KOH 和 NaOH 水溶液，其他（如氨水）则另外注明，对其熔融液，则加“**”表示；“乙醇”表示质量分数为 95% 的乙醇。

七、其他符号：/—微分解；˙/˙ —缓慢分解；//—分解；// 100—在 100℃时只发生分解；100 //—在 100℃熔点（或沸点）时，同时有分解发生；///—猛烈分解；～—吸湿或易潮解；≈—很易潮解；L—相变温度；↑—升华；×—起反应；→—生成……；$-2H_2O$ 500—在 500℃时失去 2 个水分子；－O-300—在 300℃时失去氧原子。

八、物料的物性数据繁杂，而物性总览表中所设栏目又有限，所以为了版面的美观，除了在必要时加“注”以外，也会出现少数项目在表中不完全对应的情况。

九、危险品特性表中燃烧性代号：不—不燃；助—助燃；易—易燃；可—可燃；——无资料；※—无意义。

灭火介质代号：S—水；W—雾状水；Sw—用水无效；1—1211 灭火剂；G—干粉灭火剂；P—泡沫灭火剂；SJ—酸碱灭火剂；R—二氧化碳灭火剂；KP—抗溶性泡沫；T—砂土；K—可用任何灭火介质；QD—切断电源；QQ—切断气源；冠以 J 时表示禁止使用该灭火介质。

各类危险品特性中，危险物品分类代号见附录 3，风险性代号见附录 4，安全措施号见附录 5，建规火险分级见附录 6。

安全措施号中 S 是危险品的安全防护种类。如“S36/37/39”表示工作时要穿戴适当的防护服、手套和护目镜或面具。“/”后的 S 可省略。风险性代号中如出现“/”，表示代号叠加。如“R20/21/22”等同于“R20+R21+R22”。

十、各类物性数据，都是根据前人试验或物料结构推算的结果。他们的试验条件不能完全相同，使用的仪器种类和等级也可能不一样，推算的理论和依据也会有差异，所以都不能绝对准确（分子量除外），有点差异是完全正常的，少数数据出现较大差异在过去的资料中也曾经有过。对于这种情况，我们要在实际工作中加以分析判别，去伪存真。

第 1 章
水和水蒸气

目录

1.1 一般特性 …… 002
1.2 密度和比容 …… 002
  1.2.1 饱和水蒸气的密度和比容 …… 002
  1.2.2 饱和水与干饱和蒸汽的密度和比容 …… 003
1.3 沸点和共沸点 …… 005
  1.3.1 不同压力下的沸点 …… 005
  1.3.2 二组分共沸点 …… 005
1.4 黏度 …… 007
  1.4.1 水的黏度 …… 007
  1.4.2 水蒸气的黏度 …… 008
1.5 表面张力 …… 008
1.6 溶解度 …… 008
1.7 热导率 …… 010
  1.7.1 水的热导率 …… 010
  1.7.2 水蒸气的热导率 …… 010
  1.7.3 冰和雪的热导率 …… 011
1.8 蒸气压 …… 012
  1.8.1 饱和水的蒸气压 …… 012
  1.8.2 饱和水蒸气的蒸气压 …… 012
1.9 比热容 …… 013
  1.9.1 水的比热容 …… 013
  1.9.2 水蒸气的比热容 …… 013
1.10 比焓 …… 014
  1.10.1 水和水蒸气的比焓 …… 014
  1.10.2 饱和水与干饱和蒸汽的比焓 …… 015
  1.10.3 未饱和水与过热水蒸气的比焓 …… 015
1.11 比熵 …… 018
  1.11.1 饱和水与干饱和蒸汽的比熵 …… 018
  1.11.2 未饱和水与过热水蒸气的比熵 …… 019
1.12 气液平衡 …… 021
1.13 其他物性 …… 023
  1.13.1 体胀系数 …… 023
  1.13.2 折射率 …… 023
  1.13.3 可压缩性 …… 024
  1.13.4 普朗特数 …… 024

1.1 一般特性

表 1.1.1 水和水蒸气的一般特性

分子式	名称	分子量	颜色	晶形	折射率或其他	密度/(kg/m³)	t_m /℃	t_b /℃	p_c/MPa	ρ_c/(kg/m³)	V_c/(cm³/mol)	Z_c
H_2O	水	18.02	无	液	1.333^{20}	1000^{4}	0.00	100.0	22.13	315	57.1	0.229
	水蒸气	18.02	白	气			—	—	22.13	400	30600	
	冰	18.02	白	六	1.309	917^{0}	0.0	—				

注：水的体胀系数 $\beta^{20}=0.0018/K$，汽化热 2257kJ/kg，冰的熔化热 332.4kJ/kg。

1.2 密度和比容

1.2.1 饱和水蒸气的密度和比容

表 1.2.1 饱和水蒸气的密度和比容

温度 t /℃	绝对压力 /kPa	密度 ρ /(kg/m³)	比容 v /(m³/kg)	温度 t /℃	绝对压力 /kPa	密度 ρ /(kg/m³)	比容 v /（m³/kg）
0	0.6082	0.00484	206.6116	135	313.11	1.715	0.58309
5	0.8730	0.00680	147.0588	140	361.47	1.962	0.509684
10	1.2262	0.00940	106.3830	145	415.72	2.238	0.446828
15	1.7068	0.01283	77.94232	150	476.24	2.543	0.393236
20	2.3346	0.01719	58.17336	160	618.28	3.252	0.307503
25	3.1684	0.02304	43.40278	170	792.59	4.113	0.243132
30	4.2474	0.03036	32.93808	180	1003.5	5.145	0.194363
35	5.6207	0.03960	25.25253	190	1255.6	6.378	0.156789
40	7.3766	0.05114	19.55417	200	1554.77	7.840	0.127551
45	9.5837	0.06543	15.28351	210	1917.72	9.567	0.104526
50	12.340	0.0830	12.04819	220	2320.88	11.60	0.086207
55	15.743	0.1043	9.587728	230	2798.59	13.98	0.071531
60	19.923	0.1301	7.686395	240	3347.91	16.76	0.059666
65	25.014	0.1611	6.207325	250	3977.67	20.01	0.049975
70	31.164	0.1979	5.053057	260	4693.75	23.82	0.041982
75	38.551	0.2416	4.139073	270	5503.99	28.27	0.035373
80	47.379	0.2929	3.414135	280	6417.24	33.47	0.029878
85	57.875	0.3531	2.832059	290	7443.29	39.60	0.025253
90	70.136	0.4229	2.364625	300	8592.94	46.93	0.021308
95	84.556	0.5039	1.984521	310	9877.96	55.59	0.017989
100	101.33	0.5970	1.675042	320	11300.3	65.95	0.015163
105	120.85	0.7036	1.421262	330	12879.6	78.53	0.012734
110	143.31	0.8254	1.211534	340	14615.8	93.98	0.010641
115	169.11	0.9635	1.037883	350	16538.5	113.2	0.008834
120	198.64	1.1199	0.892937	360	18667.1	139.6	0.007163
125	232.19	1.296	0.771605	370	21040.9	171.0	0.005848
130	270.25	1.494	0.669344	374	22070.9	322.6	0.0031

1.2.2　饱和水与干饱和蒸汽的密度和比容

表 1.2.2　饱和水与干饱和蒸汽的密度和比容

温度t /℃	压力p /kPa	密度ρ/(kg/m^3)		比容v/ (m^3/kg)		温度t /℃	压力p /kPa	密度ρ/(kg/m^3)		比容v/ (m^3/kg)	
		水	汽	水	汽			水	汽	水	汽
1	0.6566	999.9	0.005192	0.0010001	192.6	92	75.60	964.04	0.4545	0.0010373	2.220
2	0.7054	999.9	0.005559	0.0010001	179.9	94	81.45	962.65	0.4873	0.0010388	2.052
4	0.8129	999.9	0.006357	0.0010001	157.3	96	87.67	961.17	0.5222	0.0010404	1.915
6	0.9347	999.9	0.007257	0.0010001	137.8	98	94.29	959.69	0.5590	0.0010420	1.789
8	1.0721	999.8	0.008264	0.0010002	121.0	100	101.31	958.31	0.5977	0.0010435	1.673
10	1.2277	999.6	0.009398	0.0010004	106.4	102	108.76	956.94	0.6386	0.0010450	1.566
12	1.4016	999.4	0.01066	0.0010006	93.84	104	116.66	955.47	0.6821	0.0010466	1.466
14	1.5974	999.2	0.01206	0.0010008	82.90	106	125.04	954.02	0.7278	0.0010482	1.374
16	1.8170	998.9	0.01363	0.0010011	73.39	108	133.90	952.56	0.7758	0.0010498	1.289
18	2.062	998.5	0.01536	0.0010015	65.09	110	143.26	951.02	0.8264	0.0010515	1.210
20	2.337	998.20	0.01729	0.0010018	57.84	112	153.16	949.49	0.8795	0.0010532	1.137
22	2.643	997.71	0.01942	0.0010023	51.50	114	163.61	947.96	0.9354	0.0010549	1.069
24	2.982	997.21	0.02177	0.0010028	45.93	116	174.64	946.34	0.9950	0.0010567	1.005
26	3.360	996.71	0.02437	0.0010033	41.04	118	186.28	944.73	1.056	0.0010585	0.9465
28	3.779	996.21	0.02723	0.0010038	36.73	120	198.54	943.13	1.121	0.0010603	0.8917
30	4.241	995.62	0.03037	0.0010044	32.93	122	211.44	941.53	1.189	0.0010621	0.8407
32	4.753	994.93	0.03382	0.0010051	29.57	124	225.02	939.85	1.261	0.0010640	0.7930
34	5.318	994.33	0.03759	0.0010057	26.60	126	239.32	938.26	1.336	0.0010658	0.7486
36	5.940	993.64	0.04172	0.0010064	23.97	128	254.34	936.59	1.414	0.0010677	0.7074
38	6.624	992.95	0.04623	0.0010071	21.63	130	270.11	934.84	1.496	0.0010697	0.6683
40	7.375	992.16	0.05115	0.0010079	19.55	132	286.68	933.10	1.582	0.0010717	0.6321
42	8.198	991.38	0.05653	0.0010087	17.69	134	304.1	931.36	1.672	0.0010737	0.5981
44	9.101	990.59	0.06234	0.0010095	16.04	136	322.2	929.63	1.765	0.0010757	0.5664
46	10.088	989.81	0.06868	0.0010103	14.56	138	341.4	927.90	1.864	0.0010777	0.5366
48	11.163	988.92	0.07559	0.0010112	12.23	140	361.4	926.10	1.966	0.0010798	0.5087
50	12.335	988.04	0.08306	0.0010121	12.04	142	382.3	924.30	2.073	0.0010819	0.4824
52	13.612	987.17	0.09107	0.0010130	10.98	144	404.2	922.51	2.184	0.0010840	0.4579
54	15.001	986.19	0.09980	0.0010140	10.02	146	427.1	920.64	2.300	0.0010862	0.4347
56	16.51	985.22	0.1092	0.0010150	9.158	148	451.0	918.78	2.421	0.0010884	0.4130
58	18.146	984.25	0.1193	0.0010160	8.380	150	476.0	916.93	2.547	0.0010906	0.3926
60	19.917	983.19	0.1302	0.0010171	7.678	152	502.0	915.08	2.679	0.0010928	0.3733
62	21.84	982.13	0.1420	0.0010182	7.043	154	529.3	913.24	2.815	0.0010950	0.3552
64	23.91	981.07	0.1546	0.0010193	6.468	156	557.6	911.24	2.958	0.0010974	0.3381
66	26.15	979.91	0.1681	0.0010205	5.947	158	587.2	909.26	3.106	0.0010998	0.3220
68	28.56	978.86	0.1826	0.0010216	5.475	160	618.0	907.36	3.258	0.0011021	0.3068
70	31.17	977.71	0.1982	0.0010228	5.045	162	650.2	905.47	3.419	0.0011044	0.2925
72	33.96	976.56	0.2148	0.0010240	4.655	164	683.6	903.42	3.584	0.0011069	0.2790
74	36.96	975.42	0.2326	0.0010252	4.299	166	718.3	901.39	3.757	0.0011094	0.2662
76	40.19	974.28	0.2516	0.0010264	3.975	168	754.5	8993.6	3.935	0.0011119	0.2541
78	43.65	973.05	0.2718	0.0010277	3.679	170	792.0	897.34	4.122	0.0011144	0.2426
80	47.36	971.82	0.2934	0.0010290	3.408	172	831.1	895.34	4.314	0.0011169	0.2318
82	51.33	970.50	0.3164	0.0010304	3.161	174	817.6	893.26	4.515	0.0011195	0.2215
84	55.58	969.27	0.3408	0.0010317	2.934	176	913.7	891.19	4.721	0.0011221	0.2118
86	60.11	967.96	0.3667	0.0010331	2.727	178	957.4	889.05	4.936	0.0011248	0.2026
88	64.95	966.65	0.3943	0.0010345	2.536	180	1002.7	886.92	5.157	0.0011275	0.1939
90	70.11	965.34	0.4235	0.0010359	2.361	182	1049.7	884.72	5.388	0.0011303	0.1856

续表

温度t /℃	压力p /kPa	密度ρ/(kg/m^3)		比容v/ (m^3/kg)		温度t /℃	压力p /kPa	密度ρ/(kg/m^3)		比容v/ (m^3/kg)	
		水	汽	水	汽			水	汽	水	汽
184	1098.4	882.61	5.627	0.0011330	0.1777	280	6419	750.69	33.19	0.0013321	0.03013
186	1148.8	880.44	5.875	0.0011358	0.1702	282	6616	747.10	34.30	0.0013385	0.02915
188	1201.1	878.27	6.131	0.0011386	0.1631	284	6816	743.49	35.46	0.0013450	0.02820
190	1255.3	876.04	6.394	0.0011415	0.1564	286	7021	739.86	36.66	0.0013516	0.02728
192	1311.2	873.74	6.671	0.0011445	0.1499	288	7230	736.11	37.88	0.0013585	0.02640
194	1369.2	871.54	6.954	0.0011474	0.1438	290	7445	732.33	39.15	0.0013655	0.02554
196	1429.1	869.26	7.246	0.0011504	0.1380	292	7664	728.49	40.47	0.0013757	0.02471
198	1491.0	867.00	7.547	0.0011534	0.1325	294	7888	724.59	41.84	0.0013801	0.02390
200	1555.1	864.68	7.862	0.0011565	0.1272	296	8118	720.62	43.23	0.0013977	0.02312
202	1621.2	862.37	8.190	0.0011596	0.1221	298	8352	716.54	44.70	0.0013956	0.02237
204	1689.5	859.99	8.518	0.0011628	0.1174	300	8592	7712.45	46.21	0.0014036	0.02164
206	1760.1	857.63	8.865	0.0011660	0.1128	302	8837	7708.22	47.75	0.001412	0.02094
208	1832.9	855.21	9.225	0.0011693	0.1084	304	9087	704.23	49.38	0.001420	0.022025
210	1908.0	852.81	9.588	0.0011726	0.1043	306	9342	699.79	51.05	0.001429	0.02159
212	1985.5	850.34	9.970	0.0011760	0.1003	308	9603	695.41	52.80	0.001438	0.01894
214	2065.4	847.82	10.36	0.0011795	0.09649	310	9870	691.09	54.58	0.001447	0.01832
216	2147.7	845.38	10.77	0.0011859	0.09285	312	10142	686.84	56.46	0.001457	0.01771
218	2232.7	842.89	11.19	0.0011864	0.08938	314	10420	681.66	58.41	0.001467	0.01712
220	2320.1	840.34	11.62	0.0011900	0.08606	316	10704	677.05	60.42	0.001477	0.01655
222	2410.3	837.73	12.06	0.0011937	0.08288	318	10994	672.04	62.54	0.001488	0.01599
224	2503.0	835.21	12.52	0.0011973	0.07984	320	11290	667.11	64.72	0.001499	0.01545
226	2598.4	832.57	13.00	0.0012011	0.07693	322	11592	661.81	66.99	0.001511	0.01493
227	2647.5	831.32	13.24	0.0012029	0.07552	324	11900	666.60	69.35	0.001523	0.01442
228	2696.7	830.01	13.49	0.0012048	0.07414	326	12215	651.47	71.84	0.001535	0.01392
230	2797.9	827.34	13.99	0.0012087	0.07147	328	12537	645.99	74.40	0.001548	0.01344
232	2901.9	824.67	14.51	0.0012126	0.06891	330	12865	640.20	77.10	0.001562	0.01297
234	3008.9	821.90	15.05	0.0012167	0.06646	332	13199	634.12	79.94	0.001577	0.01251
236	3118.8	819.13	15.60	0.0012208	0.06410	334	13541	628.54	82.92	0.001591	0.01206
238	3231.8	816.39	16.17	0.0012249	0.06184	336	13889	622.28	86.06	0.001607	0.01162
240	3348.0	813.60	16.76	0.0012291	0.05967	338	14245	616.14	89.29	0.001623	0.01120
242	3467.3	810.77	17.36	0.0012334	0.05759	340	14608	610.13	92.76	0.001639	0.01078
244	3589.9	807.95	17.99	0.0012377	0.05559	342	14978	603.14	96.43	0.001658	0.01037
246	3715.7	805.09	18.63	0.0012421	0.05367	344	15356	596.66	100.3	0.001676	0.00969
248	3845.0	802.18	19.29	0.0012466	0.05183	346	15742	589.62	104.5	0.001696	0.00957
250	3977.6	799.23	19.28	0.0012512	0.5006	348	16135	582.07	108.9	0.001718	0.00919
252	4114	796.24	20.68	0.0012559	0.04835	350	16537	574.38	113.6	0.001741	0.00880
254	4254	793.21	21.41	0.0012607	0.04671	352	16947	566.89	118.7	0.001764	0.00842
256	4397	790.20	22.16	0.0012655	0.04513	354	17365	558.04	124.2	0.001792	0.00805
258	4543	787.69	22.93	0.0012705	0.04361	356	17792	548.55	130.0	0.001823	0.00768
260	4694	784.01	23.72	0.0012755	0.04215	358	18228	533.50	136.6	0.001857	0.00731
262	4848	780.82	24.55	0.0012807	0.04074	360	18674	527.98	144.0	0.001894	0.00694
264	5006	777.67	25.39	0.0012859	0.03938	362	19129	514.67	152.4	0.001943	0.00656
266	5169	774.41	26.26	0.0012913	0.03807	364	19594	502.51	161.8	0.00199	0.00618
268	5335	7711.9	27.16	0.0012967	0.03681	366	20069	487.80	172.5	0.00205	0.00580
270	5505	767.87	28.09	0.0013023	0.03560	368	20556	471.70	185.8	0.00212	0.00538
272	5679	764.53	29.04	0.0013080	0.03443	370	21053	450.45	203	0.00222	0.00493
274	5858	761.15	30.03	0.0013138	0.03330	372	21563	420.17	227	0.00238	0.00440
276	6041	757.69	31.06	0.0013198	0.03220	374	22087	357.14	288	0.00280	0.00347
278	6228	754.20	32.10	0.0013259	0.03115						

N（算图 1.1）
过热水蒸气的密度（第 524 页左）

1.3 沸点和共沸点

1.3.1 不同压力下的沸点

表1.3.1 水在不同压力下的沸点 单位：℃

压力/kPa	压力尾数					压力/kPa	压力尾数				
	0.0	0.2	0.4	0.6	0.8		0.0	0.2	0.4	0.6	0.8
90	96.7	96.8	96.8	96.9	97.0	98	99.1	99.1	99.2	99.2	99.3
91	97.0	97.1	97.1	97.2	97.3	99	99.4	99.4	99.5	99.5	99.6
92	97.3	97.4	97.4	97.5	97.6	100	99.6	99.7	99.7	99.8	99.9
93	97.6	97.7	97.7	97.8	97.9	101	99.9	100.0	100.0	100.1	100.1
94	97.9	97.9	98.0	98.1	98.1	102	100.2	100.2	100.3	100.4	100.4
95	98.2	98.3	98.3	98.4	98.4	103	100.5	100.5	100.6	100.6	100.7
96	98.5	98.6	98.6	98.7	98.7	104	100.7	100.8	100.8	100.9	100.9
97	98.8	98.8	98.9	99.0	99.0	105	101.0	101.1	101.1	101.2	101.2

注：例如，压力为94.4kPa时，水的沸点为98.0℃。

1.3.2 二组分共沸点

表1.3.2 水和一些无机物的二组分共沸点

水的质量分数/%	第二组分（其余）	共沸点/℃	水的质量分数/%	第二组分（其余）	共沸点/℃	水的质量分数/%	第二组分（其余）	共沸点/℃
79.78	盐酸	108.5	63.0	氢氟酸	120.0	43	氢碘酸	127
32.0	硝酸	120.5	79.8	氢氯酸	110.0	2.8	二硫化碳	42.6
28.4	高氯酸	203.0	52.5	氢溴酸	126.0	4.1	四氯化碳	66

表1.3.3 水和烷烃的二组分共沸点

水的质量分数/%	第二组分（其余）	共沸点/℃	水的质量分数/%	第二组分（其余）	共沸点/℃	水的质量分数/%	第二组分（其余）	共沸点/℃
28.0	正己烷	50.6	1.5	二氯甲烷	72.0	23.6	硝基甲烷	83.6
1.0	氯丙烷	43.4	8.3	二氯乙烷	61.0	3.3	1-氯-2-甲基丙烷	61.6
0.3	2-氯丙烷	33.6	12	1,2-二氯丙烷	78	9.0	环己烷	68.95
6.6	氯丁烷	68.1	2.8	氯仿	56.12	30	三噁烷	91.4

表1.3.4 水和醇类的二组分共沸点

水的质量分数/%	第二组分（其余）	共沸点/℃	水的质量分数/%	第二组分（其余）	共沸点/℃	水的质量分数/%	第二组分（其余）	共沸点/℃
4.5	乙醇	78.2	54.4	戊醇	95.8	91.0	苯甲醇	99.9
28.3	正丙醇	87.7	49.6	异戊醇	95.2	27.7	烯丙醇	88.9
12.6	2-丙醇	80.3	38.5	2-戊醇	92.5	49.6	2-甲基-1-丁醇	95.2
28.3	丙醇(98.7kPa)	87	36	3-戊醇	91.7	27.5	2-甲基-2-丁醇	87.4
38	正丁醇	92.5	75	己醇	97.8	87.3	双丙酮醇	98.8
33.0	异丁醇	89.8	83	庚醇	98.7	91	苄醇	99.9
32.1	仲丁醇	88.5	90	辛醇	99.4	80	糠醇	98.5
11.8	叔丁醇	79.9	73	2-辛醇	98			

表1.3.5 水和酯类的二组分共沸点

水的质量分数/%	第二组分（其余）	共沸点/℃	水的质量分数/%	第二组分（其余）	共沸点/℃	水的质量分数/%	第二组分（其余）	共沸点/℃
3.6	甲酸正丙酯	71.9	10	丙酸乙酯	81.2	30.2	异戊酸乙酯	92.2
3	甲酸异丙酯	65.0	23	丙酸丙酯	88.9	45.2	异戊酸正丙酯	96.2
16.5	甲酸正丁酯	83.8	32.2	丙酸异丁酯	92.8	55.8	异戊酸异丁酯	97.4
7.8	甲酸异丁酯	80.4	48.5	丙酸异戊酯	96.6	74.1	异戊酸异戊酯	98.8
18.9	甲酸异丁酯	79.5	7.2	丙烯酸甲酯	71	41	己酸甲酯	95.3
28.4	甲酸正戊酯	91.6	11.5	丁酸甲酯	82.7	54	己酸乙酯	97.2
23.5	甲酸异戊酯	89.7	21.5	丁酸乙酯	87.9	30	碳酸二乙酯	91.0
80.0	甲酸苄酯	99.2	15.2	异丁酸乙酯	85.2	22.0	硝酸乙酯	74.4
18.7	乙酸甲酯	53.8	36.4	丁酸丙酯	94.1	20.0	硝酸正丙酯	84.8
6.1	乙酸乙酯	70.4	30.8	异丁酸丙酯	92.15	25.0	硝酸异丁酯	89.0
14.0	乙酸正丙酯	82.4	23	异丁酸异丙酯	88.4	40	硝酸异戊酯	95
6.2	乙酸异丙酯	77.4	53.0	丁酸正丁酯	97.2	95.5	肉桂酸甲酯	99.8
6.2	乙酸异丙酯	77.4	46	丁酸异丁酯	96.3	79.2	苯甲酸甲酯	99.1
28.7	乙酸正丁酯	87.4	39.4	异丁酸异丁酯	95.5	84.0	苯甲酸乙酯	99.4
19.5	乙酸异丁酯	87.5	63.5	丁酸异戊酯	98.05	90.9	苯甲酸丙酯	99.7
41.0	乙酸正戊酯	95.2	6.8	异丁酸甲酯	77.7	94.0	苯甲酸正丁酯	99.9
35.1	乙酸异戊酯	94.1	15.2	异丁酸乙酯	85.2	92.6	苯甲酸异丁酯	99.82
75.1	乙酸苯酯	98.9	30.8	异丁酸正丙酯	92.2	95.6	苯甲酸异戊酯	99.9
87.5	乙酸苄甲酯	99.6	39.4	异丁酸异丁酯	95.5	36.2	氯代乙酸甲酯	12.7
75.1	乙酸苯醇酯	98.9	56.0	异丁酸异戊酯	97.35			
3.9	丙酸甲酯	71.4	19.2	异戊酸甲酯	87.2			

表1.3.6 水和醚类的二组分共沸点

水的质量分数/%	第二组分（其余）	共沸点/℃	水的质量分数/%	第二组分（其余）	共沸点/℃	水的质量分数/%	第二组分（其余）	共沸点/℃
1.26	乙醚	34.15	54	(二)异戊醚	97.4	2	甲基乙基醚	38.7
3.6	异丙醚	61.4	96.8	二苯醚	99.3	40.5	苯甲醚	95.5
4.5	二异丙醚	62.2	10.5	乙二醇二甲醚	76	59	苯乙醚	97.3
23.0	二异丁醚	88.6	25	乙二醇二乙醚	89.4	91.0	间苯二酚二乙醚	99.7
4.0	乙基正丙基醚	59.5	15.0	二甲基硫醚	34.0			

表1.3.7 水和酮类的二组分共沸点

水的质量分数/%	第二组分（其余）	共沸点/℃	水的质量分数/%	第二组分（其余）	共沸点/℃	水的质量分数/%	第二组分（其余）	共沸点/℃
19.5	2-戊酮	83.3	24.3	甲基异丁基酮	87.9	24.3	甲基异丁基酮	87.9
14	3-戊酮	82.9	13	3-甲基-2-丁酮	79.0	24.3	4-甲基-2-戊酮	87.9
11.0	甲基乙基酮	73.5	11.3	丁酮	73.41	34.8	异丙亚基丙酮	91.8
19.5	甲基丙基酮	83.3	80	环己酮	97.8			

表1.3.8 水和其他有机物的二组分共沸点

水的质量分数/%	第二组分（其余）	共沸点/℃	水的质量分数/%	第二组分（其余）	共沸点/℃	水的质量分数/%	第二组分（其余）	共沸点/℃
22.5	甲酸	107.3	84	萘	98.8	28.5	肼	120
82.2	丙酸	99.1	5.4	三氯乙烯	73.6	48	2-甲基吡啶	93.5
81.5	丁酸	99.4	3.35	顺-1,2-二氯乙烯	55.3	14.2	乙腈	76.0
79.0	异丁酸	99.3	1.9	反-1,2-二氯乙烯	45.3	12.5	丙烯腈	70.5
81.6	异戊酸	99.5	6.0	丁醛	68.0	35	哌啶	92.8
8.83	苯	69.25	7.0	三氯乙醛	95.0	43.0	吡啶	92.6
19.6	甲苯	84.1	65.0	糠醛	97.5	2.52	烟碱	99.8
35.8	间二甲苯	92	28.5	三聚乙醛	90.0	57	桉树脑	99.6
28.4	氯苯	90.2	90.79	苯酚	99.5	92.3	黄樟脑	99.7

1.4　黏度

1.4.1　水的黏度

表1.4.1　水的黏度（常压）

温度/℃	黏度/(mPa·s)	温度/℃	黏度/(mPa·s)	温度/℃	黏度/(mPa·s)	温度/℃	黏度/(mPa·s)	温度/℃	黏度/(mPa·s)	温度/℃	黏度/(mPa·s)
−10	2.632	14	1.1709	38	0.6814	62	0.4550	86	0.3315	200	0.134
−9	2.520	15	1.1404	39	0.6685	63	0.4483	87	0.3276	210	0.127
−8	2.418	16	1.1111	40	0.6560	64	0.4418	88	0.3239	220	0.122
−7	2.322	17	1.0828	41	0.6439	65	0.4355	89	0.3202	230	0.116
−6	2.232	18	1.0559	42	0.6321	66	0.4293	90	0.3165	240	0.111
−5	2.148	19	1.0299	43	0.6207	67	0.4233	91	0.3130	250	0.107
−4	2.069	20	1.0050	44	0.6097	68	0.4174	92	0.3095	260	0.103
−3	1.994	21	0.9810	45	0.5988	69	0.4117	93	0.3060	270	0.994
−2	1.922	22	0.9579	46	0.5883	70	0.4061	94	0.3027	280	0.961
−1	1.858	23	0.9359	47	0.5782	71	0.4006	95	0.2994	290	0.930
0	1.7921	24	0.9142	48	0.5683	72	0.3952	96	0.2962	300	0.901
1	1.7313	25	0.8937	49	0.5588	73	0.3900	97	0.2930	310	0.865
2	1.6728	26	0.8737	50	0.5494	74	0.3849	98	0.2899	320	0.830
3	1.6191	27	0.8545	51	0.5404	75	0.3799	99	0.2868	330	0.794
4	1.5674	28	0.8360	52	0.5315	76	0.3750	100	0.2838	340	0.754
5	1.5188	29	0.8180	53	0.5229	77	0.3702	110	0.252	350	0.709
6	1.4728	30	0.8007	54	0.5146	78	0.3655	120	0.230	360	0.653
7	1.4284	31	0.7840	55	0.5064	79	0.3610	130	0.211	370	0.56
8	1.3860	32	0.7679	56	0.4985	80	0.3565	140	0.195	374.2	0.45
9	1.3462	33	0.7523	57	0.4907	81	0.3521	150	0.181		
10	1.3077	34	0.7371	58	0.4832	82	0.3478	160	0.169		
11	1.2713	35	0.7225	59	0.4759	83	0.3436	170	0.159		
12	1.2363	36	0.7085	60	0.4688	84	0.3395	180	0.149		
13	1.2028	37	0.6947	61	0.4618	85	0.3355	190	0.141		

表1.4.2　水的黏度(中、高压)　　单位：μPa·s

温度/℃	压强/MPa				温度/℃	压强/MPa			
	10	20	30	40		10	20	30	40
0	1775	1754	1724	1706	190	146.1	148.2	151.2	153.0
10	1295	1294	1284	1274	200	138.3	140.3	143.4	146.3
20	1000	1000	1000	1000	210	132.4	134.5	137.5	139.3
30	802.2	803.2	805.2	806.1	220	126.5	128.6	131.6	133.4
40	655.1	657.2	660.2	662.0	230	121.6	123.7	126.7	128.5
50	551.2	554.2	557.2	559.1	240	116.7	118.8	121.8	123.6
60	471.7	474.8	478.8	481.6	250	111.8	114.9	117.8	119.7
70	408.0	411.0	414.0	417.0	260	107.9	109.9	112.9	114.8
80	357.0	360.0	363.0	366.0	270	104.0	106.0	109.0	110.9
90	316.8	319.8	322.8	325.8	280	100.0	102.1	105.1	106.9
100	284.5	287.5	290.5	293.5	290	96.1	98.2	101.2	103.0
110	260.9	263.9	266.9	269.9	300	91.3	94.2	96.7	99.3
120	239.3	242.3	245.3	248.3	310		90.9	93.4	95.4
130	219.7	222.7	225.7	228.7	320		87.5	90.0	92.1
140	203.0	205.1	208.1	209.9	330		83.9	86.7	88.6
150	188.3	190.4	193.4	195.2	340		79.9	83.2	85.4
160	175.6	177.6	180.6	182.5	350		75.1	79.6	82.1
170	164.8	166.8	169.8	171.7	360		69.3	75.4	78.7
180	155.0	157.0	160.0	161.9					

1.4.2 水蒸气的黏度

表1.4.3 饱和水蒸气的黏度

温度/℃	0.01	10	20	30	40	50	60	70	80	90
黏度/(μPa·s)	8.02	8.42	8.82	9.22	9.62	10.02	10.42	10.82	11.22	11.62
温度/℃	100	110	120	130	140	150	160	170	180	190
黏度/(μPa·s)	12.02	12.42	12.80	13.17	13.54	13.90	14.25	14.61	14.96	15.30
温度/℃	200	210	220	230	240	250	260	270	280	290
黏度/(μPa·s)	15.65	15.99	16.34	16.70	17.07	17.45	17.85	18.28	18.75	19.27
温度/℃	300	310	320	330	340	350	360	370	374.2	
黏度/(μPa·s)	19.84	20.7	21.7	23.1	24.7	26.6	29.2	34.0	45.0	

注：临界黏度为49.5μPa · s。

表1.4.4 干饱和水蒸气的黏度

温度/℃	100	110	120	130	140	150	160	170	180	190
黏度/(μPa·s)	11.96	12.45	12.85	13.24	13.53	13.93	14.32	14.71	15.10	15.59
温度/℃	200	210	220	230	240	250	260	270	280	290
黏度/(μPa·s)	15.98	16.38	16.87	17.36	17.75	18.24	18.83	19.37	19.91	20.59
温度/℃	300	310	320	330	340	350	360	370		
黏度/(μPa·s)	21.28	21.97	22.85	23.93	25.20	26.58	29.13	33.73		

（算图1.2）
水蒸气的黏度（Ⅰ）（第524页右）

（算图1.3）
水蒸气的黏度（Ⅱ）（第525页左）

（算图1.4）
过热水蒸气的黏度（低压）（第525页右）

（算图1.5）
过热水蒸气的黏度（中、高压）（第526页左）

1.5 表面张力

表1.5.1 水的表面张力

温度/℃	σ/(mN/m)	温度/℃	σ/(mN/m)	温度/℃	σ/(mN/m)	温度/℃	σ/(mN/m)	温度/℃	σ/(mN/m)	温度/℃	σ/(mN/m)
−10	77.10	50	67.77	150	48.68	250	26.13	350	3.64	368	0.66
−5	76.40	60	66.07	160	46.51	260	23.73	355	2.71	369	0.54
0	75.50	70	64.36	170	44.38	270	21.33	360	1.85	370	0.42
5	74.90	80	62.69	180	42.19	280	18.94	361	1.68	371	0.31
10	74.40	90	60.79	190	40.00	290	16.60	362	1.53	372	0.20
15	73.49	100	58.91	200	37.77	300	14.29	363	1.37	373	0.10
20	72.88	110	56.97	210	35.51	310	12.04	364	1.22	374.2	0.00
25	71.97	120	54.96	220	33.21	320	9.84	365	1.07		
30	71.20	130	52.90	230	30.88	330	7.69	366	0.93		
40	69.80	140	50.79	240	28.52	340	5.61	367	0.79		

1.6 溶解度

水是一种溶剂，用于生成很多种物料的水溶液。图1.1是一些固体在水中的溶解曲线。

从中可以看出，其溶解度一般随温度的升高而增大。在以后的各章中，还要介绍它们具体的溶解情况。

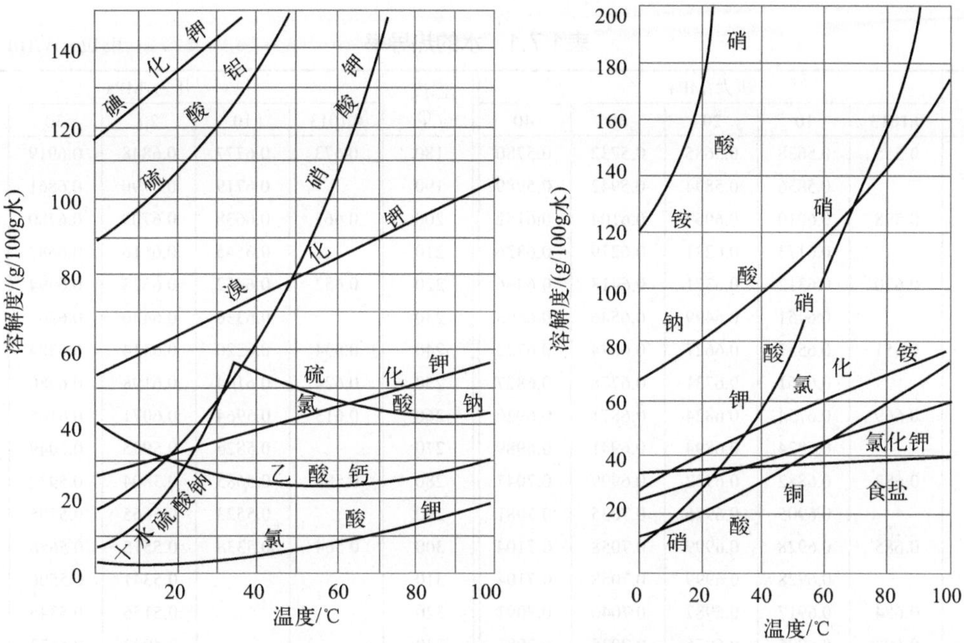

图 1.1 一些固体在水中的溶解曲线

N（算图 1.6）
水在碳氢化合物中的溶解度（第 526 页右）

N（算图 1.7）
水在烃中的溶解度（第 527 页左）

表 1.6.1 一些酸碱盐在水中的溶解性

离子	Cl^-	CO_3^{2-}	NO_3^-	OH^-	PO_4^{3-}	S^{2-}	SiO_3^{2-}	SO_3^{2-}	SO_4^{2-}
Ag^+	—	—	+	/	—	—	—	—	÷
Al^{3+}	+	/	+	—	—	/	—	/	+
Ba^{2+}	+	—	+	+	—	/	—	—	÷
Bi^{3+}	/	—	+	—	—	—	/	—	+
Ca^{2+}	+	—	+	÷	—	/	—	—	+
Cr^{3+}	+	/	+	—	—	/	—	/	+
Cu^{2+}	+	—	+	—	—	—	—	—	+
Fe^{2+}	+	—	+	—	—	—	—	—	+
Fe^{3+}	+	—	+	—	—	/	—	/	+
H^+	+↑	+↑	+↑	无	+	+↑	÷	+↑	+
Hg^+	—	—	+	/	—	—	/	—	÷
Hg^{2+}	+	—	+	/	—	—	/	—	+
K^+	+	+	+	+	+	+	+	+	+
Mg^{2+}	+	÷	+	—	—	/	—	÷	+
Mn^{2+}	+	—	+	—	—	—	—	—	+
Na^+	+	+	+	+	+	+	+	+	—
NH_4^+	+	+	+	+↑	+	+	+	+	+
Pb^{2+}	÷	—	+	—	—	—	—	—	—
Sn^{2+}	+	/	+	—	—	—	/	/	+
Zn^{2+}	+	—	+	—	—	—	—	—	+

1.7 热导率

1.7.1 水的热导率

表1.7.1 水的热导率 单位：W/(m·K)

温度/℃	压力/MPa 0.1013	10	20	30	40	温度/℃	压力/MPa 0.1013	10	20	30	40
0	0.555	0.5638	0.5685	0.5732	0.5780	180	0.673	0.6777	0.6848	0.6919	0.6990
10		0.5836	0.5894	0.5942	0.5989	190		0.6719	0.6790	0.6861	0.6919
20	0.598	0.6010	0.6057	0.6104	0.6152	200	0.665	0.6638	0.6709	0.6780	0.6838
30		0.6173	0.6231	0.6279	0.6326	210		0.6545	0.6616	0.6687	0.6758
40	0.630	0.6312	0.6371	0.6418	0.6466	220	0.652	0.6452	0.6523	0.6594	0.6665
50		0.6451	0.6499	0.6546	0.6593	230		0.6336	0.6430	0.6501	0.6573
60	0.651	0.6557	0.6627	0.6674	0.6722	240	0.634	0.6220	0.6314	0.6384	0.6457
70		0.6661	0.6731	0.6778	0.6827	250	0.624	0.6104	0.6198	0.6280	0.6351
80	0.669	0.6754	0.6824	0.6871	0.6920	260	0.613	0.5964	0.6071	0.6165	0.6247
90		0.6824	0.6894	0.6941	0.6989	270		0.5826	0.5955	0.6049	0.6145
100	0.682	0.6882	0.6952	0.6999	0.7047	280	0.588	0.5685	0.5804	0.5922	0.6028
110		0.6905	0.6976	0.7035	0.7081	290		0.5523	0.5665	0.5795	0.5899
120	0.685	0.6928	0.6999	0.7058	0.7104	300	0.564	0.5338	0.5515	0.5656	0.5773
130		0.6928	0.6999	0.7058	0.7104	310			0.5341	0.5506	0.5647
140	0.684	0.6917	0.6987	0.7046	0.7093	320			0.5156	0.5345	0.5495
150	0.683	0.6905	0.6976	0.7035	0.7081	330			0.4937	0.5173	0.5343
160	0.680	0.6870	0.6941	0.7012	0.7057	340			0.4694	0.4967	0.5238
170		0.6835	0.6906	0.6977	0.7049						

表1.7.2 饱和水的热导率 单位：mW/(m·K)

温度/℃	0.01	10	20	30	40	50	60	70	80	90	100	110	120
λ	569	587	603	618	632	643	654	662	670	676	681	684	687
温度/℃	130	140	150	160	170	180	190	200	210	220	230	240	250
λ	688	688	687	684	681	677	671	665	657	648	639	628	618
温度/℃	260	270	280	290	300	310	320	330	340	350	360	370	374.2
λ	603	590	575	558	541	523	508	482	460	437	399	348	238

1.7.2 水蒸气的热导率

表1.7.3 饱和水蒸气和干饱和水蒸气的热导率 单位：mW/(m·K)

温度/℃	0.01	10	20	30	40	50	60	70	80	90	100	110	120
饱和水蒸气	18.2	18.8	19.4	20.0	20.6	21.2	21.9	22.5	23.2	24.0	24.8	25.6	26.5
干饱和水蒸气											23.7	24.9	25.9
温度/℃	130	140	150	160	170	180	190	200	210	220	230	240	250
饱和水蒸气	27.5	28.5	29.6	30.8	32.1	33.6	35.1	36.8	38.7	40.7	43.0	45.5	48.4
干饱和水蒸气	26.8	27.9	28.8	30.1	31.3	32.7	34.2	35.4	37.2	38.9	40.9	42.9	45.1
温度/℃	260	270	280	290	300	310	320	330	340	350	360	370	374.2
饱和水蒸气	51.7	55.5	60.0	65.5	72.2	80.6	86.5	96.0	107	119	137	166	238
干饱和水蒸气	48.0	51.0	54.9	58.2	62.6	68.3	75.1	82.5	93.0	107	130	171	

（算图 1.8）
水蒸气的热导率（第 527 页右）

（算图 1.9）
过热水蒸气的热导率（第 528 页左）

表1.7.4　过冷水与过热水蒸气的热导率　　单位：mW/(m·K)

温度/℃	压力/MPa											
	0.1	1	5	10	15	20	25	30	35	40	45	50
0	569	570	573	577	581	585	589	592	596	599	603	606
20	604	604	608	612	616	620	623	627	630	634	637	640
50	643	644	647	651	655	659	662	666	669	672	675	678
100	24.8	681	684	688	691	695	698	701	704	707	710	713
150	28.6	687	690	693	696	700	703	706	710	713	716	720
200	33.1	35.0	668	672	676	681	685	689	693	697	701	704
250	38.1	39.2	618	625	633	639	646	652	657	662	667	671
300	43.3	44.2	52.1	545	559	571	582	592	601	609	616	622
350	48.8	49.5	54.8	68.3	99.0	454	476	496	514	529	541	552
400	54.5	55.2	59.3	67.4	81.8	106	154	263	351	388	415	437
450	60.4	61.1	64.6	70.7	79.7	92.7	111	141	176	215	259	307
500	66.6	67.2	70.5	75.7	82.5	91.5	103	117	134	153	176	202
600	79.3	80.0	83.3	87.9	93.2	99.4	106	114	123	132	143	154
700	92.8	93.5	97.1	102	107	112	118	125	131	138	146	154

注：横线上方是过冷水，下方是过热水蒸气。

表1.7.5　过热水蒸气的热导率　　单位：mW/(m·K)

温度/℃	压力/MPa											
	常压	2	4	6	8	10	15	20	25	30	35	40
100	24.75											
150	29.17											
200	33.70											
250	39.75	41.68	44.89									
300	45.67	47.62	50.13	53.54								
350	51.25	53.20	55.49	58.00	61.29	65.58	86.21					
400	57.06	58.90	60.96	63.36	65.98	69.15	79.95	94.67	148.1			
450	63.22	64.94	67.00	69.30	71.36	74.17	82.41	93.76	110.5	139.0		
500	69.96	71.68	73.63	75.69	77.98	80.38	87.33	96.06	107.5	122.9	132.3	147.1
550	76.71	78.31	80.26	82.32	84.38	86.87	95.22	100.6	110.1	120.1	123.4	132.7
600	83.79	85.40	87.23	89.18	91.24	93.52	99.26	105.9	113.5	122.9	123.1	129.0
650	91.00	92.72	94.56	96.39	98.34	100.4	106.0	112.2	119.1	127.2	125.7	130.1
700	98.44	100.2	102.0	103.8	105.8	107.7	113.1	119	125.3	132.8	129.8	133.0

1.7.3　冰和雪的热导率

表1.7.6　冰的密度

温度/℃	0	−20	−40	−60	−80	−100	−120
ρ/(kg/m^3)	917	920	922	924	926	928	929

表1.7.7　雪的热导率（密度为变量）

ρ/(kg/m^3)	50	100	150	200	250	300	350	400	450	500
λ/[W/(m·K)]	0.0230	0.0286	0.0636	0.1130	0.1757	0.2552	0.3473	0.4540	0.5732	0.6374

表1.7.8　雪的热导率(雪厚为变量)

雪厚/cm	4	6	8	10	12	14	16	18
λ/[W/(m·K)]	0.041	0.041	0.044	0.048	0.052	0.057	0.061	0.065
雪厚/cm	20	22	24	26	28	30	32	34
λ/[W/(m·K)]	0.069	0.073	0.077	0.084	0.094	0.103	0.110	0.126

1.8　蒸气压

1.8.1　饱和水的蒸气压

表1.8.1　饱和水的蒸气压(温度为变量)　单位：kPa

温度/℃	温度尾数									
	0	1	2	3	4	5	6	7	8	9
0	0.611	0.657	0.706	0.753	0.813	0.872	0.935	1.001	1.072	1.147
10	1.227	1.312	1.401	1.497	1.597	1.704	1.817	1.936	2.062	2.196
20	2.337	2.485	2.642	2.808	2.982	3.166	3.360	3.564	3.778	4.004
30	4.242	4.491	4.753	5.029	5.318	5.622	5.940	6.274	6.624	6.991
40	7.375	7.777	8.199	8.639	9.100	9.582	10.086	10.612	11.162	11.736
50	12.335	12.961	13.613	14.293	15.002	15.741	16.511	17.313	18.147	19.016
60	19.920	20.861	21.838	22.855	23.912	25.009	26.150	27.334	28.563	29.838
70	31.162	32.666	33.958	35.484	36.964	38.549	40.191	41.891	43.652	45.474
80	47.360	49.311	51.329	53.416	55.573	57.806	60.108	62.489	64.948	67.487
90	70.109	72.315	75.607	78.489	81.461	84.526	87.686	90.944	94.301	97.761
温度/℃	温度尾数									
	0	10	20	30	40	50	60	70	80	90
100	101.33	143.30	198.50	270.10	361.40	476.0	618.10	792.00	1002.7	1255.1
200	1554.9	1907.7	2319.8	2797.6	3347.8	3977.6	4694.3	5505.8	6420.2	7446.1
300	8592.7	9870.0	11289	12828	14605	16535	18675	21054		

1.8.2　饱和水蒸气的蒸气压

表1.8.2　饱和水和饱和水蒸气的蒸气压

温度/℃	蒸气压/kPa	温度/℃	蒸气压/kPa	温度/℃	蒸气压/kPa	温度/℃	蒸气压/kPa	温度/℃	蒸气压/kPa
−19.8	0.1	64.97	25	141.32	375	191.64	1300	318.15	11000
−13.1	0.2	69.10	30	143.63	400	195.07	1400	324.75	12000
−5.3	0.4	75.87	40	147.93	450	198.32	1500	330.93	13000
0.01	0.6113	81.33	50	151.86	500	205.76	1750	336.75	14000
1.80	0.7	91.78	75	155.48	550	212.42	2000	342.24	15000
6.98	1.0	99.63	100	158.85	600	218.45	2250	347.44	16000
13.03	1.5	105.99	125	162.01	650	223.99	2500	352.37	17000
17.50	2.0	111.37	150	164.97	700	233.90	3000	357.06	18000
21.08	2.5	116.06	175	167.78	750	242.60	3500	361.54	19000
24.08	3.0	120.23	200	170.43	800	250.40	4000	365.81	20000
28.96	4.0	124.00	225	172.96	850	263.99	5000	369.89	21000
32.88	5.0	127.44	250	175.38	900	275.64	6000	373.80	22000
40.29	7.5	130.60	275	177.69	950	285.88	7000	374.14	22090
45.81	10	133.55	300	179.91	1000	295.06	8000		
53.97	15	136.30	325	184.09	1100	303.40	9000		
60.06	20	138.88	350	187.99	1200	311.06	10000		

1.9 比热容

1.9.1 水的比热容

表1.9.1 水的比热容

单位：kJ/(kg·K)

温度/℃	压力/MPa 常压	1	10	20	30	40	温度/℃	压力/MPa 常压	1	10	20	30	40
0	4.216	4.210	4.166	4.256	3.836	5.404	180	4.333	4.343	4.371	4.463	4.021	5.653
20	4.183	4.179	4.154	4.251	3.833	5.396	200	4.371	4.390	4.451	4.532	4.076	5.729
40	4.178	4.176	4.154	4.255	3.846	5.416	220	4.509	4.524	4.556	4.624	4.144	5.831
60	4.183	4.181	4.162	4.264	3.857	5.431	240	4.580	4.609	4.698	4.745	4.233	5.959
70	4.187	4.184	4.166	4.272	3.862	5.435	260	4.660	4.715	4.899	4.907	4.348	6.124
90	4.204	4.202	4.183	4.285	3.873	5.454	280	4.744	4.843	5.197	5.142	4.513	6.348
100	4.212	4.210	4.191	4.294	3.885	5.466	300	4.836	5.026	5.708	5.502	4.735	6.675
120	4.245	4.243	4.221	4.324	3.908	5.500	320				5.874	5.465	5.186
140	4.275	4.275	4.262	4.363	3.939	5.542	340				7.062	6.054	5.544
160	4.304	4.308	4.309	4.406	3.979	5.594	360				12.35	7.246	6.039

表1.9.2 饱和水的定压比热容

温度/℃	0.01	10	20	30	40	50	60	70	80	90
c_p/[kJ/(kg·K)]	4.217	4.193	4.182	4.179	4.179	4.181	4.185	4.190	4.197	4.205
温度/℃	100	110	120	130	140	150	160	170	180	190
c_p/[kJ/(kg·K)]	4.216	4.229	4.245	4.263	4.285	4.310	4.339	4.371	4.408	4.449
温度/℃	200	210	220	230	240	250	260	270	280	290
c_p/[kJ/(kg·K)]	4.497	4.551	4.614	4.686	4.770	4.869	4.986	5.126	5.296	5.507
温度/℃	300	310	320	330	340	350	360	370	374.2	
c_p/[kJ/(kg·K)]	5.773	6.120	6.586	7.248	8.270	10.08	14.99	53.92	∞	

1.9.2 水蒸气的比热容

表1.9.3 水蒸气的比热容

温度/℃	0	100	200	300	400	500	600
质量比热容/[kJ/(kg·K)]	1.8584	1.8718	1.8924	1.9177	1.9460	1.9760	2.0074
摩尔比热容/[J/(mol·K)]	33.41	33.91	34.84	35.88	37.05	38.23	39.48
体积比热容/[kJ/(m³·K)]	1.482	1.499	1.516	1.537	1.558	1.583	1.608
温度/℃	700	800	900	1000	1100	1200	1300
质量比热容/[kJ/(kg·K)]	2.0400	2.0733	2.1070	2.1408	2.1744	2.2075	2.2399
摩尔比热容/[J/(mol·K)]	40.70	41.91	43.08	44.21	45.23	46.22	47.12
体积比热容/[kJ/(m³·K)]	1.633	1.658	1.683	1.712	1.738	1.763	1.788
温度/℃	1400	1500	1600	1700	1800	1900	2000
质量比热容/[kJ/(kg·K)]	2.2716	2.3024	2.3322	2.3610	2.3889	2.4157	2.4416
摩尔比热容/[J/(mol·K)]	47.98	48.22	49.41	50.04	50.62	51.16	51.67
体积比热容/[kJ/(m³·K)]	1.809	1.834	1.855	1.876	1.897	1.918	1.934
温度/℃	2100	2200	2300	2400	2600	3000	
质量比热容/[kJ/(kg·K)]	2.4666	2.4906	2.5138	2.5362	2.5785	2.6549	
摩尔比热容/[J/(mol·K)]	52.08	52.46	52.82	53.13	53.72	54.64	
体积比热容/[kJ/(m³·K)]	1.951	1.968	1.985	2.001	2.018	2.081	

表1.9.4　水蒸气的平均定容比热容

温度/℃	0	100	200	300	400	500	600	700	800	900
比热容 c_{vm}/[kJ/(m^3·K)]	1.124	1.134	1.151	1.171	1.194	1.219	1.244	1.270	1.297	1.325
温度/℃	1000	1100	1200	1300	1400	1500	1600	1700	1800	1900
比热容 c_{vm}/[kJ/(m^3·K)]	1.352	1.379	1.406	1.432	1.457	1.482	1.505	1.529	1.55	1.571
温度/℃	2000	2100	2200	2300	2400	2500	2600	2700	2800	2900
比热容 c_{vm}/[kJ/(m^3·K)]	1.592	1.611	1.63	1.648	1.666	1.682	1.698	1.714	1.729	1.743

表1.9.5　过热水蒸气的比热容　　单位：kJ/(kg·K)

温度/℃	压力/MPa											
	常压	2	4	6	8	10	15	20	25	30	35	40
100	2.047											
150	1.993											
200	1.980											
250	1.993											
300	2.014	2.321	2.832	3.671	5.364							
350	2.043	2.250	2.504	2.852	3.332	4.030						
400	2.072	2.213	2.382	2.579	2.813	3.095	4.066	5.997	10.67			
450	2.102	2.209	2.325	2.452	2.596	2.756	3.243	3.930	4.959	6.409		
500	2.135	2.214	2.300	2.391	2.486	2.593	2.893	3.257	3.708	4.216	4.936	5.679
550	2.173	2.231	2.293	2.363	2.433	2.503	2.708	2.947	3.214	3.513	3.842	4.198
600	2.202	2.252	2.301	2.351	2.405	2.458	2.606	2.771	2.948	3.137	3.343	3.561
650	2.236	2.277	2.322	2.368	2.409	2.458	2.587	2.726	2.882	3.054	3.132	3.273
700	2.269	2.311	2.352	2.389	2.426	2.467	2.579	2.702	2.837	2.990	2.991	3.096

（算图 1.10）
水和水蒸气的比热容（第 528 页右）

（算图 1.11）
过热水蒸气的比热容（第 529 页左）

表1.9.6　饱和水蒸气和干饱和水蒸气的比热容　　单位：kJ/(kg·K)

温度/℃	0.01	10	20	30	40	50	60	70	80	90
饱和水蒸气	1.864	1.868	1.874	1.883	1.894	1.907	1.924	1.944	1.969	1.999
温度/℃	100	110	120	130	140	150	160	170	180	190
饱和水蒸气	2.034	2.075	2.124	2.180	2.245	2.320	2.406	2.504	2.615	2.741
干饱和水蒸气	2.135	2.177	2.206	2.257	2.315	2.395	2.479	2.583	2.717	2.855
温度/℃	200	210	220	230	240	250	260	270	280	290
饱和水蒸气	2.883	3.043	3.222	3.426	3.656	3.918	4.221	4.574	4.996	5.507
干饱和水蒸气	3.023	3.199	3.408	3.634	3.890	4.157	4.467	4.815	5.234	5.694
温度/℃	300	310	320	330	340	350	360	370	374.2	
饱和水蒸气	6.144	6.962	8.053	9.589	11.92	15.95	26.79	112.9	∞	
干饱和水蒸气	6.280	7.118	8.206	9.881	12.35	16.24	23.03	56.52		

1.10　比焓

1.10.1　水和水蒸气的比焓

表1.10.1　水和水蒸气的比焓　　单位：kJ/kg

温度 t/℃	0	5	10	15	20	25	30	35	40
水	0	20.94	41.87	62.8	83.74	104.67	125.6	146.54	167.47
水蒸气	2491.1	2500.8	2510.4	2520.5	2530.1	2539.7	2549.3	2559	2568.6

续表

温度 t /℃	45	50	55	60	65	70	75	80	85
水	188.41	209.34	230.27	251.21	272.14	293.08	314.01	334.94	355.88
水蒸气	2577.8	2587.4	2596.7	2606.3	2615.5	2624.3	2633.5	2642.3	2651.1
温度 t /℃	90	95	100	105	110	115	120	125	130
水	376.81	397.75	418.68	440.03	460.97	482.32	503.67	525.02	546.38
水蒸气	2659.9	2668.7	2677	2685	2693.4	2701.3	2708.9	2716.4	2723.9
温度 t /℃	135	140	145	150	160	170	180	190	200
水	567.73	589.08	610.85	632.21	675.75	719.29	763.25	807.64	852.01
水蒸气	2731	2737.7	2744.4	2750.7	2762.9	2773.3	2782.5	2790.1	2795.5
温度 t /℃	210	220	230	240	250	260	270	280	290
水	897.23	942.45	988.5	1034.56	1081.45	1128.76	1176.91	1225.48	1274.46
水蒸气	2799.3	2801	2800.1	2796.8	2790.1	2780.9	2768.3	2752	2732.3
温度 t /℃	300	310	320	330	340	350	360	370	374.15
水	1325.5	1378.7	1436.1	1446.8	1562.9	1636.2	1729.2	1888.2	2098
水蒸气	2708	2680	2648.2	2610.5	2568.6	2516.7	2442.6	2301.9	2098

1.10.2 饱和水与干饱和蒸汽的比焓

表1.10.2 饱和水与干饱和蒸汽的比焓 单位：kJ/kg

温度 t /℃	压力 p /kPa	比焓		汽化热 r =h″−h′	温度 t /℃	压力 p /kPa	比焓		汽化热 r =h″−h′
		水 h′	汽 h″				水 h′	汽 h″	
2	0.7054	8.42	2504	2495.6	190	1255.3	807.5	2786	1978.5
10	1.2277	42.04	2519	2477.0	200	1555.1	852.4	2793	1940.6
20	2.337	83.9	2537	2453.1	210	1908.0	897.7	2708	1810.3
30	4.241	125.7	2556	2430.3	220	2320.1	943.1	2802	1858.9
40	7.375	167.5	2574	2406.5	230	2797.9	990.4	2803	1812.6
50	12.335	209.3	2592	2382.7	240	3348.0	1037.5	2803	1765.5
60	19.917	251.1	2609	2357.9	250	3977.6	1085.7	2801	1715.3
70	31.17	293.0	2626	2333.0	260	4694	1135.1	2796	1660.9
80	47.36	334.9	2643	2308.1	270	5505	1185.3	2790	1604.7
90	70.11	377.0	2659	2282.0	280	6419	1236.9	2780	1543.1
100	101.31	419.1	2676	2256.9	290	7445	1290.0	2766	1476.0
110	143.26	461.3	2691	2229.7	300	8592	1344.9	2749	1404.1
120	198.54	503.7	2706	2202.3	310	9870	1402.1	2727	1324.9
130	270.11	546.3	221	2173.7	320	11290	1462.1	2700	1237.9
140	361.4	589.0	2734	2145.0	330	12865	1520.1	2666	1145.9
150	476.0	632.2	2746	2113.8	340	14608	1594.7	2622	1027.3
160	618.0	675.6	275	2083.4	350	16537	1671.0	2565	894.0
170	792.0	719.2	2769	2049.8	360	18674	1762	2481	719
180	1002.7	763.1	2778	2014.9	374.15	22130	2100	2100	0

1.10.3 未饱和水与过热水蒸气的比焓

表1.10.3 未饱和水与过热水蒸气的比焓 单位：kJ/kg

温度 /℃	压力/MPa								
	0.001	0.005	0.01	0.02	0.04	0.06	0.08	0.1	0.5
0	−0.0412	0.0	0.0	0.0	0.0	0.0	0.0	0.1	0.5

续表

温度/℃	压力/MPa								
	0.001	0.005	0.01	0.02	0.04	0.06	0.08	0.1	0.5
20	2538.1	83.9	83.9	83.9	83.9	83.9	83.9	84.0	84.3
40	2575.5	2574.6	167.4	167.5	167.5	167.5	167.5	167.5	167.9
60	2613.0	2612.3	2611.3	251.1	251.1	251.1	251.1	251.2	251.5
80	2650.6	2650.0	2649.3	2647.8	2644.9	334.9	334.9	335.0	335.3
100	2688.3	2687.9	2687.2	2686.1	2683.8	2681.4	2679.0	2676.5	419.4
120	2726.2	2725.9	2725.4	2724.4	2722.6	2720.7	2718.8	2716.8	503.9
140	2764.3	2764.0	2763.6	2762.8	2761.3	2759.8	2758.2	2756.6	589.2
160	2802.6	2802.3	2802.0	2801.3	2800.1	2798.8	2797.5	2796.2	2767.4
180	2841.0	2840.8	2840.6	2840.0	2838.9	2837.9	2836.8	2835.7	2812.1
200	2879.6	2879.5	2879.3	2878.9	2877.9	2877.0	2876.1	2875.2	2855.4
220	2918.6	2918.5	2918.3	2917.8	2917.1	2916.3	2915.5	2914.7	2897.9
240	2957.7	2957.6	2957.4	2957.0	2956.4	2955.7	2955.0	2954.3	2939.9
260	2997.1	2997.0	2996.8	2996.5	2995.9	2995.3	2994.7	2994.1	2981.4
280	3036.7	3036.6	3036.5	3036.1	3035.6	3035.1	3034.6	3034.0	3022.8
300	3076.5	3076.4	3076.3	3076.0	3075.6	3075.1	3074.6	3074.1	3064.2
320	3116.6	3116.5	3116.4	3116.2	3115.8	3115.3	3114.9	3114.4	3105.5
340	3157.0	3156.9	3156.8	3156.5	3156.2	3155.8	3155.4	3155.1	3146.8
360	3197.5	3197.5	3197.4	3197.1	3196.8	3196.5	3196.1	3195.7	3188.3
380	3238.4	3238.3	3238.2	3238.0	3237.7	3237.4	3237.1	3236.7	3230.0
400	3279.5	3279.4	3279.4	3279.2	3278.9	3278.6	3278.3	3278.0	3271.8
420	3320.8	3320.8	3320.7	3320.5	3320.3	3320.0	3319.8	3319.5	3313.7
440	3362.5	3362.4	3362.4	3362.1	3362.0	3361.7	3361.5	3361.2	3355.9
460	3404.3	3404.3	3404.3	3404.2	3403.9	3403.7	3403.4	3403.2	3398.2
480	3446.5	3446.5	3446.4	3446.3	3446.1	3445.9	3445.7	3445.4	3440.8
500	3489.0	3489.0	3488.9	3488.8	3488.6	3488.4	3488.2	3487.9	3483.6
520	3531.7	3531.7	3531.6	3531.5	3531.3	3531.1	3530.9	3530.7	3526.7
540	3574.6	3574.6	3574.6	3574.5	3574.3	3574.1	3574.0	3573.8	3570.0
560	3618.0	3617.9	3617.9	3617.8	3617.6	3617.4	3617.3	3617.1	3613.5
580	3661.5	3661.5	3661.4	3661.3	3661.2	3661.0	3660.8	3660.7	3657.3
600	3705.3	3705.3	3705.2	3705.1	3705.0	3704.8	3704.7	3704.5	3701.4
620	3749.4	3749.4	3749.3	3749.3	3749.1	3749.0	3748.8	3748.7	3745.7
640	3793.8	3793.7	3793.7	3793.6	3793.5	3793.3	3793.2	3793.1	3790.2
660	3838.4	3838.4	3838.4	3838.3	3838.2	3838.0	3837.9	3837.8	3835.0
680	3883.4	3883.3	3838.3	3883.2	3883.1	3883.0	3882.8	3882.7	3880.1
700	3928.6	3928.6	3928.5	3928.5	3928.2	3928.2	3928.1	3928.0	3925.5

温度/℃	压力/MPa								
	1	2	3	4	5	6	7	8	10
0	1.0	2.0	3.0	4.0	5.1	6.1	7.1	8.1	10.1
20	84.8	85.7	86.7	87.6	88.6	89.5	90.4	91.4	93.2
40	168.3	169.2	170.1	171.0	171.9	172.7	173.6	174.5	176.3
60	251.9	252.7	253.6	254.4	255.3	256.1	256.9	257.8	259.4
80	335.7	336.5	337.3	338.1	338.8	339.6	340.4	341.2	342.8
100	419.7	420.5	421.2	422.0	422.7	423.5	424.2	425.0	426.5
120	504.3	505.0	505.7	506.4	507.1	507.8	508.5	509.2	510.6
140	589.5	590.2	590.8	591.5	592.1	592.8	593.4	594.1	595.4
160	675.7	676.3	676.9	677.5	678.0	678.6	679.2	679.8	681.0
180	2777.3	763.6	764.1	764.6	765.2	765.7	766.2	766.7	767.8
200	2827.5	852.6	853.0	853.4	853.8	854.2	854.6	855.1	855.9
220	2874.9	2820.4	943.9	944.2	944.4	944.7	945.0	945.3	946.0
240	2920.5	2876.3	2823.0	1037.7	1037.8	1037.9	1038.0	1038.2	1038.4
260	2964.8	2927.9	2885.5	2835.6	1135.0	1134.8	1134.7	1134.6	1134.3
280	3008.3	2976.9	2941.8	2902.2	2857.0	2804.0	1236.7	1236.2	1235.2
300	3051.3	3024.0	2994.2	2961.5	2925.4	2885.0	2839.2	2785.4	1343.7
320	3094.0	3069.8	3044.0	3016.2	2986.2	2953.5	2917.8	2878.1	2782.0

续表

温度/℃	压力/MPa								
	1	2	3	4	5	6	7	8	10
340	3136.5	3114.9	3092.1	3067.9	3042.2	3014.9	2985.5	2953.9	2882.1
360	3178.9	3159.5	3139.3	3118.2	3095.9	3072.4	3047.6	3021.3	2963.3
380	3221.5	3204.0	3185.8	3166.9	3147.2	3126.6	3105.2	3082.7	3034.4
400	3264.0	3248.1	3231.6	3214.5	3196.9	3178.6	3159.7	3140.1	3098.5
420	3306.6	3291.9	3276.9	3261.4	3245.4	3229.0	3212.1	3194.7	3158.1
440	3349.3	3335.7	3321.9	3307.7	3293.2	3278.3	3263.0	3247.3	3214.8
460	3392.1	3379.6	3366.8	3353.7	3340.4	3326.8	3312.8	3298.6	3269.3
480	3435.1	3423.5	3411.6	3399.5	3387.2	3374.7	3361.9	3349.0	3322.3
500	3478.3	3467.4	3456.4	3445.2	3433.8	3422.2	3410.5	3398.5	3374.1
520	3521.7	3511.5	3501.2	3490.8	3480.2	3469.5	3458.6	3447.6	3425.1
540	3565.3	3555.8	3546.1	3536.4	3526.5	3516.5	3506.4	3496.2	3475.4
560	3609.1	3600.2	3591.1	3582.0	3572.8	3563.5	3554.1	3544.6	3525.4
580	3653.2	3644.8	3636.3	3627.7	3619.1	3610.4	3601.6	3592.8	3574.9
600	3697.4	3689.5	3681.5	3673.4	3665.4	3657.2	3649.0	3640.7	3624.0
620	3741.9	3734.4	3726.8	3719.2	3711.6	3703.9	3696.2	3688.4	3672.7
640	3786.6	3779.5	3772.3	3765.1	3757.9	3750.6	3743.3	3736.0	3721.2
660	3831.6	3824.8	3818.0	3811.2	3804.3	3797.4	3790.5	3783.6	3769.7
680	3876.9	3870.4	3863.9	3857.4	3850.9	3844.4	3837.8	3831.3	3818.1
700	3922.4	.3	3910.1	3903.9	3897.7	3891.5	3885.3	3879.1	3866.6

温度/℃	压力/MPa								
	12	14	16	18	20	25	30	35	40
0	12.1	14.1	16.1	18.1	20.1	25.1	30.0	34.9	39.7
20	95.1	97.0	98.8	100.7	102.5	107.1	111.7	116.3	120.8
40	178.1	179.8	181.6	183.3	185.1	189.4	193.8	198.2	202.5
60	261.1	262.8	264.5	266.1	267.8	272.0	276.1	280.3	284.5
80	344.4	346.0	347.6	349.2	350.8	354.8	358.7	362.7	366.7
100	428.0	429.5	431.0	432.5	434.0	437.8	441.6	445.4	449.2
120	512.0	513.5	514.9	516.3	517.7	521.3	524.9	528.5	532.1
140	596.7	598.0	599.4	600.7	602.0	605.4	608.7	612.1	615.5
160	682.2	683.4	684.6	685.9	687.1	690.2	693.3	696.4	699.6
180	768.8	769.9	771.0	772.0	773.1	775.9	778.7	781.5	784.4
200	856.8	857.7	858.6	859.5	860.4	862.8	865.2	867.7	870.2
220	946.6	947.2	947.9	948.6	949.3	951.2	953.1	955.2	957.3
240	1038.8	1039.1	1039.5	1039.9	1040.3	1041.5	1042.8	1044.3	1045.8
260	1134.2	1134.1	1134.0	1134.0	1134. 1	1134.3	1134.8	1135.5	1136.4
280	1234.3	1233.5	1232.8	1232.1	1231.6	1230.5	1229.9	1229.5	1229.4
300	1341.5	1339.5	1337.7	1336.1	1334.6	1331.5	1329.0	1327.2	1325.8
320	1461.5	1457.0	1453.0	1449.5	1446.3	1439.6	1434.3	1430.1	1426.7
340	2793.4	2672.6	1589.6	1580.9	1573.7	1559.5	1549.0	1540.8	1534.2
360	2896.6	2817.4	2717.8	2569.8	1742.0	1701.3	1678.6	1662.7	1650.6
380	2980.7	2920.2	2850.6	2767.8	2663.2	1939.5	1841.3	1803.8	1780.3
400	3053.3	3004.0	2949.7	2889.0	2820.1	2583.2	2159.1	1993.6	1935.7
420	3119.1	3077.4	3032.5	2983.9	2931.0	2773.0	2557.2	2296.5	2141.8
440	3180.4	3144.2	3105.8	3065.0	3021.7	2899.4	2751.7	2575.7	2398.5
460	3238.6	3206.6	3173.0	3137.9	3101.0	3000.3	2885.4	2755.5	2616.5
480	3294.6	3265.9	3236.2	3205.2	3173.1	3087.0	2992.2	2888.4	2778.0
500	3349.0	3323.0	3296.3	3268.7	3240.2	3165.0	3083.9	2997.1	2905.8
520	3402.1	3378.4	3354.2	3329.3	3303.7	3237.0	3166.1	3091.3	3013.4

续表

温度/℃	压力/MPa								
	12	14	16	18	20	25	30	35	40
540	3454.2	3432.5	3410.4	3387.7	3364.6	3304.7	3241.7	3176.0	3108.2
560	3505.7	3485.8	3465.4	3444.7	3423.6	3369.2	3312.6	3254.0	3196.8
580	3556.7	3538.2	3519.4	3500.3	3480.9	3431.2	3379.8	3326.9	3272.9
600	3607.0	3589.8	3572.4	3554.8	3536.9	3491.2	3444.2	3396.1	3347.3
620	3656.9	3640.8	3624.6	3608.2	3591.7	3549.5	3506.4	3462.3	3417.6
640	3706.4	3691.3	3676.2	3660.9	3645.5	3606.4	3566.5	3526.0	3485.0
660	3755.6	3741.5	3727.3	3713.0	3698.6	3662.2	3625.2	3587.7	3549.9
680	3804.9	3791.6	3778.2	3764.7	3751.2	3717.1	3682.6	3647.8	3612.8
700	3854.1	3841.5	3828.9	3816.2	3803.5	3771.5	3739.2	3706.8	3674.2

注：横线上方为未饱和水的比焓，下方为过热水蒸气的比焓。

（算图 1.12）
水蒸气与空气混合物的比焓（第 529 页右）

1.11 比熵

1.11.1 饱和水与干饱和蒸汽的比熵

表1.11.1 饱和水与干饱和蒸汽的比熵　　单位：kJ/(kg·K)

温度 t /℃	压力 p /kPa	比熵		r/T_s $=s''-s'$	温度 t /℃	压力 p /kPa	比熵		r/T_s $=s''-s'$
		水 s'	汽 s''				水 s'	汽 s''	
1	0.6566	0.0154	9.1281	9.1127	44	9.101	0.6252	8.1820	7.5568
2	0.7054	0.0306	9.1018	9.0712	46	10.088	0.6516	8.1458	7.4942
3	0.7575	0.0458	9.0757	9.0299	48	11.163	0.6778	8.1102	7.4324
4	0.8129	0.0610	9.0498	8.9888	50	12.335	0.7038	8.0753	7.3715
5	0.8719	0.0762	9.0241	8.9479	55	15.74	0.7679	7.9901	7.2222
6	0.9347	0.0913	8.9978	8.9065	60	19.917	0.8311	7.9084	7.0773
7	1.0013	0.1063	8.9736	8.8673	65	25.01	0.8934	7.8297	6.9363
8	1.0721	0.1212	8.9485	8.8273	70	31.17	0.9549	7.7544	6.7995
9	1.1473	0.1361	8.9238	8.7877	75	38.55	1.0157	7.6815	6.6658
10	1.2277	0.1510	8.8994	8.7484	80	47.36	1.0753	7.6116	6.5363
12	1.4016	0.1805	8.8513	8.6708	85	57.81	1.1342	7.5438	6.4096
14	1.5974	0.2098	8.8040	8.5942	90	70.11	1.1925	7.4787	6.2862
16	1.817	0.2389	8.7574	8.5185	95	84.51	1.2502	7.4155	6.1653
18	2.062	0.2678	8.7116	8.4438	100	101.31	1.3071	7.3547	6.0476
20	2.337	0.2964	8.6665	8.3701	105	120.79	1.3632	7.2959	5.9327
22	2.643	0.3249	8.6220	8.2971	110	143.26	1.4184	7.2387	5.8203
24	2.982	0.3532	8.5785	8.2253	115	169.05	1.4733	7.1832	5.7099
26	3.360	0.3812	8.5358	8.1546	120	198.54	1.5277	7.1298	5.6021
28	3.779	0.4090	8.4938	8.0848	125	232.08	1.5814	7.0777	5.4963
30	4.241	0.4366	8.4523	8.0157	130	270.11	1.6354	7.0272	5.3918
32	4.753	0.4640	8.4117	7.9477	135	313.0	1.6869	6.9781	5.2912
34	5.318	0.4913	8.3716	7.8803	140	361.4	1.7392	6.9304	5.1912
36	5.940	0.5185	8.3323	7.8138	145	415.5	1.7907	6.8839	5.0932
38	6.624	0.5455	8.2938	7.7483	150	476.0	1.8418	6.8383	4.9965
40	7.375	0.5723	8.2559	7.6836	155	543.3	1.8924	6.7940	4.9016
42	8.198	0.5988	8.2187	7.6199	160	618.0	1.9427	6.7508	4.8081

续表

温度t /℃	压力p /kPa	比熵 水s′	比熵 汽s″	r/Ts =s″−s′	温度t /℃	压力p /kPa	比熵 水s′	比熵 汽s″	r/Ts =s″−s′
165	700.8	1.9924	6.7081	4.7157	260	4694	2.8851	6.0013	3.1162
170	792.0	2.0417	6.6666	4.6249	270	5505	2.9764	5.9297	2.9533
175	892.5	2.0909	6.6256	4.5347	280	6419	3.0681	5.8573	2.7892
180	1002.7	2.1395	6.5858	4.4463	290	7445	3.1611	5.7827	2.6216
185	1123.4	2.1876	6.5465	4.3589	300	8592	3.2548	5.7049	2.4501
190	1255.3	2.2357	6.5074	4.2717	310	9870	3.3508	5.6233	2.2725
195	1398.9	2.2834	6.4694	4.1860	320	11290	3.4495	5.5353	2.0858
200	1555.1	2.3308	6.4318	4.1010	330	12865	3.5522	5.4412	1.8890
210	1908.0	2.4246	6.3577	3.9331	340	14608	3.6605	5.3361	1.6756
220	2320.1	2.5179	6.2849	3.7670	350	16537	3.7786	5.2117	1.4331
230	2797.9	2.6101	6.2133	3.6032	360	18674	3.9162	5.0530	1.1368
240	3348.0	2.7021	6.1425	3.4404	370	21053	4.1137	4.7951	0.6814
250	3977.6	2.7934	6.0721	3.2787	374.15	22130	4.4296	4.4296	0.0000

1.11.2 未饱和水与过热水蒸气的比熵

表1.11.2 未饱和水与过热水蒸气的比熵 单位：kJ/(kg·K)

温度 /℃	压力/MPa 0.001	0.005	0.01	0.02	0.04	0.06	0.08	0.1	0.5
0	0.0001	−0.0001	−0.0001	−0.0001	−0.0001	−0.0001	−0.0001	−0.0001	−0.0001
20	9.0604	0.2963	0.2963	0.2963	0.2963	0.2963	0.2963	0.2963	0.2962
40	9.1837	8.4385	0.5721	0.5721	0.5721	0.5721	0.5721	0.5721	0.5719
60	9.2997	8.5552	8.2331	0.8310	0.8310	0.8310	0.8310	0.8310	0.8307
80	9.4093	8.6652	8.3437	8.0205	7.6940	1.0752	1.0752	1.0752	1.0750
100	9.5132	8.7695	8.4484	8.1264	7.8013	7.6091	7.4712	7.3628	1.3066
120	9.6122	8.8687	8.5479	8.2261	7.9025	7.7116	7.5750	7.4681	1.5273
140	9.7066	8.9633	8.6427	8.3213	7.9986	7.8086	7.6729	7.5669	1.7388
160	9.7971	9.0539	8.7334	8.4124	8.0903	7.9009	7.7658	7.6605	6.8653
180	9.8839	9.1408	8.8204	8.4996	8.1780	7.9890	7.8544	7.7496	6.9664
200	9.9672	9.2244	8.9041	8.5834	8.2621	8.0735	7.9393	7.8348	7.0603
220	10.048	9.3049	8.9848	8.6642	8.3432	8.1548	8.0208	7.9166	7.1481
240	10.126	9.3828	9.0626	8.7422	8.4213	8.2332	8.0994	7.9954	7.2314
260	10.201	9.4580	9.1379	8.8176	8.4969	8.3089	8.1758	8.0714	7.3109
280	10.274	9.5310	9.2109	8.8906	8.5700	8.3822	8.2486	8.1449	7.3871
300	10.345	9.6017	9.2817	8.9614	8.6409	8.4582	8.3198	8.2162	7.4605
320	10.413	9.6705	9.3504	9.0302	8.7098	8.5222	8.3888	8.2853	7.5314
340	10.480	9.7374	9.4174	9.0972	8.7768	8.5892	8.4560	8.3525	7.5999
360	10.545	9.8025	9.4825	9.1624	8.8421	8.6545	8.5213	8.4179	7.6664
380	10.609	9.8660	9.5461	9.2259	8.9057	8.7182	8.5851	8.4817	7.7313
400	10.671	9.9280	9.6081	9.2880	8.9678	8.7803	8.6472	8.5439	7.7944
420	10.731	9.9886	9.6686	9.3485	9.0284	8.8410	8.7079	8.6046	7.8558
440	10.790	10.048	9.7279	9.4078	9.0877	8.9003	8.7672	8.6640	7.9157
460	10.848	10.106	9.7858	9.4657	9.1457	8.9583	8.8253	8.7220	7.9743
480	10.905	10.162	9.8426	9.5225	9.2024	9.0151	8.8821	8.7789	8.0316
500	10.960	10.218	9.8982	9.5781	9.2581	9.0708	8.9378	8.8346	8.0877
520	11.015	10.273	9.9527	9.6327	9.3127	9.1254	8.9924	8.8892	8.1427
540	11.069	10.326	10.006	9.6862	9.3662	9.1789	9.0460	8.9128	8.1966

续表

温度/℃	压力/MPa								
	0.001	0.005	0.01	0.02	0.04	0.06	0.08	0.1	0.5
560	11.121	10.379	10.059	9.7388	9.4188	9.2315	9.0986	8.9954	8.2495
580	11.173	10.430	10.110	9.7905	9.4701	9.2832	9.1503	9.0471	8.3014
600	11.224	10.481	10.161	9.8413	9.5212	9.3340	9.2011	9.0979	8.3525
620	11.274	10.531	10.211	9.8912	9.5712	9.3839	9.2510	9.1479	8.4026
640	11.323	10.580	10.260	9.9403	9.6203	9.4331	9.3002	9.1971	8.4520
660	11.371	10.628	10.309	9.9887	9.6687	9.4815	9.3486	9.2455	8.5005
680	11.419	10.676	10.356	10.036	9.7164	9.5291	9.3963	9.2932	8.5483
700	11.466	10.723	10.404	10.083	9.7633	9.5761	9.4432	9.3402	8.5954

温度/℃	压力/MPa								
	1	2	3	4	5	6	7	8	10
0	-0.0001	0.0000	0.0001	0.0002	0.0002	0.0003	0.0004	0.0004	0.0005
20	0.2961	0.2959	0.2957	0.2955	0.2952	0.2951	0.2948	0.2946	0.2942
40	0.5717	0.5743	0.5709	0.5706	0.5702	0.5698	0.5694	0.5690	0.5682
60	0.8305	0.8299	0.8294	0.8288	0.8283	0.8278	0.8273	0.8267	0.8257
80	1.0746	1.0740	1.0733	1.0726	1.0720	1.0713	1.0707	1.0700	1.0687
100	1.3062	1.3054	1.3046	1.3038	1.3030	1.3023	1.3015	1.3007	1.2992
120	1.5269	1.5260	1.5250	1.5242	1.5232	1.5224	1.5215	1.5206	1.5188
140	1.7383	1.7373	1.7362	1.7352	1.7342	1.7332	1.7321	1.7311	1.7291
160	1.9420	1.9408	1.9396	1.9385	1.9373	1.9361	1.9350	1.9338	1.9315
180	6.5851	2.1379	2.1366	2.1352	2.1339	2.1325	2.1312	2.1299	2.1272
200	6.6940	2.3300	2.3284	2.3268	2.3253	2.3237	2.3222	2.3207	2.3176
220	6.7921	6.3842	2.5166	2.5147	2.5129	2.5111	2.5093	2.5075	2.5040
240	6.8826	6.4953	6.2245	2.7007	2.6985	2.6963	2.6941	2.6920	2.6878
260	6.9674	6.5941	6.3440	6.1355	2.8842	2.8815	2.8789	2.8762	2.8711
280	7.0475	6.6842	6.4477	6.2581	6.0889	5.9253	3.0667	3.0633	3.0567
300	7.1239	6.7679	6.5408	6.3634	6.2104	6.0693	5.9322	5.7918	3.2494
350	7.30155	6.95705	6.7439	6.58335	6.4508	6.33485	6.2295	6.13085	5.9434
400	7.4606	7.1285	6.9231	6.7713	6.6486	6.5438	6.4511	6.3670	6.2158
450	7.6186	7.2853	7.0845	6.9376	6.82015	6.7211	6.63465	6.5573	6.4214
500	7.7627	7.4323	7.2345	7.0909	6.9768	6.8814	6.7988	6.7251	6.5984
550	7.899	7.5557	7.37505	7.23365	7.12195	7.0289	6.9488	6.87805	6.75655
600	8.0292	7.7024	7.5084	7.3686	7.2586	7.1673	7.0890	7.0201	6.9025
650	8.15345	7.82775	7.63485	7.49615	7.38735	7.29725	7.22025	7.15265	7.03765
700	8.2731	7.9483	7.7562	7.6185	7.5105	7.4214	7.3453	7.2787	7.1656

温度/℃	压力/MPa								
	12	14	16	18	20	25	30	35	40
0	0.0006	0.0007	0.0008	0.0008	0.0008	0.0009	0.0008	0.0007	0.0004
20	0.2937	0.2933	0.2928	0.2924	0.2919	0.2907	0.2895	0.2883	0.2870
40	0.5674	0.5666	0.5659	0.5651	0.5643	0.5623	0.5604	0.5584	0.5565
60	0.8246	0.8236	0.8225	0.8215	0.8204	0.8178	0.8153	0.8127	0.8102
80	1.0674	1.0661	1.0648	1.0636	1.0623	1.0591	1.0560	1.0529	1.0498
100	1.2977	1.2961	1.2946	1.2931	1.2916	1.2879	1.2843	1.2807	1.2771
120	1.5170	1.5153	1.5136	1.5118	1.5101	1.5059	1.5017	1.4976	1.4935
140	1.7271	1.7251	1.7231	1.7212	1.7192	1.7144	1.7097	1.7050	1.7004
160	1.9292	1.9269	1.9247	1.9225	1.9203	1.9148	1.9095	1.9042	1.8991
180	2.1246	2.1220	2.1195	2.1170	2.1145	2.1083	2.1022	2.0963	2.0905
200	2.3146	2.3117	2.3087	2.3058	2.3030	2.2960	2.2891	2.2824	2.2758

续表

温度/℃	压力/MPa								
	12	14	16	18	20	25	30	35	40
220	2.5005	2.4970	2.4936	2.4903	2.4870	2.4789	2.4711	2.4635	2.4500
240	2.6837	2.6796	2.6760	2.6717	2.6678	2.6584	2.6493	2.6406	2.6321
260	2.8661	2.8612	2.8563	2.8516	2.8470	2.8359	2.8252	2.8150	2.8052
280	3.0503	3.0441	3.0381	3.0323	3.0266	3.0130	3.0002	2.9881	2.9765
300	3.2407	3.2324	3.2245	3.2168	3.2095	3.1922	3.1763	3.1615	3.1476
320	3.4464	3.4338	3.4222	3.4113	3.4010	3.3776	3.3568	3.3379	3.3206
340	5.6725	5.4297	3.6484	3.6291	3.6121	3.5764	3.5469	3.5214	3.4988
360	5.8383	5.6624	5.4653	5.2011	3.8818	3.8037	3.7546	3.7168	3.6855
380	5.9691	5.8223	5.6719	5.5097	5.3209	4.1730	4.0074	3.9362	3.8871
400	6.0787	5.9488	5.8215	5.6926	5.5578	5.1472	4.4854	4.2221	4.1213
450	6.30245	6.1944	6.0935	5.9974	5.90415	5.67505	5.43885	5.187	4.93855
500	6.4893	6.3922	6.3038	6.2215	6.1440	5.9639	5.7954	5.6329	5.4745
550	6.65335	6.56275	6.48115	6.40635	6.33675	6.1793	6.03755	5.90615	5.78205
600	6.8034	6.7172	6.6401	6.5701	6.5055	6.3616	6.2351	6.1202	6.0139
650	6.9414	6.858	6.784	6.71715	6.65585	6.5208	6.4038	6.29915	6.20355
700	7.0714	6.9901	6.9183	6.8537	6.7947	6.6657	6.5553	6.4575	6.3691

注：横线上方为未饱和水的比熵，下方为过热水蒸气的比熵。

1.12 气液平衡

表 1.12.1 水－甲醇气液平衡组成与温度、压力关系

温度/℃	压力/kPa	甲醇(摩尔分数)/%		温度/℃	压力/kPa	甲醇(摩尔分数)/%	
		液相	气相			液相	气相
39.76	9.08	4.78	32.52	49.76	31.54	75.8	25.59
	10.74	9.25	51.43		37.72	82.03	45.62
	13.01	13.35	62.79		40.84	86.54	62.14
	13.78	15.23	70.83		43.20	90.07	61.64
	14.64	18.09	80.37		46.44	94.06	64.86
	15.78	20.32	90.07		49.79	96.27	67.34
	17.60	25.57	94.61		52.13	97.36	72.63
	18.42	28.66	100.0		53.93	100.0	73.83
	20.70	37.16	5.31	92.9	101.3	28.34	80.53
	22.31	43.62	7.67	90.3		40.01	82.38
	23.38	50.33	9.26	88.9		43.53	84.57
	25.09	59.33	13.15	85.0		54.55	86.19
	26.99	67.13	20.83	81.6		62.73	88.35
	29.74	80.02	28.18	78.0		67.75	95.36
	32.57	92.7	33.33	76.7		69.18	97.61
	34.63	100.0	46.20	73.8		77.56	100.0
49.76	15.93	4.86	52.92	72.7		79.71	27.41
	20.93	12.18	59.37	71.3		81.83	47.41
	22.62	14.78	68.49	70.0		84.92	52.2
	26.13	21.31	85.62	68.0		89.62	69.94
	29.02	26.93	87.41	66.9		91.94	71.06

表1.12.2　水－乙醇气液平衡组成与温度关系（101.3kPa）

温度/℃	乙醇（摩尔分数）/%		温度/℃	乙醇（摩尔分数）/%		温度/℃	乙醇（摩尔分数）/%	
	液相	气相		液相	气相		液相	气相
100	0	0	82.7	23.37	54.45	79.3	57.32	68.41
95.5	1.90	17.00	82.3	26.08	55.80	78.74	67.63	73.85
89.0	7.21	38.91	81.5	32.73	59.26	78.41	74.72	78.15
86.7	9.66	43.75	80.7	39.65	61.22	78.15	89.43	89.43
85.3	12.38	47.04	79.8	50.79	65.64			
84.1	16.61	50.89	79.7	51.98	65.99			

表1.12.3　水－乙二醇气液平衡组成与温度、压力关系

温度/℃	压力/kPa	水（摩尔分数）/%		温度/℃	压力/kPa	水（摩尔分数）/%	
		液相	气相			液相	气相
179.5		0.0	0.0	190.0		0.0	0.0
162.5		2.0	51.7	178.2		2.0	36.5
151.0		6.0	68.3	164.7		6.0	64.7
142.2		10	78.0	154.8		10	76.7
129.5		20	88.0	140.0	80.4	20	87.8
119.0		30	93.5	128.8		30	93.2
110.8	57.3	40	96.2	120.3		40	95.8
101.0		50	97.6	113.5		50	97.4
98.8		60	98.6	108.2		60	98.3
94.3		70	99.3				
90.5		80	99.5				
87.0		90	99.8				
85.0		100	100.0				

表1.12.4　水－乙酸气液平衡组成与温度、压力关系

温度/℃	压力/kPa	水（摩尔分数）/%		温度/℃	压力/kPa	水（摩尔分数）/%	
		液相	气相			液相	气相
118.5		0.0	0.0	131.8		80.2	86.9
109.7		20.8	83.1	131.7		83.2	88.6
107.2		32.7	44.1	130.9		88.3	91.9
105.4		46.8	60.2	130.8		88.9	92.0
104.0		59.2	71.3	130.7		92.4	94.3
102.7		68.8	78.7	130.5		93.8	95.4
101.7	101.1	77.9	85.2	130.5		95.4	96.7
101.5		84.5	89.5	130.4		96.2	97.2
100.9		88.4	91.8	130.4		97.5	98.1
100.7		91.9	94.3	130.4	788.8	98.8	99.3
100.3		97.0	97.8	130.4		100.0	100.0
100.2		98.7	99.1	200.7		0.0	0.0
100.0		100	100.0	189.0		16.7	29.7
153.6		0.0	0.0	182.1		34.4	51.0
143.9		21.5	33.4	177.1		50.9	67.9
138.7		38.1	53.8	177.2		62.1	67.8
135.2	273	52.8	67.7	175.0		63.8	75.8
133.6		65.9	78.0	173.4		71.1	80.7
132.9		72.1	81.5	172.2		77.4	85.0

表1.12.5 水－乙醛气液平衡组成与温度的关系 (101.3kPa)

温度/℃	乙醛(摩尔分数)/%		温度/℃	乙醛(摩尔分数)/%		温度/℃	乙醛(摩尔分数)/%	
	液相	气相		液相	气相		液相	气相
100.0	0.0	0.0	43.0	10.0	89.0	24.6	60.0	—
93.5	0.5	25.0	33.0	20.0	93.0	23.8	70.0	—
82.0	1.0	50.0	29.0	30.0	—			
63.0	4.0	75.0	25.3	50.0	—			

1.13 其他物性

1.13.1 体胀系数

表1.13.1 饱和水和饱和水蒸气的体胀系数 单位：10^{-3}/K

温度/℃	0.01	10	20	30	40	50	60	70	80	90
饱和水	−0.0855	0.0821	0.2066	0.3056	0.3890	0.4624	0.5288	0.5900	0.6473	0.7019
饱和水蒸气	3.669	3.544	3.431	3.327	3.233	3.150	3.076	3.012	2.958	2.915
温度/℃	100	110	120	130	140	150	160	170	180	190
饱和水	0.7547	0.8068	0.8590	0.9121	0.9667	1.024	1.084	1.148	1.216	1.291
饱和水蒸气	2.882	2.861	2.851	2.853	2.868	2.897	2.941	3.001	3.078	3.174
温度/℃	200	210	220	230	240	250	260	270	280	290
饱和水	1.372	1.462	1.563	1.676	1.806	1.955	2.130	2.338	2.589	2.900
饱和水蒸气	3.291	3.432	3.599	3.798	4.030	4.321	4.665	5.086	5.608	6.267
温度/℃	300	310	320	330	340	350	360	370	374.2	
饱和水	3.293	3.808	4.510	5.531	7.167	10.39	19.28	98.18	∞	
饱和水蒸气	7.117	8.242	9.785	12.02	15.50	21.73	38.99	170.9	∞	

1.13.2 折射率

表1.13.2 水的折射率

温度/℃	折射率	温度/℃	折射率	温度/℃	折射率	温度/℃	折射率
0	1.33401	26	1.33241	52	1.32860	78	1.32332
2	1.33358	28	1.33219	54	1.32827	80	1.32287
4	1.33391	30	1.33192	56	1.32792	82	1.32241
6	1.33385	32	1.33164	58	1.32755	84	1.32195
8	1.33378	34	1.33136	60	1.32718	86	1.32148
10	1.33369	36	1.33107	62	1.32678	88	1.32100
12	1.33359	38	1.33079	64	1.32636	90	1.32050
14	1.33348	40	1.33051	66	1.32596	92	1.32000
16	1.33333	42	1.33023	68	1.32555	94	1.31949
18	1.33317	44	1.32992	70	1.32511	96	1.31897
20	1.33299	46	1.32959	72	1.32466	98	1.31842
22	1.33281	48	1.32927	74	1.32421	100	1.31783
24	1.33262	50	1.32894	76	1.32376		

1.13.3 可压缩性

表 1.13.3 水的可压缩性

压力/MPa	温度/℃ -10	0	10	20	40	60	80
0	1.0017	1.0000	1.0001	1.0016	1.0076	1.0168	1.0287
50	0.9791	0.9770	0.9781	0.9807	0.9869	0.9970	1.0074
100	0.9586	0.9571	0.9596	0.9623	0.9693	0.9784	0.9889
150	0.9406	0.9400	0.9430	0.9462	0.9535	0.9623	0.9723
200	0.9231	0.9248	0.9284	0.9319	0.9393	0.9479	0.9575
250	0.9091	0.9120	0.9155	0.9191	0.9265	0.9351	0.9445
300	0.8971	0.9002	0.9037	0.9074	0.9148	0.9234	0.9324
350	0.8862	0.8893	0.8928	0.8965	0.9039	0.9125	0.9213
400	0.8761	0.8793	0.8828	0.8865	0.8941	0.9022	0.9107
450	0.8668	0.8702	0.8735	0.8772	0.8848	0.8929	0.9012
500	0.8583	0.8617	0.8650	0.8686	0.8763	0.8843	0.8924
600		0.8463	0.8493	0.8528	0.8607	0.8685	0.8764
700			0.8352	0.8387	0.8468	0.8546	0.8622
800				0.8229	0.8342	0.8420	0.8495
900				0.8145	0.8231	0.8309	0.8383
1000				0.8033	0.8132	0.8209	0.8281
1100					0.8036	0.8114	0.8185
1200					0.7945	0.8023	0.8094

（算图 1.13）
水蒸气的压缩因子（第 530 页左）

1.13.4 普朗特数

表 1.13.4 水的普朗特数

温度/℃	压力/MPa 10	20	30	40	温度/℃	压力/MPa 10	20	30	40
0	13.1	12.8	12.4	12.0	180	1.00	0.99	0.90	1.01
10	9.21	9.04	8.84	8.64	190	0.96	0.95	0.95	0.95
20	6.89	6.81	6.71	6.60	200	0.93	0.92	0.92	0.92
30	5.40	5.31	5.27	5.19	210	0.91	0.90	0.90	0.89
40	4.31	4.26	4.22	4.20	220	0.89	0.88	0.88	0.88
50	3.55	3.54	3.50	3.48	230	0.88	0.87	0.87	0.86
60	2.99	2.98	2.96	2.95	240	0.88	0.87	0.86	0.85
70	2.55	2.54	2.52	2.51	250	0.88	0.86	0.86	0.86
80	2.20	2.19	2.18	2.18	260	0.88	0.86	0.85	0.84
90	1.94	1.95	1.92	1.92	270	0.90	0.87	0.85	0.84
100	1.73	1.73	1.72	1.69	280	0.92	0.88	0.86	0.83
110	1.59	1.58	1.58	1.58	290	0.94	0.89	0.86	0.84
120	1.45	1.45	1.45	1.44	300	0.97	0.91	0.86	0.84
130	1.35	1.34	1.34	1.34	310		0.95	0.89	0.85
140	1.25	1.24	1.24	1.24	320		0.99	0.92	0.86
150	1.17	1.16	1.16	1.16	330		1.08	0.95	0.89
160	1.10	1.09	1.09	1.09	341		1.18	1.00	0.91
170	1.04	1.04	1.04	1.04					

表1.13.5　过冷水与过热蒸气的普朗特数

压力/MPa	温度/℃						
	0	20	50	100	150	200	250
0.1	13.0	6.94	3.54	0.984	0.970	0.959	0.950
1.0	13.0	6.93	3.55	1.73	1.14	1.11	1.03
5.0	12.8	6.86	3.51	1.72	1.13	0.902	0.842
10.0	12.6	6.79	3.48	1.71	1.13	0.899	0.831
15.0	12.4	6.72	3.46	1.71	1.13	0.896	0.820
20.0	12.3	6.65	3.43	1.70	1.13	0.895	0.812
25.0	12.1	6.59	3.41	1.69	1.13	0.891	0.805
30.0	11.9	6.52	3.38	1.69	1.12	0.888	0.799
35.0	11.8	6.47	3.36	1.68	1.12	0.886	0.795
40.0	11.6	6.40	3.34	1.68	1.12	0.885	0.791
45.0	11.5	6.35	3.32	1.67	1.12	0.884	0.788
50.0	11.4	6.30	3.31	1.67	1.12	0.883	0.786

压力/MPa	温度/℃						
	300	350	400	450	500	600	700
0.1	0.939	0.930	0.921	0.915	0.908	0.900	0.892
1.0	0.981	0.954	0.983	0.925	0.916	0.903	0.893
5.0	1.26	1.12	1.03	0.976	0.947	0.915	0.895
10.0	0.940	1.40	1.18	1.06	0.993	0.929	0.897
15.0	0.899	2.19	1.37	1.15	1.05	0.945	0.899
20.0	0.866	1.31	1.75	1.26	1.10	0.958	0.902
25.0	0.840	1.12	2.81	1.40	1.15	0.976	0.902
30.0	0.819	1.02	4.27	1.56	1.22	1.00	0.904
35.0	0.803	0.950	1.99	1.83	1.30	1.01	0.905
40.0	0.790	0.903	1.45	2.08	1.39	1.03	0.908
45.0	0.779	0.867	1.22	1.90	1.46	1.05	0.909
50.0	0.771	0.832	1.10	1.64	1.50	1.07	0.910

注：横线上面对应气体，下面对应液体。

(算图 1.14)

过热水蒸气的普朗特数（第 530 页右）

表1.13.6　干饱和水蒸气的普朗特数

温度/℃	100	110	120	130	140	150	160	170	180	190	200	210	220	230
普朗特数	1.08	1.09	1.09	1.11	1.12	1.16	1.18	1.21	1.25	1.33	1.36	1.41	1.47	1.54
温度/℃	240	250	260	270	280	290	300	310	320	330	340	350	360	370
普朗特数	1.61	1.68	1.75	1.82	1.90	2.01	2.13	2.29	2.50	2.86	3.35	4.03	5.23	11.10

表1.13.7　饱和水和饱和水蒸气的普朗特数

温度/℃	0.01	10	20	30	40	50	60	70	80	90
饱和水	13.0	9.29	6.94	5.39	4.30	3.54	2.96	2.53	2.20	1.94
饱和水蒸气	0.815	0.831	0.847	0.863	0.883	0.896	0.913	0.930	0.947	0.966
温度/℃	100	110	120	130	140	150	160	170	180	190
饱和水	1.73	1.56	1.42	1.31	1.21	1.14	1.07	1.02	0.970	0.935
饱和水蒸气	0.984	1.00	1.02	1.04	1.06	1.08	1.11	1.13	1.15	1.18
温度/℃	200	210	220	230	240	250	260	270	280	290
饱和水	0.904	0.881	0.864	0.853	0.846	0.842	1.848	0.860	0.883	0.916
饱和水蒸气	1.21	1.24	1.26	1.29	1.33	1.36	1.40	1.44	1.49	1.54
温度/℃	300	310	320	330	340	350	360	370	374.2	
饱和水	0.958	1.00	1.07	1.19	1.35	1.64	2.38	6.95	∞	
饱和水蒸气	1.61	1.71	1.94	2.24	2.82	3.83	5.34	15.7	∞	

第2章 无机气体

目录

2.1 物性总览 …… 028
- 2.1.1 无机气体的一般特性 …… 028
- 2.1.2 无机气体的危险品特性 …… 031

2.2 密度 …… 033
- 2.2.1 空气的密度 …… 033
- 2.2.2 单质气体的密度 …… 034
- 2.2.3 化合物气体的密度 …… 038
- 2.2.4 其他无机气体 …… 047

2.3 黏度 …… 048
- 2.3.1 空气的黏度 …… 048
- 2.3.2 单质气体的黏度 …… 049
- 2.3.3 化合物气体的黏度 …… 052
- 2.3.4 混合气体的黏度 …… 057
- 2.3.5 其他气体的黏度 …… 058
- 2.3.6 气体的黏度算图 …… 059

2.4 表面张力 …… 059
- 2.4.1 单质气体的表面张力 …… 059
- 2.4.2 化合物气体的表面张力 …… 060
- 2.4.3 混合气体的表面张力 …… 061

2.5 溶解度 …… 061
- 2.5.1 气体在水中的溶解度 …… 061
- 2.5.2 气体在甲醇中的溶解度 …… 064
- 2.5.3 气体在乙醇胺中的溶解度 …… 065
- 2.5.4 气体在硫酸中的溶解度 …… 066
- 2.5.5 气体在液氨中的溶解度 …… 067
- 2.5.6 二氧化氯在四氯化碳中的溶解度 067
- 2.5.7 氟化硼在正戊烷和无水氟化氢中的溶解度 …… 067
- 2.5.8 硫化氢在碳酸钠溶液中的溶解度 068
- 2.5.9 四氟化硅在一些溶剂中的溶解度 068

2.6 热导率 …… 068
- 2.6.1 空气 …… 068
- 2.6.2 单质气体的热导率 …… 069
- 2.6.3 化合物气体的热导率 …… 071
- 2.6.4 混合气体的热导率 …… 076

2.7 蒸气压 …… 077
- 2.7.1 单质气体的蒸气压 …… 077
- 2.7.2 化合物气体的蒸气压 …… 078
- 2.7.3 无机气体在压力下的蒸气压 …… 081

2.8 比热容 …… 082
- 2.8.1 空气的比热容 …… 082
- 2.8.2 单质气体的比热容 …… 086
- 2.8.3 化合物气体的比热容 …… 092

2.9 比焓 …… 102
- 2.9.1 空气的比焓 …… 102
- 2.9.2 单质气体的比焓 …… 105

2.10 比熵 …… 117
- 2.10.1 空气的比熵 …… 117
- 2.10.2 单质气体的比熵 …… 119
- 2.10.3 化合物的比熵 …… 122
- 2.10.4 一些气体的绝对熵 …… 129

2.11 临界值和偏心因子 …… 129

2.12 普朗特数 …… 131
- 2.12.1 空气的普朗特数 …… 131

2.12.2 其他气体的普朗特数 ………… 132

2.13 气体常数和体胀系数 ………… 132

2.13.1 气体的气体常数 ………… 132

2.13.2 气体的体胀系数 ………… 132

2.14 其他物性 ………… 133

2.14.1 气体的三相点 ………… 133

2.14.2 饱和空气液体的泡点压力和露点压力 ………… 133

2.14.3 气体的压缩因子 ………… 135

2.14.4 气液平衡 ………… 137

2.14.5 液氯的汽化热 ………… 137

2.14.6 氯气的液化效率 ………… 137

2.1 物性总览

2.1.1 无机气体的一般特性

表 2.1.1 无机气体的一般特性

分子式	名称	分子量	颜色	特性	气态相对密度（对空气）	液态密度/(g/cm³)	熔点/℃	沸点/℃	溶解度/(mL/100g溶剂)或溶解情况					
									冷水	热水	酸	碱	乙醇	其他溶剂
Ar	氩气	39.95	无		1.784	1.402^{-186}	−189.2	−185.9	表2.5.1				24^{25}	+苯
AsF_5	五氟化砷	169.91	无	蒜味　极毒		$2.33^{-52.8}$	−116.3	−62	+			+	+	+乙醚，苯
AsH_3	三氢化砷	77.95	无	无臭　剧毒	2.695	3.500	−116.5	−62.5	20^{20}	÷	//浓	+//	÷	+苯、氯仿
BCl_3	氯化硼	117.17	无	强烈臭味	4.03	1.430^{0}	−107	12.5	×		+苯	+CS_2	×	不与汞、锌反应
BF_3	氟化硼	67.81	无	窒息	2.99	1.77^{-128}	−128	−100	105.7	×	//		×	①
B_2H_5Br	一溴乙硼烷	106.67	无			3.119	−104	−10	//		+S′	+NH_4OH		
B_2H_6	乙硼烷	27.66	无	特臭	0.95	0.447^{-112}	−165	−92.5	÷	//				++CS_2
B_4H_{10}	四硼烷	53.32	无	难闻气味		0.560^{-35}	−121	−18	×			+// CCl_4	×	
Br_2	溴气	159.81	红棕（液）	剧毒	5.53	3.10	−7.08	58.7	表2.5.1				++	②
Br_2O	一氧化二溴	175.82	暗棕				−18//	//		//		×		
Cl_2	氯气	70.91	橙绿-黄		3.214^{0}	1.557^{-34}	−101.6	−34.6	表2.5.1			+苯	+氯仿	++CCl_4、碱液
ClF	一氟化氯	54.45	无			1.67^{-108}	−155.5	−100.1						
ClF_3	三氟化氯	92.45	无		3.09	1.866^{10}	−76.3	11.8						③
ClO_2	二氧化氯	67.45	淡绿黄	有毒	2.40^{11}	1.640	−59	9.7 炸	2000^{4}	//	+S	×	+CCl_4	遇碳化物炸
ClO_4	四氧化氯	99.46						82 炸	+//					+苯
CNCl	氯化氰	61.47	无	催泪　有毒	1.98	1.222^{0}	−6.9	13.0	25^{20}	1			10^{20}	+乙醚 5^{20}
Cl_2O	一氧化二氯	86.91	淡黄棕		3.89		−116	2	200	//	+S; //Cl	+	遇碳化物炸	++CCl_4
C_2N_2	氰气	52.03	无	极毒	2.335	0.866^{-17}	−27.9	−21.2	450^{20}				2300^{20},230^{8}	+乙酸，乙醚 500^{18}
CO	一氧化碳	28.01	无	有毒	1.250^{0}	0.814^{-195}	−205	−191.5	表2.5.3		+乙酸		+	+Cu_2Cl_2，苯
$COCl_2$	氧氯化碳	98.92	无	有毒		1.392^{19}	−104.0	8.2	++/	//	//		//	+乙酸，苯，CCl_4
COS	氧硫化碳	60.07	无		0.1888^{0}	1.240^{-87}	−138.2	−50.2	133	40.3^{30}		++	800^{22}	④
CO_2	二氧化碳	44.01	无		1.977^{0}	1.101^{-37}	-56.6^{5atm}	↑ −78.5	表2.5.3		+	+甲、乙	−	⑤

续表

分子式	名称	分子量	颜色	特性	气态相对密度（对空气）	液态密度 /(g/cm³)	熔点 /℃	沸点 /℃	溶解度/(mL/100g溶剂)或溶解情况					
									冷水	热水	酸	碱	乙醇	其他溶剂
C_3O_2	二氧化三碳	68.03	无	芥末味		1.114^{0}	−111.3	7	//					+乙醚
CS_2	二硫化碳	76.14	无	液		1.263	−111.5	46.3	0.2^{0}	∞	∞			
DBr	溴化氘	81.92	无		3.39^{20}		−87.5	−66.6						
DCl	氯化氘	37.47	无				−114.7	−84.8						
DF	氟化氘	21.02	无				−83.6	18.6						
DI	碘化氘	128.92	无				−51.9	−35.7						
D_2	氘气	4.03	无		2		−254.4	−249.6	÷					
D_2S	硫化氘	36.09	无				−86.0							
F_2	氟气	38.00	淡黄	剧毒	1.696	1.10^{-187}	−219.6	−188.1	//					
$FClO_4$	高氯酸氟	102.45	无	易炸	4.93		−167.3	−15.9	//					
FN_3	氮化氟	60.92	绿黄				−154	−82						
F_2O_2S	硫酰氟	102.06	无	无臭	3.5	1.7	−121.4	−55			+乙醇	+苯	$+CCl_4$	不燃，有毒
FSO_3F	氟磺酸氟	118.06	无			1.780^{-74}	−158.5	−31.3						
GeF_4	四氟化锗	148.58	无		6.65		$-15^{0.4}$	↑36.6	×					
GeH_4	甲锗烷	76.62	无		3.42	1.53^{-142}	−165.8	−88.5	×		$\div Cl^{*}$	//N		
HBr	溴化氢	80.92	无		3.388^{20}	$2.16^{66.8}$	−86.9	−66.8	221	130			+	
HCl	氯化氢	36.46	无	剧毒	1.639^{0}	1.194^{-86}	−114.2	−85.1	表2.5.3			甲醇88.7	69.5	+乙醚33.2，苯1.9
HCN	氰化氢	27.06	无	毒	0.901	0.690^{22}	−14	26	∞	∞			∞	+乙醚
HD	氘化氢	3.02	无				−256.6	−251.0						
He	氦气	4.00	无		0.178	1.26^{-272}	−272.2	−268.9						被铂吸收
HF	氟化氢	20.06	无	剧毒 腐蚀	0.921^{0}	0.990^{13}	−83.4	19.5	∞	++				
HI	碘化氢	127.91	无		5.37^{20}	$2.799^{19.5}$	−50.8	−35.4	234^{10}	133^{127}			+	
H_2	氢气	2.016	无		0.0899^{0}	0.071^{-253}	−259.1	−252.8	表2.5.1				6.92^{0}	÷铁，钯，铂，镍
H_2S	硫化氢	34.08	无	燃烧	1.538^{0}		−85.6	−60.4	表2.5.3			+乙醇	9.5^{15}	$+CS_2$
H_2Se	硒化氢	80.98	无	恶臭	3.670	2.120^{-42}	−65.7	−41.4	377^{4}	270^{22}				$+CS_2, COCl_2$
H_3P	磷化氢	34.00	无	易燃	1.529	0.765^{-88}	−133.8	−87.8	26^{17}	—			+	+乙醚
$HSiF_3$	三氟硅烷	86.07				2.980^{0}	−110	−80.2	//			//	//	$+C_6H_5CH_3$；//乙醚
H_3SiBr	一溴硅烷	111.00	无			1.533^{0}	−94	1.9	//					
H_3SiCl	一氯硅烷	66.56			3.033	1.145^{-113}	−118.1	−30.4						
H_2SiCl_2	二氯硅烷	101.01	无		4.599	1.260	−122	8.3			+苯	+乙醚		+多数有机溶剂
H_2Te	碲化氢	129.62	无		5.81	2.650^{-2}	−51	−2	+			×	+	
Kr	氪气	83.80	无		3.708	2.155^{-153}	−157.4	−153.2	表2.5.1				÷	

续表

分子式	名称	分子量	颜色	特性	气态相对密度（对空气）	液态密度/(g/cm³)	熔点/℃	沸点/℃	溶解度/(mL/100g溶剂)或溶解情况					
									冷水	热水	酸	碱	乙醇	其他溶剂
N_2	氮气	28.01	无		1.251	0.808^{-196}	–209.9	–195.8	表2.5.1					
Ne	氖气	20.18	无		0.890	1.20^{-246}	–248.7	–245.9	表2.5.1			3.8^{15}		⑥
NF_3	三氟化氮	71.00	无				–207	–120	—					
NH_3	氨气	17.03	无	刺激 危8	0.771^{0}	1.325^{16}	–77.7	–33.4	表2.5.3		甲醇 24.0^{20}	14.8^{20}		+乙醚，丙酮，氯仿
NO	一氧化氮	30.01	无	刺激	1.248^{20}	1.27^{-152}	–161.7	–151.7	表2.5.3	+S 3.5	$+CS_2$	26.6		+含水$FeSO_4$
NO_2	二氧化氮	46.01	红棕			1.448^{20}	–11.2	21.0	+//		+N、S	×		+氯仿，CS_2
NO_3	三氧化氮	62.01	微蓝				// 20						+乙醚	
N_2O	一氧化二氮	44.01	无		1.843^{20}	1.226^{-89}	–91.0	–88.5	表2.5.3	+S		+	+乙醚	
N_2O_3	三氧化二氮	76.01	红棕（液体蓝色）			1.447^{2}	–111	2					+乙醚	
N_2O_4	四氧化二氮	92.01	无			1.447	–11.2	21.2//	+					
N_2O_5	五氧化二氮	108.01	无	晶		1.63	–40.7	↑ 32.3	+					
NOF	亚硝酰氟	49.01	无	气		1.680	–132.5	–59.9						
NOBr	溴氧化氮	109.92	棕			>1.000	–55.5	–2	//					
NOCl	氯化亚硝酰	65.46	红黄		2.992	1.417^{-12}	–65.5	–5.5	//		+发烟S			
NO_2Cl	硝酰氯	81.46	黄棕	氯气味		1.320^{14}	<–30	5	//					
NO_2F	硝酰氟	65.01	无		1.39	2.240	–139	–63.5	//				//	//乙醚
N_2O_3	三氧化二氮	76.01	红棕	剧毒		1.447^{2}	–101	//3.5	×		+	×		+乙醚
O_2	氧气	32.00	无		1.429^{0}	0.14^{-183}	–218.4	–183.0	表2.5.1、表2.5.2		+苯	+Ti, Pt, Ag*	14.3^{20}	+丙酮
O_3	臭氧	48.00	无	强刺激	2.144^{20}	3.03^{-80}	–192.7	–112.0	表2.5.1			+		+松节油，肉桂油
OF_2	二氟化氧	54.00	无			1.65^{-190}	–223.8	–145	÷ //	—	÷	÷		
PF_3	三氟化磷	87.97	无	剧毒	3.907^{20}	3.907	–151.5	–101.4	×			//	+	
PCl_2F_3	三氟二氯化磷	158.89	无		5.4		–8	//	//				//	
PF_5	五氟化磷	125.97	无	恶臭味	5.805		–93.7	–84.6	×			//		
PH_3	磷化氢	34.00	无	毒 易燃	1.381	0.749^{-90}	–132.5	–85	27^{20}	0			+	$+Cu_2Cl_2$，乙醚
POF_3	三氟氧化磷	103.97	无		4.8		–39.1	↑ –39.5	×				+//	+苯，丙酮，CCl_4
PSF_3	三氟硫化磷	120.05	无				–148.8	–52.3	//					$–CS_2$，苯；÷乙醚
Rn	氡气	222.02	无		9.73^{0}	4.40^{-62}	–71	–61.8	表2.5.1				+	+苯
SbH_3	三氢化锑	124.77	无	易燃 很毒	$9.48^{5.3}$	2.26^{-20}	–94	–18	0.41^{10}	4	×浓	×	1500	+苯，CS_2，乙醚
SeF_6	六氟化硒	192.96	无	有味	7.1	3.25^{-25}	–39 ↑	–34.5	+//					
S_2F_2	二氟化硫	102.12	无				–133	15	×					+ KOH
SF_4	四氟化硫	108.05	无			1.92^{-73}	–121.0	–38	×					++苯
SF_6	六氟化硫	146.05	无	不燃 无毒	6.50^{20}	1.910	–56	↑ –64	1.47	0.55^{25}		+KOH	÷	÷乙醚
SiF_4	四氟化硅	104.08	无		4.684	1.66^{-95}	–90.2	–8.6	//	//	+N	+HF	+	+乙醚
SiH_4	一硅烷	32.12	无		1.44	0.680^{-165}	–185	–111.9	//			// KOH	+	–乙醚；$+CS_2$
Si_2H_6	二硅烷	62.22	无		2.85	0.688^{-25}	–131	–14.5	÷ //				+	$+CS_2$，汽油

续表

分子式	名称	分子量	颜色	特性	气态相对密度（对空气）	液态密度/(g/cm^3)	熔点/℃	沸点/℃	溶解度/(mL/100g溶剂)或溶解情况					
									冷水	热水	酸	碱	乙醇	其他溶剂
SnH_4	氢化锡	122.71	无	臭 剧毒			−150	−52			被浓酸、浓碱吸收			
SO_2	二氧化硫	64.06	无	刺激	2.716^{20}	1.46^{-10}	−75.5	−10.0	表2.5.3		+S		+	+乙酸
SOF_2	二氟氧化硫	86.07	无			2.930	−110	−30	//			+$AsCl_3$		+苯，乙醚
SO_2F_2	二氟二氧化硫	102.07	无				−120	−52			−S′	+		
T_2	氚气	6.04	无				−252.5	−248.1						
TeF_6	六氟化碲	241.59	无	恶臭	7.2	2.5	−37.6	↑38.6	×		×	×		
WF_6	六氟化钨	297.92	无		179.5		2.2	17.5	//					
Xe	氙气	131.29	无		5.851	3.06^{-109}	−111.9	−108.1	表2.5.1				+	+苯
	空气	28.96	无		1.293^{0}	0.96^{-192}		−192	2.92	1.71^{25}				

① 易溶于煤油、苯、三氯甲烷、四氯甲烷、四氯化碳、二硫化碳、硝基苯等有机溶剂；能与氨、二硫化碳、氢化钠等起反应。
② 易溶于乙醚、苯、氯仿、二硫化碳、盐酸；溶于二硫化碳、二甲苯，与氨反应生成丙二酰胺，遇水则生成丙二酸。
③ 与水、烷烃、炔烃、芳香烃、卤代烷烃、含氧有机化合物、金属、金属氢化物、非金属氢化物、非金属、金属乙炔化物、碳化物、叠氮化物、苛性碱、非金属氧化物和硫化物不相溶。
④ 无限溶于乙醚、CCl_4、吡啶、二噁烷，溶于甲苯 1500^{22}、氮苯 4.4^{13}。
⑤ 溶于乙酸、四氯化碳、苯、氯仿和丙酮；能与乙醚、四氯化碳、吡啶、二噁烷等混合；溶于甲苯 1500^{22} 和氮苯 4.4^{13}。
⑥ 溶于液氧、甲醇、丙酮、苯。

2.1.2 无机气体的危险品特性

表 2.1.2 无机气体的危险品特性

名称	CAS号	危险品编号	饱和蒸气压/kPa①	燃烧性	闪点/℃	自燃温度/℃	建规火险分级	爆炸下/上限(体积分数)/%	灭火方法	危险物品分类代号	风险性代号	安全措施号
一氧化二氮	10028-97-2	22017	506.62(−58)	助	※	※	乙	※	W,P	2.2		
一氧化氮	10102-43-9	23009	—	助	※	※	乙	※	W	2.3		
一氧化碳	630-08-0	21005	—	易	<−50	610	乙	12.5/74.2	W,P,R	2.1		
二氟化氧	7783-41-7	23014		助	※	※		※	QQ,W	2.3		
二氧化氮	10102-44-0	23012	101.32(22)	助	※	※	乙	※	K,R	2.3		
二氧化氯	10049-04-4			助	※	※		※	QQ			
二氧化硫	7446-09-5	23013	338.42(21.1)	助	※	※	乙	※	W,P,R,K	2.3	R23;R34	S9;S26;S36/37/39;S45
二氧化碳	124-38-9	22019	1013.25(−39)	不	※	※	戊	※/※	K	2.2		S9
三氟化氮	7783-54-2	23016		助	※	※		※	QQ,W,P	2.3		
三氟化硼	7637-07-2	23018	1013.25(−58)	助	※	※	乙	※	K,QD,P,R	2.3		
三氟化氯	7990-91-2	23015	—	助	※	※	乙	※	K,QD,W	2.3		
三氧化二氮	10544-73-7	23011		助	※	※	甲	※	QQ	2.3		
三氯化硼	10294-34-5	22023	101.32(12.5)	助	※	※	乙	※	K,QD,T,Sw	8.1	②	③
四氟化硅	7783-61-1	23020		不	※	※		※	W	2.3		
四氟化硫	7783-60-0	23019		不	※	※		※	QQ	2.3	R14;R26;R34;R37	S26;S36/37/39;S38;S45
五氟化磷	7647-19-0	23022		不	※	※		※	QQ	2.3		

续表

名称	CAS号	危险品编号	饱和蒸气压/kPa[①]	燃烧性	闪点/℃	自燃温度/℃	建规火险分级	爆炸下/上限(体积分数)/%	灭火方法	危险物品分类代号	风险性代号	安全措施号
五氧化二氮	10102-13-1		53.32(2.4)	助	※	※	甲	※	W,P			
六氟化硒	7783-79-1	23023	86.8(−48.7)	不	※	※		※	QQ,W	2.3		
六氟化硫	2551-62-4	22021	—	不	※	※	戊	※	K,QD	2.2		
六氟化碲	7783-80-4	23024		不	※	※		※	P,R,G,T	2.3		
光气	75-44-5	23038	202.65(27.3)	不	※	※	—	※	W,R	2.3		
氢	133-74-0	21001	13.33(−257.9)	易	<−50	400	甲	4.1/74.1	W,R	2.1	R12	S9;S16;S33
氧	7782-44-7	22001	506.62(−164)	助	※	※	乙	※	W,R	2.2	R8	S17
臭氧	10028-15-6			助	※	※	甲	※	QQ			
氮	7727-37-9	22005	1026.42(−173)	不	※	※	戊	※	K	2.2		S38
液氮	7727-37-9	22006	1026.42(−173)	不	※	※	戊	※	K	2.2		S38
氨	7664-41-7	23003	506.62(4.7)	易	—	651	乙	15.7/27.4	W,P,R	2.3		
氖	7440-01-9	22009	101.32(−246)	不	※	※	戊	※	K	2.2		
氙	7440-63-3	22015	724.54(−64)	不	※	※	戊	※	K	2.2		
氩	7440-37-1	22011	202.64(−179)	不	※	※	戊	※	K	2.2		S38
氦	7440-59-7	22007	202.64(−268)	不	※	※	戊	※	K	2.2		
氟	7782-41-4	23001	101.32(−187)	助	※	※	乙	※	K	2.3		
氟化氢	7664-39-3	81015	53.32(2.5)	不	※	※	—	※	K	8.1	R26/27/28;R35	S26;S36/37;S45;S7/9
氟光气	353-50-4	23035		助	※	※		※	QQ	2.3		
砷化氢	7784-42-1	23006	—	易	<−50	—	甲	4.5/100	W	2.3		
硒化氢	7783-07-5	23007	53.32(−53.6)	易	<−50	—	甲	—	W	2.3		
硫化氢	7783-06-4	21006	2026.5(25.5)	易	<−50	260	甲	4.0/46.0	W,P	2.1		
硫酰氟	2699-79-8	23034		不	※	※		※	QQ	2.3		
氯	7782-50-5	23002	506.62(10.3)	助	※	※	乙	※	K	2.3	R23;R36/37/38;R50	S9;S45;S61
氯化氢	7647-01-0	22022	4225.6(20)	不	※	※	—	※	K,W	2.2		
氯化氰	506-77-4	23027	134.63(20)	助	※	※	—	※	K,R	2.3		
氰	460-19-5	23028	53.32(−33)	易	—	—	甲	6.6/42.6	R	2.3		
溴	7726-95-6	81021	23.33(20)	助	※	※	乙	※	R,S	8.1	R26;R35;R50	S26;S45;S61;S7/9
锑化氢	7803-52-3	23008		易	—	—	甲	—	S,P,R,QQ	2.3		
溴化氢	10035-10-6	23004	53.32(−78.0)	不	※	※	—	※	K,W	2.3	R10;R34;R37	S26;S45;S7/9
碘化氢	10034-85-2	22024	53.32(−48.3)	不	※	※	—	※	K	2.2	R35	S26;S36/37/39;S45;S9

① 括号内为饱和蒸气压对应的温度。

② R11; R14; R26/28; R34; R48/20; R51/53; R62; R65; R67。

③ S1; S8;S16; S26; S28; S36/37/39; S38; S45; S61。

2.2 密度

2.2.1 空气的密度

表 2.2.1 常压下空气的密度

温度/℃	密度/(kg/m³)	温度/℃	密度/(kg/m³)	温度/℃	密度/(kg/m³)	温度/℃	密度/(kg/m³)	温度/℃	密度/(kg/m³)	温度/℃	密度/(kg/m³)
−50	1.584	10	1.247	70	1.029	160	0.815	400	0.524	700	0.362
−40	1.515	20	1.205	80	1.000	180	0.779	450	0.565	800	0.329
−30	1.453	30	1.165	90	0.972	200	0.746	500	0.456	900	0.301
−20	1.395	40	1.128	100	0.946	250	0.674	550	0.429	1000	0.277
−10	1.342	50	1.093	120	0.898	300	0.615	600	0.404	1100	0.257
0	1.293	60	1.060	140	0.854	350	0.566	650	0.380	1200	0.239

注：烟气（其成分为 CO_2 13%, N_2 76%, H_2O 11%）的密度与空气极相近。

表2.2.2 饱和空气液体的密度　　单位：g/cm³

T/K	59.75	60	62	64	66	68	70	72	74	76
ρ	0.9576	0.9565	0.9452	0.9399	0.9315	0.9230	0.9144	0.9057	0.8970	0.8881
T/K	78	80	82	84	86	88	90	92	94	96
ρ	0.8791	0.8700	0.8607	0.8513	0.8417	0.8320	0.8220	0.8115	0.8014	0.7907
T/K	98	100	102	104	106	108	110	112	114	116
ρ	0.7797	0.7684	0.7567	0.7446	0.7321	0.7191	0.7055	0.6912	0.6762	0.6603
T/K	118	120	122	124	126	128	130	132	132.63	
ρ	0.6434	0.6251	0.6053	0.5833	0.5583	0.5283	0.4883	0.4112	0.3026	

表2.2.3 压力下空气的密度　　单位：kg/m³

温度/K	压力/MPa										
	0.01	0.1	0.4	0.7	1.0	4.0	7.0	10	40	70	100
100	0.35305	3.5366	14.226	25.041	35.985	—	—	—	—	—	—
150	0.23533	2.3546	9.4353	16.542	23.673	96.45	172.10	250.93	1378	—	—
200	0.17650	1.7654	7.0662	12.374	17.690	71.26	125.59	180.71	777.5	1457	2177.5
220	0.16043	1.6048	6.4220	11.244	16.071	64.60	113.61	163.09	683.8	1245	1823.1
240	0.14708	1.4710	5.8858	10.303	14.728	59.09	103.78	148.74	613.4	1099	1590.1
260	0.13577	1.3577	5.4322	9.509	13.587	54.46	95.54	136.79	557.9	989.3	1420.5
280	0.12607	1.2607	5.0436	8.828	12.614	50.52	88.55	126.68	512.6	902.7	1289.7
300	0.11767	1.1767	4.7071	8.238	11.769	47.12	82.53	117.99	474.8	831.9	1184.5
320	0.11031	1.1031	4.4126	7.722	11.032	44.14	77.28	110.45	442.5	772.8	1097.5
340	0.10382	1.0382	4.1529	7.268	10.382	41.53	72.68	103.83	414.7	722.3	1023.8
360	0.09805	0.9805	3.9219	6.863	9.805	39.210	68.60	97.97	390.32	678.6	966.4
380	0.09289	0.9289	3.7154	6.501	9.288	37.135	64.96	92.75	368.81	640.3	905.5
400	0.08825	0.8825	3.5296	6.177	8.822	35.27	61.69	88.07	349.68	606.3	856.9
420	0.08405	0.8405	3.3614	5.882	8.402	33.584	58.73	83.84	332.51	576.0	813.7
440	0.08022	0.8022	3.2085	5.614	8.021	32.053	56.04	80.00	317.00	548.9	774.9
460	0.07644	0.7673	3.0690	5.370	7.672	30.657	53.60	76.50	302.93	524.3	740.0
480	0.07353	0.7354	2.9411	5.146	7.351	29.377	51.36	73.29	290.09	501.8	708.2
500	0.07060	0.7060	2.8235	4.941	7.057	28.191	49.30	70.35	278.34	481.4	679.2
600	0.05883	0.5883	2.3528	4.117	5.881	23.496	41.070	58.60	231.67	400.54	565.2
700	0.05043	0.5043	2.0167	3.5288	5.040	20.139	35.204	50.23	198.61	343.52	485.0
800	0.04412	0.4412	1.7646	3.0878	4.411	17.623	30.807	43.96	173.90	300.94	425.14
900	0.03922	0.39219	1.5686	2.7447	3.920	15.665	27.387	39.09	154.70	267.92	378.73

续表

温度/K	压力/MPa										
	0.01	0.1	0.4	0.7	1.0	4.0	7.0	10	40	70	100
1000	0.03530	0.35297	1.4117	2.4703	3.5287	14.101	24.652	35.18	139.35	241.47	341.61
1200	0.02942	0.29414	1.1765	2.0586	2.9406	11.752	20.549	29.33	116.30	201.78	285.80
1400	0.02521	0.25213	1.0084	1.7646	2.5206	10.074	17.618	25.15	99.82	173.34	245.77
1600	0.02206	0.22064	0.8824	1.5440	2.2057	8.816	15.418	22.01	87.43	151.97	215.61
1800	0.01960	0.19608	0.7844	1.3724	1.9605	7.837	13.706	19.56	77.79	135.29	192.11
2000	0.01762	0.17640	0.7057	1.2350	1.7644	7.053	12.337	17.61	70.07	121.9	173.24
2200	0.01594	0.16010	0.6411	1.1221	1.6032	6.411	11.216	16.02	63.73	111.0	157.74
2400	—	0.14613	0.5864	1.0268	1.4673	5.873	10.276	14.68	58.44	101.8	144.75
2600	—	0.13351	0.5384	0.944	1.3501	5.411	9.474	13.54	53.95	94.02	133.74
2800	—	0.12152	0.4948	0.8697	1.2452	5.008	8.774	12.54	50.07	87.31	124.26
3000	—	0.10996	0.4537	0.8003	1.1477	4.645	8.149	11.65	46.64	81.40	115.91

（算图 2.1）
空气在低、中压下的密度（第 531 页左）

（算图 2.2）
空气在高压下的密度（第 531 页右）

（算图 2.3）
常压下湿空气的密度
（第 532 页左）

（算图 2.4、算图 2.5）
干空气和湿空气的密度
（第 532 页右、第 533 页左）

（算图 2.6）
空气的密度、湿度和露点
（第 533 页右）

2.2.2 单质气体的密度

（1）氧气

表2.2.4 常压下氧气的密度　　单位：g/m^3

温度/℃	0	100	200	300	400	500	700	600	800	900	1000
气体	1429	1050	826	682	580	504	447	402	363	333	306

表2.2.5 饱和氧的密度　　单位：mol/L

温度/K	70	80	90	90.18	100	110	120	130	140	150	154.8①
液体	38.59	37.16	35.67	35.65	34.08	32.34	30.41	28.17	25.38	21.14	13.33
气体	0.011	0.046	0.137	0.140	0.326	0.665	1.227	2.134	3.643	6.673	13.33

① 临界温度。

表2.2.6 氧气在压力下的密度　　单位：kg/m^3

温度/K	压力/MPa						温度/K	压力/MPa					
	0.1	0.4	1	4	7	10		0.1	0.4	1	4	7	10
100	3.9566						700	0.5498	2.1971	5.4826	21.698	37.650	53.274
150	2.5846	10.572	27.725	174.86			750	0.5131	2.0506	5.1171	20.249	35.143	49.728
200	1.9305	7.7920	19.844	87.857	172.87	278.58	800	0.4810	1.9224	4.7972	18.984	32.953	46.638
250	1.5419	6.1929	15.609	65.043	118.22	173.91	850	0.4527	1.8094	4.5153	17.869	31.024	43.916
300	1.2840	5.1451	12.908	52.506	93.185	134.45	900	0.4275	1.7089	4.2647	16.879	29.314	41.500
350	1.1005	4.3496	11.017	44.317	77.739	111.25	950	0.4050	1.6190	4.0404	15.993	27.784	39.346
400	0.9624	3.8494	9.6225	38.166	67.067	95.549	1000	0.3848	1.5381	3.8387	15.196	26.407	37.408
450	0.8553	3.4200	8.5426	33.730	59.134	84.021	1100	0.3499	1.3983	3.4902	13.821	24.032	34.057
500	0.7697	3.0770	7.6826	30.243	52.965	75.141	1200	0.3207	1.2819	3.1999	12.674	22.053	31.267
550	0.6997	2.7968	6.9810	27.667	48.045	68.032	1300	0.2961	1.1833	2.9541	11.703	20.376	28.904
600	0.6414	2.5635	6.3977	25.336	43.973	62.237	1400	0.2748	1.0988	2.7435	10.871	18.936	26.872
650	0.5920	2.3662	5.9047	23.374	40.559	57.395	1500	0.2566	1.0257	2.5608	10.149	17.689	25.113

（算图 2.7）
液态氧在压力下的密度（第 534 页左）

（2）氢气

表 2.2.7 氢气的密度

温度/℃	0	100	200	300	400	500	600	700	800	900	1000
ρ/(g/m^3)	89.9	65.7	51.9	42.8	36.4	31.7	28.1	25.2	22.8	20.9	19.2

表 2.2.8 液氢的密度

温度/K	63.15	65	70	77.36	80	90	100	103.95	110	120	125	126.2
ρ/(g/cm^3)	0.8681	0.8606	0.8403	0.8071	0.7949	0.7457	0.6896	0.6649	0.6219	0.5249	0.4369	0.3110

注：63.15K 为三相点，126.2K 为临界点。

表2.2.9 饱和氢的密度 单位：kg/m^3

T/K	p/MPa	液体	气体	T/K	p/MPa	液体	气体
13.95^t	7.2	77.042	0.125	24	257.9	66.007	3.255
14	7.4	76.864	0.139	25	321.3	64.475	4.018
15	12.7	75.988	0.223	26	395.0	62.814	4.921
16	20.4	75.075	0.339	27	480.0	61.013	5.999
17	31.4	74.184	0.492	28	577.0	58.962	7.299
18	46.1	73.206	0.690	29	687.2	56.657	8.889
19	65.4	72.098	0.940	30	811.6	53.937	10.88
20	90.1	71.073	1.247	31	951.0	50.582	13.55
21	120.8	69.930	1.619	32	1107	45.998	17.51
22	158.5	68.729	2.071	33.18^c	1313	31.427	31.45
23	203.9	67.431	2.612				

t 为三相点；c 为临界点。

表2.2.10 氢气在压力下的密度 单位：kg/m^3

温度/K	压力/kPa					
	1	10	100	1000	7000	10000
50	0.0049	0.0487	0.4889	5.2717		
100	0.0024	0.0242	0.2425	2.4289	16.6829	22.7512
150	0.0016	0.0162	0.1615	1.6073	10.8269	14.8041
200	0.0012	0.0121	0.1211	1.2043	8.1164	11.1344
250	0.0010	0.0097	0.0970	0.9637	6.5186	8.9750
300	0.0008	0.0081	0.0808	0.8036	5.4655	7.5004
400	0.0006	0.0061	0.0606	0.6034	4.1259	5.7188
500	0.0005	0.0048	0.0485	0.4830	3.3187	4.6067
600	0.0004	0.0040	0.0404	0.4028	2.7757	3.8636

N（算图 2.8）

氢气在低温和压力下的密度（第 534 页右）

（3）氖气

表 2.2.11 氖气的密度

(1) 热力学温度 单位：mol/L

温度/K	13.95	14	15	16	17	18	19	20	20.38	21	22	23
液态	38.30	38.28	37.86	37.42	36.95	36.47	35.95	35.40	35.19	34.83	34.21	33.55
气态	0.063	0.064	0.104	0.159	0.232	0.327	0.447	0.595	0.660	0.776	0.995	1.257
温度/K	24	25	26	27	28	29	30	31	32	33	33.18	
液态	32.85	32.09	31.27	30.36	29.35	28.21	26.89	25.28	23.12	19.03	14.94	
气态	1.569	1.938	2.377	2.900	3.527	4.290	5.241	6.482	8.701	13.18	14.94	

(2) 摄氏温度 单位：kg/m³

温度/℃	−200	−190	−180	−170	−160	−158	−156	−154	−152	−150	−148
液态	825.6	780.3	729.9	671.6	598.5	580.7	561.0	538.7	512.6	479.4	428.2

温度/℃	0	100	200	300	400	500	600	700	800	900	1000
气态	1.250	0.916	0.723	0.597	0.508	0.442	0.392	0.352	0.318	0.291	0.268

表2.2.12 饱和氮的密度

单位：kg/m³

T_{sat}/K p_{sat}/kPa	77.35 101.3	85 290	90 360	95 540	100 778	105 1083	110 1467	115 1940	120 2515	126 3357
液体	807.1	771.01	746.27	719.42	691.08	660.5	626.17	583.43	528.54	379.22
气体	4.621	9.833	15.087	22.286	31.989	44.984	62.578	87184	124.51	237.92

表2.2.13 氮气在压力下的密度

单位：kg/m³

温度/K	压力/kPa						温度/K	压力/kPa					
	100	400	1000	4000	7000	10000		100	400	1000	4000	7000	10000
100	3.4306	14.821					700	0.4812	1.9226	4.7944	18.933	32.706	46.118
150	2.2594	9.1937	23.843	121.50			750	0.4492	1.7945	4.4753	17.678	30.549	43.097
200	1.6884	6.7978	17.211	73.310	135.32	199.47	800	0.4211	1.6825	4.1960	16.580	28.664	40.453
250	1.3491	5.4093	13.583	55.401	98.148	140.55	850	0.3963	1.5835	3.9496	15.613	27.002	38.127
300	1.1236	4.4969	11.252	45.110	78.779	111.79	900	0.3743	1.4956	3.7310	14.753	25.528	36.056
350	0.9628	3.8500	9.6168	38.245	66.365	93.778	950	0.3546	1.4170	3.5349	13.985	24.195	36.480
400	0.8424	3.3666	8.4019	33.280	57.576	81.199	1000	0.3369	1.3462	3.3585	13.291	23.006	32.531
450	0.7487	2.9916	7.4624	29.498	50.961	71.799	1100	0.3062	1.2239	3.0537	12.094	20.956	29.642
500	0.6737	2.6920	6.7134	26.512	45.772	64.476	1200	0.2808	1.1220	2.7999	11.096	19.236	27.228
550	0.6125	2.4470	6.1018	24.087	41.579	58.571	1300	0.2591	1.0358	2.5850	10.249	17.782	25.183
600	0.5614	2.2430	5.5931	22.077	38.117	53.710	1400	0.2407	0.9618	2.4008	9.5236	16.531	23.426
650	0.5183	2.0705	5.1629	20.383	35.199	49.614	1500	0.2246	0.8978	2.2411	8.8956	15.446	21.898

（算图 2.9）
液态氮在压力下的密度（第 535 页左）

（4）氯气

表2.2.14 氯气的密度

单位：kg/m³

温度/℃	密度		温度/℃	密度		温度/℃	密度		温度/℃	密度	
	液体	气体		液体	气体		液体	气体		液体	气体
−70	1655.2	0.6398	−15	1510.5	7.549	40	1345.0	34.89	95	1133.8	111.5
−65	1642.6	0.8519	−10	1496.5	8.922	45	13283	39.11	100	1109.9	123.7
−60	1630.0	1.118	−5	1482.4	10.47	50	1311.2	43.71	105	1084.5	137.7
−55	1617.2	1.446	0	1468.0	12.21	55	1293.8	48.74	110	1057.5	153.7
−50	1604.3	1.845	5	1453.4	14.16	60	1276.0	54.24	115	1028.3	172.0
−45	1591.3	2.327	10	1438.7	16.32	65	1257.7	60.24	120	996.2	193.5
−40	1578.2	2.900	15	1423.7	18.73	70	1238.8	66.82	125	960.2	218.4
−35	1564.9	3.577	20	1408.5	21.38	75	1219.3	74.05	130	918.3	249.9
−30	1551.8	4.367	25	1393.0	24.31	80	1199.1	82.00	135	866.5	289.6
−25	1538.0	5.286	30	1377.3	27.51	85	1178.3	90.79	140	792.1	351.9
−20	1524.4	6.342	35	1361.3	31.04	90	1156.6	100.6	144①	567.2	567.2

① 临界温度。

表2.2.15 饱和氯的密度

单位：kg/m³

T_{sat}/K p_{sat}/kPa	239 101.3	261 241	283 501	305 923	328 1575	350 2501	372 3769	39d 5452	411 7036	416 7634
液体	1563	1503	1439	1370	1295	1213	1116	992.1	838.9	700.8
气体	3.69	8.2	16.2	28.9	48.5	78.1	123.8	202	329	468.4

（5）氩气

表2.2.16 氩气的密度 单位：kg/m³

温度/℃	0	100	200	300	400	500	600
ρ	1.784	1.305	1.030	0.850	0.724	0.627	0. 558

表2.2.17 饱和氩的密度 单位：kg/m³

T_{sat}/K	87.29	94.4	101.4	108.5	115.5	122.6	129.7	136.7	143.8	150.9
p_{sat}/kPa	101.3	201.6	362.2	601.5	938.2	1393	1987	2738	3702	4898
液体	1393	1348	1301	1251	1197	1137	1068	986.7	877.6	535.6
气体	5.78	10.90	18.6	30.2	46.4	68.9	100.2	146.8	222.4	535.6

表2.2.18 液氩的摩尔体积 单位：cm³/mol

T_{sat}/K	p_{sat}/bar	V	T_{sat}/K	p_{sat}/bar	V	T_{sat}/K	p_{sat}/bar	V
83.80[a]	0.689	28.24	95	2.137	29.72	120	12.13	34.43
85	0.79	28.39	100	3.247	30.47	130	20.23	37.48
87.28[b]	1.013	28.69	105	4.735	31.29	140	31.67	42.4
90	1.338	29.04	110	6.665	32.21	150.86[c]	48.98	74.6

a 为三相点；b 为沸点；c 为临界点。

表2.2.19 氩气在压力下的密度 单位：mol/L

p /MPa	T/K								
	85	90	100	120	140	160	180	200	220
0.1	35.24	0.138	0.123	0.102	0.087	0.076	0.067	0.06	0.055
1.0	35.31	34.54	32.91	1.181	0.945	0.799	0.697	0.619	0.559
10	—	35.21	33.74	30.52	26.61	20.82	12.3	8.442	6.776

p /MPa	T/K							
	240	260	280	300	320	340	360	380
0.1	0.05	0.046	0.043	0.04	0.038	0.035	0.033	0.032
1.0	0.509	0.468	0.433	0.403	0.377	0.355	0.335	0.317
10	5.787	5.105	4.596	4.195	3.869	3.596	3.364	3.164

（6）氦气

表2.2.20 氦气的密度 单位：kg/m³

温度/℃	0	100	200	300	400	500	600
ρ	1.785	1.305	1.030	0.850	0.724	0.627	0.558

表2.2.21 饱和氦的密度 单位：kg/m³

T_{sat}/K	4.21	4.3	4.4	4.5	4.6	4.7	4.8	4.9	5.0	5.19
p_{sat}/kPa	101.3	111	120	132	144	157	169	184	199	229
液体	125	123.6	122	119.5	117	114.4	111	106.5	101	69.3
气体	11.58	12.43	13.13	14.12	15.07	16.08	16.95	18.08	19.16	

表2.2.22 氦-4在压力下的密度 单位：kg/m³

p /MPa	不同温度(K)时的数值							
	40	70	100	300	500	700	1000	1500
0.10	1.217	0.695	0.487	0.163	0.098	0.070	0.049	0.033
0.20	2.396	1.370	0.960	0.321	0.192	0.137	0.096	0.064

续表

p /MPa	不同温度(K)时的数值							
	40	70	100	300	500	700	1000	1500
0.50	5.949	3.406	2.390	0.801	0.481	0.344	0.241	0.160
1.0	11.765	6.752	4.746	1.597	0.961	0.686	0.481	0.321
2.0	22.989	13.263	9.363	3.179	1.915	1.371	0.961	0.641
4.0	43.668	25.575	18.215	6.297	3.811	2.731	1.917	1.280
7.0	70.423	42.373	30.675	10.870	6.618	4.755	3.343	2.237
10	92.593	57.471	42.194	15.314	9.381	6.757	4.762	3.189
20	142.86	98.039	74.627	29.326	18.315	13.298	9.425	6.337
50	212.77	172.41	140.85	65.359	42.735	31.746	22.883	15.576
100	270.27	232.56	204.08	112.36	77.519	59.524	43.860	30.395

注：横线上面为气体，下面为液体。

（7）氘气

表2.2.23 氘气的密度 单位：g/m^3

温度 /℃	0	100	200	300	400	500	600
ρ	900	659	519	429	365	318	281

表2.2.24 饱和氘的密度 单位：kg/m^3

T_{sat}/K	27.1	29	31	33	35	37	39	41	43	44.4
p_{sat}/kPa	101.3	174	284	439	646	916	1260	1688	2216	2654
液体	1205	1170	1131	1089	1043	992	932	859	754	483
气体	9.57	15.7	25	38	56	80.8	115.3	164.5	243.5	483

2.2.3 化合物气体的密度

（1）氨气

表2.2.25 氨气的密度

(1)常压下

温度 /℃	密度 /(kg/m^3)
0	0.771
30	0.700
60	0.637
100	0.564
130	0.524
160	0.488
200	0.445
250	0.404
300	0.370
350	0.340
400	0.313
450	0.292
500	0.272
550	0.257
600	0.241

(2)压力下 单位：kg/m^3

温度 /K	压力/MPa					
	0.1	1	10	20	30	40
300	0.68835	7.70761				
320	0.65597	6.85049	575.0259	597.9248	585.3447	617.8442
340	0.61662	6.31138	541.7516	568.1990	559.8392	592.1756
360	0.58156	5.87724	501.3522	532.7304	529.8339	562.6554
380	0.54984	5.51905	446.6505	492.3092	498.8910	532.0433
400	0.51421	5.30914	119.5958	434.5164	477.6315	480.1016
420	0.48861	5.03668	74.2860	368.0949	436.0160	446.3662
440	0.46626	4.78203	64.0202	270.4985	383.0135	417.1338
460	0.44596	4.55291	57.3071	185.4790	319.9242	382.8274
480	0.42731	4.34731	52.2947	144.3670	262.9132	340.4194
500	0.41014	4.16238	48.4325	121.8960	219.3111	298.6593
520	0.39429	3.99357	45.3113	108.1919	188.5357	262.0747
540	0.37963	3.83865	42.6676	98.3189	165.6670	232.1632
560	0.36602	3.69556	40.4142	90.5283	148.8384	208.6469
580	0.35490	3.56427	38.4587			

表2.2.26 常压下饱和氨的密度

温度 /℃	液体/(kg/L)	蒸气/(kg/m^3)	温度 /℃	液体/(kg/L)	蒸气/(kg/m^3)	温度 /℃	液体/(kg/L)	蒸气/(kg/m^3)
−70	0.7253	0.111	−50	0.7020	0.3812	−35	0.6839	0.823
−60	0.7138	0.2128	−40	0.6900	0.645	−30	0.6777	1.038

续表

温度/℃	密度 液体/(kg/L)	密度 蒸气/(kg/m³)	温度/℃	密度 液体/(kg/L)	密度 蒸气/(kg/m³)	温度/℃	密度 液体/(kg/L)	密度 蒸气/(kg/m³)
−25	0.6714	1.297	5	0.6317	4.108	35	0.5875	10.431
−20	0.665	1.604	10	0.6247	4.859	40	0.5795	12.005
−15	0.6585	1.966	15	0.6175	5.718	45	0.5713	13.774
−10	0.652	2.39	20	0.6103	6.694	50	0.5629	15.756
−5	0.6453	2.883	25	0.6028	7.795			
0	0.6386	3.452	30	0.5952	9.034			

表2.2.27　过热氨蒸气的密度

单位：g/cm³

温度/℃	压力/kPa 50	100	200	300	400	500	600	700
−40	2.2590							
−30	2.3622	1.1463						
−20	2.4643	1.1987						
−10	2.5666	1.2501	0.6605					
0	2.6616	1.3079	0.6537	0.4128	0.3050			
10	2.7623	1.3600	0.6765	0.4407	0.3269	0.2576	0.2107	
20	2.8622	1.4104	0.7029	0.4593	0.3415	0.2698	0.2217	0.1873
30	2.9618	1.4606	0.7290	0.4778	0.3555	0.2813	0.2317	0.1963
40	3.0612	1.5104	0.7549	0.4954	0.3692	0.2924	0.2404	0.2048
50	3.1605	1.5603	0.7805	0.5129	0.3825	0.3035	0.2508	0.2131
60	3.2597	1.6098	0.8060	0.5301	0.3958	0.3144	0.2600	0.2212
70	3.3587	1.6593	0.8314	0.5472	0.4089	0.3251	0.2691	0.2291
80	3.4577	1.7087	0.8566	0.5643	0.4219	0.3357	0.2780	0.2369
90	3.5564	1.7580	0.8818	0.5812	0.4348	0.3461	0.2870	0.2446
100	3.6552	1.8073	0.9070	0.5980	0.4476	0.3565	0.2957	0.2522
110		1.8709	0.9268	0.6169	0.4604	0.3668	0.3043	0.2597
120				0.6337	0.4732	0.3771	0.3131	0.2672
130				0.6504	0.4858	0.3873	0.3216	0.2746
140				0.6665	0.4960	03976	0.3301	0.2820
150						0.4077	0.3387	0.2894
160								0.2967

温度/℃	压力/kPa 800	900	1000	1100	1200	1300	1400
20	0.1614						
30	0.1696	0.1488	0.1321				
40	0.1773	0.1559	0.1388	0.1247	0.1129	0.1029	0.0944
50	0.1848	0.1627	0.1451	0.1305	0.1185	0.1083	0.0994
60	0.1920	0.1693	0.1511	0.1362	0.1238	0.1133	0.1042
70	0.1991	0.1757	0.1570	0.1417	0.1289	0.1180	0.1087
80	0.2060	0.1819	0.1627	0.1470	0.1336	0.1227	0.1130
90	0.2128	0.1881	0.1683	0.1521	0.1387	0.1272	0.1173
100	0.2196	0.1942	0.1739	0.1572	0.1434	0.1316	0.1214
110	0.2263	0.2002	0.1793	0.1622	0.1480	0.1359	0.1257
120	0.2329	0.2061	0.1847	0.1672	0.1526	0.1403	0.1297
130	0.2394	0.2120	0.1901	0.1721	0.1572	0.1445	0.1336
140	0.2459	0.2179	0.1953	0.1770	0.1617	0.1486	0.1376
150	0.2524	0.2237	0.2006	0.1818	0.1661	0.1527	0.1414
160	0.2589	0.2294	0.2058	0.1866	0.1705	0.1569	0.1452
170		0.1989	0.1632	0.1961	0.1715	0.1624	0.1490
180					0.1758	0.1664	0.1527

（算图 2.10）
气态氨的密度、饱和温度和焓
（第 535 页右）

（算图 2.11）
液态氨的密度
（第 536 页左）

（算图 2.12）
一些气体的密度
（第 536 页右）

表2.2.28　气态氨在压力下的比容

单位：m^3/kg

p/kPa (t_{sat}/℃)	温度 t/℃											
	−20	−10	0	10	20	30	40	50	60	70	80	100
50(−46.5)	2.4474	2.5481	2.6482	2.7479	2.8473	2.9464	3.0453	3.1441	3.2427	3.3413	3.4397	
75(−39.2)	1.6233	1.6915	1.7591	1.8263	1.8932	1.9597	2.0261	2.0923	2.1584	2.2244	2.2903	
100(−33.6)	1.2110	1.2631	1.3145	1.3654	1.4160	1.4664	1.5165	1.5664	1.6163	1.6659	1.7155	1.8145
125(−29.1)	0.9635	1.0059	1.0476	1.0889	1.1297	1.1703	1.2107	1.2509	1.2909	1.3309	1.3707	1.4501
150(−25.2)	0.7984	0.8344	0.8697	0.9045	0.9388	0.9729	1.0068	1.0405	1.0740	1.1074	1.1408	1.2072
200(−18.9)		0.6199	0.6471	0.6738	0.7001	0.7261	0.7519	0.7774	0.8029	0.8282	0.8533	0.9035
250(−13.7)		0.4910	0.5135	0.5354	0.5568	0.5780	0.5989	0.6196	0.6401	0.6605	0.6809	0.7212
300(−9.2)			0.4243	0.4430	0.4613	0.4792	0.4968	0.5143	0.5316	0.5488	0.5658	0.5997
350(−5.4)			0.3605	0.3770	0.3929	0.4086	0.4239	0.4391	0.4541	0.4689	0.4837	0.5129
400(−1.9)			0.3125	0.3274	0.3417	0.3556	0.3692	0.3826	0.3959	04090	0.4220	0.4478
450(1.3)			0.2752	0.2887	0.3017	0.3143	0.3266	0.3387	0.3506	0.3624	0.374	0.3971

p/kPa (t_{sat}/℃)	温度 t/℃											
	20	30	40	50	60	70	80	100	120	140	160	180
500(4.1)	0.2698	0.2813	0.2926	0.3036	0.3144	0.3251	0.3357	0.3565	0.3771	0.3975		
600(9.3)	0.2217	0.2317	0.2414	0.2508	0.2600	0.2691	0.2781	0.2957	0.3130	0.3302		
700(13.8)	0.1874	0.1963	0.2048	0.2131	0.2212	0.2291	0.2369	0.2522	0.2672	0.2821		
800(17.9)	0.1615	0.1696	0.1773	0.1848	0.1920	0.1991	0.2060	0.2196	0.2329	0.2459	0.2589	
900(21.5)		0.1488	0.1559	0.1627	0.1693	0.1757	0.1820	0.1942	0.2061	0.2178	0.2294	
1000(24.9)		0.1321	0.1388	0.1450	0.1511	0.1570	0.1627	0.1739	0.1847	0.1954	0.2058	0.2162
1200(4.0)			0.1129	0.1185	0.1238	0.1289	0.1338	0.1434	0.1526	0.1616	0.1705	0.1792
1400(36.3)			0.0944	0.0995	0.1042	0.1088	0.1132	0.1216	0.1297	0.1376	0.1452	0.1528
1600(41.0)				0.0851	0.0895	0.0937	0.0977	0.1053	0.1125	0.1195	0.1263	0.1330
1800(45.4)				0.0739	0.0781	0.082	0.0856	0.0926	0.0992	0.1055	0.1116	0.1177
2000(49.4)				0.0648	0.0688	0.0725	0.076	0.0824	0.0885	0.0943	0.0999	0.1054

表2.2.29　饱和氨的密度

单位：kg/m^3

t/℃	p/kPa	液体	气体	t/℃	p/kPa	液体	气体	t/℃	p/kPa	液体	气体
−50	40.88	702.25	0.381	−16	226.45	660.07	1.888	18	803.66	613.12	6.289
−48	45.96	699.79	0.425	−14	246.51	657.46	2.045	20	857.12	610.13	6.693
−46	51.55	697.35	0.473	−12	267.95	654.45	2.212	22	913.27	607.16	7.117
−44	57.69	694.93	0.525	−10	290.85	651.89	2.389	24	972.19	604.23	7.564
−42	64.42	692.52	0.582	−8	315.25	649.35	2.579	26	1034.0	601.32	8.032
−40	71.77	690.13	0.644	−6	341.25	646.83	2.779	28	1098.7	598.44	8.525
−38	79.80	687.76	0.711	−4	368.90	643.92	2.991	30	1166.5	595.24	9.042
−36	88.54	684.93	0.784	−2	398.27	641.44	3.216	32	1237.4	592.07	9.579
−34	98.050	682.59	0.862	0	429.44	638.57	3.454	34	1311.6	588.93	10.142
−32	108.37	680.27	0.947	2	462.49	635.73	3.706	36	1389.0	585.82	10.741
−30	119.55	677.51	1.038	4	497.49	632.91	3.973	38	1469.9	582.75	11.364
−28	13164	675.22	1.136	6	534.51	630.12	4.254	40	1554.3	579.37	12.005
−26	144.70	672.49	1.241	8	573.64	627.35	4.550	42	1642.4	576.37	12.690
−24	158.78	670.24	1.354	10	614.95	624.61	4.864	44	1734.1	573.07	13.405
−22	173.93	667.56	1.474	12	658.52	621.89	5.192	46	1829.6	569.48	14.144
−20	190.22	664.89	1.603	14	704.44	618.81	5.540	48	1929.1	566.25	14.948
−18	207.71	662.25	1.741	16	752.79	616.14	5.907	50	2032.6	562.75	15.748

表2.2.30 氨水溶液的浓度和密度（Ⅰ）

密度 ρ^{20} /(g/cm^3)	浓度（质量分数）/%	浓度 /(mol/L)	密度 ρ^{20} /(g/cm^3)	浓度（质量分数）/%	浓度 /(mol/L)	密度 ρ^{20} /(g/cm^3)	浓度（质量分数）/%	浓度 /(mol/L)
0.998	0.046	0.027	0.958	9.870	5.55	0.918	21.50	11.59
0.996	0.512	0.299	0.956	10.40	5.84	0.916	22.12	11.90
0.994	0.977	0.570	0.954	10.95	6.13	0.914	22.75	12.21
0.992	1.43	0.834	0.952	11.49	6.42	0.912	23.39	12.52
0.990	1.89	1.10	0.950	12.03	6.71	0.910	24.03	12.84
0.988	2.35	1.365	0.948	12.58	7.00	0.908	24.68	13.16
0.986	2.82	1.635	0.946	13.14	7.29	0.906	25.33	13.48
0.984	3.30	1.91	0.944	13.71	7.60	0.904	26.00	13.80
0.982	3.78	2.18	0.942	14.29	7.91	0.902	26.67	14.10
0.980	4.27	2.46	0.940	14.88	8.21	0.900	27.33	14.40
0.978	4.76	2.73	0.938	15.47	8.52	0.898	28.00	14.76
0.976	5.25	3.01	0.936	16.06	8.83	0.896	28.67	15.08
0.974	5.75	3.29	0.934	16.65	9.13	0.894	29.33	15.40
0.972	6.25	3.57	0.932	17.24	9.44	0.892	30.00	15.71
0.970	6.75	3.84	0.930	17.85	9.75	0.890	30.68	16.04
0.968	7.26	4.12	0.928	18.45	10.06	0.888	31.37	16.36
0.966	7.77	4.41	0.926	19.06	10.37	0.886	32.09	16.69
0.964	8.29	4.69	0.924	19.67	10.67	0.884	32.84	17.05
0.962	8.82	4.98	0.922	20.27	10.97	0.882	34.00	17.40
0.960	9.34	5.27	0.920	20.88	11.28	0.880	34.35	17.75

表2.2.31 氨水溶液的浓度和密度（Ⅱ）

单位：g/cm^3

氨水浓度（质量分数）/%	温度/℃ −15	−10	−5	0	5	10	15	20	25
1		0.9943	0.9954	0.9959	0.9958	0.9955	0.9948	0.9939	0.993
2		0.9906	0.9915	0.9919	0.9917	0.9913	0.9905	0.9895	0.988
4		0.9834	0.9840	0.9842	0.9837	0.9832	0.9822	0.9811	0.980
6	0.977	0.9766	0.9769	0.9767	0.9760	0.9753	0.9742	0.9790	0.972
8	0.970	0.9701	0.9701	0.9695	0.9686	0.9677	0.9665	0.9651	0.964
10	0.964	0.9638	0.9635	0.9627	0.9616	0.9604	0.9591	0.9575	0.956
12	0.958	0.9576	0.9571	0.9561	0.9548	0.9534	0.9519	0.9501	0.948
14	0.952	0.9517	0.9510	0.9497	0.9483	0.9467	0.9450	0.9430	0.941
16	0.947	0.9461	0.9450	0.9435	0.9420	0.9402	0.9383	0.9362	0.934
18		0.9406	0.9392	0.9357	0.9357	0.9388	0.9317	0.9295	
20		0.9353	0.9335	0.9316	0.9296	0.9275	0.9253	0.9229	
22		0.9300	0.9280	0.9258	0.9237	0.9214	0.9190	0.9164	
24		0.9249	0.9226	0.9202	0.9179	0.9155	0.9129	0.9101	
26		0.9199	0.9174	0.9418	0.9123	0.9077	0.9069	0.9040	
28		0.9150	0.9122	0.9094	0.9067	0.9040	0.9010	0.8980	
30		0.9101	0.9070	0.9040	0.9012	0.8983	0.8951	0.8920	

（算图 2.13）
氨水溶液密度的温度修正及氨的组分
（第 537 页左）

（算图 2.14）
氨水的气液组成
（第 537 页右）

（算图 2.15）
氨水溶液蒸气中的水气浓度
（第 538 页左）

表2.2.32 氨－二氧化碳－水物系的液相密度

液相的质量分数/% CO_2	NH_3	H_2O	密度/(g/cm^3) 60℃	65℃	70℃	75℃	80℃
2.00	52.60	45.40	0.820	0.812	0.805	0.801	1.002
2.59	38.41	59.00	0.857	0.853	0.849	0.843	0.838

续表

液相的质量分数 /%			密度 / (g/cm³)				
CO_2	NH_3	H_2O	60℃	65℃	70℃	75℃	80℃
3.90	70.50	25.60	0.730	0.724	0.718	0.713	0.706
4.46	1.61	93.93	1.030	1.028	1.025	1.022	1.021
6.10	73.40	20.50	0.739	0.733	0.728	0.722	0.716
6.10	61.60	32.30	0.777	0.770	0.764	0.758	0.752
6.15	4.26	89.59	1.024	1.022	1.019	1.016	1.013
7.38	5.11	87.51	1.042	1.040	1.039	1.035	1.033
7.65	13.90	78.45	1.013	1.008	1.006	1.004	1.002
7.70	2.78	89.52	1.043	1.048	1.048	1.056	1.059
7.70	41.20	51.10	0.903	0.897	0.895	0.889	0.888
10.10	23.20	66.70	1.003	0.999	0.997	0.993	0.989
10.75	17.45	71.80	1.038	1.033	1.029	1.027	1.024
10.80	37.70	51.50	0.957	0.952	0.948	0.946	0.951
11.75	47.70	40.55	0.918	0.912	0.908	0.904	0.901
11.80	69.90	18.30	0.800	0.797	0.782	0.782	0.779
12.20	57.50	30.30	0.849	0.843	0.838	0.834	0.829
12.32	8.52	79.16	1.075	1.072	1.069	1.067	1.065
12.60	58.10	29.30	0.854	0.845	0.841	0.835	0.832
12.70	29.00	58.30	1.015	1.011	1.007	1.004	1.000
13.10	17.60	69.30	1.047	1.043	1.038	1.036	1.034
13.50	59.60	26.90	0.850	0.846	0.883	0.833	0.828
15.80	49.20	35.00	0.917	0.911	0.907	0.903	0.899
16.00	30.50	53.50	1.024	1.021	1.016	1.012	1.008
17.20	45.30	37.50	0.948	0.944	0.940	0.936	0.934
17.50	12.10	70.40	1.114	1.111	1.108	1.105	1.102
17.60	40.50	41.90	0.980	0.974	0.974	0.983	0.980
20.15	48.20	31.65	0.957	0.955	0.951	0.947	0.943
20.55	38.10	41.35	1.017	1.012	1.010	1.008	1.003
20.20	14.70	64.10	1.130	1.126	1.123	1.120	1.117
21.75	41.20	37.05	1.003	1.001	0.998	0.996	0.994
25.00	22.60	52.40	1.165	1.164	1.163	1.162	1.160
29.10	29.10	41.80	1.111	1.110	1.109	1.128	1.107

（2）一氧化碳

表2.2.33　饱和一氧化碳的密度　　单位：kg/m³

T_{sat}/K p_{sat}/kPa	81.66 101.3	90 245	95 437	100 548	105 776	110 1070	115 1433	120 1875	125 2423	133.16 3498
液体	789	751	728	702	675	646	613	574	526	301
气体	4.4	9.99	15.4	22.4	31	42.6	57.2	77.5	153	301

表2.2.34　饱和一氧化碳的比容　　单位：cm³/g

T/K p/bar	81.62 1.01	83.36 1.52	88.25 2.03	96.16 4.05	101.51 6.08	105.69 9.12	109.17 10.13	116.08 15.2	121.48 20.27	125.97 25.33	129.84 30.4	132.91 34.96
液体	1.27	1.30	1.32	1.39	1.44	1.49	1.54	1.65	1.78	1.94	2.17	3.34
气体	66.6	63.1	60.6	54.7	51.3	31.8	25.3	16.3	11.6	8.5	6.3	3.3

表2.2.35　气态一氧化碳在压力下的密度　　单位：g/dm³

温度 /K	压力 /kPa									
	1	10	40	70	100	400	700	1000	4000	7000	10000
200	0.0169	0.1685	0.6746	1.1815	1.6894	6.8118	12.016	17.302			
300	0.0112	0.1123	0.4494	0.7865	1.1236	4.4987	7.8804	11.237	45.347	79.451	113.06
400	0.0084	0.0842	0.3369	0.5896	0.8423	3.3664	5.8867	8.4039	33.325	57.690	81.372
500	0.0067	0.0674	0.2695	0.4716	0.6737	2.6913	4.7042	6.7121	26.511	45.756	64.415

续表

温度/K	压力/kPa										
	1	10	40	70	100	400	700	1000	4000	7000	10000
600	0.0056	0.0562	0.2246	0.3930	0.5614	2.2425	3.9191	5.5958	22.076	38.057	53.598
700	0.0048	0.0481	0.1925	0.3369	0.4812	1.9221	3.3592	4.7925	18.919	32.650	46.008
800	0.0042	0.0421	0.1685	0.2948	0.4210	1.6820	2.9397	4.1941	16.558	28.609	40.349
900	0.0037	0.0374	0.1497	0.2617	0.3742	1.4961	2.6131	3.7290	14.732	25.478	35.953
1000	0.0034	0.0337	0.1348	0.2358	0.3368	1.3458	2.3525	3.3568	13.270	22.969	32.445
1200	0.0028	0.0281	0.1123	0.1965	0.2807	1.1217	1.9610	2.7985	11.078	19.196	27.159
1400	0.0024	0.0241	0.0963	0.1685	0.2406	0.9616	1.6813	2.3997	9.514	16.510	23.367
1600	0.0021	0.0211	0.0842	0.1474	0.2105	0.8415	1.4715	2.1005	8.335	14.466	20.510
1800	0.0019	0.0187	0.0749	0.1310	0.1872	0.7481	1.3082	1.8675	7.415	13.316	18.359
2000	0.0017	0.0169	0.0674	0.1179	0.1685	0.6734	1.1776	1.6812	6.681	11.612	16.480
2200	0.0015	0.0153	0.0613	0.1072	0.1531	0.6122	1.0707	1.5287	6.078	10.574	15.010
2400	0.0014	0.0140	0.0562	0.0983	0.1404	0.5612	0.9816	1.4015	5.575	9.704	13.794
2600	0.0013	0.0130	0.0518	0.0907	0.1296	0.5181	0.9061	1.2938	5.150	8.966	12.738
2800	0.0012	0.0120	0.0481	0.0842	0.1203	0.4811	0.8415	1.2016	4.784	8.332	11.848
3000	0.0011	0.0112	0.0449	0.0786	0.1123	0.4491	0.7854	0.1216	4.467	7.783	11.069

（3）二氧化碳

表 2.2.36 常压下二氧化碳的密度

温度/℃	密度		温度/℃	密度		温度/℃	密度	
	液体/(kg/m³)	蒸气/(g/m³)		液体/(kg/m³)	蒸气/(g/m³)		液体/(kg/m³)	蒸气/(g/m³)
−95.6	1588.9	0.66	−50	1153.5	18.05	0	924.8	96.31
−95	1589.1	0.69	−45	1134.5	21.83	5	891.0	113.0
−90	1582.3	1.13	−40	1115.0	26.20	10	858.0	133.0
−85	1573.3	1.68	−35	1094.9	31.25	15	817.9	158.0
−80	1564.9	2.54	−30	1074.2	37.04	20	770.7	189.8
−75	1556.2	3.70	−25	1052.6	43.70	25	705.8	236.3
−70	1545.6	5.25	−20	1029.5	51.37	30	596.4	335.7
−65	1534.7	7.75	−15	1006.1	60.20	31	463.9	463.9
−60	1522.5	10.80	−10	980.8	70.47			
−55	1172.1	14.79	−5	953.8	82.36			

注：温度低于 −56.6℃为液态，高于 −56.6℃为气态。

表2.2.37 压力下二氧化碳气体的密度　　单位：kg/m³

温度/K	压力/kPa							
	10	100	400	700	1000	4000	7000	10000
200	0.2430							
220	0.2409	2.4412						
240	0.2208	2.2287	9.2136	16.732	24.982			
260	0.2037	2.0531	8.4159	15.111	22.221			
280	0.1892	1.9021	7.7575	13.851	20.208			
300	0.1766	1.7738	7.2024	12.807	18.586	92.227		
320	0.1655	1.6613	6.7261	11.920	17.246	80.385	178.50	431.86
340	0.1558	1.5616	6.3109	11.152	16.103	72.354	146.88	260.76
360	0.1471	1.4748	5.9459	10.491	15.108	66.208	128.77	209.72
380	0.1394	1.3958	5.6222	9.909	14.251	61.263	116.10	181.11
400	0.1324	1.3257	5.3332	9.3844	13.481	57.167	106.32	161.83
420	0.1261	1.2626	5.0726	8.9188	12.801	53.677	98.54	147.58
440	0.1203	1.2043	4.8368	8.4976	12.180	50.646	92.08	136.32
460	0.1151	1.1520	4.6226	8.1157	11.628	48.004	86.58	127.01
480	0.1093	1.1036	4.4272	7.7684	11.124	45.652	81.89	119.45
500	0.1059	1.0592	4.2476	7.4497	10.661	43.550	77.73	112.95

续表

温度/K	压力 / kPa							
	10	100	400	700	1000	4000	7000	10000
520	0.1018	1.0187	4.0818	7.1566	10.237	41.647	74.03	107.15
540	0.0980	0.9808	3.9298	6.8862	9.8513	39.934	70.71	102.03
560	0.0946	0.9458	3.7877	6.6355	9.4910	38.367	67.72	97.43
580	0.0913	0.9131	3.6554	6.4036	9.1566	36.925	65.02	93.31
600	0.0882	0.8826	3.5330	6.1874	8.8448	35.593	62.55	89.58
620	0.0854	0.8542	3.4185	5.9851	8.5546	34.362	60.28	86.19
640	0.0827	0.8273	3.3109	5.7956	8.2831	33.220	58.19	83.09
660	0.0802	0.8023	3.2093	5.6189	8.0287	32.149	56.27	80.23
680	0.0779	0.7787	3.1145	5.4521	7.7898	31.164	54.47	77.58
700	0.0756	0.7564	3.0257	5.2952	7.5637	30.226	52.78	75.14
720	0.0735	0.7353	2.9408	3.1461	7.3514	29.350	51.22	72.85
740	0.0715	0.7154	2.8608	5.0059	7.1510	28.532	49.74	70.71
760	0.0697	0.6966	2.7858	4.8737	6.9606	27.761	48.37	68.72
780	0.0679	0.6788	2.7137	4.7483	6.7810	27.019	47.07	66.84
800	0.0662	0.6618	2.6456	4.6289	6.6102	26.329	45.84	65.07
900	0.0588	0.5882	2.3515	4.1126	5.8718	23.340	40.58	57.56
1000	0.0529	0.5293	2.1156	3.6951	5.2817	21.008	36.45	51.68
1100	0.0481	0.4812	1.9230	3.3633	4.8017	19.065	33.12	46.92
1200	0.0441	0.4408	1.7631	3.0830	4.4009	17.476	30.34	43.01
1300	0.0407	0.4072	1.6279	2.8461	4.0623	16.123	28.02	39.70
1400	0.0378	0.3781	1.5114	2.6427	3.7721	14.977	26.01	36.87
1500	0.0353	0.3529	1.4107	2.4660	3.5212	13.983	24.28	34.43

N（算图 2.16）

压力下二氧化碳气体的密度（第 538 页右）

表2.2.38 液－气饱和二氧化碳的密度和比容

温度/℃		−56.6	−55	−50	−47.5	−45	−42.5	−40	−37.5	−35
压力/MPa		0.51779	0.55507	0.68352	0.75217	0.83259	0.91496	1.00518	1.09835	1.2022
密度/(g/cm³)	液体	1.178	1.172	1.1535	1.1444	1.1345	1.125	1.115	1.105	1.0949
	气体	0.0139	0.0148	0.0181	0.0199	0.0218	0.0239	0.0262	0.0287	0.0312
比容/(cm³/g)	液体	0.849	0.853	0.887	0.873	0.881	0.889	0.897	0.905	0.913
	气体	72.2	67.6	55.407	50.52	45.809	41.78	38.164	34.9	32.008
温度/℃		−32.5	−30	−27.5	−25	−22.5	−20	−17.5	−15	−12.5
压力/MPa		1.30919	1.42687	1.54553	1.68086	1.83188	1.96721	2.12902	2.28887	2.46147
密度/(g/cm³)	液体	1.0845	1.0742	1.0636	1.0526	1.0417	1.0299	1.0185	1.0061	0.9938
	气体	0.0339	0.037	0.0402	0.0438	0.0475	0.0514	0.0557	0.0602	0.0653
比容/(cm³/g)	液体	0.922	0.931	0.94	0.95	0.96	0.971	0.982	0.994	1.006
	气体	29.48	27.001	24.85	22.885	21.07	19.468	17.95	16.609	15.32
温度/℃		−10	−7.5	−5	−2.5	0	2.5	5	7.5	10
压力/MPa		2.64682	2.84395	3.04496	3.25679	3.48528	3.72162	3.97169	4.23647	4.50616
密度/(g/cm³)	液体	0.9808	0.968	0.9538	0.94	0.9248	0.91	0.8931	0.876	0.858
	气体	0.0705	0.0762	0.0824	0.089	0.0963	0.1043	0.113	0.1223	0.133
比容/(cm³/g)	液体	1.019	1.033	1.048	1.063	1.081	1.1	1.12	1.142	1.166
	气体	14.194	13.12	12.141	11.23	10.383	9.584	8.85	8.175	7.519
温度/℃		12.5	15	17.5	20	22.5	25	27.5	30	31
压力/MPa		4.78859	5.09259	5.40316	5.73297	6.06541	6.43218	6.80091	7.1922	7.35107
密度/(g/cm³)	液体	0.8385	0.8179	0.7955	0.7711	0.7429	0.7095	0.6664	0.5951	0.4639
	气体	0.1447	0.158	0.1732	0.1898	0.2104	0.2363	0.2718	0.3357	0.4639
比容/(cm³/g)	液体	1.193	1.223	1.253	1.297	1.346	1.409	1.501	1.68	2.156
	气体	6.91	6.323	5.774	5.269	4.753	4.232	3.679	2.979	2.156

（4）二氧化硫

表 2.2.39 饱和二氧化硫的密度

温度/℃	压力/MPa	密度/(kg/m³)		比容/(m³/kg)		温度/℃	压力/MPa	密度/(kg/m³)		比容/(m³/kg)	
		液体	气体	液体（×10³）	气体			液体	气体	液体（×10³）	气体
−50	0.01157	1557	0.4015	64.23	2.4907	10	0.23016	1409	6.556	70.97	0.1523
−45	0.01599	1545	0.5424	64.72	1.8436	15	0.27684	1396	7.812	71.63	0.1280
−40	0.02158	1533	0.7209	65.23	1.3872	20	0.33048	1383	9.225	72.31	0.1084·
−35	0.02883	1521	0.9446	65.75	1.0586	25	0.39197	1370	10.83	73.01	0.0923
−30	0.03805	1509	1.2220	66.27	0.8183	30	0.46189	1356	12.66	73.75	0.0790
−25	0.04943	1497	1.5610	66.80	0.6406	35	0.54113	1342	14.70	74.53	0.0680
−20	0.06355	1484	1.9720	67.39	0.5071	40	0.63027	1327	17.01	75.36	0.0588
−15	0.08071	1471	2.4643	67.98	0.4058	45	0.73030	1311	19.57	76.22	0.0511
−10	0.1014	1458	3.0488	68.59	0.3280	50	0.84171	1295	22.42	77.12	0.0446
−5	0.12611	1446	3.7383	69.16	0.2675	55	0.96576	1281	25.58	78.08	0.0391
0	0.15544	1434	4.5455	69.74	0.2200	60	1.10325	1264	29.07	79.09	0.0344
5	0.18986	1422	5.482	70.35	0.1824						

表 2.2.40 二氧化硫水溶液的密度(15.5℃)

质量分数/%	1	2	3	4	5	6	7	8	9	10
ρ/(g/cm³)	1.0040	1.0091	1.0141	1.0191	1.0241	1.0292	1.0342	1.0393	1.0443	1.0493

（5）二氧化氯

表 2.2.41 二氧化氯液体的密度

温度/℃	−60①	−30	−20	−17	5
ρ/(g/cm³)	1.973	1.907	1.788	1.735	1.635

① 熔化温度。

表 2.2.42 二氧化氯水溶液的密度

密度(16℃)		密度(20℃)		密度(35℃)		密度(45℃)	
/(g/L)	/(g/cm³)	/(g/L)	/(g/cm³)	/(g/L)	/(g/cm³)	/(g/L)	/(g/cm³)
6.59	1.0027	4.94	1.0007	7.93	0.9982	4.78	0.9931
11.25	1.0058	13.48	1.0047	7.99	0.9983		
18.00	1.0080			9.60	0.9992		
26.05	1.0116						

（6）二氟化硫

表2.2.43 二氟化硫液体的密度 单位：g/cm³

温度/℃	−195①	−150①	−50	−40	−30	−20	−10	0	10	20
ρ	2.683	2.510	1.878	1.791	1.742	1.670	1.599	1.540	1.478	1.379
温度/℃	25	30	35	40	41	42	43	44	45	46
ρ	1.332	1.265	1.196	1.102	1.066	1.039	1.032	0.966	0.827	0.673

① 固体。

（7）乙硼烷

表2.2.44 乙硼烷气体的密度 单位：kg/m³

温度/K	压强/kPa								
	10	50	100	400	700	1000	4000	7000	10000
200	0.16703	0.85132							

续表

温度 /K	压强 / kPa								
	10	50	100	400	700	1000	4000	7000	10000
220	0.15170	0.76719	1.5805						
240	0.13900	0.69935	1.4103	5.9443	11.058	17.015			
260	0.12827	0.64446	1.2969	5.3946	9.8607	14.801			
280	0.11908	0.59765	1.2011	4.9523	8.9536	13.254			
300	0.11111	0.55732	1.1189	4.5838	8.2272	12.073	78.474	243.08	279.49
320	0.10415	0.52211	1.0475	4.2711	7.6258	11.126	59.505	172.87	236.84
340	0.098019	0.49111	0.98474	4.0013	7.1165	10.338	50.806	118.89	193.21
360	0.092566	0.46360	0.92921	3.7655	6.6767	9.6680	45.148	95.131	155.73
380	0.087689	0.43905	0.87967	3.5586	6.2922	9.0886	40.999	81.722	129.67
400	0.083294	0.41698	0.83520	3.3707	5.9523	8.5811	37.749	72.718	112.32
420	0.079320	0.39697	0.79495	3.2039	5.6490	8.1310	35.097	66.062	100.06
440	0.075712	0.37889	0.75860	3.0533	5.3765	7.7315	32.876	60.843	90.842
460	0.072421	0.36234	0.72532	2.9165	5.1301	7.3665	30.963	56.599	83.591
480	0.069404	0.34720	0.69489	2.7916	4.9063	7.0385	29.301	53.04	77.684
500	0.066626	0.33327	0.66695	2.6773	4.7017	6.7400	27.837	49.997	72.744
520	0.064056	0.32011	0.64114	2.5723	4.5132	6.5677	26.707	47.226	68.575
540	0.061684	0.30853	0.61731	2.4750	4.3411	6.2154	25.357	45.021	64.877
560	0.059481	0.29750	0.59516	2.3848	4.1813	5.9837	24.294	42.948	61.668
580	0.057430	0.28720	0.57452	2.3013	4.0331	5.7692	23.328	41.088	58.820
600	0.055516	0.27760	0.55531	2.2236	3.8949	5.5698	22.444	39.407	56.270
650	0.051245	0.25621	0.51245	2.0504	3.5892	5.1286	20.522	35.822	50.898
700	0.047585	0.23793	0.47585	1.9029	3.3288	4.7539	18.927	32.896	46.588
750	0.044414	0.22205	0.44405	1.7749	3.1040	4.4312	17.577	30.459	43.033
800	0.041637	0.20817	0.41626	1.6633	2.9080	4.1497	16.412	28.388	40.037
850	0.039188	0.19591	0.39175	1.5651	2.7353	3.9026	14.879	26.543	37.561
900	0.037011	0.18503	0.36997	1.4777	2.5822	3.6836	14.523	25.041	35.239
950	0.035062	0.17527	0.35046	1.3997	2.4455	3.4882	13.738	23.665	33.280
1000	0.033310	0.16660	0.33309	1.3296	2.3227	3.3128	13.036	22.440	31.545
1100	0.030280	0.15136	0.30264	1.2085	2.1110	3.0103	11.833	20.355	28.596
1200	0.027758	0.13875	0.27742	1.1076	1.9348	2.7589	10.839	18.638	26.181
1300	0.025623	0.12809	0.25608	1.0223	1.7859	2.5464	10.002	17.200	24.159
1400	0.023793	0.11893	0.23778	0.9493	1.6583	2.3646	9.2877	15.975	22.442
1500	0.022206	0.11100	0.22193	0.8860	1.5478	2.2070	8.6707	14.917	20.961

表2.2.45 饱和乙硼烷的密度

单位：kg/m^3

温度 /K	130	140	150	160	170	175	180	185	190	195
液体 气体	481.75 0.04349	471.56 0.11920	461.20 0.27913	450.64 0.57806	439.87 1.0863	434.38 1.4450	428.81 1.8890	423.70 2.4312	417.44 3.0855	411.61 3.8669
温度 /K	200	205	210	215	220	222	224	226	228	230
液体 气体	405.66 4.7914	399.58 5.8715	393.38 7.1421	386.96 8.5582	380.46 10.303	377.29 11.049	375.07 11.839	372.32 12.673	369.52 13.554	366.69 14.486
温度 /K	232	234	236	238	240	242	244	246	248	250
液体 气体	363.81 15.469	360.88 16.508	357.90 17.604	354.87 18.763	351.76 19.987	348.60 21.281	345.37 22.649	342.06 24.097	338.66 25.631	335.18 27.256
温度 /K	252	254	256	258	260	262	264	266	268	270
液体 气体	331.60 28.982	327.92 30.814	324.10 32.764	320.15 34.844	316.07 37.066	311.81 39.445	307.37 42.002	302.71 44.758	297.81 47.741	292.62 50.986
温度 /K	272	274	276	278	280	282	284	286	288	289.9
液体 气体	287.11 54.538	281.20 58.454	274.80 62.814	267.80 67.732	260.02 73.367	251.18 79.985	240.84 88.046	228.06 92.512	210.35 114.16	165.82 165.82

（8）氟化氢

表2.2.46 饱和氟化氢的密度 单位：kg/m^3

T_{sat}/K p_{sat}/kPa	292.69 101.3	305 152	325 285	345 500	365 820	385 1320	405 2100	425 3150	445 4800	461.15 6490
液体	968	945	905	862	816	765	710	640	545	290
气体	2.0	3.5	5.0	10	14	20	28	45	88	290

（9）氯化氢

表2.2.47 氯化氢的密度

温度/℃	−104	−102	−100	−98	−96	−94	−92	−90	−88	−86
液态/(g/cm^3)	1.2432	1.2376	1.2299	1.2237	1.2199	1.2168	1.2121	1.2047	1.1973	1.1937
温度/℃	−85	−80	−60	−40	−30	−20	0	20	40	51.4①
液态/(g/cm^3)	1.191	1.178	1.122	1.063	1.031	0.997	0.924	0.831	0.697	0.424
气态/(g/cm^3)	0.0025	0.0032	0.0083	0.017	0.023	0.032	0.054	0.097	0.180	0.424

① 临界温度。

N（算图 2.17）
氯化氢气体的密度（第 539 页左）

表2.2.48 饱和氯化氢的密度 单位：g/cm^3

T_{sat}/K p_{sat}/kPa	188.05 101.3	200 180	215 370	230 670	245 1100	260 1800	275 2700	290 3800	305 5500	324.65 8309
液体	1.190	1.155	1.115	1.070	1.020	0.970	0.925	0.845	0.755	0.450
气体	0.0025	0.005	0.010	0.015	0.025	0.040	0.055	0.090	0.140	0.450

（10）氰化氢

表2.2.49 氰化氢的密度

温度/℃	25.6	160	170	180	183.5
气体/(g/L)	1.1	50	77	120	200

（11）硫化氢

表2.2.50 饱和硫化氢的密度 单位：g/cm^3

T_{sat}/K p_{sat}/kPa	212.8 101.3	220 140	240 325	260 680	280 1020	300 2000	320 3250	340 4890	360 7050	373.15 8937
液体	0.965	0.955	0.915	0.875	0.830	0.780	0.720	0.650	0.565	0.346
气体	0.0020	0.0026	0.0055	0.011	0.021	0.035	0.055	0.095	0.160	0.346

2.2.4 其他无机气体

表2.2.51 其他无机气体的密度 单位：g/m^3

温度/℃	0	100	200	300	400	500	600	700	800	900	1000
氪	3740	2740	2160	1780	1520	1320	1170				
氙	5890	4310	3400	2810	2390	2080	1840				
烟气①	1295	950	748	617	525	457	405	363	329	301	275

① 其成分为CO_2 13%，水蒸气 11%，氮气 76%（体积分数）；当温度为 1100、1200℃时，其值为 257、240g/m^3。

表2.2.52　其他无机液化气体的密度　　单位：g/cm³

名称	温度/℃							
	−100	−80	−60	−40	−20	0	20	40
COS	1.284	1.241	1.198	1.152	1.104	1.052	0.995	0.931
HBr		2.834	2.735	2.630	2.518	2.396	2.260	2.103
HF		1.218	1.174	1.130	1.085	1.038	0.990	0.941
HI				3.016	2.924	2.827	2.724	2.613
H_2S		0.9644	0.9323	0.8984	0.8622	0.8232	0.7803	0.7317
NO	0.793	0.936^{-110}	1.038^{-120}	1.124^{-130}	1.199^{-140}	1.268^{-150}	1.331^{-160}	
N_2O		1.189	1.130	1.065	0.991	0.903	0.783	0.687^{30}
N_2O_4						1.627	1.558	1.484

名称	温度/℃							
	60	80	100	120	140	160	180	200
COS	0.856	0.759	0.505					
HBr	1.910	1.618	1.373^{88}					
HF	0.889	0.834	0.776	0.712	0.640	0.554	0.426	0.348^{186}
HI	2.490	2.359	2.204	2.013	1.728	1.377^{150}		
H_2S	0.6739	0.5970	0.4254					
N_2O	0.547^{36}							
N_2O_4	1.405	1.319	1.222	1.108	0.956	0.840^{150}	0.768^{154}	

注：右上角的数字为与其相对应的温度（℃）。

（算图 2.18）
气体在低压下的密度
（第 539 页右）

（算图 2.19）
气体在低压下的对比密度
（第 540 页左）

（算图 2.20）
标准状态和工作状态下的气体密度
（第 540 页右）

2.3　黏度

2.3.1　空气的黏度

表2.3.1　常压下干空气的黏度　　单位：μPa·s

温度/℃	−180	−150	−100	−50	−20	0	10	20	30	40	50	60
η	6.472	8.591	11.856	14.808	16.279	17.456	17.848	18.240	18.682	19.123	19.515	19.907
温度/℃	70	80	90	100	120	140	150	160	180	200	250	300
η	20.398	20.79	21.231	21.673	22.555	23.340	23.732	24.124	24.909	25.693	27.557	29.322
温度/℃	350	400	500	600	700	800	900	1000	1100	1200	1400	1600
η	30.989	32.754	35.794	38.638	41.580	43.64	46.876	48.445	51.191	52.662	56.781	60.409

（算图 2.21）
空气的黏度（Ⅰ）（第 541 页左）

（算图 2.22）
空气的黏度（Ⅱ）（第 541 页右）

表2.3.2　压力下空气的黏度(Ⅰ)　　单位：μPa·s

压力/MPa	温度/℃						压力/MPa	温度/℃					
	25	50	75	100	150	200		25	50	75	100	150	200
5.0	19.4	20.6	21.5	22.6	24.4	26.1	40	32.6	31.7	30.9	30.3	30.0	29.6
10	20.7	21.7	22.5	23.5	25.1	26.5	50	36.5	35.2	33.9	33.0	31.8	30.9
20	24.4	24.8	25.3	25.7	26.7	27.3	60	40.4	38.5	37.1	35.7	34.0	32.5
30	28.5	28.4	28.1	28.0	28.2	28.4	80	48.2	45,.5	43.3	41.4	38.8	36.8

表2.3.3　压力下空气的黏度(Ⅱ)　　单位：μPa·s

温度/K	压力/atm					温度/K	压力/atm				
	3	10	20	30	40		3	10	20	30	40
300	17.8	17.8	18.4	18.4	18.4	400	22.4	22.4	22.7	22.7	22.7

续表

温度	压力/atm					温度	压力/atm				
/K	3	10	20	30	40	/K	3	10	20	30	40
500	26.4	26.4	26.5	26.5	26.5	1700	58.5	58.5	58.5	58.5	58.5
600	30.0	30.0	29.9	29.9	29.9	1800	60.7	60.7	60.7	60.7	60.7
700	33.3	33.3	33.1	33.1	33.1	1900	62.9	62.9	62.9	62.9	62.9
800	36.3	36.3	36.2	36.2	36.2	2000	65.0	62.9	65.1	65.1	65.1
900	39.2	39.2	39.1	39.1	39.1	2100	67.2	65.0	67.2	67.2	67.2
1000	41.9	41.9	41.9	41.9	41.9	2200	69.3	69.3	69.4	69.4	69.4
1100	44.4	44.4	44.5	44.5	44.5	2300	71.4	71.4	71.5	71.5	71.5
1200	46.9	46.9	47.0	47.0	47.0	2400	73.5	73.5	73.6	73.6	73.6
1300	49.3	49.3	49.4	49.4	49.4	2500	75.7	75.7	75.8	75.8	75.8
1400	51.7	51.7	51.7	51.7	51.7	2600			77.9	77.9	77.9
1500	54.0	54.0	54.0	54.0	54.0	2700			80.0	80.0	80.0
1600	56.3	56.3	56.3	56.3	56.3	2800			82.1	82.1	82.1

表2.3.4　饱和空气的黏度　　单位：μPa·s

T/K	59.75	60	62	64	66	68	70	72	74	76
η	4.22	4.238	4.386	4.532	4.679	4.825	4.97	5.115	5.26	5.405
T/K	78	80	82	84	86	88	90	92	94	96
η	5.549	5.569	5.539	5.984	6.131	6.278	6.427	6.578	6.732	6.889
T/K	98	100	102	104	106	108	110	112	114	116
η	7.05	7.215	7.387	7.566	7.754	7.952	8.163	8.391	8.637	8.909
T/K	118	120	122	124	126	128	130	132		
η	9.21	9.552	9.946	10.41	10.98	11.72	12.77	14.8		

表2.3.5　饱和空气液体的黏度　　单位：μPa·s

T/K	59.75	60	62	64	66	68	70	72	74	76
η	376.6	371.9	336	306.3	279.4	255.7	234.8	216.3	199.9	185.2
T/K	78	80	82	84	86	88	90	92	94	96
η	172.1	160.4	149.8	140.2	131.5	123.6	116.4	109.7	103.6	97.88
T/K	98	100	102	104	106	108	110	112	114	116
η	92.57	87.61	82.94	78.53	74.35	70.36	66.54	62.87	59.31	55.85
T/K	118	120	122	124	126	128	130	132	132.63	
η	52.47	49.13	45.81	42.46	39.01	35.33	31.07	24.47	17.83	

2.3.2　单质气体的黏度

（1）氧气

表 2.3.6　常压下氧气的黏度　　单位：μPa·s

温度/℃	−200	−150	−100	−80	−60	−40	−20	0	20	40	60	80
η	5.65	11.14	9.92	14.19	15.61	17.03	18.15	19.20	20.25	21.30	22.35	23.40
温度/℃	100	150	200	300	400	500	600	700	800	900	1000	
η	24.40	26.50	29.00	33.10	36.90	40.00	43.50	46.98	49.30	53.44	56.49	

表 2.3.7　压力下氧气的黏度

压力	温度/℃			压力	温度/℃		压力	温度/℃
/MPa	15	50	100	/MPa	15.8	54.8	/MPa	15.8
0.1	19.93	21.82	24.37	0.1	19.97	22.07	30	33.20
2.2	20.13	22.11	24.60	2	20.24		40	37.60
4.2	20.55	22.49	24.00	5	20.93	22.88	50	43.30
6.2	21.04	22.95	25.25	10	22.50	24.34	60	48.62
8.2	21.88	23.45	25.64	15	24.51	26.10	70	53.92
10.2	22.60	24.01	26.08	20	28.88			
12.2	23.51	24.63	26.55					

表 2.3.8　液氧的黏度

温度 /℃	−210	−200	−190	−180	−170	−160	−150	−140	−130	−120
η/(mPa·s)	0.503	0.325	0.234	0.180	0.146	0.123	0.099	0.079	0.061	0.046

（2）氢气

表2.3.9　常压下氢气和氘气的黏度　　单位：μPa·s

温度/℃	−250	−200	−150	−100	−80	−60	−40	−20	0	20	40	60
氢气	0.67	3.29	4.65	6.03	6.55	7.09	7.65	8.04	8.40	8.80	9.18	9.59
氘气		4.65	6.90	8.72	9.55	10.32	10.37	11.08	11.85	12.54	12.23	13.50
温度/℃	80	100	150	200	300	400	500	600	700	800	900	1000
氢气	9.96	10.30	11.30	12.10	13.90	15.40	16.87	18.30	19.71	21.00	22.36	23.73
氘气	13.92	14.60	15.90	17.15	19.55	21.70	23.80	25.80	27.80	29.70	31.45	33.20

注：临界黏度为 34.7μPa・s。

表2.3.10　压力下氢气的黏度　　单位：μPa·s

温度/℃		15	25	50	100	150	200	250
压力/MPa	0.1	8.649	8.846	9.336	10.29	11.24	12.08	12.93
	5	8.661	8.861	9.344	10.31	11.78	12.09	12.94
	10	8.833	9.039	9.509	10.48	14.32	12.19	13.03
	20	9.100	9.310	9.770	10.70	11.55	12.35	13.15
	30	9.403	9.579	10.03	10.88	11.79	12.48	13.28
	40	9.750	9.940	10.35	11.15	11.95	12.65	13.40
	50	9.984	10.26	10.37	11.37	12.03	12.81	13.53
	60	10.50	10.70	11.10	11.65	12.35	13.00	13.70
	80	11.13	11.46	11.53	12.17	13.37	13.70	13.96

（3）氮气

表2.3.11　常压下氮气的黏度　　单位：μPa·s

温度/℃	−20	0	20	40	60	80	80	100	150
η	15.75	16.60	17.48	18.35	19.25	20.00	20.00	20.82	22.90
温度/℃	200	300	400	500	600	700	800	900	1000
η	24.60	28.10	31.10	33.93	36.60	39.62	41.30	45.00	47.50

温度/K	100	150	200	250	300	350	400	450	500	550
η	6.867	10.14	12.97	15.44	17.67	19.73	21.67	23.51	25.27	26.96
温度/K	600	650	700	750	800	850	900	950	1000	
η	28.60	30.18	31.73	33.23	34.71	36.15	37.56	38.95	40.31	

表2.3.12　压力下氮气的黏度　　单位：μPa·s

压力p/MPa	温度/℃							
	0	25	50	75	100	150	200	250
0.1	16.65	17.75	18.80	19.85	20.90	22.80	24.60	26.40
2	16.05	18.05	19.05	20.10	21.15	23.00	24.80	26.55
5	17.60	18.60	19.55	20.50	21.55	23.40	25.10	26.80
10	19.05	19.85	20.60	21.45	22.30	24.00	25.65	27.30
15	20.90	21.35	21.80	22.45	23.25	24.75	26.30	27.80
20	23.00	23.05	23.25	23.70	24.30	25.65	27.00	28.45
30	27.50	26.80	26.45	26.55	26.75	27.60	28.60	29.80
40	32.00	30.75	29.95	29.65	29.40	29.70	30.25	31.20
50	36.75	34.60	33.35	32.60	32.20	31.90	32.10	32.75
60	41.25	38.50	36.70	35.65	34.90	31.05	33.90	34.30
70		42.25	39.95	38.65	37.65	36.30	35.80	35.90
80		45.80	43.25	41.60	40.30	38.50	37.70	37.50

N（算图2.23）

氮气的黏度（第542页左）

表2.3.13 液氮的黏度 单位：μPa·s

温度/℃	-200	-190	-180	-170	-160	-150
η	190	134	101	70	52	36

（4）氟气、氯气、碘气

表2.3.14 氟气、碘气的黏度 单位：μPa·s

温度/℃	0	20	25	50	75	100	150	200	250	300	400	500	600
氟气	12.45	13.35	13.60	14.65	15.70	16.75	18.82	20.90	22.95	25.05	29.20	33.26	37.30
碘气						17.30	19.53	21.75	24.00	26.30	30.65	35.05	39.35

表2.3.15 液氯的黏度 单位：μPa·s

温度/K	69	70	72	74	76	78	80	82	83.2
η	418.5	394.9	362.0	340.1	320.7	301.1	282.3	265.7	256.9

表2.3.16 氯气的黏度 单位：μPa·s

温度/℃	-20	0	20	40	60	80	100	150	200	300	400	500	600
η	11.5	12.3	13.2	14.1	15.0	15.9	16.8	18.9	21.0	25.0	28.7	33.8	37.9

（5）氩气

表2.3.17 常压下氩气的黏度 单位：μPa·s

温度/℃	-200	-150	-100	-80	-60	-40	-20	0	20	40	60
η	6.26	9.78	13.76	15.38	16.96	18.48	19.90	21.20	22.20	23.38	24.63
温度/℃	80	100	150	200	300	400	500	600	700	800	
η	25.89	27.10	29.77	32.10	36.70	41.00	45.11	48.70	52.10	55.40	

注：临界黏度为26.4μPa · s。

表2.3.18 压力下氩气的黏度 单位：μPa·s

压力p /MPa	温度/℃					
	0	15	25	50	100	200
2.5	21.80	22.65	23.20	24.65	27.45	32.65
5.0	22.90	23.70	24.25	25.55	28.15	33.30
10	25.85	26.40	26.80	27.80	29.95	34.40
15	29.10	29.20	29.35	32.65	31.95	35.70
20	32.65	32.25	32.25	37.80	33.90	37.15
30	40.30	38.85	38.30	30.10	38.00	40.00
40	48.65	46.25	45.10	43.55	42.20	42.90
47.5	0.00	0.00	0.00	0.00	0.00	45.20

（6）氦气

表2.3.19 常压下氦气的黏度 单位：μPa·s

温度/℃	-250	-200	-150	-100	-80	-60	-40	-20	0	20	40
η	2.68	7.90	11.20	14.00	15.06	16.00	16.85	17.50	18.60	19.55	20.40
温度/℃	60	80	100	150	200	300	400	500	600	700	800
η	21.35	22.05	22.90	25.02	27.00	30.70	34.20	37.52	40.70	43.74	46.50

注：临界黏度为25.4μPa·s。

表2.3.20　压力下氦气的黏度　　单位：μPa·s

压力p /MPa	温度/℃				压力p /MPa	温度/℃			
	−50.1	−24.8	0	25		−50.1	−24.8	0	25
6.905	16.01	17.24	18.55	19.9	40.92	17.34	18.39	19.31	20.42
13.71	16.22	17.34	18.53	19.83	54.54	17.94	18.80	19.93	21.03
20.52	16.54	17.58	18.76	200.7	681.5	18.79	19.71	20.68	21.54
27.32	16.68	17.81	18.84	201.5					

（7）氖气、氙气、氪气

表2.3.21　氖气、氙气、氪气的黏度　　单位：μPa·s

温度/℃	0	20	40	60	80	100	150	200	300	400	500	600	700	800	1000	临界值
氖气	29.70	31.11	32.48	33.81	35.01	36.38	39.46	42.46	48.25	53.45	58.45	62.94	66.77	70.76	78.55	15.6
氙气	21.08	22.60	24.00	25.40	26.90	28.24	31.65	34.81	40.70	46.38	51.39	54.92				49.0
氪气	23.44	24.85	26.29	27.74	29.18	30.60	34.02	37.26	43.25	48.54	53.45	59.23				39.6

2.3.3　化合物气体的黏度

（1）氨气

表2.3.22　氨气的黏度　　单位：μPa·s

温度/℃	−80	−60	−40	−20	0	20	40	60
η	6.75	7.30	7.95	8.60	9.30	10.05	10.78	11.45
温度/℃	80	100	150	200	300	400	500	600
η	12.45	12.80	14.60	16.67	18.43	24.32	31.68	31.96

表2.3.23　压力下氨气的黏度　　单位：μPa·s

压力 /MPa	温度/℃								
	30	80	100	120	140	150	160	200	250
0.1	10.4	12.2	12.9	13.6	14.3	146.5	15.0	16.4	18.2
2.0	13.7	12.4	13.0	13.8	14.5	14.4	15.2	16.6	18.3
4.0	—	—	13.3	14.1	14.8	15.2	15.5	16.8	18.5
5.0	139.0	84.0	13.5	14.3	15.0	15.4	15.7	17.0	18.7
6.0	—	85.2	—	14.6	15.3	15.7	16.0	17.2	18.8
7.0	—	86.2	—	—	15.6	16.0	16.3	17.4	19.0
8.0	—	87.3	—	—	15.9	16.8	16.6	17.6	19.1
10.0	143.0	89.2	69.5	51.0	17.2	17.1	17.2	18.1	19.5
12.5	—	91.5	72.9	56.2	26.0	18.7	18.3	18.9	20.0
15.0	146.5	93.8	76.0	60.4	40.0	28.0	21.0	20.0	20.6
20.0	150.0	98.2	81.5	67.0	50.0	42.3	34.6	23.3	22.2
30.0	158.0	106.2	90.0	75.8	62.0	55.5	49.8	34.0	27.0
40.0	165.0	113.6	97.5	83.2	69.8	64.7	59.4	43.6	33.1
50.0	—	—	—	89.5	—	71.0	—	51.0	39.2
60.0	—	—	—	95.0	—	76.2	—	56.7	45.0
70.0	—	—	—	100.3	—	81.0	—	62.0	50.2
80.0	—	—	—	105.2	—	85.9	—	66.9	54.2

表2.3.24　液氨和过热蒸气的黏度

单位：μPa·s

温度 /℃	压力 /MPa																			
	0.1	1	3	5	7	9	11	13	15	17	19	21	23	25	35	45	55	65	75	80
30	10.7		137.4	139.0	140.6	142.3	143.8	145.1	146.7	147.8	149.2	150.6	152.3	153.7	160.5	166.5	172.4	177.4	181.7	182.9
40	11.0		126.0	127.7	129.3	130.8	132.5	133.9	135.4	136.8	137.9	139.6	140.8	142.7	149.6	156.2	162.2	167.2	171.6	172.8
50	11.3	11.4		116.5	118.1	119.6	121.3	122.9	124.4	125.8	126.9	128.6	129.7	131.8	138.7	145.7	151.7	156.7	161.1	162.3
60	11.6	11.7		105.6	107.2	108.9	110.6	112.2	113.8	115.1	116.3	118.1	119.1	121.2	128.3	135.5	141.5	146.7	151.1	152.3
70	12.9	12.0		94.7	96.5	98.4	100.2	101.5	103.5	104.9	106.4	108.1	109.3	111.2	118.5	125.7	131.7	136.9	141.3	142.6
80	12.2	12.3	12.5	83.9	86.1	88.0	90.0	91.8	93.8	95.5	97.2	98.8	100.3	102.0	109.6	116.6	122.6	127.8	132.2	133.5
90	12.5	12.6	12.8	13.4	75.5	77.8	80.0	82.2	84.4	86.3	88.5	90.1	91.8	93.7	101.0	108.3	114.4	119.6	124.2	125.5
100	12.8	12.9	13.1	13.5	65.0	67.9	70.7	73.4	75.7	78.0	80.2	82.2	84.1	85.9	93.4	100.6	106.6	111.8	116.4	117.7
110	13.2	13.3	13.5	13.9		57.9	62.5	65.4	68.0	70.7	73.0	75.1	77.0	78.8	86.5	93.4	99.3	104.5	109.2	110.5
120	13.6	13.6	13.9	14.3	15.0		53.0	56.8	60.1	63.0	65.4	67.7	69.9	71.6	79.5	86.1	91.9	97.2	102.1	103.6
130	13.9	14.0	14.3	14.7	15.2	16.3	20.7	45.8	50.7	54.0	57.0	59.6	61.9	64.0	72.6	79.5	84.9	90.3	94.2	88.8
140	14.3	14.4	14.7	15.1	15.6	16.3	18.6	28.8	39.6	44.4	48.1	51.1	54.0	56.3	65.9	73.4	78.8	83.8	88.6	90.1
150	14.6	14.7	15.0	15.4	15.9	16.5	17.5	20.3	26.4	35.3	39.9	43.5	46.6	49.2	60.0	67.8	73.2	78.2	82.9	84.4
160	15.0	15.0	15.3	15.6	16.2	16.9	17.5	18.5	20.8	26.0	31.9	36.1	39.7	42.8	54.6	62.7	68.5	73.2	78.2	79.6
170	15.3	15.4	15.6	16.0	16.5	17.0	17.7	18.6	20.2	23.6	27.1	30.6	34.5	37.6	49.7	58.1	64.2	69.0	74.0	75.4
180	15.7	15.8	16.0	16.3	16.8	17.3	17.9	18.8	19.9	22.3	24.5	27.1	30.7	33.5	45.3	54.0	60.4	65.3	70.4	72.0
190	16.0	16.1	16.4	16.6	17.0	17.5	18.2	19.0	19.8	21.5	23.0	25.1	27.8	30.3	41.6	50.3	57.0	61.9	67.0	68.6
200	16.4	16.5	16.7	16.9	17.3	17.8	18.5	19.2	19.8	21.0	22.4	23.9	25.8	27.8	38.7	47.0	53.6	59.1	63.9	65.5
210	16.7	16.9	17.1	17.2	17.7	18.0	18.8	19.4	20.0	21.1	22.2	23.0	24.5	26.4	36.3	44.2	50.7	56.1	61.0	62.5
220	17.1	17.2	17.4	17.6	18.0	18.3	19.0	19.5	20.1	21.1	22.0	22.5	23.6	25.5	34.3	41.8	48.0	53.4	58.4	59.8
230	17.4	17.5	17.7	17.9	18.3	18.6	19.2	19.7	20.3	21.1	21.9	22.4	23.2	24.8	32.6	39.7	45.8	51.1	56.0	57.2
240	17.8	17.9	18.1	18.2	18.6	18.9	19.4	19.9	20.5	21.1	21.8	22.4	23.2	24.3	31.2	37.7	43.8	49.0	53.7	55.0
250	18.1	18.2	18.4	18.6	18.9	19.2	19.6	20.0	20.5	21.1	21.7	22.4	23.2	24.2	29.7	36.3	41.7	47.2	51.7	53.2

注：折线左下方为过热蒸气，右上方为液体。

表2.3.25　饱和氨的黏度

温度 /℃	−70	−60	−50	−40	−30	−20	−10	0	10	20	30	40
液体 /(μPa·s)	46.55	38.55	32.45	27.73	24.03	20.50	17.16	15.00	13.04	11.47	136.0	124.0
蒸气运动黏度 /(mm^2/s)					0.354	0.304	0.263	0.235	0.209	0.183	10.75	11.15
温度 /℃	50	60	70	80	90	100	110	120	125	130	131.5	132.4
液体 /(μPa·s)	113.5	103.0	92.2	82.6	73.2	64.0	56.0	48.4	43.7	37.3	33.1	26.1
蒸气运动黏度 /(mm^2/s)	11.55	12.00	12.45	12.9	13.35	13.95	14.70	16.25	17.60	20.20	22.50	26.10

注：氨蒸气的临界黏度为30.9μPa·s。

表 2.3.26　常压下氨水溶液的黏度

温度 /℃	−70	−65	−60	−55	−50	−45	−40	−35	−30
η/(mPa·s)	0.488	0.428	0.380	0.348	0.317	0.293	0.276	0.258	0.247

（2）一氧化碳

表2.3.27　常压下一氧化碳气体的黏度　　单位：μPa·s

温度 /℃	−150	−100	−80	−60	−40	−20	0	20	40	60	80
η	8.63	11.59	12.71	13.86	14.92	15.95	16.80	17.68	18.55	19.15	20.24
温度 /℃	100	150	200	300	400	500	600	700	800	900	1000
η	21.02	22.00	24.70	27.90	29.90	34.42	36.20	40.40	41.38	46.00	48.74

注：临界黏度为 19.0μPa · s。

表2.3.28　压力下一氧化碳气体的黏度　　单位：μPa·s

压力 /MPa	温度 /℃						
	0	25	50	100	150	200	250
1	166.0	176.5	187.0	207.5	227.0	245.0	262.5
2	169.0	179.5	190.0	210.5	220.0	247.0	264.5
5	175.0	185.0	194.5	214.5	232.0	250.0	267.0
10	189.5	199.0	205.0	222.5	238.5	256.0	271.5
15	208.0	214.0	217.5	232.0	246.5	263.0	277.0
20	230.0	230.5	231.5	243.0	255.0	271.0	283.0
30	274.0	268.0	264.0	268.0	276.5	287.0	297.0
40	317.5	306.5	298.5	295.0	295.0	303.5	—
50	360.0	345.0	333	322.5	318.5	320.0	—
60		382.5	366	349.0	340.5	340.0	—
80		455	430	401.0	382.0	376.0	—

（3）二氧化碳

表2.3.29　常压下二氧化碳气体的黏度　　单位：μPa·s

温度 /℃	−100	−80	−60	−40	−20	0	20	40	60	80	100
η	8.66	10.30	10.61	11.55	12.80	13.80	14.70	15.70	16.70	17.55	18.45
温度 /℃	150	200	300	400	500	600	700	800	900	1000	
η	20.74	22.60	26.40	30.20	33.93	37.66	41.09	44.62	48.15	51.48	

表 2.3.30　饱和二氧化碳的黏度

温度 /℃	−40	−20	−10	0	10	20	30
黏度 /(μPa·s)	165.7	150.0	125.5	104.9	98.1	75.5	53.9

表2.3.31　压力下二氧化碳的黏度（Ⅰ）　　单位：μPa·s

温度 /℃	压力 /MPa								
	0.1	2	5	7	8	9	10	12	15
20	14.62	15.48	18.40	72.33	76.59	79.60	82.48	87.78	94.82
30	15.10	15.78	18.23	22.39	51.10	59.58	64.05	72.82	80.42
40	15.60	16.29	17.96	21.04	24.15	32.11	46.67	60.88	67.85
60	16.50	17.29	18.36	20.72	23.50	26.97	29.21	38.94	47.35
90	17.90	18.20	18.97	20.23	21.01	21.89	22.86	25.63	30.86
100	18.25	18.54	19.48	20.35	20.94	21.52	22.28	24.23	28.19
150	20.45	20.75	21.39	21.87	22.17	22.46	22.84	23.82	25.48
200	22.54	22.80	23.39	23.82	24.17	24.47	24.76	25.35	26.51
250	24.56	24.85	35.38	25.88	26.07	26.37	26.62	27.24	28.07

续表

温度/℃	压力/MPa							
	20	25	30	40	50	60	70	80
20	103.60	111.22	117.74	129.04	139.36	149.16		
30	90.39	98.82	105.63	117.22	127.93	137.75	147.53	155.46
40	79.79	88.02	95.37	107.44	117.85	127.48	136.41	145.08
60	58.81	69.43	77.45	90.72	101.63	111.28	120.30	128.69
90	41.33	50.76	58.99	72.39	83.33	93.00	101.30	109.14
100	37.48	46.48	54.14	67.17	78.15	87.34	95.48	103.20
150	29.54	34.48	39.42	49.29	58.63	66.98	74.63	81.78
200	28.87	31.79	35.13	42.23	49.16	55.89	62.24	68.36
250	29.69	31.67	33.64	38.61	44.04	49.75	55.23	60.45

表2.3.32 压力下二氧化碳的黏度(Ⅱ) 单位：μPa·s

压力/atm	温度/℃						
	–15	–10	0	10	20	30	40
5	13.533	13.729	13.925	14.220	14.612	14.906	15.691
10	14.024	14.220	14.220	14.416	14.808	15.102	15.887
15	14.710	14.710	14.612	14.514	16.004	15.298	16.083
20	15.495	15.298	15.004	14.808	15.200	15.495	16.377
25	116.209	16.085	15.396	15.200	15.495	15.887	16.573
30	118.072	112.188	15.985	15.593	15.789	16.181	16.867
35	120.033	114.346	17.260	15.945	16.181	16.573	17.260
40	120.916	116.209	103.558	16.769	16.671	16.966	17.652
45	122.289	117.878	106.108	17.946	11.162	17.358	18.142
50	123.564	119.249	108.462	89.633	17.848	17.848	18.633
55	124.741	120.622	110.521	92.673	18.829	18.437	19.123
60	125.721	121.897	112.482	95.419	71.294	19.221	19.711
65	126.800	122.975	114.346	98.067	75.119	20.300	20.496
70	127.879	124.152	116.013	100.22	78.551	21.967	21.378
75	128.761	125.329	117.778	102.48	81.591	49.622	22.555
80	129.742	126.506	119.249	104.54	84.337	55.015	24.222
85	130.821	127.585	120.426	106.50	86.985	59.624	27.459
90	131.801	128.663	121.897	108.46	89.241	63.841	32.558
95	132.684	129.742	123.073	110.13	91.496	67.372	39.423
100	133.567	130.723	124.250	111.89	93.555	70.706	46.091
105	134.547	131.703	125.329	113.46	95.517	73.746	51.681
110	135.430	132.684	126.506	114.93	97.380	76.688	56.094
115	136.214	133.665	127.585	116.40	99.145	79.238	59.821
120	136.999	134.547	128.565	117.78	100.81	81.886	63.155

注：横线上面是气体，横线下面是液体。1atm=101325Pa。

（4）二氧化硫

表2.3.33 气态二氧化硫的黏度(热力学温度) 单位：μPa·s

温度/K	200	250	300	350	400	450	500	550	600
η	8.396	10.82	13.11	15.30	17.42	19.47	21.48	23.43	25.35
温度/K	650	700	750	800	850	900	950	1000	
η	27.23	29.08	30.90	32.69	34.46	36.20	37.93	39.64	

表2.3.34 气态二氧化硫的黏度(摄氏度) 单位：μPa·s

温度/℃	–80	–60	–40	–20	–10	–5	0	5	10	12	15	18	20	22
η	8.30	9.20	10.02	10.78	11.15	11.38	11.62	11.86	12.09	12.18	12.32	12.46	12.55	12.64
温度/℃	25	30	35	40	50	60	80	100	150	200	250	300	400	500
η			13.22	13.45	13.89	14.33	15.22	16.06	18.22	20.46	22.93	25.56	27.95	31.45

注：临界黏度为41.1μPa·s。

表2.3.35 液态二氧化硫的黏度 单位：μPa·s

温度/℃	−70	−60	−50	−45	−40	−35	−30	−25	−20	−15	−10	−5
η	1.030	0.878	0.760	0.724	0.680	0.643	0.610	0.570	0.504	0.434	0.410	0.389
温度/℃	0	5	10	15	20	40	60	80	100	120	140	150
η	0.368	0.350	0.334	0.318	0.304	0.262	0.200	0.165	0.134	0.106	0.082	0.076

表2.3.36 二氧化硫在不同温度和压力下的黏度

压力		在下列温度(℃)时的黏度/(μPa·s)						
/(kgf/cm^2)	/MPa	−20	−10	0	10	20	30	40
0.5	0.04903	10.394	10.885	11.278	11.886	12.356	12.945	13.631
1.0	0.09807	490.333	11.180	11.670	12.160	12.563	13.043	13.729
1.5	0.14710	496.218	443.261	12.160	12.553	12.847	13.141	13.827
2.0	0.19613	502.100	449.636	392.266	13.043	13.337	13.337	14.024
2.5	0.24517	506.317	454.342	397.856	332.936	13.827	13.533	14.220
3.0	0.29420	509.946	458.9S1	402.563	338.133	14.514	13.925	14.416
3.5	0.34323	512.888	462.874	406.186	342.742	273.998	14.416	14.710
4.0	0.39127	515.339	466.306	410.212	346.665	278.509	15.200	15.102
4.5	0.44130	517.987	469.346	413.154	350.294	282.922	16.279	15.593
5.0	0.49053	519.949	472.100	418.096	353.039	286.746		16.181
5.5	0.53937	521.714	474.740	418.744	355.785	289.787		16.867
6.0	0.58840	523.185	477.094	420.901	357.943	293.023		17.652
6.5	0.63743	524.460	479.055	122.961	360.100	295.376		
7.0	0.68647	525.833	481.016	424.824	361.865	297.828		
7.5	0.75550	527.009	482.978	426.559	363.434	300.083		
8.0	0.78453	528.088	481.841	428.060	365.298	302.045		

注：横线上面的是气体，横线下面的是液体。

（5）六氟化硫

表2.3.37 六氟化硫的黏度 单位：μPa·s

温度/℃	−40	−35	−30	−25	−20	−15	−10	−5	0	5	10	15
η	493	468	437	416	403	390	368	347	334	325	315	303

（6）乙硼烷

表2.3.38 乙硼烷液体的黏度 单位：μPa·s

温度/K	145	150	155	160	165	170	175	180	185	190	195	200
η	0.249	0.221	0.202	0.187	0.175	0.164	0.153	0.141	0.129	0.118	0.107	0.100

（7）一氧化氮和一氧化二氮

表2.3.39 一氧化氮和一氧化二氮气体的黏度 单位：μPa·s

温度/℃	−140	−120	−100	−75	−50	−25	0	25	50	75	100
NO	9.30	10.64	11.98	13.57	15.10	16.56	18.00	19.20	20.35	21.56	22.72
N_2O				9.90	11.15	12.40	13.60	14.82	15.95	17.12	18.22
温度/℃	150	200	250	300	400	500	600	700	800	900	1000
NO	24.75	26.82	28.70	30.55	34.00	37.00	40.10	42.75	45.35	47.80	50.75
N_2O	20.40	22.45	24.50	26.49	30.30	33.75					

（8）二氧化氮

表2.3.40 二氧化氮气体的黏度和运动黏度

温度/℃	0	20	40	60	80	100	150	200	300
黏度/(μPa·s)	534.9	476.6	427.5						
运动黏度/(mm^2/s)	6.82	7.93	9.07	10.24	11.45	12.70	16.03	19.70	28.20

（9）硫化氢

表2.3.41 硫化氢的黏度 单位：μPa·s

温度/℃	−80	−60	−40	−20	0	20	40	60	80	100
气体					11.60	12.40	13.23	14.09	14.98	15.90
液体	506	345	251	192	153	145	119	95	74	56

（10）氢化气体

表2.3.42 氯化氢、溴化氢、碘化氢和磷化氢气体的黏度 单位：μPa·s

温度/℃	0	25	50	75	100	150	200	250	300
氯化氢	13.20	14.50	15.80	17.05	18.30	20.70	23.02	25.30	27.55
溴化氢	17.10	18.77	20.40	22.00	23.65	26.90	30.10		
碘化氢	17.00	18.62	20.20	21.72	23.23	26.25	29.23	32.16	35.10
磷化氢	10.72	11.71	12.64	13.58	14.51	19.35	18.18		

表2.3.43 砷化氢、氰和氰化氢气体的黏度 单位：μPa·s

温度/℃	0	20	25	50	75	100	150	200	250	300	400
砷化氢	14.68	15.76	16.02	17.34	18.65	19.96	22.60				
氰	9.33	10.02	10.20	11.08	11.94	12.79	14.52				
氰化氢	6.72	7.37	7.54	8.34	9.14	9.94	11.50	13.05	14.60	16.13	19.20

2.3.4 混合气体的黏度

表2.3.44 含空气混合气体的黏度 单位：μPa·s

混合物种类	温度/℃	空气的体积浓度/%										
		0	10	20	30	40	50	60	70	80	90	100
空气-氨气	15	9.738	10.85	11.87	12.88	13.83	14.72	15.53	16.26	16.90	17.40	17.85
空气-H_2S	17.2	12.42	13.12	13.84	14.49	15.13	15.75	16.33	16.85	17.30	17.30	18.00
空气-HCl	16.5	14.05	14.68	15.34	15.73	16.14	16.54	16.92	17.26	17.53	17.75	17.93

注：环境压强为101.3kPa。

表2.3.45 含氢混合气体的黏度 单位：μPa·s

混合物名称	温度/℃	氢气的体积浓度/%						混合物名称	温度/℃	氢气的体积浓度/%					
		0	20	40	60	80	100			0	20	40	60	80	100
氢气-氩气	20	22.09	21.72	20.86	19.21	15.66	8.74	氢气-HCl	21	14.33	14.59	14.83	14.63	13.44	8.94
	100	26.81	26.31	25.25	23.26	18.48	10.28		250	25.34	25.27	24.90	24.31	21.07	13.21
氢气-氦气	20	19.72	17.22	14.87	12.66	10.64	8.74	氢气-SO_2	17	12.57	12.92	13.33	13.64	13.25	9.23
	100	23.18	20.34	17.57	14.92	12.47	10.28		199	20.69	21.00	21.18	21.16	20.16	12.36
氢气-氖气	20	30.89	28.64	25.87	21.05	16.06	8.74	氢气-NH_3	20	9.81	10.36	10.81	10.96	10.68	8.74
	100	36.19	33.26	29.84	24.79	19.10	10.28		100	12.78	13.23	13.45	13.40	12.86	10.28
氢气-氮气	19	17.38	17.01	16.48	15.42	13.28	8.73	氢气-CH_4	20	10.86	10.98	10.98	10.84	10.31	8.74
	100	20.82	20.47	19.67	18.23	15.47	10.28		100	13.30	13.40	13.46	13.04	12.26	10.28
氢气-氧气	26.8	20.55	20.09	19.33	17.86	14.48	8.88	氢气-C_2H_6	20	9.08	9.50	9.74	9.83	9.97	8.74
	276.8	32.18	31.37	29.77	27.80	22.09	13.80		100	11.40	11.81	12.00	12.28	12.11	10.28
氢气-CO	19	17.44	17.17	16.49	15.32	13.02	8.73	氢气-C_3H_8	26.8	8.25	8.48	8.89	9.46	10.03	8.88
	26.8	14.87	14.86	14.78	14.49	13.75	8.88		276.8	14.35	14.50	14.96	15.55	15.87	13.80
	100	20.83	20.41	19.67	18.07	15.02	10.28	氢气-C_4H_8	20	8.84	9.42	8.96	8.30	7.86	8.88
	276.8	25.53	25.39	25.02	23.86	21.57	13.80		100	10.40	11.56	10.96	10.38	9.90	13.80
氢气-CO_2	26.8	14.92	15.01	15.00	14.76	13.53	8.88	氢气-CO_2	276.8	25.54	25.39	25.11	24.55	21.37	13.80

注：环境压强为101.3kPa。

表2.3.46　含氨气混合气体的黏度　　单位：μPa·s

混合物名称	温度/℃	氨的容积浓度/%										
		0	10	20	30	40	50	60	70	80	90	100
氨气-甲烷	14.5	10.76	10.86	10.90	10.89	10.84	10.75	10.62	10.45	10.24	9.98	9.65
氨气-氧气	20	20.21	19.51	18.69	17.78	16.82	15.81	14.74	13.61	12.42	11.16	9.81
	100	24.38	23.63	22.75	21.75	20.67	19.51	18.27	16.96	15.60	14.20	12.78
氨气-氮气	20	17.44	16.94	16.39	15.78	15.10	14.34	13.53	12.67	11.78	10.83	9.81
	100	20.83	20.38	19.79	19.10	18.37	17.59	16.75	15.83	14.82	13.79	12.78

注：环境压力为101.3kPa。

表2.3.47　含氮液体二元混合物的黏度　　单位：μPa·s

氮的体积分数/%	温度/K	η
氮-氧		
压力为101.3kPa、沸点为右侧温度时的混合物	77.9	161.3
	79.6	165.6
	82.3	180.4
	89.6	185.6
40.0	68.7	353.7
	70.2	318.7
	72.8	231.8
	76.8	225.7
80.4	67.2	251.7
	72.6	203.8
	77.7	172.8

氮的体积分数/%	温度/K	η
氮-一氧化碳		
25.2	76.4	182.8
	83.0	150.8
	90.1	131.9
	100.8	108.8
	111.6	79.9
45.2	77.2	170.8
	90.1	126.9
	111.6	85.9
68.7	81.0	152.9
	90.1	122.9
	111.6	83.8

氮的体积分数/%	温度/K	η
氮-甲烷		
19.6	84.1	213.8
	85.0	205.8
	87.8	185.8
	89.8	171.8
24.0	96.6	154.8
	103.6	132.9
	132.4	74.9
	145.8	65.9
41.2	78.5	216.8
	81.4	194.8

氮的体积分数/%	温度/K	η
氮-甲烷		
41.2	84.7	177.8
	86.1	170.8
60.8	68.2	274.8
	71.7	236.8
	78.0	187.8
	84.4	151.8
81.2	64.8	285.8
	68.2	239.8
	71.7	210.8
	76.7	173.9
	80.3	153.9

表2.3.48　氮氧氩液体三元混合物的黏度　　单位：μPa·s

体积分数/%			温度/K	η
氮	氧	氩		
89	9.5	1.5	77.9	159.4
36	61	3	82.3	186.3
1	96	3	89.6	189.4

2.3.5　其他气体的黏度

表2.3.49　二硫化碳、氧硫化碳和甲硅烷气体的黏度　　单位：μPa·s

温度/℃	0	20	25	50	75	100	150	200	250	300
二硫化碳	9.230	9.90	10.08	10.94	11.84	12.62	14.32	16.00	17.99	19.30
氧硫化碳	11.32	12.20	12.40	13.46	14.56	15.57	17.55			
甲硅烷	10.76	11.48	11.67	12.58	13.44	14.35	16.10			

表2.3.50　烟气的黏度　　单位：μPa·s

温度/℃	0	100	200	300	400	500	600
η	15.78	20.39	24.49	28.23	31.68	34.84	37.85
温度/℃	700	800	900	1000	1100	1200	
η	40.68	43.37	45.90	48.35	50.69	52.98	

注：成分为CO_2 13%、H_2O 11%、N_2 76%(体积分数)。

表2.3.51 其他气体的黏度 单位：μPa·s

温度/℃	−20	0	20	40	60	80	100	150	200	300	400	临界值
AsH		14.58	11.4^{15}				19.81					
Br_2		14.96	15.22	15.83	16.76	17.81	18.87	21.27	23.72	28.65		
C_2N_2		9.40	10.70	11.69	12.37	12.74	12.80					
HBr			18.24				23.42					
HI			16.55	19.24	20.90	22.07	23.16	26.27	29.24	34.04		
N_2H_4		0.125^{5}	0.09^{25}									
NOCl			11.60	12.42	13.28	14.10	15.04	17.10	19.20			
N_2O	12.50	13.70	14.60	15.40	16.43	17.62	18.30	19.89	22.50	26.50	29.82	33.2
PH_3		10.61	11.36	12.12	12.85	13.62	14.38					

温度/K	150	200	250	300	350	400	450	500	550	600	650	700	750	800	850	900	950	1000
COS	5.803	8.193	10.42	12.53	14.55	16.51	18.41	20.26	22.07	23.85	25.59	27.30	28.99	30.65	32.29	33.91		
HBr		12.49	15.61	18.82	22.07	25.32	28.53	31.68	34.75	37.74	40.64	43.46	46.20	48.86	51.45	53.97	56.43	58.83
N_2O		9.921	12.45	14.90	17.24	19.45	21.55	23.56	25.47	27.31	29.08	30.79	32.45	34.06	35.62	37.14	38.62	40.07
HF		8.219	10.33	12.47	14.59	16.65	18.66	20.59	22.45	24.25	25.98	27.65	29.28	30.85	32.38	33.87	35.33	36.75
HI			15.88	19.07	22.24	25.34	28.37	31.30	34.15	36.91	39.58	42.17	44.69	47.13	49.51	51.82	54.08	56.28

2.3.6 气体的黏度算图

（算图2.24）（第542页右） 常压下气体的黏度（Ⅰ）
（算图2.25）（第543页左） 常压下气体的黏度（Ⅱ）
（算图2.26）（第543页右） 常压下气体的黏度（Ⅲ）
（算图2.27）（第544页左） 常压下气体的黏度（Ⅳ）
（算图2.28）（第544页右） 常压下气体的黏度（Ⅴ）
（算图2.29）（第545页左） 常压下气体的黏度（Ⅵ）
（算图2.30）（第545页右） 常压下气体的黏度（Ⅶ）
（算图2.31）（第546页左） 低压下纯气体的黏度
（算图2.32）（第546页右） 中压下轻质气体的黏度
（算图2.33）（第547页左） 中压下重质气体的黏度
（算图2.34）（第547页右） 极性气体的黏度
（算图2.35）（第548页左） 非极性气体的黏度
（算图2.36）（第548页右） 混合气体的黏度
（算图2.37）（第549页左） 气体黏度与压强的关系
（算图2.38）（第549页右） 常压高温下气体的黏度
（算图2.39）（第550页左） 温度和压强对气体黏度的影响
（算图2.40）（第550页右） 压强对气体和液体黏度的影响
（算图2.41）（第551页左） 某些气体的黏度和温度、压强的关系
（算图2.42）（第551页右） 根据标准沸点求气体的黏度
（算图2.43）（第552页左） 根据临界值求气体的黏度（Ⅰ）
（算图2.44）（第552页右） 根据临界值求气体的黏度（Ⅱ）
（算图2.45）（第553页左） 根据临界温度和压强求气体的黏度
（算图2.46）（第553页右） 气体的对比黏度（通用）

2.4 表面张力

2.4.1 单质气体的表面张力

表2.4.1 液氢的表面张力 单位：mN/m

温度/K	13.95	14	17	20	20.38	22	25	28	31
σ	3.004	2.995	2.498	2.008	1.946	1.686	1.208	0.743	0.296

表2.4.2 液氧、液氮、液氟、液氯的表面张力 单位：mN/m

温度/K	65	70	75	80	85	90	95	100	105	110	115	120	125	130
氧	19.4	18.3	17	15.9	14.8	13.5	12.2	11	9.8	8.63	7.33	5.95	4.72	4.25
氮	11.77	10.58	9.41	8.28	7.16	6.1	5.06	4.06	3.11	2.22	1.39	0.65		
氟	19.47	17.93	16.66	14.52										
氯①					13.12	11.86	10.63	9.42	8.24	7.1	6.01	4.95	3.94	2.99

① 温度为135、140、145K时，其值分别为2.10、1.28、0.57mN/m。

表2.4.3　液氦、液氖、液氪、液氯和液氨的表面张力　　单位：mN/m

(1) 液氦(氦蒸气中)

温度/K	1.5	2.5	3.0	3.5	4.0	4.2	4.5	5.0	5.2
σ	0.353	0.264	0.215	0.164	0.115	0.093	0.064	0.012	0.00

(2) 液氖(氖蒸气中)

温度/K	24	25	26	27	28
σ	5.90	5.50	5.15	4.80	4.45

(3) 液氪

温度/K	115	116	117	118	119	120	121	122	123
σ	16.72	16.35	16.13	15.92	15.68	15.49	15.40	15.03	15.03

(4) 液氨和液氯

温度/℃	−70	−60	−50	−40	−30	−20	−10	0	10	20	30
液氨	42.51	40.0	37.52	35.07	32.64	30.24	27.88	25.55	23.25	20.99	18.77
液氯	32.8	31.2	29.2	27.3	25.4	24.6	23.8	21.7	20.0	18.3	17.7
温度/℃	40	50	60	70	80	90	100	110	120	130	
液氨	16.59	14.46	12.39	10.36	8.41	6.52	4.72	3.04	1.50	0.21	
液氯	20.8	13.3	11.4	9.58	7.82	6.22	4.90				

2.4.2　化合物气体的表面张力

表2.4.4　一氧化碳液体的表面张力　　单位：mN/m

温度/K	65	70	75	80	85	90	95	100	105	110	115	120	125
一氧化碳①	13.3	12.1	11	9.82	8.72	7.64	6.58	5.55	4.55	3.58	2.66	1.79	0.98

① 与自身蒸气相接。

表2.4.5　二氧化碳和二氧化硫液体的表面张力　　单位：mN/m

温度/℃	−70	−60	−50	−40	−30	−20	−15	−10	−5	0	5	10	15
二氧化碳			14.81	12.65	10.54	9.02	9.35	7.99	5.99	4.40	3.38	2.71	2.03
二氧化硫	40.22	38.27	36.32	34.37	32.42	30.68	29.73	28.59	27.68	26.66	25.58	24.64	23.64
温度/℃	20	25	30	35	40	45	50	60	80	100	120	140	
二氧化碳	1.16	0.54	0.39										
二氧化硫	22.73	21.67	20.73	19.72	18.77	17.80	16.85	15.00	11.39	7.968	4.779	1.925	

表2.4.6　其他液化气体的表面张力　　单位：mN/m

名称	温度/℃														
	−100	−80	−60	−40	−20	0	20	40	60	80	100	120	140	160	180
COS	29.91	26.35	22.79	19.24	15.68	12.12	9.168	6.551	4.099	1.879	0.097				
HBr		29.66	25.53	21.50	17.60	13.83	10.23	6.836	3.706	0.996	0.002^{90}				
HCl	26.44	22.31	18.30	14.43	10.73	7.238	4.010	1.193	0.100^{50}						
HF		16.70	15.13	13.56	11.98	10.41	8.837	7.592	6.377	5.199	4.065	2.981	1.961	1.024	0.224
HI				27.65	24.15	20.74	17.43	14.24	11.16	8.237	5.492	2.982	0.831		
H_2S		32.58	28.21	23.97	19.85	15.89	12.10	8.514	5.189	2.228	0.001				
N_2S	21.21	16.85	12.68	8.750	5.124	1.935		0.613^{30}							
N_2O_4						32.30	27.45	22.74	18.20	13.83	9.684	5.821	2.362	0.881^{150}	
N_2O		21.21	16.85	12.68	8.750	5.124	1.935	0.61^{30}							

注：温度是−100、−110、−120、−130、−140、−150和−160℃时，液化NO气体的表面张力分别是1.627、4.791、8.381、12.25、16.35、20.02和25.04mN/m。

2.4.3 混合气体的表面张力

表2.4.7 液化混合气体的表面张力 单位：mN/m

混合物	含氮质量分数/%	温度/K	σ	混合物	含氮质量分数/%	温度/K	σ
氮气-氧气	20	65	16.7	氮气-氧气	22	79	12.8
		70	15.5			84	11.7
		75	14.3		70	80	9.9
	50	65	14.7			85	8.9
		70	13.7	氮气-甲烷	23.5	84	13.8
		75	12.7			89	12.4
	80	65	12.9		71	76	11.4
		70	11.9			80	10.4
		75	10.8			85	9.2
混合物	**含氩质量分数/%**	**温度/K**	**σ**	**混合物**	**含氩质量分数/%**	**温度/K**	**σ**
氩气-氧气	19	65	18.8	氩气-氧气	81	82	13.9
		70	17.8			88	12.5
		78	16.1	氩气-甲烷	27	85	16.1
		86	14.1			90	14.8
	53	76	15.6		71	85	14.0
		80	15.0			90	12.8
		86	13.3				

2.5 溶解度

2.5.1 气体在水中的溶解度

表 2.5.1 单质和混合气体在水中的溶解度（Ⅰ）

分子式	溶解度计量	温度/℃ 0	5	10	15	20	25	30	40	50	60	80	100
Ar	α	5.6		4.05	3.71	3.36	3.14	2.88	2.52	2.23	2.09	1.84	
Br_2	α	6050	4330	3510	2700	2130	1700	1380	940	650	490	300	
	β	42.9	30.6	24.8		14.9		9.5	6.3	4.1	2.9	1.2	
Cl_2	β	1.44		0.997	0.849	0.729	0.641	0.572	0.459	0.392	0.329	0.223	0.0
	γ	461.0		314.8	268.0	229.9	201.91	179.9	143.8	122.5	102.3	68.3	0.0
Kr	α	11.05		8.10		6.26		5.11	4.33	3.83	3.57		
N_2	α	2.33	2.05	1.83	1.66	1.51	1.41	1.28	1.10	0.96	0.82	0.51	0.00
Ne	α				1.08	1.04		0.99	0.95				
O_2	α	4.89	4.29	3.80	3.41	3.10	2.83	2.61	2.31	2.09	1.95	1.76	1.72
	$\beta\times10^3$	6.94		5.37		4.34		3.59	3.00	2.66	2.27	1.38	0
O_3	α	1.74		1.46		0.92		0.47	0.20	0.05	0.0		
	β	0.0039		0.0029		0.0021		0.0007	0.0004	0.0001	0.0		
H_2	α	2.15	2.04	1.95	1.88	1.82	1.75	1.7	1.64	1.61	1.6	1.6	1.6
	$\beta\times10^4$	1.92		1.74		1.6		1.47	1.38	1.29	1.18	0.79	0
He	α	0.97		0.991		0.994		1.003	1.021	1.07		1.21^{75}	
	β			1.75		1.74		1.72	1.70	1.69			
Rn	α	51		32.6		22.2		16.2	12.6	10	8.5		
Xe	α	24.2		17.4		12.3		9.8	8.2	7.3		7.1	
N_2+1.18%Ar	α	2.35	2.09	1.86	1.68	1.54	1.43	1.34	1.18	1.09	1.02	0.96	0.95
	$\beta\times10^3$	2.94		2.31		1.90		1.62	1.39	1.22	1.05	0.66	0
空气	γ	2.918	2.57	2.284	2.06	1.868	1.71	1.564					

注：α—吸收系数，在气体分压为101.3kPa时，水中所能吸收的该气体体积分数（已折合成标准状态）。β—在气体总压（气体及水汽）为101.3kPa时，水中所能溶解的气体质量分数。γ—在气体总压（气体及水汽）为101.3kPa时，水中所能溶解的气体体积分数。

表2.5.2　单质和混合气体在水中的溶解度（Ⅱ）　单位：m^3（标准）/m^3

温度/℃	大气氮[①]	氧气	氢气	一氧化碳	二氧化碳	硫化氢
0	0.02359	0.04889	0.02148	0.03537	1.713	4.670
2	0.02251	0.04633	0.02105	0.03375	1.584	4.379
4	0.02151	0.04397	0.02064	0.03222	1.473	4.107
6	0.02057	0.04180	0.02025	0.03078	1.377	3.852
8	0.01972	0.03983	0.01989	0.02942	1.282	3.616
10	0.01895	0.03802	0.01955	0.02816	1.194	3.399
12	0.01825	0.03637	0.01925	0.02701	1.117	3.206
14	0.01761	0.03486	0.01897	0.02593	1.050	3.028
16	0.01703	0.03348	0.01869	0.02494	0.985	2.865
18	0.01649	0.03220	0.01844	0.02402	0.928	2.717
20	0.01595	0.03102	0.01819	0.02319	0.878	2.582
22	0.01512	0.02988	0.01702	0.02244	0.820	2.456
24	0.01510	0.02881	0.01766	0.02174	0.781	2.338
26	0.01470	0.02783	0.01742	0.02110	0.738	2.229
28	0.01433	0.02691	0.01720	0.02051	0.699	2.128
30	0.01398	0.02608	0.01699	0.01998	0.665	2.037

① 含98.815%氮和1.185%氩（体积分数）。

表2.5.3　化合气体在水中的溶解度

分子式	溶解度计量	温度/℃											
		0	5	10	15	20	25	30	40	50	60	80	100
BF_3	α	1.057											
CH_4	α	5.56		4.18		3.31		2.76	2.37	2.13	1.95	1.77	1.70
	β	0.395		0.296		0.232		0.190	0.159	0.136	0.114	0.070	0.0
C_2H_4	α	0.226		0.162		0.122		0.098					
	β	2.81		2.00		1.49		1.18					
C_2H_2	α	1.73		1.31		1.03		0.840					
	β	0.200		0.150		0.117		0.094					
C_2H_6	α	9.87		6.56		4.72		3.62	2.92	2.46	2.18	1.83	1.72
	β	0.132		0.087		0.062		0.0468	0.0366	0.0294	0.024	0.0134	0.0
ClO_2	β	2.76		6.01		8.65							
CO	α	3.54	3.15	2.82	2.54	2.32	2.14	2.00	1.77	1.61	1.49	1.43	1.41
	$\beta\times10^2$	0.44	0.39	0.348	0.310	0.284	0.260	0.240	0.208	0.180	0.152	0.098	0.0
CO_2	α	171.3	142.4	119.4	101.9	87.8	75.9	66.5	53.0	43.6	35.9		
	β	0.335	0.277	0.232	0.197	0.169	0.145	0.126	0.097	0.076	0.058		
CSO	β	133		93		64		40.3					
HBr	β	68.85		67.76		65.25	65.88	65.25	64	63.16	62	59.3	56.52
HCl	α	525.2	489.3	477.6	458.66	446.5	435.0^{23}						
	β	45.15		43.55		42.30		40.25	38.68	37.34	35.94		
	γ	50700	49100	47400	45900	44200	42600	41200	38600	36200	33900		
H_2S	α	467.0	397.7	339.9	294.5	258.2	228.2	203.7	166.0	139.2	119.0	91.7	81.0
	β	0.707	0.600	0.511	0.441	0.385	0.338	0.298	0.286	0.188	0.148	0.077	0.00
NH_3	α	117600	102000	90000	79500	70200	62000	56500					
	β	89.5		79.6		72.0		65.1	63.6	58.7	53.1	48.2	44.0
NO	α	7.38	6.46	5.71	5.15	4.71	4.32	4.00	3.51	3.15	2.95	2.70	2.63
	$\beta\times10^3$	9.83		7.56		6.17		5.16	4.39	3.76	3.24	1.98	0.0
N_2O	α	104.8	87.8	73.8	62.9	54.4							
	β			0.171		0.124							
SF_6	β			8.4	7.8	6	5.4	5.1					
SO_2	β	22.83	19.31	16.21	13.54	11.28	9.41	7.80	5.41	4.5	3.2	2.1	1.8
	γ	7979	6748	5665	4628	3937	3279	2716	1877				
SO_3	β			13.34		9.42		7.23	5.48	4.3	3.15	2.08	

注：同表2.5.1。

（算图 2.47）
氢在水中的溶解度（第 554 页左）

（算图 2.48）
氧在水中的溶解度（第 554 页右）

（算图 2.49）
氯在水中的溶解度（第 555 页左）

（算图 2.50）
二氧化碳在水中的溶解度（第 555 页右）

（算图 2.51）
二氧化碳在水和苯中的溶解度（第 556 页左）

（算图 2.52、算图 2.53、算图 2.54）
二氧化硫在水中的溶解度（第 556 页右至第 557 页右）

（算图 2.55）
二氧化硫和三氧化硫在水中的溶解度（第 558 页左）

表2.5.4　压力下 CO_2 在水中的溶解度　　单位：m^3(标准)/m^3

压力/MPa	温度/℃ 10	20	30	压力/MPa	温度/℃ 10	20	30
0.05	0.60	0.43	0.33	0.50	5.64	4.11	3.06
0.10	1.18	0.87	0.64	0.60	6.75	4.83	3.70
0.20	2.30	1.72	1.23	0.70	7.63	5.57	4.16
0.30	3.40	2.55	1.89	0.80	8.85	6.74	4.80
0.40	4.70	3.40	2.50	1.0	10.70	7.85	5.83

压力/MPa	温度/℃ 0	10	20	30	40	50	60	70	80	90	100
2.5	30.46	20.80	18.82	14.54	11.62	9.71	8.51	7.44	6.36	5.62	5.36
5.0	36.89	36.68	30.52	24.65	20.35	17.25	14.48	12.78	12.04	11.11	10.18
10	49.13	38.39	33.26	30.43	27.81	25.63	23.95	21.94	19.64	18.09	17.67
20	47.33	41.03	36.32	33.04	30.74	29.14	28.17	27.25	26.29	25.74	25.69
30	45.11	41.84	38.69	35.72	33.22	31.34	30.15	29.60	29.51	29.62	29.53
40			40.09	37.08	34.87	33.29	31.65	31.24	32.03	32.42	32.39
50			41.22	38.82	36.73	33.75	32.22	32.16	32.27	32.98	34.40

表2.5.5　氨在水中的溶解度　　单位：%（质量分数）

温度/℃	压力/kPa 100	200	400	600	800	1000	温度/℃	压力/kPa 100	200	400	600	800	1000
−33.4	100						90	2.8	9.8	19.6	26.4	31.2	35.3
−18.8		100					100	0.0	6.1	15.3	21.8	26.5	30.5
−1.8			100				110		2.8	11.3	17.4	22.2	26.1
0	47.1	61	93.8				120		0.05	7.5	13.3	18.1	21.8
9.3				100			120.2		0.0				
10	40.4	52.3	71.1				130			4.1	9.4	13.9	17.8
18.1					100		140			0.9	5.8	10	14.2
20	34.4	45.4	59.9	74	93.4		143.6			0.0			
25						100					2.4	6.2	10
30	28.9	39.1	51.9	61.6	72.8	86.1	158.8				0.0		
40	23.9	33.5	45.3	53.7	61.6	69.7	160					3.0	6.4
50	18.9	28.3	39.5	47.2	53.8	59.7	170					0.1	3.2
60	14.3	23.2	34	41.6	47.3	51.9	170.5					0.0	
70	9.9	18.3	29	36.4	41.7	45.8	180						0.0
80	6	13.8	24.2	31.2	36.2	40.3							

（算图 2.56）
氨在水中的溶解度（第 558 页右）

（算图 2.57）
一氧化二氯在水中的溶解度（第 559 页左）

表2.5.6　二氧化氯在水中的溶解度　　单位：g/L

压力/kPa		2	4	6	8	10	12	14	16	18	20
温度/℃	10		3.03	7.11	9.91	12.41	14.78	16.75	20.15	25.16	27.30
	15	1.90	3.86	4.90	6.93	9.94	12.81	17.12	16.83	18.41	20.33
	20	1.10	3.27	5.03	6.58	8.41	9.99	11.55	13.52	14.96	16.68
	25	1.37	3.73	3.57	6.62	7.84	8.18	9.58	10.82	12.41	13.79
	35		1.92	2.92	3.84	4.66	5.71	6.75	7.14	8.17	9.71
	45		1.41	2.10	2.77	3.45	4.19	5.01	5.63	6.50	7.26

2.5.2 气体在甲醇中的溶解度

表 2.5.7 二氧化碳在甲醇中的溶解度

温度/℃	参数	二氧化碳分压/kPa								
		100	200	300	400	500	600	700	800	900
−26	$N_{CO_2}\times10^2$	2.424	4.922	7.204	9.813	12.43	15.18	17.95	20.69	23.89
	S	17.35	35.73	54.26	75.63	104.3	125.3	152.3	181.9	218.2
−36	$N_{CO_2}\times10^2$	3.445	6.929	9.861	13.8	17.54	22.02	26.95	32.04	38.23
	S	23.35	49.17	76.15	111.2	147.3	196.6	256.1	328.7	425.8
−45	$N_{CO_2}\times10^2$	4.741	9.329	14.2	19.7	25.95	33.57	43.52	100[831]	
	S	35.46	71.58	115.1	170.7	244.4	351.1	545.0		
−60	$N_{CO_2}\times10^2$	8.755	18.36	30.52	56.1					
	S	65.53	157.5	308.9	909.9					

温度/℃	参数	二氧化碳分压/kPa								
		1000	1100	1200	1300	1400	1500	1550	1600	1620
−26	$N_{CO_2}\times10^2$	27.37	30.36	34.8	39.42	45.39	58.11	70.35	89.43	100
	S	262.3	302.8	371.8	453.6	575.9	988.6	1420		
−36	$N_{CO_2}\times10^2$	45.37	65.94	100[1165]						
	S	582.3								

注：1. N_{CO_2} 表示溶液中二氧化碳的摩尔分数；S 的单位为 m^3（标准）/g 甲醇。

2. 右上角数字表示相应的二氧化碳分压。

表2.5.8 二氧化氯在甲醇中的溶解度 单位：g/L

甲醇质量分数/%									
10		24.8		49.6		76.5			
分压/kPa	S	分压/kPa	S	分压/kPa	S	分压/kPa	S	分压/kPa	S
16.6	14.88	10.7	11.05	7.7	12.88	6	17.4	14	42.0
17.2	15.57	18.3	19.55	17.4	30.2	8	23.6	16	48.1
		18.8	19.81			10	29.7	18	54.3
						12	35.9	20	60.2

表2.5.9 硫化氢在甲醇中的溶解度

(1) 高压

温度/℃	在下列压力(kPa)下液相中硫化氢的分数/%								
	200	250	300	350	400	450	500	550	600
0	0.091	0.125	0.151	0.174	0.197	0.211	0.237	0.276	0.322
−15	0.168	0.133	0.223	0.302	0.332	0.410	0.478	0.592	0.694
−30	0.193	0.290	0.317	0.481	0.571	0.903	1.000[456]		

温度/℃	在下列压力(kPa)下液相中硫化氢的分数/%								
	650	700	750	800	850	900	950	1000	1033
0	0.373	0.415	0.447	0.476	0.525	0.583	0.644	0.772	1.000
−15	1.000[648]								

(2) 低压 单位：cm^3/g

温度/℃	压力/kPa											
	5	10	15	20	25	30	35	40	45	50	55	60
0	1.8	3.6	5.4	7.2	9.1	11.0	12.9	14.8	16.7	18.7	20.7	22.6
−25.6	4.3	8.5	12.5	16.5	20.5	24.5	28.7	33.0	37.6	42.4	47.6	53.1
−50.0	12.3	25.3	36.4	48.0	61.0	74.8	88.0	99.6	111.9	125.1	140.0	154.8
−78.5	59.2	114	177	249								

2.5.3 气体在乙醇胺中的溶解度

表 2.5.10 二氧化碳在一乙醇胺中的溶解度

一乙醇胺溶液浓度 /(mol/L)	一乙醇胺溶液浓度 (质量分数)/%	CO_2在溶液中的摩尔分数	75℃	100℃	120℃	140℃
			二氧化碳的分压/kPa			
1	6.1	0.20	0.800	3.333	9.733	26.00
		0.25	1.333	5.600	16.67	43.33
		0.30	2.133	10.00	28.66	73.33
		0.35	3.600	16.80	50.66	136.7
		0.40	6.399	28.66	88.93	226.6
		0.45	11.73	48.93	143.3	340.0
		0.50	21.06	86.66	226.7	
		0.55	32.93	160.0		
		0.60	51.06	244.0		
		0.65	80.00			
		0.70	116.8			
2.5	15.2	0.20	0.800	4.000	11.87	31.33
		0.25	1.467	6.933	21.33	54.66
		0.30	2.800	12.67	39.33	106.7
		0.35	5.733	24.80	70.00	186.6
		0.40	10.67	42.66	121.6	313.3
		0.45	19.06	76.66	213.3	
		0.50	37.33	138.7	380.0	
5	30.5	0.20	0.933	4.266	13.33	36.00
		0.25	1.733	8.000	25.60	63.33
		0.30	3.466	15.33	47.33	130.0
		0.35	6.533	29.33	82.00	236.6
		0.40	12.40	51.33	142.9	386.6
		0.45	24.26	96.66	280.0	
		0.50	72.00	210.0		

表2.5.11 常压下二氧化碳在乙醇胺溶液中的溶解度 单位：Pa(二氧化碳分压)

温度/℃			0					25				
二氧化碳含量①			750	250	100	50	10	730	250	100	50	10
溶液中胺浓度/(mol/L)	一乙醇胺	0.5	151.2	132.9	128.6	111.2	89.6	132.8	118.1	106.0	97.2	87.9
		2.0	118.2	101.6	98.7	90.2	79.7	105.9	92.8	83.2	79.0	75.4
		5.0	101.1	91.0	83.0	74.3	64.4	87.0	80.0	75.1	72.2	69.3
	二乙醇胺	0.5	148.8	138.5	122.1	110.5	98.5	131.3	121.6	106.7	96.5	86.1
		2.0	124.4	112.6	104.1	92.9	80.0	1486.3	95.6	84.5	75.0	64.8
		5.0	99.5	88.5	87.7	79.8	69.7	88.2	78.4	70.8	67.8	65.2
	三乙醇胺	0.5	99.5	88.5	87.7	79.8	69.7	121.1	95.0	68.5	52.1	35.6
		2.0	126.1	109.3	88.1	66.7	42.9	91.3	36.4	42.2	29.5	11.9
		5.0						60.8	32.5	15.5	10.3	6.5

温度/℃			50					75			
二氧化碳含量①			660	250	100	50	10	480	250	100	50
溶液中胺浓度/(mol/L)	一乙醇胺	0.5	117.3	102.8	87.2	80.8	75.2	91.0	92.2	72.6	62.5
		2.0	92.0	82.2	76.1	70.9	65.2	74.6	71.9	62.0	57.2
		5.0	73.7	69.8	69.3	65.3	60.3	66.7	65.8	58.8	55.4
	二乙醇胺	0.5	114.3	103.2	89.1	68.7	44.7	80.2	74.2	55.5	46.7
		2.0	64.3	75.1	67.8	63.0	58.2	62.3	59.2	42.8	34.9
		5.0	65.6	65.1	61.3	49.0	33.7	55.6	52.9	38.5	31.5
	三乙醇胺	0.5	83.3	54.9	36.7	24.5	12.0	43.7	33.4	20.7	15.5
		2.0	50.6	29.7	18.7	12.0	5.3	21.0	14.6	9.0	6.9
		5.0	18.6	9.5	5.2	3.6	2.3	8.7	6.1	2.9	1.6

① 单位为：mol 二氧化碳 /mol 乙醇胺。

表2.5.12　压力下二氧化碳在一乙醇胺和三乙醇胺中的溶解度　单位：mol CO_2/mol胺

温度/℃		25			50				75		
浓度/(mol/L)		0.5	2.5	7.0	0.5	2.5	7.0	13.5	0.5	2.5	7.0
一乙醇胺中的二氧化碳分压/kPa	300	1.167	0.894	0.741	1.035	0.797	0.618		0.885	0.699	0.600
	500	1.299	0.991	0.792	1.123	0.868	0.686		0.992	0.745	0.632
	1000	1.592	1.076	0.871	1.301	0.981	0.793		1.159	0.831	0.683
	1500	1.841	1.090	0.914	1.502	0.990	0.808		1.277	0.897	0.716
	2000	2.056	1.117	0.943	1.693	0.984	0.807		1.399	0.953	0.746
	3000	2.440	1.190	0.969	2.022	1.011	0.827		1.656	1.022	0.791
	4000	2.842	1.267	1.014	2.279	1.109	0.897		1.875	1.044	0.811
三乙醇胺中的二氧化碳分压/kPa	300	1.207	0.918	0.831	0.918	0.665	0.531	0.333	0.612	0.408	0.291
	500	1.278	0.983	0.924	1.101	0.772	0.608	0.437	0.757	0.513	0.351
	1000	1.589	1.081	1.099	1.391	0.959	0.752	0.607	0.990	0.681	0.471
	1500	1.949	1.151	1.211	1.438	1.019	0.831	0.648	1.149	0.787	0.600
	2000	2.232	1.219	1.280	1.462	1.049	0.887	0.660	1.294	0.873	0.739
	3000	2.433	1.310	1.381	1.643	1.114	0.988	0.701	1.544	0.999	0.895
	4000	2.700	1.414	1.496	2.031	1.220	1.094	0.796	1.686	1.048	0.916

表2.5.13　硫化氢在一乙醇胺溶液中的溶解度　　单位：%（质量分数）

温度/℃	硫化氢含量/(mol H_2S/mol胺)	硫化氢分压/kPa							
		2	5	10	20	40	60	80	100
25	0.6	0.828	0.905	0.969	1.007	1.053	1.091	1.126	1.156
	1.0	0.795	0.873	0.938	0.978	1.022	1.048	1.072	1.087
	1.5	0.761	0.844	0.914	0.958	1.002	1.027	1.041	1.055
	2.0	0.733	0.822	0.898	0.944	0.990	1.012	1.025	1.037
	3.0	0.681	0.781	0.867	0.922	0.970	0.991	1.004	1.015
	4.0	0.634	0.742	0.839	0.906	0.955	0.976	0.991	0.998
	5.0	0.580	0.709	0.820	0.889	0.945	0.968	0.984	0.989
45	0.6	0.679	0.785	0.879	0.944	1.011	1.058	1.097	1.137
	1.0	0.633	0.740	0.835	0.899	0.967	1.003	1.033	1.057
	1.5	0.569	0.695	0.798	0.863	0.939	0.971	0.996	1.019
	2.0	0.543	0.661	0.763	0.839	0.921	0.952	0.975	0.994
	3.0	0.470	0.598	0.712	0.800	0.891	0.927	0.948	0.961
	4.0	0.427	0.551	0.670	0.773	0.869	0.906	0.928	0.944
	5.0	0.396	0.514	0.636	0.751	0.850	0.886	0.914	0.922
60	0.6	0.472	0.633	0.770	0.862	0.960	1.011	1.056	1.096
	1.0	0.411	0.572	0.713	0.814	0.916	0.968	1.011	1.057
	1.5	0.356	0.514	0.659	0.772	0.876	0.929	0.970	1.017
	2.0	0.312	0.468	0.620	0.743	0.847	0.901	0.944	0.978
	3.0	0.257	0.410	0.565	0.699	0.810	0.864	0.910	0.943
	4.0	0.224	0.364	0.517	0.663	0.778	0.840	0.884	0.924
	5.0	0.209	0.344	0.493	0.637	0.753	0.820	0.865	0.905

2.5.4　气体在硫酸中的溶解度

表2.5.14　二氧化硫气体在硫酸和发烟硫酸中的溶解度　单位：%（质量分数）

酸浓度/%		温度/℃						
		10	20	30	40	50	80	100
硫酸	10	12.30	8.72	6.40	4.57	3.72	1.67	1.28
	20	11.28	7.79	5.66	4.11	3.32	1.47	1.15
	30	10.25	6.85	5.04	3.66	2.92	1.28	1.02
	40	9.25	5.81	4.17	3.20	2.44	1.09	0.89
	50	8.25	4.90	3.76	2.73	2.13	0.96	0.76
	55	7.25	4.31	3.26	2.47	1.90	0.89	0.69
	60	7.25	3.94	3.05	2.27	1.77	0.81	0.62

续表

酸浓度/%			温度/℃						
			10	20	30	40	50	80	100
硫酸		65	6.72	3.68	2.74	2.01	1.53	0.74	0.55
		70	6.11	3.24	2.46	1.72	1.38	0.67	0.49
		75	5.49	2.86	2.23	1.64	1.25	0.61	0.425
		80	4.84	2.63	1.98	1.43	1.16	0.58	0.365
		85	4.50	2.34	1.80	1.36	1.13	0.57	0.335
		90	4.72	2.52	1.96	1.49	1.16	0.62	0.37
		95	5.80	3.02	2.23	1.66	1.38	0.745	0.42
		100	6.99	3.82	2.72	2.02	1.72	0.09	0.54
酸浓度/%			温度/℃						
			10	20	30	40	50	80	100
发烟硫酸	游离三氧化硫/%	5	7.91	4.29	3.10	2.31	2.05		
		10	8.86	4.80	3.49	2.60	2.35		
		15	9.85	5.35	3.89	2.92	2.45		
		20	10.87	5.94	4.31	3.26	2.71		
		25	11.93	6.57	4.75	3.62	3.00	1.18	0.64
		30	13.02	7.24	5.17	3.98	3.29	1.75	1.02
		40	15.31	8.70	6.07	4.78	3.92	1.85	1.11
		50	17.74	10.32	7.02	5.64	4.61	2.07	1.24

注：气态二氧化硫压力为101.3kPa。

2.5.5　气体在液氨中的溶解度

表2.5.15　氩在液氨中的溶解度　　单位：m^3氩/m^3 NH_3

温度/℃	氩的分压/kPa								
	500	1000	1500	2000	2500	3000	3500	4000	4500
−15	0.48	0.90	1.39	1.90	2.36	2.80	3.28	3.70	4.12
5	0.77	1.49	2.24	3.01	3.80	4.52	5.30	6.08	6.65
30	0.85	1.66	2.42	3.22	4.01	4.86	5.65	6.50	7.32

N（算图2.58）氮在液氨中的溶解度（第559页右）　N（算图2.59）氢在液氨中的溶解度（第560页左）　N（算图2.60）氢在钢铁中的溶解度（第560页右）

2.5.6　二氧化氯在四氯化碳中的溶解度

表2.5.16　二氧化氯在四氯化碳中的溶解度

分压/kPa	4	6	8	10	12	14	16
S/(g/L)	5.34	7.98	10.78	13.66	16.54	19.32	21.91

2.5.7　氟化硼在正戊烷和无水氟化氢中的溶解度

表2.5.17　氟化硼在正戊烷中的溶解度　　单位：mL/g溶剂

温度/℃	压强/MPa					
	0.4	0.6	0.8	1.0	1.2	1.4
49	1.6	3.4	5.0	6.7	8.9	11.7
66	0.8	2.3	3.7	5.3	7.0	9.0
93	—	0.6	2.1	3.8	5.8	—

表2.5.18　氟化硼在无水氟化氢中的溶解度　　单位：mol/kg HF

温度	0℃						19℃					
压力/kPa	48	75	100	125	150	200	100	200	300	400	500	600
溶解度	0	0.19	0.35	0.50	0.64	0.90	0	0.14	0.30	0.46	0.62	0.80

2.5.8 硫化氢在碳酸钠溶液中的溶解度

表 2.5.19 硫化氢在 0.5mol/L 碳酸钠溶液中的溶解度

温度/℃	与下列硫化氢浓度 (mol/dm^3) 相对应的硫化氢分压/Pa								
	0.135	0.140	0.145	0.150	0.155	0.160	0.165	0.170	0.180
20								227	253
45		207	218	229	244	263	285	309	365
60	240	249	261	277	297	320	346	375	442

温度/℃	与下列硫化氢浓度 (mol/dm^3) 相对应的硫化氢分压/Pa								
	0.190	0.200	0.220	0.240	0.260	0.280	0.300	0.320	0.340
20	295	348	484	651	830	1034	1278	1561	1853
45	430	501	666	849	1079	1377	1735		
60	520	609	811	1042	1294	1560			

2.5.9 四氟化硅在一些溶剂中的溶解度

表 2.5.20 四氟化硅在一些溶剂中的溶解度

(1) 有机溶剂(t=27～33℃)

溶剂	甲醇	乙醇	96.1%乙醇	94.3%乙醇	92.6%乙醇	91.9%乙醇	异丙醇
溶解度/%	32.8	36.4	37.8	38.1	38.8	39.0	28.2
溶剂	戊醇	乙二醇	二甘醇	甘油	丙酮	醋酸	丙酮酸 (38%～45%)
溶解度/%	17.3	26.2	17.6	5.7	3.1	1.1	4.4

(2) 氢氟酸溶液(15℃)

饱和溶液(质量分数)/%		饱和溶液(质量分数)/%		饱和溶液(质量分数)/%		饱和溶液(质量分数)/%	
HF	SiF_4	HF	SiF_4	HF	SiF_4	HF	SiF_4
71.95	7.95	78.15	4.55	88.05	1.09	93.40	0.29
73.18	7.52	80.00	3.35	91.30	0.42	95.50	0.15
73.25	7.10	84.50	1.75	92.05	0.68	96.00	0.05

2.6 热导率

2.6.1 空气

表2.6.1 常压下空气的热导率 单位：mW/(m·℃)

温度/℃	λ	温度/℃	λ	温度/℃	λ	温度/℃	λ
−200	9.00	10	25.12	100	32.10	400	52.10
−150	12.66	20	25.93	120	33.38	500	57.45
−100	16.27	30	26.75	140	34.89	600	62.22
−50	20.35	40	27.56	160	36.40	700	67.11
−40	21.17	50	28.26	180	37.80	800	71.76
−30	21.98	60	28.96	200	39.31	900	76.30
−20	22.79	70	29.66	250	42.68	1000	80.71
−10	23.60	80	30.47	300	46.05	1100	85.02
0	24.42	90	31.28	350	49.08	1200	91.53

表2.6.2 常压下干空气的热导率 单位：mW/(m·K)

温度/℃	−180	−150	−100	−50	−20	0	10	20	30
λ	67.6	11.6	16.3	19.3	22.6	23.7	24.4	25.1	25.8
温度/℃	40	50	60	70	80	90	100	120	140
λ	26.3	27.2	27.9	28.6	29.3	30	30.7	32	33.3
温度/℃	150	160	180	200	250	300	350	400	500
λ	33.8	34.4	35.7	37	40	42.9	45.7	48.5	54
温度/℃	600	700	800	900	1000	1100	1200	1400	1600
λ	58.1	59.9	66.9	67.3	76.2	82.6	84.5	93	101.2

表2.6.3 饱和空气的热导率 单位：mW/(m·K)

T/K	59.75	60	62	64	66	68	70	72	74	76
气体	5.294	5.32	5.529	5.739	5.950	6.162	6.376	6.592	6.810	7.031
液体	171.4	171	167.8	164.5	161.3	158	154.7	151.4	148.1	144.8
T/K	78	80	82	84	86	88	90	92	94	96
气体	7.256	7.485	7.719	7.959	8.206	8.461	8.725	9.001	9.289	9.593
液体	141.5	138.2	134.8	131.4	128.1	124.8	121.4	118	114.6	111.2
T/K	98	100	102	104	106	108	110	112	114	116
气体	9.915	10.26	10.63	11.02	11.46	11.94	12.47	13.07	12.76	14.56
液体	107.8	104.4	101	97.62	94.25	90.89	87.55	84.24	80.96	77.72
T/K	118	120	122	124	126	128	130	132		
气体	15.50	16.63	18.04	19.85	22.29	25.84	31.81	47.00		
液体	74.52	71.36	68.24	65.17	62.18	59.44	58.05	67.8		

表2.6.4 空气在压力下的热导率 单位：mW/(m·K)

温度/K	压力/atm					温度/K	压力/atm				
	3	10	20	30	40		3	10	20	30	40
300	25.54	25.54	26.38	26.38	26.38	1600	100.1	100.1	100.1	100.1	100.1
400	32.24	32.24	32.68	32.66	32.66	1700	105.5	105.5	105.5	105.5	105.5
500	38.52	38.52	38.52	38.52	38.52	1800	111.4	111.4	111.4	111.4	111.4
600	44.8	44.8	44.38	44.38	44.38	1900	117.2	117.2	117.2	117.2	116.8
700	50.66	50.66	50.66	50.66	50.66	2000	124	123.1	123.1	123.1	123.1
800	56.52	56.52	56.52	56.52	56.52	2100	131.1	129.8	129.4	129.4	129
900	62.38	62.38	61.96	61.96	61.96	2200	139.4	136.9	136.1	135.7	135.7
1000	67.83	67.83	67.83	67.83	67.83	2300	149.1	144.9	143.6	142.8	142.4
1100	73.27	73.27	73.27	73.27	73.27	2400	160.7	153.6	151.6	150.3	149.9
1200	78.29	78.29	78.71	78.71	78.71	2500	175	164.6	160.8	159.1	157.8
1300	83.74	83.74	83.74	83.74	83.74	2600			171.2	168.7	167.1
1400	89.18	89.18	89.18	89.18	89.18	2700			183.8	180.0	177.6
1500	94.62	94.62	94.62	94.62	94.62	2800			198	192.6	189.2

N（算图 2.61）

空气的热导率（第 561 页左）

2.6.2 单质气体的热导率

（1）氧气

表 2.6.5 常压下氧气的热导率 单位：mW/(m·K)

1) 摄氏度

温度/℃	0	100	200	300	400	500	600	700	800	900	1000
热导率λ	24.41	32.54	40.68	47.65	54.62	61.60	67.41	73.22	77.87	81.36	86.00

2) 热力学温度

温度/K	100	150	200	250	300	350	400	450	500	550
λ	9.037	13.77	18.24	22.55	26.74	30.54	34.18	37.70	41.21	44.70
温度/K	600	650	700	750	800	850	900	950	1000	
λ	48.12	51.46	54.39	57.32	60.25	63.18	66.11	69.04	71.55	

表 2.6.6　氧气和液氧在压力下的热导率　　单位：mW/(m·K)

温度/℃	压力/MPa 0.1	2.0	6.0	10	温度/℃	压力/MPa 0.1	2.0	6.0	10
-200	171.4	172.0	173.2	174.4	-60	19.4	20.7	25.0	32.0
-180	8.4	149.7	147.6	148.8	-40	21.2	22.5	25.8	31.0
-160	10.2	119.7	122.6	126.1	-20	22.8	23.8	26.7	31.2
-140	12.1	15.4	97.1	101.2	0	24.5	25.5	28.1	31.7
-120	13.9	16.4	61.6	79.0	20	26.0	27.0	29.4	32.6
-100	15.8	17.6	27.4	47.4	40	27.7	28.6	30.9	33.6
-80	17.7	19.1	24.9	35.5					

注：横线上方是液体，下方是气体。

（2）氢气和氘气

表2.6.7　氢气和氘气的热导率　　单位：mW/(m·K)

温度/℃	-100	-50	0	20	40	60	80	100	120
氢气	116.39	146.54	175.43	186.31	196.55	208.18	218.64	229.11	239.58
氘气						0.0372		0.0616	
温度/℃	140	160	180	200	220	240	260	280	300
氢气	250.05	259.35	267.49	275.63	282.61	288.42	299.11	294.24	309.40
氘气				0.1011					0.1313
温度/℃	400	500	600	700	800	900	1000	1100	1200
氢气	341.92	383.79	425.66	467.53	509.39	6551.26	593.13	635.00	676.87

表2.6.8　液态氢和氘的热导率　　单位：W/(m·K)

温度/K	16	18	20	22	24	26	28	30
氢	0.1085	0.1132	0.1177	0.1224	0.1270	0.1317	0.1363	0.1410
氘			0.1260	0.1302	0.1342	0.1383	0.1425	0.1467

表2.6.9　氢气在压力下的热导率　　单位：mW/(m·K)

温度/℃	压力/MPa 10	20	30	40	50	温度/℃	压力/MPa 10	20	30	40	50
15	183.6	196	194.1	196.4	197.6	200	265.0	268.5	269.6	278	272.0
100	2220	226.6	229.0	231	231.3	300	308.0	309.2	313.0	313	311.5

（3）氮气

表2.6.10　氮气的热导率(摄氏度)　　单位：mW/(m·K)

温度/℃	-50	0	20	40	60	80	100	200	300
气体	17.21	18.61	24.42	25.59	27.91	30.24	32.56	46.52	58.15

温度/℃	-200	-190	-180	-170	-160	-150
液体	145.2	126.8	108.8	91.63	74.48	56.48

表2.6.11　氮气的热导率(热力学温度)　　单位：mW/(m·K)

温度/K	100	150	200	250	300	350	400	450	500	550
λ	9.414	13.85	18.24	22.22	25.98	29.37	32.51	35.65	38.62	41.38
温度/K	600	650	700	750	800	850	900	950	1000	
λ	43.93	46.86	49.37	51.88	53.97	56.48	58.58	61.09	63.18	

表2.6.12 氮气在压力下的热导率 单位：mW/(m·K)

温度/℃	压力/MPa									温度/℃	压力/MPa
	0.1013	10	20	30	40	50	60	70	80		0.1013
0	24.41									400	51.14
15	25.10	28.36	36.77	43.76	47.45	54.29				500	55.79
50	27.08	33.04	40.98	48.53	55.64	62.85	69.51	75.09	80.74	600	60.44
75	29.40	34.07	40.94	47.68	54.31	60.81	66.92	72.55	77.84	700	63.92
100	30.80	31.91	38.22	44.18	47.30	53.79	589.65	63.90	68.56	800	67.41
200	36.84	37.55	41.34	45.75	48.31	53.89	56.75	60.48	64.20	900	69.73
300	43.12	43.35	46.06	49.61	51.77	56.56	58.50	61.52	64.55	1000	72.06

注：温度为 -180、-150、-100、-50℃时，其热导率分别为 8.79、12.14、16.33、20.52mW /(m · K)。

（4）氩气

表2.6.13 常压下氩气的热导率 单位：mW/(m·K)

温度/℃	-150	-100	-50	0	20	100	200	300	400	500	600
λ	0.0078	0.0108	0.0133	0.0165	0.0175	0.0212	0.0256	0.0299	0.339	0.0379	0.0394

表2.6.14 压力下氩气的热导率(41℃) 单位：mW/(m·K)

压强/MPa	0.1	5	10	15	20
λ	0.0187	0.0204	0.0231	0.0258	0.0286

（5）其他单质气体

表2.6.15 其他气体的热导率 单位：mW/(m·K)

温度/℃	-180	-150	-100	-50	0	20
氦气	68.27	81.64	103.16	123.86	143.63	151.19
氪气					8.879	
氖气	20.52	25.69	34.33	40.41	46.49	
氙气					5.23	
温度/℃	100	200	300	400	500	600
氦气	179	212.7	244.1	259.2	304.5	332.4
氪气	11.62	14.3	16.85	19.29	21.73	24.06
氖气	58.11	68.57	79.03	88.33	97.63	105.8
氙气	6.973	8.6	10.23	11.85	13.48	14.99
氟气	8.6	17.4	26.7			

2.6.3 化合物气体的热导率

（1）氨气

表2.6.16 气态氨的热导率 单位：mW/(m·K)

温度/K	200	250	300	350	400	450	500	550	600
λ	12.13	18.03	24.98	32.93	41.76	51.46	62.34	73.64	86.19
温度/K	650	700	750	800	850	900	950	1000	
λ	99.58	113.4	128.4	143.9	160.7	177.8	195.8	214.6	

温度/℃	0	100	200	300	400	500	600
λ	21.04	33.94	48.81	65.78	83.91	104.4	124.4

表2.6.17 液态氨的热导率 单位：W/(m·K)

温度/℃	−30	−20	−10	0	10	20	30	40	50	60	70	80	90	100
λ	0.569	0.569	0.558	0.546	0.517	0.500	0.460	0.439	0.417	0.396	0.373	0.349	0.329	0.309

表2.6.18 压力下液态氨的热导率 单位：W/(m·K)

温度/℃	饱和压力/MPa	压力/MPa										
		1	2	4	6	8	10	12	14	16	18	20
20	0.831	0.477	0.481	0.483	0.486	0.488	0.491	0.495	0.497	0.499	0.502	0.506
30	1.130	0.460	0.465	0.467	0.471	0.474	0.477	0.481	0.483	0.486	0.488	0.490
40	1.505	0.442	0.444	0.448	0.452	0.456	0.460	0.464	0.467	0.470	0.472	0.473
50	1.968	0.421		0.421	0.429	0.434	0.438	0.442	0.446	0.450	0.454	0.457
60	2.529	0.401		0.401	0.408	0.412	0.416	0.419	0.424	0.429	0433	0.435
70	3.202	0.389		0.399	0.395	0.399	0.403	0.406	0.409	0.411	0.412	0.415
80	4.000	0.353		0.353	0.358	0.363	0.369	0.375	0.381	0.385	0.389	0.392
90	4.938	0.328		0.328	0.332	0.339	0.345	0.350	0.356	0.362	0.368	0.372
100	6.034	0.302				0.302	0.317	0.325	0.332	0.338	0.344	0.350
110	7.306	0.274				0.274	0.290	0.300	0.308	0.316	0.321	0.326
120	8.774	0.238				0.238	0.258	0.275	0.286	0.293	0.298	0.303
130	10.486	0.184						0.184	0.250	0.264	0.274	0.280
132.4	—	0.152						0.152	0.243	0.256	0267	0.274

（2）一氧化碳

表2.6.19 气态一氧化碳的热导率 单位：mW/(m·K)

温度/K	100	150	200	250	300	350	400	450	500	550
λ	8.745	13.18	17.45	21.42	25.19	28.79	32.30	35.48	38.62	41.59
温度/K	600	650	700	750	800	850	900	950	1000	
λ	44.35	47.28	49.79	52.30	54.81	57.32	59.41	61.92	64.43	

温度/℃	0	100	200	300	400	500	600	700	800	900	1000
λ	23.24	30.22	36.03	43.00	48.81	53.46	59.27	65.08	69.73	75.54	80.19

表2.6.20 液态一氧化碳的热导率 单位：mW/(m·K)

温度/K	90	100	110	120
λ	118	104	93	81

温度/℃	−200	−190	−180	−170	−160	−150
λ	155.2	137.7	119.7	101.7	84.10	66.11

（3）二氧化碳

表2.6.21 气态二氧化碳的热导率 单位：mW/(m·K)

温度/K	250	300	350	400	450	500	550	600
λ	13.31	16.65	20.50	24.39	28.33	32.26	36.32	40.29
温度/K	650	700	750	800	850	900	950	1000
λ	44.77	48.53	52.30	56.07	58.99	61.92	65.27	68.20

表2.6.22 液态二氧化碳的热导率 单位：mW/(m·K)

温度/℃	−20	−10	0	10	20
λ	129.7	115.6	106.3	94.20	82.42

表2.6.23　压力下二氧化碳的热导率

1) 中、高温(均为气态)　　　　单位：mW/(m·K)

温度/℃	压力/MPa							
	0.1	3	5	7	10	13	15	20
300	0.0379	0.0389	0.0397	0.0409	0.0426	0.0445	0.0461	0.0497
350	0.0416	0.0426	0.0434	0.0445	0.0457	0.0475	0.0488	0.0517
400	0.0456	0.0464	0.0472	0.0481	0.0491	0.0508	0.0519	0.0543
450	0.0494	0.0502	0.0509	0.0516	0.0527	0.0542	0.0552	0.0574
500	0.0533	0.0540	0.0547	0.0553	0.0564	0.0577	0.0585	0.0607
550	0.0572	0.0578	0.0583	0.0588	0.0600	0.0612	0.0620	0.0641
600	0.0610	0.0616	0.0622	0.0627	0.0636	0.0648	0.0655	0.0673
650	0.0649	0.0654	0.0659	0.0665	0.0674	0.0683	0.0690	0.0707
700	0.0688	0.0693	0.0697	0.0702	0.0711	0.0720	0.0726	0.0742
750	0.0725	0.0731	0.0734	0.0739	0.0747	0.0755	0.0761	0.0777
800	0.0765	0.0769	0.0772	0.0776	0.0784	0.0791	0.0797	0.0813
850	0.0804	0.0808	0.0811	0.0815	0.0822	0.0829	0.0835	0.0849
900	0.0841	0.0846	0.0849	0.0853	0.0861	0.0867	0.0872	0.0886
950	0.0880	0.0884	0.0888	0.0892	0.0897	0.0904	0.0908	0.0921
1000	0.0918	0.0923	0.0925	0.0930	0.0935	0.0941	0.0946	0.0957
1050	0.0958	0.0962	0.0964	0.0970	0.0974	0.0979	0.0984	0.0994
1100	0.0995	0.0999	0.1002	0.1006	0.1010	0.1015	0.1020	0.1029
1150	0.1032	0.1037	0.1039	0.1043	0.1047	0.1051	0.1056	0.1066
1200	0.1069	0.1074	0.1076	0.1081	0.1083	0.1087	0.1092	0.1152

2) 低温　　　　单位：mW/(m·K)

温度/℃	压力/MPa																									
	0.1	0.5	1.0	1.5	2.0	2.5	3.0	3.5	4.0	4.5	5.0	5.5	6.0	6.5	7.0	7.5	8.0	8.5	9.0	10	12	14	16	18	20	25
0	14.56								175.3	127.4	126.4	127.6	128.2	129.1	129.9	130.6	131.5	132.3	133.0	134.5	137.5	140.4	143.2	145.9	148.6	155.3
5	14.96								117.5	117.9	118.6	119.4	120.2	120.9	121.7	122.4	123.3	124.0	124.8	126.3	129.3	132.3	135.1	138.0	140.7	147.3
10	15.32									109.8	111.1	111.6	112.3	113.1	113.9	114.8	115.6	116.4	117.2	118.9	121.9	125.0	127.9	130.8	133.5	140.2
15	15.69											103.7	104.5	105.3	106.2	107.1	107.9	108.8	109.6	111.3	114.5	117.7	120.7	123.6	126.5	133.5
20	16.09	16.33	16.72	17.20	17.73	18.42	19.18	20.08	21.18	22.82	25.21	29.85	96.41	97.40	98.39	99.39	100.4	101.3	102.3	104.1	107.6	110.8	114.0	117.2	120.1	127.0
25	16.48	16.73	17.08	17.53	18.00	18.66	19.34	20.15	21.18	22.49	24.47	27.48	32.31	89.14	90.25	91.41	92.53	93.65	94.70	96.75	100.7	104.4	107.9	111.2	114.3	121.3
30	16.88	17.13	17.46	17.87	18.30	18.85	19.52	20.28	21.19	22.31	23.87	26.15	29.39	34.99						90.92	95.27	99.25	102.7	106.2	109.5	116.7
35	17.26	17.46	17.79	18.16	18.59	19.13	19.72	20.43	21.27	22.25	23.53	25.24	27.52	31.09	36.67					85.97	90.53	94.75	98.43	102.0	105.2	112.4
40	17.66	17.86	18.19	18.56	18.95	19.42	19.95	20.61	21.34	22.22	23.55	24.72	26.38	28.79	32.19	37.64				80.71	85.62	90.08	94.07	97.76	101.2	108.5
45	18.05	18.24	18.57	18.90	19.27	19.74	20.23	20.82	21.51	22.30	23.27	24.47	25.75	28.82	30.25	32.95	38.55	50.72	64.34	72.08	78.61	84.24	88.82	92.97	96.83	104.7
50	18.45	18.62	18.90	19.23	19.60	20.01	20.50	21.06	21.65	22.39	23.26	24.31	25.51	26.93	28.66	31.02	34.07	38.19	41.32	60.07	70.40	78.34	83.40	88.29	92.44	100.4
55	18.85	19.03	19.30	19.59	19.98	20.39	20.80	21.31	21.88	22.55	23.32	24.21	25.26	26.44	27.84	29.66	31.87	34.64	38.13	47.55	63.48	71.50	77.99	83.07	87.51	96.17

续表

温度/℃	压力/MPa																								
	0.1	0.5	1.0	1.5	2.0	2.5	3.0	3.5	4.0	4.5	5.0	5.5	6.0	6.5	7.0	7.5	8.0	8.5	9.0	10	12	14	16	18	20	25
60	19.27	19.43	19.72	20.01	20.34	20.75	21.16	21.63	22.12	22.72	23.42	24.19	25.10	26.11	27.27	28.74	30.49	32.71	35.16	41.77	56.51	65.58	72.44	77.89	82.67	91.88
65	19.69	19.87	20.14	20.43	20.73	21.13	21.48	21.92	22.38	22.94	23.56	24.24	25.04	25.89	26.87	28.06	29.50	31.18	33.19	38.33	50.64	60.38	67.22	72.81	77.83	87.56
70	20.10	20.29	20.56	20.83	21.11	21.46	21.81	22.24	22.67	23.18	23.71	24.32	25.01	25.76	26.62	27.65	28.82	30.27	31.91	36.06	46.18	55.89	62.81	68.36	73.08	82.83
75	20.50	20.71	20.98	21.24	21.51	21.86	22.19	22.56	22.97	23.42	23.91	24.46	25.06	25.79	26.57	27.42	28.37	29.56	30.94	34.34	42.86	52.09	59.08	64.57	69.19	78.83
80	20.92	21.13	21.37	21.62	21.91	22.22	22.59	22.94	23.31	23.71	24.16	24.67	25.24	25.85	26.54	27.31	28.15	29.17	30.32	33.09	40.44	49.13	55.94	61.25	65.83	75.61
85	21.34	21.54	21.79	22.04	22.29	22.61	22.94	23.29	23.64	24.03	24.46	24.95	25.44	26.01	26.62	27.31	28.05	28.93	29.92	32.25	38.57	46.35	53.11	58.22	62.80	73.63
90	21.76	21.92	22.21	22.46	22.68	22.99	23.32	23.65	24.00	24.35	24.77	25.21	25.67	26.20	26.77	27.40	28.05	28.83	29.70	31.84	37.50	44.37	50.47	55.59	60.08	69.84
95	22.17	22.34	22.61	22.86	23.10	23.41	23.70	24.03	24.38	24.73	25.10	25.50	25.93	26.40	26.93	27.50	28.11	28.79	29.56	31.46	36.53	42.55	48.41	53.35	57.78	67.38
100	22.59	22.76	23.01	23.32	23.50	23.79	24.10	24.40	24.75	25.09	25.45	25.84	26.25	26.68	27.15	27.68	28.21	28.81	29.49	31.22	35.72	41.05	44.24	51.29	55.65	64.99
110	23.43	23.59	23.82	24.05	24.29	24.58	24.85	25.16	25.47	25.78	26.09	26.43	26.78	27.19	27.62	28.08	28.59	29.12	29.71	31.11	34.73	39.01	43.44	47.97	52.00	61.09
120	24.27	24.45	24.68	24.87	25.09	25.36	25.65	25.92	26.18	26.45	26.76	27.10	27.44	27.76	28.14	28.59	29.05	29.52	30.01	31.16	34.10	37.61	41.32	45.29	49.02	57.82
130	25.10	25.27	25.45	25.68	25.91	26.13	26.38	26.63	26.90	27.16	27.45	27.78	28.09	28.41	28.78	29.15	29.56	29.97	30.41	31.44	33.91	36.81	39.92	43.26	46.63	55.02
140	25.94	26.06	26.27	26.46	26.66	26.89	27.13	27.38	27.63	27.88	28.16	28.45	28.76	29.07	29.41	29.78	30.19	30.58	31.00	31.93	34.04	36.46	39.05	41.86	45.75	53.60
150	26.76	26.88	27.07	27.25	27.46	27.66	27.87	28.09	28.34	28.59	28.87	29.16	29.45	29.78	30.10	30.47	30.86	31.25	31.66	32.52	34.35	36.41	38.75	41.14	44.58	51.79
160	27.59	27.72	27.86	28.05	28.23	28.44	28.64	28.89	29.14	29.38	29.67	29.92	30.20	30.53	30.86	31.21	31.56	31.94	32.34	33.12	34.80	36.64	38.73	40.90	44.04	50.70
170	28.43	28.53	28.68	28.86	29.03	29.23	29.44	29.68	29.93	30.16	30.40	30.69	30.98	31.29	31.59	32.09	30.80	32.10	33.24	33.34	35.37	36.97	38.89	40.96	43.21	49.17
180	29.27	29.37	29.49	29.66	29.82	30.01	30.19	30.44	30.67	30.89	31.15	31.44	31.73	32.04	32.33	32.66	32.95	33.27	33.61	34.30	35.78	37.38	39.14	41.07	43.15	48.68
190	30.08	30.17	30.29	30.43	30.60	30.78	31.01	31.23	31.46	31.69	31.95	32.22	32.51	32.78	33.06	33.39	33.65	33.94	34.25	34.85	36.28	37.81	39.44	41.26	43.25	48.40
200	30.90	31.00	31.09	31.17	31.37	31.56	31.78	31.99	32.22	32.42	32.72	33.00	33.24	33.51	33.80	34.07	34.33	34.63	34.82	35.42	36.84	38.21	39.76	41.45	43.27	48.10
210	31.67	31.75	31.90	32.04	32.21	32.41	32.60	32.80	33.01	33.24	33.44	33.69	33.94	34.15	34.38	34.67	34.94	35.21	35.49	36.11	37.35	38.68	40.12	41.73	43.39	47.82
220	32.47	32.59	32.72	32.88	33.04	33.23	33.42	33.60	33.79	33.99	34.20	34.44	34.65	34.89	35.14	35.39	35.64	35.90	36.19	36.75	37.89	3917	40.23	42.01	43.59	47.53
230	33.26	33.37	33.49	3.63	33.80	33.96	34.13	34.33	34.50	34.70	34.91	35.12	35.32	35.53	35.77	36.02	36.25	36.49	36.74	37.28	38.41	39.61	40.91	42.28	43.74	47.68
240	34.06	34.14	34.28	34.43	34.59	34.76	34.92	35.11	35.29	35.50	35.69	35.89	36.10	36.30	36.53	36.76	36.96	37.20	37.44	37.92	38.96	40.08	41.30	42.66	44.05	47.79
250	34.81	34.89	35.06	35.18	35.35	35.49	35.68	35.84	36.03	36.21	36.42	36.61	36.79	37.01	37.22	37.43	37.63	37.86	38.07	38.51	39.50	40.59	41.73	43.03	44.39	47.88

注：横线下面为气态，上面为液态。

（4）二氧化硫

表2.6.24 气态二氧化硫的热导率 单位：mW/(m·K)

温度/K	200	250	300	350	400	450	500	550	600
λ	7.071	9.205	11.46	13.77	16.15	18.54	20.96	23.26	25.44
温度/K	650	700	750	800	850	900	950	1000	
λ	27.53	29.58	31.55	33.43	35.27	37.03	38.79	40.50	

表2.6.25 液态二氧化硫的热导率 单位：mW/(m·K)

1) p =103.3kPa

温度/℃	−70	60	−50	−40	−30	−20	−10	0	10	20
λ	255.2	249.4	243.1	236.4	230.1	223.8	217.6	211.3	205.0	198.7
温度/℃	30	40	50	60	70	80	90	100	110	120
λ	192.5	186.2	180.3	174.1	167.8	161.1	155.2	149.4	143.1	136.4

2) p =530kPa

温度/℃	−35	−30	−25	−20	−15	−10	−5	0	5	10
λ	233.3	230.1	227.0	223.8	220.7	217.6	214.4	211.3	208.2	205.1
温度/℃	15	20	25	30	35	40	50	60	70	80
λ	201.9	198.8	195.6	192.5	189.5	186.3	180.1	173.6	167.4	161.1

（5）其他化合气体

表2.6.26 其他化合气体的热导率 单位：mW/(m·K)

温度/K	150	200	250	300	350	400	450	500	550
一氧化氮	14.35	19.00	23.30	27.15	30.79	34.18	37.49	40.71	43.93
一氧化二氮	7.824	11.13	14.77	18.62	22.68	26.65	30.59	34.39	38.12
氟化氢		7.740	11.51	15.94	20.96	26.65	32.89	39.66	46.86
氯化氢		10.38	12.84	15.27	17.74	20.08	22.30	24.44	26.44
溴化氢		6.150	7.573	8.912	10.17	11.42	12.55	13.51	14.39
碘化氢			5.397	6.443	7.489	8.535	9.665	10.71	11.80
硫化氢		10.54	13.22	15.98	18.83	21.80	24.77	27.66	30.50
氧硫化碳	5063	7.196	9.540	11.97	14.56	17.24	19.92	22.51	25.02
温度/K	600	650	700	750	800	850	900	950	1000
一氧化氮	46.86	49.79	53.14	56.07	58.99	61.92	64.85	67.78	70.29
一氧化二氮	41.76	45.19	48.95	52.30	55.65	58.58	61.92	64.85	68.20
氟化氢	54.81	63.18	72.38	82.01	92.05	102.5	113.4	124.7	136.8
氯化氢	28.41	30.33	32.26	34.14	35.98	37.82	39.66	41.50	43.51
溴化氢	15.15	15.77	16.32	16.74	17.07	17.32	17.40	17.45	
碘化氢	12.84	13.85	14.85	15.86	16.86	17.78	18.79	19.75	20.63
硫化氢	33.35	36.19	39.04	41.84	44.77	47.70	50.21	53.14	55.65
氧硫化碳	27.45	29.83	32.13	34.35	36.57	38.70	40.79	43.10	44.77

表2.6.27 一些液态气体的热导率 单位：mW/(m·K)

温度/℃	−130	−120	−110	−100	−90	−80	−70	−60	−50	−40
一氧化氮①	160.7	139.3	115.1	84.94						
一氧化二氮					167.4	160.7	153.1	145.6	138.1	130.1
氟化氢						316.7	310.0	303.3	296.6	292.0
氯化氢			200.0	193.3	186.2	179.5	172.0	164.8	156.9	149.0
硫化氢						201.3	195.0	189.1	182.8	172.4
溴化氢						128.0	123.8	119.7	115.5	111.3
氧硫化碳	178.7	174.5	170.3	165.7	161.1	156.5	151.9	147.3	142.3	137.2

续表

温度/℃	−30	−20	−10	0	10	20	30	40	50	60
一氧化二氮	121.8	113.0	103.3	93.30	82.42	69.45	53.97			
四氧化二氮				123.8	119.7	115.5	111.3	107.1	102.5	97.91
氟化氢	283.3	276.1	269.0	261.9	254.4	246.9	239.3	231.4	223.4	215.1
氯化氢	141.0	132.2	123.4	113.8	103.8	92.88	80.75	66.11	45.61	
碘化氢②	96.23	93.30	90.37	87.45	84.52	81.17	78.24	74.89	71.55	68.20
硫化氢	169.5	162.8	156.1	149.0	141.4	133.5	125.5	117.2	108.4	98.74
溴化氢	106.7	102.1	97.50	92.47	87.45	82.42	76.57	70.71	64.43	57.74
氧硫化碳	132.2	127.2	121.8	116.3	110.5	104.6	98.32	92.05	85.35	77.82

温度/℃	70	80	90	100	110	120	130	140	150
四氧化二氮	92.88	87.86	82.84	76.99	71.13	65.27	58.16	50.63	41.04
氟化氢③	206.7	198.3	189.1	179.9	170.3	160.2	149.8	138.9	126.8
碘化氢	64.43	60.67	56.90	52.72	48.12	43.51	38.12	31.76	22.26
硫化氢	88.28	76.99	63.18	40.12					
溴化氢	50.21	41.09	25.98						
氧硫化碳	69.87	61.50	51.04	36.53					

① 温度为 −160、−150 和 −140℃时，其值分别为 215.5、198.3 和 180.3mW/(m · K)。
② 温度为 −50 和 −40℃时，其值分别为 101.7 和 98.74mW/(m · K)。
③ 温度为 160、170 和 148℃时，其值分别为 113.8、98.74 和 80.75mW/(m · K)。

N（算图 2.62）（第 561 页右）
一氧化氮气体的热导率

N（算图 2.63）（第 562 页左）
无机气体的热导率（Ⅰ）

N（算图 2.64）（第 562 页右）
无机气体的热导率（Ⅱ）

N（算图 2.65）（第 563 页左）
根据气体的比热容求热导率

N（算图 2.66）（第 563 页右）
根据气体的温度和压强求热导率

N（算图 2.67）（第 564 页左）
根据气体的比热容和黏度求热导率

N（算图 2.68）（第 564 页右）
根据电解质水溶液的浓度求热导率（20℃）

N（算图 2.69）（第 565 页左）
电解质水溶液热导率的修正

2.6.4 混合气体的热导率

表2.6.28 含空气混合气体的热导率　　单位：mW/(m·K)

混合物种类	温度/℃	氮气的容积浓度/%					
		0	20	40	60	80	100
空气-甲烷	22	33.00	29.93	28.89	27.87	26.84	25.80
空气-乙烷	20	22.22	23.12	23.94	24.68	25.42	25.68
空气-乙烷	65	26.95	27.73	28.36	28.82	29.08	28.82
空气-CO	18	24.37	24.67	24.95	25.18	25.41	25.57
空气-水蒸气	80	22.10	25.38	28.16	30.17	31.01	29.87
空气-氨气	20	23.50	24.65	26.05	26.73	26.84	25.68
空气-氨气	80	29.87	31.96	32.53	32.59	31.66	29.87

表2.6.29 含氮混合气体的热导率　　单位：mW/(m·K)

混合物种类	温度/℃	氮气的容积浓度/%					
		25	33	50	67	75	83
氮气-CO_2	369			1.273		1.281	
	375		1.340	1.369		1.395	1.404
	569		1.602	1.613	1.620		
	688	1.911		1.919		1.893	

混合物种类	温度/℃	氮气的容积浓度/%					
		0	20	40	60	80	100
氮气-氩气	0	16.10	17.44	18.86	20.40	22.08	23.69
氮气-氧气	65	20.92	23.36	25.57	27.54	28.47	28.12
氮气-水蒸气	330	46.14	48.00	49.16	49.28	48.93	43.93
液氮-液氧(按液氮质量分数计)/%		0.209	0.205	0.200	0.199	0.201	0.207

表2.6.30 含氢混合气体的热导率　　单位：mW/(m·K)

混合气体种类	温度/℃	氢气的容积浓度/%					
		0	20	40	60	80	100
氢气-氩气	0	16.33	32.32	52.74	78.25	112.5	169.1
氢气-CO	0	22.19	36.28	58.39	77.58	88.32	169.1
氢气-CO_2	0	15.06	28.46	45.99	69.44	105.4	169.1
氢气-氧气	22	24.87	41.38	64.50	92.16	125.6	167.4
氢气-氮气	0	23.01	40.19	65.26	76.54	106.8	169.1
氢气-乙烯	25	21.99	38.42	56.39	84.32	122.3	182.9

氢气-氖气-氪气-氙气(t=40℃)				氢气-氖气-氮气-氩气(t=40℃)			
容积浓度/%			λ	容积浓度/%			λ
氢气	氖气	氪气		氢气	氖气	氮气	
30.6	10.2	20.0	46.84	15.2	14.4	34.6	94.14
24.0	16.5	45.3	23.01	13.2	50.4	15.8	55.20

表2.6.31 含氦混合气体的热导率　　单位：mW/(m·K)

混合物种类	温度/℃	氢气的容积浓度/%					
		0	20	40	60	80	100
氦气-氩气	0	16.27	26.73	40.21	58.69	87.63	140.4
氦气-氙气	0	5.11	13.60	25.68	44.05	75.78	140.4
氦气-氙气	100	6.84	17.90	33.59	57.30	97.39	179.0

表2.6.32 烟气的热导率　　单位：mW/(m·K)

温度/℃	水蒸气含量/%					温度/℃	水蒸气含量/%				
	5	10	15	20	25		5	10	15	20	25
0	22.446	23.027	23.144	23.144	23.260	600	59.082	73.036	76.409	79.317	81.992
100	30.936	31.634	32.099	32.831	32.564	700	75.595	80.596	84.783	88.50d	91.644
200	39.193	40.123	40.938	41.685	41.984	800	81.875	87.807	93.156	97.808	101.41
300	49.079	50.823	52.219	53.265	54.196	900	87.807	95.017	101.30	107.11	112.00
400	54.661	56.871	58.964	60.592	61.755	1000	93.970	102.11	109.79	116.30	122.12
500	61.872	65.012	67.687	69.896	71.641	1100	99.785	108.97	117.46	125.80	132.58

注：1. 烟气成分的体积分数为：CO_2 13%，H_2O 11%，N_2 76%；当温度为700、800、900、1000、1100和1200℃时，其热导率分别为82.63、91.47、100.1、108.9、117.4和126.1mW/(m·K)。

2. 烟气的体积分数为13%。

2.7 蒸气压

2.7.1 单质气体的蒸气压

（1）氧气和氢气

表2.7.1 氧气的蒸气压

温度/℃	−200	−190	−180	−170	−160	−150	−140	−130	−120
p/kPa	10.80	45.40	137.0	328.5	669.8	1214	2022	3170	4768

温度/℃	70	80	90	90.18	100	110	120	130	140	150	154.77①
p/kPa	6.179	30.09	99.38	101.3	254.2	543.3	1021	1747	2786	4218	5079

① 临界点。

表2.7.2 饱和氢气的蒸气压

温度/℃	63.15	65	70	77.36	80	90	100	103.95	110	120	125	126.2
p/kPa	12.46	17.42	38.49	101.3	136.6	359.7	777.6	1013	1467	2512	3204	3394

注：63.15K为三相点，126.2K为临界点。

（2）氮气和氯气

表 2.7.3　氮气的蒸气压

温度/℃	−200	−190	−180	−170	−160	−150	13.95	14	15	16	17	18
p/kPa	59.91	190.3	464.0	950.9	1732	2924	7.192	7.395	12.66	20.46	31.40	46.19
温度/℃	19	20	20.38	21	22	23	24	25	26	27	28	29
p/kPa	65.64	90.26	101.3	121.2	158.9	204.4	258.4	321.9	395.7	480.8	577.9	688.2
温度/℃	30	31	32	33	33.18							
p/kPa	812.7	952.3	1108	1281	1315							

表 2.7.4　氯气的蒸气压

温度/℃	−70	−65	−60	−55	−50	−45	−40	−35	−30	−25	−20
p/kPa	15.132	20.633	27.684	36.559	47.621	61.212	77.717	97.565	121.21	149.06	181.62
温度/℃	−15	−10	−5	0	5	10	15	20	25	30	35
p/kPa	219.37	262.82	312.44	368.92	432.66	504.25	584.27	673.12	771.58	879.94	999.29
温度/℃	40	45	50	55	60	65	70	75	80	85	90
p/kPa	1129.7	1271.9	1426.8	1594.5	1776	1972.1	2183.9	2410.5	2654.6	2915.5	3195
温度/℃	95	100	105	110	115	120	125	130	135	140	144①
p/kPa	3495	3813.8	4155	4517.9	4905.2	5318.1	5756.4	6224.2	6722.4	7250	7701

① 临界温度。

2.7.2　化合物气体的蒸气压

（1）一氧化碳和二氧化碳

表 2.7.5　一氧化碳的蒸气压

温度/℃	−140.2	−145	−150	−155	−160	−165	−170	−175	−180	−185	−190	−195	−200	−205
p/kPa	3498	2805	2214	1701	1289	949.3	684.8	475.5	318.1	200.6	120.1	66.85	33.91	15.38

表 2.7.6　二氧化碳的蒸气压　　单位：kPa

温度/℃	CO_2	温度/℃	CO_2	温度/℃	CO_2	温度/℃	CO_2
−95.6	14.385	−48	740.87	−20	1970.6	8	4282.4
−95	23.907	−46	801.53	−18	2094.8	10	4501.4
−90	38.393	−44	865.79	−16	2224.6	12	4728.5
−85	60.375	−42	933.92	−14	2360.2	14	4964.4
−80	92.588	−40	1005.9	−12	2501.7	16	5209.3
−75	138.78	−38	1081.9	−10	2649.4	18	5464.3
−70	204.63	−36	1162.0	−8	2803.2	20	5727.4
−65	295.80	−34	1246.6	−6	2963.6	22	6001.4
−60	423.43	−32	1335.5	−4	3130.7	24	6286.1
−58	487.15	−30	1428.9	−2	3304.5	26	6582.1
−56	531.67	−28	1527.2	0	3485.3	28	6890.1
−54	579.19	−26	1630.4	2	3673.3	30	7210.9
−52	629.80	−24	1738.5	4	3868.6	31	7376.3
−50	683.65	−22	1852.0	6	4071.5		(临界点)

注：横线上方为固态，下方为液态。

（2）一氧化二氮

表 2.7.7　一氧化二氮的蒸气压　　单位：kPa

温度/℃	−90	−80	−70	−60	−50	−40	−30
N_2O	92.42	164	272.7	430.3	648.6	940.3	1319
温度/℃	−20	−10	0	10	20	30	
N_2O	1797	2391	3116	3993	5047	6308	

（3）二氧化硫

表2.7.8 二氧化硫的蒸气压

单位：kPa

温度/℃	−70	−60	−50	−40	−38	−36	−34	−32	−30	−28	−26
p	2.67	5.80	11.62	21.62	24.33	27.33	30.62	34.25	38.21	42.5	47.2
温度/℃	−24	−22	−20	−18	−16	−14	−12	−10	−8	−6	−4
p	52.38	58.04	64.12	70.16	77.62	85.28	93.48	102.3	111.8	122	132.7
温度/℃	−2	0	2	4	6	8	10	12	14	16	18
p	144.2	156.6	169.6	183.6	198.4	214.1	230.7	248.3	266.9	286.8	307.5
温度/℃	20	22	24	26	28	30	32	34	36	38	40
p	329.4	352.7	377	402.7	429.8	458.2	487.9	518.8	552.5	586.5	609.1
温度/℃	50	60	70	80	90	100	110	120	130	140	150
p	812.9	1065	1371	1739	2178	2693	3293	3990	4792	5715	6769

（4）硫化氢

表2.7.9 硫化氢的蒸气压

温 度 /℃	p /kPa	温 度 /℃	p /kPa	温 度 /℃	p /kPa	温 度 /℃	p /kPa
−80	5.60	−40	289.8	20	1770	80	6281
−75	12.67	−30	378.9	30	2289	90	7547
−70	27.86	−20	546.0	40	2841	100	8965
−65	57.60	−10	762.8	50	3576		
−60	101.3	0	1308	60	4315		
−50	162.1	10	1364	70	5278		

（5）液氨

表2.7.10 液氨的蒸气压

温 度 /℃	p /kPa	温 度 /℃	p /kPa	温 度 /℃	p /kPa	温 度 /℃	p /kPa	温 度 /℃	p /kPa
−78	5.8971	−34	98.042	10	614.89	54	2251.8	98	6021.6
−76	6.9205	−32	108.37	12	658.46	56	2368.2	100	6263.5
−74	8.0756	−30	119.55	14	704.41	58	2488.7	102	6512.6
−72	9.4131	−28	131.64	16	752.74	60	2613.9	104	6768.9
−70	10.923	−26	144.7	18	803.61	62	2743.8	106	7032.6
−68	12.625	−24	158.79	20	857.06	64	2878.3	108	7303.9
−66	14.56	−22	173.93	22	913.19	66	3017.9	110	7582.9
−64	16.729	−20	190.23	24	972.11	68	3162.5	112	7869.7
−62	19.161	−18	207.71	26	1033.9	70	3312	114	8164.6
−60	21.896	−16	226.45	28	1098.7	72	3468.1	116	8467.7
−58	24.936	−14	246.5	30	1166.5	74	3628.8	118	8779.2
−56	28.33	−12	267.93	32	1237.4	76	3794.9	120	9099.2
−54	32.09	−10	290.83	34	1311.4	78	3966.8	122	9427.8
−52	36.254	−8	315.24	36	1389	80	4144.4	124	9765.3
−50	40.875	−6	341.23	38	1469.9	82	4327.8	126	10112
−48	45.961	−4	368.87	40	1554.2	84	4517.3	128	10468
−46	51.544	−2	398.24	42	1642.4	86	4712.7	130	10833
−44	57.684	0	429.42	44	1734	88	4914.6	132	11208
−42	64.412	2	462.45	46	1829.5	90	5122.8	132.3	11277
−40	71.768	4	497.4	48	1929	92	5337.5		(临界压强)
−38	79.793	6	534.49	50	2032.5	94	5558.7		
−36	88.538	8	573.6	52	2140.1	96	5786.8		

（6）氨水溶液

表 2.7.11 氨水溶液的蒸气压

氨水浓度（质量分数）/%	分压/kPa	温度/℃ 0	10	20	30	40	50	60
4	NH_3	1.32	2.11	3.14	5.59	8.67	13	19.1
	H_2O	0.653	1.21	2.07	4.11	7.09	11.9	19.2
6	NH_3	1.85	3.35	5.96	9	13.9	20.5	30
	H_2O	0.711	1.23	2.32	3.93	6.84	11.6	18.8
8	NH_3	2.69	4.76	7.97	12.5	19.7	28.9	41.3
	H_2O	0.719	1.18	2.12	3.89	6.73	11.2	18.4
10	NH_3	3.8	6.36	10.6	16.3	25.9	37.9	54.4
	H_2O	0.691	1.1	2.05	3.73	6.64	10.9	17.9
12	NH_3	5.03	8.23	13.2	20.8	32.3	47.9	68.4
	H_2O	0.639	1.02	1.84	3.46	6.44	10.7	17.1
14	NH_3	6.33	10.4	16.4	27.5	39.9	59.3	6.33
	H_2O	0.572	0.967	1.68	3.78	6.15	10.3	0.572
16	NH_3	7.76	12.8	20.7	34.4	49.5	71.5	7.76
	H_2O	0.503	0.932	1.7	4.08	5.8	9.6	0.503
18	NH_3	9.4	15.6	25.4	38.9	60.9		
	H_2O	0.44	0.905	1.7	3.09	5.44		
20	NH_3	11.4	18.9	30.4	43.8	72.5		
	H_2O	0.393	0.852	1.62	1.86	5.13		
22	NH_3	14	23.1	36.2	58.5			
	H_2O	0.372	0.717	1.51	3.7			

（7）氯化氢

表 2.7.12 固态氯化氢的饱和蒸气压

温度/℃	−200	−195	−190	−185	−180	−175	−170	−165	−160
p/kPa	10^{-4}	10^{-3}	0.01	0.08	0.32	1.38	5.27	13.11	49.39
温度/℃	−155	−150	−145	−140	−135	−130	−125	−120	−114.2
p/kPa	90.92	97.28	317.6	815.3	1530	2783	4850	5864	13826

表 2.7.13 液态氯化氢的饱和蒸气压

温度/℃	−114.2	−110	−105	−100	−95	−90	−85	−80	−75
p/kPa	13.83	19.53	26.78	41.96	68.46	75.08	101.32	133.75	186.38
温度/℃	−70	−65	−60	−55	−50	−45	−40	−35	−30
p/kPa	205.64	269.07	349.48	431.54	516.84	638.94	764.81	884.35	1075.81
温度/℃	−25	−20	−15	−10	−5	0	5	10	15
p/kPa	1281.71	1471.89	1690.24	1954.63	2251.75	2579.10	2953.18	3472.16	3865.84
温度/℃	20	25	30	35	40	45	50	51.4	
p/kPa	4212.05	4702.35	5332.36	5936.99	6535.88	7148.40	7950.02	8266.08	

注：114.2℃和 51.4℃分别为其三相点和临界温度。

（8）乙硼烷

表 2.7.14 乙硼烷的饱和蒸气压　　单位：kPa

温度/K	130	140	150	160	170	175	180	185	190	195
p	1.693	4.986	12.42	27.19	53.99	73.37	97.72	127.9	165.1	210.5
温度/K	200	205	210	215	220	222	224	226	228	230
p	264.4	327.7	401.1	485.6	585.5	629.1	674.7	723.3	772.9	825.6
温度/K	232	234	236	238	240	242	244	246	248	250
p	881.3	940.1	1001	1064	1131	1200	1272	1348	1427	1509
温度/K	252	254	256	258	260	262	264	266	268	270
p	1594	1684	1776	1872	1972	2077	2184	2296	2412	2532
温度/K	272	274	276	278	280	282	284	286	288	289.9
p	2658	2788	2923	3062	3207	3357	3513	3674	3842	4003

（9）其他液化气体

表2.7.15　其他液化气体的蒸气压　　单位：kPa

气体	温度/℃															
	−130	−110	−90	−70	−50	−30	−10	10	30	50	70	90	110	130	150	170
COS①	0.724	4.725	19.52	61.33	155.1	333.7	635.3	1101	1773	2698	3932	5550				
HBr			49.48	139.3	331.6	679.40	1243	2084	3268	4867	6980	8270				
HF①				2.144	7.132	19.83	47.86	103	201.9	395.2	702.7	1163	1818	2717	3923	5518
HI					84.03	181.4	374.9	680.5	1137	1775	2632	3742	5148	6910	7947	
N_2O			164.00	416.6	910.3	1740	3017	4886	6107							
N_2O_4							31.5	95.51	239.4	546.3	1127	2139	3799	6393	8156	

① 该行数值对应的温度比标明的温度高10℃，例如COS中1773kPa对应的温度为40℃。

2.7.3　无机气体在压力下的蒸气压

表2.7.16　无机气体在压力下的蒸气压

(1) $p \leqslant 101.3$kPa

分子式	气体名称	0.1	0.2	0.4	0.7	1.0	2	4	7	10	20	40	70	101.3	熔点/℃
		相应于上述蒸气压(kPa)的温度/℃													
Ar	氩	−218.2	−217.6	−215.9	−213.8	−212.3	−209.6	−206.7	−204.1	−202.4	−198.6	−193.2	−188.7	−185.6	−189.2
Br_2	溴	−50.7	−45.2	−38.4	−32.3	−28.4	−20.7	−12.2	−3.5	3.2	17.1	33.6	48.1	58.2	−7.3
C_2N_2	氰	−97.3	−93.1	−87.8	−82.8	−79.7	−73.4	−66.4	−60.0	−55.7	−47.4	−37.5	−28.1	−21.0	−34.4
Cl_2	氯	−119.2	−115.7	−110.9	−106.4	−103.9	−97.2	−88.7	−81.3	−76.3	−66.0	−53.2	−41.8	−33.8	−100.7
ClO_2	二氧化氯						−54.9	−46.9	−39.5	−34.3	−23.6	−10.2	2.2	11.1	−59
Cl_2O	一氧化二氯	−100.7	−94.7	−87.6	−81.1	−76.8	−68.4	−59.0	−50.6	−44.7	−32.9	−18.8	−6.5	2.2	−116
Cl_2O_7	七氧化二氯	−48.3	−40.4	−31.2	−23.2	−17.8	−7.2	4.6	15.1	22.5	37.2	54.4	69.0	78.8	−91
ClF	氟化氯	−155	−151	−147	−143.2	−141.0	−136.7	−131.7	−127.0	−123.8	−118.1	−110.6	−104.4	−100.5	−145
CNCl	氯化氰	−78.6	−73.3	−66.9	−61.0	−57.2	−49.8	−41.7	−34.4	−29.5	−19.6	−7.7	4.0	13.1	−6.5
CNF	氟化氰	−135.5	−132.2	−127.8	−123.5	−120.9	−115.7	−109.7	−104.1	−100.5	−93.4	−84.6	−77.3	−72.6	
CO	一氧化碳	−222.1	−221.3	−219.3	−217.1	−216.1	−214.2	−211.8	−209.2	−207.6	−204.1	−198.9	−194.4	−191.3	−205.0
CO_2	二氧化碳	−135.3	−132.3	−128.1	−124.2	−121.7	−117.0	−111.6	−106.5	−103.3	−97.0	−89.2	−82.7	−78.2	−57.5
CSO	氧硫化碳	−133.9	−129.7	−124.4	−119.4	−116.2	−109.5	−102.1	−95.2	−90.4	−80.5	−68.3	−57.5	−49.9	−138.8
D_2	氘	−261	−260	−260	−259	−258	−257	−256	−256	−255	−254	−252	−250.7	−249.5	
F_2	氟	−223.3	−222.0	−219.4	−216.8	−215.5	−212.8	−209.7	−206.8	−204.8	−201.1	−195.8	−191.2	−187.9	−223
HF	氟化氢				−74.2	−69.7	−60.6	−50.2	−40.7	−34.2	−20.4	−4.5	9.6	19.7	−83.7
H_2	氢	−262.8	−263.4	−262.9	−262.0	−261.7	−261.3	−260.5	−259.6	−259.0	−258.0	−255.7	−253.9	−252.5	−259.1
H_2S	硫化氢	−137	−132	−127	−122	−119	−112	−106	−99	−95	−87				
H_2Se	硒化氢	−135	−128	−120	−115	−112	−104	−95	−88	−82	−72				
HCl	氯化氢	−151.8	−148.8	−144.5	−140.4	−137.9	−132.8	−127.0	−121.5	−117.7	−109.9	−99.9	−91.0	−84.8	−114.3
He	氦	−270.9	−272.1	−272.2	−271.6	−271.6	−271.7	−271.5	−271.1	−271.0	−271.0	−270.0	−269.2	−268.6	
HI	碘化氢	−122	−115	−110	−105	−102	−95	−88	−81	−76	−67				
Kr	氪	−199.9	−197.8	−194.4	−191.1	−189.1	−185.2	−180.9	−177.1	−174.5	−169.3	−162.4	−156.2	−152.0	−156.7
N_2	氮	−226.2	−225.4	−223.4	−221.2	−220.2	−218.3	−215.8	−213.4	−211.7	−208.3	−203.4	−198.9	−195.8	−210.0
ND_3	重氢氨									−71.6	−62.3	−50.7	−40.5	−33.4	−74.0
Ne	氖	−256.8	−257.3	−256.7	−255.5	−255.2	−254.6	−253.7	−252.6	−252.0	−251.2	−249.3	−247.4	−246.0	−248.7
NF_3	三氟化氮					−174	−168	−162	−157	−155	−150				
NH_3	氨	−110.4	−106.7	−101.8	−97.2	−94.4	−88.8	−82.5	−76.4	−72.2	−62.7	−50.7	−40.6	−33.6	−77.7
NO	一氧化氮	−184.4	−184.0	−182.4	−180.5	−179.4	−177.0	−173.8	−170.3	−168.1	−164.8	−159.6	−154.8	−151.7	−161
NO_2	二氧化氮	−57.1	−52.8	−47.4	−42.4	−39.4	−33.5	−27.2	−21.7	−18.1	−10.0	2.1	13.3	21.0	−9.3
N_2O	一氧化二氮	−144.4	−141.4	−137.2	−133.2	−130.8	−126.4	−121.3	−116.5	−113.4	−107.4	−99.8	−91.9	−85.5	−90.9
N_2O_5	五氧化二氮	−38.5	−33.8	−28.0	−22.7	−19.5	−13.3	−6.4	−0.2	3.7	11.2	20.2	27.6	32.4	30

续表

分子式	气体名称	0.1	0.2	0.4	0.7	1.0	2	4	7	10	20	40	70	101.3	熔点/℃
		相应于上述蒸气压(kPa)的温度/℃													
O_2	氧	−219.8	−218.5	−215.9	−213.3	−212.0	−209.3	−206.1	−203.1	−201.0	−197.0	−191.5	−186.6	−183.1	−218.7
O_3	臭氧	−181.7	−177.9	−172.9	−168.3	−165.6	−160.2	−154.0	−148.5	−144.7	−137.1	−127.2	−117.9	−111.1	−251
OF_2	二氟化氧	−197	−194	−190	−188	−186	−182	−176	−172	−169	−164				
Rn	氡	−145.5	−141.7	−136.7	−132.1	−129.0	−122.6	−115.2	−108.4	−103.6	−93.4	−80.8	−69.6	−61.8	−71
SiF_4	四氟化硅	−144.8	−142.4	−138.5	−134.4	−132.0	−128.3	−121.1	−118.3	−115.4	−109.5	−101.1	−95.6	−94.8	−90.3
$SO_2$①	二氧化硫	−96.9	−92.8	−87.6	−82.7	−79.6	−73.1	−64.9	−57.0	−51.7	−41.2	−28.6	−17.7	−10.0	−73.2
Xe	氙	−169.5	−166.4	−162.1	−157.9	−155.2	−150.0	−144.2	−139.4	−136.1	−129.5	−121.0	−113.4	−108.0	−111.6

① 蒸气压为 0.01、0.02、0.04、0.07kPa 时，其对应的温度分别为 −113、−109、−105、−101℃。

(2) $p > 101.3$kPa

分子式	气体名称	101.3	200	400	700	1000	1500	2000	2500	3000	3500	4000	5000	6000
		相应于上述蒸气压(kPa)的温度/℃												
Ar	氩	−185.6	−179.0	−169.9	−161.2	−155.1	−147.2	−141.6	−136.3	−132.0	−128.4	−125.2		
Cl	氯	−33.8	−16.9	3.3	22.1	35.1	52.3	64.5	75.3	84.2	93.0	100.8	114.4	126.3
CN	氰	−21.0	−4.4	14.8	32.2	44.2	60.5	72.1	82.5	91.0	98.9	105.8	117.5	
CO	一氧化碳		−183.5	−174.0	−166.2	−161.2	−154.6	−149.9	−145.7	−142.1				
CO_2	二氧化碳	−78.2	−69.1	−59.9	−48.7	−39.8	−27.8	−19.3	−11.8	−5.7	0.2	5.4	14.4	21.9
$COCl_2$	氧氯化碳	8.3	27.3	49.5	70.2	84.5	104.3	118.4	131.3	141.9	151.1	159.0		
H_2	氢	−252.5	−250.2	−247.1	−244.0	−241.9								
HBr	溴化氢	−66.5	−51.5	−34.9	−19.4	−8.8	5.9	16.3	25.7	33.4	40.9	47.5	59.3	69.8
HCl	氯化氢	−84.8	−71.4	−55.9	−41.7	−32.1	−18.7	−9.2	−1.2	5.4	11.7	17.3	27.3	35.6
HCN	氰化氢	25.9	45.8	68.1	88.4	102.2	121.0	134.4	144.7	153.2	161.7	169.2	182.7	
^4He	氦-4	−286.6	−268.0											
HI	碘化氢	−35.1	−18.9	0.6	18.8	31.5	49.1	61.6	73.2	82.8	91.9	99.9	114.2	126.6
H_2S	硫化氢	−60.4	−45.9	−28.4	−12.1	−0.8	14.3	25.0	34.0	41.4	48.7	55.2	66.1	75.6
Kr	氪	−152.0	−143.5	−133.5	−124.4	−118.2	−108.8	−102.0	95.0	−89.2	−83.7	−78.9	−67.2	
N_2	氮	−195.8	−189.2	−181.7	−174.8	−170.0	−162.9	−157.8	−152.8	−148.6				
Ne	氖	−246.0	−243.8	−240.9	−238.1	−236.1	−233.1	−230.9						
NH_3	氨	−33.6	−18.7	−1.3	14.5	25.3	39.5	49.6	58.4	65.6	72.4	78.3	88.7	97.7
NO	一氧化氮	−151.7	−145.1	−138.1	−131.8	−127.5	−121.4	−117.0	−113.1	−109.8	−106.5	−103.5	−98.9	−95.1
N_2O	一氧二氮	−88.5	−76.8	−62.8	−49.9	−41.0	−28.3	−19.2	−11.3	−4.9	1.7	7.4	17.6	26.7
O_2	氧	−183.1	−176.0	−167.5	−159.2	−153.4	−145.7	−140.2	−135.2	−131.0	−127.5	−124.4		
SiF_4	四氟化硅	−94.8	84.6	72.0	62.4	53.1	42.2	31.1						
SO_2	二氧化硫	−10.0	6.3	25.5	43.0	55.1	71.5	83.3	93.5	102.0	110.2	117.3	129.5	140.9

2.8 比热容

2.8.1 空气的比热容

表2.8.1 空气的质量比热容　　单位：kJ/(kg·K)

温度/℃	−50	−40	−30	−20	−10	0	10	20	30	40	50	60
c_v	0.7150					0.7158					0.7183	
c_p	1.017	1.013	1.011	1.009	1.009	1.010	1.012	1.013	1.014	1.015	1.017	1.018
温度/℃	70	80	90	100	120	140	160	180	200	250	300	350
c_v				0.7228					0.7374		0.7575	
c_p	1.019	1.020	1.021	1.022	1.024	1.027	1.030	1.032	1.034	1.043	1.047	1.055
温度/℃	400	500	600	700	800	900	1000	1100	1200	1400	2000	
c_v	0.7808	0.8048	0.8280	0.8491	0.8676	0.8837	0.8976	0.9100	0.9210	0.9398	0.9785	
c_p	1.068	1.072	1.089	1.102	1.114	1.127	1.139	1.152	1.164	1.173	1.182	

表2.8.2　空气的摩尔比热容

单位：J/(mol·K)

温度/℃	0	20	50	100	200	300	400	500	600
常压	29.08	29.09	29.10	29.16	29.31	29.53	29.80	30.10	30.42
真空	29.14	29.18	29.24	29.35	29.73	30.31	30.98	31.70	32.28
温度/℃	700	800	900	1000	1100	1200	1300	1400	1500
常压	30.73	31.04	31.34	31.61	31.89	32.13	32.36	32.58	32.78
真空	32.91	33.41	33.87	34.25	34.62	34.92	35.16	35.38	35.56
温度/℃	1600	1800	2000	2200	2400	2600	2800	3000	
常压									
真空	35.72	36.01	36.22	36.39	36.55	36.64	36.76	36.80	

表2.8.3　空气的体积比热容

单位：kJ/(m³·K)

温度/℃	0	100	200	300	400	500	600	700	800
c_{pv}	1.302	1.306	1.311	1.319	1.331	1.344	1.356	1.369	1.382
温度/℃	900	1000	1100	1200	1300	1400	1500	1600	1700
c_{pv}	1.394	1.407	1.419	1.428	1.436	1.449	1.457	1.465	1.474
温度/℃	1800	1900	2000	2100	2200	2300	2400	2500	3000
c_{pv}	1.482	1.486	1.495	1.499	1.503	1.512	1.516	1.520	1.541

注：本表适用于绝对压强为0时。

表2.8.4　干空气在常压下的定压比热容

单位：kJ/(m³·K)

温度/℃	−180	−150	−100	−50	−20	0	10	20	30
c_p	1.047	1.038	1.022	1.013	1.005	1.011	1.010	1.012	1.013
温度/℃	40	50	60	70	80	90	100	120	140
c_p	1.014	1.016	1.017	1.018	1.019	1.021	1.022	1.025	1.027
温度/℃	150	160	180	200	250	300	350	400	500
c_p	1.028	1.03	1.032	1.035	1.043	1.047	1.055	1.059	1.076
温度/℃	600	700	800	900	1000	1100	1200	1400	1600
c_p	1.089	1.101	1.114	1.126	1.139	1.156	1.164	1.189	1.218

表2.8.5　干空气在压力下的定压比热容

单位：kJ/(m³·K)

温度/℃	压力/atm									
	1	10	20	40	60	70	100	140	180	220
−140	1.0132	1.7082	2.6712	—	—	—	—	—	—	—
−100	1.0090	1.0802	1.1849	—	—	1.9217	—	—	—	—
−50	1.0048	1.0210	1.0551	1.3942	—	1.3015	—	—	—	—
0	1.0048	—	1.0425	1.1472	1.1137	—	1.1723	—	—	—
50	1.0048	—	1.0383	—	1.0886	—	1.1388	1.1807	1.2142	1.2393
100	1.0090	—	1.0341	—	1.0718	—	1.1053	1.1137	1.1346	1.1524
150	1.0174	—	1.0341	—	1.0593	—	1.0883	1.1368	1.1681	1.1891
200	1.0258	—	1.0341	—	1.0509	—	1.0760	1.0886	1.2095	1.1262
280	1.0420	—	1.0341	—	1.0425	—	1.0551	1.0634	1.0760	1.0844

表2.8.6　空气在压力下的定容比热容

单位：kJ/(kg·K)

温度/K	压力/MPa									
	0.1	0.5	1.0	2	3	4	5	6	8	10
90	0.716									
100	0.716	0.882								
120	0.716	0.794	0.873	0.965	1.036	1.091	1.121	1.134	1.135	1.134
140	0.716	0.753	0.790	0.849	0.882	0.911	0.933	0.945	0.970	0.985
160	0.716	0.737	0.757	0.795	0.820	0.841	0.857	0.870	0.891	0.904
180	0.716	0.728	0.741	0.778	0.787	0.799	0.815	0.825	0.840	0.854
200	0.716	0.724	0.732	0.749	0.762	0.774	0.778	0.790	0.808	0.815

续表

温度/K	压力/MPa 0.1	0.5	1.0	2	3	4	5	6	8	10
220	0.716	0.720	0.728	0.741	0.753	0.758	0.766	0.774	0.787	0.795
240	0.716	0.720	0.724	0.737	0.741	0.749	0.757	0.762	0.773	0.780
260	0.720	0.720	0.720	0.728	0.737	0.741	0.749	0.754	0.757	0.765
280	0.720	0.720	0.720	0.728	0.733	0.741	0.741	0.745	0.754	0.757
300	0.720	0.720	0.720	0.724	0.728	0.732	0.737	0.741	0.741	0.744
350	0.720	0.720	0.720	0.724	0.724	0.728	0.732	0.737	0.741	0.741
400	0.720	0.720	0.720	0.724	0.724	0.728	0.733	0.733	0.736	0.738
450	0.724	0.724	0.724	0.728	0.728	0.732	0.733	0.733	0.733	0.733
温度/K	压力/MPa 15	20	25	30	40	50	60	70	100	120
120	1.127	1.118	1.110	1.098						
140	0.996	1.009	1.013	1.017	1.022	1.022				
160	0.925	0.937	0.950	0.955	0.963	0.967				
180	0.874	0.887	0.895	0.904	0.912	0.917	0.917			
200	0.833	0.845	0.854	0.858	0.866	0.871	0.875			
220	0.812	0.824	0.833	0.837	0.846	0.850	0.854	0.858		
240	0.795	0.803	0.812	0.816	0.825	0.829	0.833	0.837	0.841	
260	0.778	0.787	0.795	0.800	0.812	0.812	0.816	0.821	0.824	0.829
280	0.766	0.774	0.778	0.786	0.795	0.799	0.804	0.808	0.812	0.816
300	0.754	0.757	0.766	0.774	0.778	0.787	0.791	0.795	0.799	0.800
350	0.745	0.753	0.758	0.758						

（算图 2.70）空气的定压比热容（第 565 页右）

（算图 2.71）空气在高温下的定压比热容（第 566 页左）

（算图 2.72）一些气体在常压下的比热容（第 566 页右）

表2.8.7　空气在压力下的定压比热容（0.1～4.0MPa）

单位：kJ/(m³·K)

温度/K	压力/MPa 0.1	0.2	0.3	0.5	0.7	1.0
90	1.0524	1.0676				
100	1.0448	1.0588	1.0853	1.1859		
120	1.0369	1.0488	1.0652	1.1107	1.1693	1.2692
140	1.0307	1.0393	1.0496	1.0742	1.1057	1.1405
160	1.0253	1.0319	1.0393	1.057	1.0768	1.1088
180	1.0198	1.0256	1.0314	1.0434	1.057	1.0779
200	1.0148	1.019	1.0235	1.0318	1.0412	1.0558
220	1.0107	1.0136	1.0164	1.023	1.0297	1.0405
240	1.0073	1.0098	1.0123	1.018	1.0235	1.0315
260	1.0061	1.0081	1.0102	1.0147	1.0197	1.0262
280	1.0056	1.0077	1.0094	1.0135	1.0173	1.0225
300	1.0061	1.0081	1.0094	1.0123	1.0156	1.02
320	1.0073	1.0086	1.0102	1.0127	1.0156	1.0196
340	1.0082	1.0094	1.0106	1.0131	1.0156	1.0192
360	1.0094	1.0102	1.0115	1.0136	1.016	1.0189
380	1.0103	1.0115	1.0123	1.014	1.016	1.0185
400	1.0115	1.0123	1.0136	1.0148	1.0165	1.0189
450	1.014	1.0149	1.0153	1.0165	1.0182	1.0202
温度/K	压力/MPa 1.5	2.0	2.5	3.0	3.5	4.0
120	1.7555	1.5369	2.4792	3.5428	3.6337	3.3681
140	1.4419	1.4433	1.6469	1.9543	2.3927	3.7811
160	1.2509	1.2484	1.3226	1.4165	1.5226	1.6512
180	1.1609	1.1584	1.1977	1.2449	1.2960	1.3454

续表

温度/K	压力/MPa					
	1.5	2.0	2.5	3.0	3.5	4.0
200	1.1110	1.1096	1.1345	1.1631	1.1925	1.2235
220	1.0808	1.0793	1.0971	1.1172	1.1376	1.1452
240	1.0637	1.0617	1.0748	1.0903	1.1060	1.1220
260	1.0529	1.0508	1.0616	1.0743	1.0862	1.0982
280	1.0446	1.0432	1.0522	1.0619	1.0721	1.0819
300	1.0385	1.0373	1.0452	1.0533	1.0614	1.0698
320	1.0341	1.0330	1.0402	1.0471	1.0540	1.0611
340	1.0320	1.0313	1.0370	1.0430	1.0453	1.0497
360	1.0300	1.0296	1.0346	1.0395	1.0483	1.0554
380	1.0296	1.0284	1.0329	1.0376	1.0421	1.0470
400	1.0290	1.0280	1.0317	1.0359	1.0404	1.0447
450	1.0285	1.0280	1.0317	1.0352	1.0388	1.0423

表2.8.8 空气在压力下的定压比热容(4~20MPa) 单位：kJ/(m³·K)

温度/K	压力/MPa											
	4	5	6	7	8	9	10	12	14	16	18	20
120	3.2880	3.1813	3.0324	2.9227	2.8380	2.7702	2.7188	2.6278	2.5555	2.4897	2.4267	2.3781
140	6.2680	6.1426	4.7915	3.9844	3.5625	3.2722	3.0869	2.8391	2.6595	2.5279	2.4262	2.3485
160	1.8122	2.0244	2.5491	3.0226	3.1774	3.0518	2.9205	2.7139	2.5417	2.4184	2.3181	2.2295
180	1.4140	1.4813	1.6179	1.7581	1.8990	2.0272	2.0901	2.1366	2.1259	2.0927	2.0562	2.0124
200	1.2555	1.2889	1.3585	1.4321	1.5079	1.5791	1.6385	1.7355	1.7854	1.8036	1.8052	1.7943
220	1.1805	1.2036	1.2511	1.2982	1.3454	1.3908	1.4330	1.5043	1.5512	1.5839	1.6059	1.6159
240	1.1385	1.1554	1.1897	1.2245	1.2580	1.2919	1.3238	1.3779	1.4213	1.4553	1.4798	1.4989
260	1.1106	1.1229	1.1485	1.1741	1.2009	1.2278	1.2533	1.2981	1.3362	1.3678	1.3940	1.4156
280	1.0962	1.0819	1.1201	1.1420	1.1623	1.1840	1.2056	1.2422	1.2749	1.3043	1.3296	1.3510
300	1.0779	1.0863	1.1024	1.1193	1.1362	1.1531	1.1701	1.2003	1.2277	1.2531	1.2761	1.2967
320	1.0681	1.0747	1.0883	1.1022	1.1121	1.1283	1.1421	1.1664	1.1907	1.2132	1.2337	1.2527
340	1.0610	1.0671	1.0777	1.1020	1.1019	1.1109	1.1223	1.1425	1.1630	1.1825	1.2015	1.2192
360	1.0556	1.0613	1.0701	1.0896	1.0912	1.0988	1.1085	1.1261	1.1432	1.1597	1.1759	1.1913
380	1.0515	1.0563	1.0644	1.0805	1.0831	1.0902	1.0990	1.1142	1.1287	1.1425	1.1553	1.1678
400	1.0487	1.0529	1.0607	1.0686	1.0764	1.0843	1.0922					
450	1.0454	1.0492	1.0558	1.0628	1.0691	1.0753	1.0812					

温度/K	压力/MPa										
	25	30	35	40	45	50	60	70	80	90	100	110
160	2.0725	1.9478	1.8349	1.7384	1.6546	1.5792						
180	1.9078	1.8111	1.7318	1.6605	1.6013	1.551	1.4871					
200	1.7495	1.6955	1.6455	1.5998	1.5568	1.5198	1.4677	1.5551	1.597			
220	1.6173	1.5969	1.5725	1.5446	1.5159	1.4895	1.4462	1.44	1.4902			
240	1.5207	1.5203	1.5106	1.4952	1.4779	1.4595	1.4244	1.3965	1.3744	1.3578	1.3456	
260	1.4476	1.4572	1.4569	1.4515	1.4424	1.4306	1.4035	1.3798	1.3615	1.3478	1.3375	
280	1.3863	1.4047	1.4118	1.4144	1.4102	1.4023	1.3835	1.3643	1.3491	1.3372	1.3289	1.3206
300	1.3336	1.3585	1.3727	1.3809	1.3804	1.3766	1.364	1.3493	1.3372	1.327	1.3199	1.3138
320	1.2906	1.3178	1.3387	1.3505	1.3529	1.352	1.3455	1.3348	1.3249	1.3163	1.3109	1.3067
340	1.2551	1.2827										
360	1.2245	1.2509										
380	1.1965	1.2212										

表2.8.9 饱和空气气体的比热容 单位：kJ/(m³·K)

T/K	59.75	60	8	64	66	68	70	72	74	76
c_v	0.7184	0.7186	0.7198	0.7212	0.723	0.7252	0.7277	0.7305	0.7338	0.7375
c_p	1.009	1.009	1.012	1.015	1.019	1.024	1.03	1.037	1.046	1.055

续表

T/K	78	80	82	84	86	88	90	92	94	96
c_v	0.7416	0.746	0.751	0.7563	0.762	0.7682	0.7748	0.7817	0.7891	0.7969
c_p	1.066	1.078	1.092	1.108	1.125	1.144	1.166	1.19	1.217	1.248
T/K	98	100	102	104	106	108	110	112	114	116
c_v	0.8052	0.8138	0.823	0.8326	0.8429	0.8537	0.8653	0.8777	0.8912	0.9059
c_p	1.282	1.32	1.363	1413	1.47	1.536	1.614	1.708	1.821	1.961
T/K	118	120	122	124	126	128	130	132		
c_v	0.922	0.9402	0.9608	0.9847	1.013	1.049	1.096	1.168		
c_p	2.139	2.374	2.694	3.157	3.882	5.166	8.033	20.65		

表2.8.10 饱和空气液体的比热容　　单位：kJ/(m³·K)

T/K	59.75	60	62	64	66	68	70	72	74	76
c_v	1.174	1.173	1.157	1.143	1.129	1.115	1.102	1.09	1.078	1.067
c_p	1.901	1.901	1.901	1.902	1.903	1.906	1.908	1.912	1.917	1.923
T/K	78	80	82	84	86	88	90	92	94	96
c_v	1.056	1.045	1.035	1.025	1.016	1.007	0.9984	0.9902	0.9825	0.9752
c_p	1.93	1.938	1.948	1.959	1.972	1.986	2.003	2.022	2.044	2.069
T/K	98	100	102	104	106	108	110	112	114	116
c_v	0.9684	0.9619	0.956	0.9505	0.9456	0.9412	0.9375	0.9345	0.9324	0.9312
c_p	2.098	2.131	2.168	2.212	2.262	2.321	2.39	2.472	2.571	2.693
T/K	118	120	122	124	126	128	130	132		
c_v	0.9312	0.9327	0.9363	0.9427	0.9537	0.9728	1.01	1.117		
c_p	2.847	3.048	3.323	3.723	4.367	5.589	8.849	35.04		

2.8.2 单质气体的比热容

（1）氧气

表 2.8.11 氧气的比热容

温度/℃	定压比热容			定容比热容		
	比热容 c_p /[kJ/(kg·K)]	摩尔比热容 c_{mp} /[kJ/(kmol·K)]	容积比热容 c_p' /[kJ/(m³·K)]	比热容 c_v /[kJ/(kg·K)]	摩尔比热容 c_{mv} /[kJ/(kmol·K)]	容积比热容 c_v' /[kJ/(m³·K)]
0	0.9148	29.274	1.3059	0.6548	20.959	0.9349
100	0.9337	29.877	1.3331	0.6737	21.562	0.9621
200	0.9630	30.815	1.3749	0.7030	22.500	1.0036
300	0.9948	31.832	1.4202	0.7348	23.517	1.0492
400	1.0237	32.758	1.4616	0.7637	24.443	1.0907
500	1.0484	33.549	1.4968	0.7674	25.234	1.1258
600	1.0689	34.202	1.5257	0.8089	25.887	1.1548
700	1.0856	34.746	1.5500	0.8261	26.431	1.1790
800	1.0999	38.203	1.5705	0.8403	26.888	1.1995
900	1.1120	35.584	1.5876	0.8520	27.269	1.2167
1000	1.1229	35.914	1.6023	0.8625	27.599	1.2313
1100	1.1817	36.216	1.6157	0.8717	27.901	1.2447
1200	1.1401	36.488	1.6278	0.8805	28.173	1.2569
1300	1.1484	36.752	1.6396	0.8884	28.437	1.2686
1400	1.1564	36.999	1.6504	0.8964	28.684	1.2795
1500	1.1639	37.242	1.6613	0.9039	28.927	1.2904
1600	1.1710	37.480	1.6722	0.9115	29.165	1.3013
1700	1.1786	37.715	1.6827	0.9186	29.400	1.3117
1800	1.1857	37.945	1.6927	0.9261	29.630	1.3218
1900	1.1928	38.175	1.7032	0.9332	29.860	1.3322
2000	1.2004	38.406	1.7132	0.9404	30.091	1.3423
2100	1.2075	38.636	1.7273	0.9475	30.321	1.3528

续表

温度/℃	定压比热容			定容比热容		
	比热容c_p/[kJ/(kg·K)]	摩尔比热容c_{mp}/[kJ/(kmol·K)]	容积比热容c_p'/[kJ/(m^3·K)]	比热容c_v/[kJ/(kg·K)]	摩尔比热容c_{mv}/[kJ/(kmol·K)]	容积比热容c_v'/[kJ/(m^3·K)]
2200	1.2142	38.858	1.7338	0.9546	30.543	1.3628
2300	1.2213	39.080	1.7434	0.9613	30.765	1.3724
2400	1.2280	39.293	1.7572	0.9680	30.978	1.3821
2500	1.2343	39.502	1.7622	0.9747	31.187	1.3934
2600	1.2410	39.708	1.7714	0.9810	31.393	1.4005
2700	1.2472	39.909	1.7806	0.9872	31.594	1.4097
2800	1.2493	39.984	—	—	—	—
2900	1.2548	40.152	—	—	—	—
3000	1.2602	40.277	1.7961	—	—	—

表2.8.12 氧气在压力下的定压比热容

单位：kJ/(kg·K)

温度/K	压力/atm					
	0.01	1	10	40	70	100
300	0.918961	0.920468	0.934703	0.984442	1.035061	1.082706
310	0.920594	0.922017	0.935164	0.980758	1.026729	1.069309
320	0.922394	0.923692	0.935875	0.977869	1.019988	1.058842
330	0.924362	0.925576	0.936922	0.975650	1.014252	1.049631
340	0.926413	0.927544	0.938136	0.974101	1.009814	1.042095
350	0.9286320	0.929721	0.93956	0.973054	1.005921	1.036233
360	0.930977	0.931982	0.941235	0.972468	0.965392	1.031209
370	0.933447	0.934410	0.943035	0.972301	1.00098	1.027441
380	0.936043	0.936922	0.945086	0.972510	0.999431	1.024091
390	0.938722	0.939560	0.947222	0.972970	0.998133	1.021579
400	0.941486	0.942323	0.949524	0.973766	0.997338	1.019486
410	0.944375	0.945128	0.951953	0.974813	0.997086	1.01823
420	0.947305	0.948017	0.954465	0.976027	0.997086	1.016974
430	0.950278	0.950948	0.957061	0.977492	0.997631	1.016136
440	0.953376	0.954004	0.959824	0.979167	0.998133	1.016136
450	0.956474	0.957061	0.962545	0.980925	0.998929	1.016136
460	0.959573	0.960159	0.965392	0.982851	0.999892	1.016136
470	0.962755	0.963299	0.968281	0.984903	1.001106	1.016555
480	0.965937	0.966439	0.971212	0.986996	1.002487	1.017392
400	0.969119	0.969621	0.974143	0.989257	1.003995	1.018230
500	0.972301	0.972803	0.977115	0.991476	1.005586	1.019067
510	0.975524	0.975985	0.980130	0.993863	1.007344	1.020323
520	0.978706	0.979167	0.983103	0.996249	1.009144	1.021579
530	0.981888	0.982307	0.986075	0.998677	1.011028	1.022835
540	0.98507	0.985489	0.989090	1.001189	1.012996	1.024510
550	0.98821	0.988587	0.992062	1.003660	1.014964	1.025766
560	0.991351	0.991727	0.995077	1.006172	1.017057	1.027441
570	0.994449	0.994784	0.998008	1.008684	1.019151	1.029534
580	0.997505	0.997840	1.000980	1.011196	1.021286	1.031209
590	1.000561	1.000896	1.003869	1.013708	1.023421	1.032884
600	1.003576	1.003869	1.006758	1.016262	1.025557	1.034558

表2.8.13 液氧在高压下的比热容

单位：kJ/(kg·K)

温度/℃	压力/kPa				
	1000	3000	5000	7000	9000
−190	1.675	1.671	1.666	1.662	1.662
−180	1.721	1.713	1.704	1.700	1.696
−170	1.780	1.763	1.750	1.742	1.734
−160	1.855	1.822	1.801	1.784	1.775

续表

温度/℃	压力/kPa				
	1000	3000	5000	7000	9000
−150		1.923	1.877	1.843	1.822
−140		2.164	2.026	1.941	1.883
−130			2.482	2.179	2.007
−120				2.949	2.478

（2）氢气

表 2.8.14　氢气的定压比热容（摄氏度）

温　度/℃	0	100	200	300	400	500	600	700	800
质量比热容/[kJ/(kg·K)]①	14.19	14.25	14.50	14.53	14.58	14.66	14.78	14.93	15.11
摩尔比热容/[J/(mol·K)]②		29.10	29.10	29.14	29.18	29.31	29.52	29.77	30.10
体积比热容/[kJ/(m^3·K)]①	1.298	1.298	1.298	1.298	1.298	1.302	1.302	1.306	1.311
温　度/℃	900	1000	1100	1200	1300	1400	1500	1600	1700
质量比热容/[(kJ/(kg·K)]①	15.31	15.52	15.74	15.95	16.17	16.87	16.56	16.75	16.92
摩尔比热容/[J/(mol·K)]②	30.44	30.82	31.20	31.57	32.19	32.28	32.60	32.91	33.18
体积比热容/[kJ/(m^3·K)]①	1.315	1.319	1.327	1.331	1.340	1.344	1.352	1.361	1.365
温　度/℃	1800	1900	2000	2100	2200	2300	2400	2600	3000
质量比热容/[kJ/(kg·K)]①	17.09	17.24	17.39	17.53	17.66	17.78	17.90	18.12	18.55
摩尔比热容/[kJ/(mol·K)]②	1.373	1.378	1.386	1.394	1.398	1.403	1.411	1.415③	1.440

① 绝压为 101.3kPa 时。
② 绝压为 0 时。
③ 温度为 2500℃时。

表2.8.15　氢气的定压比热容(热力学温度)

单位：kJ/(kg·K)

温度/K	压力/atm			温度/K	压力/atm		
	1	10	100		1	10	100
30	10.841	0.000	0.000	250	14.060	14.098	14.424
40	10.578	14.286	0.000	260	14.131	14.165	14.458
50	10.494	12.160	0.000	270	14.190	14.219	14.483
60	10.498	11.469	16.325	280	14.240	14.269	14.508
70	10.582	11.272	15.621	290	14.282	14.307	14.529
80	10.749	11.235	14.705	300	14.315	14.341	14.550
90	10.967	11.335	13.888	320	14.374	14.395	14.571
100	11.231	11.511	13.595	340	14.420	14.437	14.588
110	11.515	11.737	13.415	360	14.449	14.466	14.600
120	11.808	11.984	13.378	380	14.474	14.483	14.600
130	12.093	12.243	13.386	400	14.487	14.500	14.600
140	12.361	12.486	13.466	420	14.500	14.508	14.600
150	12.608	12.721	13.587	440	14.508	14.516	14.596
160	12.838	12.934	13.721	460	14.512	14.521	14.596
170	13.043	13.131	13.842	480	14.516	14.525	14.592
180	13.227	13.311	13.935	500	14.521	14.529	14.588
190	13.395	13.462	14.010	520	14.529	14.537	14.588
200	13.541	13.600	14.081	540	14.533	14.541	14.588
210	13.671	13.725	14.165	560	14.541	14.550	14.588
220	13.784	13.842	14.253	580	14.546	14.554	14.588
230	13.893	13.943	14.324	600	14.554	14.562	14.588
240	13.981	14.022	14.382				

表2.8.16　饱和氢的定压比热容

单位：kJ/(kg·K)

T_{sat}/K	20.38	21	23	25	27	29	30	31	32	33.23
p_{sat}/kPa	101.3	121	204	321	479	685	808	946	1100	1316
液体	9.74	10.2	11.8	13.7	16.4	21.1	25.5	33.8	55.8	
气体	11.7	11.9	13	14.6	17.5	23.3	28.9	39.7	69.1	

（3）氮气

表 2.8.17 氮气的比热容

温度/℃	定压比热容			定容比热容		
	比热容 c_p /[kJ/(kg·K)]	摩尔比热容 c_{mp} /[kJ/(kmol·K)]	容积比热容 c_p' /[kJ/(m^3·K)]	比热容 c_v /[kJ/(kg·K)]	摩尔比热容 c_{mv} /[kJ/(kmol·K)]	容积比热容 c_v' /[kJ/(m^3·K)]
0	1.0392	29.115	1.2987	0.7423	20.800	0.9278
100	1.0421	29.199	1.3025	0.7453	20.884	0.9316
200	1.0517	29.471	1.3147	0.7553	21.156	0.9437
300	1.0693	29.952	1.3364	0.7225	21.637	0.9655
400	1.0915	30.576	1.3641	0.7947	22.261	0.9931
500	1.1154	31.250	1.3942	0.8185	22.935	1.0233
600	1.1392	31.920	1.3239	0.8424	23.605	1.0530
700	1.1614	32.540	1.4516	0.8646	24.225	1.0806
800	1.1815	33.101	1.4787	0.8847	24.786	1.1057
900	1.1991	33.599	1.4989	0.9027	25.284	1.1279
1000	1.2150	34.013	1.5186	0.9182	25.724	1.1478
1100	1.2288	34.124	1.5357	0.9320	26.109	1.1648
1200	1.2410	34.763	1.5508	0.9441	26.448	1.1798
1300	1.2514	35.060	1.6642	0.9546	26.715	1.1932
1400	1.2606	35.320	1.5759	0.9638	27.005	1.2050
1500	1.2686	35.546	1.5860	0.9722	27.231	1.2150
1600	1.2761	35.747	1.5928	0.9793	27.432	1.2238
1700	1.2321	35.927	1.6027	0.9856	27.612	1.2318
1800	1.2883	36.090	1.6102	0.9914	27.775	1.2393
1900	1.2933	36.237	1.6165	0.9965	27.922	1.2456
2000	1.2979	36.367	1.6224	1.0011	28.052	1.2644
2100	1.3021	36.484	1.6278	1.0053	28.169	1.2707
2200	1.3063	36.593	1.6324	1.0094	28.278	1.2766
2300	1.3096	36.693	1.6370	1.0128	28.378	1.282
2400	1.3130	36.785	1.6412	1.0161	28.470	1.2874
2500	1.3159	36.869	1.615	1.0191	28.554	1.2920
2600	1.3209	37.022	—	—	—	—
2700	1.3239	37.106	—	—	—	—
2800	1.3272	37.189	—	—	—	—
2900	1.3285	37.231	—	—	—	—
3000	1.3314	37.263	1.6622	—	—	—

表2.8.18 氮气的平均比热容

温度/℃	平均定压比热容			平均定容比热容		
	比热容 c_p /[kJ/(kg·K)]	摩尔比热容 c_{mp} /[kJ/(kmol·K)]	容积比热容 c_p' /[kJ/(m^3·K)]	比热容 c_v /[kJ/(kg·K)]	摩尔比热容 c_{mv} /[kJ/(kmol·K)]	容积比热容 c_v' /[kJ/(m^3·K)]
0	1.039	29.115	1.299	0.742	20.8	0.928
100	1.040	29.141	1.300	0.744	20.829	0.929
200	1.043	29.225	1.304	0.747	20.913	0.938
300	1.049	29.383	1.811	0.752	21.068	0.94
400	1.057	29.601	1.321	0.760	21.286	0.95
500	1.066	29.864	1.332	0.769	21.549	0.961
600	1.076	30.149	1.315	0.779	21.834	0.974
700	1.087	30.451	1.359	0.790	22.136	0.988
800	1.097	30.718	1.372	0.801	22.433	1.001
900	1.108	31.037	1.385	0.811	22.722	1.011

续表

温度/℃	平均定压比热容			平均定容比热容		
	比热容 c_p /[kJ/(kg·K)]	摩尔比热容 c_{mp} /[kJ/(kmol·K)]	容积比热容 c_p' /[kJ/(m³·K)]	比热容 c_v /[kJ/(kg·K)]	摩尔比热容 c_{mv} /[kJ/(kmol·K)]	容积比热容 c_v' /[kJ/(m³·K)]
1000	1.118	31.313	1.397	0.821	22.998	1.026
1100	1.127	31.577	1.409	0.830	23.262	1.038
1200	1.136	31.828	1.420	0.839	23.513	1.049
1300	1.145	32.067	1.431	0.848	23.752	1.060
1400	1.153	32.293	1.441	0.856	23.978	1.070
1500	1.160	32.502	1.450	0.863	24.187	1.079
1600	1.167	32.699	1.459	0.870	24.384	1.088
1700	1.171	32.883	1.467	0.877	24.588	1.096
1800	1.180	33.055	1.475	0.833	21.740	1.104
1900	1.186	33.218	1.482	0.889	24.903	1.111
2000	1.191	33.373	1.489	0.944	25.058	1.118
2100	1.197	33.520	1.496	0.900	26.205	1.125
2200	1.201	33.658	1.502	0.905	25.343	1.130
2300	1.206	33.787	1.507	0.909	25.472	1.136
2400	1.210	33.909	1.513	0.914	25.594	1.142
2500	1.211	34.022	1.518	0.918	25.707	1.147
2600	—	34.206	—	—	—	—
2700	—	34.290	—	—	—	—
2800	—	34.415	—	—	—	—
2900	—	34.499	—	—	—	—
3000	—	34.583	—	—	—	—

表2.8.19 氮气在压力下的比热容

单位：kJ/(kg·K)

温度/K	压强/MPa						
	0.10	0.4	0.7	1	4	7	10
100	1.0726						
200	1.0433	1.0557	1.0687	1.0821	1.2107	1.3653	1.5343
300	1.0417	1.0462	1.0509	1.0557	1.1037	1.1503	1.1924
400	1.0454	1.0479	1.0502	1.0525	1.076	1.0989	1.1195
500	1.0567	1.0584	1.0599	1.0613	1.0753	1.0887	1.101
600	1.0756	1.0764	1.0774	1.0785	1.0880	1.0966	1.105
700	1.0986	1.0990	1.0998	1.1007	1.1074	1.1133	1.1193
800	1.1229	1.1233	1.1237	1.1241	1.1291	1.1337	1.1382
900	1.1459	1.1463	1.1468	1.1472	1.1513	1.1546	1.1579
1000	1.1677	1.1681	1.1684	1.1685	1.1714	1.1744	1.1772
1100	1.1874	1.1874	1.1875	1.1878	1.1903	1.1927	1.1948
1200	1.2045	1.2045	1.2047	1.2049	1.2070	1.2086	1.2107
1300	1.2196	1.2196	1.2198	1.2200	1.2217	1.2232	1.2246
1400	1.2330	1.2330	1.2330	1.2330	1.2346	1.2360	1.2371
1500	1.2443	1.2447	1.2448	1.2447	1.2459	1.2470	1.2480

表2.8.20 液氮的比热容

单位：J/(mol·K)

温度/℃	–200	–190	–180	–170	–160	–154	50	100	150
c_p	54.43	55.43	57.74	63.14	79.47	103.4	30.54	30.05	29.68
温度/℃	200	250	300	350	400	450	500	550	600
c_p	29.42	29.24	29.18	29.18	29.26	29.41	29.60	29.85	30.13
温度/℃	650	700	750	800	850	900	950	1000	
c_p	30.45	30.78	31.12	31.47	31.81	32.13	32.43	32.70	

表2.8.21　饱和氮的定压比热容　　单位：kJ/(kg·K)

T_{sat}/K	77.35	85	90	95	100	105	110	115	120	126
p_{sat}/kPa	101.3	290	360	540	778	1083	1467	1940	2515	3357
液体	2.064	2.096	2.14	2.211	2.311	2.467	2.711	3.18	4.347	
气体	1.123	1.192	1.258	1.35	1.474	1.666	1.975	2.586	4.136	

（4）氩气

表2.8.22　氩气在压力下的摩尔比热容　　单位：J/(K·mol)

p/MPa		T/K								
		85	90	100	120	140	160	180	200	220
c_p	0.1	23.1	13.1	12.9	12.6	12.6	12.5	12.5	12.5	12.5
	1.0	23.1	21.6	19.9	14.7	13.3	13	12.8	12.7	12.6
	10	—	21.9	20.4	18.8	17.6	17.4	17.3	15.3	14.2
c_v	0.1	44.7	22.5	21.9	21.1	21.1	21	21	20.9	20.9
	1.0	44.6	44. 7	46.2	30.1	25.4	23.6	22.7	22.2	21.8
	10	—	43.2	44	46.9	54.1	78.6	83.6	48.6	36.8

p/MPa		T/K							
		240	260	280	300	320	340	360	380
c_p	0.1	12.5	12.5	12.5	12.5	10.5	12.5	12.5	12.5
	1.0	12.6	12.6	12.6	12.5	12.5	12.5	12.5	12.5
	10	13.7	13.4	13.2	13.1	13.0	13.0	12.9	12.9
c_v	0.1	20.9	20.9	20.8	20.8	20.8	20.8	20.8	20.8
	1.0	21.6	21.5	21.4	21.3	21.2	21.2	21.1	21.1
	10	31.6	28.8	27.1	25.9	25	24.4	23.9	23.5

表2.8.23　液态氩气的摩尔比热容　　单位：J/(K·mol)

T_{sat}/K	p_{sat}/bar	c_{sat}	c_p	c_v	T_{sat}/K	p_{sat}/bar	c_{sat}	c_p	c_v
83.80①	0.689	41.8	41.9	19.4	105	4.735	47	47.6	19.6
85	0.79	42.1	42.2	19.7	110	6.665	48.1	49.1	19.3
87.28②	1.013	42.8	42.9	20	120	12.13	51	53	18
90	1.338	43.4	43.6	20.2	130	20.23	57	62	18
95	2.137	44.6	44.9	20.4	140	31.67	73	90	18
100	3.247	45.9	46.3	20.1	150.86③	48.98	∞	∞	∞

① 为三相点；
② 为沸点；
③ 为临界点。

表2.8.24　饱和氩的定压比热容　　单位：kJ/(kg·K)

T_{sat}/K	87.29	94.4	101.4	108.5	115.5	122.6	129.7	136.7	143.8	150.9
p_{sat}/kPa	101.3	201.6	362.2	601.5	938.2	1393	1987	2738	3702	4898
液体	1.083	1.168	1200	1.218	1.257	1.358	1.559	1.923	2.011	
气体	0.548	0.569	0.626	0.665	0.745	0.8F6	1.067	1.509	2.951	

（5）氦气

表2.8.25　饱和氦的定压比热容　　单位：kJ/(kg·K)

T_{sat}/K	4.21	4.3	4.4	4.5	4.6	4.7	4.8	4.9	5.0	5.19
p_{sat}/kPa	101.3	111	120	132	144	157	169	184	199	229
液体	4.48	4.77	5.11	5.53	5.94	6.57	7.53	9.08	11.5	
气体	5.19	5.19	5.19	5.19	5.19	5.19	5.19	0.19	5.19	

表2.8.26　氦-4在压力下的比热容　　单位：J/(mol·K)

T/K		3	4	5	10	20	50	100	200	300
c_p	0.1	9.4	16.3	27.1	21.7	21	20.8	20.8	20.8	20.8
	1.0	7.8	10.8	15.1	30.5	22.9	21.1	20.9	20.8	20.8
	10	7.3	9.3	14.5	20.7	22.4	21.3	20.9	20.8	20.8
c_v	0.1	7.6	9.1	12.7	12.5	12.5	12.5	12.5	12.5	12.5
	1.0	7.1	8.3	9.7	12.3	12.6	12.5	12.5	12.5	12.5
	10	6.0	7.9	11	12.6	12.9	12.8	12.6	12.6	12.6

T/K		400	500	600	700	800	900	1000	1500
c_p	0.1	20.8	20.8	20.8	20.8	20.8	20.8	20.8	20.8
	1.0	20.8	20.8	20.8	20.8	20.8	20.8	20.8	20.8
	10	12.5	12.5	12.5	12.5	12.5	12.5	12.5	20.8
c_v	0.1	12.5	12.5	12.5	12.5	12.5	12.5	12.5	12.5
	1.0	12.5	12.5	12.5	12.5	12.5	12.5	12.5	12.5
	10	20.8	20.8	20.8	20.8	20.8	20.8	20.8	20.8

（6）氟气、氯气

表2.8.27　氟气和氯气的比热容　　单位：kJ/(kg·K)

温度/K	15	50	100	150	200	250	298.2	400	500
Cl_2	0.050	0.410	0.595	0.720	0.938	0.921	0.477	0.498	0.507
F_2	0.193	0.544	0.766	0.773	0.779	0.792	0.825	0.867	0.900
温度/K	600	700	800	1000	1200	1500	2000	2500	3000
Cl_2	0.515	0.519	0.523	0.528	0.532	0.536	0.544	0.548	0.553
F_2	0.925	0.971	0.955	0.976	0.988	1.005	1.022	1.043	1.059

表2.8.28　饱和氯的定压比热容　　单位：kJ/(kg·K)

T_{sat}/K	239	261	283	305	328	350	372	39d	411	416
p_{sat}/kPa	101.3	241	501	923	1575	2501	3769	5452	7036	7634
液体	0.949	0.954	0.962	0.973	1.01	1.1	1.4	1.93		
气体	0.497	0.528	0.579	0.644	0.748	0.985	1.4	1.98	4.40	

（7）液氖

表2.8.29　液氖的定压比热容　　单位：kJ/(kg·K)

温度/K	26	27	28	29	30	31	32	33	34	36	38	40	42
c_p	1.805	1.851	1.885	1.904	1.959	2.077	2.249	2.430	2.561	2.528	2.309	2.609	2.833

2.8.3　化合物气体的比热容

（1）氨气

表2.8.30　常压时液氨的定压比热容　　单位：J/(mol·K)

温度/℃	−70	−60	−50	−40	−30	−20	−10	0	10
c_p	73.81	74.48	75.11	75.61	76.20	76.83	77.54	78.34	79.26
温度/℃	20	30	40	50	60	70	80	90	
c_p	80.34	84.70	89.10	91.19	93.91	97.55	102.7	110.2	

温度/K	50	100	150	200	250	300	350	400	450	500
c_p	28.55	29.86	31.23	32.67	34.16	35.68	37.24	38.82	40.42	42.04
温度/K	550	600	650	700	750	800	850	900	950	1000
c_p	43.63	45.22	46.77	48.32	49.78	51.25	52.63	53.97	55.22	56.35

表2.8.31　氨气在压力下的定压比热容

单位：J/(mol·℃)

温度/℃	压力/MPa 常压	0.5	1.0	1.5	2.0
–20	38.064				
–10	37.423				
0	36.995				
10	36.852	55.403			
50	37.067	40.577	46.249	53.770	64.678
100	38.213	39.830	42.078	44.533	47.391
150	39.641	40.555	41.750	43.016	44.286

温度/℃	压力/MPa 2	4	6	8	10	12	14	16	18	20
150	43.1	49.2	59.4	71.8	86.2	129.7	146.3	154.8	179.9	151.7
175	43.9	48.4	54.6	61.6	69.8	78.7	97.8	137.2	179.1	182.3
200	43.9	46.8	51.3	56.7	62.4	70.0	75.9	84.6	100.7	116.7
225	43.9	46.4	50.1	53.4	57.9	61.7	65.5	70.2	76.3	84.6
250	44.3	46.8	48.9	51.8	54.7	57.6	60.6	63.6	67.1	71.0
275	44.8	46.8	48.9	51.0	53.4	55.5	57.3	59.8	62.7	64.7
300	45.2	46.9	48.5	50.6	52.2	54.2	56.0	57.6	59.3	61.3

温度/℃	压力/MPa 25	30	40	50	60	70	80	90	100	
150	118.1	113.4	95.0	85.3	82.7	78.0	78.0	70.1	69.0	
175	145.2	117.1	97.4	89.0	82.5	77.9	77.9	70.2	69.5	
120	131.9	120.1	97.9	88.0	82.1	77.0	77.8	70.3	69.3	
225	103.9	108.0	96.4	86.7	81.2	76.6	77.7	70.3	68.9	
250	82.2	92.0	93.0	85.4	80.3	76.1	77.5	70.4	68.9	
275	72.2	80.7	85.6	82.7	79.0	76.0	77.3	70.4	69.0	
300	66.6	72.4	79.8	79.3	77.2	74.7	76.6	70.1	68.7	

表2.8.32　氨气在压力下的定容比热容

单位：J/(mol·K)

温度/K	压力/MPa 0.1	1	10	20	30	40	50	55	60	65
310			50.24	50.23	51.05	51.48	51.89	51.95	51.57	51.15
320	28.29	33.47	48.16	48.11	49.37	49.83	49.81	49.85	49.48	49.05
340	28.76	32.32	45.19	45.21	46.43	46.49	46.46	46.5	46.13	45.7
360	29.3	31.79	44.33	44.00	43.94	43.56	43.53	43.58	43.17	43.14
380	29.89	31.63	45.96	44.49	43.52	42.74	42.69	42.74	42.34	42.27
400	30.48	31.79	83.04	49.25	45.45	45.34	44.79	44.82	44.46	44.00
420	31.11	32.14	46.72	51.94	49.90	49.00	48.56	48.59	48.23	47.77
440	31.73	32.56	41.29	53.43	51.68	50.66	50.24	50.27	49.9	49.44
460	32.36	33.07	40.05	52.15	51.66	50.27	49.82	49.85	49.48	49.06
480	32.99	33.61	39.67	47.58	49.85	48.64	47.73	47.75	47.38	46.96
500	33.66	34.24	39.29	43.45	46.02	45.27	44.84	44.44	44.03	43.61
520	34.29	34.91	38.91	40.17	41.02	40.23	40.17	40.23	39.82	39.79
540	34.92	35.54	38.51	37.30	36.45	35.62	35.53	35.98	35.99	36.37
560	35.54	36.17	38.12	34.84	32.3	31.01	31.30	32.15	32.57	33.37
580	36.17	36.71	38.54							

温度/K	压力/MPa 70	75	80	85	90	95	100	105	110	
310	50.74	50.32	49.91	49.47	49.36	49.67	50.45	51.01	51.52	
320	48.64	48.23	47.82	47.38	47.26	47.61	48.07	48.18	48.31	
340	45.29	44.88	44.47	44.03	43.94	43.97	43.96	43.96	43.96	
360	42.77	42.71	42.40	41.92	41.88	41.55	41.41	41.49	41.22	
380	42.29	42.32	41.94	41.84	41.91	41.54	41.41	41.49	41.22	
400	43.95	43.97	43.96	43.96	43.96	43.96	43.96	43.97	43.74	
420	47.71	47.76	47.38	47.32	46.98	46.90	46.62	46.13	45.99	
440	49.41	49.06	48.62	48.55	48.57	48.60	48.28	47.82	47.45	

续表

温度/K	压力/MPa								
	70	75	80	85	90	95	100	105	110
460	48.61	48.58	48.23	48.13	48.15	48.14	48.17	47.89	47.37
480	46.52	46.49	46.14	46.03	46.06	46.05	46.05	46.07	45.84
500	43.20	42.79	42.35	42.27	42.3	42.25	42.59	42.77	42.63
520	39.43	39.34	39.33	39.69	39.8	39.73	40.08	40.26	40.12
540	36.42	36.74	34.18	37.58	38.04	38.08	38.4	38.59	38.44
560	33.83	34.56	35.45	35.93	36.32	36.74	37.15	37.58	37.76

表2.8.33　氨气在压力下的定压比热容（热力学温度）　　单位：kJ/(kg·K)

温度/K	压力/MPa									
	0.1	0.5	1.0	1.5	2.0	2.5	3	4	5	6
300	2.159	2.506	3.084	4.774	4.876	4.867	4.900	4.920	2.900	4.879
320	2.172	2.377	2.771	3.225	4.918	5.021	4.962	4.953	4.903	4.847
340	2.194	2.333	2.572	2.863	3.248	3.720	4.497	5.317	5.286	5.174
360	2.244	2.334	2.503	2.697	2.915	3.153	3.441	4.327	5.942	5.691
380	2.252	2.335	2.437	2.598	2.743	2.914	3.107	3.608	4.285	5.572
400	2.286	2.360	2.445	2.575	2.650	2.766	2.915	3.227	3.649	4.210
420	2.319	2.381	2.456	2.530	2.624	2.723	2.819	3.036	3.287	3.631
440	2.357	2.407	2.456	2.530	2.601	2.675	2.749	2.894	3.043	3.297
460	2.395	2.432	2.481	2.556	2.602	2.651	2.701	2.820	2.923	3.089
480	2.428	2.457	2.507	2.556	2.602	2.651	2.701	2.795	2.923	3.009
500	2.466	2.508	2.532	2.577	2.627	2.653	2.700	2.797	2.882	3.007
520	2.504	2.532	2.578	2.603	2.652	2.678	2.725	2.798	2.884	2.927
540	2.541	2.579	2.603	2.653	2.679	2.703	2.728	2.796	2.884	2.930
560	2.575	2.629	2.654	2.679	2.703	2.728	2.753	2.799	2.844	2.885
580	2.612	2.654	2.679	2.704	2.729	2.753	2.774	2.800	2.844	2.886
温度/K	压力/MPa									
	7	8	9	10	12	14	16	18	20	22
300	4.859	4.819	4.796	4.776	4.753	4.734	4.694	4.651	4.628	4.61
320	5.168	5.164	5.109	5.073	4.988	4.943	4.903	4.861	4.820	4.779
340	5.698	5.678	5.570	5.532	5.414	5.285	5.199	5.118	5.034	4.983
360	10.90	7.516	6.565	6.614	6.216	6.05	5.841	5.633	5.461	5.334
380	5.017	6.360	10.77	8.369	8.923	8.374	7.175	6.753	6.370	6.057
400	4.066	4.527	5.196	6.026	8.373	11.04	12.72	9.793	7.996	7.653
420	3.523	3.765	4.144	4.549	5.558	7.117	10.23	13.475	11.49	8.847
440	3.266	3.447	3.662	3.899	4.544	5.506	6.798	8.356	9.781	10.38
460	3.134	3.289	3.420	3.576	3.982	4.590	5.139	5.699	6.469	6.967
480	3.091	3.172	3.292	3.418	3.627	3.867	4.193	4.525	4.888	5.299
500	3.054	3.092	3.170	3.291	3.466	3.625	3.830	4.038	4.242	4.512
520	3.008	3.052	3.130	3.179	3.294	3.423	3.544	3.707	3.838	3.986
540	2.928	3.005	3.054	3.092	3.175	3.297	3.384	3.464	3.582	3.712
560	2.929	2.928	3.004	3.025						

注：横线上方为气态；下方为液态。

（2）一氧化碳

表2.8.34　一氧化碳的比热容

温度/℃	定压比热容			定容比热容		
	比热容 c_p /[kJ/(kg·K)]	摩尔比热容 c_{mp} /[kJ/(kmol·K)]	容积比热容 c_p' /[kJ/(m³·K)]	比热容 c_v /[kJ/(kg·K)]	摩尔比热容 c_{mv} /[kJ/(kmol·K)]	容积比热容 c_v' /[kJ/(m³·K)]
0	1.0396	29.123	1.2992	0.7427	20.808	0.9282
100	1.0446	29.262	1.3059	0.7478	20.947	0.9345
200	1.0584	29.647	1.3226	0.7616	21.332	0.9517
300	1.0862	30.254	1.3498	07834	21.939	0.9789

续表

温度/℃	定压比热容			定容比热容		
	比热容 c_p /[kJ/(kg·K)]	摩尔比热容 c_{mp} /[kJ/(kmol·K)]	容积比热容 c_p' /[kJ/(m^3·K)]	比热容 c_v /[kJ/(kg·K)]	摩尔比热容 c_{mv} /[kJ/(kmol·K)]	容积比热容 c_v' /[kJ/(m^3·K)]
400	1.1057	30.974	1.3816	0.8089	22.659	1.0107
500	1.1321	31.707	1.4147	0.8353	23.392	1.0454
600	1.1568	32.402	1.4457	0.8600	24.087	1.0748
700	1.1790	33.025	1.4733	0.8822	24.710	1.1024
800	1.1987	33.574	1.4976	0.9018	25.259	1.1267
900	1.2158	34.055	1.5194	0.0190	25.740	1.1484
1000	1.2305	34.470	1.5378	0.9337	26.155	1.1669
1100	1.2435	34.826	1.5537	0.9466	26.611	1.1828
1200	1.2544	35.140	1.5675	0.9575	26.825	1.1966
1300	1.2644	35.412	1.5797	0.9676	27.097	1.2087
1400	1.2728	35.646	1.5901	0.9755	27.331	1.2192
1500	1.2799	35.856	1.5998	0.9831	27.541	1.2288
1600	1.2866	36.040	1.6077	0.9898	27.725	1.2368
1700	1.2925	36.203	1.6153	0.9956	27.888	1.2443
1800	1.2979	36.350	1.6215	1.0006	28.035	1.2506
1900	1.3025	36.480	1.6274	1.0057	28.165	1.2565
2000	1.3067	36.597	1.6329	1.0099	28.282	1.2619
2100	1.3105	36.706	1.6375	1.0136	28.391	1.2665
2200	1.3138	36.802	1.6416	1.0170	28.487	1.2707
2300	1.3179	36.894	1.6458	1.0203	28.579	1.2749
2400	1.3201	36.978	1.6496	1.0233	28.663	1.2786
2500	1.3230	37.053	1.6529	1.0258	28.738	1.2820
3000	1.3356	37.388	1.6683	—	—	—

表2.8.35 饱和一氧化碳的定压比热容

单位：kJ/(kg·K)

T_{sat}/K	81.66	90	95	100	105	110	115	120	125	133.16
p_{sat}/kPa	101.3	245	437	548	776	1070	1433	1875	2423	3498
液体	2.15	2.17	2.2	2.26	2.34	2.46	2.61	2.79	3.02	
气体	1.22	1.35	1.52	1.6	1.79	2.03	2.42	3.18	5.25	

表2.8.36 压力下一氧化碳气体的比热容

单位：kJ/(kg·K)

温度/K	压强/kPa					
	1	100	1000	4000	7000	10000
200	1.0400	1.0445	1.0879	1.2574	1.4620	1.6966
300	1.0413	1.0429	1.0594	1.1088	1.1531	1.1915
400	1.0484	1.0492	1.0579	1.0852	1.1107	1.1357
500	1.0643	1.0647	1.0701	1.0867	1.1021	1.1173
600	1.0873	1.0877	1.091	1.1022	1.1126	1.1225
700	1.1137	1.1137	1.1161	1.1241	1.1311	1.1381
800	1.1396	1.1401	1.1417	1.1474	1.1532	1.1578
900	1.1639	1.1639	1.1652	1.1698	1.1737	1.1780
1000	1.1853	1.1853	1.1865	1.1903	1.1930	1.1964
1200	1.2209	1.2209	1.2209	1.2237	1.2263	1.2282
1400	1.2472	1.2472	1.2477	1.2493	1.2505	1.2522
1600	1.2673	1.2673	1.2678	1.269	1.2702	1.2711
1800	1.2828	1.2828	1.2832	1.2841	1.2848	1.2854
2000	1.2946	1.2946	1.2970	1.2960	1.2956	1.2969
2200	1.3042	1.3042	1.3046	1.3050	1.3054	1.3059
2400	1.3121	1.3121	1.3121	1.3130	1.3130	1.3133
2600	1.3188	1.3188	1.3188	1.3193	1.3193	1.3196
2800	1.3243	1.3243	1.3247	1.3251	1.3250	1.3255
3000	1.3293	1.3293	1.3293	1.3297	1.3297	1.3301

（3）二氧化碳

表 2.8.37　二氧化碳气体的比热容

温度/℃	定压比热容			定容比热容		
	比热容 c_p /[kJ/(kg·K)]	摩尔比热容 c_{mp} /[kJ/(kmol·K)]	容积比热容 c_p' /[kJ/(m³·K)]	比热容 c_v /[kJ/(kg·K)]	摩尔比热容 c_{mv} /[kJ/(kmol·K)]	容积比热容 c_v' /[kJ/(m³·K)]
0	0.8148	35.860	1.5998	0.6259	27.545	1.2288
100	0.9136	40.206	1.7936	0.7247	31.891	1.4227
200	0.9927	43.689	1.9490	0.8039	35.374	1.5780
300	1.0567	46.515	2.0754	0.8679	38.200	1.7044
400	1.1103	48.860	2.1796	0.9211	40.545	1.8087
500	1.1547	50.815	2.2672	0.9659	42.500	1.8862
600	1.1920	52.459	2.3400	1.0027	44.137	1.9691
700	1.2230	53.826	2.4015	1.0341	45.511	2.0306
800	1.2493	54.977	2.4526	1.0601	46.662	2.0817
900	1.2715	55.952	2.4926	1.0823	47.637	2.1252
1000	1.2900	56.773	2.5530	1.1011	48.458	2.1621
1100	1.3059	57.472	2.5640	1.1170	49.157	2.1930
1200	1.3197	58.071	2.5908	1.1304	49.756	2.2198
1300	1.3314	58.586	2.6138	1.1122	50.271	2.2429
1400	1.3415	59.030	2.6335	1.1522	50.715	2.2625
1500	1.3498	59.411	2.6507	1.1610	51.096	2.2797
1600	1.3574	59.737	2.6649	1.1685	51.422	2.2939
1700	1.3636	60.022	2.6779	1.1748	51.707	2.3069
1800	1.3695	60.269	2.6888	1.1807	51.954	2.3178
1900	1.3741	60.478	2.6980	1.1853	52.163	2.3270
2000	1.3783	60.654	2.7059	1.1891	52.339	2.3350
2100	1.3816	60.801	2.7126	1.1024	52.486	2.3413
2200	1.3842	60.918	2.7177	1.1953	52.603	2.3467
2300	1.3862	61.006	2.7218	1.1974	52.691	2.3509
2400	1.3875	61.060	2.7239	1.1987	52.745	2.3530
2500	1.3879	61.085	2.7252	1.1991	52.770	2.3542
3000	1.3942	61.378	2.7382			

表2.8.38　压力下二氧化碳气体的定压比热容　　单位：kJ/(kg·K)

温度/K	压力/atm							
	0.1	1	4	7	10	40	70	100
300	0.8470	0.8533	0.8742	0.8960	0.9190	1.4085	—	—
320	0.8671	0.8722	0.8889	0.9061	0.9241	1.2440	2.1023	3.9098
340	0.8864	0.8906	0.9044	0.9182	0.9320	1.0966	1.3461	1.7334
360	0.9052	0.9086	0.9199	0.9312	0.9433	1.0815	1.2762	1.5597
380	0.9228	0.9257	0.9350	0.9450	0.9551	1.0681	1.2155	1.4102
400	0.9400	0.9421	0.9504	0.9584	0.9668	1.0614	1.1770	1.3160
420	0.9563	0.9580	0.9651	0.9722	0.9793	1.0585	1.1485	1.2469
440	0.9718	0.9735	0.9793	0.9856	0.9919	1.0597	1.1334	1.2088
460	0.9869	0.9881	0.9936	0.9986	1.0040	1.0597	1.1158	1.1585
480	1.0011	1.0024	1.0070	1.0116	1.0166	1.0648	1.1062	1.1288
500	1.0149	1.0158	1.0200	1.0241	1.0283	1.0719	1.1108	1.1368
520	1.0279	1.0292	1.0329	1.0363	1.0401	1.0802	1.1221	1.1627
540	1.0409	1.0417	1.0451	1.0484	1.0518	1.0878	1.1263	1.1661
560	1.0530	1.0539	1.0568	1.0597	1.0627	1.1786	1.1297	1.1657
580	1.0648	1.0656	1.0681	1.0706	1.0735	1.1024	1.1338	1.1661
600	1.0761	1.0769	1.0790	1.0815	1.0840	1.1104	1.1380	1.1669

表2.8.39 压力下二氧化碳气体的定压摩尔比热容 单位：J/(mol·K)

温度/℃	压力/MPa						
	0①	0.1	0.5	1.0	2.5	5.0	10
−25		36.1172	40.2675	46.4359			
0	35.84	36.8317	39.5653	43.2661	59.7195	102.659	189.290
25		37.6545	39.5787	42.1214	51.8742	77.4921	143.668
50		38.6869	39.9484	41.7705	48.1143	60.7784	90.6554
100	40.53	40.3382	41.0692	41.9765	45.2392	51.4568	61.4931
200	43.84	43.7895	44.0960	44.4518	45.5164	47.3966	50.7843
300	47.02	46.5901	46.7680	46.9752	47.6256	48.7111	50.2572
400	49.36	48.9203	49.0390	49.1771	49.6009	50.3069	51.3326
500	51.29	50.8706	50.9496	51.0483	51.3443	51.8476	52.6679

温度/℃	压力/MPa					
	20	30	40	50	60	80
0	99.3759	88.1942	85.0225	80.2424	76.4010	73.8403
25	143.297	107.433	95.8760	91.0894	86.0432	82.6553
50	140.353	122.129	100.5314	91.8587	87.0374	81.3128
100	71.3213	93.0749	85.1195	78.5187	75.1485	69.8719
200	52.2545	61.1536	67.0547	68.0260	67.1378	66.6647
300	51.1629	55.2817	58.8018	61.4264	62.8073	63.2134
400	51.5698	54.2111	56.7507	58.6580	59.9643	60.8995
500	52.5507	53.9794	55.2514	56.5293	57.6668	58.7783

① 温度为600、700、800、900、1000、1200、1400、1600、1800、2000、2200、2400、2600、3000℃时，其定压摩尔比热容分别为52.88、54.18、55.27、56.15、56.94、58.07、58.91、59.54、60.00、60.38、60.67、60.88、61.09、61.38J/(mol·K)。

表2.8.40 压力下二氧化碳气体和液体的定容比热容 单位：kJ/(kg·K)

温度/℃	压力/MPa											
	0.1	0.2	0.3	0.4	0.5	0.6	0.8	1.0	1.2	1.5	2.0	2.5
−30	0.586	0.603	0.615	0.631	0.648	0.664	0.698	0.727	0.759			
−20	0.599	0.611	0.623	0.636	0.652	0.665	0.693	0.719	0.747	0.804		
−10	0.611	0.624	0.632	0.644	0.657	0.669	0.690	0.710	0.735	0.776	0.846	0.927
0	0.624	0.632	0.640	0.648	0.661	0.669	0.686	0.706	0.723	0.751	0.798	0.846
10	0.636	0.645	0.649	0.657	0.665	0.673	0.686	0.702	0.715	0.735	0.773	0.810
20	0.649	0.653	0.657	0.665	0.670	0.677	0.690	0.702	0.715	0.728	0.760	0.790
30	0.661	0.666	0.670	0.674	0.678	0.686	0.695	0.703	0.711	0.723	0.748	0.773
40	0.670	0.674	0.678	0.682	0.686	0.690	0.699	0.707	0.712	0.719	0.740	0.761
50	0.678	0.682	0.686	0.691	0.695	0.699	0.703	0.707	0.711	0.720	0.736	0.753

温度/℃	压力/MPa											
	3	4	5	6	8	10	15	20	30	40	50	100
0	0.905	1.252	1.248	1.244	1.235	1.231	1.223	1.218	1.214	1.210	1.206	1.201
10	0.851	0.938			1.190	1.181	1.164	1.156	1.151	1.148	1.143	1.146
20	0.822	0.897				1.143	1.114	1.101	1.097	1.093	1.089	1.095
30	0.801	0.860					1.073	1.056	1.051	1.047	1.046	1.059
40	0.785	0.832	0.885				1.035	1.018	1.013	1.009	1.008	1.021
50	0.769	0.806	0.839	0.876	0.958	1.061	1.013	0.979	0.986	0.975	0.979	0.995

注：横线下方为气体，上方为液体。

表2.8.41 常压时液态二氧化碳的比热容 单位：J/(mol·K)

温度/℃	−50	−40	−30	−20	−10	0	10	20	30
c_p	80.22	83.02	85.66	88.05	92.40	101.1	115.5	119.1	124.6

（4）二氧化硫

表 2.8.42　气态二氧化硫的比热容

温度/℃	定压比热容			定容比热容		
	比热容c_p/[kJ/(kg·K)]	摩尔比热容c_{mp}/[kJ/(kmol·K)]	容积比热容c_p'/[kJ/(m^3·K)]	比热容c_v/[kJ/(kg·K)]	摩尔比热容c_{mv}/[kJ/(kmol·K)]	容积比热容c_v'/[kJ/(m^3·K)]
0	0.607	38.854	1.733	0.477	30.522	1.361
100	0.662	42.412	1.892	0.532	34.081	1.520
200	0.712	45.552	2.031	0.582	37.221	1.662
300	0.754	48.232	2.152	0.624	39.900	1.779
400	0.783	50.242	2.240	0.653	41.910	1.871
500	0.808	51.707	2.307	0.678	43.375	1.934
600	0.825	52.879	2.357	0.695	44.548	1.989
700	0.837	53.759	2.399	0.708	45.127	2.026
800	0.850	54.428	2.428	0.720	46.097	2.056
900	0.858	55.015	2.453	0.729	46.683	2.081
1000	0.867	55.433	2.474	0.737	47.102	2.102
1100	0.871	55.768	2.487	0.741	47.436	2.114
1200	0.875	56.061	2.500	0.745	47.730	2.131

表2.8.43　液态二氧化硫的比热容　　单位：J/(mol·℃)

温度/℃	−70	−60	−50	−40	−30	−20	−10	0	10	20
c_p	86.25	86.16	86.21	86.29	86.54	86.83	87.25	87.76	88.43	89.18
温度/℃	30	40	50	60	70	80	90	100	110	
c_p	90.14	91.27	92.65	94.29	96.38	98.98	102.4	107.0	113.6	

（5）硫化氢

表 2.8.44　气态硫化氢的比热容

温度/℃	定压比热容			定容比热容		
	比热容c_p/[kJ/(kg·K)]	摩尔比热容c_{mp}/[kJ/(kmol·K)]	容积比热容c_p'/[kJ/(m^3·K)]	比热容c_v/[kJ/(kg·K)]	摩尔比热容c_{mv}/[kJ/(kmol·K)]	容积比热容c_v'/[kJ/(m^3·K)]
0	0.992	33.787	1.507	0.745	25.456	1.135
100	1.026	34.915	1.557	0.779	26.586	1.185
200	1.068	36.425	1.624	0.725	28.093	1.252
300	1.122	38.184	1.704	0.875	29.852	1.331
400	1.172	39.984	1.784	0.929	31.652	1.411
500	1.227	41.712	1.863	0.980	33.441	1.491
600	1.273	43.417	1.938	1.030	35.085	1.566
700	1.319	45.008	2.010	1.076	36.676	1.637
800	1.361	46.390	2.068	1.118	38.058	1.700
900	1.398	47.646	2.127	1.158	39.314	1.754
1000	1.432	48.776	2.177	1.185	40.444	1.805
1100	1.461	49.739	2.219	1.214	41.407	1.846
1200	1.482	50.577	2.223	1.239	42.245	1.884

表2.8.45　液态硫化氢的比热容　　单位：J/(mol·K)

温度/℃	−80	−70	−60	−50	−40	−30	−20	−10	0	10	20	30	40	50	60
c_p	66.65	66.44	66.44	66.61	66.95	67.45	68.20	69.17	70.42	71.97	73.98	76.58	80.05	84.87	92.07

表2.8.46　饱和硫化氢的定压比热容　　单位：kJ/(kg·K)

T_{sat}/K	212.8	220	240	260	280	300	320	340	360	373.15
p_{sat}/kPa	101.3	140	325	680	1020	2000	3250	4890	7050	8937
液体	1.83	1.85	1.91	2	2.13	2.35	2.64	3.1	4.38	
气体	1.02	1.03	1.08	1.16	1.28	1.45	1.77	2.48	6.45	

（6）氟化氢

表2.8.47　气态氟化氢的比热容　　单位：J/(mol·K)

温 度 /K	50	100	150	200	250	300	350	400	450	500
c_p	29.09	29.11	29.12	29.13	29.14	29.14	29.15	29.16	29.17	29.19
温 度 /K	550	600	650	700	750	800	850	900	950	1000
c_p	29.23	29.27	29.32	29.39	29.47	29.57	29.69	29.84	30.00	30.19

表2.8.48　液态氟化氢的比热容　　单位：J/(mol·K)

温 度 /K	−80	−70	−60	−50	−40	−30	−20	−10	0
c_p	46.05	46.14	48.57	50.24	51.08	51.92	54.43	56.94	58.62

表2.8.49　饱和氟化氢的定压比热容　　单位：kJ/(kg·K)

T_{sat}/K	292.69	305	325	345	365	385	405	425	445	461.15
p_{sat}/kPa	101.3	152	285	500	820	1320	2100	3150	4800	6490
液体	3.04	3.12	3.26	3.44	3.68	4.00	4.41	4.92	5.56	
气体	1.46	1.46	1.46	1.46	1.46	1.46	1.46	1.46	1.46	

（7）氯化氢

表2.8.50　气态氯化氢的比热容　　单位：J/(mol·℃)

温度/℃	25	300	400	500	600	700	800	900
c_p	29.18	29.51	29.87	30.34	30.87	31.42	31.95	32.45
温度/℃	1000	1100	1200	1300	1400	1500	1600	1700
c_p	32.90	33.31	33.67	34.00	34.30	34.59	34.85	35.05

温度/K	50	100	150	200	250	300	350	400	450	500
c_p	29.96	29.69	29.48	29.32	29.21	29.15	29.13	29.16	29.22	29.32
温度/K	550	600	650	700	750	800	850	900	950	1000
c_p	29.45	29.61	29.81	30.02	30.25	30.51	30.78	31.06	31.35	31.65

表2.8.51　液态氯化氢的比热容　　单位：J/(mol·℃)

温度/℃	−110	−100	−90	−80	−70	−60	−50	−40	−30	−20	−10	0
c_p	58.15	59.03	60.83	62.43	64.27	65.23	66.19	67.32	68.91	71.01	73.90	77.96

表2.8.52　饱和氯化氢的定压比热容　　单位：kJ/(kg·K)

T_{sat}/K	188.05	200	215	230	245	260	275	290	305	324.65
p_{sat}/kPa	101.3	180	370	670	1100	1800	2700	3800	5500	8309
液体	1.61	1.66	1.74	1.84	1.95	2.15	2.34	2.67	3.28	1.61
气体	0.85	0.87	0.91	0.96	1.04	1.16	1.36	1.74	2.74	0.85

（8）溴化氢

表2.8.53　气态溴化氢的比热容　　单位：J/(mol·K)

温度/K	300	350	400	450	500	550	600	650	700	750	800	850	900	950	1000
c_p	27.91	27.48	27.05	26.62	26.19	25.76	25.33	24.90	24.47	24.04	23.61	23.17	22.75	22.32	21.88

表2.8.54　液态溴化氢的比热容　　单位：J/(mol·K)

温度/℃	−80	−70	−60	−50	−40	−30	−20	−10	0	10	20	30	40	50
c_p	63.01	63.22	63.47	63.85	64.31	64.94	65.73	65.74	68.04	69.67	71.89	74.94	79.26	85.87

（9）碘化氢

表2.8.55 气态碘化氢的比热容 单位：J/(mol·K)

温度/K	300	350	400	450	500	550	600	650	700	750	800	850	900	950	1000
c_p	29.19	29.22	29.34	29.52	29.76	30.04	30.37	30.72	31.09	31.46	31.83	32.19	32.52	32.82	33.07

表2.8.56 液态碘化氢的比热容 单位：J/(mol·K)

温度/℃	–50	–40	–30	–20	–10	0	10	20	30
c_p	57.69	57.48	57.36	57.40	57.53	57.82	58.24	58.78	59.49
温度/℃	40	50	60	70	80	90	100	110	
c_p	60.37	61.55	62.97	64.77	67.16	70.30	74.73	81.31	

（10）一氧化氮

表2.8.57 一氧化氮的比热容

温度/℃	定压比热容			定容比热容		
	比热容c_p/[kJ/(kg·K)]	摩尔比热容c_{mp}/[kJ/(kmol·K)]	容积比热容c_p'/[kJ/(m³·K)]	比热容c_v/[kJ/(kg·K)]	摩尔比热容c_{mv}/[kJ/(kmol·K)]	容积比热容c_v'/[kJ/(m³·K)]
0	0.999	29.977	1.3373	0.7218	21.663	0.9663
200	1.0107	30.333	1.3532	0.7335	22.019	0.9822
400	1.0609	31.852	1.4202	0.7838	23.517	1.0492
600	1.1687	33.268	1.4842	0.8315	24.953	1.1133
800	1.1455	34.369	1.5332	0.8683	26.054	1.1623
1000	1.1719	35.165	1.5688	0.8947	28.850	1.1978
1200	1.1911	35.743	1.5984	0.9140	27.428	1.2238
1400	1.2062	36.191	1.6144	0.9291	27.876	1.2435
1600	1.2171	36.526	1.6295	0.9399	28.211	1.2586
1800	1.2259	36.794	1.6416	0.9491	28.479	1.2707
2000	1.2338	37.024	1.6517	0.9567	28.709	1.2807
2200	1.2393	37.196	1.6592	0.9625	28.881	1.2883
2400	1.2447	37.350	1.6663	0.9676	29.035	1.2954
2600	1.2493	37.493	1.6726	0.9722	29.178	1.3017
2800	1.2535	37.623	1.6785	0.9768	29.308	1.3075
3000	1.2577	37.744	1.6839	0.9805	29.429	1.3130

（11）一氧化二氮

表2.8.58 一氧化二氮的比热容

温度/℃	定压比热容			定容比热容		
	比热容c_p/[kJ/(kg·K)]	摩尔比热容c_{mp}/[kJ/(kmol·K)]	容积比热容c_p'/[kJ/(m³·K)]	比热容c_v/[kJ/(kg·K)]	摩尔比热容c_{mv}/[kJ/(kmol·K)]	容积比热容c_v'/[kJ/(m³·K)]
0	0.8508	37.451	1.6710	0.6619	29.136	1.3000
100	0.9500	41.809	1.8652	0.7607	33.494	1.4943
200	1.0283	45.263	2.0193	0.8395	36.949	1.6483
300	1.0932	48.119	2.1466	0.9043	39.804	1.7756
400	1.1412	50.501	2.2529	0.9584	42.186	1.8820
500	1.1928	52.511	2.3425	1.0040	44.196	1.9716
600	1.2313	54.202	2.4183	1.0425	45.887	2.0473
700	1.2632	55.609	2.4811	1.0743	47.294	2.1101
800	1.2912	56.827	2.5351	1.1020	48.512	2.1642
900	1.3151	57.878	2.5820	1.1288	49.563	2.2110
1000	1.3352	58.774	2.6222	1.1463	50.459	2.2512
1100	1.3532	59.561	2.6574	1.1677	51.216	2.2864
1500	1.3624	59.829	2.6502	—	—	—
2000	1.3737					
2500	1.3879					
3000	1.3942					

表2.8.59 液态一氧化二氮的比热容 单位：J/(mol·K)

温度/℃	−70	−60	−50	−40	−30	−20	−10	0
c_p	77.12	78.38	79.93	81.89	84.45	87.84	92.65	100.1

（12）氧硫化碳

表2.8.60 气态氧硫化碳的质量比热容 单位：kJ/(kg·K)

温度/℃	0	100	200	300	400	500	600
c_p	0.670	0.745	0.800	0.842	0.875	0.896	0.917
温度/℃	700	800	900	1000	1100	1200	
c_p	0.934	0.900	0.959	0.971	0.980	0.984	

表2.8.61 气态氧硫化碳的摩尔比热容 单位：kJ/(mol·K)

温度/K	150	200	250	300	350	400	450	500	550
c_p	34.05	36.92	39.53	41.87	43.96	45.85	47.52	49.03	50.33
温度/K	600	650	700	750	800	850	900	950	1000
c_p	51.50	52.54	53.42	54.34	55.10	55.81	56.48	57.11	57.78

表2.8.62 液态氧硫化碳的比热容 单位：J/(mol·K)

温度/℃	−130	−120	−110	−100	−90	−80	−70	−60	−50
c_p	71.85	71.05	70.55	70.21	70.05	70.13	70.34	70.72	71.30
温度/℃	−40	−30	−20	−10	0	10	20	30	40
c_p	72.01	72.93	74.02	75.32	76.87	78.71	80.97	83.78	87.34

（13）乙硼烷

表2.8.63 气态乙硼烷的比热容 单位：J/(mol·K)

温度/K	压力/kPa							
	10	100	400	700	1000	4000	7000	10000
300	56.601	57.002	58.43	60.025	61.834	141.02		
320	59.779	60.08	61.176	62.167	63.633	93.609		
340	62.957	63.196	64.047	64.959	65.947	83.012		
360	66.109	66.308	66.989	67.711	68.479	80.056	102.61	119.04
380	69.237	69.394	69.952	70.534	71.155	79.679	93.467	107.32
400	72.310	72.438	72.909	73.400	73.908	80.472	89.965	100.01
420	75.320	75.444	75.837	76.250	76.683	81.965	88.949	96.369
440	78.280	78.38	78.727	79.086	79.457	83.814	89.245	94.929
460	81.169	81.26	81.562	81.876	82.202	85.895	90.263	94.773
480	84.000	84.082	84.351	84.632	84.909	88.068	91.734	95.401
500	86.759	86.833	87.073	87.329	87.582	90.341	93.445	96.523
520	89.455	89.521	89.744	89.963	90.194	92.681	95.316	97.958
540	92.076	92.142	92.341	92.547	92.758	94.965	97.296	99.589
560	94.638	94.696	94.878	95.068	95.262	97.256	99.325	101.35
580	97.125	97.183	97.357	97.530	97.704	99.524	101.38	103.18
600	99.558	99.608	99.740	99.924	100.09	101.69	103.45	105.05
700	110.71	110.75	110.86	110.98	111.09	112.24	113.36	114.41
800	120.31	120.33	120.42	120.51	120.59	121.46	122.26	123.03
900	128.48	128.50	128.58	128.64	128.72	129.40	130.01	130.6
1000	135.42	135.43	135.49	135.55	135.60	136.14	136.64	137.12
1200	146.25	146.27	146.30	146.34	146.38	146.74	147.10	147.43
1400	154.04	154.06	154.09	154.12	154.14	154.40	154.68	154.92
1500	157.11	157.12	157.15	157.17	157.20	157.44	157.66	157.88

（14）其他气体

表2.8.64　氰化硼的比热容　　单位：J/(mol·K)

温度/K	20	40	60	80	100	150	300	400	500	600	800	1000
c_p	12.13	29.29	40.46	47.20	53.39	103.0	50.55	57.57	62.99	67.11	72.60	75.82

注：粗线后面为气体。

表2.8.65　二硫化碳的比热容　　单位：kJ/(kg·K)

温度/℃	0	100	200	300	400	500	600
c_p	0.585	0.641	0.678	0.708	0.729	0.745	0.758
温度/℃	700	800	900	1000	1100	1200	
c_p	0.766	0.775	0.783	0.787	0.791	0.795	

表2.8.66　三氯化硼的比热容　　单位：J/(mol·K)

温度/K	300	400	500	600	800	1000
c_p	62.65	68.72	72.61	75.24	78.30	79.89

表2.8.67　六氟化硫的比热容　　单位：J/(mol·K)

温度/K	100	120	140	160	180	200	222.5	230
c_p	58.364	64.477	71.427	79.340	89.723	104.17	熔点	119.58

表2.8.68　烟气的定压比热容　　单位：kJ/(kg·K)

温度/℃	0	100	200	300	400	500	600	700	800	900	1000	1100	1200
c_p	1.043	1.068	1.097	1.122	1.151	1.185	1.214	1.239	1.264	1.290	1.306	1.323	1.340

2.9　比焓

2.9.1　空气的比焓

表2.9.1　空气的比焓

温度/K	比焓h		温度/K	比焓h		温度/K	比焓h		温度/K	比焓h	
	/(kJ/kg)	/(J/mol)①		/(kJ/kg)	/(J/mol)①		/(kJ/kg)	/(J/mol)①		/(kJ/kg)	/(J/mol)①
100	99.76		250	250.05		400	400.98	3699.5	550	554.75	
110	109.77		260	260.09		410	411.12		560	565.17	
120	119.79		270	270.12	0②	420	421.26		570	575.57	
130	129.81		280	280.14		430	431.43		580	586.04	
140	139.84		290	290.17		440	441.61		590	596.53	
150	149.86		300	300.19	785.44	450	451.83		600	607.02	9679.9
160	159.87		310	310.24		460	462.01		610	617.53	
170	169.89		320	320.29		470	472.25		620	628.07	
180	179.92		330	330.34		480	482.48		630	638.65	
190	189.94		340	340.43		490	492.74		640	640.21	
200	199.96		350	350.48		500	503.02	6665.4	650	659.84	
210	209.97		360	360.58		510	513.32		660	670.47	
220	219.99		370	370.67		520	523.63		670	681.15	
230	230.01		380	380.77		530	533.98		680	691.82	
240	240.03		390	390.88		540	544.35		690	702.52	

续表

温度/K	比焓 h /(kJ/kg)	比焓 h /(J/mol)①	温度/K	比焓 h /(kJ/kg)	比焓 h /(J/mol)①	温度/K	比焓 h /(kJ/kg)	比焓 h /(J/mol)①	温度/K	比焓 h /(kJ/kg)	比焓 h /(J/mol)①
700	713.27	12745	860	888.28		1040	1091.85		1360	1467.5	
710	724.01		870	899.42		1060	1114.8		1380	1491.4	
720	734.2		880	910.56		1080	1137.9		1400	1515.4	35977
730	745.62		890	921.75		1100	1161.1	25715	1420	1539.4	
740	756.44		900	932.94	19129	1120	1184.3		1440	1563.5	
750	767.30		910	944.15		1140	1207.5		1460	1587.6	
760	778.21		920	955.38		1160	1230.9		1480	1611.8	
770	789.10		930	966.64		1180	1254.3		1500	1636.1	39498
780	800.03		940	977.92		1200	1277.8	29098	1750		48358
790	810.98		950	989.22		1220	1301.3		2000		57359
800	821.94	15889	960	1000.53		1240	1324.9		2250		66486
810	832.96		970	1011.88		1260	1348.6		2500		75697
820	843.97		980	1023.25		1280	1372.2		2750		84992
830	855.01		990	1034.63		1300	1396.0	32523	3000		94329
840	866.09		1000	1046.03	22383	1320	1419.8		3500		113210
850	877.16		1020	1068.89		1340	1443.6		4000		132260

① T=273K 时，h=0。
② 对应于 T=273K。

表2.9.2　空气在压力下的比焓

单位：kJ/kg

温度/K	压力/MPa 0.1	0.2	0.5	1.0	1.5	2.0	3.0	4.0	6.0
100	224.30	223.02	217.58	233.02	224.07	196.16	84.46	71.92	74.53
120	245.11	244.08	240.49	257.13	251.40	245.14	230.28	209.01	147.55
140	265.83	265.00	262.28	279.78	275.78	271.61	262.67	252.65	228.03
160	286.39	285.68	283.58	301.61	298.59	295.50	289.10	282.34	268.07
180	306.82	306.24	304.58	322.99	320.55	318.08	313.08	308.04	297.48
200	327.16	326.71	325.34	344.33	341.50	339.91	335.86	331.81	323.47
220	367.92	347.38	345.59	365.04	362.55	361.32	357.94	354.62	347.82
240	388.05	367.60	365.98	385.50	383.59	382.45	379.64	376.83	371.21
260	400.48	387.66	386.44	405.73	404.53	403.37	400.98	398.62	393.91
280	407.84	407.59	406.93	426.16	425.17	424.17	422.15	420.12	416.11
300	427.94	427.73	427.15	446.54	445.72	444.85	443.15	441.42	438.03
320	448.07	447.91	447.41	466.93	466.23	465.49	464.04	462.59	459.70
340	468.25	468.09	467.63	487.32	486.70	486.08	484.48	483.59	481.24
360	488.43	488.31	487.94	507.70	507.17	506.67	505.64	504.60	502.58
380	508.61	508.53	508.20	528.05	527.64	527.22	526.36	525.49	523.79
400	528.84	528.75	528.51	579.04	578.83	578.59	578.17	577.68	576.72
450	579.50	579.41	579.29						

温度/K	压力/MPa 8	10	12	14	16	18	20	25	30
100	69.81	69.97	69.92	70.1	70.5	71.097	71.923	75.264	79.794
120	132.91	128.06	124.48	122.21	120.68	119.71	119.32	120.34	123.44
140	204.85	190.16	181.03	174.96	170.68	167.58	165.31	163.22	163.9
160	253.18	239.64	229.2	221.5	215.73	211.3	207.87	203.03	201.49
180	286.76	276.53	267.73	260.47	254.59	249.89	245.88	239.55	236.59
200	315.11	307.1	299.92	293.68	288.35	283.82	279.92	273.17	269.52
220	341.07	334.55	328.64	323.34	318.65	314.06	313.48	304.65	300.67
260	365.63	360.27	355.32	350.86	346.75	343.29	340.14	334.14	330.91
280	389.24	384.75	380.67	376.93	373.54	370.49	367.8	362.48	359.08
300	412.18	408.49	405.08	401.95	399.11	396.52	394.25	389.66	386.61
320	434.72	431.6	428.73	426.15	423.78	421.56	419.8	415.69	417.58

续表

温度/K	压力/MPa								
	8	10	12	14	16	18	20	25	30
340	456.88	454.22	451.81	449.64	447.68	445.94	444.49	441.37	439.46
360	478.75	476.51	474.47	472.67	471.09	469.73	468.56	466.15	464.8
380	500.47	498.55	496.89	495.39	494.11	493.01	492.18	490.4	489.54
400	522.1	520.51							
450	575.78	574.86							
温度/K	**压力/MPa**								
	35	40	45	50	60	70	80	90	100
160	166.57	170.34	174.90	179.41	213.63				
180	202.20	204.32	207.50	210.72	246.90	338.08			
200	235.98	236.93	238.99	241.63	247.84	254.68			
220	268.16	268.36	269.71	271.72	276.96	283.72	267.07		
240	299.01	298.76	299.66	301.22	305.54	311.80	294.92		
260	328.67	328.20	328.88	330.14	333.82	339.94	320.22	323.28	333.73
280	357.31	356.87	357.40	358.48	361.66	367.34	347.56	350.41	360.55
300	385.13	384.83	385.34	386.30	389.15	394.53	374.65	377.37	386.87
320	412.71	411.98	412.69	413.55	416.26	421.34	401.48	404.04	413.37

N（算图 2.73）

湿空气的焓和湿度（第 567 页左）

表2.9.3 空气在饱和线上的比焓

单位：kJ/kg

比焓	压力/kPa											
	100	200	300	500	700	1000	1500	2000	2500	3000	3500	3773
液态	0	11.81	19.94	31.66	40.93	53.02	70.62	86.50	101.4	116.8	132.7	162.6
气态	205.20	210.29	213.27	215.87	216.89	217.11	215.44	211.64	206.32	198.78	189.02	162.62

表2.9.4 饱和空气液体的比焓

单位：kJ/kg

T/K	59.75	60	62	64	66	68	70	72	74	76
h	−36.66	−36.19	−32.38	−28.58	−24.77	−20.95	−17.13	−13.31	−9.468	−5.617
T/K	78	80	82	84	86	88	90	92	94	96
h	−1.751	2.132	6.036	9.962	13.91	17.9	21.91	25.97	30.06	34.21
T/K	98	100	102	104	106	108	110	112	114	116
h	38.41	42.66	46.98	51.38	55.86	60.44	65.12	69.93	74.87	79.98

T/K	118	120	122	124	126	128	130	132	132.63
h	85.29	90.83	96.66	102.9	109.7	117.3	126.7	142.6	164.5

表2.9.5 饱和空气的比焓

单位：kJ/kg

T/K	59.75	60	62	64	66	68	70	72	74	76
h	185.5	185.89	187.7	189.6	191.5	193.4	195.2	197	198.7	200.4
T/K	78	80	82	84	86	88	90	92	94	96
h	202	203.6	205.1	206.5	207.8	209.1	210.3	211.4	212.3	213.2

T/K	98	100	102	104	106	108	110	112	114
h	214	214.6	215.1	215.5	215.7	215.8	215.6	215.2	214.6
T/K	116	118	120	122	124	126	128	130	132
h	213.8	212.6	211	208.9	206.3	202.9	198.3	191.7	179.7

表2.9.6 饱和湿空气的汽化热(总压101.3kPa)

温度/℃	汽化热/(kJ/kg)	温度/℃	汽化热/(kJ/kg)	温度/℃	汽化热/(kJ/kg)	温度/℃	汽化热/(kJ/kg)	温度/℃	汽化热/(kJ/kg)
0	2500.8	20	2453.1	40	2406.2	62	2353.0	84	2298.1
2	2495.9	22	2449.0	42	2401.4	64	2348.1	86	2293.0
4	2491.3	24	2442.0	44	2396.6	66	2343.1	88	2287.9
6	2486.6	26	2439.5	46	2391.8	68	2338.2	90	2282.8
8	2481.9	28	2434.8	48	2387.0	70	2333.3	92	2277.6
10	2477.2	30	2430.0	50	2382.1	72	2328.3	94	2272.4
12	2472.5	32	2425.3	52	2377.3	74	2323.3	96	2267.1
14	2467.8	34	2420.5	54	2372.4	76	2318.3	98	2261.9
16	2463.1	36	2415.8	56	2367.6	78	2313.3	100	2256.7
18	2458.4	38	2411.0	58	2362.7	80	2308.3		
20	2453.1	40	2406.2	60	2357.9	82	2303.2		

2.9.2 单质气体的比焓

(1) 氧气

表2.9.7 氧气的比焓 单位：J/mol

温度/℃	比焓 h/(kJ/kg)	摩尔焓 h_m/(kJ/kmol)	容积焓 h'/(kJ/m^3)	温度/℃	比焓 h/(kJ/kg)	摩尔焓 h_m/(kJ/kmol)	容积焓 h'/(kJ/m^3)
0	0.00	0.0	0.00	1500	1606.9	51414	2293.9
100	92.32	2953.8	131.76	1600	1723.7	55140	2460.6
200	187.07	5987.1	267.03	1700	1841.4	58908	2628.5
300	284.90	9118.9	406.83	1800	1959.4	62718	2797.6
400	386.02	12351	550.98	1900	2078.7	66528	2967.2
500	489.t4	15667	698.78	2000	2198.1	70338	3138.4
600	595.78	19058	849.92	2100	2318.7	74190	3309.2
700	703.38	22504	1004.0	2200	2439.2	78042	3482.6
800	812.66	26000	1159.7	2300	2561.5	81936	3556.3
900	923.19	29542	1318.0	2400	2883.7	85871	3831.3
1000	1034.9	33118	1477.5	2500	2807.3	89807	4006.8
1100	1147.6	36722	1638.3	2600	2930.3	93784	4183.4
1200	1261.1	40361	1800.7	2700	3054.3	97762	4362.6
1300	1375.4	44003	1963.6	3000	3434.4	109904	4902.7
1400	1490.5	47688	2128.2				

表2.9.8 饱和氧的比焓 单位：J/mol

温度/K	70	80	90	90.18	100	110	120	130	140	150	154.77①
液体	−5362	−4841	−4288	−4278	−3723	−3149	−2555	−1913	−1180	−229	1123
气体	2022	2295	2542	2548	2755	2913	3001	2992	2834	2338	1123

① 临界点。

表2.9.9 氧气在压力下的比焓 单位：kJ/kg

温度/K	压力/kPa					
	1	100	1000	4000	7000	10000
100	90.71	89.062				
150	136.23	135.44	127.56			
200	181.76	181.27	176.64	159.96	140.71	118.82
250	227.35	227.01	223.85	213.31	202.67	192.39
300	273.14	272.9	270.61	263.26	256.05	249.2
350	319.31	319.13	317.43	312.08	306.84	301.89
400	366.06	365.93	364.64	360.71	356.88	353.19

续表

温度/K	压力/kPa					
	1	100	1000	4000	7000	10000
500	461.72	461.64	460.98	458.83	456.8	454.82
600	560.53	560.5	560.17	559.16	558.25	557.42
700	662.31	666.45	662.58	660.03	667.67	661.44
800	766.68	766.68	766.77	767.18	767.51	767.99
900	873.18	873.2	873.72	874.19	875.01	875.88
1000	1019.2	981.93	979.28	997.56	939.86	985.31
1100	1091.2	1091.3	1091.7	1093.1	1094.5	1095.9
1200	1202.2	1202.3	1202.7	1204.3	1206	1207.6
1300	1314.3	1314.4	1314.9	1316.6	1318.5	1320.3
1400	1427.4	1427.4	1428	1429.9	1431.8	1433.8
1500	1541.3	1541.3	1541.9	1544	1546	1548.1

（2）氢气

表2.9.10 氢气的比焓 单位：J/mol

温度/K	273	291	298	300	400	500	600	700	800	900	1000	1100
h	0.00	516.65	718.45	764.09	3657.6	6594.2	9525.0	12468	15424	18397	21403	24443
温度/K	1200	1300	1400	1500	1750	2000	2250	2500	2750	300	3500	4000
h	27.532	30.647	33.813	37.020	45.305	53.717	62.383	71.259	80.345	89.514	108.10	127.61

表2.9.11 饱和氢的比焓 单位：kJ/kg

T_{sat}/K	20.38	21	23	25	27	29	30	31	32	33.23
p_{sat}/kPa	101.3	121	204	321	479	685	808	946	1100	1316
液体	262	268	291	317	348	384	406	431	463	561
气体	718	721	729	732	730	719	710	694	671	561

表2.9.12 氢气在压力下的比焓 单位：kJ/kg

温度/K	压力/kPa				
	1	10	100	1000	10000
50	1147.1	1146.6	1143.3	1109.0	883.61
100	1576.1	1576.0	1574.7	1561.8	1473.1
150	2172.4	2172.4	2171.9	2167.6	2145.3
200	2827.9	2827.9	2827.8	2827.6	2838.2
250	3519.2	3519.0	3519.4	3521.7	3552.2
300	4229.5	4229.5	4229.9	4233.6	4276.7
350	4946.7	4946.7	4948.4	4954.1	5005.6
400	5671.8	5671.8	5672.3	5678.0	5735.7
450	6396.6	6396.6	6397.0	6403.6	6465.9
500	7122.6	7122.6	7123.0	7129.6	7196.0
550	7848.6	7848.6	7849.4	7856.4	7925.3
600	8576.2	8576.2	8577.1	8584.1	8655.0

（3）氮气

表2.9.13 常压下氮气的比焓 单位：J/mol

温度/℃	比焓 h/(kJ/kg)	摩尔焓 h_m/(kJ/kmol)	容积焓 h'/(kJ/m^3)	温度/℃	比焓 h/(kJ/kg)	摩尔焓 h_m/(kJ/kmol)	容积焓 h'/(kJ/m^3)
100	104.04	2914.4	130.04	600	645.61	18091	807.22
200	208.67	5844.8	260.75	700	760.74	21315	951.24
300	314.64	8813.0	393.27	800	877.97	24597	1097.3
400	419.10	11840	528.37	900	996.88	27934	1246.0
500	532.98	14934	666.12	1000	1117.9	31313	1397.1

续表

温度/℃	比焓 h /(kJ/kg)	摩尔焓 h_m /(kJ/kmol)	容积焓 h' /(kJ/m^3)	温度/℃	比焓 h /(kJ/kg)	摩尔焓 h_m /(kJ/kmol)	容积焓 h' /(kJ/m^3)
1100	1239.7	34734	1550.0	1900	2252.9	63095	2816.0
1200	1363.2	38192	1704.0	2000	2382.3	66738	2977.7
1300	1487.0	41688	1859.8	2100	2512.9	70380	3140.5
1400	1613.6	45217	2016.8	2200	2642.7	74064	3303.8
1500	1740.5	48734	2175.0	2300	2773.3	77707	3466.7
1600	1867.7	52335	2333.7	2400	2904.8	81391	3630.4
1700	1995.0	55894	2494.1	2500	3035.4	85076	3794.5
1800	2123.5	59494	2654.4	3000	3701.1	103749	4630.6

注：计算基准是 0℃时比焓为 0。

表2.9.14 压力下氮气的比焓

单位：kJ/kg

温度/K	压力/kPa					
	100	400	1000	4000	7000	10000
200	207.148	205.731	202.859	187.978	172.839	158.012
300	311.384	310.722	309.424	303.102	297.231	291.914
400	415.696	415.370	414.745	411.788	409.130	406.762
500	520.746	520.618	520.370	519.232	518.311	517.596
600	627.342	627.334	627.317	627.323	627.494	627.803
700	736.052	736.122	736.267	737.059	737.985	738.994
800	847.127	847.255	847.520	848.883	850.334	851.863
900	847.126	847.260	847.473	960.199	970.415	958.658
1000	1076.34	1076.54	1076.95	1079.07	1081.24	1083.46
1100	1194.12	1194.36	1194.82	1197.21	1199.63	1202.08
1200	1313.75	1314.01	1314.52	1317.11	1319.73	1322.39
1300	1434.98	1435.26	1435.81	1438.57	1441.36	1444.18
1400	1557.63	1557.92	1558.50	1561.41	1564.34	1567.29
1500	1681.54	1681.83	1682.14	1685.43	1688.63	1691.51

表2.9.15 饱和氮的比焓

单位：kJ/kg

T_{sat}/K	77.35	85	90	95	100	105	110	115	120	126
p_{sat}/kPa	101.3	290	360	540	778	1083	1467	1940	2515	3357
液体	−120.8	−105.7	−95.6	−85.2	−74.5	−63.8	−51.4	−38.1	−21.4	17.4
气体	76.8	82.3	85	86.8	87.7	87.4	85.6	81.8	74.3	49.5

（4）氯气

表2.9.16 氯气的比焓

单位：kJ/kg

温度/℃	比焓 液体	比焓 气体	温度/℃	比焓 液体	比焓 气体	温度/℃	比焓 液体	比焓 气体
−70	351.12	658.03	5	423.56	686.58	80	498.59	701.20
−65	355.94	660.21	10	428.46	688.13	85	504.41	701.20
−60	360.71	662.30	15	433.31	689.60	90	510.27	701.07
−55	365.44	664.39	20	438.21	691.02	95	516.68	700.78
−50	370.17	666.44	25	443.11	692.40	100	523.38	700.23
−45	374.95	668.50	30	447.93	693.66	105	530.41	699.31
−40	379.72	670.46	35	452.78	694.87	110	537.90	698.06
−35	384.58	672.43	40	457.68	696.00	115	546.11	696.38
−30	389.39	674.36	45	462.58	697.05	120	554.65	694.25
−25	394.25	676.24	50	467.48	698.01	125	564.32	691.61
−20	399.23	678.08	55	472.42	698.85	130	575.13	688.43
−15	404.00	679.88	60	477.53	699.61	135	587.02	683.32
−10	408.90	681.64	65	482.59	700.23	140	603.76	674.94
−5	413.80	683.36	70	487.78	700.69	144①	642.33	642.29
0	418.70	685.00	75	493.10	701.03			

① 临界温度。

表2.9.17　饱和氯的比焓　　单位：kJ/kg

T_{sat}/K	239	261	283	305	328	350	372	39d	411	416
p_{sat}/kPa	101.3	241	501	923	1575	2501	3769	5452	7036	7634
液体	237.7	258.8	280.5	302.6	325.6	319.9	377	409.7	444.2	467.3
气体	525.4	533.9	541.7	548.1	552.8	554.8	553	543.9	523.4	409.8

（5）氩气

表2.9.18　氩气的比焓　　单位：kJ/kg

温度/K	压力/kPa				温度/K	压力/kPa			
	100	1000	5000	10000		100	1000	5000	10000
150	271.11	212.49	174.96	159.67	400	401.36	402.80	396.70	392.28
200	296.79	309.48	277.03	252.66	500	453.50	453.76	451.57	450.03
300	349.19	352.53	340.56	331.82	600	505.61	505.02	506.09	506.92

表2.9.19　饱和氩的比焓　　单位：kJ/kg

T_{sat}/K	87.29	94.4	101.4	108.5	115.5	122.6	129.7	136.7	143.8	150.9
p_{sat}/kPa	101.3	201.6	362.2	601.5	938.2	1393	1987	2738	3702	4898
液体	–116.1	–108.8	–101.1	–92.9	–84.2	–74.9	–64.5	–53	–40.2	–2.4
气体	43.5	45.8	47.6	48.7	49.0	48.2	46.0	41.7	33.3	–2.4

表2.9.20　气态氩在压力下的比焓　　单位：J/mol

p/MPa	T/K								
	85	90	100	120	140	160	180	200	220
0.1	–4808	1802	2024	2456	2881	3302	3722	4141	4559
1.0	–4792	–4569	–4115	2057	2603	3089	3551	3999	4438
10	—	–4410	–3974	–3069	–2072	–799	1042	2302	3137

p/MPa	T/K							
	240	260	280	300	320	340	360	380
0.1	4976	5394	5811	6227	6644	7060	7477	7893
1.0	4873	5301	5732	6159	6583	7007	7429	7851
10	3815	4416	4974	5503	6012	6506	6989	7464

（6）氦气和氖气

表2.9.21　氦气的比焓　　单位：kJ/kg

温度/℃	压强/kPa					
	100	1000	5000	10000	15000	20000
0	–0.0	3.1	15.7	31.3	46.9	62.5
50	259.6	262.9	275.4	275.6	310.9	325.0
100	519.2	522.1	534.5	550.2	565.6	580.8
150	778.7	781.6	794.0	809.3	824.8	840.3
200	1038.3	1041.2	1053.6	1068.9	1083.9	1099.4
250	1297.9	1300.8	1313.2	1328.5	1343.5	1358.6
300	1557.5	1560.4	1572.8	1587.7	1602.7	1617.8
400	2076.6	2079.5	2091.5	2106.4	2121.4	2136.2
500	2595.8	2598.7	2610.7	2625.2	2640.2	2654.6
600	3115.0	3117.9	3129.4	3143.9	3158.4	3173.2
700	3634.1	3637.0	3648.6	3662.7	3677.2	3691.6
800	4153.3	4156.2	4167.4	4181.8	4197.8	4211.4
900	4672.5	4676.6	4684.9	4701.3	4711.6	4729.3
1000	5191.6	5195.8	5204.0	5220.5	5230.6	5244.6

N（算图 2.74）
氦气的比焓（第 567 页右）

表2.9.22 饱和氦的比焓 单位：kJ/kg

T_{sat}/K	4.21	4.3	4.4	4.5	4.6	4.7	4.8	4.9	5.0	5.19
p_{sat}/kPa	101.3	111	120	132	144	157	169	184	199	229
液体	0.00	0.42	0.50	0.53	0.57	0.62	0.69	0.82	1.02	
气体	20.9	20.72	20.2	19.33	18.57	17.42	16.29	14.62	13.62	

表2.9.23 气态氦-4的比焓 单位：kJ/kg

p/MPa	不同温度(K)时的比焓							
	40	70	100	300	500	700	1000	1500
0.10	219.6	375.6	531.5	1570	2609	3647	5205	7802
0.20	219.6	375.8	531.8	1571	2609	3648	5206	7802
0.50	219.5	376.4	532.5	1572	2610	3649	5207	7803
1.0	219.4	377.3	533.8	1573	2612	3650	5208	7805
2.0	219.2	379.1	536.3	1577	2615	3654	5211	7807
4.0	219.9	382.8	541.4	1583	2622	3660	5217	7813
7.0	223.4	388.8	549.1	1593	2631	3669	5226	7822
10	228.9	395.5	556.9	1603	2641	3679	5236	7830
20	255.1	420.7	584.3	1635	2673	3710	5265	7859
50	350.0	506.5	670.4	1730	2767	3801	5353	7942
100	504.5	653.9	814.0	1882	2917	3947	5492	8073

表2.9.24 气态氦-4在压力下的比焓 单位：J/mol

T/K		3	4	5	10	20	50	100	200	300
p/MPa	0.1	−36	−24	86	201	413	1039	2079	4158	6237
	1.0	−16	−7	6	143	393	1042	2089	4170	6249
	10	169	177	236	423	1093	2181	4284	6367	169

T/K		400	500	600	700	800	900	1000	1500
p/MPa	0.1	8315	10394	12472	14551	16630	18708	20787	31179
	1.0	8327	10106	12484	14562	16641	18719	20798	31190
	10	8445	10522	12599	14676	16753	18830	20907	31294

表2.9.25 饱和氖的比焓 单位：kJ/kg

T_{sat}/K	27.1	29	31	33	35	37	39	41	43	44.4
p_{sat}/kPa	101.3	174	284	439	646	916	1260	1688	2216	2654
液体	5.01	9.00	13.38	17.96	22.74	27.7	32.93	38.67	46.32	
气体	91.11	92.23	93.00	93.27	92.94	91.85	89.83	86.58	81.13	

（7）一氧化氮和一氧化二氮

表2.9.26 一氧化氮气体的比焓 单位：J/mol

温度/℃	比焓h/(kJ/kg)	摩尔焓h_m/(kJ/kmol)	容积焓h'/(kJ/m^3)	温度/℃	比焓h/(kJ/kg)	摩尔焓h_m/(kJ/kmol)	容积焓h'/(kJ/m^3)
0	0.000	0.0	0.00	1600	1800.7	54010	2410.3
100	99.646	2990.8	133.43	1700	1922.6	57694	2573.6
200	199.96	5999.7	267.70	1800	2044.4	61378	2737.3
300	302.20	11068	404.57	1900	2167.9	65021	2901.9
400	406.96	12212	544.70	2000	2291.0	68747	3066.4
500	514.14	15432	688.31	2100	2414.5	72432	3232.2
600	623.83	18728	835.68	2200	2538.5	76158	3398.0
700	736.04	22085	985.15	2300	2662.8	79884	3563.8
800	849.92	25498	1137.6	2400	2786.2	83610	3730.0
900	965.06	28956	1291.6	2500	2911.1	87337	3897.1
1000	1081.5	32456	1447.8	2600	3035.8	91105	4064.5
1100	1199.1	35986	1605.6	2700	3160.6	94873	4232.9
1200	1318.0	39549	1764.3	2800	3285.8	98599	4400.3
1300	1437.3	43124	1924.7	2900	3411.8	102367	4567.8
1400	1557.9	46725	2085.4	3000	3537.0	106135	4735.3
1500	1678.9	50367	2247.1				

表2.9.27　一氧化二氮气体的比焓　　单位：J/mol

温度/℃	比焓 h/(kJ/kg)	摩尔焓 h_m/(kJ/kmol)	容积焓 h'/(kJ/m³)	温度/℃	比焓 h/(kJ/kg)	摩尔焓 h_m/(kJ/kmol)	容积焓 h'/(kJ/m³)
0	0.000	0.0	0.00	700	770.79	33959	1513.9
100	90.226	3971.2	177.19	800	898.91	39565	1765.2
200	189.33	8335.9	371.87	900	1029.1	45301	2021.0
300	295.63	13013	580.71	1000	1161.8	51121	2281.1
400	407.67	17945	800.52	1100	1296.2	57066	2545.2
500	521.61	23094	1030.4	1500	1810.8	79674	3555.4
600	646.02	28433	1268.6				

（8）一氧化碳

表2.9.28　一氧化碳气体的比焓

温度/℃	比焓 h/(kJ/kg)	摩尔焓 h_m/(kJ/kmol)	容积焓 h'/(kJ/m³)	温度/℃	比焓 h/(kJ/kg)	摩尔焓 h_m/(kJ/kmol)	容积焓 h'/(kJ/m³)
100	104.17	2917.8	130.17	1400	1632	45720	2039.1
200	209.28	5861.5	261.42	1500	1759.7	49279	2198.9
300	316.15	8855.1	395.03	1600	1887.8	52879	2359.3
400	125.38	11916	531.72	1700	2017.2	56480	2520.5
500	557.59	15051	871.56	1800	2146.2	60122	2682.1
600	651.47	18254	811.33	1900	2276.8	63765	2844.5
700	758.28	21520	960.45	2000	2406.6	67407	3007.3
800	887.18	24857	1109.1	2100	2537.6	71092	3171.5
900	1008.1	28240	1259.8	2200	2668.2	74776	3335.2
1000	1130.4	31665	1412.6	2300	2800.1	78461	3499.3
1100	1253.9	35131	1567.1	2400	2932	82145	3666.8
1200	1379.1	38632	1723.3	2500	3064.7	85829	3830.1
1300	1505.2	42161	1880.7	3000	3732.1	104503	4664.1

注：计算基准为0℃。

表2.9.29　饱和一氧化碳的定压比焓　　单位：kJ/kg

T_{sat}/K p_{sat}/kPa	81.66 101.3	90 245	95 437	100 548	105 776	110 1070	115 1433	120 1875	125 2423	133.16 3498
液体	150.4	168.6	179.8	192.3	204.7	216.1	227.1	239.3	258.1	314.33
气体	366	369.7	371.2	372.9	374.3	374.6	374	370.9	363.7	314.33

表2.9.30　压力下一氧化碳气体的比焓　　单位：kJ/kg

温度/K	压力/kPa					
	1	100	1000	4000	7000	10000
200	207.67	207.11	201.99			
300	311.71	311.43	309.04	301.4	294.29	287.75
400	416.10	415.96	414.74	410.9	407.45	404.37
500	521.63	521.59	521.02	519.35	517.94	516.77
600	629.19	629.19	629.03	628.69	628.59	628.64
700	739.26	739.26	739.43	740.01	740.68	741.57
800	851.93	851.93	852.30	853.56	854.85	856.35
900	967.15	967.15	967.72	969.49	971.24	973.19
1000	1084.6	1084.6	1085.4	1087.5	1089.6	109.20
1200	1325.4	1325.4	1326.3	1329.1	1331.6	1334.4
1400	1572.4	1572.4	1573.4	1576.5	1579.4	1582.6
1600	1823.9	1823.9	1825.0	1828.5	1831.5	1835.0
1800	2079.0	2079.0	2080.2	2083.8	2087.1	2090.8
2000	2336.9	2336.9	2338.0	2341.7	2345.2	2349.0
2200	2596.9	2596.9	2598.0	2601.8	2605.4	2609.3
2400	2858.7	2858.7	2859.8	2863.7	2867.4	2871.4
2600	3121.8	3121.8	3122.8	3126.9	3130.7	3134.7
2800	3386.2	3386.2	3387.4	3391.4	3395.1	3399.2
3000	3651.6	3651.6	3652.9	3656.7	3660.3	3664.2

（9）二氧化碳

表2.9.31 二氧化碳气体的比焓 单位：J/mol

温度 /℃	比焓 h /(kJ/kg)	摩尔焓 h_m /(kJ/kmol)	容积焓 h' /(kJ/m³)	温度 /℃	比焓 h /(kJ/kg)	摩尔焓 h_m /(kJ/kmol)	容积焓 h' /(kJ/m³)
0	0	0	0	1400	1649.6	72599	3238.9
100	86.58	3811	170	1500	1784.4	78503	3503.1
200	182	8013	357.5	1600	1919.2	84490	3768.5
300	284.6	12527	558.9	1700	2055.7	90477	4036.5
400	393.1	17300	772	1800	2192.2	96506	4304
500	506.6	22286	994.4	1900	2329.1	102535	4576.2
600	623.8	27453	1224.6	2000	2466.9	108564	4844.1
700	744.8	32770	1462	2100	2605	114655	5116.3
800	868.3	38209	1704.9	2200	2743.2	120747	5388.4
900	993.9	43752	1952.3	2300	2882.2	126818	5656.4
1000	1122.5	49404	2203.5	2400	3020.4	132931	5928.5
1100	1252.3	55098	2458.5	2500	3158.9	139044	6204.8
1200	1383.7	60876	2716.4	3000	3858.6	169775	7573.9
1300	1516	66738	2976.8				

表2.9.32 压力下二氧化碳气体的比焓 单位：kJ/kg

温度 /K	压力/kPa							
	10	100	400	700	1000	4000	7000	10000
200	135.09							
230	157.74	156.11	150.3	142.08				
260	181.37	180.18	176.25	172.28	168.12			
290	205.99	205	201.94	198.88	195.74			
320	231.55	230.79	228.31	225.83	223.31	194.72	158.74	110.47
350	258	257.37	255.35	253.28	251.21	228.74	203.22	174.36
380	285.28	284.75	283.06	281.32	279.58	260.65	241.2	220.04
410	313.35	312.89	311.48	310	308.5	293.21	277.03	260.09
440	342.16	341.77	340.49	339.25	337.97	324.79	311.32	297.18
470	371.64	371.29	370.17	369.1	367.99	356.58	344.89	332.29
500	400.64	401.43	400.49	399.56	398.6	388.42	378.18	366.21
530	432.5	432.21	431.34	430.55	429.69	420.79	411.64	400.81
560	463.81	463.57	462.82	462.04	461.29	453.66	445.33	435.74
590	495.68	495.43	494.77	494.06	493.4	486.72	479.26	470.72
620	528.04	527.79	527.21	526.63	526.01	519.92	513.51	505.68
650	560.91	560.74	560.2	559.58	559.12	554.02	547.8	540.9
680	594.19	594.07	593.57	593.07	592.58	587.78	582.56	576.16
710	627.94	627.77	627.32	626.9	626.53	622.23	617.45	611.67
740	662.1	661.98	661.56	661.15	660.74	656.93	652.71	647.29
770	696.6	696.52	696.1	695.81	695.45	691.76	688.26	683.2
800	731.52	731.44	731.06	730.77	730.45	727.22	723.93	719.31
950	910.92	910.88	910.67	910.51	910.31	908.43	906.52	903.15
1100	1097.1	1097	1097	1096.9	1096.8	1095.9	1094.7	1092.2
1250	1288.4	1288.4	1288.4	1288.4	1288.4	1288	1287.5	1285.6
1400	1483.9	1483.9	1483.9	1483.9	1483.9	1484.1	1484	1482.4
1500	1616	1616	1616	1616.1	1616.1	1616.6	1616.6	1615.3

N（算图 2.75）
二氧化碳气体的比焓（第 568 页左）

表2.9.33 二氧化碳液体的比焓 单位：kJ/kg

温度/℃	−28	−26	−24	−22	−20	−18	−16	−14	−12	−10
液体	−54.16	−50.66	−47.11	−43.53	−39.91	−36.23	−32.48	−28.68	−24.83	−20.9
温度/℃	−8	−6	−4	−2	0	2	4	6	8	10
液体	−16.9	−12.81	−8.644	−4.372	0	4.487	9.107	13.86	18.79	23.9
温度/℃	12	14	16	18	20	22	24	26	28	30
液体	29.22	34.8	40.69	46.94	53.63	60.93	69.05	78.35	89.66	105.6

注：计算基准为0℃。

表2.9.34 饱和二氧化碳的比焓 单位：kJ/kg

温度/℃	−56.6	−55	−50	−47.5	−45	−42.5	−40	−37.5	−35
液 体	301.45	304.38	314.05	318.95	323.64	328.33	333.23	337.96	342.48
气 体	649.37	649.79	651.34	652.01	652.68	653.27	653.85	654.31	654.77
温度/℃	−32.5	−30	−27.5	−25	−22.5	−20	−17.5	−15	−12.5
液 体	342.55	352.49	357.34	362.28	367.31	S72.32	377.57	382.84	388.33
气 体	655.15	655.48	655.74	655.95	656.07	656.41	656.16	656.07	655.86
温度/℃	−10	−7.5	−5	−2.5	0	2.5	5	7.5	10
液 体	393.94	399.76	405.74	411.90	418.68	426.38	431.66	438.69	445.89
气 体	655.65	655.28	654.86	654.27	653.68	652.39	650.84	649.29	647.24
温度/℃	12.5	15	17.5	20	22.5	25	27.5	30	31
液 体	453.01	460.97	468.50	477.30	488.51	497.39	610.79	527.12	558.94
气 体	644.56	641.29	637.52	632.62	625.93	616.84	605.20	590.13	558.94

（10）二氧化硫

表2.9.35 二氧化硫气体的比焓 单位：J/mol

温度/℃	比焓 h /(kJ/kg)	摩尔焓 h_m /(kJ/kmol)	容积焓 h' /(kJ/m^3)	温度/℃	比焓 h /(kJ/kg)	摩尔焓 h_m /(kJ/kmol)	容积焓 h' /(kJ/m^3)
0	0	0	0	900	697.1	44652	1992.1
100	63.47	4065	181.37	1000	782.93	50158	2237.8
200	132.14	8466	377.69	1100	870.02	55726	2487
300	205.45	13163	587.41	1200	956.69	61295	2734
400	259.32	18087	806.8	1500	1223.38	78377	3496.8
500	362.09	23195	1035	2000	1668.86	106931	4768.8
600	443.38	28412	1267.3	2500	2169.6	139002	6167.2
700	527.12	33762	1506.4	3000	2568.18	164641	7339.5
800	611.27	39154	1746.7				

表2.9.36 二氧化硫液体的比焓 单位：kJ/kg

温度/℃	−40	−38	−36	−34	−32	−30	−28	−26	−24	−22
液 体	0	2.425	4.879	7.364	9.884	12.45	15.09	17.76	20.41	22.98
温度/℃	−20	−18	−16	−14	−12	−10	−8	−6	−4	−2
液 体	25.70	28.59	31.42	34.22	37.04	39.86	42.73	45.61	48.46	51.36.9
温度/℃	0	2	4	6	8	10	12	14	16	18
液 体	54.23	57.14	60.07	62.97	65.90	68.83	71.73	74.71	77.57	80.5
温度/℃	20	22	24	26	28	30	32	34	36	38
液 体	83.40	86.33	89.23	92.13	95.00	97.90	100.8	103.7	106.5	109.3

表2.9.37 饱和二氧化硫的比焓

单位：kJ/kg

温度/℃	比焓 液体	比焓 气体	温度/℃	比焓 液体	比焓 气体	温度/℃	比焓 液体	比焓 气体	温度/℃	比焓 液体	比焓 气体
−50	350.393	774.181	−20	391.591	790.049	10	432.203	804.242	37.5	469.173	815.17
−47.5	353.826	775.563	−17.5	394.773	791.305	12.5	435.637	805.331	40	472.397	816.091
−45	357.302	776.903	−15	398.374	792.561	15	438.986	806.42	42.5	475.704	816.928
−42.5	360.609	778.284	−12.5	401.598	793.775	17.5	442.419	807.424	45	479.012	817.766
−40	364.252	779.624	−10	405.115	795.031	20	445.685	808.471	47.5	482.361	818.603
−37.5	367.434	780.964	−7.5	408.422	796.204	22.5	448.992	809.35	50	485.711	819.44
−35	371.118	782.304	−5	411.939	797.418	25	452.133	810.23	52.5	488.893	820.194
−32.5	374.258	783.601	−2.5	415.247	798.59	27.5	455.691	811.318	55	492.535	820.99
−30	377.942	784.899	0	418.68	799.763	30	459.083	812.407	57.5	495.843	821.743
−27.5	381.083	786.197	2.5	422.071	800.893	32.5	462.516	813.37	60	499.192	822.455
−25	384.767	787.495	5	425.504	802.065	35	465.823	814.291			
−22.5	387.907	788.793	7.5	428.854	803.154						

（11）氨气

表2.9.38 气态氨的比焓

单位：kJ/kg

p/kPa (t_{sat}/℃)	温度 t/℃ −20	−10	0	10	20	30	40	50	60	70	80	100
50(−46.5)	1435.8	14570	1478.1	1499.2	1520.4	1541.7	1563.0	1584.5	1606.1	1627.8	1649.7	
75(−39.2)	14330	1454.7	1476.1	1497.5	1518,9	1540.3	1561.8	1583.4	1605.1	1626.9	1648.9	
100(−33.6)	1430.1	1452.2	1474.1	1495.7	1517.3	1538.9	1560.5	1582.2	1604.1	1626.0	1648.0	1692.6
125(−29.1)	1427.2	1449.8	1472.0	1493.9	1515.7	1537.5	1559.3	1581.1	1603.0	1625.0	1647.2	1691.S
150(−25.2)	1424.1	1447.3	1469.8	1492.1	1514.1	1536.1	1558.0	1580.0	1602.0	1624.1	1646.3	1691.1
200(−18.9)		1442.0	1465.5	1488.4	1510.9	1533.2	1555.5	1577.7	1599.9	1622.2	1644.6	1689.6
250(−13.7)		1436.6	1461.0	1484.5	1507.6	1530.0	1552.9	1575.4	1597.8	1620.3	1642.8	1688.2
300(−9.2)			1456.3	1480.6	1504.2	1527.4	1550.3	1573.0	1595.7	1618.4	1641.1	1686.7
350(−5.4)			1451.5	1476.5	1500.7	1524.4	1547.6	1570.7	1593.S	1616.5	1639.3	1685.2
400(−1.9)			1446.5	1472.4	1497.2	1521.3	1544.9	1568.3	1591.5	1614.5	637.6	1683.7
450(1.3)			1441.3	1468.1	1493.6	1518.2	1542.2	1565.9	1589.3	1612.6	1635.8	1682.2

p/kPa (t_{sat}/℃)	温度 t/℃ 20	30	40	50	60	70	80	100	120	140	160	180
500(4.1)	1489.9	15150	1539.5	1563.4	1587.1	1610.6	1634.0	1680.7	1727.5	1774.7		
600(9.3)	1482.4	1508.6	1533.8	1558.5	1582.7	1606.6	1630.4	1677.7	1724.9	1772.4		
700(13.8)	1474.5	1501.9	1528.1	1553.4	1578.2	1602.6	1626.8	1674.6	1722.4	1770.2		
800(17.9)	1466.3	1495.0	1522.2	1548.3	1573.7	1598.6	1623.1	1671.6	1719.8	1768.0	1816.4	
900(21.5)		1488.0	1516.2	1543.0	1569.1	1594.4	1619.4	1668.S	1717.1	1765.7	1814.4	
1000(24.9)		1480.6	1510.0	1537.7	1564.4	1590.3	1615.6	1665.4	1714.5	1763.4	1812.4	1861.7
1200(4.0)			1497.1	1526.6	1554.7	1581.7	1608.0	1659.2	1709.2	1758.9	1808.5	1858.2
1400(36.3)			1483.4	1515.1	1544.7	1573.0	1600.2	1652.8	1703.9	1754.3	1804.5	1854.7
1600(41.0)				1502.9	1534.4	1564,0	1592.3	1646.4	1698.5	1749.7	1800.5	1851.2
1800(45.4)				1490.0	1523.5	1554.6	1584.1	1639.8	1693.1	1745.1	1796.5	1847.7
2000(49.4)				1476.1	1512	1544.9	1575.6	1633.2	1687.6	1740.4	1792.4	1844.1

表2.9.39 压力下氨气的比焓

单位：kJ/kg

温度/K	压力/kPa									
	0.1	1	10	20	30	40	50	55	60	65
300	2309.0	2254.6								
320	2350.9	2306.5	1198.0	1181.8	1199.4	1199.3	1206.6	1210.3	1213.6	1217.3
340	2394.5	2357.9	1295.3	1276.2	1291.1	1288.2	1992.6	1295.0	1297.5	1300.0
360	2439.3	2409.3	1398.4	1372.9	1384.0	1378.4	1380.2	1381.5	1382.7	1384.3
380	2484.9	2458.7	1516.3	1476.4	1481.2	1472.0	1470.4	1470.8	1471.1	1472.0
400	2530.9	2508.3	2053.2	1607.6	1577.6	1570.7	1565.2	1563.9	1563.3	1563.8
420	2577.0	2557.2	2292.6	1753.8	1688.6	1675.0	1664.2	1662.0	1660.2	1659.7
440	2623.5	2606.1	2390.1	1952.4	1815.7	1784.0	1767.9	1763.6	1760.5	1758.3
460	2670.8	2655.5	2472.8	2169.5	1964.0	1899.8	1874.7	1867.4	1861.8	1857.5
480	2718.9	2705.3	2548.6	2322.6	2116.6	2022.0	1982.9	1971.3	1962.3	1955.0
500	2767.9	2755.9	2619.4	2434.6	2255.0	2145.4	2090.9	2073.4	2060.0	2050.0
520	2817.7	2807.0	2688.2	2526.9	2372.8	2264.8	2196.1	2172.4	2155.5	2142.3
540	2868.4	2858.5	2754.5	2607.3	2471.5	2365.9	2294.0	2267.1	2247.2	2231.8
560	2919.5	2910.8	2818.5	2679.4	2556.5	2455.8	2384.3	2358.1	2335.9	2318.3
580	2971.4	2963.5	2881.8							

温度/K	压力/kPa									
	65	70	75	80	85	90	95	100	105	110
320	1217.3	1220.7	1224.7	1228.5	1232.5	1236.6	1241.1	1245.9	1250.9	1255.9
340	1300	1302.8	1305.7	1308.6	1311.8	1315.1	1318.7	1322.8	1326.9	1331.3
360	1384.3	1386.3	1388.3	1390.8	1392.9	1395.6	1398.5	1401.7	1405	1408.3
380	1472	1472.4	1473.5	1475.1	1477.1	1479.1	1481.5	1484	1486.7	1489.7
400	1563.8	1562.9	1565.2	1567.3	1569	1569.2	1570.4	1572.1	1574.3	1576.8
420	1659.7	1658.9	1659.1	1659.9	1661	1662.3	1663.8	1665.8	1667.6	1669.6
440	1758.3	1756.9	1756.4	1756.3	1756.6	1757.8	1758.6	1760.1	1761.8	1763.6
460	1857.5	1854.3	1852.5	1851.5	1851.4	1851.4	1851.4	1851.7	1852.1	1852.7
480	1955	1949.7	1946.2	1943.5	1941.8	1940.1	1938.8	1937.8	1937.3	1937.2
500	2050	2042.3	2036.2	2031.8	2028.4	2025.4	2022.8	2020.9	2019.6	2018.9
520	2142.3	2131.8	2124	2117.6	2112.4	2108.1	2104.6	2101.6	2099.6	2098.6
540	2231.8	2219.3	2209.4	2202.3	2194.4	2188.7	2184.3	2181.1	2178.9	2177.4
560	2318.3	2303.6	2299.3	2244.8	2645.9	2378.9	2233.9	2272.1	2252.6	2255.1

表2.9.40 饱和氨的比焓

单位：kJ/kg

t/℃	p/kPa	液体	气体	t/℃	p/kPa	液体	气体	t/℃	p/kPa	液体	气体
−50	40.88	−44.3	1372.4	−16	226.45	107.8	1424.4	18	803.66	265.4	1460.0
−48	45.96	−35.5	1375.8	−14	246.51	116.9	1427.0	20	857.12	274.9	1461.5
−46	51.55	−26.6	1379.2	−12	267.95	126.0	1429.5	22	913.27	284.4	1462.9
−44	57.69	−17.8	1382.5	−10	290.85	135.2	1432.0	24	972.19	294.0	1464.3
−42	64.42	−8.9	1385.8	−8	315.25	144.3	1434.4	26	1034.0	303.6	1465.6
−40	71.77	0.0	1389.0	−6	341.25	153.5	1436.8	28	1098.7	313.2	1466.8
−38	79.8	8.9	1392.2	−4	368.9	162.7	1439.1	30	1166.5	322.9	1467.9
−36	88.54	17.8	1395.4	−2	398.27	171.9	1441.3	32	1237.4	332.6	1469.0
−34	98.05	26.8	1398.5	0	429.44	181.1	1443.5	34	1311.6	342.3	1469.9
−32	108.37	35.7	1401.6	2	462.49	190.4	1445.6	36	1389.0	352.1	1470.8
−30	119.55	44.7	1404.6	4	497.49	199.6	1447.6	38	1469.9	361.9	1471.5
−28	13164	53.6	1407.6	6	534.51	208.9	1449.6	40	1554.3	371.7	1472.2
−26	144.7	62.6	1410.5	8	573.64	218.3	1451.5	42	1642.4	381.6	1472.8
−24	158.78	71.6	1413.4	10	614.95	227.6	1453.3	44	1734.1	391.5	1473.2
−22	173.93	80.7	1416.2	12	658.52	237.0	1455.1	46	1829.6	401.5	1473.5
−20	190.22	89.7	1419.0	14	704.44	246.4	1456.8	48	1929.1	411.5	1473.7
−18	207.71	98.8	1421.7	16	752.79	255.9	1458.5	50	2032.6	421.7	1473.7

表2.9.41 过热氨蒸气在压力下的比焓 单位：kJ/kg

温度/℃	压力/kPa							
	50	100	200	300	400	500	600	700
−40	1631.3							
−30	1652.9	1646.1						
−20	1674.3	1668.7						
−10	1695.5	1690.8						
0	1716.6	1712.5	1703.9	1694.7	1684.9			
10	1737.8	1734.3	1726.8	1718.8	1710.8	1702.2	1693.2	
20	1758.9	1755.8	1749.4	1742.7	1735.7	1728.4	1720.8	1713.0
30	1780.2	1777.4	1771.7	1765.8	1759.4	1753.5	1747.1	1740.4
40	1801.5	1799.1	1794.0	1788.8	1783.5	1778.0	1772.4	1766.6
50	1783.4	1821.4	1816.0	1811.7	1806.8	1801.9	1797.0	1792.0
60	1844.6	1842.6	1838.5	1834.3	1830.0	1825.6	1821.2	1816.8
70	1866.4	1864.5	1860.8	1857.0	1853.1	1849.2	1845.2	1841.2
80	1888.3	1886.6	1883.2	1879.7	1876.1	1872.6	1869.0	1865.3
90	1910.4	1908.8	1905.6	1902.4	1899.2	1895.9	1892.6	1889.3
100	1932.6	1931.2	1928.2	1925.3	1922.3	1919.3	1916.3	1913.2
110		1953.7	1950.9	1948.2	1945.5	1942.7	1939.9	1937.1
120			1963.3	1971.3	1968.7	1966.2	1963.6	1961.0
130			1975.7	1994.7	1992.1	1989.7	1987.3	1984.9
140			1998.7	2018.0	2015.5	2013.4	2011.1	2008.9
150						2037.4	2035.4	2033.4
160								2057.0
温度/℃	压力/kPa							
	700	800	900	1000	1100	1200	1300	1400
20	1713.0							
30	1740.4	1704.8	1726.4	1719.1	1711.5			
40	1766.6	1733.5	1754.6	1748.4	1742.1	1735.5	1728.8	1721.9
50	1792.0	1760.7	1781.6	1776.2	1770.7	1765.1	1759.4	1753.5
60	1816.8	1786.8	1807.6	1802.9	1789.1	1793.2	1788.3	1783.3
70	1841.2	1812.2	1833.0	1828.8	1824.6	1820.3	1815.9	1811.5
80	1865.3	1837.1	1858.0	1854.2	1850.4	1846.6	1842.7	1838.8
90	1889.3	1961.6	1882.6	1879.2	1875.8	1872.3	1868.9	1865.4
100	1913.2	1886.0	1907.1	1904.0	1900.9	1897.7	1894.6	1891.4
110	1937.1	1910.2	1931.5	1928.6	1925.8	1922.9	1920.0	1917.1
120	1961.0	1934.3	1955.8	1953.1	1950.5	1947.8	1945.2	1842.5
130	1984.9	1958.4	1980.1	1977.6	1975.2	1972.7	1970.3	1967.8
140	2008.9	1982.5	2004.4	2002.1	1999.8	1997.5	1995.3	1993.0
150	2033.4	2006.6	2029.3	2120.4	2049.1	2023.2	2021.1	2019.0
160	2057.0	2031.4	2053.1	2051.1	2049.1	2047.2	2045.2	2043.2
170		2055.1	2077.6	2075.7	2073.9	2072.0	2070.1	2068.3
180						2096.9	2095.0	2093.4

（12）硫化氢

表2.9.42 硫化氢的比焓

温度/℃	比焓 h/(kJ/kg)	摩尔焓 h_m/(kJ/kmol)	容积焓 h'/(kJ/m³)	温度/℃	比焓 h/(kJ/kg)	摩尔焓 h_m/(kJ/kmol)	容积焓 h'/(kJ/m³)
0	0.00	0.0	0.00	700	803.08	27403	1222.1
100	100.90	3433.2	153.24	800	937.84	31987	1426.9
200	205.15	7000.3	312.34	900	1073.9	36664	1635.4
300	315.27	10727	578.55	1000	1218.4	41491	1850.6
400	432.08	14637	653.14	1100	1363.2	46423	2071.2
500	518.47	18715	835.27	1200	1507.2	51397	2293.1
600	673.24	22986	1024.9				

表2.9.43 饱和硫化氢的比焓 单位：kJ/kg

T_{sat}/K	212.8	220	240	260	280	300	320	340	360	373.15
p_{sat}/kPa	101.3	140	325	680	1020	2000	3250	4890	7050	8937

续表

液体	−356	−341	−301	−256	−207	−161	−104	−42	45	68
气体	199	204	219	230	239	244	241	228	190	68

（13）氟化氢和氯化氢

表2.9.44 饱和氟化氢的比焓 单位：kJ/kg

T_{sat}/K	292.69	305	325	345	365	385	405	425	445	461.15
p_{sat}/kPa	101.3	152	285	500	820	1320	2100	3150	4800	6490
液体	0	37.9	101.6	168	239	316	400	493	598	
气体	330	407.9	536.6	653	769	896	1010	1068	993	

表2.9.45 饱和氯化氢的比焓 单位：kJ/kg

T_{sat}/K	188.05	200	215	230	245	260	275	290	305	324.65
p_{sat}/kPa	101.3	180	370	670	1100	1800	2700	3800	5500	8309
液体	0	20	45	71	99	130	164	203	247	
气体	442	452	461	467	473	478	480	478	465	

（14）乙硼烷

表2.9.46 饱和乙硼烷的比焓 单位：J/mol

温度/℃	130	140	150	160	170	175	180	185	190	195
液体	−12128	−11345	−10586	−9837.3	−8979	−8509.7	−8115.3	−7808.5	−7546.3	−7240.2
蒸气	4375.6	4721.5	5063.1	5397.6	5720.8	5877.4	6030.2	6178.9	6322.9	6461.9
温度/℃	200	205	210	215	220	222	224	226	228	230
液体	−6746.6	−6333.8	−5921.4	−5493.9	−5066.9	−4892.3	−4716	−4538.5	−4359.7	−4179.3
蒸气	6595.9	6724	6846.7	6960.6	7071.1	7112.5	7152.3	7191.2	7228.1	7263.7
温度/℃	232	234	236	238	240	242	244	246	248	250
液体	−3997.1	−3813.3	−3627.9	−3440.7	−3251.5	−3060.6	−2867.1	−2671.6	−2473.6	−2273
蒸气	7298	7329.8	7360.4	7388.9	7415.7	7439.9	7461.7	7481	7497.7	7511.1
温度/℃	252	254	256	258	260	262	264	266	268	270
液体	−2069.1	−1860.6	−1652.5	−1439.0	−1220.9	−998.13	−769.95	−535.91	−294.88	45.720
蒸气	7522	7528.7	7531.6	7530.4	7524.1	7512.8	7495.6	7471.8	7439.9	7398.9
温度/℃	272	274	246	278	280	282	284	286	288	289.9
液体	206.16	482.91	766.6	1067.4	1390.0	1741.9	2135.3	2594.9	3185.4	4439.3
蒸气	7348.3	7284.6	7205.9	7108.8	6987.4	6833.3	6631.9	6353.1	5912.6	4439.3

表2.9.47 乙硼烷气体在压力下的比焓 单位：J/mol

温度/K	压力/kPa							
	10	100	400	700	1000	4000	7000	10000
200	7053.7	6899.6						
220	7922.1	7802.6	7779.4					
240	8841.8	8749.3	8416.5	8046.8	7623.6			
260	9821.1	9744.2	9477.4	9189.5	8876.8			
280	10858	10794	10573	10342	10094			
300	11958	11904	11717	11523	11319	8176	3311	2423
320	13123	13076	12913	12745	12571	10359	6613	5096
340	14350	14308	14164	14018	13868	12094	9652	7660
360	15641	15602	15476	15345	15212	13723	11906	10137
380	16993	16959	16844	16728	16607	15312	13856	12393
400	18410	18377	18273	18167	18060	16917	15680	14460
420	19887	19859	19760	19662	19566	18538	17465	16422
440	21423	21397	21307	21217	21127	20196	19247	18331

续表

温度/K	压力/kPa							
	10	100	400	700	1000	4000	7000	10000
460	23017	22994	22911	22824	22741	21904	21038	20226
480	24668	24645	24570	24491	24412	23635	22863	22127
500	26379	26354	26284	26210	26140	25427	24707	24044
520	28138	28116	28048	27984	27916	27236	26603	25987
540	29954	29936	29874	29807	29745	29134	28521	27964
560	31821	31803	31743	31683	31624	31045	30491	29974
580	33741	33722	33670	33613	33555	33014	32503	32019
600	35707	35692	35638	35584	35535	35034	34543	34100
650	40831	40821	40772	40730	40682	40236	39848	39466
700	46231	46218	46185	46144	46102	45740	45396	45079
750	51891	51887	51850	51817	51788	51469	51171	50912
800	57795	57786	57762	57720	57702	57479	57160	56962
850	63916	63912	63887	63882	63844	63539	63432	63206
900	70246	70238	70213	70200	70181	69965	69814	69646
950	76765	76757	76740	76724	76703	76539	76401	76262
1000	83451	83451	83435	83418	83402	83269	83146	83036
1100	97293	97293	97285	97276	97268	97177	97102	97041
1200	111679	111679	111679	111671	111662	111618	11584	111550
1300	126513	126513	126513	126513	126513	126504	126504	126505
1400	141744	141744	141757	141757	141756	141786	141803	141822
1500	157311	157311	157323	157323	157323	157381	157424	157470

（15）二硫化碳和氧硫化碳

表2.9.48 二硫化碳和氧硫化碳气体的比焓 单位：kJ/kg

名称	温度/℃					
	100	200	300	400	500	600
二硫化碳	61.295	127.36	196.79	268.62	342.27	417.76
氧硫化碳	70.966	148.45	23061	316.4	404.91	495.72
名称	温度/℃					
	700	800	900	1000	1100	1200
二硫化碳	494.04	571.5	649.37	727.67	806.8	886.35
氧硫化碳	588.25	682.45	777.91	874.62	972.18	1070.6

2.10 比熵

2.10.1 空气的比熵

表2.10.1 空气的比熵 单位：kJ/(kg·K)

温度/K	S″	温度/K	S″	温度/K	S″	温度/K	S″	温度/K	S″
100	1.4143	180	2.0033	260	2.3717	340	2.6412	420	2.8547
110	1.5098	190	2.0575	270	2.4096	350	2.6704	430	2.8786
120	1.5971	200	2.1088	280	2.4461	360	2.6987	440	2.9020
130	1.6773	210	2.1577	290	2.4813	370	2.7264	450	2.9249
140	1.7515	220	2.2043	300	2.5153	380	2.7534	460	2.9473
150	1.8206	230	2.2489	310	2.5483	390	2.7796	470	2.9693
160	1.8853	240	2.2915	320	2.5802	400	2.8052	480	2.9909
170	1.9461	250	2.3325	330	2.6111	410	2.8302		

续表

温度/K	S″	温度/K	S″	温度/K	S″	温度/K	S″	温度/K	S″
490	3.0120	640	3.2905	800	3.5312	960	3.7346	1240	4.0308
500	3.0328	650	3.3069	810	3.5449	970	3.7468	1260	4.0497
510	3.0532	660	3.3232	820	3.5584	980	3.7580	1280	4.0684
520	3.0733	670	3.3392	830	3.5718	990	3.7695	1300	4.0868
530	3.0930	680	3.3551	840	3.5850	1000	3.7810	1320	4.1049
540	3.1124	690	3.3707	850	3.5981	1020	3.8030	1340	4.1229
550	3.1314	700	3.3861	860	3.6111	1040	3.8259	1360	4.1406
560	3.1502	710	3.4014	870	3.6240	1060	3.8478	1380	4.1580
560	3.1502	720	3.4156	880	3.6367	1080	3.8694	1400	4.1753
570	3.1686	730	3.4314	890	3.6493	1100	3.8906	1420	4.1923
580	3.1868	740	3.4461	900	3.6619	1120	3.9116	1440	4.2092
590	3.2047	750	3.4607	910	3.6743	1140	3.9322	1460	4.2258
600	3.2223	760	3.4751	920	3.6865	1160	3.9525	1480	4.2422
610	3.2397	770	3.4894	930	3.6987	1180	3.9725	1500	4.2585
620	3.2569	780	3.5035	940	3.7108	1200	3.9922		
630	3.2738	790	3.5174	950	3.7227	1220	4.0117		

表2.10.2　空气在压力下的比熵

单位：kJ/(kg·K)

温度/K	压力/MPa													
	0.1	0.2	0.5	1.0	1.5	2	3	4	6	8	10	12	14	16
100	2.7696	2.5642	2.2594											
120	2.9603	2.7563	2.4724	2.2313	2.0558		0.7874	0.7368	0.6827	0.6484	0.6228	0.6000	0.5791	0.5611
140	3.1201	2.9220	2.6407	2.4173	2.2694	2.1547	1.9574	1.7503	1.2560	1.1345	1.0689	1.0204	0.9821	0.9482
160	3.2575	3.0353	2.7821	2.5695	2.4308	2.3316	2.1741	2.0437	1.8049	1.6109	1.4848	1.3979	1.3332	1.2818
180	3.3737	3.3763	2.9132	2.6897	2.5746	2.4710	2.33	2.2192	2.0417	1.8972	1.7767	1.682	1.607	1.5472
200	3.4848	3.285	3.0152	2.9338	2.6898	2.5854	2.4612	2.3528	2.1971	2.074	1.971	1.8851	1.8126	1.7521
220	3.5811	3.3821	3.1135	2.9092	2.7841	2.6952	2.5648	2.468	2.321	2.2091	2.1169	2.038	1.9697	1.9114
240	3.669	3.4700	3.2026	2.9996	2.8754	2.788	2.6606	2.567	2.4271	2.3222	2.2362	2.1635	2.1000	2.0447
260	3.7494	3.5508	3.2839	3.0821	2.9591	2.8725	2.7475	2.6557	2.521	2.4204	2.3390	2.2700	2.2104	2.1536
280	3.8239	3.6253	3.3592	3.1579	3.0356	2.9504	2.8266	2.7368	2.6051	2.5077	2.4296	2.364	2.3068	2.2565
300	3.8934	3.6948	3.4291	3.2282	3.1068	3.0223	2.8999	2.8108	2.6816	2.5867	2.5115	2.448	2.3932	2.3447
320	3.9583	3.7597	3.494	3.2943	3.1733	3.0889	2.9672	2.8794	2.7523	2.6599	2.5859	2.5244	2.471	2.4245
340	4.0195	3.8208	3.5555	3.3563	3.2353	3.1512	3.0304	2.9438	2.818	2.7268	2.6545	2.5943	2.5424	2.4968
360	4.0772	3.8786	3.6133	3.4145	3.2939	3.2099	3.0898	3.0037	2.8795	2.7895	2.7185	2.6591	2.6085	2.5637
380	4.1317	3.933	3.6686	3.4693	3.3491	3.2655	3.1463	3.0602	2.9372	2.8481	2.7783	2.7193	2.6695	2.6260
400	4.1836	3.985	3.7205	3.5216	3.4015	3.3186	3.1995	3.1138	2.9915	2.9037	2.8341			
450	4.3029	4.1043	3.8402	3.6414	3.5220	3.4393	3.3213	3.2364	3.1158	3.0300	2.9618			

温度/K	压力/MPa													
	18	20	25	30	35	40	45	50	60	70	80	90	100	120
120	0.5448	0.5301	0.5047	0.4879										
140	0.9199	0.8963	0.8526	0.8237										
160	1.2392	1.2043	1.1395	1.0938	1.0616	1.0380	1.0182	1.0015						
180	1.4967	1.4551	1.3743	1.3146	1.3151	1.0774	1.1979	1.1929	1.1299					
200	1.7000	1.6557	1.5665	1.4994	1.4492	1.4096	1.3764	1.3478	1.2993	1.2586	1.2238			
220	1.8610	1.8176	1.7271	1.6562	1.6028	1.5595	1.5229	1.4914	1.4381	1.3944	1.3569			
240	1.9958	1.9528	1.8631	1.7925	1.7369	1.6916	1.6529	1.6193	1.5631	1.5166	1.4767	1.4423	1.4111	
260	2.1100	2.0700	1.9807	1.9122	1.8531	1.8123	1.7643	1.8106	1.6927	1.6218	1.5877	1.5504	1.5183	
280	2.2118	2.1719	2.0871	2.0180	1.9624	1.9153	1.8754	1.8399	1.7790	1.7291	1.6867	1.6502	1.6173	1.5579
300	2.3016	2.2631	2.1807	2.1131	2.0581	2.0120	1.9718	1.9358	1.8737	1.8229	1.7794	1.7420	1.7090	1.6491
320	2.3827	2.3454	2.2653	2.1995	2.1460	2.0999	2.0597	2.0237	1.9613	1.9093	1.8652	1.8275	1.7937	1.7334
340	2.4562	2.4202	2.3426	2.2781										
360	2.5243	2.4892	2.4169	2.3520										
380	2.5875	2.5531	2.4789	2.4173										

注：横线上方为液态，下方为气态。

表2.10.3 空气在饱和线上的比熵 单位：kJ/(kg·K)

压强/Pa	100	200	300	500	700	1000	1500	2000	2500	3000	3500	3773
液体	0	0.1419	0.2323	0.3555	0.4469	0.5599	0.7143	0.8456	0.9624	1.0770	1.2004	1.4164
气体	2.5581	2.4317	2.3186	2.2454	2.1761	2.0887	1.9855	1.8962	1.8096	1.7535	1.6344	1.4164

表2.10.4 饱和空气气体的比熵 单位：kJ/(kg·K)

T	59.75	60	62	64	66	68	70	72	74	76
s	3.34	3.326	3.225	3.132	3.047	2.968	2.896	2.828	2.766	2.708
T	78	80	82	84	86	88	90	92	94	96
s	2.653	2.602	2.554	2.509	2.466	2.425	2.386	2.349	2.313	2.279

T	98	100	102	104	106	108	110	112	114
s	2.246	2.213	2.182	2.151	2.12	2.089	2.059	2.028	1.997
T	116	118	120	122	124	126	128	130	132
s	1.965	1.932	1.898	1.861	1.821	1.777	1.725	1.66	1.556

表2.10.5 饱和空气液体的比熵 单位：kJ/(kg·K)

T	59.75	60	62	64	66	68	70	72	74	76
s	−0.5306	−0.5226	−0.4603	−0.3999	−0.3414	−0.2846	−0.2293	−0.1756	−0.1232	−0.0721
T	78	80	82	84	86	88	90	92	94	96
s	−0.0222	0.0266	0.0744	0.1213	0.1673	0.2125	0.2569	0.3007	0.343	0.3866
T	98	100	102	104	106	108	110	112	114	116
s	0.4288	0.4707	0.5122	5535	0.5947	0.6358	0.6769	0.7182	0.7598	0.8019
T	118	120	122	124	126	128	130	132	132.63	
s	0.8447	0.8885	0.9338	0.9811	1.032	1.088	1.157	1.273	1.437	

2.10.2 单质气体的比熵

（1）氧气

表2.10.6 饱和氧的比熵 单位：J/(mol·K)

温度/℃	比熵s/[kJ/(kg·K)]	摩尔熵s_m/[kJ/(kmol·K)]	容积熵s'/[kJ/(m³·K)]	温度/℃	比熵s/[kJ/(kg·K)]	摩尔熵s_m/[kJ/(kmol·K)]	容积熵s'/[kJ/(m³·K)]
100	0.2826	9.084	0.4038	1500	1.9926	61.525	2.7444
200	0.5085	16.262	0.7252	1600	1.9866	63.577	2.8361
300	0.6958	22.265	0.9931	1700	2.0478	65.532	2.9232
400	0.8583	27.465	1.2251	1800	2.1064	67.399	3.0065
500	1.0019	32.054	1.4298	1900	2.1695	69.195	3.0869
600	1.1304	36.114	1.6136	2000	2.2161	70.92	3.164
700	1.2472	39.917	1.7806	2100	2.268	72.578	3.2377
800	1.354	43.333	1.933	2200	2.3178	74.173	3.3083
900	1.4528	46.488	2.0737	2300	2.3884	75.718	3.3779
1000	1.5441	49.413	2.2044	2400	2.4192	77.213	3.4445
1100	1.6295	52.128	2.3258	2500	2.4581	78.662	3.5094
1200	1.7091	54.692	2.3498	2600	2.502	80.06	3.5718
1300	1.7844	57.1	2.5472	2700	2.5447	81.425	3.6325
1400	1.8556	59.373	2.6486	3000	2.7214	87.044	3.8895

注：计算基准为0℃，s=0。

表2.10.7 饱和氧的比熵 单位：kJ/(kg·K)

温度/K	70	80	90	90.18	100	110	120	130	140	150	154.77①
液体	80.39	87.33	93.88	93.94	99.74	105.1	110.2	115.1	120.2	126.4	134.9
气体	185.9	176.5	169.7	169.6	164.5	160.2	156.5	152.8	148.9	143.5	134.9

① 临界点。

表2.10.8　压力下氧气的比熵　　单位：kJ/(kg·K)

温度/K	压力/kPa					
	10	100	1000	4000	7000	10000
100	6.0153	5.4143	5.0836			
150	6.3854	5.7903	5.0945			
200	6.6475	6.0538	5.3991	5.2338	4.1302	4.5873
250	6.8510	6.2581	5.6096	5.4722	4.4085	4.9171
300	7.0180	6.4252	5.7804	5.6547	4.6026	5.1262
350	7.1604	6.5679	5.9248	5.8052	4.7598	5.2889
400	7.2851	6.6927	6.0508	5.9350	4.8931	5.4256
500	7.4978	6.9062	6.2656	6.1536	5.1170	5.6524
600	7.6783	7.0862	6.4460	6.3367	5.3015	5.8394
700	7.8353	7.2432	6.6034	6.4949	5.4609	6.0002
800	7.9747	7.3827	6.7429	6.6356	5.6024	6.1421
900	8.0999	7.5078	6.8685	6.7616	5.7288	6.2693
1000	8.2142	7.6221	6.9828	6.8759	5.8435	6.3845
1100	8.3189	7.7268	7.0874	6.9810	5.9490	6.4900
1200	8.4152	7.8231	7.1841	7.0778	6.0456	6.5871
1300	8.5052	7.9131	7.2737	7.1677	6.1357	6.6771
1400	8.5889	7.9969	7.3579	7.2519	6.2198	6.7613
1500	8.6672	8.0756	7.4362	7.3304	6.2991	6.8403

（2）氮气

表2.10.9　常压下氮气的比熵

温度/℃	比熵s/[kJ/(kg·K)]	摩尔熵s_m/[kJ/(kmol·K)]	容积熵s'/[kJ/(m^3·K)]	温度/℃	比熵s/[kJ/(kg·K)]	摩尔熵s_m/[kJ/(kmol·K)]	容积熵s'/[kJ/(m^3·K)]
0	0.0000	0.000	0.0000	1400	2.0222	56.659	2.5276
100	0.3245	9.090	0.4057	1500	2.0955	58.707	2.6193
200	0.5728	16.048	0.7159	1600	2.1654	60.663	2.7063
300	0.7762	21.742	0.9701	1700	2.9320	62.530	2.7897
400	0.9496	26.607	1.1870	1800	2.2956	64.309	2.8692
500	1.1024	30.886	1.3779	1900	2.3563	66.013	2.9450
600	1.2397	34.725	1.5491	2000	2.4145	67.646	3.0178
700	1.3645	38.221	1.7053	2100	2.4706	69.212	3.0878
800	1.4788	41.433	1.8485	2200	2.5242	70.723	3.1552
900	1.5851	44.405	1.9812	2300	2.5761	72.176	3.2201
1000	1.6835	47.168	2.1043	2400	2.6264	73.575	3.2825
1100	1.7760	49.760	2.2198	2500	2.6745	74.927	3.3427
1200	1.8627	52.193	2.3283	3000	2.8763	80.554	3.5923
1300	1.9448	54.483	2.4309				

表2.10.10　压力下氮气的比熵　　单位：kJ/(kg·K)

温度/K	压力/kPa						
	100	400	700	1000	4000	7000	10000
100	5.6949	5.2338					
150	6.1234	5.704	5.4836	5.4057	4.8887	4.1392	
200	6.424	6.01	5.7979	5.7231	5.2871	4.9486	4.8559
250	6.6568	6.2448	6.0348	5.9621	5.5504	5.2408	5.1771
300	6.8468	6.4357	6.2269	6.1555	5.7546	5.4559	5.4032
350	7.0072	6.5973	6.3891	6.3179	5.9231	5.6307	5.5826
400	7.1466	6.7371	6.5293	6.4586	6.0674	5.7788	5.7337
450	7.2701	6.8607	6.653	6.5825	6.1939	5.9076	5.8646
500	7.3811	6.9716	6.7643	6.6942	6.3074	6.0221	5.981
550	7.4824	7.0729	6.8656	6.7956	6.4099	6.1259	6.086
600	7.5753	7.1663	6.959	6.8889	6.5044	6.2215	6.1818
650	7.662	7.2529	7.0457	6.9756	6.5915	6.3094	6.2705

续表

温度/K	压力/kPa						
	100	400	700	1000	4000	7000	10000
700	7.7428	7.3338	7.1267	7.0568	6.6732	6.3913	6.353
750	7.819	7.4104	7.2032	7.133	6.7481	6.4689	6.4311
800	7.8914	7.4824	7.2753	7.2054	6.8226	6.5417	6.5037
900	8.025	7.6159	7.4089	7.339	6.957	6.6765	6.6389
1000	8.1468	7.7378	7.5309	7.4612	7.0793	6.799	6.7602
1100	8.259	7.85	7.6431	7.5734	7.1919	6.9116	6.8751
1200	8.3633	7.9542	7.7473	7.6777	7.2962	7.0163	6.9798
1300	8.46	8.0514	7.8445	7.7748	7.3933	7.1128	7.0771
1400	8.5508	8.1422	7.9354	7.8657	7.4845	7.2049	7.1685
1500	8.6367	8.2276	8.0207	7.9511	7.57	7.2901	7.2543

（3）氢气

表2.10.11　饱和氢的比熵　　单位：kJ/(kg·K)

温度/K	63.15	65	70	77.36	80	90	100	103.95	110	120	125
液体	0.000	0.059	0.212	0.418	0.487	0.729	0.955	1.043	1.180	1.419	1.595
气体	3.421	3.352	3.189	2.994	2.934	2.739	2.571	2.507	2.407	2.206	2.034

注：63.15K为三相点，126.2K为临界点。

表2.10.12　压力下氢气的比熵　　单位：kJ/(kg·K)

温度/K	压强/kPa				
	1	10	100	1000	10000
50	64.246	54.742	45.196	35.296	23.017
100	69.709	60.205	50.688	41.065	30.602
150	74.524	65.020	55.512	45.958	36.047
200	78.292	68.788	59.284	49.755	40.039
250	81.369	71.865	62.361	52.845	43.216
300	83.957	74.457	64.953	55.441	45.862
350	86.180	76.676	67.172	57.664	48.114
400	88.110	78.606	69.102	59.598	50.061
450	89.814	80.314	70.810	61.306	51.781
500	91.346	81.885	72.339	62.838	53.318
550	92.732	83.232	73.728	64.224	54.712
600	94.001	84.497	74.993	65.489	55.981

（4）氩气

表2.10.13　气态氩在压力下的比熵　　单位：J/(K·mol)

p/MPa	T/K								
	85	90	100	120	140	160	180	200	220
0.1	53.6	129.4	131.8	135.7	139	141.8	144.3	146.5	148.5
1.0	53.5	56.1	60.9	114.3	118.5	121.8	124.5	126.9	128.9
10	—	55	59.6	67.8	75.5	83.9	94.8	101.4	105.4

p/MPa	T/K							
	240	260	280	300	320	340	360	380
0.1	150.3	152	153.5	155.0	156.3	157.6	158.7	159.9
1.0	130.8	132.6	134.2	135.6	137	138.3	139.5	140.6
10	108.4	110.8	112.9	114.7	116.3	117.8	119.2	120.5

（5）气态氦-4

表2.10.14　气态氦-4在压力下的比熵　　单位：J/(K·mol)

p/MPa	T/K							
	19.47	22.38	24.23	29.93	32.59	34.33	36.19	38.29
0.10	18.05	20.96	22.82	28.52	31.17	32.92	34.77	36.88

续表

p /MPa	T/K							
	19.47	22.38	24.23	29.93	32.59	34.33	36.19	38.29
0.20	16.13	19.05	20.91	26.62	29.27	31.02	32.87	34.98
0.50	14.66	17.61	19.47	25.18	27.83	29.58	31.43	33.54
1.0	13.17	16.15	18.02	23.74	26.39	28.14	29.99	32.01
2.0	11.65	14.69	16.58	22.30	24.96	26.70	28.55	30.66
4.0	10.40	13.50	15.40	21.14	23.80	25.54	27.39	29.50
7.0	9.617	12.73	14.65	20.41	23.06	24.80	26.66	28.76
10	8.153	11.24	13.19	18.98	21.63	23.37	25.22	27.33
20	6.404	9.310	11.26	17.11	19.75	21.49	23.34	25.44
50	5.152	7.923	9.825	15.72	18.36	20.10	21.93	24.02
100	19.47	22.38	24.23	29.93	32.59	34.33	36.19	38.29

2.10.3 化合物的比熵

（1）一氧化氮和一氧化二氮

表 2.10.15 一氧化氮的比熵

温度 /℃	比熵 s /[kJ/(kg·K)]	摩尔熵 s_m /[kJ/(kmol·K)]	容积熵 s' /[kJ/(m³·K)]	温度 /℃	比熵 s /[kJ/(kg·K)]	摩尔熵 s_m /[kJ/(kmol·K)]	容积熵 s' /[kJ/(m³·K)]
0	0.0000	0.000	0.0000	1600	2.0892	62.889	2.7968
100	0.3107	9.332	0.4162	1700	2.1524	64.590	2.8818
200	0.5489	16.479	0.7352	1800	2.2127	66.528	2.9626
300	0.7435	22.370	0.9981	1900	2.2705	68.132	3.0400
400	0.9136	27.419	1.2234	2000	2.3258	69.790	3.1187
500	1.0622	31.878	1.4223	2100	2.3789	71.389	3.1849
600	1.1958	35.885	1.6010	2200	2.4304	72.930	3.2536
700	1.3172	39.536	1.7639	2300	2.4798	74.408	3.3197
800	1.4290	42.885	1.9129	2400	2.5272	75.836	3.3834
900	1.6315	45.967	2.0507	2500	2.5732	77.213	3.4449
1000	1.6266	48.827	2.1784	2600	2.6172	78.540	3.5039
1100	1.7158	51.489	2.2969	2700	2.6599	79.821	3.5613
1200	1.7995	53.997	2.4087	2800	2.7013	81.061	3.6166
1300	1.8789	56.354	2.5138	2900	2.7415	82.6.62	3.6701
1400	1.9523	58.578	2.6134	3000	2.7805	83.435	3.7225
1500	2.0226	60.688	2.7022				

表 2.10.16 一氧化二氮的比熵

温度 /℃	比熵 s /[kJ/(kg·K)]	摩尔熵 s_m /[kJ/(kmol·K)]	容积熵 s' /[kJ/(m³·K)]	温度 /℃	比熵 s /[kJ/(kg·K)]	摩尔熵 s_m /[kJ/(kmol·K)]	容积熵 s' /[kJ/(m³·K)]
0	0.0000	0.000	0.0000	700	1.3498	59.411	2.6507
100	0.2851	12.556	0.5602	800	1.4750	64.937	2.8964
200	0.5204	22.910	1.0290	900	1.5914	70.045	3.1250
300	0.7243	31.878	1.1223	1000	1.6998	74.818	3.3381
400	0.9048	39.816	1.7765	1100	1.8016	79.298	3.5374
500	1.0668	46.976	2.0947	1500	2.2106	97.343	4.3417
600	1.2217	53.800	2.3995				

（2）一氧化碳

表 2.10.17 一氧化碳气体的比熵

温度 /℃	比熵 s /[kJ/(kg·K)]	摩尔熵 s_m /[kJ/(kmol·K)]	容积熵 s' /[kJ/(m³·K)]	温度 /℃	比熵 s /[kJ/(kg·K)]	摩尔熵 s_m /[kJ/(kmol·K)]	容积熵 s' /[kJ/(m³·K)]
100	0.3249	9.102	0.4061	500	1.1099	31.087	1.3867
200	0.5744	16.086	0.7176	600	1.2489	34.985	1.5608
300	0.7792	21.826	0.9738	700	1.3758	38.531	1.7199
400	0.9550	26.745	1.1932	800	1.4918	41.788	1.8644

续表

温度 /℃	比熵 s /[kJ/(kg·K)]	摩尔熵 s_m /[kJ/(kmol·K)]	容积熵 s' /[kJ/(m^3·K)]	温度 /℃	比熵 s /[kJ/(kg·K)]	摩尔熵 s_m /[kJ/(kmol·K)]	容积熵 s' /[kJ/(m^3·K)]
900	1.5994	44.803	1.9988	1800	2.3174	64.908	2.8960
1000	1.6994	47.604	2.1240	1900	2.3785	66.625	2.9722
1100	1.7932	50.225	2.2408	2000	2.4371	68.270	3.0459
1200	1.8807	52.683	2.3505	2100	2.4937	69.848	3.1162
1300	1.9636	55.002	2.4539	2200	2.5477	71.364	3.1836
1400	2.0419	57.192	2.5514	2300	2.6000	72.825	3.2490
1500	2.1160	59.264	2.6440	2400	2.6502	74.232	3.3118
1600	2.1863	61.236	2.7319	2500	2.6988	75.593	3.3725
1700	2.2533	63.116	2.8160	3000	2.9098	81.433	3.6341

注：计算基准为0℃。

表2.10.18 饱和一氧化碳的比熵 单位：kJ/(kg·K)

温度/℃	−140.2	−145	−150	−155	−160	−165	−170	−175	−180	−185	−190	−195	−200	−205
液体	4.4661	4.1269	3.9815	3.8582	3.7588	3.6563	3.5521	3.4199	3.2962	3.1765	3.0487	2.9139	2.7716	2.6210
气体	4.4661	4.8005	4.9320	5.0272	5.0972	5.1614	5.2330	5.3020	5.3899	5.4957	5.6134	5.7403	5.8934	6.0772

表2.10.19 压力下一氧化碳气体的比熵 单位：kJ/(kg·K)

温度 /K	压力 /kPa										
	1	10	40	70	100	400	700	1000	4000	7000	10000
300	8.3614	7.6870	7.2635	7.1078	6.9742	6.4754	6.3924	6.2954	5.7498	5.646	5.5284
400	8.6797	8.0015	7.5816	7.4269	7.293	6.7966	6.7148	6.6186	6.0861	5.9965	5.8908
500	8.9254	8.2472	7.8278	7.6723	7.5387	7.0457	6.9611	6.8664	6.3399	6.2546	6.1545
600	9.1281	8.4495	8.0300	7.8753	7.7414	7.2465	7.1649	7.0694	6.5465	6.4636	6.3661
700	9.3022	8.6241	8.2046	8.0495	7.9159	7.4221	7.3389	7.2445	6.7226	6.6414	6.5457
800	9.4563	8.7777	8.3583	8.2036	8.0700	7.5754	7.4936	7.3990	6.8770	6.7979	6.7022
900	9.4848	8.8066	8.3872	8.2325	8.0985	7.6036	7.5225	7.4274	6.9471	6.8312	6.7249
1000	9.6204	8.9423	8.5228	8.3677	8.2341	7.7407	7.6579	7.5635	7.0422	6.9640	6.8693
1200	9.8582	9.1797	8.7602	8.6055	8.4715	7.9771	7.8959	7.8012	7.2827	7.2028	7.1089
1400	10.0617	9.3835	8.9641	8.809	8.6754	8.1824	8.0997	8.0052	7.4855	7.4079	7.3138
1600	10.2405	9.5619	9.1425	8.9878	8.8542	8.36	8.2782	8.184	7.6646	7.5866	7.4936
1800	10.3988	9.7206	9.3012	9.1464	9.0125	8.518	8.4373	8.3426	7.8236	7.7453	7.6523
2000	10.6077	9.9295	9.5101	9.355	9.2214	8.7283	8.6456	8.5477	8.0258	7.9593	7.8599
2400	10.8455	10.1673	9.7479	9.5932	9.4592	8.9647	8.884	8.7893	8.2707	8.1929	8.0998
2800	11.049	10.3708	9.9514	9.7962	9.6626	9.1287	9.0827	8.9975	8.3547	8.4261	8.3059

（3）二氧化碳

表2.10.20 二氧化碳气体的比熵

温度 /℃	比熵 s /[kJ/(kg·K)]	摩尔熵 s_m /[kJ/(kmol·K)]	容积熵 s' /[kJ/(m^3·K)]	温度 /℃	比熵 s /[kJ/(kg·K)]	摩尔熵 s_m /[kJ/(kmol·K)]	容积熵 s' /[kJ/(m^3·K)]
0	0.0000	0.000	0.0000	1400	1.9916	87.789	3.9163
100	0.2692	11.853	0.5288	1500	2.0729	91.226	4.0700
200	0.4957	21.813	0.9730	1600	2.1470	94.492	4.2157
300	0.6921	30.363	1.3590	1700	2.2177	97.607	4.3547
400	0.8662	38.129	1.7011	1800	2.2856	100.592	4.4878
500	1.0233	45.033	2.0092	1900	2.3501	103.427	4.6143
600	1.1660	51.313	2.2893	2000	2.4120	106.152	4.7357
700	1.2971	57.074	2.5464	2100	2.4715	108.765	4.8525
800	1.4177	62.396	2.7838	2200	2.5284	111.277	4.9647
900	1.5303	67.340	3.0044	2300	2.5833	113.693	5.0723
1000	1.6349	71.950	3.2100	2400	2.6364	116.020	5.1761
1100	1.7329	76.271	3.4026	2500	2.6871	118.265	5.2762
1200	1.8254	80.332	3.5839	3000	2.9266	128.786	5.7485
1300	1.9125	84.163	3.7547				

表2.10.21 压力下二氧化碳气体的比熵 单位：kJ/(kg·K)

温度/K	压力/kPa 10	100	400	700	1000	4000	7000	10000
200	4.9793							
230	5.0848	4.6487	4.3604	4.2506				
260	5.1815	4.7468	4.4688	4.3611	4.2534			
290	5.2711	4.8368	4.5621	4.4581	4.3537			
320	5.3549	4.9213	4.6491	4.5449	4.4545	4.0698	3.9304	3.7494
350	5.4336	5.0009	4.7299	4.6269	4.5377	4.1694	4.0650	3.9427
380	5.5085	5.0758	4.8057	4.7035	4.6151	4.2579	4.1688	4.0665
410	5.5797	5.1470	4.8777	4.7763	4.6884	4.3388	4.2598	4.1687
440	5.6475	5.2148	4.9459	4.8450	4.7578	4.4143	4.3404	4.2561
470	5.7124	5.2797	5.0112	4.9107	4.8240	4.4841	4.4140	4.3334
500	5.7404	5.3418	5.0739	4.9734	4.8885	4.5473	4.4837	4.4031
530	5.8343	5.4020	5.1339	5.0338	4.9475	4.6126	4.5474	4.4706
560	5.8916	5.4593	5.1912	5.0915	5.0053	4.6719	4.6101	4.5345
590	5.9469	5.5150	5.2469	5.1472	5.0614	4.7298	4.6687	4.5953
620	6.0005	5.5682	5.3005	5.2008	5.1153	4.7860	4.7248	4.6535
650	6.0524	5.6201	5.3524	5.2527	5.1672	4.8391	4.7788	4.7086
680	6.1022	5.6703	5.4027	5.3030	5.2175	4.8902	4.8311	4.7617
710	6.1508	5.7189	5.4512	5.3519	5.2665	4.9387	4.8816	4.8128
740	6.1981	5.7658	5.4985	5.3993	5.3138	4.9871	4.9302	4.8621
770	6.2437	5.8114	5.5442	5.4449	5.3594	5.0336	4.9772	4.9093
800	6.2881	5.8562	5.5885	5.4897	5.4043	5.0772	5.0231	4.9554
950	6.4937	6.0618	5.7945	5.6957	5.6103	5.2855	5.2324	5.1663
1100	6.6754	6.2435	5.9762	5.8774	5.7923	5.4691	5.4158	5.3510
1250	6.8387	6.4068	6.1399	6.0407	5.9556	5.6340	5.5800	5.5156
1400	6.9861	6.5542	6.2873	6.1885	6.1034	5.7809	5.7285	5.6642
1500	7.0773	6.6454	6.3782	6.2797	6.1943	5.8703	5.8202	5.7556

表2.10.22 饱和二氧化碳的比熵 单位：kJ/(kg·K)

温度/℃	−100	−95	−90	−85	−80	−75	−70	−65	−60	−56.6
固体	2.510	2.543	2.575	2.606	2.637	2.670	2.704	2.743	2.786	2.816
蒸气	5.891	5.815	5.743	5.675	5.609	5.547	5.486	5.426	5.367	5.327
温度/℃	−56.6	−55	−50	−45	−40	−35	−30	−25	−20	−15
液体	3.720	3.733	3.776	3.818	3.859	3.900	3.939	3.978	3.998	4.057
蒸气	5.327	5.317	5.288	5.261	5.235	5.210	5.185	5.161	5.138	5.115
温度/℃	−10	−5	0	5	10	15	20	25	30	31.04
液体	4.098	4.141	4.187	4.230	4.278	4.329	4.383	4.450	4.544	4.647
蒸气	5.092	5.070	5.047	5.018	4.989	4.955	4.913	4.850	4.752	4.647

表2.10.23 二氧化碳液体的比熵 单位：kJ/(kg·K)

温度/℃	−28	−26	−24	−22	−20	−18	−16	−14	−12	−10
液体	−0.2087	−0.1947	−0.1807	−0.1663	−0.1516	−0.1372	−0.1226	−0.1079	−0.09298	−0.07786
温度/℃	−8	−6	−4	−2	0	2	4	6	8	10
液体	−0.06282	−0.04768	−0.03205	−0.01591	0	0.01658	0.03317	0.05012	0.06774	0.0861
温度/℃	12	14	16	18	20	22	24	26	28	30
液体	0.1048	0.1242	0.1448	0.1663	0.1891	0.2141	0.2415	0.2728	0.3104	0.3634

（4）二氧化硫

表2.10.24 二氧化硫气体的比熵

温度/℃	比熵s/[kJ/(kg·K)]	摩尔熵s_m/[kJ/(kmol·K)]	容积熵s'/[kJ/(m^3·K)]	温度/℃	比熵s/[kJ/(kg·K)]	摩尔熵s_m/[kJ/(kmol·K)]	容积熵s'/[kJ/(m^3·K)]
0	0.0000	0.000	0.000	300	0.4999	32.029	1.428
100	0.1959	12.560	0.561	400	0.6234	39.942	1.784
200	0.3601	23.069	1.030	500	0.7330	47.018	2.098

续表

温度/℃	比熵 s /[kJ/(kg·K)]	摩尔熵 s_m /[kJ/(kmol·K)]	容积熵 s' /[kJ/(m³·K)]	温度/℃	比熵 s /[kJ/(kg·K)]	摩尔熵 s_m /[kJ/(kmol·K)]	容积熵 s' /[kJ/(m³·K)]
600	0.8332	53.382	2.382	1200	1.2803	82.019	3.659
700	0.9286	59.201	2.638	1500	1.4654	93.826	4.187
800	1.0065	64.477	2.876	2000	1.6831	107.97	4.815
900	1.0823	69.333	3.094	2500	1.8631	119.41	5.326
1000	1.1530	73.855	3.295	3000	2.0139	129.08	5.761
1100	1.2188	78.084	3.483				

表2.10.25 饱和二氧化硫的比熵 单位：kJ/(kg·K)

温度/℃	−40	−38	−36	−34	−32	−30	−28	−26	−24	−22
液体	0.0000	0.0101	0.0202	0.0305	0.0409	0.0513	0.0620	0.0727	0.0833	0.0938
蒸气	1.7820	1.7713	1.7608	1.7505	1.7403	1.7302	1.7202	1.7104	1.7007	1.6909
温度/℃	−20	−18	−16	−14	−12	−10	−8	−6	−4	−2
液体	0.1047	0.1158	0.1268	0.1376	0.1486	0.1594	0.1704	0.1812	0.1920	0.2027
蒸气	1.6814	1.6723	1.6630	1.6537	1.6447	1.6356	1.6266	1.6176	1.6087	1.5999
温度/℃	0	2	4	6	8	10	12	14	16	18
液体	0.2135	0.2242	0.2349	0.2455	0.2562	0.2667	0.2771	0.2875	0.2979	0.3081
蒸气	1.5911	1.5824	1.5737	1.5650	1.5564	1.5479	1.5393	1.5308	1.5223	1.5139
温度/℃	20	22	24	26	28	30	32	34	36	38
液体	0.3183	0.3284	0.3384	0.3484	0.3580	0.3676	0.3773	0.3869	0.3961	0.4054
蒸气	1.5055	1.4971	1.4887	1.4804	1.4719	1.4634	1.4551	1.4467	1.4383	1.4298

注：计算基准为 −40℃时，s=0。

（5）氨气

表2.10.26 气态氨的比熵 单位：kJ/(kg·K)

p/kPa (t_{sat}/℃)	温度 t/℃										
	−20	−10	0	10	20	30	40	50	60	70	80	100
50(−46.5)	6.326	6.408	6.487	6.563	6.636	6.707	6.777	6.844	6.910	6.974	7.037	
75(−39.2)	6.119	6.203	6.283	6.360	6.434	6.506	6.576	6.643	6.710	6.774	6.837	
100(−33.6)	5.970	6.055	6.137	6.214	6.289	6.362	6.432	6.500	6.567	6.632	6.695	6.818
125(−29.1)	5.851	5.939	6.022	6.100	6.176	6.249	6.320	6.389	6.456	6.521	6.584	6.707
150(−25.2)	5.753	5.842	5.927	6.007	6.083	6.157	6.228	6.297	6.364	6.430	6.493	6.617
200(−18.9)		5.686	5.774	5.856	5.934	6.009	6.081	6.151	6.219	6.285	6.349	6.473
250(−13.7)		5.561	5.652	5.737	5.817	5.893	5.956	6.037	6.105	6.172	6.237	6.361
300(−9.2)			5.549	5.637	5.719	5.796	5.871	5.942	6.011	6.079	6.144	6.269
350(−5.4)			5.460	5.550	5.634	5.714	5.789	5.862	5.931	5.999	6.065	6.191
400(−1.9)			5.380	5.474	5.560	5.641	5.717	5.791	5.861	5.930	5.996	6.123
450(1.3)			5.308	5.404	5.493	5.575	5.653	5.728	5.799	5.868	5.935	6.062

p/kPa (t_{sat}/℃)	温度 t/℃											
	20	30	40	50	60	70	80	100	120	140	160	180
500(4.1)	5.431	5.516	5.595	5.670	5.743	5.812	5.879	6.008	6.130	6.247		
600(9.3)	5.322	5.410	S.4923	5.570	5.643	5.714	5.783	5.913	6.036	6.154		
700(13.8)	5.226	5.318	5.403	5.483	5.558	5.630	5.700	5.832	5.956	6.075		
800(17.9)	5.139	5.235	5.323	5.405	5.483	5.556	5.627	5.760	5.886	6.006	6.120	
900(21.5)		5.159	5.251	5.335	5.415	5.490	5.561	5.697	5.824	5.944	6.059	
1000(24.9)		5.089	5.184	5.271	5.353	5.429	5.502	5.639	5.767	5.889	6.005	6.116
1200(4.0)			5.063	5.156	5.242	5.322	5.397	5.538	5.669	5.792	5.909	6.021
1400(36.3)			4.953	5.053	5.143	5.227	5.305	5.450	5.584	5.709	5.827	5.941
1600(41.0)				4.958	5.054	5.142	5.223	5.372	5.508	5.636	5.756	5.870
1800(45.4)				4.869	4.972	5.064	5.148	5.302	5.441	5.570	5.691	5.807
2000(49.4)				4.783	4.893	4.990	5.079	5.237	5.379	5.510	S.6333	5.750

表2.10.27　压力下氨气的比熵

单位：kJ/(kg·K)

温度/K	压力/MPa									
	0	1	5	10	20	30	40	50	55	60
300	11.31	10.04	6.932	6.119	6.087	6.065	6.030	6.008	6.006	5.968
320	11.44	10.21	7.185	6.399	6.360	6.321	6.285	6.255	6.249	6.210
340	11.57	10.37	7.428	6.692	6.645	6.589	6.549	6.512	6.501	6.463
360	11.70	10.52	7.662	6.992	6.919	6.849	6.801	6.759	6.744	6.702
380	11.82	10.66	7.909	7.314	7.197	7.104	7.044	6.993	6.979	6.933
400	11.93	10.79	8.623	8.677	7.526	7.341	7.298	7.241	7.218	7.171
420	12.05	10.91	8.959	9.256	7.874	7.619	7.542	7.488	7.466	7.415
440	12.16	11.03	9.114	9.487	8.350	7.920	7.826	7.741	7.709	7.655
460	12.26	11.14	9.228	9.669	8.828	8.264	8.095	7.977	7.940	7.882
480	12.36	11.25	9.339	9.834	9.189	8.599	8.365	8.213	8.167	8.102
500	12.47	11.35	9.452	9.979	9.417	8.891	8.619	8.436	8.377	8.309
520	12.56	11.44	9.560	10.11	9.596	9.125	8.846	8.647	8.579	8.500
540	12.66	11.54	9.674	10.24	9.750	9.312	9.047	8.840	8.764	8.680
560	12.75	11.64	9.783	10.34	9.883	9.470	9.215	9.125	8.912	8.847
580	12.87	11.73	9.890							

温度/K	压力/MPa									
	65	70	75	80	85	90	95	100	105	110
300	6.181	6.214	6.188	6.175	6.161	6.149	6.137	6.124	6.115	6.107
320	6.428	6.457	6.431	6.418	6.404	6.389	6.375	6.363	6.351	6.338
340	6.665	6.691	6.662	6.644	6.630	6.615	6.598	6.585	6.570	6.554
360	6.900	6.922	6.889	6.871	6.853	6.837	6.820	6.803	6.790	6.778
380	7.130	7.153	7.119	7.101	7.080	7.063	7.046	7.030	7.013	6.999
400	7.369	7.388	7.353	7.336	7.315	7.294	7.277	7.257	7.241	7.229
420	7.608	7.623	7.584	7.562	7.541	7.517	7.498	7.479	7.460	7.446
440	7.833	7.841	7.798	7.776	7.747	7.725	7.701	7.682	7.664	7.644
460	8.048	8.050	8.005	7.974	7.944	7.919	7.894	7.872	7.852	7.833
480	8.248	8.243	8.194	8.163	8.130	8.099	8.074	8.049	8.027	8.008
500	8.435	8.423	8.371	8.335	8.305	8.272	8.242	8.214	8.187	8.168
520	8.609	8.591	8.535	8.498	8.465	8.432	8.398	8.368	8.342	8.318
540	8.781	8.642	8.666	8.657	8.614	8.579	8.548	8.520	8.490	8.461

表2.10.28　过热氨蒸气的比熵

单位：kJ/(kg·K)

温度/℃	压力/kPa						
	50	100	200	300	400	500	600
−40	9.6263						
−30	9.7170	9.3543					
−20	9.8032	9.4451					
−10	9.8852	9.5308	9.1631				
0	9.9638	9.6119	9.2500	9.0236	8.8542		
10	10.0397	9.6900	9.3319	9.1120	8.9488	8.8159	8.7012
20	10.1134	9.7650	9.4103	9.1940	9.0354	8.9068	8.7975
30	10.1846	9.8375	9.4853	9.2725	9.1164	8.9914	8.8855
40	10.2541	9.9079	9.5575	9.3463	9.1977	9.0137	9.2813
50	10.3215	9.9762	9.6275	9.4180	9.2663	9.1458	9.0451
60	10.3872	10.0427	9.6953	9.4871	9.3371	9.2180	9.1190
70	10.4518	10.1076	9.7611	9.5542	9.4055	9.2876	9.1900
80	10.5149	10.1709	9.8256	9.6195	9.4717	9.3552	9.2582
90	10.5766	10.2329	9.8880	9.6833	9.5358	9.4201	9.3246
100	10.6369	10.2936	9.9496	9.7452	9.5987	9.4839	9.3886
110		10.3530	10.0099	9.8061	9.6598	9.5455	9.4511
120			10.0685	9.8655	9.7198	9.6062	9.5119
130			10.1263	9.9238	9.7788	9.6653	9.5719
140				9.9807	9.8363	9.7235	9.6301
150						9.7800	9.6870

续表

温度/℃	压力/kPa							
	700	800	900	1000	1100	1200	1300	1400
20	8.7011	8.6138						
30	8.7934	8.7105	8.6346	8.5642	8.498			
40	7.5636	8.7027	9.4482	8.518	8.6243	8.5381	8.482	8.4284
50	8.9583	8.8808	8.8107	8.7467	8.687	8.6314	8.5782	8.5284
60	9.0338	8.9582	8.8902	8.8279	8.7703	8.717	8.6663	8.619
70	9.106	9.0318	8.9653	8.9045	8.849	8.7968	8.748	8.7023
80	9.1752	9.1023	9.0372	8.9775	8.923	8.8726	8.825	8.7805
90	9.2423	9.1702	9.1061	9.0477	8.9939	8.9444	8.8982	8.855
100	9.3073	9.236	9.1723	9.1148	9.0619	9.0132	8.9679	8.9255
110	9.3702	9.2998	9.2369	9.1798	9.1278	9.08	9.0355	8.9934
120	9.4319	9.3619	9.2994	9.2432	9.1916	9.1442	9.1001	9.0591
130	9.4922	9.4222	9.3606	9.3048	9.2536	9.2066	9.1631	9.123
140	9.5509	9.4817	9.4201	9.3648	9.314	9.2674	9.2243	9.1847
150	9.6083	9.5396	9.4783	9.4231	9.3732	9.327	9.2842	9.2443
160	9.6648	9.5962	9.5354	9.4804	9.4306	9.3849	9.3425	9.3031
170			9.5911	9.5366	9.4871	9.4415	9.3995	9.36
180						9.4971	9.4551	9.4159

表2.10.29 饱和氨的比熵

单位：kJ/(kg·K)

温度/℃	状态		温度/℃	状态		温度/℃	状态	
	液体	气体		液体	气体		液体	气体
−70	2.88	10.09	−28	3.718	9.216	12	4.386	8.66
−68	2.92	10.04	−26	3.734	9.184	14	4.419	8.636
−66	2.962	9.987	−24	3.770	9.150	16	4.451	8.613
−64	3.003	9.937	−22	3.806	9.121	18	4.484	8.589
−62	3.044	9.889	−20	3.842	9.090	17	4.468	8.601
−60	3.084	9.842	−18	3.877	9.060	20	4.516	8.566
−58	3.124	9.795	−16	3.912	9.030	22	4.548	8.544
−56	3.163	9.749	−14	3.947	9.001	24	4.580	8.521
−54	3.202	9.705	−12	3.982	8.973	26	4.612	8.498
−52	3.241	9.663	−10	4.017	8.944	28	4.643	8.476
−50	3.300	9.621	−8	4.051	8.917	30	4.675	8.454
−48	3.321	9.550	−6	4.085	8.889	32	4.707	8.432
−46	3.358	9.54	−4	4.120	8.863	34	4.738	8.410
−44	3.396	9.501	−2	4.154	8.836	36	4.769	8.389
−42	3.435	9.463	−11	3.999	8.959	38	4.800	8.367
−40	3.473	9.425	0	4.187	8.810	40	4.831	8.346
−38	3.511	9.404	2	4.220	8.784	42	4.862	8.325
−36	3.548	9.352	4	4.254	8.759	44	4.893	8.304
−34	3.586	9.317	6	4.287	8.734	46	4.923	8.282
−32	3.623	9.283	8	4.321	8.709	48	4.954	8.262
−30	3.660	9.249	10	4.353	8.684	50	4.984	8.240

（6）乙硼烷

表2.10.30 乙硼烷气体的比熵

单位：J/(mol·K)

温度/K	压力/kPa							
	10	100	400	700	1000	4000	7000	10000
200	231.717	212.457						
220	235.846	216.695	203.774					
240	239.851	220.719	208.523	203.766	198.945			
260	243.761	224.682	212.519	208.597	124.210			

续表

温度/K	压力/kPa							
	10	100	400	700	1000	4000	7000	10000
280	247.605	228.550	216.478	212.655	128.370			
300	251.398	232.353	220.449	215.943	212.026	195.263	189.249	185.006
320	255.149	236.113	224.248	219.924	215.931	199.585	195.677	191.449
340	258.867	239.839	228.001	223.553	219.709	204.385	200.565	196.701
360	262.556	243.532	231.710	227.282	223.452	208.369	205.042	201.365
380	266.215	247.195	235.381	230.966	227.156	212.24	209.151	205.965
400	269.845	250.821	239.015	234.609	230.806	216.013	213.084	209.763
420	273.446	254.426	242.624	238.230	234.425	219.673	216.898	213.667
440	277.017	258.001	246.204	241.805	238.019	223.367	220.590	217.470
460	280.559	261.547	249.754	245.360	241.570	226.949	224.260	221.176
480	284.072	265.056	253.267	248.877	245.091	230.507	227.859	224.821
500	287.555	268.543	256.763	252.373	248.587	234.034	231.413	228.403
520	291.009	271.997	260.213	255.835	252.046	237.484	234.936	231.944
540	294.438	275.422	263.642	259.260	255.482	240.965	238.398	235.441
560	297.830	278.818	267.045	262.664	258.878	244.378	241.845	238.898
580	301.200	282.188	270.408	266.026	262.244	247.764	245.241	242.318
600	304.529	285.517	273.740	269.362	265.589	251.125	248.605	245.696
650	312.735	293.719	281.946	277.573	273.795	259.347	256.885	253.999
700	320.736	301.724	289.951	285.578	281.805	267.391	264.941	262.082
750	328.548	309.536	297.764	293.398	289.626	275.207	272.801	269.961
800	336.160	317.148	305.384	301.010	297.248	282.890	280.435	277.633
850	343.583	324.579	312.803	308.441	304.670	290.278	287.915	285.100
900	350.814	331.806	320.042	315.676	311.908	297.550	295.171	292.37
950	357.860	338.856	327.088	322.727	318.955	304.586	302.250	299.453
1000	364.722	345.710	333.954	329.589	325.828	311.507	309.121	306.352
1100	377.911	358.907	347.139	342.777	339.013	324.690	322.359	319.596
1200	390.425	371.417	359.653	355.296	351.536	337.222	334.901	332.157
1300	402.299	383.291	371.535	367.178	363.418	349.126	346.809	344.071
1400	413.586	394.583	382.827	378.462	374.704	360.446	358.107	355.385
1500	424.325	405.313	393.558	389.201	385.448	371.187	368.864	366.154

表2.10.31 饱和乙硼烷的比熵

单位：J/(mol·K)

温度/℃	130	140	150	160	170	175	180	185	190	195
液体	103.19	109.02	114.30	119.20	123.84	126.09	128.32	130.51	132.69	134.84
蒸气	230.14	223.78	218.62	214.41	210.69	209.32	208.07	206.86	205.68	204.58
温度/℃	200	205	210	215	220	222	224	226	228	230
液体	136.99	139.12	141.25	143.38	145.53	146.39	147.25	148.10	148.97	149.62
蒸气	203.70	202.91	202.06	201.38	200.70	200.46	200.23	200.01	199.79	199.59
温度/℃	232	234	236	238	240	242	244	246	248	250
液体	150.71	151.58	152.46	153.35	154.22	155.13	156.03	156.94	157.85	158.78
蒸气	199.40	199.20	199.02	198.85	198.68	198.50	198.35	198.21	198.06	197.92
温度/℃	252	254	256	258	260	262	264	266	268	270
液体	159.73	160.68	161.65	162.63	163.64	164.66	165.72	166.80	167.92	169.09
蒸气	197.78	197.65	197.52	197.40	197.27	197.15	197.03	196.91	196.78	196.66
温度/℃	272	274	276	278	280	282	284	286	288	289.9
液体	170.30	171.58	172.93	174.39	175.96	177.72	179.73	182.15	185.45	193.91
蒸气	196.53	196.40	196.27	196.12	195.95	195.77	195.56	195.29	194.92	193.91

（7）硫化氢

表 2.10.32　硫化氢气体的比熵

温度 /℃	比熵 s /[kJ/(kg·K)]	摩尔熵 s_m /[kJ/(kmol·K)]	容积熵 s' /[kJ/(m³·K)]	温度 /℃	比熵 s /[kJ/(kg·K)]	摩尔熵 s_m /[kJ/(kmol·K)]	容积熵 s' /[kJ/(m³·K)]
0	0.0000	0.000	0.0000	700	1.4068	48.023	2.1436
100	0.3098	10.509	0.4689	800	1.5407	52.503	2.3404
200	0.5568	18.966	0.8457	900	1.6622	56.689	2.5288
300	0.7662	26.084	1.1639	1000	1.7794	60.625	2.7047
400	0.9504	32.364	1.4444	1100	1.8882	64.351	2.8721
500	1.1179	38.058	1.6998	1200	1.9887	67.868	3.0271
600	1.2686	43.250	1.9301				

（8）二硫化碳和氧硫化碳

表2.10.33　二硫化碳和氧硫化碳气体的比熵　　单位：kJ/(kg·K)

温度/℃	100	200	300	400	500	600	700	800	900	1000	1100	1200
CS_2	0.1897	0.3471	0.4802	0.5949	0.6979	0.7892	0.8717	0.9471	1.0170	1.0810	1.1409	1.1970
COS	0.2211	0.4044	0.5619	0.7005	0.8223	0.9324	1.0329	1.1250	1.2104	1.2900	1.3641	1.4000

注：计算标准为 $t = 0$℃时，$s = 0$。

2.10.4　一些气体的绝对熵

表2.10.34　一些气体的绝对熵(25℃)　　单位：kJ/(K·kmol)

物料名	空气	氧气	臭氧	氮气	氢气	氘气	氩气	氪气	氦-3	氦-4	氖气
物质的绝对熵	199	205.0	238.8	191.5	130.6	144.9	154.7	164.0	0.0	126.0	146.2

物料名	氙气	氟气	氯气	氨气	氰气	溴化氢	氟化氢	碘化氢
物质的绝对熵	169.6	202.7	223.0	192.7	241.5	198.6	173.7	206.5
物料名	氯化氰	氯化氢	硫化氢	硒化氢	二氧化氯	三氟化硼	三氟化氮	三氯化硼
物质的绝对熵	236.2	186.8	205.6	218.9	256.8	254.3	260.6	290.1
物料名	硅烷	乙硅烷	乙硼烷	二氯硅烷	三氯硅烷	氟化硫	二氧化硫	四氟化硅
物质的绝对熵	204.6	272.7	232.0	286.6	313.7	291.6	248.1	282.7
物料名	亚硝酰氯	磷化氢	一氧化碳	二氧化碳	一氧化氮	一氧化二氮	二氧化氮	三氧化氮
物质的绝对熵	261.6	210.1	197.6	213.7	210.6	219.9	239.9	308.5

2.11　临界值和偏心因子

表 2.11.1　一些单质气体的临界值和偏心因子

分子式	名称	临界值						偏心因子
		T_c/K	p_c/MPa	V_c/(cm³/mol)	ρ_c/(m³/kg)	Z_c	α_c	ω
Ar	氩气	150.86	4.898	74.59	531	0.291	—	−0.004
Br_2	溴气	588.0	10.34	127.2		0.268		0.108
Cl_2	氯气	417.15	7.71	124	573	0.276	—	0.071
D_2	氘气(重氢气)	38.35	1.6617	60.26	69.8	0.314	—	−0.13
F_2	氟气	144.12	5.172	66.55	630	0.287	—	0.048
H_2	氢气	33.19	1.313	64.15	31.0	0.305	—	−0.22
H_2	仲氢气	32.976	1.2928	64.14	—	0.302	—	—
He	氦气	5.195	0.229	57	69.3	0.300	—	−0.390
He-3	氦-3气	3.31	0.117	72.5	—	0.308	—	−0.472
He-4	氦-4气	5.195	0.2275	57.3	69.3	0.302	—	−0.387
I_2	碘气	819		155				
Kr	氪气	209.35	5.502	91.2	908	0.288	—	−0.002

续表

分子式	名称	临界值						偏心因子
		T_c/K	p_c/MPa	V_c/(cm³/mol)	ρ_c/(m³/kg)	Z_c	α_c	ω
N_2	氮气	126.19	3.39	89.21	313	0.289	6.03	0.040
N_2-14	氮-14气	126	0.34	—	311	—	—	—
N_2-15	氮-15气	126	0.339	—	332	—	—	—
Ne	氖气	44.4	2.653	41.7	483	0.311	—	−0.04
O_2	氧气	154.58	5.043	73.4	436	0.288	5.90	0.021
O_3	臭氧	261.0	5.57	89	436	0.228		0.221
Xe	氙气	289.74	5.840	118	1105	0.286	—	0.002
	空气	132.45	3.774	91.47	350	0.313	—	—

表 2.11.2 一些化合物气体的临界值和偏心因子

分子式	名称	临界值						偏心因子
		T_c/K	p_c/MPa	V_c/(cm³/mol)	ρ_c/ (m³/kg)	Z_c	α_c	ω
AsH_3	砷化氢	373	6.55	97.8	—	0.207	—	
BCl_3	三氯化硼	451.95	3.871	148.3	—	0.153	—	0.150
BF_3	三氟化硼	260.9	4.99	123.6	—	0.284	—	0.42
B_2H_6	乙硼烷	289.8	4.01					0.125
C_2N_2	氰	400.15	5.98	195	—	0.351	—	0.24
ClO_2	二氧化氯	465	8.613	–	—	–	—	0.356
CNCl	氯化氰	449	5.99	163	—	0.262	—	0.322
CO	一氧化碳	132.9	3.494	93.10	301	0.295	6.10	0.066
CO_2	二氧化碳	304.21	7.383	94	468	0.274	10.74	0.225
$COCl_2$	光气(氧氯化碳)	546.2	5.67	–	5.20	—	—	0.201
COS	氧硫化碳	378.8	6.349	135.1	440	0.272	6.19	0.099
CS_2	二硫化碳	552	7.90	173		0.298		0.108
D_2O	氧化氘	644.0	21.66	55.60	—	0.225	—	
F_2O	一氧化氟	215.1	4.95	97.0				
HBr	溴化氢	363.15	8.552	110.0	809	0.283	6.05	0.063
HCl	氯化氢	324.7	8.31	80.9	450	0.249	6.32	0.133
HCN	氰化氢	456.8	5.39	139.0	194	0.197	7.69	0.407
HF	氟化氢	461.0	6.48	69.2	290	0.117	7.39	0.372
HI	碘化氢	423.7	8.25	132.7		0.307		0.049
H_2O	水蒸气	647.3	22.05	57.10	400	0.229	—	0.344
H_2S	硫化氢	373.2	8.94	98.50	346	0.284	6.17	0.100
H_2Se	硒化氢	411.15	8.92	120	—	0.313	—	0.054
NF_3	三氟化氮	234	4.4607	118.75	—	0.272	—	0.132
NH_3	氨气	405.65	11.28	72.47	235	0.242	6.97	0.250
NO	一氧化氮	180.15	6.48	58	520	0.251	8.93	0.607
NOCl	亚硝酰氯	440.65	9.12	139	—	0.346	—	0.318
NOF_3	三氟氧化胺	303.0	6.43	146.9		0.375		0.212
N_2F_4	四氟联氨	309.3	3.74	181.0		0.206		
N_2O	一氧化二氮	309.57	7.245	97.4	452	0.274	6.57	0.160
NO_2	二氧化氮	431.4	10.13	170.0	557	0.480	9.98	0.860
NO_3	三氧化氮	425	6.99	195	—	0.386	—	0.431
N_2O_4	四氧化二氮	431.15	10.13	82.49	452	0.233	6.57	0.160
PH_3	磷化氢	324.75	6.54	113	—	0.274	—	—
Rn	氡气	103.8	6.28	–	1600	0.281	—	0.008
SF_6	六氟化硫	318.7	3.76	198.5	—	0.281	—	0.286
SiF_4	四氟化硅	259.0	3.72	202	—	0.349	—	0.386
SO_2	二氧化硫	430.75	7.884	122	524	0.269	—	0.251
SO_3	三氧化硫	491.2	8.21	127.3		0.256		0.481

（算图 2.76）
混合气体的临界温度（第 568 页右）

（算图 2.77）
根据标准沸点求化合物的临界温度（Ⅰ）（第569页左）

（算图 2.78）
根据标准沸点求化合物的临界温度（Ⅱ）（第569页右）

（算图 2.79）
混合气体的临界压强（第 570 页左）

（算图 2.80）
根据混合液体的密度和平均沸点
求其临界温度（ρ<0.6g/cm^3）（第 570 页右）

（算图 2.81）
根据混合液体的密度和平均沸点
求其临界温度（ρ>0.6g/cm^3）（第 571 页左）

2.12 普朗特数

2.12.1 空气的普朗特数

表 2.12.1 空气的普朗特数

温度/℃	*Pr*	温度/℃	*Pr*	温度/℃	*Pr*	温度/℃	*Pr*	温度/℃	*Pr*	温度/℃	*Pr*
–50	0.728	10	0.705	70	0.694	160	0.682	400	0.678	1000	0.719
–40	0.728	20	0.703	80	0.692	180	0.681	500	0.687	1100	0.722
–30	0.723	30	0.701	90	0.690	200	0.680	600	0.699	1200	0.724
–20	0.716	40	0.699	100	0.688	250	0.677	700	0.706		
–10	0.712	50	0.698	120	0.686	300	0.674	800	0.713		
0	0.707	60	0.696	140	0.684	350	0.676	900	0.717		

表2.12.2 干燥空气的普朗特数

温度/℃	–50	–20	0	10	20	30	40	50	60	70	80
Pr	0.71	0.71	0.71	0.71	0.71	0.71	0.71	0.71	0.71	0.71	0.71
温度/℃	90	100	120	140	150	160	180	200	250	300	350
Pr	0.71	0.71	0.71	0.71	0.71	0.71	0.71	0.71	0.71	0.71	0.72
温度/℃	400	500	600	700	800	900	1000	1100	1200	1400	1600
Pr	0.72	0.72	0.73	0.73	0.73	0.74	0.74	0.74	0.74	0.76	0.76

表2.12.3 空气在压力下的普朗特数

温度 *T* /K	压力/atm					温度 *T* /K	压力/atm				
	3	10	20	30	40		3	10	20	30	40
300	0.704	0.704	0.706	0.706	0.706	1600	0.703	0.703	0.703	0.703	0.703
400	0.705	0.705	0.706	0.706	0.706	1700	0.702	0.702	0.702	0.702	0.702
500	0.705	0.705	0.706	0.706	0.706	1800	0.701	0.702	0.702	0.702	0.702
600	0.706	0.706	0.706	0.706	0.706	1900	0.700	0.701	0.701	0.701	0.711
700	0.706	0.706	0.706	0.706	0.706	2000	0.699	0.700	0.700	0.700	0.700
800	0.706	0.706	0.706	0.706	0.706	2100	0.696	0.698	0.699	0.699	0.700
900	0.706	0.708	0.706	0.706	0.706	2200	0.693	0.696	0.698	0.698	0.699
1000	0.706	0.706	0.705	0.705	0.705	2300	0.688	0.693	0.696	0.696	0.697
1100	0.705	0.705	0.705	0.705	0.705	2400	0.681	0.689	0.692	0.694	0.695
1200	0.705	0.705	0.705	0.705	0.705	2500	0.673	0.684	0.688	0.690	0.692
1300	0.705	0.705	0.704	0.704	0.704	2600			0.683	0.686	0.688
1400	0.704	0.704	0.704	0.704	0.704	2700			0.676	0.680	0.683
1500	0.704	0.704	0.703	0.703	0.703	2800			0.669	0.674	0.677

2.12.2 其他气体的普朗特数

表 2.12.4 其他气体的普朗特数

温度 /℃	0	100	200	300	400	500	600	700	800	900	1000	1100	1200
氧气	0.720	0.686	0.674	0.673	0.675	0.682	0.689	0.700	0.710	0.725	0.738		
氮气	0.705	0.678	0.658	0.652	0.659	0.672	0.689	0.710	0.734	0.762	0.795		
氨气	0.908	0.852	0.818	0.805	0.796	0.793	0.792						
氨气①	1.89^{-30}	1.62^{-20}	1.39^{-10}	1.27^{0}	1.18^{10}	1.09^{20}							
氩气	0.663	0.661	0.653	0.640	0.628	0.619	0.604						
氦气	0.684	0.667	0.660	0.656	0.651	0.642	0.631						
氪气	0.656	0.650	0.648	0.637	0.625	0.611	0.612						
氖气	0.660	0.648	0.637	0.633	0.625	0.619	0.612						
氙气	0.638	0.643	0.639	0.630	0.619	0.603	0.579						
CO	0.740	0.718	0.708	0.709	0.711	0.720	0.727	0.733	0.739	0.740	0.744		
CO_2	0.780	0.733	0.715	0.712	0.709	0.713	0.723	0.730	0.741	0.757	0.770		
氢气	0.688	0.677	0.666	0.655	0.644	0.640	0.635	0.637	0.638	0.640	0.644		
烟气②	0.72	0.69	0.67	0.65	0.64	0.63	0.62	0.61	0.60	0.59	0.58	0.57	0.56

① 饱和状态，右上角数值为与其相对应的温度。

② 其组成为（体积分数）13% CO_2，11% H_2O，76% N_2。

N（算图 2.82）
一些无机气体的普朗特数（Ⅰ）（第 571 页右）

N（算图 2.83）
一些无机气体的普朗特数（Ⅱ）（第 572 页左）

2.13 气体常数和体胀系数

2.13.1 气体的气体常数

表 2.13.1 气体的气体常数

名称	Ar	Cl_2	C_2N_2	CO	CO_2	COS	D_2	F_2	H_2	H_3As
R	208.2	117.3	162.8	296.9	188.8	139.3	2065	218.7	4120	106.9
名称	HBr	HCl	HI	He	H_2S	Kr	N_2	Ne	NH_3	NO
R	102.9	228.0	65.12	2078	244.2	99.3	296.8	411.8	488.3	227.1
名称	NO_2	N_2O	NOCl	O_2	O_3	PH_3	SO_2	Xe	空气	水蒸气
R	180.7	188.9	126.8	259.8	173.4	244.2	129.8	63.9	287.0	461.6

2.13.2 气体的体胀系数

表 2.13.2 空气的体胀系数

温度 /℃	β	温度 /℃	β	温度 /℃	β	温度 /℃	β
−50	4.500	30	3.310	120	2.547	400	1.485
−40	4.304	40	3.200	140	2.423	500	1.293
−30	4.128	50	3.102	160	2.311	600	1.145
−20	3.962	60	3.007	180	2.209	700	1.027
−10	3.822	70	2.920	200	2.115	800	0.932
0	3.671	80	2.836	250	1.912	900	0.852
10	3.547	90	2.758	300	1.745	1000	0.786
20	3.419	100	2.684	350	1.605		

表 2.13.3 其他气体的体胀系数

名称	Ar	Cl_2	CO	CO_2	$CO_2$①				H	He	NH_3	N_2	N_2O	O_2
β	0.3660	0.383	0.3669	0.3741	0.111	0.372	0.663	1.065	0.3661	0.3658	0.3804	0.3674	0.3681	0.3665

① 分别对应于 −250、−200、−150 和 −100℃时，其余均系温度 0～100℃、压强 101.3kPa 左右时的平均值。

2.14　其他物性

2.14.1　气体的三相点

表 2.14.1　气体的三相点温度和三相点压力

物料名	空气	氧气	臭氧	氮气	氢气	氩气	氘气	氪气	氖气
三相点温度/K	59.15	54.361	80.15	63.149	13.95	83.78	18.732	115.78	24.56
三相点压力/Pa	5642.2	150.0	0.7346	12520	7220	68700	17070	73154	43300
物料名	氙气	氟气	氯气	氦气	氦-3气	氦-4气	氨气	氰	一氧化碳
三相点温度/K	161.36	53.481	172.12	63.18	1.01001	1.763	195.41	245.25	68.15
三相点压力/Pa	81668	252.0	1366.0	1278.0	1265.1	1478.2	6111.1	73807	15400
物料名	二氧化碳	一氧化氮	一氧化二氮	二氧化氮	三氧化氮	溴化氢	氟化氢	碘化氢	氯化氰
三相点温度/K	216.58	109.5	182.3	261.9	170	185.15	189.79	222.38	266.85
三相点压力/Pa	518672	21890	87850	18728	15.177	29890	336.83	49326	44649
物料名	氯化氢	硫化氢	硒化氢	二氧化氯	三氯化硼	三氟化硼	三氟化氮	乙硼烷	亚硝酰氯
三相点温度/K	158.97	187.68	207.45	213.55	166.15	144.79	66.46	107.65	213.55
三相点压力/Pa	13522	23200	27400	1254.4	19.594	8340	0.18542	76.53	5437.7
物料名	磷化氢	氟化硫	二氧化硫	四氟化硅	硅烷	乙硅烷	二氯硅烷	三氯硅烷	
三相点温度/K	139.37	223.15	197.67	186.35	88.48	140.65	151.15	144.95	
三相点压力/Pa	3535.7	232670	1674.4	220726	19.644	15.595	4.5886	0.2870	

N（算图 2.84）
氯气的液化温度（第 572 页右）

2.14.2　饱和空气液体的泡点压力和露点压力

表 2.14.2　饱和空气液体的泡点压力及热物理性质

T /K	p /MPa	ρ /(kg/m³)	H /(kJ/kg)	s /[kJ/(kg·K)]	c_v /[kJ/(kg·K)]	c_p /[kJ/(kg·K)]	u /(m/s)	η /(μPa·s)	λ /[mW/(m·K)]
59.75	0.005265	957.6	−36.66	−0.5306	1.174	1.901	1030	376.6	171.4
60	0.005546	956.5	−36.19	−0.5226	1.173	1.901	1028	371.9	171.0
62	0.008270	945.2	−32.38	−0.4603	1.157	1.901	1012	336.0	167.8
64	0.01200	939.9	−28.58	−0.3999	1.143	1.902	995.8	306.3	164.5
66	0.01699	931.5	−24.77	−0.3414	1.129	1.903	979.1	279.4	161.3
68	0.02352	923.0	−20.95	−0.2846	1.115	1.906	962.2	255.7	158.0
70	0.31910	914.4	−17.13	−0.2293	1.102	1.908	945.1	234.8	154.7
72	0.04250	905.7	−13.31	−0.1756	1.090	1.912	927.7	216.3	151.4
74	0.55660	897.0	−9.468	−0.1232	1.078	1.917	910.0	199.9	148.1
76	0.07179	888.1	−5.617	−0.0721	1.067	1.923	892.1	185.2	144.8
78	0.09129	879.1	−1.751	−0.0222	1.056	1.930	573.9	172.1	141.5
80	0.1146	870.0	2.132	0.0266	1.045	1.938	855.4	160.4	138.2
82	0.1422	860.7	6.036	0.0744	1.035	1.948	836.7	149.8	134.8
84	0.1745	851.3	9.962	0.1213	1.025	1.959	817.6	140.2	131.4
86	0.2121	841.7	13.91	0.1673	1.016	1.972	798.2	131.5	128.1
88	0.2553	832.0	17.90	0.2125	1.007	1.986	778.6	123.6	124.8
90	0.3048	822.0	21.91	0.2569	0.9984	2.003	758.5	116.4	121.4
92	0.3609	811.5	25.97	0.3007	0.9902	2.022	738.2	109.7	118.0
94	0.4243	801.4	30.06	0.3430	0.9825	2.044	717.5	103.6	114.6

续表

T /K	p /MPa	ρ /(kg/m³)	H /(kJ/kg)	s /[kJ/(kg·K)]	c_v /[kJ/(kg·K)]	c_p /[kJ/(kg·K)]	u /(m/s)	η /(μPa·s)	λ /[mW/(m·K)]
96	0.4954	790.7	34.21	0.3866	0.9752	2.069	696.5	97.88	111.2
98	0.5749	779.7	38.41	0.4288	0.9684	2.098	675.0	92.57	107.8
100	0.6631	768.4	42.66	0.4707	0.9619	2.131	653.3	87.61	104.4
102	0.7608	756.7	46.98	0.5122	0.9560	2.168	631.1	82.94	101.0
104	0.8684	744.6	51.38	05535	0.9505	2.212	608.5	78.53	97.62
106	0.9864	732.1	55.86	0.5947	0.9456	2.262	585.5	74.35	94.25
108	1.116	719.1	60.44	0.6358	0.9412	2.321	562.1	70.36	90.89
110	1.256	705.5	65.12	0.6769	0.9375	2.390	538.2	66.54	87.55
112	1.409	691.2	69.93	0.7182	0.9345	2.472	513.9	62.87	84.24
114	1.575	676.2	74.87	0.7598	0.9324	2.571	489.0	59.31	80.96
116	1.755	660.3	79.98	0.8019	0.9312	2.693	463.5	55.85	77.72
118	1.948	643.4	85.29	0.8447	0.9312	2.847	437.3	52.47	74.52
120	2.156	625.1	90.83	0.8885	0.9327	3.048	410.2	49.13	71.36
122	2.379	605.3	96.66	0.9338	0.9363	3.323	382.0	45.81	68.24
124	2.617	583.3	102.9	0.9811	0.9427	3.723	352.3	42.46	65.17
126	2.872	558.3	109.7	1.032	0.9537	4.367	320.4	39.01	62.18
128	3.143	528.3	117.3	1.088	0.9728	5.589	285.0	35.33	59.44
130	3.429	488.3	126.7	1.157	1.010	8.849	243.7	31.07	58.05
132	3.723	411.2	142.6	1.273	1.117	35.04	189.1	24.47	67.80
132.63	3.785	302.6	164.5	1.437				17.83	

表2.14.3　饱和空气气体的露点压力及热物理性质

T /K	p /MPa	ρ /(kg/m³)	H /(kJ/kg)	s /[kJ/(kg·K)]	c_v /[kJ/(kg·K)]	c_p /[kJ/(kg·K)]	u /(m/s)	η /(μPa·s)	λ /[mW/(m·K)]
59.75	0.002432	0.1421	185.5	3.340	0.7184	1.009	154.8	4.220	5.294
60	0.002584	0.1504	185.89	3.326	0.7186	1.009	155.1	4.238	5.320
62	0.00411	0.2318	187.7	3.225	0.7198	1.012	157.6	4.386	5.529
64	0.006325	0.3460	189.6	3.132	0.7212	1.015	160.0	4.532	5.739
66	0.009442	0.5018	191.5	3.047	0.7230	1.019	162.3	4.679	5.950
68	0.01371	0.7080	193.4	2.968	0.7252	1.024	164.5	4.825	6.162
70	0.01943	0.9785	195.2	2.896	0.7277	1.030	166.7	4.970	6.376
72	0.02692	1.322	197.0	2.828	0.7305	1.037	168.7	5.115	6.592
74	0.03655	1.753	198.7	2.766	0.7338	1.046	170.6	5.260	6.810
76	0.04870	2.285	200.4	2.708	0.7375	1.055	172.5	5.405	7.031
78	0.06381	2.933	202.0	2.653	0.7416	1.066	174.2	5.549	7.256
80	0.08232	3.711	203.6	2.602	0.7460	1.078	175.8	5.569	7.485
82	0.1047	4.635	205.1	2.554	0.7510	1.092	177.4	5.539	7.719
84	0.1315	5.724	206.5	2.509	0.7563	1.108	178.8	5.984	7.959
86	0.1631	6.993	207.8	2.466	0.7620	1.125	180.0	6.131	8.206
88	0.2002	8.464	209.1	2.425	0.7682	1.144	181.2	6.278	8.461
90	0.2432	10.16	210.3	2.386	0.7748	1.166	182.2	6.427	8.725
92	0.2927	12.09	211.4	2.349	0.7817	1.190	183.1	6.578	9.001
94	0.3493	14.29	212.3	2.313	0.7891	1.217	183.8	6.732	9.289
96	0.4136	16.78	213.2	2.279	0.7969	1.248	184.5	6.889	9.593
98	0.4861	19.60	214.0	2.246	0.8052	1.282	184.9	7.050	9.915
100	0.5674	22.76	214.6	2.213	0.8138	1.320	185.3	7.215	10.26
102	0.6582	26.32	215.1	2.182	0.8230	1.363	185.5	7.387	10.63
104	0.7590	30.31	215.5	2.151	0.8326	1413	185.6	7.566	11.02
106	0.8706	34.78	215.7	2.120	0.8429	1.470	185.5	7.754	11.46

续表

T /K	p /MPa	ρ /(kg/m^3)	H /(kJ/kg)	s /[kJ/(kg·K)]	c_v /[kJ/(kg·K)]	c_p /[kJ/(kg·K)]	u /(m/s)	η /(μPa·s)	λ /[mW/(m·K)]
108	0.9934	39.79	215.8	2.089	0.8537	1.536	185.2	7.952	11.94
110	1.128	45.41	215.6	2.059	0.8653	1.614	184.9	8.163	12.47
112	1.276	51.73	215.2	2.028	0.8777	1.708	184.3	8.391	13.07
114	1.437	58.84	214.6	1.997	0.8912	1.821	183.6	8.637	12.76
116	1.612	66.88	213.8	1.965	0.9059	1.961	182.7	8.909	14.56
118	1.801	76.04	212.6	1.932	0.9220	2.139	181.7	9.210	15.50
120	2.007	86.55	211.0	1.898	0.9402	2.374	180.4	9.552	16.63
122	2.229	98.76	208.9	1.861	0.9608	2.694	179.1	9.946	18.04
124	2.468	113.2	206.3	1.821	0.9847	3.157	177.5	10.41	19.85
126	2.727	130.6	202.9	1.777	1.013	3.882	175.8	10.98	22.29
128	3.006	152.6	198.3	1.725	1.049	5.166	174.0	11.72	25.84
130	3.308	182.7	191.7	1.660	1.096	8.033	171.9	12.77	31.81
132	3.646	235.4	179.7	1.556	1.168	20.65	169.4	14.80	47.00

2.14.3 气体的压缩因子

表 2.14.4 氧气的压缩因子

压强 /MPa	温度/℃			压强 /MPa	温度/℃		
	0	25	50		0	25	50
0	1.00097	1.09259	1.18420	7.0928	0.94181	1.05105	1.15893
0.1013	1.00000	1.09186	1.18368	8.1050	0.95524	1.04683	1.15461
1.0125	0.99135	1.08550	1.17918	9.1193	0.92924	1.04308	1.15272
2.0250	0.98206	1.07877	1.17452	10.1325	0.92383	1.03928	1.15124
3.0375	0.97314	1.07240	1.17023	11.1458	0.91904	1.03705	1.15018
4.0500	0.96462	1.06643	1.16631	12.1590	0.91488	1.03477	1.14954
5.0625	0.95653	1.06087	1.16278	13.1723	—	1.03300	1.14932
6.0750	0.94892	1.05574	1.15965				

表 2.14.5 氢气的压缩因子

压力 /atm	温度/℃									
	−150	−100	−50	0	50	100	150	200	300	400
0	1	1	1	1	1	1	1	1	1	1
1	1.0005	1.0006	1.0006	1.0006	1.0006	1.0005	1.001	1.001	1	1
10	1.0036	1.0068	1.0062	1.0062	1.0057	1.005	1.004	1.004	1.003	1.003
20	1.0076	1.0137	1.0134	1.0124	1.0113	1.01	1.009	1.008	1.007	1.006
40	1.0191	1.0279	1.0274	1.0251	1.0227	1.0201	1.018	1.016	1.014	1.011
60	1.0337	1.0437	1.0419	1.0381	1.0341	1.0303	1.027	1.024	1.021	1.017
80	1.0519	1.0606	1.0568	1.0513	1.0456	1.0407	1.037	1.032	1.028	1.023
100	1.0739	1.0787	1.0722	1.0644	1.0571	1.0511	1.046	1.04	1.035	1.029
200			1.152	1.134	1.116	1.104	1.092	1.084	1.068	1.058
400			1.326	1.277	1.238	1.209	1.186	1.167	1.136	1.122
600			1.473	1.423	1.359	1.315	1.279	1.25	1.204	
800			1.685	1.568	1.479	1.419	1.371	1.331	1.271	
1000			1.859	1.71	1.601	1.522	1.461	1.412	1.337	
1200				1.845	1.719	1.623	1.549			
1400				1.985	1.834	1.722	1.636			
1600				2.118	1.945	1.819	1.721			
1800				2.248	2.055	1.913	1.805			
2000				2.376	2.163	2.006	1.887			
2200				2.5	2.268	2.093	1.968			

续表

压力/atm	温度/℃									
	-150	-100	-50	0	50	100	150	200	300	400
2400				2.624	2.372	2.188	2.048			
2600				2.746	2.475	2.276	2.126			
2800				2.865	2.575	2.364	2.204			
3000				2.982	2.674	2.449	2.28			

（算图 2.85）

空气的压缩因子（第 573 页左）

（算图 2.86、算图 2.87）

氢气、氦气、氖气、氩气的压缩因子（第 573 页右、第 574 页左）

表 2.14.6　氮气的压缩因子

压力/atm	温度/℃						
	-146.3	-130	-100	-70	-50	-25	0
1	—	0.5209	0.6319	0.7426	0.8162	0.9077	1.0000
10	—	0.4873	0.6109	0.7292	0.8060	0.9010	0.9962
20	0.3539	0.4465	0.5874	0.7130	0.7951	0.8940	0.9525
30	0.2670	0.4005	0.5637	0.7010	0.7851	0.8886	0.9894
40	—	0.3487	0.5404	0.6850	0.7757	0.8830	0.9870
50	—	0.2943	0.5180	0.6716	0.7672	0.8790	0.9848
60	—	0.2483	0.4970	0.6620	0.7596	0.8764	0.9840
80	—	0.2986	0.4632	0.6452	0.7476	0.8700	0.9835
100	—	—	0.4471	0.6362	0.7424	0.8676	0.9848
200	—	—	—	0.6823	0.7854	0.9151	1.0355
300	—	—	—	0.8053	0.8086	1.0179	1.1335

压力/atm	温度/℃						
	20	50	100	150	200	300	400
0			1.3667	1.5499	1.7330	2.0993	2.4655
1	1.0730	1.1805	1.3870	1.5503	1.7336	2.1000	2.4664
10	1.0705	1.1836	1.3697	1.5549	1.7396	2.1081	2.4756
20	1.0690	1.1842	1.3730	1.5602	1.7465	2.1171	2.4858
40	1.0668	1.1866	1.3804	1.5716	1.7608	2.1355	2.5066
60	1.0670	1.1907	1.3892	1.5838	1.7758	2.1541	2.5279
80	1.0687	1.1906	1.3991	1.5971	1.7913	2.1731	2.5494
100	1.0749	1.2048	1.4103	1.6112	1.8076	2.1923	2.5712
200	1.1309	1.2742	1.484	1.694	1.905	2.305	2.689
400	1.2293^{300}	1.3741^{300}	1.689	1.905	2.130	2.536	2.929
600			1.933	2.146	2.372	2.780	3.174
800			2.187	2.398	2.622	3.029	3.425
1000			2.443	2.653	2.878	3.275	3.680

表 2.14.7　二氧化碳的压缩因子

温度/℃	压力/MPa												
	0.1	0.5	1	2	5	10	20	30	40	50	60	80	100
0	0.9999	0.9711	0.9335	0.8004	0.0709	0.2444	0.3810	0.5694	0.7405	0.9065	1.0684	1.3825	1.6844
25	1.0933	1.0701	1.0401	0.9412	0.7259	0.2290	0.4492	0.6188	0.7979	0.9683	1.1335	1.4583	1.7670
50	1.1865	1.1675	1.1431	1.0660	0.9170	0.4734	0.5169	0.6875	0.8683	1.0393	1.2046	1.5380	1.8527
100	1.3720	1.3586	1.3418	1.3105	1.2003	1.0263	0.8047	0.8983	1.0501	1.2172	1.3832	1.7129	2.0355
200	1.7428	1.7365	1.7288	1.7053	1.6663	1.5966	1.5020	1.5012	1.5727	1.6928	1.8329	2.1446	2.4532
300	2.1124	2.1099	2.1069	2.0975	2.0820	2.0541	2.0322	2.0618	2.1259	2.2146	2.3272	2.6075	2.9167
400	2.4816	2.4813	2.4810	2.4799	2.4781	2.4760	2.4943	2.5449	2.6270	2.7237	2.8287	3.0783	3.3759
500	2.8506	2.8518	2.8531	2.8572	2.8643	2.8786	2.9181	2.9901	3.0892	3.1976	3.3079	3.5478	3.8261
600	3.2196	3.2220	3.2246	3.2330	3.2467	3.2720	3.3296	3.4117	3.5196	3.6321	3.7511	4.0032	4.2764

（算图 2.88）

二氧化碳的压缩因子

（第 574 页右）

（算图 2.89）

一氧化二氮的压缩因子

（第 575 页左）

（算图 2.90）

二氧化硫的压缩因子

（第 575 页右）

表 2.14.8 气体的临界压缩因子

物料名	空气	氧气	臭氧	氮气	氢气	氖气	氩气	氪气	氛气
临界压缩因子	0.313	0.288	0.228	0.289	0.305	0.314	0.291	0.288	0.3

物料名	氙气	氟气	氯气	氦-3	氦-4	氨气	氰气	一氧化碳	二氧化碳
临界压缩因子	0.286	0.287	0.276	0.308	0.302	0.242	0.351	0.299	0.274

物料名	一氧化氮	一氧化二氮	二氧化氮	三氧化氮	氟化氢	氯化氢	溴化氢	碘化氢
临界压缩因子	0.251	0.274	0.233	0.386	0.117	0.249	0.283	0.287

物料名	磷化氢	硫化氢	硒化氢	氯化氰	三氟化氮	三氯化硼	三氟化硼	亚硝酰氯
临界压缩因子	0.274	0.284	0.313	0.262	0.272	0.153	0.284	0.346

物料名	氟化硫	二氧化硫	四氟化硅	硅烷	乙硅烷	乙硼烷	二氯硅烷	三氯硅烷
临界压缩因子	0.282	0.269	0.349	0.286	0.319	0.29118	0.285	0.281

2.14.4 气液平衡

表 2.14.9 氮－氧气液平衡组成与温度的关系 (101.3kPa)

氮(摩尔分数)/%		温度/℃	氮(摩尔分数)/%		温度/℃
液相	汽相		液相	汽相	
3.45	12.5	88.9	82.3	71.1	82.3
7.10	23.65	87.9	81.4	76.6	81.4
11.05	33.6	87.0	80.4	82.4	80.4
15.25	42.7	86.1	79.4	87.4	79.4
20.00	50.9	85.2	78.4	92.6	78.4
25.15	58.4	84.2	77.6	97.4	77.6
30.90	65.0	83.3			

2.14.5 液氯的汽化热

表 2.14.10 液氯的汽化热

温度/℃	汽化热/(kJ/kg)	汽化热/(J/mol)	温度/℃	汽化热/(kJ/kg)	汽化热/(J/mol)	温度/℃	汽化热/(J/kg)	汽化热/(J/mol)
−100	315.68	22.399	−5	269.56	17.939	75	207.93	13.300
−90	309.40	21.939	0	266.29	17.668	80	202.61	12.979
−80	303.54	21.520	5	263.03	17.415	85	196.79	12.604
−70	306.91	21.060	10	259.68	17.166	90	190.80	12.184
−65	304.27	20.819	15	256.29	16.903	95	184.10	11.737
−60	301.59	20.567	20	252.81	16.622	100	176.86	11.262
−55	298.95	20.319	25	249.29	16.326	105	168.90	10.758
−50	296.27	20.097	30	245.74	16.035	110	160.15	10.216
−45	293.55	19.895	35	242.09	15.766	115	150.27	9.6224
−40	290.75	19.678	40	238.32	15.491	120	139.59	8.9598
−35	287.86	19.431	45	234.47	15.181	125	127.28	8.1881
−30	284.97	19.176	50	230.54	14.905	130	113.30	7.2013
−25	281.99	18.943	55	226.43	14.718	135	96.30	5.8017
−20	278.85	18.715	60	222.08	14.486	140	71.18	3.7681
−15	275.88	18.473	65	217.64	14.089	144	0.00	0.0000
−10	272.74	18.213	70	212.91	13.649	(临界温度)		

2.14.6 氯气的液化效率

N（算图 2.91）
氯气的液化效率（Ⅰ）（第 576 页左）

N（算图 2.92）
氯气的液化效率（Ⅱ）（第 576 页右）

第3章
无机酸

目 录

3.1 物性总览 ………… 139
3.1.1 无机酸的一般特性 ………… 139
3.1.2 无机酸的危险品特性 ………… 143

3.2 浓度和密度 ………… 144
3.2.1 盐酸的浓度和密度 ………… 144
3.2.2 硫酸的浓度和密度 ………… 144
3.2.3 硝酸的浓度和密度 ………… 147
3.2.4 砷酸的浓度和密度 ………… 147
3.2.5 磷酸的浓度和密度 ………… 147
3.2.6 氯酸的浓度和密度 ………… 148
3.2.7 氢氟酸的浓度和密度 ………… 149
3.2.8 氢氰酸的浓度和密度 ………… 149
3.2.9 氢溴酸的浓度和密度 ………… 149
3.2.10 氢碘酸的浓度和密度 ………… 150
3.2.11 铬酸的浓度和密度 ………… 150
3.2.12 其他无机酸的浓度和密度 ………… 150

3.3 相变点和结晶温度 ………… 151
3.3.1 冰点 ………… 151
3.3.2 沸点 ………… 151
3.3.3 共沸点 ………… 154
3.3.4 三相点 ………… 154
3.3.5 结晶温度及晶相 ………… 155

3.4 黏度 ………… 157
3.4.1 盐酸水溶液的黏度 ………… 157
3.4.2 硫酸和发烟硫酸水溶液的黏度 ………… 158
3.4.3 硝酸水溶液的黏度 ………… 158
3.4.4 砷酸水溶液的黏度 ………… 158
3.4.5 磷酸水溶液的黏度 ………… 159
3.4.6 氢氰酸的黏度 ………… 159
3.4.7 溴氢酸水溶液的黏度 ………… 160
3.4.8 高氯酸水溶液的黏度 ………… 160

3.5 表面张力 ………… 160
3.5.1 酸的表面张力 ………… 160
3.5.2 酸水溶液的表面张力 ………… 161

3.6 溶解度 ………… 161
3.6.1 无机酸在水中的溶解度 ………… 161
3.6.2 溴化氢在水中的溶解度 ………… 162
3.6.3 硼酸在硫酸中的溶解度 ………… 162
3.6.4 硼酸在有机溶剂中的溶解度 ………… 162
3.6.5 高氯酸在水中的溶解度 ………… 162
3.6.6 磷酸在水中的溶解度 ………… 163

3.7 热导率 ………… 163
3.7.1 盐酸的热导率 ………… 163
3.7.2 硫酸的热导率 ………… 163
3.7.3 硝酸的热导率 ………… 163
3.7.4 氢氰酸的热导率 ………… 163
3.7.5 氯酸水溶液的热导率 ………… 164
3.7.6 铬酸、磷酸的热导率 ………… 164

3.8 蒸气压 ………… 164
3.8.1 盐酸的蒸气压 ………… 164
3.8.2 硫酸的蒸气压 ………… 165
3.8.3 硝酸的蒸气压 ………… 166
3.8.4 磷酸的蒸气压 ………… 168
3.8.5 氰氢酸的蒸气压 ………… 168
3.8.6 溴氢酸的蒸气压 ………… 169
3.8.7 碘氢酸的蒸气压 ………… 169
3.8.8 其他无机酸的蒸气压 ………… 169

3.9 比热容 ………… 169
3.9.1 无机酸的比热容 ………… 169
3.9.2 无机酸溶液的比热容 ………… 171

3.10 其他 ………… 172
3.10.1 比焓 ………… 172
3.10.2 各种热 ………… 172
3.10.3 临界值 ………… 173
3.10.4 偏心因子 ………… 174
3.10.5 普朗特数和折射率 ………… 174

3.1 物性总览

3.1.1 无机酸的一般特性

表 3.1.1 无机酸的一般特性

分子式	名称	分子量	颜色	形态	特性或折射率	密度/(g/cm³)	熔点/℃	沸点/℃	溶解度/(g/100g溶剂)或溶解情况 冷水	热水	酸	碱	乙醇	其他溶剂
BPO_4	硼磷酸	105.78	白	四		2.802	>1200		//		—	+		
$HAuCl_4\cdot 4H_2O$	氯金酸·4水	411.82	金黄	针	腐蚀≈		//		+	++	÷三氯甲烷		+++	+++乙醚
H_3AsO_4	砷酸	141.94	无	晶	剧毒	1.485	35.5	160	++				++	+甘油;液氨
$H_3AsO_4\cdot 1/2H_2O$	砷酸·0.5水	150.94	无	晶	～	2.00～5.00	35.5	$-H_2O$ 160	16.7	50	+稀Cl	+	++	++甘油
$HAsO_3$	偏砷酸	123.93	白		有毒～		//	$\rightarrow H_2AsO_4$	//					遇金属→AsH_3
HBF_4	氟硼酸	87.81	无	液		1.38	−90	130 //	∞	∞			∞	
HBO_2	偏硼酸	43.82	白	立	1.619	2.486	236		÷÷					
H_3BO_2	硼酸	61.84	白	三	1.456	1.435^{-15}	185//	$-1.5H_2O$ 300	表3.6.1		÷丙酮	甘油28^{20}	5.56	①
$HBiO_3$	铋酸	257.99	红			5.750	120	357	–		+	+		
HBr	氢溴酸	80.92	灰黄	液	刺激1.325	2.770^{-67}	−86	−67	221	130			+	++氯苯、乙酸
$HBr(47.8\%)$	氢溴酸(47.8%)	80.92	无	液		1.486	−11	126	∞				+	
$HBr\cdot 2H_2O$	氢溴酸·2水	116.96	白	晶		2.110^{-15}	−11		+	+			+	
$HClO_4$	高氯酸	100.46	无	液	发烟,不稳安	1.768^{22}	−112	25(炸110)	∞ ×				+	
$HClO_4\cdot H_2O$	高氯酸·1水	118.48		针	相对稳定	1.800	50	//	+					
$HClO_4\cdot 2H_2O$	高氯酸·2水	136.50	无	液	稳定	1.710^{25}	−17.8	200	++				+	
$HClSO_3$	氯磺酸	116.52		液	发烟1.437^{14}	1.766^{18}	−80	158	//		+		+	$-CS_2$
HCN	氢氰酸	27.03	无	液	剧毒1.254	0.697^{18}	−14	26	∞	∞	∞甘油	∞苯、氯仿	∞	∞甲醇、乙醚
$HCNS$	硫氰酸	59.09	无	液	挥发 微毒		−110	聚合−90	++				++	++乙醚、苯
HF	氢氟酸	20.01	无	液或气	发烟	0.988	−83	19.4	∞	++				
$HFSO_3$	氟磺酸	100.07	无	液		1.743^{16}	−87.3	165.5	//					
$H_3[Fe(CN)_6]$	氰铁酸	214.98	绿棕	针、粉	≈		50～60//		+	+			+	−醚
H_2SiF_6	氟硅酸	144.09	无	液	发烟	1.320		108.5			+	+		

续表

分子式	名称	分子量	颜色	形态	特性或折射率	密度/(g/cm³)	熔点/℃	沸点/℃	溶解度/(g/100g溶剂)或溶解情况 冷水	热水	酸	碱	乙醇	其他溶剂
HI	氢碘酸	127.93	黄	液		2.850^{-5}	–50.8	-35.5^{400}	120 mL^{0}	++			+	
$HI·H_2O$	氢碘酸·1水	145.92	无	液		1.700		127^{103}	∞				∞	
HIO_3	碘酸	175.91	无或白	斜或粉	见光变暗	4.629^{0}	110 //	→ I_2O_5 195	表3.6.1		+N		++87%	②
HIO_4	高碘酸	191.91	白	晶			↑ 110	// 138	+ //					
$HIO_4·2H_2O$	高碘酸·2水	227.96	无	单	易变色～		// 110		++	++			÷	÷乙醚
H_5IO_6	原高碘酸	227.94	无	单	～		122	//140	++	++			+	+乙醚
H_2MoO_4	钼酸	161.95	白-微黄	六		3110	// 115		++热	÷	+S*	×	++ NaOH	–液氨;+NH_4OH
$H_2MoO_4·H_2O$	钼酸·1水	179.98	黄	单		3.124^{15}	$-H_2O$ 70	$-2H_2O$ 200	0.133^{18}	2.13^{70}	÷	+	++NaOH	+铵盐、NH_4OH
HN_3	叠氮酸	43.03	无	液		1.130	–80	36	∞				∞	
HNO_3	硝酸	63.01	无	液	刺激	1.512^{20}	–42	83	∞	∞			炸	+乙醚
HNO_3	发烟硝酸	63.01	黄或红棕	液		1.500			∞					
$HNO_3·H_2O$	硝酸·1水	81.03	无	液			–38		∞	∞			//	
$HNO_3·3H_2O$	硝酸·3水	117.06	无	液			–18.5		263^{-20}	∞			//	
H_2NSO_2OH	氨基磺酸	97.09	无	斜	1.3970	2.126^{25}	200 //	//	14.7	47.1^{60}	÷乙醚	÷丙酮	÷	–CS、CCl_4
HOCN	氰酸	43.05		液	腐蚀 高毒	1.140	–86	23.5	+ //					+苯、甲苯、乙醚
HPF_6	六氟磷酸	145.97	无	液	发烟	$1.650^{\triangle}$			+					△–65% 溶液
HPO_3	偏磷酸	79.98	无	液	透明≈	2.20～2.50	↑		表3.6.1	→ H_3PO_4			+	–CO_2(液)
HPO_2F_2	二氟磷酸	101.98	无	液	发烟	1.583	–96.5	115.9	+					
H_2PO_3F	一氟磷酸	99.99	无	油	发烟	1.818	–80		++				++	
H_3PO_2	次磷酸	66.00	无	糖	～	1.493^{19}	26.5	// 5	∞	∞			++	++乙醚
H_3PO_3	亚磷酸	82.00	无	晶	蒜味≈	1.651^{21}	74	// 200	表3.6.1				++	
H_3PO_4	磷酸	98.00	无	正	无气味	1.874^{25}	$22^{42.3}$	261	548^{20}	+++			÷÷	
$H_5Mo_{12}O_{41}P·12H_2O$	十二水磷钼酸	2059.3	黄	棱	光泽	2.530	55	// 100	+				+	+乙醚
$H_5Mo_{12}O_{41}P$	磷钼酸	1843.2	黄	菱		3.150	70～80		+	+				+乙醚
$H_4P_2O_6$	连二磷酸	161.98		晶			55	//70	+	450^{62}				
$H_4P_2O_7$	焦磷酸	177.98	无	针	～		61	//	709^{23}	→ H_3PO_4			++	++乙醚
$H_7P(Mo_3O_7)_6·28H_2O$	磷钼酸·28水	2365.7	黄	无		2.530	78	$-25H_2O$ 140	+		+N			

续表

分子式	名称	分子量	颜色	形态	特性或折射率	密度/(g/cm³)	熔点/℃	沸点/℃	溶解度/(g/100g溶剂)或溶解情况 冷水	热水	酸	碱	乙醇	其他溶剂
$H_2PtBr_6·9H_2O$	溴铂酸·9水	838.60	洋红	单	～			<100 //		+++	+++		+++	+++乙醚、氯仿
$H_2PtCl_6·6H_2O$	氯铂氢酸·6水	517.92	红棕	晶	～	2.430	60	// >115	++	++			+(无水)	++乙醚;+丙酮
$H_2Pt(CN)_4$	氰亚铂酸	301.37					100 //		+++	+++			+++	+++乙醚、氯仿
$H_2[Pt(OH)_6]$	六氢氧基合铂酸	299.29	黄	针	空气中稳定		$-2H_2O$ 100	$-3H_2O$ 120	—	÷÷	+++	+++		$+H_2SiF_6$
$H_2(RuO_2Cl_4)·3H_2O$	二氧四氯钌酸·3水	331.60	褐		～		120	//140	++				++	–液氨
H_3RhCl_6	六氯合铑酸	318.65	红褐	晶					++				++	
H_2S	氢硫酸	34.08		液	易燃 1.374	1.539^{0}	–85.5	–60.7	$437^{0}cm^3$/100g溶剂	$186^{40}cm^3$/100g溶剂			$9.54^{20}cm^3$/100g溶剂	$+CS_2$
H_3SbO_3	亚锑酸	172.78	白	无			//		—	—			—	
H_4SbO_7	焦锑酸	359.55	白	无					÷	÷		+		
H_2SeO_3	亚硒酸	128.98	无	六	～	3.004^{15}	//>70		表3.6.1		+S		//	–液氨
H_2SeO_4	硒酸	144.98	白	六	～	2.950^{15}	62.4	// 265	表3.6.1					
$H_2SeO_4·H_2O$	硒酸·1水	162.99	白	针		2.627^{15}	26	205	426	567^{20}				
H_2SiF_6	氟硅酸	144.08	无	液	腐蚀				∞	∞				
$H_2SiF_6·2H_2O$	氟硅酸·1水	180.12	白	晶	发烟～		//		+	+		+		
$H_2SiF_6·xH_2O$	氟硅酸·x水	—	无	液	易燃 1.346	$1.463^{△}$	//		+					△–61%溶液
H_2SiO_3	硅酸	78.08	白	单	1.410	2.10～2.30	//		—	—	—	+熔融态		$-NH_4Cl$;++HF
H_4SiO_4	原硅酸	96.09		无		1.576^{17}			÷	÷		×	+	$-NH_4Cl$+甘油
HSO_3Cl	氯磺酸	116.52	无或棕	油	腐蚀发烟1.437	1.766^{18}	–80.5	151.5^{102}//	炸		//		//	③
HSO_3F	氟磺酸	100.07	无	液	发烟	1.743^{15}	–87.3	165.5	+					
HSO_3Br	溴磺酸	240.90	无	液	≈		–6～–8	//	//					
H_2SO_4	硫酸	98.08	无	黏	1.429	1.834	10.5	// 330	∞	∞			//	
$H_2SO_4·xSO_3$	发烟硫酸	—	无	黏					1.81^{20} 2.31^{30}	$8.18^{98.5}$				
$H_2S_2O_7$	焦硫酸	178.14	无	晶	～	1.900^{20}	35	//	//	//			//	
$H_2S_2O_8$	过二硫酸	194.14	无	晶	～		65//	//	++	//	+S		+	+乙醚
$H_2SO_4·2H_2O$	硫酸·2水	134.11	无	液	1.405	1.650^{0}	–38.9	167	∞	∞			//	
$H_2SO_4·H_2O$	硫酸·1水	116.09	无	棱或液	1.438	1.842	8.6	290	∞	∞			//	

续表

分子式	名称	分子量	颜色	形态	特性或折射率	密度/(g/cm³)	熔点/℃	沸点/℃	溶解度/(g/100g溶剂)或溶解情况 冷水	热水	酸	碱	乙醇	其他溶剂
$H_2SO_4·xSO_3$	发烟硫酸(20%)	—	无-棕	油		1.900	–11	166.6						
H_2SO_5	过一硫酸	114.08	无				// 45		//		+S	+H_3PO_4		+冰乙酸
H_2TeO_3	亚碲酸	177.62	白	正或单		3.050	–H_2O 40		÷	//	+	+		
H_2TeO_4	碲酸	193.63	白	晶		3.44^{19}	// 160		+	+	+热	–		
$H_2TeO_4·2H_2O$	碲酸·2水	229.66	无	立或单		3.060	–2H_2O 130		19.7	258.5	+	+	–	
H_6TeO_6	原碲酸	229.64	无	单、立		3.120		–2H_2O 160	19.7	258			–	
H_2TiO_3	钛酸	97.92	白	粉					÷ //	–	÷÷	+	–	+浓硫酸
H_4TiO_4	原钛酸	115.93	白				//		–		+	+浓		
H_2UO_4	铀酸	304.09	黄	粉		5.926^{15}	–H_2O 250		–	–	+	÷÷	–	+碳酸盐溶液
HVO_3	偏钒酸	99.95	黄	鳞					–		+	+		–液氨
$H_2V_4O_{11}$	四钒酸	381.71	棕	无					–		+	+		+NH_4OH
$H_4V_2O_7$	焦钒酸	217.93	浅黄	非					–		+	+		+NH_4OH
$H_2W_4O_{13}·9H_2O$	偏钨酸·9水	1107.6	无	四		3.930	// 50		88.6	112^{44}		+		+乙醚 110.824
H_2WO_4	钨酸	249.87	黄	斜	2.240	5.500	–0.5H_2O 100	1473	–	÷	–	+	+液氨	÷NH_4OHHF
$Nb_2O_5·7H_2O$	铌酸·7水	391.95	白	无		4.300	//		–		+S	+		+HF;液氨
NH_2SO_3H	氨基磺酸	97.09	白	正		2.03^{12}	205 //	//	20	40^{70}			÷	÷丙酮;–乙醚
$N_2H_4·H_2SO_4$	硫酸化联氨	130.13		正		1.378	254		3.055^{22}	27.65^{60}			÷纯	
$NH_2OH·HCl$	盐酸化羟氨	69.50	无	单		1.67^{17}	151	//	83.3^{17}	+++			+	–乙醚
$NH_2OH·HCl$	盐酸胲	69.50	无	单		1.670	151	//	83.3^{17}	++				–乙醚;+甲醇
$N_2H_4·HCl$	盐酸肼	68.51	黄	液					+++	+++			÷	
$N_2H_4·2HCl$	盐酸联氨	104.98	无	立		1.420	198		270.4^{23}	+++			÷	
$H_2PO_3NH_2$	氨基磷酸	97.02		立			//		++	++ //			–	

① 微溶于乙醚 0.24, 液氨 1.2925；溶于甲醇 20.2；在 B_2O_3 中分解。
② 不溶于无水乙醇、乙醚和氯仿。
③ 不溶于 CS_2、CCl_4；溶于乙酸、乙酸酐、三氟乙酸、二氯乙烷、三氯乙烷和四氯乙烷；与苯发生反应；与汞盐或其他催化物存在时分解。

3.1.2 无机酸的危险品特性

表 3.1.2 无机酸的危险品特性

名称	危险品编号	饱和蒸气压[①] /kPa	燃烧性	闪点 /℃	自燃温度 /℃	建规火险分级	爆炸下/上限（体积分数）/%	灭火方法	危险物品分类代号	风险性代号	安全措施号
盐酸	81013	30.66(21)	不	※	※	—	※	W,T	8.1	R34; R37	S26;S45
硝酸	81002	4.4(20)	助	※	※	乙	※	T,R,W	8.1	R8;R35	S23;S26;S36;S45
硫酸	81007	0.13(145.8)	助	※	※	乙	※	T,JS	8.1	R35	S26;S30;S45
亚硫酸	81011	—	助	※	※	乙	※	P,R,T	8.1	R20;R34	S26;S45;S36/37/39
发烟硫酸	81006	—	助	※	※	乙	※	T,JS	8.1		
磷酸	81501	0.67(25)	助	※	※	—	※	P,R,G,T	8.1	R34	S26;S45
亚磷酸	81502	—	助	※	※	—	※	W,P,R,T	8.1	R22;R35	S26;S36/37/39;S45
多聚磷酸	81505	—	助	※	※	—	※	P,R,T	8.1	R34	S25;S36/37/39;S45
次磷酸	81504	<2.27(20)	助	※	※	—	※	W,P,R,T	8.1	R34	S26;S36/37/39;S45
氟硅酸	81025	—	不	※	※	—	※	P,R,G,T	8.1	R34	S26;S27;S45
氟硼酸	81026	0.67(20)	助	※	※	—	※	T,R	8.1	R34	S26;S37;S45
氢氟酸	81016	—	不	※	※	—	※	W,P	8.1	R26/27/28;R35	S26;S36/37;S45;S7/9
氢氰酸	61004	53.33(9.8)	易	17.8	538	甲	5.6/40.0	W,T	6.1		
氢溴酸	81017	—	助	※	※	—	※	T,R,W	8.1	R10;R34;R37	S26;S45;S7/9
氢碘酸	81019	—	助	※	※	—	※	T,R,W	8.1	R26	S26;S36/37/39;S45;S9
砷酸	61011	—	不	※	※	—	※	S,G,T	6.1	R26	
高氯酸	51015	2.00(14)	助	※	※	甲	※	W,P,R,T	5.1	R5;R8;R35	S23;S26;S36;S45
高碘酸	51512	—	助	※	※	乙	※	W,T	5.1	R8;R34	S17;S26;S36/37/39;S45
偏磷酸	—	0.004(20)	助	※	※	—	※	P,R,T,G	—		
硒酸	81030	—	助	※	※	—	※	W,T	8.1		
锇酸	61026	0.93(20)	助	※	※	乙	※	S,T	6.1		
硼酸	—	—	不	※	※	—	※	K		R60	S45;S53
碘酸	51515	—	助	※	※	乙	※	W,S	5.1	R34;R8	S17;S26;S36/37/39;S45

① 括号中为饱和蒸气压对应的温度（℃）。

3.2 浓度和密度

3.2.1 盐酸的浓度和密度

表3.2.1 盐酸的浓度、密度和温度 单位：g/cm³

浓度(质量分数)/%	温度/℃							
	−5	0	10	20	40	60	80	100
1	1.0048	1.0052	1.0048	1.0032	0.9970	0.9881	0.9768	0.9636
2	1.0104	1.0106	1.0100	1.0082	1.0019	0.9930	0.9819	0.9688
4	1.0213	1.0213	1.0202	1.0181	1.0116	1.0026	0.9919	0.9791
6	1.0321	1.0319	1.0303	1.0279	1.0211	1.0121	1.0016	0.9892
8	1.0428	1.0423	1.0403	1.0376	1.0305	1.0215	1.0111	0.9992
10	1.0536	1.0528	1.0504	1.0474	1.0400	1.0310	1.0206	1.0090
12	1.0645	1.0634	1.0607	1.0574	1.0497	1.0406	1.0302	1.0188
14	1.0754	1.0741	1.0711	1.0675	1.0594	1.0502	1.0398	1.0286
16	1.0864	1.0849	1.0815	1.0776	1.0692	1.0598	1.0494	1.0383
18	1.0975	1.0958	1.0920	1.0878	1.0790	1.0694	1.0590	1.0479
20	1.1087	1.1067	1.1025	1.0980	1.0888	1.0790	1.0685	1.0574
22	1.1200	1.1177	1.1131	1.1083	1.0986	1.0886	1.0780	1.0668
24	1.1314	1.1287	1.1238	1.1187	1.1085	1.0982	1.0874	1.0761
26	1.1426	1.1396	1.1344	1.1290	1.1183	1.1076	1.0967	1.0853
28	1.1537	1.1505	1.1449	1.1392	1.1280	1.1169	1.1058	1.0942
30	1.1648	1.1613	1.1553	1.1493	1.1376	1.1260	1.1149	1.1030
32				1.1593				
34				1.1691				
36				1.1789				
38				1.1885				
40				1.1980				

（算图 3.1）
盐酸在不同温度和浓度时的密度（第 577 页左）

（算图 3.2）
盐酸密度的温度修正及相应浓度（第 577 页右）

3.2.2 硫酸的浓度和密度

表3.2.2 硫酸的浓度、密度和温度 单位：g/cm³

浓度(质量分数)/%	温度/℃										
	0	10	15	20	25	30	40	50	60	80	100
1	1.0074	1.0068	1.0060	1.0051	1.0038	1.0022	0.9986	0.9944	0.9895	0.9779	0.9645
2	1.0147	1.0138	1.0129	1.0118	1.0104	1.0087	1.005	1.0006	0.9956	0.9839	0.9705
4	1.0291	1.0275	1.0264	1.0250	1.0234	1.0216	1.0176	1.0129	1.0078	0.9961	0.9827
6	1.0437	1.0414	1.0400	1.0385	1.0367	1.0347	1.0305	1.0256	1.0203	1.0084	0.995
8	1.0585	1.0556	1.0539	1.0522	1.0502	1.0481	1.0437	1.0386	1.0330	1.0209	1.0076
10	1.0730	1.0700	1.0681	1.0661	1.0640	1.0617	1.0570	1.0517	1.0460	1.0338	1.0204
12	1.0886	1.0846	1.0825	1.0802	1.0780	1.0756	1.0705	1.0651	1.0593	1.0469	1.0335
14	1.1039	1.0994	1.1971	1.0947	1.0922	1.0897	1.0844	1.0788	1.0729	1.0603	1.0469
16	1.1194	1.1145	1.1120	1.1094	1.1067	1.1040	1.0985	1.0927	1.0868	1.0740	1.0605
18	1.1351	1.1298	1.1271	1.1243	1.1215	1.1187	1.1129	1.1070	1.1009	1.0819	1.0744
20	1.1510	1.1453	1.1424	1.1394	1.1365	1.13350	1.1275	1.1215	1.1153	1.1021	1.0885
22	1.1670	1.1609	1.1579	1.1548	1.1517	1.1486	1.1424	1.1362	1.1299	1.1166	1.1029
24	1.1832	1.1768	1.1736	1.1704	1.1672	1.1640	1.1576	1.1512	1.1448	1.1313	1.1176
26	1.1996	1.1929	1.1896	1.1862	1.1829	1.1796	1.1730	1.1665	1.1599	1.1463	1.1325
28	1.2160	1.2091	1.2057	1.2023	1.1989	1.1955	1.1887	1.1820	1.1753	1.1616	1.1476
30	1.2326	1.2255	1.2220	1.2185	1.2150	1.2115	1.2046	1.1977	1.1909	1.1771	1.1630

续表

浓度(质量分数)/%	温度/℃										
	0	10	15	20	25	30	40	50	60	80	100
32	1.2493	1.2421	1.2385	1.2349	1.2314	1.2278	1.2207	1.2137	1.2068	1.1928	1.1787
34	1.2661	1.2588	1.2552	1.2515	1.2479	1.2443	1.2371	1.2300	1.2229	1.2088	1.1946
36	1.2871	1.2757	1.2720	1.2684	1.2647	1.2610	1.2538	1.2466	1.2394	1.2251	1.2109
38	1.3004	1.2929	1.2891	1.2855	1.2818	1.2780	1.2707	1.2635	1.2561	1.2418	1.2276
40	1.3179	1.3103	1.3065	1.3028	1.2991	1.2953	1.288	1.2806	1.2732	1.2589	1.2446
42	1.3357	1.3280	1.3242	1.3205	1.3167	1.3129	1.3055	1.2981	1.2907	1.2762	1.2619
44	1.3538	1.3461	1.3423	1.3384	1.3346	1.3308	1.3234	1.3160	1.3086	1.2939	1.2796
46	1.3724	1.3646	1.3608	1.3569	1.3530	1.3492	1.3417	1.3343	1.3269	1.3120	1.2976
48	1.3915	1.3835	1.3797	1.3758	1.3719	1.3680	1.3604	1.3528	1.3455	1.3305	1.3159
50	1.4110	1.4029	1.3990	1.3951	1.3911	1.3872	1.3795	1.3719	1.3644	1.3494	1.3348
52	1.4310	1.4228	1.4188	1.4148	1.4109	1.4069	1.3991	1.3914	1.3837	1.3687	1.3540
54	1.4515	1.4431	1.4391	1.4350	1.4310	1.4290	1.4191	1.4113	1.4036	1.3884	1.3735
56	1.4724	1.4640	1.4598	1.4557	1.4516	1.4475	1.4396	1.4317	1.4239	1.4085	1.3934
58	1.4937	1.4852	1.4809	1.4768	1.4726	1.4685	1.4604	1.4524	1.4446	1.4290	1.4137
60	1.5154	1.5067	1.5024	1.4983	1.4950	1.4898	1.4810	1.4735	1.4656	1.4497	1.4344
62	1.5375	1.5287	1.5243	1.5200	1.5157	1.5115	1.5031	1.4920	1.4859	1.4708	1.4554
64	1.560	1.5510	1.5465	1.5421	1.5378	1.5335	1.5250	1.5167	1.5086	1.4923	1.4766
66	1.5828	1.5736	1.5691	1.5646	1.5602	1.5558	1.5472	1.5388	1.5305	1.5140	1.4981
68	1.6059	1.5965	1.592	1.5874	1.5829	1.5785	1.5697	1.5611	1.5528	1.5359	1.5198
70	1.6293	1.6198	1.6151	1.6105	1.6059	1.6014	1.5925	1.5838	1.5753	1.5582	1.5417
72	1.6529	1.6433	1.6385	1.6338	1.6292	1.6246	1.6155	1.6067	1.5981	1.5806	1.5637
74	1.6768	1.6670	1.6622	1.6574	1.6526	1.6480	1.6387	1.6297	1.6209	1.6031	1.5857
76	1.7008	1.6908	1.6858	1.6810	1.6761	1.6713	1.6619	1.6526	1.6435	1.6252	1.6074
78	1.7247	1.7144	1.7093	1.7043	1.6994	1.6944	1.6847	1.6751	1.6657	1.6469	1.6286
80	1.7482	1.7376	1.7323	1.7272	1.7221	1.7170	1.7069	1.6971	1.6873	1.6680	1.6493
82	1.7709	1.7599	1.7544	1.7491	1.7437	1.7385	1.7281	1.7180	1.7080	1.6882	1.6692
84	1.7916	1.7804	1.7748	1.7693	1.7639	1.7585	1.7479	1.7375	1.7274	1.7072	1.6878
86	1.8095	1.7983	1.7927	1.7872	1.7818	1.7763	1.7657	1.7552	1.7449	1.7245	1.7050
88	1.8243	1.8432	1.8077	1.8022	1.7968	1.7914	1.7809	1.7705	1.7602	1.7397	1.7202
90	1.8361	1.8252	1.8198	1.8144	1.8091	1.8038	1.7933	1.7829	1.7729	1.7525	1.7331
92	1.8453	1.8346	1.8293	1.8240	1.8188	1.8136	1.8033	1.7932	1.7832	1.7653	1.7439
94	1.8520	1.8415	1.8363	1.8312	1.8260	1.8210	1.8109	1.8011	1.7914	1.7720	1.7527
96	1.8560	1.8457	1.8406	1.8355	1.8305	1.8255	1.8157	1.8060	1.7965	1.7773	1.7586
98	1.8568	1.8465	1.8414	1.8365	1.8315	1.8265	1.8167	1.8072	1.7978	1.7786	1.7609
100	1.8517	1.8409	1.8359	1.8305	1.8255	1.8205	1.8108	1.8015	1.7925	1.7765	1.7607

N（算图 3.3、算图 3.4、算图 3.5）
硫酸在不同温度和浓度时的密度
（第 578 页左至第 579 页左）

N（算图 3.6）
硫酸密度的温度修正及相应浓度
（第 579 页右）

表3.2.3 发烟硫酸的浓度和密度 单位：g/cm^3

游离 SO_3 浓度(质量分数)/%	温度/℃						
	15	20	25	30	35	40	45
1	1.8387	1.8335	1.8284	1.8237	1.8193	1.8152	1.8112
2	1.8418	1.8366	1.8319	1.8275	1.8233	1.8193	1.8153
4	1.848	1.8429	1.8378	1.8339	1.8300	1.8261	1.8223
6	1.8544	1.8493	1.8443	1.8394	1.8347	1.8311	1.8275
8	1.8610	1.8558	1.8507	1.8453	1.8394	1.8335	1.8297
10	1.8677	1.8624	1.8570	1.8510	1.8443	1.8373	1.8320
12	1.8746	1.8691	1.8630	1.8563	1.8491	1.8419	1.8349

续表

游离 SO_3 浓度（质量分数）/%	温度/℃						
	15	20	25	30	35	40	45
14	1.8814	1.8759	1.8700	1.8634	1.8559	1.8486	1.8414
16	1.8882	1.8827	1.8768	1.8703	1.8630	1.8559	1.8488
18	1.8951	1.8896	1.8838	1.8771	1.8698	1.8625	1.8554
20	1.9021	1.8964	1.8904	1.8839	1.8739	1.8699	1.8628
22	1.9092	1.9032	1.8975	1.8933	1.8847	1.8781	1.8712
24	1.9167	1.9100	1.9043	1.8985	1.8926	1.8867	1.8805
26	1.9236	1.9166	1.9109	1.9053	1.8988	1.8945	1.8888
28	1.9306	1.9233	1.9176	1.9122	1.9070	1.9018	1.8965
30	1.9370	1.9297	1.9239	1.9194	1.9162	1.9130	1.9090
32	结晶	1.9362	1.9308	1.9271	1.9251	1.9231	1.9204
34	结晶	1.9418	1.9363	1.9326	1.9312	1.9292	1.9270
36	结晶	1.9474	1.9427	1.9389	1.9371	1.9343	1.9317
38	结晶	1.9543	1.9493	1.9454	1.9424	1.9394	1.9366
40	结晶	1.9599	1.9555	1.9512	1.9470	1.9430	1.9392
42	结晶	1.9653	1.9608	1.9562	1.9515	1.9462	1.9415
44	结晶	1.9605	1.9659	1.9610	1.9557	1.9499	1.9438
46	结晶	1.9753	1.9698	1.9642	1.9586	1.9527	1.9467
48	结晶	1.9799	1.9739	1.9679	1.9620	1.9560	1.9500
50	结晶	1.9841	1.9782	1.9721	1.9659	1.9591	1.9517
52	结晶	1.9880	1.9817	1.9752	1.9685	1.9615	1.9534
54	结晶	1.9915	1.9852	1.9786	1.9718	1.9642	1.9559
56	2.0045	1.9947	1.9881	1.9812	1.9739	1.9661	1.9578
58	2.0076	1.9977	1.9898	1.9820	1.9743	1.9667	1.9593
60	2.0099	2.0000	1.9916	1.9831	1.9744	1.9669	1.9598
62	2.0126	2.0027	1.9928	1.9834	1.9745	1.9669	1.9600
64	2.0125	2.0027	1.9927	1.9832	1.9742	1.9664	1.9580
66	2.0124	2.0026	1.9926	1.9828	1.9730	1.9630	1.9531
68	2.0122	2.0025	1.9924	1.9820	1.9713	1.9587	1.9454
70	2.0119	2.0024	1.9919	1.9807	1.9688	1.9554	1.9406
72	2.0115	2.0023	1.9907	1.9786	1.9661	1.9524	1.9377
73	2.0113	2.0022	1.9900	1.9774	1.9645	1.9498	1.9343
76	2.0105	2.0004	1.9872	1.9738	1.9582	1.9396	1.9160
78	2.0097	1.9979	1.9839	1.9698	1.9528	1.9293	1.9000
80	2.0084	1.9947	1.9802	1.9646	1.9472	1.9198	1.8896
82	2.0052	1.9909	1.9758	1.9584	1.9404	1.9141	1.8851
84	2.0013	1.9864	1.9707	1.9522	1.9336	1.9082	1.8802
86	1.9963	1.9808	1.9645	1.9462	1.9267	1.9025	1.8755
88	1.9906	1.9745	1.9576	1.9398	1.9201	1.8969	1.8709
90	1.9845	1.9678	1.9503	1.9314	1.9109	1.8887	1.8636
92	1.9774	1.9599	1.9423	1.9228	1.9021	1.8800	1.8554
94	1.9715	1.9532	1.9345	1.9440	1.8933	1.8713	1.8471
96	1.9636	1.9445	1.9246	1.9039	1.8826	1.8607	1.8369
98	1.9536	1.9341	1.9138	1.8926	1.8709	1.8486	1.8252
100	1.9425	1.9228	1.9023	1.8810	1.8591	1.8366	1.8136

N（算图 3.7）
发烟硫酸的密度（第 580 页左）

N（算图 3.8）
25% 发烟硫酸的密度（第 580 页右）

N（算图 3.9）
发烟硫酸密度的温度修正及其相应的物性（第 581 页）

N（算图 3.10）
硫酸和发烟硫酸混合物的计算（第 582 页左）

N（算图 3.11）
用硫酸与发烟硫酸混合法求硫酸的浓度（第 582 页右）

3.2.3 硝酸的浓度和密度

表 3.2.4 硝酸水溶液的浓度和密度

质量分数/%	质量浓度/(g/L)	$c(HNO_3)$/(mol/L)	密度(ρ^{20})/(g/cm^3)	质量分数/%	质量浓度/(g/L)	$c(HNO_3)$/(mol/L)	密度(ρ^{20})/(g/cm^3)	质量分数/%	质量浓度/(g/L)	$c(HNO_3)$/(mol/L)	密度(ρ^{20})/(g/cm^3)
1	10.04	0.16	1.004	34	410.4	6.51	1.207	68	955.3	15.16	1.405
2	20.18	0.32	1.009	36	439.4	6.97	1.221	70	989.4	15.70	1.413
4	40.80	0.65	1.020	38	468.7	7.44	1.234	72	1024	16.25	1.422
6	61.87	0.98	1.031	40	498.5	7.91	1.246	74	1058	16.79	1.430
8	83.42	1.32	1.043	42	528.8	8.30	1.259	76	1093	17.34	1.438
10	105.4	1.67	1.054	44	559.6	8.88	1.272	78	1127		1.445
12	127.9	2.03	1.066	46	591.0	9.38	1.285	80	1162		1.452
14	140.9	2.40	1.078	48	622.8	9.88	1.298	82	1196		1.459
16	174.4	2.77	1.090	50	655.0	10.39	1.310	84	1231		1.466
18	198.5	3.15	1.103	52	687.4	10.91	1.322	86	1266		1.472
20	223.0	3.54	1.115	54	720.1	11.47	1.334	88	1300		1.477
22	248.1	3.94	1.128	56	753.1	11.95	1.345	90	1334		1.483
24	273.7	4.34	1.140	58	786.5	12.48	1.356	92	1368		1.487
26	299.9	4.76	1.153	60	820.0	13.01	1.367	94	1402		1.491
28	326.6	5.18	1.167	62	853.7	13.55	1.377	96	1435		1.495
30	354.0	5.62	1.180	64	887.4	14.08	1.387	98	1471		1.501
32	381.9	6.06	1.193	66	921.3	14.62	1.396	100	1513		1.513

N（算图 3.12、算图 3.13）
硝酸在不同温度和浓度时的密度（第 583 页）

N（算图 3.14）
硝酸密度的温度修正及其相应的物性（第 584 页）

N（算图 3.15）
含四氧化二氮的发烟浓硝酸的密度（第 585 页左）

N（算图 3.16）
硝酸、硫酸和水混合液的密度（第 585 页右）

3.2.4 砷酸的浓度和密度

表3.2.5 砷酸的浓度和密度

H_3AsO_4 质量分数/%	As_2O_5 质量分数/%	密度/(g/cm^3)	H_3AsO_4 质量分数/%	As_2O_5 质量分数/%	密度/(g/cm^3)	H_3AsO_4 质量分数/%	As_2O_5 质量分数/%	密度/(g/cm^3)
1	0.81	1.0057	16	13.0	1.1128	35	28.3	1.2829
2	1.62	1.0124	18	14.6	1.1285	40	32.4	1.3370
4	3.24	1.0260	20	16.2	1.1447	45	36.4	1.3959
6	4.86	1.0398	22	17.8	1.1614	50	40.5	1.4602
8	6.48	1.0538	24	19.4	1.1785	55	44.5	1.5304
10	8.10	1.0681	26	21.1	1.1961	60	48.6	1.6070
12	9.72	1.0826	28	22.7	1.2143	65	52.6	1.6904
14	11.3	1.0975	30	24.3	1.2331	70	56.7	1.7811

3.2.5 磷酸的浓度和密度

表3.2.6 磷酸的浓度和密度 单位：g/mL

质量分数/%		温度/℃								
H_3PO_4	P_2O_5	0	10	15	20	25	30	40	60	80
0	0	0.9999	0.9997	0.9991	0.9982	0.9971	0.9957	0.9922	0.9832	0.9718
5	3.62	1.0282	1.0274	1.0268	1.0254	1.0241	1.0225	1.0189	1.0097	0.9977
10	7.24	1.0571	1.0556	1.0553	1.0532	1.0523	1.0498	1.0468	1.0373	1.0247
15	10.86	1.0873	1.0853	1.0852	1.0824	1.0819	1.0787	1.0759	1.0661	1.0531
20	14.49	1.1192	1.1167	1.1165	1.1134	1.1129	1.1094	1.1065	1.0963	1.0829

续表

质量分数/%		温度/℃								
H_3PO_4	P_2O_5	0	10	15	20	25	30	40	60	80
25	18.11		1.1499	1.1493	1.1462	1.1453	1.1417	1.1385	1.1280	1.1142
30	21.73		1.1847	1.1837	1.1804	1.1794	1.1756	1.1721	1.1611	1.1472
35	25.35		1.2210	1.2198	1.2160	1.2151	1.2110	1.2074	1.1960	1.1818
40	28.97		1.2590	1.2577	1.2534	1.2527	1.2482	1.2444	1.2326	1.2183
45	32.59		1.2989	1.2974	1.2930	1.2920	1.2875	1.2834	1.2710	1.2566
50	36.22		1.3410	1.3391	1.3350	1.3334	1.3290	1.3242	1.3114	1.2969
55	39.84		1.3850	1.3828	1.3791	1.3767	1.3738	1.3672	1.3539	1.3392
60	43.46		1.4320	1.4287	1.4256	1.4223	1.4190	1.4122	1.3985	1.3836
65	47.08			1.4768	1.4745	1.4700	1.4676	1.4596	1.4453	1.4303
70	50.70			1.5271	1.5257	1.5200	1.5187	1.5092	1.4945	1.4792
75	54.32			1.5798	1.5790	1.5725	1.5720	1.5613	1.5462	1.5305
80	57.94			1.6350	1.6343	1.6275	1.6272	1.6159	1.6003	1.5843
85	61.57			1.6928	1.6914	1.6850	1.6841	1.6732	1.6572	1.6406
90	65.19			1.7532	1.7499	1.7452	1.7425	1.7331	1.7168	1.6996
95	68.81			1.8163	1.8096	1.8082	1.8020	1.7959	1.7792	1.7612
100	72.43			1.8823	1.8700	1.8741	1.8620	1.8616	1.8446	1.8257

N（算图 3.17）
硫酸和磷酸水溶液的密度（第 586 页左）

N（算图 3.18）
磷酸密度的温度修正及其相应的物性（第 586 页右）

3.2.6 氯酸的浓度和密度

表3.2.7 氯酸水溶液的浓度和密度 单位：g/cm³

质量分数/%	温度/℃ 15	温度/℃ 18	质量分数/%	温度/℃ 15	温度/℃ 18	质量分数/%	温度/℃ 15	温度/℃ 18	质量分数/%	温度/℃ 15	温度/℃ 18
1	1.006	1004.4	8	1.060	1046.8	15	1.118	1092.3	24	1.201	1156.8
2	1.014	1010.3	9	1.068	1053.1	16	1.127	1099.1	26	1.220	
3	1.022	1016.2	10	1.076	1059.4	17	1.136	1106.0	30	1.260	
4	1.030	1022.2	11	1.084	1065.8	18	1.145	1113.0	40	1.371	
5	1.037	1028.3	12	1.092	1072.3	19	1.154	1120.1	50	1.505	
6	1.045	1034.4	13	1.101	1078.9	20	1.163	1127.3	60	1.663	
7	1.053	1040.6	14	1.109	1085.6	22	1.182	1141.9			

表3.2.8 高氯酸的浓度和密度(20℃) 单位：g/cm³

质量分数/%	温度/℃							
	−25	0	15	20	25	30	50	75
1		1.0059	1.0050	1.0035	1.0020	1.0000	0.9933	0.976
2		1.0120	1.0109	1.0105	1.0070	1.0074	0.9906	0.979
4		1.0244	1.0228	1.0217	1.0169	1.0171	0.9986	0.986
6		1.0372	1.0348	1.0333	1.0270	1.0296	1.0205	0.997
8		1.0503	1.0471	1.0454	1.0372	1.0416	1.0320	1.009
10		1.0637	1.0597	1.0579	1.0475	1.0539	1.0440	1.023
12		1.0774	1.0726	1.0708	1.0688	1.0688	1.0560	1.039
14		1.0915	1.0889	1.0840	1.0789	1.0789	1.0680	1.054
16		1.1058	1.0995	1.0975	1.0953	1.0953	1.0810	1.069
18		1.1205	1.1135	1.1112	1.1088	1.1088	1.0940	1.083
20		1.1356	1.1279	1.1252	1.1224	1.1194	1.1070	1.096
22		1.1511	1.1428	1.1395	1.1361	1.1328	1.1205	1.108
24		1.1669	1.1581	1.1542	1.1503	1.1465	1.1345	1.120
26		1.1831	1.1738	1.1697	1.1656	1.1616	1.1490	1.132
28		1.1997	1.190	1.1851	1.1803	1.1758	1.1645	1.146
30	1.2312	1.2168	1.2067	1.2013	1.1956	1.1902	1.1800	1.160
32	1.2493	1.2344	1.2239	1.2183	1.2124	1.2068	1.1960	1.176
34	1.2683	1.2525	1.2418	1.2359	1.2297	1.2237	1.2130	1.194
36	1.2882	1.2713	1.2603	1.2542	1.2477	1.2416	1.2310	1.212
38	1.3090	1.2908	1.2794	1.2732	1.2666	1.2604	1.2490	1.231

续表

质量分数/%	温度/℃							
	−25	0	15	20	25	30	50	75
40	1.3308	1.3111	1.2991	1.2927	1.2860	1.2796	1.2680	1.251
45	1.3892	1.3656	1.3521	1.3450	1.3375	1.3305	1.3180	1.299
50	1.4528	1.4255	1.4103	1.4018	1.3929	1.3846	1.3730	1.350
55	1.5205	1.4899	1.4733	1.4636	1.4534	1.4439	1.4320	1.406
60	1.5908	1.5580	1.5389	1.5298	1.5204	1.5116	1.4950	1.470
65	1.6617	1.6283	1.6059	1.5986	1.5915	1.5848	1.5620	1.543
70	1.7306	1.6987	1.6736	1.6680	1.6631	1.6581	1.6290	1.617
80		1.8235	1.7914	1.7837	1.7772	1.7715	1.7540	1.727
90		1.8843	1.8349	1.8223	1.8113	1.8017	1.7720	1.738
95		1.8688	1.8171	1.8043	1.7932	1.7834	1.7515	1.704
100		1.8077	1.7775	1.7676	1.7578	1.7480	1.7098	

3.2.7　氢氟酸的浓度和密度

表 3.2.9　氢氟酸的浓度和密度

质量分数/%	质量浓度/(g/L)	c(HF)/(mol/L)	密度ρ^{20}/(g/cm^3)	质量分数/%	质量浓度/(g/L)	c(HF)/(mol/L)	密度ρ^{20}/(g/cm^3)
2	20.10	1.005	1.005	32	354.24	17.70	1.107
4	40.48	2.023	1.012	36	402.48	20.11	1.118
6	61.26	3.061	1.021	40	448.32	22.40	1.123
8	82.24	4.110	1.028	44	476.28	23.81	1.134
10	103.60	5.177	1.036	46	501.16	25.04	1.139
12	125.16	6.155	1.043	50	577.50	28.86	1.155
14	147.00	7.347	1.050	60			1.235
16	169.12	8.452	1.057	70			1.258
18	191.52	9.572	1.064	80			1.259
20	214.00	10.69	1.070	90			1.178
24	260.16	13.00	1.084	95			1.089
28	306.88	15.33	1.096	100			1.000

3.2.8　氢氰酸的浓度和密度

表 3.2.10　氢氰酸溶液的密度

温度/℃	密度/(g/cm^3)	温度/℃	密度/(g/cm^3)	温度/℃	密度/(g/cm^3)	温度/℃	密度/(g/cm^3)
−10	0.7238	40	0.6631	90	0.5922	140	0.4994
0	0.7122	50	0.6499	100	0.5761	150	0.4750
10	0.7004	60	0.6363	110	0.5590	160	0.4463
20	0.6883	70	0.6222	120	0.5408	170	0.4098
30	0.6759	80	0.6076	130	0.5211	180	0.3498

N（算图 3.19）

氢氰酸的浓度和密度（第 587 页左）

3.2.9　氢溴酸的浓度和密度

表3.2.11　氢溴酸的浓度和密度　　　单位：g/cm^3

质量分数/%	质量浓度/(g/L)	温度/℃				质量分数/%	质量浓度/(g/L)	温度/℃			
		4	10	20	25			4	10	20	25
1	10.8	1.0073	1.0068	1.0053	1.0041	10	107.0	1.0764	1.0747	1.0723	1.0707
2	21.0	1.0146	1.0139	1.0124	1.0111	12	130.0	1.0928	1.0910	1.0883	1.0867
4	41.9	1.0295	1.0285	1.0269	1.0255	14	153.0	1.1097	1.1078	1.1048	1.1032
6	62.3	1.0448	1.0435	1.0417	1.0402	16	178.0	1.1272	1.1251	1.1219	1.1202
8	84.3	1.0604	1.0589	1.0568	1.0552	18	205.0	1.1453	1.1430	1.1396	1.1377

续表

质量分数/%	质量浓度/(g/L)	温度/℃				质量分数/%	质量浓度/(g/L)	温度/℃			
		4	10	20	25			4	10	20	25
20	232	1.1640	1.1615	1.1579	1.1557	30	377	1.2663	1.2630	1.2580	1.2552
22	273	1.1832	1.1806	1.1767	1.1743	40	561	1.3877	1.3838	1.3772	1.3736
24	302	1.2030	1.2003	1.1961	1.1935	50	758	1.5305	1.5257	1.5173	1.5127
26	329	1.2235	1.2206	1.2161	1.2134	60	1007	1.6950	1.6892	1.6787	1.6731
28	354	1.2446	1.2415	1.2367	1.2340	65	1149	1.7854	1.7792	1.7675	1.7613

3.2.10 氢碘酸的浓度和密度

表 3.2.12 氢碘酸的浓度和密度

质量分数/%	质量浓度/(g/L)	密度/(g/cm³)		质量分数/%	质量浓度/(g/L)	密度/(g/cm³)	
		15℃	20℃			15℃	20℃
1	1.0	1.006	1.005	20	23.8	1.168	1.165
2	2.0	1.014	1.013	25	29.6	1.214	1.230
4	4.0	1.029	1.028	30	37.4	1.272	1.274
6	6.0	1.044	1.043	35	47.0	1.337	1.336
8	8.2	1.060	1.059	40	56.5	1.407	1.403
10	10.5	1.077	1.075	45	67.6	1.483	1.476
12	12.7	1.093	1.092	50	79.6	1.567	1.560
14	15.3	1.111	1.109	55	91.9	1.667	1.473
16	17.8	1.129	1.127	60	106.1	1.774	1.539
18	20.5	1.147	1.146	62	112.8	1.822	1.566

3.2.11 铬酸的浓度和密度

表 3.2.13 铬酸水溶液的浓度和密度（15℃）

CrO_3质量分数/%	铬酸质量浓度/(g/L)	密度/(g/cm³)	CrO_3质量分数/%	铬酸质量浓度/(g/L)	密度/(g/cm³)	CrO_3质量分数/%	铬酸质量浓度/(g/L)	密度/(g/cm³)
1	10.06	1.006	14	155.4	1.110	28	347.2	1.240
2	20.28	1.014	16	180.3	1.127	30	378.0	1.260
4	41.20	1.030	18	206.1	1.145	35	459.6	1.313
6	62.70	1.045	20	232.6	1.163	40	548.4	1.371
8	84.80	1.060	22	259.8	1.181	45	645.8	1.435
10	107.60	1.076	24	288.0	1.200	50	752.5	1.505
12	131.20	1.093	26	317.2	1.220	60	997.8	1.663

3.2.12 其他无机酸的浓度和密度

表3.2.14 其他无机酸水溶液的密度　　单位：g/cm³

化合物名称	温度/℃	浓度(质量分数)/%									
		1	2	4	6	8	10	12	14	16	18
H_3BO_3	15	1.003	1.007	1.015							
$H_3BO_3$①	20	1.002	1.006	1.013							
HCN②	15	0.998	0.996	0.993	0.989	0.984	0.978	0.971	0.964	0.956	0.951
HIO_3	18	1.007	1.016	1.033	1.052	1.071	1.090	1.110	1. 131	1.152	1.174
HIO_4	17	1.008	1.016	1.035	1.054	1.074	1.094	1.116	1.139	1.162	1.186
$H_2S_2O_8$	14	1.005	1.011	1.022	1.034	1.046	1.059	1.072	1.085	1.099	1.113
$H_2SeO_4$③	20	1.006	1.014	1.029	1.045	1.060	1.077	1.093	1.110	1.128	1.146
H_2SiF_6	18	1.007	1.015	1.031	1.048	1.065	1.082	1.100	1.117	1.136	1.154
化合物名称	温度/℃	浓度(质量分数)/%									
		20	22	24	26	28	30	35	40	45	50
HCN②	15	0.949	0.945	0.940	0.935	0.930	0.925	0.908	0.892	0.876	0.860
HIO_3	18	1.197	1.221	1.245	1.270	1.296	1.322	1.390	1.464		
HIO_4	17	1.212	1.238	1.265	1.293	1.323	1.355	1.388[32]			

续表

化合物名称	温度/℃	浓度（质量分数）/%									
		20	22	24	26	28	30	35	40	45	50
$H_2S_2O_8$	14	1.127	1.142	1.157	1.173	1.189	1.205	1.245			
$H_2SeO_4$③	20	1.164	1.183	1.203	1.224	1.244	1.265	1.323	1.382	1.450	1.518
H_2SiF_6	18	1.173	1.192	1.212	1.232	1.252	1.272				

① 质量分数为0.5%、1.5%、2.5%、3.0%、3.5%和4.5%时，其密度分别为0.9999、1.004、1.007、1.009、1.010和1.015g/cm^3。

② 质量分数为55%、60%、65%、70%、75%、80%、90%、100%时，密度分别为0.844、0.826、0.809、0.792、0.775、0.759、0.724、0.691g/cm^3。

③ 质量分数为60%、70%、80%时，其密度分别为1.685、1.887、2.122g/cm^3。

3.3　相变点和结晶温度

3.3.1　冰点

表3.3.1　亚硫酸水溶液的冰点

$n(SO_2)/[n(SO_2)+n(H_2O)]$	0	0.8		2.8	3	5	7	9	11	95.1
冰点/℃	0	−0.2	−3①	−0.2	1.7	5.2	9.6	10.6	12.1	12.2
固相	冰		冰+SO_2水合物		SO_2水合物					

① 低共融点。

表3.3.2　氰氢酸水溶液的冰点　　单位：℃

质量分数/%	0	1	2	3	5	7	10	15	20	25
t_i	0	−1.1	−2.4	−3.4	−4.6	−6.6	−9.9	−12.9	−15.1	−15.5
质量分数/%	30	35	40	45	50	60	70	80	90	100
t_i	−15.7	−16.2	−15.9	−15.9	−16.3	−17.4	−20.9	−22.4	−18.8	−13.3

表3.3.3　磷酸水溶液的凝固点　　单位：℃

质量分数/%	凝固点	固相	质量分数/%	凝固点	固相	质量分数/%	凝固点	固相
5	−0.8	冰	50	−41.9	冰	90	28.8	$2H_3PO_4\cdot H_2O$
10	−2.1		55	−58.6	冰	91.6	29.3	$2H_3PO_4\cdot H_2O$
15	−3.8		60	−76.1	冰	92.5	28.6	$2H_3PO_4\cdot H_2O$
20	−6.0		62.5	−85.0	冰	94.8	23.5	$2H_3PO_4\cdot H_2O$
25	−8.6		65	−70.5	$2H_3PO_4\cdot H_2O$	95	24.7	H_3PO_4
30	−11.8		70	−43.0	$2H_3PO_4\cdot H_2O$	97.5	34.3	H_3PO_4
35	−15.9		75	−17.5	$2H_3PO_4\cdot H_2O$	100	42.4	H_3PO_4
40	−21.9		80	4.6	$2H_3PO_4\cdot H_2O$			H_3PO_4
45	−30.0		85	21.1	$2H_3PO_4\cdot H_2O$			

3.3.2　沸点

表3.3.4　硫酸的沸点及饱和蒸气组成（101.3kPa）

质量分数/%	沸点/℃	饱和蒸气组成	质量分数/%	沸点/℃	饱和蒸气组成	质量分数/%	沸点/℃	饱和蒸气组成
1	100.2		6	101.2	水	11	102.2	
2	100.4		7	101.4		12	102.4	
3	100.6		8	101.6		13	102.7	
4	100.8		9	101.8		14	102.9	
5	101.0		10	102.0		15	103.1	

续表

质量分数/%	沸点/℃	饱和蒸气组成	质量分数/%	沸点/℃	饱和蒸气组成	质量分数/%	沸点/℃	饱和蒸气组成
16	103.4	水	46	119.5		76	182.7	
17	103.6		47	120.6		77	186.2	
18	103.8		48	121.8		78	190.1	
19	104.1		49	123.1		79	194.1	
20	104.4		50	124.4		80	200.2	
21	104.6		51	125.8	水	81	205.2	0.003①
22	104.9		52	127.2		82	210.4	0.01
23	105.2		53	128.7		83	215.7	0.02
24	105.5		54	130.4		84	221.3	0.06
25	105.9		55	132.0		84.5	224.2	0.09
26	106.3		56	133.8		85	227.1	0.14
27	106.6		57	135.7		86	233.0	0.25
28	107.0	水	58	137.6		87	239.0	0.45
29	107.4		59	139.6		88	245.5	1.10
30	107.9		60	141.8		89	255.1	2.10
31	108.3		61	144.0		90	258.9	3.60
32	108.8		62	146.1		91	266.9	7.20
33	109.1		63	148.2	水	92	274.7	12.70
34	109.9		64	150.4		93	282.6	17.40
35	110.5		65	152.1		94	291.4	28.00
36	111.1		66	153.8		95	301.3	40.80
37	111.7		67	155.7		96	311.5	58.80
38	112.4		68	157.5		97	322.0	72.20
39	113.1		69	159.8		98	332.4	85.00
40	113.9		70	162.2		98.3	336.6(327)	98.30
41	114.7		71	165.3		99	323.0	
42	115.6	水	72	168.6		100	304.3	32.5%游离SO_3
43	116.5		73	171.9				+67.5%H_2SO_4，
44	117.4		74	175.4				66.2%游离SO_3
45	118.4		75	179.0	水			+33.8%H_2SO_4

① 以下数字是体积分数。

表3.3.5 发烟硫酸的沸点及饱和蒸气组成(101.3kPa)

游离SO_3质量分数/%	沸点/℃	饱和蒸气中三氧化硫的体积分数/%	游离SO_3质量分数/%	沸点/℃	饱和蒸气中三氧化硫的体积分数/%	游离SO_3质量分数/%	沸点/℃	饱和蒸气中三氧化硫的体积分数/%
1	297.3	71.6	22	207.7	99.2	43	128.4	
2	294.7	74.7	23	203.5	99.4	44	124.4	
3	290.3	78.9	24	199.4	99.53	45	120.5	
4	285.6	82.2	25	195.5	99.64	46	117.7	
5	282.1	84.6	26	191.7	99.75	47	115.0	
6	277.8	86.1	27	188.0	99.94	48	112.3	
7	270.8	89.2	28	184.4	99.87	49	109.7	
8	269.0	91.0	29	181.0	99.89	50	107.6	
9	267.3	92.5	30	177.7	99.91	51	104.2	
10	260.9	93.5	31	174.5	99.93	52	101.3	
11	256.7	94.2	32	171.5	99.95	53	98.0	三氧化硫(SO_3)
12	252.6	94.8	33	168.5	99.97	54	95.7	
13	248.8	95.2	34	163.6	99.98	55	92.9	
14	245.1	96.2	35	158.9	99.985	56	90.2	
15	240.2	96.8	36	154.2	99.990	57	87.5	
16	235.3	97.5	37	149.7	99.995	58	84.9	
17	231.1	97.7	38	145.2	99.997	59	82.3	
18	226.1	97.85	39	142.2	99.999	60	79.8	
19	221.3	98.3	40	139.3	三氧化硫(SO_3)	61	78.0	
20	216.6	98.7	41	136.4		62	75.9	
21	212.1	99.1	42	132.3				

续表

游离SO_3质量分数/%	沸点/℃	饱和蒸气中三氧化硫的体积分数/%	游离SO_3质量分数/%	沸点/℃	饱和蒸气中三氧化硫的体积分数/%	游离SO_3质量分数/%	沸点/℃	饱和蒸气中三氧化硫的体积分数/%
63	73.9		76	57.4		89	50.2	
64	72.0		77	56.8		90	49.7	
65	70.2		78	56.2		91	49.2	
66	68.4		79	55.6		92	48.7	
67	66.6		80	55.0		93	48.2	
68	64.8	三氧化硫(SO_3)	81	54.5	三氧化硫(SO_3)	94	47.7	三氧化硫(SO_3)
69	63.0		82	53.9		95	47.2	
70	61.9		83	53.4		96	46.7	
71	60.6		84	52.8		97	46.2	
72	59.9		85	52.3		98	45.7	
73	59.3		86	51.8		99	45.2	
74	58.6		87	51.3		100	44.7	
75	58.0		88	50.7				

表3.3.6 氢氟酸的沸点

质量分数/%	0.1	0.25	0.5	1.0	1.5	2.0	3	5	10	15	20	25	35	40	100
t_b/℃	100.1	100.2	100.3	100.5	100.7	101.0	101.6	102.5	108.8	113.8	115.2	113.2	63.8	44.0	19.5

表3.3.7 氢溴酸的沸点

质量分数/%	5	10	15	20	25	30	35	40	45	50	55	60
t_b/℃	100.7	103.5	103.5	102.5	103.3	106.5	112.1	119.0	124.7	120.8	34.1	22.0

表3.3.8 氢溴酸在不同压力下的沸点、密度和浓度

压强/kPa	沸点/℃	25℃时的密度/(g/cm^3)	浓度(质量分数)/%	压强/kPa	沸点/℃	25℃时的密度/(g/cm^3)	浓度(质量分数)/%
10	68.53	1.5140	49.94	90	121.0	1.4809	47.79
20	83.45	1.5071	49.53	100	124.0	1.4788	47.65
30	93.14	1.5011	49.16	110	126.7	1.4769	47.52
40	99.91	1.4961	48.83	120	129.1	1.4752	47.40
50	105.4	1.4920	48.55	130	131.4	1.4737	47.30
60	110.1	1.4886	48.32	140	133.5	1.4724	47.21
70	114.2	1.4857	48.13	150	135.4	1.4712	47.11
80	117.8	1.4832	47.95	160	137.3	1.4700	47.03

表3.3.9 高氯酸的沸点

(1) 常压时

质量分数/%	25	30	35	40	45	50	55	60	65	70	72.4
t_b/℃	106.7	110.2	112.4	115.0	120.1	130.7	144.0	157.7	180.2	198.5	203.0

(2) 2.4kPa时

质量分数%	70	75	80	85	90	95	100
t_b/℃	106.3	105.0	91.3	69.0	44.1	24.2	16.0

表3.3.10 磷酸P_2O_5水溶液的沸点

H_3PO_4质量分数/%	0	5	10	20	30	50	75	85	100	115
P_2O_5质量分数/%	0	3.62	7.24	14.49	21.73	36.22	54.32	61.57	72.43	83.29
t_b/℃	100	100.1	100.2	100.8	101.8	108	135	158	261	

N（算图3.20）
盐酸和氢氟酸水溶液的沸点（第587页右）

N（算图3.21）
硫酸、发烟硫酸和硝酸水溶液的沸点（第588页左）

（算图 3.22）
硝酸和磷酸水溶液的沸点
（第 588 页右）

（算图 3.23）
硫酸及硝酸水溶液混合物的沸点
（第 589 页左）

（算图 3.24）
无机酸及盐水溶液的沸点升高值
（第 589 页右）

3.3.3 共沸点

表 3.3.11 无机酸和水二元共沸物的共沸点

名称	质量分数/%	含水量/%	共沸点/℃	名称	质量分数/%	含水量/%	共沸点/℃
盐酸	79.8	110	20.2	氢氟酸	63	120	37
硝酸	32	120.5	68.0	氢碘酸	43	127	57
高氯酸	28.4	203	71.6	氢溴酸	52.5	126	47.5

表 3.3.12 不同压力下盐酸和水的二元共沸物沸点及其组成

压力/kPa	10	20	30	40	50	60	70	80	90	100	110
盐酸质量分数/%	23.05	22.60	22.14	21.80	21.64	21.25	21.01	20.70	20.46	20.30	20.24
压力/kPa	120	130	140	150	160	170	180	190	200	210	220
盐酸质量分数/%	20.20	19.98	19.79	19.65	19.50	19.42	19.36	19.25	19.10	19.02	18.95
压力/kPa	230	240	250	260	270	280	290	300	310	320	330
盐酸质量分数/%	18.87	18.80	18.72	18.65	18.57	18.50	18.42	18.35	18.27	18.20	18.12

表3.3.13 硝酸、硝酸镁、水三元共沸物的共沸点

质量分数①/%		沸点/℃	质量分数①/%		沸点/℃	质量分数①/%		沸点/℃	质量分数①/%		沸点/℃
硝酸	硝酸镁		硝酸	硝酸镁		硝酸	硝酸镁		硝酸	硝酸镁	
0.9	60.3	148.5	12.0	42.9	127	24.7	27.6	120.5	30.7	14.5	115
2.3	60.6	147	19.1	39.4	126	13.7	58.1	120.5	21.5	22.9	115
3.6	60.2	146.5	4.2	46.3	126	49.9	11.3	120.5	38.2	9.1	115
5.4	63.4	145	29.1	31.7	125	32.8	21.7	120.5	13.4	60.5	114
5.4	60.3	143	11.2	41.2	125	11.7	27.4	120.0	27.1	14.1	113
5.8	59.8	142	18.5	37.0	125	6.5	39.9	120.0	34.4	7.8	113
6.4	65.1	140	31.2	33.4	125	37.4	17.7	120.0	19.0	20.7	113
11.0	54.7	136.5	28.5	31.2	124	23.8	26.8	119.5	35.7	38.5	112
7.2	66.4	136	28.2	31.6	124	46.8	11.4	119.5	17.9	20.1	112
9.3	53.0	135	2.1	45.6	123	55.9	12.6	119.0	24.9	46.2	112
8.8	52.2	135	27.7	31.0	123	34.8	16.9	119.0	26.1	12.5	111.5
6.7	52.2	134	41.7	22.6	123	24.7	26.3	119.0	36.1	40.8	110
14.3	48.6	132	28.2	30.3	123	34.2	18.5	118.5	27.9	6.4	110
16.9	47.7	131.0	37.0	22.5	123	12.6	34.3	118.0	38.4	37.7	109.5
13.4	45.6	130.5	26.7	29.9	122.5	32.1	36.6	118.0	17.6	61.5	109
8.2	67.3	130	42.6	19.8	122.5	41.9	9.8	117.5	20.6	9.8	108
6.1	48.7	130	10.6	39.4	122	34.1	14.5	117.5	15.8	16.8	108
9.2	59.9	129.5	27.2	29.5	122	33.3	36.1	117.5	9.8	19.5	108
15.9	51.4	129	39.0	18.5	121.5	22.9	25.0	117.0	4.7	30.7	107.5
4.8	48.6	128.5	52.3	12.0	121.5	33.6	35.4	117.0	28.1	50.4	106
13.4	44.1	128.5	11.2	60.8	121	5.6	36.4	116.0	22.8	56.3	100.5
15.5	43.0	128	37.5	20.6	121	22.5	24.6	116.0	38.5	42.4	91.5
23.0	43.3	128	10.9	53.1	121	31.0	16.7	116.0	54.7	25.5	91.0
20.3	40.4	128	26.0	27.7	121	48.9	22.7	116.0	67.7	15.7	89.5
7.4	60.1	128	35.8	21.2	121	16.4	54.0	116.0			

① 水为余量。

3.3.4 三相点

表 3.3.14 酸类的三相点

物料名	盐酸	硫酸	硝酸	磷酸	正磷酸	次磷酸	硼酸	氢氟酸
三相点温度/K	158.97	283.46	231.55	315.51	347.55	299.65	444.1	189.8
三相点压力/Pa	13522	0.00129	60.768	10	—	—	—	336.83

续表

物料名	氢硫酸	氢溴酸	氢碘酸	氢氰酸	高氯酸	氯磺酸	氨基磺酸
三相点温度/K	187.7	185.2	222.4	259.83	172.0	193.2	478
三相点压力/Pa	23200	29890	49326	18625	0.1291	0.0052	—

3.3.5　结晶温度及晶相

表 3.3.15　硫酸的结晶温度及晶相

质量分数/%		结晶温度/℃	质量分数/%		结晶温度/℃	质量分数/%		结晶温度/℃
硫酸	SO_3(总)		硫酸	SO_3(总)		硫酸	SO_3(总)	
1	0.816	-0.3	35.77	29.20	-61.98	43	35.10	-52.2
2	1.633	-0.6	以上晶相为低共熔混合物			44	35.92	-49.6
3	2.45	-1.1	$H_2SO_4 \cdot 6H_2O+H_2O$			45	36.73	-46.7
4	3.265	-1.5	36.0	29.39	-63.5	46	37.55	-44.1
5	4.08	-2.0	36.5	29.80	-66.6	47	38.37	-41.6
6	4.90	-2.6	37.0	30.20	-70.4	48	39.18	-39.3
7	5.71	-3.1	以上晶相为H_2O			49	40.00	-37.3
8	6.53	-3.6	(介稳状态)			50	40.82	-35.5
9	7.35	-4.2	37.55	30.65	-73.10	51	41.63	-33.9
10	8.16	-4.7	以上晶相为低共熔混合物			52	42.45	-32.3
11	8.98	-5.3	$H_2O+H_2SO_4 \cdot 4H_2O$(介稳状态)			53	43.26	-31.0
12	9.80	-6.0	38.0	31.02	-72.2	54	44.08	-30.0
13	10.61	-6.7	38.5	31.43	-70.4	55	44.90	-29.3
14	11.43	-7.6	39.0	31.84	-67.8	56	45.71	-28.8
15	12.24	-8.5	39.5	32.24	-65.5	57	46.53	-28.3
16	13.06	-9.4	40.0	32.65	-63.6	以上晶相为H_2SO_4		
17	13.88	-10.3	40.5	33.06	-61.4	57.64	47.05	-28.6
18	14.69	-11.4	41.0	33.47	-59.2	以上晶相为$H_2SO_4 \cdot 4H_2O$(熔化点)		
19	15.51	-12.5	41.5	33.88	-57.4	64.69	52.81	-36.56
20	16.33	-13.8	42.0	34.29	-55.6	以上晶相为		
21	17.14	-15.2	以上晶相为$H_2SO_4 \cdot 4H_2O$			$H_2SO_4 \cdot 4H_2O \rightarrow H_2SO_4 \cdot 3H_2O$		
22	17.96	-16.8	(介稳状态)			65.0	53.06	-38.1
23	18.78	-18.4	42.91	34.62	-53.73	65.5	53.47	-39.4
24	19.59	-20.2	以上晶相为			66.0	53.88	-40.9
25	20.41	-22.0	$H_2SO_4 \cdot 6H_2O \rightarrow H_2SO_4 \cdot 4H_2O$			66.5	54.29	-42.5
26	21.22	-24.2	36	29.39	-61.6	67.0	54.69	-44.2
27	22.04	-26.5	37	30.20	-59.8	67.5	55.10	-46.3
28	22.86	-29.0	38	31.02	-58.2	以上晶相为		
29	23.69	-31.9	39	31.84	-56.9	$H_2SO_4 \cdot 4H_2O$(介稳状态)		
30	24.49	-35.0	40	32.65	-55.8	67.8	55.35	-47.46
31	25.31	-38.0	41	33.47	-54.9	以上晶相为		
32	26.12	-41.9	42	34.29	-54.1	低共熔混合物		
33	26.94	-43.8	以上晶相为$H_2SO_4 \cdot 6H_2O$			$H_2SO_4 \cdot 4H_2O$(介稳状态)		
34	27.75	-52.1	42.41	34.62	-53.73	$+H_2SO_4 \cdot 2H_2O$		
35	28.57	-57.7	以上晶相为					
以上晶相为冰			$H_2SO_4 \cdot 6H_2O \rightarrow H_2SO_4 \cdot 4H_2O$					

续表

质量分数/% 硫酸	质量分数/% SO_3(总)	结晶温度/℃
68.0	55.51	−48.4
68.5	55.92	−51.3
以上晶相为$H_2SO_4\cdot4H_2O$(介稳状态)		
65	53.06	−36.7
66	53.88	−37.1
67	54.69	−37.9
68	55.51	−39.1
69	56.33	−41.0
以上晶相为$H_2SO_4\cdot3H_2O$		
69.70	56.90	−42.70
以上晶相为低共熔混合物 $H_2SO_4\cdot3H_2O+H_2SO_4\cdot2H_2O$		
70.0	57.14	−43.5
70.5	57.55	−45.0
71.0	57.96	−46.7
71.5	58.37	−48.6
72.0	58.77	−50.8
以上晶相为 $H_2SO_4\cdot3H_2O$(介稳状态)		
72.40	59.10	−52.85
以上晶相为低共熔混合物 $H_2SO_4\cdot3H_2O+H_2SO_4\cdot H_2O$		
68.0	55.51	−46.3
68.5	55.92	−44.6
69.0	56.33	−43.6
69.5	56.73	−42.9
以上晶相为 $H_2SO_4+3H_2O$(介稳状态)		
70	57.14	−42.00
71	57.96	−40.60
72	58.77	−39.90
73	59.59	−39.55
以上晶相为$H_2SO_4\cdot2H_2O$		
73.13	59.70	−39.51
以上晶相为$H_2SO_4\cdot2H_2O$(熔化点)		

质量分数/% 硫酸	质量分数/% SO_3(总)	结晶温度/℃
73.5	60.00	−39.70
以上晶相为$H_2SO_4\cdot2H_2O$		
72.5	59.18	−51.5
73.0	59.59	−47.2
73.5	60.00	−42.5
以上晶相为$H_2SO_4\cdot2H_2O$(介稳状态)		
73.68	60.15	−39.87
以上晶相为低共溶混合物 $H_2SO_4\cdot2H_2O+H_2SO_4\cdot H_2O$		
74.0	60.41	−36.2
74.5	60.82	−33.5
75.0	61.22	−29.5
75.5	61.63	−25.8
76.0	62.04	−22.2
76.5	62.45	−18.9
77.0	62.86	−15.5
77.5	63.26	−12.2
78.0	63.67	−9.5
78.5	64.08	−7.2
79.0	64.49	−5.0
79.5	64.90	−2.5
80.0	65.31	−0.1
80.5	65.71	+1.7
81.0	66.12	+3.3
81.5	66.53	+4.8
82.0	66.94	+5.9
82.5	67.35	+6.8
83.0	67.75	+7.5
83.5	68.16	+8.1
84.0	68.57	+8.45
以上晶相为$H_2SO_4\cdot H_2O$		
84.48	68.96	8.56
以上晶相为$H_2SO_4\cdot H_2O$(熔化点)		
85.0	69.39	8.0
85.5	69.80	7.3

质量分数/% 硫酸	质量分数/% SO_3(总)	结晶温度/℃
86.0	70.20	6.5
86.5	78.61	5.6
87.0	71.02	4.6
87.5	71.43	3.4
88.0	71.84	2.1
88.5	72.24	0.5
89.0	72.65	−1.4
89.5	73.06	−3.2
90.0	73.47	−5.5
90.5	73.88	−8.1
91.0	74.28	−11.5
91.5	74.69	−14.1
92.0	75.10	−17.5
92.5	75.51	−22.0
93.0	75.92	−27.0
93.5	76.33	−31.2
以上晶相为$H_2SO_4\cdot H_2O$		
93.77	76.55	−34.86
以上晶相为$H_2SO_4\cdot H_2O$ 低共熔混合物$H_2SO_4\cdot H_2O+H_2SO_4$		
94.0	76.73	−31.9
94.5	77.14	−26.5
95.0	77.55	−22.6
95.5	77.96	−16.5
96.0	78.37	−12.6
96.5	78.77	−9.8
97.0	79.18	−7.0
97.5	79.59	−3.7
98.0	80.00	−0.7
98.5	80.41	1.8
99.0	80.82	4.5
99.5	81.22	7.5
以上晶相为H_2SO_4		
100	81.63	10.37
以上晶相为H_2SO_4(熔化点)		

表3.3.16 发烟硫酸的结晶温度及晶相

质量分数/% SO_3(游)	质量分数/% SO_3(总)	结晶温度/℃	质量分数/% SO_3(游)	质量分数/% SO_3(总)	结晶温度/℃	质量分数/% SO_3(游)	质量分数/% SO_3(总)	结晶温度/℃
1	81.82	9.6	3	82.18	7.7	5	72.55	5.4
2	82.00	8.7	4	82.37	6.6	6	82.73	4.1

续表

质量分数/%		结晶温度/℃
SO_3(游)	SO_3(总)	
7	82.92	2.8
8	83.10	1.5
9	83.28	0
10	83.47	−1.5
11	83.65	−2.9
12	83.84	−4.5
13	84.02	−6.0
14	94.20	−7.5
15	84.39	−9.3
以上晶相为H_2SO_4		
15.64	84.5	−10.15
以上晶相为低共熔混合物 $H_2SO_4+H_2S_2O_7$		
16	84.57	−9.0
17	84.75	−5.8
18	84.94	−2.8
19	85.12	−0.1
20	85.31	+2.5
21	85.49	5.0
22	85.67	7.4
23	85.86	9.8
24	86.04	11.9
25	86.22	13.7
26	86.41	15.5
27	86.59	17.1
28	86.77	18.7
29	86.96	20.3
30	87.14	21.8
31	87.33	23.3
32	87.51	24.7
33	87.69	26.1
34	87.88	27.5
35	88.06	28.7
36	88.24	30.0
37	88.43	30.1
38	88.61	32.1
39	88.80	33.1

质量分数/%		结晶温度/℃
SO_3(游)	SO_3(总)	
40	88.98	33.7
41	89.16	34.3
42	89.35	34.6
43	89.53	34.9
44	89.71	35.0
以上晶相为$H_2S_2O_7$		
44.79	89.86	35.15
以上晶相为$H_2S_2O_7$（熔化点）		
45	89.90	35.0
46	90.08	34.9
47	90.26	34.5
48	90.45	33.8
49	90.63	32.8
50	90.82	31.7
51	91.00	30.3
52	91.18	28.8
53	91.37	26.9
54	91.55	24.8
55	91.73	22.6
56	91.92	19.9
57	92.10	17.2
58	92.29	14.1
59	92.47	10.8
60	92.65	7.6
61	92.84	3.9
以上晶相为H_2SO_4		
61.8	92.98	1.00
以上晶相为 $H_2S_2O_7+H_2SO_4\cdot 2SO_3$		
62.0	93.02	1.2
以上晶相为 $H_2S_2O_7+H_2SO_4\cdot 2SO_3$(熔化点)		
63.00	93.20	0.35
64.00	93.39	0.7
64.35	93.45	1.1
以上晶相为低共溶混合物 $H_2SO_4\cdot 2SO_3$+固态溶液SO_3		
65	93.57	−0.35

质量分数/%		结晶温度/℃
SO_3(游)	SO_3(总)	
66	93.75	+1.45
67	93.94	2.30
68	94.12	3.70
69	94.31	4.90
70	94.49	6.10
71	94.67	7.20
72	94.86	8.20
73	95.04	9.50
74	95.22	10.80
75	95.41	12.00
76	95.59	13.20
77	95.78	14.30
78	95.96	15.30
79	96.14	16.15
80	96.31	16.90
81	96.51	17.50
82	96.69	18.10
83	96.88	18.50
84	97.06	18.80
85	97.24	19.05
86	97.43	19.25
87	97.61	19.35
88	97.80	19.40
89	97.98	19.35
90	98.16	19.25
91	98.35	19.15
92	98.53	19.00
93	98.71	18.80
94	98.90	18.60
95	99.08	18.35
96	99.27	18.10
97	99.45	17.60
98	99.63	17.50
99	99.82	17.15
以上晶相为固态溶液SO_3		
100	100	16.8
以上晶相为SO_3(熔化点)		

3.4 黏度

3.4.1 盐酸水溶液的黏度

表3.4.1　盐酸水溶液的黏度　　单位：mPa·s

质量分数/%	温度/℃ 0	10	15	20	25	35	45
5	1.84	1.38	1.20	1.08	0.986	0.817	0.666
10	1.89	1.45	1.30	1.16	1.06	0.886	0.742
15			1.40	1.24	1.16	0.977	0.831

质量分数/%	温度/℃ 20	25	35	45
20	1.36	1.28	1.09	0.936
23	1.44	1.36	1.17	1.000
30	1.70			

3.4.2 硫酸和发烟硫酸水溶液的黏度

表3.4.2 硫酸和发烟硫酸水溶液的黏度 单位：mPa·s

质量分数/%		温度/℃ 15	20	30	40	50	质量分数/%		温度/℃ 15	20	30	40	50
硫酸	10	1.47	1.12	0.99	0.76	0.58	发烟硫酸	1	36.9	27.5	18.25	13.8	9.75
	20	1.83	1.38	1.19	0.95	0.76		2	36.8	27.45	18.2	13.6	9.59
	30	2.44	1.82	1.52	1.21	0.99		3	37.2	27.85	18.55	13.7	9.65
	40	3.24	2.48	2.10	1.62	1.39		4	37.8	28.4	19.0	14.1	9.92
	50	4.65	3.58	2.72	2.30	1.90		5	38.7	29.1	20.6	14.7	10.1
	55	5.74	4.48	3.38	2.88	2.28		10	42.0	31.9	23.6	16.9	11.0
	60	7.15	5.52	4.08	3.42	2.77		15	45.1	34.6	26.5	19.0	11.9
	65	9.32	7.10	5.78	4.55	3.55		20	47.4	36.6	28.8	20.8	12.8
	70	12.8	9.65	7.90	6.10	4.20		25	48.8	38.0	30.9	22.6	13.7
	75	18.6	13.9	10.6	8.10	5.90		30	49.8	39.0	32.6	24.1	14.6
	80	31.3	23.2	15.2	10.7	7.72		35	50.4	39.8	34.1	25.5	15.5
	82	32.2	23.6	15.9	12.1	8.11		40	50.5	40.4	35.3	26.7	16.4
	85	32.3	23.7	16.1	12.4	8.48		45	49.9	40.7	36.3	27.7	17.0
	88	32.1	23.5	15.9	12.2	8.50		50	48.9	40.9	37.2	28.5	17.2
	89	31.9	23.3	15.7	11.95	8.50		55	47.6	41.0	37.5	28.8	17.2
	90	31.7	23.1	15.55	11.8	8.45		60	46.5	41.0	37.8	28.8	17.0
	91	31.6	23.0	15.5	11.75	8.42		65	45.7	40.7	37.5	28.5	16.5
	92	31.65	23.05	15.55	11.80	8.40		70	44.9	40.4	37.0	27.9	15.9
	93	31.7	23.1	15.6	12.05	8.40		75		39.8	36.0	26.9	15.0
	94	31.85	23.2	15.65	12.2	8.52		80		39.2	34.7	25.5	14.0
	95	32.1	23.4	15.75	12.35	8.71		90		37.4	30.1	21.0	11.6
	96	32.6	23.9	16.0	12.5	8.95		100		34.5	18.2	11.85	
	97	33.7	24.8	16.5	12.7	9.15							
	98	34.9	25.8	17.1	12.9	9.46							
	99	36.1	26.8	17.7	13.6	9.75							
	100	37.2	27.8	18.5	14.2	9.80							

3.4.3 硝酸水溶液的黏度

表3.4.3 硝酸水溶液的黏度 单位：mPa·s

质量分数/%	温度/℃ 10	20	30	40	质量分数/%	温度/℃ 0	10	20	30	40
20	132	105	86	71	80		237	188	154	126
40	160	130	108	91	100	2270	1770			
60	262	200	163	136						

（算图 3.25）
硫酸水溶液的黏度（Ⅰ）（第 590 页左）

（算图 3.26）
硫酸水溶液的黏度（Ⅱ）（第 590 页右）

（算图 3.27）
硝酸水溶液的黏度（Ⅰ）（第 591 页左）

（算图 3.28）
硝酸水溶液的黏度（Ⅱ）（第 591 页右）

（算图 3.29）
含四氧化二氮的发烟浓硝酸的黏度（第 592 页左）

（算图 3.30）
无机酸等水溶液的黏度（第 592 页右）

3.4.4 砷酸水溶液的黏度

表3.4.4 砷酸水溶液的黏度 单位：mPa·s

浓度/(mol/L)	0.1	0.25	0.5	1.0
η	1.023	1.060	1.126	1.257

3.4.5 磷酸水溶液的黏度

表3.4.5 磷酸水溶液的黏度(Ⅰ) 单位：mPa·s

质量分数/%		0.5	1.0	1.5	2	3	4	6	8	10	15
摩尔比/(mol/mol)		0.09188	0.1849	0.2785	0.3729	0.5645	0.7606	1.169	1.596	2.035	3.146
温度/℃	0	1.811	1.873	1.917	1.945	1.972	1.981	2.028	2.167	2.400	3.106
	25	0.969	0.970	0.971	0.973	0.981	0.993	1.035	1.097	1.173	1.380
	50	0.583	0.588	0.593	0.599	0.611	0.625	0.656	0.691	0.729	0.834
质量分数/%		20	25	30	35	40	45	50	55	60	65
摩尔分数/(mol/mol)		4.314	5.629	7.183	8.964	10.93	13.07	15.51	18.35	21.61	25.44
温度/℃	0	3.581	3.881	5.989	6.716	6.618	8.883	11.13	14.50	19.60	26.07
	25	1.607	1.882	2.791	3.079	3.056	4.046	5.014	6.304	8.229	10.05
	50	0.951	1.089	1.492	1.673	1.757	2.262	2.751	3.414	4.346	5.204
质量分数/%		70	75	80	85	90	92	94	96	98	98.5
摩尔分数/(mol/mol)		30.03	35.54	42.38	51.19	62.26	67.92	74.23	81.52	90.01	92.38
温度/℃	25	13.57	20.04	24.49	37.10	63.35	73.5	86.8	109.7	136.4	156.1
	50	6.767	9.383	11.07	15.45	24.47	27.71	32.08	39.31	47.55	53.7

表3.4.6 磷酸水溶液的黏度(Ⅱ) 单位：mPa·s

质量分数/%	温度/℃																	
	20	25	30	40	50	60	70	80	90	100	110	120	130	140	150	160	170	180
0	1.0	0.90	0.8	0.66	0.57	0.48	0.425	0.37	0.335	0.30								
5	1.1	0.99	0.89	0.74	0.63	0.54	0.47	0.42	0.37	0.33								
10	1.2	1.1	0.99	0.83	0.71	0.61	0.54	0.47	0.42	0.38								
15	1.4	1.2	1.1	0.94	0.81	0.69	0.61	0.53	0.47	0.43								
20	1.6	1.4	1.3	1.1	0.92	0.78	0.69	0.6	0.54	0.48								
25	1.8	1.6	1.5	1.2	1.0	0.89	0.79	0.69	0.61	0.55								
30	2.2	1.9	1.7	1.4	1.2	1.0	0.9	0.79	0.7	0.62								
35	2.6	2.2	2.0	1.6	1.3	1.1	1.0	0.9	0.79	0.71								
40	3.0	2.6	2.3	1.9	1.5	1.3	1.2	1.0	0.9	0.81								
45	3.6	3.1	2.7	2.2	1.8	1.5	1.3	1.2	1.0	0.92								
50	4.3	3.7	3.3	2.6	2.1	1.8	1.6	1.4	1.2	1.1								
55	5.3	4.5	4.0	3.2	2.5	2.1	1.9	1.6	1.4	1.2	1.1							
60	6.6	5.6	5.0	3.9	3.1	2.5	2.2	1.9	1.7	1.4	1.3							
65	8.4	6.8	6.2	4.9	3.8	3.1	2.6	2.3	2.0	1.7	1.5	1.4						
70	11	9.2	7.8	6.1	4.7	3.9	3.2	2.7	2.4	2.0	1.8	1.6						
75	15	12	10	7.8	5.9	4.8	3.9	3.3	2.8	2.4	2.1	1.9	1.7					
80	20	17	14	10	7.6	6.2	4.9	4.1	3.4	3.0	2.6	2.3	2.0	1.8				
85	28	23	19	14	10	8.1	6.3	5.1	4.2	3.8	3.2	2.8	2.4	2.2	1.9			
90	41	34	27	19	14	11	8.3	6.5	5.4	4.8	4.0	3.5	3.0	2.8	2.4	2.1		
95	68	55	42	30	20	15	12	8.7	7.3	6.2	5.2	4.4	3.8	3.3	3.0	2.6	2.3	2.1
100	140	100	81	53	36	25	19	14	11	9.2	7.7	6.2	5.2	4.5	4.1	3.5	3.2	2.9
105	600	440	330	173	110	70	50	33	25	19	15	12	9.6	8.0	7.1	6.0	5.2	4.5
110		2200	1600	810	410	270	170	100	67	50	38	29	22	18	15	13	10	8.8
115						1500	1000	600	380	250	190	120	99	68	54	41	34	28
118								2000	1200	830	550	400	320	210	170	130	107	87

3.4.6 氢氰酸的黏度

表3.4.7 氢氰酸的黏度 单位：μPa·s

形态	气体												
温度/K	300	350	400	450	500	550	600	650	700	750	800	850	900
η	7.562	8.849	10.09	11.30	12.47	13.62	14.74	15.84	16.92	17.99	19.04	20.07	21.10

续表

形态	气体		液体									
温度/℃	950	1000	0	20	40	60	80	100	120	140	160	180
η	22.11	23.11	234	192	161	139	122	100	80.6	63.3	48.1	35.2

3.4.7 溴氢酸水溶液的黏度

表3.4.8 溴氢酸水溶液的黏度 单位：mPa·s

浓度/(mol/L)	0.01	0.02	0.05	0.1	0.5	1.0	2	3	4	6	8
η	100.03	100.07	100.16	100.33	101.65	103.27	107.21	111.60	117.07	132.46	153.00

3.4.8 高氯酸水溶液的黏度

表3.4.9 高氯酸水溶液的黏度 单位：mPa·s

质量分数/%	0℃	20℃	50℃	质量分数/%	0℃	20℃	50℃
10	1.714	0.569	1.010	60.00	4.713	2.813	1.646
20	1.707	0.610	1.043	70.00	7.333	4.504	2.639
30	1.815	0.684	1.139	77.95	—	7.300	4.014
40	2.113	0.822	1.345	84.03	—	5.325	3.417
50	2.914	1.099	1.821	94.90	—	2.004	1.253
60	4.713	1.646	2.813	100.0	—	0.760	0.563

3.5 表面张力

3.5.1 酸的表面张力

表3.5.1 硝酸的表面张力 单位：mN/m

温度/℃	0	10	20	30	40	50	60	70	80	90
σ	20.40	19.49	18.58	17.67	16.76	15.84	14.93	14.02	13.11	12.20

表3.5.2 氰氢酸的表面张力 单位：mN/m

温度/℃	0	20	40	60	80	100	120	140	160	180
σ	21.19	18.45	15.78	13.18	10.67	8.245	5.993	3.775	1.807	0.189

注：0℃时，氟氢酸表面张力为10.1mN/m；−78℃时，溴氢酸表面张力为27.0mN/m。

表3.5.3 磷酸的表面张力 单位：mN/m

温度/℃	质量分数/%							
	10	20	30	40	50	60	70	80
20	74.1	74.6	76.5	77.5	78.2	78.7	78.9	79.3
30	72.3	73.5	74.7	76.6	77.0	77.7	78.1	78.4
40	70.6	72.1	73.5	75.0	75.9	76.4	77.3	77.5
50	68.8	70.2	72.1	73.6	74.6	75.6	76.5	77.0
60	67.2	69.2	70.4	72.8	73.6	74.4	75.4	76.2
70	65.7	67.2	69.2	71.4	72.5	73.4	74.7	75.1
80	63.7	65.9	68.1	70.5	71.5	72.4	73.9	74.3
90	61.6	64.5	66.1	69.8	70.4	71.3	73.1	74..0

3.5.2　酸水溶液的表面张力

表3.5.4　硫酸水溶液的表面张力　　单位：mN/m

质量分数/%	温度/℃ 10	20	30	40	50	质量分数/%	温度/℃ 10	20	30	40	50
10	74.67	73.33	72.06	70.83	69.37	65	75.72	75.38	75.08	74.77	74.38
20	75.32	74.13	73.09	72.13	70.95	70	74.72	74.42	74.16	73.87	73.56
30	76.24	75.20	74.30	73.46	72.42	75	73.34	73.09	72.81	72.56	72.31
40	77.22	76.37	75.52	74.83	73.83	80	71.51	71.30	70.94	70.68	70.43
45	77.39	76.55	75.75	75.19	74.29	85	68.56	68.12	67.99	67.70	67.48
50	77.27	76.50	77.33	75.44	74.73	90	63.37	62.67	63.39	63.12	62.86
55	76.94	76.36	75.97	75.58	75.05	95	58.39	58.08	57.78	57.49	57.22
60	76.39	76.05	75.51	75.38	74.93	100	52.92	52.55	52.23	51.95	51.70

表3.5.5　其他一些酸水溶液的表面张力　　单位：mN/m

名称	温度/℃	质量分数/% 2	4	6	8	10	15	20	25	30	35	40	50	60	70
HCl	20	72.54	72.42	72.3	72.16	72.01	71.79	71.47	70.14	68.07	65.86				
$HNO_3$①	20		72.17	71.95	71.72	71.5	70.95	70.4	69.86	69.3	68.73	68.0	65.3	62.2	59.0
H_2SO_4	25		72.2	72.4	72.53	72.65	73.06	73.66	74.32	74.9	75.42				
$HClO_4$	25		71.34	70.97	70.64	70.34	69.73	69.24	68.87	68.59	68.41	68.36	68.74	69.54	69.41

名称	温度/℃	浓度/(mol/L) 0.5	1.0	1.5	2.0	3	4	6	8	10	15	17.7
HCl	20	72.6	72.5	72.4	72.3	72.1	71.9	71.5	71.0	70.2	67.4	66.0
HNO_3	20	72.2	71.9	71.6	71.3	70.8	70.3	69.5	68.6			

① 浓度为 80%、90%、100% 时，其表面张力分别为 54.5、48.8 和 41.0mN/m。

表3.5.6　硫酸－有机溶剂的界面张力　　单位：mN/m

硫酸质量分数/%	3	10	40	75	90
乙醚	17.30	19.55	32.50	46.30	46.83
硝基苯	42.73	43.96	46.05	47.52	48.25

3.6　溶解度

3.6.1　无机酸在水中的溶解度

表 3.6.1　无机酸在水中的溶解度

分子式	名称	无水无机酸在下列温度时的溶解度/(g/100g 水) 0	10	20	30	40	50	60	70	80	90	100
$H_3BO_3$①	硼酸	2.66	3.57	5.04	6.72	8.72	11.5	14.8	18.6	23.6	30.4	40.3
HBr	溴酸	221	210	198	187	178	172	168	164	159	149	130
HCl	盐酸	82.3	76.7	71.7	67.3	63.3	59.6	56.1				
HIO_3	碘酸	237		257		280		315		361		421
H_2MoO_4	钼酸		0.169	0.247	0.275	0.331	0.404	0.468	0.423	0.521		
H_3PO_3	亚磷酸	307			694	730						
H_2SeO_3	亚硒酸	90	122	167	236	344	381	383	383	383	385	400^{98}
H_2SeO_4	硒酸			566	1300	1720	2753	∞				
$H_2TeO_4\cdot 2H_2O$①	碲酸·2水		33.9	43.0	50.0	57.2	66.2	77.5	90.6	106	123	155
$H_2TeO_4\cdot 6H_2O$①	碲酸·6水	16.2	35.5									

① 单位是 g/100mL 硼酸。

3.6.2 溴化氢在水中的溶解度

表 3.6.2 溴化氢在水中的溶解度

温度/℃	体积比	质量分数/%	溴化氢/%	温度/℃	体积比	质量分数/%	溴化氢/%
−25	706.5	255.0	71.9	10	581.4	210.3	67.8
−20	684.0	247.3	71.3	25	532.1	193.0	65.9
−15	662.0	239.0	70.6	50	468.6	171.5	63.2
−10	644.5	233.5	70.1	75	406.7	150.5	60.1
−5	630.0	228.0	69.5	100	344.6	130.0	56.5
0	611.6	221.2	68.9				

3.6.3 硼酸在硫酸中的溶解度

表3.6.3 硼酸在硫酸中的溶解度

溶解度(25℃)/(g/100g饱和溶液)				溶解度(70℃)/(g/100g饱和溶液)			
H_3BO_3	H_2SO_4	H_3BO_3	H_2SO_4	H_3BO_3	H_2SO_4	H_3BO_3	H_2SO_4
5.5	—	1.8	30.2	15.8	—	5.9	29.0
3.6	11.0	1.2	46.0	11.5	10.1	3.8	44.7
2.8	18.8	0.8	56.0	9.3	17.8	3.3	54.6

3.6.4 硼酸在有机溶剂中的溶解度

表 3.6.4 硼酸在有机溶剂中的溶解度

溶剂	温度/℃	溶解度/%	溶剂	温度/℃	溶解度/(g/L溶液)
98.5%甘油	20	19.9	甲醇	25	173.9
86.5%甘油	20	12.1	乙醇	25	94.4
乙二醇	25	18.5	丙醇	25	59.4
二乙二醇	25	13.6	异丁醇	25	42.8
乙酸乙酯	25	1.5	异戊醇	25	35.3
丙酮	25	0.6	二噁烷	25	≈14.6
冰乙酸	30	6.3	吡啶	25	≈70

3.6.5 高氯酸在水中的溶解度

表3.6.5 高氯酸在水中的溶解度

温度/℃	摩尔分数/%	固相	温度/℃	摩尔分数/%	固相
0	0		−40.5	22.5	
−10	5		−39.5	22.75	
−21	7	冰	−37.6	24.0	$HClO_4·3H_2O$
−34.5	9		−37.5	26.0	
−54.0	11		−38.8	27.0	
−50.5	19		−47.8	22.5	
−45.0	20		−44.0	24.0	
−42.3	21	$HClO_4·3.5H_2O$	−43.5	24.5	β-$HClO_4·3H_2O$
−41.4	22.22		−43.2	25.0	
−43.0	23.5		−44.5	26.0	
−37.2	25.0	α-$HClO_4·3H_2O$	−12.5	37.0	
−32.0	26.0	$HClO_4·2.5H_2O$	3.0	38.0	
−29.8	28.57	$HClO_4·2.5H_2O$	28.0	40.8	
−44.0	27.0		40.0	43.7	
−41.0	27.25		50.0	50.0	
−34.0	28.0		45.0	59.9	
−24.0	29.9	$HClO_4·2H_2O$	27.5	71.5	$HClO_4·H_2O$
−17.8	33.3		17.0	77.2	
−21.5	36.0		2.2	83.3	
			−21.5	90.7	
−23.6	36.5	$HClO_4·2H_2O$ $HClO_4·H_2O$	−40.0	94.0	
			−120	100.0	

3.6.6　磷酸在水中的溶解度

表3.6.6　磷酸在水中的溶解度

温度/℃	摩尔分数/%	固相	温度/℃	摩尔分数/%	固相
−81	62.9	$2H_3PO_4·H_2O$	29.15	90.50	$2H_3PO_4·H_2O$
−16.30	76.7	$2H_3PO_4·H_2O$	24.40	99.84	$10H_3PO_4·H_2O$
0.5	78.7	$2H_3PO_4·H_2O$	24.81	94.95	$10H_3PO_4·H_2O$
14.95	81.7	$2H_3PO_4·H_2O$	25.41	95.26	$10H_3PO_4·H_2O$
24.03	85.7	$2H_3PO_4·H_2O$	25.85	95.54	$10H_3PO_4·H_2O$
27.00	87.7	$2H_3PO_4·H_2O$	26.23	95.90	$10H_3PO_4·H_2O+H_3PO_4$
29.15	90.5	$2H_3PO_4·H_2O$	27.02	95.98	H_3PO_4

3.7　热导率

3.7.1　盐酸的热导率

表3.7.1　盐酸的热导率　　单位：mW/(m·K)

温度/℃		0	10	20	30	35
质量分数/%	10	0.574	0.535	0.488	0.442	0.418
	30	0.617	0.575	0.517	0.465	0.439
	50	0.647	0.610	0.547	0.489	0.460

温度/℃		0	10	20
质量分数/%	70	0.636	0.639	0.569
	90	0.680	0.651	0.593

3.7.2　硫酸的热导率

表3.7.2　硫酸的热导率　　单位：mW/(m·K)

温度/℃		0	20	40	60	80	100
质量分数/%	0	0.551	0.598	0.633	0.659	0.674	0.682
	25	0.490	0.531	0.562	0.587	0.609	0.624
	50	0.436	0.468	0.493	0.512	0.529	0.538
	75	0.381	0.400	0.420	0.438	0.453	0.461
	96	0.317	0.325	0.332	0.339	0.346	0.352

N（算图 3.31）
硫酸水溶液的热导率
（第 593 页左）

N（算图 3.32）
硝酸水溶液的热导率
（第 593 页右）

N（算图 3.33）
盐酸、磷酸和铬酸水溶液的热导率
（第 594 页左）

3.7.3　硝酸的热导率

表3.7.3　硝酸的热导率　　单位：mW/(m·K)

温度/℃		0	20	40	60	80	100
质量分数/%	0	0.551	0.598	0.633	0.659	0.674	0.682
	25	0.515	0.533	0.556	0.575	0.587	0.592
	50	0.443	0.458	0.468	0.479	0.483	0.486
	75	0.360	0.360	0.360	0.360	0.360	0.360
	96	0.265	0.260	0.256	0.251	0.248	0.243

3.7.4　氢氰酸的热导率

表3.7.4　氢氰酸的热导率　　单位：mW/(m·K)

(1) 气体

温度/K	300	350	400	450	500	550	600	650	700	750	800	850	900	950	1000
c_p	11.76	14.24	16.83	19.47	22.19	24.91	27.51	30.10	32.62	35.13	37.56	39.98	42.29	44.80	47.31

(2) 液体

温度/K	0	20	40	60	80	100	120	140	160	180
c_p	22.99	21.65	20.26	18.80	17.25	15.62	13.86	11.89	9.546	6.280

3.7.5 氯酸水溶液的热导率

表3.7.5 氯酸水溶液的热导率(20℃)　　单位：mW/(m·K)

质量分数/%	0	10	20	30	40	50
$NaClO_3$	0.599	0.585	0.568	0.550	0.529	
$NaClO_4$	0.599	0.582	0.566	0.546	0.523	0.497

3.7.6 铬酸、磷酸的热导率

表3.7.6 铬酸和磷酸的热导率(20℃)　　单位：mW/(m·K)

质量分数/%	0	10	20	30	40	50
铬酸	0.598	0.581	0.561	0.540	0.529	0.488
磷酸	0.598	0.579	0.557	0.532	0.509	0.486

3.8 蒸气压

3.8.1 盐酸的蒸气压

表3.8.1 盐酸水溶液的水蒸气分压　　单位：kPa

质量分数/%	温度/℃												
	0	15	20	25	30	35	40	50	60	70	80	90	100
6	0.557	1.560	2.120	2.906	3.880	5.253	6.746	11.47	18.53	26.66	44.40	65.59	95.32
10	0.512	1.426	1.946	2.666	3.573	4.733	6.266	10.66	17.33	27.20	41.33	61.73	90.26
14	0.452	1.286	1.746	2.400	3.213	4.253	5.613	9.599	15.46	24.66	36.40	56.66	83.33
18	0.383	1.101	1.506	2.053	2.746	3.666	4.853	8.333	13.60	21.60	33.06	49.86	73.33
20	0.349	1.000	1.373	1.880	2.533	3.346	4.440	7.599	12.47	20.00	30.66	46.00	67.99
22	0.311	0.900	1.240	1.680	2.280	3.040	4.026	6.933	11.41	18.40	28.13	42.26	62.26
24	0.273	0.804	1.106	1.520	2.053	2.720	3.613	6.226	10.26	16.53	25.86	38.66	56.80
26	0.235	0.695	0.961	1.326	1.800	2.400	3.200	5.533	9.200	14.93	23.06	34.80	51.73
28	0.200	0.605	0.843	1.167	1.573	2.106	2.813	4.866	8.093	13.20	20.53	31.20	46.53
30	0.168	0.517	0.721	1.003	1.360	1.826	2.453	4.266	7.133	11.66	18.13	27.60	41.33
32	0.139	0.433	0.607	0.849	1.160	1.560	2.093	3.693	6.200	10.20	16.00	24.53	36.66
34	0.113	0.360	0.508	0.713	0.976	1.326	1.800	3.200	5.400	8.866	13.86	21.46	45.73
36	0.091	0.292	0.413	0.588	0.811	1.111	1.520	2.720	4.640	7.600	12.00	18.66	28.26
38	0.071	0.233	0.335	0.480	0.671	0.923	1.269	2.320	3.946	6.546	10.33	16.00	24.26
40	0.055	0.183	0.266	0.384	0.545	0.757	1.047	1.933	3.333	5.613	8.972	14.00	21.06
42	0.041	0.141	0.208	0.307	0.437	0.613	0.860	1.613	2.826	4.773	7.626	11.89	18.00

（算图3.34）
盐酸水溶液的水蒸气分压
（第594页右）

（算图3.35）
盐酸水溶液的氯化氢分压
（第595页左）

（算图3.36）
盐酸及氢氰酸水溶液的蒸气压
（第595页右）

表3.8.2 盐酸水溶液的氯化氢分压　　单位：Pa

质量分数/%	温度/℃												
	0	15	20	25	30	35	40	50	60	70	80	90	100
2	1.000	0.003	0.006	0.011	0.020	0.037	0.063	0.187	0.507	1.333	3.266	7.733	17.60
4	0.002	0.017	0.032	0.059	0.103	0.179	0.307	0.853	2.200	5.400	12.66	28.00	61.33
6	0.009	0.057	0.101	0.175	0.300	0.507	0.826	2.173	5.333	12.53	27.46	58.66	122.6
8	0.016	0.139	0.237	0.413	0.687	1.133	1.840	4.586	10.80	24.40	52.00	109.3	218.6
10	0.056	0.309	0.527	0.893	1.480	2.373	3.760	9.199	20.93	46.66	97.32	197.3	386.6
12	0.120	0.693	1.173	1.933	3.120	4.933	7.733	18.13	40.66	87.99	178.6	353.3	679.9
14	0.320	1.573	2.613	4.213	6.667	10.40	16.13	36.66	79.99	166.6	333.3	639.9	1200
16	0.747	3.533	5.706	9.133	14.13	21.73	32.93	73.33	156.0	320.0	621.3	1173	2146
18	1.800	7.999	12.66	19.73	30.40	46.00	68.66	148.0	306.6	606.6	1146	2093	3733
20	4.213	17.60	27.33	42.66	63.99	95.99	141.3	294.6	586.6	1133	2080	3746	6533
22	9.786	38.93	59.99	90.66	136.0	200.0	290.6	589.3	1147	2173	3906	6933	12000
24	23.33	88.00	133.3	198.6	289.3	418.6	599.9	1187	2253	4133	7253	12532	20932

续表

质量分数/%	温度/℃												
	0	15	20	25	30	35	40	50	60	70	80	90	100
26	0.055	0.196	0.289	0.427	0.608	0.866	1.226	2.333	4.333	7.799	13.33	22.53	36.80
28	0.133	0.448	0.653	0.940	1.320	1.840	2.546	4.760	8.533	14.93	25.06	41.20	65.72
30	0.320	1.013	1.413	2.013	2.800	3.813	5.253	9.466	16.53	27.73	45.33	72.26	112.6
32	0.760	2.240	3.133	4.333	5.933	8.000	10.80	18.80	31.86	52.00	83.06	129.3	
34	1.746	4.906	6.733	9.133	12.26	16.26	21.46	36.40	60.00	95.99			
36	3.866	10.40	14.00	18.93	25.06	32.80	42.93	71.33	114.80				
38	8.399	21.06	28.00	36.93	48.00	62.00	79.73	127.3					
40	17.33	40.93	53.20	68.66	83.59	110.7							
42	33.73	66.66	94.52	120.0									

3.8.2 硫酸的蒸气压

表3.8.3 硫酸水溶液的蒸气总压 单位：Pa

温度/℃	硫酸质量分数/%									
	95	90	80	70	60	50	40	30	20	10
0			1.92	20.53	91.46	206.6	340	457.3	536	584
5		0.157	3.066	31.33	137.3	301.3	492	658.6	782.6	839.9
10		0.261	4.773	45.6	194.7	425.3	695.9	921.3	1073	1173
15		0.424	7.399	67.46	273.3	599.9	969.3	1287	1507	1640
20		0.663	11.13	96.39	382.6	826.6	1327	1760	2053	2213
25		1.021	16.53	137.3	529.3	1127	1800	2373	2773	2986
30		1.56	24.4	192	721.3	1507	2400	3173	3706	4000
35	0.2	2.386	35.33	266.6	985.2	2053	3240	4253	4960	5346
40	0.313	3.533	50.8	366.6	1313	2706	4240	5560	6479	7053
45	0.493	5.266	71.99	497.3	1733	3560	5466	7293	8439	9079
50	0.773	7.733	102.7	689.3	2333	4693	7186	9506	10960	11800
55	1.169	11.2	141.3	918.6	3026	6066	9199	12130	14130	15070
60	1.773	16.0	196.0	1216	3906	7733	11640	15470	17730	19070
65	2.613	22.53	266.6	1360	5026	9826	14670	19330	22260	23730
70	3.840	31.46	357.3	2080	6399	12330	18400	24000	27600	29730
75	5.533	43.6	480.0	2706	8026	15330	22800	29600	34130	36530
80	8.079	59.99	635.9	3466	10040	19070	28130	36400	41860	44930
85	11.72	82.39	846.6	4453	12570	23730	34800	44400	51330	55060
90	16.40	109.7	1107	5666	15600	28930	42530	53860	62390	66390
95	22.93	149.3	1440	7186	19200	35730	52000	65730	77330	81060
100	31.60	198.6	1853	8933	23730	43460	63190	78660	90390	95990
105	42.80	257.3	2346	10970	28400	52400	75730	93590	108300	
110	58.26	336.0	3000	13730	34660	62790	90530			
115	78.66	430.6	3773	16800	41730	74930	106700			
120	105.1	558.6	4746	20400	50260	89330				
125	142.7	723.9	5959	25060	60260	106300				
130	189.3	929.3	7466	30660	72530					
135	249.3	1180	9199	36930	86260					
140	320.0	1493	11400	44260	101300					
145	414.6	1853	13870	39600						
150	536.0	2333	16930	62790						
155	683.9	2920	20930	75190						
160	862.6	3693	25060	88660						
165	1119	4426	30130	105300						

续表

温度/℃	硫酸质量分数/%			温度/℃	硫酸质量分数/%		温度/℃	硫酸质量分数/%	
	95	90	80		95	90		95	90
170	1373	5306	35600	205	6039	19070	240	21860	59990
175	1720	6453	42530	210	7333	22660	245	25730	69330
180	2120	7866	50400	215	8919	27060			
185	2693	9493	59990	220	10640	32000			
190	3306	11330	71330	225	12790	37200			
195	4093	13600	84930	230	15330	43460			
200	4893	16000	97990	235	18270	50660			

表3.8.4　硫酸水溶液的水蒸气分压　　单位：kPa

温度/℃	质量分数/%														
	77	78	79	80	81	82	83	84	85	86	87	88	89	90	91
100	2.996	2.429	1.974	1.612	1.324	1.093	0.904	0.744	0.605	0.478	0.357				
110	5.994	5.381	4.643	3.827	3.050	2.393	1.893	1.549	1.316	1.111	0.809				
120	10.00	8.935	7.711	6.428	5.211	4.145	3.275	2.609	2.115	1.720	1.315				
130	16.13	13.94	11.84	9.857	8.071	6.525	5.228	4.171	3.329	2.665	2.143	1.750	1.456	1.213	0.976
140	23.81	21.15	18.13	14.97	12.08	9.678	7.814	6.429	5.394	4.552	3.763	3.104	2.558	2.025	1.464
150	44.78	35.85	28.99	23.80	19.69	16.25	13.31	10.81	8.743	7.159	6.059	5.167	4.308	3.403	2.290
160			45.57	39.01	32.58	26.57	21.25	16.80	13.30	10.72	8.940	7.738	6.793	5.681	3.881
170						41.11	32.40	25.52	20.19	16.15	13.13	10.85	9.053	7.463	5.811
180								39.87	31.81	24.93	19.24	14.73	11.41	9.268	8.316
190											26.54	23.17	19.81	16.44	13.07
200											51.31	43.86	36.41	28.96	21.50

（算图 3.37）
硫酸水溶液的水蒸气分压（第 596 页左）

（算图 3.38）
硫酸水溶液的蒸气总压（第 596 页右）

表3.8.5　发烟硫酸的三氧化硫蒸气压　　单位：kPa

质量分数/%		温度/℃										
硫酸	游离 SO_3	20	25	30	35	40	45	50	60	70	80	90
102.0	8.9				0.0533	0.0800	0.1333	0.2133	0.5066	1.133	2.426	5.000
103.0	13.3				0.0667	0.1200	0.1733	0.2800	0.6399	1.400	2.933	5.919
104.0	17.8	0.0260	0.0400	0.0667	0.1067	0.1733	0.2666	0.4000	0.8933	1.893	3.866	7.573
104.5	20.0	0.0400	0.5333	0.0933	0.1467	0.2266	0.3466	0.5333	1.1870	2.506	5.053	9.852
105.0	22.2	0.0533	0.9333	0.1467	0.2266	0.3466	0.5333	0.7999	1.7470	3.626	7.213	13.83
105.5	24.4	0.1067	0.1600	0.2533	0.3866	0.5866	0.8799	1.3070	2.7600	5.613	10.87	20.41
106.0	26.7	0.1867	0.2800	0.4266	0.6533	0.9733	1.4400	2.0930	4.2800	8.399	15.87	28.96
106.5	28.9	0.3200	0.4800	0.7333	0.1093	1.6000	2.3200	3.3330	6.6390	12.730	22.82	41.58
107.0	31.0	0.5333	0.8000	1.1870	1.7330	2.5060	3.5860	5.0800	9.8660	1.8430	33.22	57.98

（算图 3.39）
发烟硫酸的三氧化硫分压（第 597 页左）

3.8.3　硝酸的蒸气压

表3.8.6　硝酸水溶液上 HNO_3 和 H_2O 的分压　　单位：kPa

温度/℃	HNO_3/%							H_2O/%						
	20	25	30	35	40	45	50	20	25	30	35	40	45	50
0								55	51	48	44	40	35	28
5								76	72	67	61	56	48	40
10							1.6	110	100	95	87	77	67	56
15						1.3	2.4	145	140	130	120	110	91	77
20						2	3.6	200	190	180	160	140	125	105

续表

温度/℃	HNO₃/%							H_2O/%						
	20	25	30	35	40	45	50	20	25	30	35	40	45	50
25					1.6	3.1	5.2	270	260	240	216	190	170	140
30				1.2	2.3	4.4	7.5	370	340	320	290	260	220	190
35				1.7	3.3	6.4	11	490	450	410	380	340	300	250
40			1.5	2.7	4.8	9.1	15	630	590	550	500	450	390	330
45		1.2	2.3	3.1	6.9	13	21	830	770	710	640	570	510	430
50		1.7	3.3	5.6	10	18	29	1070	1000	920	840	750	660	570
55	1.2	2.4	4.7	7.9	14	24	39	1330	1250	1160	1050	900	830	720
60	1.7	3.7	6.8	11	20	34	54	1710	1610	1510	1360	1200	1070	930
65	2.5	5.3	9.5	16	27	46	73	2160	2010	1870	1690	1520	1330	1170
70	3.6	7.2	13	22	37	62	97	2670	2490	2320	2120	1910	1680	1470
75	5.1	10	18	30	51	83	128	3350	3120	2890	2640	2370	2110	1840
80	7.1	14	25	41	68	109	167	4090	3830	3560	3240	2910	2600	2270
85	9.9	19	34	55	91	143	217	5040	4690	1330	3060	3070	3200	2810
90	13	26	40	73	120	183	279	6110	5680	5240	4790	4330	3890	3440
95	18	35	60	98	156	237	337	7400	6890	6370	5810	5250	4730	4200
100	25	47	81	129	207	307	456	9000	8370	7730	7070	6400	5730	5110
105	33	62	105	169	267	389	573	10700	9930	9200	8410	7640	6930	6170
110				220	343	493	727				10100	9170	8330	7470
115					433	613	893					10800	9870	8860
120							1120							10500

温度/℃	HNO_3/%							H_2O/%					
	55	60	65	70	80	90	100	55	60	65	70	80	90
0	0	2.5	5.5	11	27	73	147	24	20	17			
5	1.9	3.7	8.0	15	40	107	200	33	28	24			
10	2.8	5.5	11	21	53	147	293	47	40	35	29	16	
15	4.1	7.9	16	29	80	200	400	65	55	47	40	23	
20	6.0	11	22	40	107	207	560	89	75	65	55	32	
25	8.8	16	31	55	140	360	760	121	103	88	73	43	13
30	12	29	42	73	187	480	1030	163	137	120	99	53	17
35	17	30	57	97	247	627	1360	211	131	150	130	73	24
40	24	41	76	129	327	827	1770	284	241	210	170	93	32
45	33	56	101	168	427	1070	2270	373	320	270	220	130	40
50	45	76	133	220	147	1370	2870	484	410	300	290	160	53
55	61	99	171	280	693	1690	3400	613	520	440	360	200	67
60	82	132	224	361	893	2090	4270	800	680	570	470	270	87
65	109	173	289	460	1130	2560	5130	1010	850	730	590	330	110
70	143	224	367	577	1410	3090	6130	1270	1080	910	750	410	130
75	185	291	467	727	1730	3760	7200	1600	1360	1150	930	510	170
80	240	367	580	900	2110	4510	8330	1970	1680	1410	1150	640	210
85	307	464	727	1110	2560	5400	9600	2430	2080	1750	1430	800	270
90	392	583	900	1370	3070	6400	10900	2970	2560	2130	1730	1170	320
95	497	733	1110	1670	3710	7600		3630	3110	2600	2110	1190	390
100	627	927	1370	2030	4400	9000		4410	3800	3170	2560	1440	470
105	780	1130	1650	2140	5230	10500		5330	4600	3840	3080	1720	
110	973	1370	2030	2950	6200			6470	5560	4600	3600	2070	
115	1200	1680	2410	3490	2470			7670	6600				
120	1170	2080	2910	4160	2920			9130	7870				

（算图 3.40）
硝酸水溶液的水蒸气分压
（第 597 页右）

（算图 3.41）
硝酸水溶液的硝酸分压
（第 598 页左）

（算图 3.42、算图 3.43）
硝酸水溶液的蒸气总压
（第 598 页右至第 599 页左）

3.8.4 磷酸的蒸气压

表3.8.7 正磷酸溶液的蒸气压 单位：kPa

质量分数/%	溶解度/(mol/kg)	温度/℃						
		25	40	50	60	75	80	100
1.6	0.166	3.15	7.33	12.27	19.87	38.27	46.93	99.86
4.49	0.480	3.13	7.29	12.20	19.73	38.00	46.67	99.46
8.14	0.904	3.11	7.24	12.09	19.47	37.73	46.27	98.53
13.63	1.610	3.06	7.12	11.91	19.20	37.20	45.60	97.46
16.69	2.045	3.03	7.05	11.80	19.07	36.80	45.20	96.26
20.07	2.562	2.99	6.96	11.64	18.80	36.27	44.67	95.06
23.06	3.058	2.95	6.88	11.51	18.53	35.87	44.13	94.00
29.80	4.331	2.84	6.63	11.11	18.00	34.80	42.67	91.20
35.06	5.609	2.72	6.37	10.69	17.33	33.60	41.33	88.40
39.18	6.572	2.61	6.13	10.29	16.67	32.40	39.87	85.60
45.49	8.514	2.40	5.65	9.53	15.47	30.27	37.20	80.27
50.20	10.28	2.22	5.24	8.85	14.40	28.27	34.80	75.33
55.35	12.65	1.97	4.69	7.96	13.01	25.60	31.60	68.67
60.59	15.69	1.68	4.04	6.87	11.27	22.27	27.60	60.27
63.87	18.03	1.48	3.56	6.08	10.01	19.87	24.67	54.13
65.07	19.01	1.40	3.39	5.79	9.53	18.93	23.47	51.73
67.64	21.33	1.25	3.01	5.17	8.55	17.07	22.53	46.80
70.90	24.85	1.04	2.55	4.37	7.27	14.53	18.13	40.40
73.82	28.77	0.86	2.12	3.68	6.13	12.39	15.47	34.53
75.26	31.04	0.78	1.93	3.35	5.60	11.36	14.13	31.87
77.81	35.77	0.62	1.55	2.71	4.53	9.250	11.57	26.27
80.14	41.18	0.51	1.29	2.27	3.83	7.87	9.85	22.67
84.88	57.27	0.30	0.77	1.39	2.37	4.97	6.27	14.67
87.99	74.73	0.20	0.52	0.95	1.63	3.48	4.40	10.51

表3.8.8 磷酸水溶液的水蒸气压 单位：kPa

H_3PO_4质量分数/%		0	5	10	20	30	50	65	80	100	110
P_2O_5质量分数/%		0	3.62	7.24	14.49	21.73	36.22	47.08	61.57	73.20	79.60
温度/℃	25	3.168	3.129	3.088	2.986	2.836	2.224	1.421	0.299	2.9×10^{-3}	5.7×10^{-7}
	40	7.375	7.279	7199	6.959	6.613	5.253	3.386	0.760	9.2×10^{-3}	3.6×10^{-6}
	60	19.92	19.73	19.33	18.80	18.00	14.40	9.533	2.066	3.5×10^{-2}	2.6×10^{-5}
	80	47.34	46.53	46.00	44.66	42.66	34.93	23.46	6.199	1.15×10^{-1}	1.4×10^{-4}
	100	101.3	99.32	98.12	95.06	91.06	75.59	51.73	14.40	0.3400	7.2×10^{-4}

N（算图3.44）
磷酸水溶液的水蒸气分压（第599页右）

N（算图3.45）
磷酸水溶液的蒸气压（第600页左）

3.8.5 氰氢酸的蒸气压

表3.8.9 氰氢酸的蒸气压

温度/℃	−10	0	10	20	30	40	50	60	70	80
p/kPa	21.27	34.54	53.92	81.29	118.8	169.0	234.5	335.7	456.3	607.4
温度/℃	90	100	110	120	130	140	150	160	170	180
p/kPa	793.9	1020	1292	1615	1996	2442	2960	3556	4259	5065

3.8.6 溴氢酸的蒸气压

表3.8.10 HBr水溶液上H_2O和HBr的分压　　单位：kPa

HBr /%	HBr温度/℃				H_2O温度/℃			
	20	25①	50	55	20	25	50	55
46		0.013		0.27				
48	0.012	0.017	0.17	0.61	0.83	1.09	4.03	5.07
50	0.031	0.049	0.43	1.36	0.60	0.81	3.24	4.13
52	0.095	0.15	0.96	3.07	0.44	0.60	2.57	3.33
54	0.29	0.43	2.27	6.80	0.32	0.44	2.13	2.80
56	0.91	1.24	5.33	15.3	0.23	0.32	1.77	2.40
58	2.80	3.60	12.1	34.7	0.17	0.25	1.39	1.87

① HBr含量为32%、34%、36%、38%、40%、42%和44%时，其分压分别为0.00021、0.00029、0.00044、0.00081、0.00015、0.0031和0.0064kPa。

温度/℃	45.8	68.1	88.4	102.2	121.0	134.4	144.7	153.2	161.7	169.2	182.7	t_c/℃	p_c
p/kPa	200	400	700	1000	1500	2000	2500	3000	3500	4000	5000	183.5	5.060

3.8.7 碘氢酸的蒸气压

表3.8.11 HI水溶液上HI的分压(25℃)　　单位：kPa

HI/%	44	46	48	50	52	54	56
p	0.000080	0.00013	0.00029	0.00067	0.0017	0.0047	0.013

3.8.8 其他无机酸的蒸气压

表3.8.12 无机酸在压力下的蒸气压　　单位：kPa

名称	在下列蒸气压(kPa)下的温度/℃												
	0.1	0.2	0.4	0.7	1.0	2	4	7	10	20	40	70	101.3
氢氰酸	−75	−69	−63	−57	−53	−44	−35	−27	−23	−13	3.3	16.7	25.9
氯磺酸	29.0	36.9	46.1	54.1	59.4	70.1	81.9	92.2	99.1	112.9	128.9	142.2	151.0
硼酸	111	120	130	138	150	180							

名称	在下列蒸气压(kPa)下的温度/℃											
	200	400	700	1000	1500	2000	2500	3000	3500	4000	5000	p_c=5060kPa
氢氰酸	45.8	68.1	88.4	102.2	121.0	134.4	144.7	153.2	161.7	169.2	182.7	t_c=183.5℃

N（算图3.46）
氢氟酸水溶液的氟化氢分压
（第600页右）

N（算图3.47）
氢氟酸水溶液的水蒸气分压
（第601页左）

N（算图3.48）
氢溴酸水溶液的溴化氢分压
（第601页右）

3.9 比热容

3.9.1 无机酸的比热容

表3.9.1 硫酸的比热容　　单位：J/(mol·K)

温度/K	液体					气体		
	298	300	400	500	553	298	300	400
c_p	138.945	139.352	153.57	161.67	164.879	79.924	80.404	97.422
温度/K	气体							
	500	600	700	800	900	1000	1100	1200
c_p	107.375	114.389	119.879	124.435	128.340	131.742	134.726	137.342
温度/K	气体							
	1300	1400	1500	1600	1700	1800	1900	2000
c_p	139.623	141.588	143.254	144.628	145.719	146.532	147.071	147.338

表3.9.2　硝酸气体的比热容　　单位：J/(mol·K)

温度/K	300	400	500	600	700	800
c_p	53.577	62.575	71.103	77.382	81.977	85.444
温度/K	900	1000	1100	1200	1300	1400
c_p	88.157	90.354	92.189	93.764	95.148	96.388
温度/K	1500	1600	1700	1800	1900	2000
c_p	97.519	98.565	99.544	100.47	101.352	102.199

表3.9.3　磷酸的比热容　　单位：J/(mol·K)

形态	固体			液体		
温度/K	298	300	316	316	400	500
c_p	106.692	106.692	106.692	200.832	200.832	200.832

形态	液体						
温度/K	600	700	800	900	1000	1100	1200
c_p	200.832	200.832	200.832	200.832	200.832	200.832	200.832

表3.9.4　硼酸和偏硼酸的比热容　　单位：J/(mol·K)

温度/K	硼酸固体	硼酸液体					
	298～444	20	40	60	80	100	150
c_p	81.337	3.43	13.56	23.43	30.46	35.92	47.78

温度/K	硼酸液体			偏硼酸固体				
	200	250	298.2	298	300	400	500	509
c_p	58.74	70.12	81.34	54.544	54.717	61.541	66.551	66.959

温度/K	偏硼酸气体								
	298	300	400	500	600	700	800	900	1000
c_p	42.195	42.338	48.005	52.161	55.723	59.005	62.137	64.722	66.734

温度/K	偏硼酸气体								
	1100	1200	1300	1400	1500	1600	1700	1800	2000
c_p	68.359	69.721	70.899	71.941	72.885	73.753	74.562	75.326	76.751

表3.9.5　氰氢酸的比热容　　单位：J/(mol·K)

形态	气体									
温度/K	298	300	400	500	600	700	800	800	900	1000
c_p	35.842	35.927	39.228	41.623	43.662	45.533	47.314	47.308	49.051	50.438
形态	气体									
温度/K	1100	1200	1300	1400	1500	1600	1700	1800	1900	2000
c_p	51.595	52.594	53.481	54.289	55.036	55.738	56.405	57.045	57.663	58.263

形态	液体							
温度/℃	−10	0	10	20	30	40	50	60
c_p	70.25	70.46	70.67	70.92	71.51	72.18	73.56	75.24

表3.9.6　钨酸的比热容　　单位：J/(mol·K)

形态	固体				气体				
温度/K	298	300	400	500	298	300	400	500	600
c_p	112.633	112.968	129.704	146.44	101.837	102.237	116.154	123.933	129.203
形态	气体								
温度/K	700	800	900	1000	1100	1200	1300	1400	1500
c_p	133.209	136.471	139.237	141.637	143.746	145.608	147.252	148.695	149.951
形态	气体								
温度/K	1600	1700	1800	1900	2000	2100	2200	2300	2400
c_p	151.028	151.932	152.668	153.24	153.65	153.899	153.99	153.924	153.701

3.9.2 无机酸溶液的比热容

表3.9.7 盐酸水溶液的比热容 单位：kJ/(kg·K)

质量分数/%		5	10	15	20	25	30	35	40
温度/℃	0	3.8291	3.3917	3.0738	2.8834	2.6519	2.5183	2.4062	2.3196
	20	3.7834	3.5094	3.2273	2.9604	2.7067	2.6102	2.4327	2.4399
	40	3.5585	3.2691	2.9906	2.8590	2.6276	2.5403	2.3550	2.0346
	60	3.6949	3.5583	3.3687	3.0868	2.8708	2.7585	2.6726	2.6134

表3.9.8 硫酸和发烟硫酸水溶液的比热容(20℃) 单位：kJ/(kg·K)

质量分数/%	2	4	6	8	10	12	14	16	18	20
硫酸	4.103	4.024	3.944	3.864	3.789	3.714	3.638	3.567	3.496	3.429
发烟硫酸	1.4156	1.4160	1.4164	1.4168	1.4172	1.4177	1.4185	1.4193	1.4202	1.4214
质量分数/%	22	24	26	28	30	32	34	36	38	40
硫酸	3.360	3.295	3.228	3.165	3.102	3.040	2.979	2.918	2.8600	2.805
发烟硫酸	1.4231	1.4256	1.4285	1.4319	1.4365	1.4424	1.4495	1.4578	1.4679	1.4800
质量分数/%	42	44	46	48	50	52	54	56	58	60
硫酸	2.7470	2.6920	2.6380	2.5830	2.5330	2.4790	2.4280	2.3780	2.3320	2.2820
发烟硫酸	1.4943	1.5110	1.5299	1.5516	1.5759	1.6035	1.6345	1.6684	1.6944	17467
质量分数/%	62	64	66	68	70	72	74	76	78	80
硫酸	2.2360	2.1860	2.1390	2.0950	2.0490	2.0040	1.9600	1.9160	1.8730	1.8300
发烟硫酸	1.7911	1.8388	1.8895	1.9431	1.9954	2.0591	2.1185	2.1813	2.2441	2.3111
质量分数/%	82	84	86	88	90	92	94	96	98	100
硫酸	1.7870	1.7450	1.7030	1.6610	1.6200	1.5790	1.5370	1.4970	1.4560	1.4150
发烟硫酸	2.4158	2.4325	2.4911	2.5456	2.5958	2.6377	2.6754	2.6921	2.6963	2.6963

表3.9.9 硝酸水溶液的比热容(20℃) 单位：kJ/(kg·K)

质量分数/%	0	10	20	30	40	50	60	70	80	90
c_p	4.184	3.766	3.389	3.054	2.824	2.720	2.678	2.573	2.406	2.155

N（算图 3.49）硫酸水溶液的比热容（第 602 页左）

N（算图 3.50）硝酸水溶液的比热容（第 602 页右）

N（算图 3.51）磷酸水溶液的比热容（第 603 页左）

表3.9.10 磷酸水溶液的比热容 单位：kJ/(kg·K)

质量分数/%		温度/℃					
H_3PO_4	P_2O_5	15	25	40	60	70	80
0	0.00	4.1885	4.1826	4.1814	4.1910	4.1922	4.1994
5	3.62	4.0093	4.0156	4.0248	4.0352	4.0419	4.0470
10	7.24	3.8401	3.8552	3.8732	3.8862	3.9063	3.9134
15	10.86	3.6819	3.7007	3.7242	3.7455	3.7597	3.7752
20	14.49	3.5228	3.5441	3.5730	3.6099	3.6224	3.6170
25	18.11	3.3670	3.3938	3.4265	3.4696	3.4763	3.4738
30	21.73	3.2150	3.2418	3.2795	3.3264	3.3310	3.3360
35	25.35	3.0656	3.0928	3.1313	3.1824	3.1916	3.2063
40	28.97	2.9186	2.9458	2.9869	3.0379	3.0539	3.0739
45	32.59	2.7725	2.8006	2.8483	2.8935	2.9178	2.9341
50	36.22	2.6297	2.6599	2.7118	2.7549	2.7838	2.7943
55	39.84	2.4920	2.5246	2.5745	2.6268	2.6519	2.6586
60	43.46	2.3609	2.3969	2.4443	2.4995	2.5209	2.5297
65	47.08	2.2445	2.2772	2.3216	2.3752	2.4041	2.4053
70	50.70	2.1336	2.1629	2.2039	2.2546	2.3195	2.2919
75	54.32	2.0281	2.0767	2.0926	2.1411	2.1654	2.1780
80	57.94	1.9284	1.9519	1.9871	2.0352	2.0595	2.0687
85	61.57	1.8338	1.8564	1.8887	1.9318	1.9536	1.9644
90	65.19	1.7476	1.7702	1.7978	1.8376	1.8543	1.8648
95	68.81	1.6722	1.6936	1.7149	1.7530	1.7635	1.7698
100	72.43	1.6073	1.6238	1.6404	1.6781	1.6802	1.6789

表3.9.11 磷酸水溶液的平均比热容 单位：kJ/(kg·K)

H_3PO_4质量分数/%	温度/℃	c_{pm}/[kJ/(kg·K)]	H_3PO_4质量分数/%	温度/℃	c_{pm}/[kJ/(kg·K)]
5	20～100	4.0738	50	20～100	2.7424
10	20～100	3.9314	55	20～100	2.6168
15	20～100	3.7849	60	20～100	2.4870
20	20～100	3.6425	65	20～118	2.4744
25	20～100	3.5002	70	20～120	2.3781
30	20～100	3.3411	75	20～130	2.2692
35	20～100	3.1778	80	20～140	2.1688
40	20～100	3.0271	85	21～150	2.0641
45	20～100	2.8805	90	22～150	1.9929

3.10 其他

3.10.1 比焓

表3.10.1 无机酸的理想气体的焓(25℃) 单位：kJ/mol

物料名	盐酸	硫酸	硝酸	亚硝酸	磷酸	正磷酸	次磷酸	硼酸
标准生成焓	−92.31	−735.2	−134.3	−79.5	−1195	—	—	−992.3
标准燃烧焓	−28.6	19.6	13.4	−41.4	—	−296.6	−665.6	—
物料名	高氯酸	次氯酸	氯磺酸	氨基磺酸	硫化氢	氟化氢	溴化氢	碘化氢
标准生成焓	−129.3	−78.7	−603	—	−20.63	−273.3	−36.29	26.5
标准燃烧焓	0.24	−200	306	15.3	−518	152.4	−69.04	−116.2

（算图3.52）盐酸水溶液的比焓（第603页右）

（算图3.53）硫酸水溶液的比焓（第604页左）

（算图3.54）硝酸、硫酸和水混合物的相对比焓（第604页右）

（算图3.55）硝酸、硫酸和水混合物的比焓（第605页、第606页）

3.10.2 各种热

表3.10.2 无机酸的熔化热 单位：kJ/mol

物料名	盐酸	硫酸	硝酸	磷酸	焦磷酸	次磷酸
熔化热	2.114	10.710	10.470(2.512)	12.850	34.75	9.670
物料名	高氯酸	硫化氢	氟化氢	溴化氢	碘化氢	氢氰酸
熔化热	6.933	2.376	4.580	2.406	2.872	8.406

表3.10.3 氯化氢在水中的溶解热① 单位：kJ/kg

质量分数/%	温度/℃		质量分数/%	温度/℃		质量分数/%	温度/℃	
	42	62		42	62		42	62
2		42.71	14	273.8	278.4	26	470.2	474.8
4		83.32	16	308.6	314.4	28	497.0	504.5
6	122.7	124.3	18	342.1	349.2	30	522.9	531.3
8	162.9	165.4	20	375.6	383.9	32	547.2	553.1
10	201.0	203.5	22	407.8	416.6	34	569.0	576.9
12	238.2	240.7	24	440.0	447.6	36	588.7	

① 15℃时，氯化氢可在无限多的水中溶解，其溶解热为2000kJ/kg。

表3.10.4 几种无机酸的汽化热 单位：kJ/kmol

名称	HBr	HCl	HCN	HF	HI
汽化热	17.63	16.16	见表3.10.5	7.536	19.78

表3.10.5　氢氰酸的汽化热　　单位：kJ/mol

温度/℃	0	20	40	60	80	100	120	140	160	180
ΔH	26.70	25.57	24.35	23.02	21.55	19.88	17.95	15.58	12.38	6.142

表 3.10.6　氢溴酸的稀释热（25℃）

$M(H_2O)$ /mol	M(HBr) /mol	稀释热 /(J/mol)	$M(H_2O)$ /mol	M(HBr) /mol	稀释热 /(J/mol)	$M(H_2O)$ /mol	M(HBr) /mol	稀释热 /(J/mol)
100000	0.000555	9	800	0.0694	102	30	1.8502	455
50000	0.00111	13	700	0.0793	108	25	2.2202	510
20000	0.00278	22	600	0.0925	115	20	2.7753	590
10000	0.00555	31	500	0.1110	124	15	3.7004	743
7000	0.00793	37	400	0.1388	135	10	5.5506	1097
5000	0.01110	44	300	0.1850	150	7.5	7.4008	1497
4000	0.01388	49	200	0.2775	176	5.0	11.1012	2344
3000	0.01850	56	100	0.5551	235	4.0	13.8765	3089
2000	0.02775	68	75	0.7401	270	3.0	18.5020	4370
1000	0.05551	92	50	1.1101	331	2.0	27.7530	6650
900	0.0617	97	40	1.3877	379	1.0	55.5060	11670

表3.10.7　正磷酸溶液的生成热

质量分数/%	质量摩尔浓度/(mol/kg)	$\frac{n(H_3PO_4)}{n(H_2O)+n(H_3PO_4)}$	ϕh-$\phi h°$ /(J/mol)	生成热 $\Delta H°_{298.16}$ /(kJ/mol)	质量分数/%	质量摩尔浓度/(mol/kg)	$\frac{n(H_3PO_4)}{n(H_2O)+n(H_3PO_4)}$	ϕh-$\phi h°$ /(J/mol)	生成热 $\Delta H°_{298.16}$ /(kJ/mol)
5	0.53704	0.009583	950.4	−1295	60	15.306	0.2161	9001.6	−1287
10	1.1337	0.02002	1431.9	−1294	65	18.95	0.2545	10132	−1285
15	1.8006	0.03142	1867.3	−1294	70	23.809	0.3002	11430	−1284
20	2.5509	0.04394	2302.7	−1293	75	30.611	0.3555	12812	−1283
25	3.4012	0.05774	2763.3	−1293	80	48.815	0.4237	14403	−1281
30	4.373	0.07303	3257.3	−1292	85	57.821	0.5102	16245	−1279
35	5.4943	0.09007	3805.8	−1292	90	91.833	0.6233	18464	−1277
45	8.3484	0.1307	5987.1	−1290	95	193.87	0.7774	21143	−1274
50	10.204	0.1553	6950.1	−1289	98	499.98	0.9001	23069	−1272
55	12.471	0.1835	7913.1	−1288					

注：1. ϕh 是将不含水的 H_3PO_4(液)溶于指定量的水中所放出的热量。

2. $\phi h°$ 是将不含水的 H_3PO_4(液)溶于无限量水中所放出的热量。

3. 在 25℃时：固体正磷酸的生成热 $\Delta H°$=–1282kJ/mol；

液体正磷酸的生成热 $\Delta H°$=–1271kJ/mol；

无限稀释的正磷酸的生成热 $\Delta H°$=–1296kJ/mol；

正磷酸的熔化热 [H_3PO_4(固) → H_3PO_4(液)] $\Delta H°$ =–1271–(–1282)=11.01kJ/mol；

正磷酸无限稀释热 $\phi°$=–1271–(–1296)=25kJ/mol。

3.10.3　临界值

表 3.10.8　酸类的临界值

物料名	盐酸	硫酸	硝酸	磷酸	氟化氢	溴化氢
临界温度/K	324.65	924	520	1030	461.2	363.2
临界压力/kPa	8310	6400	6890	5070	64803	85523
临界体积/(L/mol)	0.081	0.177	0.145	0.34	0.069	0.1
临界压缩因子	0.249	0.147	0.231	0.201	0.117	0.283
物料名	高氯酸	氢氰酸	氯磺酸	氨基磺酸	硫化氢	碘化氢
临界温度/K	631	456.65	700	—	373.5	423.8
临界压力/kPa	3860	5390	8500	—	8963	83103
临界体积/(L/mol)	0.168	0.139	0.195	0.225	0.0985	0.1219
临界压缩因子	0.124	0.197	0.285	—	0.284	0.287

3.10.4 偏心因子

表 3.10.9 偏心因子

物料名	盐酸	硝酸	溴化氢	碘化氢	氢氰酸
偏心因子	0.131544	0.714406	0.073409	0.0380703	0.409913
物料名	高氯酸	氯磺酸	硫化氢	氟化氢	
偏心因子	0.0497601	0.300952	0.0941677	0.382283	

3.10.5 普朗特数和折射率

N（算图 3.56）
饱和无机酸的普朗特数
（第 607 页左）

N（算图 3.57）
高氯酸的折射率
（第 607 页右）

第 4 章
金属单质及其氧化物

目 录

4.1 物性总览…… 176
4.1.1 金属单质的一般特性…… 176
4.1.2 金属氧化物的一般特性…… 178
4.1.3 金属单质的危险品特性…… 185
4.1.4 金属氧化物的危险品特性…… 186
4.2 密度…… 187
4.2.1 金属单质的密度…… 187
4.2.2 金属氧化物水溶液的密度…… 187
4.3 相变点和三相点 …… 188
4.4 黏度…… 188
4.5 金属单质液体的表面张力 …… 189
4.6 金属氧化物的溶解度 …… 190
4.7 热导率…… 190
4.7.1 金属单质的热导率…… 190
4.7.2 金属材料的热导率…… 191
4.7.3 金属氧化物的热导率…… 192
4.8 蒸气压…… 194
4.8.1 金属单质的蒸气压…… 194
4.8.2 汞蒸气压详表…… 197
4.8.3 金属氧化物的蒸气压…… 198
4.9 比热容…… 198
4.9.1 金属单质的比热容…… 198
4.9.2 金属氧化物的比热容…… 202
4.10 比焓 …… 206
4.10.1 金属单质的比焓 …… 206
4.10.2 金属氧化物的比焓 …… 207
4.11 比熵 …… 207
4.11.1 汞的比熵 …… 207
4.11.2 钾、钠和锂的比熵 …… 208
4.11.3 一些金属单质的绝对熵 …… 209
4.12 熔融热和汽化热 …… 209
4.12.1 金属单质的熔融热和汽化热 … 209
4.12.2 金属氧化物的熔融热和汽化热 210
4.13 其他特性 …… 210
4.13.1 临界值和偏心因子 …… 210
4.13.2 线胀系数 …… 211

4.1 物性总览

4.1.1 金属单质的一般特性

表 4.1.1 金属单质的一般特性

分子式	名称	分子量	颜色	晶形	特性或折射率	密度/(g/cm³)	熔点/℃	沸点/℃	溶解度/(g/100g溶剂)或溶解情况：冷水	热水	酸	碱	乙醇	其他溶剂
Ac	锕	227.03	银白	立		10.07	961.8	3300	→ $Ac(OH)_3$					
Ag	银	107.87	银白	立	可延展	10.50	960.8	2212	—		×N,S*′	—		—液氯、乙酸、KCN
Al	铝	26.98	银白	立	可延展	2.702	660.1	2327	—		+Cl,S,N	++	÷÷乙酸	+HF, HBr, HI
Au	金	196.97	金黄	立		19.30	1063	2966	—		—			×王水，KCN，H_2SeO_4*
Ba	钡	137.33	银白	立	有展性 易氧化	3.590	729	1640	//		×		//	÷酒精，—苯
Be	铍	9.01	浅灰	六		1.846^{20}	1278	2967	—	÷//	+Cl,S,N*	+		–Hg
Bi	铋	208.98	银白-微红	六	易氧化	9.800	271.3	1560	—		×N,S*′			×王水
Ca	钙	40.08	银白	六	可延展	1.550	850	1487	//→ $Ca(OH)_2+H_2$		+		÷	—苯
Cd	镉	112.41	银白	六	易延展	8.650	320.9	767	—		÷Cl,S;+N	—	$+NH_4NO_3$	+乙酸，汞5.2^{18}
Ce	铈	140.12	钢灰	立或六	易自然	6.770	804	3260	—	慢氧化	×		—	
Co	钴	58.93	银灰	立	易延展 有磁性	8.71^{20}	1492	3550	—		+			
Cr	铬	52.00	钢灰	立		7.100	1857±20	2200	—		–N;+S			—王水；+稀HCl
Cs	铯	132.91	银白	立		1.878	28.5	678.4	×		+		×	+液氨
Cu	铜	63.55	红黄	立	易延展	8.920	1083	2595	—		÷Cl;+N,S*	$+NH_4OH$		÷有机酸
Dy	镝	162.50	银灰	六	金属光泽	8.560	1407	2600	×		+			
Er	铒	167.26	银白	六	光泽 质软	9.060	1525	2863	×		+			—HF, H_3PO_4
Eu	铕	151.96	钢灰	立		5.244	822	1527	—		×			
Fe	铁	55.85	银白	立		7.87^{20}	1535	2860	—		+	—	—	+浓酸
Fe	钢	55.85	银灰			7.6～7.8	1375		—		+	—	—	
Ga	镓	69.72	银白	斜	质软、脆性	5.904	29.8	2403	—		×	×		
Gd	钆	157.25	银白或淡黄	六		7.886	1312	3273	—		×			
Ge	锗	72.59	浅灰	立	脆性	5.350	937.4	2830	—		×S*,N*	—		×王水
Hf	铪	178.49	银白	六或立		13.31	2220	5400	—					×浓HF,王水
Hg	汞	200.59	银白	液	挥发 有毒	13.59^{20}	–38.9	356.9	—		–Cl′ *,S;+N			×H_2SO_4*′,王水
Ho	钬	164.93	灰	六	光泽 延展	8.803	1461	2695	×		+稀			
In	铟	114.82	银白	四	有毒	7.310①	156.4	2000	—		×			

续表

分子式	名称	分子量	颜色	晶形	特性或折射率	密度/(g/cm³)	熔点/℃	沸点/℃	溶解度/(g/100g溶剂)或溶解情况					
									冷水	热水	酸	碱	乙醇	其他溶剂
Ir	铱	192.22	银白	立		22.40	2450	4389	—		÷王水	②		÷含水氯;+$K_2S_2O_7$**
K	钾	39.10	银白	立		0.856	63.5	759	+	→KOH		+可溶性盐	///	–烃;+液氨,汞
La	镧	138.91	银白	六或立	粉自燃	6.150	920	3490	//		×			
Li	锂	6.94	银白	立		0.534^{20}	186	1336	//		×			–烃;+液氨
Lu	镥	174.97	银白	六	粉自燃	9.850	1652	3327			×			
Mg	镁	24.30	银白	六	可延展	1.740^{20}	651	1110	—	÷ //	×	—		×铵盐溶液
Mn	锰	54.94	银白	立或四		7.200^{20}	1260	1900	//	//	+	+		+乙酸
Mo	钼	95.94	银白	立		10.22^{20}	2620	4800	—	—	+Cl*′,S*′	–		–HF,Hg,液氨;+王水
Na	钠	22.90	银白	立		0.968	97.8	883	→NaOH			+可溶性盐	///	–苯,烃,乙醚;+液氨
Nb	铌	92.91	亮灰	立	粉自燃	8.570^{20}	2468	4927	—		÷Cl,N;×S*	×熔融	+HF	—王水;+NF或HF+HNO_3
Nd	钕	144.24	银白-浅黄	六		7.004	1024	≈3200	+//		×			
Ni	镍	58.69	银白	立		6.970^{20}	1452	2732	—	—	÷Cl,S;+N*			—液氨
Np	镎	237.05	银	斜、四或立		20.45	640	3900	—		×Cl			
Os	锇	190.23	天蓝	六		22.48^{20}	2727	>5300	—		÷N	③		—液氨;÷王水;×Na_2O_2
Pa	镤	231.04	银白	四		15.37	1227	4027						
Pb	铅	207.2	银白	立	优延展性	11.34^{16}	327.5	1620	—	—	×Cl*′;N,S*′			—HF;×王水
Pd	钯	106.42	银白	立	易延展　耐腐	11.97^{0}	1555	2940	—		×N*,S*′			—液氨;×王水
Po	钋	208.98	银白	立或三	放射性	9.320	254	962	÷÷		÷Cl;×N′			
Pr	镨	140.91	亮白	立或六		6.770	935	3127		//	×			—HF,H_3PO_4
Pt	铂	195.08	银白	立		21.45^{20}	1769	3827	—	—	÷N*′			×王水,熔化碱金属
Pu	钚	244.06	银白	单		$19.82^{④}$	637	3235	÷		–N,S′;÷S;×Cl			×高氯酸,浓磷酸
Ra	镭	226.03	银白			≈6.00	960	1140	×		+			
Rb	铷	85.47	银白	立	自燃	1.530^{20}	38.9	705	//		+		×	+液氨
Re	铼	186.21	银白	六		21.04	3190	≈5600	—		–Cl;×S,N	×碱**	—	×H_2O_2,高氯酸*
Rh	铑	102.91	灰白	立		12.44^{20}	1963	≈3700	—		÷S*′	÷王水	÷HBr	×$KHSO_4$**,Na_2O_2**
Ru	钌	101.07	银白	六		12.40	2250	4200	—		÷	×碱**	—	⑤
Sb	锑	121.76	锡白	三		6.684^{25}	630.5	1640	—		+Cl*′,+S*′,N′	—		+王水
Sc	钪	44.96	银白	六或立		3.020	1400	2730	×		×			
Sm	钐	150.36	浅灰	三		7.520	1077	1791	×		+			
Sn	锡	118.71	锡白	四	极易延展	7.310	231.8	2260	—		+	+热		—HNO_3′;+王水
Sn	锡	118.69	灰	立	−163～18℃稳定	5.750		2260	—		+	+热		—HNO_3′;+王水

续表

分子式	名称	分子量	颜色	晶形	特性或折射率	密度/(g/cm³)	熔点/℃	沸点/℃	溶解度/(g/100g溶剂)或溶解情况 冷水	热水	酸	碱	乙醇	其他溶剂
Sr	锶	87.62	银白	立	可延展、易氧化	2.630	769	1384	//	→ $Sr(OH)_2$	×		+	+液氨
Ta	钽	180.95	深灰	立		16.60	3015	≈5500	—		—	+碱**	-王水	+HF,(HF+HNO_3)
Tb	铽	158.93	银白	六	粉可自燃	8.250	1368	3040	×		+			
Tc	锝	97.91	银灰	六		11.50	≈2200	≈5000	—		-Cl;×N	$-H_2O_2$		×王水
Th	钍	232.04	银白	立	粉可自燃	11.70	1750	4788	—		÷S,N;×Cl*	—		÷HF;×王水
Ti	钛	47.87	银白	立或六	粉可爆炸	4.500^{20}	1675	3262	—	//	×Cl,S,N			×HF,$H_3PO_4^{*}$
Tl	铊	204.38	银白	立或六	很毒	11.85	304	1475	—		×N,S	—		-液氨;×高氯酸
Tm	铥	168.93	银白	六	可延展	9.320	1545	1950	÷÷	÷	×			
U	铀	238.03	银白	晶	有毒	19.04	1130	4134	—		+	—	—	×热磷酸
V	钒	50.94	微灰	立	3.028	6.110^{20}	1919	3400	—		×N,S	—		×HF
W	钨	183.84	灰	立		19.26^{20}	3380	5927	—		÷N	+KOH*		⑥
Y	钇	88.91	深灰	六	粉可自燃	4.480	1525	2900	×		++	++KOH**		-HF
Yb	镱	173.04	银	立	易氧化	6.950	824	1320	×		+			
Zn	锌	65.39	银白	六	粉可燃烧	7.140	419.4	907	—		+	+		+乙酸
Zr	锆	91.22	银白	立	粉易燃烧	6.510^{20}	1855	4340	—		÷	×碱**		×HF,王水

① 液态时密度为：7.026^{164}、7.001^{194}、6.974^{228} 和 6.939^{271} 和 6.916^{300} g/cm³。
② 溶于 $KOH+KNO_3$ 或 $NaOH+Na_2O_2$。
③ 与熔融 $KOH+KNO_3$ 或 $KOH+KClO_3$ 起反应。
④ 系 α 相密度值；β、γ、δ、δ、ε 相的密度分别为 1765、1719、1592、1599、1648g/cm³。
⑤ 不溶于乙醚；微溶于王水；与 NaClO 起反应。
⑥ 不溶于氢氟酸和氢氧化钾；微溶于硝酸、硫酸、王水和液氨；与硝酸、浓 HF 起反应。

4.1.2 金属氧化物的一般特性

表 4.1.2 金属氧化物的一般特性

分子式	名称	分子量	颜色	晶形	特性或折射率	密度/(g/cm³)	熔点/℃	沸点/℃	溶解度/(g/100溶剂)或溶解情况 冷水	热水	酸	碱	乙醇	其他溶剂
AgO	氧化高银	123.87	暗灰	立		7.440	//100	炸110	—		×S、N′	$×NH_4OH$		$×HClO_4$
Ag_2O	氧化银	231.74	棕褐	立		7.143^{17}	//300		0.0013^{20}	0.0053^{80}	×	$+NH_4OH$	—	$-NH_3$;+KCN,NH_4CO_3
Ag_2O_2	过氧化银	247.74	灰黑	八		7.440	//110		—		×S、N	$×NH_4OH$		
Al_2O_3	氧化铝	101.96	白	三	1.768	3.965	2045	2980	—		÷÷	÷		+浓硫酸

续表

分子式	名称	分子量	颜色	晶形	特性或折射率	密度/(g/cm³)	熔点	沸点	溶解度/(g/100g溶剂)或溶解情况					
							/℃		冷水	热水	酸	碱	乙醇	其他溶剂
Al_2O_3	氧化铝	101.96	无	六	～1.675	3.990	2016	2980	0.0001^{30}	—	÷÷	÷÷		
$Al_2O_3·H_2O$	氧化铝·1水	119.96	白	斜	1.722	3.410	$-H_2O$ 420		—		÷÷	÷÷		
$Al_2O_3·2H_2O$	氧化铝·2水	137.97	白	无		2.550	//360		—		÷÷	÷÷		
$Al_2O_3·3H_2O$	氧化铝·3水	155.99	白	单	1.566	2.423	$-2H_2O$ 360		—		÷÷	÷÷		
Au_2O	氧化亚金	409.94	灰紫			3.600	–O 205		—		—S,N;+Cl	÷	—	
Au_2O_3	氧化金	441.93	褐	粉			–O 160	–3O 250	—		—S,N;×Cl	÷	—	
BaO	一氧化钡	153.34	灰白	立	1.980	5.720	1923	2000	表4.6.1		×Cl,N;+其他酸		+纯	—丙酮,液氨
BaO_2	过氧化钡	169.34	灰白	粉	$-H_2O$ 800	4.958	450	//>600	1.5	//	×			—丙酮
$BaO_2·8H_2O$	过氧化钡·8水	313.49	珍珠	鳞		2.292	$-8H_2O$ 100		0.168	//	//		—	—丙酮,乙醚
BeO	氧化铍	25.01	无	六	1.725	3.010	2350	≈3900	0.0002^{30}	—	×S′	×熔融态		
Bi_2O_2	二氧化二铋	449.96	棕黑	晶、粉		7.500	(易氧化)		—			//N	//KOH**	
Bi_2O_3	三氧化二铋	465.96	淡黄	四、斜	1.91	8.550	860		—		+浓	—	—	—丙酮
Bi_2O_3	三氧化二铋	465.96	黄、灰	立		8.200	└704		—		+浓	—		—丙酮
Bi_2O_4	四氧化二铋	481.96	黄棕	固或粉		5.600	305		—		+			+含氧酸
$Bi_2O_4·2H_2O$	四氧化二铋·2水	518.01	黄褐			5.600	//100	–O 305	—		+			
Bi_2O_5	五氧化二铋	497.96	暗棕红	粉		5.100	–O >150	$-O_2$>300	×		+	+		
$Bi_2O_5·H_2O$	五高铋·1水	515.97	红	粉			//120	→Bi_2O_4→BiO	—		//+N*			
CaO	氧化钙	56.08	白	立、粉	1.838	3.400	2580	2850	→$Ca(OH)_2$	//	×		—	闪点2850℃
CaO_2	过氧化钙	72.08	雪白	四、粉	1.895	2.920	//275		÷		×	$-NH_4OH$		÷丙酮;++铵盐溶液
$CaO_2·8H_2O$	过氧化钙·8水	216.20	珍珠白	四		1.700	$-8H_2O$ 100	275	÷,→$Ca(OH)_2$	//	+//		—	—乙醚,NH_4Cl
CdO	一氧化镉	128.40	棕	立	2.49	8.150	//900	↑1560	—	—	+	—		+铵盐溶液
CdO	一氧化镉	128.40	棕红	无	2.49	6.950	//<1426	//900～1000	—	—	+	—		+铵盐溶液
Cd_2O	一氧化二镉	240.82	绿	非		8.192	//				//	//		
CeO_2	二氧化铈	172.12	白黄	立		7.300	≈2700		—	×	—			
$CeO_2·{}^3/_2H_2O$	氧化高铈·$^3/_2$水	199.15	黄	胶							+	—		÷碳酸盐溶液
Ce_2O_3	三氧化二铈	328.24	灰白	粉		6.900	1692		—		+S			
CoO	氧化钴	74.94	黑灰	六、立		6.470	1935	//2800	—	—	+	+	—	$-NH_4OH$,+稀乙酸
Co_2O_3	氧化高钴	165.88	棕黑或蓝	块或粉		5.180	//900		—	—	+		—	+热盐酸和热稀硫酸
Co_3O_4	四氧化三钴	240.82	黑粉或灰	立	～	6.070		900℃→CoO	—		—Cl′,N′;+S′			—热王水
CrO	一氧化铬	68.00	黑	粉					—		—N			
CrO_2	二氧化铬	84.00	暗灰	非、粉	≈		–O 300		—//		+N			
CrO_3	三氧化铬	100.00	红	正	～	2.700	197 //	//	表4.6.1		+S、N		+	+乙醚

续表

分子式	名称	分子量	颜色	晶形	特性或折射率	密度/(g/cm³)	熔点	沸点	溶解度/(g/100g溶剂)或溶解情况					
							/℃		冷水	热水	酸	碱	乙醇	其他溶剂
Cr_2O_3	三氧化二铬	152.00	深绿	六	2.551	5.210	1900	3000	表4.6.1		÷	÷	—	①
$Cr_2O_3\cdot xH_2O$	三氧化二铬·x水	变体	紫或蓝灰						—		+	+		
Cr_2O_5	五氧化二铬	183.99	黑褐	粉										
CsO_2	超氧化铯	281.81	橙红	六		4.360	//	>360	++	//			÷	×液氨
Cs_2O	氧化铯	297.81	亮黄	针		4.250	400	$-O_2$ 650	+	//	+			
Cs_2O_2	过氧化铯	164.90	黄	四		3.770	515		×					
Cs_2O_3	过三氧化二铯	313.82	棕	立		4.250^{0}	400		//		+			
Cs_2O_4	过四氧化二铯	329.82	黄	晶		3.77^{19}	600	//	//		+			
CuO	氧化铜	79.54	棕黑	立	2.630	6.400	// 1325		—		×	+浓、热		+KCN,NH_4Cl
$CuO\cdot{}^1/_3H_2O$	氧化铜·¹/₃水	85.54	暗棕	非、粉			$-H_2O$ 100		—			–稀碱,NH_4OH		+NH_4Cl*
$CuO_2\cdot H_2O$	二氧化铜·1水	113.55	橄榄绿	粉			// 180		—	—	//			+稀酸
Cu_2O	一氧化二铜	143.09	暗红	立	2.705	6.0	1242	$-O_2$ 1800	—	—	×	÷KON**	—	×NH_4Cl,NH_4OH
$xCu_2O\cdot yH_2O$	氧化亚铜		黄	淀	易氧化			$-H_2O$ 360	—		+	—	+NH_4OH	+NH_4CO_3,$Na_2S_2O_3$
Cu_4O	一氧化四铜	270.16	橄榄绿	非	易氧化				—		// Cl,S	–NH_4OH		
Dy_2O_3	氧化镝	373.00	白	立		7.810^{27}	2340	≈4000	—		+	—	+	
Er_2O_3	氧化铒	382.40	红黄			8.640		3000	—		+热			
Eu_2O_3	氧化铕	352.00	玫瑰	粉		7.420								
FeO	氧化亚铁	71.85	黑	立、粉	2.32	5.700	1420		—	—	+	—	—	
Fe_2O_3	三氧化二铁	159.70	黑、红棕	三	3.042	5.120	1560 //		—	—	+Cl,S			
$Fe_2O_3\cdot xH_2O$	三氧化二铁·x水		红褐	粉或胶	2.420	2.4～3.6	失水>350	2.44～3.6	$-H_2O$ 350	—	+浓		—	–乙醚
Fe_3O_4	四氧化三铁	231.55	黑	立	磁性	5.200	1538 //		—	—	–N;+Cl		—	–乙醚
$Fe_3O_4\cdot 4H_2O$	四氧化三铁·4水	303.61	黑				//		—		+			
GaO	一氧化镓	85.72	灰						—		+			
Ga_2O	一氧化二镓	155.44	暗棕	粉		4.770	>660	↑ >500	—		×	×		
$Ga_2O_3(\alpha)$	三氧化二镓	187.44	白	三		6.480	≈1740		—		+	+		
$Ga_2O_3(\beta)$	三氧化二镓	187.44	白	单、正		5.880	≈1740		—		—	—		
Gd_2O_3	氧化钆	362.50	白	粉		7.407^{15}			—		+			
GeO	一氧化锗	88.59	黑灰	粉	1.607		氧化>550	↑ >700	÷÷		×	—		×H_2O_2;+Cl_2
HfO_2	氧化铪	210.49	白	单，斜		9.680	2780		—		–Cl,N;×S′	//		×HF

续表

分子式	名称	分子量	颜色	晶形	特性或折射率	密度/(g/cm³)	熔点/℃	沸点/℃	溶解度/(g/100g溶剂)或溶解情况 冷水	热水	酸	碱	乙醇	其他溶剂
HgO	氧化汞	216.59	黄，红	斜、粉	剧毒	1.108	// 300		0.005^{25}	0.04	×	—	—	–乙醚，丙酮，液氨
Hg_2O	氧化亚汞	417.18	棕黑	粉、团		9.80	$-O_2$ 100		—	0.7‰	+Cl、N	—	—	–液氨；+乙酸*
InO	一氧化铟	130.81	灰白						—		+			
In_2O	一氧化二铟	245.64	黑	晶		6.990	↑650～700(真空)			×				
In_2O_3	三氧化二铟	277.64	浅黄	立		7.180	// 850		—		×			
IrO_2	二氧化铱	224.22	黑	四		3.150	// >100		—		+Cl	—	—	
$IrO_2·2H_2O$	二氧化铱·2水	260.23	深蓝				$-2H_2O$ 350		—		+Cl	+		
Ir_2O_3	三氧化二铱	432.44	蓝黑				–O 400		—		$+Cl^*$、S	—		
$Ir_2O_3·3H_2O$	三氧化二铱·3水	483.46	黑						—		—			
K_2O	氧化钾	94.20	灰白	立	～	2.32^{20}	// >760		→KOH	++			+	+乙醚
K_2O_2	过氧化钾	110.20	淡黄，白	立	毒	2.180	490 //		×					
K_2O_4	超氧化钾	142.20	暗黄	立、粉	～	2.140	440	//	→KOH					
La_2O_3	三氧化二镧	325.81	白	立		6.510	2320	≈4200	0.0004^{29}	×	×		+	–丙酮；$+NH_4Cl$
Li_2O	氧化锂	29.88	白	晶、粉	1.644	2.013^{25}	1730	↑2600	→LiOH	÷				
Li_2O_2	过氧化锂	45.88	白色或黄色	细粉末或颗粒					→LiOH					
$MgAl_2O_4$	镁铝尖晶石	142.27	无	立	1.723	3.60	2135		—		÷÷Cl			
MgO	氧化镁	40.30	白	立、粉	1.736	3.580	2800	3600	0.00062	0.00086^{30}	×	+铵盐溶液	÷÷	÷有机溶剂
MgO_2	过氧化镁	56.32	白	粉	无臭无味	3.300	炸275		—/		++			
MnO	一氧化锰	70.94	灰绿	立	2.160	5.180	1650		—		+			$+NH_4Cl$
MnO_2	二氧化锰	86.94	黑	正	1.862	5.026	$-O_2$ >530	// >535	—	—	–N;+Cl			–丙酮；+王水，草酸
MnO_3	三氧化锰	102.94	红		～		//		+	//	+S			//乙醚
Mn_2O_3	三氧化二锰	157.87	棕黑	立		4.500	–O 1080		—	—	+			–丙酮，NH_4Cl
$Mn_2O_3·H_2O$	三氧化二锰·1水	175.88	棕	正	2.24	4.300	//		—	—	$+S^*$			
Mn_2O_7	七氧化二锰	221.87	暗红	油	～	2.40^{20}	5.9	炸>70	++	×				
Mn_3O_4	四氧化三锰	228.81	棕黑	四、粉	2.46	4.860	1560		—	—	$+Cl^*$,Cl, S			×热硝酸
MoO_2	二氧化钼	127.94	紫棕	单、四		6.470	↑>1000		—		–Cl*,×N,÷S	—	液氨	–HF；$×Fe(SO_4)_3$
MoO_3	三氧化钼	143.94	浅黄	斜、粉		4.69^{21}	801	↑1155	表4.6.1		×	×	$+NH_3$	$×Na_2S$
Mo_2O_3	三氧化二钼	239.88	黑						—	—	—	—		
Mo_2O_5	五氧化二钼	271.88	紫蓝	粉					÷		$+S^*$、Cl^*			
Na_2O	氧化钠	61.98	灰白	粉	≈	2.270	↑1275		→NaOH				//	
$Na_2O_2·8H_2O$	过氧化钠·8水	222.11	白	六			// 30	//	+//	//	+		—	

续表

分子式	名称	分子量	颜色	晶形	特性或折射率	密度/(g/cm³)	熔点/℃	沸点/℃	冷水	热水	酸	碱	乙醇	其他溶剂
									溶解度/(g/100g溶剂)或溶解情况					
Na_2O_2	过氧化钠	77.98	黄白	粉	～	2.805	// >460	// 657	+ //	//	××	—	×	// 液氨
NbO	一氧化铌	108.91	黑	立		7.260	1940		—	—	$-N_3$; ×Cl			×HF,S′ +HF
Nb_2O_5	五氧化二铌	265.81	白	斜		4.470	1520		—	—	÷	÷		+HF; ×碱**
NbO_2	二氧化铌	124.91	黑						—	—	+S; –N			
Nd_2O_3	氧化钕	336.48	浅蓝	六		7.240	1900		0.0019^{28}	0.003^{75}	+Cl			
NiO	一氧化镍	74.70	绿黑	立	2.37	7.450	1960	→ Ni_2O_3	—	—	+	—		–乙酸; +NH_4OH
Ni_2O_3	氧化镍	165.40	灰黑	粉		4.840	// 600		—		+	+NH_4OH		
Ni_3O_4	四氧化三镍	240.10	灰	固	无磁				—		+			
$Ni_3O_4·2H_2O$	四氧化三镍·2水	276.10				3.41^{32}			—	—	+			
NpO_2	二氧化镎	269.05	棕	立		11.10					÷N,S*′			
OsO	一氧化锇	206.20	浅黑	粉					—	—	—			
OsO_2	二氧化锇	222.20	铜红			7.910	//650		—	—	—			
OsO_4	四氧化锇	254.20	亮黄	单	辛辣　剧毒	4.91^{22}	41～42	131	表4.6.1			+NH_4OH	+	②
Os_2O_3	三氧化二锇	428.40	黑褐	粉			//		—	—	—			
PbO	铅黄	223.21	黄	四	2.61	8.00	886	1472	0.0023^{22}	—	+N	+		
PbO	一氧化铅(铅黄)	223.21	黄	正		8.00	886	1472	0.0068^{18}		++	+碱*		③
PbO	一氧化铅(密陀僧)	223.21	红	四		9.53	886	1472	—	—	++	+碱*		③
$PbO·{}^1/_3H_2O$	一氧化铅·$^1/_3$水	229.22		立		7.592	$-H_2O$ 130		0.014		+	+		
$PbO·{}^1/_2H_2O$	一氧化铅·$^1/_2$水	232.20		晶、粉		7.592	// 145		0.014			+		
PbO_2	二氧化铅	239.20	棕黑	四、斜	强氧化	9.375	$-O_2$752		—	—	×Cl,S′	+热	—	×CH_3COOH; //NH_4OH
Pb_2O_3	三氧化二铅	462.40	红黄、绿棕	粉			//360	→ Pb_3O_4 370	—	//	// 浓	—		→ PbO 530
Pb_3O_4	四氧化三铅	685.60	橙红	非、晶或粉		9.100	$-O_2$ 830		—	—	×	–醇		④
$PbO_2·H_2O$	氧化高铅·1水	257.21	棕或黑	淀或固			$-H_2O$		—	—	+	+浓	—	÷乙酸
$PdCl_2$	二氯化钯	177.60	红褐	立			500 //		+	+	+Cl		+	+丙酮
$PdCl_2·2H_2O$	二氯化钯·2水	213.70	红褐	棱			//		+	+	+Cl		+	+丙酮
PdO	一氧化钯	122.41	绿黑	四		8.310	870		—	—	÷热			–王水
Pd_2O	一氧化二钯	229.40	黑				//		—		—			

续表

分子式	名称	分子量	颜色	晶形	特性或折射率	密度 /(g/cm³)	熔点	沸点	溶解度/(g/100g溶剂)或溶解情况					
							/℃		冷水	热水	酸	碱	乙醇	其他溶剂
PrO_4	四氧化镨	204.92	黑褐	粉		5.978^{20}			—		+			$+CS_2$
Pr_2O_3	三氧化二镨	329.84	黄绿			6.870^{15}	//		0.00002					
PtO_2	二氧化铂	227.09	蓝黑	六、粉		10.200	// >400		—	—	—			－王水
$PtO_2 \cdot H_2O$	二氧化铂·1水	245.25	黑				$-H_2O$ 100		—	—	$\div Cl^*$	+NaOH		－王水
$PtO_2 \cdot 2H_2O$	二氧化铂·2水	263.26	红褐	针			$-^1/_2H_2O$ 110		—	÷÷	+Cl′;//S′	+熔		+王水
$PtO_2 \cdot 3H_2O$	二氧化铂·3水	281.28	黄棕				// 300		—	—	—			－王水
$PtO_3 \cdot xH_2O$	三氧化铂·x水		红棕				//				+ Cl;// N′、S	+		
PuO	氧化钚	258.07	黑	立		13.890					×Cl′			
PuO_2	二氧化钚	274.07	绿			11.440					×Cl′,S′,N			$\times HNO_3$; +HF
Rb_2O	一氧化铷	186.94	无	立		3.720	// >400		×					
Rb_2O_2	过氧化铷	202.96	黄	立		3.650^0	570		//	//				
ReO_4	四氧化铼	250.31	白			8.400	150 //		+		+	+		÷乙醚
Re_2O_7	七氧化二铼	484.41	亮黄	斜	～	8.200	301.5	359	++			×	++	⑤
RhO	一氧化铑	118.91	灰						—	—	—			
RhO_2	二氧化铑	134.91	棕						—	—	—	—		
Rh_2O_3	三氧化二铑	253.82	蓝灰	棱		8.200	// >1100		—	—	—	—		－王水
Sb_2O_4	四氧化二锑	307.50	白	粉	2.00	5.820	$-O_2$ 930		÷÷	÷	÷÷	÷		+氢碘酸
Sb_2O_5	五氧化二锑	323.50	柠檬黄或白	粉		3.780	−O 300	$-O_2$ 450	÷÷	÷	++Cl′	÷(浓)	×	⑥
Sm_2O_3	氧化钐	348.86	浅黄	粉		7.43^{15}			—		++			
SnO	一氧化锡	134.69	黑	四		6.450	$\rightarrow SnO_2$	> 550	—		×	×(浓)	×HF	$-NH_4OH$
SnO_2	二氧化锡	150.69	白	四	1.997	6.950	1625	≈2500	—	—	+S′*	÷ //		$-NH_4OH$, 液氨, 王水
SrO	氧化锶	103.62	白	粉	1.870	4.700	2430	≈3000	$\rightarrow Sr(OH)_2$		×	30	÷甲, 乙	－乙醚, 丙酮
SrO_2	过氧化锶	119.63	白	粉	无臭无味	4.560	215//		$0.8‰^{20}$	//	+	$-NH_4OH$	+	⑦
$SrO_2 \cdot 8H_2O$	过氧化锶·8水	263.76	白	晶			$-8H_2O$ 100		$18‰^{20}$	//	+	$-NH_4OH$	+	$+NH_4Cl$
Ta_2O_2	二氧化二钽	393.90	棕			7.350	氧化		—		—			$-(HNO_3+HF)$

续表

分子式	名称	分子量	颜色	晶形	特性或折射率	密度/(g/cm³)	熔点/℃	沸点/℃	冷水	热水	酸	碱	乙醇	其他溶剂
									溶解度/(g/100g溶剂)或溶解情况					
Ta_2O_4	四氧化二钽	425.90	深灰	粉			氧化		—		—			
Ta_2O_5	五氧化二钽	441.89	无	三		3.200	1862-82		—		—	×HF	×	+(H_2SO_4+H_2O_2),$KHSO_4$
ThO_2	二氧化钍	264.04	白	立、无		9.690	>3200	4400	—	—	+S*	—		+(HF+HNO_3)
TiO	氧化钛	63.90	青铜	立、单		4.930	1750	>3000	—		+S			–HNO_3，+稀HCl
TiO_2(α)	二氧化钛	79.90	棕黑	四	2.550	3.840	1855		—	—	+S	÷	+$KHCO_3$	–有机酸
Ti_2O_3	三氧化二钛	143.80	暗紫	单、三		4.486	1900				–Cl;×S,N*	–浓		+40%HF
Tl_2O	一氧化二铊	424.74	黑	六	～易氧化	9.520	300	1865	++ //		×		—	
Tl_2O_3	三氧化二铊	456.74	棕黑	粉	毒	10.20^{22}	717	–O_2 875	—		+	—		
UO_3	三氧化铀	286.03	橙红	粉		≈8.200	// >500		—		×	×		
VO	一氧化钒	66.94	亮灰	立		5.760	1830		—		×			
VO_2	二氧化钒	82.94	暗蓝	四		4.340	1545	2700 //	—		×	×		
V_2O_3	三氧化二钒	149.88	灰黑	三		4.870	1970	≈3000	÷	+	×N*	+		+HF
WO_2	二氧化钨	215.85	棕	单、四		12.110	≈1500	≈1700	—		×热浓	×		
WO_3	三氧化钨	231.85	浅黄	三、四		7.160	1473	≈1670	—	—	—	+沸		÷HF,氨水
W_2O_5	五氧化二钨	447.70	蓝紫	三、斜、晶			↑800	1530	—		—			
ZnO	氧化锌	81.38	白	非、粉	2.008	5.606	>1800		0.42^{18}	(mg)	++	+	—	⑧
$ZnO_2\cdot{}^1/_2H_2O$	过氧化锌·$^1/_2$水	106.38	淡黄	粉		3.000	–O_2真空	÷÷ //	//			+		+乙醚,丙酮
ZnO_2	过氧化锌	97.38	黄			1.571	炸212		2.2	(mg)	//	–NH_4OH		
ZrO_2	二氧化锆	123.22	黄棕	单	2.190	5.680	2715	≈4300	—	—	×S			+HF

① 溶于乙酸、酒石酸、碳酸、三氯化锑、氯化铵、硝酸铵和碱。
② 溶于乙醚、苯、液氨；易溶于 CCl_4、375^{25}。
③ 溶于 $CaCl_2$、NH_4Cl、PbAc 和乙酸铅。
④ 与乙酸、过量冰乙酸、浓硫酸、浓磷酸起反应。
⑤ 微溶于 CCl_4、乙醚；溶于丙酮、吡啶。
⑥ 在热 K_2CO_3、$(NH_4)_2Sn$、$(NH_4)_2S$ 中分解。
⑦ 溶于 NH_4Cl、KCN；不溶于丙酮。
⑧ 不溶于液氨；溶于碳酸、亚硫酸、热氯化铵，溶于 NaOH、氯化铵。

4.1.3 金属单质的危险品特性

表 4.1.3 金属单质危险品特性

名称	CAS号	危险品编号	饱和蒸气压[①] /kPa	燃烧性	闪点/℃	自燃温度/℃	建规火险分级	爆炸下/上限（体积分数）/%	灭火方法	危险物品分类代号	风险性代号	安全措施号
汞	7439-97-6	83505	0.13（126.2）	不	※	※	—	※	K	8.3	R23;R33;R50/53	S45;S60;S61;S7
钍粉	7440-29-1	71001	—	可	—	—	—	—	P,R,G,T	7		
钒	7440-62-2			可	—	500(粉云)	丙	220g/m³/—	R,G,T			S24/25
钕	7440-00-8	33502	—	易	—	—	—	—	R,G,1,T,JS	3.3		
钙	7440-70-2	42002	1.33（983）	易	—	—	甲	—	G,T,JP,JR, JS	4.2	R15	S24/25;S43;S8
钛	7440-32-6	41504	—	可	—	460	乙	40/—	G,T	4.1	R20/21/22;R11;R17;R36/38	S16;S36/37/39;S33;S27;S26;S6
钠	7440-23-5	43002	0.13（440）	易	—	>115	甲	—	G,T,JP,JR, JS	4.3	R14;R15;R34	S43;S45;S6;S8
钡	7440-39-3	43009	—	易	—	—	甲	—	JP,G,T,JS	4.3		
钨	7440-33-7			可	—	—	丙	—	P,G,T		R11; R36/38	S6; S26; S36
钾	7440-09-7	43003	1.33（443）	易	—	—	甲	—	G,T,JP,JR, JS	4.3		
铀	7440-61-1	71002		易	—	—	甲	—	R,T	7	R11; R36/38	S6; S26; S36
铅	7439-92-1		0.13（970）	可	—	790（粉）	丙	—	G,T		R20/22; R33 R50/53; R61; R62	S45; S53; S60; S61
铈	7440-45-1	33502	—	易	—	—	—	—	R,G,T,JS	3.3		
铊	7440-28-0	61022	0.13（825）	不	※	※	—	※	K	6.1		
铍	7440-41-7	61024	—	可	—	647	—	—	R,T	6.1		
铝粉	7429-90-5	43013	0.13（1284）	可	—	645	乙	—	G,T,JR,JP,JS	4.3	R15; R17	S43A; S7/8
铟	7440-74-6		0.013（1000）	可	—	—		—	R,G,T		R20/21/22; R36/37/38	S26; S36
铪	7440-58-6	42006	—	可	—	—	—	—	G,T	4.2	R26/27/28; R35	S26; S36/37; S45; S7/9
铬	7440-47-3			可	—	—		—	G,T		R40	S36/37; S45
铯	7440-46-2	43007	0.13（279）	易	—	—	甲	—	G,T,JR,JP,JS	4.3	R14/15; R34	S26; S36/37/39; S45; S7/8
铷	7440-17-7	43006	0.13（297）	易	—	—	甲	—	G,T,JR,JP,JS	4.3		S24/25
锂	7439-93-2	43001	0.13（723）	易	—	—	甲	—	G,T,JR,JP,JS	4.3	R14/15; R34	S43; S45; S8
锆粉	7440-67-7	42005		易	—	—	乙	0.16g/L/—	S,G,T	4.2		
锇	7440-04-2			可	—	—		—	G,T			
锌粉	7740-66-6	43014	0.13（487）	可	—	500	乙	—	G,T,JP,JS	4.3		
锑粉	7440-36-0	61505	0.13（886）	可	—	—	—	—	G,T,JSJ,JS	6.1	R20/22; R51/53	S61
锰粉	7439-96-5	41506	0.13（1292）	可	—	—	乙	—	G,T,JS	4.1	R11	S16
镁粉	7439-95-4	43012	0.13（621）	可	—	550	乙	—	G,T,JS,JP,JR	4.3	R11; R15	S43; S7/8
碲	13494-80-9	61510	0.13（520）	可	—	—	—	—	G,T	6.1	R25	S22; S24/25
锶	7440-24-6	43008	1.33（898）	易	—	—	甲	—	G,T,JS,JP	4.3		
镉	7440-43-9			易	—	—		—	P,R,G,T		R20/21/22; R50/53	S60; S61
镍	7440-02-0	42004	0.13（1810）	可	—	—	乙	—	G,T	4.2	R17; R40; R43	S24; S36/37; S45

① 括号内为饱和蒸气压对应的温度（℃）。

4.1.4 金属氧化物的危险品特性

表 4.1.4 金属氧化物的危险品特性

名称	CAS号	危险品编号	饱和蒸气压[①]/kPa	燃烧性	闪点/℃	自燃温度/℃	建规火险分级	爆炸下/上限（体积分数）/%	灭火方法	危险物品分类代号	风险性代号	安全措施号
一氧化铅	1317-36-8	61507		不	※	※		※	K	6.1	R20/22; R33; R50/53; R61; R62	S45; S53; S60; S61
一氧化铊	1314-12-1	61023		不	※	※		※	R,G,T	6.1		
二氧化铀	1344-57-6			易	—	—	放射性物品	—	R,T			
二氧化铅	1309-60-0	51502	—	助	※	※	乙	※	W,T,R	5.1	R20/22; R33; R50/53; R61; R62; R8	S45; S53; S60; S61
二氧化碲	7446-7-3			不	※	※		※	W,P,R,G,T			
二氧化镁	7446-7-3	51005		助	※	※	乙	※	G,T,Sw	5.1		
三氧化二铅	1314-27-8			助	※	※		※	K			
三氧化铬	1333-82-0	51519	—	助	※	※	乙	※/※	W,T	5.1	R24/25; R26; R35; R42/43; R45; R46; R9 R48/23; R50/53; R62	S45; S53; S60; S61
三氧化硫	7446-11-9	81010	37.32（25）	助	※	※	乙	※	T,JS	8.1	R14; R34	S25; S36/37/39; S45; S8
三氧化锑	1327-33-9			助	※	※	乙	※	K			
五氧化二钒	1314-62-1	61028	—	助	※	※		※	K	6.1	R20/22; R37; R48/23; R51/53; R63; R68	S36/37; S38; S45; S61
五氧化二锑	1314-60-9	61506	—	助	※	※		※	K	6.1	R36/37/38	S26; S36
四氧化三铅	1314-41-6	61507	—	助	※	※		※	K	6.1	R20/22; R33; R50/53; R61; R62; R8	S45; S53; S60; S61
四氧化锇	20816-12-0	61026	0.93（20）	助	※	※		※	K	6.1		
过氧化氢	7722-84-1	51001	0.13（15.3）	助	※	※	甲	※	W,G,T	5.1	R22; R41	S26; S28A; S36/37/39; S45
过氧化钙	1305-79-9	51006	—	助	※	※	甲	※	G,T,JT,JP	5.1	R9; R34	S17; S26; S36/37/39; S451
过氧化钠	1313-60-6	51002	—	助	※	※	甲	※	G,T,JT,JP,JR	5.1		
过氧化钡	1304-29-6	51008	—	助	※	※	甲	※	G,T,JT,JP	5.1		
过氧化钾	17014-71-0	51003	—	助	※	※	甲	※	G,T,JT,JP,JR	5.1		
过氧化锌	1314-22-3	51009	—	助	※	※	甲	※	G,T,JT,JP	5.1	R9	S17; S24/25; S27
过氧化锶	1314-18-7	51007		助	※	※	甲	※	G,T,JT,JP	5.1		
氧化汞	21908-53-2	61509	—	助	※	※	—	※	K	6.1	R26/27/28; R33; R50/53	S13; S28; S45; S60; S61
氧化钙	1305-78-8	82501		不	※	※		※	W,T		R34	S25; S26; S36/37/39; S45
氧化钡	1304-28-5	61503	—	不	※	※	—	※	K	6.1		

① 括号内为饱和蒸气压对应的温度（℃）。

4.2　密度

4.2.1　金属单质的密度

表4.2.1　金属单质的密度　　单位：g/cm³

温度/℃	−200	−100	20	100	200	300	400	500	600	700	800	900	1000	1100	1200
Al	2.710^{-150}	2.703	2.696	2.690	2.673	2.650	2.620	2.580	2.550	2.500	2.350				
Be		1.850	1.846	1.843											
Bi	10.020	0.9888	9.800	9.770	9.740^{271}	10.020	9.880	9.790	9.660	9.590	9.510				
Cd			8.650	8.435	8.220	8.017^{322}	7.930	7.780	7.680	7.580	7.490				
Cs			1.870	1.830	1.810										
Cu	9.010	0.8975	8.930	8.900	8.875	8.840	8.800	8.770	8.740	8.700	8.660	8.620	8.580	8.490	8.320
Fe			7.870	7.840	7.800	7.750	7.700	7.650	7.600	7.570	7.530	7.500			
Ga		0.5904^{20}	6.096^{30}	5.900	5.400	5.095	5.200	5.500	5.720	5.660	5.600	5.550	5.500	5.445	
Hg		13.690	13.546	13.352	13.115	12.886	12.65	12.50	12.40	12.22	11.60				
K			0.862	0.818	0.795	0.773	0.750	0.727	0.704	0.681					
Li			0.534	0.521	0.515	0.505	0.495	0.484	0.474	0.465					
Mg			1.737	1.720	1.708	1.700	1.675	1.670	1.660	1.582	1.560				
Na	0.992		0.971	0.916	0.905	0.880	0.856	0.832	0.818	0.796	0.770		0.708		0.656
Pb			11.340	11.150	10.780	10.680	10.580	10.470	10.418^{550}						
Rb		1.530^{20}	1.470^{50}	1.464	1.460^{150}	1.455^{200}	1.450^{220}								
Sn①			7.310	7.300	6.980	6.940	6.865	6.814	6.755	6.695	6.635	6.580	6.518	6.460	6.400
Zr			6.510	6.490	6.470	6.450	6.430	6.405	6.390	6.370	6.360	6.370	6.380	6.390	

① 温度为1300、1400、1500、1600℃时，其密度分别为6.340、6.280、6.240、6.162g/cm³。

表4.2.2　气态汞的比容　　单位：cm³/g

p/MPa (T_{sat}/K)	温度T/K							
	900	1000	1100	1200	1300	1400	1500	1600
0.20(670.0)	0.1861	0.20690	0.22770	0.24840	0.26920	0.28990	0.31070	0.33140
0.50(733.2)	0.07422	0.08258	0.09091	0.09924	0.10760	0.11590	0.12420	0.13250
1.0(789.7)	0.03692	0.04113	0.04532	0.04951	0.05368	0.05785	0.06202	0.06618
2.0(855.8)	0.01827	0.02040	0.02253	0.02464	0.02674	0.02884	0.03093	0.03302
5.0(962.8)		0.00796	0.00885	0.00972	0.01058	0.01143	0.01228	0.01313
10(1064)			0.00428	0.00474	0.00518	0.00563	0.00606	0.00650

表4.2.3　饱和汞的密度　　单位：g/cm³

T_{sat}/K	630.1	650	700	750	800	850	900	950	1000	1050
p_{sat}/kPa	101.3	145	316	620	1120	1880	2990	4530	6580	9230
液体	12737	12688	12567	12444	12318	12190	12059	11927	11791	11650
气体	3.91	5.37	10.9	20.1	34.2	54.6	82.7	119.9	167.7	227.3

4.2.2　金属氧化物水溶液的密度

表4.2.4　金属氧化物水溶液的密度　　单位：kg/m³

浓度（质量分数）/%	1	2	4	6	8	10	12	14	16	18	20	22	24	30	40	50	60
CrO_3	1007	1014	1028	1044	1060	1076	1092	1109	1127	1145	1164	1183	1203	1263	1378	1511	1656
WO_3	1008	1017	1036	1055	1075	1096	1118	1141	1166	1191	1217	1244	1272	1363	1546		

4.3 相变点和三相点

表4.3.1 一些金属在不同压力下的熔点 单位：℃

压力/MPa	0.1	25	50	75	100	200	600	1200
Ga	29.8	27.5	26.5	26.0	25.7	23.4	17.0	2.6
Pb	327.5	329.6	331.2	332.4	333.3	341.4		
Sn	230.6	231.3	232.3	233.1	233.9	237.2		

表4.3.2 锡在不同压力下的沸点 单位：℃

压力/MPa	10^{-4}	10^{-3}	10^{-2}	10^{-1}	1.0	10	10^{2}
t_b	1010	1126	1270	1440	1660	1940	2310

表4.3.3 钴在不同压力下的沸点 单位：℃

压力/MPa	10	100	1000	5000	10000	20000	40000
t_b	1620	1855	2152	2430	2570	2730	2890

表4.3.4 一些金属单质的三相点温度和压力

物料名	银	铝	铍	铋	钙	铁	汞
三相点温度/K	1234	933.45	1556	544.54	1115	1811	234.29
三相点压力/Pa	0.21625	3.6463E-07	3.58288	1.89075E-08	208.906	3.61799	0.000292878
物料名	钾	锂	钠	钒	锌	锗	
三相点温度/K	336.35	453.69	370.95	2190	692.73	1210.4	
三相点压力/Pa	0.000112972	2.25828E-08	1.28216E-05	3.10781	20.7049	0.000138219	

表4.3.5 金属氧化物三相点温度和压力

物料名	氧化铝	氧化钙	三氧化铬	氧化亚铁	三氧化二铁	氧化镁	过氧化钠	氧化钛	氧化锌
三相点温度/K	2325	3173.15	470	1650	1867.15	3105	948	2130	2248.2
三相点压力/Pa	45.099	—	—	—	—	—	—	—	—

4.4 黏度

表4.4.1 一些金属液体的黏度 单位：mPa·s

温度/℃	69	100	200	240	260	280	300	320	340	360	380	400	450	500
Bi						1.622	1.667	1.62	1.55	1.47	1.42	1.37	1.27	1.16
Cd						1.546			2.37^{350}			2.157		1.844
Ga							1.03					0.882		0.814
Hg			45.1	49.0	51.7	52.8	60.3	51.8	59.0	60.2	62.7	65.7	71.1	76.5
K	0.51	0.47	0.32									0.19		
Na		0.682	0.45				0.34					0.278		0.239
Pb								3.20^{327}	2.58^{350}			2.32		1.84
Sn				2.12	1.96	1.79	1.67	1.57	1.49	1.41	1.34	1.28	1.22	1.18
Zn						1.68						52.5^{500}	60.0^{600}	67.5^{700}

温度/℃	550	600	650	700	750	800	850	900	温度/℃	1050	1100	1150	1200	1400
Al				2.903		1.402			Ag				2.98	
Na		0.212		0.205		0.179		0.167	Bi	1.08550	0.99600			
Pb		1.54		1.36		1.23	1.185		Hg	81.1550	85.3600			
Sb		1.50		1.26		1.08	1.05		Cu	3.361085	3.33	3.22	3.12	
Sn	1.12	1.05	1.00	0.95	0.91	0.87			Fe①					2.25

① 含C量为2.5%。

表4.4.2　三氧化铬水溶液的黏度　　单位：mPa·s

浓度（质量分数）/%	温度/℃			浓度（质量分数）/%	温度/℃		
	25	40	75		25	40	75
18	1.02	0.81	0.45	50	2.30	1.73	1.12
30	1.24	1.00	0.63	60	3.87	2.82	1.56
40	1.59	1.25	0.83	61.72	4.36	3.12	1.65

4.5　金属单质液体的表面张力

表4.5.1　低熔点金属液体的表面张力　　单位：mN/m

温度/℃	0	20	50	100	150	200	250	300
Hg	480	471	461	450	438	430	418	400
Hg-蒸气	480		467^{60}					
Na			294^{90}①	206②			200②	
Na-蒸气				222			211	

① CO_2 中。
② 真空中。

表4.5.2　高熔点金属液体的表面张力　　单位：mN/m

温度/℃	250	300	350	400	450	500	550	600	650	700	750	800	900	1000
Bi		376	373	370	367	363								
$Cd-H_2$		570^{330}	578	597	622	618	602	585						
Mg									563^{681}	558	543	529	500	
Pb			442	438	435	431	428	424	420	417	413	410		
$Pb-H_2$			453									423		
$Sn-H_2$	2526^{253}											508^{878}	506	497
Sn-空气	575	565	555	545	535	525	515	505						
$Zn-H_2$						753^{477}	747^{543}							
Zn-空气					780	778		764		754^{670}				

注：右上角数字为相应状态的压力（kPa）。

表4.5.3　其他金属液体和空气的界面张力　　单位：mN/m

名　称	金	银		铜①	铝	铋	锑	铟
σ	1120^{1200}	1140^{870}	800^{970}	1103^{1130}	840^{700}	368^{750}	$340^{170\sim250}$	388^{300}
名　称	铟	钾		铂	铌	锗	铅	镓②
σ	$340^{170\sim250}$	411^{62}	$86^{100\sim150}$	1819^{2000}	1103^{1131}	600^{959}	453^{350}	358^{30}

注：右上角数值为与该值相对应的温度（℃）。
① 界面为氢气。
② 界面为 CO_2 或空气。

表4.5.4　汞和一些液体的界面张力(20℃)　　单位：mN/m

液体	水	CS_2	苯	甲苯	邻二甲苯	间二甲苯	对二甲苯	硝基苯	苯胺	已烷	辛烷
σ	375	336	357	359	359	357	361	350	341	378	375

液体	二氯甲烷	1,2-二溴乙烷	硝基甲烷	碘甲烷	乙醚	乙醇	丙醇	异丁醇	仲辛醇	油酸
σ	342	326	378	304	379	364	368	343	359	322

4.6 金属氧化物的溶解度

表 4.6.1 金属氧化物在水中的溶解度

分子式	名称	在以下温度（℃）的溶解度/(g/100g 水)												
		0	10	20	25	30	40	50	60	70	80	90	100	127
BaO	一氧化钡	1.5		3.48					90.8					
CrO_3	三氧化铬	165	166	167		170	174	183	177		194	199	207	
Cr_2O_3	三氧化二铬	61.8		62.4		62.52		64.6			65.9		67.4	71.2
MoO_3	三氧化钼			0.14		0.26	0.48	0.69	1.21	2.06	2.11			
OsO_4	四氧化锇	5.26	5.75	6.44	7.01									

表4.6.2 三氧化铬在硫酸中的溶解度(25℃)

H_2SO_4 (质量分数)/%	H_2SO_4 密度 /(g/cm³)	CrO_3 溶解度 (质量分数)/%	饱和溶液密度/(g/cm³)	固相	H_2SO_4 (质量分数)/%	H_2SO_4 密度 /(g/cm³)	CrO_3 溶解度 (质量分数)/%	饱和溶液密度 /(g/cm³)	固相
20.4	1.139	29.25	1.510	CrO_3	90.3	1.814	1.03	1.832	$CrO_3\cdot SO_3$
39.6	1.296	14.23	1.511	CrO_3	92.5	1.820	0.11	1.822	$CrO_3\cdot SO_3$
60.7	1.501	1.01	1.516	CrO_3	97.2	1.832	0.46	1.840	$CrO_3\cdot SO_3\cdot H_2O$
75.8	1.672	0.49	1.680	CrO_3	97.6	1.833	0.42	1.840	$CrO_3\cdot SO_3\cdot H_2O$
79.6	1.717	0.79	1.730	CrO_3	99.9	1.831	0.23	1.835	$CrO_3\cdot SO_3\cdot H_2O$
84.9	1.772	0.92	1.788	$CrO_3\cdot SO_3$	99.95	1.839	0.16	1.833	$CrO_3\cdot SO_3\cdot H_2O$
85.1	1.774	1.24	1.796	$CrO_3\cdot SO_3$	100.00	1.829	0.076	1.811	$CrO_3\cdot SO_3\cdot H_2O$

表4.6.3 三氧化铬在硝酸中的溶解度

25℃						45℃					
密度ρ_4^{25} /(g/cm³)	/(g/100g 饱和溶液)		密度ρ_4^{25} /(g/cm³)	/(g/100g 饱和溶液)		密度ρ_4^{25} /(g/cm³)	/(g/100g 饱和溶液)		密度ρ_4^{25} /(g/cm³)	/(g/100g 饱和溶液)	
	HNO_3	CrO_3		HNO_3	CrO_3		HNO_3	CrO_3		HNO_3	CrO_3
1.704	0.0	62.85	1.402	59.11	4.88	1.695	0.0	63.51	1.384	65.74	2.47
1.684	2.28	60.31	1.409	68.49	0.95	1.676	2.05	61.27	1.416	73.81	0.88
1.661	5.95	56.57	1.440	74.47	0.27	1.654	5.58	57.93	1.450	81.55	0.44
1.640	9.37	52.51	1.456	82.90	0.06	1.619	11.47	51.71	1.481	88.35	0.60
1.606	13.25	48.10	1.466	86.56	0.10	1.569	19.53	43.41	1.512	91.83	3.39
1.570	19.30	41.97	1.475	89.17	0.18	1.490	33.29	29.57	1.581	88.06	9.42
1.528	26.79	34.32	1.503	92.63	1.89	1.409	50.69	13.15			
1.481	35.35	25.54	1.557	91.36	8.29						
1.434	46.91	14.63									

表4.6.4 三氧化铬在硒酸中的溶解度(23℃)

H_2SeO_4 (质量分数)/%	H_2SeO_4 密度 /(g/cm³)	CrO_3 溶解度 (质量分数)/%	饱和溶液密度/(g/cm³)	H_2SeO_4 (质量分数)/%	H_2SeO_4 密度 /(g/cm³)	CrO_3 溶解度 (质量分数)/%	饱和溶液密度/(g/cm³)
55.1	1.581	8.65	1.730	96.2	2.525	0.17	2.253
81.2	2.142	0.16	2.145	98.5	2.590	0.35	2.599
87.9	2.325	0.29	2.330				

4.7 热导率

4.7.1 金属单质的热导率

表4.7.1 金属单质的热导率　　单位：W/(m·K)

温度/℃	−200	−100	20	100	200	300	400	500	600	700	800	900	1000	1100
Al	212.7^{-150}	210.0	205.72	204.6	213.0	230.1	248.7	267.3	280.0		93.0			

续表

温度/℃	-200	-100	20	100	200	300	400	500	600	700	800	900	1000	1100
Be		328	218^{0}	170	145	129	118							
Bi	12.6	10.0	8.4	7.2	7.3^{271}	16.5	16.3	16.1	15.8	15.5	15.1			
Ca		98^{0}	126											
Cd	104.6^{-187}	98.0	93.0	91.8	90.6	89.7^{322}	43.9							
Co	200	140^{-80}	70.9			69.0	125.5^{430}		114.1		106.9		74.4	
Cr			67											
Cs			23.2	17.5	16.4									
Cu	488.1^{-190}	421	395.2	393	389	384	379		366		352	320.8		
Fe			78.4	67.6	61.0	56.4	50.2	46.3	43.7	41.8		40.1		
Hg	50.0	37.5	7.9	8.9	10.3	11.7	12.3	13.0	13.4	13.8	14.3			
Hg①					7.67	9.30	11.0	12.8	13.9					
K	136.0	123.0	97.0	46.5	45.9	43.4	39.5	34.9	30.9	28.2				
Li			70.9	69.7	46.0	46.6	47.1	47.5	48.0	48.5				
Mg		178.7	165.0	148.8	142.0	136.0	134.8	133.6	131.3	97.6	97.6			
Na	162.7		133.6	86.0	81.4	74.4	70.9	68.6	62.8	59.3	56.9			
Nb			34.0	36.5	40.0	42.0	43.0	45.0	47.0	48.8	49.4	50.0		40.6
Nd				20.7	19.9	19.5	19.4		19.9					
Ni	190	93^{0}	92.3	82.5	70.0	63.9	62.8	61.6	59.8	58.1	57.7	57.3	56.9	55.2^{1300}
Pb		37.2	34.9	33.4	29.4	28.1	28.6	29.0	26.0					
Pt		33.3		71.6	72.0	72.8	73.6		76.6		80.0		84.2	88.9^{1200}
Rb			35.4	29.3^{39}	31.4^{50}	31.9^{100}	32.6^{150}	33.9^{200}	34.4^{220}					
Sb		263^{-77}	22.5^{0}	21.5										
Sn	81.5^{-170}		59.8	63.3	34.0	33.7	33.1	32.5						
Ti	31.9	20.0^{0}	16.3	16.3	16.3	16.7	17.2							
V	23		30.9	33.7	34.4	34.9	35.4	36.1	37.2	38.1	38.8	39.5		
W②	260	123	168.5	151.1	144.0	136.8	130.2	123.0	116.0	109.2	101.0	93.5	86.0	110^{1200}
Zn	117^{-170}		111	117	112									
Zr	37		21.4	21.8	21.2	20.9	21.4		22.3		24.5		26.4	28^{1200}

① 蒸气。

② 温度为1300、1700、2000℃时，其热导率分别为90.6、104.6、124W/(m · K)。

表4.7.2 其他金属单质的热导率 单位：W/(m·K)

分子式 名称	Ce 铈	Dy 镝	Er 铒	Gd 钆	Ho 钬	La 镧①	Lu 镥	Os 锇②	Pd 钯	Pr 镨
λ	11.04	11.04	13.95	13.95	10.46	33.00	22.90	139.9	71.18	12.44
分子式 名称	Re 铼	Rh 铑	Ru 钌③	Se 钪	Sm 钐	Tb 铽	Tc 锝	Tl 铊	Tm 铥	Y 钇
λ	70.90	150.8	190.0	21.96	12.90	12.90	50.90	40.91	16.97	14.99

① 20K。

② 76K。

③ 76K。

4.7.2 金属材料的热导率

表4.7.3 金属材料的热导率 单位：W/(m·K)

材料		温度/℃									
		-100	0	100	200	300	400	600	800	1000	1200
纯铝		243	236	240	238	234	228	215			
杜拉铝		124	160	188	188	193					
铝合金	92%Al-8%Mg	86	102	123	148						
	87%Al-13%Si	139	158	173	176	180					
铝青铜(90%Cu-10%Al)			49	57	66						
青铜(89%Cu-11%Sn)			24	28.4	33.2						
黄铜(70%Cu-30%Zn)		90	106	131	143	145	148				

续表

材料		温度/℃									
		-100	0	100	200	300	400	600	800	1000	1200
铜合金（60%Cu-40%Ni）		19	22.2	23.4							
纯铁		96.7	83.5	72.1	63.5	56.5	50.3	39.4	29.6	29.4	31.6
灰铸铁（C≈3%）			28.5	32.4	35.8	37.2	36.6	20.8	19.2		
碳钢（C含量）	0.5%		50.5	47.5	44.8	42	39.4	34	29		
	1.0%		43	42.8	42.2	41.5	40.6	36.7	32.2		
	1.5%		36.8	36.6	36.2	35.7	34.7	31.7	27.8		
铬钢（Cr含量）	5%		36.3	35.9	34.7	33.5	31.4	28	27.2	27.2	27.2
	13%		26.5	27	27	27	27.6	28.4	29	29	
	17%		22	22.2	22.6	22.6	28.3	24	24.8	25.5	
	26%		22.6	23.8	25.5	27.2	28.5	31.8	35.1	38	
铬镍钢（铬、镍含量）	18%～20%Cr、8%～12%Ni	12.2	14.7	16.6	18	19.4	20.8	23.5	26.3		
	17%～19%Cr、9%～13%Ni	11.8	14.3	16.1	17.5	18.8	20.2	22.8	25.5	28.2	30.9
镍钢（Ni含量）	1%	40.8	45.2	46.8	46.1	44.1	41.2	35.7			
	3.5%	30.7	36	38.8	39.7	39.2	37.8				
	35%	10.9	13.4	15.4	17.1	18.6	20.1	23.1			
	44%		15.7	16.1	16.5	16.9	17.1	17.8	18.4		
	50%	17.3	19.4	20.5	21	21.1	21.3	22.5			
锰钢（Mn含量）	12%～13%，Ni≈3%			14.8	16	17.1	18.3				
	0.4%			51	50	47	43.5	35.5	27		
钨钢（W≈5%～6%）			18.4	19.7	21	22.3	23.6	24.9	26.3		

注：表中含量为质量分数。

4.7.3 金属氧化物的热导率

表4.7.4 金属氧化物的热导率 单位：W/(m·K)

温度/K	1	5	10	15	20	25	30	35	40	50	60
Al_2O_3*	3.893	410.0	2900	8700	15700	20200	20700	17700	12000	5200	2650
Fe_3O_4		35.60	124.0	245.2	294.4	285.9	259.4	209.8	161.6	96.51	58.80
MgO	1.2	154.9	1170	2690	3250	3310	3088	2650	2160	1420	930
MnO		0.400	3.699	14.05	29.99	43.69	54.35	59.70	59.48	52.88	38.18
TiO_2	2.6	313	1790	1770	1000	540	285	198	117	66	45
温度/K	70	80	90	100	150	200	250	273.2	300	350	400
Al_2O_3				133.0	77.00	55.00	43.40	39.70	36.00	30.70	26.40
Al_2O_3*	1530	960.0	640.0	450.0	150.0	82.0	58.0	52.0	46.0	38.0	32.4
BeO						424.0	334	302	272	228	196
CaO										12.71	11.40
Cu_2O				3.486	7.183	7.150	6.164	5.854	5.577	5.085	
Fe_3O_4	37.84	27.70	22.82	17.62	14.53	7.115	6.880	6.888	6.897		
MgO	630	450	340	270	135	94	73	66.5	60	50.7	43.1
MgO*							58	53	48.4	41.2	35.6
MnO	19.98	15.00	13.19	11.99	7.92	8.60	8.60	8.60	8.60		
Mn_3O_4									3.3	3.5	3.4
Ni_2O_3										9.757	8.178
SnO_2									33.7	28.2	24.2
ThO_2							15.2	14.2	13.2	11.5	10.2
TiO_2	35	30	26.4	23.5	16.8	13.7	11.8	11.1	10.4	9.4	8.5
TiO_2*							9.3	8.9	8.4	7.7	7.0
ZnO									29.98	26.73	23.44
ZrO										1.602	1.675

续表

温度/K	450	500	600	700	800	900	1000	1100	1200	1300	1400
Al_2O_3		20.20	15.80	12.60	10.40	8.90	7.85	7.10	6.55	6.13	5.83
Al_2O_3*	27.9	24.2	18.9	15.4	13.0	11.5	10.5				
BaO		63	73	108	174	255	345				
BeO		146	111	87	70	57	47	41.33	33	28.30	24.50
CaO	10.58	10.01	8.789	7.96	7.61	7.16	7.03	6.96	7.04		
MgO	37										
MgO*		26.9	20.7	16.5	13.5	11.2	9.7	8.5	7.7	7.2	6.8
MnO*		3.074	2.883	2.720	2.567	2.407	2.224				
Ni_2O_3	7.645	7.180	5.669	4.777	4.618	4.012	3.782	3.604	3.347		
ThO_2		8.1	6.6	5.5	4.7	4.1	3.6	3.4	3.1	3.0	2.8
TiO_2*		5.9	7.0	5.9	5.0	3.6	3.5	3.4	3.3	3.2	3.2
ZnO	22.03			6.281	4.810	4.133	3.889	3.831			
ZrO	1.700	1.690	1.689	1.759	1.773	1.807	1.858	1.900	1.921	1.971	2.005

温度/K	1500	1600	1700	1800	1900	2000	2100	2200	2300	2400	2500
Al_2O_3	5.66	5.56	5.54	5.59	5.74	6.00	6.44				
BeO	21.5	19.5	18.0	16.7	15.6	15.0	15.0	15.2	16.4		
MgO*	6.5	6.4	6.4	6.6	7.4	8.5	9.9	11.5	13.2	15.0	17.0
ThO_2	2.7	2.66	2.59	2.54	2.52						
ZrO	2.051	2.055									

注：Al_2O_3：试件为多晶体，纯度99.5%；

Al_2O_3*：试件为高纯度的合成蓝宝石单晶体；

BaO：试件为多晶体，热导率为表观值，没有考虑高温下的热辐射效应；

BeO：试件为多晶体，纯度99.5%；

CaO：试件为纯结晶立方体。其制备过程是，将试剂级碳酸钙在1600℃下煅烧2h，加压并在氧化锆氧气炉中1900℃下烘干。堆积密度为3.03g/cm^3，总孔率为2.75%；

Cu_2O：试件为99.96%纯度的电解高导无氧铜，大单晶体。其制备过程是，直径为2.86cm的氧化了的机加工铜盘置于炉中，在1020℃下加热30～210h，再加热到1200℃后急冷；

Fe_3O_4：试件长1.23cm，平均直径为0.2cm，在1500K的CO与CO_2混合体（两者体积比1∶20）中退火。单晶体，晶格常数为8.398Å，空穴浓度为2×10^{171}个/cm^3。含Al、Be、Ca、Cr、K、Li、Mg、Mn、Na、Ni、Si、Ti、V、Zn、Zr等杂质；

MgO：1～450K试件为纯度99.96%的单晶体；

MgO*：250～2500K试件为多晶体，纯度99.5%；

MnO：4.0～310K试件为单晶体，长2cm，直径为0.5cm；

MnO*：500～1100K试件为0.5英寸，直径为0.5英寸，测试在空气中进行（1英寸=2.54cm）；

Mn_3O_4：试件密度为4.21g/cm^3，吸水率为0.02%。1547K下燃烧；

Ni_2O_3：试件堆积密度为5.05g/cm^3，总孔率为32%；

SnO_2：试件纯度为98%；

ThO_2：试件为多晶体，纯度为99.5%，密度为98%；

TiO_2：1～4000K试件为99.997%纯金红石单晶，热流方向平行于长轴；

TiO_2*：250～1400K试件为多晶体，纯度99.5%；

ZnO：3005～4000K试件呈黄色；其制备方法是，在1367K下煅烧并在103MPa压力下干燥，在1583K下热浸1h。试件密度为5.28g/cm^3；

ZrO：试件为中空椭球，内腔短轴为2cm，内腔长轴大约为10cm，外短轴为4cm。总孔率7.76%～10.00%，整体密度为5.22～5.35g/cm^3。

4.8 蒸气压

4.8.1 金属单质的蒸气压

表 4.8.1 金属单质的蒸气压（Ⅰ）

分子式	名称	相应于下述蒸气压强(kPa)的温度/℃																	
		0.001	0.002	0.004	0.007	0.01	0.02	0.04	0.07	0.1	0.2	0.4	0.7	1.0	2.0	4.0	7.0	10.0	20.0
Ag	银	1015	1055	1090	1122	1144	1190	1237	1280	1310	1362	1422	1475	1512	1578	1642	1740	1785	1875
Al	铝					1110	1146	1190	1230	1260	1325								
Au	金	1397	1435	1475	1525	1548	1608	1675	1730	1767	1836	1912	1978	2020	2115	2212	2302	2360	2470
Ba	钡					710	740	778	812	836	886	935	985	1015	1085	1155	1220	1265	1350
Be	铍	1050	1132	1220	1285	1325	1400	1460	1505	1520	1580	1650	1715	1755	1830	1920	2002	2052	2160
Ca	钙					680	710	740	755	782	830	880	920	940	1000	1065	1125	1170	1250
Ce	铈	1273	1322	1360	1400	1423	1465	1515	1555	1580	1640	1712	1775	1820	1912				
Co	钴					1295	1340	1387	1420	1446	1500	1560	1616	1650	1723	1795	1812	1905	1995
Cr	铬					1500	1545	1595	1640	1665	1730	1790	1845	1890	1970	2055	2130	2180	2280
Cu	铜									1585	1660	1742	1815	1862	1968	2085	2180	2255	2400
Eu	铕	593	622	650	675	691	723	760	786	802	843	890	930	960	1016	1080	1136	1170	1250
Fe	铁	1405	1450	1500	1540	1560	1615	1675	1730	1762	1830	1905	1966	2008	2100	2195	2280	2335	2440
Ga	镓					1165	1205	1250	1290	1335	1385	1440	1500	1540	1615	1200	1275	1875	1925
Ge	锗	1393	1443	1498	1536	1562	1624	1685	1740	1776	1845	1920	1987	2032	2130	2230	2324	2380	2500
Hf	铪					2840	2920	3010	3100	3160	3280	3420	3545	3630	3805	4010	4200	4330	4570
Hg	汞	45	53	60	70	76	88	100	112	120	135	152	165	176	178	220	234	247	270
In	铟	895	930	970	1000	1020	1070	1112	1155	1180	1235	1295	1350	1382	1455	1532	1620	1650	1740
Ir	铱	2268	2330	2400	2450	2500	2570	2650	2725	2775	2865	2965	3050	3110	3240	3370	3480	3565	3720
K	钾	202	220	238	250	260	278	300	320	332	360	385	414	430	465	507	545	570	620
La	镧									2120	2210	2300	2375	2430	2540	2660	2765	2835	2970
Li	锂	525	550	575	600	615	650	680	712	730	768	810	848	873	925	980	1036	1018	1140
Lu	镥	1140	1170	1210	1245	1265	1310	1360	1410	1430	1480	1530	1575	1615	1700	1775	1850	1900	2000
Mg	镁					500	525	545	575	590	625	655	685	710	750	800	840	870	930
Mn	锰	962	993	1025	1056	1076	1122	1165	1205	1230	1280	1340	1395	1430	1506	1588	1658	1778	1800
Mo	钼	2500	2565	2640	2700	2740	2830	2930	3010	3065	3180	3300	3410	3470	3630	3795	3945	4040	4240
Na	钠	280	300	315	330	345	370	393	415	430	456	485	518	535	572	620	660	683	736
Nb	铌					2950	3030	3120	3205	3260	3390	3520	3638	3710	3828	3995	4115	4185	4325

续表

分子式	名称	相应于下述蒸气压强 (kPa) 的温度/℃																	
		0.001	0.002	0.004	0.007	0.01	0.02	0.04	0.07	0.1	0.2	0.4	0.7	1.0	2.0	4.0	7.0	10.0	20.0
Nd	钕	1320	1370	1430	1480	1510	1575	1640	1705	1745	1830	1920	1995	2050	2150	2280	2390	2470	2640
Ni	镍									1380	1435	1487	1538	1570	1638	1708	1772	1815	1900
Os	锇									3200	3300	3416	3515	3580	3710	3845	3965	4050	4200
Pb	铅	710	740	774	800	817	864	905	940	970	1018	1070	1113	1142	1208	1280	1350	1395	1486
Pd	钯	1520	1575	1630	1670	1710	1775	1845	1900	1940	2015	2100	2180	2225	2330	2445	2545	2505	2748
Po	钋	335	353	373	393	403	422	453	455	490	520	552	580	600	635	680	720	745	803
Pt	铂	2020	2085	2150	2200	2230	2310	2385	2450	2495	2580	2670	2755	2815	2925	3045	3150	3220	3355
Pu	钚	1435	1505	1580	1630	1670	1750	1820	1885	1925	2010	2105	2182	2230	2345	2465	2575	2645	2805
Ra	镭	550	575	602	625	640	672	710	744	765	810	862	905	935	997	1065	1130	1170	1260
Re	铼	3020	3110	3200	3280	3330	3440	3550	3650	3710	3840	3985	4110	4190	4360	4540	4700	4790	5000
Rh	铑	2000	2065	2130	2185	2220	2300	2380	2446	2485	2575	2660	2740	2795	2905	3030	3135	3210	3355
Ru	钌					2632	2700	2780	2855	2900	3000	3105	3185	3242	3360	3484	3590	3660	3815
Sb	锑	580	585	590	595	597	610	645	682	708	765	830	885	925	1008	1105	1186	1240	1355
Sc	钪	1410	1453	1505	1544	1565	1625	1682	1738	1775	1835	1920	1985	2026	2120	2210	2295	2345	2440
Sn	锡	1230	1270	1320	1360	1386	1450	1510	1560	1600	1660	1740	1800	1840	1930	2040	2130	2200	2330
Sr	锶	524	545	570	595	610	640	672	700	715	756	795	827	855	908	970	1027	1060	1140
Ta	钽	3015	3100	3190	3260	3310	3415	3520	3600	3660	3785	3900	4000	4070	4220	4370	4515	4605	4795
Tc	锝									3060	3160	3270	3370	3440	3580	3755	3910	4010	4230
Te	碲	371	385	400	415	425	448	472	492	507	538	568	595	614	660	703	740	767	825
Th	钍					2432	2504	2580	2652	2690	2780	2890	2980	3040	3160	3300	3438	3530	3730
Ti	钛					1920	1985	2063	2115	2160	2240	2326	2400	2450	2545	2648	2730	2785	2900
Tl	铊	600	625	655	680	698	730	770	795	812	855	900	940	965	1022	1087	1145	1179	1255
U	铀					2140	2220	2305	2360	2410	2510	2625	2720	2780	2890	3005	3095	3150	3270
V	钒	1835	1870	1915	1955	1985	2052	2120	2190	2240	2325	2418	2490	2543	2655	2760	2853	2910	3040
W	钨	3195	3270	3350	3425	3470	3570	3680	3770	3830	3940	4070	4170	4240	4375	4530	4655	4730	4910
Y	钇	1625	1680	1740	1790	1825	1885	1950	2010	2045	2130	2230	2320	2380	2485	2610	2710	2775	2900
Yb	镱	549	565	588	610	628	671	730	785	820	902	985	1052	1100	1187	1278	1348	1390	1480
Zn	锌	340	352	3710	386	400	420	442	462	475	505	535	558	575	618	660	696	720	768
Zr	锆	2360	2430	2500	2565	2608	2700	2780	2862	2912	3015	3130	3225	3282	3400				

表4.8.2　金属单质的蒸气压（Ⅱ）

分子式	名称	0.1	0.2	0.4	0.7	1.0	2	4	7	10	20	40	70	101.3	熔点/℃
		相应于上述蒸气压强(kPa)的温度/℃													
Ag	银	1333	1392	1453	1505	1543	1623	1706	1777	1825	1925	2039	2140	2212	960
Al	铝	1262	1318	1376	1425	1459	1526	1600	1667	1712	1803	1903	1991	2056	660
Au	金	1837	1916	1998	2066	2114	2213	2317	2408	2470	2599	2743	2872	2966	1063
Ba	钡				988	1021	1090	1162	1225	1266	1359	1469	1567	1638	850
Bi	铋	1009	1040	1073	1101	1120	1159	1198	1232	1253	1297	1347	1389	1420	271
Ca	钙				930	958	1019	1082	1138	1176	1252	1345	1428	1487	851
Cd	镉	385	408	434	457	471	502	536	569	592	636	688	732	765	320.9
Cr	铬	1591	1653	1719	1773	1812	1893	1976	2049	2098	2198	2311	2410	2482	1615
Cs	铯	270	294	320	343	360	394	430	465	489	537	596	650	690	28.5
Cu	铜	1600	1669	1741	1801	1843	1932	2025	2107	2161	2274	2405	2518	2595	1083
Fe	铁	1759	1829	1902	1963	2004	2091	2182	2263	2316	2425	2550	2658	2735	1535
Hg①	汞	120	135	152	166	176	196	218	237	250	278	309	337	357	38.9
K	钾	331	357	386	410	427	456	505	541	565	617	680	734	774	62.3
Li	锂	706	748	793	832	858	915	975	1029	1066	1142	1232	1313	1372	186
Mg	镁	609	640	675	705	725	769	816	858	885	941	1005	1063	1107	651
Mn	锰	1269	1327	1388	1439	1475	1550	1630	1702	1751	1853	1974	2079	2151	1260
Mo	钼	3052	3174	3299	3403	3475	3625	3787	3929	4027	4232	4456	4657	4804	2622
Na	钠	428	456	487	513	532	572	613	652	679	732	795	850	892	97.5
Ni	镍	1782	1852	1924	1984	2024	2107	2194	2270	2321	2426	2548	2656	2732	1452
Pb	铅	952	1004	1058	1103	1135	1204	1276	1341	1385	1476	1582	1676	1744	3275
Pt	铂	2683	2799	2918	3017	3087	3237	3398	3539	3635	3834	4065	4268	4407	1755
Rb	铷	288	311	337	360	375	408	442	474	495	541	595	643	679	38.5
Sb	锑	870	910	952	987	1012	1062	1115	1164	1196	1259	1331	1394	1440	630
Sn	锡	1469	1527	1588	1639	1676	1746	1821	1887	1931	2022	2124	2210	2270	231.9
Sr	锶				850	876	930	989	1044	1080	1156	1245	1325	1384	800
Tl	铊	808	851	896	934	960	1016	1075	1129	1166	1240	1325	1401	1457	3035
W	钨	3930	4076	4226	4349	4436	4614	4803	4967	5077	5303	5555	5775	5927	3370
Zn	锌	476	504	534	560	577	615	654	691	715	764	819	869	907	419.4

① 汞在压强大于101.3kPa时的汽化温度如下表：

蒸气压/kPa	101.3	200	400	700	1000	1500	2000	3000	4000	6000	8000	10000	12000	14000	16000
温度/℃	357	398	445	490	521	558	588	630	660	705	740	768	795	826	864

N（算图 4.1）
金属单质的蒸气压（Ⅰ）（第 608 页左）

N（算图 4.2）
金属单质的蒸气压（Ⅱ）（第 608 页右）

4.8.2　汞蒸气压详表

表4.8.3　汞的蒸气压详表

温度/℃	蒸气压/Pa	温度/℃	蒸气压/Pa	温度/℃	蒸气压/Pa	温度/℃	蒸气压/Pa	温度/℃	蒸气压/Pa
−38	0.0002	58	2.9411	154	440.36	250	9.9158	346	83.278
−36	0.0003	60	3.3650	156	477.03	252	10.450	348	86.433
−34	0.0004	62	3.8436	158	516.36	254	11.008	350	89.684
−32	0.0005	64	4.3823	160	558.48	256	11.592	352	93.036
−30	0.0006	66	4.9862	162	603.68	258	12.201	354	96.489
−28	0.0008	68	5.6675	164	651.94	260	12.838	356	100.50
−26	0.0011	70	6.4328	166	703.54	262	13.503	358	103.71
−24	0.0014	72	7.2914	168	758.47	264	14.196	360	107.49
−22	0.0019	74	8.2513	170	817.00	266	14.920	362	111.37
−20	0.0024	76	9.3232	172	879.39	268	15.675	364	115.37
−18	0.0031	78	10.517	174	945.92	270	16.461	366	119.49
−16	0.0040	80	11.839	176	1016.7	272	17.281	368	123.72
−14	0.0051	82	13.332	178	1092.3	274	18.134	370	128.08
−12	0.0064	84	14.985	180	1172.7	276	19.024	372	132.57
−10	0.0081	86	16.812	182	1258.0	278	19.950	374	137.18
−8	0.0101	88	18.838	184	1348.7	280	20.914	376	141.91
−6	0.0127	90	21.092	186	1445.1	282	21.917	378	146.79
−4	0.0160	92	23.585	188	1547.5	284	22.959	380	151.77
−2	0.0199	94	26.344	190	1656.3	286	24.043	382	156.92
0	0.0247	96	29.358	192	1771.4	288	25.170	384	162.20
2	0.0304	98	32.704	194	1893.6	290	26.340	386	167.63
4	0.0368	100	36.384	196	2022.9	292	27.558	388	173.20
6	0.0447	102	40.423	198	2159.8	294	28.820	390	178.90
8	0.0541	104	44.876	200	2304.7	296	30.130	392	184.80
10	0.0653	106	49.742	202	2458.0	298	31.492	394	190.82
12	0.0784	108	55.088	204	2620.0	300	32.904	396	197.01
14	0.0941	110	60.955	206	2791.2	302	34.368	398	203.34
16	0.1128	112	67.354	208	2972.0	304	35.886	400	209.86
18	0.1346	114	74.340	210	3162.8	306	37.461	430	328.50
20	0.1600	116	81.993	212	3.3641	308	39.091	460	495.29
22	0.1901	118	90.339	214	3.5765	310	40.782	490	722.60
24	0.2254	120	99.418	216	3.8002	312	42.532	520	1025.4
26	0.2666	122	109.30	218	4.0358	314	44.346	550	1419.9
28	0.3146	124	120.04	220	4.2840	316	46.223	600	2316.7
30	0.3702	126	131.75	222	4.5452	318	48.164	650	3595.1
32	0.4346	128	144.52	224	4.8200	320	50.174	700	5319.3
34	0.5097	130	158.12	226	5.1086	322	52.252	750	7583.3
36	0.5961	132	173.05	228	5.4122	324	54.401	800	10465
38	0.6959	134	189.18	230	5.7314	326	56.623	850	14022
40	0.8106	136	206.78	232	6.0666	328	58.920	900	18327
42	0.9422	138	225.58	234	6.4182	330	61.293	950	22952
44	1.0932	140	245.98	236	6.7873	332	63.745	1000	29428
46	1.2662	142	267.98	238	7.1743	334	66.277	1050	36276
48	1.4638	144	291.71	240	7.5800	336	68.893	1100	44298
50	1.6892	146	317.17	242	8.0052	338	71.594	1150	52808
52	1.9452	148	344.64	244	8.4505	340	74.380	1200	62482
54	2.2358	150	374.23	246	8.9168	342	77.253	1250	73078
56	2.5664	152	406.10	248	9.4049	344	80.218	1300	84677

4.8.3 金属氧化物的蒸气压

表 4.8.4 金属氧化物的蒸气压

名称	分子式	0.01	0.02	0.04	0.07	0.1	0.2	0.4	0.7	1.0
		相应于上述蒸气压强（kPa）的温度/℃								
三氧化二铝	Al_2O_3					2122	2187	2255	2311	2351
三氧化锑	Sb_4O_6	505	524	542	557	567	586	608	629	648
四氧化锇(白)	OsO_4					–8.6	–0.8	8.3	16.2	21.5
四氧化锇(黄)	OsO_4					0.6	7.4	15.4	22.6	27.2
七氧化二铼	Re_2O_7	181	189	198	205	209	218	229	238	243
氧化锂	Li_2O					946	972	1000	1023	1041
氧化铅	PbO	820	850	885	915	928	966	1007	1042	1065
氧化钼	MoO_3					727	746	768	787	801
氧化锶	SrO					2047	2100	2156	2202	2234
氧化镉	CdO					984	1024	1067	1103	1128
一氧化锡	SnO					790	832	875	912	938
二氧化碲	TeO_2	720	748	767	800	815	845	882	913	927
三氧化钨	WO_3					1290	1315	1350	1380	1395

名称	分子式	2	4	7	10	20	40	70	101.3	熔点/℃
		相应于上述蒸气压强（kPa）的温度/℃								
三氧化二铝	Al_2O_3	2431	2512	2582	2627	2722	2828	2916	2977	2050
三氧化锑	Sb_4O_6	702	776	852	909	1030	1175	1318	1425	656
四氧化锇(白)	OsO_4	32.2	44.5	56.0	64.2	81.0	100.6	117.9	130.0	42
四氧化锇(黄)	OsO_4	36.5	46.7	56.4	64.2	81.0	100.6	117.9	130.0	56
七氧化二铼	Re_2O_7	255	267	277	283	298	323	347	362	296
氧化锂	Li_2O	1075	1110	1140	1158	1197				
氧化铅	PbO	1113	1164	1211	1240	1301	1371	1430	1472	890
氧化钼	MoO_3	835	873	908	933	988	1052	1109	1151	795
氧化锶	SrO	2303	2376							2430
氧化镉	CdO	1178	1231	1282	1315	1379	1451	1514	1559	
一氧化锡	SnO	995	1055	1110	1140	1215				
二氧化碲	TeO_2	954	1016	1053	1076	1130				
三氧化钨	WO_3	1420								

4.9 比热容

4.9.1 金属单质的比热容

表4.9.1 钾的比热容　　单位：J/(mol·K)

形态	固体			液体								
温度/K	298	300	336	336	400	500	600	700	800	900	1000	1037
c_p	29.245	29.388	31.976	32.118	31.474	30.669	30.110	29.797	29.730	29.909	30.334	30.554

表4.9.2 钠的比热容　　单位：J/(mol·K)

形态	固体			液体					
温度/K	298	300	371	371	400	500	600	700	800
c_p	27.949	28.038	31.177	31.816	31.499	30.543	29.800	29.270	28.951
形态	液体				气体				
温度/K	900	1000	1100	1156	298～1600	1700	1800	1900	2000
c_p	28.846	28.953	29.273	29.544	20.794	20.777	20.781	20.786	20.790

表4.9.3 钙的比热容

单位：J/(mol·K)

形态	固体(α)						
温度/K	298	300	400	500	600	700	720
c_p	25.31	25.323	26.256	27.683	29.552	31.846	32.355

形态	固体(β)					液体	气体
温度/K	720	800	900	1000	1100	1112	1112～1757	1757～2800
c_p	29.344	32.646	36.774	40.902	45.03	45.525	29.288	20.832

表4.9.4 镁的比热容

单位：J/(mol·K)

形态	固体					
温度/K	298	300	400	500	600	700
c_p	24.899	24.922	26.1	27.278	28.456	29.634

形态	固体			液体	气体
温度/K	800	900	922	922～1363	1363～2000
c_p	30.811	31.989	32.248	32.635	20.786

表4.9.5 金的比热容

单位：J/(mol·K)

形态	固体								
温度/K	298	300	400	500	600	700	800	900	900
c_p	25.312	25.321	25.758	26.196	26.634	27.071	27.509	27.946	27.971

形态	固体					液体	气体
温度/K	1000	1100	1200	1200	1300	1336	1336～3130	3130
c_p	28.535	29.434	30.539	30.569	32.146	33.354	30.962	26.936

形态	气体								
温度/K	3200	3300	3400	3500	3600	3700	3800	3900	4000
c_p	27.252	27.705	28.162	28.621	29.083	29.547	30.013	30.480	30.950

表4.9.6 银的比热容

单位：J/(mol·K)

形态	固体							
温度/K	298	300	400	500	600	700	800	900
c_p	25.345	25.355	25.867	26.378	26.89	26.971	27.538	28.243

形态	固体				液体	气体
温度/K	1000	1100	1200	1234	1234～2436	2436～2800
c_p	29.028	30.73	31.62	31.926	33.472	20.786

表4.9.7 铜的比热容

单位：J/(mol·K)

形态	固体								
温度/K	298	300	400	500	600	700	800	900	1000
c_p	24.417	24.446	25.5	26.191	26.739	27.22	27.666	28.09	28.501

形态	固体				液体	气体
温度/K	1100	1200	1300	1357	1357～2848	2848～3400
c_p	28.904	29.301	29.694	29.917	31.380	24.435

表4.9.8 铁的比热容

单位：J/(mol·K)

形态	固体										
温度/K	298	300	400	500	600	700	800	800	900	1000	1000
c_p	24.958	25.017	27.445	29.618	31.995	34.732	37.894	37.949	43.223	54.279	54.434

续表

形态	固体										
温度/K	1042[①]	1042	1060	1060	1100	1184	1184	1200	1300	1400	1500
c_p	83.68	83.68	51.505	51.437	46.296	41.426	33.889	34.023	34.859	35.695	36.531

形态	固体						液体	气体
温度/K	1600	1665	1665	1700	1800	1809	1809～3135	3135～3600
c_p	37.367	37.91	41.125	41.472	42.462	42.551	46.042	27.062

注：同一温度下比热容不同是基体组织不同导致。余同。

① 居里点。

表4.9.9 （白）锡的比热容

单位：J/(mol·K)

形态	固体				
温度/K	298	300	400	500	505
c_p	26.987	27.023	28.832	30.642	30.732

形态	液体					气体
温度/K	505	600	700	800	800～2876	2876～2900
c_p	29.694	28.805	28.470	28.469	28.451	26.418

表4.9.10 铝的比热容

单位：J/(mol·K)

形态	固体					
温度/K	298	300	400	500	600	700
c_p	24.272	24.318	25.885	26.925	28.009	29.334

形态	固体			液体	气体
温度/K	800	900	933	933～2767	2767～3200
c_p	30.98	32.987	33.732	31.748	20.799

表4.9.11 铅的比热容

单位：J/(mol·K)

形态	固体						液体		
温度/K	298	300	400	500	600	601	601	700	800
c_p	26.817	26.834	27.705	28.576	29.448	29.456	30.633	30.327	30.019

形态	液体								
温度/K	900	1000	1100	1200	1300	1400	1500	1600	1700
c_p	29.710	29.401	29.092	28.776	28.687	28.603	28.702	28.804	28.907

形态	液体						气体		
温度/K	1700	1800	1900	2000	2026	2026	2100	2200	2300
c_p	28.924	29.113	29.303	29.492	29.541	24.844	25.412	26.232	27.110

形态	气体							
温度/K	2400	2500	2600	2700	2800	2900	3000	
c_p	28.047	29.042	30.094	31.204	32.371	33.595	34.876	

表4.9.12 锌的比热容

单位：J/(mol·K)

形态	固体						液体	气体
温度/K	298	300	400	500	600	693	693～1180	1180～2000
c_p	25.402	25.415	26.261	27.324	28.473	29.579	31.380	20.786

表4.9.13 铬的比热容

单位：J/(mol·K)

形态	固体								
温度/K	298	300	400	500	600	700	800	900	1000
c_p	23.332	23.373	25.220	26.789	28.138	29.288	30.248	31.021	31.610

续表

形态	固体								
温度/K	1000	1100	1200	1300	1400	1500	1600	1700	1800
c_p	31.928	33.771	35.545	37.269	38.958	40.621	42.264	43.892	45.507

形态	固体				液体	气体
温度/K	1900	2000	2100	2130	2130～2945	2945～3100
c_p	47.113	48.712	50.303	50.780	39.330	30.786

表4.9.14　锰的比热容　　单位：J/(mol·K)

形态	固体(α)									
温度/K	298	300	400	500	600	600	700	800	900	980
c_p	26.325	26.362	28.235	30.108	31.981	32.084	33.43	34.776	36.122	37.199

形态	固体(β)						固体(γ)		
温度/K	980	1000	1100	1200	1300	1360	1360	1400	1410
c_p	37.596	37.681	38.106	38.530	38.955	39.210	43.095	43.430	43.514

形态	固体(δ)			液体	气体
温度/K	1410	1500	1517	1517～2335	2335～2600
c_p	45.232	45.976	46.116	46.024	20.953

表4.9.15　镍的比热容　　单位：J/(mol·K)

形态	固体									
温度/K	298	300	400	500	600	631[①]	700	700	800	900
c_p	26.085	26.132	28.482	30.833	34.768	38.910	30.837	30.84	31.132	31.943

形态	固体						液体	气体
温度/K	1000	1100	1200	1300	1400	1400～1726	1726～3187	3187～3600
c_p	32.953	33.977	34.905	35.670	36.224	36.192	43.095	22.393

① 居里点。

表4.9.16　钼的比热容　　单位：J/(mol·K)

形态	固体						固体	
温度/K	298	300	400	500	600	700	700	800
c_p	23.956	23.995	25.341	26.117	26.668	27.114	27.103	27.396

形态	固体							固体
温度/K	900	1000	1100	1200	1300	1400	1500	1500
c_p	27.690	28.037	28.466	28.997	29.640	30.402	31.289	31.210

形态	固体					固体		
温度/K	1600	1700	1800	1900	2000	2000	2100	2200
c_p	32.179	33.149	34.118	35.088	36.057	36.114	37.110	38.326

形态	固体							液体
温度/K	2300	2400	2500	2600	2700	2800	2892	2892～3800
c_p	39.815	41.631	04:03.8	46.351	49.312	52.7	56.208	41.840

表4.9.17　钨的比热容　　单位：J/(mol·K)

温度/K	298	300	400	500	600	700	800	900
c_p	24.282	24.292	24.76	25.229	25.698	26.166	26.635	27.103
温度/K	1000	1100	1200	1300	1400	1500	1600	1700
c_p	27.572	28.041	28.509	28.978	29.446	29.915	30.384	30.852
温度/K	1800	1900	2000	2100	2200	2300	2400	2500
c_p	31.321	31.789	32.258	32.727	33.195	33.664	34.132	34.601
温度/K	2500	2600	2700	2800	2900	3000	3100	3200
c_p	35.145	35.038	35.643	36.86	38.606	40.812	43.42	46.379

续表

温度/K	3300	3400	3500	3600	3680[①]	3680	3700	3800
c_p	49.649	53.192	56.979	60.982	64.325	35.564	35.564	35.564
温度/K	3900	4000	4100	4200	4300	4400	4500	4600
c_p	35.564	35.564	35.564	35.564	35.564	35.564	35.564	35.564
温度/K	4700	4800	4900	5000	5100	5200	5300	5400
c_p	35.564	35.564	35.564	35.564	35.564	35.564	35.564	35.564
温度/K	5500	5600	5700	5800	5900	5936[②]	5936	6000
c_p	35.564	35.564	35.564	35.564	35.564	35.564	40.681	40.922

① 3680K 为固 - 液分界点。
② 5936K 为液 - 气分界点。

表4.9.18 汞的比热容 单位：J/(mol·K)

形态	液体						气体
温度/K	298	300	400	500	600	630	630～3000
c_p	27.859	27.848	27.410	27.175	27.143	27.172	20.794

表4.9.19 铀的比热容 单位：J/(mol·K)

形态	固态(α)							
温度/K	300	400	500	600	700	800	900	941
c_p	27.691	29.702	32.008	34.76	38.012	41.785	46.088	48.008
形态	固态(β)	固态(γ)	液态	气态
温度/K	941～1048	1048～1405	1045～4407	4407～5000
c_p	42.928	47.907	47.907	44.233

4.9.2 金属氧化物的比热容

表4.9.20 金属氧化物的比热容 单位：kJ/(kg·K)

温度/K	10	20	30	40	50	60	70	80	90	100	120
Al_2O_3	0.000	0.001	0.003	0.007	0.015	0.027	0.045	0.068	0.095	0.126	0.197
BaO					0.106	0.132	0.156	0.179	0.195	0.208	0.234
BeO					0.015	0.029	0.044	0.064	0.087	0.113	0.185
Bi_2O_3						0.081	0.102	0.113	0.120	0.130	0.153
CaO[①]										0.787	
CaO								0.180	0.232	0.280	0.368
CdO					0.019					0.045	
CuO		0.007		0.044		0.101		0.156		0.208	
Cu_2O	0.014	0.038	0.084	0.133	0.174	0.207	0.230	0.249	0.264	0.278	0.300
Fe_3O_4						0.098	0.131	0.177	0.197	0.242	0.388
Li_2O		0.004	0.007	0.020	0.045	0.079	0.128	0.190	0.265	0.351	0.536
MgO	0.0001	0.001	0.003	0.009	0.021	0.040	0.068	0.108	0.148	0.194	0.296
MnO					0.134	0.190	0.251	0.312	0.378	0.454	0.444
MnO_2						0.111	0.220	0.249			
Mn_3O_4							0.170	0.205	0.234	0.264	0.325
MoO_3		0.011		0.0486		0.105		0.165		0.220	
NiO						0.064		0.124		0.187	
Ni_2O_3							0.099	0.129	0.160	0.197	0.249
Sb_2O_3						0.101		0.142		0.173	
SnO_2							0.127	0.149	0.165	0.179	0.211
ThO_2	0.0005	0.004	0.013	0.026	0.038	0.051	0.064	0.076	0.088	0.099	0.121
TiO_2					0.061	0.098	0.132	0.167	0.204	0.241	0.309
V_2O_5						0.145		0.220		0.289	
WO_3								0.105		0.140	
ZnO								0.177	0.196	0.219	0.261
ZrO_2[②]					0.042	0.062	0.084	0.107	0.130	0.154	0.200

续表

温度/K	140	160	180	200	220	240	260	280	300	350	400
Al_2O_3	0.274	0.353	0.430	0.502	0.569	0.629	0.685	0.734	0.779	0.872	0.944
BaO	0.252	0.267	0.275	0.286	0.291	0.299	0.303	0.324	0.306	0.315	0.325
BeO	0.272	0.367	0.469	0.572	0.673	0.772	0.864	0.942	1.030	1.076	1.354
Bi_2O_3	0.168	0.182	0.196	0.207	0.217	0.224	0.235	0.239			
CaO①									0.842		
CaO	0.446	0.513	0.570	0.622	0.662	0.694	0.722	0.745	0.760	0.789	0.805
CdO	0.055	0.066	0.070	0.073	0.075	0.076	0.078	0.080	0.082		
CuO	0.295	0.358	0.404	0.437	0.462	0.482	0.502	0.521	0.541	0.587	0.589
Cu_2O	0.322	0.342	0.361	0.377	0.393	0.408	0.422	0.435	0.445		0.502
Fe_3O_4	0.374	0.424	0.465	0.505	0.539	0.570	0.590	0.605	0.622		
Li_2O	0.725	0.910	1.086	1.248	1.383	1.511	1.626	1.730	1.817		
MgO	0.399	0.497	0.585	0.662	0.730	0.789	0.841	0.887			
MnO	0.454	0.483	0.513	0.539	0.561	0.581	0.597	0.613	0.624		0.669
MnO_2	0.312	0.372	0.424	0.468	0.506	0.540	0.570	0.597	0.622	0.679	0.729
Mn_3O_4	0.376	0.422	0.426	0.526	0.550	0.560	0.583	0.599	0.607		
MoO_3	0.311	0.350	0.383	0.412	0.438	0.461	0.483	0.502	0.521	0.561	0.585
NiO	0.307	0.358	0.403	0.444	0.480	0.513	0.542	0.570	0.595		
Ni_2O_3	0.307				0.485	0.519	0.553	0.584	0.592	0.648	0.712
Sb_2O_3	0.236	0.245	0.265	0.291	0.317	0.338	0.346	0.348	0.350	0.353	0.372
SnO_2	0.235	0.256	0.274	0.290	0.303	0.313	0.317	0.324	0.325		0.428
ThO_2	0.142	0.160	0.176	0.190	0.201	0.212	0.220	0.228	0.235		0.255
TiO_2	0.370	0.427	0.478	0.524	0.566	0.599	0.634	0.665	0.710		0.804
V_2O_5	0.412	0.471	0.519	0.557	0.592	0.627	0.666	0.709	0.755	0.870	0.917
WO_3	0.201	0.228	0.252	0.273	0.292	0.309	0.325	0.340	0.354	0.378	0.372
ZnO	0.300	0.338	0.371	0.400	0.423	0.439	0.457	0.480	0.512		
$ZrO_2$②	0.242	0.281	0.316	0.347	0.375	0.399	0.421	0.440	0.454		0.518

温度/K	450	500	550	600	650	700	750	800	850	900	950
Al_2O_3	0.998	1.041	1.076	1.104	1.128	1.148	1.166	1.181	1.194	1.205	1.215
BaO		0.340		0.350		0.357		0.362		0.367	
BeO	1.521	1.610	1.615	1.629	1.682	1.731	1.768	1.802	1.838	1.874	1.910
CaO①		0.861				0.883				0.891	
CaO	0.819	0.831	0.842	0.899		0.916		0.931		0.943	
CuO		0.614		0.639				0.690			
Cu_2O		0.519		0.536				0.569			
MnO		0.642		0.709				0.740			
MnO_2		0.783		0.817				0.864			
MoO_3		0.626		0.657				0.704			
Ni_2O_3	0.781	0.852	0.778	0.733	0.724	0.724	0.724	0.724	0.724	0.724	0.724
Sb_2O_3		0.397		0.421				0.471			
SnO_2		0.466		0.491				0.521			
ThO_2		0.266		0.274		0.280		0.285		0.290	
TiO_2		0.850		0.878		0.897		0.910		0.922	
V_2O_5		0.994		1.040				1.095			
WO_3		0.383		0.396				0.424			
$ZrO_2$②		0.550		0.571				0.596			

温度/K	1000	1100	1200	1300	1400	1500	1600	1700	1800	1900	2000
Al_2O_3	1.224	1.239	1.251								
BaO	0.371	0.374	0.378	0.381							
BeO	1.945	1.985 [1142]	2.005	2.040	2.075	2.110	2.145	2.180	2.215	2.250	2.285
CaO①		0.901		0.909		0.915					
CaO	0.954	0.964	0.972								
CuO	0.740										
Cu_2O	0.602										
MnO	0.763					0.824					
MoO_3	0.744										
Ni_2O_3	0.724										
SnO_2	0.543					0.584					
ThO_2	0.295		0.303	0.307	0.311	0.315	0.319	0.323	0.326		

续表

温度/K	1000	1100	1200	1300	1400	1500	1600	1700	1800	1900	2000
TiO_2	0.931	0.940	0.947	0.954	0.960	0.967	0.973	0.979	0.985		
WO_3	0.452					0.522					
$ZrO_2$②	0.615										

注：材质状况如下。

Al_2O_3：试件材料为刚玉和合成蓝宝石，杂质的质量分数为0.01%～0.02%。

BaO：390K以上的数据的试件成分为BaO 99%和SiO_2约为1%。

BeO：60～300K的试件含99.6%BeO,1200～2000K的试件含99.9%BeO,杂质为Al、Ni、Cu、Zn、Ag、Fe和Ti，在1400～1800℃下加压烧结。

Bi_2O_3：试件含99.6%的Bi_2O_3；在23.3℃时的密度为9.33g/cm^3。

CaO：90～300K试件含98.8%Ca，0.4%H_2O。

Cu_2O：试件含99.80%Cu_2O。

Fe_3O_4：试件含99.00%Fe_3O_4、0.63%Fe_2O_3以及0.37%其他物质。

Li_2O：试件含99.74%Li_2O和0.26%CaO，在镍坩埚中在1000～1300℃下加热3～5h(为消除杂质)。

MgO：试件为单晶体，在1.3×10^{-4}Pa下的氦环境中加热150℃、18h。

MnO：试件含99.85%MnO、0.030%有效氧和0.005%硫；由电解锰制备。

Mn_3O_4：试件由硫化锰制备。

Ni_2O_3：70～300K试件不纯度<0.2%，为透明立方结晶体。300～1100K试件含78.51～78.54%Ni和0.01～0.1Si。

SnO_2：试件含SnO_2>99.9%,由稀HNO_3作用于纯电解锡制备。

ThO_2：10～300K试件除含ThO_2外，还含0.015%稀土元素，Al和Si各占0.005%，La占0.004%，其他<0.005%。大于300K试件则ThO_2占99.28%，普通金属占0.26%，稀土金属占0.46%。

TiO_2：50～280K试件含99.2%TiO、0.1%Ti和0.7%Si。300～1800K试件成分为99.2%TiO、0.1%TiC和0.7%Si。

ZnO：试件含微晶的ZnO，99.9%。

ZrO_2：试件含99.14%ZrO_2、0.30%SiO_2、0.20%TiO_2、0.07%CaO以及≤0.05%的其他氧化物。

① 温度单位为℃时的值。

② 温度为1000℃时,ZrO_2比热容为0.615kJ/(kg·K)。

表4.9.21 三氧化二铬水溶液的比热容(25～30℃)　　单位：kJ/(kg·K)

质量分数/%	10	15	20	25	30	35	40	45	50	55	60
c_p	3.74	3.55	3.35	3.17	3.01	2.84	2.67	2.54	2.39	2.27	2.12

表4.9.22 其他金属的比热容（Ⅰ,温度单位为摄氏度）　　单位：kJ/(kg·℃)

温度/℃	-200	-100	20	100	200	300	400	500	600	700	800	900	1000	1100
Al			0.879	0.942		1.038	1.059	1.101	1.143		1.076			
Be		1.758	1.926	2.094		2.386		2.638		2.847		3.015		3.098
Bi			0.127			0.151	0.151	0.151	0.155	0.155	0.163			
Cd	0.185^{-187}		0.234	0.239	0.243	0.291^{332}	0.291	0.291	0.291	0.291	0.291			
Co			0.398	0.440		0.494	0.536^{430}			0.582	0.674		0.762	
Cs	0.214		0.201	0.025	0.025									
Cu	0.259^{-190}		0.380	0.399		0.422			0.456			0.482		0.533^{1083}
Fe			0.452		0.482		0.523		0.578			0.666		
Hg	-0.039^{-193}	0.038^{-78}	0.138	0.138	0.138	0.138	0.138	0.138						
Hg①							0.105	0.105	0.105					
Li	0.630		0.911	1.052	1.174	1.174	1.174	1.174	1.174	1.174				
Mg		0.244	0.277	0.298		0.307		0.426	0.349	0.309	0.309			
Mo			0.073	0.078				0.089				0.095	0.100^{1300}	0.103^{1700}
Na			0.355	0.382	0.372	0.363	0.355	0.351	0.349	0.349	0.352			
Nb			0.084		0.086		0.088		0.092			0.107		0.115
Ni			0.127	0.131		0.139		0.147		0.153			0.159	0.163^{1300}
Pb			0.035	0.035	0.035	0.035	0.039	0.038	0.038					
Rb			0.093	0.105	0.105									
Sb			0.210	0.215	0.218	0.245								
Sn			0.064	0.067	0.071	0.071	0.071	0.071						
V			0.139	0.145		0.148			0.168			0.177	0.198^{1200}	0.227^{1500}
W			0.037	0.038			0.040			0.041		0.042^{1000}	0.043^{1300}	0.044^{2000}
Zn	0.264^{-193}	0.350^{-86}	0.387	0.398		0.435		0.460^{419}						0.112^{-233}
Zr			0.080	0.086			0.095			0.100	0.102^{862}	0.089^{863}		0.090

① 蒸气。

表4.9.23　其他金属的比热容（Ⅱ，温度单位为开氏度）

单位：kJ/(kg·K)

温度/K	10	15	20	25	30	50	70	100	150	200	250	298.2	400	500	600	700	800	1000	1200	1500	2000
Ag	0.002	0.006	0.015	0.029	0.042	0.105	0.151	0.184	0.209	0.222	0.230	0.234	0.239	0.247	0.251	0.255	0.264	0.272	0.285	0.285	
Au	0.003	0.007	0.016	0.026	0.037	0.071	0.092	0.105	0.117	0.121	0.126	0.126	0.130	0.134	0.134	0.138	0.138	0.146	0.151	0.146	
Ca	0.004	0.016	0.036	0.064	0.098	0.271	0.380	0.486	0.573	0.617	0.639	0.658	0.693	0.729	0.763	0.800(α)	0.844(β)	0.991(β)	0.773		
Co	0.001	0.003	0.005	0.010	0.017	0.071	0.142	0.239	0.326	0.376	0.406										
Cu	0.001	0.003	0.007	0.016	0.032	0.121	0.136[55]														
Fe	0.001	0.002	0.004	0.007	0.013	0.054	0.117	0.214	0.322	0.381	0.419										
Ge	0.001	0.006	0.013	0.022	0.033	0.084	0.130	0.188	0.255	0.289	0.306	0.318	0.343	0.352	0.364	0.368	0.377	0.385	0.398		
Hf	0.001	0.001	0.003	0.007	0.014	0.092	0.239	0.126	0.134	0.142	0.142	0.142									
Ir	0.000	0.001	0.002	0.005	0.009	0.038	0.063	0.088	0.109	0.121	0.126	0.130	0.134	0.134	0.138	0.142	0.146	0.151	0.155	0.167	0.187
Mo	0.001	0.001	0.002	0.004	0.008	0.039	0.138	0.197	0.226	0.226	0.239										
Nb	0.002	0.005	0.011	0.019	0.029	0.084	0.138	0.168	0.202	0.230	0.260										
Ni	0.001	0.003	0.006	0.010	0.016	0.068	0.139	0.232	0.342	0.383	0.416										
Pt	0.001	0.004	0.008	0.014	0.022	0.075	0.096	0.117	0.121	0.126	0.130		0.134	0.138	0.138	0.142	0.142	0.151	0.155	0.163	0.180
Ta	0.001	0.003	0.008	0.014	0.023	0.059	0.088	0.109	0.126	0.134	0.138	0.142	0.146	0.146	0.151	0.151	0.151	0.155	0.155	0.159	0.163
Th			0.020	0.032	0.042	0.071	0.088	0.096	0.105	0.109	0.113	0.117	0.126		0.134	0.142	0.151	0.155	0.188	0.214(α)	
Ti	0.001	0.003	0.007	0.013	0.024	0.100	0.188	0.301	0.410	0.465	0.498	0.523	0.569	0.590	0.590	0.611	0.636	0.678(α)	0.657(β)	0.657(β)	0.699
U	0.001	0.005	0.013	0.023	0.034	0.063	0.080	0.092	0.100	0.105	0.109	0.113	0.134	0.146	0.146	0.159	0.172(α)	0.176(β)	0.159(γ)		
V	0.002	0.004	0.006	0.011	0.019	0.071	0.151	0.251	0.364	0.423	0.465										
W	0.000	0.001	0.002	0.004	0.008	0.032	0.059	0.088	0.113	0.121	0.126										
Zr	0.001	0.005	0.011	0.023	0.036	0.101	0.154	0.205	0.243	0.261	0.272										

表4.9.24　其他金属的比热容（Ⅲ）

单位：kJ/(kg·K)

分子式	Am	Ba	Ce	Cr	Dy	Er	Eu	Ga	Gd	Ho	In	K	La	Lu	Mn	Nd	Np
名称	镅	钡	铈	铬	镝	铒	铕	镓	钆	钬	铟	钾	镧	镥	锰	钕	镎
150K	—	—	0.1758	—	0.1733	0.1679	0.1783	0.372	0.2357	0.1645	0.238	—	0.2001	0.1532	—	—	—
常温	0.110	0.204	0.190	0.449	0.173	0.168	0.182	0.371	0.230	0.165	0.233	0.757	0.190	0.150	0.480	0.190	0.120
分子式	Os	Pd	Pr	Pu	Ra	Re	Rh	Ru	Se	Sm	Sr	Tb	Tc	Tl	Tm	Y	Yb
名称	锇	钯	镨	钚	镭	铼	铑	钌	硒	钐	锶	铽	锝	铊	铥	钇	镱
150K	0.1298	0.2428	0.1905	—	0.293	0.1365	0.2470	0.2399	0.5694	0.1964	0.3010	0.1817	0.2428	0.1298	0.1599	0.2985	0.1202
常温	0.130	0.129	0.190	0.130	0.094	0.137	0.242	0.238	0.568	0.197	0.300	0.180	0.240	0.129	0.160	—	0.155

4.10 比焓

4.10.1 金属单质的比焓

（1）汞的比焓

表4.10.1 汞的比焓 单位：kJ/kg

温度/℃	200	210	220	230	240	250	260	270	280	290	300	310	320	330	340	350	360	370
h	31.29	32.75	34.30	35.88	37.46	39.02	40.59	42.15	43.69	45.25	46.86	48.43	49.93	51.49	53.12	54.70	56.22	57.75
温度/℃	380	390	400	410	420	430	440	450	460	470	480	490	500	510	520	530	540	550
h	59.59	60.82	62.42	63.97	65.44	67.16	68.68	70.21	71.74	73.33	74.87	76.46	78.07	79.57	81.18	83.61	90.42	103

表4.10.2 气态汞的比焓 单位：kJ/kg

p/MPa (T_{sat}/K)	温度T/K							
	900	1000	1100	1200	1300	1400	1500	1600
0.20(670.0)	353.51	363.91	374.29	384.68	395.05	405.43	415.80	426.17
0.50(733.2)	353.20	363.65	374.07	384.48	394.89	405.28	415.67	426.06
1.0(789.7)	352.68	363.21	373.70	384.16	394.61	405.04	415.46	425.87
2.0(855.8)	351.62	362.32	372.95	383.52	394.05	404.55	415.02	425.48
5.0(962.8)		359.56	370.63	381.54	392.34	403.06	413.71	424.32
10(1064)			366.56	378.11	389.40	400.51	411.48	422.34

表4.10.3 饱和汞的比焓（Ⅰ） 单位：kJ/kg

T/K	p/bar	液体	气体	T/K	p/bar	液体	气体	T/K	p/bar	液体	气体
0.00006	109.2	15.13	312.33	0.04	309.1	42.21	335.64	1.8	574.0	76.83	365.28
0.00007	112.3	15.55	312.69	0.06	329.0	44.85	337.91	2.0	584.9	78.23	466.47
0.00008	115.0	15.93	313.02	0.08	343.9	46.84	339.62	2.2	595.1	79.54	367.59
0.00009	117.5	16.27	313.31	0.1	356.1	48.45	341.00	2.4	604.6	80.75	368.62
0.0001	119.7	16.53	313.58	0.2	397.1	291.77	345.64	2.6	613.5	81.89	369.09
0.0002	134.9	18.67	315.38	0.3	423.8	291.27	348.65	2.8	622.0	82.96	370.00
0.0004	151.5	20.93	317.33	0.4	444.1	290.89	350.92	3.0	630.0	83.97	371.36
0.0006	161.8	22.33	318.54	0.5	460.7	290.58	352.78	3.5	648.5	86.33	373.37
0.0008	169.4	23.37	319.43	0.6	474.9	290.31	354.37	4.0	665.1	88.43	375.16
0.001	175.5	24.21	320.16	0.7	487.3	290.08	355.74	4.5	680.3	90.35	376.79
0.002	195.6	26.94	322.51	0.8	498.4	289.87	356.98	5.0	694.4	92.11	378.29
0.004	217.7	99.92	325.07	0.9	508.5	289.68	338.10	5.5	707.4	93.76	379.69
0.006	231.6	31.81	326.70	1.0	517.8	289.5	309.11	6.0	719.7	95.30	381.00
0.008	242.0	33.21	327.91	1.2	534.4	289.19	360.94	6.5	731.3	96.75	382.23
0.01	250.3	34.33	328.87	1.4	549.0	288.92	362.50	7.0	742.3	98.12	383.4
0.02	278.1	38.01	332.07	1.6	562.0	75.37	364.04	7.5	752.7	99.42	384.5

表4.10.4 饱和汞的比焓（Ⅱ） 单位：kJ/kg

T_{sat}/K	630.1	650	700	750	800	850	900	950	1000	1050
p_{sat}/kPa	101.3	145	316	620	1120	1880	2990	4530	6580	9230
液体	91.8	94.5	101.3	108.2	115.2	122.3	129.5	136.9	144.4	153.8
气体	386.7	388.7	393.6	398.4	403	407.4	411.6	415.5	419.1	423

（2）钾、钠和锂的比焓

表4.10.5　钾和锂在饱和线上的比焓　　单位：kJ/kg

温度/K		600	700	800	900	1000	1100	1200	1300	1400	1500	1600	1700	1800	1900	2000
钾	h'	481.1	557.7	634.3	710.5	787.5	865.8	946.2	1029.5	1116.2	1206.6	1301.3	1400.9	1506.4		
	h''	2634	2672	2703	2731	2758	2787	2816	2849	2884	2922	2963	3006	3047		
锂	h'			3166	3582	3998	4414	4829	5243	5656	6068	6479	6890	7301	7710	8120
	h''			25226	25387	25534	25617	25680	25735	25784	25840	25903	25989	26102	26209	26353

表4.10.6　钠的比焓　　单位：kJ/mol

形　态	固体			液体										气体		
温度/K	298	300	371	371	400	500	600	700	800	900	1000	1100	1156	298	300	400
比　焓	0	0.0502	2.1562	4.752	5.6731	8.7755	11.794	14.746	17.66	24.736	23.438	26.348	27.997	107.83	107.87	109.95
形　态	气体															
温度/K	500	600	700	800	900	1000	1100	1200	1300	1400	1500	1600	1700	1800	1900	2000
比　焓	112.03	114.11	116.19	118.27	120.35	122.43	124.51	126.59	128.67	130.75	132.83	134.91	136.99	137.81	141.15	143.23

表4.10.7　钠在饱和线上的比焓　　单位：kJ/kg

温度/℃	380	400	450	500	550	600	650	700	750	800	850	900
h'		607.1	671.1	732.7	797.2	860.0	922.8	985.6	1048.8	1112.0	1175.7	1239.7
h''		4903.6	4908.2	4911.5	4914.5	4917.8	4922.4	4929.1	4937.9	4949.2	4962.6	4978.9
温度/℃	950	1000	1050	1100	1150	1200	1250	1300	1350	1400	1450	1500
h'	1304.6	1369.9	1436.5	1503.9	1572.1	1641.2	1711.1	1781.9	1853.5	1925.9	1999.2	2073.3
h''	4997.4	5013.7	5040.1	5065.2	5093.7	5119.6	5148.9	5178.2	5208.8	5238.9	5270.3	5301.7

4.10.2　金属氧化物的比焓

表4.10.8　一些金属氧化物的比焓　　单位：kJ/mol

物料名	氧化钙	三氧化铬	氧化亚铁	三氧化二铁	氧化镁	氧化钛	氧化锌
25℃时理想气体标准生成焓	43.9	−292.88	251.04	0	58.1576	−305.43	−123
25℃时标准燃烧焓	—	—	−140.71	825.5	—	—	—
常规沸点下的汽化焓	—	—	—	—	474.47	—	—

4.11　比熵

4.11.1　汞的比熵

表4.11.1　气态汞的比熵　　单位：kJ/kg

p/MPa (T_{sat}/K)	温度T/K							
	900	1000	1100	1200	1300	1400	1500	1600
0.20(670.0)	0.5375	0.5484	0.5583	0.5674	0.5757	0.5834	0.5905	0.5972
0.50(733.2)	0.4993	0.5103	0.5202	0.5293	0.5376	0.5453	0.5525	0.5592
1.0(789.7)	0.4702	0.4813	0.4913	0.5004	0.5087	0.5165	0.5237	0.5304
2.0(855.8)	0.4407	0.4520	0.4621	0.4713	0.4797	0.4875	0.4948	0.5015
5.0(962.8)		0.4122	0.4228	0.4323	0.4409	0.4489	0.4562	0.4630
10(1064)			0.3916	0.4017	0.4107	0.4189	0.4265	0.4335

表4.11.2　饱和汞的比熵　　单位：kJ/kg

T/K	压力 p/bar	液体	气体	T/K	压力 p/bar	液体	气体	T/K	压力 p/bar	液体	气体
0.00006	109.2	0.0466	0.8241	0.04	309.1	0.1034	0.6073	1.8	574.0	0.1015	0.4920
0.00007	112.3	0.0477	0.8186	0.06	329.0	0.1078	0.5947	2.0	584.9	0.1031	0.4890
0.00008	115.0	0.0487	0.8141	0.08	343.9	0.1110	0.5855	2.2	595.1	0.1546	0.4864
0.00009	117.5	0.0496	0.8100	0.1	356.1	0.1136	0.5785	2.4	604.6	0.1559	0.4839
0.0001	119.7	0.0503	0.8063	0.2	397.1	0.1218	0.5571	2.6	613.5	0.1571	0.4816
0.0002	134.9	0.0556	0.7827	0.3	423.8	0.1268	0.5447	2.8	622.0	0.1583	0.4791
0.0004	151.5	0.0610	0.7591	0.4	444.1	0.1305	0.5361	3.0	630.0	0.1594	0.4776
0.0006	161.8	0.0643	0.7454	0.5	460.7	0.1334	0.5294	3.5	648.5	0.1619	0.4734
0.0008	169.4	0.0666	0.7356	0.6	474.9	0.1359	0.5240	4.0	665.1	0.1641	0.4697
0.001	175.5	0.0685	0.7281	0.7	487.3	0.1380	0.5195	4.5	680.3	0.1660	0.4664
0.002	195.6	0.0741	0.7049	0.8	498.4	0.1398	0.5150	5.0	694.4	0.1678	0.4636
0.004	217.7	0.0806	0.6819	0.9	508.5	0.1415	0.5121	5.5	707.4	0.1694	0.4610
0.006	231.6	0.0813	0.6685	1.0	517.8	0.1429	0.5089	6.0	719.7	0.1709	0.4587
0.008	242.0	0.0870	0.6591	1.2	534.4	0.1455	0.5036	6.5	731.3	0.1723	0.4565
0.01	250.3	0.0892	0.6519	1.4	549.0	0.1478	0.4992	7.0	742.3	0.1736	0.4545
0.02	278.1	0.0961	0.6295	1.6	562.0	0.1498	0.4954	7.5	752.7	0.1748	0.4527

注：1bar=0.1MPa。

4.11.2　钾、钠和锂的比熵

表4.11.3　钾和锂在饱和线上的比熵　　单位：kJ/(kg·K)

温度/K		600	700	800	900	1000	1100	1200	1300	1400	1500	1600	1700	1800	1900	2000
钾	s'	2.3681	2.4861	2.5879	2.6779	2.7591	2.8340	2.9040	2.9705	3.0342	3.0970	3.1581	3.2184	3.2783		
	s''	5.9566	5.5056	5.1740	4.9228	4.7298	4.5804	4.4623	4.3698	4.2973	4.2408	4.1964	4.1621	3.9268		
锂	s'			9.056	9.546	9.986	10.379	10.743	11.074	11.380	11.664	11.928	12.175	12.414	12.636	12.845
	s''			36.626	33.771	31.510	29.655	28.119	26.837	25.757	24.849	24.066	23.413	22.852	22.370	21.964

表4.11.4　钠的比熵　　单位：J/(mol·K)

形态	固体			液体									
温度/K	298	300	371	371	400	500	600	700	800	900	1000	1100	1156
比 熵	51.205	51.376	57.661	64.661	67.047	73.977	79.478	84.03	87.923	91.327	94.370	97.146	98.603

形态	气体								
温度/K	298	300	400	500	600	700	800	900	1000
比熵	153.71	153.84	159.83	164.47	168.26	171.47	174.24	176.70	178.89

表4.11.5　钠在饱和线上的比熵　　单位：kJ/(kg·℃)

温度/℃	400	450	500	550	600	650	700	750	800	850	900
s'	0.0000	0.0913	0.1758	0.2550	0.3291	0.3990	0.4652	0.5284	0.5887	0.6469	0.7025
s''	6.3824	5.9507	5.5789	5.2565	4.9760	4.7315	4.5176	4.3296	4.1646	4.0185	3.8900

温度/℃	950	1000	1050	1100	1150	1200	1250	1300	1350	1400	1450	1500
s'	0.7566	0.8093	0.8604	0.9102	0.9584	1.0053	1.0505	1.0944	1.1371	1.1786	1.2188	1.2581
s''	3.7757	3.6743	3.5839	3.5039	3.4328	3.3658	3.3076	3.2548	3.2037	3.1585	3.1167	3.0815

4.11.3　一些金属单质的绝对熵

表4.11.6　一些金属单质的绝对熵(25℃)　　单位：kJ/(K·kmol)

物料名	银	铝	铍	铋	钙	铁	汞
25℃时的绝对熵	173	164.43	136.16	186.896	154.775	180.49	174.85
物料名	钾	锂	钠	钒	锌	锗	
25℃时的绝对熵	160.34	138.781	153.712	182.187	160.87	167.8	

4.12　熔融热和汽化热

4.12.1　金属单质的熔融热和汽化热

表4.12.1　一些金属单质的熔融热和汽化热　　单位：kJ/kg

名称	溶解热	汽化热	名称	溶解热	汽化热	名称	溶解热	汽化热
银	104.6	2357	铟	28.5	2022	铼	176.6	3800
铝	393.6	9211	铱	3186.7	131①	铑	(211.6)	(4817)
金	67.4	1712	钾	60.7	2077	钌	248.7	5620
钡	55.8	1100	镧	81.4	2878	锑	163	1590
铍	114.6	18710	锂	628	20516	钪	353.9	
铋	50.2	856	镥	110	1412	钐	72.4	
钙	232.8	3740	镁	372.6	5443	锡	60.3	3015
镉	54	1185	锰	266.7	4002	锶	95.5	1606
铈	63.2		钼	293.1	6804	钽	173.5	4164
钴	280.5	6494	钠	113.5	4212	铽	102.7	
铬	281.8	6712	铌	270.5		锝	237.4	5956
铯	15.9	603	钕	(75.5)	(1968)	碲	137.2	397
铜	205.2	5401	镍	305.6	7202	钍	69.1	2215
镝	105.5	1546	镎	45.9		钛	183.8	8960
铒	28.5	1752	锇	154.1		铊	21.1	795
铕	(68.9)	(1157)	镤	(63.4)	(1993)	铥	98.8	1264
铁	314	6280	铅	24.3	879	铀	35.6	1950
镓	80.4	4246	钯	161.5		钒	411.2	8938
钆	98.4		镨	71.2		钨	255.4	4953
锗	466.8	4609	铂	100.9	2296	钇	188	
铪	136.1	3706	钚		1368	镱	48.2	
汞	11.3	293	镭	37	606	锌	113	1765
钬	(104.1)	(1523)	铷	25.5	888	锆	252.5	5736

① 真空中。

表4.12.2　一些金属单质的燃烧热和汽化热　　单位：kJ/mol

名称	银	铝	铍	铋	钙	铁	汞
25℃时标准燃烧热	—	—	−588	—	−633.232	369.656	—
常规沸点下的汽化热	255.053	294	295.145	177.827	149.698	349.591	59.2004
名称	钾	锂	钠	钒	锌	锗	
25℃时标准燃烧热	−182.081	−297.977	—	—	—	—	
常规沸点下的汽化热	83.8728	147.8	89.348	452.435	114.749	334.489	

表4.12.3　汞和钠在饱和线上的汽化热　　单位：kJ/kg

温度/℃	140	160	180	200	220	240	260	280	300	320	340	360
汞①	301.97	301.40	300.89	300.30	299.71	299.22	298.68	298.12	297.57	296.98	296.33	295.81
温度/℃	380	400	450	500	550	600	650	700	750	800	850	900
汞①	295.23	294.6342	293.03	291.39	289.42	287.27	284.78	281.88				
钠		96.5	4237.5	4177.2	4116.0	4053.2	3999.6	3941.0	3889.5	3837.2	3787.4	3739.2

续表

温度/℃	950	1000	1050	1100	1150	1200	1250	1300	1350	1400	1450	1500
钠	3692.8	3647.5	3603.6	3561.3	3521.5	3478.0	3437.8	3396.3	3355.3	3313.0	3271.1	3228.4

① 温度为 120℃时，其汽化热为 302.54kJ/kg。

表4.12.4　钾和锂在饱和线上的汽化热　　单位：kJ/kg

温度/K	600	700	800	900	1000	1100	1200	1300	1400	1500	1600	1700	1800	1900	2000
钾	2153	2113	2069	2021	1971	1920	1870	1819	1768	1716	1661	1604	1545		
锂			22061	21804	21536	21203	20852	20493	20127	19771	19424	19098	18787	18498	18233

表4.12.5　一些金属单质的熔化热　　单位：kJ/mol

名称	银	铝	铍	铋	钙	铁	汞
熔化热	11.94	10.711	11.72	11.36	8.54	13.81	2.2953
名称	钾	锂	钠	钒	锌	锗	
熔化热	2.335	3	2.602	22.84	7.385	31.8	

4.12.2　金属氧化物的熔融热和汽化热

表4.12.6　金属氧化物的熔融热和汽化热　　单位：kJ/mol

分子式	熔解热	汽化热	分子式	熔解热	汽化热	分子式	熔解热	汽化热	分子式	熔解热	汽化热
Al_2O_3	(108.8)		Fe_3O_4	138.2		OsO_4[2]	9.80		TiO_2	64.90	
BaO	57.78		KO_2	16.41		PbO[3]	11.72	213.5	Ti_2O_3	160.8	
BeO	71.18	489.9	K_2O_2	25.54		PuO_2		560.2	VO	62.80	
Bi_2O_3	28.47		K_2O_3	29.43		ReO_2		274.8[4]	V_2O_3	117.2	
CaO	50.24		MgO	77.46		ReO_3	21.77	208.5	V_2O_4	113.9	
CdO		225.3[1]	MnO	54.43		Re_2O_7	66.15	74.1	V_2O_5	65.15	263.8
CrO_3	15.78		MnO_4	(163.3)		Re_2O_8	15.91		WO_3	58.37	
Cr_2O_3	17.58		MoO_3	52.50	138.2	Sb_4O_6[4]	113.0	74.6	ZnO	18.72	
CuO	11.80		Na_2O_2	24.53		Ta_2O_5	201.0		ZrO_2	87.09	
Cu_2O	56.10		Nb_2O_5	101.3		ThO_2	1219				
FeO	32.24		OsO_4[1]	17.00	39.6	TiO	58.62				

① 斜方晶。
② 白色。
③ 黄色。
④ 升华热。

4.13　其他特性

4.13.1　临界值和偏心因子

表 4.13.1　一些金属单质的临界值和偏心因子

金属	临界温度/K	临界压力/MPa	临界体积/(cm³/mol)	临界压缩因子	偏心因子
Ag	7480.8	506.6	58.2		0.14987
Al	8550.0		40.4		−0.30541
Bi	4620.0		79.4		
Cs	2048.1	11.65	316.4	0.255	−0.23658
Fe	10175		419		−0.01057
Ge	8400.0				−0.07150
Hg	1765.0	151.0	42.7	0.439	−0.16445
K	2189.1	15.50	201.5	0.210	−0.20283
Li	3223.0		57.8	0.170	−0.055623
Na	2470.0	30.40	90.0	0.200	−0.10546
Rb	2111.1	13.40	247.0	0.189	
Zn	2592.0		32.2		0.045916

表 4.13.2　氧化镁的临界值

临界参数	临界温度/K	临界压力/kPa	临界体积/(L/mol)	临界压缩因子
数值	5950	3391.4	0.2095	0.0144

4.13.2　线胀系数

表4.13.3　金属的线胀系数(Ⅰ)　　单位：10^{-6}/℃

金属	温度/℃										
	−200	−150	−100	−50	0	20	100	200	300	400	500
Al						23.8	26.5	28.1	29.5	31.5	33.5
Co						12.2	13.1	13.8	14.5	15.9^{430}	16.0
Fe	3.7	7.0	9.0	10.5	11.3	12.3	12.7	13.4	14.6	15.4	15.6
Hg	102	120	140	165	180	181	182	183	185		186
Mo	1.9	3.4	4.4	4.8	5.0	5.1	5.1	5.1	5.1	5.1	5.1
Nb	3.8	4.9	5.3	5.6	5.8	5.9	6.1	6.3		6.4	
Ni	4.1	7.0	5.0	11.6	12.7	13.3	15.0	15.8	16.6	17.0	17.5
V							8.3		9.6		
W		3.3	3.9	4.3	4.4	4.4				4.5	4.6

金属	温度/℃										
	500	600	700	800	900	1000	1200	1400	1600	1800	2000
Co	16.0	16.2	16.4	16.9							
Fe	15.6	15.6	15.5	14.6	13.8						
Hg	186			188							
Mo	5. 1	5.2	5.2	5.3	5.4	5.5	5.8	6.1	6.2	6.4	7.1
Nb		6.5	6.3	6.0	5.6	5.5	5.4^{1100}				
Ni	17.5	17.7	17.9								
V			10.4			10.9^{1100}					
W	4.6	4.8	4.9	5.0	5. 1	5.2		5.3	5.7	6.4	7.3

表4.13.4　金属的线胀系数(Ⅱ)　　单位：10^{-6}/℃

金属	Am	Ba	Ce	Co①	Co②	Cr	Cs	Dy
α	50.8	19.0	6.0	16.1^{80}	12.1^{80}	8.2	1.0	9

金属	Er	Ga					Gd	K	La
α	9.5	18.6^{-23}	$18.0^{0\sim-30}$	19.2^{27}	40.3^{100}	32.4^{900}	10.0	83	5.0

金属	Li		Mn	Na	Nb	Os	Pd	Po
α	$58^{20\sim180}$	$180^{180\sim230}$	23.0	$280^{100\sim220}$	7.1	4.7	11.9	24.4

金属	Pr	Ra	Rb		Re	Rh	Ru	Sb
α	5.1	$17^{30\sim100}$	$90^{0\sim39}$	$340^{40\sim100}$	8.3	8.3	6.7	$10.8^{0\sim100}$

金属	Sn	Sr	Tb	Tl	Yb	Zn	Zr③	Zr④
α	35.3	23	7.0	29.9	25	$36^{0\sim100}$	6.9^{300}	4.7^{300}

注：右上角数字为与其相对应的温度(℃)；未注明者对应于常温。
① 六方晶，平行于C轴↑。
② 六方晶，垂直于C轴↑。
③ 六方晶，平行于C轴↑。
④ 六方晶，垂直于C轴↑。

表4.13.5　金属的线胀系数(Ⅲ)　　单位：10^{-6}/K

名称	温度/K									
	25	50	75	100	150	200	250	300	350	400
Ag		8.7	12.3	14.3	16.5	17.7	18.6	19.2	19.6	20.0
Al	0.5	3.8	8.2	12.2	17.2	20.0	21.9			
Au		7.9	10.4	11.5	12.8	13.4	13.8	14.1	14.3	14.5

续表

名称	温度/K									
	25	50	75	100	150	200	250	300	350	400
Be			0.5	1.3	4.1	7.1	9.6	11.5	12.7	13.7
Be①			0.2	0.7	2.8	5.2	7.4	9.1	10.2	11.1
Be②			0.8	1.5	4.4	7.9	10.6	12.6	13.9	15.0
Bi		8.9	10.9	12.0	12.8	13.2	13.4	13.5	13.6	13.6
Ca			14.0	16.7	19.0	20.3	21.4	22.3	23.2	24.1
Cd		19.8	24.3	26.7	29.1	30.2	30.9	31.5	32.2	33.4
Cd①		53.3	58.6	59.2	58.5	57.3	55.9	54.0	51.7	48.9
Cd②		3.2	7.0	10.3	14.4	16.7	18.4	20.2	22.4	25.6
Cu	0.6	3.8	7.6	10.5	13.6	15.1	16.1	16.8	17.3	17.7
Ge			0.9	2.3	4.1	4.9	5.3	5.7	6.0	6.2
Hf					5.5	5.7	5.9	6.0	6.2	6.3
In		18.2	22.0	23.8	26.3	28.1	29.8	31.9	34.7	38.5
Ir				43	5.3	5.8	6.1	6.5	6.7	6.9
Mg	0.8	5.7	11.2	15.2	20.2	23.0	24.6	25.6	27.3	27.4
Na		10.0		13.3	59.3	66.3	67.7	67.7	67.7	
Pb	14.5	21.6	23.8	25.0	26.5	27.5	28.3	28.9	29.3	29.8
Pt				6.8	7.9	8.4	8.7	8.9	9.1	9.2
Pu			29	39	48	53	56	57	58(α)	35(β)
Sn(白)			13.8	15.5	17.4	18.7	19.9	21.2	22.6	24.2
Sn(白)③			21.6	23.1	24.9	26.7	28.7	30.9	33.5	36.2
Sn(白)④			9.8	11.7	13.6	14.8	15.6	16.3	17.2	18.2
Ta				5.2	5.9	6.3	6.5	6.5	6.6	6.6
Th			7.9	8.7	9.5	10.1	10.6	11.1	11.5	11.9
Ti	0.2	1.1	3.0	4.4	6.1	7.2	8.0	8.5	8.9	9.3
U		8.1	9.9	10.6	11.4	12.1	12.8	13.5	14.2	15.1
Zr			2.7	3.9	4.7	5.1	5.3	5.4	5.6	5.7

名称	温度/K									
	500	600	700	800	1000	1200	1400	1600	1800	2000
Ag	20.6	21.4	22.3	23.4	26.2					
Au	15.0	15.4	15.9	16.5	17.9	19.5				
Be	15.2	16.4	17.7	19.0	21.6					
Be①	11.1	13.4	14.4	15.7						
Be②	15.0	18.0	19.3	20.6						
Bi	13.7									
Ca	25.8	27.6	29.3							
Cd	38.8									
Cd①	42.0									
Cd②	37.3									
Cu	18.3	18.9	19.4	20.0	21.5	23.4				
Ge	6.5	6.9	6.9	7.2	7.7					
Ir	7.3	7.6	7.8	8.0	8.4	8.6	9.2		10.1	10.5
Mg	27.6	29.3	33.8	39.6						
Pb	32.1									
Pt	9.5	9.7	10.0	10.2	10.8	11.3	12.0	12.7	13.6	14.6
Pu	35(γ)	−9(δ)	−16(δ′)	37(ε)						
Sn(白)	27.5									
Ta	6.8	6.9	7.0	7.1	7.3	7.5	7.7	7.9	8.2	8.4
Th	12.5	13.1	13.7	14.2						
Ti	9.8	10.2	10.5	10.9	11.6					
U	17.0	19.2	21.9	25.3(α)	17.3(β)	22.8(γ)				
Zr	6.2	6.7	7.4	8.2	9.9(α)	9.8(β)				

① 六方晶，平行于 C 轴。
② 六方晶，垂直于 C 轴。
③ 四方晶，平行于 C 轴。
④ 四方晶，垂直于 C 轴。

表4.13.6　金属氧化物的线胀系数　　单位：10^{-6}/℃

材料名称	温度/℃									
	−200	−150	−100	−50	0	20	100	200	300	400
Al_2O_3(平行于C轴)	0.2	1.2	2.6	4.0	5.2	5.6	6.8	7.8	8.9	8.5
Al_2O_3(垂直于C轴)	0.1	0.9	2.2	3.5	4.6	5.0	6.2	7.1	7.7	8.2
BeO						6.5	6.9	7.5	8.0	8.6
$Cr_2O_3$①								6.8	7.0	7.1
MgO	0.8	3.6	6.3	8.5	9.9	10.4	11.7	12.6	13.3	13.7
ThO_2						7.6	8.2	8.7	9.1	9.4
TiO_2(平行于C轴)	3.2	5.4	7.0	8.1	8.9	9.1	9.8	10.3	10.6	10.8
TiO_2(垂直于C轴)	2.9	4.6	5.7	6.5	7.0	7.1	7.6	7.9	8.2	8.3

材料名称	温度/℃									
	500	600	700	800	1000	1200	1400	1600	1800	2000
Al_2O_3(平行于C轴)	9.2	9.4	9.6	9.8	10.2	10.6	11.0	11.4		
Al_2O_3(垂直于C轴)	8.4	8.6	8.8	9.1	9.5	9.9	10.3	10.7		
BeO	9.1	9.6	10.1	10.5	11.3	12.1	12.7	13.7	14.5	15.3
$Cr_2O_3$①	7.1	7.1	7.2	7.3	7.3	7.4				
MgO	14.1	14.4	14.7	15.0	15.6	16.2	16.9			
ThO_2	9.6	9.8	10.0	10.2	10.5	10.9	11.4	11.8	12.3	12.8
TiO_2(平行于C轴)	10.9	11.0	11.1	11.2	11.4					
TiO_2(垂直于C轴)	8.4	8.5	8.6	8.7	8.8					

① 表内数字均系自100℃至指示温度的平均值。

第5章 非金属单质及其氧化物

目录

5.1 物性总览 ······ 215
5.1.1 非金属单质的一般特性 ······ 215
5.1.2 非金属氧化物的一般特性 ······ 216
5.1.3 非金属单质的危险品特性 ······ 217
5.1.4 非金属氧化物的危险品特性 ······ 217

5.2 密度 ······ 218
5.2.1 非金属单质的密度 ······ 218
5.2.2 非金属氧化物的密度 ······ 219

5.3 熔点和三相点 ······ 219
5.3.1 熔点 ······ 219
5.3.2 三相点 ······ 219

5.4 黏度 ······ 220
5.4.1 非金属单质的黏度 ······ 220
5.4.2 非金属氧化物的黏度 ······ 221

5.5 表面张力 ······ 221
5.5.1 非金属单质的表面张力 ······ 221
5.5.2 非金属氧化物的表面张力 ······ 221

5.6 溶解度 ······ 222
5.6.1 非金属单质的溶解度 ······ 222
5.6.2 非金属氧化物的溶解度 ······ 224

5.7 热导率 ······ 224
5.7.1 非金属单质的热导率 ······ 224
5.7.2 非金属氧化物的热导率 ······ 225

5.8 蒸气压 ······ 225
5.8.1 非金属单质的蒸气压 ······ 225
5.8.2 非金属单质在压力下的蒸气压 ······ 227
5.8.3 非金属氧化物的蒸气压 ······ 228

5.9 比热容 ······ 229
5.9.1 非金属单质的比热容 ······ 229
5.9.2 非金属氧化物的比热容 ······ 230

5.10 比焓和比熵 ······ 231
5.10.1 非金属单质的比焓和比熵 ······ 231
5.10.2 非金属氧化物的比焓和比熵 ······ 231

5.11 熔融热和汽化热 ······ 232
5.11.1 非金属单质的熔融热和汽化热 ······ 232
5.11.2 非金属氧化物的熔融热和汽化热 ······ 233

5.12 临界值和偏心因子 ······ 233

5.13 线胀系数和体胀系数 ······ 234

5.1 物性总览

5.1.1 非金属单质的一般特性

表 5.1.1 非金属单质的一般特性

分子式	名称	分子量	颜色	晶形	特性或折射率	密度/(g/cm³)	熔点/℃	沸点/℃	溶解度/(g/100g溶剂)或溶解情况					
									冷水	热水	酸	碱	乙醇	其他溶剂
As(α)	砷(α)	74.92	灰	晶		5.727^{14}	$814^{3.6k}$	↑615	—		+N′,N*	—	—	+王水，含水氯
As(β)	砷(β)	74.92	黑	非		4.700			—		+N′,N*	+热	—	+王水，含水氯
As(γ)	砷(γ)	74.92	黄	立		2.000	358 //						—	+CS_2
B	硼	10.81	暗灰	单	粉易燃	2.340	2300	3680	—		+N,S	—	—	–乙醚
Br_2	溴	159.81	红褐	液	强腐蚀	3.120	–7.3	58.8	4.2	3.1^{80}	++CS_2	+	++	++乙醚，氯仿
$Br_2 \cdot 8H_2O$	溴·8水	303.93	红	八		1.490	// 3.8		3.86^{4}					
$Br_2 \cdot 10H_2O$	溴·10水	339.99	红	八			// 6.8		+					
C	碳	12.01	黑	无		1.8～2.0	>3550	4827	—		—	—		
C	石墨	12.01	灰	六		2.260^{20}	↑3600	4200	—		—	—		
C	金刚石	12.01	亮	立	2.420	3.510	>3500	4200	—		—	—		
I_2	碘	253.81	紫黑	鳞	毒 3.340	4.940^{20}	113.6	184.4	表5.6.4		÷S		20^{15}	①
P_4	黑磷	123.90	黑	斜		2.690	↑453	燃点400	—	—	–S′			–CS_2
P_4	红磷	123.90	棕红	无、粉	无臭 无毒	2.20^{20}	$590^{4.3k}$	燃点240	—	—		+	+纯	–CS_2，乙醚，液氨
P_4	紫磷	123.90	紫	单		2.360	593		—		—			–有机溶剂
P_4	黄磷	123.90	淡黄	立	2.117	1.830^{20}	44.1	280	0.0003^{15}	÷			0.31^{18}	②
S(α)	硫(α)	32.07	浅黄	斜	1.940	2.070	112.8	444.6	—					③
S(β)	硫(β)	32.07	浅黄	单	2.017	1.960	119.2	444.6	—				+	+CS_2，苯
S(γ)	硫(γ)	32.07	浅黄	无	2.216	1.920	112.8	444.6	—					–CS_2
Se_8	硒	631.68	灰	三	毒	4.810^{20}	217	688	—		–Cl,S	÷		+Na_2SO_3；×王水
Se_8	硒	631.68	红	单	2.92	4.460	175	688	—		–Cl,S；×N,S′	÷		④
Se_8	硒	631.68	红	无		4.820		688	—		+S			–CS_2
Se_8	硒	631.68	钢灰			4.810	217	688	—		+S′	÷÷CS_2	—	+三氯甲烷
Si	硅	28.09	暗灰	立	3.376	2.330	1420	3280	—		+(N+HF)	–HF	+Ag	÷Pb,Zn
Si	硅	28.09	墨			2.00～2.50		2600	—		+(N+HF)	+熔融		–HF
Te	碲	127.60	银灰	六		(α)6.240 (β)6.000	452	1390	—		+S,N	+	–CS_2	+KCN，王水

① 溶于 CS_2、CCl_4、KI、乙醚、甘油、氯仿、溴化物，易溶于有机溶剂。
② 溶于 CS_2、CCl_4、乙醚、苯、丙酮、液氨。
③ 溶于 CS_2、CCl_4、苯、甲苯、丙酮、吡啶、氯仿。
④ 溶于 CS_2、Na_2SO_3、CH_2I_2；与王水起反应。

5.1.2 非金属氧化物的一般特性

表 5.1.2 非金属氧化物的一般特性

分子式	名称	分子量	颜色	晶形	特性或折射率	密度/(g/cm³)	熔点/℃	沸点/℃	溶解度/(g/100g溶剂)或溶解情况 冷水	热水	酸	碱	乙醇	其他溶剂
As_2O_3	砒霜	197.82	白	立	易燃 剧毒	3.865	↑315	461	表5.6.15		+Cl;×N	++	÷÷	①
As_2O_5	五氧化二砷	229.82	白	非	≈	4.086	//315		表5.6.15		×	+	++	
As_4O_6	六氧化四砷	395.68	无	斜		4.15	270	460	1.2^{2}			+	+	+HCl
B_2O_3	三氧化二硼	69.62	无	玻、粉	1.456	2.460	450	>1860	表7.6.1		+		+	+甘油、醇
BrO_2	二氧化溴	111.91	浅黄	晶			//−40	5.6	//					$+CCl_4$
$(ClO_3)_2$	三氧化氯	166.90	气		强氧化	1.95^{20}	3.5	203						②
Cl_2O_7	七氧化二氯	182.90	无	油	易爆	1.860	−91.5	82 //	+//					+苯,CCl_4
H_2O_2	过氧化氢	34.02	无	液	强腐蚀 1.414	1.438	−0.9	151.4	+++		+		∞	−石油醚;+乙醚
I_2O_4	四氧化二碘	317.84	黄	晶		4.21^{10}	//130		//		+S		—	−乙醚
I_2O_5	五氧化二碘	333.81	白	针	～	4.78^{25}	//300		187^{13}		+N	$-CS_2$	−纯	−乙醚，氯仿，+甲醇
I_4O_9	九氧化四碘	651.61	苍黄		～		//>75							
N_2O_4	四氧化二氮	92.01	棕			1.447^{20}	−11.2	21.1 //			+N,S			$+CS_2,CHCl_3$
N_2O_5	五氧化二氮	108.01	白	正、六		1.642^{18}	30	//47	×	$\rightarrow HNO_3$				+氯仿
P_2O_3	三氧化二磷	109.95	白	单	～	2.135^{21}	23.8	175.4	$\rightarrow H_3PO_3$	//		$+CS_2$	+苯	+乙醚、氯仿
P_2O_4	四氧化二磷	125.96	白	正	～	2.54^{22}	>100	180	+	//				
P_2O_5	五氧化二磷	141.94	白	三	～腐蚀	2.387	563	↑359	$\rightarrow H_3PO_4$		+S			−液氨，丙酮;+乙酸
SeO_2	二氧化硒	110.96	白-微红		剧毒～1.76	3.954^{15}	↑337	//>1000	+		+苯	×液氨	6.7^{14}	+丙酮1.4^{14}，乙醚1.1^{14}
SeO_3	三氧化硒	126.96	白	立		3.600	118.5	//>185		+	+S′		+	$-CCl_4$，乙醚
SiO	一氧化硅	44.09	白	立		2.130	>1702	1880						+HF; $+HNO_3$
SiO_2	石英、水晶	60.08	无	六	1.544	2.65^{20}	≈1610	≈2950	—	—		÷		×HF
S_2O_3	三氧化二硫	112.14	蓝绿	晶	～	1.663	//70		//		+发烟S		//	//乙醚
SO_3	三氧化硫(α)	80.06	无	棱		1.923	16.8	44.6	//	//	+S			
$(SO_3)_2$	三氧化硫(β)	160.12	无	晶、丝		1.970	50	44.6	$\rightarrow H_2SO_4$	//	+S			
TeO	一氧化碲	143.61	黑	无			//	//	—	—	+Cl,S			
TeO_2	二氧化碲	159.60	无	四	2.18	5.760	732.6	1245	—	—	+Cl,N*	+		+HF; $-NH_4OH$
$TeO_2\cdot{}^1/_2SO_3$	二氧化碲·$^1/_2$水	199.64		正		4.700	//500		//		+Cl,N			

① 不溶于乙醚；溶于乙二酸、磷酸、碳酸、氯化亚砷；易溶于发烟硫酸，与 Na_2CO_3、王水起反应。

② 与 ClO_2、HCl、Cl_2、HClO、$HClO_2$ 等氯的其他价态的化合物发生归中反应。

5.1.3　非金属单质的危险品特性

表 5.1.3　非金属单质的危险品特性

名称	CAS 号	危险品编号	饱和蒸气压/kPa①	燃烧性	闪点/℃	自燃温度/℃	建规火险分级	爆炸下/上限体积分数/%	灭火方法	危险物品分类代号	风险性代号	安全措施号
砷	7440-38-2	61006	0.13(372)	不	※	※	—	※	P,R,T,G	6.1	R23/25; R50/53	S20/21; S28; S45; S60; S61
硅	7440-21-3	41510	0.13(1724)	可	—	—	乙	—	G,T,JS,JR	4.1	R11	S16; S33; S7/9
硒粉	7782-49-2	61502	0.13(356)	可	—	—	—	—	W,G,T	6.1	R23/25; R33; R53	S20/21; S28; S45; S61
硫	7704-34-9	41501	0.13(183.8)	易	207	232	乙	2.3/—	W,P,R	4.1	R11	S16; S26
硼	7440-42-8			可	—	—	丙	—	G,T			S24/25
白磷；黄磷	7723-14-0	42001	0.13(76.6)	易	—	30	甲	—	W	4.2	R11; R16; R52/53	S43; S61; S7
红磷	7723-14-0	41001	4357(590)	易	—	260	甲	—	G,T	4.1	R11; R16; R52/53	S43; S61; S7

① 括号内为饱和蒸气压对应的温度（℃）。

5.1.4　非金属氧化物的危险品特性

表 5.1.4　非金属氧化物的危险品特性

名称	CAS 号	危险品编号	饱和蒸气压/kPa①	燃烧性	闪点/℃	自燃温度/℃	建规火险分级	爆炸下/上限体积分数/%	灭火方法	危险物品分类代号	风险性代号	安全措施号
二氧化硒	7446-8-4	61015	0.13(157)	不	※	※		※	T	6.1		S20/S21;S23
三氧化二砷	1327-53-3	61007	13.33(332.5)	不	※	※		※	T,G	6.1	R28; R34; R45; R50/53	S45; S53; S60; S61
三氧化硒	13768-86-0		0.17(175)	不	※	※		※	P,R,G,T			
五氧化二磷	1314-56-3	81063	0.13(384)	助	※	※		※	T,G,JS	8.1	R35	S22; S26; S45
五氧化二砷	1303-28-2	61010		不	※	※		※	S,T,G	6.1	R23/25; R45; R50/53	S45; S53; S60; S61
石棉	1332-21-4	61906	—	不	※	※	戊	※	K	6.1		

① 括号内为饱和蒸气压对应的温度（℃）。

5.2 密度

5.2.1 非金属单质的密度

表 5.2.1 固态和液态溴的密度

温度/℃	固态	液态			
	−273～−150	15	20	25	30
ρ/(g/cm³)	4.17～4.05	3.1396	3.1226	3.1055	3.0879

表5.2.2 溴水溶液的密度(15.6℃)

浓度(质量分数)/%	0.4	0.6	0.8	1.0	1.2	1.4	1.6	1.8
ρ/(g/cm³)	1.0040	1.0055	1.0072	1.0089	1.0092	1.0112	1.0130	1.0142
浓度(质量分数)/%	2.0	2.2	2.4	2.6	2.8	3.0	3.12	
ρ/(g/cm³)	1.0162	1.0197	1.0206	1.0214	1.0223	1.0232	1.0237	

表5.2.3 气态溴的相对密度(对空气)

温度/℃	15	102.6	175.6	227.9
$\bar{\rho}/\rho_{空}$	5.5149	5.7280	5.6040	5.5243

表 5.2.4 碘的密度

形态	固态		液态		气态
温度/℃	20	60	120	180	185
ρ/(g/cm³)	4.940	4.886	3.960	3.736	6.75mg/L

表5.2.5 硫蒸气的密度 kg/m³

温度/℃		500	600	700	800	900	1000
压强/kPa	100	3.236	1.920	0.878	0.727	0.665	0.614
	400		9.709	5.269	3.051	2.142	1.695
	700			10.33	6.161	3.848	3.204
	1000			35.97	9.833	6.460	5.721

表5.2.6 硫在饱和线上的密度和比容

温度/℃	120	130	140	150	160	170	180	190	200	210
ρ/(kg/m³)	1805.1	1795.3	1786.6	1778.6	1772.4	1770.6	1766.2	1761.9	1757.4	1750.9
υ'/(m³/kg)	0.5556	0.5587	0.5610	0.5628	0.5644	0.5657	0.5672	0.5688	0.5706	0.5727
υ''/(m³/kg)	3252.6	2058.8	1223.5	670.15	330.88	163.78	87.605	61.655	57.497	50.983
温度/℃	220	230	240	250	260	270	280	290	300	320
ρ/(kg/m³)	1745.0	1738.8	1732.6	1726.3	1720.2	1714.4	1708.7	1702.8	1696.9	1684.4
υ'/(m³/kg)	0.5749	0.5771	0.5793	0.5813	0.5832	0.5850	0.5868	0.5887	0.5908	0.5951
υ''/(m³/kg)	42.554	30.808	17.480	9.0901	3.9758	2.7584	5.057	2.9769	1.5019	1.4345
温度/℃	320	340	360	380	400	420	444.6	550	550	600
ρ/(kg/m³)	1684.4	1670.8	1656.3	1642.7	1629.7	1617.9	1606.2			
υ'/(m³/kg)	0.5951	0.5999	0.6048	0.6097	0.6143	0.6186	0.6240	0.6430	0.6712	0.7117
υ''/(m³/kg)	1.4345	1.3670	1.0052	0.7241	0.5056	0.3497	0.2747	0.1498	0.0705	0.0624

表 5.2.7 液态磷的密度

液态磷								含有饱和水的液态磷			
温度/℃	密度/(g/cm³)	温度/℃	密度/(g/cm³)	温度/℃	密度/(g/cm³)	温度/℃	密度/(g/cm³)	温度/℃	密度/(g/cm³)	温度/℃	密度/(g/cm³)
10	1.7770	80	1.7126	150	1.6483	220	1.5839	270	1.5370	70	1.719
20	1.7678	90	1.7034	160	1.6391	230	1.5747	280	1.5287	75	1.715
30	1.7586	100	1.6943	170	1.6299	240	1.5655	45	1.742	80	1.710
40	1.7494	110	1.6851	180	1.6207	250	1.5563	50	1.737	85	1.706
50	1.7402	120	1.6759	190	1.6115	260	1.5471	55	1.733	90	1.701
60	1.7310	130	1.6667	200	1.6023			60	1.728	95	1.697
70	1.7218	140	1.6575	210	1.5931			65	1.724		

表5.2.8　磷蒸气的密度

温度/℃	压强/kPa	蒸汽密度(对照H_2)	温度/℃	压强/kPa	蒸汽密度(对照H_2)	温度/℃	压强/kPa	蒸汽密度(对照H_2)
500 600 700		61.5	900	80.8 57.7 32.4 13.2	58.7 58.9 57.8 55.0	1100	107.2 78.1 45.2 19.3	51.1 50.3 47.7 43.6
800	72.0 51.5 28.7 11.3	60.5 60.8 60.0 59.0	1000	92.1 66.4 37.7 15.9	55.5 55.2 53.4 50.0	1200	126.6 93.2 54.9 23.3	46.0 44.8 41.7 38.3

5.2.2　非金属氧化物的密度

表 5.2.9　二氧化硫水溶液的密度

质量分数/%	1	2	4	6	8	10
ρ/(g/cm^3)	1.004	1.009	1.019	1.029	1.039	1.049

表 5.2.10　液态三氧化硫的密度

温度/℃	15	20	25	30	35	40	45	50	55
ρ/(g/cm^3)	1.942	1.923	1.902	1.881	1.859	1.837	1.814	1.790	1.766
温度/℃	60	65	70	75	80	90	100	110	120
ρ/(g/cm^3)	1.748	1.717	1.692	1.667	1.641	1.589	1.536	1.480	1.424

表5.2.11　过氧化氢水溶液的密度(18℃)

质量分数/%	1	2	4	6	8	10	12	14	16
ρ/(g/cm^3)	1.002	1.006	1.013	1.020	1.028	1.035	1.042	1.050	1.057
质量分数/%	18	20	22	24	26	28	30	35	40
ρ/(g/cm^3)	1.065	1.072	1.080	1.088	1.096	1.104	1.112	1.133	1.154
质量分数/%	45	50	55	60	70	80	90	100	
ρ/(g/cm^3)	1.175	1.197	1.219	1.242	1.290	1.341	1.393	1.446	

表5.2.12　三氧化二砷蒸气的密度

温度/℃	500	600	700	800	900	1000	1100	1200	1300	1400	1500	1600	1700
ρ/(g/m^3)	14.0	13.9	13.8	13.5	13.1	12.9	12.6	12.5	11.9	10.5	9.3	8.6	7.7

5.3　熔点和三相点

5.3.1　熔点

表 5.3.1　硫的熔点

压强/kPa	20	40	60	80	100	101.3	120	140
t/℃	119.8	123.0	134.4	140.5	142.3	142.5	147.8	153.7
压强/kPa	160	180	200	220	240	260	280	300
t/℃	157.9	163.0	167.8	172.0	176.0	180.1	184.0	188.2

5.3.2　三相点

表 5.3.2　非金属单质的三相点

物料名	砷	碳	碘	白磷	硫	硅
三相点温度/K	1095.2	4530	386.75	317.3	388.36	1685
三相点压力/kPa	3698.4	10436	12.21	23.82Pa	3.10Pa	0.0497Pa

表5.3.3　过氧化氢的沸点和冰点　　单位：℃

液相质量分数/%	0	10	20	30	40	50	60	70	80	90	100
气相质量分数/%	0	0.9	2.1	4.2	7.6	13.0	20.8	33.4	51.5	75.0	100
沸点	100	101.7	103.6	106.2	109.6	113.8	119.0	125.5	132.9	141.3	150.2
冰点	0	−6.4	−14.6	−25.7	−41.4	−52.5	−50.5	−40.3	−24.8	−11.5	−0.43

表5.3.4　非金属氧化物的三相点

物料名	一氧化碳	二氧化碳	一氧化氮	二氧化氮	一氧化二氮	四氧化二氮	五氧化二氮
三相点温度/K	68.15	216.58	109.5	261.9	182.3	261.9	314.15
三相点压力/kPa	15.4	518.672	21.89	18.7283	87.85	18.5587	—

物料名	二氧化硫	二氧化硅	二氧化氯	三氧化氮	三氧化砷	三氧化硫
三相点温度/K	197.67	1696	213.55	170	551	289.95
三相点压力/kPa	1.67439	0.0198044	1.25443	0.0151767	4.13145	21.13

5.4　黏度

5.4.1　非金属单质的黏度

表5.4.1　氯的黏度　　单位：mPa·s

温度/℃	−80	−70	−60	−50	−40	−30	−20	−10	0
η	0.749	0.678	0.610	0.552	0.510	0.474	0.442	0.412	0.385

表5.4.2　溴的黏度　　单位：mPa·s

温度/℃	0	5	10	15	20	25	30	35	40	45	50	56
η	1.241	1.170	1.110	1.050	0.999	0.950	0.907	0.865	0.826	0.790	0.556	0.721

表5.4.3　碘的黏度

形态	液体黏度/(mPa·s)		气体黏度/(μPa·s)			
温度/℃	116	185	100	150	200	300
碘	2.268	1.414	17.47	19.51	21.73	26.5

表5.4.4　硫的黏度　　单位：mPa· s

温度/℃	120	130	140	150	156	158	159	159.5	160	160.3	161	162
η	11.7	9.50	8.00	7.10	7.16	7.55	9.08	14.45	22.8	77.3	115	157
温度/℃	163	164	165	166	167	168	169	170	171	172	173	174
η	0.225	0.322	0.495	0.715	1.000	1.490	2.000	3.000	4.500	5.600	6.900	7.500
温度/℃	176	178	180	185	190	195	200	210	220	220	230	240
η	10.0	12.0	14.0	17.8	20.0	21.2	21.5	21.5	21.5	19.8	15.9	12.2
温度/℃	250	260	280	300	320	340	360	380	400	420	440	450
η	8800	6150	3400	2020	950	530	320	210	140	96	73	67

表5.4.5　磷的黏度　　单位：mPa·s

液态磷								含有饱和水的液态磷			
温度/℃	η	温度/℃	η	温度/℃	η	温度/℃	η	温度/℃	η	温度/℃	η
20	2.327	45	1.706	75	1.229	110	0.901	45	1.037	75	0.841
25	2.174	50	1.694	80	1.171	120	0.833	50	0.967	80	0.830
30	2.037	55	1.512	85	1.118	130	0.773	55	0.917	85	0.815
35	1.912	60	1.432	90	1.068	140	0.720	60	0.884	90	0.790
40	1.798	65	1.359	95	1.022			65	0.863	95	0.751
44.1	1.706	70	1.292	100	0.979			70	0.850		

5.4.2 非金属氧化物的黏度

表5.4.6 过氧化氢水溶液的黏度(20℃) 单位：mPa·s

质量分数/%	0	10	20	40	60	80	90	100
η	1.005	1.014	1.049	1.129	1.210	1.265	1.267	1.249

表5.4.7 三氧化硫的黏度 单位：mPa·s

温度/℃	15	20	25	30	35	40	45	50	55	60
η	9.46	3.95	2.49	1.82	1.44	1.18	1.01	0.84	0.72	0.60

表5.4.8 氧化硼的黏度 单位：mPa·s

温度/℃	1137	1150	1200	1250	1300	1350	1400	1450	1500	1550	1600	1617
η	5020	4810	4069	3426	2870	2394	1991	1656	1381	1157	973	918

5.5 表面张力

5.5.1 非金属单质的表面张力

表5.5.1 溴的表面张力

温度/℃	0	5	10	15	20	25	30	35	40	45	50	K_E
σ/(mN/m)	45.0	44.4	43.7	42.7	41.5	40.3	39.2	38.3	37.6	36.9	36.2	2.0

表5.5.2 其他非金属的表面张力

名称	Cl	S	I		P	
温度/℃	72	141	116	155	78	132
σ/(mN/m)	33.0	58.3	36.9	34.0	43.1	35.6

5.5.2 非金属氧化物的表面张力

表5.5.3 液态三氧化硫和三氧化磷的表面张力 单位：mN/m

温度/℃	15	20	25	30	35	40	45	50	55
三氧化硫	35.1	33.9	32.7	31.5	30.3	29.8	29.3	28.3	27.3
三氧化磷				37.0	36.4	35.8	35.2	34.7	34.1
温度/℃	60	65	70	75	80	90	100	110	120
三氧化硫	26.3	25.3	24.3	23.3	22.2	20.0	17.8	15.6	13.4
三氧化磷	33.5	32.9	32.4	31.8	31.2	30.0	28.8	27.7	

表5.5.4 氧化硼的表面张力 单位：mN/m

温度/℃	700	800	900	1000	1100	1200	1300	1400
B_2O_3	72.4	74.5	77.0	79.4	84.0	90.1	94.3	97.1

表5.5.5 过氧化氢的表面张力 单位：mN/m

(1)表面张力随浓度的变化

浓度/(mol/L)	4	6	8	10	12	14	16	18	20	25	30
20℃	73.38	73.53	73.68	73.84	74.01	74.20	74.40	74.62	74.84	75.39	75.78

(2)表面张力随质量分数的变化

温度/℃	浓度(质量分数)/%										
	0	10	20	30	40	50	60	70	80	90	100
0℃	75.65	75.99	76.54	77.21	77.85	78.42	79.10	80.29	81.48	82.46	83.30
20℃	72.75	72.85	73.67	74.30	74.86	75.70	76.33	77.20	78.21	79.23	80.40

5.6 溶解度

5.6.1 非金属单质的溶解度

（1）溴

表 5.6.1 气态溴在水中的溶解度

温度/℃	溶解度(质量分数)/%	温度/℃	溶解度(质量分数)/%	温度/℃	溶解度(质量分数)/%	温度/℃	溶解度(质量分数)/%	温度/℃	溶解度(质量分数)/%	温度/℃	溶解度(质量分数)/%
0	42.9	8	27.5	16	18.0	24	12.3	40	6.3	80	1.2
2	38.3	10	24.8	18	16.4	26	11.3	50	4.1		
4	34.2	12	22.2	20	14.9	28	10.3	60	2.9		
6	30.6	14	20.0	22	13.5	30	9.5	70	1.9		

表 5.6.2 液态溴在水中的溶解度

温度/℃	溶解度(质量分数)/%	溴的形态	温度/℃	溶解度(质量分数)/%	溴的形态	温度/℃	溶解度(质量分数)/%	溴的形态
0.0	2.30	$Br_2\cdot10H_2O$	15.0	3.52	Br_2	40.0	3.33	Br_2
3.0	3.08	$Br_2\cdot8H_2O$	20.0	3.41	Br_2	50.0	3.40	Br_2
5.84	3.73	$Br_2\cdot8H_2O+Br_2$	25.0	3.39	Br_2	52.8	3.496	Br_2
10.0	3.60	Br_2	30.0	3.32	Br_2	53.6	3.50	Br_2

表 5.6.3 溴在不同盐溶液中的溶解度(25℃) 单位：g/L

溶质	浓度	溶解度	溶质	浓度	溶解度	溶质	浓度	溶解度
无	—	34.0	KNO_3	101.2	29.0	NaBr	92.6	99.2
KBr	11.9	49.3	K_2SO_4	91.2	24.8	NaBr	206	248
KBr	59.5	119	Na_2SO_4	63.6	23.9	NaBr	320	546
KBr	119.0	216	H_2SO_4	49.0	29.3	NaCl	58.5	55.9
KBr	360.8	632	HBr②	33.7	108.8	NaCl①	118	86.4
KCl	74.6	57.4	HCl②	39.0	79.2	$NaNO_3$	85.1	28.0

① 20.6℃。

② 20.8℃。

（2）碘

表 5.6.4 液碘在水中的溶解度 单位：%(质量分数)

温度/℃	0	10	20	30	40	50	60	70	80	90	100	110
溶解度	0.016	0.019	0.029	0.040	0.056	0.078	0.106	0.151	0.202	0.312	0.450	0.665

表 5.6.5 碘在碘化钾水溶液中的溶解度(25℃) 单位：mol/dm^3饱和溶液

浓度/(mol/L)	0	0.001	0.002	0.005	0.01	0.02	0.05	0.10
溶解度	1.333	1.788	2.266	3.728	6.185	11.13	25.77	51.35

表 5.6.6 碘在碘化钠水溶液中的溶解度(25℃)

碘化钠浓度/(g/100mL水)	碘化钠水溶液密度/(g/cm^3)	碘饱和时碘化钠水溶液密度/(g/cm^3)	溶解度/(g/100g饱和溶液)	碘化钠浓度/(g/100mL水)	碘化钠水溶液密度/(g/cm^3)	碘饱和时碘化钠水溶液密度/(g/cm^3)	溶解度/(g/100g饱和溶液)
5	1.0369	1.0698	4.99	15	1.1072	1.2162	14.93
10	1.0720	1.1415	9.96	20	1.1458	1.2998	20.02

表 5.6.7 碘在盐酸水溶液中的溶解度(25℃) 单位：mol I_2/1000g水

盐酸浓度/(mol HCl/kg水)	8.48	17.9	25.1	31.5	65.3	79.5	109.2	141.0
溶解度	0.0431	0.0655	0.0793	0.0951	0.170	0.197	0.252	0.299

表5.6.8 碘在硫酸水溶液中的溶解度(25℃)

硫酸(质量分数)/%	碘/(mol/L)	颜色	硫酸(质量分数)/%	碘/(mol/L)	颜色
11.87	0.00102	褐色	72.04	0.000270	桃红色
22.72	0.00082	褐色	86.50	0.000207	桃红色
33.25	0.000615	褐色	87.37	0.000200	桃红色
40.42	0.000545	褐色+桃红色	90.00	0.000339	桃红色
59.53	0.000380	桃红色+褐色	94.90	0.000423	桃红色

表5.6.9 碘在乙醇水溶液中的溶解度(15℃) 单位：g/100g乙醇

乙醇浓度(质量分数)/%	0	5	10	15	20	25	30	35	40	45	50
S	0.025	0.033	0.045	0.06	0.08	0.11	0.20	0.35	0.55	0.80	1.20
乙醇浓度(质量分数)/%	55	60	65	70	75	80	85	90	95	100	
S	1.70	2.30	3.20	4.3	5.6	7.2	9.0	11.4	14.8	20.0	

表5.6.10 碘在其他有机溶剂中的溶解度(25℃)

有机溶剂	溶解度/(g/kg溶剂)	有机溶剂	溶解度/(g/kg溶剂)	有机溶剂	溶解度/(g/kg溶剂)	有机溶剂	溶解度/(g/kg溶剂)
乙醚	337.3	100%丙醇(15℃)	149.3[①]	氯仿(20℃)	26	苯	164.0
乙醚(17℃)	200	溴乙烷	146	1,1,1-三氯乙烷	39.8	醋酸乙酯	157
均三甲苯	253.1	丙腈	141	二氯乙烯(顺)	38.3	丙醇[①]	149.3[①]
甲醇	233.5	溴乙烯	115.1	二氯乙烯(反)	37.6	氯乙烯[①]	57.6
对二甲苯	198.3	异丁醇	97	环己烷	27.9	氯仿	49.7
二硫化碳	197.0	三氯乙烯	79[①]	四氯化碳	19.2	氯仿(20℃)	26
CS_2(20℃)	171	三溴甲烷	65.9	正-庚烷	17.3	正己烷	13.2
甲苯	182.5	四氯乙烯	61[①]	2,2-二甲基丁烷	13.9	甘油(25℃)	9.7

① 每升溶液中的克数。

（3）硫、磷

表5.6.11 硫在硫化钠溶液中的溶解度

温度/℃	25							
Na_2S(质量分数)/%	0.86	1.38	1.97	1.98	3.19	3.51	4.17	7.42
S(质量分数)/%(斜方晶)	1.33	2.11	3.03	3.05	4.98	5.45	6.45	11.48

温度/℃	50						
Na_2S(质量分数)/%	0.63	0.71	1.56	2.64	4.17	6.00	6.41
S(质量分数)/%(斜方晶)	1.15	1.30	2.70	4.39	6.55	8.94	9.47

表5.6.12 α-白磷的溶解度 单位：g/100g溶剂

溶剂：苯				溶剂：乙醚				溶剂：二硫化碳			
温度/℃	溶解度/g	温度/℃	溶解度/g	温度/℃	溶解度/g	温度/℃	溶解度/g	温度/℃	溶解度/g	温度/℃	溶解度/g
0	1.51	23	3.4	0	0.43	23	1.12	−10	45.7	−2.5	300
5	1.99	25	3.7	5	0.62	25	1.39	−7.5	55.9	0	434
10	2.4	30	4.6	10	0.85	28	1.60	−5.0	72.2	5	630
15	2.7	35	5.2	15	0.90	30	1.75	−3.5	195	10	880
18	3.1	50	6.8	18	1.01	35	2.00				
20	3.2	75	9.4	20	1.04						

表5.6.13 黄磷在二硫化碳中的溶解度 单位：%(质量分数)

温度/℃	−10	−7.5	−5	−3.5	−2.5	0	5	10
S	31.40	35.85	41.95	66.14	75.00	81.3	86.3	89.8

表5.6.14　黄磷在四氯化碳中的溶解度　　单位：%（质量分数）

温度/℃	0	25	33	40	42	45	48	51	52	59	72	91	94	100
S	0.64	1.25	1.56	1.79	1.85	1.92	2.04	2.14	2.23	2.50	3.08	3.94	4.04	4.35

表5.6.15　硫、磷在其他溶剂中的溶解度

分子式	名称	在溶剂中的溶解度/(g/100g溶剂)									
		乙醇	甲醇	丙酮	吡啶	甘油	乙醚	乙二醇	苯	二硫化碳	四氯化碳
P	黄磷 白磷	0.31^{18}		0.14^{25} 0.22^{40}		0.25^{15}	1.04^{20}　1.39^{25} 2.00^{35}	1.02^{20}	3.2^{20} 5.8^{40} 7.9^{60}	434^{0}　430^{5} 880^{10}	1.27^{20} 1.82^{40}
S	硫 (斜方晶)	0.05	0.03	2.1	1.5	0.14			1.0^{0}　2.1^{25} 4.5^{50}　8.7^{70}	22.0^{0}　50.4^{25} 144^{50}　257^{70}	0.34^{0}　0.85^{25} 1.83^{50}

注：右上角的数字为与其相对应的温度（℃）。

5.6.2　非金属氧化物的溶解度

表5.6.16　非金属氧化物在水中的溶解度

名称		在下列温度（℃）时的溶解度/(g/100g水)													
		0	10	20	25	30	40	50	60	70	80	90	100	120	140
As_2O_3	三氧化二砷	1.21	1.58	1.80	2.04		2.93	3.43	4.44	5.37	5.89	6.55	8.20		
As_2O_5	五氧化二砷	59.5	62.1	65.8		70.6	71.2		73.0		75.1		76.4	77.6	80.2
B_2O_3	氧化硼	1.1	1.5	2.2			4.0		6.2		9.5		15.7		
SeO_2	二氧化硒		36.4		270				455						

5.7　热导率

5.7.1　非金属单质的热导率

表5.7.1　非金属单质的热导率　　单位：W/(m·K)

形态	固态						液态				
温度/℃	20	40	60	80	95	115	140	160	170	190	210
S	209	2552	2427	2301	2260	1297	1339	1381	1423	1506	1450
S(α)	0.268	0.266	0.259	0.250							
S(β)					0.147	0.148	0.136	0.169			

表5.7.2　非金属单质的热导率　　单位：W/(m·K)

温度/K	20	50	76	100	200	300	318	386.8	400	500	600	700	800
B	350	316	268	213	49.1	35.2			26.2	21.2	17.0^{573}		
B(黄)	144.7	296.6	265.3	161.5	74.3	60.8^{290}							
天然石墨	150		600		265	160^{273}							
沉积石墨						498^{273}			539^{373}				
ATJ石墨①		17.0		58.0		129			118	106	95		77
ATJ石墨②		13.7		42.0		98			90	81	73		59
金刚石		9300		10000	4000	2310			1550				
I					0.51^{250}	0.44		$^{0.37}/_{0.115}$	0.114	0.098	0.081	0.057	
Se	20		6			0.43							
Si	4900		1400		265	150^{273}							
P(白)					0.308	0.235	$^{0.225}/_{0.187}$	0.182^{350}	0.182	0.166	0.157		
P(黑)	30.0	42.6		30.7	17.7	12.1							
S(α)													
S(β)													
Te			3.39	3.07	2.16	1.69			1.44	1.21	1.00		

① 与造型压力方向垂直，温度为1000、1400、1600、2000、2400、2800、3200K时，其热导率分别为64、49、45、40、36、33、28W/(m · K)。

② 与造型压力方向平行，温度为1000、1400、1600、2000、2400、2800、3200K时，其热导率分别为49、39、36、32、29、27、23W/(m · K)。

5.7.2 非金属氧化物的热导率

表5.7.3 石英和氧化硼的热导率 单位：W/(m·K)

温度/K	1	3	5	6	8	10	15	20	30	40	50	60
石英玻璃①	0.024	0.080	0.118	0.124	0.126	0.127	0.136	0.153	0.202	0.266	0.340	0.410
石英单晶②	5.0	400	600	750	1210	1650	1250	720	318	179	118	85
温度/K	70	80	90	100	125	150	175	200	250	273.2	300	350
石英玻璃	0.480	0.550	0.619	0.690	0.830	0.950	1.049	1.139	1.280	1.330	1.380	1.450
石英单晶	66	54	45	39	29	23.1	19.0	16.4	12.7	11.6	10.4	8.8
温度/K	400	450	500	600	700	800	900	1000	1100	1200	1300	1400
石英玻璃	1.510	1.570	1.620	1.750	1.920	2.170	2.480	2.870	3.359	4.000	4.820	6.200
石英单晶③	7.6	6.7	6.0	5.0	4.5	4.2						
氧化硼						1.107	1.328	1.590	1.953			

① 试件为透明的高纯度熔凝石英。

② 试件为石英单晶，热流方向平行于长轴方向。

③ 材料为液态，装在由两同心不锈钢管夹成的环套层中，环套间隙为1.22cm，另有一根极薄的不锈钢圆管置于环套间隙中间。试验前先经950℃加热。

5.8 蒸气压

5.8.1 非金属单质的蒸气压

表5.8.1 硫在常压下的蒸气压 单位：kPa

温度/℃	120	130	140	150	160	170	180	190
p	0.0039	0.0074	0.0139	0.0255	0.0431	0.0696	0.1108	0.1813
温度/℃	200	210	220	230	240	250	260	270
p	0.2736	0.4046	0.5877	0.8388	1.1768	1.6241	2.2059	2.9513
温度/℃	280	290	300	320	340	360	380	400
p	3.8932	5.0668	6.5159	10.434	16.083	23.998	34.749	49.033
温度/℃	420	444.6	500	550	600			
p	67.669	98.067	207.90	375.07	631.55			

表5.8.2 溴在常压下的蒸气压 单位：kPa

温度/℃	−80	−60	−40	−20	0	10	20	30	40	50	60
p	0.017	0.08	0.41	2.01	8.78	14.4	23.1	34.0	52.3	69.6	124

表5.8.3 液态磷的饱和蒸气压

温度/℃	44.1	100	150	200	250	280.5①	300	350
饱和蒸汽压/atm	0.000233	0.00469	0.03395	0.158	0.538	1.00	1.467	3.378

① 为沸点。

表5.8.4 饱和磷蒸气压力与饱和磷蒸气浓度

温度/℃	压力p/kPa	浓度/(g/m^3)	温度/℃	压力p/kPa	浓度/(g/m^3)	温度/℃	压力p/kPa	浓度/(g/m^3)
45	25.3	1.187	65	82.7	3.645	85	234.7	9.77
50	34.7	1.600	70	108.0	4.69	90	298.7	12.26
55	46.7	2.120	75	141.3	6.05	95	378.7	15.34
60	61.3	2.745	80	181.3	7.66	100	474.7	18.97

表5.8.5　α−白磷的饱和升华压力和饱和磷蒸气浓度

温度/℃	压力/Pa	浓度/(g/m³)	温度/℃	压力/Pa	浓度/(g/m³)
20	3.33	0.170	35	11.9	0.574
25	5.73	0.287	40	16.3	0.775
30	9.60	0.472	44.1	23.1	1.084

表5.8.6　黄磷的蒸气压

单位：kPa

温度/℃	温度的个位数									
	0	1	2	3	4	5	6	7	8	9
40						0.025	0.027	0.028	0.031	0.032
50	0.035	0.036	0.039	0.041	0.044	0.047	0.049	0.052	0.055	0.059
60	0.061	0.065	0.069	0.073	0.077	0.083	0.087	0.092	0.097	0.103
70	0.108	0.113	0.120	0.127	0.133	0.141	0.148	0.156	0.164	0.173
80	0.181	0.192	0.201	0.212	0.223	0.235	0.247	0.257	0.271	0.285
90	0.299	0.313	0.328	0.345	0.360	0.379	0.396	0.413	0.436	0.453
100	0.475	0.497	0.521	0.545	0.569	0.595	0.621	0.649	0.677	0.708
110	0.738	0.770	0.804	0.836	0.874	0.912	0.950	0.990	1.032	1.077
120	1.120	1.176	1.213	1.262	1.313	1.373	1.426	1.480	1.533	1.600
130	1.666	1.720	1.786	1.866	1.933	2.000	2.079	2.159	2.239	2.319
140	2.413	2.506	2.586	2.693	2.786	2.879	2.986	3.093	3.213	3.319
150	3.439	3.559	3.679	3.812	3.946	4.079	4.226	4.359	4.506	4.666
160	4.825	4.985	5.185	5.319	5.492	5.665	5.852	6.052	6.238	6.438
170	6.652	6.865	7.078	7.292	7.531	7.758	7.998	8.251	8.505	8.758
180	9.024	9.304	9.584	9.878	10.171	10.464	10.784	11.09	11.42	11.76
190	12.090	12.450	12.810	13.170	13.597	13.997	14.263	14.66	15.20	15.60
200	15.996	16.396	16.929	17.329	17.862	18.262	18.795	19.33	19.86	20.39
210	20.928	21.461	21.995	22.528	23.194	23.727	24.394	25.06	25.59	26.26
220	26.927	27.593	28.393	29.059	29.726	30.526	31.326	31.99	32.79	33.59
230	34.391	35.325	36.124	37.057	37.857	38.790	39.723	40.66	41.59	42.52
240	43.589	44.522	45.589	46.655	47.721	48.788	49.854	51.05	52.25	53.32
250	54.520	55.719	57.052	58.252	59.585	60.918	62.251	63.58	64.92	66.38
260	67.716	69.183	70.649	72.115	73.715	75.181	76.781	78.38	80.11	81.58
270	83.446	85.179	86.912	88.645	90.511	92.244	94.110	95.98	97.98	99.84
280	101.84	103.84	105.97	107.97	110.11	112.24	114.37	116.64	118.90	121.17
290	123.44	125.84	128.23	130.90	133.17	135.57	138.10	140.76	143.30	145.96

温度/℃	温度的十位数和个位数									
	00	10	20	30	40	50	60	70	80	90
300	148.6	177.7	211.2	249.4	293.0	342.2				
500		2441	2644	2867	3090	3333	3596	3860	4143	4437
600	4741	5065	5399	5754						

表5.8.7　赤磷的蒸气压力

无定形(I型)①				三斜晶型(V型)				SB型②			
温度/℃	蒸气压/atm	温度/℃	蒸气压/atm	温度/℃	蒸气压/atm	温度/℃	蒸气压/atm	温度/℃	蒸气压/atm	温度/℃	蒸气压/atm
320	0.15	420	1.6	320	0.02	420	0.72	360	0.18	500	7.5
330	0.19	430	2.0	330	0.03	430	0.97	380	0.34	510	9.3
340	0.25	440	2.4	340	0.05	440	1.3	400	0.61	520	11
350	0.32	450	2.9	350	0.07	450	1.7	420	1.1	530	14
360	0.42	460	3.5	360	0.10	460	2.3	440	1.8	540	17
370	0.53	470	4.2	370	0.14	470	2.9	450	2.3	550	21
380	0.67	480	5.0	380	0.20	480	3.8	460	3.0	560	25
390	0.84	490	6.0	390	0.28	490	4.9	470	3.8	570	30
400	1.1	500	7.1	400	0.39	500	6.3	480	4.8	580	36
410	1.3	510	8.3	410	0.53	510	8.0	490	6.0	589.5③	43

① 无定形在550℃加热720h而得。

② 白磷在550℃加热5h而得。

③ 为熔点。

5.8.2 非金属单质在压力下的蒸气压

表 5.8.8 非金属单质在压力下的蒸气压

名称	分子式	0.01	0.02	0.04	0.07	0.1	0.2	0.4	0.7	1.0	2	4	7	10	20	40	70	101.3	熔点/℃
		相应于上述蒸气压强(kPa)的温度/℃																	
硼	B	2110	2174	2236	2290	2330	2402	2480	2545	2590	2680	2775	2855	2908	3020				
溴	Br_2									−30	−21	−10	−2	3	14				
砷	As					366	382	401	417	427	449	471	493	506	534	565	590	610	814
硒	Se	290	305	320	335	348	369	394	415	429	460	490	520	538	575	618	653	680	217
硅①	Si					1706	1751	1799	1839	1865	1919	1974	2024	2056	2121	2190	2246	2287	1420
硅②	Si	1455	1508	1560	1607	1640	1700	1775	1835	1880	1965	2055	2135	2195	2307				
硫	S	128	144	156	166	177.6	193.2	210.0	224.4	235.0	255.5	277.9	299.3	314	345	383	418	445	112.8
碘	I_2	9	17	24	31	35.3	44.1	54.1	62.9	68.4	79.4	91.6	102.3	109.8	127.7	150.0	169.4	183.0	112.9
碳(石墨)	C					3545	3646	3750	3836	3896	4017	4141	4247	4316	4455	4599	4729	4827	
碲	Te					507	540	577	608	630	677	728	777	810	878	959	1033	1087	452
磷(白、黄)	P_4					71.2	84.8	99.6	112.3	120.8	138.2	157.6	175.0	187.0	211.2	238.8	263.1	280.0	44.1
磷(紫)	P_4					231.7	245.1	259.6	272.0	280.2	297.6	315	330	.340	360	382	402	417	590
磷(黑)	P_4					285	298	312	324	330	347	363	377	387	405				
灰砷(α)	As	310	324	342	354	362	380	400	416	428	448	474	495	508	536				

名称	分子式	101.3	200	400	700	1000	1500	2000	2500	3000	3500	4000	5000	6000	临界值	
		相应于上述蒸气压强(kPa)的温度/℃													t_c/℃	p_c/MPa
溴	Br_2	58.2	78.7	102.2	124.1	139.3	159.2	173.4	186.2	196.8	206.6	215.2	230.0	242.6	(311)	(10.30)
硫	S	448	494	524^{300}	548^{400}	568^{530}										

①② 资料来源不同，略有差异。

5.8.3 非金属氧化物的蒸气压

表 5.8.9 非金属氧化物的蒸气压

名称	分子式	0.01	0.02	0.04	0.07	0.1	0.2	0.4	0.7	1.0	2	4	7	10	20	40	70	101.3	熔点/℃
		相应于上述蒸气压(kPa)的温度/℃																	
二氧化硅	SiO_2										1770	1836	1896	1936	2016	2103	2175	2227	1710
二氧化硒	SeO_2	152	160	170	178	184	196	208	218	225	239	254	266	274	292				
二氧化硒	SeO_2					152.3	164.2	177.4	188.6	196.2	210.8	226.5	240.6	250.0	268.1	288.6	306	317	340
过氧化氢	H_2O_2									45	57	70	80	88	105				
三氧化二砷	As_2O_3	178	185	196	203	207.9	219.6	232.5	243.7	252.4	270.6	290.3	306	320	353	394	731	457	312.8
三氧化硫(α)	SO_3	−60	−55	−50	−45	−40.9	−35.6	−29.2	−23.3	−19.7	−12.7	−5.0	1.9	6.3	15.3	27.1	37.6	44.8	16.8
三氧化硫(β)	SO_3	−54	−50	−44	−40	−35.8	−30.8	−24.5	−18.8	−15.4	−8.5	−0.8	5.9	10.3	18.8	28.4	37.6	44.8	32.3
三氧化硫(γ)	SO_3	−35	−30	−25	−21	−16.9	−12.4	−6.8	−1.7	1.5	7.8	14.5	19.7	23.8	31.6	40.1	47.0	51.6	62.1
六氧化四磷	P_4O_6								40.5	47.3	61.2	76.7	90.3	99.9	119.4	141.0	159.8	173.1	22.5
五氧化二磷[①]	P_2O_5					185	198	210	222	230	246	264	278	288	307				
十氧化四磷	P_4O_{10}					379	393	410	425	434	453	471	489	500	521	545	569	591	569
氧化氟	F_2O					−197.0	−194.2	−190.2	−186.4	184.3	−180.2	−175.6	−171.5	−168.7	−162.8	−155.3	−149.0	−144.6	−223.9
一氧化二氯	Cl_2O					−101	−94	−87	−80	−76	−67	−57	−49	−43	−33				
七氧化二氯	Cl_2O_7					−50	−41	−31	−24	−19	−7	5	16	23	37				
五氧化二氮	N_2O_5					−39	−34	−29	−24	−21	−15	−7	0	4	12				

名称	分子式	101.3	200	400	700	1000	1500	2000	2500	3000	3500	4000	5000	6000	临界值	
		相应于上述蒸气压(kPa)的温度/℃													t_c/℃	p_c/MPa
三氧化硫	SO_3	44.8	60.0	76.7	92.5	103.6	123.3	137.4	148.3	157.2	166.2	174.2	187.1	197.3	218.3	8.46
四氧化二氮	N_2O_4	21.0	37.3	54.0	68.9	79.0	91.2	99.9	106.4	111.6	116.6	121.0	127.4	131.9	(158)	(10.13)

① 三方体。

表 5.8.10 三氧化二磷的蒸气压

温度/℃	蒸气压/Pa	温度/℃	蒸气压/Pa	温度/℃	蒸气压/kPa	温度/℃	蒸气压/kPa
23.8	228.0	70	2948	110	15.07	150[①]	53.07
25	246.7	80	4627	120	21.33	160	69.33
50	1080	90	7053	130	29.47	170	89.06
60	1813	100	10453	140	39.87	175.4[②]	101.3

① 熔点。
② 沸点。

表 5.8.11 五氧化二磷的蒸气压

固体H型[①]		固体O型[②]		固体O′型[③]		液体H型		液体O′型	
温度/℃	压力/kPa	温度/℃	压力/kPa	温度/℃	压力/kPa	温度/℃	压力/kPa	温度/℃	压力/kPa
250	2.27	440	1.33	480	5.20	420[④]	479.9	490	20.13
260	3.47	449.3	1.87	490	6.93	425	522.5	500	23.59
270	5.07	460	2.80	500	9.33	430	567.9	511.5	28.26
280	7.33	470	3.87	509	12.00	435	615.8	520	32.13
290	10.66	483	6.00	520	16.26	440	667.8	530	37.19
300	15.20	490.1	7.33	530	21.33	445	722.5	533	38.92
310	21.46	496	8.93	540	27.59	450	782.5	540	42.92
320	29.73	498	9.46	547	33.06	455	845.1	550	49.45
330	41.06	500	10.0	550	35.72	458	885.1	562	58.25
340	55.85	510.3	13.7	560	45.72	460	911.8	570	64.92
350	75.31	517	16.7	566	53.05	465	983.8	580[④]	73.98
356	89.71	520	18.3	570	58.39	470	1060	586	78.91
360	100.6	532	25.7	575	65.72	475	1140	593	87.31
370	133.2	540	32.1	580[④]	73.98	0.48	1225	600	95.31
380	174.6	546	38.0			485	1316	613.5	112.2
382	184.0	550	42.3					620	121.3
390	227.9	556	49.7					630	136.0
400	294.6	557	51.2					637.5	148.0
410	377.2	560	55.3					650	170.6
420[④]	479.9	562	58.3					656	182.6

① H 型固体五氧化二磷三相点在 420℃、479.9kPa。这时固态五氧化二磷升华热是 22700cal/mol，半稳定液体 H 型五氧化二磷的蒸发潜热是 67.83kJ/mol（按 P_4O_{10} 计算）。

② O 型固体五氧化二磷三相点在 562℃、58.25kPa，其升华潜热是 152.4kJ/mol。

③ O′型固体五氧化二磷三相点在 580℃、73.98kPa，其升华热是 141.9kJ/mol，稳定液体 O′型的蒸发潜热是 78.29kJ/mol。

④ 三相点。

5.9 比热容

5.9.1 非金属单质的比热容

（1）硫

表5.9.1 硫的比热容 单位：kJ/(kg·K)

状态	斜方晶					单斜晶						液体		
温度/℃	30	50	70	90	95.4	95.4	100	101	105	110	115.2	115.2	120	140	160
c_p	0.711	0.557	0.738	0.751	0.754	0.772	0.754	0.749	0.777	0.785	0.790	0.989	0.998	1.036	1.536
状态	液体														
温度/℃	180	200	220	240	260	280	300	320	340	360	380	400	420	440	444.6
c_p	1.324	1.248	1.198	1.163	1.134	1.110	1.091	1.075	1.062	1.052	1.042	1.033	1.022	1.008	1.004

（2）磷

表5.9.2 液态磷 P_4 的比热容 单位：J/(mol·K)

温度/℃	44.1	100	150	200	250	280.5[①]	300	350
c_p	100.40	96.88	92.95	87.92	82.06	78.29	75.78	68.24

① 沸点。

表5.9.3 磷的平均比热容 单位：kJ/(kg·K)

温度/℃	−188～20	−78～10	−21～70	7～13	13～36
黄磷	0.7076	0.7285	0.7486	0.7934	0.8457
白磷			0.741^{27}		
红磷			0.795^{9}		

（3）其他非金属

表5.9.4　其他非金属的比热容　单位：kJ/(kg·K)

温度/K	10	15	20	25	30	50	70	100	150	200	250
As	0.002	0.006	0.012	0.024	0.040	0.105	0.159	0.218	0.276	0.301	0.318
B(黄)			0.002	0.003	0.002	0.008	0.031	0.100	0.297	0.561	0.816
B(棕)			0.008	0.039	0.039	0.015	0.046	0.126	0.331	0.599	0.858
C(石墨)	0.001	0.003	0.007	0.010	0.014	0.042	0.080	0.138	0.268	0.410	0.565
C(金刚石)	0.000	0.000	0.000	0.000	0.000	0.002	0.006	0.020	0.084	0.193	0.343
I	0.016	0.040	0.063	0.084	0.100	0.138	0.163	0.180	0.193	0.201	0.209
S(α)	0.001	0.040	0.080	0.109	0.138	0.230	0.310	0.402	0.532	0.624	0.687
S(β)	0.001	0.040	0.080	0.109	0.138	0.230	0.306	0.398	0.515	0.603	0.662
Se		0.024	0.042	0.059	0.080	0.138	0.180	0.226	0.272	0.293	0.306
Si					0.016	0.048	0.110	0.260	0.460	0.557	0.649
Te	0.007	0.020	0.036	0.050	0.063	0.113	0.146	0.163	0.184	0.193	0.200
温度/K	298.2	400	500	600	700	800	1000	1200	1400	1700	2000
As	0.326	0.339	0.351	0.364	0.377	0.389					
B(黄)	1.022	1.428	1.624	1.779	1.892	1.972	2.165	2.320	2.480	2.650	2.705
B(棕)	1.105	1.390	1.545	1.738	1.892	2.010	2.202	2.320	2.404	2.494	2.550
C(石墨)	0.712	0.992	1.218	1.403	1.545	1.650	1.796	1.888	1.946	2.016	2.039
C(金刚石)	0.507	0.854	1.126	1.340	1.499	1.624	1.800	1.951			
I	0.214	0.314	0.146	0.146	0.146	0.151					
S(α)	0.733	1.010	1.185	1.068	1.017						
S(β)	0.708	1.010	1.185	1.068	1.017						
Se	0.322	0.352	0.444	0.444							
Si	0.703	0.791	0.837	0.867	0.888	0.908	0.938	0.963	0.986	0.975	0.908
Te	2.010	0.218	0.234	0.251	0.268	0.293					

5.9.2　非金属氧化物的比热容

（1）氧化硫

表5.9.5　氧化硫气体的比热容　单位：J/(mol·K)

温度/K	300	400	500	600	700	800	900	1000	1100
SO	30.313	32.481	33.556	34.201	34.643	34.977	35.249	35.481	35.687
S_2O	44.081	48.91	51.262	52.638	53.554	54.225	54.753	55.192	55.575
SO_2	40.017	43.968	46.367	48.156	49.656	51.003	52.261	53.463	40.017
SO_3	50.338	58.796	63.734	67.195	69.876	72.07	73.916	75.487	50.338
温度/K	1200	1300	1400	1500	1600	1700	1800	1900	2000
SO	35.876	36.053	36.221	36.383	36.539	36.692	36.841	36.988	37.133
S_2O	55.915	56.23	56.524	56.803	57.071	57.33	57.582	57.828	58.071
SO_2	55.770	56.894	58.005	59.106	60.201	61.29	62.375		
SO_3	77.958	78.898	79.656	80.24	80.655	80.904	80.99	80.914	80.679

（2）其他非金属氧化物

表5.9.6　其他非金属氧化物的比热容　单位：kJ/(kg·K)

温度/K	50	60	80	100	120	140	160	180	200	220	240	260	280	300
$As_2O_3$①		0.124	0.167	0.205	0.251	0.287	0.325	0.357	0.387	0.412	0.431	0.455	0.467	0.483
$As_2O_5$②		0.071	0.127	0.172	0.224	0.268	0.308	0.348	0.383	0.414	0.440	0.468	0.495	0.502
$B_2O_3$③	0.090	0.132	0.220	0.301	0.375	0.446	0.514	0.576	0.637	0.695	0.749	0.801	0.855	0.851
石英玻璃④	0.099	0.131	0.197	0.263	0.327	0.388	0.445	0.497	0.546	0.591	0.634	0.674	0.712	0.745
石英单晶⑤	0.098	0.128	0.199	0.260	0.324	0.388	0.447	0.499	0.545	0.591	0.634	0.684	0.719	0.746
温度/K	300	400	500	600	700	800	900	1000	1100	1200	1300	1400	1500	>1600
$B_2O_3$⑥	8.625	11.08	12.69	13.99	15.12	15.37^{723}	18.30	18.30	18.30	18.30	18.30	18.30	18.30	18.30
石英单晶⑤	0.746	0.887	0.989	1.077	1.137	1.236	1.132	1.140^{950}						

① 试件为纯度为99.8%的As_2O_3八面结晶状结构，密度为3.35g/cm^3。

② 试件为As_2O_5(>99.7%)和As_2O_5(0.2%)的结晶聚集体，密度为4.32g/cm^3。

③ 试件成分为99.7%B_2O_3，0.1%H_2O。

④ 试件为含99.97%SiO_2的石英玻璃，在35℃下受中子辐射30d。温度为10、20、30和40K时，其比热容分别为0.001、0.012、0.037和0.067kJ/(kg·K)。

⑤ 试件为α-石英，主要成分为99.93%SiO_2，杂质占0.07%；在22.2℃下的密度为2.64g/cm^3。

⑥ 试件成分为99.5%B_2O_3，0.06%H_2O。

5.10　比焓和比熵

5.10.1　非金属单质的比焓和比熵

表5.10.1　非金属单质的焓　　单位：kJ/mol

物料名	砷	碳	碘	白磷	硫	硅
25℃时理想气体标准生成焓	302.5	716.7	62.42	316.5	277.2	455.6
25℃时标准燃烧焓	—	−393.5	—	—	−296.8	−905.5
常规沸点下的汽化焓	46.86	—	41.88	49.71	8.887	385.8

表5.10.2　硫蒸气的比焓　　单位：kJ/kg

温度/℃		500	600	700	800	900	1000	温度/℃		700	800	900	1000
压强	101.3	798	1198	2193	2456	2517	2573	压强	700		2140	2482	2568
/kPa	400		935	1503	2326	2505	2572	/kPa	1000	1275	1954	2459	2568

表5.10.3　硫在饱和线上的比焓　　单位：kJ/kg

温度/℃	120	130	140	150	160	170	180	190	200	210
h'	147.00	158.85	170.76	182.58	194.22	205.65	216.69	227.30	237.48	247.23
h''	50.191	253.05	390.47	477.35	526.84	546.52	552.73	553.09	552.66	555.78
温度/℃	220	230	240	250	260	270	280	290	300	320
h'	256.63	265.77	274.70	283.51	292.22	300.83	309.36	317.73	326.02	342.47
h''	561.32	568.82	577.31	584.82	591.59	597.42	602.43	608.75	615.12	628.25
温度/℃	340	360	380	400	420	444.6	500	550	600	
h'	358.90	375.52	392.26	408.91	425.12	443.57	474.73	501.76	554.75	
h''	642.20	657.48	673.93	691.29	709.09	730.83	775.25	820.16	894.35	

表5.10.4　非金属单质的绝对熵（25℃）　　单位：kJ/(mol·K)

物料名	砷	碳	碘	白磷	硫	硅
绝对熵	174.1	157.991	260.576	163.09	167.72	167.86

表5.10.5　硫蒸气的比熵　　单位：kJ/(kg·℃)

温度/℃		500	600	700	800	900	1000	温度/℃		700	800	900	1000
压强	101.3	101.3	1.638	2.062	2.657	2.805	2.868	2.911	700	2.014	2.428	2.592	2.633
/kPa	400	400		1.780	2.170	2.579	2.691	2.730	1000	1.918	2.319	2.539	2.592

表5.10.6　硫在饱和线上的比熵　　单位：kJ/(kg·K)

温度/℃	120	130	140	150	160	170	180	190	200	210
s'	0.4279	0.4653	0.5002	0.5328	0.5635	0.5926	0.6203	0.6468	0.6724	0.6972
s''	1.3322	1.3310	1.3303	1.3303	1.3310	1.3323	1.3342	1.3367	1.3398	1.3435
温度/℃	220	230	240	250	260	270	280	290	300	320
s'	0.7212	0.7446	0.7674	0.7896	0.8114	0.8327	0.8537	0.8745	0.8950	0.9351
s''	1.3477	1.3525	1.3578	1.3636	1.3698	1.3766	1.3837	1.3914	1.3994	1.4167
温度/℃	340	360	380	400	420	444.6	500	550	600	
s'	0.9734	1.0092	1.043	1.0752	1.1062	1.1426	1.2146	1.2648	1.2954	
s''	1.4352	1.4547	1.4749	1.4955	1.5165	1.5428	1.6035	1.653	1.6843	

5.10.2　非金属氧化物的比焓和比熵

表5.10.7　非金属氧化物的比焓　　单位：kJ/mol

物料名	一氧化碳	二氧化碳	一氧化氮	二氧化氮	一氧化二氮	四氧化二氮	五氧化二氮
25℃时理想气体标准生成焓	−110.53	−393.51	90.25	33.18	82.05	9.07928	11.2
25℃时标准燃烧焓	−283	—	−90.2489	−33.0954	−82.0482	1.98317	−11.2
常规沸点下的汽化焓	5.99813	16.3703	13.5292	38.116	16.3831	28.911	62.6656

续表

物料名	二氧化硫	二氧化硅	二氧化氯	三氧化氮	三氧化砷	三氧化硫
25℃时理想气体标准生成焓	−296.84	−305.43	102.5	82.843	−1196.25	−395.72
25℃时标准燃烧焓	—	—	−102.5	−82.843	656.97	142.2
常规沸点下的汽化焓	25.2009	—	26.3401	58.576	55.4982	40.7093

表5.10.8 非金属氧化物的绝对熵（25℃） 单位：kJ/(K·mol)

物料名	一氧化碳	二氧化碳	一氧化氮	二氧化氮	一氧化二氮	四氧化二氮	五氧化二氮
绝对熵	197.556	213.677	210.6	239.92	219.85	304.28	346

物料名	二氧化硫	二氧化硅	二氧化氯	三氧化氮	三氧化砷	三氧化硫
绝对熵	248.1	228.867	256.84	308.45	409.2	256.51

5.11 熔融热和汽化热

5.11.1 非金属单质的熔融热和汽化热

表5.11.1 非金属单质的熔融热和汽化热 单位：kJ/kg

元素符号	名称	熔融热	汽化热	元素符号	名称	熔融热	汽化热
Ar	氩	28.05	162.9	O_2	氧	13.8	213.2
As	砷	285.0	426.3①	P	黄磷	20.1	401.5
B	硼	1109	17400	P	红磷	608.4④	1040①
Br	溴	66.2	187.8	P	黑磷		1110①
C	石墨	8715	59700①	P	白磷	21.28	—
Cl_2	氯	90.0	315.3	S	硫	39.1⑤	287.2
D_2	氘	49.2	304.4	Se(灰)	硒	66.2⑥	270.0
F_2	氟	13.4②	172.1	Si	硅	1800	15650
H_2	氢	58.6	454.3	Te	碲	137.8	406.6
He	氦	5.72	19.5③	Xe	氙	23.6	99.2
I_2	碘	61.5	164.5	S⑤	硫	49.8⑦	
Kr	氪	8.0	119.3	S③	硫	59.6⑧	
N_2	氮	25.5	199.2				
Ne	氖	14.2	85.8				

① 升华热（101.3kPa）。
② 200Pa。
③ 4.3K。
④ 4.3mPa。
⑤ 单斜晶→ S_4（液）。
⑥ 真空中。
⑦ 单斜晶→斜方晶→液体。
⑧ 液体。

表5.11.2 磷在不同温度时的汽化热 单位：kJ/kmol

温度/℃	44.1	100	150	200	250	280.5①	300	350
汽化热 ΔH°	53.38	52.34	51.54	50.83	50.24	49.91	49.74	49.36

① 沸点。

表5.11.3 硫在饱和线上的汽化热 单位：kJ/kg

温度/℃	120	130	140	150	160	170	180	190	200	210	220	230	240	250	260
ΔH	354.94	348.97	343.24	337.78	332.62	327.74	323.21	319.02	315.17	311.64	308.40	305.40	302.61	300.00	297.55
温度/℃	270	280	290	300	320	340	360	380	400	420	444.6	500	550	600	
ΔH	295.25	293.08	291.02	289.11	285.78	283.30	281.96	281.67	282.37	283.97	287.26	300.52	318.38	339.60	

5.11.2 非金属氧化物的熔融热和汽化热

表5.11.4 非金属氧化物的熔融热和汽化热 单位：kJ/mol

分子式	r_m	r_b	分子式	r_m	r_b	分子式	r_m	r_b
$As_4O_6$①	33.50	59.9	H_2O_2	12.22	44.09	$SiO_2$⑤	14.24	
$As_4O_6$②	66.40	34.4	NO	2.30	13.8	$SiO_2$⑥	8.80	
B_2O_3	23.03	(293.1)	N_2O	6.54	16.6	$SiO_2$⑦	9.00	
CO	0.84	6.05	N_2O_3		39.4	SO_2	7.41	25.0
CO_2	7.96	16.2③	N_2O_4	14.65	38.2	$SO_2$⑧	9.50	56.3④
C_3O_2	5.40	24.8	N_2O_5	34.64	62.3④	$SO_2$⑨	13.44	58.2④
ClO		26.3	PbO	11.72	213.5	SO_2⑩	25.54	66.6④
ClO_2		27.3	P_4O_6	14.07	43.5	T_3O_2	247.0	216.5
ClO_3	51.50	39.8	P_4O_{10}	27.22	67.8			
ClO_7		34.7	SeO_2		94.5			

① 单斜晶。
② 斜方晶。
③ 升华热为25.25kJ/mol。
④ 升华热。
⑤ 石英。
⑥ 方石英。
⑦ 鳞石英。
⑧ 熔点17℃。
⑨ 熔点30.5℃。
⑩ 熔点62.2℃。

表5.11.5 三氧化二磷的汽化热 单位：kJ/mol P_4O_6

温度/℃	汽化热	温度/℃	汽化热	温度/℃	汽化热	温度/℃	汽化热
23.8①	48.02	70	45.76	110	43.54	150	41.03
25	47.98	80	45.22	120	42.91	160	40.40
50	46.77	90	44.67	130	42.29	170	39.73
60	46.26	100	44.09	140	41.70	175.4②	39.36

① 熔点。
② 沸点。

表5.11.6 液态三氧化硫的汽化热 单位：kJ/ kg

温度/℃	10	15	20	25	30	35	40
R	536	532	528	523	515	511	502
温度/℃	45	50	60	70	80	90	100
R	498	494	482	452	448	448	440

5.12 临界值和偏心因子

表5.12.1 非金属单质的临界参数

物料名	砷	碳	碘	硫	磷	白磷	硫	硅	硒	溴
临界温度/K	1673	6810	819.2	1313.1	968.1	993.75	1313	5159	1766	588
临界压力/MPa	22.3	223	11.65	11.75	8.336	8.328	18.21	53.70	38.0	10.34
临界体积/(cm^3/mol)	34.9	18.8	154.6	158.0		—	158	232.6	62.3	127
偏心因子临界	0.0561	0.074	0.265	0.263		—	0.264	0.291	0.2687	0.269
压缩因子	0.121	0.327	0.229	0.171				1.514	0.346	0.119

表 5.12.2 非金属氧化物的临界值和偏心因子

物料名	一氧化碳	二氧化碳	一氧化氮	二氧化氮	一氧化二氮	四氧化二氮
临界温度/K	132.92	304.21	180.15	431.15	309.57	431.15
临界压力/MPa	3.499	7.383	6.480	10.132	7.245	10.132
临界体积/(L/mol)	0.0944	0.094	0.058	0.0825	0.0974	0.0825
临界压缩因子	0.299	0.274	0.251	0.233	0.274	0.233
偏心因子	0.04816	0.2236	0.58294	0.85109	0.14089	0.85327
物料名	二氧化硫	二氧化硅	二氧化氯	三氧化氮	三氧化砷	三氧化硫
临界温度/K	430.75	3780	465	425	1200	490.85
临界压力/MPa	7.884	3.160	8.613	6.990	4.000	8.210
临界体积/(L/mol)	0.122	0.163	—	0.195	—	0.127
临界压缩因子	0.269	0.0164	—	0.386	—	0.255
偏心因子	0.24538		0.35638	0.43123	0.061116	0.42396

5.13 线胀系数和体胀系数

表5.13.1 非金属单质材料的线胀系数 单位：10^{-6}/K

名称	温度/K																
	25	50	75	100	150	200	250	300	350	400	500	600	700	800	1000	1200	1400
C(石墨)								8.8	8.9	9.0	9.2	9.4	9.7	9.9	10.4	10.8	
C(金刚石)			0.02	0.04	0.2	0.4	0.7	1.1	1.5	1.9	2.7	3.2	3.6	3.9	4.3	4.7	5.1
I		53	63	70	78	83	85	87	91								
S			35	42	51	57	60	61		430^{388}							
Se								26	32	40							
Si	–0.02	–0.2	–0.6	–0.4	0.5	1.3	2.0	2.5	2.8	3.1	3.5	3.8	4.1	4.3	4.7	5.0	

注：其他单质材料的线胀系数：As(灰)，6×10^{-6}/K(300K); B，8×10^{-6}/K (270～370K)，8.3×10^{-6}/K(500～1000K)；Br，70×10^{-6}/K (40K); 1100×10^{-6}/K(273～303K)；P(白)，127×10^{-6}/K(300K); I，93×10^{-6}/K (293～373K，固)；800×10^{-6}/K(387～423K，液)；Te，18.2×10^{-6}/K(300K)。

表5.13.2 二氧化硅的线胀系数 单位：10^{-6}/℃

形态	温度/℃														
	–250	–200	–150	–100	–50	0	20	100	200	300	400	500	600	700	800
// C轴	0.2	2.5	3.8	4.9	6.0	7.0	7.4	8.8	10.4	12.3	15.4	23.3	2.0	–1.5	–1.5
⊥C轴	0.9	5.6	8.5	10.3	11.8	13.1	13.6	15.6	17.9	20.8	26.0	39.9	4.0	–0.5	–0.6

表5.13.3 液态三氧化硫的体胀系数 单位：10^{-3}/℃

温度/℃	15	20	25	30	35	40	45	50	55
β	1.822	1.896	1.964	2.030	2.097	2.166	2.231	2.299	2.369
温度/℃	60	65	70	75	80	90	100	110	120
β	2.436	2.504	2.572	2.640	2.709	2.846	2.996	3.161	3.345

第 6 章 氢化物和氢氧化物

目录

6.1 物性总览…… 236
6.1.1 氢化物的一般特性…… 236
6.1.2 氢氧化物的一般特性…… 237
6.1.3 氢化物的危险品特性…… 239
6.1.4 氢氧化物的危险品特性…… 239
6.2 密度…… 240
6.2.1 氢化物的密度…… 240
6.2.2 氢氧化物溶液的密度…… 240
6.3 相变点和三相点…… 244
6.3.1 氢化物的相变点和三相点…… 244
6.3.2 氢氧化物的相变点和三相点…… 245
6.4 黏度…… 245
6.4.1 氢化物的黏度…… 245
6.4.2 氢氧化物的黏度…… 246
6.5 表面张力…… 246
6.6 溶解度…… 247
6.6.1 氢化物的溶解度…… 247
6.6.2 氢氧化物的溶解度…… 247
6.7 热导率…… 250
6.7.1 氢化物的热导率…… 250
6.7.2 氢氧化物的热导率…… 250
6.8 蒸气压…… 251
6.8.1 氢化物的蒸气压…… 251
6.8.2 氢氧化物的蒸气压…… 252
6.9 比热容…… 253
6.9.1 氢化物的比热容…… 253
6.9.2 氢氧化物的比热容…… 254
6.10 比焓和比熵…… 254
6.11 其他物性…… 255
6.11.1 氢化物的其他物性…… 255
6.11.2 氢氧化物的其他物性…… 255

6.1 物性总览

6.1.1 氢化物的一般特性

表 6.1.1 氢化物的一般特性总览

分子式	名称	分子量	颜色	晶形	特性或折射率	密度/(g/cm³)	熔点/℃	沸点/℃	溶解度/(g/100g溶剂)或溶解情况 冷水	热水	酸	碱	乙醇	其他溶剂
AlH_3	氢化铝	30.00	白	六		1.45	110～115		×		+// Cl	+四氢呋喃	×	−CS_2，+乙醚
As_2H_2	二氢化二砷	151.85	棕	丝或粉			200	//	−			+浓	−	
BaH_2	氢化钡	139.36	灰	晶	可燃	4.120	675	1400	//		// Cl			
CaH_2	氢化钙	42.10	白	斜		1.700	// 675	空气中燃烧	//		//；+浓		×甲，乙	−CS_2，有机溶剂
$Ca(SH)_2·6H_2O$	氢硫化钙·6水	214.31	无	棱			// 15		++				+	
CsH	氢化铯	133.92	白	晶		3.410			//		//			
CuH	氢化亚铜	64.55	红棕	晶、粉		6.380	// 60	55～60	−	−	// Cl	+稀		
KBH_4	硼氢化钾	53.94	白	立	1.949	1.178	// 500		19.3^{20}	++			0.25	−乙醚；+甲醇 0.56
KH	氢化钾	40.11	白	晶、粉	1.453	1.470	// 770(真空)	1470	//				×	−乙醚，苯；CS_2
KSH	氢硫化钾	72.16	黄	斜	～	1.690	455		+	+//			+	
$LiAlH_4$	氢化铝锂	37.95	白-灰白	晶、粉	强腐蚀	0.97	// >120		//		−烃类	+乙醚 30、四氢呋喃等有机溶剂		
$LiBH_4$	硼氢化锂	21.78	白	斜		0.896	// 768		+				//	+乙醚 2.5
LiH	氢化锂	7.95	白或带蓝灰	立	刺激≈	0.820	680	850//	−		÷	−苯、甲苯	×	÷÷乙醚；×液氨
$NaAlH_4$	氢化铝钠	53.989	白	晶		1.200						−乙醚，++四氢呋喃和乙二醇、二甲醚		
$NaBH_4$	硼氢化钠	37.83	白	立	1.542	1.074	400 //		55^{25}	++		16.4(甲醇)	4	−乙醚；+吡啶
NaH	氢化钠	24.00	银白	针	1.470	0.920	800	// 850	着火爆炸		//	−液氨		①
NaH	氢化钠	24.00	无	立		1.380	// 800		//	//		×液氨	×	②
$NaSH·2H_2O$	氢硫化钠·2水	92.10	无	针	～		//		+	+	//		+	
$NaSH·3H_2O$	氢硫化钠·3水	110.11		正			22	//	+	+	//		+	
NH_4SH	氢硫化铵	51.11	白	斜	1.74	1.170	118^{15}	88.4^{19}	128.1	//			÷	+液氨-醚、苯
N_2H_4	联氨，肼	32.04	无	油	易燃剧毒 1.464	1.011	1.4	13.5	∞			∞甲醇	∞	③
$N_2H_4·H_2O$	联氨·1水	50.06	无	液或单	极毒 1.428	1.038	−51.7	119.4	∞			∞	∞	−乙醚，氯仿
$PbCO_3·12Pb(OH)_2$	氢化白铅	387.83	白	六		6.140	// 400		−	−	+乙酸			÷含水CO_2
RbH	氢化铷	86.48	无	立		2.600	// 300		×		//			
ZrH_2	氢化锆	93.24	灰黑	粉		5.470					+浓	+FH		

① 不溶于 CS_2、CCl_4 和有机溶剂；易溶于熔融金属。
② 不溶于 CS_2、CCl_4 和有机溶剂；溶于熔融钠。
③ 不溶于氯仿、苯、三氯甲烷和乙醚；混溶于丙醇、异丁醇。

6.1.2 氢氧化物的一般特性

表 6.1.2 氢氧化物的一般特性

分子式	名称	分子量	颜色	晶形	特性或折射率	密度/(g/cm³)	熔点/℃	沸点/℃	溶解度/(g/100g溶剂)或溶解情况：冷水	热水	酸	碱	乙醇	其他溶剂
$Al(OH)_3$	氢氧化铝	77.99	白	非	无味	2.420	300		0.0001^{16}	–	×	×	–	
$Au(OH)_3$	氢氧化金	247.98	暗褐	粉			→ Au_2O_3 150		÷÷		×	×		×NaCN
$Ba(OH)_2$	氢氧化钡	171.35	白	单	刺激	2.18	78	780	表6.6.4		++稀		+	÷丙酮
$Ba(OH)_2 \cdot 8H_2O$	氢氧化钡·8水	315.50	白	单	毒1.502	2.19^{16}	77.9	$-8H_2O$ 550	5.6^{15}	94.7^{78}		–丙酮	÷÷	–乙醚;++NH_4Cl
$Be(OH)_2$	氢氧化铍	43.03	白	无、晶		1.920	// 138		0.0002	–	×	×		×$(NH_4)_2CO_3$
$Bi(OH)_3$	氢氧化铋	260.00	白	非、粉		4.360	$-H_2O$ 100	$-1.5H_2O$ 400	0.00014		+浓	÷÷浓		+甘油
$Ca(OH)_2$	氢氧化钙	74.10	白	粉、块	1.574	2.248	$-H_2O$ 512	2850//	表6.6.4		×		÷÷	+NH_4Cl
$Cd(OH)_2$	氢氧化镉	146.43	白	三、六粉、团		4.790	// 300		0.00026^{25}		+	–氢氧化碱;+氨水		+铵盐溶液
$Co(OH)_2$	氢氧化钴	92.94	玫瑰红	单、粉		3.60^{15}	290//		0.00032		+	–		+乙酸,铵盐溶液
$Co(OH)_3$	氢氧化高钴	109.96	黑	非、粉		4.460	$-H_2O$ 100		–		+	–氨水	–	
$Co(OH)_3 \cdot 3H_2O$	氢氧化高钴·3水	147.00	黑褐	粉		4.460	//	$-H_2O$ 100	0.00032		+		–	
$Cr(OH)_3$	氢氧化铬	103.03	绿、蓝	浆			//		–		+	+		÷液氨
$Cr(OH)_3 \cdot 2H_2O$	氢氧化铬·2水	139.07	绿				$-2H_2O$ 100		–	–	+	+		
CsOH	氢氧化铯	149.91	白灰	晶	～	3.680	272	↑≈400	385^{15}	305^{30}			++	
$Cu(OH)_2$	氢氧化铜	97.59	天蓝	胶或粉		3.368	80		–	//	++	+	+	①
CuOH	氢氧化亚铜	80.55	黄			3.400	$-\frac{1}{2}H_2O$ 360		–	–	+	+氨水		
$Fe(OH)_2$	氢氧化亚铁	89.86	微绿	三、无		3.400	// 150～200		0.00067		×	–		+NH_4Cl
$Fe(OH)_3$	氢氧化铁	106.87	红棕	粉或块		3.4～3.9	$-\frac{3}{2}H_2O$ 500		–		×	–氨水(×热浓)	–	–乙醚和盐类溶液
FeO(OH)	氧化铁黄	88.85	棕黑	斜	2.394	4.280	$-H_2O$ 136		–	–	+Cl		–	–乙醚
$In(OH)_2$	氢氧化铟	165.84	白	立		4.38	$-H_2O$ 150		–		×	÷		–氨水
KOH	氢氧化钾	56.11	白	立、斜	～	2.044	360.4	1327	表6.6.4				++甲,乙	–液氨;++乙醚
LiOH	氢氧化锂	23.95	白	晶	强碱性	1.460	462	925 //	表6.6.4				÷	
$LiOH \cdot H_2O$	氢氧化锂·1水	41.96	无	单		1.830		//	表6.6.4				÷	
$Mg(OH)_2$	氢氧化镁	58.32	白	六、粉	1.562	≈2.40	$-H_2O$ 350		表6.6.4		××		—	②
$Mn(OH)_2$	氢氧化亚锰	88.95	白	三	1.723	3.258^{13}	//		0.002	÷÷	+	–		+铵盐溶液
$Mn(OH)_3$	三氢氧化锰	105.97	暗棕	非、粉					–		+Cl,N*			+热浓硫酸

续表

分子式	名称	分子量	颜色	晶形	特性或折射率	密度/(g/cm³)	熔点/℃	沸点/℃	溶解度/(g/100g溶剂)或溶解情况 冷水	热水	酸	碱	乙醇	其他溶剂
$Mn(OH)_2$	氢氧化锰	88.95	白-浅桃红	正	2.24	3.258	//		0.19		+Cl,S*			+氯化铵
$Mn(OH)_2 \cdot H_2O$	氢氧化锰·1水	94.96	棕	正	2.240	3.258	//		–		+S*			
$Mo(OH)_3$	氢氧化钼	146.98	黑	粉			//				÷S,Cl	–		
NaOH	氢氧化钠	40.00	白	粉	≈	2.130	318	1388	表6.6.3			++甘油	++甲,乙	–乙醚,丙酮
$NaOH \cdot 3^1/_2H_2O$	氢氧化钠·$3^1/_2$水	103.06		单			15.5		+	++				
$Ni(OH)_2$	氢氧化镍	92.72	蓝绿	晶或无	强碱性	4.150	// 230		0.013		+			+氨水
$Ni(OH)_2 \cdot ^1/_4H_2O$	氢氧化镍·$^1/_4$水	97.21	微绿			4.360	//		÷÷	÷÷	+	–		+氨水
$Ni(OH)_3$	氢氧化高镍	109.71	绿黑	晶			//		÷÷	–	+	÷÷		+NH_4Cl,氨水
$Pb(OH)_2$	氢氧化铅	241.22	白	无	毒	7.592	// 145		0.016[20]	÷	+	+		–乙酸
$PbO \cdot ^1/_3H_2O$	氢氧化铅·$^1/_3$水	229.22	白	晶、粉		7.592	$-H_2O$ 145		0.014		+	+	+NH_4Cl*	–氨水,丙酮
$Pt(OH)_2$	二氢氧化铂	229.25	黑				//		–	–	+Cl	+		+HBr
$Pt(OH)_2 \cdot 2H_2O$	二氢氧化铂·2水	265.28	黄				$-2H_2O$ 100		–	–	+	+		
$Pt(OH)_4$	四氢氧化铂	263.26	红褐	针			$-^1/_2H_2O$ 110		–	÷÷	+Cl′;// S′	+熔化		+王水
RbOH	氢氧化铷	102.48	无	斜	～	3.20[11]	301	1390	表6.6.4			+		
$Rh(OH)_3$	三氢氧化铑	153.93	黑黄	胶			//		–		++			
$Rh(OH)_4$	四氢氧化铑	170.94	绿				//		–		+Cl			
$Sn(OH)_2$	氢氧化亚锡	152.72	黄	无			//		0.0002[25]	//	++	++		–氨水
$Sn(OH)_4$	氢氧化锡	186.73	白	非、粉							++	+		÷氨水
$Sr(OH)_2$	氢氧化锶	121.63	无或白	晶或粉	～	3.625	375	710	表6.6.4		×		+甲	–丙酮;+NH_4Cl
$Sr(OH)_2 \cdot 8H_2O$	氢氧化锶·8水	265.75	无	四	1.499	1.900	$-7H_2O$干空气中	$-8H_2O$ 100	表6.6.4		×		+甲	–丙酮;+NH_4Cl
$Th(OH)_4$	氢氧化钍	300.15	白	粉或胶			//		–	–	+	–	–氨水	$-H_2C_2O_4$、HF
$Tl(OH)_3$	氢氧化铊	255.39	红棕	六			>340		–		×	–		
TlOH	氢氧化亚铊	221.38	亮黄	针			// 139		表6.6.4				+	
$Zn(OH)_2$	氢氧化锌	99.40	白	正		3.053	// 125		0.00052[18]		+	+		+NH_4Cl,氨水
$Zr(OH)_4$	氢氧化锆(α)	159.25	白	无、粉		3.250	$-2H_2O$ 550		0.02	–	+	–	–	–氨水

① 溶于氨水、铵盐、KCN、$Na_2S_2O_3$溶液。

② 溶于铵盐溶液；易溶于氯化铵溶液。

6.1.3 氢化物的危险品特性

表 6.1.3 氢化物的危险品特性总览

名称	CAS 号	危险品编号	饱和蒸气压/kPa	燃烧性	闪点/℃	自燃温度/℃	建规火险分级	爆炸下/上限体积分数/%	灭火方法	危险物品分类代号	风险性代号	安全措施号
四氢化铝锂	16853-85-3	43022	—	易	—	—	甲	—	G,T,JS,JP	4.3	R11; R14/15; R34	S16; S26; S33; S36/37/39; S43B; S45; S6A; S7/8
氢化钠	7647-69-7	43017	—	易	—	—	甲	—	JP,G,T ,JS	4.3		
氢化钾	7693-26-7	43018	—	易	—	—	甲	—	JP,G,T,JS	4.3	R11; R14/15; R34	S16; S26; S36/37/39; S43A; S45; S7/8
氢化锂	7580-67-8	43016	—	易	—	—	甲	—	JP,G,T,JS	4.3	R14/15; R25; R34	S25; S36/37/39; S45; S7/8

6.1.4 氢氧化物的危险品特性

表 6.1.4 氢氧化物的危险品特性

名称	CAS 号	危险品编号	饱和蒸气压/kPa①	燃烧性	闪点/℃	自燃温度/℃	建规火险分级	爆炸下/上限体积分数/%	灭火方法	危险物品分类代号	风险性代号	安全措施号
氢氧化钙	1305-62-0			不	※	※		※	K		R41	S26; S39
氢氧化钠	1310-73-2	82001	0.13(739)	不	※	※	丁	※	W,T	8.2	R35	S24/25; S37/39; S45
氢氧化钡	12230-71-6	61021	—	不	※	※	—	※	K	6.1	R20/22; R34	S26; S36/37/39; S45
氢氧化钾	1310-58-3	82002	0.13(719)	不	※	※	丁	※	W,T	8.2	R22; R35	S26; S36/37/39; S45
氢氧化铍	13327-32-7	61025	—	不	※	※	—	※	K	6.1		
氢氧化铵	1336-21-6	82503	1.59(20)	可	—	—	乙	16.0/25.0	W,T,R	8.2	R34; R50	S26; S36/37/39; S45; S61

① 括号中为饱和蒸气压对应的温度(℃)。

6.2 密度

6.2.1 氢化物的密度

表 6.2.1 气态饱和联氨的密度

温度/℃ 压强/kPa	90 35.33	95 36.40	100 36.93	110 38.26	120 38.26	131 39.20
密度/(g/m^3)	365					952

表 6.2.2 液态饱和联氨的密度

温度/℃	20	40	60	80	100	120	140	160	180
ρ/(g/cm^3)	1.007	0.988	0.970	0.951	0.931	0.911	0.890	0.868	0.846
温度/℃	200	220	240	260	280	300	320	340	360
ρ/(g/cm^3)	0.822	0.797	0.771	0.743	0.713	0.679	0.641	0.595	0.534

表6.2.3 联氨和氯化联氨水溶液的密度　　单位：g/cm^3

名称	浓度(质量分数)/%								
	1	2	4	6	8	10	12	14	16
N_2H_4 (15℃)	1.000	1.001	1.003	1.006	1.008	1.010	1.012	1.014	1.016
N_2H_4·2HCl (20℃)	1.003	1.007	1.016	1.025	1.033	1.042	1.051	1.060	1.068
名称	浓度(质量分数)/%								
	18	20	22	24	26	30	35	40	45
N_2H_4 (15℃)	1.019	1.021	1.023	1.025	1.097	1.030	1.035	1.038	1.042
N_2H_4·2HCl (20℃)	1.077								
名称	浓度(质量分数)/%								
	45	50	55	60	65	70	80	90	100
N_2H_4 (15℃)	1.042	1.044	1.046	1.047	1.047	1.046	1.040	1.030	1.011

表6.2.4 一水合联氨水溶液的密度　　单位：g/cm^3

N_2H_4摩尔分数/%	0	2	4	6	8	10	12	14	16
0℃	0.9999	1.0022	1.0051	1.0080	1.0110	1.0140	1.0169	1.0198	1.0228
25℃	0.9971	0.9995	1.0020	1.0040	1.0065	1.0088	1.0112	1.0130	1.0147
50℃	0.9881	0.9900	0.9928	0.9945	0.9960	0.9979	0.9993	1.0006	1.0019
N_2H_4摩尔分数/%	18	20	22	24	26	28	30	32	34
0℃	1.0256	1.0285	1.0306	1.0327	1.0348	1.0368	1.0388	1.0408	1.0423
25℃	1.0162	1.0180	1.0197	1.0211	1.0225	1.0237	1.0247	1.0256	1.0265
50℃	1.0030	1.0043	1.0056	1.0068	1.0079	1.0089	1.0100	1.0109	1.0115
N_2H_4摩尔分数/%	36	38	40	45	50	55	60	65	70
0℃	1.0436	1.0445	1.0454	1.0469	1.0479	1.0482	1.0479	1.0469	1.0454
25℃	1.0277	1.0284	1.0293	1.0308	1.0320	1.0325	1.0315	1.0293	1.0262
50℃	1.0120	1.0124	1.0128	1.0134	1.0137	1.0134	1.0126	1.0113	1.0080
N_2H_4摩尔分数/%	75	80	85	90	95	100			
0℃	1.0426	1.0383	1.0344	1.0306	1.0266	1.0231			
25℃	1.0222	1.0185	1.0142	1.0096	1.0057	1.0024			
50℃	1.0048	0.9994	0.9920	0.9892	0.9843	0.9801			

6.2.2 氢氧化物溶液的密度

（1）氢氧化钾

表 6.2.5 氢氧化钾水溶液的密度和浓度（密度为主变量）

密度ρ^{20}/(g/cm^3)	浓度		密度ρ^{20}/(g/cm^3)	浓度		密度ρ^{20}/(g/cm^3)	浓度	
	(质量分数)/%	/(mol/L)		(质量分数)/%	/(mol/L)		(质量分数)/%	/(mol/L)
1.00	0.197	0.035	1.01	1.295	0.233	1.02	2.38	0.434

续表

密度ρ^{20} /(g/cm^3)	浓度 (质量分数)/%	浓度 /(mol/L)	密度ρ^{20} /(g/cm^3)	浓度 (质量分数)/%	浓度 /(mol/L)	密度ρ^{20} /(g/cm^3)	浓度 (质量分数)/%	浓度 /(mol/L)
1.03	3.48	0.640	1.20	21.38	4.57	1.37	37.65	9.19
1.04	4.58	0.848	1.21	22.38	4.83	1.38	38.56	9.48
1.05	5.66	1.06	1.22	23.38	5.08	1.39	39.46	9.78
1.06	6.74	1.27	1.23	24.37	5.34	1.40	40.37	10.07
1.07	7.82	1.49	1.24	25.36	5.60	1.41	41.26	10.37
1.08	8.89	1.71	1.25	26.34	5.87	1.42	42.16	10.67
1.09	9.96	1.94	1.26	27.32	6.14	1.43	43.04	10.97
1.10	11.03	2.16	1.27	28.29	6.40	1.44	43.92	11.28
1.11	12.08	2.39	1.28	29.25	6.67	1.45	44.79	11.58
1.12	13.14	2.62	1.29	30.21	6.95	1.46	45.66	11.88
1.13	14.19	2.86	1.30	31.15	7.22	1.47	46.53	12.19
1.14	15.22	3.09	1.31	32.09	7.49	1.48	47.39	12.50
1.15	16.26	3.33	1.32	33.03	7.77	1.49	48.25	12.82
1.16	17.29	3.58	1.33	33.97	8.05	1.50	49.10	13.13
1.17	18.32	3.82	1.34	34.90	8.34	1.51	49.95	13.45
1.18	19.35	4.07	1.35	35.82	8.62	1.52	50.80	13.76
1.19	20.37	4.32	1.36	36.74	8.91	1.53	51.64	14.08

表6.2.6 氢氧化钾溶液的密度和浓度(质量分数为主变量)

浓度 (质量分数)/%	浓度 /(g/L)	密度ρ^{15} /(g/cm^3)	浓度 (质量分数)/%	浓度 /(g/L)	密度ρ^{15} /(g/cm^3)	浓度 (质量分数)/%	浓度 /(g/L)	密度ρ^{15} /(g/cm^3)
1	10.1	1.0083	18	210.4	1.1688	36	487.8	1.3549
2	20.4	1.0175	20	237.7	1.1884	38	523.2	1.3769
4	41.4	1.0359	22	265.8	1.2083	40	559.6	1.3991
6	63.3	1.0544	24	294.8	1.2285	42	597.0	1.4215
8	85.8	1.0730	26	324.7	1.2489	44	635.5	1.4443
10	109.2	1.0918	28	355.5	1.2695	46	675.0	1.4673
12	133.3	1.1108	30	387.2	1.2905	48	715.5	1.4907
14	158.2	1.1299	32	419.7	1.3117	50	757.2	1.5143
16	197	1.1493	34	453.3	1.3331	52	799.9	1.5382

表6.2.7 氢氧化钾水溶液的密度和浓度(波美度为主变量)

波美度 /°Be	浓度 /%	浓度 /(g/L)	密度 /(g/cm^3)	波美度 /°Be	浓度 /%	浓度 /(g/L)	密度 /(g/cm^3)	波美度 /°Be	浓度 /%	浓度 /(g/L)	密度 /(g/cm^3)
1	0.9	9	1.007	20	18.6	216	1.162	39	36.9	506	1.370
2	1.7	17	1.014	21	19.5	228	1.171	40	37.8	522	1.383
3	2.6	26	1.022	22	20.5	242	1.18	41	38.9	543	1.397
4	3.5	36	1.029	23	21.4	255	1.190	42	39.9	563	1.410
5	4.5	46	1.037	24	22.4	269	1.200	43	40.9	582	1.424
6	5.6	58	1.045	25	23.3	282	1.210	44	42.1	605	1.438
7	6.4	67	1.052	26	24.2	295	1.220	45	43.4	631	1.453
8	7.4	78	1.060	27	25.1	309	1.231	46	44.6	655	1.468
9	8.2	88	1.067	28	26.1	324	1.241	47	45.8	679	1.483
10	9.2	99	1.075	29	27.0	338	1.252	48	47.1	706	1.498
11	10.1	109	1.083	30	28.0	353	1.263	49	48.3	731	1.514
12	10.9	119	1.091	31	28.9	368	1.274	50	49.4	756	1.530
13	12.0	132	1.100	32	29.8	385	1.285	51	50.6	779	1.546
14	12.9	143	1.108	33	30.7	398	1.297	52	51.9	811	1.563
15	13.8	153	1.116	34	31.8	416	1.308	53	53.2	840	1.580
16	14.8	167	1.125	35	32.7	432	1.320	54	54.5	870	1.597
17	15.7	178	1.134	36	33.7	449	1.332	55	55.9	902	1.615
18	16.5	188	1.142	37	34.9	469	1.345	56	57.5	940	1.634
19	17.6	203	1.152	38	35.9	487	1.357				

表6.2.8　氢氧化钾溶液的密度随温度的变化　　单位：g/cm³

氢氧化钠（质量分数）/%	温度/℃								
	0	10	15	18	20	30	50	70	100
1	1.0124	1.0115	1.0106	1.0100	1.0095	1.0069	0.9990	0.9884	0.9693
2	1.0244	1.0230	1.0220	1.0213	1.0207	1.0177	1.0095	0.9989	0.9797
3	1.0364	1.0342	1.0332	1.0324	1.0318	1.0285	1.0201	1.0094	0.9903
4	1.0482	1.0451	1.0444	1.0435	1.0428	1.0393	1.0305	1.0198	1.0009
5	1.0598	1.0570	1.0555	1.0545	1.0538	1.0501	1.0412	1.0302	1.0115
6	1.0713	1.0684	1.0667	1.0656	1.0648	1.0609	1.0517	1.0407	1.0220
7	1.0828	1.0795	1.0778	1.0766	1.0758	1.0717	1.0623	1.0513	1.0326
8	1.0943	1.0915	10877	1.0877	1.0863	1.0826	1.0730	1.0619	1.0432
9	1.1057	1.1002	1.0987	1.0987	1.0979	1.0934	1.0830	1.0725	1.0537
10	1.1171	1.1186	1.1098	1.1098	1.1089	1.1043	1.0942	1.0831	1.0643
20	1.2296	1.2240	1.1319	1.2199	1.2191	1.2136	1.2020	1.1898	1.1700
30	1.3400	1.3340	1.3290	1.3290	1.3279	1.3217	1.3090	1.2995	1.3755
40	1.4435	1.4367	1.4314	1.4314	1.4300	1.4232	1.4095	1.3598	1.3750
50	1.5400	1.5326	1.5268	1.5268	1.5253	1.5181	1.5038	1.4807	1.4690

N（算图 6.1）

氢氧化钾水溶液的密度（第 609 页左）

（2）氢氧化钠

表 6.2.9　氢氧化钠水溶液的密度和浓度

密度ρ^{20}/(kg/m³)	浓度		密度ρ^{20}/(kg/m³)	浓度		密度ρ^{20}/(kg/m³)	浓度	
	质量分数/%	/(mol/L)		质量分数/%	/(mol/L)		质量分数/%	/(mol/L)
1.00	0.159	0.04	1.18	16.44	4.850	1.36	33.06	11.24
1.01	1.045	0.264	1.19	17.35	5.160	1.37	34.03	11.65
1.02	1.94	0.494	1.20	18.26	5.476	1.38	35.01	12.08
1.03	2.84	0.731	1.21	19.16	5.796	1.39	36.00	12.51
1.04	3.75	0.971	1.22	20.07	6.122	1.40	36.99	12.95
1.05	4.66	1.222	1.23	20.98	6.451	1.41	37.99	13.39
1.06	5.56	1.474	1.24	21.99	6.788	1.42	38.99	13.84
1.07	6.47	1.731	1.25	22.82	7.129	1.43	40.00	14.30
1.08	7.38	1.992	1.26	23.73	7.475	1.44	41.03	14.77
1.09	8.28	2.257	1.27	24.65	7.824	1.45	42.07	15.25
1.10	9.19	2.527	1.28	25.56	8.178	1.46	43.12	15.74
1.11	10.10	2.802	1.29	26.48	8.539	1.47	44.17	16.23
1.12	11.01	3.082	1.30	27.41	8.906	1.48	45.22	16.73
1.13	11.92	3.367	1.31	28.33	9.278	1.49	46.27	17.23
1.14	12.83	3.655	1.32	29.26	9.656	1.50	47.33	17.75
1.15	13.73	3.947	1.33	30.29	10.04	1.51	48.38	18.26
1.16	14.64	4.244	1.34	31.14	10.43	1.52	49.44	18.78
1.17	15.54	4.545	1.35	32.1	10.83	1.53	50.50	19.31

表6.2.10　氢氧化钠水溶液的浓度和密度(质量分数为主变量)

浓度		密度ρ^{15}/(g/cm³)	浓度		密度ρ^{15}/(g/cm³)	浓度		密度ρ^{15}/(g/cm³)
质量分数/%	/(g/L)		质量分数/%	/(g/L)		质量分数/%	/(g/L)	
1	10.1	1.0095	18	215.5	1.1972	36	500.4	1.39
2	20.4	1.0207	20	243.8	1.2191	38	535.8	1.4101
4	41.7	1.0428	22	273.0	1.2411	40	572.0	1.4300
6	63.9	1.0648	24	303.1	1.2629	42	608.7	1.4494
8	87.0	1.0869	26	334.0	1.2848	44	646.1	1.4685
10	110.9	1.1089	28	365.8	1.3064	46	684.2	1.4873
12	135.7	1.1309	30	398.4	1.3279	48	723.1	1.5065
14	161.4	1.1530	32	431.7	1.349	50	762.7	1.5253
16	188.0	1.1751	34	465.7	1.3696			

表6.2.11　氢氧化钠水溶液的密度随温度的变化　　单位：g/cm^3

氢氧化钠（质量分数）/%	温度/℃								
	0	10	15	18	20	30	50	70	100
1	1.0124	1.0115	1.0106	1.0100	1.0095	1.0069	0.9990	0.9884	0.9693
2	1.0244	1.0230	1.02200	1.0213	1.0207	1.0177	1.0095	0.9989	0.9797
3	1.0364	1.0342	1.0332	1.0324	1.0318	1.0285	1.0201	1.0094	0.9903
4	1.0482	1.0451	1.0444	1.0435	1.0428	1.0393	1.0305	1.0198	1.0009
5	1.0598	1.0570	1.0555	1.0545	1.0538	1.0501	1.0412	1.0302	1.0115
6	1.0713	1.0684	1.0667	1.0656	1.0648	1.0609	1.0517	1.0407	1.0220
7	1.0828	1.0795	1.0778	1.0766	1.0758	1.0717	1.0623	1.0513	1.0326
8	1.0943	1.0915	1.0877	1.0877	1.0863	1.0826	1.0730	1.0619	1.0432
9	1.1057	1.1002	1.0987	1.0987	1.0979	1.0934	1.0830	1.0725	1.0537
10	1.1171	1.1186	1.1098	1.1098	1.1089	1.0430	1.0942	1.0831	1.0643
20	1.2296	1.2240	1.1319	1.2199	1.2191	1.2136	1.2020	1.1898	1.1700
30	1.3400	1.3340	1.3290	1.3290	1.3279	1.3217	1.3090	1.2995	1.3755
40	1.4435	1.4367	1.4314	1.4314	1.4300	1.4232	1.4095	1.3598	1.3750
50	1.5400	1.5326	1.5268	1.5268	1.5253	1.5181	1.5038	1.4807	1.4690

（算图 6.2）氢氧化钠水溶液的密度（第609页右）

（算图 6.3）氢氧化钠水溶液的稀释（第610页左）

（算图 6.4）氢氧化钠水溶液密度的温度修正及其相应的物性（第610页右）

（3）氢氧化钙

表6.2.12　氢氧化钙水溶液的密度　　单位：g/cm^3

CaO /(g/L)	CaO（质量分数）/%	$Ca(OH)_2$（质量分数）/%	密度ρ^{20}	CaO /(g/L)	CaO（质量分数）/%	$Ca(OH)_2$（质量分数）/%	密度ρ^{20}
10	0.99	1.31	1.0085	160	14.30	18.90	1.1185
20	1.96	2.59	1.0170	170	15.10	19.95	1.1255
30	2.93	3.87	1.0245	180	15.89	21.00	1.1325
40	3.88	5.13	1.0315	190	16.67	22.03	1.1400
50	4.81	6.36	1.0390	200	17.43	23.03	1.1475
60	5.74	7.58	1.0460	210	18.19	24.04	1.1545
70	6.65	8.79	1.0535	220	18.94	25.03	1.1615
80	7.54	9.96	1.0605	230	19.68	26.01	1.1685
90	8.43	11.14	1.0675	240	20.41	26.96	1.1760
100	9.30	12.29	1.0750	250	21.12	27.91	1.1835
110	10.16	13.43	1.0825	260	21.84	28.86	1.1905
120	11.01	14.55	1.0895	270	22.55	29.8	1.1975
130	11.86	15.67	1.0965	280	23.24	30.71	1.2050
140	12.68	16.76	1.1040	290	23.92	31.61	1.2125
150	13.50	17.84	1.1110	300	24.60	32.51	1.2195

（4）其他氢氧化物

表6.2.13　其他氢氧化物水溶液的浓度和密度　　单位：g/cm^3

名称	温度/℃	浓度（质量分数）/%										
		1	2	4	6	8	10	12	14	16	18	20
LiOH	20	1.010	1.022	1.044	1.065	1.086	1.107					
NaOH	15	1.010	1.021	1.044	1.066	1.088	1.110	1.132	1.154	1.176	1.198	1.220
NH_2OH	20	1.000	1.002	1.006	1.011	1.015	1.019	1.024	1.028	1.032	1.037	1.041
$NH_2OH\cdot HCl$	17	1.005	1.008	1.017	1.025	1.034	1.044					

名称	温度/℃	浓度（质量分数）/%										
		20	22	24	26	28	30	35	40	45	50	55
NaOH	15	1.220	1.253	1.264	1.286	1.308	1.329	1.381	1.431	1..479	1.518[49]	
NH_2OH	20	1.041	1.045	1.050	1.055	1.059	1.064	1.076	1.088	1.100	1.112	1.125

6.3 相变点和三相点

6.3.1 氢化物的相变点和三相点

（1）沸点

表 6.3.1 联氨水溶液的沸点

压强/kPa	液体	气体	沸点/℃	压强/kPa	液体	气体	沸点/℃	压强/kPa	液体	气体	沸点/℃
	摩尔分数/%				摩尔分数/%				摩尔分数/%		
100.72	9.4	0.18	102.2	102.39	42.9	30.3	118.6	102.80			120.5
	14.2		104.6		45.2	34.9	119.2		58.5	58.5	119.9
	19.5	1.6	105.9		50.3	41.7	119.8		62.5	72.0	119.5
		2.7	107.4	102.76	51.8	44.6	120.2		65.8	75.5	119.3
		3.9	109.2		53.3	48.8	120.4		68.3	83.7	118.8
		6.2	111.0		54.8	52.5	120.5				
	34.0	13.8	115.0		56.0	53.0	120.5				
	41.7	25.0	118.0								

（2）冰点

表 6.3.2 联氨水溶液的冰点

质量分数/%	4	6	8	10	12	14	16	18
摩尔分数/%	2.80	3.45	4.68	5.90	7.10	8.41	9.66	10.9
t_i/℃	−3.1	−4.2	−5.6	−7.5	−9.7	−12.2	−15.2	−18.4
质量分数%	20	22	24	26	28	30	32	34
摩尔分数/%	12.3	13.7	15.1	16.6	18.1	19.5	21.0	22.5
t_i/℃	−22.1	−26.0	−33.1	−39.6	−46.0	−68.0	−72.4	−75.1
质量分数/%	36	38	40	42	44	46	48	50
摩尔分数/%	24.0	25.4	27.0	28.7	30.6	32.3	34.2	36.1
t_i/℃	−75.2	−71.5	−68.0	−65.2	−62.5	−60.3	−58.4	−56.9
质量分数/%	55	60	62	64	66	68	70	72
摩尔分数/%	40.8	46.0	47.0	50.0	52.2	54.4	56.6	79.1
t_i/℃	−54.0	−52.3	−47.0	−50.0	−53.0	51.8	−47.3	−41.2
质量分数/%	74	76	78	80	82	84	86	88
摩尔分数/%	61.6	64.1	66.7	69.2	72.6	76.0	85.1	87.8
t_i/℃	−35.6	−29.6	−25.0	−21.7	−18.7	−15.9	−13.4	−10.8
质量分数/%	90	92	94	96	98	99	96.6	
摩尔分数/%	89.2	91.3	93.0	95.1	97.4	98.2	99.3	
t_i/℃	−8.7	−6.5	−4.4	−2.3	−0.4	0.2	1.6	

（3）三相点

表 6.3.3 氢化物的三相点

物料名	四氢化锗	磷化氢	硅烷	乙硅烷	乙硼烷	四氢化锗	硒化氢	联氨
三相点温度/K	107.26	139.37	88.48	140.65	107.65	107.26	207.45	274.7
三相点压力/Pa	41.8176	3535.66	19.6443	15.5949	76.53	41.8176	27400	408.46

6.3.2　氢氧化物的相变点和三相点

（1）沸点

表6.3.4　氢氧化钠水溶液的沸点　　单位：℃

浓度		沸点	浓度		沸点	浓度		沸点
质量分数/%	/(g/100g水)	/℃	质量分数/%	/(g/100g水)	/℃	质量分数/%	/(g/100g水)	/℃
0	0	100	67.5	208.3	175	90.9	1000.8	250
14.5	17	105	69.7	230.0	180	91.9	1043	255
23.1	30	110	71.9	254.5	185	93.0	1333	260
29.1	40	115	73.7	281.7	190	93.9	1534	265
33.8	51	120	75.8	312.3	195	94.6	1739	270
37.5	60.1	125	77.5	345.0	200	95.2	2000	275
41.2	70.1	130	79.1	380.9	205	95.9	2353	280
44.8	81.1	135	80.0	425.5	210	96.6	2857	285
48.3	93.5	140	82.6	475.5	215	97.3	3571	290
51.5	106.5	145	84.0	526.2	220	97.9	4651	295
54.7	120.4	150	85.3	583.3	225	98.5	6452	300
57.3	134.5	155	86.6	645.2	230	99.0	10526	305
60	150.8	160	87.8	714.3	235	99.5	22222	310
63.2	168.8	165	88.9	800	240	100		314
65.1	187.0	170	89.9	888.8	245			

（算图6.5、算图6.6、算图6.7）
氢氧化钠水溶液的沸点（第611页左至第612页左）

（2）凝点

表6.3.5　氢氧化钠溶液的凝点

质量分数/%	5	10	15	20	25	30	35	40	45	50	52	54	56	58	60
t/℃	−4.7	−10.2	−10.8	−26.0	−16.4	0.1	12.1	14.8	6.7	12.1	19.3	29.2	38.5	46.2	52.0

质量分数/%	62	64	66	68	70	72	74	76	78	79	80	81	82	83	84
t/℃	56.3	59.9	62.7	64.1	64.7	60.1	60.8	82.1	108.0	122.8	139.4	157.4	173.4	186.0	192.8

（3）三相点

表6.3.6　氢氧化物的三相点

物料名	氢氧化铝（水铝矿）	氢氧化钙	氢氧化钾	氢氧化钠	氢氧化铵
分子式	$Al(OH)_3$	$Ca(OH)_2$	KOH	NaOH	NH_4OH
三相点温度/K	573.15	1381.15	679	596	194.15
三相点压力/Pa	—	—	0.0208	0.00295729	751.458

6.4　黏度

6.4.1　氢化物的黏度

表6.4.1　气态联氨的黏度　　单位：μPa·s

温度/K	300	350	400	450	500	550	600	650	700	750	800	850	900	950	1000
η	8.762	10.17	11.57	12.96	14.35	15.73	17.11	18.48	19.87	21.21	22.5	23.74	24.94	26.10	27.23

表6.4.2　液态联氨的黏度　　单位：mPa·s

温度/℃	0	1	2	3	5	10	15	20	25	40	60	80	100	120
η	1.314	1.293	1.272	1.251	1.207	1.118	1.044	0.974	0.905	0.746	0.592	0.482	0.402	0.341

续表

温度/℃	140	160	180	200	220	240	260	280	300	320	340	360	380
η	0.294	0.257	0.227	0.203	0.183	0.215	0.189	0.164	0.141	0.120	0.100	0.083	0.067

N（算图 6.8）

液氨及其水溶液的黏度（第 612 页右）

6.4.2 氢氧化物的黏度

（1）氢氧化钾、氢氧化钠

表 6.4.3 熔融氢氧化钾、氢氧化钠的黏度

单位：mPa·s

温度/℃	350	400	450	500	550	600
KOH 黏度		2.3	1.7	1.3	1.0	0.8
NaOH 黏度	4.0	2.8	2.2		1.5	

表 6.4.4 氢氧化钾、氢氧化钠溶液的比黏度

($\eta/\eta_{水}$,25℃)

浓度/(mol/L)	1.0	0.5	0.25	0.125
KOH 比黏度	1.1294	1.0637	1.0313	1.0310
NaOH 比黏度	1.2355	1.1087	1.0560	1.0302

（2）氢氧化钾、氢氧化钠水溶液

表 6.4.5 氢氧化钾水溶液的黏度

单位：mPa·s

温度/℃		18	25	60
浓度/(mol/L)	0.1	1.009	1.013	1.013
	0.25	1.024	1.031	1.032
	0.5	1.050	1.064	1.065
	1.0	1.106	1.128	1.134
	2.0	1.230	1.268	1.275
	4.0	1.541		
	7.5	2.325		

表 6.4.6 氢氧化钠水溶液的黏度

单位：mPa·s

浓度/%	温度/℃		
	20	30	40
5	1.30	1.05	0.85
10	1.86	1.45	1.16
15	2.78	2.10	1.65
20	4.48	3.30	2.48
25	7.42	5.25	3.86

N（算图 6.9）

氢氧化钾水溶液的黏度（第 613 页左）

N（算图 6.10）

氢氧化钠水溶液的黏度（第 613 页右）

N（算图 6.11）

氢氧化钾和碳酸钾水溶液混合物的黏度（第 614 页左）

N（算图 6.12）

氢氧化钠和碳酸钠水溶液混合物的黏度（第 614 页右）

6.5 表面张力

表 6.5.1 联氨的表面张力

温度/℃	20	40	60	80	100	120	140	160	180
σ/(mN/m)	67.24	62.78	58.37	54.02	49.73	45.50	41.33	37.24	33.21
温度/℃	200	220	240	260	280	300	320	340	360
σ/(mN/m)	29.27	25.41	21.65	17.99	14.46	11.06	7.831	4.814	2.095

表 6.5.2 一水合联氨的表面张力

浓度(摩尔分数)/%	0	5	10	15	20	25	30
σ/(mN/m)	71.96	73.64	73.67	74.23	75.04	75.39	75.40
浓度(摩尔分数)/%	40	50	60	70	80	90	100
σ/(mN/m)	75.29	74.42	73.48	71.86	70.42	69.12	63.42

表6.5.3　氢氧化物水溶液的表面张力（t=18℃）　　单位：mN/m

名称	浓度/(mol/L)													
	0.5	1.0	1.5	2.0	2.5	3.0	3.5	4	5	7	10	15	20	34
KOH	73.9	74.8	75.7	76.6	77.5	78.4	79.3	80.2						
NaOH	74.4	75.1	75.9	76.8	77.7	78.7	79.8	80.9	83.2	87.8	94.1	10114		
NH_4OH	71.8	70.8	69.9	69.2	68.5	67.9	67.4	66.9	66	64.6	63	61.1	59.7	57.1

名称	浓度(质量分数)/%												
	2	5	10	14	18	22	26	30	36	40	45	50	55
KOH	73.16	74.72	76.52	77.95	80.02								
NaOH	74.01	75.5	78.33	81.02	84.15	87.68	91.52	95.5	101.14				
NH_4OH	71.45	69.95	67.59	65.74	65.12	64.41	63.75	62.78	60.68	59.71	58.55	57.59	56.92

6.6　溶解度

6.6.1　氢化物的溶解度

表6.6.1　一些溶质在联氨中的溶解度　　单位：g/mL

溶质	$BaCl_2$	$CaCl_2$	$CdBr_2$	CdI_2	$CrCl_3$	$CuCl_2$	FeS	H_3BO_3	HgI_2	KBr
S	0.31	0.16	0.40	0.84	0.13	0.05	0.09	0.55	0.69	0.60
溶质	KCl	KIO_3	KNO_3	K_2SO_4	LiCl	$MnCl_2$	$NaBrO_3$	NaCl	$NaClO_3$	$NaNO_3$
S	0.09	1.75	0.14	0.05	0.16	0.13	0.37	0.08	0.66	0.64
溶质	$NiCl_2$	HNBr	NH_4Cl	NH_4NO_3	$(NH_4)_2C_2O_4$	PbF_2	$Pb(NO_3)_2$	S	$SrCl_2$	$ZnCl_2$
S	0.08	1.10	0.75	0.78	0.44	0.06	0.52	0.54	0.08	0.08

表6.6.2　一水合联氨和氢氧化钠水溶液的互溶度

相别	温度/℃	浓度(质量分数)/%			相别	温度/℃	浓度(质量分数)/%			相别	温度/℃	浓度(质量分数)/%		
		N_2H_4	NaOH	H_2O			N_2H_4	NaOH	H_2O			N_2H_4	NaOH	H_2O
高相	100	92.7	2.4	5.0	低相	100	5.7	70.3	24.0	褶点	100	45.9	27.9	26.0
	90	92.2	2.0	6.0		90	5.9	69.3	25.0		90	45.6	28.2	26.0
	70	90.9	3.2	6.0		70	6.7	67.6	25.5		70	45.4	28.5	26.0
	60	77.5	9.3	13.0		60	19.0	51.4	29.5		60	45.5	29.6	25.0

6.6.2　氢氧化物的溶解度

（1）在水中的溶解度

表 6.6.3　氢氧化钠在水中的溶解度

温度/℃	溶解度				相对密度 d_4^t	固相
	(质量分数)/%	/(g/L)	/(mol/100mol 水)	/(mol 水/100mol)		
−5	5.6	60	2.65	3775	1.068	冰
−10	9.8	110	4.9	2040	1.119	
−15	13.2	153	6.85	1460	1.160	
−20	15.8	188	8.45	1185	1.192	
−28.2	19.1	236	10.6	945	1.234	冰+$NaOH\cdot 7H_2O$
−26	20.4	254	11.5	870	1.247	$NaOH\cdot 7H_2O$
−24.4	22.3	283	12.9	775	1.268	$NaOH\cdot 7H_2O$+$NaOH\cdot 5H_2O$
−20	24.0	308	14.2	704	1.285	$NaOH\cdot 5H_2O$
−17.8	25.0	324	15.0	665	1.295	$NaOH\cdot 5H_2O$+α-$NaOH\cdot 4H_2O$
−10	26.4	345	16.15	620	1.306	α-$NaOH\cdot 4H_2O$
−5	27.8	367	17.35	575	1.319	
0	29.5	394	18.85	530	1.335	
6	32.4	441	21.6	460	1.362	α-$NaOH\cdot 4H_2O$+$NaOH\cdot 3.5H_2O$
−15	29.7	399	19.0	525	1.343	β-$NaOH\cdot 4H_2O$
−10	31.0	421	20.25	495	1.357	
−5	32.8	450	22.0	455	1.373	
−1.8①	35.7	500	25.0	400	1.401	
−3	37.9	540	27.5	365	1.424	

续表

温度/℃	溶解度(质量分数)/%	溶解度/(g/L)	溶解度/(mol/100mol 水)	溶解度/(mol 水/100mol)	相对密度 d_4^t	固相
10	33.7	463	22.9	435	1.373	$NaOH \cdot 3.5H_2O$
13	35.4	491	24.7	405	1.388	$NaOH \cdot 3.5H_2O$
15.2①	38.8	551	28.55	350	1.421	$NaOH \cdot 3.5H_2O$
13	43.0	629	33.95	295	1.463	$NaOH \cdot 3.5H_2O$
10	44.5	659	36.1	275	1.480	$NaOH \cdot 3.5H_2O$
4.5	46.0	689	38.35	260	1.498	$NaOH \cdot 3.5H_2O + NaOH \cdot 2H_2O$
8	47.6	719	40.9	245	1.511	$NaOH \cdot 2H_2O$
12	50.8	782	46.5	215	1.539	$NaOH \cdot 2H_2O + NaOH \cdot H_2O$
0	49.1	752	43.45	230	1.531	$NaOH \cdot H_2O$
20	52.1	805	49.0	205	1.545	$NaOH \cdot H_2O$
25	53.0	822	50.8	195	1.550	$NaOH \cdot H_2O$
30	54.0	840	52.85	189	1.555	$NaOH \cdot H_2O$
40	56.4	885	58.25	171	1.570	$NaOH \cdot H_2O$
50	59.3	943	65.6	152	1.590	$NaOH \cdot H_2O$
60	63.9		79.7	125		$NaOH \cdot H_2O$
64.4①	69.4		100.2	99.8		$NaOH \cdot H_2O$
61	74.4		130.9	76		$NaOH \cdot H_2O + NaOH$
70	75.0		135.1	74		NaOH
80	75.8		141.1	71		NaOH
90	76.4		145.8	69		NaOH
100	77.1		151.6	66		NaOH
125	78.9		168.4	59		NaOH
150	80.7		188.3	53		NaOH
175	82.6		213.8	47		NaOH
200	84.7		249.3	40		NaOH
250	89.7		392.2	25		NaOH
300	96.6		1279.5	7.8		NaOH
322	100.0		∞	0		NaOH

① 固相熔化温度。

表6.6.4 其他氢氧化物在水中的溶解度

分子式	名称	在下列温度(℃)时无水氢氧化物的溶解度/(g/100g 水)						
		0	10	20	25	30	40	50
$Ba(OH)_2 \cdot 8H_2O$	氢氧化钡 ·8 水	1.67	2.48	3.89		5.59	8.22	13.1
$Ca(OH)_2$	氢氧化钙	0.18	0.17	0.16		0.15	0.14	
$KOH \cdot 1H_2O$	氢氧化钾 ·1 水						136	140
$KOH \cdot 2H_2O$	氢氧化钾 ·2 水	97	103	112		126		
LiOH	氢氧化锂	151	157	165	167	131	179	
$LiOH \cdot 1H_2O$	氢氧化锂 ·1 水	12.7	12.7	12.8		12.9	13.0	13.3
$Mg(OH)_2$	氢氧化镁			0.82	0.64			
$NaOH \cdot 1H_2O$	氢氧化钠 ·1 水			109		119	120	145
$NaOH \cdot 1.5H_2O$	氢氧化钠 ·1.5 水		51.5					
$NaOH \cdot 4H_2O$	氢氧化钠 ·4 水	42	51					
RbOH	氢氧化铷			190				297
$Sr(OH)_2$	氢氧化锶	0.41	0.56	0.81	1.01	1.23	1.77	
$Sr(OH)_2 \cdot 8H_2O$	氢氧化锶 ·8 水	0.35	0.48	0.69		1.01	1.50	2.18
TlOH	氢氧化铊	25.4		34.3		40.0	49.5	

分子式	名称	在下列温度(℃)时无水氢氧化物的溶解度/(g/100g 水)						
		60	70	80	90	100	150	200
$Ba(OH)_2 \cdot 8H_2O$	氢氧化钡 ·8 水	20.9	35.6	101.4				
$Ca(OH)_2$	氢氧化钙	0.11		0.092		0.072	0.035	0.012
$KOH \cdot 1H_2O$	氢氧化钾 ·1 水	147		160		178		

续表

分子式	名称	在下列温度(℃)时无水氢氧化物的溶解度/(g/100g水)						
		60	70	80	90	100	150	200
$KOH \cdot 2H_2O$	氢氧化钾·2水							
LiOH	氢氧化锂	202	288	440		480	588^{120}	
$LiOH \cdot 1H_2O$	氢氧化锂·1水	13.8		15.3		17.5		
$Mg(OH)_2$	氢氧化镁					4.0	(mg)	
$NaOH \cdot 1H_2O$	氢氧化钠·1水	174						
$NaOH \cdot 1.5H_2O$	氢氧化钠·1.5水							
$NaOH \cdot 4H_2O$	氢氧化钠·4水							
RbOH	氢氧化铷					964^{95}		
$Sr(OH)_2$	氢氧化锶	3.68		8.30		27.9		
$Sr(OH)_2 \cdot 8H_2O$	氢氧化锶·8水	3.13	4.53	7.03	13.6	24.2		
TlOH	氢氧化铊	73.8		106	126	149		

（2）在其他溶剂中的溶解度

表6.6.5　氢氧化物在甲、乙醇中的溶解度(18～25℃)　单位：g/100g溶剂

浓度/%	乙醇						甲醇
	50	60	70	80	90	100	100
KOH	46.0	42.7	38.0	35.7	34.8	39	55
NaOH	—	—	—	—	—	17.3	31

表6.6.6　氢氧化铝在氢氧化钾水溶液中的溶解度

30℃			60℃		
K_2O	Al_2O_3	固相	K_2O	Al_2O_3	固相
/(g/100g溶液)			/(g/100g溶液)		
7.77	0.95	$Al_2(OH)_6$	7.92	1.90	$Al_2(OH)_6$
21.00	2.65	$Al_2(OH)_6$	21.62	10.24	$Al_2(OH)_6$
28.80	12.71	$Al_2(OH)_6$	25.64	15.92	$Al_2(OH)_6$
29.10	16.70	$Al_2(OH)_6$	27.81	19.42	$Al_2(OH)_6$
29.63	16.60	铝酸钾	28.27	21.55	$Al_2(OH)_6$
37.21	4.08	铝酸钾	38.33	7.08	铝酸钾

表6.6.7　氢氧化铝在硫酸铝溶液中的溶解度(20℃)

$Al_2(SO_4)_3$	$Al(OH)_3$	固相	$Al_2(SO_4)_3$	$Al(OH)_3$	固相
/(g/100g水)		Al_2O_3：SO_3：H_2O	/(g/100g水)		Al_2O_3：SO_3：H_2O
2.37	0.15	1：1：9	20.0	1.40	1：2：12
5.0	0.30	1：1：9	31.6	4.20	1：2：12+1：3：16
9.1	1.30	1：1：9+1：2：12	33.0	2.75	1：3：16
15.0	1.04	1：2：12	34.73	0.92	1：3：16

表6.6.8　NaOH和Na_2CO_3的共同溶解度

(1) 常温

溶液中NaOH(质量分数)/%	不同温度时溶液中Na_2CO_3的含量(质量分数)/%						固相
	50	70	90	100	120	140	
5	21.2	22.1	22.4	22.6	22.8	23.1	Na_2CO_3
15	7.7	8.06	8.3	8.4	8.6	8.7	
25	1.6	2.1	2.5	2.7	2.9	3.0	
35	0.85	1.35	1.4	1.5	1.55	1.6	
45	0.25	0.36	0.45	0.52	0.57	0.56	

(2) 非常温

温度/℃	溶液密度/(g/cm³)	氢氧化钠含量		碳酸钠含量	
		(质量分数)/%	/(g/L)	(质量分数)/%	/(g/L)
80	1.311	7.26	95.2	19.28	252.8
	1.312	9.24	121.2	16.84	221.0
	1.300	10.45	135.8	15.65	203.5
	1.293	17.37	224.6	8.08	104.5
	1.311	23.34	306.0	4.00	52.5
	1.370	26.31	360.4	3.83	52.5
	1.314	24.22	318.2	2.70	35.5
	1.344	27.20	365.6	2.33	31.3
100	1.258	8.46	106.4	19.47	244.9
	1.192	16.41	19.56	11.59	138.1
100	1.259	23.79	299.5	4.59	57.8
	1.289	28.15	362.8	2.82	36.3
105	1.271	8.50	108.8	19.93	253.3
	1.291	15.70	194.8	11.02	136.7
	1.265	25.74	325.6	4.19	53.0
	1.246	24.72	308.0	4.21	52.5
	1.282	28.49	365.2	3.28	42.0
	1.270	27.83	353.4	2.91	37.0
	1.278	29.20	373.2	2.49	31.8

注：固相是 Na_2CO_3。

6.7 热导率

6.7.1 氢化物的热导率

表6.7.1 气态联氨的热导率　　单位：mW/(m·K)

温度/K	300	350	400	450	500	550	600	650
λ	12.34	16.28	20.63	25.48	30.75	36.48	42.68	48.95
温度/K	700	750	800	850	900	950	1000	
λ	56.07	63.60	71.13	79.50	87.86	96.65	106.3	

表6.7.2 液态联氨的热导率和汽化热　　单位：mW/(m·K)

温度/℃	20	40	60	80	100	120	140	160	180
热导率/[mW/(m·K)]	319.2	313.0	307.9	303.3	299.2	295.0	291.6	288.3	284.9
汽化热/(J/mol)	49048	48311	47482	46561	45544	44426	43212	41889	40449
温度/℃	200	220	240	260	280	300	320	340	360
热导率/[mW/(m·K)]	282.0	279.1	277.0	275.3	274.9				
汽化热/(J/mol)	38887	37183	35320	33272	30995	28428	25452	21834	16944

表6.7.3 氢化锂的热导率　　单位：W/(m·K)

温度/K	300	350	400	450	500	550	600	650	700	750	800
λ	10.50	10.34	10.04	9.070	7.720	6.840	6.087	5.572	5.280	5.124	5.027

注：样品装在 φ=150mm，L=900mm，t=0.8mm 的不锈钢筒中，充以氦气。

N（算图 6.13）
液氨的热导率（第 615 页左）

N（算图 6.14）
气氨、液氨及其水溶液的热导率（第 615 页右）

6.7.2 氢氧化物的热导率

表6.7.4 氢氧化物水溶液的热导率　　单位：W/(m·K)

(1) 质量浓度

名称	质量分数/%	温度/℃								
		0	10	20	30	40	50	60	70	80
KOH	10	0.570	0.587	0.603	0.619	0.633	0.640	0.657	0.667	0.677
	20	0.565	0.583	0.599	0.614	0.628	0.641	0.652	0.663	0.672
	30	0.550	0.567	0.584	0.599	0.613	0.626	0.637	0.648	0.657
	40	0.530	0.548	0.564	0.579	0.593	0.606	0.617	0.628	0.637
	50	0.502	0.520	0.536	0.551	0.565	0.578	0.590	0.600	0.609

续表

名称	质量分数/%	温度/℃								
		0	10	20	30	40	50	60	70	80
NaOH	10	0.593	0.610	0.627	0.642	0.656	0.669	0.680	0.691	0.700
	20	0.607	0.626	0.641	0.656	0.670	0.683	0.694	0.705	0.714
	30	0.614	0.631	0.648	0.663	0.677	0.690	0.701	0.712	0.721
	40				0.000	0.678	0.691	0.702	0.713	0.722

(2)容积浓度

溶质	温度/℃	容积浓度/%					
		0	10	20	30	40	50
KOH	20	0.598	0.603	0.598	0.583	0.564	0.536
KOH	30	0.617	0.619	0.612	0.595	0.574	0.549
NaOH	20	0.598	0.626	0.639	0.645	0.645	
NH_4OH	20	0.598	0.535	0.483	0.445		
$Zn(OH)_2$	20	0.598	0.621				

N（算图6.15）
氢氧化钠和氢氧化钾的热导率（第616页左）

6.8　蒸气压

6.8.1　氢化物的蒸气压

表6.8.1　联氨的蒸气压

温度/℃	20	40	60	80	100	120	140	160	180	200	220	240	260	280	300	320	340	360
p/kPa	1.404	4.509	12.32	29.52	63.61	125.5	230.2	396.3	645.5	1003	1497	2157	3016	4111	5479	7166	9223	11713

表6.8.2　其他氢化物的蒸气压(≤101.3kPa)

名称	分子式	0.1	0.2	0.4	0.7	1.0	2	4	7	10	20	40	70	101.3	熔点/℃
		相应于上述蒸气压强(kPa)的温度/℃													
氢化锗	GeH_4	−164.3	−160.5	−155.4	−150.7	−147.9	−142.2	−135.4	−128.8	−124.4	−116.0	−105.3	−95.6	−88.9	−165
二氢硼化铍	$Be(BH_4)_2$	−1.6	5.2	13.2	20.3	24.5	32.7	41.7	49.4	54.2	63.7	74.8	83.9	90.0	123
四氢化锡	SnH_4	−141.7	−136.9	−130.9	−125.4	−121.7	−114.7	−106.6	−99.0	−93.9	−83.6	−71.0	−59.9	−52.3	−149.9
硒化氢	H_2Se	−116.6	−112.8	−107.8	−103.1	−100.4	−94.8	−88.2	−82.2	−78.1	−69.9	−58.9	−48.5	−41.1	−64
碲化氢①	H_2Te	−98.1	−93.4	−87.4	−82.0	−78.5	−71.5	−63.3	−56.0	−50.7	−38.9	−24.0	−11.0	−2.0	−49
砷化氢	AsH_3	−143.9	−140.1	−135.1	−130.5	−127.4	−121.1	−113.9	−107.1	−102.3	−92.7	−80.7	−69.8	−62.1	−116.3
磷化氢	PH_3	−160	−156	−152	−148	−145	−140	−133	−126.9	−122.8	−114.3	−103.4	−93.9	−87.5	−132.5
甲硅烷	SiH_4	−180.4	−177.1	−172.6	−168.3	−165.5	−159.9	−153.6	−148.1	−144.3	−136.3	−126.5	−117.7	−111.5	−185
乙硅烷	Si_2H_6	−116.8	−111.4	−104.8	−98.8	−94.9	−86.8	−77.5	−69.0	−63.0	−51.0	−36.0	−23.0	−14.3	−132.6
丙硅烷	Si_3H_8	−71.5	−64.6	−56.4	−49.1	−44.2	−34.1	−22.5	−12.1	−4.9	10.1	27.7	42.8	53.1	−117.2
锗烷	GeH_4	−166	−161	−155	−151	−147	−141	−135	−128	−124	−115				
乙锗烷	Ge_2H_6	−91.3	−84.4	−76.4	−69.2	−64.3	−54.6	−43.7	−33.7	−26.7	−12.2	5.3	20.8	31.5	−109
丙锗烷	Ge_3H_8	−40.4	−31.3	−21.0	−12.1	−6.0	6.0	19.7	32.0	40.4	58.1	79.1	97.8	110.8	−105.6
丁硅烷	Si_4H_{10}	−30.7	−22.8	−13.6	−5.6	−0.3	10.5	22.6	33.4	41.0	56.0	73.7	89.3	100.0	−93.6
二氢乙硼烷	B_2H_6	−160.7	−157.6	−153.3	−149.2	−146.7	−141.4	−135.1	−129.1	−124.9	−116.2	−104.9	−94.2	−86.5	−169
二氢十硼烷	$B_{10}H_{14}$	57.1	64.7	73.6	81.4	86.1	95.4	109.6	123.9	133.6	153.9	—	—	—	99.6
二氢戊硼烷	B_5H_9	—	—	—	−39.8	−34.9	−24.9	−13.6	−3.4	3.5	17.4	33.6	47.9	58.1	−47.0
四氢丁硼烷	B_4H_{10}	−93.3	−86.9	−79.3	−72.6	−68.1	−59.2	−49.3	−40.2	−33.8	−20.9	−5.8	7.1	16.1	−119.9
四氢戊硼烷	B_5H_{11}	−53.0	−45.6	−36.9	−29.3	−24.2	−14.1	−2.8	7.2	14.0	27.7	43.9	57.7	67.0	
联氨	N_2H_4					13	25	37	48	55	71				

① 蒸气压为0.01、0.02、0.04、0.07kPa时，其值分别为−115、−112、−107、−103℃。

（算图 6.16）
氨水溶液的蒸气压（第 616 页右）

（算图 6.17）
氨水溶液的氨蒸气分压（0～50℃）（第 617 页左）

（算图 6.18）
氨水溶液的蒸气压及组成（0～160℃）（第 617 页右）

（算图 6.19）
过氧化氢水溶液的蒸气压（第 618 页左）

6.8.2 氢氧化物的蒸气压

表 6.8.3 氢氧化钾和氢氧化钠的蒸气压

名称	分子式	0.01	0.02	0.04	0.07	0.1	0.2	0.4	0.7	1.0
		相应于上述蒸气压(kPa)的温度/℃								
氢氧化钾	KOH	600	625	655	680	704	742	783	817	842
氢氧化钠	NaOH	610	640	672	700	722	764	809	847	874

名称	分子式	2	4	7	10	20	40	70	101.3	熔点/℃
		相应于上述蒸气压(kPa)的温度/℃								
氢氧化钾	KOH	895	950	1000	1035	1108	1194	1271	1327	380
氢氧化钠	NaOH	929	988	1043	1080	1156	1245	1323	1378	318

表6.8.4 氢氧化钠水溶液上的水分压　　单位：kPa

NaOH浓度/%	温度/℃											
	0	20	40	60	80	100	120	160	200	250	320	350
0	0.6133	2.333	7.373	19.93	47.40	101.33	198.52	617.68	1552.8	3969.1	8559.3	16479
5	0.5866	2.253	7.093	19.13	45.53	97.33	190.65	593.28	1493.2	3813.0	8239.3	15852
10	0.5600	2.133	6.746	18.26	43.40	92.93	181.99	567.95	1433.2	3666.4	7906.0	15212
20	0.4800	1.853	5.893	16.06	38.46	82.79	163.32	514.62	1306.6	3373.1	7292.7	14052
30	0.3866	1.506	4.880	13.46	32.80	71.59	142.66	461.30	1193.2	3106.4	6772.8	13066
40	0.2933	1.160	3.826	10.80	26.93	60.00	122.66	411.97	1086.6	2866.4	6292.8	12212
50		0.840	2.760	8.33	21.40	49.06	102.66	358.6(	986.59	2653.1	5879.5	11439
60		0.587	2.066	6.27	16.53	39.20	84.66	311.97	899.93	2453.1	5492.9	10759
70		0.400	1.453	4.60	12.53	30.80	68.66	270.64	813.27	2279.8	5159.6	10132
80		0.267	1.013	3.27	9.40	23.86	55.33	231.98	733.27	2106.5	4839.6	9585.9
90		0.173	0.693	2.33	7.07	18.40	44.00	198.65	666.61	1959.8	4559.6	9079.3
100		0.120	0.480	1.67	5.13	14.00	34.93	173.32	599.95	1819.8	4293.0	8612.6
120			0.227	0.84	2.73	8.13	21.86	121.99	486.63	1573.2	3839.7	7812.7
140				0.40	1.47	4.73	13.60	101.99	397.30	1373.2	3453.0	7119.4
160				0.20	0.80	2.73	8.40	62.66	323.97	1194.6	3106.4	6532.8
180					0.47	1.60	5.33	45.33	263.98	1043.9	2826.4	5012.8
200					0.27	0.93	3.33	32.66	215.98	915.92	2559.8	5572.9
250					0.067	0.27	1.07	14.67	131.32	666.61	2053.2	4666.3
300					0.013	0.067	0.36	6.67	81.33	491.96	1666.5	3973.0
350							0.12	3.07	50.66	366.64	1373.2	3426.4
400								1.47	32.00	277.31	1146.6	2986.4
500									13.33	161.32	813.27	2333.1
700										58.66	439.96	1533.2
1000											195.98	906.59
2000											20.00	234.65
4000												16.00
5000												0.93

（算图 6.20、算图 6.21）
氢氧化钠水溶液的蒸气压
（第 618 页右至第 619 页左）

（算图 6.22）
根据水的沸点求氢氧化钠水溶液的蒸气压
（第 619 页右）

表6.8.5 氢氧化钡的分解压　　单位：kPa

分解温度/℃	680	700	720	740	760	780	800	820	840
p/kPa	2.533	3.546	4.660	6.585	9.117	12.45	16.51	21.27	26.74
分解温度/℃	860	880	900	920	940	960	980	988	
p/kPa	32.92	39.51	46.90	55.46	65.85	78.25	85.93	101.3	

6.9 比热容

6.9.1 氢化物的比热容

(1) 氢化物

表6.9.1 氢化钾的比热容　　单位：J/(mol·K)

温度/K	300	400	500	600	700	800	900	1000	1100
气体	30.789	33.223	34.455	35.214	35.75	36.167	36.514	36.819	37.095
固体	38.052	44.126	48.376	51.908	54.791690				
温度/K	1200	1300	1400	1500	1600	1700	1800	1900	2000
气体	37.353	37.596	37.831	38.057	38.279	38.496	38.71	38.921	39.13

表6.9.2 氢化钡的比热容　　单位：J/(mol·K)

温度/K	300	400	500	600	700	800	900	1000	1100
气体	30.193	32.027	33.02	33.682	34.187	34.609	34.982	35.326	35.65
固体	42.384	44.1	45.815	47.53	49.246	50.961	52.677	54.392	56.107
温度/K	1200	1300	1400	1500	1600	1700	1800	1900	2000
气体	35.96	36.261	36.555	36.844	37.129	37.411	37.691	37.969	38.245

表6.9.3 氢化锂的比热容　　单位：J/(kg·K)

温度/K	10	15	20	25	30	35	40	45
c_p	1.111	3.633	7.028	11.11	21.08	35.05	51.80	73.55
温度/K	50	60	70	80	90	100	120	140
c_p	104.4	198.6	321.7	471.2	637.0	805.1	1146	1478
温度/K	160	180	200	220	240	260	280	300
c_p	1786	2085	2359	2627	2893	3118	3328	3548

注：99.8%LiH。

(2) 联氨

表6.9.4 气态联氨的比热容　　单位：J/(mol·K)

温度/K	250	300	350	400	450	500	550	600
c_p	47.73	53.30	58.36	62.89	66.95	70.59	73.86	76.79
温度/K	650	700	750	800	850	900	950	1000
c_p	79.42	81.85	84.07	86.12	88.09	89.97	91.86	93.74

表6.9.5 液态联氨的比热容　　单位：J/(mol·K)

温度/℃	20	40	60	80	100	120	140	160
c_p	110.2	111.1	112.1	113.3	114.7	116.1	117.7	119.5
温度/℃	180	200	220	240	260	280	300	320
c_p	121.5	123.8	126.4	129.6	133.6	139.0	146.7	159.1

表6.9.6 固态联氨的比热容　　单位：J/(mol·K)

温度/℃	–270	–240	–210	–180	–150	–120	–90	–60	–30
c_p	0.92	5.98	18.99	28.96	36.51	42.66	48.12	53.31	58.61

(3) 其他氢化物

表6.9.7 过氧化氢(双氧水)的比热容　　单位：J/(mol·K)

温度/K	298	300	400	431	431	500	600	700
c_p	89.328	89.328	89.328	89.328	51.025	53.488	56.129	58.193
温度/K	800	900	1000	1100	1200	1300	1400	1500
c_p	59.95	61.528	62.995	64.389	65.734	67.045	68.33	69.596

注：气化点431K。

表6.9.8 其他氢化物的比热容 单位：J/(mol·K)

温度/K	300	400	500	600	700	800	900	1000	1100
AsH_3	38.76	45.454	49.777	53.167	56.116	58.831	61.409	63.902	66.34
AlH_3	42.049	42.676	43.304	43.932	44.559	45.187	45.814	46.442	47.07
温度/K	1200	1300	1400	1500	1600	1700	1800	1900	2000
AsH_3	68.74	71.114	73.468	75.808	78.137	80.458	82.772	85.081	87.386
AlH_3	47.697	48.325	48.952	49.58	50.208	50.835	51.463	52.09	52.718

6.9.2 氢氧化物的比热容

表6.9.9 氢氧化钠的比热容 单位：J/(mol·K)

温度/K	300	400	500	566	566	593
c_p	59.712	65.128	75.26	84.53	85.981	85.981
温度/K	600	700	800	900	900～1663	
c_p	85.939	85.353	84.768	84.182	83.68	

注：593K 为液化点温度。

表6.9.10 氢氧化铜的比热容 单位：J/(mol·K)

温度/K	298	300	400	500	600	700
c_p	87.84	87.967	92.917	96.458	99.444	102.168

表6.9.11 氢氧化铁的比热容 单位：J/(mol·K)

温度/K	298	300	400	500	600	700	800	900	1000
氢氧化铁	101.485	101.906	118.592	130.499	140.014	147.952	154.656	160.288	164.934
氢氧化亚铁	97.001	97.098	102.122	106.989	111.407	115.277	118.557	121.227	123.277

表6.9.12 其他氢氧化物的比热容 单位：J/(mol·K)

温度/K	298	300	400	500	600	700	800	900	1000	1100
氢氧化铝	93.211	93.600	114.59	135.59	156.58	177.57				
氢氧化钙	87.579	87.864	98.285	103.75	107.27	109.86	111.96	113.78	115.42	
氢氧化钾	65.649	65.791	73.495	81.195	78.712	83.15	83.15	83.15	83.15	83.15
温度/K	1200	1300	1400	1500	1600	1600	1700	1800	1900	2000
氢氧化钾	83.15	83.15	83.15	83.15	83.15	52.255	52.85	53.44	54.031	54.613

6.10 比焓和比熵

表6.10.1 氢氧化物的比焓 单位：–kJ/mol

温度/K	298	300	400	500	600	700	800	900	1000	1100
氢氧化铝	1285.3	1285.2	1274.8	1262.3	1247.6	1230.9				
氢氧化钙	986.87	986.71	977.33	967.21	956.65	945.79	934.69	923.4	953.81	
氢氧化钾	424.96	424.84	417.88	4094.5	395.85	378.48	370.17	361.85	353.54	345.22
温度/K	1200	1300	1400	1500	1600	1600	1700	1800	1900	2000
氢氧化钾	336.91	328.59	320.28	311.96	303.65	169.67	164.42	159.1	153.73	148.3

N（算图6.23）

氢氧化钠水溶液的比焓（第620页左）

表6.10.2　氢氧化物的比熵　　单位：J/(mol·K)

温度/K	298	300	400	500	600	700	800	900	1000	1100
氢氧化铝	71.176	71.753	101.56	129.38	155.96	181.67				
氢氧化钙	83.443	83.987	110.88	133.45	152.70	169.44	184.24	197.54	209.62	
氢氧化钾	79.340	79.746	99.730	116.95	143.60	169.85	180.95	190.74	199.50	207.43
温度/K	1200	1300	1400	1500	1600	1700	1800	1900	2000	
氢氧化钾	214.66	221.32	227.48	233.22	238.58	241.29	246.04	250.53	254.79	

注：同一温度下比热容不同是基体组织不同导致的。

6.11　其他物性

6.11.1　氢化物的其他物性

表6.11.1　氢化物的临界值和偏心因子

物料名	四氢化锗	磷化氢	硅烷	乙硅烷	乙硼烷	四氢化锗	硒化氢	氨	联氨
分子式	GeH_4	PH_3	SiH_4	Si_2H_6	B_2H_6	GeH_4	H_2Se	NH_3	N_2H_4
临界温度/K	308	324.75	269.7	432	289.8	308	411.15	405.6	653
临界压力/MPa	5.550	6.540	4.840	5.130	4.053	5.550	8.920	11.357	14.7
临界体积/(L/mol)	0.14	0.113	0.1327	0.223	0.1731	0.14	0.12	0.0698	
临界压缩因子	0.303	0.274	0.286	0.319	0.2948	0.303	0.313	0.235	
偏心因子	0.1506	0.04516	0.09375	0.09395	0.1254	0.1506	0.05423	0.252	0.314

表6.11.2　氢化物的熔化热

物料名	四氢化锗	磷化氢	硅烷	乙硼烷	四氢化锗	硒化氢
熔化热/(kJ/kmol)	835.54	1130	667.3	4473.11	835.54	2514

表6.11.3　氢化物25℃时的焓和熵

物料名	四氢化锗	磷化氢	硅烷	乙硅烷	乙硼烷	四氢化锗	硒化氢
理想气体标准生成焓/ (kJ/mol)	90.8	22.886	34.31	80.3	35.6	90.8	29.7
标准燃烧焓/ (kJ/mol)	—	−1260	−1427	−2620	−2000	—	—
物质的绝对熵/[kJ/(kmol·K)]	217.12	210.12	204.56	272.66	232	217.12	218.91

N（算图6.24）
氨水溶液的比焓（第620页右）

6.11.2　氢氧化物的其他物性

（1）溶解热和熔化热

表6.11.4　NaOH在水中的溶解热(18℃)

溶解物质	每1mol溶质的水的物质的量/mol	质量分数/%	溶解热/(J/mol)	溶解物质	每1mol溶质的水的物质的量/mol	质量分数/%	溶解热/(J/mol)
NaOH	3	42.55	56019	NaOH	100	2.17	42454
	4	35.69	49823		200	1.098	42291
	5	30.75	46306		400	0.549	42257
	8	21.72	42622		800	0.277	42299
	10	18.17	43216		1000	0.138	42354
	12	15.61	43493		3200	0.069	42408
	18	10.98	43547		9400	0.0347	42458
	20	9.99	43505	$NaOH \cdot {}^{1}/_{2}H_2O$	200	11.98	33913
	25	8.16	43342	$NaOH \cdot {}^{2}/_{3}H_2O$	200	12.62	29308
	50	4.25	42806	$NaOH \cdot {}^{3}/_{4}H_2O$	200	12.93	26796
				$NaOH \cdot H_2O$	200	13.87	21311

表 6.11.5 氢氧化物的熔化热

物料名	氢氧化锂	氢氧化钾	氢氧化钠
熔化热/(kJ/kmol)	10380	8620	6610

（2）其他物性

表 6.11.6 无水氢氧化钠水溶液的固定湿度

湿度/%	100	95	90	85	80	75	70	65	60	55
水蒸气分压/kPa	3.167	3.009	2.850	2.691	2.533	2.375	2.217	2.058	1.900	1.742
氢氧化钠(质量分数)/%	0.00	5.54	9.83	13.32	16.10	18.60	20.80	22.80	24.66	26.42
湿度/%	50	45	40	35	30	25	20	15	10	5
水蒸气分压/kPa	1.584	1.425	1.266	1.108	0.950	0.792	0.633	0.475	0.317	0.159
氢氧化钠(质量分数)/%	28.15	29.86	31.58	33.38	32.29	37.45	40.00	43.32	47.97	—

表 6.11.7 氢氧化钠溶液活度平均系数

温度/℃	氢氧化钠溶液浓度/(mol/L)						
	0.1	0.5	1.0	2.0	3.0	4.0	5.0
0	0.767	0.648	0.660	0.682	0.763	0.900	1.100
10	0.768	0.690	0.672	0.702	0.766	0.920	1.109
20	0.766	0.693	0.678	0.709	0.789	0.916	1.098
30	0.765	0.693	0.680	0.712	0.781	0.911	1.081
40				0.707	0.783	0.895	1.053
50				0.696	0.767	0.872	1.017
60				0.677	0.742	0.839	0.971
70				0.652	0.711	0.800	0.822

第 7 章 氮化物和硝酸盐

目 录

7.1 物性总览 …… 258
7.1.1 氮化物的一般特性 …… 258
7.1.2 硝酸盐的一般特性 …… 259
7.1.3 氮化物的危险品特性 …… 262
7.1.4 硝酸盐的危险品特性 …… 263
7.2 密度 …… 264
7.2.1 氮化物水溶液的密度 …… 264
7.2.2 硝酸盐水溶液的密度 …… 264
7.3 相变点 …… 267
7.4 黏度 …… 268
7.4.1 硝酸盐的黏度 …… 268
7.4.2 硝酸盐水溶液的黏度 …… 268
7.5 表面张力 …… 270
7.5.1 硝酸盐的表面张力 …… 270
7.5.2 硝酸盐水溶液的表面张力 …… 270
7.6 溶解度 …… 271
7.6.1 硝酸盐在水中的溶解度 …… 271
7.6.2 硝酸盐在硝酸中的溶解度 …… 272
7.6.3 硝酸盐在醇类中的溶解度 …… 273
7.6.4 硝酸盐在液氨中的溶解度 …… 273
7.6.5 硝酸盐在其他溶剂中的溶解度 … 274
7.6.6 硝酸钠和其他溶剂的互溶度 …… 274
7.7 热导率 …… 275
7.7.1 氮化物的热导率 …… 275
7.7.2 硝酸盐的热导率 …… 275
7.8 蒸气压 …… 276
7.9 比热容 …… 277
7.9.1 氮化物的比热容 …… 277
7.9.2 硝酸盐的比热容 …… 277
7.10 其他物性 …… 278

7.1 物性总览

7.1.1 氮化物的一般特性

表 7.1.1 氮化物的一般特性

分子式	名称	分子量	颜色	晶形	特性或折射率	密度/(g/cm³)	熔点/℃	沸点/℃	溶解度/(g/100g溶剂)或溶解情况 冷水	热水	酸	碱	乙醇	其他溶剂
AgN_3	三氮化银	149.90	白	斜		5.10	252	297	–	0.01	+N	÷NH_4OH		+KCN
Al_2N_2	氮化铝	81.96	灰白	六	无毒	3.255	300	2249	×		×	+//	×	
$Ba(N_3)_2$	叠氮化钡	221.38	白	单、斜、棱		2.936	120	炸	+				÷	–乙醚
$BaN_6·H_2O$	叠氮化钡·1水	239.42		晶			炸		+++	+++			÷纯	–乙醚
$Be(N_3)_2$	叠氮化铍	93.05	白	固			炸							
BN	氮化硼	24.82	白	六、立	1.74	2.18	2700	5067	–	/	÷热	×热		
$Ca(N_3)_2$	氮化钙	124.10	无	正	1.74	3.031	//		//		//			+热HNO_3
Ca_3N_2	二氮化三钙	148.25	棕黑	六、立		2.63^{17}	1195		//		+		÷	–苯、无水酒精
CrN	氮化铬	66.00	黑	立		5.80^{25}		→Cr_2O_3	–		×S	–		×王水、无水HCl
Cu_3N	一氮化三铜	204.63	暗绿	粉		5.840	// 300		//		//			
$Cu(N_3)_2$	叠氮化铜	147.59	棕或棕黄	晶		2.600	215 炸		–	–	+			
CsN_3	叠氮化铯	174.93	无	针	～	3.5	310	390	+	+			+	–乙醚
Fe_2N	一氮化二铁	125.71	灰			6.350	200	// >560	//		+Cl,S			
Ge_3N_4	四氮化三锗	273.80	褐	粉		5.250			–		–	–		
HfN	氮化铪	192.50	灰	立、粉	相当稳定	3.307					×浓S	×HF		×王水
HgN_3	叠氮化亚汞	242.63	白	晶			245 炸		0.025 //					
Hg_3N_2	二氮化三汞	629.78	棕	粉			炸		//		//	+NH_4OH		+氨盐溶液
HN_3	叠氮化氢	43.03	无	液			–80	37	∞				∞	
KN_3	叠氮化钾	81.12	无	四	遇热及猛击能炸	2.040	350		46.5^{10}	100			0.138^{16}	–乙醚
K_3N	氮化钾	131.31	绿蓝				//		//					
Li_3N	氮化锂	34.83	红棕	六、立		1.27	813		→NH_3+LiOH					
LiN_3	叠氮化锂	48.96	无	晶	～	1.088		103	+	+			+	
$Mg(N_3)_2$	叠氮化镁	108.35	黄绿	晶	剧毒易炸	1.840			+					
Mg_3N_2	二氮化三镁	100.93	淡黄绿	立		2.710		// 1500	–	//	×	×	–	
NaN_3	叠氮化钠	65.01	白	三、六	剧毒	1.850		// 275					÷	–乙醚；÷苯

续表

分子式	名称	分子量	颜色	晶形	特性或折射率	密度/(g/cm³)	熔点/℃	沸点/℃	溶解度/(g/100g溶剂)或溶解情况 冷水	热水	酸	碱	乙醇	其他溶剂
NbN	氮化铌	106.91	亮灰	六、立		8.400	2300 //		—		—	+热		—王水；×HNO_3;+HF
$Pb(N_3)_2$	叠氮化铅	291.24	无	针、粉		4.800	炸 350		0.023^{18}	0.05		—NH_4OH		++乙酸
P_3N_5	五氮化三磷	162.98	白	固	无臭无味	2.51^{18}	//		—	÷ //				—普通溶剂
PON	氮氧化磷	60.99	白	无					—	—	—	—		
Se_4N_4	四氮化四硒	371.87	橙黄	固			炸>160		—	—		÷CS_2	÷	①
Si_3N_4	四氮化三硅	140.28	灰白	六	高温稳定	3.440	1900 ↑		—		—	+沸		
TaN	氮化钽	194.95	青灰	六		14.36	2990 //		—		—Cl, N′	÷S*	—HF	×(HNO_3+HF)
Ta_3N_5	五氮化三钽	612.68	红	无			着火		—		—			+(HNO_3+HF)
TiN	氮化钛	61.91	淡黄棕	立		5.480	2950	1800 //	—		—Cl*,N,S	+	×王水*	×KOH′、HF
UN	氮化铀	252.04	浅灰	粉		14.31	2630			×	+N	—Cl、S	—NaOH	+浓高氯酸或热磷酸
Zn_3N_2	二氮化三锌	224.16	蓝灰			6.220			//		//			

① 不溶于乙酸、乙醚，稍溶于二硫化碳、苯、冰醋酸；微溶于王水、(HNO_3+HF)。

7.1.2　硝酸盐的一般特性

表 7.1.2　硝酸盐的一般特性

分子式	名称	分子量	颜色	晶形	特性或折射率	密度/(g/cm³)	熔点/℃	沸点/℃	溶解度/(g/100g溶剂)或溶解情况 冷水	热水	酸	碱	乙醇	其他溶剂
$AgNO_2$	亚硝酸银	153.88	黄或白	斜或粉		4.453	//	140～150	表7.6.1		+N		—	+++液氨;+丙酮
$AgNO_3$	硝酸银	169.88	无	斜	苦味 1.744	4.352^{19}	212	444 //	表7.6.1			+++	2.1^{20}	①
$Al(NO_3)_3$	硝酸铝	213.14	无	斜	≈			//70	++			÷丙酮	++	++CS_2;—乙酸乙酯
$Al(NO_3)_3·9H_2O$	硝酸铝·9水	375.14	无	斜	～1.540		73.5	// 150	表7.6.1		+	+	100	+CS_2、丙酮
$Ba(NO_2)_2$	亚硝酸钡	229.35	无	六		3.230^{23}	220 //		6.75^{20}	300			÷	
$Ba(NO_2)_2·H_2O$	亚硝酸钡·1水	247.37	淡黄	晶、粉		3.173^{20}	// 115		表7.6.1				+稀	—纯醇、丙酮
$Ba(NO_3)_2$	硝酸钡	261.35	无或白	八或粉	1.572	3.244^{23}	595	//	表7.6.1		÷Cl、N	÷÷稀乙酸	+稀	—浓硝酸;丙酮
$Be(NO_3)_2·4H_2O$	硝酸铍·4水	205.07	无	晶	～	1.557	61	→BeO 320	表7.6.1				++	—丙酮
$Bi(NO_3)_3·5H_2O$	硝酸铋·5水	485.08	无	三、斜	～	2.820	// 30	—$5H_2O$ 80	表7.6.1		++N; // Cl	+丙酮 42^{19}	—	+甘油;++其结晶水

续表

分子式	名称	分子量	颜色	晶形	特性或折射率	密度/(g/cm³)	熔点/℃	沸点/℃	溶解度/(g/100g溶剂)或溶解情况					
									冷水	热水	酸	碱	乙醇	其他溶剂
$Ca(NO_2)_2\cdot H_2O$	亚硝酸钙·1水	150.11	微黄	六	～	2.23^{34}	$-H_2O$ 100		77	417^{90}		÷	+(90%)	
$Ca(NO_3)_2$	硝酸钙	164.09	白	粉	≈	2.360	561 //	//	表7.6.1		+丙酮	+液氨	14^{15}	－乙醚；+戊基乙醇+冰乙酸、丙酮、液氨、甲醇
$Ca(NO_3)_2\cdot 4H_2O$	硝酸钙·4水	236.15	无	单	≈1.498	1.820	42.7	$-4H_2O$ 100	表7.6.1		–N		+	
$Cd(NO_3)_2$	硝酸镉	236.43	白	针	毒～	2.455	59.4	132	表7.6.1		–N′	+乙酸乙酯	++	+丙酮、液氨
$Cd(NO_3)_2\cdot 4H_2O$	硝酸镉·4水	308.47	无	针	≈	2.455^{17}	59.4	132	表7.6.1		–N	+液氨	++	+乙酸乙酯
$Ce(NO_3)_3\cdot 6H_2O$	硝酸铈·6水	434.22	无	晶	～		$-3H_2O$ 150	// 200	176^{25}	282^{50}			50	+丙酮
$Ce(OH)(NO_3)_3\cdot 3H_2O$	硝酸羟高铈·3水	397.21	红	单					表7.6.1					
$Co(NO_2)_2\cdot 3KNO_2$	亚硝酸高钴钾	314.26	黄	粉					÷		// Cl	//	–	÷游离乙酸
$Co(NO_3)_2\cdot 6H_2O$	硝酸钴·6水	291.05	红	棱	低毒～ 1.40	1.883	55	$-3H_2O$ 55	表7.6.1		÷N		100^{12}	②
$Cr(NO_3)_3\cdot 9H_2O$	硝酸铬·9水	400.15	暗紫	斜			37	// 125	+++			+丙酮	+++	+其37℃结晶水
$Cr(NO_3)_3\cdot 9H_2O$	硝酸铬·9水	400.15	红紫	棱			36.5	// 100	+	+	+	+	+	+丙酮
$CsNO_3$	硝酸铯	194.91	白	六、立	1.55		414		表7.6.1				+纯	+丙酮
$Cu(NO_3)_2$	硝酸铜	187.57	白	粉	～		//红热时		表7.6.1		// Cl			
$Cu(NO_3)_2\cdot 3H_2O$	硝酸铜·3水	241.63	深蓝	晶	≈	2.047^{4}	114.5	$-HNO_3$ 170	表7.6.1		+N(中浓度)	$++NH_3$	100^{12}	+其145℃结晶水、液氨
$Cu(NO_3)_2\cdot 6H_2O$	硝酸铜·6水	295.68	蓝	正	≈	2.074	$-3H_2O$ 26.4	// 65	表7.6.1				+	+其26℃结晶水
$Cu_2(OH)_2SO_4$	碱式硫酸铜	258.18	绿	单	1.728	3.780	// 300		–		+			
$Er(NO_3)_3\cdot 6H_2O$	硝酸铒·6水	461.32	红	晶					+				+	+乙醚,丙酮
$Fe(NO_3)_2\cdot 6H_2O$	硝酸亚铁·6水	287.96	绿	斜			60.5 //		表7.6.1					
$Fe(NO_3)_3\cdot 6H_2O$	硝酸铁·6水	349.92	无或淡紫蓝	正	～	1.684	35	//	表7.6.1				+	+丙酮
$Fe(NO_3)_3\cdot 9H_2O$	硝酸铁·9水	403.94	苍紫	单	～	1.684	47.2	// 125	表7.6.1		$+N^*$		+++	③
$Ga(NO_3)_3$	硝酸镓	255.74		晶、粉	～		// 110		+++	+++			+	－乙醚
$Ga(NO_3)_3\cdot 9H_2O$	硝酸镓·9水	417.89	无	晶	透明≈			//102	295				+	－乙醚
$Gd(NO_3)_3\cdot 6H_2O$	硝酸钆·6水	451.31	白	三	～	2.332	91	// 200	+++	+++			++	
$Ga(NO_3)_3\cdot 9H_2O$	硝酸钆·9水	502.33	无	晶	透明≈		＞102脱水	$-9H_2O$ 170	295				+	－乙醚
$HgNO_3\cdot H_2O$	硝酸亚汞·1水	280.63	白	单		4.785^{4}	70	炸	+ //	//	+N;×N′		—	－乙醚;$+CS_2$
$Hg(NO_3)_2$	硝酸汞	324.63	无或白	晶	～	4.390	79	180//	++		+N		—	
$Hg(NO_3)_2\cdot 0.5H_2O$	硝酸汞·0.5水	333.61	白或无	粉或晶	～	4.30	79	//	+++	×	+N		—	+丙酮、NH_3
$Hg(NO_3)_2\cdot H_2O$	硝酸汞·1水	342.61	无	晶	～	4.30	79	180//	+		+N		—	
$Hg_2(NO_3)_2$	硝酸亚汞	525.19	黄			7.33	// 100		//					
$Hg_2(NO_3)_2\cdot 2H_2O$	硝酸亚汞·2水	561.22	无	单	风化	4.78^{4}	70 //		//	+ //	+N	$-NH_4OH$		
$In(NO_3)_3\cdot 4.5H_2O$	硝酸铟·4.5水	381.86		针	～		$-4.5H_2O$ 100	//	+++	+++			+纯	

续表

分子式	名称	分子量	颜色	晶形	特性或折射率	密度/(g/cm³)	熔点/℃	沸点/℃	溶解度/(g/100g溶剂)或溶解情况					
									冷水	热水	酸	碱	乙醇	其他溶剂
KNO_2	亚硝酸钾	85.10	无	棱	毒 ～	1.915	440	// 350	表7.6.1				+热	++液氨
KNO_3	硝酸钾	101.10	无	斜、三	1.504	2.11^{11}	333	// 400	表7.6.1		$+NH_3$	−乙醚	0.1^{20}	+稀乙醇、甘油
$La(NO_3)_3\cdot 6H_2O$	硝酸镧·6水	433.04	白	三	～		40	// 126	151^{25}	+++			+++	+丙酮
$LiNO_2\cdot 2H_2O$	亚硝酸锂·2水	70.96	白	针		1.615^{0}	<100	//	125	459^{50}			+++纯	
$LiNO_3$	硝酸锂	68.95	无	三	≈1.735	2.360	261	// 600	表7.6.1			÷液氨	+	$+NH_4OH$、丙酮、吡啶 372
$LiNO_3\cdot 3H_2O$	硝酸锂·3水	123.00	无	针			// 29.9	$-3H_2O$ 61	表7.6.1				+	+甲醇、丙酮
$Mg(NO_2)_2\cdot 2H_2O$	亚硝酸镁·2水	152.35	无	鳞	～	2.026^{25}	129				÷N′		+	
$Mg(NO_3)_2\cdot 6H_2O$	硝酸镁·6水	256.41	黄白	斜	≈	1.464	95	$-5H_2O$ 300	表7.6.1		+N′		+	+95℃结晶水、液氨
$Mg(NO_3)_2\cdot 4H_2O$	硝酸锰·4水	251.01	玫瑰	单		1.820	25.8	129.4	426.4	∞			++	
$Mn(NO_3)_2\cdot 6H_2O$	硝酸锰·6水	287.04	玫瑰红	单	～	1.820^{21}	25.8	129.5	表7.6.1				++	+其26℃结晶水
$Na_3Co(NO_2)_6$	六硝基钴酸钠	403.98	黄-棕	晶、粉					+//		//		÷	—稀乙酸
$NaNO_2$	亚硝酸钠	69.00	浅黄	斜	碱性	2.168^{0}	271	// 320	表7.6.1		++吡啶	++液氨	0.3^{20}纯	+乙醚0.3^{20}、甲醇4.4^{20}
$NaNO_3$	硝酸钠	84.99	无	三	1.587	2.257	308	// 380	表7.6.1			÷丙酮	÷甲、乙	④
NH_4NO_2	亚硝酸铵	64.04	白	针		1.690	// 60～70(爆炸)		表7.6.1				3.8^{20}	+丙酮、液氨
NH_4NO_3	硝酸铵(α)	80.04	无	四	～	1.660^{25}	169.6	// 210	表7.6.1		−乙醚	甲醇17.1^{20}	3.8^{20}	++液氨、丙酮
NH_4NO_3	硝酸铵(β)	80.04	无	斜或单		1.725^{25}	155	// 210	表7.6.1		甲醇17.1^{20}	+		
$N_2H_4\cdot HNO_3$	硝酸肼	95.06		晶			70.7	↑ 140	175^{10}	++				
$Ni(NO_3)_2\cdot 6H_2O$	硝酸镍·6水	290.80	碧绿	单	～	2.050	56.7	136.7	表7.6.1		÷丙酮	$+NH_4OH$	+稀	—无水乙醇;+液氨
$Pb(NO_2)_2\cdot H_2O$	亚硝酸铅·1水	317.24	黄	叶或针			//		+++					
$Pb(NO_3)_2$	硝酸铅	331.21	无	单	毒1.782	4.53^{20}	// 470		表7.6.1		−N′	+	0.04^{20}	+甲醇1.4^{25}、吡啶5.5、NH_3
$RbNO_3$	硝酸铷	147.47	无	六⑤	1.52	3.110	130		表7.6.1		++N		÷	+丙酮
$Rh(NO_3)_3\cdot 2H_2O$	硝酸铑·2水	324.97	红		～				+	+				
$Pd(NO_3)_2$	硝酸钯	230.41	黄褐	正	～		//		+//		+N			
$Sn(NO_3)_4$	硝酸锡	366.71	灰	针				// 50	+//		+N			
$Sr(NO_2)_2$	亚硝酸锶	179.64	白	粉		2.800			53	138^{98}		÷÷	÷	—100%酒精
$Sr(NO_2)_2\cdot H_2O$	亚硝酸锶·1水	197.66	无	八		2.408	$-H_2O$ 100	// 240	表7.6.1				0.42(90%)	
$Sr(NO_3)_2$	硝酸锶	211.64	无	立	1.588	2.986	570	// >480	表7.6.1		÷N、Cl		÷	⑥
$Sr(NO_3)_2\cdot 4H_2O$	硝酸锶·4水	283.70	白	单		2.200	$-4H_2O$ 100		62.2	124^{20}	−N		÷	+其热结晶水
$4TeO_2\cdot N_2O_5\cdot 1\frac{1}{2}H_2O$	硝酸碲·$1\frac{1}{2}$水	773.48		正			−NO 190		+					$+HNO_2$
$Th(NO_3)_4$	硝酸钍	480.06	无	片	～		// >216	>630→ThO_2	++				+	

续表

分子式	名称	分子量	颜色	晶形	特性或折射率	密度/(g/cm³)	熔点	沸点	溶解度/(g/100g溶剂)或溶解情况					
							/℃		冷水	热水	酸	碱	乙醇	其他溶剂
$Th(NO_3)_4·4H_2O$	硝酸钍·4水	552.10	白	晶	～		// >216		+++	+++		乙醚 36.9	+++	÷丙酮
$Th(NO_3)_4·12H_2O$	硝酸钍·12水	696.34			～		//		+++				+++	
$TlNO_3(α)$	硝酸亚铊(α)	266.37	无	斜、立		5.556	206.5	// 430	表7.6.1			–		+丙酮
$TlNO_3(β)$	硝酸亚铊(β)	266.37		晶			→α 145		9.55^{20}	30.4^{50}				
$TlNO_3(γ)$	硝酸亚铊(γ)	266.37		正	1.82	5.556^{21}	→β 75	450//	3.91	414			–	+丙酮
$Tl(NO_3)_3·3H_2O$	硝酸铊·3水	444.42	无	正	～		// 100		+	+				
$UO_2(NO_3)_2·2H_2O$	硝酸双氧铀·2水	430.07	黄	斜或单		3.350		// >100	表7.6.1			+		+乙醚、丙酮
$UO_2(NO_3)_2·6H_2O$	硝酸双氧铀·6水	502.09	黄	斜	1.497	2.807^{13}	60.2	118	表7.6.1		+稀	++		++乙酸、乙醚、丙酮
$Y(NO_3)_3·4H_2O$	硝酸钇·4水	347.01	无	棱	～	2.682			+++	+++	+N			
$Y(NO_3)_3·6H_2O$	硝酸钇·6水	383.04	无	三	～	2.680	$-3H_2O$ 100		+++	+++			+++	+++乙醚
$Zn(NO_2)_2·3H_2O$	亚硝酸锌·3水	211.45		晶	～			// 100	+				+	
$Zn(NO_3)_2·6H_2O$	硝酸锌·6水	297.44	无	四	～	2.065^{14}	36.4	$-6H_2O$ 105	表7.6.1			+++		+其36℃结晶水
$Zn(NO_3)_2·3H_2O$	硝酸锌·3水	243.44	无	针			45.5			327^{40}				
$Zr(NO_3)_4·5H_2O$	硝酸锆·5水	429.32	无	晶、粉	～		// 100		++	×			+	

① 不溶于吡啶、乙酸乙酯；溶于甘油、甲醇 3.6^{20}；微溶于乙醚。
② 温度达100℃时，生成 CoO_2；溶于丙酮、二噁烷、乙酸甲酯和多数有机溶剂及其50℃结晶水。
③ 溶于其47℃结晶水；易溶于乙醚、丙酮。
④ 微溶于甘油；溶于数种碱金属盐类溶液；易溶于液氨。
⑤ 161.4℃时转变为立方晶；219℃时转变为正方晶。
⑥ 微溶于丙酮、吡啶；溶于 N_2H_4。

7.1.3 氮化物的危险品特性

表7.1.3 氮化物的危险品特性

名称	CAS号	危险品编号	饱和蒸气压/kPa	燃烧性	闪点/℃	自燃温度/℃	建规火险分级	爆炸下/上限体积分数/%	灭火方法	危险物品分类代号	风险性代号	安全措施号
三氮化银	13863-88-2			易	—	—	甲	—	W,JS			
叠氮化钠	26628-22-8	61033	—	可	—	—	甲	—	W,P,R,JS	6.1	R28; R32; R50/53	S28; S45; S60; S61
叠氮镁	39108-12-8	11005		易	—	—	爆炸品	—	W,P,JS	1		

7.1.4　硝酸盐的危险品特性

表 7.1.4　硝酸盐的危险品特性

名称	CAS号	危险品编号	燃烧性	闪点/℃	自燃温度/℃	建规火险分级	爆炸下/上限体积分数/%	灭火方法	危险物品分类代号	风险性代号	安全措施号
四氨硝酸镍		51522	助	※	※	乙	※	W,T			
亚硝酸钙	13780-06-8	51525	助	※	※	乙	※	W,T	5.1		
亚硝酸钠	7632-00-0	51525	助	※	※	乙	※	W,T	5.1	R25; R50; R8	S45; S61
亚硝酸钾	7758-09-0	51073	助	※	※	乙	※	W,T	5.1		
硝酸亚钴	10026-22-9	51522	助	※	※	乙	※	W,P,T	5.1		
硝酸亚镍	13478-00-7	51522	助	※	※	乙	※	W,T	5.1	R22; R40; R8	S17; S36/37; S45
硝酸汞	10045-94-0	61030	助	※	※	乙	※	K	6.1		
硝酸钍	13823-29-5	71003	助	※	※	甲	※	S,R	7	R8; R22; R33; R36/37/38	S36/37/39; S45
硝酸胍	506-93-4	51068	助	※	※	甲	※	S,R,T	5.1	R8	S15; S17
硝酸钙	16124-37-5	51057	助	※	※	乙	※	W,T	5.1	R36; R8	S17; S26; S39
硝酸钠	7631-99-4	51055	助	※	※	乙	※	W,T	5.1	R22; R36/37/38; R8	S17; S26; S37/39
硝酸钡	10022-31-8	51060	助	※	※	乙	※	W,T	5.1	R20/22; R8	S17; S28
硝酸钯	10102-05-3	51522	助	※	※	丙	※	W,T	5.1		
硝酸钾	7757-79-1	51056	助	※	※	乙	※	W,T	5.1	R8	S17
硝酸铁	10421-48-4	51522	助	※	※	乙	※	W,T	5.1		
硝酸铅	10099-74-8	51065	助	※	※	乙	※	W,T	5.1	R20/22; R33; R50/53; R61; R62; R8	S17; S45; S53; S60; S61
硝酸铈	10294-41-4	51524	助	※	※	乙	※	W,T	5.1		
硝酸铊	10102-45-1	61023	助	※	※	乙	※	W,T	6.1		
硝酸铋	10035-06-0	51522	助	※	※	乙	※	W,T	5.1	R36/37/38; R8	S17; S26; S37/39
硝酸铍	13597-99-4	51061	助	※	※	乙	※	W,T	5.1		
硝酸脲	124-47-0	11029	助	※	※	爆炸品	※	W,P,R,T	1		
硝酸铑	10139-58-9	51522	助	※	※	乙	※	W,T	5.1	R35	S23; S26; S36; S45
硝酸铝	13473-90-0	51522	助	※	※	乙	※	W,T	5.1	R8; R36/37/38	S17; S26
硝酸铟	13770-61-1	51522	助	※	※	乙	※	W,P,R,G,T	5.1		
硝酸铯	7789-18-6	51058	助	※	※	甲	※	W	5.1	R8; R36/37/38	S17
硝酸铵	6484-52-2	51069	助	※	※	甲	※	W,T	5.1	R36/37/38; R8; R9	S17; S26; S37/39
硝酸银	7761-88-8	51063	助	※	※	乙	※	W,T	5.1	R34; R50/53; R8	S26; S45; S60; S61
硝酸锂	7790-69-4	51054	助	※	※	甲	※	W	5.1	R8	S17
硝酸锆	12372-57-5	51064	助	※	※	乙	※	W,T	5.1		
硝酸锌	7779-88-6	51062	助	※	※	乙	※	W,T	5.1		
硝酸锰	10377-66-9	51522	助	※	※	乙	※	W,T	5.1	R36/37/38	S26; S36
硝酸镁	231-104-6	51522	助	※	※	乙	※	W,T	5.1	R36/37/38; R8	S17; S36; S37/39
硝酸镉	10377-60-3	51522	不	※	※	乙	※	W,P,R,G,T	5.1	R45/8/20/21/22/50/53	S53/45/60/61
硝酸镧	10099-59-9	51523	助	※	※	乙	※	W,T	5.1		

7.2 密度

7.2.1 氮化物水溶液的密度

表7.2.1 氮化物水溶液的密度和浓度(20℃) 单位：g/cm³

名称	浓度(质量分数)/%													
	1	2	4	6	8	10	12	14	16	18	20	22	24	30
KN_3	1.004	1.009	1.021	1.032	1.043	1.055	1.067	1.079	1.091	1.104	1.116	1.129	1.142	1.181
NaN_3	1.004	1.010	1.022	1.034	1.047	1.059	1.072	1.085	1.099	1.112	1.126	1.140	1.150	1.202

7.2.2 硝酸盐水溶液的密度

表7.2.2 硝酸钾水溶液的浓度和密度 单位：g/cm³

浓度			温度/℃							
质量分数/%	/(mol/L)	/(g/L)	10	20	30	40	50	60	80	100
1	0.0994	10.04	1.006	1.004	1.002	0.998	0.994	0.989	0.978	0.964
2	0.1999	21.21		1.011						
4	0.4049	40.93	1.026	1.023	1.020	1.016	1.012	1.007	0.995	0.982
6	0.6150	62.17	1.039	1.036	1.033	1.029	1.024	1.019	1.007	0.994
8	0.8301	83.95		1.049						
10	1.051	108.2	1.066	1.063	1.058	1.054	1.049	1.044	1.032	1.018
12	1.277	129.1		1.076						
14	1.509	152.5		1.090						
16	1.747	176.6		1.103	1.099	1.054	1.089	1.083	1.070	1.056
18	1.990	201.2		1.118						
20	2.240	226.5		1.133	1.128	1.122	1.117	1.111	1.097	1.083
22	2.496	252.4		1.147						
24	2.759	278.9		1.162	1.157	1.152	1.145	1.139	1.126	1.111

表7.2.3 硝酸钠水溶液的浓度和密度 单位：g/cm³

浓度(质量分数)/%	温度/℃						
	0	15①	20	40	60	80	100
1	1.0071	1.0058	1.0049	0.9986	0.9894	0.9779	0.9644
2	1.0144	1.0125	1.0117	1.0050	0.9956	0.9849	0.9704
4	1.0290	1.0260	1.0254	1.0180	1.0082	0.9964	0.9826
8	1.0587	1.0397	1.0532	1.0447	1.0340	1.0218	1.0078
12	1.0891	1.0816	1.0819	1.0724	1.0609	1.0481	1.0340
16	1.1203	1.1103	1.1118	1.1013	1.0392	1.0757	1.0614
20	1.1526	1.1394	1.1429	1.1314	1.1187	1.1048	1.0901
24	1.1860		1.1752	1.1629	1.1496	1.1351	1.1200
28	1.2204		1.2085	1.1955	1.1816	1.1667	1.1513
30	1.2380		1.2256	1.2122	1.1980	1.1830	1.1674
35	1.2843		1.2701	1.2560	1.2413	1.2258	1.2100
40	1.3316		1.3715	1.3027	1.2875	1.2715	1.2555
45	—		1.3683	1.3528	1.3371	1.3206	1.3044

① 系 $NaNO_2$ 的数值。

表7.2.4 硝酸钙溶液的浓度和密度 单位：g/cm³

(1) 温度为6、18、25和30℃时

浓度(质量分数)/%	温度/℃				浓度(质量分数)/%	温度/℃			
	6	18	25	30		6	18	25	30
2①	1.016	1.014	1.012	1.010	8	1.064	1.061	1.058	1.056
4	1.032	1.029	1.027	1.026	10	1.081	1.077	1.074	1.072

续表

浓度(质量分数)/%	温度/℃				浓度(质量分数)/%	温度/℃			
	6	18	25	30		6	18	25	30
12	1.098	1.094	1091	1.089	35		1.311	1.300	1.297
16	1.133	1.128	1.125	1.122	40		1.365	1.349	1.346
20	1.169	1.164	1.160	1.158	45		1.422	1.403	1.399
25	1.217	1.211	1.206	1.203	68①		1.747	1.741	1.736
30		1.260	1.251	1.248					

① 过冷四水化合物，熔点41.4℃。

(2) 温度为40、45、50、55、60、65、70、75、80和85℃时

温度/℃	浓度(质量分数)/%									
	40	45	50	55	60	65	70	75	80	85
50	1.3600	1.4175	1.4750	1.5325	1.590	1.649	1.707	1.765	1.8245	1.884
60	1.3478	1.4055	1.4630	1.5220	1.5800	1.6390	1.6975	1.7570	1.8155	1.8750
70	1.3365	1.3950	1.4535	1.5125	1.5625	1.6300	1.6885	1.7475	1.8075	1.8675
80	1.3255	1.3850	1.4440	1.5025	1.5610	1.6202	1.6805	1.7403	1.8000	1.8600
90	1.3175	1.3750	1.4340	1.4925	1.5515	1.6100	1.6705	1.7309	1.7910	1.8515
100	1.3090	1.3655	1.4250	1.4830	1.5425	1.6015	1.6608	1.7200	1.7810	1.8415
110	1.2980	1.3560	1.4150	1.4730	1.5320	1.5920	1.6510	1.7103	1.7708	1.8305

表7.2.5 硝酸镁水溶液的浓度和密度

单位：g/cm³

(1) 20℃、低浓度

浓度(质量分数)/%	2	4	6	8	10	12	14	16	18	20	22	24
ρ	1.013	1.028	1.044	1.060	1.076	1.093	1.110	1.127	1.145	1.163	1.182	1.200

(2) 中高温、高浓度

温度/℃	浓度(质量分数)/%								
	55	58	60	62	64	66	68	70	72
90	1.503	1.545	1.569	1.594	1.619	1.643	1.668	1.692	1.712
100	1.504	1.540	1.564	1.588	1.612	1.636	1.660	1.684	1.708
110	1.496	1.534	1.558	1.582	1.607	1.631	1.656	1.680	1.704
120	1.492	1.529	1.553	1.575	1.601	1.624	1.648	1.672	1.696
130			1.539	1.569	1.594	1.619	1.644	1.668	1.693
140				1.564	1.588	1.612	1.637	1.662	1.686
150						1.631		1.657	1.680

表7.2.6 硝酸铵水溶液的浓度和密度(20℃)

(1) 稀溶液

质量分数/%	浓度/(mol/L)	浓度/(g/L)	密度/(g/cm³)	质量分数/%	浓度/(mol/L)	浓度/(g/L)	密度/(g/cm³)
1	0.1252	10.02	1.002	18	2.415	193.3	1.074
2	0.2514	20.12	1.006	20	2.705	216.5	1.083
4	0.5071	40.58	1.015	24	3.299	264.1	1.100
6	0.7668	61.38	1.023	28	3.912	313.2	1.119
8	1.030	82.50	1.031	35	5.033	402.9	1.151
10	1.298	103.9	1.040	40	5.873	470.1	1.175
12	1.571	125.7	1.048	50	7.656	612.8	1.226
14	1.848	147.9	1.057	55	8.602	688.5	1.252
16	2.219	170.4	1.065				

(2) 浓溶液

浓度(质量分数)/%	温度/℃					浓度(质量分数)/%	温度/℃				
	20	40	60	80	100		120	140	160	180	200
20	1.0828	1.0725	1.0621	1.055	1.0410	80	1.3285				
30	1.1275	1.1160	1.1045	1.0935	1.0820	90	1.3930	1.3785			
40	1.1754	1.1636	1.1510	1.1390	1.1270	94	1.4210	1.4065	1.3940		
50	1.2258	1.2130	1.2005	1.1875	1.1745	97		1.4285	1.4165	1.4060	
60	1.2785	1.2660	1.2525	1.2395	1.2265	99			1.4325	1.4225	1.4120
70		1.3220	1.3090	1.2960	1.2825						
80			1.3685	1.3555	1.3420						
90					1.4075						

N（算图 7.1）

硝酸铵水溶液的密度（第621页左）

表7.2.7　其他硝酸盐水溶液的密度

单位：g/cm^3

名称	温度/℃	浓度(质量分数)/%									
		1	2	4	6	8	10	12	14	16	18
$AgNO_3$①	20	1.007	1.015	1.033	1.051	1.069	1.088	1.108	1.128	1.15	1.172
$Al(NO_3)_3$	18	1.006	1.014	1.03	1.047	1.064	1.081	1.099	1.117	1.136	1.155
$Ba(NO_3)_2$②	18	1.008	1.015	1.032	1.049	1.067	1.086				
$Cd(NO_3)_2$	18		1.015	1.033	1.05	1.068	1.087	1.106	1.126	1.147	1.168
$Be(NO_3)_2$	18		1.011	1.023	1.036	1.049	1.062	1.076	1.09	1.105	1.119
$Co(NO_3)_2$	20	1.006	1.015	1.032	1.048	1.066	1.084	1.103	1.122	1.142	1.163
$Cr(NO_3)_3$	15	1.007	1.016	1.032	1.049	1.067	1.084	1.103	1.121	1.141	1.161
$CsNO_3$	20	1.006	1.013	1.029	1.044	1.061	1.077	1.095	1.112		
$Cu(NO_3)_2$	20	1.007	1.015	1.032	1.05	1.069	1.088	1.107	1.126	1.147	1.168
$Fe(NO_3)_3$	18	1.006	1.014	1.03	1.047	1.064	1.081	1.099	1.117	1.136	1.155
$KNO_2$③	18	1.005	1.011	1.024	1.037	1.049	1.062	1.075	1.088	1.102	1.116
$La(NO_3)_3$	18	1.008	1.017	1.035	1.055	1.074	1.095	1.115	1.137	1.159	1.182
$LiNO_3$	20	1.004	1.01	1.022	1.034	1.046	1.059	1.072	1.085	1.098	1.112
$Mn(NO_3)_2$④	18	1.006	1.014	1.03	1.046	1.062	1.079	1.097	1.115	1.133	1.152
$NaNO_2$	15	1.006	1.012	1.026	1.04	1.054	1.068	1.082	1.096	1.11	1.122
$Ni(NO_3)_2$	18	1.007	1.016	1.033	1.051	1.069	1.088	1.108	1.128	1.148	1.17
$Pb(NO_3)_2$	18	1.007	1.016	1.034	1.053	1.072	1.092	1.112	1.134	1.156	1.179
$Pb(NO_3)_2$	15	1.009	1.017	1.036	1.054	1.074	1.094	1.115	1.136	1.158	1.181
$RbNO_3$	20	1.005	1.012	1.027	1.042	1.058	1.073	1.086	1.106	1.123	1.14
$Sm(NO_3)_2$	18	1.006	1.014	1.029	1.044	1.06	1.077	1.093	1.11	1.127	1.145
$Sr(NO_3)_2$	20	0	1.015	1.031	1.048	1.065	1.083	1.101	1.119	1.138	1.158
$UO_2(NO_3)_2$	17	1.008	1.017	1.036	1.054	1.072	1.091	1.11	1.129	1.149	1.171
$Zn(NO_3)_2$	18	0	1.015	1.032	1.05	1.068	1.086	1.105	1.124	1.144	1.165

名称	温度/℃	浓度(质量分数)/%									
		20	22	24	26	28	30	35	40	45	50
$AgNO_3$①	20	1.194	1.217	1.242	1.268	1.295	1.32	1.393	1.474	1.565	1.668
$Al(NO_3)_3$	18	1.175	1.195	1.215	1.236	1.258	1.28	130.4[32]			
$Ba(NO_3)_2$②	18										
$Cd(NO_3)_2$	18	1.19	1.213	1.237	1.261	1.287	1.312	1.382	1.459	1.544	1.636
$Be(NO_3)_2$	18	1.134	1.15	1.166	1.187	1.226	0				
$Co(NO_3)_2$	20	1.184	1.205	1.228	1.251	1.274	1.299				
$Cr(NO_3)_3$	15	1.181	1.202	1.224	1.246	1.269	1.293				
$CsNO_3$	20										
$Cu(NO_3)_2$	20	1.189	1.211	1.235	1.263						
$Fe(NO_3)_3$	18	1.175	1.196	1.218	1.239						
$KNO_2$③	18	1.13	1.144	1.158	1.172	1.187	1.203	1.242	1.284	1.13	1.378
$La(NO_3)_3$	18	1.205	1.23	1.255	1.281	1.308	1.336				
$LiNO_3$	20	1.125	1.139	1.154	1.169	1.184	1.199	1.239	1.284		
$Mn(NO_3)_2$④	18	1.172	1.192	1.212	1.234	1.256	1.278	1.337	1.399	1.466	1.538
$NaNO_2$	15	1.139	1.168	1.18	1.188	1.198	1.213	1.25	1.299		
$Ni(NO_3)_2$	18	1.191	1.213	1.237	1.261	1.285	1.311	1.378	1.399		
$Pb(NO_3)_2$	18	1.203	1.228	1.253	1.278	1.304	1.329				
$Pb(NO_3)_2$	15	1.205	1.229	1.255	1.281	1.308	1.336				
$RbNO_3$	20	1.158	1.176	1.195	1.214	1.234	1.255				
$Sm(NO_3)_2$	18	1.163	1.181	1.2							
$Sr(NO_3)_2$	20	1.179	1.2	1.222	1.244	1.266	1.29	1.352	1.419		
$UO_2(NO_3)_2$	17	1.194	1.218	1.243	1.207	1.296	1.322	1.396	1.466		
$Zn(NO_3)_2$	18	1.186	1.208	1.23	1.254	1.278	1.303	1.368	1.438	1.513	1.594

① 质量分数为 60%、70% 时，其密度分别为 1.916、2.233g/cm³；

② 饱和溶液的浓度和密度见下表：

温度/℃	0	10	20	30	40	50	60	70
浓度/%	4.9	6.5	8.4	10.4	12.4	14.6	16.9	19.1
密度/(g/cm³)	1.043	1.056	1.073	1.087	1.104	1.121	1.137	1.146

③ 质量分数为 60%、70% 时，其密度分别为 1.484、1.598g/cm³。

④ 质量分数为 55% 时，其密度为 1.615g/cm³。

7.3　相变点

（1）沸点

表 7.3.1　硝酸盐水溶液的浓度和沸点

名称	相应于下列浓度(g/100g 水)时溶液的沸点/℃									饱和溶液		
	10	25	50	75	100	500	1000	1500	3000	沸点	浓度	固相组成
$Ba(NO_3)_2$		101.0								101.1	27.5	$Ba(NO_3)_2$
$Ca(NO_3)_2$	101.0	102.5	105.0	107.5	110.0							
$Ca(NO_3)\cdot 2H_2O$		101.9	103.7	104.5	107.0							
KNO_3		101.7	103.2	104.6	106.0					115.0	338.5	KNO_3
$NaNO_3$	101.1	102.7	105.2	107.6	110.1					126.0	222.0	$NaNO_3$
NH_4NO_3	101.0	102.5	104.8	107.1	109.3	132.7	150.6	163.0	188.3			
$Pb(NO_3)_2$		101.0	101.6	102.2	102.8					103.5	137.0	
$Sr(NO_3)_2$		101.0	102.3	103.6	105.2					106.3	116.5	

名称	相应于下列沸点(℃)的溶液(质量分数)/%													
	101	102	103	104	105	107	110	115	120	125	140	160	180	200	220
KNO_3	13.19	23.66	32.23	39.20	45.10	54.65	65.34	79.53							
NH_4NO_3	9.09	16.66	23.08	29.08	34.21	42.53	51.92	63.24	71.26	77.11	87.09	93.20	96.00	97.61	98.84

N（算图 7.2、算图 7.3）

硝酸盐水溶液的沸点（第 621 页右、第 622 页左）

表7.3.2　不同压强下硝酸铵水溶液的沸点

单位：℃

压强/kPa	浓度(质量分数)/%										
	55	60	65	70	75	80	85	90	95	98	100
20	72.15	72.35	72.72	74.29	77.07	79.32	84.65	92.41	116.5	137.7	283.6
30	80.57	81.75	81.66	83.71	88.48	93.70	99.27	105.3	130.2	163.3	446.7
40	87.56	89.22	89.12	91.29	96.55	103.0	108.6	116.4	140.4	178.4	359.6
50	93.27	95.26	95.2	97.44	102.8	109.1	115.0	124.2	148.6	185.3	478.8
60	97.94	100.3	100.2	102.6	108.1	114.4	120.3	130.6	155.6	192.7	622.9
70	101.8	104.5	104.3	106.9	113.2	119.7	125.5	136.5	161.6	200.8	629.4
80	105.1	108.2	108.2	111.0	117.8	124.7	130.7	141.8	166.7	206.7	447.5
90	108.1	111.7	112.0	115.0	121.7	128.9	135.4	146.3	171.5	210.0	297.7
100	111.1	115.0	116.5	119.0	123.8	130.5	138.1	149.7	176.1	208.1	472.6

表7.3.3　不同压力下硝酸镁水溶液的沸点

单位：℃

溶液	浓度(质量分数)/%	压强/kPa					
		80	82	84	86	88	90
纯硝酸镁	71	137.1	134.7	132.4	129.7	126.7	124.0
	74	145.4	143.0	140.4	137.8	135.2	132.4
含杂质	70	141.6	137.9	135.0	132.7	130.4	128.4
	71	145.2	141.9	139.2	136.7	134.1	131.5
	72	148.8	145.9	143.4	140.7	137.8	134.7
	73	152.4	149.9	147.6	144.7	141.4	137.9

表7.3.4　硝酸钡水溶液的沸点升高常数

浓度/(mol/L)	0.05	0.1	0.2	0.4	0.7	1.0
沸点升高常数/(℃/mol)	2.669	2.289	2.219	2.120	2.000	1.900

（2）冰点

表7.3.5　硝酸水溶液的冰点下降常数　　单位：℃/mol

浓度/(mol/L水)	0.001	0.005	0.01	0.02	0.05	0.1	0.2	0.5	1.0	2.0
硝酸银			3.60	3.54	3.42	3.32	3.20	2.96	2.63	2.16
硝酸铝					6.3	6.1	6.5	7.9	10.6	
硝酸钾		3.64	3.59	3.54	3.43	3.31	3.15	2.88	2.56	
硝酸钠			3.55	3.53	3.48	3.41	3.33	3.23	3.02	2.79
硝酸钡	5.37	5.09	4.90	4.66	4.28	3.96	3.56	2.94	2.44	
硝酸锌						4.89	4.89		5.83	7.12
硝酸镍						4.91	4.91	5.07	5.86	

表7.3.6　硝酸铵水溶液的冰点

浓度(质量分数)/%	90	92	94	96	97	98	99	100
t_f/℃	95.0	103.4	112.9	125.3	135.1	146.1	157.6	169.6

7.4　黏度

7.4.1　硝酸盐的黏度

表7.4.1　硝酸盐的黏度　　单位：mPa·s

温度/℃	300	310	320	330	340	350	360	370	380	400	420	440	460
$KNO_2$①											19.6	18.5	
KNO_3				2.958	3.131	2.73	2.080	2.274	28.88	20.9	19.41	18.02	16.0
$NaNO_2$	3.00	2.82	2.63	2.45	2.26								
$NaNO_3$		2.891	2.758	2.638	2.525	2.418	2.316	2.218	2.126	1.962	1.813	1.664	1.492
温度/℃	250	260	270	280	290	300	320	340	360	380	400	420	427
$AgNO_3$	3.47	3.18	3.06	3.05	3.04	2.99	2.76	2.52	2.32	2.13	1.96	1.82	
$LiNO_3$				5.75	5.41	5.08	4.40	3.88	3.35	2.88	2.47	2.13	2.03

① 温度为500、550℃时，其黏度分别为13.8、12.1mPa·s。

7.4.2　硝酸盐水溶液的黏度

表7.4.2　硝酸铵水溶液的黏度　　单位：mPa·s

温度/℃	浓度(质量分数)/%														
	5	10	20	30	40	50	55	60	65	70	75	80	85	90	95
0	1.67	1.58	1.49	1.51											
10	1.24	1.20	1.16	1.20	1.32	1.58									
20	0.97	0.96	0.97	1.00	1.10	1.33	1.65								
30	0.79	0.79	0.79	0.84	0.94	1.19	1.32	1.65	2.0	2.50					
40	0.66	0.66	0.68	0.73	0.81	1.00	1.11	1.30	1.63	2.05					
50	0.56	0.57	0.60	0.64	0.72	0.87	0.96	1.15	1.40	1.76	2.22				
60	0.48	0.50	0.53	0.57	0.64	0.76	0.85	1.02	1.26	1.55	1.96	2.50			
70						0.64	0.77	0.93	1.15	1.40	1.76	2.23	2.80		
80						0.60	0.70	0.85	1.05	1.28	1.69	2.00	2.55		
90						0.54	0.62	0.76	0.95	1.15	1.45	1.60	2.32		
100						0.48	0.57	0.70	0.87	1.06	1.34	1.66	2.15	3.06	
110						0.42	0.52	0.64	0.77	0.78	1.23	1.55	2.02	2.87	3.57
120											1.16	1.46	1.80	2.70	3.30
130												1.34	1.80	2.51	3.09
140													1.71	2.40	2.90
145														2.35	2.80

表7.4.3 硝酸钾和硝酸钠水溶液的黏度 单位：mPa·s

硝酸钾水溶液								硝酸钠水溶液						
浓度（质量分数）/%	温度/℃							浓度（质量分数）/%	温度/℃					
	0	10	20	30	40	50	60		10	20	30	40	50	60
5	1.68	1.25	0.98	0.8	0.66	0.56	0.49	10	1.38	1.07	0.88	0.72	0.63	0.54
10	1.61	1.22	0.97	0.8	0.67	0.58	0.50	15	1.46	1.12	0.94	0.78	0.67	0.58
15	—	1.21	0.98	0.8	0.69	0.59	0.51	20	1.59	1.18	1.03	0.86	0.72	0.62
20	—	1.25	1.01	0.81	0.70	0.60	0.53	25	1.78	1.25	1.14	0.95	0.8	0.69
30	—	—	—	0.89	—	—	—	30	2.05	1.33	1.3	1.07	0.91	0.79

表7.4.4 硝酸钙水溶液的黏度 单位：mPa·s

温度/℃	浓度/%					温度/℃	浓度/%					
	30	40	50	60	70		30	40	50	60	70	80
50	1.23	2.05	3.80			90	0.66	1.09	1.95	4.09	14.32	105.6
60	1.03	1.72	3.13	7.73	51.29	100	0.58	0.96	1.71	3.71	14.43	78.04
70	0.87	1.45	2.70	6.13	35.47	110				2.85	12.73	51.65
80	0.76	1.25	2.26	4.65	24.90							

表7.4.5 硝酸镁水溶液的黏度 单位：mPa·s

浓度（质量分数）/%	温度/℃	黏度	浓度（质量分数）/%	温度/℃	黏度	浓度（质量分数）/%	温度/℃	黏度
65	120	9.56	70	160	3.23	80	120	154.4
	130	7.18	75	120	5.3		130	98.9
	140	4.34		130	43.27		140	51.35
70	120	2		140	21.32		150	28.61
	130	14.99		150	12.59		160	16.63
	145	8.1		160	7.525		170	13.02
	150	4.74		170	6.165			

表7.4.6 其他硝酸盐水溶液的黏度 单位：mPa·s

浓度/(mol/L)	0.1	0.125	0.25	0.50	1.0	浓度/(mol/L)	0.125	0.25	0.50	1.0
$Ba(NO_3)_2$	1.017	1.039	1.066			$Mg(NO_3)_2$	1.059	1.102	1.191	1.390
$Ca(NO_3)_2$		1.040	1.079	1.154	1.306	$NaNO_3$	1.023	1.033	1.058	1.120
KNO_3		1.013	1.013	1.010	1.006	$Sr(NO_3)_2$	1.040	1.074	1.139	1.288

N（算图7.4）

硝酸盐水溶液的黏度（第622页右）

表7.4.7 硝酸盐及其水溶液的比黏度（$\eta/\eta_{水}$，25℃）

浓度/(mol/L)	1.0	0.5	0.25	0.125	浓度/(mol/L)	1.0	0.5	0.25	0.125
$AgNO_3$	1.1150	1.0491	1.0290	1.0114	$Mg(NO_3)_2·6H_2O$	1.3896	1.1910	1.1016	1.0588
$Ba(NO_3)_2$	1.0893	1.0437	1.0214	1.0084	$Mn(NO_3)_2$	1.1813	1.0867	1.0426	1.0235
$Ca(NO_3)_2$	1.1172	1.0553	1.0218	1.0076	$NaNO_3$	1.0655	1.0259	1.0122	1.0069
$Cd(NO_3)_2$	1.1648	1.0742	1.0385	1.0177	NH_4NO_3	0.9722	0.9862	0.9908	0.9958
$Co(NO_3)_2$	1.1657	1.0754	1.0318	1.0180	$Ni(NO_3)_2$	1.1800	1.0840	1.0422	1.0195
$Cu(NO_3)_2$	1.1792	1.0802	1.0400	1.0179	$Pb(NO_3)_2$	1.1010	1.0418	1.0174	1.0066
KNO_3	0.9753	0.9822	0.9870	0.9921	$Sr(NO_3)_2$	1.1150	1.0491	1.0240	1.0114
$Mg(NO_3)_2$	1.1706	1.0824	1.0396	1.0198	$TlNO_3$	0.9471	0.9538	0.9865	0.9932
$Mg(NO_3)_2·6H_2O$	1.3896	1.1910	1.1016	1.0588	$Zn(NO_3)_2$	1.1642	1.0857	1.0390	1.0186

7.5 表面张力

7.5.1 硝酸盐的表面张力

表7.5.1 硝酸盐的表面张力 单位：mN/m

温度/℃	200	250	300	350	400	450	500	550	600	700	800
$CsNO_3$					91^{420}	89		81	78		
KNO_2						105	104^{470}				
KNO_3				110	107	104	101	97.0	93.4	85.8	77.7
$KNO_3$①				113	109	105	101	97.4	93.5	85.8	78.0
$LiNO_3$①				112	109	106	102	97.9	93.4		
$NaNO_2$			121^{280}				113				
$NaNO_3$			119^{320}	117	114						
$NaNO_3$①			121	118	116	113	110	107	103	96.3	93.7^{736}
$NiNO_3$			113	118	108	105	102				
$RbNO_3$			110	105	101	97	93	88.9	84.5		
$TiNO_3$	95.3	91.4	87.5	83.6	79.7	75.8					

① 界面为氮气。其他为空气。

7.5.2 硝酸盐水溶液的表面张力

表7.5.2 硝酸铵水溶液的表面张力 单位：mN/m

浓度(质量分数)/%	温度/℃	σ	浓度(质量分数)/%	温度/℃	σ	浓度(质量分数)/%	温度/℃	σ
1	18.0	73.8	20	16.7	82.8	20	100	61.6
1	25.2	72.8	20	17.0	82.9	30	100	63.3
2	18.0	74.4	20	3.2	84.4	40	100	65.3
3	18.0	75.1	0	100	58.7	50	100	67.5
10	24.9	77.4	5	100	59.2	54	100	68.5
10	14.2	79.0	10	100	60.1	88	100	85.5
20	24.8	81.7	20	100	61.6	100	100	103.8

表7.5.3 硝酸镁水溶液的表面张力 单位：mN/m

温度/℃	浓度(质量分数)/%					
	50	55	60	65	70	75
100	77.19					
110	77.77	79.42				
115	77.48	78.92				
120	77.35	78.60	84.07	84.44	88.38	
125	73.54^{53}	78.39	83.25	83.22	87.18	
130		78.28	82.54	85.07	89.74	100.4
135		77.50	82.17	84.81	87.87	93.82
140			81.96	84.36	87.40	91.83
145			81.61	83.95	86.98	90.96
150				83.40	86.41	90.60
160				80.70	83.62	91.72
170						86.98
175						88.21

表7.5.4 其他硝酸盐水溶液的表面张力(20℃) 单位：mN/m

浓度/(mol/L)	0.1	0.5	1.0	1.5	2.0	2.5	3	4	5	6	8	10	12
$AgNO_3$		73.4	74.0		75.1		76.0		77.7	$78.6^{8.2}$			
$Ba(NO_3)_2$①	0.6±0.2	1.0±0.3											
$KNO_3$②	72.9	73.3	73.8	74.3	74.8	75.2	75.5	76.6		77.8	79.2	80.3	82.12^{14}
NH_4NO_3		73.2	73.8	74.2	74.6	75.0	75.4	76.3	77.1	77.8	79.2	80.3	82.1^{14}
$NaNO_3$	72.9	73.4	74.0	74.6	75.1	75.6	78.2	77.4	78.5	79.5	81.1	82.7	84.0
$Zn(NO_3)_2$③		70.8	72.3	73.8	75.2	76.6	77.9	80.6	83.1	84.7			

① 溶液温度为20～50℃。
② 浓度0.02mol/L时，表面张力为72.8mN/m。
③ 溶液温度为40℃。

7.6 溶解度

7.6.1 硝酸盐在水中的溶解度

表 7.6.1 硝酸盐在水中的溶解度

分子式	名称	在下列温度(℃)时无水硝酸盐的溶解度/(g/100g水)												
		0	10	20	25	30	40	50	60	70	80	90	100	200
$AgNO_2$	亚硝酸银	0.155	0.220	0.340	0.410	0.510	0.715	0.995	1.363		(煮沸部分分解)			
$AgNO_3$	硝酸银	122	173	222	250	275	322	455	449		604		770	
$AgNO_3$①	硝酸银	122	170	222		300	376	455	525		669		952	
$Al(NO_3)_3$②	硝酸铝	37.5	40.0	42.5			47.0	96	51.5	120	57.0	153	61.5	
$Al(NO_3)_3·9H_2O$	硝酸铝·9水	61	67	75.4		81	89		108		132		159	
$Ba(NO_2)_2·H_2O$	亚硝酸钡·1水			67.5			101		142		206		300	
$Ba(NO_3)_2$	硝酸钡	5.0	7.0	9.2		11.6	14.2	17. 1	20.3	23.6	27.0	30.6	34.2	
$Be(NO_3)_2·4H_2O$	硝酸铍·4水	98.6		107	110		127	142	84^{61}					
$Ca(NO_3)_2·2H_2O$	亚硝酸钙·2水								132	152		245		
$Ca(NO_2)_2·4H_2O$	亚硝酸钙·4水	62.1		76.7										
$Ca(NO_3)_2$	硝酸钙	102	115	129	138	149	189		359				363	413
$Ca(NO_3)_2·3H_2O$	硝酸钙·3水						238	282						
$Ca(NO_3)_2·4H_2O$	硝酸钙·4水	102	115	129		153	196							
$Cd(NO_3)_2$	硝酸镉	110		128					619		646		682	
$Cd(NO_3)_2·4H_2O$	硝酸镉·4水	107	135	149	159	169	194	233	619		652		681	
$Cd(NO_3)_2·9H_2O$	硝酸镉·9水	106												
$Co(NO_2)_2$	亚硝酸钴	0.08	0.24	0.40		0.60	0.84							
$Co(NO_3)_2·3H_2O$	硝酸钴·3水								167	185	220	335		
$Co(NO_3)_2·6H_2O$	硝酸钴·6水	83.5		97.3	103	111					211			
$CsNO_3$	硝酸铯	9.3	14.9	23.0		33.9	47.2	64.4	83.8	107	134	163	197	
$Cu(NO_3)_2$	硝酸铜	45		55							67			
$Cu(NO_3)_2·3H_2O$	硝酸铜·3水	83.5	100	125	151	156	163	172	182	194	208	222	247	
$Cu(NO_3)_2·6H_2O$	硝酸铜·6水	81.8	100	125		154								
$Fe(NO_3)_2·6H_2O$	硝酸亚铁·6水	71	78	82		85		87	166					
$Fe(NO_3)_3·6H_2O$	硝酸铁·6水	78		83					167					
$Fe(NO_3)_3·9H_2O$	硝酸铁·9水	67		82	87		105							
KNO_2	亚硝酸钾	279		298			335		350		376		413	
KNO_3	硝酸钾	13.3	20.9	31.6		45.8	63.9	85.5	110	138	169	202	246	786
$LiNO_3$	硝酸锂	53		70			145		182	206				
$LiNO_3·{}^1/_2H_2O$	硝酸锂·$^1/_2$水						145	156	175					
$LiNO_3·3H_2O$	硝酸锂·3水	53.4	61.0	74.5		132								
$Mg(NO_3)_2·6H_2O$	硝酸镁·6水	66.5	70.1	73.3	75.1	77.3	81.2	85.9	91.9		110	137		
$Mn(NO_3)_2·3H_2O$	硝酸锰·3水					206								
$Mn(NO_3)_2·6H_2O$	硝酸锰·6水	102		132	157		426	444						
$NaNO_2$	亚硝酸钠	72.1	77.9	84.5		91.6	98.4	104	116		132		163	
$NaNO_3$	硝酸钠	72.7	79.9	87.6	91.6	96.1	105	114	125		149		176	
$(NH_4)_2Ce(NO_3)_6$	硝酸铈铵			129		154	183		196		220			
NH_4NO_3	硝酸铵	54.2	60.0	65.2	67.6	69.9	73.7	77.0	80.7	83.5	86.4	89.0	94.4	
$NH_4NO_3(\alpha)$	硝酸铵(α)	118		192		242	297	344	421	499	580	740	871	
$NH_4NO_3(\beta)$	硝酸铵(β)						294				580			
$Ni(NO_3)_2·2H_2O$	硝酸镍·2水											235		
$Ni(NO_3)_2·4H_2O$	硝酸镍·4水								163	169		235		
$Ni(NO_3)_2·6H_2O$	硝酸镍·6水	79.2		94.2	100	105	119	139	158		193		225	
$Pb(NO_3)_2$	硝酸铅	38.8	48.3	52.2	56.5	66	75	85	95		115		139	
$RbNO_3$	硝酸铷	19.5	33.0	53.3		81.3	117	156	200	251	309	375	452	
$Sr(NO_2)_2·H_2O$	亚硝酸锶·1水	52.7		64.0				83.5	97.2			130	139	
$Sr(NO_3)_2$	硝酸锶	39.5	53.6	70.4	79.5	88.7	90.1		93.8	96	98.0	100	102	
$Sr(NO_3)_2·4H_2O$	硝酸锶·4水	40.1		70.5										
$TlNO_3$	硝酸亚铊	3.91	8.22	9.55		14.3	20.9	30.4	48.2	69.5	111	200	414	
$UO_2(NO_3)_2·2H_2O$	硝酸双氧铀·2水	98	108	119	127	138	163	203			400			
$UO_2(NO_3)_2·6H_2O$	硝酸双氧铀·6水	98	108	126		139		203	365			426	476	
$Zn(NO_3)_2·3H_2O$	硝酸锌·3水						207							
$Zn(NO_3)_2·6H_2O$	硝酸锌·6水	94.8	105	119	127		210	432	707	871				

① 溶解度单位为 g/100mL 饱和溶液。

② 温度为 −27、−20、−10、110℃时，其溶解度分别为 30.45、32.5、35.0、62.3g/100g 水。

N（算图 7.5）

硝酸盐在水中的溶解度（第 623 页左）

7.6.2 硝酸盐在硝酸中的溶解度

表7.6.2 硝酸钾在硝酸中的溶解度　　单位：%（质量分数）

温度/℃	−5	0	5	10	15	20	21	22	30	40	50
S	24.8	27.0	29.4	31.6	34.0	37.7	40.0	46.0	50.2	51.0	51.7

表7.6.3 硝酸铵在硝酸中的溶解度　　单位：%（质量分数）

温度/℃	8.0	11.0	11.5	16.5	17.0	17.5	23.0	23.5	27.0	27.5	29.5	49.0	79.0
S	21.1	51.7	57.6	54.3	54.7	54.0	28.7	49.4	58.2	44.6	38.8	60.4	68.1

表7.6.4 硝酸银在硝酸中的溶解度

0℃	15℃		30℃		50℃	100℃
	溶解度	密度 d^{15}	溶解度	密度 d^{15}		
38.2	50.5	1.742	59.2	1.970	67.9	80.5
27.8	38.3	1.552	48.2	1.722	58.2	71.3
21.1	29.0	1.444	35.8	1.579	46.0	62.3
18.2	22.0	1.385	28.0	1.484	36.7	54.0
10.0	13.7	1.352	17.0	1.400	23.3	38.7
6.4	8.5	1.357	10.6	1.381	14.3	25.7
4.0	5.2	1.377	6.6	1.389	8.6	15.7
2.1	3.0	1.402	3.0	1.403	5.8	99.6
	1.4				3.3	
	0.8				1.5	
	1.2				1.2	
	1.3					

注：溶解度单位为 g/100g 饱和溶液。密度单位为 g/mL。

表7.6.5 硝酸铅在硝酸中的溶解度

硝酸溶液(25℃)/(mol/L)	溶解度/(g/L)	硝酸溶液(25℃)/(mol/L)	溶解度/(g/L)
1.01	178.0	4.38	13.9
2.32	61.0	7.18	0.538

表7.6.6 硝酸铝在硝酸中的溶解度

0.45℃		20℃		25℃	40℃		60℃	
S	ρ	S	ρ	S	S	ρ	S	ρ
36	1.324	40	1.383	39.0	44.0	1.430	47.5	1.461
37	1.314	31	1.368	30.5	36.0	1.482	40.5	1.457
19.5	1.311	23	1.354	22.6	29.0	1.386	34.5	1.457
13.5	1.315	16	1.345	15.5	21.0	1.377	29.0	1.460
6.0	1.320	9	1.346	9.0	15.0	1.370	24.0	1.468
1.5	1.336	4	1.345	3.9	9.5	1.375	20.0	1.480
0.2	1.363	1.5	1.364	1.6	5.5	1.392		
0.25	1.432	0.75	1.405	—	3.0	1.430		

注：1. 溶解度单位为 g/100g 饱和溶液。密度单位为 g/mL。

2. 温度为 72.5、75、80、85、90℃时，溶解度分别为 1.2［固相为 $Al(NO_3)_3\cdot 9H_2O+Al(NO_3)_3\cdot 8H_2O$］、0.6［以后的固相均为 $Al(NO_3)_3\cdot 8H_2O$］、0.2、0.1、0.35g/100g 饱和溶液。

7.6.3　硝酸盐在醇类中的溶解度

表 7.6.7　硝酸钠在乙醇水溶液中的溶解度

乙醇(质量分数)/%		0	10	20	30	40	50	60	70	80	90
硝酸钠/%	15℃	45.7	39.5	32.8	28.2	20.5	—	10.2	—	2.6	—
	30℃	49.1	43.4	37.4	31.3	25.4	18.0	13.0	7.8	—	1.2

表 7.6.8　硝酸银在乙醇水溶液中的溶解度

乙醇的体积/%	乙醇水溶液的密度	溶解度/(g/100g 乙醇水溶液)			乙醇的体积/%	乙醇水溶液的密度	溶解度/(g/100g 乙醇水溶液)		
		15℃	50℃	75℃			15℃	50℃	75℃
10	0.986	158.0	—	—	60	0.912	30.5	58.1	89.0
20	0.975	107.0	214.0	340.0	70	0.889	22.1	—	—
30	0.964	73.7	—	—	80	0.863	10.3	—	42.0
40	0.951	56.4	98.3	160.0	95	0.815	3.8	7.3	18.3
50	0.933	35.8	—						

表 7.6.9　硝酸铵在甲醇和乙醇中的溶解度　　单位：%(质量分数)

温度/℃	无水甲醇			无水乙醇		
	18～25	30	60	18～25	30	80
S	17.1	20	39.6	2.5	3.8	10.1

表 7.6.10　其他硝酸盐在甲醇中的溶解度　　单位：g/100g 溶剂

名称	硝酸银	硝酸钡	硝酸钙	亚硝酸钠	硝酸钠	硝酸铵	硝酸铅
甲醇	3.619	0.06	138	4.4	0.43	17.1	1.4225

表 7.6.11　其他硝酸盐在乙醇中的溶解度　　单位：g/100g 溶剂

名称	硝酸铋·5水	硝酸钴	硝酸锂	硝酸铵	硝酸镍	硝酸锶	硝酸二氧铀
乙醇	1.8	51	0.0115	0.04	2.5	0.042	0.009

7.6.4　硝酸盐在液氨中的溶解度

表 7.6.12　硝酸钾和硝酸钙在液氨中的溶解度　　单位：%(质量分数)

温度/℃	−50	−40	−30	−20	−10	0	10	20	30	40	50
硝酸钾				7	8.3	9.5	10.2	10.6	10.9	11.2	11.5
硝酸钙	41.2	43	43.6	44.1	44.7	45.4	46.6	48.3	49.8	51.1	52.2

表 7.6.13　硝酸镁在液氨中的溶解度　　单位：%(质量分数)

温度/℃	−40	−30	−20	−10
S	4.8	2.8	2.0	1.2

表 7.6.14　硝酸铵在液氨中的溶解度　　单位：g/L

温度/℃	−50	−45	−40	4	−30	−25	25
S	704	734	755	775	777	778	2355

表 7.6.15　其他硝酸盐在液氨中的溶解度　　单位：g/100g 溶剂

名称	硝酸银	硝酸钡	硝酸钠	硝酸锶
S	48.225	49.3	127	40.4

7.6.5 硝酸盐在其他溶剂中的溶解度

表 7.6.16 硝酸银在一些有机溶剂中的溶解度

名称	分子式	温度/℃	S（质量分数）/%	名称	分子式	温度/℃	S（质量分数）/%
乙酸	CH_3COOH	30	0.0271	2,5-二哌啶酮	$C_5H_7NO_2$	18	25.9
吡啶	C_5H_5N	20	34	2-氨基苯乙炔	C_8H_7N	18	42.8
吡啶	C_5H_5N	30	29.0	丙腈	C_3H_5N	18	64.3
苯	C_6H_6	35	0.022	甲乙酮	C_4H_8O	25	0.22
苯酚	C_6H_5OH	35.5	11.9	六氢吡啶	$C_5H_{11}N$	25	4.46
苯胺	C_6H_7N	18	18.0	2-甲基苯胺	C_7H_9N	25	0.01
乙腈	C_2H_3N	25	52.9	乙二醇	$C_2H_6O_2$	25	33.2
苯乙酮	C_8H_8O	25	0.007				

表 7.6.17 硝酸盐在丙酮、吡啶、戊醇和乙二醇中的溶解度（18～25℃） 单位：g/100g 溶剂

名称	丙酮	戊醇	吡啶	乙二醇	名称	丙酮	戊醇	吡啶	乙二醇
硝酸银	0.4418		34	34	硝酸钠			0.325	
硝酸钡	5		(mg)		硝酸铵			0.3	
硝酸铋·5水	14.7				硝酸镍				8
硝酸钙	16.82	7.5			硝酸铅			4.4	
硝酸钴				400	硝酸铊			0.7	
硝酸锂	31		33		硝酸二氧铀	1.5			

7.6.6 硝酸钠和其他溶剂的互溶度

表 7.6.18 硝酸钠和氯化钠水溶液的互溶度

互溶度/(g/100g水)														固相
5℃		15.5℃		20℃		25℃		30℃		50℃		100℃		
NaCl	$NaNO_3$	NaCl	$NaNO_3$	NaCl	$NaNO_3$	NaCl	$NaNO_3$	NaCl	$NaNO_3$	NaCl	$NaNO_3$	NaCl	$NaNO_3$	
26.33	0.0	26.43	0.0	—	—	26.45	0.0	26.47	0.0	26.86	0.0	28.16	—	NaCl
—	—	20.91	10.52	18.45	18.62	25.04	3.58	16.14	24.17	16.48	25.48	—	—	NaCl
—	—	17.04	21.52	17.34	21.30	28.56	6.95	13.11	32.02	—	—	—	—	NaCl
16.30	24.63	14.37	28.25	13.80	30.34	13.00	31.94	12.48	33.67	9.99	41.30	6.93	57.00	NaCl+$NaNO_3$
11.46	29.55	11.36	31.61	9.56	34.85	8.08	38.07	10.89	35.77	0.0	53.29	0.0	63.77	$NaNO_3$
0.0	43.28	5.34	38.34	7.67	37.18	5.33	41.32	4.5	43.39	—	—	—	—	$NaNO_3$
—	—	2.93	41.59	—	—	2.64	44.64	0.0	49.16	—	—	—	—	$NaNO_3$
—	—	0.0	45.47	—	—	0.0	47.83	—	—	—	—	—	—	$NaNO_3$

表 7.6.19 硝酸钠和亚硝酸钠水溶液的互溶度

互溶度/(g/100g水)														固相
0℃		21℃		52℃		65℃		81℃		92℃		103℃		
$NaNO_3$	$NaNO_2$	$NaNO_3$	$NaNO_2$	$NaNO_3$	$NaNO_2$	$NaNO_3$	$NaNO_2$	$NaNO_3$	$NaNO_2$	$NaNO_3$	$NaNO_2$	$NaNO_3$	$NaNO_2$	
0.0	73	0.0	84.8	0.0	108.8	0.0	120.7	0.0	137.1	0.0	149.7	0.0	166	$NaNO_2$
19	68.5	9.6	81.1	6.7	107.9	34.8	111.5	38.8	125.7	23.6	141.2	33.2	153.3	$NaNO_2$
36.3	67.1	23.5	79.7	20.6	104.3	62.8	108.5	69.8	122.7	57.6	134.6	58.8	148.8	$NaNO_2$
—	—	30.8	73.8	34.5	101.8	—	—	—	—	—	—	—	—	$NaNO_2$
—	—	—	—	43.2	99.5	—	—	—	—	—	—	—	—	$NaNO_2$
—	—	—	—	62.6	98	—	—	—	—	—	—	—	—	$NaNO_2$
41.7	64.9	54.9	73.1	82	97.8	90.6	107.8	101	122.6	107.8	132.3	116	142.4	$NaNO_2$+$NaNO_3$

续表

互溶度/(g/100g水)														固相
0℃		21℃		52℃		65℃		81℃		92℃		103℃		
$NaNO_3$	$NaNO_2$	$NaNO_3$	$NaNO_2$	$NaNO_3$	$NaNO_2$	$NaNO_3$	$NaNO_2$	$NaNO_3$	$NaNO_2$	$NaNO_3$	$NaNO_2$	$NaNO_3$	$NaNO_2$	
46.8	50.3	56.7	64.2	88	65.2	96	78.3	111.5	79.1	130.6	60.2	126.8	100	$NaNO_3$
55.4	30.2	62.8	46.8	92.9	44.2	104.1	49.5	121	50	145	30.3	142.9	60.1	$NaNO_3$
74.2	0	74.7	21.6	101.4	27.2	113.4	28.4	131.7	27.2	163.5	0.0	181.2	0.0	$NaNO_3$
—	—	89.3	0.0	109	14.7	121.4	14.7	150	0.0	—	—	—	—	$NaNO_3$
—	—	—	—	118	0	131	0	—	—	—	—	—	—	$NaNO_3$

7.7 热导率

7.7.1 氮化物的热导率

表7.7.1 氮化物的热导率 单位：W/(m·K)

温度/K	300	400	500	600	700	800	900	1000	1100	1200	1300	1400	1500
AlN			29.62	26.62	24.62	23.10	21.99	20.85	19.80				
BN									32.19	28.53	28.27	24.42	23.24
HfN				10.94	9.46	9.34	10.12	11.43	12.94	14.46	15.71	16.41	16.45
SiN				7.641	7.736	8.255	4.784	5.028	5.930	5.917	5.924	5.027	4.660
TaN								10.09	11.58	14.12	18.10	22.05	25.05
TiN	29.06[360]	29.36	22.90	16.63	12.65	9.890	7.642	6.647	6.467	7.598			
UN	13.24	13.98	14.56	15.31	16.09	16.80	17.61	18.42	19.18	19.75	20.56		
ZrN				10.91	9.953	10.51	11.73	12.80	12.90				
温度/K	1600	1700	1800	1900	2000	2100	2200	2300	2400	2500	2600	2700	2800
BN	23.24	23.24	22.66	22.08	20.92	18.85							
HfN	18.10	15.95	16.64	18.35	20.76	23.52	26.53						
SiN	7.583	7.102	6.935	7.061	6.870	6.789							
TaN	26.87	27.62	27.60	27.24	27.02	27.38	28.59	30.74	33.56	36.34	37.49	36.44	32.84

注：材质状态如下。

AlN：试件成分为64.8%Al，32.8%N，0.4%Si，0.1%Fe。将粉末在2273K下用石墨模压制而成，压力为34.5MPa。试件尺寸为7.6cm×1.3cm×0.6cm。堆积密度为3.20g/cm^3。

BN：试件长1.9cm，外径1.9cm，内径0.6cm，研磨和抛光以消除表面伤痕。

HfN：试件是在3867K下热压成型的。成分为95.4%Hf、6.61%N_2和0.9%O_2（湿分析），密度为10.89g/cm^3。

SiN：试件杂质有0.05%Ca、0.01%Cu、0.01%Mg、0.3%Al、1.5%Fe、0.01%Ti以及微量Be、Na和Mn。试件长1.9cm，外径1.9cm，内径0.6cm，密度为2.38g/cm^3。

TaN：试件长1.9cm，外径1.9cm，内径0.6cm。通过研磨和抛光来清除表面伤痕，然后在1422K下热浸处理。

TiN：试件初始成分为77.5%Ti、18%N、1.0%Ca、0.2%H、0.3%C、0.1%Fe和0.1%SiO_2，烘烤(2100℃)后成分为77.8%Ti、18.2%N、2.6%O。试件体积为16.4cm^3。总孔率为19.0%，烘烤收缩率为9%。

UN：试件直径2.5cm，厚度0.6cm。

ZrN：试件长1.9cm，外径1.9cm，内径0.6cm，加压烧结而成，密度为6.84g/cm^3，在2928K下损坏。

7.7.2 硝酸盐的热导率

表7.7.2 硝酸盐的热导率 单位：W/(m·K)

(1)温度为470、475、480、485、490、495、500、505、510、520和530℃时

温度/℃	470	475	480	485	490	495	500	505	510	520	530
硝酸钾	0.4492	0.4626	0.3952	0.3870	0.4079	0.4161	0.4219	0.4254	0.4265	0.4265	0.4265

注：试件为特定纯度品位的硝酸钾熔融体缓慢冷却而得的多晶体。

(2)温度为350、360、370、380、390、400、410、420、430、440和450℃时

温度/℃	350	360	370	380	390	400	410	420	430	440	450
硝酸钠	0.8891	0.9263	0.9623	0.9681	0.9495	0.8891	0.7900	0.7984	0.8136	0.8316	0.8506

注：样品为分析纯。测量是在熔融状态下进行的。

表7.7.3　硝酸盐水溶液的热导率　　单位：W/(m·K)

溶质	温度/℃	浓度/%						
		0	5	10	20	30	40	50
$AgNO_3$	20	0.599	0.593	0.587	0.574	0.558	0.539	0.514
$Ca(NO_3)_2$	15	0.178	0.182	0.186	0.194	0.202		
$Ca(NO_3)_2$	20	0.599	0.594	0.589	0.578	0.565	0.55	0.533
$Ca(NO_3)_2$	25	0.174	0.179	0.184	0.192	0.201		
$Ca(NO_3)_2$	40	0.169	0.176	0.181	0.187	0.196		
$Ca(NO_3)_2$	60	0.163	0.168	0.173	0.182	0.194		
$Co(NO_3)_2$	20	0.599	0.59	0.583	0.565	0.52		
KNO_2	20	0.599	0.591	0.583	0.566	0.546	0.526	0.508
KNO_3	20	0.599	0.591	0.583	0.566			
$Mg(NO_3)_2$	20	0.599	0.59	0.582	0.564	0.542		
$NaNO_2$	20	0.599	0.596	0.592	0.583	0.574	0.56	
$NaNO_3$	20	0.599	0.595	0.59	0.58	0.568	0.556	
NH_4NO_3	25	0.21	0.215	0.223	0.23			
NH_4NO_3	40	0.204	0.212	0.219	0.223			
NH_4NO_3	60	0.199	0.208	0.217	0.226			
$Pb(NO_3)_2$	20	0.599	0.594	0.589	0.579	0.566	0.55	
$Sb(NO_3)_2$	20	0.599	0.594	0.589	0.579	0.566		
$Th(NO_3)_2$	20	0.599	0.59	0.582	0.563			

7.8　蒸气压

表 7.8.1　硝酸铵饱和水溶液的蒸气压

温度/℃	质量浓度/%	蒸气压/kPa		硝酸铵结晶系
		水蒸气	硝酸铵蒸气	
10	35.87	1.228	0.917	斜方α
20	43.88	2.338	1.565	斜方α
30	53.79	4.245	2.524	斜方α
40	65.41	7.375	3.881	斜方β
50	77.97	12.33	5.961	

（算图 7.6）
硝酸铵水溶液的蒸气压（第 623 页右）

（算图 7.7）
硝酸铵和氨水溶液的蒸气压（第 624 页左）

表7.8.2　100℃时硝酸盐水溶液的蒸气压下降值　　单位：kPa

浓度/(mol/L)	0.5	1.0	2	3	4	5	6	8	10
硝酸钴	2.306	5.226	11.87	20.26	29.16	37.60	44.26		
硝酸钠	1.413	3.000	6.159	9.079	12.04	14.86	17.56	22.37	26.50
硝酸钙	2.186	4.640	9.946	18.57	21.56	27.38			
硝酸镍	2.146	4.973	12.17	20.82	31.33				
硝酸镉	2.120	4.813	10.40	18.29					
硝酸铵	1.707	2.933	5.613	8.359	11.05	13.84	16.13	20.29	24.00
硝酸铅	1.640	3.133	6.000	8.399					
硝酸镁	2.346	5.600	13.47	23.30					
硝酸钾	1.373	2.813	5.346	7.679	9.932	11.76	13.61	16.84	19.73
亚硝酸钾	1.546	3.253	6.666	10.00	13.09	16.33	19.53	25.20	30.16
硝酸锶	2.106	4.133	8.533	12.98	17.52				
硝酸锌	2.213	5.200	12.46	21.00	29.84				

7.9 比热容

7.9.1 氮化物的比热容

表7.9.1 氮化物的比热容 单位：J/(kg·K)

温度/K	20	40	60	80	100	150	200	250	300	350	400	450
AlN①		0.021^{50}	0.037	0.082	0.139	0.305	0.471	0.620	0.740	0.850	0.926	0.978
BN②	0.011	0.043	0.095	0.156	0.216	0.353	0.505	0.658	0.806			
HfN③									0.791	0.934	1.059	1.169
TaN④			0.053	0.112	0.174	0.322	0.442	0.532	0.601			
TiN⑤									0.602	0.664	0.706	0.735
TiN⑥	0.008	0.041	0.065	0.086	0.094	0.137	0.163	0.179	0.190	0.198		
UN⑦								0.180^{280}	0.186	0.198	0.207	0.213
ZrN⑧			0.063	0.108	0.148	0.235	0.302	0.350	0.384			
ZrN⑨									0.386	0.409	0.426	0.438
温度/K	500	550	600	650	700	750	800	850	900	950	1000	1100
AlN①	1.016	1.045	1.069	1.088	1.104	1.118	1.130	1.141	1.150	1.159	1.167	1.181
BN②	1.295	1.350	1.421	1.478	1.534	1.584	1.630	1.675	1.721	1.755	1.788	1.839
HfN③	0.244	0.255	0.265	0.274	0.284	0.292	0.300	0.307	0.313	0.318	0.322	0.327
TaN④	0.216	0.219	0.220	0.221	0.221	0.220	0.218	0.216	0.214	0.213	0.211	0.209
TiN⑤	0.757	0.774	0.788	0.799	0.809	0.817	0.825	0.832	0.838	0.844	0.849	0.859
UN⑦	0.218	0.221	0.224	0.226	0.228	0.230	0.232	0.233	0.235	0.236	0.238	0.240
ZrN⑨	0.448	0.456	0.463	0.469	0.474	0.479	0.484	0.489	0.493	0.497	0.502	0.510
温度/K	1200	1300	1400	1500	1600	1700	1800	1900	2000	2200	2400	2600
AlN①	1.194											
BN②	1.890	1.923	1.957	1.974	1.974	1.974						
HfN③	0.328	0.327	0.326	0.326	0.326	0.327	0.326	0.320	0.309	0.293	0.276	0.265
TaN④	0.209	0.213	0.221	0.232	0.245	0.258	0.272	0.289	0.310	0.333	0.356	0.373
TiN⑤	0.868	0.876	0.884	0.892	0.899	0.906	0.914					
UN⑦	0.243	0.245	0.247									
ZrN⑨	0.517	0.525	0.532	0.539	0.546	0.553						

① 试件成分含98.92%AlN，0.01～0.05%Fe，0.01%Si，<0.001%Ca、Mg和Cu，<0.0001%Cr。

② 试件成分为56.85%N和42.81%B。

③ 试件湿分析成分为95.4%Hf、3.61%N_2、0.9%O_2，热压成型，密度为10.8g/cm^3。

④ 试件在暴露前成分为95.7%Ta、3.5%N、0.3%Fe、0.2%Si、0.13%C和0.1%Mg。暴露后成分为95.5%Ta、3.1%N和0.95%C。热压成型。暴露后在25℃下的表观密度为13.4g/cm^3，真实密度为14.6g/cm^3。

⑤ 试件成分为99.5%TiN，其余为SiN。其制备过程是，纯N_2和H_2气流流过1400℃的金属Ti。

⑥ 试件成分为99.6%Ti，其余为SiN。其制备过程是，在1000℃下的纯N_2和H_2气中加热钽粉末，并在1100℃下保持10h，密度为5.2g/cm^3。

⑦ 试件杂质为5.24%N_2和少许UO_2，试件是在1540℃、68.95MPa压力下热压2h而成。

⑧ 试件成分为86.75%Zr、1.35%Hf。

⑨ 试件成分为86.75%Zr、1.35%Hf。

N（算图7.8）
一氧化氮气体的热导率（第624页右）

7.9.2 硝酸盐的比热容

表7.9.2 硝酸银的比热容 单位：J/(mol·K)

形态	固体(α)				固体(β)		液体		
温度/K	298	300	400	433	433	483	483	500	600
c_p	93.176	93.554	112.466	118.707	118.289	127.745	128.03	128.03	128.03

表7.9.3 硝酸钙的比热容 单位：J/(mol·K)

温度/K	298	300	400	500	600	700	800	834
c_p	149.321	149.888	173.689	192.978	210.492	227.167	243.394	248.846

表7.9.4　其他硝酸盐的比热容　　单位：kJ/(kg·K)

温度/K	2	3	4	5	6	7	8	9	10	12	14	16	18
$Gd(NO_3)_3·6H_2O$	0.0012	0.0008	0.0010	0.0018	0.0032	0.0051	0.0076	0.0106	0.0142	0.0224	0.0316	0.0412	0.0506

温度/K	20	30	40	60	80	100	120	140	160	180	200	250	300
$Ba(NO_3)_2$	0.0422	0.0906	0.1429	0.2427	0.3168	0.3643	0.3971	0.4242	0.4492	0.4716	0.4906	0.5355	0.5801
$Gd(NO_3)_3·6H_2O$	0.0592	0.1102	0.1731	0.2962	0.4010	0.4869	0.5584	0.6227	0.6864	0.7489	0.8058	0.9271	
KNO_3	0.0515	0.1370	0.2325	0.4026	0.5220	0.5965	0.6524	0.6940	0.7270	0.7579	0.7889	0.8695	0.9571
$NaNO_3$	0.0420	0.1136	0.1992	0.3707	0.5089	0.6118	0.6900	0.7490	0.8044	0.8477	0.8887	0.9934	1.102
$Sr(NO_3)_2$				0.3561	0.5032	0.5945	0.6539	0.7067	0.7580	0.8041	0.8428	0.9303	1.006
$TlNO_3$	0.0609	0.0995	0.1347	0.1897	0.2237	0.2447	0.2601	0.2723	0.2842	0.2968	0.3095	0.3390	0.3764

温度/K	350	400	450	500	550	600	650	700	750	800	850	900	
$Sr(NO_3)_2$	1.071	1.166	1.240	1.300	1.363	1.425	1.485	1.544	1.603	1.661	1.719	1.776	

注：KNO_3、$NaNO_3$ 为化学纯，并经 3～4 次再结晶提纯，在高真空中干燥；$TlNO_3$ 为近乎 100% 纯。

表7.9.5　硝酸盐水溶液的比热容　　单位：kJ/(kg·K)

(1) 硝酸钙、硝酸铅水溶液

溶质＼浓度	1mol溶质溶于下列物质的量的水/mol			溶质＼浓度	1mol溶质溶于下列物质的量的水/mol		
	25	50	100		25	50	100
硝酸银	3.140	3.555	3.823	硝酸镁		3.483	3.781
硝酸钾	3.483	3.768	3.948	硝酸铅①		3.140	3.563
硝酸钠	3.613	3.843	3.977	硝酸锌	3.006	3.446	3.764
硝酸钙	3.182	3.542	3.814				

① 温度为 15～51℃。

(2) 硝酸铝水溶液

浓度(质量分数)/%	0.5	1	2	3	4	5
c_p	4.004	3.821	3.578	3.353	3.142	2.989

(3) 硝酸铵水溶液

浓度(质量分数)/%	3	5	10	20	30	40	50	60	70	80	90	100
c_p	4.039	3.985	3.852	3.453	2.977	2.857	2.768	2.673	2.374	2.127	1.927	1.740

(4) 硝酸镁水溶液

浓度(质量分数)/%	温度/℃						
	120	130	140	150	160	170	180
58.3	2.696	2.721					
59.5	2.575	2.613					
63.5	2.529	2.554	2.571	2.600			
67.3		2.244	2.324	2.412	2.512		
69.2		2.399	2.378	2.403	2.445	2.374	
72.1	2.378	2.422	2.437	2.466			
74.5				2.236	2.269	2.286	2.324

7.10　其他物性

表7.10.1　硝酸盐水溶液的固定湿度

固相	温度/℃	湿度/%	水蒸气分压/kPa	固相	温度/℃	湿度/%	水蒸气分压/kPa
$Ca(NO_3)_2·4H_2O$	18.5	56	1.181	NH_4Cl 和 KNO_3	20	72.6	1.68
$Ca(NO_3)_2·4H_2O$	24.5	51	1.546	NH_4Cl 和 KNO_3	25	71.2	2.226
KNO_2	20	45	1.041	NH_4Cl 和 KNO_3	30	68.6	2.879
$Mg(NO_3)·6H_2O$	18.5	56	1.181	$Pb(NO_3)_2$	20	98	2.266
$Mg(NO_3)·6H_2O$	24.5	52	1.586	$Pb(NO_3)_2$	103.5	88.4	101.3
NaCl、KNO_3 和 $NaNO_3$	16.4	30.5	0.564	$TiNO_3$	100.3	98.7	101.2
$NaNO_2$	20	66	1.533	$Zn(NO_3)_2·6H_2O$	20	42	0.972

表 7.10.2　硝酸盐的临界温度和三相点温度

项目	硝酸铵	硝酸镁	亚硝酸钠	硝酸钠
分子式	NH_4NO_3	$Mg(NO_3)_2$	$NaNO_2$	$NaNO_3$
临界温度/K	—	989	973	1321
三相点温度/K	442.75	363.05	557.15	580.15

表 7.10.3　硝酸盐的熔解热　　单位：kJ/mol

分子式	r_m	分子式	r_m	分子式	r_m
$AgNO_3$	11.54	$Co(NO_3)_2\cdot 6H_2O$	36.80	NH_4NO_3	6.11
$Ba(NO_3)_2$	(24.70)	$CsNO_3$	13.61	$NaNO_3$	15.74
$Ca(NO_3)_2$	21.44	$CuNO_3\cdot 6H_2O$	36.43	$RbNO_3$	5.61
$Cd(NO_3)_2\cdot 4H_2O$	32.66	KNO_3	11.89	$TlNO_3$	9.59

表 7.10.4　硝酸盐的熔化热和燃烧焓

项目	硝酸铵	硝酸镁	硝酸钠
分子式	NH_4NO_3	$Mg(NO_3)_2$	$NaNO_3$
熔化热/(kJ/kmol)	6400	16000	14602
25℃时标准燃烧焓/(kJ/kmol)	−118080	—	—

第8章 氰化物和氰酸盐

目 录

8.1 物性总览 …… 281
8.1.1 氰化物的一般特性 …… 281
8.1.2 氰酸盐的一般特性 …… 283
8.1.3 氰化物的危险品特性 …… 286
8.2 密度 …… 286
8.3 黏度 …… 287
8.4 溶解度 …… 287
8.4.1 氰化物的溶解度 …… 287
8.4.2 氰酸盐的溶解度 …… 287
8.5 热导率 …… 288
8.6 蒸气压 …… 288
8.7 比热容 …… 288
8.8 熔融热和汽化热 …… 289

8.1　物性总览

8.1.1　氰化物的一般特性

表 8.1.1　氰化物的一般特性

分子式	名称	分子量	颜色	晶形	特性或折射率	密度/(g/cm³)	熔点/℃	沸点/℃	溶解度/(g/100g溶剂)或溶解情况					
									冷水	热水	酸	碱	乙醇	其他溶剂
AgCN	氰化银	133.90	白	粉	1.685	3.950	// 320		0.022^{20}	(mg)	+N	+氨水		+KCN、$Na_2S_2O_3$
$Ca(CN)_2$	氰化钙	92.12	白	晶、粉			// 350		+	//				
$Ca_3[Fe(CN)_6]_2·10H_2O$	铁氰化钙·10水	724.30	红橙	针	≈				+				+稀	
$Ca[Fe(CN)_6]_2·12H_2O$	铁氰化钙·12水	760.35	红	针	～				+++		+++			
$Cd(CN)_2$	氰化镉	164.45	白	立	有毒	6.330	// >200		1.7^{15}		++	+氨水	—	+KCN
$Co(CN)_2·2H_2O$	氰化钴·2水	147.00	淡红-肉红	非、粉	有毒	1.872	$-2H_2O$ 280	// 300	÷		+Cl	+氨水		①
$Co_2Fe(CN)_6·7H_2O$	亚铁氰化钴·7水	455.93	蓝-红	非、粉					—		−Cl;+S	÷氨水		−氯化铵
$Co_3Fe_2(CN)_{12}$	铁氰化钴	600.71	红棕	粉					—		−Cl	+氨水		
$Cr(CN)_3$	氰化铬	130.05	蓝绿	粉					—	+				+过量的氯化铬溶液
$Cr[Fe(CN)_6]$	铁氰化铬	263.96	黄	非、粉										
$Cr_4[Fe(CN)_6]_3·20H_2O$	亚铁氰化铬·20水	1204.19		非、粉										
$Cu(CN)_2$	氰化铜	115.58	黄绿	粉			// 常温		—		+	+		+KCN,C_5H_5N,吡啶
$Cu_2(CN)_2$	氰化亚铜	179.13	白	单	极毒	2.920	474.5	红热 //	—	—	+Cl′,S*; // N	+氨水		+KCN、铵盐溶液
$Cu_2Fe(CN)_6$	亚铁氰化铜	339.05	棕红	粉或淀					—		—	+氨水		+KCN、草酸铵
$Cu_3Fe(CN)_6$	铁氰化亚铜	402.60	棕红	淀					—		−Cl	+氨水		−铵盐溶液
$Cu_3[Fe(CN)_6]_2$	铁氰化铜	614.55	黄绿	粉					—		−Cl	+氨水		−铵盐; +NH_4CO_3
$Cu_4Fe(CN)_6$	亚铁氰化亚铜	466.14	棕红						—			+氨水		−NH_4Cl
$K[Ag(CN)_2]$	氰化银钾	199.01	无或白	晶			+	+					—	
$K_3Co(CN)_6$	钴氰化钾	332.35	浅黄	单		1.878			÷		+Cl、N		÷	
$KAg(CN)_2$	氰化银钾	199.98	白	晶、粉	剧毒	2.360			+		—		+	
$KAu(CN)_2$	氰化亚金钾	287.10	白	晶、粉					14.3	200			÷	−乙醚
$KAu(CN)_4$	氰化金钾	340.14	微黄	晶	有毒				+	++			÷	−醚
$K_4Fe(CN)_6·3H_2O$	亚铁氰化钾·3水	422.40	浅黄	单	1.577	1.853	$-3H_2O$ 70	// >100				—		−乙醚
$Na_3Fe(CN)_6·H_2O$	铁氰化钠·1水	298.94	红	晶	≈				18.9	67			—	
$Na_3Fe(CN)_6·2H_2O$	铁氰化钠·2水	316.96	红	棱					+	++			—	

续表

分子式	名称	分子量	颜色	晶形	特性或折射率	密度/(g/cm³)	熔点/℃	沸点/℃	溶解度/(g/100g 溶剂) 或溶解情况 冷水	热水	酸	碱	乙醇	其他溶剂
$KAu(CN)_4\cdot{}^3/_2H_2O$	氰化金钾·³/₂水	367.16	微黄	片			// 200		+	++			+	÷ 醇
KCN	氰化钾	65.12	白	立	剧毒 1.410	1.52	634	1625				0.9^{20},1.3^{100}		+ 甘油 32^{16}
$K_3Fe(CN)_6$	铁氰化钾	329.25	暗红	单、棱	1.569	1.850	//					÷÷		+ 丙酮
$Mg_2Fe(CN)_6\cdot10H_2O$	亚铁氰化镁·10 水	440.73	淡黄	针					+		+			
$Mg_3[Fe(CN)_6]_2$	铁氰化镁	496.83	红棕	非、团					+		—	—		
$Na_4Fe(CN)_6\cdot10H_2O$	亚铁氰化钠·10 水	484.08	柠檬黄	单	易风化	1.458	435						—	
NH_4CN	氰化铵	44.06	无	立	剧毒	1.02	// 36	40 ↑	+	++			+	
$(NH_4)_3Fe(CN)_6$	铁氰化铵	266.06	红	单			//		++					
$(NH_4)_3Fe(CN)_6\cdot3H_2O$	铁氰化铵·3 水	320.12	红	单、棱	1.660		失水		+	+			+	
$(NH_4)_4Fe(CN)_6\cdot3H_2O$	亚铁氰化铵·3 水	338.15	浅黄或绿	晶			//		+	++			—	
$Ni(CN)_2\cdot4H_2O$	氰化镍·4 水	182.80	苹果绿	片或粉		2.40	$-4H_2O$ 200	//	—	—	—浓	+ 氨水		÷ 稀 KCl; +KCN
$Ni(CN)_2\cdot2KCN\cdot H_2O$	氰化钾镍·1 水	258.99	红黄	单		1.875	$-H_2O$ 100		+		//			
$Ni_2Fe(CN)_6\cdot11H_2O$	亚铁氰化镍·11 水	527.53	绿白	非、粉					—		—Cl	+ 氨水		—铵盐; +KCN
$Ni_3Fe_3(CN)_{12}$	铁氰化镍	655.87	红棕	非、粉					—		—			
$Pb(CN)_2$	氰化铅	259.24	白	晶、粉					÷÷	÷	+N;//S	+ 氨水		+ 铵盐、KCN
$Pb_2Fe(CN)_6\cdot3H_2O$	亚铁氰化铅·3 水	680.41	白或黄 - 白	淀或粉			$-H_2O$//	—		÷S′	—氨水			
$Pd(CN)_2$	氰化亚钯	158.44	黄				//		—	—	—	+ 氨水		+HCN、KCN
$Pt(CN)_2$	二氰化铂	247.13	黄棕						—	—		—		+KCN
$Sr(CN)_2\cdot4H_2O$	氰化锶·4 水	211.73		晶	~		//		+++					
TlCN	一氰化铊	230.41		片			//		16.8^{28}					
$Zn(CN)_2$	氰化锌	117.42	白	正、粉		1.852^{20}	// 800	//	0.0005^{18}	÷	+	+	—	+KCN、热液氨
$Zn_2Fe(CN)_6$	亚铁氰化锌	342.69	白	粉		1.85025			—		—稀	+ 过量氢氧化钾		
$Zn_2Fe(CN)_6\cdot3H_2O$	亚铁氰化锌·3 水	396.77	白						—			—氨水	—	÷ 铵盐溶液
$Zn_3Fe_2(CN)_{12}$	铁氰化锌	620.06	黄棕	非、粉					—		+	—氨水		

① 微溶于醋酸甲酯，溶于氨水、碳酸铵、盐酸和氰化钾溶液。无水物为蓝紫色粉末。

8.1.2 氰酸盐的一般特性

表 8.1.2 氰酸盐的一般特性

分子式	名称	分子量	颜色	晶形	特性或折射率	密度/(g/cm³)	熔点/℃	沸点/℃	溶解度/(g/100g 溶剂)或溶解情况					
									冷水	热水	酸	碱	乙醇	其他溶剂
$Ag_3Fe(CN)_6$	六氰合铁酸银	535.56	白	固				÷		—		+氨水		+热碳酸铵
$Ag_4[Fe(CN)_6]$	六氰合亚铁酸银	643.43	白	淀					—		—	−氨水	//	+KCN；−铵盐
$Ag_4Fe(CN)_6 \cdot H_2O$	六氰合亚铁酸银·1水	661.45	白	固				—		—	—			
$Ag_6[Fe(CN)_6]_2$	六氰合铁酸银	1071.12	橙黄	粉					—		—	+氨水		+碳酸铵溶液
$AgOCN$	氰酸银	149.89	白	晶		4.000	//		0.006^{16}	÷÷	+N	+氨水		+KCN
$AgSCN$	硫氰酸银	165.95	白	晶			// 120		0.00002^{25}	0.00064	—	+氨水		
$Al_4[Fe(CN)_6]_3 \cdot 17H_2O$	六氰合亚铁酸铝·17水	1049.92	浅棕	粉			$-4H_2O$ 40		÷		÷Cl//			
$BaPt(CN)_4 \cdot 4H_2O$	四氰合铂酸钡·4水	540.90	黄绿	晶(β);黄(α)			$-2H_2O$100	$-4H_2O$ 150	3.3	+++				
$Ba_2[Fe(CN)_6] \cdot 6H_2O$	六氰合亚铁酸钡·6水	594.7	黄	单					0.1715	0.9	+Cl,N,S'			
$Ba_3[Fe(CN)_6]_2 \cdot 20H_2O$	六氰合铁酸钡·20水	1196.2							++	++			—	
$Bi_3[Fe(CN)_6]_5$	六氰合铁酸铋	1686.71	黄	非、粉			$-12H_2O$ 40		—	//				
$Ca_2[Fe(CN)_6] \cdot 12H_2O$	六氰合亚铁酸钙·12水	508.3	浅黄	三	1. 582	1.7			86.825	150^{90}				
$Ca_3[Fe(CN)_6]_2 \cdot 10H_2O$	六氰合铁酸钙·10水	724.3	红橙	针	≈				+				+稀	
$Cd_2[Fe(CN)_6]$	六氰合亚铁酸镉	436.77	白	粉					—		+Cl	+氨水		
$Cd_3[Fe(CN)_6]_2$	六氰合铁酸镉	761.14	淡黄	粉					—					
$Co_2[Fe(CN)_6]_2 \cdot 7H_2O$	六氰合亚铁酸钴·7水	653.94	蓝-红	非、粉					—		−Cl; +S	÷氨水		−氯化铵;+KCN
$Co_3[Fe(CN)_6]_2$	六氰合铁酸钴	600.71	红	晶					—	—	−Cl	+氨水		
$Cu_2Fe(CN)_6$	六氰合亚铁酸铜	339.05	棕红	粉或淀					—		—	+氨水		+KCN、草酸铵
$Cu_3[Fe(CN)_6]$	六氰合铁酸亚铜	402.60	棕红	淀					—		−Cl	+氨水		−铵盐溶液
$Cu_3[Fe(CN)_6]_2$	六氰合铁酸铜	614.55	黄绿	粉					—	—	−Cl	+氨水		−铵盐;+NH_4CO_3
$Hg(CNO)_2$	氰酸汞	284.65	无	立		4.420	炸		÷			+氨水	+	
$KAg(CN)_2$	二氰银酸钾	199.01	无	六	1.625	2.360			25^{20}	100			0.048	
$KAu(CN)_2$	二氰亚金酸钾	288.30	无	正		3.450			14.3	200				

续表

分子式	名称	分子量	颜色	晶形	特性或折射率	密度/(g/cm³)	熔点/℃	沸点/℃	溶解度/(g/100g溶剂)或溶解情况 冷水	热水	酸	碱	乙醇	其他溶剂
$KAu(CN)_4\cdot{}^3/_2H_2O$	四氰金酸钾·³/₂水	367.40	无	晶			$-1^3/_2H_2O$200		+	+++			+	
$K_3[Fe(CN)_6]$	六氰合亚铁酸钾	329.25	暗红	单、棱	1. 569	1.85	//		46.42				÷÷	一液氨；+丙酮
$K_4[Fe(CN)_6]\cdot 3H_2O$	六氰合亚铁酸钾·3水	422.4	柠檬黄	单或粉	1.577	1.853	$-3H_2O$ 70	// >100			×N	+丙酮	一	一液氨，乙醚，乙酸甲酯
KOCN	氰酸钾	258.97	黄红	单		1.875[11]	$-H_2O$ 100		//		//			
KSeCN	氰硒酸钾	144.07	白	晶	～	2.347	147	// 100	+	+	//		+	+乙醚
$K_2Ni(CN)_4\cdot H_2O$	四氰镍酸钾·1水	81.12	白	四		2.048	// >700		75[25]	+//			÷÷	
$K_2Pt(CN)_4\cdot 3H_2O$	四氰亚铂酸钾·3水	431.41	黄	正	1.620	2.450	$-3H_2O$100		÷	++			+	
$K_3Co(CN)_6$	六氰高钴酸钾	332.34	黄	单		1.906	//		+++				一	
$K_4Fe(CN)_6\cdot 3H_2O$	六氰亚铁酸钾·3水	422.39	黄	单	1.5772	1.853[17]	$-3H_2O$ 70		15	74.5		+	一	一液氨
$Mg_2Fe(CN)_6\cdot 12H_2O$	六氰合亚铁酸镁·12水	476.79	苍黄						33		一Cl	+氨水		
$Mn_2Fe(CN)_6\cdot 7H_2O$	六氰合亚铁酸锰·7水	447.93	浅绿	粉					一					一铵盐溶液
$Mn_3[Fe(CN)_6]_2$	六氰合铁酸锰	588.73	红棕	非、粉					+				一	一铵盐溶液
$Na_4Fe(CN)_6\cdot 10H_2O$	六氰合亚铁酸钠·10水	484.11	黄	单		1.458			31.85[20]	156.5[98]	×沸浓酸、硝酸		一	
NaOCN	氰酸钠	65.01	无	针	1.389	1.937[20]	550		10.7[16]	+			÷	÷乙醚、苯、氨
NaSCN	氰硫酸钠	81.07	白	斜或粉		1.735	287		++				++	++丙酮
$NH_4Au(CN)_2$	氰亚金酸铵	267.04	无	立			//		+	+	×			
$NH_4Au(CN)_4\cdot H_2O$	氰金酸铵·1水	337.09		片			// 200		+++	+		+	+	
$(NH_4)_4CdCl_6$	氯镉酸铵	397.31		正	1.6038	2.01[20]	∟−20		+					
NH_4SCN	氰硫酸铵	76.12	无	斜		1.306	149.6		+	++		+液氨	+	+丙酮，液态SO_2
NH_4OCN	氰酸铵	60.06	白	晶		1.342[20]	// 60		++	//			÷	一乙醚
$(NH_4)_3Fe(CN)_6$	六氰合铁酸铵	266.06	红	单			//		+				一	
$(NH_4)_4Fe(CN)_6\cdot 6H_2O$	六氰合亚铁酸铵·6水	392.21		单			//		一	++	一Cl			

续表

分子式	名称	分子量	颜色	晶形	特性或折射率	密度/(g/cm³)	熔点	沸点	溶解度/(g/100g溶剂)或溶解情况					
							/℃		冷水	热水	酸	碱	乙醇	其他溶剂
$(NH_4)_2IrCl_6$	六氯络四价铱酸铵	441.01	黑红	立		2.856	//		0.556	4.38^{80}	+Cl			
$(NH_4)_2PbCl_6$	六氯高铅酸铵	456.03	柠檬黄	立		2.925	// 120		+					
$(NH_4)_2PtCl_6$	六氯铂酸铵	444.05	黄	立		3.065	//		0.7^{15}	1.25			0.005	
$(NH_4)_2SnCl_6$	六氯锡酸铵	367.52	玫瑰	立		2.400	//		33.3^{15}					
$Ni_2[Fe(CN)_6]\cdot 11H_2O$	六氰合亚铁酸镍·11水	527.52	绿白	非、粉					—		—Cl	+氨水		—铵盐：+KCN
$Ni_3[Fe(CN)_6]_2$	六氰合亚铁酸镍	600.02	红棕	非、粉					÷		—			
$Pb(CNO)_2$	氰酸铅	291.25	白	晶			//		—	÷				
$Pb_3[Fe(CN)_6]_2\cdot 6H_2O$	氰铁酸铅·6水	1153.64	红	晶			//		÷	+	÷S			
$Pb_2Fe(CN)_6\cdot 3H_2O$	六氰合亚铁酸铅·3水	680.42	白-浅黄	淀			$-H_2O$	高温//	÷		÷S′	—氨水		
$Pb_3[Fe(CN)_6]_2\cdot 6H_2O$	六氰合亚铁酸铅·6水	1153.64	红	晶			///		—	÷	÷S			
$Pb_3[Fe(CN)_6]_2\cdot 16H_2O$	六氰合亚铁酸铅·16水	1333.77	红棕	粉					—	//	+			
Rb_2PtCl_6	氯铂酸铷	578.93	黄	立		3.940	//		0.014	0.33			—	
$SnFe(CN)_6\cdot 4H_2O$	六氰合亚铁酸锡·4水	402.71	棕	淀					—		—			
$Sn_2Fe(CN)_6$	六氰合亚铁酸亚锡	449.36	白						—		+N			
$Sn_2Fe(CN)_6\cdot 4H_2O$	六氰合亚铁酸亚锡·4水	521.4	白-淡绿	淀					+		—	÷氨水		
$Sn_3[Fe(CN)_6]_2$	六氰合铁酸亚锡	780.02	白						0.37^{18}		$+Cl^*$	+		
$Sn_3[Fe(CN)_6]_2$	六氰合铁酸亚锡	780.02	白				//		—		$+Cl^*$	+		
$Sr_2Fe(CN)_6\cdot 15H_2O$	六氰合亚铁酸锶·15水	657.45	黄	单	风化		H_2O						÷	
$Tl_4Fe(CN)_6\cdot 2H_2O$	六氰合亚铁酸亚铊·2水	1065.55	黄	三		4.641			—	3.93				
Tl_2PtCl_6	氯铂酸亚铊	816.75	橙			5.76^{17}			0.0064^{25}	0.05				
$Zn_2Fe(CN)_6\cdot 3H_2O$	六氰合亚铁酸锌·3水	396.77	白	粉			//		—	—		—氨水	—	÷液氨

8.1.3 氰化物的危险品特性

表 8.1.3 氰化物的危险品特性

名称	CAS 号	危险品编号	饱和蒸气压 /kPa[①]	燃烧性	闪点 /℃	自燃温度 /℃	建规火险分级	爆炸下 / 上限体积分数 /%	灭火方法	危险物品分类代号	风险性代号	安全措施号
铁氰化钾	13746-66-2			不	※	※		※	K		R32	S50
氰化汞		61001	—	不	※	※	—	※	G,T,JSJ,JR	6.1		
氰化氢	74-90-8	61003	53.32（9.8）	易	−17.8	538	甲	5.6/40.0	W	6.1		
氰化钙	592-01-8	61001	—	不	※	※	—	※	G,T,JSJ,JR	6.1		
氰氨化钙	156-62-7	43507	—	不	※	※	—	※	G,T,JP,JS	4.3	R22; R37; R41	S22; S26; S36/37/39
氰化钠	143-33-9	61001	0.13（817）	不	※	※	—	※	G,T,JSJ,JR	6.1	R26/27/28; R32; R50/53	S28; S29; S45; S60; S61; S7
氰化钡	542-62-1	61001	—	不	※	※	—	※	G,T,JSJ,JR	6.1		
氰化钾	151-50-8	61001	—	不	※	※	—	※	G,T,JSJ,JR	6.1		
氰化银	506-64-9	61001		不	※	※		※	S,R,G,T	6.1	R26/27/28; R32; R50/53	S28; S29; S45; S60; S61; S7
氰化锌	557-21-1	61001	—	不	※	※	—	※	G,T,JSJ,JR	6.1	R26/27/28; R32; R50/53	S28; S29; S45; S60; S61; S7

① 括号内为饱和蒸气压对应的温度（℃）。

8.2 密度

表 8.2.1 氰化钾水溶液的密度（15℃）

浓度（质量分数）/%	密度			浓度（质量分数）/%	密度		
	/(g/cm^3)	/(g/L)	/(mol/L)		/(g/cm^3)	/(g/L)	/(mol/L)
1	1.0041	10.04	0.1542	10	1.0506	105.0	1.613
2	1.0092	20.18	0.3099	12	1.0612	127.3	1.955
4	1.0194	40.77	0.6261	14	1.0718	150.6	2.304
6	1.0297	61.78	0.9487	16	1.0825	173.2	2.659
8	1.0401	83.20	1.2770	18	1.0931	196.7	3.021

表8.2.2　其他氰化物水溶液的密度(20℃)　　单位：g/cm^3

名称	浓度(质量分数)/%										
	1	2	4	6	8	10	12	14	16	18	20
$K_3Fe(CN)_6$	1003	1009	1020	1031	1043	1054	1066	1077	1089	1101	1113
$K_4Fe(CN)_6$	1005	1012	1026	1040	1054	1068	1082	1097	1112		

8.3　黏度

表8.3.1　铁氰化钾水溶液的比黏度($\eta/\eta_{水}$，25℃)

浓度/(mol/L)	1.0	0.5	0.25	0.125
$K_3Fe(CN)_6$	1.0610	1.0211	1.0108	1.0082
$K_4Fe(CN)_6$	1.1124	1.0514	1.0228	1.0116

8.4　溶解度

8.4.1　氰化物的溶解度

表8.4.1　氰化物在水中的溶解度

分子式	在下列温度(℃)时无水氰化物的溶解度/(g/100g水)											
	0	10	20	25	30	40	50	60	70	80	90	100
KCN	63.0			71.6			81.0			95.0		122
$K_4Fe(CN)_6\cdot3H_2O$	14.9	21.2	28.9		36.8	42.7		55.9	57.5	68.6	74.8	77.8
NaCN		48.2	58.2	63.7	71.5	81.8^{35}		82.5^{55}				
$Na_4Fe(CN)_6\cdot10H_2O$			17.9			30				59		63

表8.4.2　氰化物在有机溶剂中的溶解度　　单位：%(质量分数)

分子式	名称	溶剂						
		乙醇	甲醇	丙酮	吡啶	甘油	SO_2	氨
$Hg(CN)_2$	氰化汞	9.5	44.1	10.3	65.0	21.7		
KCN	氰化钾	0.88^{20}	4.91^{20}			32^{16}	0.017^{0}	4.54^{-33}

注：右上角的数字是与其相对应的温度(℃)；未注明者为18～25℃。

8.4.2　氰酸盐的溶解度

表8.4.3　氟酸盐在水中的溶解度

溶液名称	温度/℃										
	0	10	20	30	40	50	60	70	80	90	100
氟硼酸钾/(g/100g水)			0.44								6.27
氟硅酸铵/(g/100g溶液)	10.94	14.10	17.05	20.15	23.3	26.15	28.75	31.3	33.6	35.7	37.9
氟硅酸镁/%	20.85		23.53		25.86	28.54	30.74				
氟硅酸钾/(g/L)	0.77	1.11	1.48	2.12	2.60	2.92	3.52	4.20	5.60	4.80	
氟硅酸钠/(g/L)	4.35	5.61	7.37	8.6	10.2	12.2	14.3	16.4	18.8	21.3	24.5
氟硅酸锌/(g/100g溶液)	33.73	34.80	35.16	36.10	37.04	37.76	38.49	39.72	40.95		
氟铝酸钠/(g/100g溶液)	0.35	0.39	0.42	0.41	0.40	0.40	0.53	0.85	1.03	1.20	1.35

表8.4.4　氰酸钠在液氨中的溶解度　　单位：g/100g 氨

温度/℃	−20	−10	0	10	15	25	35	45
S	1.73	1.50	1.35	1.35	1.5	0.98	0.85	0.72

注：氰酸钠 16℃时的溶解度为 10.7g/100g 水。

8.5　热导率

表8.5.1　铁氰化钾的热导率　　单位：W/(m·K)

浓度/%	0	5	10	15	20
$K_3Fe(CN)_6$	0.598	0.591	0.583	0.575	0.567

8.6　蒸气压

表8.6.1　氰化物的蒸气压

名称	分子式	0.1	0.2	0.4	0.7	1.0	2	4
		相应于上述蒸气压(kPa)的温度/℃						
氰化氘	DCN	−70.8	−65.6	−59.3	−53.6	−49.9	−42.6	−34.3
氰化氢	HCN		−67.5	−60.9	−54.9	−51.1	−43.5	−35.1
氰化钠	NaCN	799	844	892	932	959	1019	1084
氰化铵	NH_4CN	−52.5	−47.3	−41.0	−35.3	−31.7	−24.6	−16.6
溴化氰	CBrN	−38.0	−31.8	−24.4	−17.8	−13.6	−5.2	4.0
名称	分子式	7	10	20	40	70	101.3	熔点/℃
		相应于上述蒸气压(kPa)的温度/℃						
氰化氘	DCN	−27.0	−22.1	−11.4	3.1	16.7	26.2	−12
氰化氢	HCN	−27.5	−22.4	−11.5	3.3	16.7	25.9	−13.2
氰化钠	NaCN	1142	1181	1263	1358	1440	1497	564
氰化铵	NH_4CN	−9.6	−4.9	4.4	15.5	25.0	31.7	36
溴化氰	CBrN	12.2	17.7	28.2	40.4	52.4	61.5	58

8.7　比热容

表8.7.1　氰化钾的比热容　　单位：J/(mol·K)

温度/K	298	300	400	500	600	700	800	895①	895①	900
固体、液体	66.337	66.338	66.359	66.38	66.4	66.421	66.442	66.462	75.312	75.312
气体	50.489	50.556	52.886	54.166	55.034	55.706	56.275			56.783
温度/K	1000	1100	1200	1300	1400	1500	1600	1700	1800	1898
固体、液体	75.312	75.312	75.312	75.312	75.312	75.312	75.312	75.312	75.312	75.312
气体	57.254	57.701	58.13	58.548	58.957	59.36	59.759	60.153	60.545	②

① 895K 为液化点。

② 温度为 1900、2000K 时，其比热容为 60.934、61.322J/(mol·K)。

表8.7.2　铁氰化钾的比热容　　单位：J/(mol·K)

温度/K	20	40	60	80	100	150	200	250	298.2
c_p	18.3	68.4	113.2	150.5	179.3	232.2	271.0	296.8	316.0

表8.7.3　氰化钠的比热容　　单位：J/(mol·K)

温度/K	298	300	400	500	600	700	800	835①	835①	900
固体、液体	68.591	68.593	68.668	68.743	68.819	68.894	68.969	68.996	79.496	79.496
气体	49.482	49.564	52.336	53.819	54.795	55.531	56.14			56.674
温度/K	1000	1100	1200	1300	1400	1500	1600	1700	1800	1803
固体、液体	79.496	79.496	79.496	79.496	79.496	79.496	79.496	79.496	79.496	79.496
气体	57.162	57.62	58.058	58.481	58.894	59.299	59.698	60.092	60.483	②

① 835K 为液化点。

② 温度为 1900、2000K 时，其比热容为 60.871、61.257J/(mol · K)。

8.8　熔融热和汽化热

表8.8.1　氰化物的熔融热和汽化热　　单位：kJ/mol

名称	分子式	熔融热	汽化热	名称	分子式	熔融热	汽化热	名称	分子式	熔融热	汽化热
溴化氰	BrCN		181.3①	氰化钠	NaCN	(18.42)	156.1	氰化氢	HCN	0.17	25.2

① 括号内为参考值。

第9章 氟化物和氟酸盐

目 录

9.1 物性总览…………………………………… 291
9.1.1 氟化物的一般物性………………… 291
9.1.2 氟酸盐的一般特性………………… 296
9.1.3 氟化物的危险品特性……………… 298
9.1.4 氟酸盐的危险品特性……………… 298

9.2 密度………………………………………… 299

9.3 三相点……………………………………… 299

9.4 黏度和表面张力 ………………………… 299

9.5 溶解度……………………………………… 300
9.5.1 在水中的溶解度…………………… 300
9.5.2 在酸溶液中的溶解度……………… 301
9.5.3 在碱溶液中的溶解度……………… 302
9.5.4 在盐溶液中的溶解度……………… 302
9.5.5 在有机溶剂中的溶解度…………… 303
9.5.6 在其他溶液中的溶解度…………… 303

9.6 热导率……………………………………… 304

9.7 蒸气压……………………………………… 304

9.8 比热容……………………………………… 306
9.8.1 氟化钾、氟化汞的比热容……… 306
9.8.2 氟化金、氟化银的比热容……… 306
9.8.3 氟化钡的比热容…………………… 307
9.8.4 氟化氢、氟化硼的比热容……… 307
9.8.5 氟化砷、氟化硫的比热容……… 307
9.8.6 其他氟化物的比热容…………… 308

9.9 熔融热和汽化热 ………………………… 308

9.10 其他物性 ………………………………… 309
9.10.1 氟化物的临界值 ………………… 309
9.10.2 氟化物的焓和熵 ………………… 310

9.1 物性总览

9.1.1 氟化物的一般物性

表 9.1.1 氟化物的一般物性

分子式	名称	分子量	颜色	晶形	特性或折射率	密度/(g/cm³)	熔点	沸点	溶解度/(g/100g 溶剂)或溶解情况					
							/℃		冷水	热水	酸	碱	乙醇	其他溶剂
AgF	氟化银	126.87	黄	立	~	5.85^{16}	435	(1159)	表9.5.1		+HF	÷NH_4OH	÷	÷NH_3
AgF_2	氟化高银	145.86	暗棕	单		4.860	≈690	//700	×		×			
Ag_2F	一氟化二银	234.74	黄	六		8.570	// 95		//					
AlF_3	氟化铝	83.98	白	六	1.376	2.882^{25}	1040	↑ 1200	表9.5.1		—	—		÷热硫酸；−丙酮
$AlF_3 \cdot H_2O$	氟化铝 ·1水	101.99	无	正	1.490	2.170	//		表9.5.2					
$AlF_3 \cdot 3^1/_2H_2O$	氟化铝 ·3 ½水	147.03	白	晶、粉		1.914^{25}	$-2H_2O$ 100	−3½ 250	—	÷				//乙酸
$AlF_3 \cdot 3NaF$	氟化铝钠	209.96	白	单	1.339	2.900	1013		÷		—	—		
$AlF_6 \cdot 7H_2O$	氟化铝 ·7水	294.05	白	晶	粉		$-4H_2O$ 120	$-6H_2O$ 250	—	÷				
AsF_3	三氟化砷	131.92	无	油	发烟~	2.600	−8.5	63	+//				+	+苯，乙醚
BaF_2	氟化钡	175.33	白	立、粉	1.475	4.890	1355	2137	0.159^{10}	0.162^{30}	+Cl,N		+HF	+乙酸、氯化铵
$BaF_2 \cdot BaBr_2$	氟溴化钡	472.55	无	片		4.51^{18}	1008		//		+浓		—	
$BaF_2 \cdot BaCl_2$	氟氯化钡	383.63	无	四	1.640	5.21^{18}			//		+浓		—	
$BaF_2 \cdot BaI_2$	氟碘化钡	566.56		片		4.21^{0}	// 675	1400	//		//			
BeF_2	氟化铍	47.01	无	四、六		1.986	797	1159	++		+S		+	
$BeF_2 \cdot 2NaF$	氟化铍钠	131.00	白	正或单			//		1.47^{18}	2.94				
$BF_3 \cdot 2H_2O$	氟化硼 ·2水	103.84	无-淡黄	液		1.632^{20}	6							+乙醚，二噁烷
$BF_3 \cdot NH_3$	氟化硼铵	84.84				1.860	163		+					
BiF_3	氟化铋	266.00	白、灰	粉、晶	1.74	8.300	728		—		+		—	+浓氢氟酸
$BiF_3 \cdot 3HF$	酸式氟化铋	326.01	灰白	晶、固	~					//				
$BiOF$	氟化氧铋	243.98	白	晶	粉	7.500	//		—		溶解			+HI,HBr
BrF	一氟化溴	98.90	红	液或气			−33	20	×					
BrF_3	三氟化溴	136.90	亮黄	液	剧毒强腐蚀	2.840	8.8	126	×			×		
CaF_2	氟化钙	78.08	白	粉	1.434	3.180	1360①	2500	—		②		−丙酮	+铵盐溶液

续表

分子式	名称	分子量	颜色	晶形	特性或折射率	密度/(g/cm³)	熔点/℃	沸点/℃	溶解度/(g/100g 溶剂)或溶解情况 冷水	热水	酸	碱	乙醇	其他溶剂
CdF_2	氟化镉	150.40	白	立	毒 1.56	6.640	1402	2497	÷	4.5^{25}	+		—	+HF; $-NH_3$
ClO_2F	氟化二氧氯	86.45			湿空气中发烟		−115	−5.6	//					$+CCl_4$
CoF_2	氟化亚钴	96.94	玫瑰红	单	毒腐蚀	4.430	1100~1200	↑ 1400	÷	//	++热矿酸	+FH	—	一醚、苯
$CoF_2 \cdot 2H_2O$	氟化钴·2水	132.96	玫瑰红	单				//	÷	//	+			+HF
CrF_2	氟化亚铬	89.99	蓝绿	单		4.110	894	>1310	÷		+Cl*		—	
CrF_3	三氟化铬	109.01	暗绿	斜或粉		3.780	1400	1100~1200	4^{20}	6^{60}	÷	一氨	—	+HF, 液氨
$CrF_3 \cdot 9H_2O$	氟化铬·9水	272.11	紫	晶、粉					÷÷		+Cl	+	—	
CsF	氟化铯	151.90	无	立	1.480	4.115	682	1251	表9.5.1				—	
$CsHF_2$	氟化氢铯	171.91		针	～		160		+++		+++		—	
CuF_2	氟化铜	101.54	白	晶	有毒 ～	4.230	836	1676	÷	×	+Cl,N	一氨水	+	一丙酮; +HF
$CuF_2 \cdot 2H_2O$	氟化铜·2水	137.60	淡蓝	晶，粉	有毒	2.934^{25}	>130	// 130	4.7^{20}	//	+Cl,N,FH	$+NH_4OH$	+	+丙酮; $-NH_3$
Cu_2F_2	氟化亚铜	165.14	红	晶			908	↑ 1100	—		+Cl′,N	//N	—	+HF，HCl
DyF_3	氟化镝	219.5	无	六或斜		(斜)7.465	1360	2200	—		一稀			
FeF_2	氟化亚铁	93.84	白	四、粉		4.090	1100		÷		÷Cl*,N		—	一乙醚; //硫酸
$FeF_2 \cdot 4H_2O$	氟化亚铁·4水	165.91	白	正		2.095	//		÷		+			
$FeF_2 \cdot 8H_2O$	氟化亚铁·8水	237.91	白或绿	棱、晶、片		4.200	$-8H_2O$ 100		÷	+	+		—	+HF; 一乙醚
FeF_3	氟化铁	112.84	绿	立		3.52	1027	1327	0.091^{25}	÷	÷		—	一乙醚
$FeF_3 \cdot {}^9/_2H_2O$	氟化铁·9 ¹/₂水	193.93	淡黄	晶			$-3H_2O$ 100	//	÷	+			—	
GdF_3	氟化钆	214.25	白	晶或粉	～	7.100	1231	2277	—		−Cl,N,S	÷HF*		+高氯酸
GeF_2	氟化亚锗	110.59	白	晶	≈				++					
$HF \cdot H_2O$	氟化氢·1水	38.03	无	液	发烟		35.4		++					
HfF_4	四氟化铪	254.48	无	单		7.130		↑ 974	—	—	—			+HF
HgF_2	氟化汞	238.61	白	立	有毒	8.95^{15}	645//	650	//		+N稀		$\times CS_2$	+HF
$HgF_2 \cdot HgO \cdot H_2O$	二氟氧化汞·1水	473.24	黄	晶			// 100		//		+N			
$Hg(NH_2)F$	氟化氨基汞	235.61	黄	粉	有毒				—				—	
$HgF_2 \cdot 2H_2O$	氟化汞·2水	274.63	白	晶			//		//		+N			+HF
Hg_2F_2	氟化亚汞	439.18	黄	晶		8.730	570	↑ >260	+//			//		

续表

分子式	名称	分子量	颜色	晶形	特性或折射率	密度/(g/cm³)	熔点/℃	沸点/℃	溶解度/(g/100g溶剂)或溶解情况					
									冷水	热水	酸	碱	乙醇	其他溶剂
HoF_3	氟化钬	221.93	浅黄	晶			1143	2227	—		—稀			
IF_5	五氟化碘	221.90	无	液	剧毒强腐蚀	3.750	9.4	98	×		×	×		
$In_2F_6\cdot 9H_2O$	六氟化铟·19水	333.90	白	针			//		÷	//	+Cl, N		—	—乙醚
$InOF$	氟氧化铟	149.82	白	晶					—	—				—所有的常见溶剂
KF	氟化钾	58.10	无	立	毒1.352	2.480	857	1505	表9.5.1				÷÷	+HF、NH_3; ÷丙酮
$KF\cdot 2H_2O$	氟化钾·2水	94.13	无	单或棱	1.352	2.454	41		+++				—	+HF
KHF_2	氟化氢钾	78.11	无	立	毒 ~	2.370	239	//400~500	表9.5.1				—	$+KC_2H_3O_2$
LaF_3	氟化镧	195.91	无	六		5.930	1490	2327	—		+Cl′*			
LiF	氟化锂	25.94	白	立、粉	1.392	2.636[20]	845	1676	表9.5.1		+	—	—	—丙酮; +HF
MgF_2	氟化镁	62.30	白	晶、粉	≈1.378	3.130	1266	≈2250	0.0076[18]	—	÷N		÷÷	—HF
MnF_2	二氟化锰	92.93	红紫	晶		3.980	856	1637	表9.5.1		×热	—乙醚	—	+HF; ÷NH_3
MnF_3	三氟化锰	111.93	暗红棕	棱		3.900	856		//		+			
MoF_5	五氟化钼	190.3	亮黄	固			67	211						+二甲醚、乙腈
MoF_6	六氟化钼	209.93	白	斜、立		2.550	17.6	33.9	÷	//	÷Cl,S	×		$\times NH_4OH$
$MoOF_4$	四氟一氧化钼	187.95	白		~	3.001	98	180	+				+	
NaF	氟化钠	41.99	无	四	毒1.326	2.790	993	1695	表9.5.1				—	++HF; ÷÷丙酮
$NaHF_2$	氟氢化钠	62.00	无	晶	毒强酸味	2.080	//		3.7[20]	++	+S′,Cl,N		—	
NbF_5	五氟化铌	187.90	无	单	~	3.290	72~73	236	+	×			+	③
NH_4F	氟化铵	37.04	无	六	毒~	1.009	↑	//	表9.5.1	//			÷	—液氨、丙酮
NH_4HF_2	氟化氢氨	57.05	白	正	毒1.390	1.503	挥发	124.6	++	//			÷	
NiF_2	氟化镍	96.71	绿	四		4.630			÷÷		—		—	—乙醚、NH_3
NpF_4	四氟化镎	313.04	亮绿	单		6.800	1750		—	—	×N′*			
NpF_6	六氟化镎	351.04	橙棕	斜		5.000	53	55.2						
PbF_2	氟化铅	245.20	白	正或非、粉		8.240	855	1292	表9.5.1					④
PdF_3	三氟化钯	163.42	黑	粉	~	5.060	//		//					+HF
PF_5	五氟化磷	125.96	无	气		5.527	−93.8	−84.6	//					

续表

分子式	名称	分子量	颜色	晶形	特性或折射率	密度/(g/cm^3)	熔点/℃	沸点/℃	溶解度/(g/100g溶剂)或溶解情况					
									冷水	热水	酸	碱	乙醇	其他溶剂
PuF_3	三氟化钚	299.07	紫黑	六		9.320	1410		—	×				
PuF_6	六氟化钚	356.06	红棕		放射性强		51	62.3	×		+S			盐
RbF	氟化铷	104.48	白	立	1.396	3.557	795	1410	300[18]		+HF		—	－乙醚、液氨
ReF_6	六氟化铼	300.20	亮黄	立、斜		3.616[19]	18.8	33.7	×		+N		×	×乙醚、丙酮
RhF_3	三氟化铑	159.91	红	晶		5.380	↑>600		—		—	—		
RuF_5	五氟化钌	196.70	深绿	晶		2.963	101	250						
SbF_3	三氟化锑	178.75	白	三、团	～	4.379[20]	292	319	表9.5.1		+HF	－液氨	+甲、乙	+二噁烷、苯
SbF_5	五氟化锑	216.74	无	油、液		2.990[23]	7	149.5	+					+KF
ScF_3	氟化钪	101.95	白	粉、晶		2.500	1242		÷		++			++过量氟化物溶液
SeF_4	四氟化硒	154.95	无	液	发烟	2.750	−9.5	107.7	//				+	+乙醚
$SeOF_2$	二氟氧化硒	132.96	无	液		2.670	4.6	124	//				+	$+CCl_4$
SnF_4	氟化锡	194.68	白	晶	～	4.78[19]	↑705	加热→$SnOF_2$	++	×				
SrF_2	氟化锶	125.62	白	立	1.438	2.440	1473	2490	0.011	0.012[20]	÷N;//S*;+Cl*	+HF	÷÷	÷÷乙醚、丙酮
SnF_2	氟化亚锡	156.70	白	单		4.570	212	853	+++					×HF
TaF_5	五氟化钽	275.94	无	单	～	4.980	96	229.2	×		+Cl′,N′,S*		÷	⑤
TbF_3	氟化铽	215.92	无	晶			1172	2277	—		－稀			
ThF_4	氟化钍	308.03	白	粉	有毒	6.320	1110	1703	÷		÷S′			
$ThF_4·4H_2O$	氟化钍·4水	380.18	白	粉			$-H_2O$ 100	$-2H_2O$ 150	÷	—				－HF
TiF_4	四氟化钛	123.89	白		～	2.80[20]	427	↑285.5	+		+S	－乙醚	+	+吡啶、丙酮
TlF	氟化亚铊	223.37	无			8.360	322	840	表9.5.1				÷	++无水HF；$-NH_3$

续表

分子式	名称	分子量	颜色	晶形	特性或折射率	密度/(g/cm³)	熔点/℃	沸点/℃	溶解度/(g/100g溶剂)或溶解情况 冷水	热水	酸	碱	乙醇	其他溶剂
TmF_3	氟化铥	225.93	黄白	晶			1158	2277	—	—	+稀			
UF_3	三氟化铀	295.02	红紫	六		8.960	1495	≈2300	÷		×Cl,N,S′*			
UF_4	四氟化铀	314.02	绿	单、粉		≈6.80	1003	1418	0.01^{25}		×浓	×浓		
UF_5	五氟化铀	333.02	无	四	～	5.810		// >400	×					
UF_6	六氟化铀	352.02	淡黄	单	～	5.060	64.5	↑56.6	++//				×	⑥
VF_3	三氟化钒	107.95	绿	正		3.369^{19}	>800		÷	÷			—	—CS_2、氯仿
$VF_3·3H_2O$	三氟化钒·3水	162.00	深绿	正	有磁性	3.360	$-3H_2O$ 130		+	++//			—纯	
VF_4	四氟化钒	126.94	淡黄褐	六	～	2.970	// 325		×				÷	÷氯仿;+丙酮
VF_5	五氟化钒	145.93	白	斜		2.177^{19}	200	111.2	+				+	⑦
WF_6	六氟化钨	297.84	亮黄	液		3.440	2.5	17.3	×			×		+苯
WOF_4	四氟化氧钨	275.92	无	片	～		110	187	//					
XeF_6	六氟化氙	245.29	无	晶		3.65^{25}	49.5	76	×					
YbF_3	氟化镱	230.04	无	六或斜		(斜)8.168	1157	2200	—		—稀			
YF_3	氟化钇	145.9	白	胶		4.010	1152	2230	—		÷稀			
ZnF_2	氟化锌	103.38	无	针		4.80^{15}	872	1505	1.6^{20}	+	+热	$+NH_4OH$	—	—液氨
$ZnF_2·4H_2O$	氟化锌·4水	175.44	白	斜		2.535^{12}	$-4H_2O$ 100		2.8^{20}	+	+	+	—	$+NH_4OH$
ZrF_4	氟化锆	167.21	无	单		4.430	910	↑906	1.5^{25}	1.39^{50}	+HF			+碱金属氟化物

① 1360℃时，其于燥盐熔解而不分解。
② 溶于冷而浓的盐酸、硫酸、硝酸和氟酸溶液，在热硫酸中分解而放出氟化氢。
③ 溶于 CCl_4、乙醚、氯仿。
④ 微溶于水；不溶于氨、丙酮、乙酸、氢氟酸；溶于硝酸。
⑤ 微溶于乙酸；溶于 CS_2、CCl_4 和氯仿。
⑥ 不溶于 CS_2；微溶于氯仿；易溶于 $C_2H_2Cl_4$；与乙醚、苯起反应。
⑦ 不溶于 CS_2；溶于氯仿、丙酮；与甲苯、乙醚起反应。

9.1.2 氟酸盐的一般特性

表 9.1.2 氟酸盐的一般特性

分子式	名称	分子量	颜色	晶形	特性或折射率	密度/(g/cm³)	熔点	沸点	溶解度/(g/100g溶剂)或溶解情况					
							/℃		冷水	热水	酸	碱	乙醇	其他溶剂
$Al_2(SiF_6)_3$	氟硅酸铝	480.19	白	粉		1.918	1000		—	++				
BaF_6Si	氟硅酸钡	279.41	白	斜		4.290	300//		÷	÷		—		÷氯化铵溶液
$BeF_2\cdot 2KF$	氟铍酸钾	163.2	白	正					220	5.26			—	
$CaSiF_6$	氟硅酸钙	182.16	无	晶		2.66[18]	800		÷		+Cl、HF	—		
$CaSiF_6.2H_2O$	氟硅酸钙·2水	218.19	无	四		2.250			÷		+Cl、HF	—		
$Cd(BF_4)_2\cdot 6H_2O$	氟硼酸镉·6水	384.03	无	晶	≈不自燃	2.292	//70		++				++	
$CoSiF_6\cdot 6H_2O$	氟硅酸钴·6水	309.10	桃红	晶		2.113[19]			+					
$CsBF_4$	氟硼酸铯	219.71		斜		3.2	320		+					+稀氨水
Cs_2GeF_6	氟锗酸铯	452.39		规则八面体		4.100			÷	++	÷			
Cs_2SiF_6	氟硅酸铯	407.89	白	立		3.372[17]			+	—				
$Cu(BF_4)_2\cdot 6H_2O$	氟硼酸铜·6水	345.24	亮蓝	针	≈	2.175			+++		÷乙醚		÷	与水及氨→络合物
KBF_4	氟硼酸钾	125.91	白	粉	毒味苦 1.325	2.9	350 //	//	÷				—	÷热乙醇
KPF_6	氟磷酸钾	184.07	无			2.75	575		9.3					
$KSbF_6$	六氟锑酸钾	273.78	白	晶、粉		3.379			+				+乙腈、丙酮、乙醇等极性溶剂	
KPF_6	六氟磷酸钾	184.07	白	四		2.550	575	//	8.35[25]					
K_2SiF_6	氟硅酸钾	220.25	无	六、立	毒 1.399	(六)2.665[17] (立)3.080		÷	+Cl		+Cl		—	一液氨
$K_2SnF_6\cdot H_2O$	氟锡酸钾·1水	328.9	白	单		3.053			6.718					

续表

分子式	名称	分子量	颜色	晶形	特性或折射率	密度/(g/cm³)	熔点/℃	沸点/℃	溶解度/(g/100g溶剂)或溶解情况 冷水	热水	酸	碱	乙醇	其他溶剂
K_2TaF_7	氟钽酸钾	392.14	无	针	毒	4.560	775		÷		÷HF			
$K_2(TiF_6)$	氟钛酸钾	240.09	白	晶	毒	7.80			+	÷				一氨
K_2ZrF_6	氟锆酸钾	283.41	白	晶		3.480			÷	+				一氨
$Li_2SiF_6 \cdot 2H_2O$	氟硅酸锂.2水	191.99	白	单		2.330			++				+	—乙醚和丙酮
$MgSiF_6 \cdot 6H_2O$	氟硅酸镁·6水	274.48	无	针	1.350	1.788	100 //		+	+		+	—	+乙醚
$NaBF_4$	氟硼酸钠	109.79	白	粉	毒	2.47^{20}	384//		++		++		÷	
$NaSbF_4$	氟锑酸钠	258.73		斜		3.375^{18}	1360		+				+	++丙酮
Na_2SiF_6	氟硅酸钠	188.06	白	粉	毒 1.309	2.679	//		÷		÷		//	
Na_3AlF_6	氟铝酸钠	209.94	白	晶	毒 1.338	2.950	1009		÷		÷	//		+铝盐或铁盐溶液
NH_4BF_4	氟硼酸铵	104.84	白	单、斜		1.871^{15}			+				—	+氨水
NH_4PF_6	六氟磷酸铵	163.00	无	正或长形晶体		2.180			++	++			+	+甲醇、丙酮
$(NH_4)_2SiF_6$	氟硅酸铵	178.18	白	晶、粉	无气味	(α)2.001(β)2.152			++				+	一丙酮
$NiSiF_6 \cdot 6H_2O$	氟硅酸镍·6水	308.88	绿	三	1.400	2.134	//		+				+	÷HF
Rb_2SiF_6	氟硅酸铷	313.02	无	八、六		3.338			÷	+	+		—	
$ZnSiF_6 \cdot 6H_2O$	氟硅酸锌·6水	315.54	白	六	有毒	2.140			++		+			

9.1.3 氟化物的危险品特性

表 9.1.3 氟化物的危险品特性

名称	CAS 号	危险品编号	饱和蒸气压/kPa①	燃烧性	闪点/℃	自燃温度/℃	建规火险分级	爆炸下/上限体积分数/%	灭火方法	危险物品分类代号	风险性代号	安全措施号
二氟化铅	7783-46-2	61513	1.33（904）	不	※	※		※	K	6.1	R20/22; R33; R50/53; R61; R62	S45; S53; S60; S61
二氟化铵	1341-49-7			助	※	※		※	P,R,G,T			
三氟化铬	7788-97-8	83002		不	※	※		※	K	8.3		
三氟化锑	7783-56-4	61513		不	※	※		※	K,Sw	6.1	R23/24/25; R51/53	S26; S45; S61; S7
五氟化锑	7783-70-2	81061	1.33（25）	助	※	※		※	T,JS	8.1	R20/22; R51/53	S61
六氟化钨	7783-82-6	23025		不	※	※		※	P,R,G,T	2.3		
六氟化铀	7783-81-5	71007		助	※	※		※	R,T	7		
四氟化铀	10049-14-6			助	※	※		※	R,T			
氟化钍	13709-59-6			不	※	※		※	K			
氟化钙	7789-75-5			不	※	※		※	K		R36/37/38	S26; S37/39
氟化钠	7681-49-4	61513	0.13（1077）	不	※	※	—	※	K	6.1	R25; R32; R36/38	S22; S36; S45
氟化钾	7789-23-3	61513	—	不	※	※	—	※	G,T	6.1	R23/24/25	S26; S45
氟化铝	7784-18-1	61513	0.13（1238）	不	※	※	—	※	K	6.1	R36/37/38	S26; S37/39
氟化铯	13400-13-0	61513		不	※	※		※	K	6.1	R23/24/25; R34	S26; S36/37/39; S45
氟化铷	13446-74-7	61513	0.13（920）	不	※	※		※	K	6.1	R20/21/22; R36/37/38	S26; S36/37/39
氟化锌	7783-49-5	61513	0.13（970）	不	※	※	—	※	K	6.1	R36/37/38	S26; S37/39

① 括号中为饱和蒸气压对应的温度（℃）。

9.1.4 氟酸盐的危险品特性

表 9.1.4 氟酸盐的危险品特性

名称	CAS 号	危险品编号	饱和蒸气压/kPa	燃烧性	闪点/℃	自燃温度/℃	建规火险分级	爆炸下/上限体积分数/%	灭火方法	危险物品分类代号	风险性代号	安全措施号
氟硅酸钡	17125-80-3	61514	—	不	※	※	—	※	S,P,R,G,T	6.1	R20/22	S28
氟硅酸钠	16893-85-9	61514	—	不	※	※	—	※	S,P,R,G,T	6.1	R23/24/25	S26; S45
氟硅酸钙	16925-39-6	61514	—	不	※	※	—	※	W,P,R,G,T	6.1		

9.2 密度

表9.2.1 氟化物溶液的密度 单位：g/cm^3

分子式	温度/℃	浓度（质量分数）/%									
		1	2	4	6	8	10	12	14	16	18
AgF	18	1.009	1.019	1.040	1.061	1.084	1.107	1.132	1.157	1.184	1.211
H_2SiF_6	17.5	1.008	1.016	1.032	1.049	1.066	1.083	1.101	1.119	1.137	1.156
KF	18	1.007	1.016	1.033	1.051	1.069	1.088	1.106	1.125	1.145	1.165
NaF	18	1.009	1.020	1.041	1.052^5						
NH_4F	18	1.003	1.008	1.018	1.027	1.035	1.042	1.049	1.055		

分子式	温度/℃	浓度（质量分数）/%									
		20	22	24	26	28	30	35	40	45	50
AgF	18	1.239	1.270	1.300	1.330	1.365	1.400	1.480	1.580	1.700	1.850
H_2SiF_6	17.5	1.175	1.194	1.214	1.232	1.253	1.274				
KF	18	1.185	1.205	1.226	1.247						

注：氟化钠的黏度：1.85^{1015} mPa・s、1.41^{1100} mPa・s、1.14^{1200} mPa・s[右上角的数字为温度（℃）]。

9.3 三相点

表9.3.1 氟化物的三相点

物料名	三氟化硼	四氟化碳	氟化钙	氟化氢	氟化钠	三氟化氮	四氟化硅	氟化硫
三相点温度/K	144.79	89.56	1691	189.79	1269	66.46	186.35	223.15
三相点压力/Pa	8340	109	5.762	336.8	61.81	0.185	220726	232670

9.4 黏度和表面张力

表9.4.1 氟化钠的黏度

温度/℃	1015	1050	1100	1150	1200
黏度/(mPa·s)	1.85	1.65	1.41	1.25	1.14

表9.4.2 氟化物的表面张力 单位：mN/m

分子式	温度/℃							
	−8	0	20	40	60	80	100	120
SeF_4	39.1	38.3	36.1	33.8	31.3	28.7	26.0	
S_2F_2		45.4	42.2	39.3	36.5	34.0	31.6	29.5
UF_6					17.7^{65}			

表9.4.3　氟化物在介质中的表面张力　　单位：mN/m

名称	温度/℃											
	720	750	800	850	900	950	1000	1050	1100	1200	1300	1400
CsF-空气	104	102	98		90		81					
KF-空气					138^{913}		131		123	115	106	
LiF-空气					231		221		211	201		
LiF-氮气				250^{868}		243		232		212	196	
NaF-空气							185	181	178			
NaF-氮气							201		190	179	169	159
RbF-空气			125	121	117	113	109					

9.5　溶解度

9.5.1　在水中的溶解度

表9.5.1　氟化物在水中的溶解度　　单位：g/100L溶液

分子式	名称	温度/℃									
		0	10	20	25	30	40	50	60	80	100
AgF	氟化银	85.8	120	172	180	190		216			
$AgF·2H_2O$	氟化银·2水		120	172		190		222			
AlF_3	氟化铝	0.13	0.28		0.50			0.69		0.95	1.67
$BaSiF_6$	六氟化硅钡			0.021		0.027	0.030	0.033			0.090
CsF	氟化铯	529			573			599			
$CsF·1.5H_2O$	氟化铯·1.5水			367^{18}					160		
$KBeF_3$	三氟化铍钾			2.0							5.2
KF	氟化钾	44.7	53.5	94.9		108			142		150^{90}
$KF·2H_2O$	氟化钾·2水			94.9		108					
$KF·4H_2O$	氟化钾·4水	44.7	53.5								
KHF_2	氟化氢钾	24.5	30.1	39.2			56.4		78.8	114	
$KSiF_6$	六氟化硅钾			0.12			0.25			0.46	0.95
LiF	氟化锂	0.12		0.27^{18}		0.135^{35}					
$MgF_2$①	氟化镁			7.6^{18}	13.0	8.4^{27}					
MnF_2	二氟化锰			1.06			0.66				0.48
$NaBeF_3$	三氟化铍钠			1.4							2.80
NaF	氟化钠	3.53	3.85	4.17		4.20	4.40	4.55	4.68	4.89	5.08
$NaSiF_6$	六氟化硅钠	0.43		0.73			1.03			1.86	2.46
NH_4F	氟化铵	71.9	74.1	82.6		88.3			111	118	//
$(NH_4)_2SiF_6$	六氟化硅铵			18.6							55.5
PbF_2	氟化铅		60	64		68	Mg				
SbF_3	三氟化锑	385		445	492	564					
TlF	氟化亚铊	185			245			285			

表9.5.2　水合氟化铝在水中的溶解度　　单位：g/100g饱和溶液

分子式	温度/℃						
	0	10	20	25	30	75	100
$AlF_3·H_2O$	—	—	—	0.55	—	—	—
$AlF_3·{}^5/_2H_2O$	0.128	—	0.499	—	0.61	1.3266	2.41102
$AlF_3·3H_2O$	0.25	0.28	—	0.5	—	0.88	1.64
$AlF_3·{}^7/_2H_2O(\alpha)$	0.56	0.56	—	0.71	—	1.27	1.72
$AlF_3·{}^7/_2H_2O(\beta)$	2.62	2.31	—	2.7	—	7.11	—
$AlF_3·9H_2O$	0.97	2.81	—	5.1	—	—	—

表 9.5.3　氟氢化铵在水中的溶解度

温度 /℃	溶解度 /(g/100g 饱和溶液)	固相	温度 /℃	溶解度 /(g/100g 饱和溶液)	固相
−3.4	5.0	冰	40	50.05	NH_4HF_2
−6.5	10.0		60	61.00	
−9.4	15.0		80	74.53	
−12.6	20.0		100	85.55	
−14.8	23.6	冰 + NH_4HF_2	99.5	86.0	
0	28.45	NH_4HF_2	104.6	89.0	
10	31.96		110.5	92.0	
20	37.56		114.0	94.0	
25	43.73		126.1	100.0	

9.5.2　在酸溶液中的溶解度

表 9.5.4　氟化铝在氢氟酸溶液中的溶解度

温度 /℃	溶解度 /(g/100g 饱和溶液) HF	AlF_3	固相	温度 /℃	溶解度 /(g/100g 饱和溶液) HF	AlF_3	固相
20	0.53	0.81	$AlF_3·2.5H_2O$	25	31.09	13.21	$AlF_3·3HF·6H_2O$
	0.67	0.85			37.08	14.18	
	1.48	0.92			37.81	17.07	
	1.56	0.93			39.01	16.08	$AlF_3·3HF·3H_2O$
	3.10	1.19			41.00	14.03	
	5.00	2.50			42.45	12.96	
	9.60	2.60			46.88	10.43	
	14.40	3.20			51.80	7.15	
	36.30	4.40			54.03	6.18	
	34.07	13.63	$AlF_3·3HF·6H_2O$		57.57	5.04	
	36.13	13.44			60.83	4.00	
25	0.0	0.55	$AlF_3·H_2O$		62.73	3.53	
	0.77	0.39		40	1.0	1.25	$AlF_3·2.5H_2O$
	2.00	1.56			2.9	2.07	
	4.96	2.74			4.8	3.0	
	10.44	5.37			7.4	3.8	
	17.77	9.58			14.3	4.25	
	21.08	16.63			36	4.9	
	22.94	19.00		60	1.0	1.30	$AlF_3·2.5H_2O$
	26.30	19.68	$AlF_3·3HF·6H_2O$		2.9	2.2	
	27.64	19.68			5.1	3.2	
	28.90	14.84			7.6	3.9	
	30.66	12.52			14.9	4.4	
	31.07	13.42			36	5.0	

表 9.5.5　氟化钾在 HF 中的溶解度

温度 /℃	摩尔分数 /%	温度 /℃	摩尔分数 /%	温度 /℃	摩尔分数 /%	温度 /℃	摩尔分数 /%
0	380①	120	37.7	220	48.5	320	52.8
70	32.3	140	39.1	240	50.4	340	53.3
80	34.9	160	41.3	260	51.5		
90	35.8	180	43.7	280	52.0		
100	36.4	200	46.4	300	52.5		

① 单位为 g/L。

表 9.5.6　氟化镁在 HCl 溶液中的溶解度

浓度 /(mol/L)	0.005	0.05	0.50
S/(mol/L)	0.0036	0.0086	0.0428

表 9.5.7　氟化镁和 HF 的互溶度

温度 /℃		−23	−3.3	12.2
浓度(质量分数)/%	MgF_2	0.033	0.025	0.025
	HF	99.967	99.975	99.975

表 9.5.8　氟化氢钾和盐酸的互溶度

温度 /℃	饱和溶液 /%		固相	温度 /℃	饱和溶液 /%		固相	温度 /℃	饱和溶液 /%		固相
	KHF_2	KCl			KHF_2	KCl			KHF_2	KCl	
25	—	26.36	KCl	25	23.88	7.41	KHF_2	75	33.06	16.65	KCl
	3.96	23.94			26.20	4.24			36.33	15.37	
	8.00	21.97			29.75	—			40.61	14.15	KCl+KHF_2
	12.46	19.93		75	—	33.20	KCl		41.36	12.95	KHF_2
	17.36	17.64			4.41	30.22			44.50	7.51	
	111.14	17.28	KCl+KHF_2		9.78	27.26			46.21	5.27	
	19.27	15.54	KHF_2		19.22	22.62			46.68	3.96	
	21.48	11.42			26.77	19.27			47.66	3.48	

9.5.3　在碱溶液中的溶解度

表9.5.9　氟化钠在NaOH中的溶解度　　单位：g/100g饱和溶液

NaOH/%	溶解度				
	0℃	20℃	40℃	80℃	94℃
0.0	3.99	4.10	4.47	4.48	4.73
0.81	3.49	3.40	3.51	3.56	3.47
1.67	—	2.89	—	—	—
2.30	2.65	2.70	2.81	2.82	3.03
2.70	2.37	2.45	2.70	2.84	2.73
5.66	—	1.68	—	—	—
7.90	—	1.25	—	—	—
18.40	—	0.38	—	—	—

9.5.4　在盐溶液中的溶解度

表9.5.10　氟化铝钠在某些盐溶液中的溶解度(25℃)　单位：mol/1000mol 水

$2Al(NO_3)_3$	0.0	0.49	0.96	3.05	5.09	10.03	12.12	14.37	19.76
$AlNa_3F_6$	0.034	0.65	1.11	2.91	4.37	7.72	9.01	10.62	14.36
$2AlCl_2$	0.50	1.02	3.23	5.12	7.22	9.25	12.03	15.27	20.28
$AlNa_3F_6$	0.66	1.14	2.94	4.12	5.39	6.57	7.92	9.53	11.41
$Al_2(SO_4)_3$	0.40	0.74	1.56	3.33	5.08	7.59	10.50	13.72	17.04
$AlNa_3F_6$	0.56	0.87	1.59	2.84	4.02	5.54	7.13	8.63	10.60

续表

$2Fe(NO_3)_3$	0.99	3.09	4.90	6.98	9.80	14.90	19.82	24.88
$AlNa_3F_6$	0.81	1.87	2.50	3.17	3.93	5.03	6.02	6.86
$2FeCl_3$	1.00	2.94	4.90	7.44	10.19	14.94	19.70	25.28
$AlNa_3F_6$	0.73	1.55	1.88	2.20	2.27	2.23	2.05	1.88
$Fe_2(SO_4)_2$	1.02	3.04	5.13	7.04	9.95	14.82	19.16	24.55
$AlNa_3F_6$	0.58	1.13	1.57	1.81	2.23	2.88	3.22	3.70

9.5.5 在有机溶剂中的溶解度

表 9.5.11 氟化钾在有机溶剂中的溶解度

(1) 溶剂为乙醇和甲醇　　单位：g/100g 饱和溶液

溶剂	温度/℃			
	20	30	40	50
乙醇	10.4×10^{-2}	9.5×10^{-2}	6.8×10^{-2}	2.4×10^{-2}
甲醇	0.19	0.17	0.15	0.13

(2) 溶剂为丙酮和丙醇　　单位：%(质量分数)

溶剂	温度/℃		
	18	20	37
丙酮	2.2×10^{-3}		2.10^{-3}
丙醇		0.34	

表 9.5.12 氟化钠在有机溶剂中的溶解度　　单位：g/100g 饱和溶液

有机溶剂	温度/℃				有机溶剂	温度/℃			
	20	30	40	50		20	30	40	50
甲醇	0.412	0.440	0.459	0.475	丁醇	3.9×10^{-3}	0.0041①	0.0043①	0.0049①
乙醇	0.094	0.109	0.120	0.159	丙酮	2.4×10^{-6}②			

① 单位是 g/L。
② 温度 18℃时。

9.5.6 在其他溶液中的溶解度

表 9.5.13 氟化钠在 NH_3 及 SO_2 中的溶解度

温度/℃		0	25
溶剂(质量分数)/%	NH_3		0.35
	SO_2	0.029	

表 9.5.14 NaF-HF 的溶解度

浓度(质量分数)/%		温度/℃
NaF	HF	
111.1	81.9	−24.3
20.1	79.9	−9.8
23.1	76.9	11.0

表 9.5.15 氟化钠在 H_2O_2 中的溶解度

NaF(摩尔分数)/%	3.8	7.4	8.0	9.8	11.1	12.3
温度/℃	−5.2	−9.1	−10.6	−12.1	−13.9	−15.2

9.6 热导率

表9.6.1 氟化物的热导率 单位：W/(m·K)

温度/K	2	4	6	8	10	15	20	30	40	60	80
氟化钠①	131.3	942.3	1753	2635	3241	3239	2431	1264	565.5	228.8	152.0
氟化钠②	48.57	219.6	412.4	566.1	695.6	860.1	779.6	635.1	420.4	290.0	129.9^{75}
氟化钙③	40.24	114.4	180.1	262.2	335.6	538.0	694.9	676.8	379.8	128.6	59.66
温度/K	90	100	110	120	130	140	150	160	170	180	190
氟化钙	52.49	30.10	27.14	24.78	22.84	21.15	19.72	18.48	17.40	16.41	15.52
温度/K	200	210	220	240	260	280	300	320	340	360	380
氟化钙	14.70	13.95	13.23	12.09	10.95	10.11	9.46	8.95	8.50	11.17	7.96
二氟化钡④			21.81	15.97	13.19	11.89	11.09	10.45	10.52	10.86	9.839

① 试件为未变形晶体，位错密度为 3×10^5 位错 /cm^2。

② 试件为单晶体，尺寸为 6.7mm×7.3mm×40mm。切成后，在 1100K 下焖火 3h，然后以每分钟 1K 的速率冷却至此 500K，其后更缓慢地冷至室温。

③ 2～90K 试件是从单晶毛坯上切下来的矩形棒，边缘位移垂直于纵轴。100～380K 试件为单晶体。

④ 试件为结晶体，半径为 1cm，厚度为 0.5cm，以 *Z* 轴为准。

表9.6.2 氟化钾水溶液的热导率（20℃） 单位：W/(m·K)

浓度/%	0	5	10	15	20	25	30
λ	0.825	0.819	0.811	0.801	0.788	0.772	0.751

9.7 蒸气压

表9.7.1 氟化物的蒸气压（Ⅰ）

分子式	名称	相应于下述蒸气压 (Pa) 的温度/℃									
		100	200	400	700	1000	2000	4000	7000	10000	20000
BaF_2	氟化钡	1413	1465	1525	1572	1607	1680	1712	1765	1805	1960
BeF_2	氟化铍	760	790	822	849	865	901	941	972	990	1040
BrF_3	三氟化溴					23	37	50	60	68	80
CaF	氟化钙	1603	1655	1713	1770	1812	1900				
GeF_4	四氟化锗	−112	−105	−97	−92	−88	−81	−73	−68	−64	−57
IF_5	五氟化碘	−16	−12	−6	−1	4	14	27	39	45	61
LiF	氟化锂	1025	1070	1120	1160	1187	1242	1305	1360	1395	1470
NaF	氟化钠	1052	1104	1145	1186	1215	1268	1340	1390	1425	1496
NaF_5	五氟化铌	64	72	82	92	98	113	130	144	154	175
PF_3	三氟化磷					−153	−146	−140	−135	−131	−124
PF_5	五氟化磷					−125	−120	−115	−111	−109	−103
RbF	氟化铷	810	848	890	925	952	1010	1058	1110	1144	1208
ReF_6	六氟化铼					−25	−17	−9	−3	1	10
SeF_4	四氟化硒	−17	−8	0	8	13	24	35	45	52	67
SF_6	六氟化硫	−143	−138	−130	−125	−122	−114	−106	−100	−95	−87
SrF_2	氟化锶	1575	1630	1695	1755	1790	1870	1960	2040	2090	2195
TaF_5	五氟化钽	79	82	88	94	99	111	127	141	152	176
TiF_4	四氟化钛					167	183	191	212	221	236
TlF	一氟化铊	394	415	435	452	465	488	513	534	549	578
UF_3	三氟化铀					1630	1700	1780	1850	1900	2000
UF_4	四氟化铀					1074	1112	1155	1193	1220	1277
UF_6	六氟化铀	−33	−27	−20	−14	−10	−2	7	15	20	30
ZnF_2	氟化锌	905	945	987	1023	1050	1100	1155	1205	1240	1305
ZrF_4	氟化锆	642	662	683	702	724	740	765	788	802	830

表 9.7.2 氟化物的蒸气压（Ⅱ）

分子式	名称	相应于下述蒸气压 (kPa) 的温度 /℃													熔点 /℃
		0.1	0.2	0.4	0.7	1.0	2	4	7	10	20	40	70	101.3	
AsF_3	三氟化砷							−2.1	1.5	7.6	20.1	34.8	47.5	56.3	−5.9
AlF_3	三氟化铝	1228	1253	1278	1300	1314	1339	1366	1391	1408	1441	1479	1513	1537	1040
BF_3	三氟化硼	−155.4	−152.8	−148.9	−145.2	−143.2	−138.9	−133.8	−129.2	−126.1	−119.8	−112.0	−105.3	−100.7	−126.8
ClF_3	三氟化氯				−79.9	−75.6	−66.7	−56.5	−47.0	−40.5	−27.5	−12.0	1.9	11.5	−83
SiF_4	四氟化硅	−144.8	−142.2	−138.3	−134.6	−132.4	−128.3	−123.5	−119.1	−116.2	−110.7	−103.9	−98.4	−94.8	−90
CF_4	四氟化碳	−185.7	−182.5	−178.0	−173.9	−171.5	−166.9	−161.7	−157.0	−153.8	−147.5	−139.4	−132.4	−127.7	−183.7
NbF_5	五氟化铌						95.6	113.2	128.9	139.4	161.4	186.8	209.2	225.0	75.5
AsF_5	五氟化砷	−118.9	−115.9	−111.7	−107.8	−105.3	−100.6	−95.3	−90.3	−87.2	−80.2	−69.3	−59.5	−52.8	−79.8
BrF_5	五氟化溴	−71.8	−65.2	−57.4	−50.5	−45.9	−36.6	−26.2	−16.8	−10.3	2.9	18.6	31.7	40.4	−61.4
WF_6	六氟化钨	−73.3	−68.1	−61.8	−56.1	−52.4	−45.2	−37.1	−29.8	−24.9	−15.3	−3.9	7.8	17.3	−0.5
UF_6	六氟化铀	−41.0	−35.1	−27.9	−21.5	−17.4	−9.3	−0.2	7.9	13.3	24.1	36.9	48.0	55.7	69.2
MoF_6	六氟化钼	−67.6	−61.8	−54.8	−48.5	−44.0	−35.9	−26.8	−18.6	−13.1	−1.9	11.3	25.0	36.0	17
SeF_6	六氟化硒	−120.2	−115.7	−110.1	−104.9	−101.7	−95.5	−88.5	−82.0	−77.8	−69.6	−59.7	−51.4	−45.8	−34.7
TeF_6	六氟化碲	−112.7	−108.6	−103.4	−98.5	−95.3	−89.2	−82.2	−75.8	−71.7	−62.7	−52.5	−44.3	−38.6	−37.8
SF_6	六氟化硫	−134.1	−130.1	−125.0	−120.3	−117.3	−111.5	−105.0	−98.8	−94.7	−86.9	−77.1	−68.9	−63.5	−50.2
IF_7	七氟化碘	−89.1	−83.4	−76.5	−70.3	−66.4	−58.5	−49.7	−41.8	−36.6	−26.3	−13.9	−3.3	4.0	5.5
KF	氟化钾	869	910	954	991	1017	1072	1129	1180	1215	1289	1373	1448	1502	880
NaF	氟化钠	1060	1103	1150	1190	1217	1275	1335	1389	1425	1497	1580	1652	1704	992
PbF_2	氟化铅				864	885	930	979	1025	1055	1115	1186	1248	1293	855
ZnF_2	氟化锌	957	990	1027	1057	1072	1111	1154	1196	1227	1296	1379	1449	1497	872
LiF	氟化锂	1030	1073	1120	1160	1187	1245	1305	1359	1395	1469	1553	1627	1681	870
RbF	氟化铷	912	935	961	984	1001	1037	1076	1114	1142	1208	1286	1356	1408	760
CsF	氟化铯	699	733	770	801	824	872	923	969	999	1062	1136	1202	1251	683
CdF_2	氟化镉	1093	1141	1192	1235	1262	1319	1375	1424	1457	1528	1612	1691	1751	520
Si_2F_6	六氟化二硅	−82.4	−78.4	−73.3	−68.5	−65.7	−60.0	−53.9	−48.5	−45.0	−38.3	−30.1	−23.4	−18.9	−18.6

分子式	名称	相应于下述蒸气压强 (kPa) 的温度 /℃												临界值	
		70	101.3	200	400	700	1000	1500	2000	2500	3000	3500	4000	t_c/℃	p_c/mPa
BF_3	三氟化硼	−105.3	−100.7	−89.4	−76.9	−65.6	−58.0	−47.7	−40.3	−33.5	−27.9	−23.3	−19.4	−12.3	4.98
SiF_4	四氟化硅	−98.4	−94.8	−84.4	−72.2	−60.8	−52.9	−41.1	−33.8					14.1	3.72

9.8 比热容

9.8.1 氟化钾、氟化汞的比热容

表9.8.1 氟化钾的比热容 单位：J/(mol·K)

温度/K	300	400	500	600	700	800	900	1000	1100	1130
固体	50.3	51.739	53.178	54.618	56.057	57.496	58.936	60.375	61.814	62.246
气体	35.186	36.258	36.794	37.12	37.347	37.52	37.663	37.786	37.897	
温度/K	1130	1200	1300	1400	1500	1600	1700	1800	1900	2000
液体	66.944	66.944	66.944	66.944	66.944	66.944	66.944	66.944[1783]		
气体		37.999	38.096	38.188	38.276	38.363	38.447	38.53	38.612	38.693

表9.8.2 氟化汞的比热容 单位：J/(mol·K)

温度/K	300	400	500	600	700	800	900	918	918①	920①	920
c_p	74.894	76.986	79.078	81.17	83.262	85.354	87.446	87.823	102.09	102.09	61.03
温度/K	1000	1100	1200	1300	1400	1500	1600	1700	1800	1900	2000
c_p	61.195	61.364	61.505	61.626	61.732	61.827	61.914	61.995	62.071	62.143	62.211

① 液体。其前为固体，其后为气体。

9.8.2 氟化金、氟化银的比热容

表9.8.3 一氟化金的比热容 单位：J/(mol·K)

形态	固态							液态			
温度/K	300	400	500	600	700	800	850	850	900	1000	1100
c_p	50.292	51.714	53.137	54.56	55.982	57.405	58.116	64.852	64.852	64.852	64.852
形态	液态				气态						
温度/K	1200	1300	1400	1475	1475	1500	1600	1700	1800	1900	2000
c_p	64.852	64.852	64.852	64.852	37.238	37.238	37.238	37.238	37.238	37.238	37.238

表9.8.4 二氟化金的比热容 单位：J/(mol·K)

形态	固态								液态		
温度/K	300	400	500	600	700	800	900	940	940	1000	1100
c_p	73.555	75.479	77.404	79.329	81.253	83.178	85.102	85.872	89.956	89.956	89.956
形态	液态					气态					
温度/K	1200	1300	1400	1500	1525	1525	1600	1700	1800	1900	2000
c_p	89.956	89.956	89.956	89.956	89.956	62.76	62.76	62.76	62.76	62.76	62.76

表9.8.5 三氟化金的比热容 单位：J/(mol·K)

温度/K	298	300	400	500	600
c_p	91.273	91.364	94.6	96.525	97.933

表9.8.6　氟化银的比热容　　单位：J/(mol·K)

温度/K	298	300	400	500	600	700	708
c_p	51.918	51.%1	54.108	56.254	58.4	60.547	60.719

9.8.3　氟化钡的比热容

表9.8.7　氟化钡的比热容　　单位：J/(mol·K)

温度/K	298	300	400	500	600	700	800	900	1000	1100
c_p	70.979	71.212	78.911	82.676	84.894	86.38	87.477	88.348	89.078	89.716
温度/K	1200	1300	1400	1500	1563	1563	1600	1700	1800	1900
c_p	90.291	90.823	91.322	91.798	92.088	94.14	94.14	94.14	94.14	94.14

注：1563K为固液分界线。

9.8.4　氟化氢、氟化硼的比热容

表9.8.8　氟化氢气体的比热容　　单位：J/(mol·K)

温度/K	298	300	400	500	600	700	800	900
c_p	29.151	29.141	28.955	29.054	29.264	29.527	29.818	30.125
温度/K	1000	1100	1200	1300	1400	1500	1600	1700
c_p	30.443	30.767	31.096	31.428	31.762	32.098	32.435	32.773
温度/K	1800	1900	2000	2100	2200	2300	2400	2500
c_p	33.112	33.452	33.792	34.133	34.474	34.815	35.156	35.498

表9.8.9　氟化硼气体的比热容　　单位：J/(mol·K)

温度/K	300	400	500	600	700	800	900	1000	1100
一氟化硼	29.75	31.398	32.487	33.328	34.027	34.629	35.156	35.618	36.023
二氟化硼	46.715	50.698	53.016	54.635	55.888	56.912	57.774	58.509	59.136
三氟化硼	50.237	58.627	63.541	66.993	69.673	71.869	73.719	75.296	76.640
温度/K	1200	1300	1400	1500	1600	1700	1800	1900	2000
一氟化硼	36.373	36.671	36.92	37.119	37.27	37.373	37.428	37.436	37.398
二氟化硼	59.668	60.111	60.472	60.752	60.954	61.081	61.133	61.111	61.016
三氟化硼	77.777	78.721	79.484	80.072	80.49	80.742	80.829	80.754	80.519

9.8.5　氟化砷、氟化硫的比热容

表9.8.10　氟化砷的比热容　　单位：J/(mol·K)

形态	液体	气体							
温度/K	298~330	330	400	500	600	700	800	900	1000
c_p	126.78	68.124	71.871	75.065	77.116	78.627	79.849	80.905	81.856

表9.8.11　五氟化砷气体的比热容　　单位：J/(mol·K)

温度/K	300	400	500	600	700	800	900	1000	1100
c_p	97.952	112.393	119.077	122.707	124.897	126.317	127.292	127.988	128.504
温度/K	1200	1300	1400	1500	1600	1700	1800	1900	2000
c_p	128.896	129.201	129.443	129.639	129.799	129.931	130.042	130.136	130.216

表9.8.12　六氟化硫气体的比热容　　单位：J/(mol·K)

温度/K	300	400	500	600	700	800	900	1000	1100
c_p	97.251	118.46	129.302	135.962	140.563	143.988	146.662	148.807	150.55
温度/K	1200	1300	1400	1500	1600	1700	1800	1900	2000
c_p	151.966	153.103	153.994	154.659	155.114	155.368	155.431	155.306	155

9.8.6　其他氟化物的比热容

表9.8.13　其他氟化物的比热容　　单位：J/(kg·K)

温度/K	15	20	30	50	70	100	150	200	250	300
氟化钠①				135.1	299.8	543.5	821.3	972.0	1060	1116
氟化钙②				84.13	193.6	367.4	593.4	728.0	813.0	911.9
氟化锂	0.928	2.817	11.76	73.69	213.5	494.1	951.6	1261	1470	162.1
二氟化钡	6.822	13.95	39.4	102.9	170.0	251.9	334.8	375.5	397.4	405.5
氟化铝③				9.58^{60}	17.20^{80}	24.64	42.76	56.74	67.40	75.20
温度/K	350	400	450	500	550	600	650	700	750	800
氟化钙	924.5	939.1	955.0	972.0	989.8	1008	1026	1045	1064	1083
氟化锂	1722	1798	1859	1910	1953	1991	2027	2061	2096	2130
氟化铝③		84.56④		91.34④		97.11④				97.61⑤
温度/K	900	1000	1100	1200	1300	1400	1500	1600	1700	1800
氟化钙	1121	1160	1198	1237	1276	1315	1335	1319	1280	1280
氟化锂	2208	2298	2408	2503						
氟化铝③	98.1⑤	100.1⑤								

① 试件经过700℃直接加热。
② 试件为大型自然萤石结晶体，含51.27%钙。
③ 热导率单位是J/(mol·K)。
④ α-AlF_3。
⑤ β-AlF_3。

9.9　熔融热和汽化热

表9.9.1　氟化物的熔融热和汽化热　　单位：kJ/mol

分子式	熔融热	汽化热	分子式	熔融热	汽化热	分子式	熔融热	汽化热	分子式	熔融热	汽化热
AgF	16.75	179.2	BaF_2	12.56	293.1	CaF_2	28.39	347.5	CrF_3		251.2
AlF	20.94	159.1	BeF_2	(25.12)	(167.5)	CdF_2	22.61	217.7	CrF_4	(23.03)	58.6
AlF_3		322.4①	BiF_3	(25.96)	(117.2)	CeF_3	(37.68)	(259.6)	CrO_2F_2	23.45	34.3
$AlNa_3F_6$	68.58		BiF_5		62.4	CeF_4	(41.70)		CsF	10.26	143.7
AsF_3	52.21	29.7	BrF		25.1	ClF_3	7.62	27.6	CuF_2		263.8①
AsF_5	11.72	20.8	BrF_3	12.04	42.9	ClF_5		22.9	$F(CO)_5$	1361	37.7
BF_3	2.01	19.3	BrF_5	5.67	30.6	CoF_2	44.88	326.6①	FeF_3		254.6①
B_2F_4		28.0	CF_4	0.70	12.6	CrF_2		363.4①	GeF_2		113.0①

续表

分子式	熔融热	汽化热	分子式	熔融热	汽化热	分子式	熔融热	汽化热	分子式	熔融热	汽化热
HF	4.58	7.5	NaF	32.57	223.0	$ReOF_4$	13.52	61.1	SO_3BrF		36.3
HfF_4		263.8①	NbF_5		54.0	$ReOF_5$	37.43①	32.3	SO_3F_2		22.4
HgF_2	(23.03)	(92.1)	NiF_2		332.4①	ReO_2F_3		65.7	S_2O_5ClF		33.9
IF_5	16.08		OF_2		11.1	SF_4		26.5	$S_2O_5F_2$		31.8
IF_7		31.2①	O_2F_2		19.2	SF_6	23.45①	17.1	TaF_5		54.4
KF	28.26	172.8	O_3F_2		19.2	S_2F_{10}		25.8	TcO_3F	22.51	39.6
LiF	(9.88)	213.4	OsF_6		28.6	SbF_3		45.6②	TeF_4		34.3
MgF_2	58.20	272.2	PbF_2	7.79	160.5	SeF_4		46.9	TeF_6		28.0①
MnF_2		318.6①	$PBrF_2$		22.8	SeF_6		27.6①	Te_2F_{10}		39.5
MnF_3		284.7①	PBr_2F		30.7	SeO_2F		28.3	TiF_4		95.8①
MnO_3F		33.9	PF_3		14.6	$SiBrF_3$		18.4	UF_4	23.86	240.8
MoF_4	4.27	50.6	PF_5		17.2	$SiBr_2F_2$		24.8	UF_6		47.8①
MoF_5		51.8	POF_3	15.07	232.3	$SiBr_3F$		32.8	VF_5	50.00	44.5
MoF_6	3.85	29.0	PsF_3		19.6	$SiClF_3$		18.7	$WF_6$③	1.76	26.5
NF_3		11.6	PuF_3	(54.43)	375.1①	$SiCl_2F_2$		21.3	WOF_4	9.46	59.6
N_2F_2	15.37	91.7	PuF_4	(42.70)	299.8①	SiF_4		25.7①	XeF_2		51.5①
N_2F_4	13.27	66.6	PuF_5	(18.66)	(48.6)①	Si_2F_6	16.33	43.5	XeF_4		64.1①
NHF_2		24.9	RbF	17.29	165.4	SOF_2		21.7	XeF_6		64.1①
NOF		19.3	ReF_5		511.1	SOF_4		21.4	ZnF_2	(29.31)	184.2
NO_2F		18.0	ReF_6	4.64	28.8	SOF_6		21.8	ZrF_2	60.71	
$N_3P_3F_6$	22.19	31.8	ReF_7	7.54	38.3	SO_2F_2		20.0	ZrF_4	64.27	170.6

注：小括号中为参考数据。

① 升华热。

② 125℃。

③ 立方体。

9.10　其他物性

9.10.1　氟化物的临界值

表 9.10.1　氟化物的临界值和偏心因子

名称	分子式	t_c/K	p_c/MPa	V_c/(cm^3/mol)	Z_c	ω
氟化氢	HF	461.2	6.480	69.2	0.117	0.329
氟化钠	NaF	5530	5.320	185	0.214	−1.115
三氟化氮	NF_3	234.2	4.528	118.8	0.272	0.135
五氟化氯	ClF_5	415.9	5.27	233.0	0.355	0.212
过氟化氯氧	ClO_3F	368.4	5.37	160.8	0.282	0.170
顺-二氟二化二氮	F_2N_2	272.0	7.09	113.3		0.252
反-二氟二化二氮	F_2N_2	260.1	5.57	113.3		0.217
氟化钼	MoF_6	485.2	4.97	229.2		
二氟氯化磷	$PClF_2$	362.4	4.52			0.164
一氟二氯化磷	PCl_2F	463.0	4.96			0.174
三氯化磷	PCl_3	271.1	4.33			0.326
三氟化硼	BF_3	260.9	4.990	123.6	0.284	0.393
四氟化碳	CF_4	227.6	3.738	140	0.277	0.1791
四氟化硅	SiF_4	259.2	3.717	202	0.349	0.753
氟化硫	SF_6	318.7	3.760	198.5	0.282	0.2151
四氟化硫	SF_4	364.2				

续表

名称	分子式	t_c/K	p_c/MPa	V_c/(cm³/mol)	Z_c	ω
六氟化硫	SF_6	318.7	3.758	198.8	0.281	0.286
六氟化铀	UF_6	505.8	4.66	250.0	0.277	0.318
六氟化钨	WF_6	452.7	4.57	232.7		
二氟化氙	XeF_2	631.1	9.32	148.6	0.264	0.317
四氟化氙	XeF_4	612.0	7.04	188.6	0.261	0.357

9.10.2 氟化物的焓和熵

表 9.10.2 氟化物的焓和熵（25℃）

物料名	三氟化硼	四氟化碳	氟化钙	氟化氢	氟化钠	三氟化氮	四氟化硅	氟化硫
理想气体标准生成焓/(kJ/mol)	−1135.6	−933.15	−781.6	−273.3	−290.45	−132.09	−161.49	−1220.5
准燃烧焓/(kJ/kmol)	—	539640	—	152400	—	—	705500	924000
绝对熵/[kJ/(kmol·K)]	254.3	261.3	274.3	173.7	217.5	260.6	282.6	291.6

第10章 氯化物和氯酸盐

目录

10.1 物性总览 …… 312
10.1.1 氯化物的一般特性 …… 312
10.1.2 氯酸盐的一般特性 …… 319
10.1.3 氯化物的危险品特性 …… 323
10.1.4 氯酸盐的危险品特性 …… 325

10.2 密度 …… 326
10.2.1 氯化物水溶液的浓度和密度 …… 326
10.2.2 氯酸盐水溶液的浓度和密度 …… 332

10.3 相变点、三相点和共沸点 …… 334
10.3.1 冰点 …… 334
10.3.2 熔点 …… 335
10.3.3 沸点 …… 335
10.3.4 三相点 …… 336
10.3.5 共沸点 …… 336

10.4 黏度 …… 337
10.4.1 氯化物的黏度 …… 337
10.4.2 氯化物水溶液的黏度 …… 337
10.4.3 氯酸盐及其水溶液的黏度 …… 339

10.5 表面张力 …… 340
10.5.1 氯化物的表面张力 …… 340
10.5.2 氯化物水溶液的表面张力 …… 341
10.5.3 氯酸钠和高氯酸钠的表面张力 …… 341

10.6 溶解度 …… 342
10.6.1 氯化物的溶解度 …… 342
10.6.2 氯酸盐的溶解度 …… 347

10.7 热导率 …… 349
10.7.1 氯化物的热导率 …… 349
10.7.2 氯化物水溶液的热导率 …… 349
10.7.3 氯酸盐的热导率 …… 351

10.8 蒸气压 …… 351
10.8.1 氯化物的蒸气压 …… 351
10.8.2 氯化物水溶液的蒸气压 …… 354

10.9 比热容 …… 354
10.9.1 氯化物的比热容 …… 354
10.9.2 氯化物气体的比热容 …… 357
10.9.3 氯化物水溶液的比热容 …… 358
10.9.4 氯酸盐的比热容 …… 359

10.10 比焓 …… 360

10.11 比熵 …… 361

10.12 熔融热和汽化热 …… 362

10.13 临界值和偏心因子 …… 363

10.14 其他物性 …… 364
10.14.1 氯化物的线胀系数 …… 364
10.14.2 氯化钠水溶液的普朗特数 …… 364

10.1 物性总览

10.1.1 氯化物的一般特性

表 10.1.1 氯化物的一般特性

分子式	名称	分子量	颜色	晶形	特性或折射率	密度/(g/cm³)	熔点/℃	沸点/℃	溶解度/(g/100g 溶剂)或溶解情况 冷水	热水	酸	碱	乙醇	其他溶剂
$AgCl$	氯化银	143.32	白	立	2.071	5.560	455	1550	表 10.6.1		−N;+Cl′	+氨水		①
$AlCl_3$	氯化铝	133.34	无	三或单	～	2.440	190^{520}	↑183	表 10.6.1				$100^{12.5}$	②
$AlCl_3·6H_2O$	氯化铝·6 水	241.43	无	斜		2.398	100//		+		÷Cl	+	+	+乙醚
$AlCl_3·NaCl$	氯化铝钠	191.80	黄白	粉			185		+					
$AlCl_3·NH_4Cl$	氯化铝铵	186.84	白	晶			304		+					
$AsCl_3$	三氯化砷	181.28	无	油	有毒	2.163	−18	130	//	//	//Cl;+Cl′		+	③
$AsOCl$	氯化氧亚砷	126.37	棕	固	半透明吸氧				+//					
$AuCl$	氯化亚金	232.42	黄	晶		7.400	170→$AuCl_3$		//		+Cl	÷HBr	//	×乙醚、丙酮
$AuCl_3$	三氯化金	303.33	红	单	～	3.900	//420	↑265	68	+++		÷液氨	+	−CS_2;+乙醚
$AuCl_3·2H_2O$	三氯化金·2 水	339.36	橙	晶			//		++		+Cl		+	÷液氨;+乙醚
B_2Cl_4	四氯化二硼	163.43	无	液	空气中着火	1.50	−93.0	55	//					
$BaCl_2$	氯化钡(α)	208.24	无	单	剧毒 1.736	3.856^{24}	→β 925	1560			÷Cl,N		÷÷	
$BaCl_2$	氯化钡(β)	208.24	无	立		3.920	962	1560	36	++			÷÷	
$BaCl_2·2H_2O$	氯化钡·2 水	244.28	无	单	剧毒 1.646	3.097^{24}	−$2H_2O$ 100		表 10.6.1		÷Cl,N		÷	
$BeCl_2$	氯化铍	79.92	白-微黄	棱	≈	1.900	399～440	482.3	++发热				+	④
$BiCl_2$	二氯化铋	279.89	黑	针		4.860	163	//300	//				−	与碘反应
Bi_2Cl_2	二氯化二铋	488.87	黑	团	≈			//300	//		//	//NH_4Cl		
$BiCl_3$	三氯化铋	315.34	无-微黄	立	≈	4.754	233	↑447	//	//	+Cl,N		+甲、乙	+乙醚、丙酮
$BrCl$	氯化溴	115.36	橘红	液或气		5.062	−66	10//	+//					+CS_2、乙醚
$CaCl_2$	氯化钙(天然)	110.99	白	立	～1.520	2.152	772	>1600	表 10.6.1				++	÷丙酮;+乙酸
$CaCl_2·H_2O$	氯化钙·1 水	129.00	无	晶	≈		260	260	76.8	249			+	−丙酮

① 溶于 KCN、吡啶 1.9^{20}、液氨 0.28^{0}、硫代硫酸钠和碱金属硝酸盐。
② 不溶于苯；溶于 CCl_4、乙醚、丙酮和氯仿 0.75^{25}。
③ 溶于 HBr、HF、PCl_3、苯和乙醚。
④ 300℃时能在真空中升华。不溶于液氨、丙酮、苯和甲苯；微溶于 CS_2、氯仿；溶于乙醚、吡啶和二硫化碳。

续表

分子式	名称	分子量	颜色	晶形	特性或折射率	密度/(g/cm³)	熔点/℃	沸点/℃	溶解度/(g/100g溶剂)或溶解情况 冷水	热水	酸	碱	乙醇	其他溶剂
$CaCl_2 \cdot 2H_2O$	氯化钙·2水	147.02	白	晶	味苦涩～	1.835	$-H_2O$ 260	723	97.70	405			10^{15},50^{80}	一醚
$CaCl_2 \cdot 6H_2O$	氯化钙·6水	219.08	无	三	≈ 1.417	1.680	29.9	$-6H_2O$ 200	表10.6.1				+	
CCl_4	四氯化碳	153.82	无	液	1.460	1.587	−22.9	76.7	0.0005				+	+乙醚、氯仿
C_2Cl_4	四氯化二碳	165.83	无	液	1.506	1.631	−22.4	120.8					+	+乙醚
C_2Cl_6	六氯化二碳	236.74	无	三		2.091	↑ 187		—			+油类	+	+乙醚、氯仿
$CdCl_2$	氯化镉	183.32	无	立	剧毒～	4.047^{25}	568	960	表10.6.1		−Cl′	甲醇1.7^{16}	1.52^{15}	−乙醚、丙酮
$CdCl_2 \cdot 2.5H_2O$	氯化镉·2.5水	228.36	无	单	毒1.651	3.327	∟ 34	↑	表10.6.1		−Cl	一醚	÷	+甲醇2.05^{15}
$CeCl_3$	三氯化铈	246.48	白-淡黄	晶	≈	3.920^{0}	840	1730	100//		+		30	+丙酮
$CoCl_2$	氯化钴	129.84	蓝	六	～	8.356	724 ↑	1049	表10.6.1				31	
$CoCl_2 \cdot 2H_2O$	氯化钴·2水	165.87	红紫	单、三	1.625	2.477^{25}			++	++				÷乙醚
$CoCl_2 \cdot 6H_2O$	氯化钴·6水	237.93	粉红	单	热、光→蓝色	1.925^{25}	86	$-6H_2O$ 110	表10.6.1			+甘油	+甲、乙	++乙醚、丙酮
$CoCl_2 \cdot NH_4Cl \cdot 6H_2O$	氯化钴铵·6水	291.45	红		～	1.924			+	++				
$CrCl_2$	氯化亚铬	122.90	白	针	～	2.750	824	1330	++				÷	−乙醚
$CrCl_3$	氯化铬	158.36	淡红	三		2.757^{15}	↑ 950	1200～1500//	—	÷÷	—	$+NH_3$		$-CS_2$,丙酮,乙醚
$CrCl_3 \cdot 6H_2O$	氯化铬·6水	266.46	深绿	六、片		2.760	↑ 83		++//				+	−乙醚;÷丙酮
$CrCl_3 \cdot 10H_2O$	氯化铬·10水	338.52	绿	晶、粉	～				++				++	+其6℃结晶水
CrO_2Cl_2	二氯二氧化铬	154.92	暗红	液		1.920	−96.5	117.6	//				++	+乙醚，—丙酮
CsCl	氯化铯	168.36	无	立	～1.642	3.99^{20}	645	1290	表10.6.1				+	÷丙酮
$CsCl_2$	二氯硫化碳	114.98	黄红	液		1.509^{15}		73.5					−纯	
$CsCl_4$	四氯硫化碳	185.91	金黄	液		1.712^{13}		146		//				
$CuCl_2$	氯化铜	134.46	棕黄	粉	～	3.390	498	$\rightarrow Cu_2Cl_2$	表10.6.1		+S*	+丙酮	50^{20}	+乙醚,吡啶,液氨,甲醇
$CuCl_2 \cdot 2H_2O$	氯化铜·2水	170.49	绿蓝	斜	毒1.684	2.39^{22}	$-2H_2O$110	// 993	表10.6.1		+乙醚	$+NH_4Cl$	+	$+NH_4Cl$,丙酮
$CuCl_2 \cdot 2CuO \cdot 4H_2O$	氯氧化铜·4水	365.62	蓝绿				$-3H_2O$140		—	//	+	+氨水		
$Cu(NH_2)_2Cl_2$	氯化二氨合铜	168.51	绿	晶		$2.32^{24.4}$	260～270		—	—				+氨水
$CuCl_2 \cdot 2NH_4Cl \cdot 2H_2O$	氯化铜铵·2水	297.37	蓝	四	1.670	1.980	// 110		33.8	99.3^{80}	+		+	+氨水
Cu_2Cl_2	氯化亚铜	198.00	白	四	毒1.973	3.530	422	1366	0.0062	1.5^{25}	−T,×Cl	×氨水	—	−乙醚,丙酮;+氨水
$ErCl_3 \cdot 6H_2O$	氯化铒·6水	381.67	粉红	晶	～		774	1500	+	+			+	
$FeCl_2$	氯化亚铁	126.76	绿黄	六	1.567	2.700	672	1012	表10.6.1			÷吡啶	100	−乙醚;+丙酮

续表

分子式	名称	分子量	颜色	晶形	特性或折射率	密度/(g/cm³)	熔点/℃	沸点/℃	溶解度/(g/100g溶剂)或溶解情况：冷水	热水	酸	碱	乙醇	其他溶剂
$FeCl_2·4H_2O$	氯化亚铁·4水	198.82	绿蓝	单	～	1.920			表10.6.1			÷丙酮	++	+其结晶水
$FeCl_3$	氯化铁	162.21	黑棕	晶	≈	2.898	306	//315	表10.6.1		+Cl		++	⑤
$FeCl_3·6H_2O$	氯化铁·6水	270.30	橙黄或棕黄	晶	≈	1.820	37	280~285	表10.6.1				++	++丙酮、甘油乙醚
$GaCl_3$	三氯化镓	176.08	白	针	≈	2.47^{25}	77.9	201.3	+++	+++				++苯、四氯化碳、二硫化碳等有机溶剂
$GeCl_2$	二氯化锗	143.50	白	粉			//		//				—	一氯仿;+$GeCl_4$
$GeCl_4$	四氯化锗	214.40	无	液	1.464	1.870	−49.5	83.1	//	//	—S*;+Cl	+乙醚	+	+CS_2、CCl_4
$HfCl_4$	四氯化铪	320.30	白	立	刺激～		432^{3380}	↑315	×					+丙酮和甲醇
HgCl	氯化亚汞	236.04	白	四	无味 1.973	7.150	302	384; ↑>400	表10.6.1		÷Cl′;+N*	+氯化碱	—	⑥
$HgCl_2$	氯化汞	271.50	白	斜、粉	1.859	5.440	277	304; ↑330	表10.6.1		+Cl′*	+N、S	33(99%)	⑦
HgICl	氯碘化汞	362.90	红	正			153	315	—	÷	+Cl		+	
$Hg(NH_3)_2Cl_2$	氯化二氨汞	305.58		晶			300		—	//	+			+KI
ICl(α)	一氯化碘	162.36	黑	针	稳定	3.180	27.2	98//	×	×	+Cl	+乙醚	+	+CS_2、CCl_4
ICl(β)	一氯化碘	162.36	黑	片	不稳定	3.240	13.9	97.4			+冰醋酸	+乙醚	+	+CS_2、CCl_4
ICl_3	三氯化碘	233.26	黄红棕	斜	刺激≈	3.120^{15}	33	64//	+//		+苯	+乙醚	+	+CS_2、CCl_4
InCl	一氯化铟	150.27	黄红	立	～	4.190^{25}	225	590	//	//	+			
$InCl_2$	二氯化铟	185.67	无	晶	～	3.655^{25}	235	560	//	//				
$InCl_3$	三氯化铟	221.18	无	单	～	3.450	$583^{1.2}$	↑500	表10.6.1				÷	÷乙醚
IrCl	一氯化铱	227.67	铜红	晶、粉			773~798℃稳定		—		—	//浓		
$IrCl_4$	四氯化铱	334.02	深红		～		//		+	//	+Cl			
KCl	氯化钾	74.56	无	立	1.490	1.984	770	1500↑	表10.6.1		+	+	÷	⑧
$LaCl_3·7H_2O$	氯化镧·7水	371.40	白	三	～		//91		++				++	
LiCl	氯化锂	42.39	白	立	≈1.662	2.068^{25}	614	1325~1360	表10.6.1		÷液氨	+吡啶	+	+乙醚、丙酮、甲醇
$LiCl·H_2O$	氯化锂·1水	60.41	白	晶	盐味≈	1.780	−H_2O >98	1360	+			+吡啶	+	⑨

⑤ 易溶于丙酮；可溶于液体二氧化硫、乙胺、苯胺；不溶于甘油、三氯化磷。水溶液呈酸性。

⑥ 不溶于乙醚、丙酮；溶于 $Hg(NO_3)_2$、王水。

⑦ 难溶于 CS_2；溶于甘油、丙酮、苯、乙酸、二噁烷、乙醚 4、乙酸乙酯、吡啶。

⑧ 不溶于丙酮，醚；微溶于甲醇，易溶于甘油，乙醚。

⑨ 能溶于醇、丙酮、戊醇、吡啶和硝基苯，高于 98℃失去结晶水，水溶液呈中性或微碱性。

续表

分子式	名称	分子量	颜色	晶形	特性或折射率	密度/(g/cm³)	熔点/℃	沸点/℃	溶解度/(g/100g溶剂)或溶解情况 冷水	热水	酸	碱	乙醇	其他溶剂
$MgCl_2$	氯化镁	95.21	无	六	≈ 1.675	2.325^{25}	707	1412	表10.6.1				7.4^{30}	÷丙酮；+吡啶
$MgCl_2\cdot 6H_2O$	氯化镁·6水	203.26	白	单	～1.507	1.560	118//	//	表10.6.1				+甲、乙	
$MgCl_2\cdot KCl\cdot 6H_2O$	氯化钾镁·6水	277.86		正	～1.475	1.60^{19}	265		64.5^{19}//	//			//	
$MgCl_2\cdot NH_4Cl\cdot 6H_2O$	氯化镁铵·6水	256.80	白	正	≈	1.456	$-2H_2O$ 100	$-4H_2O$ 195	16.7	+			//	
$MnCl_2$	氯化锰	125.85	玫瑰红	三	～	2.977^{25}	650	1190	表10.6.1				+	-乙醚、液氨
$MnCl_2\cdot 4H_2O$	氯化锰·4水	197.91	玫瑰红	单	～1.575	2.010	58	$-4H_2O$ 200	表10.6.1			-乙醚	+	+其58℃结晶水
$MoCl_2$	二氯化钼	166.85	黄	非		3.714^{25}	// 530		-	-	+Cl	+	+	+乙醚、氨水
$MoCl_3$	三氯化钼	202.30	暗红	单、粉		3.578^{25}	// >500		-	//	+N	×	÷÷	÷÷乙醚
$MoCl_4$	四氯化钼	237.75	红棕	六	～		↑	// >130	+	//	+N,Cl′	×	+	÷乙醚
$MoCl_5$	五氯化钼	273.21	黑紫	单	～	2.928^{25}	194	268	+//	//	+浓	-乙醚	×	-无水酒精
NaCl	氯化钠	58.44	无	立	1.544	2.165^{20}	801	1465	表10.6.1		-Cl′		÷甲、乙	⑩
$NbCl_5$	五氯化铌	270.18	亮黄	单	～	2.750	205	254	×		+Cl′S′		+	⑪
$NbOCl_3$	三氯氧化铌	215.28	白	针			↑ 400	//		-Cl,+S		+		
NCl_3	三氯化氮	120.38	黄	油		1.653	< 40	< 71	-	//		$+PCl_3$		$+CS_2$、氯仿
$NdCl_3$	氯化钕	250.64	紫	棱		4.134^{25}	784		96.7^{10}	104.5^{50}			+	-乙醚氯仿
$NdCl_3\cdot 6H_2O$	氯化钕·6水	358.74	红	正		2.282^{16}	124	$-6H_2O$160	+++	+++			+	
NH_2HgCl	氯化氨基汞	252.07	白	晶、无、粉	有毒	5.700			0.14	//	+		-	
NH_4Cl	氯化铵	53.49	白	立	腐蚀 1.642	1.526^{17}	// 350	↑ 338	表10.6.1		+甘油	+液氨	0.16^{19}	-乙醚、丙酮
$NiCl_2$	氯化镍	129.61	金黄	鳞	～	3.544	1030	↑ 973	表10.6.1			+氨水	÷	-液氯;+乙醚
$NiCl_2\cdot 6H_2O$	氯化镍·6水	237.70	绿	单	～1.570	1.921	80		表10.6.1				++	
$NiCl_2\cdot 6NH_3$	六氨合氯化镍	231.79	蓝紫	晶、粉	致癌	1.468			+	//		+氨水	-	-浓氨水
$NpCl_4$	四氯化镎	378.86	黄红棕	四		4.950	538		+		+Cl			
$(NpCl_2)_3$	二氯氮化磷	347.71		正		1.980	114	$127^{1.6}$	-	//	$+POCl_3$		+	+乙醚、氯仿
$OsCl_2$	二氯化锇	261.11	绿		～		//		+//		+N	÷	+	+NaCl，乙醚
$OsCl_3$	三氯化锇	296.56	棕褐	立			//500~600		÷	+	+	+	+	÷乙醚

⑩ 不溶于乙醚、丙酮；溶于甘油、液氨。
⑪ 溶于 CS_2、CCl_4、乙醚、丙酮、氯仿、乙酸。

续表

分子式	名称	分子量	颜色	晶形	特性或折射率	密度/(g/cm³)	熔点/℃	沸点/℃	溶解度/(g/100g溶剂)或溶解情况 冷水	热水	酸	碱	乙醇	其他溶剂
$OsCl_4$	四氯化锇	332.01	红黄	针			↑	// 323	+//		+Cl			
$PbCl_2$	氯化铅	278.11	白	晶	毒 2.217	5.850	501	950	表10.6.1			+	—	⑫
$PbCl_4$	四氯化铅	349.01	黄	油	发烟	3.18^{0}	−15	炸105	//		+Cl			
PCl_3	三氯化磷	137.33	无	液	毒腐蚀 1.516^{14}	1.574^{21}	−112	76	//	//	+苯	+氯仿	+乙醚	$+CS_2$,CCl_4
PCl_5	五氯化磷	208.24	淡黄	四	烟～	2.11^{20}	// 166	↑ 162	//		//	$+CCl_4$	×	$+CS_2$,C_6H_5COCl
$PdCl_2$	氯化亚钯	177.31	棕红	立	～	4.00^{18}	500//		++	+	+Cl	+	+	+丙酮、HBr
$PdCl_2·2H_2O$	氯化亚钯·2水	213.34	棕	棱	≈		//		++	++	+Cl	+含水NH_3	+	+丙酮、HCl
$POCl_3$	三氯氧化磷	153.34	无	液	发烟 1.46^{25}	1.675	1.25	105	+//	//	//		+//	
$PrCl_3$	氯化镨	247.27	绿	针		4.02^{25}	823	不挥发	103.9^{14}	∞			+	−乙醚、氯仿
PtCl	一氯化铂	230.69	黄绿			5.870^{11}					+N、S			
$PtCl_2$	二氯化铂	266.00	棕	斜		5.870	// 581		÷		+Cl	+氨水	—	−乙醚;÷液氨
$PtCl_3$	三氯化铂	301.43	黑绿	粉		5.256^{25}	// >435		÷	+	+Cl*		//	++KI
$PtCl_4$	四氯化铂	336.90	红棕	立		4.303^{25}	// 370		表10.6.1			+丙酮	÷	−乙醚;÷液氨
$RaCl_2$	氯化镭	296.93	无-淡黄	单		4.910	950		25	+			+	
RbCl	氯化铷	120.93	无	立	1.494	2.760	717	1390	表10.6.1				0.08^{25}	÷÷丙酮;÷液氨
$ReCl_5$	五氯化铼	363.47	暗棕	单		4.900	278	330	×		×Cl′	+		
$RhCl_3$	三氯化铑	209.26	红棕	单、粉	～		// 450	↑ 800	—	—	—	÷÷	—	−王水
$RhCl_3·4H_2O$	三氯化铑·4水	281.33	暗红	晶			//		++		+Cl		+	−乙醚
$RuCl_2$	二氯化钌	171.98	黑	晶					—		—	÷÷	—	−王水
$RuCl_3$	三氯化钌	207.43	棕黑	六	～	3.110	// >500		—		+Cl			
$SbCl_3$	三氯化锑	228.11	无	斜	腐蚀≈	3.14^{20}	73.4	223.2	表10.6.1		+Cl	+酒石酸	+	⑬
$SbCl_5$	五氯化锑	299.02	淡黄	液	～	2.34^{20}	2.8	140//	//	//	+Cl	$+H_2C_4H_4O_6$	+甲、乙	+氯仿,HBr,酒石酸
SbOCl	氧氯化锑	173.20	白	粉			170//		—	//	+Cl	$+CS_2$	−甲、乙	$-NH_3$、氯仿、醚
SCl_2	二氯化硫	102.97	暗红	液	发烟	1.620^{15}	−78	59//	//			×乙醚	//	$+CCl_4$、苯、CS_2

⑫ 不溶于乙醚，微溶于液氨、烯醇；溶于盐酸、甘油、吡啶、硝酸铵、硫代硫酸钠，在热硝酸中分解。

⑬ 极微溶于 CCl_4；溶于 CS_2、HBr、$H_2C_4H_4O_6$、乙醚、丙酮、氯仿、苯。

续表

分子式	名称	分子量	颜色	晶形	特性或折射率	密度 /(g/cm³)	熔点 /℃	沸点 /℃	溶解度 /(g/100g 溶剂) 或溶解情况 冷水	热水	酸	碱	乙醇	其他溶剂
S_2Cl_2	二氯化二硫	135.03	黄橙	液	1.666^{14}	1.673	−82	131//	×			+乙醚	+	+CS_2、苯
$SeCl_4$	四氯化硒	220.77	无	立	～	3.800	305 ↑	288	×		//	//	−	⑭
$SeCl_2O$	氧氯化硒	165.87	无-微黄	液	透明发烟	2.420	8.5	176.4					+氯仿	+四氯化碳、苯
Se_2Cl_2	二氯化二硒	228.83	棕红	液		2.906^{18}	−85	130	×		++氯仿	×乙醚	×	⑮
$SiCl_3$	三氯化硅	134.45	微橙	液		1.580	−1	144^{100}	//			//		
$SiCl_4$	四氯化硅	169.90	无	液	发烟 1.412	1.480^{20}	−68.9	57.0	//	//	//S′	+乙醚	+//	+苯、CCl_4
$SmCl_3$	氯化钐	256.80	绿黄	晶		4.46^{18}	678		92.4^{10}	100^{50}			+++纯	+氮苯6.4
$SnCl_2$	氯化亚锡	189.60	白	斜	吸氧	3.95^{25}	246.8	623//				+	+纯	⑯
$SnCl_2·2H_2O$	氯化亚锡·2水	225.63	白	三		2.710	37.7	④	119	∞	+	+	+	+酒石酸;乙醚;丙酮;冰乙酸
$SnCl_4$	四氯化锡	260.50	无	液	发烟 强腐蚀	2.230	−33	120	+	//	//N′		+++纯	⑰
$SOCl_2$	亚硫酰氯	118.97	淡黄	液	发烟	1.655^{15}	−104.5	75.6	//	//		×	×	⑱
SO_2Cl_2	硫酰氯	134.96	无	液	发烟 1.444	1.667^{20}	−54.1	69.5	//	//		×	//	+苯、乙酸
$SrCl_2$	氯化锶	158.53	白	立	～1.650	3.052	873	1250	表10.6.1				÷无水	⑲
$SrCl_2·2H_2O$	氯化锶·2水	194.56	白	晶、粉			(825℃呈玻璃状)		+				−纯	+其112℃结晶水
$SrCl_2·6H_2O$	氯化锶·6水	266.62	白	正	1.536	1.933^{17}	$-4H_2O$ 61	$-6H_2O$ 150	表10.6.1				+	
$TaCl_5$	五氯化钽	358.21	亮黄	单	～	3.680^{27}	216.5	242	×		//S		+	+氢氧化钾
$TeCl_4$	四氯化碲	269.41	亮黄	单	～	3.260	224	390	×		+Cl	$-CS_2$	+	+苯、甲苯、氯仿
$ThCl_4$	四氯化钍	373.85	无	四	～	4.590	765	//922	++	×	+		+	+乙醚
$TiCl_2$	二氯化钛	118.81	黑	六	≈	3.130	1025	//	//			$-CS_2$	+	−乙醚、氯仿
$TiCl_3$	三氯化钛	154.26	紫	六	～	2.710	↑425	//450	+	+	+Cl		++	−乙醚
$TiCl_4$	四氯化钛	189.71	亮黄	液	1.6059^{16}	1.726^{20}	−24.1	136.4	+	//	+Cl		+	∞CCl_4、氯仿
TlCl	一氯化铊	239.82	白	立	2.247	7.004^{30}	431	720	表10.6.1		÷Cl	−氨水	+	−乙醚
$TlCl_3$	三氯化铊	310.73	无	单	～		155//	//	÷				+	+乙醚
UCl_3	三氯化铀	344.39	深红	六		5.350	842	1780	++	//	×		×甲	⑳

⑭ 微溶于 CS_2; 溶于 $POCl_3$; 在 H_2S 中分解；不溶于乙醚。

⑮ 缓慢加热至 100℃，失去大部分水；快速加热至高温，则分解为水、盐酸、氯化物和氧化亚锡；易溶于 CS_2、CCl_4。

⑯ 溶于丙酮 56^{18}、吡啶、甲基丙酮、乙酸乙酯、乙醚；易溶于冰醋酸；易水解生成 Sn(OH)Cl。

⑰ 溶于苯、四氯化碳、汽油、丙酮、液氨等多数有机溶剂；易溶于醚；无限溶于 CS_2。

⑱ 与苯、氯仿、乙醚和 CCl_4 混溶。临界温度 T_c 为 567K，临界压力 p_c 为 4.43MPa，临界体积 V_c 为 208cm³/mol，临界压缩因子 Z_c 为 0.195，偏心因子 ω 为 0.095，折射率 n^{20} 为 1.518。

⑲ 极微溶于吡啶、液氨；微溶于甘油、丙酮 55.6^{18}。

⑳ 不溶于 CCl_4、丙酮、氯仿；溶于冰乙酸。

续表

分子式	名称	分子量	颜色	晶形	特性或折射率	密度/(g/cm³)	熔点/℃	沸点/℃	溶解度/(g/100g溶剂)或溶解情况 冷水	热水	酸	碱	乙醇	其他溶剂
UCl_4	四氯化铀	379.84	暗绿	四	～	4.870	590	792	++	//	+Cl		+	㉑
UCl_5	五氯化铀	415.29	红棕	单	～	3.180		// 320	//		+		×	㉒
UCl_6	六氯化铀	450.75	暗绿-黑	三		3.600	177//		×					$+CCl_4$
VCl_2	二氯化钒	121.85	绿	六	～	3.730			+	//			+	+乙醚
VCl_3	三氯化钒	157.30	粉红	平、片	～	3.00^{18}	//		+	//			+纯	+乙醚
VCl_4	四氯化钒	192.75	红棕	黏		1.816^{30}	−20.5	153//164	+//				+纯	㉓
$VOCl_3$	三氯化氧钒	173.30	黄	液		1.829	<−15	127.2	+//				+	+乙醚；∞ Br_2
UO_2Cl_2	氯化双氧铀	340.93	黄	斜	～	5.280	578//		320^{18}	+++			+	㉔
WCl_5	五氯化钨	361.12	暗绿	单		3.870	248	287	→ W_2O_5					÷ CS_2
WCl_6	六氯化钨	396.57	紫蓝	六		3.520^{25}	275	346.7		//	$+CCl_4$	+	++CS_2	+乙醚、苯
$WOCl_4$	四氯氧化钨	341.75	红	针	≈	3. 950	210	227.5	//			÷苯		+CS_2，S_2Cl_2
$YbCl_3·6H_2O$	氯化镱·6水	387.51	绿	正		2.575	150	$-6H_2O$ 180	+++	+++			+纯	
YCl_3	氯化钇	195.26	白	斜		2.80^{18}	703	1510	73.6	78.3^{80}			60^{15}	++吡啶
$ZnCl_2$	氯化锌	136.29	白	六	≈ 1.687	2.91^{25}	283	732	表10.6.1				$100^{12.5}$	—液氨；++乙醚
$ZrCl_2$	二氯化锆	162.13	黑	粉		3.60^{18}	// 350		//					
$ZrCl_4$	四氯化锆	223.03	白	立	～	2.80^{15}	437^{1990}	↑ 333	+	//	+Cl′	+乙醚	+	+碱金属氯化物
$ZrOCl_2·8H_2O$	二氯氧化锆·8水	322.25	无	四	1.552	1.550	$-8H_2O$ 210	→ ZrO_2 400	表10.6.1		+Cl′ *	+	+	

㉑ 不溶于苯、氯仿、乙醚；溶于丙酮、乙酸乙酯、吡啶和氯化铵。
㉒ 溶于 CS_2、CCl_4；不溶于苯；与乙醚、丙酮起反应。
㉓ 不溶于液氨；溶于醚、氯仿、乙酸；易溶于吡啶、苯胺等含氮溶剂；极易溶于甲醇、乙醇、甘油和丙酮等含氧有机溶剂。
㉔ 不溶于苯、CCl_4；溶于乙醚、丙酮和吡啶。

10.1.2　氯酸盐的一般特性

表 10.1.2　氯酸盐的一般特性

分子式	名称	分子量	颜色	晶形	特性或折射率	密度/(g/cm³)	熔点/℃	沸点/℃	溶解度/(g/100g溶剂)或溶解情况					
									冷水	热水	酸	碱	乙醇	其他溶剂
$AgClO$	次氯酸银	159.32	白	晶	极不稳定		// 60		—	+130	(即使在暗处也会部分分解，含AgO例外)			
$AgClO_2$	亚氯酸银	175.34	黄	晶					—		(加热至105℃或受撞击时发生爆炸)			
$AgClO_3$	氯酸银	191.32	白	四		4.43^{20}	230	// 270	10^{15}	50^{80}			÷	
$AgClO_4$	高氯酸银	207.32	白	晶	～	2.806	// 486		525^{20}	625^{35}			+	
$Al(ClO_3)_3$	氯酸铝	277.34	白	团	～				++				+	
$Ba(ClO_3)_2$	氯酸钡	304.24	无				414		20.4	84.8^{80}				
$Ba(ClO_3)_2\cdot H_2O$	氯酸钡·1水	322.25	无	单	1.577	3.179	$-H_2O$ 120	熔解400	表10.6.12		÷Cl		÷	÷丙酮
$Ba(ClO_4)_2$	高氯酸钡	336.24	无或白	六或粉	≈	3.200	505		205.8	562.3			++	−乙醚；++丙酮
$Ba(ClO_4)_2\cdot 3H_2O$	高氯酸钡·3水	390.30	无	六	1.5330	2.740	// 400		198^{33}	+			124^{62}	
$BeCl_2\cdot 4H_2O$	氯化铍·4水	151.99		晶					+++	+++			+	
$Ca(ClO)_2$	次氯酸钙	142.98	白	粉	1.545	2.350	// 100		5		↑Cl_2			
$Ca(ClO_3)_2$	氯酸钙	206.99	白	晶	～		340		+				+	+丙酮
$Ca(ClO_3)_2\cdot 2H_2O$	氯酸钙·2水	243.01	白黄	单	～	2.711	$-H_2O$>100		177.7^{8}				+	+丙酮
$Ca(ClO_4)_2$	高氯酸钙	238.99	无						188.6^{25}	+++			166.2^{25}	÷乙醚
$Cd(ClO_3)_2\cdot 2H_2O$	氯酸镉·2水	315.35	无	角	～	2.300	80		表10.6.12		+	+丙酮	++	+其80℃结晶水
$Co(ClO_3)_2\cdot 6H_2O$	氯酸钴6水	333.93	红	八	≈ 1.55	1.920	50	// 100	表10.6.12				+	+其61℃结晶水
$Co(ClO_4)_2$	高氯酸钴	257.85	红	针	1.510	3.327			100	115^{45}			+	+丙酮

续表

分子式	名称	分子量	颜色	晶形	特性或折射率	密度/(g/cm³)	熔点	沸点	溶解度/(g/100g溶剂)或溶解情况					
							/℃		冷水	热水	酸	碱	乙醇	其他溶剂
$Co(ClO_4)_2 \cdot 6H_2O$	高氯酸钴·6水	365.95	红	六	1.55		143		+	+			+++	
CrO_2Cl_2	次氯酸铬	154.92	深红	液		1.91^{25}	−96.5	117	//		+氯仿	×氨、氟		+CS_2、CCl_4、苯
$CsAuCl_4$	氯金酸铯	471.69	黄	单						0.5^{20}	27.5			+
Cs_2PtCl_6	氯铂酸铯	673.79	黄	立						0.0047	0.0915			
$FePtCl_6 \cdot 6H_2O$	六氯铂酸亚铁·6水	571.92	黄	六		2.714	//			+++	+++			
$CsClO_4$	高氯酸铯	232.37	无	正	1.479	3.327	//		0.8	30		−乙醚	0.011^{25}	÷丙酮0.15^{25}
$Cu(ClO_3)_2 \cdot 6H_2O$	氯酸铜·6水	338.53	绿	八	≈		65	//100	表10.6.12			+丙酮	++	+其65℃结晶水
$Hg(ClO_3)$	氯酸亚汞	284.05	白	斜	易炸	6.409	炸250		+	//			+	+乙酸
$In(ClO_4)_3 \cdot 8H_2O$	高氯酸铟·8水	5512.26	无		～		80	//200	+	//			+纯	÷乙醚
$KAuCl_4$	氯金酸钾	377.88	黄	单			//		61.8^{20}	80.2^{60}			25(98%)	
$KClO$	次氯酸钾	90.55			仅存溶液中		//		+++	+++//				
$KClO_3$	氯酸钾	122.55	无	单	1.517	2.320	368	//400	表10.6.12			+	0.83	−丙酮;÷甘油1^{20}
$KClO_4$	高氯酸钾	138.55	无	正	毒，1.474	2.524^{11}	610	//400	表10.6.12				÷÷	①
K_2PtCl_4	四氯铂酸钾	415.11	红棕	四	1.640	3.380	//		0.9^{16}	5.2			−	−乙醚
K_2IrCl_6	氯高铱酸钾	484.00	黑	立	3.546	//		1.25^{10}	6.67					
K_2PbCl_6	氯高铅酸钾	498.14		立		//				+Cl				
K_2PtCl_6	六氯铂酸钾	485.99	橙黄	立	1.825	3.499	//250		0.74	5.2			−	−乙醚
$LiClO_3$	氯酸锂	90.40	无				129	//270	313.5^{18}	+++				

续表

分子式	名称	分子量	颜色	晶形	特性或折射率	密度/(g/cm³)	熔点/℃	沸点/℃	溶解度/(g/100g溶剂)或溶解情况					
									冷水	热水	酸	碱	乙醇	其他溶剂
$LiClO_3 \cdot \frac{1}{2}H_2O$	氯酸锂·½水	99.40		四	～		65	$-\frac{1}{2}H_2O$ 90	+	∞			+++	
$LiClO_3 \cdot H_2O$	氯酸锂·1水	108.41		针、八	～			// 140	213^{18}				+++	
$LiClO_4$	高氯酸锂	106.39	无	晶	～	2.430	236	// 430	表10.6.12		乙醚11.4	甲醇182^{0}	152^{0}	+丙酮137^{25}
$LiClO_4 \cdot 3H_2O$	高氯酸锂·3水	160.44	无	六		1.840	75	$-3H_2O$ 150	+	+		甲醇0.2^{25}	+++	+乙醚、丙酮
$Li_2PtCl_6 \cdot 6H_2O$	氯铂酸锂·6水	529.95	橙红	六				$-6H_2O$ 180	+	+			+	
$Mg(ClO_3)_2 \cdot 6H_2O$	氯酸镁·6水	299.31	白	正、粉	≈	1.80^{25}	35	// 120	表10.6.12				÷	÷丙酮
$Mg(ClO_4)_2$	高氯酸镁	223.22	白	粉	～	2.60^{25}	251//		表10.6.12		乙醚0.29		24^{25}	+甲醇51.8^{25}
$Mg(ClO_4)_2 \cdot 6H_2O$	高氯酸镁·6水	331.31	白	正	～1.482	1.970	185		++	++			++	+其60℃结晶水
$Mn(ClO_3)_2$	氯酸锰	221.85	无	仅存溶液中				受热//	表10.6.12			+		
$NaAuCl_4 \cdot 2H_2O$	氯金酸钠·2水	398.10	橙黄	正	1.5		//		150^{10}	990^{60}			+++纯	
$NaClO$	次氯酸钠	74.44	浅黄	仅存溶液中			//		26	158^{56}		+		
$NaClO \cdot 5H_2O$	次氯酸钠·5水	164.52	无				24.5		29.3	94.2^{23}				
$NaClO_2$	亚氯酸钠	90.44	白	晶	～		// >180		39^{17}	55^{60}				
$NaClO_3$	氯酸钠	106.44	白	立	毒1.515	2.490^{15}	248	// 350	表10.6.10				14.7^{25}	②
$NaClO_4$	高氯酸钠	122.44	白	斜	≈1.462	2.168^{0}	130//	// 320	表10.6.11				14.7^{25}	③
$NaClO_4 \cdot H_2O$	高氯酸钠·1水	140.46	无	六	≈	2.020	130	// 480	表10.6.12				+	
$Na_2PtCl_6 \cdot 6H_2O$	氯铂酸钠·6水	561.88	橘黄	三		2.500	$-6H_2O$ 120//		++				++稀	
NH_4ClO_3	氯酸铵	101.49	无	棱		1.900	↑100	炸102	28.7		//强酸		÷	

续表

分子式	名称	分子量	颜色	晶形	特性或折射率	密度/(g/cm³)	熔点/℃	沸点/℃	溶解度/(g/100g溶剂)或溶解情况 冷水	热水	酸	碱	乙醇	其他溶剂
NH_4ClO_4	高氯酸铵	117.50	无	正	1.483	1.950	//		表10.6.12				2^{20}	一乙醚；+丙酮
$(NH_4)_2PtCl_6$	氯铂酸铵	443.87	黄	立	1.8	3.065	//		0.7^{15}	1.25			0.005	
$Ni(ClO_3)_2\cdot 6H_2O$	氯酸镍·6水	333.70	暗绿	八	≈	2.000		// 140	表10.6.12				++	+其80℃结晶水
$Ni(ClO_4)_2\cdot 5H_2O$	高氯酸镍·5水	347.68	蓝绿	六					223	274^{45}			+	一氯仿
$Ni(ClO_4)_2\cdot 6H_2O$	高氯酸镍·6水	365.70	蓝绿	六	1.55		149		+	+			+	
$Pb(ClO_2)_2$	亚氯酸铅	342.12	黄	单			炸126		0.059^{20}	0.42		+		
$Pb(ClO_3)_2$	氯酸铅	374.10	白	单、鳞	～	3.900		// 230	151^{18}				++	
$Pb(ClO_3)_2\cdot H_2O$	氯酸铅·1水	392.14	白	单	～	4.037	// 110		151^{18}	171^{80}			+	
$Pb(ClO_4)_2\cdot 3H_2O$	高氯酸铅·3水	460.17	白	正		2.600	// 100		499.7^{25}				+	
$RbClO_4$	高氯酸铷	184.94		正	1.4701	2.900	281	// 606	0.5	20		甲醇0.06	—	一乙醚；÷乙酸0.1
$SrClO_3\cdot 3H_2O$	氯酸锶·3水	308.57		斜	～			// 290	+				—	
$Sr(ClO_3)_2$	氯酸锶	254.53	无	单	～	3.100		// 120	174.9^{18}	++			+	
$Sr(ClO_3)_2\cdot 8H_2O$	氯酸锶·8水	398.67	白	针					+	+++			+	
$Sr(ClO_4)_2$	高氯酸锶	286.54	无	晶					310^{25}	+++			181	一乙醚；+甲醇212
$TlClO_4$	高氯酸亚铊	303.85		正		4.860	501	//	6	166.6			÷	
$Zn(ClO_3)_2\cdot 6H_2O$	氯酸锌·6水	340.38	无	单	≈		60	//	145	153^{10}			++	
$Zn(ClO_4)_2\cdot 6H_2O$	高氯酸锌·6水	372.38	白	晶	无味	2.252	106	// 200	3.97^{0}，4.30^{25}，4.74^{50}(mol/kg水)					

① 不溶于乙醚；微溶于甲醇 0.105^{20}、乙醇 0.012^{25}、丙酮 0.16^{25}。
② 溶于甘油、液氨、甲醇 51^{25}、丙酮 52^{25}。
③ 极微溶于乙醚；溶于液氨、甲醇 51^{25}、丙酮 52^{25}；遇浓硫酸爆炸。

10.1.3 氯化物的危险品特性

表 10.1.3 氯化物的危险品特性

名称	CAS 号	危险品编号	饱和蒸气压/kPa①	燃烧性	闪点/℃	自燃温度/℃	建规火险分级	爆炸下/上限体积分数/%	灭火方法	危险品类别	风险性代号	安全代号
一氯化硫	10025-67-9	81032	1.33(19)	可	118	234		—	T,R,JS	8.1	R14; R20; R25; R29; R35; R50	S26; S36/37/39; S45; S61
二氯化硫	10545-99-0	81033	22.66(20)	助	※	※		※	T,R	8.1		
二氯氧化硫	7791-25-5	81035	14.00(20)	不	※	※		※	G,T,JS	8.1	R14; R34; R40	S26; S36/37; S45
三氯化钛	7705-07-9	42008	—	不	※	※		※	P,R,T	4.2	R35	S26; S36/37/39; S45
三氯化砷	7784-34-1	61013	1.33(23.5)	不	※	※		※	T,G,JS	6.1		
三氯化铁	7705-08-0	81513	—	不	※	※		※	W	6.1	R22; R38; R41	S26; S39
三氯化铝(无水)	7446-70-0	81045	0.13(100)	助	※	※		※	T,G,JS	8.1	R34	S28; S45; S7/8
三氯化锑	10025-91-9	81046	0.13(49.2)	不	※	※		※	T,G	8.1	R34; R51/53	S26; S45; S61
三氯化碘	865-44-1	81521		助	※	※	乙	※	S,R,G,T	8.1	R34	S26; S36/37/39; S45
三氯化磷	7719-12-2	81041	13.33(21)	助	※	※	乙	※	R,G,JS	8.1	R14; R26/28; R35; R40; R48/20	S7/8; S26; S36/37/39; S45
五氯化钼	10241-05-1	81514		不	※	※		※	T,G,P,R	8.1	R14; R34	S26; S7/8
五氯化钽	7721-1-9	81516		不	※	※		※	T,G,P,R	8.1		
五氯化铌	10026-12-7	81515		不	※	※		※	K	8.1	R22; R34	S25; S36/37/39; S45
五氯化锑	7647-18-9	81047	0.13(22.7)	不	※	※		※	R,G,T,S	8.1		
五氯化磷	10026-13-8	81042	—	助	※	※		※	G,T,Sw	8.1	R14; R22; R26; R34; R48/20	S26; S36/37/39; S45; S7/8
四氯化钛	7550-45-0	81051	1.33(21.3)	不	※	※		※	T,G,JS	8.1	R11; R14; R34; R48/20; R63; R65; R67	S26; S36/37/39; S45; S46; S62; S7/8
四氯化铅	13463-30-4	81049	—	不	※	※		※	T,P,R,G	8.1		
四氯化硅	10026-04-7	81043	55.99(37.8)	不	※	※		※	T,G,JS	8.1	R14; R36/37/38	S26; S7/8
四氯化硒	10026-03-6	61019	0.13(74)	不	※	※		※	S	6.1		

续表

名称	CAS号	危险品编号	饱和蒸气压/kPa①	燃烧性	闪点/℃	自燃温度/℃	建规火险分级	爆炸下/上限体积分数/%	灭火方法	危险品类别	风险性代号	安全代号
四氯化锆	10026-11-6	81517	0.13(190)	不	※	※		※	T,P,R,G	8.1	R14; R22; R34	S8; S26; S36/37/39; S45
四氯化锗	10038-98-9	81048	10.13(20)	不	※	※		※	T,G,JS	8.1	R14; R34	S25; S36/37/39; S45; S8
四氯化锡(无水)	7646-78-8	81053	1.33(50)	不	※	※		※	T,G,JS	8.1	R34; R40	S23; S24/25; S26; S36/37; S45; S7/8
氧氯化硒	7791-23-3	81039	0.13(34.8)	助	※	※		※	T,P	8.1		
氧氯化磷	10025-87-3	81040	5.33(27.3)	助	※	※		※	G,T,JS	8.1	R14; R22; R26; R35; R48/23	S26; S36/37/39; S45; S7/8
氯化亚汞	10112-91-1			不	※	※		※	K		R22; R36/37/38; R50/53	S13; S24/25; S46; S60; S61
氯化亚砜	7719-09-7	81037	13.3(21.4)	不	※	※	丙	※	G,T,JS	8.1	R14; R20/22; R29; R35	S26; S36/37/39; S45
氯化亚锡	7772-99-8			不	※	※		※	G,T		R22; R34	S26; S36/37/39; S45
氯化汞	7487-94-7	61030	0.13(136.2)	不	※	※		※	K	6.1	R28; R34; R48/24/25; R50/53	S36/37/39; S45; S60; S61
氯化钡	10361-37-2	61021	—	不	※	※		※	K	6.1	R20; R25	S45
氯化钴	7791-13-1			不	※	※		※	K		R22; R42/43; R49; R50/53	S22; S45; S53; S60; S61
氯化硒	10025-68-0	61019	—	不	※	※		※	S	6.1		
氯化氮	10025-85-1		20(20)	助	※	※	甲	※	G,T			
氯化锌	7646-85-7	83504	0.13(428)	不	※	※		※	W	8.3	R22; R34; R50/53	S26; S36/37/39; S45; S60; S61
氯化溴	13863-41-7	23026		不	※	※		※	QQ	2.3		
氯化镉	10108-64-2	61504		不	※	※		※	P,R,G,T	6.1	R25; R26; R45; R46; R48/23/25; R50/53; R60; R61;	S45; S53; S60; S61

① 括号内为饱和蒸气压对应的温度（℃）。

10.1.4 氯酸盐的危险品特性

表 10.1.4 氯酸盐的危险品特性

名称	CAS号	危险品编号	饱和蒸气压/kPa	燃烧性	闪点/℃	自燃温度/℃	建规火险分级	爆炸下/上限体积分数/%	灭火方法	危险物品分类代号	风险性代号	安全措施号
次氯酸钙	7778-54-3	51043	—	助	※	※	乙	※	W,T	5.1	R22; R31; R34; R50; R8	S26; S36/37/39; S45; S61
次氯酸钠溶液	7681-52-9	83501	—	不	※	※	—	※	W,P,R,T	8.3	R31; R36/38	S28; S45; S50
高氯酸钠	7601-89-0	51018	—	助	※	※	甲	※	W,T	5.1	R22; R9	S13; S22; S27
高氯酸钡	13465-95-7	51022	—	助	※	※	甲	※	W,T	5.1		
高氯酸钾	7778-74-7	51019	—	助	※	※	甲	※	W,T	5.1	R22; R9	S13; S22; S27
高氯酸铅	13637-76-8	51024		助	※	※	甲	※	W,T	5.1		
高氯酸铵	7790-98-9	51017	—	助	※	※	甲	※	W,T	5.1	R9; R44	S14; S16; S27; S36/37
高氯酸银	7783-939-9	51026	—	助	※	※	乙	※	W,T,P	5.1		
高氯酸锂	7791-03-9	51020		助	※	※	甲	※	W,T	5.1	R20/22; R36/37/38; R9	S17; S26; S37/39
高氯酸镁	10034-81-8	51021		助	※	※	甲	※	W,T	5.1		
高氯酸钙	13477-36-6	51016	—	助	※	※	乙	※	W,T	5.1	R20/21/22; R36/37/38	S26;S36
氯酸钠	7775-09-9	51030	—	助	※	※	甲	※	W,T	5.1	R22; R51/53; R9	S13; S17; S46; S61
氯酸钡	13477-00-4	51035	—	助	※	※	甲	※	W,T	5.1		
氯酸钾	3811-04-9	51031	—	助	※	※	甲	※	W,T	5.1	R20/22; R51/53; R9	S13; S16; S27; S61
氯酸铵	10192-29-7	51029	—	助	※	※	甲	※	W,T	5.1	R9; R44;S14; S16; S27; S36/37	S14; S16; S27; S36/37
氯锇酸铵	12125-08-5	61027		不	※	※		※	S,G,T	6.1	R20/21/22	S24/25
氯酸镁	10326-21-3	51032	—	助	※	※	甲	※	W,T	5.1		

10.2 密度

10.2.1 氯化物水溶液的浓度和密度

（1）氯化钠、氯化钾水溶液

表10.2.1 氯化钠水溶液的浓度和密度 单位：g/cm³

浓度(质量分数)/%	温度/℃								
	0	10	20	30	40	50	60	80	100
1	1.0075	1.0071	1.0053	1.0026	0.9991	0.9948	0.9900	0.9785	0.9651
2	1.0151	1.0144	1.0125	1.0026	0.9991	0.9948	0.9900	0.9785	0.9651
4	1.0304	1.0292	1.0268	1.0236	1.0198	1.0153	1.0103	0.9988	0.9855
6	1.0458	1.0441	1.0413	1.0378	1.0338	1.0292	1.0241	1.0125	0.9994
8	1.0612	1.0591	1.0559	1.0522	1.0480	1.0433	1.0381	1.0264	1.0134
10	1.0768	1.0742	1.0707	1.0668	1.0624	1.0575	1.0523	1.0405	1.0276
12	1.0924	1.0995	1.0857	1.0815	1.0770	1.0720	1.0667	1.0549	1.0420
14	1.1082	1.1049	1.1009	1.0965	1.0918	1.0867	1.0813	1.0694	1.0565
16	1.1242	1.1206	1.1162	1.1117	1.1069	1.1017	1.0962	1.0842	1.0713
18	1.1403	1.1364	1.1319	1.1272	1.1222	1.1169	1.1113	1.0993	1.0864
20	1.1566	1.1525	1.1478	1.1429	1.1377	1.1324	1.1268	1.1146	1.1017
22	1.1732	1.1689	1.1640	1.1588	1.1536	1.1481	1.1425	1.1302	1.1172
24	1.1900	1.1856	1.1804	1.1751	1.1697	1.1641	1.1584	1.1463	1.1331
26	1.2071	1.2025	1.1972	1.1917	1.1861	1.1805	1.1747	1.1626	1.1492

表10.2.2 氯化钾水溶液的浓度和密度

浓度			密度/(g/cm³)	浓度			密度/(g/cm³)
(质量分数)/%	/(mol/L)	/(g/L)		(质量分数)/%	/(mol/L)	/(g/L)	
1	0.1347	10.04	1.005	14	2.048	152.6	1.090
2	0.2712	20.22	1.011	16	2.372	176.6	1.104
4	0.5494	40.95	1.024	18	2.700	201.3	1.118
6	0.8345	62.21	1.037	20	3.039	226.5	1.132
8	1.127	84.00	1.050	22	3.386	252.4	1.147
10	1.426	106.3	1.063	24	3.742	278.9	1.162
12	1.733	129.2	1.077				

N（算图10.1）

氯化钾水溶液的密度（第625页左）

（2）氯化钙水溶液

表10.2.3 氯化钙水溶液的浓度和密度（Ⅰ） 单位：g/cm³

浓度(质量分数)/%	温度/℃								
	−5	0	10	20	25	30	40	50	60
2		1.0171	1.0166	1.0148	1.0135	1.0120	1.0084	1.6043	0.9940
4		1.0346	1.0337	1.0316	1.0302	1.0286	1.0249	1.0207	1.0158

续表

浓度(质量分数)/%	温度/℃								
	−5	0	10	20	25	30	40	50	60
6		1.0523	1.0509	1.0486	1.0471	1.0455	1.0416	1.0373	1.0324
8	1.0708	1.0703	1.0684	1.0459	1.0643	1.0626	1.0586	1.0542	1.0492
10	1.0894	1.0886	1.0863	1.0835	1.0818	1.0800	1.0700	1.0715	1.0664
12	1.1083	1.1072	1.1045	1.1015	1.0997	1.0978	1.0937	1.0891	1.0840
14	1.1276	1.1261	1.1231	1.1198	1.1180	1.1160	1.1117	1.1070	1.1019
16	1.1471	1.1454	1.1421	1.1386	1.1366	1.1345	1.1301	1.1254	1.1202
18	1.1670	1.1651	1.1616	1.1578	1.1557	1.1535	1.1490	1.1442	1.1389
20	1.1874	1.1853	1.1815	1.1775	1.1753	1.1730	1.1634	1.1635	1.1581
25		1.2326	1.2330	1.2284	1.2260	1.2236	1.2186	1.2134	1.2079
30		1.2922	1.2869	1.2816	1.2790	1.2764	1.2109	1.2654	1.2597
35				1.3373	1.3345	1.3356	1.3255	1.3196	1.3137
40				1.3957	1.3927	1.3895	1.3826	1.3762	1.3700

浓度(质量分数)/%	温度/℃								
	60	70	80	90	100	110	120	130	140
2	0.9940	0.9940	0.9881	0.9816	0.9748	0.9674	0.9596	0.9514	0.9428
4	1.0158	1.0104	1.0046	0.9781	0.9915	0.9842	0.9765	0.9685	0.9601
6	1.0324	1.0270	1.0213	1.0148	1.0085	1.0012	0.9937	0.9859	0.9776
8	1.0492	1.0439	1.0382	1.0317	1.0257	1.0185	1.0111	1.0036	0.9954
10	1.0664	1.0611	1.0554	1.0490	1.0432	1.0361	1.0287	1.0213	1.0134
12	1.0840	1.0787	1.0730	1.0667	1.0610	1.0539	1.0466	1.0394	1.0317
14	1.1019	1.0966	1.0909	1.0847	1.0790	1.0720	1.0649	1.0577	1.0503
16	1.1202	1.1148	1.1092	1.1031	1.0973	1.0905	1.0835	1.0954	1.0691
18	1.1389	1.1335	1.1279	1.1219	1.1160	1.1094	1.1025	1.1150	1.0883
20	1.1581	1.1528	1.1471	1.1412	1.1352	1.1287	1.1219		1.1080
25	1.2079	1.2024	1.1965	1.1906	1.1846				
30	1.2597	1.2539	1.2478	1.2419	1.2359				
35	1.3137	1.3075	1.3013	1.2953	1.2893				
40	1.3700	1.3635	1.3571	1.3510	1.3450				

表 10.2.4 氯化钙水溶液的浓度和密度（Ⅱ）

浓度			密度/(g/cm^3)	波美度/(°Bé)	浓度			密度/(g/cm^3)	波美度/(°Bé)
(质量分数)/%	/(mol/L)	/(g/L)			(质量分数)/%	/(mol/L)	/(g/L)		
1	0.0907	10.07	1.007	1.3	16	1.641	182.1	1.139	17.7
2	0.1829	20.29	1.015	2.5	18	1.877	208.4	1.158	19.8
4	0.3718	41.26	1.032	4.8	20	2.121	235.5	1.177	21.8
6	0.5668	62.91	1.049	6.9	25	2.766	3012.1	1.228	26.9
8	0.7683	85.27	1.066	9.0	28	3.179	352.8	1.260	29.9
10	0.9761	108.3	1.083	11.0	30	3.464	384.4	1.282	31.9
12	1.190	132.1	1.101	13.2	35	4.216	468.0	1.337	36.4
14	1.412	156.7	1.120	15.6	40	5.029	558.2	1.396	40.5

N（算图 10.2）
氯化钙水溶液的密度和冰点（第 625 页右）

（3）氯化镁、氯化钡水溶液

表10.2.5 氯化镁水溶液的浓度和密度 单位：g/cm³

浓度(质量分数)/%	温度/℃					
	0	20	40	60	80	100
2	1.0168	1.0146	1.0084	0.9995	0.9883	0.9753
4	1.0338	1.0311	1.0248	1.0159	1.005	0.9923
8	1.0683	1.0646	1.058	1.0493	1.0388	1.0269
12	1.1035	1.0989	1.0921	1.0836	1.0735	1.0622
16	1.1395	1.1342	1.1272	1.1188	1.1092	1.0984
20	1.1764	1.1706	1.1635	1.1552	1.146	1.1359
25	1.2246	1.2184	1.2111	1.2031	1.1942	1.1847
30	1.2754	1.2688	1.2614	1.2535	1.2451	1.236
32		1.298.0				

表10.2.6 氯化钡水溶液的浓度和密度 单位：g/cm³

浓度(质量分数)/%	温度/℃						浓度(质量分数)/%	温度/℃					
	0	20	40	60	80	100		0	20	40	60	80	100
2	1.018	1.016	1.010	1.000	0.989	0.976	20	1.210	1.203	1.194	1.183	1.170	1.156
4	1.037	1.034	1.028	1.018	1.007	0.993	24		1.253	1.243	1.232	1.219	1.204
8	1.076	1.072	1.065	1.055	1.043	1.030	26		1.279	1.269	1.257	1.244	1.230
12	1.118	1.113	1.105	1.095	1.083	1.069	30		1.322				
16	1.163	1.156	1.148	1.137	1.125	1.111							

（4）氯化锌、氯化镉水溶液

表10.2.7 氯化锌水溶液的浓度和密度 单位：g/cm³

浓度(质量分数)/%	温度/℃					
	0	20	40	60	80	100
2	1.0192	1.0167	1.0099	1.0003	0.9882	0.9739
4	1.0384	1.0350	1.0274	1.0172	1.0044	0.9894
8	1.0769	1.0715	1.0624	1.0508	1.0369	1.0211
12	1.1159	1.1085	1.0980	1.0853	1.0704	1.0541
16	1.1558	1.1468	1.1350	1.1212	1.1055	1.0888
20	1.1970	1.1866	1.1736	1.1590	1.1428	1.1255
30	1.3062	1.2928	1.2778	1.2614	1.2438	1.2252
40	1.4329	1.4173	1.4003	1.3824	1.3637	1.3441
50	1.5860	1.5681	1.5495	1.5300	1.5097	1.4892
60		1.749				
70		1.962				

表10.2.8 氯化镉水溶液的密度 单位：g/cm³

浓度(质量分数)/%	温度/℃										
	0	10	20①	30	40	50	60	70	80	90	100
20	1.2059	1.2029	1.1992	1.1945	1.1892	1.1832	1.1768	1.1697	1.1821	1.1540	1.1456
25	1.2687	1.2648	1.2604	1.2551	1.2492	1.2427	1.2357	1.2290	1.2199	1.2114	1.2020
30	1.3370	1.3324	1.3273	1.3213	1.3147	1.3076	1.3000	1.2918	1.2832	1.2741	1.2650
35	1.4122	1.4068	1.4010	1.3943	1.3870	1.3793	1.3710	1.3622	1.3530	1.3434	1.3338
40	1.4961	1.4899	1.4833	1.4759	1.4679	1.4594	1.4506	1.4411	1.4314	1.4212	1.4111
45	1.5883	1.5823	1.5743	1.5883	1.5582	1.5480	1.5384	1.5293	1.5190	1.5082	1.4876
50	1.6921	1.6845	1.6762	1.6676	1.6582	1.6484	1.6381	1.6273	1.6164	1.6050	1.5939

① 浓度为2%、4%、6%、8%、10%、12%、14%、16%和18%时，其密度分别为1.016、1.034、1.052、1.072、1.091、1.111、1.132、1.154和1.176g/cm³。

（算图10.3）
氯化锌水溶液的密度（第626页左）

（算图10.4）
氯化镉水溶液的密度（第626页右）

（5）三氯化铁、四氯化钛水溶液

表10.2.9 三氯化铁水溶液的密度 单位：g/cm³

浓度(质量分数)/%	浓度/(g/L)	密度 ρ^0	密度 ρ^{10}	密度 ρ^{20}	密度 ρ^{30}	浓度(质量分数)/%	浓度/(g/L)	密度 ρ^0	密度 ρ^{10}	密度 ρ^{20}	密度 ρ^{30}
1	10.09	1.009	1.008	1.009	1.004	18	209.5		1.164	1.164	
2	20.34	1.017	1.017	1.017	1.012	19	223.1			1.174	
3	30.78			1.026		20	237.0	1.87	1.185	1.185	1.179
4	41.36	1.035	1.034	1.034	1.029	21	251.0			1.195	
5	52.15			1.043		22	265.3		1.206	1.206	
6	63.12		1.052	1.052		23	279.7			1.216	
7	74.20			1.060		24	294.2		1.226	1.226	
8	85.52	1.070	1.069	1.069	1.064	25	309.3	1.240	1.238	1.237	1.229
9	96.93			1.077		26	324.7			1.249	
10	108.60		1.087	1.086		27	340.2			1.260	
11	120.10			1.094		28	355.9			1.271	
12	132.60	1.109	1.107	1.105	1.101	29	372.1			1.283	
13	145.0			1.115		30	388.5	1.297	1.295	1.295	1.285
14	157.5		1.125	1.125		31	405.2			1.307	
15	170.3			1.135		32	422.1			1.319	
16	183.0	1.148	1.145	1.144	1.139	33	439.2			1.331	
17	196.2			1.154		34	457.0			1.344	

续表

浓度		密度				浓度		密度			
(质量分数)/%	/(g/L)	ρ^0	ρ^{10}	ρ^{20}	ρ^{30}	(质量分数)/%	/(g/L)	ρ^0	ρ^{10}	ρ^{20}	ρ^{30}
35	475	1.360	1.358	1.351	1.348	42	608.6			1.449	
36	493.2			1.370		43	628.7			1.462	
37	511.7			1.383		44	649.0			1.475	
38	530.5			1.396		45	669.6		1.492	1.488	
39	549.9			1.410		46	690.5			1.501	
40	569.2	1.428	1.423	1.423	1.412	50			1.561	1.551	
41	588.8			1.436							

表10.2.10　四氯化钛水溶液的密度　单位：g/cm^3

温度/℃	−10	0	10	20	40	100
密度ρ	1.7784	1.7609	1.7446	1.7277	1.6937	1.5897

（6）氯化铵水溶液

表10.2.11　氯化铵水溶液的密度　单位：g/cm^3

浓度			温度/℃								
(质量分数)/%	/(g/L)	/(mol/L)	0	10	20	25	30	40	60	80	100
1	10.01	0.1872	1.0033	1.0029	1.0013	1.0002	0.9987	0.9952	0.9861	0.9749	0.9617
2	20.09	0.3755	1.0067	1.0062	1.0045	1.0033	1.0018	0.9982	0.9891	0.9780	0.9651
4	40.42	0.7556	1.0135	1.0126	1.0107	1.0093	1.0077	1.0041	0.9950	0.9842	0.9718
6	61.00	1.140	1.0201	1.0189	1.0168	1.0153	1.0136	1.0100	1.0009	0.9903	0.9784
8	81.81	1.529	1.0266	1.0251	1.0227	1.0212	1.0195	1.0158	1.0067	0.9963	0.9849
10	102.8	1.923	1.0329	1.0311	1.0286	1.0270	1.0253	1.0216	1.0125	1.0022	0.9912
12	124.1	2.320	1.0391	1.0370	1.0344	1.0327	1.0310	1.0273	1.0182	1.0081	0.9975
14	145.6	2.722	1.0451	1.0428	1.0401	1.0383	1.0366	1.0329	1.0239	1.0140	1.0036
16	167.3	3.128	1.0510	1.0485	1.0457	1.0439	1.0422	1.0385	1.0296	1.0198	1.0096
18	189.2	3.537	1.0568	1.0541	1.0512	1.0494	1.0477	1.0441	1.0353	1.0255	1.0155
20	211.3	3.951	1.0625	1.0596	1.0567	1.0549	1.0532	1.0499	1.0409	1.0312	1.0213
22	233.6	4.368	1.0681	1.0651	1.0621	1.0603	1.0587	1.0551	1.0465	1.0369	1.0271
24	256.1	4.787	1.0736	1.0705	1.0674	1.0657	1.0641	1.0605	1.0520	1.0426	1.0327
26	278.8	5.213			1.072						

N（算图 10.5）
氯化铵水溶液的密度（第 627 页左）

（7）其他氯化物水溶液

表10.2.12　其他氯化物水溶液的密度

单位：g/cm^3

名称	温度/℃	浓度（质量分数）/%																			
		1	2	4	6	8	10	12	14	16	18	20	22	24	26	28	30	35	40	45	50
$AlCl_3$	18	1.008	1.016	1.034	1.053	1.071	1.090	1.109	1.129	1.149	1.156	1.164	1178	1.191	1.205	1.222	1.242	1.290			
$AuCl_3$	15	1.006	1.013	1.028	1.043	1.059	1.075														
$CoCl_2$	20	1.007	1.016	1.035	1.054	1.074	1.094	1.115	1.136	1.158	1.182	1.205									
$CrCl_3$(紫)	18	1.008	1.017	1.035	1.054	1.072	1.092	1.111	1.132												
$CrCl_3$(绿)	18	1.007	1.016	1.033	1.051	1.069	1.088	1.106													
$CrCl_3$①	18	1.008	1.016	1.035		1.072		1.111													
$CuCl_2$	0	1.010		1.039		1.079		1.121		1.165		1.212									
$CuCl_2$	20	1.007	1.017	1.036	1.056	1.075	1.096	1.117	1.138	1.160	1.182	1.205	1.229	1.253	1.278		1.288	1.352	1.442	1.500	1.586
$CuCl_2$	40	1.002		1.030		1.068		1.107		1.151		1.195									
CsCl	20	1.006		1.030	1.046	1.063	1.080	1.098	1.117	1.136	1.155	1.176	1.197	1.218							
$FeCl_2$	18	1.008	1.016	1.035	1.054	1.073	1.092	1.113	1.134	1.155	1.177	1.200			1.260^{25}						
$HgCl_2$	20	1.007	1.015	1.032	1.050																
LiCl	20	1.004	1.010	1.022	1.033	1.044	1.056	1.068	1.079	1.091	1.103	1.115	1.127	1.140	1.153	1.166	1.179	1.217	1.254	1.269^{42}	
$MgCl_3$	15			1.035	1.049	1.067	1.086	1.102	1.121	1.139	1.158	1.176	1.197	1.218	1.232						
$MnCl_2$	18	1.007	1.015	1.032	1.052	1.068	1.086	1.105	1.124	1.144	1.164	1.185	1.206	1.228	1.251	1.275	1.299	1.366	1.436	1.507	
$NiCl_2$	20	1.008	1.018	1.037	1.057	1.078	1.099	1.122	1.143	1.167	1.191	1.215					1.352				
RbCl	20	1.006	1.013	1.028	1.044	1.060	1.076	1.093	1.110	1.128	1.146	1.165	1.184	1.204			1.267	1.324	1.386	1.453	1.527
$SnCl_2$②	15	1.007	1.015	1.031	1.047	1.064	1.081	1.099	1.117	1.135	1.155	1.174		1.216		1.260	1.284	1.346	1.415		1.573
$SnCl_3$	15			1.036	1.052	1.073	1.093	1.114	1.135	1.157	1.178	1.199	1.223	1.248	1.264						
$SnCl_4$③	15	1.007	1.015	1.031	1.047	1.064	1.081	1.099	1.117	1.135	1.154	1.173	1.192	1.212	1.233	1.255	1.278	1.337	1.403	1.475	1.555
$SnCl_4$	18	1.007	1.015	1.031	1.047	1.063	1.080	1.097	1.115	1.133	1.152	1.171	1.190								
$SrCl_2$	20		1.016	1.034	1.053	1.073	1.093	1.113	1.134	1.156	1.178	1.201	1.224	1.248	1.274	1.300	1.325	1.396			

① 为紫绿体的平衡混合物。

② 浓度为55%、60%和65%时，其密度分别为1666、1770和1886g/cm^3。

③ 浓度为55%、60%、65%和70%时，其密度分别为1644、1742、1851和1971g/cm^3。

（算图 10.6）
氯化锂水溶液的密度（第 627 页右）

（算图 10.7）
三氯硅烷和四氯硅烷混合物的密度（第 628 页左）

10.2.2 氯酸盐水溶液的浓度和密度

（1）氯酸钾水溶液

表 10.2.13 氯酸钾水溶液的浓度和密度

温度/℃	0	20	40	60	80	100
浓度(质量分数)/%	3.2	6.8	12.2	19.2	72.0	83.0
密度ρ/(g/cm^3)	1.021	1.042	1.073	1.115	1.165	1.219

表 10.2.14 高氯酸钾水溶液的浓度和密度（Ⅰ）

浓度(质量分数)/%	0.2	0.4	0.6	0.8	1.0	1.2	1.4	1.6	1.8
ρ/(g/cm^3)	1.0004	1.0016	1.0029	1.0041	1.0054	1.0067	1.0079	1.0092	1.0105

浓度(质量分数)/%		1	2	3	4	浓度(质量分数)/%		1	2	3	4
温度/℃	0	1.006	1.012	1.019	1.026	温度/℃	40	0.999	1.005	1.012	1.018
	10	1.006	1.012	1.019	1.025		60	0.990	0.996	1.002	1.009
	20	1.004	1.011	1.017	1.024		80	0.978	0.984	0.991	0.998
	30	1.002	1.008	1.015	1.022		100	0.965	0.971	0.977	0.984

表 10.2.15 高氯酸钾水溶液的浓度和密度（Ⅱ）

温度/℃		0	10	15	20	25	30	40	50	60	70	75
浓度	/(g/100g 水)	0.76	1.06	1.35	1.67	2.07	2.57	3.74	5.15	7.30	10.1	11.56
	(质量分数)/%	0.75	1.05	1.33	1.65	2.03	2.50	3.60	4.90	6.80	9.20	10.36
密度	/(g/cm^3)	1.0050		1.0076	1.0085	1.0096			1.017			1.036
温度/℃		80	90	100	120	140	180	200	225	250	265	
浓度	/(g/100g 水)	13.40	17.7	22.2	33.3	48.1	85.2	110.5	150	203	233	
	(质量分数)/%	11.8	15.0	18.2	25.0	32.5	46.0	52.5	60.0	67.0	70.0	
密度	/(g/cm^3)			1.0681								

表 10.2.16 高氯酸钾在各种有机溶剂中的浓度和密度

溶剂(25℃)	甲醇	乙醇	丙醇	丁醇	异丁醇	丙酮	乙酸乙酯
溶解度(质量分数)/%	0.012	0.105	0.01	0.0045	0.005	0.155	0.0015
ρ/(g/cm^3)	0.7852	0.7878	0.8010	0.8060	0.7981	0.7868	0.8945

（2）氯酸钠及其水溶液

表 10.2.17 氯酸钠的密度

温度/℃	20	40	60	80	100	120	140
ρ/(g/cm^3)	2.489	2.479	2.472	2.464	2.453	2.445	2.436
温度/℃	160	180	200	220	240	260	270
ρ/(g/cm^3)	2.427	2.419	2.416	2.370	2.494	2.196	2.095

表 10.2.18　氯酸钠水溶液的密度

温度/℃	−15	0	10	20	25	30	40	50
浓度(质量分数)/%	41.9	44.1	47.4	50.2	51.7	53.1	55.8	58.2
密度/(g/cm^3)	1.380	1.389	1.409	1.430	1.440	1.451	1.472	1.493
温度/℃	60	70	80	90	100	110	120	122
浓度(质量分数)/%	60.8	63.1	65.4	67.6	69.7	72.0	73.8	74.1
密度/(g/cm^3)	1.514	1.536	1.559	1.581	1.604	1.625	1.649	1.654

（3）高氯酸钠水溶液

表10.2.19　高氯酸钠水溶液的浓度和密度(18℃)　　单位：g/cm^3

浓度(质量分数)/%	1	2	4	6	8	10	12	14	16
ρ	1.005	1.012	1.025	1.038	1.052	1.066	1.080	1.094	1.109
浓度(质量分数)/%	18	20	22	24	26	28	30	32	34
ρ	1.124	1.140	1.155	1.172	1.195	1.213	1.231	1.249	1.268

（4）次氯酸钠水溶液

表 10.2.20　次氯酸钠水溶液的浓度和密度(15℃)

浓度/(°Bé)	密度/(g/cm^3)	有效氯/(g/L)	浓度/(°Bé)	密度/(g/cm^3)	有效氯/(g/L)	浓度/(°Bé)	密度/(g/cm^3)	有效氯/(g/L)
0.5	1.0036	1.77	9	1.067	42.90	18	1.142	96.80
1	1.007	5.30	10	1.075	48.57	19	1.152	103.54
2	1.014	9.60	11	1.082	53.34	20	1.162	112.76
3	1.022	13.83	12	1.091	60.28	21	1.172	119.49
4	1.029	18.79	13	1.100	64.53	22	1.180	122.33
5	1.037	22.70	14	1.103	70.21	23	1.190	130.13
6	1.045	28.73	15	1.116	76.94	24	1.200	138.64
7	1.052	32.64	16	1.125	83.68	25	1.210	148.22
8	1.060	37.94	17	1.134	90.78	26.5	1.226	159.92

表10.2.21　次氯酸钠水溶液的浓度和密度　　单位：g/cm^3

$NaClO_2$/(g/L)	温度/℃			$NaClO_2$/(g/L)	温度/℃		
	25	50	75		25	50	75
50	1.0326	1.0227	1.0045	250	1.683	1.1551	1.1410
100	1.0677	1.0564	1.0426	300	1.1999	1.1847	1.1704
150	1.1024	1.0907	1.0769	330	1.2172	1.2021	1.1878
200	1.1351	1.1234	1.1095				

（5）次氯酸钙水溶液

表10.2.22　次氯酸钙水溶液的浓度和密度　　单位：g/cm^3

浓度(质量分数)/%	2	4	6	8	10	12
ρ	1.017	1.034	1.052	1.070	1.088	1.106

注：溶液成分为次氯酸钙 89.15%、氯酸钙 0.26%、氯化钙 7.31%、氢氧化钙 2.92%。

10.3 相变点、三相点和共沸点

10.3.1 冰点

表 10.3.1 氯化物水溶液的冰点（密度为主变量）

密度/(g/cm³)	1.00	1.50	1.10	1.12	1.14	1.15	1.16	1.17	1.18	1.19	1.2	1.21	1.22
$CaCl_2$	0.0	3.0	12.1	9.1	11.4	12.7	14.2	15.7	17.4	19.2	21.2	23.3	25.7
$CaCl_2\cdot 2H_2O$	0.0	3.0	7.5	9.8	12.5	14.0	15.5	112.1	18.7	20.4	22.1	23.8	25.6
$CaCl_2\cdot 2H_2O$①			7.8	10.2	12.7	14.2	15.9	17.8	20.0	22.3	24.7	27.2	29.6
$MgCl_2$	0.0	3.8	9.7	13.1	17.2	19.4	21.8	24.4	27.4	31.1	32.8	30.1	25.6
NaCl	0.0	4.4	9.8	12.2	15.1	16.6	18.2	20.0	16.3	9.5	1.7	0^{1203}	

密度/(g/cm³)	1.23	1.24	1.25	1.26	1.27	1.28	1.286	1.29	1.30	1.32	1.34	1.36	1.37
$CaCl_2$	28.3	31.2	35.9	38.6	41.8	50.1	55.0	50.9	41.6	26.7	15.1	5.0	0.0
$CaCl_2\cdot 2H_2O$	27.8	30.0	32.4	34.8	37.5	40.4		43.8	48.2				
$CaCl_2\cdot 2H_2O$①			38.0										
$MgCl_2$	22.6	21.2	20.0	18.6	17.5	16.8							

① 含 75% $CaCl_2$。

表 10.3.2 氯化钠水溶液的冰点（浓度为主变量）

浓度(质量分数)/%	冰点/℃	浓度(质量分数)/%	冰点/℃	浓度(质量分数)/%	冰点/℃	浓度(质量分数)/%	冰点/℃	浓度(质量分数)/%	冰点/℃
0	0.00	6	−3.70	12	−8.18	18	−14.05	23.3	−21.13
1	−0.59	7	−4.38	13	−9.04	19	−15.22	24	−17.0
2	−1.19	8	−5.08	14	−9.94	20	−16.46	25	−10.4
3	−1.79	9	−5.81	15	−10.89	21	−17.78	26	−2.3
4	−2.41	10	−6.56	16	−11.89	22	−19.18	26.3	0.0
5	−3.05	11	−7.35	17	−12.94	23	−20.68		

表 10.3.3 氯化钙水溶液的冰点（浓度为主变量）

浓度（质量分数)/%		冰点/℃	浓度（质量分数)/%		冰点/℃	浓度（质量分数)/%		冰点/℃
无水物	二水合物		无水物	二水合物		无水物	二水合物	
2	2.65	−0.88	14	18.55	−7.70	26	34.44	−29.7
4	5.30	−1.82	16	21.20	−9.82	28	37.09	−34.7
6	7.95	−2.93	18	23.84	−12.28	30	39.74	−41.0
8	10.60	−4.28	20	26.49	−15.11	32	42.39	−49.7
10	13.25	−5.86	22	29.14	−18.3			
12	15.90	−7.70	24	31.79	−25.3			

表 10.3.4 氯化镁水溶液的冰点（浓度为主变量）

浓度(质量分数)/%		冰点/℃	浓度(质量分数)/%		冰点/℃	浓度(质量分数)/%		冰点/℃
无水物	二水合物		无水物	二水合物		无水物	二水合物	
5	10.68	−3.11	7	14.95	−4.72	9	19.22	−6.67
6	12.81	−3.89	8	17.08	−5.67	10	21.35	−7.83

续表

浓度(质量分数)/%		冰点/℃	浓度(质量分数)/%		冰点/℃	浓度(质量分数)/%		冰点/℃
无水物	二水合物		无水物	二水合物		无水物	二水合物	
11	23.49	−9.05	18	38.43	−22.1	25	53.38	−23.3
12	25.62	−10.5	19	40.57	−25.6	26	55.51	−21.1
13	27.76	−12.1	20	42.70	−27.4	27	57.65	−19.4
14	29.89	−13.7	21	44.84	−30.6	28	59.78	−18.3
15	32.03	−15.6	22	46.97	−32.8	29	61.91	−17.2
16	34.16	−17.6	23	49.11	−28.9	30	64.05	−16.7
17	36.20	−19.7	24	51.24	−25.6			

10.3.2 熔点

表10.3.5 氯化钠水溶液的熔点　　单位：℃

浓度/%	0	2	4	6	8	10	12	14	16	18
t_m	0.0	−1.1	−2.5	−3.9	−5.3	−7.0	−8.8	−10.8	−12.9	−15.2
浓度/%	20	22	23	23.5	24.0	24.5	25.0	25.5	26.0	26.3
t_m	−17.8	−20.6	−21.3	−18.7	−15.6	−13.2	−10.8	−7.2	−3.3	0.0

10.3.3 沸点

（1）氯化物水溶液

表10.3.6 氯化物水溶液的沸点和浓度（沸点为主变量）

溶液名称	相应于下列沸点(℃)的水溶液浓度(质量分数)/%												
	101	102	103	104	105	107	110	115	120	125	140	160	180
$CaCl_2$	5.66	10.31	14.16	17.36	20.00	24.24	29.33	35.63	40.83	45.80	57.89	68.94	75.86
KCl	8.42	14.31	18.96	23.02	26.57	32.62							
$MgCl_2$	4.67	8.42	11.66	14.43	16.59	20.32	24.41	29.48	33.07	36.02	38.61		
NaCl	6.19	11.03	14.67	17.69	20.32	25.09							
NH_4Cl	6.10	11.35	15.96	19.80	22.89	28.37	35.98	46.95					

表10.3.7 氯化物水溶液的沸点和浓度（浓度为主变量）

溶液名称	相应于下列浓度(g/100g水)水溶液的沸点/℃						饱和溶液		
	10	25	50	75	100	500	沸点	浓度	固相组成
$BaCl_2$		102.0	104.0						
$BaCl_2$		101.5	103.2						
$CaCl_2$		105.0	113.0	122.0	129.7		178.0	305.0	$CaCl_2$
KCl	101.1	103.3	107.7				108.5	57.4	KCl
LiCl	103.0	109.5	125.0	140.9	152.0		168.6	151.0	LiCl
$LiCl·2H_2O$	101.5	103.9	108.0	112.2	116.3				
$MgCl_2$	102.2	106.5	120.4				130.0	62.9	
$MgCl_2·6H_2O$	100.9	102.3	104.6	106.6	109.1				
NaCl	101.6	104.6					108.8	40.7	NaCl
NH_4Cl	101.5	104.0	109.9	113.1			114.8	812.1	NH_4Cl
$SrCl_2$		102.5	106.0	110.7	115.1				
$SrCl_2·6H_2O$		101.3	102.5	103.7	104.9	114.6			

N（算图 10.8）
氯化钠水溶液的沸点（第 628 页右）

N（算图 10.9、算图 10.10）
氯化物水溶液的沸点（第 629 页）

（2）氯酸盐水溶液

表 10.3.8 氯酸钾水溶液的沸点

溶液	浓度 / (g/100g 水)			饱和溶液		
	10	25	50	沸点	浓度	固相组成
沸点 /℃	100.7	101.8	103.3	104.4	69.2	$KClO_3$

N（算图 10.11）
一些水溶液的沸点升高值（第 630 页左）

10.3.4 三相点

表 10.3.9 氯化物的三相点

物料名	氯化铝	四氯化二碳	六氯化二碳	氯化钙	四氯化碳	氯化亚铜	氯化铜	氯化亚铁
三相点温度/K	465.7	250.8	459.95	1045	250.3	703	906.15	950
三相点压力/Pa	233000	116.6	107000	—	1122.46	10.19	—	928.7
物料名	三氯化铁	氯化钾	氯化钠	三氯化氮	氯化铵	三氯化磷	五氯化磷	三氯氧化磷
三相点温度/K	577	1044	1073.95	246.15	793.2	181.15	433.15	274.33
三相点压力/Pa	77743.4	48.853	39.29	882.2	3500000	1.318	102726	1018
物料名	二氯化硫	四氯化硅	硫酰氯	氯化亚砜	三氯化钛	四氯化钛	三氯氧化钒	四氯化钒
三相点温度/K	151.15	204.3	219	168.65	713.15	249.05	193.65	247.45
三相点压力/Pa	0.00399	79.2	115.8	0.3943	—	58.7	0.4197	40.33

10.3.5 共沸点

表 10.3.10 四氯化碳共沸物的共沸点

（1）二元共沸物

二元共沸物(质量分数)/%		共沸点 /℃
第一组分	第二组分	
四氯化碳（余量）	甲醇 20.6	55.7
	乙醇 15.8	65.1
	丙醇 11.5	73.1
	异丙醇 18.0	69.0
	甲酸 18.5	18.5
	乙酸 3.0	3.0
	丁醇 2.5	76.6

（2）三元共沸物

三元共沸物(质量分数)/%			共沸点 /℃
第一组分	第二组分	第三组分	
四氯化碳（余量）	水 4.3	乙醇 9.7	61.8
	水 5.0	丙醇 11.0	65.4
	水 3.1	叔丁醇 11.9	64.7
	水 5.0	丙烯醇 11.0	65.2

10.4 黏度

10.4.1 氯化物的黏度

表10.4.1 氯化物的黏度 单位：mPa·s

温度/K	500	510	540	550	570	600	650	730	850	970
AgCl								2.29	1.74	1.41
$AlCl_3$	0.35^{470}	0.26	0.22	0.20						
$BiCl_3$			30.2		23.7	18.3^{610}				
$CuCl_2$	2.81			2.33		1.96	1.69			
温度/K	800	840	860	880	900	920	940	960	980	1080
$CdCl_2$			2.31^{870}					1.87		
$CuCl_2$	2.54	2.207	2.058	1.920	1.793	1.678	1.574	1.482	1.401	
LiCl						1.59^{910}	1.45	1.32	1.21	0.87
NaCl		1.310	1.122	1.037	1.006	0.979				
$PbCl_2$	3.96	3.23	2.94	2.69	2.47	2.28	2.11	1.95		
温度/K	1060	1090	1130	1140	1150	1190	1200	1240	1270	1310
$BaCl_2$									4.60	3.61
$CaCl_2$	3.340	2.823	2.259	2.140	2.030	1.679	1.613	1.440		
KCl	1.15	1.04	0.92	0.90	0.88	0.82	0.81			
NaCl		1.38	1.16	1.12	1.08	0.95	0.92	0.82		
温度/℃	100	150	200	250	280	290	300	400	500	600
$HgCl_2$					1.770	1.715	1.584			
$SnCl_4$	0.133	0.1485	0.164	0.1795			0.195	0.226	0.257	0.288
$MgCl_2$							4.12^{308}			
$TiCl_4$	1.17^{-10}	1.012^{0}	0.912^{10}	0.826^{20}	0.726^{40}					
$SbCl_3$	24.13^{80}	21.96^{90}	19.30^{100}	14.63^{120}	12.34^{140}	10.80^{160}	9.55^{180}	8.63^{200}		

10.4.2 氯化物水溶液的黏度

表10.4.2 氯化钠水溶液的黏度（密度为主变量） 单位：mPa·s

密度/(kg/m^3)	1000	1010	1020	1030	1040	1050	1060	1070	1080	1090	1100
0℃	1.765	1.785	1.804	1.824	1.844	1.873	1.912	1.961	2.020	2.079	2.148
−5℃							2.305	2.373	2.442	2.520	2.608
密度/(kg/m^3)	1110	1120	1130	1140	1150	1160	1170	1175	1180	1190	1200
0℃	2.236	2.324	2.432	2.560	2.687	2.824	2.962	3.040	3.138	3.295	3.472
−5℃	2.716	2.834	2.971	3.118	3.275	3.442	3.638	3.746	3.854	4.070	
−10℃	3.344	3.491	3.677	3.874	4.080	4.305	4.560	4.707	4.864		
−15℃				4.776	5.011	5.276	5.580	5.747	5.933		
−20℃							6.865	7.041			

表10.4.3　氯化钠水溶液的黏度(浓度为主变量)　　单位：mPa·s

浓度(质量分数)/%	温度/℃									
	−10	0	10	20	30	40	50	60	70	80
5	–	1.89	1.39	1.07	0.87	1.21	0.6	0.51	0.45	0.4
10	–	2.01	1.51	1.19	0.95	0.78	0.67	0.57	0.51	0.45
15	3.37	2.27	1.69	1.34	1.07	0.89	0.75	0.64	0.56	0.5
20	4.08	2.67	1.99	1.58	1.24	1.03	0.87	0.74	0.64	0.57
25	5.19	3.31	2.38	1.86						

N（算图10.12、算图10.13）
氯化钠水溶液的黏度
（第630页右、第631页左）

N（算图10.14、算图10.15）
氯化钙水溶液的黏度
（第631页右、第632页左）

表10.4.4　氯化钙水溶液的黏度(密度为主变量)　　单位：mPa·s

密度/(kg/m³)	1000	1010	1020	1030	1040	1050	1060	1070	1080	1090	1100	1110	1120
0℃	1.775	1.810	1.848	1.888	1.933	1.981	2.034	2.091	2.153	2.221	2.295	2.375	2.462
密度/(kg/m³)	1130	1140	1150	1160	1170	1180	1190	1200	1210	1220	1230	1240	1250
0℃	2.555	2.656	2.765	2.873	2.991	3.118	3.275	3.442	3.618	3.815	4.021	4.256	4.521
−10℃			4.364	4.511	4.609	4.844	5.070	5.325	5.609	5.923	6.266	6.678	7.080
−15℃					6.149	6.315	6.590	6.884	12.198	7.551	7.934	8.414	8.865
−20℃								8.610	9.012	9.473	9.993	10.56	11.17
−25℃										11.56	12.16	12.90	13.71
−30℃												14.81	15.89
密度/(kg/m³)	1260	1270	1280	1286	1290	1300	1310	1320	1330	1340	1350	1360	1370
0℃	4.805	5.119	5.492	5.688	5.884	6.335	6.825	7.384	8.012	8.649	9.316	10.08	10.91
−10℃	7.522	8.022	8.630	9.042	9.326	10.05	10.86	11.73	12.72	13.81	15.18		
−15℃	9.444	10.08	10.79	11.20	11.62	12.59	13.74	15.04	16.50	18.12			
−20℃	11.85	12.69	13.79	14.39	14.96	16.18	17.62	19.18	20.99				
−25℃	14.71	15.94	17.52	18.34	19.10	21.08	22.95	24.91					
−30℃	112.16	17.85	21.28	22.56	23.83	26.58	30.69						

表10.4.5　氯化钙水溶液的黏度(浓度为主变量)　　单位：mPa·s

浓度(质量分数)/%	温度/℃				浓度(质量分数)/%	温度/℃					
	−10	0	10	20		−30	−20	−10	0	10	20
5		1.93	1.41	1.10	25		10.1	6.3	4.03	3.05	2.54
10		2.17	1.58	1.27	30	22.0	14.7	9.1	5.8	4.4	3.6
15	4.1	2.58	1.87	1.52	35			14.2	8.9	6.6	5.1
20	4.9	3.14	3.32	1.89							

表10.4.6　氯化铵水溶液的黏度　　单位：mPa·s

浓度(质量分数)/%	温度/℃				浓度(质量分数)/%	温度/℃			
	0	10	30	75		0	10	30	75
5.08	1678.9	1255.4	806.7	398.8	17.62	1511.9	1202.2	827.4	455.5
9.66	1601.3	1255.8	809.4	414.9	21.10	1498.5	1209.3	839.9	454.2
13.83	1511.6	1202.9	811.6	428.0					

表10.4.7　其他氯化物水溶液的黏度　　单位：mPa·s

浓度/(mol/L)	0.0625	0.125	0.25	0.5	1.0	浓度/(mol/L)	0.0625	0.125	0.25	0.5	1.0
$BaCl_2$	1.031	1.047	1.080	1.153	1.316	$MgCl_2$		1.053	1.092	1.178	1.350
$CaCl_2$		1.050	1.084	1.166	1.332	NaCl	1.020	1.026	1.038	1.062	1.122
KCl	1.014	1.014	1.014	1.012	1.010	$SrCl_2$		1.048	1.083	1.163	1.330

（算图10.16）
氯化锂水溶液的黏度（第632页右）

（算图10.17）
氯化物水溶液的黏度（第633页左）

表10.4.8　氯化物及其水溶液的比黏度（$\eta/\eta_{水}$,25℃）

浓度/(mol/L)	1.0	0.5	0.25	0.125	浓度/(mol/L)	1.0	0.5	0.25	0.125
$BaCl_2$	1.1228	1.0572	1.0263	1.0128	LiCl	1.1423	1.0665	1.0314	1.0116
$CaCl_2$	1.1563	1.0764	1.0362	1.0172	$MgCl_2$	1.2015	1.0940	1.0445	1.0206
$CdCl_2$	1.134 2	1.0631	1.0310	1.0202	$MnCl_2$	1.2089	1.0982	1.0481	1.0230
$CoCl_2$	1.2041	1.0975	1.0482	1.0232	NaCl	1.0973	1.0471	1.0239	1.0126
CsCl	0.9775				$NiCl_2$	1.2055	1.0968	1.0443	1.0210
$CuCl_2$	1.2050	1.0977	1.0470	1.0268	NH_4Cl	0.9884	0.9976	0.9990	0.9999
$FeCl_3$	1.2816	1.1334	1.0602	1.0302	RbCl	0.9846			
$HgCl_2$	1.0460		1.0116	1.0042	$SrCl_2$	1.1411	1.0674	1.0338	1.0141
KCl	0.9872	0.9874	0.9903	0.9928	$ZnCl_2$	1.1890	1.0959	1.0526	1.0238

10.4.3　氯酸盐及其水溶液的黏度

表10.4.9　氯酸钠的黏度　　单位：mPa·s

温度/℃	260	262	264	266	268	270	272	274	276	278	280	282	284	286
η	7.04	5.82	6.75	6.61	6.48	6.35	6.21	6.07	5.94	5.82	5.74	5.66	5.57	5.43

表10.4.10　氯酸钠水溶液的比黏度

温度	浓度/(mol/L)	0.3	0.5	0.7	1.0	1.5	2.0	2.5	3.0	3.5	4.0	4.5
25℃	ρ/(g/cm^3)	1.018	1.031	1.045	1.066	1.100	1.133	1.166	1.199	1.231	1.264	1.295
	$\eta/\eta_{水}$	1.008	1.037	1.058	1.085	1.143	1.218	1.033	1.529	1.538	1.675	1.847

温度	浓度/(mol/L)	0.1	0.5	1.0	1.5	2.0	2.5	3.0	3.5	4.0	4.5
35℃	ρ/(g/cm^3)	1.001	1.029	1.062	1.097	1.129	1.161	1.193	1.226	1.259	1.291
	$\eta/\eta_{水}$	1.011	1.048	1.101	1.158	1.229	1.316	1.419	1.537	1.680	1.853

表10.4.11　高氯酸钠水溶液的黏度　　单位：mPa·s

浓度/(mol/L)	0.000898	0.0100	0.1000	1.0008	1.9975
η	8.905	8.911	8.937	8.339	10.24

10.5 表面张力

10.5.1 氯化物的表面张力

表10.5.1 氯化物的表面张力（Ⅰ） 单位：mN/m

温度/℃	0	10	20	50	75	100	150	200	250	300	350	400	450	500
$AlCl_3$								9.12	5.60	2.08	1.38^{310}			
$BiCl_3$									66.4^{270}		52.2^{380}			
CCl_4	28.8	28.0	26.8	23.1	20.2	17.3	12.0	6.5						
$CCl_4$①			45.0											
PCl_3	29.3				21.9									
$SbCl_3$					49.6	46.7	41.2	38.0^{180}						
$SnCl_2$										99.0	94.0	88.0	84.0	81.0^{480}
$TiCl_4$		35.61	31.72	29.62	26.65									

① 界面为水，其余界面为空气。

表10.5.2 氯化物的表面张力（Ⅱ） 单位：mN/m

温度/℃	450	500	550	600	650	700	750	800	850	900	950	1000	1050	1100
AgCl	178.5	176.0	173.5	171.0	168.5	166.0								
$BaCl_2$											165^{970}	160^{1010}		
$CaCl_2$							148^{770}			137^{920}				
$CdCl_2$			84.5	84.0	83.2	82.2	80.9	79.4	77.6	75.6	74.7^{920}			
CsCl					89^{660}	87		80		72		64		
KCl							102	98.6	95.0	91.2	87.3	85.7^{970}		
KCl①								95.8	92.1	88.4	84.8	81.2	77.7	74.2
LiCl				128	127	124	123	123	119	114^{870}				
$MgCl_2$						67		66		65				
NaCl								114	110	107	104	99.3	94.3	89.7
$PbCl_2$	144	137	132	126	131									
RbCl							96	91	87	83	78	74		
$SrCl_2$								168	167	166	165	162	160	

① 界面为氮气。

表10.5.3 氯化物的表面张力（Ⅲ） 单位：mN/m

温度/℃	0	10	20	50	75	100	150	200	250	283.2
三氯化氧磷（空气或蒸气）		33.4	32.2	28.5	24.1^{85}					
四氯化碳（空气）		28.0	26.8		20.2					
四氯化碳（蒸气）	29.5	28.2	27.0	23.3	20.3	17.3	11.7	6.5	2.1	0.0
四氯化碳（水）			45							
三氯化硼			16.7							
氯化亚铜				92^{45}						

注：右上角数字为与其相对应的温度（℃）。

10.5.2 氯化物水溶液的表面张力

表10.5.4 氯化物水溶液的表面张力(质量分数为主变量) 单位：mN/m

溶质	温度/℃	浓度(质量分数)/%												
		0	0.5	1	2	4	6	8	10	12	15	20	25	
BaCl	25							72.67	73.26	73.81	74.55	75.56	76.31	76.38$^{25.6}$
KCl	20	72.9	72.96	73.02	73.16	73.53	73.96	74.36	74.73	75.13	75.83	77.33	78.75$^{24.7}$	
LiCl	25					73.49	74.48	75.37	76.23	712.12	78.25^{14}			
$MgCl_2$	20			73.08	73.25	73.81	74.57	75.40	76.40	77.32	78.68	81.34	85.31	
NaCl	20		72.87	73.21	73.69	74.16	74.51	75.10	75.86	76.66	77.68	79.70	82.10	82.54$^{25.9}$
NH_4Cl	10	74.00	74.11	74.22	74.45	74.91	75.40	75.90	76.42	76.97	77.84	79.39	81.11	
NH_4Cl	30	71.02	71.10	71.18	71.36	71.79	72.28	72.83	73.43	74.06	75.04	76.65	78.08	
$PbCl_2$	25									74.86^{20}	75.97^{25}	712.16^{30}	78.45^{35}	79.19$^{37.7}$

注：右上角的数字为与其相对应的浓度百分数。

表10.5.5 氯化物水溶液的表面张力(摩尔浓度为主变量) 单位：mN/m

溶质	温度/℃	浓度/(mol/L)												
		0.05	0.1	0.25	0.5	1.0	1.5	2.0	2.5	3	4	5	6	8
$BaCl_2$	20	72.9	73.1	73.5	74.3	75.7	77.8$^{1.7}$							
$CaCl_2$①	25		72.3	72.7	73.5	75.2	77.0	78.9	80.9	82.9	86.9	90.4	93.7	103
$CdCl_2$	20				73.6	74.4	75.2	76.0	76.8	77.6	79.2	80.7	81.6$^{5.8}$	
LiCl	20				73.6	74.4	75.2	76.0	76.8	77.7	79.5	81.5	83.4	86.3
$MgCl_2$	18	72.9	73.1	73.5	74.3	75.8	77.4	79.1	81.0	83.0	85.7$^{3.6}$			
$MnCl_2$	20				74.5	76.0	77.5	79.0	80.5	82.0	84.9	87.2$^{4.8}$		
NaCl	20		72.9	73.6	74.4	74.4	75.1	76.0	76.9	77.6	79.3	80.9	82.6	
NH_4Cl	20		72.9		73.5	74.1		75.4		76.5	77.6	78.6		80.4$^{6.7}$
$SrCl_2$	20	72.9	73.1	73.6	74.4	76.0	77.8	79.5	81.2	81.6$^{2.6}$				

① 浓度为11.2、13.0和19.4mol/L时，其表面张力为107、93.5和101mN/m。

表10.5.6 氯化物和乙醇的界面张力

溶质	界面	温度	质量分数/%							
			1	2	3	4	5	6	7	7.47
$CaCl_2$	乙醇	24℃	22.61	22.58	22.88	23.33	23.79	24.10	24.11	23.97
LiCl	乙醇	14℃	23.01	23.14	23.22	23.24	23.26$^{4.62}$			

10.5.3 氯酸钠和高氯酸钠的表面张力

表10.5.7 氯酸钠的表面张力 单位：mN/m

温度/℃	265	270	275	280	285	290
σ	90.72	90.38	90.00	89.54	89.23	88.88

表10.5.8 高氯酸钠的表面张力(25℃)

浓度/(mol/kg)	0.52	1.03	1.54
σ/(mN/m)	72.36	72.65	72.86

10.6 溶解度

10.6.1 氯化物的溶解度

（1）在水中的溶解度

表 10.6.1 氯化物在水中的溶解度

分子式	名称	在下列温度（℃）时无水氯化物的溶解度/(g/100g 水)													
		0	10	20	25	30	40	50	60	70	80	90	100	150	200
$AgCl$	氯化银		0.09	0.32				0.52					2.1	mg	
$AlCl_3$	氯化铝	44.9	46.3		45.1	47.0			46.5						
$AlCl_3\cdot 6H_2O$	氯化铝·6水	43.8	44.9	45.9		46.6	47.3		48.1		48.6		49.0		
$BaCl_2\cdot 2H_2O$	氯化钡·2水	31.6	33.3	35.7		38.2	40.7	43.6	46.4	49.4	52.4		58.6		
$BeCl_2$	氯化铍	67.6		72.8	77.0										
$CaCl_2$	氯化钙	59.5	65.0	74.5		100	116		137		147		158	205	
$CaCl_2\cdot 2H_2O$	氯化钙·2水								137	142	147	153	159		
$CaCl_2\cdot 6H_2O$	氯化钙·6水	59.5	65.0	74.5		102									
$CdCl_2$	氯化镉	89.8	101	114	121	128	135		136		140		147		264
$CdCl_2\cdot H_2O$	氯化镉·1水		135	134			135		136		140		147		
$CdCl_2\cdot 2.5H_2O$	氯化镉·2.5水	90	123			132									
$CdCl_2\cdot 4H_2O$	氯化镉·4水	97.6	125												
$CoCl_2$	氯化钴	43.5	47.7	52.9	56.2	59.7	69.5		93.8		97.6		106		
$CoCl_2\cdot H_2O$	氯化钴·1水						69.5	88.7	90.5		98.0		104		
$CoCl_2\cdot 2H_2O$	氯化钴·2水							88.7	93.8	95.3	97.6	101	106		
$CoCl_2\cdot 6H_2O$	氯化钴·6水	43.5	47.7	52.9		59.7	69.5								
$CsCl$	氯化铯	161	175	186		197	208	218	230	231	250	260	270		
Cs_2PtCl_6	六氯铂化二铯	4.7	6.4	8.6		11.9	15.8	21.2	29.0	38.9	52.5	67.5	91.5	mg	
$CuCl_2$	氯化铜	69.2	71.5	74.5	76.4	78.3	81.8	85.5	89.4		98.0		110		
$CuCl_2$①	氯化铜	41.4	42.5	43.5		44.6	45.6	46.7	47.7		49.8		51.9		
$CuCl_2\cdot 2H_2O$	氯化铜·2水	67.7	70.8	73.7		77.3	80.8	84.2	87.6	92.3	96.1	104	110		
$CuCl_2\cdot 4H_2O$	氯化铜·4水	68.6	70.9												
$FeCl_2$	氯化亚铁	49.7	62.6				68.6		78.3				94.2		
$FeCl_2\cdot 2H_2O$	氯化亚铁·2水											105	106		
$FeCl_2\cdot 4H_2O$	氯化亚铁·4水		64.5			73.0	77.3	82.5	88.7		100				
$FeCl_2\cdot 4H_2O$②	氯化亚铁·4水		39.2			42.2	43.6	45.2	47.0		50				
$FeCl_3$	氯化铁	74.4	81.8	86.9	99.0	167	295	315	373		526		536		
$FeCl_3\cdot 2H_2O$	氯化铁·2水							315							
$FeCl_3\cdot 6H_2O$	氯化铁·6水	74.4	81.8	91.9		107		315			526		536		
$HgCl_2$	氯化汞	4.66	5.43	6.59	7.30	8.14	10.2	13.2	17.4		30.9		58.3		
$HgCl_2$①	氯化汞	3.5	4.6	6.1		7.7	9.3		14.0		23.1		38.0		
Hg_2Cl_2	氯化亚汞	0.14		0.20			0.70	mg							
$InCl_3$	三氯化铟	164		190		240	285		305		374				
$KAuCl_4\cdot 2H_2O$	四氯化钾金·2水		38.3	61.8		94.9	145	233	405						
KCl	氯化钾	28.0	31.2	34.4	36.0	37.4	40.3	42.8	45.8	48.1	51.1	54.0	56.0	68.0	81.5
K_2PtCl_6	六氯化铂二钾	0.74	0.90	1.12		1.41	1.76	2.17	2.64	3.19	3.79	4.45	5.18		
$LaCl_3$	氯化镧	92.8	94.0		97.2			108				170^{92}			
$LiCl$	氯化锂	68.3	74.5	83.2	84.5	85.9	89.4		98.8		112		129	134^{125}	140^{150}

续表

分子式	名称	在下列温度（℃）时无水氯化物的溶解度/(g/100g水)													
		0	10	20	25	30	40	50	60	70	80	90	100	150	200
$MgCl_2$	氯化镁	34.6	34.9	35.3	35.4	35.8	36.5		37.9		39.8		42.2		
$MgCl_2·6H_2O$	氯化镁·6水	52.9	53.8	54.8	55.5	56.0	58.0		61.3		65.8		73.0	95.3	135
$MnCl_2$	二氯化锰	63.4	68.1	73.9	77.2	80.7	88.6	98.2	109		113		115	120^{140}	
$MnCl_2·2H_2O$	二氯化锰·2水								109	111	113	114	115		
$MnCl_2·4H_2O$	二氯化锰·4水	63.4	68.1	73.9		80.7	88.6	98.2							
NaCl	氯化钠	35.7	35.8	36.0		36.3	36.6	37.0	37.3	37.8	38.4	39.0	39.8		
NH_4Cl②	氯化铵	29.4	33.3	37.2	39.8	41.4	45.8	50.4	55.2	60.2	65.6	71.3	77.3	87.3^{116}	
$(NH_4)_2CuCl_4·2H_2O$	氯化铜铵·2水	28.2		35.1			43.8		56.6		76.6				
$(NH_4)_2PtCl_6$	氯化铂铵		0.7										125		
$NiCl_2$	氯化镍	53.4	62.8	64.2	65.6	67.3	71.4	76.0	80.6	84.6	87.5	88.6	87.6		
$NiCl_2·2H_2O$	氯化镍·2水										86.9		88.0		
$NiCl_2·4H_2O$	氯化镍·4水						72.5		80.5						
$NiCl_2·6H_2O$	氯化镍·6水	53.9	59.5	64.2	66.6	68.9	73.3	78.3	82.2	85.2	87.3	88.2	87.6		
$PbCl_2$	氯化铅	0.67		0.98	1.08	1.19	1.46	1.78	2.02	2.30	2.62		3.25		
$PtCl_4$	四氯化铂	66.6			142		166		285		367		571^{98}		
RbCl	氯化铷	77.0	84.4	91.1	94.2	97.6	104	109	116	121	127	133	139		
Rb_2PtCl_6	六氯化铂二铷	13.7	20.2	28.2		39.7	56.5		99.7		182		334	mg	
$SbCl_3$	三氯化锑	602	816^{15}	932	988	1068	1368	1917	4531	∞^{72}					
$SrCl_2$	氯化锶	44.3		53.1	55.5	58.7	65.8		84.8		93.1		102		
$SrCl_2·2H_2O$	氯化锶·2水									85.9	90.5		101		
$SrCl_2·6H_2O$	氯化锶·6水	43.5	47.7	52.9		58.7	65.3	72.4	81.8						
TlCl	一氯化铊	0.16	0.32		0.38			0.78			1.60		2.38		
$ZnCl_2$	氯化锌						81.9		83		84.4		86.0		
$ZnCl_2·2.5H_2O$	氯化锌·2.5水		73.1	78.6											
$ZnCl_2·3H_2O$	氯化锌·3水	208													
$ZrOCl_2·8H_2O$	二氯氧化锆·8水	54		60			65		85	155					

① 温度为−16、−12、−8和−4℃时，其溶解度为10.0、18.4、22.9和25.8g/100g水。
② 单位为g/100mL饱和溶液。

（算图10.18）
氯在氯化钠水溶液中的溶解度（第633页右）

（算图10.19）
氯化物在水中的溶解度（第634页左）

（2）在有机溶剂中的溶解度

表10.6.2　氯化物在有机溶剂中的溶解度

分子式	名称	甲醇	乙醇	丙酮	吡啶	甘油	乙醚	乙二醇	液氨	其他溶剂
		溶解度(g/100g溶剂)								
AgCl	氯化银	0.006	0.0015	0.0013	1.87				0.28^{0}	
$AlCl_3$	氯化铝		100^{12}				苯0.02	氯仿 0.05		CCl_4 0.01
$BaCl_2$	氯化钡	2.2	①			9.8				
$BiCl_3$	氯化铋			18.0						乙酸乙酯1.8
$CaCl_2$	氯化钙	29.2	25.8	0.01	1.69			异戊醇 7.0		
$CdCl_2$	氯化镉	2.7	1.5		0.70					
$CeCl_3$	氯化铈				1.55					

续表

分子式	名称	甲醇	乙醇	丙酮	吡啶	甘油	乙醚	乙二醇	液氨	其他溶剂
		溶解度(g/100g溶剂)								
$CoCl_2$	氯化钴	38.5	54.5	2.8	0.6		0.02			
$CuCl_2$	氯化铜	36.5	35.7	2.96	0.34		0.11			异戊醇12.0
$FeCl_3$	氯化铁	150	145	62.9						
$HgCl$	氯化汞	88.7	41							
$HgCl_2$	氯化汞	58.4	32	141	19.8	34.4	7.0			吡啶25.2^{20}
KCl	氯化钾	0.54^{25}	0.034	8.7×10^{-5}		6.7^{25}				丙醇0.006
$LiCl$	氯化锂	30.4	19.8	1.2^{20}	7.8^{15}	11.0			0.54^{-34}	丙酮0.6^{50}
$MgCl_2$	氯化镁	13.8	5.3		1.28^{0}					吡啶1.06^{25}
$MnCl_2$	氯化锰				1.3					
$NaCl$	氯化钠	1.31^{25}	0.065^{25}	30		8.2^{25}		46.5	12.9^{0}	
NH_4Cl	氯化铵	3.3	0.6	9.0						
$NiCl_2$	氯化镍		10					18		
$NiCl_2\cdot6H_2O$	氯化镍·6		53.7							
$PbCl_2$	氯化铅				0.5	2.0				
$RbCl$	氯化铷		0.078^{25}	0.0002^{18}					0.29^{0}	
$SbCl_3$	氯化锑			538						苯42
$SnCl_2$	氯化亚锡			56.0						乙酸乙酯4.4
$SrCl_2$	氯化锶	38.8^{6}	3.64^{6}							
$SrCl_2\cdot6H_2O$	氯化锶·6	63.3								
$ZnCl_2$	氯化锌		100^{12}	43.3^{18}	2.6^{20}	50				

注：右上角数字与其相应的温度，未注明时则为18～25℃。

① 温度为0、10、20、25、30、40、60、80和90℃时，其值分别为23.8、25.0、26.3、212.1、27.7、28.9、31.6、34.3和35.7g/100g水。

表10.6.3 氯化铵在乙醇水溶液中的溶解度

单位：g/100g溶剂

乙醇浓度(质量分数)/%	20	40	60	80	90	100
S	32.8	18.3	11.7	4.8	2.3	0.6

表10.6.4 氯化钴在有机溶剂中的溶解度

溶质	溶剂	溶质和溶剂的摩尔比	溶解度	温度/℃							
				0	10	20	30	40	50	60	80
$CoCl_2$	丙酮	1∶1	S①	4.47	3.32						
$CoCl_2$	乙醇	1∶3	S'②	31.0	32.8	35.2	38.5				
$CoCl_2$	乙醇	1∶1	S'②					40.3	39.5	40.0	44.8
$CoCl_2$	吡啶	1∶6	S'②	0.43							
$CoCl_2$	甲醇	1∶3	S②			27.9	32.8				

① 单位为g/100g溶剂。

② 单位为g/100g饱和溶液。

表10.6.5 氯化钙在有机溶剂中的溶解度

溶剂	SP①	溶解度	温度/℃					
			0	20	40	60	80	100
丙酮	1∶2	S②$\times10^{8}$	6.2	10.1	17.3	—	—	—
乙醇	1∶3	S③	15.0	19.6	25.2	31.2	(37.3)	[97.5]

续表

溶剂	SP①	溶解度	温度/℃					
			0	20	40	60	80	100
丁醇	1∶3	S③	14.0	20.5	24.0	25.9	—	—
丙醇	1∶3	S③	8.6	13.6	19.7	24.9	—	—
甲醇	1∶4	S②	17.9	22.6	27.9	(55)	32.4	—
甲醇	1∶3	S③			(55)	(32.8)	(34.1)	(36.0)

注：( )一在固相转移点下的溶解度。[ ]一在熔点下的溶解度。
① 表示溶液平衡时溶质与溶剂的摩尔比。
② 单位为 g/100g 溶剂。
③ 单位为 g/100g 饱和溶液。

N（算图 10.20）
氯化钠在二甘醇和三甘醇中的溶解度（第 634 页右）

（3）在无机溶剂中的溶解度

表 10.6.6 NaCl 在 NH_3 水溶液中的溶解度

温度/℃	溶解度(质量分数)/%		溶解度/(g/1000g水)		溶解度/(摩尔比)	
	NaCl	NH_3	NaCl	NH_3	NH_3	H_2O
20	26.40	0		0	0	
	26.25	0.32	357.5	4.37	0.02975	8.711
	26.14	0.64	3512.1	8.81	0.07820	8.376
	25.93	1.21	354.7	12.86	0.1109	8.135
	28.85	1.25	354.6	17.20	0.1429	7.842
	25.67	1.57	352.8	21.53	0.1735	7.602
	25.46	1.97	350.8	212.16	0.2103	7.304
	25.32	2.20	349.4	30.38	0.2301	12.149
	25.27	2.53	350.0	35.08	0.2563	6.895
	25.08	2.92	348.6	41.54	0.2907	6.603
	25.00	3.19	348.1	44.45	0.3051	6.478
	24.79	3.57	345.9	49.76	0.3310	6.275
	24.64	4.06	344.7	53.94	0.3499	6.121
	24.63	4.20	345.8	58.10	0.3660	5.945
	24.41	4.52	343.4	63.61	0.3891	5.773
	24.40	4.80	344.6	67.83	0.4037	5.615
	24.14	5.15	341.3	72.76	0.4230	5.485
	24.02	5.58	341.2	79.28	0.4441	5.286
	23.95	5.88	341.4	83.75	0.4576	5.156
	23.76	6.20	339.2	88.49	0.4729	5.042
	23.67	6.52	339.0	94.43	0.4866	4.914
	23.56	6.82	338.6	98.79	0.5008	4.784
	23.46	7.00	337.5	100.7	0.5064	4.747
	23.40	7.26	337.3	104.6	0.5161	4.654
	23.28	7.59	336.8	109.7	0.5284	4.543

续表

温度/℃	溶解度(质量分数)/%		溶解度/(g/1000g水)		溶解度/(摩尔比)	
	NaCl	NH_3	NaCl	NH_3	NH_3	H_2O
30	26.50	0	360.5	0	0	9.000
	25.00	2.52	344.9	34.77	0.2405	6.327
	25.09	3.49	351.3	51.76	0.3236	6.234
	24.97	4.07	352.0	57.38	0.3622	5.866
	24.93	5.09	357.3	75.82	0.4221	5.263
	24.85	6.32	361.1	91.83	0.467	4.84
	24.84	6.38	361.2	97.76	0.472	4.82
	24.56	7.24	360.1	106.2	0.504	4.40
	24.15	8.70	359.7	129.6	0.552	4.03

表10.6.7 氯化钙在盐酸中的溶解度 单位：g/100mL

盐酸浓度(质量分数)/%	0	2	4	6	8	10	12	14	16	18
溶解度	51.45	49.83	46.29	42.51	39.62	37.44	35.35	32.80	29.60	26.64
盐酸浓度(质量分数)/%	20	22	24	26	28	30	32	34	34.62	
溶解度	23.80	21.32	19.08	16.80	14.80	13.16	11.98	11.35	11.29	

表10.6.8 氯化锰和氯化钾的互溶度

温度/℃	互溶度(摩尔分数)/%		温度/℃	互溶度(摩尔分数)/%		温度/℃	互溶度(摩尔分数)/%		温度/℃	互溶度(摩尔分数)/%	
	$MnCl_2$	KCl		$MnCl_2$	KCl		$MnCl_2$	KCl		$MnCl_2$	KCl
774	0	100	436	37	63	488	54	46	542	75	25
652	15	85	442	38	62	486	56	44	568	80	20
602	20	80	458	40	60	478	58	42	592	85	15
532	25	75	462	41	59	474	60	40	610	90	10
482	29	71	478	44	56	462	62	38	622	92	8
442	31	69	488	46	54	449	64	36	634	94	6
432	32.5	67.5	492	48	52	474	66	34	638	96	4
428	34	66	496	50	50	492	68	32	648	98	2
432	35	65	400	52	48	506	70	30	650	100	0

（4）四氯化钛和萘的互溶度

表10.6.9 四氯化钛和萘的互溶度

温度/℃	−33	−30	−20	−10	0	10	20	30	40	50	60	70	80
$TiCl_4$(摩尔分数)/%	100	99.9	98.4	94.7	89.8	74.3	78.5	72.1	65.2	55.8	43.6	212.1	0
萘(摩尔分数)/%	0	0.1	1.6	5.3	10.2	15.7	21.5	27.9	34.8	44.2	56.4	72.9	100

10.6.2　氯酸盐的溶解度

（1）在水中的溶解度

表 10.6.10　氯酸钠在水中的溶解度

温度/℃	浓度		S/(g/100g 水)	温度/℃	浓度		S/(g/100g 水)
	/(g/L)	(质量分数)/%			/(g/L)	(质量分数)/%	
−15	580	41.9	72	60	920	60.8	155
0	612	44.1	79	70	969	3.1	171
10	667	47.4	90	80	1019	65.4	189
20	720	50.2	101	90	1069	67.6	209
25	745	51.7	107	100	1119	69.7	230
30	770	53.1	113	110	1170	72.0	257
40	820	55.8	126	120	1217	73.8	277
50	870	58.2	139	122	1225	74.1	280

表 10.6.11　高氯酸钠在水中的溶解度

温度/℃	−30	−20	−15	−10	−5	0	15	30	40	50	60	75
S(质量分数)/%	10.1	24.5	34.5	40.4	49.0	62.6	65.5	68.7	70.9	73.2	74.3	75.0

表 10.6.12　其他氯酸盐在水中的溶解度

分子式	名称	下列温度(℃)时无水氯酸盐的溶解度/(g/100g水)												
		0	10	20	25	30	40	50	60	70	80	90	100	120
$Ba(ClO_3)_2\cdot H_2O$	氯酸钡·1水	20.3	27.0	33.8		41.7	49.6		66.8		84.8		105	
$Ba(ClO_4)_2\cdot 3H_2O$	高氯酸钡·3水	205		289			359		426		495		562	
$Cd(ClO_3)_2\cdot 2H_2O$	氯酸镉·2水	75		76			78			83^{65}				
$Co(ClO_3)_2\cdot 6H_2O$	氯酸钴·6水	57		64			70		76					
$CsClO_3$	氯酸铯	2.5	3.8	6.2		9.5	13.8	19.4	26.2	34.7	45.0	58.0	79.0	
$CsClO_4$	高氯酸铯	0.8	1.0	1.6		2.6	4.0	5.4	7.3	9.8	14.4	20.5	30.0	
$Cu(ClO_3)_2\cdot 6H_2O$	氯酸铜·6水	58		62			68			77				
$KClO_3$	氯酸钾	3.3	5.0	7.4	8.7	10.5	14.0	19.3	25.9	32.5	39.7	47.7	56.2	
$KClO_4$	高氯酸钾	0.75	1.05	1.8	2.6		4.4	6.5	9.0	11.8	14.8	18.0	21.8	
$LiClO_4$	高氯酸锂	42.7	49.0	56.1	60.0	63.6	72.4		100		123		118	300
$Mg(ClO_3)_2\cdot 6H_2O$	氯酸镁·6水	53.3	54.2	512.1	58.8	60.6	63.5	64.4	65.9	71.0	72.0	73.2	74.0	
$Mg(ClO_4)_2$	高氯酸镁	91.6	94.9	99.2	100	102	105	109						
$Mn(ClO_3)_2$	氯酸锰	59		66		69		75^{55}						
$NaClO$	次氯酸钠	29.4	36.4	53.4		100	111	130						
$NaClO_4$	高氯酸钠	169		201	211	220	243	273	282	293	305	317	330	
$NaClO_4\cdot H_2O$	高氯酸钠·1水	167		181			243	284						
NH_4ClO_4	高氯酸铵	11.6		20.8			30.6		39.0		48.2		57.0	
$Ni(ClO_3)_2\cdot 6H_2O$	氯酸镍·6水	53		58			64		70		76			
$RbClO_3$	氯酸铷	2.14		5.4		8.0		16.0					62.8	
$RbClO_4$	高氯酸铷	0.5	0.6	1.0		1.5	2.3	3.5	4.8	6.7	9.2	12.7	18.0	
$TlClO_3$	氯酸铊	2.0		3.9				12.7			36.6		57.3	
$TlClO_4$	高氯酸铊	6.0	8.0			19.7		39.6		65.3	81.5		167	
$Zn(ClO_3)_2\cdot 4H_2O$	氯酸锌·4水			200		209	223	273						

（2）在有机溶剂中的溶解度

表 10.6.13　氯酸钾在乙醇中溶解度

乙醇浓度（质量分数）/%		0	5	10	20	30	40	50	60	70	80	90
氯酸钾溶解度（质量分数）/%	30℃	9.23	7.72	6.44	4.51	3.21	2.35	1.64	1.01	0.54	0.24	0.06
	40℃	12.23	10.48	8.84	6.40	4.67	3.41	2.41	1.46	0.78	0.34	0.12

表 10.6.14　氯酸钾在丙酮中溶解度

丙酮浓度（质量分数）/%		0	5	9.09	20	30	40	50	60	70	80	90
氯酸钾溶解度（质量分数）/%	30℃	9.23	8.32	7.63	6.09	4.93	3.90	2.90	2.03	1.24	0.57	0.18
	40℃	12.23	11.10	10.28	8.27	6.69	5.36	4.06	2.86	1.68	0.79	0.24

表 10.6.15　氯酸钠在乙醇中的溶解度　　单位：g/100g 乙醇

乙醇浓度（质量分数）/%		50	60	70	80	90
溶解度	20℃	45.6	29.4	112.2	8.5	1.63
	60℃	48.5	35.2	23.8	12.7	3.0

表 10.6.16　高氯酸钠在有机溶剂中的溶解度　　单位：%（质量分数）

名称	甲醇	乙醇	丙醇	丁醇	异丁醇	丙酮	乙酸乙酯
S（质量分数）/%	33.93	12.83	4.66	1.83	0.78	34.10	8.80
$\rho/(g/cm^3)$	1.0561	0.8685	0.8308	0.8167	0.8031	1.0732	0.9574

表 10.6.17　其他氯酸盐在有机溶剂中的溶解度（25℃）　　单位：g/100g 溶剂

分子式	名称	溶剂			分子式	名称	溶剂		
		乙醇	甲醇	丙酮			乙醇	甲醇	丙酮
$KClO_4$	高氯酸钾	0.012	0.105	0.160	NH_4ClO_4	高氯酸铵	1.9	6.8	2.2
$LiClO_4$	高氯酸锂	152①	182①	137	$NaClO_3$	氯酸钠	表 10.6.5	51.4	51.8
$Mg(ClO_4)_2$	高氯酸镁	24.0	51.8	42.9					

① 0℃时的值。

（3）氯酸钠在食盐中的溶解度

表 10.6.18　氯酸钠在食盐中的溶解度　　单位：%（质量分数）

温度/℃	NaCl（质量分数）/%			温度/℃	NaCl（质量分数）/%		
	10	20	32		10	20	32
20	66	57.4	41.8	80	92	77	43.3
40	75	65	42	100	102	87	44.0
60	83.5	70	42.4				

10.7　热导率

10.7.1　氯化物的热导率

表10.7.1　氯化钾的热导率　　单位：W/(m·K)

温度/K	2	3	4	5	6	7	8	9	10	12	14	16
λ	94.81	188.0	241.6	279.0	283.9	257.6	228.5	203.9	175.6	138.5	123.3	99.31
温度/K	18	20	22	24	26	28	30	35	40	45	50	60
λ	84.43	61.36	58.66	55.10	48.93	47.08	44.37	40.42	35.90	35.21	33.73	28.42
温度/K	70	80	90	100	110	120	140	160	180	200	250	288.4
λ	26.05	25.73	23.96	21.77	20.03	18.87	16.65	15.59	14.16	12.51	12.09	11.00

注：样品中添加KI，其碘负离子浓度为 1.25×10^{19} 分子/cm^3。

表10.7.2　氯化钠的热导率　　单位：W/(m·K)

温度/K	100	110	120	130	140	150	160	170	180	190
λ	16.90	15.98	16.11	15.97	15.48	15.38	15.82	16.16	16.16	15.08
温度/K	200	210	220	230	240	250	260	270	280	290
λ	13.05	10.54	8.996	8.498	8.065	6.703	6.323	6.892	7.009	6.300
温度/K	300	310	320	330	340	350	360	370	380	390
λ	6.240	6.025	6.124	5.580	5.269	5.230	4.896	4.873	4.663	4.240

注：试件为含0.4%(摩尔分数)Ca的单晶体。

表10.7.3　氯化锌的热导率　　单位：W/(m·K)

温度/K	560	565	570	575	580	585	590	595	600	605	610	614.0	614.3
λ	0.358	0.288	0.254	0.246	0.259	0.284	0.314	0.341	0.359	0.360	0.336	0.294	0.290

10.7.2　氯化物水溶液的热导率

表10.7.4　氯化钠水溶液的热导率(密度为变量)　　单位：W/(m·K)

密度/(kg/m^3)	1000	1010	1020	1030	1040	1050	1060	1070	1080	1090	1100
0℃	0.581	0.587	0.575	0.573	0.571	0.569	0.567	0.564	0.560	0.557	0.556
−5℃							0.546	0.544	0.542	0.539	0.537
密度/(kg/m^3)	1110	1120	1130	1140	1150	1160	1170	1175	1180	1190	1200
0℃	0.553	0.551	0.549	0.546	0.544	0.542	0.540	0.539	0.538	0.536	0.533
−5℃	0.535	0.532	0.531	0.529	0.526	0.523	0.522	0.521	0.520	0.518	
−10℃	0.518	0.516	0.514	0.511	0.509	0.507	0.506	0.504	0.503		
−15℃				0.496	0.495	0.493	0.490	0.489	0.488		
−20℃							0.477	0.475			

表10.7.5 氯化钠水溶液的热导率（浓度为变量） 单位：W/(m·K)

浓度（质量分数）/%	7					11				
温度/℃	−4	0	10	15	20	−7.5	−5	0	10	20
热导率/[W/(m·K)]	0.556	0.559	0.575	0.584	0.593	0.545	0.549	0.556	0.569	0.593
浓度（质量分数）/%	13.6					16.2				
温度/℃	−9.8	−5	0	10	20	−12.2	−10	−5	10	20
热导率/[W/(m·K)]	0.539	0.546	0.554	0.571	0.573	0.532	0.535	0.544	0.568	0.573
浓度（质量分数）/%	18.8						21.2			
温度/℃	−15	−10	−5	0	10	20	−18	−15	−10	−5
热导率/[W/(m·K)]	0.524	0.532	0.542	0.550	0.566	0.581	0.517	0.522	0.530	0.538
浓度（质量分数）/%	21.2			23.1						
温度/℃	0	10	20	−21	−15	−10	−5	0	10	20
热导率/[W/(m·K)]	0.546	0.563	0.579	0.514	0.520	0.528	0.536	0.544	0.549	0.565

表10.7.6 氯化钙水溶液的热导率（密度为变量） 单位：W/(m·K)

密度/(kg/m^3)	1000	1010	1020	1030	1040	1050	1060	1070	1080	1090	1100	1110	1120
0℃	0.581	0.578	0.575	0.573	0.570	0.567	0.564	0.561	0.558	0.555	0.552	0.549	0.545
密度/(kg/m^3)	1130	1140	1150	1160	1170	1180	1190	1200	1210	1220	1230	1240	1250
0℃	0.542	0.539	0.535	0.530	0.525	0.521	0.516	0.511	0.507	0.502	0.497	0.493	0.488
−10℃			0.503	0.500	0.496	0.493	0.489	0.486	0.483	0.480	0.476	0.473	0.470
−20℃								0.465	0.463	0.459	0.457	0.454	0.452
密度/(kg/m^3)	1260	1270	1280	1286	1290	1300	1310	1320	1330	1340	1350	1360	1370
0℃	0.483	0.479	0.474	0.472	0.470	0.465	0.460	0.457	0.452	0.447	0.443	0.439	0.435
−10℃	0.466	0.462	0.459	0.457	0.456	0.452	0.449	0.444	0.440	0.437	0.432		
−20℃	0.449	0.446	0.444	0.443	0.442	0.438	0.436	0.434	0.431				
−30℃		0.434	0.432	0.431	0.430	0.429	0.428						
−40℃		0.417	0.417	0.418	0.418	0.418							

表10.7.7 氯化钙水溶液的热导率（浓度为变量） 单位：W/(m·K)

浓度（质量分数）/%	0	5	10	15	20	25	30	35	40
20℃	0.598	0.592	0.587	0.581	0.575	0.568	0.560	0.552	0.545
25℃	0.209		0.216	0.221	0.225				
40℃	0.203		0.211	0.218	0.223				
60℃	0.199		0.207	0.214	0.220				

表10.7.8 氯化锌水溶液的热导率 单位：W/(m·K)

浓度（质量分数）/%	0	5	10	15	20	25	30	35	40
20℃	0.598	0.587	0.576	0.564	0.551	0.537	0.521	0.504	0.486
25℃	0.1761		0.1790		0.1796		0.1801		0.1801
40℃	0.1714		0.1761		0.1772		0.1778		0.1790
60℃	0.1668		0.1720		0.1749		0.1761		0.1766

表10.7.9 三氯化锑水溶液的热导率 单位：W/(m·K)

浓度（质量分数）/%	0	10	20	30	40	50	60	70	80	90
25℃	0.2080	0.2064	0.2046	0.2024	0.2005	0.1982	0.1947	0.1895	0.1830	0.1766
40℃	0.2045	0.2032	0.2020	0.2006	0.1987	0.1960	0.1923	0.1876	0.1819	0.1755
60℃	0.2005	0.2003	0.1998	0.1987	0.1970	0.1945	0.1910	0.1864	0.1807	0.1743

表10.7.10　其他氯化物水溶液的热导率(20℃)　　单位：W/(m·K)

浓度(质量分数)/%	0	5	10	15	20	25	30
$BaCl_2$	0.598	0.594	0.589	0.584	0.578		
KCl	0.598	0.589	0.580	0.570	0.559		
KCl①	0.617	0.531	0.495	0.509	0.574		
LiCl	0.598	0.588	0.576	0.564	0.553	0.544	0.538
$MgCl_2$	0.598	0.586	0.573	0.560	0.546	0.531	0.516
NH_4Cl	0.598	0.582	0.566	0.549	0.531		
$SbCl_3$	0.598	0.593	0.588	0.582	0.575		

① 水溶液温度为30℃。

N（算图10.21）
氯化物水溶液的热导率（第635页左）

10.7.3　氯酸盐的热导率

表10.7.11　氯酸钠水溶液的热导率　　单位：W/(m·K)

浓度(质量分数)/%	5	10	15	20	25	30	40
λ	0.592	0.585	0.576	0.568	0.559	0.550	0.517

表10.7.12　高氯酸铵的热导率　　单位：W/(m·K)

温度/℃	50	60	80	100	120	140	160	180	200	220	240
λ	0.470	0.468	0.461	0.452	0.442	0.432	0.422	0.412	0.402	0.391	0.377

注：1. 试件为两个相同的直径为28.6mm的圆饼，由粉末压制而成，粉粒直径为40～61μm。
2. 试件密度为1.90g/cm³，总孔率为2.3%。

10.8　蒸气压

10.8.1　氯化物的蒸气压

表10.8.1　氯化钙的蒸气压　　单位：kPa

温度/℃	480	500	520	540	560	580	600	620	640	660	680	700	720	740	760
p	0.01	0.03	0.06	0.11	0.20	0.32	0.52	0.86	1.27	1.73	2.43	3.50	4.82	6.74	8.75

表10.8.2　无水三氯化铁的蒸气压　　单位：kPa

温度/℃	200	220	240	260	280	300	320	340	360	380
p	1.216	1.352	1.925	7.636	21.08	65.90	101.5	127.0	172.1	238.4
温度/℃	400	410	420	430	440	450	460	470	480	490
p	320.6	370.8	426.4	4812.1	552.4	621.1	692.0	763.7	834.5	902.4

表10.8.3　三氯化硼的蒸气压　　单位：kPa

温度/℃	−100	−80	−60	−40	−20	0	20	40	60
p	0.1	0.4	2.2	8.0	23.8	60	122	240	425
温度/℃	40	60	80	100	120	130	140	150	160
p	240	425	680	1040	1520	1820	2160	2720	4000

表10.8.4　三氯化锑的蒸气压

单位：kPa

温度/℃	50	60	80	100	120	140	160	180	200	220
p	1.633	2.693	2.850	4.292	7.286	12.66	25.10	40.34	64.81	100.6

表10.8.5　其他氯化物的蒸气压（Ⅰ）

名称	分子式	0.1	0.2	0.4	0.7	1.0	2	4	7	10	20	40	70	101.3	熔点/℃
		相应于上述蒸气压强 (kPa) 的温度/℃													
二氯化钴	$CoCl_2$								790	819	877	943	1004	1050	735
二氯化锡	$SnCl_2$	309	328	349	368	380	407	436	461	478	514	557	595	623	246.8
二氯化二硫	S_2Cl_2	−10.7	−2.1	7.8	16.4	22.4	34.3	44.7	59.7	68.0	84.9	105.8	124.8	138.0	−80
二氯化镍	$NiCl_2$	662	685	711	733	746	776	806	833	851	886	926	961	987	1001
二氯化硫	SCl_2	−67	−58	−49	−42	−37	−26	−14	−3	4	17				
三氯化铋	$BiCl_3$				244	255	277	300	319	332	359	391	420	441	230
三氯化砷	$AsCl_3$	−14.7	−6.1	3.8	12.4	18.4	30.3	43.6	55.3	63.5	80.6	100.7	118.3	130.4	−18
三氯化锑	$SbCl_3$	46.0	54.3	63.8	72.3	79.3	93.7	110.1	124.3	134.4	155.5	180.8	203.4	219.0	73.4
三氯化硼	BCl_3	−93.6	−87.9	−81.0	−74.7	−70.5	−62.1	−52.6	−43.9	−37.9	−25.5	−10.4	3.1	12.7	−107
三氯化氧钒	$VoCl_3$	−26.6	−17.8	−7.8	0.9	7.0	20.1	33.8	46.1	54.9	72.9	94.1	113.4	127.9	
三氯化磷	PCl_3	−54.4	−47.0	−38.5	−30.9	−25.7	−15.3	−3.5	12.1	14.4	29.7	48.4	64.0	74.2	−111.8
四氯化钒	VCl_4	−13	−3	8	18	25	39	55	68	77	95				
四氯化钛	$TiCl_4$	−17.3	−8.5	1.4	10.1	16.2	28.4	41.9	54.3	63.2	81.4	103.0	122.4	136.0	−30
四氯化锆	$ZnCl_4$	186.0	196.3	207.8	217.8	224.4	2312.1	251.8	264.5	272.3	287.4	304	320	331	437
四氯化锗	$GeCl_4$	−47.8	−40.4	−31.9	−24.3	−19.3	−9.1	2.4	13.0	20.6	36.4	55.2	72.2	84.0	−49.5
四氯化锡	$SnCl_4$	−25.8	−17.7	−8.5	−0.3	5.2	16.5	29.1	40.3	47.9	63.8	83.3	100.8	113.0	−30.2
四氯化硅	$SiCl_4$	−66.0	−59.0	−50.8	−43.5	−38.6	−28.8	−17.6	−7.7	−0.8	13.5	30.7	46.0	56.8	−68.6
四氯化硒	$SeCl_4$	70.8	79.1	88.6	97.0	102.6	113.2	124.5	134.8	141.5	154.4	169.5	182.6	191.5	
四氯化碲	$TeCl_4$					222	244.2	264.1	281.9	293.9	318	347	373	392	224
五氯化钽	$TaCl_5$	114	123	131	140	145	157	169	179	185	199				
五氯化锑	$SbCl_5$	18.9	28.7	39.8	49.4	56.1	69.5	84.1	97.2	106.2					2.8
五氯化磷	PCl_5	53.0	59.7	67.5	74.6	79.2	88.1	97.8	105.9	111.6	124.4	140.1	153.3	162.0	
五氯化铌	$NbCl_5$					139	150	162	173	180	195				
六氯化二铁	Fe_2Cl_6	189.8	200.5	212.4	222.7	229.6	241.1	251.7	260.9	267.0	278.8	292.1	307	319	304
六氯化二铝	Al_2Cl_6	97.9	103.6	110.6	116.8	120.5	128.0	135.9	143.1	147.8	156.7	167.0	175.0	180.2	192.4
六氯化二硅	Si_2Cl_6	0.6	9.4	19.4	28.1	33.9	45.7	59.0	70.6	78.4	93.6	112.0	128.2	139.0	−1.2
八氯代丙硅烷	Si_2Cl_8	42.0	53.0	65.1	75.6	83.0	97.5	113.7	128.0	137.6	156.8	179.3	198.6	211.4	
氯化汞	$HgCl_2$	131.7	143.2	155.9	166.9	174.1	188.8	250.0	218.5	228.2	247.4	2612.1	287.4	304	277
氯化钠	NaCl	849	890	933	970	995	1049	1105	1156	1191	1262	1343	1413	1465	800
氯化亚铁	$FeCl_2$						721	760	796	821	872	933	987	1026	
氯化氰	CNCl	−78.6	−73.3	−66.9	−61.0	−57.2	−49.8	−41.7	−34.4	−29.5	−19.6	−7.7	−4.0	13.1	−6.5
氯化铅	$PbCl_2$	537	563	592	617	633	669	706	741	764	811	867	917	954	501
氯化钾	KCl	805	845	887	922	947	998	1052	1102	1136	1206	1286	1356	1407	790
氯化铍	$BeCl_2$	286.4	299.3	315	329	338	357	374	391	401	423	449	470	487	405
氯化铊	TlCl				489	504	536	571	604	626	672	724	771	807	430
氯化银	AgCl	895	938	984	1023	1050	1109	1171	1228	1266	1343	1429	1506	1564	455
氯化亚铜	Cu_2Cl_2	530	570	612	649	677	739	806	870	918	1026	1176	1349	1490	422
氯化锌	$ZnCl_2$	421	440	463	483	496	524	552	578	595	630	670	705	732	365

续表

名称	分子式	0.1	0.2	0.4	0.7	1.0	2	4	7	10	20	40	70	101.3	熔点/℃
		相应于上述蒸气压强 (kPa) 的温度/℃													
氯化铵	NH_4Cl	155.2	168.3	182.6	194.8	203.0	218.8	236.6	252.0	262.4	283.2	306	325	338	520
氯化铷	RbCl	777	815	856	890	915	968	1021	1071	1105	1174	1256	1329	1381	715
氯化铯	CsCl	729	766	806	840	864	913	964	1011	1043	1108	1183	1250	1300	646
氯化锰	$MnCl_2$				739	760	805	855	901	933	998	1073	1141	1190	650
氯化锂	LiCl	768	806	848	883	909	964	1019	1069	1101	1170	1252	1327	1382	614
氯化镁	$MgCl_2$	762	802	844	881	907	963	1022	1074	1111	1187	1276	1357	1418	712
氯化镉	$CdCl_2$	550	574	602	620	639	678	717	753	777	824	881	931	967	568
氯化磷	PH_4Cl	−92.2	−88.6	−83.8	−79.3	−76.5	−71.0	−64.8	−59.2	−55.5	−48.3	−39.5	−32.0	−27.0	−28.5

名称	分子式	101.3	200	400	700	1000	1500	2000	临界值	
		相应于上述蒸气压 (kPa) 的温度/℃							t_c/℃	p_c/MPa
三氯化硼	BCl_3	12.7	33.2	57.5	80.3	96.1	118.6	134.7	178.8	3.87
四氯化锡	$SnCl_4$	113.0	141.2	173.2	202.4	222.3	249.6	269.1	318.7	3.75

表10.8.6　其他氯化物的蒸气压（Ⅱ）

分子式	名称	10	20	40	70	100	200	400	700	1000	2000	4000	7000	10000	20000
		相应于下述蒸气压 (Pa) 的温度/℃													
AgCl	氯化银	776	810	842	870	894	935	980	1025	1050	1110	1170	1223	1262	1340
$AlCl_3$	氯化铝					97	102	110	116	120	128	138	146	152	164
$CoCl_2$	氯化钴					650	675	700	725	742	775	810	843	863	903
$CrCl_2$	二氯化铬					825	860	897	930	950	992	1040	1080	1103	1155
$CrCl_2$	二氯化铬					675	697	720	740	750	775	803	826	840	870
$FeCl_2$	氯化亚铁									665	705	746	782	805	857
$FeCl_3$	氯化铁					201	208	215	222	227	237	248	257	265	279
$GaCl_3$	氯化镓					40	60	84	106	120	152				
$GeCl_4$	四氯化锗					−56	−26	−5	6	11	18	24	26	27	28
$HgCl_2$	氯化汞	95	105	115	124	130	142	155	166	174	190	205	218	228	247
Hg_2Cl_2	氯化亚汞	158	166	177	186	193	206	220	232	240	257	275	289	300	320
ICl	一氯化碘									4	13	23	33	41	57
$InCl_3$	三氯化铟					329	342	356	368	376	391	407	421	430	450
LiCl	氯化锂	665	690	720	750	770	810	855	890	920	970	1025	1075	1105	1165
$MnCl_2$	二氯化锰					716	746	778	805	825	868	916	960	990	1055
NaCl	氯化钠	740	768	800	827	848	885	930	970	995	1050	1110	1160	1190	1255
$NiCl_2$	氯化镍	610	632	646	671	682	705	728	746	758	783	812	838	843	885
$PbCl_2$	氯化铅	465	490	512	530	540	565	595	620	640	670	710	742	765	810
RbCl	氯化铷	654	686	716	744	760	800	842	878	900	950	1005	1052	1086	1156
$SbCl_3$	三氯化锑	14	22	29	36	41	51	63	73	79	95	111	125	135	154
$SnCl_2$	二氯化锡	250	267	285	300	310	332	355	375	389	415	447	463	490	531
$ThCl_4$	四氯化钍									690	708	730	752	768	800
TlCl	一氯化铊	350	366	387	400	412	426	463	488	502	535	572	604	626	671
UCl_3	三氯化铀					1005	1050	1102	1146	1177	1238				
UCl_4	四氯化铀					503	524	544	560	570	588	609	630	635	657
UCl_5	五氯化铀					258	269	281	293	301	318				
UCl_6	六氯化铀					100	110	121	130	137	150				
WCl_5	五氯化钨					108	122	134	146	154	170	185	200	209	227
WCl_6	六氯化钨					149	160	173	183	191	207	224	238	248	270

（算图 10.22）
氯化钠、氯化钾、氯化铷晶体的蒸气压（第 635 页右）

10.8.2 氯化物水溶液的蒸气压

表10.8.7 氯化钠水溶液的蒸气压

单位：kPa

温度/℃	氯化钠的浓度(质量分数)/%						
	0	5	10	15	20	25	饱和溶液
0	0.613	0.587	0.573	0.547	0.507	0.467	
10	1.267	1.200	1.133	1.067	1.000	0.933	0.933
20	2.400	2.266	2.133	2.066	2.000	1.867	1.867
30	4.266	4.133	4.000	3.733	3.600	3.333	3.333
40	7.333	12.199	6.933	6.666	6.266	5.733	5.600
50	12.40	12.00	11.47	11.07	10.40	9.599	9.466
60	20.00	19.33	18.67	17.87	16.80	15.60	15.07
70	31.20	30.13	29.06	27.86	26.40	24.40	23.33
80	47.33	45.86	44.26	42.4	40.13	37.20	35.46
90	7013	67.86	65.46	62.66	59.33	55.20	52.26
100	101.3	98.12	94.66	90.66	85.73	79.86	75.33
110	143.3	138.7	133.7	128.1	121.3	113.2	75.46

（算图 10.23）
氯化钾、氯化钠和氯化铯
水溶液的蒸气压（第 636 页左）

（算图 10.24）
氯化锂水溶液的蒸气压（第 636 页右）

10.9 比热容

10.9.1 氯化物的比热容

表10.9.1 氯化钾的比热容

单位：J/(mol·K)

形态	气体								
温度/K	300	400	500	600	700	800	900	1000	1100
c_p	50.589	52.934	54.227	55.098	55.777	56.350	56.639	57.338	57.790
形态	气体								
温度/K	1200	1300	1400	1500	1600	1700	1800	1900	2000
c_p	58.226	58.653	59.059	59.465	59.867	60.265	60.663	61.052	61.445

形态	固体							液体
温度/K	300	400	500	600	700	800	895	>895
c_p	66.390	66.411	66.432	66.453	66.474	66.495	66.516	75.362

表10.9.2 氯化钠的比热容

单位：kJ/(kg·K)

温度/K	10	15	20	25	30	35	40	45	50	60	70
c_p	0.006	0.025	0.063	0.130	0.220	0.342	0.487	0.608	0.742	1.004	1.210
温度/K	80	90	100	120	140	160	180	200	220	240	260
c_p	1.389	1.528	1.666	1.888	2.005	2.090	2.169	2.232	2.282	2.301	2.329

表10.9.3 氯化钙的比热容

单位：J/(mol·K)

温度/K	60	80	100	150	200	250	298.2	300	400
氯化钙	30.62	40.88	48.83	61.30	67.28	70.71	72.61	72.95	75.45
温度/K	500	600	700	800	900	1000	1045	＞1045	
氯化钙	77.29	78.87	80.33	81.72	83.07	84.41	85.00	103.4	

表10.9.4 氯化银的比热容

单位：J/(mol·K)

温度/K	298	300	400	500	600	700	728
c_p	50.784	50.961	56.871	59.831	61.63	62.881	63.172
温度/K	728~1837（液体）①		1837	1900	2000	2100	2200
c_p	66.944		37.196	37.199	37.202	37.206	37.209

① 上面是固体，右面是气体。

表10.9.5 氯化钡的比热容

单位：J/(mol·K)

温度/K	300	400	500	600	700	800	900
c_p	75.32	76.718	78.115	79.513	80.91	82.308	83.706
温度/K	1000	1100	1195（固体，α）	1195~1235（固体β）		1235~1300（液体）	
c_p	85.103	86.501	87.828	111.34		104.43	

表10.9.6 二水氯化钡的比热容

单位：kJ/(kg·K)

温度/K	5	10	15	20	25	30	35	40	45	50	60	70
氯化钡·2水				0.035	0.056	0.080	0.103	0.127	0.152	0.176	0.224	0.268
温度/K	80	90	100	120	140	160	180	200	220	240	260	280
氯化钡·2水	0.305	0.333	0.362	0.418	0.466	0.501	0.524	0.539	0.556	0.586	0.637	
温度/K	350	320	340	360	380	400	450	500	550	600	650	700
氯化钡·2水	0.635											

表10.9.7 氯化铁的比热容

单位：J/(mol·K)

形态	固体								
温度/K	298	300	400	500	600	700	800	900	950
c_p	76.384	76.468	79.721	81.693	83.162	84.393	85.499	86.533	87.027
形态	液体								
温度/K	950	1000	1100	1200	1285				
c_p	102.16	102.16	102.16	102.16	102.16				
形态	气体								
温度/K	1285	1300	1400	1500	1620	1700	1800	1900	2000
c_p	65.863	65.846	65.720	65.590	65.456	65.318	65.176	65.029	65.883

表10.9.8　三氯化铁的比热容

单位：J/(mol·K)

形态	固体					液体			气体				
温度/K	298	300	400	500	577	577	600	605	300	400	500	600	700
c_p	96.71	96.92	108.4	120.0	128.8	134.0	134.0	134.0	77.79	80.10	81.18	81.76	82.12
形态	气体												
温度/K	800	900	1000	1100	1200	1300	1400	1500	1600	1700	1800	1900	2000
c_p	82.36	82.52	82.64	82.74	82.81	82.86	82.91	82.95	82.98	83.02	83.04	83.07	83.09

表10.9.9　氯化汞的比热容

单位：J/(mol·K)

形态	固体				液体		气体				
温度/K	300	400	500	550	550	577	577	600	700	800	900
c_p	73.981	76.922	79.37	80.514	102.09	102.09	61.111	61.196	61.477	61.664	61.796
形态	气体										
温度/K	1000	1100	1200	1300	1400	1500	1600	1700	1800	1900	2000
c_p	61.894	61.97	62.03	62.08	62.123	62.159	62.191	62.22	62.246	62.271	62.293

表10.9.10　三氯化钛的比热容

单位：J/(mol·K)

温度/K	300	400	500	600	700	800	900	1000	1100
液体	97.209	99.185	100.7	102.02	103.26	104.45	105.62	106.77	107.91
气体	72.716	78.938	81.781	83.292	84.171	84.72	85.072	85.306	85.457
温度/K	1200	1300	1400	1500	1600	1700	1800	1900	2000
气体	85.557	85.62	85.654	85.666	85.666	85.649	85.628	85.595	85.561

表10.9.11　氯化锰的比热容

单位：J/(mol·K)

温度/K	60	80	100	150	200	250
氯化锰	27.20	38.50	412.11	60.58	67.03	70.71
温度/K	298.2	400	500	600	800	1000
氯化锰	72.86	76.15	79.77	81.84	85.19	94.56

表10.9.12　二氯化锰的比热容

单位：J/(mol·K)

温度/K	300	400	500	600	700	800	900	923
c_p	73.076	77.185	79.797	81.819	83.564	85.16	86.67	87.009
温度/K	923~1504（液体）		1504	1600	1700	1800	1900	2000
c_p	96.232		65.566	65.436	65.298	65.156	65.011	64.864

表10.9.13　三氯化锰的比热容

单位：J/(mol·K)

温度/K	298	300	400	500	600	700	800	860
c_p	103.214	103.261	105.604	107.947	110.29	112.633	114.976	116.382
温度/K	860~900（液体）				900~2500（气体）			
c_p	129.704				83.680			

表10.9.14　四氯化锰的比热容

单位：J/(mol·K)

温度/K	298~384（液体）	384~2500（气体）
c_p	156.900	104.600

表10.9.15 二氯化铅的比热容 单位：J/(mol·K)

温度/K	298	300	400	500	600	700	768	768~1226（液体）[①]	
c_p	73.12	73.204	77.354	81.505	85.655	89.805	92.628	104.182	
温度/K	1226	1300	1400	1500	1600	1700	1800	1900	2000
c_p	57.789	57.861	57.957	58.053	58.149	58.245	58.342	58.438	58.534

① 前面是固体，后面是气体。

表10.9.16 四氯化铅的比热容 单位：J/(mol·K)

温度/K	300	400	500	600	700	800	900	1000	1100
c_p	100.98	104.00	105.41	106.18	106.65	106.96	107.17	107.33	107.45
温度/K	1200	1300	1400	1500	1600	1700	1800	1900	2000
c_p	107.54	107.62	107.68	107.74	107.78	107.82	107.86	107.89	107.92

表10.9.17 氯化锌的比热容 单位：J/(mol·K)

温度/K	298	300	400	500	591	591~1005（液体）[①]		1005	1100
c_p	67.526	67.572	69.873	72.174	74.268	100.834		61.091	61.171
温度/K	1200	1300	1400	1500	1600	1700	1800	1900	2000
c_p	61.254	61.338	61.422	61.505	61.589	61.673	61.757	61.84	61.924

① 前面是固体，后面是液体。

表10.9.18 氯化亚铜的比热容 单位：J/(mol·K)

形态	固体							液体		
温度/K	298	300	400	500	600	700	703	>703		
c_p	48.73	48.80	52.30	55.80	59.30	62.80	62.90	67.00		
	气体									
温度/K	298	300	400	500	600	700	800	900	1000	1100
c_p	35.26	35.29	36.30	36.79	37.08	37.28	37.43	37.54	37.64	37.73
形态	气体									
温度/K	1200	1300	1400	1500	1600	1700	1800	1900	2000	
c_p	38.94	37.89	37.96	38.02	38.09	38.15	38.21	38.27	38.33	

表10.9.19 氯化锆的比热容 单位：J/(mol·K)

温度/K	60	80	100	150	200	250	298.2	400	500
氯化锆	52.84	66.86	77.99	97.07	108.3	114.8	119.9	125.9	128.7

表10.9.20 氯化锶的比热容 单位：J/(mol·K)

形态	固体										液体
温度/K	298	300	400	500	600	700	800	900	1000	1300	≥1146
c_p	79.24	79.26	80.29	81.31	82.33	83.34	84.37	85.39	86.42	86.44	104.67

10.9.2 氯化物气体的比热容

表10.9.21 氯化碳气体的比热容 单位：J/(mol·K)

温度/K	300	400	500	600	700	800	900	1000	1100
二氯化碳	44.919	49.679	51.97	53.289	54.149	54.764	55.237	55.622	55.950
三氯化碳	63.927	71.379	74.91	76.896	78.154	79.023	79.666	80.169	80.580
四氯化碳	82.749	92.59	97.253	99.878	101.54	102.69	103.54	104.21	104.75

续表

温度/K	1200	1300	1400	1500	1600	1700	1800	1900	2000
二氯化碳	56.238	56.498	56.738	56.964	57.178	57.383	57.582	57.775	55.950
三氯化碳	80.929	81.234	81.507	81.756	81.988	82.205	82.412	82.610	80.580
四氯化碳	105.21	105.62	105.98	106.31	106.62	106.91	107.18	107.45	104.75

表10.9.22　氯化硼气体的比热容　　单位：J/(mol·K)

温度/K	300	400	500	600	700	800	900	1000	1100
一氯化硼	31.516	33.74	34.828	35.468	35.898	36.215	36.466	36.677	36.861
二氯化硼	45.364	50.01	52.241	53.522	54.354	54.947	55.401	55.768	56.079
三氯化硼	61.922	69.686	73.408	75.539	76.918	77.897	78.643	79.245	79.752
温度/K	1200	1300	1400	1500	1600	1700	1800	1900	2000
一氯化硼	37.027	37.181	37.325	37.463	37.595	37.723	37.848	37.971	38.091
二氯化硼	56.352	56.598	56.824	57.035	57.235	57.427	57.612	57.792	57.968
三氯化硼	80.195	80.592	80.957	81.297	81.619	81.927	82.223	82.511	82.791

10.9.3　氯化物水溶液的比热容

表10.9.23　氯化钠水溶液的比热容（密度为变量）　　单位：kJ/(kg·K)

密度/(kg/m³)	1000	1010	1020	1030	1040	1050	1060	1070	1080	1090	1100
10℃	4.183	4.082	4.015	3.957	3.898	3.839	3.785	2.735	3.689	3.643	3.601
0℃	4.191	4.074	4.003	3.940	3.881	3.827	3.772	3.722	3.676	3.630	3.588
−10℃											3.580
密度/(kg/m³)	1110	1120	1130	1140	1150	1160	1170	1180	1190	1200	1203
10℃	3.559	3.521	3.484	3.450	3.416	3.383	3.350	3.320	3.291	3.262	3.257
0℃	3.551	3.513	3.475	3.442	3.408	3.375	3.341	3.312	3.283	3.257	3.249
−10℃	3.538	3.500	3.467	3.429	3.396	3.362	3.333	3.304	3.274		

表10.9.24　氯化钠水溶液的比热容（浓度为变量）　　单位：kJ/(kg·K)

温度/℃		15	20	40	60	80	100
浓度/%	5.0	3.994	3.982	3.932	3.890	3.844	3.798
	10.0	3.860	3.852	3.806	3.760	3.705	3.651
	12.5	3.672	3.664	3.638	3.609	3.584	3.485
	15.0	3.525	3.521	3.500	3.475	3.421	3.320
	24.3	3.278	3.278	3.270	3.245	3.211	3.220

表10.9.25　氯化钙水溶液的比热容　　单位：kJ/(kg·K)

密度/(g/cm³)	1.000	1.010	1.020	1.030	1.040	1.050	1.060	1.070	1.080	1.090	1.100	1.110	1.120
0℃	4.200	4.128	4.053	3.978	3.902	3.831	3.764	3.693	3.634	3.563	3.500	3.442	3.383
密度/(g/cm³)	1.130	1.140	1.150	1.160	1.170	1.180	1.190	1.200	1.210	1.220	1.230	1.240	1250
0℃	3.329	3.274	3.224	3.178	3.128	3.086	3.044	3.002	2.964	2.931	2.897	2.856	2.839
−10℃	3.304	3.249	3.199	3.153	3.107	3.061	3.019	2.977	2.939	2.906	2.872	2.843	2.814
−20℃								2.952	2.914	2.881	2.847	2.818	2.788
−30℃												2.793	2.763

续表

密度/(g/cm³)	1.260	1.270	1.280	1.286	1.290	1.300	1.310	1.320	1.330	1.340	1.350	1.360	1.370
0℃	2.809	2.780	2.755	2.738	2.726	2.701	2.675	2.650	2.625	2.600	2.579	2.554	2.529
−10℃	2.784	2.755	2.730	2.713	2.700	2.675	2.650	2.625	2.596	2.575	2.550		
−20℃	2.759	2.730	2.705	2.688	2.675	2.650	2.621	2.596	2.571				
−30℃	2.734	2.705	2.680	2.663	2.650	2.625	2.596						

N（算图10.25）

氯化钙水溶液的比热容（第637页）

表10.9.26　氯化钡水溶液的比热容　　单位：kJ/(kg·K)

浓度/(mol/mol H_2O)	50	60	70	80	90	100	110	120
c_p	3.26	3.355	3.442	3.522	3.595	3.66	3.718	3.768
浓度/(mol/mol H_2O)	130	140	150	160	170	180	190	200
c_p	3.81	3.846	3.873	3.894	3.906	3.912	3.91	3.9

表10.9.27　氯化铵水溶液的比热容　　单位：kJ/(kg·K)

温度/℃	氯化铵浓度（摩尔比）									
	0.2	0.3	0.4	0.6	0.8	1.0	1.5	2.0	2.5	3.0
25	4.146	4.111	4.079	4.025	3.98	3.941	3.845	3.749	3.66	3.59
50	4.13	4.105	4.081	4.037	3.995	3.955	3.857	3.762	3.821	3.826
75	4.142	4.124	4.106	4.066	4.023	3.979	3.871	3.772	3.687	3.616
温度/℃	氯化铵浓度（摩尔比）									
	4.0	5.0	6.0	7.0	8.0	9.0	10.0	11.0	11.5	
25	3.454	3.335	3.234	2.156						
50	2.869	3.198	9.821	3.5	3.007					
75	3.501	3.394	3.278	3.175	3.101	3.044	2.992	2.937	2.904	

10.9.4　氯酸盐的比热容

表10.9.28　高氯酸钾的比热容　　单位：J/(mol·K)

温度/K	20	40	60	80	100	150	200	250	298.2
c_p	8.37	29.96	412.15	57.91	64.94	77.61	88.41	99.70	110.20
温度/K	300	400	500	573（α_1固体）	573（α_2固体）	573	600	700	798
c_p	113.05	138.67	153.89	162.27	162.27	162.27	165.027	174.231	182.25

表10.9.29　氯酸钠水溶液的比热容　　单位：kJ/(kg·K)

浓度/(mol/100mol 水)	0.2	0.6	1.0	1.5	2.0	2.5	3	4	5	6	8	10	12
c_p	4.086	4.003	3.932	3.839	3.750	3.668	3.593	3.464	3.360	3.271	3.110	2.985	2.880

表10.9.30　高氯酸钠水溶液的比热容　　单位：kJ/(kg·K)

浓度/(mol/100mol 水)	0.2	1.0	2	4	6	8	10	12	14	16	18	20	22
c_p	4.126	3.922	3.728	3.455	3.249	3.074	2.926	2.799	2.680	2.568	2.472	2.403	2.378

10.10 比焓

表10.10.1 氯化钾的比焓 单位：kJ/mol

形态	固态									
温度/K	298	300	400	500	600	700	800	900	1000	1100
h	79.549	79.641	84.833	90.196	95.664	101.212	106.818	112.478	118.189	123.946
形态	固态									
温度/K	1200	1300	1400	1500	1600	1700	1800	1900	2000	
h	129.745	135.590	141.476	147.400	153.367	159.375	165.420	171.508	177.633	
形态	固态							液态		
温度/K	300	400	500	600	700	800	895	895	900	
h	−113.42	−106.78	−100.14	−93.495	−86.851	−80.202	−73.884	−59.231	−58.853	
形态	液态									
温度/K	1000	1100	1200	1300	1400	1500	1600	1700	1800	
h	−51.318	−43.78	−36.25	−28.71	−21.17	−13.64	−61.00	1.436	8.972	

表10.10.2 二氯化铁的比焓 单位：kJ/mol

形态	固体									液体		
温度/K	298	300	400	500	600	700	800	900	950	950	1000	1100
h	342.5	342.3	334.5	326.4	318.2	309.8	301.3	292.7	288.4	245.2	240.1	229.9
形态	液体		气体									
温度/K	1200	1285	1285	1300	1400	1500	1600	1700	1800	1900	2000	
h	219.7	211.0	85.42	84.44	77.86	71.29	64.74	58.20	51.68	45.17	38.67	

表10.10.3 三氯化铁的比焓 单位：kJ/mol

形态	固体					液体			气体				
温度/K	298	300	400	500	577	577	600	605	300	400	500	600	700
h	399.7	399.5	389.2	377.8	368.2	325.1	322.0	321.4	253.2	245.2	2312.2	229.0	220.8
形态	气体												
温度/K	800	900	1000	1100	1200	1300	1400	1500	1600	1700	1800	1900	2000
h	212.6	204.4	196.1	187.8	179.6	171.3	163.0	154.7	146.4	138.1	129.8	121.5	113.2

表10.10.4 三氯化钛的比焓 单位：kJ/mol

温度/K	298	300	400	500	600	700	800	900	1000	1100
液体	722.22	722.04	712.22	702.22	692.08	681.82	671.43	660.93	650.31	639.58
气体	539.68	539.54	531.92	523.86	515.60	5012.23	498.78	490.29	481.77	473.23
温度/K	1200	1300	1400	1500	1600	1700	1800	1900	2000	
气体	464.68	456.13	447.56	438.99	430.42	421.86	413.3	404.73	404.55	

表10.10.5 氯化亚铜的比焓 单位：kJ/mol

形态	固态								
温度/K	298	300	400	500	600	700	703		
h	−138.2	−138.1	−133.0	−127.6	−121.9	−115.8	−115.6		
形态	液态								
温度/K	703	800	900	1000	1100	1200	1300	1400	1485
h	−105.3	−98.83	−92.13	−85.44	−78.74	−72.04	−65.34	−58.64	+52.95

续表

形态	气态									
温度/K	298	300	400	500	600	700	800	900	1000	1100
h	91.15	91.21	94.80	98.45	102.1	105.9	109.6	113.4	1112.1	120.9
形态	气态									
温度/K	1200	1300	1400	1500	1600	1700	1800	1900	2000	
h	124.7	128.4	132.2	136.0	139.8	143.7	147.5	151.3	155.1	

表10.10.6　其他氯化物的焓（25℃时）　　单位：kJ/mol

物料名	氯化铝	氯化钠	四氯化二碳	六氯化二碳	氯化钙	四氯化碳
分子式	$AlCl_3$	NaCl	C_2Cl_4	C_2Cl_6	$CACl_2$	CCl_4
理想气体标准生成焓	−584.59	−181.40	−12.13	−138.91	−471.50	−95.81
标准燃烧焓	—	—	−735.48	−580.30	—	−265.30
物料名	氯化铵	三氯化氮	三氯化磷	三氯氧化磷	四氯化硅	五氯化磷
分子式	NH_4Cl	NCl_3	PCl_3	$POCl_3$	$SiCl_4$	PCl_5
理想气体标准生成焓	—	263.00	−288.70	−558.48	−662.75	−374.90
标准燃烧焓	−169.20	−230.00	—	—	−217.00	—
物料名	二氯化硫	硫酰氯	氯化亚砜	四氯化钛	三氯氧化钒	四氯化钒
分子式	SCl_2	SO_2Cl_2	$SOCl_2$	$TiCl_4$	VCl_3O	VCl_4
理想气体标准生成焓	−17.57	−364.00	−212.50	−761.66	−695.59	−525.50
标准燃烧焓	−247.47	97.26	−51.24	—	—	—

10.11　比熵

表10.11.1　氯化钾的比熵　　单位：J/(mol·K)

形态	气态									
温度/K	298	300	400	500	600	700	800	900	1000	1100
S	253.22	253.53	268.45	280.41	290.38	298.92	306.41	313.08	319.09	324.58
温度/K	1200	1300	1400	1500	1600	1700	1800	1900	2000	
S	329.63	334.30	338.67	342.75	346.60	350.25	353.70	356.99	360.13	

形态	固态							液态	
温度/K	300	400	500	600	700	800	895	895	900
S	128.28	147.38	162.20	174.31	184.56	193.43	200.90	2112.27	217.69
温度/K	1000	1100	1200	1300	1400	1500	1600	1700	1800
S	225.63	222.18	239.37	245.41	260.00	256.19	261.05	265.62	269.93

表10.11.2　二氯化铁的比熵　　单位：J/(mol·K)

形态	固体								
温度/K	298	300	400	500	600	700	800	900	950
S	120.16	120.63	143.13	144.39	176.17	189.08	200.43	210.56	215.25

形态	液体					气体	
温度/K	950	1000	1100	1200	1285	1285	1300
S	260.65	265.88	273.73	284.51	291.50	389.25	390.01
形态	气体						
温度/K	1400	1500	1600	1700	1800	1900	2000
S	394.87	399.42	403.65	407.61	411.34	414.86	418.19

表10.11.3 三氯化铁的比熵 单位：J/(mol·K)

形态	固体					液体			气体				
温度/K	298	300	400	500	577	577	600	605	300	400	500	600	700
S	125.7	143.0	172.5	197.9	215.7	290.5	295.7	296.8	344.8	365.0	385.6	400.4	413.1
形态	气体												
温度/K	800	900	1000	1100	1200	1300	1400	1500	1600	1700	1800	1900	2000
S	424	433.7	442.4	450.3	457.3	464.2	470.3	476.0	481.4	486.4	491.2	495.6	499.9

表10.11.4 三氯化钛的比熵 单位：J/(mol·K)

温度/K	298	300	400	500	600	700	800	900	1000	1100
液体	139.84	140.44	168.69	190.99	209.47	225.29	239.16	251.53	262.72	272.95
气体	316.94	317.39	339.29	3512.25	372.30	385.21	396.49	406.49	415.47	423.61
温度/K	1200	1300	1400	1500	1600	1700	1800	1900	2000	
液体	431.05	437.9	444.24	450.16	455.68	460.88	465.77	470.4	474.79	

表10.11.5 氯化亚铜的比熵 单位：J/(mol·K)

形态	固态						
温度/K	298	300	400	500	600	700	703
S	87.09	87.39	101.9	114.0	124.4	133.8	134.1

形态	液态								
温度/K	703	800	900	1000	1100	1200	1300	1400	1485
S	148.7	157.3	165.2	172.3	178.7	184.5	189.9	194.8	198.8

形态	气态									
温度/K	298	300	400	500	600	700	800	900	1000	1100
S	237.3	237.5	247.8	255.9	262.7	268.4	273.4	277.8	281.8	285.4
温度/K	1200	1300	1400	1500	1600	1700	1800	1900	2000	
S	288.6	291.7	294.5	2912.1	299.6	301.9	304.1	306.1	308.1	

表10.11.6 其他氯化物的熵(25℃) 单位：kJ/(kmol·K)

物料名	氯化铝	氯化钠	四氯化二碳	六氯化二碳	氯化钙	四氯化碳
物质的绝对熵	314.49	229.70	340.85	397.88	290.20	309.91
物料名	氯化铵	三氯化氮	三氯化磷	三氯氧化磷	四氯化硅	五氯化磷
物质的绝对熵	—	297.37	311.57	325.35	330.84	364.47
物料名	二氯化硫	硫酰氯	氯化亚砜	四氯化钛	三氯氧化钒	四氯化钒
物质的绝对熵	281.52	311.83	309.66	354.79	344.18	362.29

10.12 熔融热和汽化热

表10.12.1 氯化物的熔解热和汽化热 单位：kJ/mol

分子式	熔融热	汽化热	分子式	熔融热	汽化热	分子式	熔融热	汽化热	分子式	熔融热	汽化热
AgCl	13.21	198.9	$GeHCl_3$		33.5	PCl_5		64.9①	$SOCl_2$		31.3
$AlCl_3$	35.59	65.4	HCl	2.11	16.2	$PClF_2$		24.9	SOFCl		24.7
$AsCl_3$	10.13	31.7	$HfCl_4$	7.54	99.6	PCl_2F		22.8	SO_2Cl_2		28.0
BCl_3	(2.09)	23.9	$HgCl_2$	17.38	59.0	P_2ClF_2		17.6	$S_2O_5Cl_2$		55.3

续表

分子式	熔融热	汽化热	分子式	熔融热	汽化热	分子式	熔融热	汽化热	分子式	熔融热	汽化热
B_2Cl_4	10.80	33.6	ICl	7.75	41.7	$PdCl_2$	40.11		S_2O_5FCl		33.9
$BaCl_2$	22.48	(209.4)	KCl	25.54	162.6	$POCl_3$	13.02	33.7	$TaCl_4$		126.4①
$BeCl_2$	(12.56)	(104.7)	$LiCl$	13.40	150.6	$POClF_2$		25.5	$TaCl_5$	38.52	58.6
$BiCl_3$	10.89	72.6	$MgCl_2$	43.13	136.9	$POCl_2F$		31.0	$TeCl_4$		77.0
$BrCl$	10.05	34.8	$MnCl_2$	37.56	149.0	$PSClF_2$		23.9	$ThCl_4$	94.21	152.8
CCl_4	2.70	30.5	$MoCl_2$	25.12		$PSCl_2F$		28.8	$TiCl_2$		196.0①
$CaCl_2$	28.39	(230.3)	$MoCl_3$		217.7①	$PuCl_3$	63.64	304.8	$TiCl_3$		175.8①
$CdCl_2$	22.19	125.0	$MoCl_4$		104.7①	$RbCl$	18.42	154.6	$TiCl_4$	9.76	39.8
$CeCl_3$	33.50	170.8	$MoCl_5$	92.11①	58.6	$ReOCl_4$		45.6	$TlCl$	17.84	102.2
$CoCl_2$	226.1①	145.0	$MoOCl_3$		104.7①	$SbCl_3$	12.69	43.1	UCl_3	37.68	171.7
$CoCl_2$	5.74	24.4	$MoOCl_4$		67.8	$SbCl_5$	10.05	48.4	UCl_4	43.13	138.2
$CrCl_2$	32.32	198.9	$NoCl$		25.7	S_2Cl_2		36.0	UCl_5	35.58	
$CrCl_3$		251.2①	$N_3P_3Cl_6$	20.94	55.3	$SeOCl_3$	4.23	42.7	VCl_2		187.6①
$CrCl_4$	8.37	37.7	$N_4P_4Cl_8$		65.3	$SiBrCl_2F$		24.9	VCl_3		1812.2①
CrO_2Cl_2		34.5	$NaCl$	28.68	170.9	$SiBr_2ClF$		29.7	VCl_4	9.63	41.5
$CsCl$	15.07	149.4	$NaFeCl_4$	18.00		$SiCl_4$	7.72	28.7	VO_2Cl		40.2
$CuCl$		157.0①	$NbCl_4$		131.5	Si_3Cl_8		51.7	WCl_4		163.3①
$CuCl_2$		193.8①	$NbCl_5$	95.46①	54.8	SiF_2Cl_2		21.3	WCl_5	69.92①	65.7
$FeCl_2$	189.7	125.6	$NbOCl_3$		117.6①	SiF_3Cl		18.7	WCl_6	67.00①	60.7
$FeCl_3$	43.12	25.2	$NiCl_2$	77.33	225.3	$SiHCl_3$		26.6	$WOCl_4$	20.85	63.5
$GaCl_3$	10.70		$PbCl_2$	24.28	124.0	$SnCl_2$	12.77	81.6	WO_2Cl_4		110.1①
$GeCl_4$		29.4	PCl_3		32.7	$SnCl_4$	9.17	34.9	$ZnCl_2$	23.20	120.2

① 升华热。

10.13　临界值和偏心因子

表 10.13.1　氯化物的临界值

物料名	二氯化硫	二氟二氯硅烷	二氟氯硫化磷	三氟氯硅烷	三氯化氮	三氯化磷	三氯化硼
分子式	SCl_2	SiF_2Cl_2	$PSClF_2$	SiF_3Cl	NCl_3	PCl_3	BBr_3
临界温度/K	542	369.0	439.2	307.7	533	563.2	452
临界压力/MPa	6.68	3.500	4.140	3.470	6.17	5.670	3.870
临界体积/(cm^3/mol)	183				201	264	239.5
临界压缩因子	0.271				0.28	0.315	0.242
偏心因子	0.256		0.202		0.418	0.234	0.140
物料名	三氯化砷	三氯化铁	三氯氧化磷	三氯硅烷	三氯氧化钒	四氯化硅	四氯化碳
分子式	$AsCl_3$	$FeCl_3$	$POCl_3$	$SiHCl_3$	VCl_3O	$SiCl_4$	CCl_4
临界温度/K	654.0	948.2	601.0	479.1	636	507.6	556.35
临界压力/MPa		4.300	4.960		3.740	3.590	4.560
临界体积/(cm^3/mol)	252.0	—	276	268	290	326	276
临界压缩因子		—	0.138		0.205	0.278	0.272
偏心因子		0.174	0.083		0.130	0.232	0.193

续表

物料名	四氯化二碳	四氯化钛	四氯化钒	四氯化锗	四氯化锡	五氯化磷	六氯化二碳
分子式	C_2Cl_4	$TiCl_4$	VCl_4	$GeCl_4$	$SnCl_4$	PCl_5	C_2Cl_6
临界温度/K	620	638	697	500	591.8	646.2	695
临界压力/MPa	4.490	4.661	6.030	3.850	3.750	—	3.340
临界体积/(cm³/mol)	248	339	268	—	351	—	412
临界压缩因子	0.216	0.299	0.279	—	—	—	0.238
偏心因子		0.268	0.186	—			0.239
物料名	亚硝酰氯	氯化氢	三氯化铝	氯化亚铜	氯化钾	氯化钠	氯化钙
分子式	ClNO	HCl	$AlCl_3$	CuCl	KCl	NaCl	$CACl_2$
临界温度/K	440	324.7	629	2435	3470	3400	3620
临界压力/MPa	9.120	8.270	2.630	—	18.000	35.500	—
临界体积/(cm³/mol)	139	81	261	—	625	266	—
临界压缩因子	0.35	0.249	0.131	—	0.39	0.334	—
偏心因子	0.318	0.132	0.660		−0.121	0.189	
物料名	氯化铜	氯化亚铁	氯化铵	氯化亚砜	硫酰氯	碳酰氯	
分子式	CCl_2	$FeCl_2$	NH_4Cl	$SOCl_2$	SO_2Cl_2	$COCl_2$	
临界温度/K	2010	2010	882	567	545	455	
临界压力/MPa	—	8.720	1.640	4.430	4.610	5.673	
临界体积/(cm³/mol)	—	—	—	208	234		
临界压缩因子	—	—	—	0.195	0.238	0.285	
偏心因子		0.527		0.0946	0.176		

10.14 其他物性

10.14.1 氯化物的线胀系数

表10.14.1 氯化物的线胀系数　　单位：10^{-6}/℃

温度/℃	−250	−200	−150	−100	−50	0	20	100	200	300	400	500	600	700	800
CsCl	8.7	31.4	38.2	41.6	43.8	45.7	46.3								
KCl	1.3	20.0	28.2	31.8	34.5	36.5	312.1	39.3	41.9	44.6	47.7	52.0	54.7	58.4	62.3
LiCl			30.6	36.4	40.1	42.8	43.8								
NaCl	0.3	18.2	28.0	33.8	36.8	38.9	39.7	42.3	45.2	48.3	51.9	56.1	60.9	67.3	76.1

10.14.2 氯化钠水溶液的普朗特数

表10.14.2 氯化钠水溶液的普朗特数

浓度(质量分数)/%	7					11				
温度/℃	−4	0	10	15	20	−7.5	−5	0	10	20
P_r	14.8	12.7	9.4	8.1	6.9	17.8	16.4	13.4	9.9	12.2
浓度(质量分数)/%	13.6					16.2				
温度/℃	−9.8	−5	0	10	20	−12.2	−10	−5	10	20
P_r	22.9	112.1	13.9	10.3	7.4	28.3	23.2	18.6	10.9	8.3

续表

浓度(质量分数)/%	18.8						21.2			
温度/℃	−15	−10	−5	0	10	20	−18	−15	−10	−5
P_r	31.0	24.8	19.8	10.1	11.4	8.5	39.4	33.9	212.1	21.5
浓度(质量分数)/%	21.2			23.1						
温度/℃	0	10	20	−21	−15	−10	−5	0	10	20
P_r	17.3	12.1	9.1	50.0	36.5	29.5	23.3	18.6	13.1	9.6

第 11 章 溴化物和溴酸盐

目 录

11.1 物性总览 ………………………………… 367
11.1.1 溴化物的一般特性 …………… 367
11.1.2 溴酸盐的一般特性 …………… 370
11.1.3 溴化物的危险品特性 ………… 372
11.1.4 溴酸盐的危险品特性 ………… 372
11.2 密度 ………………………………… 373
11.2.1 溴化物水溶液的密度 ………… 373
11.2.2 溴酸盐水溶液的密度 ………… 375
11.3 黏度 ………………………………… 375
11.4 表面张力 …………………………… 375
11.5 溶解度 ……………………………… 376
11.5.1 溴化物在水中的溶解度 ……… 376
11.5.2 溴化物在有机溶剂中的溶解度 377
11.5.3 溴酸盐在水中的溶解度 ……… 378
11.5.4 溴酸盐在一些溶剂中的溶解度 378
11.6 热导率 ……………………………… 378
11.6.1 溴化物的热导率 ……………… 378
11.6.2 溴化物水溶液的热导率 ……… 379
11.7 蒸气压 ……………………………… 379
11.7.1 溴化物的蒸气压 ……………… 379
11.7.2 溴化钠、溴化钾、溴化铷晶体的蒸气压 ……………………… 380
11.7.3 溴化铵水溶液的蒸气压 ……… 380
11.8 比热容 ……………………………… 380
11.9 熔融热和汽化热 ………………… 381
11.10 其他物性 ………………………… 382

11.1 物性总览

11.1.1 溴化物的一般特性

表 11.1.1 溴化物的一般特性

分子式	名称	分子量	颜色	晶形	特性或折射率	密度/(g/cm³)	熔点/℃	沸点/℃	溶解度/(g/100g溶剂)或溶解情况 冷水	热水	酸	碱	乙醇	其他溶剂
AgBr	溴化银	187.78	浅黄	立	2.252	6.473^{25}	434	// 700	0.02^{20}	0.37mg	液氨2.4	$+NH_4OH\ 0.51^{18}$	—	$+KCN,Na_2SO_3,NaCl$溶液
$AlBr_3$	溴化铝	266.72	白	三	≈	3.01^{25}	97.5	268	+	∞		+	+	+丙酮、CS_2、乙醚、苯
$AlBr_3\cdot6H_2O$	溴化铝·6水	374.82	无	针	～	2.540	93	// 100	+	+×		+	+	+CS_2、乙醚
$AsBr_3$	溴化亚砷	314.62	无	棱	～	3.500	33	200		×				+CS_2
AuBr	溴化亚金	276.87	黄灰	固或结晶粉		7.900	// 115		—	—	//	+KBr	+NaCN	$+NH_4OH$
$AuBr_3$	三溴化金	436.68	暗棕	片			160 //		+	×				+乙醚
$BaBr_2$	溴化钡	297.15	无	斜		4.780^{24}	847	//	表11.5.1				++	÷÷丙酮
$BaBr_2\cdot2H_2O$	溴化钡·2水	333.22	无或白	单	1.727	3.690	$-2H_2O$ 100	//	表11.5.1				+	
BBr_3	三溴化硼	250.57	无	液	发烟 臭味 1.5312	2.690	−46	90.6	//		$+CS_2$	×	//	×液氨；$+CCl_4$
$BeBr_2$	溴化铍	168.82	无	针	～	3.465^{25}	488 1	520	++			一苯	+	+乙醚、氮苯
BiBr	溴化铋	288.88	钢灰或硫黄	团	≈	5.700	439		//		+Cl	—	+	+HBr、丙酮、乙醚
$BiBr_3$	三溴化铋	448.75	黄			5.700	218	453	//	//				+HBr、乙醚
BiOBr	溴化氧铋	304.92	无	晶		8.080	//		—		+		—	
BrCN	溴化氰	105.93		针	刺激	2.015^{20}	52	61.3^{100}	→HBr、HCN剧毒			+苯	+	+乙醚
$CaBr_2$	溴化钙	199.89	白	针	味咸苦 ≈	3.353^{25}	760	810	表11.5.1、表11.5.2		+	吸氧	+	①
$CaBr_2\cdot6H_2O$	溴化钙·6水	307.98	无	三		2.300	38.2	149 //					+	+丙酮1.0
CBr_4	四溴化碳	331.65	白	晶	1.5942^{100}	2.96^{100}	90-1	190	—		+HF		+	+乙醚、氯仿、CS_2
$CdBr_2$	溴化镉	272.21	白-微黄	晶	异味 易风化	5.20^{25}	583	865	表11.5.1		+Cl		26.6^{15}	+乙酸、乙醚、丙酮
$CdBr_2\cdot4H_2O$	溴化镉·4水	344.49	白或无	针	易风化		$-4H_2O$ 200		表11.5.1				+	÷乙醚、丙酮
CNBr	溴化氰	105.93	白或透明	棱	极毒	2.015^{20}	52	61-2	+++			//	+++	+++ 乙醚
$COBr_2$	二溴氧化碳	187.84		液		2.440	−80	64.5	++ //	//				
$CoBr_2$	溴化钴	218.75	蓝绿	晶	易潮解	4.909^{25}	678(N_2中)		+	67^{60}	+		+	+乙醚
$CoBr_2\cdot6H_2O$	溴化钴·6水	326.83	红紫	晶	～	2.460	$-2H_2O$ 43	$-6H_2O$ 130	表11.5.1		+		+	+乙醚
$CrBr_2$	溴化亚铬	211.80	白绿	六、粉		4.25^{25}	在湿空气中氧化		—	÷			++	

续表

分子式	名称	分子量	颜色	晶形	特性或折射率	密度/(g/cm³)	熔点/℃	沸点/℃	溶解度/(g/100g溶剂)或溶解情况					
									冷水	热水	酸	碱	乙醇	其他溶剂
$CrBr_3$	溴化铬	291.71	暗绿或红	六、鳞		4.250	受热→Cr_2O_3	↑927	—			×	+	
$CrBr_3·6H_2O$	溴化铬·6水	399.74	绿	针	≈	5.40^{17}			200				++	−乙醚;+熔融Na_2O_2
$CsBr$	溴化铯	212.81	白	立	～1.698	4.440	636	1300	表11.5.1		−丙酮		+	+液氨 4.58^0
$CuBr$	溴化亚铜	143.45	棕或白	晶(或粉)	2.116	4.72^{12}	504	1355	0.0011^{25}	//	+Cl	$+NH_4OH$	—	②
$CuBr_2·3Cu(OH)_2$	碱式溴化铜	516.02	艳绿	斜		4.000			—		+稀酸	+氨水		++醋酸
$CuBr_2$	溴化铜	223.35	黑	单	～	4.710	498		表11.5.1		−苯		+	+丙酮、吡啶、液氨
$ErBr_3$	溴化铒	406.97	紫玫瑰	针		4.930	950	1460					—	+氨水
$FeBr_2$	溴化亚铁	215.66	绿黄	六		4.636^{25}	688	968	表11.5.1				+	+氯苯 0.49^{25}
$FeBr_2·6H_2O$	溴化亚铁·6水	323.76	蓝绿	六	～		27		表11.5.1				+	
$FeBr_3$	溴化铁	295.56	暗红	六	～		297	627	455^{25}	+			+	+乙醚;÷NH_3
$FeBr_3·6H_2O$	溴化铁·6水	403.69	红				27		+	+				
$GaBr_3$	溴化镓	309.47	白	晶	～	3.69^{25}	121.5	278.8	+	+		++苯	$++CS_2$	++四氯化碳
$GdBr_3·6H_2O$	溴化钆·6水	504.99		正、片		2.844^{15}			+	+	+HBr			
$GeBr_4$	四溴化锗	392.26	灰	八	闪点:186.5℃ 1.627	3.132^{25}	26.1	186.5						
$HgBr$	溴化亚汞	280.53	白	四或粉		7.307	↑345		$7×10^{-9}$	—	+		—	③
$HgBr_2$	溴化汞	360.39	白	正		6.053	237	322			//温热		252^0	④
$HgIBr$	溴碘化汞	407.45	黄	正			229	360					+	+乙醚
$HoBr_3$	溴化钬	404.66	浅黄	晶			914	1470			+			
IBr	溴化碘	206.81	暗灰	斜	闪点:116℃	4.414^{10}	42～50	119 //				$+CS_2$	+	+乙醚;氯仿
$IrBr_3·4H_2O$	三溴化铱·4水	504.90	橄榄绿	晶			$-3H_2O$ 100		+				—	−乙醚
$IrBr_4$	四溴化铱	511.84	蓝	～			//		+				+	
$KAuBr_4$	四溴金酸钾	556.00	红棕				//		+				+	
KBr	溴化钾	119.01	无或白	立	咸 1.559	2.75^{25}	750	1380	表11.5.1		×S		0.14^{25}	÷乙醚;+甘油
K_2PdBr_4	四溴钯(Ⅱ)酸钾	504.21	红褐	针					++					−醚
$LiBr$	溴化锂	86.85	白	立	≈1.784	3.464^{25}	549	1310	表11.5.1、表11.5.2		÷吡啶	÷甘油	73^{40}	+丙酮,甲醇8;++乙醚
$LiBr·2H_2O$	溴化锂·2水	122.89	白	棱			44		表11.5.1				+	
$MgBr_2$	溴化镁	184.11	无或白	蜡	≈	3.720	695		表11.5.1		+HBr		+甲、乙	÷吡啶、乙醚
$MgBr_2·6H_2O$	溴化镁·6水	292.20	无	单	～	2.000	172.4		表11.5.1			÷NH_3	+	+甲醇、丙酮
$MnBr_2$	溴化锰	214.74	浅棕	粉	～	4.40^{25}	//		127.3	228				−NH_3
$MnBr_2·4H_2O$	溴化锰·4水	286.80	玫瑰红	针	～		64.3 //		表11.5.1				+	+其64℃结晶水
$MoBr_2$	二溴化钼	255.78	黄/红			4.88^{18}					—	+		−王水

续表

分子式	名称	分子量	颜色	晶形	特性或折射率	密度/(g/cm³)	熔点/℃	沸点/℃	溶解度/(g/100g溶剂)或溶解情况 冷水	热水	酸	碱	乙醇	其他溶剂
$MoBr_3$	三溴化钼	335.70	黑/绿	针			//		—		—	//		
$MoBr_4$	四溴化钼	415.61	黑	针	～		//		+++			//		
NaBr	溴化钠	102.89	无或白	立	1.641	3.205^{18}	755	1390	表11.5.1、表11.5.2		×S		÷	⑤
$NaBr\cdot 2H_2O$	溴化钠·2水	138.92	无	单		2.176	// 50.7	$-2H_2O$ 50	表11.5.1		÷÷丙酮	$+NH_3$	2.3^{25}	++甲醇17.4^{15}
$Na_2PtBr_6\cdot 6H_2O$	六水溴合铂酸钠	828.62	深红	三		3.323			++					++醇
NH_4Br	溴化铵	97.94	淡黄	立	咸味 1.711^{25}	2.429^{15}	↑452	235^{0}	表11.5.1、表11.5.2			–乙酸乙酯	10^{76}	+丙酮、乙醚、液氨
$NiBr_2$	溴化镍	218.51	棕黄	粒	～	4.64^{28}	963	↑919	表11.5.1			$+NH_4OH$	+	+乙醚
$NiBr_2\cdot 3H_2O$	溴化镍·3水	272.57	绿	鳞	～			$3H_2O$ 200	表11.5.1			$+NH_4OH$	+	+乙醚
$NPBr_2$	二溴磷化氮	204.82	无	正			190		–			$+CS_2$		+乙醚、氯仿
$PbBr_2$	溴化铅	367.01	白	正	毒	6.660	373	918	表11.5.1		+	+浓		⑥
PBr_2N	二溴氮化磷	204.82	无	正			190		–			÷氯仿		$+CS_2$、乙醚
PBr_3	三溴化磷	270.69	无	液	发烟	2.852^{15}	–40.5	173.3	//		$+CCl_4$	$+CS_2$	×	+乙醚、氯仿、丙酮
PBr_5	五溴化磷	430.49	黄橙	正	～		// <100	// 106	//			+苯	//	$+CS_2$; CCl_4
$POBr_3$	三溴氧磷	286.72	无	片					//		+S′	+苯	+氯仿	$++CS_2$、乙醚
$PSBr_3$	溴硫化磷	302.76	黄	八		2.85^{17}	38	212	+				+	$+SO_2$;$+PCl_3$;$+PBr_3$
$PdBr_2$	二溴化钯	266.53	棕褐	无			//		—	–	+HBr		—	+NaCl
$POBr_3$	三溴氧化磷	286.73	无	片		2.822	56	193	//		+S	+苯		$+CS_2$、乙醚
$PSBr_3$	三溴硫化磷	302.80	黄	立		2.85^{17}	38	// 175	//		$+PBr_3$	PCl_3		$+CS_2$、乙醚
$Pt_2(CO)_2Br_4$	四溴二羰络二铂	766.14	浅红	针		5.115^{25}	178 //		+ //				+纯	$+CCl_4$、热苯
$PoBr_4$	四溴化钋	529.67	亮红	晶			330	360					+丙酮	不溶于苯和CCl_4
$PtBr_2$	二溴化铂	354.90	棕	立		6.650		// >300	–	–	×HBr			÷KBr
$PtBr_3$	三溴化铂	434.98	灰黑	晶				// >410	÷	//	+乙酸		+	+乙醚
$PoBr_4$	四溴化钋	529.67	亮红	晶			330	360					+丙酮	不溶于苯和CCl_4
$PtBr_2$	二溴化铂	354.90	棕	立		6.650		// >300	–	–	×HBr			÷KBr
$PtBr_3$	三溴化铂	434.98	灰黑	晶				// >410	÷	//	+乙酸		+	+乙醚
$PtBr_4$	四溴化铂	514.71	暗棕	斜		5.690		// >180	0.41^{20}	÷	+HBr		+	+乙醚
$RaBr_2$	溴化镭	385.88	白	单		5.790	728	↑900	70^{20}	+			+	

① 不溶于乙醚、氯仿；微溶于甲醇、液氨；溶于丙酮、甲醇。
② 热水中分解；溶于硝酸并分解；溶于氢溴酸、硝酸和氨水；微溶于水；不溶于丙酮、醋酸及沸浓硫酸等有机溶剂。
③ 不溶于乙醚；溶于发烟硝酸、热浓硫酸和热碳酸铵溶液。
④ 溶于热醇、甲醇、盐酸；微溶于氯仿。
⑤ 微溶于丙酮；溶于甲醇、吡啶、液氨、甘油 38.7^{20}。在酸性条件下，溴化钠能被氧化，游离出溴。
⑥ 微溶于液氨、吡啶 0.8^{0}（1.44^{100}）；溶于 KBr、甘油。

11.1.2 溴酸盐的一般特性

表 11.1.2 溴酸盐的一般特性

分子式	名称	分子量	颜色	晶形	特性或折射率	密度/(g/cm³)	熔点/℃	沸点/℃	溶解度/(g/100g溶剂)或溶解情况 冷水	热水	酸	碱	乙醇	其他溶剂
$AgBrO_3$	溴酸银	235.78	无或白	晶或粉	1.874	5.206	//		0.16^{20}	1.3^{80}	–N	+氨水		
$Al(BrO_3)_3$	溴酸铝	410.68		团、晶	～		62		+		÷N	+氨水		
$Al(BrO_3)_3 \cdot 9H_2O$	溴酸铝·9水	572.86		晶	～		62.3	// 100	+				–	–丙酮
$Ba(BrO_3)_2 \cdot H_2O$	溴酸钡·1水	411.15	白	单		3.99^{18}	$-H_2O$ 200	// 260	表11.5.6		// Cl,S			
$Ca(BrO_3)_2 \cdot H_2O$	溴酸钙·1水	313.90	无	单		3.329	$-H_2O$ 180	//	++					
$Co(BrO_3)_2 \cdot 6H_2O$	溴酸钴·6水	422.83	无	八				//	45.5^{17}			+氨水		
$CsBrO_3$	溴酸铯	260.83		六		4.10^{20}	420		3.66^{25}	5.32^{35}				
$Cu(BrO_3)_2 \cdot 6H_2O$	溴酸铜·6水	427.45	蓝灰或白	立、粉		2.585	// 180	$-6H_2O$ 200	++			+氨水		
$HgBrO_3$	溴酸亚汞	328.53	浅黄					//		//	÷N			
$Hg(BrO_3)_2 \cdot 2H_2O$	溴酸汞·2水	492.42	白	棱			// 130		0.154	1.56	+ // Cl;÷N			$+Hg(NO_3)_2$
$Hg_2(BrO_3)_2$	溴酸亚汞	656.98	白	粉			受热爆炸		×		++Cl;÷N			
$KBrO_3$	溴酸钾	167.00	无或白	三	有毒	3.27^{18}	370 //		表11.5.5				÷	–丙酮
K_2PtBr_6	溴铂酸钾	752.92	红	立		4.66^{24}	< 400 //		2.07^{10}	10			–	
$La(BrO_3)_3 \cdot 9H_2O$	溴酸镧·9水	684.81		六			37.5	$-7H_2O$ 100	97.9	230^{35}			–	
$Mg(BrO_3)_2 \cdot 6H_2O$	溴酸镁·6水	388.20	无	八	风化 1.514	2.29	$-6H_2O$ 200	//	42^{18}	++			–	+其热结晶水
$NaBrO_3$	溴酸钠	150.90	无	立	风化1.5943	3.339^{18}	381		表11.5.6				—	+液氨
$Na_2PtBr_6 \cdot 6H_2O$	溴铂酸钠·6水	828.82	深红	三		3.323	//		+++				+++	
NH_4BrO_3	溴酸铵	145.94	无	针	空气中炸				+	+				
$Ni(BrO_3)_2 \cdot 6H_2O$	溴酸镍·6水	422.62	绿	立		2..575	//		28			+氨水		
$Pr(BrO_3)_3 \cdot 9H_2O$	溴酸镨·9水	686.81	绿	六			56.5	$-7H_2O$ 100	55.8	144^{40}				
$RbBrO_3$	溴酸铷	213.40				3.68	430		2.92^{25}	5.08^{40}				
$Sm(BrO_3)_3 \cdot 9H_2O$	溴酸钐·9水	696.32	黄	六			75	$-9H_2O$ 150	114^{25}				÷÷	
$Y(BrO_3)_3 \cdot 9H_2O$	溴酸钇·9水	634.81		六、棱			74	$-6H_2O$ 100	168^{25}				÷	–乙醚
$Zn(BrO_3)_2 \cdot 6H_2O$	溴酸锌·6水	429.28	白	立或八	1.545	2.566	100	$-6H_2O$ 200	100	∞		+氨水		

续表

分子式	名称	分子量	颜色	晶形	特性或折射率	密度/(g/cm³)	熔点/℃	沸点/℃	溶解度/(g/100g溶剂)或溶解情况 冷水	热水	酸	碱	乙醇	其他溶剂
$RbBr$	溴化铷	165.37	白	立、粉	1.5528	3.350	682	1350	表11.5.1				÷÷	÷÷丙酮;+液氨
$RuBr_3$	三溴化钌	341.46	深	片	~				+		+Cl		+	+KBr
S_2Br_2	二溴化二硫	223.93	红	液	发烟	2.635	–46	201.4	//	//		+苯		$+CS_2$、CCl_4
$SbBr_3$	三溴化锑	361.45	无或黄	正 ~	1.740	4.148^{28}	96.6	270	//	//	+Cl	+丙酮	+	$+CS_2$;+HBr、NH_3
Se_2Br_2	二溴化二硒	317.75	红褐	液 剧毒		3.604^{15}		// 225	//	//		÷氯仿		$+CS_2$、C_2H_5Br
$SeBr_4$	四溴化硒	398.62	橙黄或红棕	晶	≈	4.029	// 75	115↑	//	//		+氯仿		$+CS_2$、C_2H_5Br
$SeOBr_2$	二溴氧化硒	254.79	黄	晶		3.38^{50}	41.7	217^{100}	//		+S	+苯		$+CS_2$、CCl_4
$SiBr_4$	四溴化硅	347.72	无	液 发烟	1.579	2.82^{0}	5.4	153	//		// S′			
Si_2Br_6	六溴化二硅	535.62	无	正、晶			9.5	240	//			// KOH		$+CS_2$
$SnBr_2$	溴化亚锡	278.50	淡黄	正		5.12^{17}	215.5	640	+	//		$+C_6H_5N$		+吡啶、氮苯
$SnBr_4$	四溴化锡	438.31	无或白	正	~	3.34^{35}	31.0	208	+	//(沸)	// N,S	+丙酮	$+AsBr_3$	×H_2、乙醚;$+PCl_3$
$SOBr_2$	亚硫酰溴	207.89	黄橙	液		2.680^{18}	–50	$68^{5.3}$	//		$+CS_2$, CCl_4	// 丙酮	+	+苯、乙醚
$SrBr_2$	溴化锶	247.43	无或白	粉	~	4.200^{18}	643	//	表11.5.1			++甲醇	++	÷÷液氨; ÷丙酮
$SrBr_2·6H_2O$	溴化锶·6水	355.52	白	针 有毒	~	2.36^{18}	$-4H_2O$ 89	$-6H_2O$ 180	表11.5.1			吸收氨	÷纯醇	+其热结晶水
$TaBr_5$	五溴化钽	580.46	黄	斜、晶		4.670	265	348.8	//				+	+甲醇
$TeBr_2$	二溴化碲	287.44	灰	针			240	339	//					÷酒石酸
$TeBr_4$	四溴化碲	447.22	橙	单		4.31^{15}	380	421	//		+	×		+酒石酸
$ThBr_4$	溴化钍	551.78	白	晶		5.670	↑610	725	+	//				// F_2
$TiBr_4$	四溴化钛	367.52	琥珀黄	立 催泪	~	3.240	38	231	//				+无水	+无水乙醚、CCl_4
$TlBr$	一溴化铊	284.27	亮黄	立	2.4~2.8	7.56^{18}	460	824	表11.5.1				+	–HBr、丙酮
$TlBr_3$	三溴化铊	444.14	黄		~		//		+	+++			+++	
UBr_3	三溴化铀	477.74	暗红	六	~	5.980	730		+				+	–苯
UBr_4	四溴化铀	557.65	暗棕	晶	~	5.350	579	761 //	++	++			–	–乙醚;+丙酮
VBr_3	三溴化钒	290.70	深灰	易氧化	~	4.000	//	400	+		–HBr		+	+乙醚
WBr_5	五溴化钨	583.50	褐紫	针			276	333	//	//	+Cl	+	+纯	+乙醚、氯仿
WBr_6	六溴化钨	663.42	蓝黑	针		6.900	232		–		$+CS_2$		+无水	+乙醚、氨水
$YBr_3·9H_2O$	溴化钇·9水	490.81		片	~				+++	+++				
$ZnBr_2$	溴化锌	225.19	白	正	≈	4.219^{4}	394	650	表11.5.1		+Cl; // N	$++NH_4OH$	++	①
$ZrBr_4$	溴化锆	410.88	白	晶、粉					//				//	+乙醚

① 溶于乙酸、乙醚、丙酮、吡啶 4.5^{12}。

11.1.3　溴化物的危险品特性

表 11.1.3　溴化物的危险品特性

名称	CAS 号	危险品编号	饱和蒸气压/kPa[①]	燃烧性	闪点/℃	自燃温度/℃	建规火险分级	爆炸下/上限体积分数/%	灭火方法	危险物品分类代号	风险性代号	安全措施号
三溴化铝(无水)	7727-15-3	81058	0.13/(81)	助	※	※		※	T,G,JS	8.1	R22; R34	S36/37/39
三溴化锑	7789-61-9	81523	0.13/(93.9)	不	※	※		※	P,R,T	8.1		
三溴化硼	10294-33-4	81059	5.33/(14)	助	※	※		※	T,G,R,JS	8.1	R14; R26/28; R35	S26; S28; S36/37/39; S45; S9
三溴化磷	7789-60-8	81056	1.33/(47.8)	助	※	※		※	T,G,R,JS	8.1	R14; R34; R37; R40	S26; S36/37; S45
五溴化磷	7789-69-7	81057		不	※	※		※	G,T,S	8.1	R14; R34	S26; S36/37/39; S45
四溴化锡	7789-67-5	81524	1.33/(72.7)	不	※	※		※	K	8.1		
溴化钾	7758-02-3		0.13/(795)	不	—	—		/—	P,R,G,T		R36	S26; S39
溴化铊	7789-40-4	61023	1.33/(522)	不	※	※		※	R,G,T	6.1	R26/28; R33; R51/53	S13; S28; S45; S61
溴化碘	7789-33-5			助	※	※	乙	※	G,T			

① 括号内为饱和蒸气压对应的温度（℃）。

11.1.4　溴酸盐的危险品特性

表 11.1.4　溴酸盐的危险品特性

名称	CAS 号	危险品编号	饱和蒸气压/kPa	燃烧性	闪点/℃	自燃温度/℃	建规火险分级	爆炸下/上限体积分数/%	灭火方法	危险品类别	风险性代号	安全代号
溴酸钠	7789-38-0	51510		助	—	—	乙	—	W,T	5.1	R36/37; R9	S17; S26; S37/39
溴酸钡	13967-90-3	51510		助	—	—	乙	—	W,T	5.1		
溴酸钾	7758-01-2	51510		助	—	—	乙	—	W,T	5.1	R25; R45; R9	S45; S53
溴酸铅	34018-28-5	51510		助	—	—	乙	—	W,T	5.1		
溴酸银		51510		助	—	—	乙	—	W,T	5.1		
溴酸锌		51510		助	—	—	乙	—	W,T	5.1		
溴酸锶		51510		助	—	—	乙	—	W,T	5.1		
溴酸镁		51510		助	—	—	乙	—	W,T	5.1		
溴酸镉		51510		助	—	—	乙	—	W,T	5.1		

11.2　密度

11.2.1　溴化物水溶液的密度

表11.2.1　溴化钾水溶液的密度　　单位：g/cm^3

浓度(质量分数)/%	温度/℃									
	0	10	20	25	30	40	50	60	80	100
1	1.0073	1.0070	1.0054	1.0042	1.0028	0.9993	0.9951	0.9902	0.9787	0.9653
2	1.0148	1.0144	1.0127	1.0114	1.0100	1.0064	1.0021	0.9972	0.9857	0.9722
4	1.0302	1.0295	1.0275	1.0261	1.0246	1.0209	1.0165	1.0115	0.9999	0.9863
6	1.0458	1.0448	1.0426	1.0412	1.0395	1.0367	1.0312	1.0261	1.0145	1.0009
8	1.0619	1.0606	1.0581	1.0566	1.0548	1.0509	1.0463	1.0411	1.0294	1.0157
10	1.0783	1.0767	1.0740	1.0724	1.0706	1.0665	1.0618	1.0565	1.0446	1.0309
12	1.0952	1.0933	1.0903	1.0886	1.0867	1.0825	1.0776	1.0724	1.0603	1.0466
14	1.1124	1.1103	1.1070	1.1052	1.1032	1.0989	1.0939	1.0886	1.0765	1.0627
16	1.1301	1.1277	1.1242	1.1223	1.1203	1.1158	1.1107	1.1053	1.0930	1.0792
18	1.1483	1.1456	1.1419	1.1399	1.1378	1.1331	1.1279	1.1224	1.1100	1.0962
20	1.1669	1.1640	1.1601	1.1579	1.1558	1.1510	1.1455	1.1401	1.1276	1.1136
22	1.1860	1.1829	1.1788	1.1766	1.1743	1.1693	1.1637	1.1582	1.1456	1.1316
24	1.2056	1.2023	1.1980	1.1957	1.1933	1.1882	1.1825	1.1769	1.1641	1.1501
26	1.2258	1.2223	1.2178	1.2154	1.2129	1.2076	1.2018	1.1961	1.1832	1.1691
28			1.2383	1.2357	1.2331	1.2217	1.2217	1.2160	1.2030	1.1888
30			1.2593	1.2566	1.2539	1.2484	1.2423	1.2365	1.2233	1.2090
35			1.3147	1.3117	1.3089	1.3031	1.2967	1.2907	1.2771	1.2627
40			1.3746	1.3715	1.3685	1.3625	1.3559	1.3496	1.3356	1.3211

表11.2.2　溴化钠水溶液的密度　　单位：g/cm^3

浓度(质量分数)/%	温度/℃									
	0	10	20	25	30	40	50	60	80	100
1	1.0080	1.0077	1.0060	1.0048	1.0033	0.9998	0.9956	0.9907	0.9792	0.9657
2	1.0162	1.0157	1.0139	1.0126	1.0110	1.0074	1.0031	0.9982	0.9867	0.9731
4	1.0329	1.0320	1.0298	1.0284	1.0268	1.0230	1.0185	1.0135	1.0018	0.9882
6	1.0499	1.0487	1.0462	1.0447	1.0429	1.0390	1.0344	1.0293	1.0174	1.0037
8	1.0674	1.0658	1.0631	1.0613	1.0595	1.0553	1.0506	1.0454	1.0331	1.0196
10	1.0853	1.0834	1.0803	1.0785	1.0765	1.0722	1.0673	1.0620	1.0498	1.0359
12	1.1037	1.1015	1.0981	1.0961	1.0940	1.0895	1.0845	1.0791	1.0667	1.0526
14	1.1227	1.1201	1.1164	1.1142	1.1121	1.1074	1.1022	1.0967	1.0842	1.0699
16	1.1421	1.1392	1.1352	1.1329	1.1306	1.1258	1.1205	1.1148	1.1021	1.0876
18	1.1621	1.1589	1.1546	1.1522	1.1498	1.1447	1.1393	1.1335	1.1206	1.1059
20	1.1827	1.1791	1.1745	1.1721	1.1695	1.1642	1.1586	1.1527	1.1396	1.1247
22	1.2039	1.2000	1.1951	1.1925	1.1898	1.1844	1.1787	1.1726	1.1592	1.1442
24	1.2257	1.2215	1.2163	1.2136	1.2108	1.2052	1.1993	1.1931	1.1795	1.1642
26	1.2482	1.1244	1.2382	1.2354	1.2325	1.2267	1.2206	1.2143	1.2004	1.1849
28	1.2714	1.2665	1.2068	1.2579	1.2548	1.2489	1.2427	1.2362	1.2221	1.2063
30	1.2953	1.2901	1.2841	1.2811	1.2780	1.2718	1.2654	1.2588	1.2444	1.2284
35	1.3586	1.3528	1.3462	1.3428	1.3393	1.3327	1.3254	1.3190	1.3039	1.2873
40	1.4273	1.4212	1.4138	1.4102	1.4064	1.3993	1.3922	1.3849	1.3691	1.3520

表11.2.3　溴化钙水溶液的密度　　单位：g/cm^3

浓度(质量分数)/%	温度/℃											
	0	10	20	25	30	40	50	60	70	80	90	100
2	1.017	1.017	1.015	1.014	1.013	1.009	1.005	0.999	0.994	0.998	0.982	0.975
4	1.035	1.035	1.033	1.031	1.030	1.026	1.022	1.017	1.011	1.005	0.999	0.992
6	1.054	1.053	1.050	1.049	1.047	1.044	1.039	1.034	1.029	1.023	1.016	1.009
8	1.072	1.071	1.069	1.067	1.066	1.062	1.057	1.052	1.046	1.040	1.034	1.027

续表

浓度(质量分数)/%	温度/℃											
	0	10	20	25	30	40	50	60	70	80	90	100
10	1.092	1.090	1.088	1.086	1.084	1.080	1.076	1.071	1.065	1.059	1.052	1.045
12	1.112	1.110	1.107	1.105	1.104	1.099	1.095	1.089	1.084	1.078	1.071	1.064
14	1.133	1.130	1.127	1.125	1.123	1.119	1.114	1.109	1.103	1.097	1.090	1.084
16	1.154	1.151	1.148	1.146	1.144	1.140	1.135	1.129	1.123	1.117	1.111	1.104
18	1.176	1.173	1.170	1.168	1.166	1.161	1.156	1.150	1.144	1.138	1.131	1.125
20	1.199	1.196	1.192	1.190	1.188	1.183	1.178	1.172	1.166	1.160	1.153	1.146
25	1.258	1.254	1.250	1.248	1.245	1.240	1.234	1.229	1.222	1.216	1.209	1.202
30	1.323	1.318	1.313	1.310	1.307	1.301	1.296	1.290	1.283	1.277	1.270	1.263
35	1.393	1.387	1.381	1.378	1.375	1.369	1.363	1.356	1.35	1.343	1.336	1.329
40	1.469	1.463	1.457	1.453	1.45	1.443	1.437	1.43	1.423	1.416	1.409	1.402
45	1.555	1.548	1.541	1.537	1.534	1.526	1.519	1.512	1.505	1.498	1.49	1.483
50	1.65	1.642	1.635	1.631	1.627	1.619	1.612	1.604	1.597	1.589	1.582	1.574

表11.2.4 其他溴化物水溶液的密度

单位：g/cm^3

名称	温度/℃	浓度(质量分数)/%									
		1	2	4	6	8	10	12	14	16	18
$BaBr_2$	20		1.016	1.034	1.052	1.071	1.091	1.111	1.132	1.154	1.177
$CdBr_2$	20		1.016	1.034	1.052	1.071	1.091	1.111	1.132	1.154	1.177
$CsBr_3$	18	1.007	1.016	1.034	1.053	1.073	1.093	1.113	1.134	1.156	1.179
CsBr	20	1.006	1.014	1.030	1.047	1.065	1.083	1.101	1.120	1.140	1.160
HBr①	20	1.005	1.012	1.027	1.042	1.057	1.072	1.088	1.105	1.122	1.140
LiBr	20	1.005	1.013	1.028	1.043	1.058	1.075	1.091	1.108	1.125	1.143
$MnBr_2$	18	1.007	1.016	1.033	1.051	1.07	1.089	1.108	1.129	1.15	1.172
$MgBr_2$	20		1.015	1.032	1.050	1.068	1.087	1.107	1.127	1.147	1.168
NH_4Ar	15	1.004	1.010	1.022	1.033	1.045	1.057	1.070	1.082	1.095	1.108
NH_4Br	25	1.003	1.008	1.020	1.031	1.043	1.055	1.067	1.08	1.093	1.106
$NiBr_2$	18	1.008	1.017	1.036	1.056	1.076	1.097	1.119	1.141	1.165	1.189
RbBr	20	1.006	1.014	1.030	1.046	1.063	1.080	1.098	1.117	1.136	1.156
$SrBr_2$	20		1.016	1.034	1.052	1.071	1.091	1.111	1.132	1.153	1.176
$ZnBr_2$	0		1.019	1.038		1.078		1.119		1.161	
$ZnBr_2$	20	1.008	1.017	1.035	1.054	1.074	1.094	1.114	1.134	1.154	1.175
$ZnBr_2$	40		1.010	1.028		1.066		1.105		1.144	
$ZnBr_2$	60		1.001	1.019		1.055		1.093		1.132	
$ZnBr_2$	80		0.989	1.006		1.042		1.079		1.117	
$ZnBr_2$	100		0.975	0.992		1.027		1.063		1.1	

名称	温度/℃	浓度(质量分数)/%										
		20	22	24	26	28	30	35	40	45	50	60
$BaBr_2$	20	1.201	1.225	1.25	1.276	1.303	1.332	1.409	1.493			
$CdBr_2$	20	1.200	1.224	1.248	1.274	1.301	1.329	1.405	1.490			
$CsBr_3$	18	1.203	1.228	1.253	1.282	1.308	1.336					
CsBr	20	1.182	1.204	1.226	1.250	1.275	1.300	1.368	1.443	1.526	1.620	
HBr①	20	1.158	1.177	1.196	1.216	1.237	1.258	1.315	1.377	1.445	1.517	1.679
LiBr	20	1.162	1.181	1.200	1.22	1.242	1.263	1.320	1.384	1.454		
$MnBr_2$	18	1.194	1.218	1.242	1.269	1.295	1.321					
$MgBr_2$	20	1.19	1.213	1.236	1.26	1.285	1.311	1.379	1.452	1.532		
NH_4Ar	15	1.122	1.135	1.149	1.164	1.178	1.193	1.198				
NH_4Br	25	1.119	1.133	1.147	1.164	1.179	1.190	1.195	1.170			
$NiBr_2$	18	1.214	1.241	1.270	1.296							
RbBr	20	1.178	1.196	1.218	1.242	1.264	1.288	1.352	1.422	1.5	1.586	
$SrBr_2$	20	1.199	1.224	1.250	1.276	1.302	1.330	1.405	1.489	1.583	1.686	
$ZnBr_2$	0	1.204		1.246			1.329		1.477		1.661	1.891
$ZnBr_2$	20	1.196	1.218	1.241	1.265	1.291	1.317	1.386	1.462		1.643	1.869
$ZnBr_2$	40	1.186					1.303		1.445		1.623	1.845
$ZnBr_2$	60	1.172					1.287		1.427		1.602	1.822
$ZnBr_2$	80	1.156					1.269		1.406		1.579	1.797
$ZnBr_2$	100	1.138					1.249		1.385		1.555	1.771

① 质量分数为55%、65%时，其密度分别为1.595、1.767g/cm^3。

11.2.2 溴酸盐水溶液的密度

表11.2.5 溴酸钾饱和水溶液的密度　　单位：g/cm³

温度/℃	5	10	15	20	25	30	35	40
ρ	1.024	1.035	1.042	1.048	1.054	1.062	1.074	1.083

表11.2.6 溴酸钾和溴酸钠水溶液的密度　　单位：g/cm³

浓度(质量分数)/%	1	2	3	4	5	6	8	10
溴酸钾(20℃)	1.006	1.013	1.021	1.028	1.036			
溴酸钠(18℃)	1.006	1.014	1.022	1.030	1.039	1.047	1.064	1.082
浓度(质量分数)/%	12	14	16	18	20	22	24	30
溴酸钠(18℃)	1.100	1.118	1.137	1.157	1.177	1.198	1.219	1.356

N（算图 11.1）
溴化锌水溶液的密度（第 638 页左）

11.3 黏度

表11.3.1 溴化物的黏度　　单位：mPa·s

（1）摄氏温度

温度/℃	350	400	450	500	550	600	650	700	750	800
AgBr			3.27	2.83	2.51	1.92	1.65	1.44	1.29	1.19
KBr									1.46	1.22
$HgBr_2$	3.31^{240}	2.82^{250}	1.79^{260}							
NaBr									1.45^{760}	1.28^{780}
$PbBr_2$	12.4	7.83	5.46	3.86						
$SnBr_4$	0.142^{100}	0.150^{150}	0.177^{200}	0.195^{250}	0.211^{300}	0.226^{400}	0.257^{500}	0.288^{600}		

（2）热力学温度

温度/K	960	1020	1045	1060	1080	1120	1140	1180	1210
KBr		1.18	1.17	1.06	1.01	0.96	0.88	0.83	
LiBr	1.14						0.92		
NaBr			1.39	1.28	1.20	1.14	1.06	1.01	0.96

表11.3.2 溴化钠水溶液的比黏度(25℃)

浓度/(mol/L)	1.0	0.5	0.25	0.125
$\eta/\eta_{水}$	1.0639	1.0299	1.0148	1.0078

11.4 表面张力

表11.4.1 溴化物水溶液的表面张力(20℃)　　单位：mN/m

(1) 溴化钾水溶液

浓度/(mol/L)	0.5	1.0	1.5	2.0	2.5	3.0	3.5	4.0	4.5	4.8
б	734	74.1	74.7	75.3	76.0	76.7	77.5	78.2	78.9	79.1

(2) 溴化钠水溶液

浓度(质量分数)/%	5	6	7	8	10	12	14	16	20	22	23
б	73.46	73.58	73.85	74.16	74.50	74.87	75.25	75.63	76.01	76.38	76.55

表11.4.2 溴化物在高温下的表面张力　　单位：mN/m

温度/℃	450	500	550	600	650	700	750	800	850	900	950	1000	1100	1200
AgBr	153	152	151	150										
BBr_3	27.8^{30}													

续表

温度/℃	450	500	550	600	650	700	750	800	850	900	950	1000	1100	1200
CsBr					82.8	79.5	76.1	72.7	69.4					
KBr							88.2	84.6	81.0	77.4	73.8			
NaBr							105			92			82.2	
NaBr（N_2环境下）							107	103	99.4	95.8	92.3	88.9		75.8
PBr_3	44.7^{0}	36.0^{100}												
RbBr						86.9	84.0	80.0	77.1					
$SrBr_2$						147	145	143	140	138	136	134		
$ZnBr_2$		49.5	49.9	47.8	43.1	35.8								

11.5 溶解度

11.5.1 溴化物在水中的溶解度

表 11.5.1 溴化物在水中的溶解度（Ⅰ）

分子式	名称	在下列温度（℃）时无水溴化物的溶解度/(g/100g水)												
		0	10	20	25	30	40	50	60	70	80	90	100	200
$BaBr_2$	溴化钡	90.5	94.2	98.0	100	102	106	111		121^{75}			132	
$BaBr_2\cdot 2H_2O$	溴化钡·2水	98	101	104		109	114	118	123	128	135		149	
$CaBr_2$	溴化钙	125	132	143	153		213		278		295			312^{105}
$CdBr_2$	溴化镉	56.2	74.8	98.4	112.3	129	152		154		157		160	218
$CdBr_2\cdot 4H_2O$	溴化镉·4水	56.2	75.4	98.8		129	152		153		155		161	
$CoBr_2\cdot 6H_2O$	溴化钴·6水	91.9			119		156		226		242		257	
CsBr	溴化铯	81.9		119	123		155		195		214			
$CuBr_2$	溴化铜	108		127		128		132						
$CuBr_2\cdot 4H_2O$	溴化铜·4水	108	116	127		128		131						
$FeBr_2$	溴化亚铁		108	116	120	124	134	142	147	154	168	183	184	
$FeBr_2\cdot 6H_2O$	溴化亚铁·6水	102		115		122	128		144		160		178	
$HgBr_2$	溴化汞	0.30	0.40	0.55	0.61	0.66	0.91	1.26	1.68		2.80		4.90	
$KAuBr_4\cdot 2H_2O$	四溴化钾金·2水			24									192	
KBr①	溴化钾	53.5	59.5	65.2	68.1	70.9	75.8	80.2	85.5	90.0	94.6	99.2	104	
LiBr	溴化锂	143	147	160	170		211		223		245		266	
$LiBr\cdot H_2O$	溴化锂·1水							214	224		225		226	
$LiBr\cdot 2H_2O$	溴化锂·2水	143	166	177		191	205							
$MgBr_2$	溴化镁		99	101	100.6		106		112				125	
$MgBr_2\cdot 6H_2O$	溴化镁·6水	91.0	94.5	96.5		99.2	102	104	108		114		120	
$MnBr_2\cdot 2H_2O$	溴化锰·2水										225	226	228	
$MnBr_2\cdot 4H_2O$	溴化锰·4水	127	136	147		157	169	182	197	212				
NaBr	溴化钠	80.1	85.2	90.8	94.6	98.4			117		118		1210	
$NaBr\cdot 2H_2O$	溴化钠·2水	79.5		90.5		97.6	106	116			118			
NH_4Br	溴化铵	60.6	68.0	75.5		83.2	91.1	99.2	108	117	126	136	146	
$NiBr_2$	溴化镍	113	122	131	134	138	144	150	152		154		155	
$NiBr_2\cdot 3H_2O$	溴化镍·3水	113	122	131	134	138	144	150	152		154		155	
$PbBr_2$	溴化铅	0.45	0.63	0.86		1.15	1.53	1.94	2.36		3.34	3.86	4.55	
RbBr	溴化铷	89	104^{15}		113		132						191	
$SrBr_2$	溴化锶	88		100			113		135		175			227
$SrBr_2\cdot 6H_2O$	溴化锶·6水	85.2	93.0	102		112	123	136	150		182		222	
TlBr	溴化铊	0.024			0.05				0.64					
YBr_3	溴化钇	63.9		75.1			87.3		101		116	123		
$ZnBr_2$	溴化锌	389	426^{15}		470	525	592		619		644		672	
$ZnBr_2\cdot 2H_2O$	溴化锌·2水	389		446		528								

① 温度为 110、120、140、160、180 和 200℃时，其溶解度分别为 109.5、115.4、125.0、134.5、144.0 和 153.0g/100g 水。

表11.5.2 溴化物在水中的溶解度(Ⅱ) 单位：g/100g水溶液

(1) 溴化钙、溴化钠和溴化铵

温度/℃		0	10	20	25	30	40	50	60	70	80	90	100
溴化钙	50.5^{-22}	55.5	57.0	58.8	60.5	63.0	68.1		73.5		74.4		75.7^{105}
溴化钠		44.5	46.0	47.6	48.6	49.6	51.6	53.7	54.1	54.3	54.5	54.6	54.8
溴化铵	32.1^{-17}	37.3	40.0	42.6	43.9	45.0	47.3	49.4	51.2	52.8	54.4	56.0	57.4
温度/℃	120	140	160	180	200	225	250	275	300	350	400	480	
溴化钠	55.8	56.5	58.3	59.5	60.5	61.5							
溴化铵	61.5	64.5	67.0	69.5	71.5	72.4	76.5	78.2	81.0	84.5	87.5	91.5	

(2) 溴化锂

温度/℃	−72	−68	−63	−53	−49	−30	−10	0
溶解度	39.1	39.3	39.4	47.9	48.9	51.0	55.0	58.8
固相	$LiBr·5H_2O$+冰			$LiBr·5H_2O+LiBr·3H_2O$			$LiBr·3H_2O$	
温度/℃	4	5	10	20	25	30	32	33
溶解度	59.2	59.0	62.4	63.9	65.3	65.7	65.4	67.6
固相	$LiBr·3H_2O+LiBr·2H_2O$		$LiBr·2H_2O$				$LiBr·2H_2O+LiBr·H_2O$	
温度/℃	40		44	50	60	80	100	159
溶解度	67.8		67.7	67.9	69.1	71.0	72.7	—
固相	$LiBr·2H_2O+LiBr·H_2O$		$LiBr·2H_2O$			$LiBr·2H_2O+LiBr$		

11.5.2 溴化物在有机溶剂中的溶解度

表 11.5.3 溴化物在一些有机溶剂中的溶解度

分子式	名称	甲醇	乙醇	丙酮	吡啶	甘油	乙醚	乙二醇	异戊醇	其他溶剂
		溶解度/(g/100g溶剂)								
$AgBr$	溴化银	0.70	0.02	(μg)						
$AlBr_3$	溴化铝				4.0	苯125		$CS_2$150		
$BaBr_2$	溴化钡	4.1	3.6	0.026					0.02	
$CaBr_2$	溴化钙	表7.6.6①	表7.6.7①	2.73					25.6	
$CdBr_2$	溴化镉	16.1	26.6^{15}	18.1	0.80		0.4^{15}			
$CoBr_2$	溴化钴	43	77	64						
$CoBr_2·6H_2O$	溴化钴·6水	表7.6.6①	表7.6.7①	65^{20}，92.4^{40}			+			÷氯仿、乙酸乙酯
$HgBr_2$	溴化汞	表7.6.6①	表7.6.7①	39.6^{30}	24.0^{10}	15.7				苯0.7
KBr	溴化钾	2.1	0.46	0.03		15			0.002	
$LiBr$	溴化锂	53.9	表7.6.7①	118.1				60		苯甲醇11.5^{25}
$MgBr_2$	溴化镁	表7.6.6①	表7.6.7①	2.0	0.55^{25}		2.5			吡啶2.6^{60}
$NaBr$	溴化钠	表7.6.6①	表7.6.7①	0.003		38.7	0.08			戊醇0.12
NH_4Br	溴化铵	12.5	3.4				0.12			
$NiBr_2$	溴化镍	35		0.80						
$PbBr_2$	溴化铅				0.6					
$RbBr$	溴化铷		0.078^{25}	0.005^{18}						液氨22.3^{0}
$SrBr_2$	溴化锶	表7.6.6①	表7.6.7①	0.6^{20}					31	液氨0.008^{0}
$ZnBr_2$	溴化锌			365	4.4					

注：右上角数字为与其相对应的温度；未注明时则为18～25℃。

① 系有机卷表号。

表11.5.4 不同温度下溴化物在有机溶剂中的溶解度 单位：%(质量分数)

(1) 溴化锂在丙酮中的溶解度

温度/℃	10	20	30	32	35	37	40	50	60
溶解度	11.8	15.4	17.6	18.1	18.3	19.1	20.8	25.7	28.4

(2)$AlBr_3$ 在 BBr_3 中的溶解度

温度/℃	–46.1	–20	0	20	40	60	80
溶解度(摩尔分数)	10.5	13.5	20	31	44	59	78
固相	$AlBr_3$+BBr_3			$AlBr_3$			

(3) $AsBr_3$ 在 BBr_3 中的溶解度

温度/℃	–54	–30	–20	–10	0	10	15	20
溶解度(摩尔分数)	5	11.5	16	21	33	49	60	81.5
固相	$AsBr_3$+BBr_3				$AsBr_3$			

11.5.3 溴酸盐在水中的溶解度

表11.5.5 溴酸钾在水中的溶解度 单位：g/100g 饱和溶液

温度/℃	0	5	10	15	20	25	30	35	40	45	50	60	80
溶解度	2.96	3.64	4.51	5.40	6.46	7.53	8.78	10.1	11.6	13.1	14.7	18.2	25.5
温度/℃	100	134	149	160	170	186	204	226	249	265	279	297	312
溶解度	33.3	43.6	48.4	51.1	54.1	59.9	64.2	70.6	72.6	77.2	81.1	83.1	86.4

表11.5.6 其他溴酸盐在水中的溶解度

分子式	名称	在下列温度(℃)时无水溴酸盐溶解度/(g/100g水)											
		0	10	20	25	30	40	50	60	70	80	90	100
$Ba(BrO_3)_2 \cdot H_2O$	溴酸钡·1水	0.29	0.41	0.66	0.81	0.96	1.33	1.75	2.32	3.01	3.65	4.45	5.70
$NaBrO_3$	溴酸钠	30.3	33.4	36.4	39.4	42.6	48.8	50.7	62.6	69.2	75.7	86.3	90.8
$TlBrO_2$	亚溴酸铊			3.46			7.36	(mg)					

11.5.4 溴酸盐在一些溶剂中的溶解度

表11.5.7 溴酸钾在硝酸钠水溶液中的溶解度(25℃)

浓度/(g/L)	0	40	80	120	160	200	240	280	320	340
溶解度/(g/L)	78.79	95.01	107.0	116.6	126.1	136.1	146.1	151.3	156.6	172.0
溶解度/(mol/L)	0.4715	0.5686	0.6485	0.7082	0.7570	0.8145	0.8772	0.9388	1.001	1.030

表11.5.8 溴酸钾在氯化钠水溶液中的溶解度(25℃)

浓度/(g/L)	0	30	60	90	120	150	180	210	240
溶解度/(g/L)	78.79	82.35	90.01	95.22	101.0	103.1	105.0	106.0	107.1
溶解度/(mol/L)	0.4715	0.5225	0.5523	0.5510	0.6052	0.6670	0.6762	0.6340	0.6405

表11.5.9 溴酸钾在一些溶剂(0.5mol/L)水溶液中的溶解度

溶剂	甲醇	乙醇	丙醇	丁醇	乙三醇	甘露糖醇	丙酮	乙醚	酚
溶解度/(g/L)	74.16	70.33	68.31	63.97	74.84	75.34	70.99	65.08	71.15
溶解度/(mol/L)	0.444	0.421	0.409	0.383	0.448	0.451	0.425	0.395	0.426
溶剂	甲醛	缩甲醛	乙酸	乙酸甲酯	二甲胺	苯胺	尿素	葡萄糖	氨
溶解度/(g/L)	66.31	67.66	76.17	70.15	64.13	69.31	79.68	71.99	74.33
溶解度/(mol/L)	0.397	0.405	0.456	0.420	0.384	0.415	0.477	0.431	0.445

11.6 热导率

11.6.1 溴化物的热导率

表11.6.1 溴化银的热导率 单位：W/(m·K)

温度/K	300	350	400	450	500	550	600	650	700
热导率	0.9309	0.7905	0.7143	0.6902	0.5538	0.5308	0.4789	0.4789	0.7218

注：试件为 ϕ=3mm 的铸件。

表11.6.2　溴化铯的热导率　　　单位：W/(m·K)

温度/K	230	250	270	290	310	330	350	370
热导率	1.075	0.9937	0.9229	0.8891	0.8296	0.7952	1.8045	0.7696

注：试件为 ϕ=20mm、δ=5mm 的晶体块。

11.6.2　溴化物水溶液的热导率

表11.6.3　溴化物水溶液在不同浓度下的热导率(20℃)　　　单位：W/(m·K)

浓度/%	0	5	10	15	20	25	30	35	40	45	50
$BaBr_2$	0.598	0.590	0.582	0.573	0.564	0.554	0.542	0.529	0.515		
$CaBr_2$	0.598	0.589	0.579	0.569	0.556	0.543	0.529	0.513	0.495	0.475	0.453
KBr	0.598	0.586	0.575	0.563	0.550	0.535	0.518	0.500	0.483		
LiBr	0.598	0.585	0.572	0.558	0.542	0.525	0.507	0.489	0.471		
$MgBr_2$	0.598	0.586	0.573	0.558	0.542	0.524	0.504	0.482	0.459	0.434	0.407
NaBr	0.598	0.590	0.580	0.569	0.558	0.546	0.533	0.519	0.503		
$SbBr_3$	0.598	0.590	0.581	0.571	0.560	0.549	0.536	0.522	0.506	0.488	0.467

11.7　蒸气压

11.7.1　溴化物的蒸气压

表 11.7.1　溴化物的蒸气压（Ⅰ）

分子式	名称	相应于下述蒸气压强(kPa)的温度/℃													熔点/℃
		0.1	0.2	0.4	0.7	1.0	2	4	7	10	20	40	70	101.3	
$AlBr_3$	三溴化铝	78.1	86.5	96.1	104.7	111.9	126.9	143.1	157.6	167.5	189.0	215.2	239.2	256.3	97
$AsBr_3$	三溴化砷	37.5	48.6	60.9	71.5	78.9	94.1	110.9	125.8	136.1	157.4	182.4	204.6	220.0	32.8
BBr	溴化硼	−44	−36	−28	−20	−14	−3	9	20	27	33	62	77	91.7	
BBr_3	三溴化硼	−44.4	−36.6	−27.7	−19.8	−14.6	−3.8	8.2	18.9	26.6	42.3	61.3	79.0	91.7	−45
$BeBr_2$	溴化铍	285	297	312	326	334	353	370	386	396	416	440	459	474	490
$BiBr_3$	溴化铋					270	295	320	338	350	375	—	—	—	218.5
$BiBr_3$	三溴化铋	—	—	—	262.4	273.1	295.0	317	335	348	378	411	440	461	218
CBr_4	四溴化碳	—	—	—	—	—	—	—	102.5	111.7	130.4	153.1	174.3	189.5	90.1
$CdBr_2$	溴化镉	510	534	557	578	583	626	660	690	710	750	—	—	—	36
CNBr	溴化氰	46.1	21.6	−1.8	−17.8	−13.6	−5.2	4.0	12.2	17.7	28.2	40.4	52.4	61.5	58
$CrBr_3$	三溴化铬	684	705	729	748	760	785	—	—	—	—	—	—	—	79
CsBr	溴化铯	734	770	808	841	866	916	968	1015	1046	1110	1186	1253	1300	636
Cu_2Br_2	溴化亚铜	557	595	635	669	695	752	814	872	914	1008	1131	1257	1355	504
$GeBr_4$	四溴化锗	—	—	—	44.2	51.0	65.1	80.7	94.8	104.6	125.2	150.2	173.0	189.0	26.1
HBr	溴化氢	−140.0	−136.4	−131.6	−127.1	−142.3	−118.6	−111.8	−105.8	−101.6	−93.1	−82.7	−73.3	−66.5	−87.0
$HgBr_2$	溴化汞	132.2	143.3	155.6	166.2	173.4	187.6	203.8	217.4	227.8	251.4	278.2	302	319	237
KBr	溴化钾	780	818	860	895	919	971	1025	1074	1108	1179	1260	1331	1383	730
LiBr	溴化锂	734	770	810	843	867	917	969	1016	1048	1116	1192	1260	1310	547
NaBr	溴化钠	791	829	871	906	931	983	1037	1087	1120	1188	1268	1339	1392	755
NH_4Br	溴化铵	192.6	206.9	222.4	235.6	244.5	262.4	281.4	298.8	310	334	360	381	396	452
$PbBr_2$	溴化铅	503	528	556	580	596	631	667	702	725	773	830	879	914	373
PBr_3	三溴化磷	3.8	14.0	25.4	35.2	42.0	55.8	71.5	85.7	95.3	115.2	139.0	160.4	175.3	−40
PH_4Br	溴化磷	−49.9	−43.1	−35.1	−28.1	−24.4	−17.1	−9.0	−1.9	2.9	12.4	23.2	32.2	38.3	41.5
RbBr	溴化铷	766	804	845	879	903	953	1006	1054	1086	1154	1232	1301	1352	682
$SbBr_3$	溴化锑	89.0	101.5	115.2	127.1	135.6	151.3	168.9	184.1	194.3	215.5	239.5	260.5	275.0	96.6
$SnBr_4$	四溴化锡	—	—	—	59.2	66.5	81.2	97.7	112.2	122.2	142.8	166.9	188.9	204.7	31.0
TlBr	溴化铊	—	—	—	492	508	543	580	613	634	680	734	782	819	460
UBr_3	三溴化铀	960	1000	1040	1078	1104	1158	1217	1268	1302	1370	—	—	—	727
UBr_4	四溴化铀	470	484	500	516	527	553	583	610	628	668	—	—	—	519
$ZrBr_4$	四溴化锆	202.4	214.1	226.9	237.8	244.4	258.9	274.2	285.9	293.7	310	329	345	357	450

表11.7.2 溴化物的蒸气压（Ⅱ）

分子式	名称	相应于下述蒸气压强(Pa)的温度/℃													
		10	20	40	70	100	200	400	700	1000	2000	4000	7000	10000	20000
$HgBr_2$	溴化汞	95	106	117	126	132	143	157	168	175	190	207	220	230	248
Hg_2Br_2	溴化亚汞	138	150	163	174	181	196	212	226	235	253	273	290	303	325
LiBr	溴化锂	635	655	682	710	726	765	802	840	865	915	970	1020	1050	1120
NaBr	溴化钠	685	715	745	772	785	825	865	900	926	980	1038	1088	1125	1192
$NiBr_2$	溴化镍	580	600	619	635	645	664	687	707	720	744	771	795	810	843
$PbBr_2$	溴化铅	430	450	470	490	506	530	555	580	600	635	670	705	730	780
RbBr	溴化铷	606	683	714	742	760	806	856	896	923	975	1025	1065	1090	1142
$SnBr_2$	溴化亚锡	277	294	310	324	335	353	375	393	403	430	458	483	500	537
$SnBr_4$	溴化锡	84	93	102	111	117	132	147	162	172	193	216	236	250	277
TlBr	溴化铊	360	378	396	412	424	445	471	483	509	540	577	610	632	680

11.7.2 溴化钠、溴化钾、溴化铷晶体的蒸气压

N（算图11.2）

溴化钠、溴化钾、溴化铷晶体的蒸气压（第638页右）

11.7.3 溴化铵水溶液的蒸气压

表11.7.3 溴化铵水溶液的蒸气压 单位：kPa

温度/℃	90	95	100	105	110	115	120	125
浓度/(g/100g水)	133.0		144.0		155.4		167.3	
蒸气压	43.95	52.02	61.25	71.74	83.63	97.12	112.4	129.5
温度/℃	125	130	135	140	145	150	155	160
浓度/(g/100g水)		179.7		191.8		202.2		212.8
蒸气压	129.5	148.4	169.6	193.3	220.0	249.6	282.2	318.0

11.8 比热容

表11.8.1 溴化钾的比热容 单位：J/(mol·K)

形态	固体									液体
温度/K	300	400	500	600	700	800	900	1000	1007	1007～1671
c_p	52.386	54.113	55.058	56.241	58.012	60.517	63.825	67.974	68.296	69.873

形态	气体								
温度/K	300	400	500	600	700	800	900	1000	1100
c_p	37.005	37.374	37.589	37.744	37.871	37.983	38.086	38.183	38.77
形态	气体								
温度/K	1200	1300	1400	1500	1600	1700	1800	1900	2000
c_p	38.369	38.458	38.547	38.634	38.721	38.808	38.894	38.979	39.064

表11.8.2 溴化钠的比热容 单位：J/(mol·K)

形态	固体									液体
温度/K	300	400	500	600	700	800	900	1000	1020	1020～1666
c_p	51.898	53.229	54.559	55.89	57.22	58.551	59.881	61.212	61.478	62.324

形态	气体								
温度/K	300	400	500	600	700	800	900	1000	1100
c_p	36.962	37.079	37.196	37.313	37.43	37.548	37.665	37.782	37.899
形态	气体								
温度/K	1200	1300	1400	1500	1600	1700	1800	1900	2000
c_p	38.016	38.134	38.251	38.368	38.485	38.602	38.72	38.837	38.954

表11.8.3 溴化银的比热容 单位：J/(mol·K)

温度/K	300	400	500	600	700	703	703～1833(液体)	1833～2200(气体)
c_p	52.509	58.953	65.396	71.839	78.283	78.476	62.342	37.656

表11.8.4 溴化钡的比热容 单位：J/(mol·K)

温度/K	298	300	400	500	600	700	800
c_p	74.532	74.584	77.187	79.789	82.391	84.994	87.596
温度/K	900	1000	1100	1127	1127	1200	1237
c_p	90.199	92.801	95.403	96.106	129.704	129.704	129.704

表11.8.5 溴化汞的比热容 单位：J/(mol·K)

形态	固体				液体		气体				
温度/K	300	400	500	514	514	592	592	600	700	800	900
c_p	75.353	78.282	81.211	81.621	102.09	102.09	61.787	61.800	61.933	62.019	62.078
形态	气体										
温度/K	1000	1100	1200	1300	1400	1500	1600	1700	1800	1900	2000
c_p	62.120	62.151	62.175	62.194	62.208	62.220	62.230	62.238	62.244	62.25	62.255

表11.8.6 溴化硼的比热容 单位：J/(mol·K)

温度/K	300	400	500	600	700	800	900	1000	1100
一溴化硼	32.753	34.642	35.56	36.095	36.449	36.706	36.908	37.075	37.219
二溴化硼	47.894	51.81	53.672	54.725	55.397	55.865	56.215	56.491	56.72
温度/K	1200	1300	1400	1500	1600	1700	1800	1900	2000
一溴化硼	37.347	37.465	37.575	37.679	37.779	37.875	37.968	38.059	38.149
二溴化硼	56.916	57.089	57.245	57.388	57.523	57.650	57.771	57.888	58.001

表11.8.7 三溴化硼的比热容 单位：J/(mol·K)

温度/K	298.2～364(液体)		364	400	500	600	700	800	900	1000
c_p	128.03		71.851	73.45	76.275	77.875	78.896	79.608	80.142	80.564
温度/K	1100	1200	1300	1400	1500	1600	1700	1800	1900	2000
c_p	80.913	81.213	81.477	81.717	81.938	82.144	82.34	82.526	82.706	82.881

表11.8.8 溴化铵水溶液的比热容(18℃) 单位：kJ/(kg·K)

浓度(质量分数)/%	2.5	5.0	10	15	20	25	28
c_p	4.06	3.95	3.73	3.50	3.27	3.04	2.90

11.9 熔融热和汽化热

表11.9.1 溴化物的熔融热和汽化热 单位：kJ/mol

分子式	熔融热	汽化热	分子式	熔融热	汽化热	分子式	熔融热	汽化热	分子式	熔融热	汽化热
AgBr	9.13	98.5	$CrBr_3$		(226.1)①	PBr_3		48.6	$SOBr_2$		43.5
AlBr	11.3	67.3	CsBr		150.7	PBr_5		17.6	SO_3FBr		36.3
$AsBr_3$	17.2	41.9	CuBr		147.0①	$PbBr_2$	18.5	116.0	$TaBr_5$	45.6	62.0
BBr	(2.93)	30.6	$FeBr_2$	64.9	132.3	$PFBr_2$		30.7	ThBr	39.8	144.4
B_2H_5Br		26.1	GeBr		35.8	$POBr_3$		45.6	$TiBr_4$	12.9	55.3
$BaBr_2$	(25.1)	(209.4)	HBr	24.1	17.6	$PuBr_3$	56.1	236.6	TlBr	25.1	99.6
$BeBr_2$	(18.8)	(92.1)	$HfBr_4$		100.5①	RbBr	15.5	155.4	UBr_3	46.1	188.4
$BiBr_3$	21.7	75.5	$HgBr_2$	16.6	59.0	$SbBr_3$	14.7	50.2	VBr_2		188.4①

续表

分子式	熔融热	汽化热	分子式	熔融热	汽化热	分子式	熔融热	汽化热	分子式	熔融热	汽化热
CBr_4	4.0	(40.6)	IBr		52.1①	SiB_4	(3.3)	37.9	VBr_3		181.3①
CNBr	47.3①	46.1	KBr	20.9	155.2	SiH_2Br_3		34.8	WBr_5	20.9	60.7
$CaBr_2$	17.5	(209.4)	LiBr	12.1	148.3	SiH_2Br_2		28.6	$WOBr_4$	61.5	54.4
$CdBr_2$	20.9	113.0	$MgBr_2$	34.8	(146.5)	SiH_3Br		23.6	$ZnBr_2$	16.7	101.5
$CeBr_3$	(33.5)	(184.2)	NaBr	25.7	158.9	Si_2H_5Br		29.3	$ZrBr_4$		108.0①
$CoBr_2$		217.8①	$NbBr_5$	111.0①	83.3	$SnBr_2$	7.2	136.1			
$CrBr_2$	(27.2)	(146.5)	$NiBr_2$		229.6	$SnBr_4$	12.6	(44.0)			

① 升华热。

11.10 其他物性

表 11.10.1 溴化物的线胀系数

单位：10^{-6}/℃

温度/℃	−250	−200	−150	−100	−50	0	20	100	200	300	400	500	600	700
CsBr	13.5	36.3	40.6	43.1	45.0	46.3	47.4	50.6	54.8	58.8				
KBr	3.7	24.5	31.8	35.0	36.8	38.2	38.7	40.4	42.8	45.9	50.9	57.3	64.8	73.4
LiBr			36.8	42.2	46.0	48.9	49.8							
NaBr		33.6		37.2	39.6	41.5	42.3							

表 11.10.2 溴化物的临界值和偏心因子

物料名	临界温度/K	临界压力/MPa	临界体积/(cm^3/mol)	临界压缩因子	偏心因子
溴化氢	363.2	8.55			0.069
溴化钾	3520	11.552	314	0.124	—
溴化钠	4287	19.252	398	0.215	−0.7998
三溴化铝	763.0	2.89	310	0.141	0.339
三溴化硼	455.0	3.87	239.5	0.245	0.140

表 11.10.3 溴化钾和溴化钠的焓、熵和三相点

物料名	三相点温度/K	三相点压力/Pa	25℃时理想气体标准生成焓	25℃时物质的绝对熵
溴化钾	1007	40.75	−180080	250520
溴化钠	1020	42.72	−143930	241116

N（算图 11.3）

溴化锂水溶液的比焓（第 639 页）

第12章
碘化物和碘酸盐

目录

12.1 物性总览 …… 384
12.1.1 碘化物的一般特性 …… 384
12.1.2 碘酸盐的一般特性 …… 387
12.1.3 碘化物的危险品特性 …… 389
12.1.4 碘酸盐的危险品特性 …… 390
12.2 密度 …… 391
12.2.1 碘化物的密度 …… 391
12.2.2 碘酸盐的密度 …… 391
12.3 沸点 …… 392
12.4 黏度 …… 392
12.5 表面张力 …… 392
12.6 溶解度 …… 393
12.6.1 在水中的溶解度 …… 393
12.6.2 在其他溶剂中的溶解度 …… 394
12.6.3 碘酸盐在水中的溶解度 …… 396
12.6.4 碘酸钾在一些溶剂中的溶解度 …… 396
12.7 热导率 …… 398
12.8 蒸气压 …… 399
12.9 比热容 …… 400
12.10 熔解热和汽化热 …… 401
12.11 其他物性 …… 401

12.1 物性总览

12.1.1 碘化物的一般特性

表 12.1.1 碘化物的一般特性

分子式	名称	分子量	颜色	晶形	特性或折射率	密度/(g/cm³)	熔点/℃	沸点/℃	溶解度/(g/100g溶剂)或溶解情况 冷水	热水	酸	碱	乙醇	其他溶剂
$AgI(\alpha)$	碘化银(α)	234.77	棕黄	六	2.218	5.68^{30}	552 //	↑白热时	34^{20}	表12.6.2		÷NH_4OH		①
$AgI(\beta)$	碘化银(β)	234.77	橙	立	见光变黑 ～	6.01^{15}	558	1506						
AlI_3	碘化铝	407.69	无	平、六	吸氨	3.98^{25}	191	300	+	//			+	+CS_2,乙醚
$AlI_3\cdot6H_2O$	碘化铝·6水	515.83	白			2.630	// 185		+++				+	+CS_2
AsI_2	二碘化砷	328.73	暗红	棱			130	380				//	+	+乙醚,CS_2,氯仿
AsI_3	碘化亚砷	455.64	橙红	六		4.400	146	高温 //	6^{25}	30	÷Cl		+甲;乙	+乙醚,CS_2,氯仿
AsI_5	碘化砷	709.45	棕	单		3.930	76	受热 //	+				+	//乙醚,CS_2
AuI	碘化亚金	323.87	柠檬黄	粉		8.250	// 120		—	÷ //	+热			+KI(富碘)溶液
AuI_3	碘化金	577.68	暗绿	斜				受热 //	—	×		//		×NaI, KI溶液
BaI_2	碘化钡	391.15	白	粉或固	吸收CO_2	4.920	740	//	表12.6.1				++	+丙酮
$BaI_2\cdot2H_2O$	碘化钡·2水	427.17	无	单	～	5.150	740 //	$-2H_2O$ 539	表12.6.1				+++	+其热结晶水
$BaI_2\cdot6H_2O$	碘化钡·6水	499.30		六			25.7		410	+++			+++	
BeI_2	碘化铍	262.82	无	针	～	4.325^{25}	510	590	//	//			+	+乙醚,CS_2
BiI_3	碘化铋	589.69	黑或棕灰	鳞	有金属光泽	5.700	439	// 500	—	//沸	+N, Cl	+	3.5^{20}纯	②
$BiOI$	碘化氧铋	351.89	红或棕红	正、粉		7.920	//		—		+Cl;//N		—	−KI溶液
BI_3	碘化硼	391.58	无	片		3.30^{50}	43	210	//					++CS_2,CCl_4
CaI_2	碘化钙	293.89	无-浅黄	粉	吸CO_2 ～	3.956^{25}	575	718	表12.6.1、表12.6.2		//	×液氨	÷	+丙酮,甲醇,乙醚
$CaI_2\cdot6H_2O$	碘化钙·6水	402.02	无或黄白	鳞	～	2.550	42	160	754	+++			+++	+乙醚,戊醇,丙酮
CdI_2	碘化镉	366.21	白-浅黄	晶	有光泽	5.66^{30}	388	787	表12.6.1		+	+NH_4OH*	+	③
CNI	碘化氰	152.94	白	针	味辛　剧毒			146.5			–	+	++	++乙醚
$CoI_2\cdot6H_2O$	碘化钴·6水	420.84	棕红	六	～	2.900	$-6H_2O$ 135		表12.6.1				++	++乙醚,丙酮
$CeI_3\cdot9H_2O$	三碘化铈·9水	683.03	无	晶					//	+//			+	
CoI_2	碘化钴	312.74	灰绿黑	六	～	5.680	518(真空)	570 //	表12.6.1			++		+丙酮
$CoI_2\cdot2H_2O$	碘化钴·2水	348.77	绿	晶	≈		99～101		+	+				
CrI_2	碘化亚铬	305.81	浅灰			5.200			++					
CrI_3	碘化铬	432.72	黑	晶	有光泽	4.195	>600		—	+				

续表

分子式	名称	分子量	颜色	晶形	特性或折射率	密度/(g/cm³)	熔点/℃	沸点/℃	溶解度/(g/100g溶剂)或溶解情况 冷水	热	酸	碱	乙醇	其他溶剂
CsI	碘化铯	259.81	无	立	1.788	4.51^{25}	621	1280	表12.6.1		+液氨152^{0}	－丙酮	+	++有机溶剂
CsI_3	三碘化铯	513.67		正			207.5		÷					
Cu_2I_2	碘化亚铜	380.90	白或棕白	晶、粉	2.345	5.63^{16}	605	1320	0.0008^{18}		//S′,N′	+NH_4OH	—	④
EuI_2	碘化亚铕	405.76	褐色	晶		5.500	527	1580	+					
ErI_3	碘化铒	547.97	紫红	晶			1020	1280						
FeI_2	碘化亚铁	309.66	灰黑-红棕	晶、团	≈	5.315	177	935	+	+//				
$FeI_2·4H_2O$	碘化亚铁·4水	381.72	红紫		≈	2.873			+	//			+	+乙醚
$FeI_2·5H_2O$	碘化亚铁·5水	399.74	暗棕绿	晶	～ 易氧化				+				+	
GaI_3	三碘化镓	450.48	黄	固	～	4.15^{25}	212	345	+	+				++有机溶剂
GeI_2	二碘化锗	326.41	橙色	六		5.370			+		+稀			⑤
GeI_4	四碘化锗	580.28	黄红	立	～	4.322	144	375	+	+//	//S′*			
HgI	碘化亚汞	327.50	黄	四、无		7.700	290//	↑140,310//	0.02μg	÷			—	+KI溶液
HgI_6	六碘化汞	962.02	橙粉或棕	淀					//				//	+KI溶液
$HgI_2(\alpha)$	碘化汞(α)	454.40	红	四	稳定	6.36^{25}	∟129		0.01			//NH_4OH	2.2	+丙酮3.2^{25},氯仿
$HgI_2(\beta)$	碘化汞(β)	454.40	黄	正	2.748	6.09^{127}	259	353	0.004^{18}	÷	+		2.19^{25}	⑥
$HgI_2·KI·{}^{3}/_{2}H_2O$	碘化汞钾·$^{3}/_{2}$水	1294.98	黄		～	4.289^{24}			//				+	+KI,乙醚
Hg_2I_2	碘化亚汞	654.99	绿粉或黄	晶		7.700	290(↑190)	310	÷			÷NH_4OH	÷÷	⑦
IrI_4	四碘化铱	699.84	黑	晶			//100		—	—	—			+KI溶液
KI	碘化钾	166.01	无	立	味咸苦1.667	3.125	686	1320	表12.6.1、表12.6.2		÷乙醚	丙酮1.3^{25}	1.9^{25}	+甲醇,液氨,甘油
KI_3	三碘化钾	419.86	深蓝	单	～	3.498	45	//225	++				+	+KI
LiI	碘化锂	133.85	白	棱	1.955	4.06^{25}	446	1170	表12.6.1		+甲醇	+乙醇	++	+丙酮;+++液氨
$LiI·3H_2O$	碘化锂·3水	187.91	白	六		3.500	73	$-3H_2O$ 300	+++				+纯	+丙酮
LaI_3	碘化镧	519.62	灰白	晶、斜	～	5.630	772	1405	++					+丙酮
LuI_3	碘化镥	555.68	白	粉		5.6	1050	1200	+					
MgI_2	碘化镁	278.11	白	蜡	≈	4.25^{25}	650	受热//	表12.6.1				+甲;乙	+乙醚,液氨
MnI_2	二碘化锰	308.75	棕	熔融结晶	～	5.010	//80		+//					+NH_3
$MnI_2·4H_2O$	二碘化锰·4水	380.83	浅红	单			//		+++	+++			+	
MnI_4	碘化锰	562.56	玫瑰红	平	≈		氧中受热时燃烧		+	+				(见光成棕色)

续表

分子式	名称	分子量	颜色	晶形	特性或折射率	密度/(g/cm³)	熔点/℃	沸点/℃	溶解度/(g/100g溶剂)或溶解情况 冷水	热水	酸	碱	乙醇	其他溶剂
NaI	碘化钠	149.89	白	立	无臭味咸苦 1.775	3.66	662	1304	表12.6.1、表12.6.2		++吡啶	+甘油	++	$+SO_2$;++丙酮，液氨
$NaI\cdot 2H_2O$	碘化钠·2水	185.92	无	单		2.448	752		表12.6.1			++甲醇	++	++液氨，丙酮
NH_4I	碘化铵	144.94	无	立	～ 1.703	2.510	↑405	154^0	表12.6.1、表12.6.2		÷乙醚	+乙酸	++	++丙酮，甘油，NH_3
NH_4I_3	三碘化铵	398.80	褐	正		3.749			+//	//				
NiI_2	碘化镍	312.51	黑	平	～	5.834	↑	//	表12.6.1				+	
$NiI_2\cdot 6H_2O$	碘化镍·6水	420.61	蓝绿	角	～				++					
NI_3	三碘化氮	394.77	黑				炸		—	//				$+Na_2S_2O_3$,KCNS
$Ni(NH_3)_6I_2$	碘化六氨镍	414.72	蓝	立		2.101	//		//			$+NH_4OH$		
PbI_2	碘化铅	461.00	橙黄或金黄	粉或棱	毒	6.160	412	872	表12.6.1		$-Cl^*$;+//Cl	+	÷÷	⑧
PdI_2	二碘化钯	360.22	黑	固			//350		—	—	++Cl		++	+KI、++乙醚
PH_4I	碘化磷	161.93	无	四		2.860	61.8	80	//				//	
PI_3	三碘化磷	411.69	暗红	六	～	3.890	61.0	＞2000//	//					$++CS_2$
P_2I_4	二碘化磷	569.64	橙	三			124.5	//	//					$+CS_2$
PtI_2	二碘化铂	448.90	黑	粉		6.40^{25}	//300		—	—	—		—	⑨
PtI_3	三碘化铂	575.99	红黑			7.414^{25}			—				—	+KI; −乙醚
PtI_4	四碘化铂	702.71	暗棕	粉		6.064^{25}	//370		—			×		×HI,KI; $++NH_3$
PoI_4	四碘化钋	717.67	黑	晶							−稀		÷	−非极性溶剂
RbI	碘化铷	212.37	无	立	1.647	3.550	642	1306	表12.6.1		$-AsBr_3$	+丙酮	+	++液氨 187^0
RbI_3	三碘化铷	466.24		正			4032^{22}	190		+++				
$Ru(CO_2)I_2$	二碘化二羰钌	411.56	红黄	晶					—		−Cl′			−有机溶剂
SbI_3	碘化亚锑	502.47	红黄	单		4.768^{22}	167	451	//	//	+Cl;//S,N	+丙酮	+//	+HI、CS_2、醚
SbI_5	碘化锑	756.28	深褐		很不稳定		79		//	//				
SiI_2	二碘化硅	281.90	橙红	粉			//		//					$-CS_2$，苯，氯仿
SiI_4	四碘化硅	535.74	无	立	闪点287.5	4.198	120.5	290	//					$+CS_2$ 22^{27}
Si_2I_6	六碘化二硅	817.64	无	六、片			250	//	//					$+CS_2$ 19^{19}, 26^{27}
SnI_2	碘化亚锡	372.50	红	正、单		5.280	320	720//	表12.6.1		+Cl	+热		⑩
SnI_4	碘化锡	626.31	橙	正、立	2.106	4.470	143.5	340	//	//		$\times NH_3$	+(100%)	+有机溶剂
SrI_2	碘化锶	341.43	白	片	～	4.549	402	//	表12.6.1			+甲醇	+	−乙醚; ÷液氢 0.31^0
$SrI_2\cdot 6H_2O$	碘化锶·6水	449.53	无-淡黄	晶、粉	味咸苦 ～	4.415			表12.6.1				+	
TaI_5	碘化钽	815.47	黑	斜、粉		5.800	496	543						
TbI_3	碘化铽	539.64	淡黄	晶			946	1327			+			

续表

分子式	名称	分子量	颜色	晶形	特性或折射率	密度/(g/cm³)	熔点/℃	沸点/℃	溶解度/(g/100g溶剂)或溶解情况 冷水	热水	酸	碱	乙醇	其他溶剂
TeI_2	二碘化碲	381.45	黑	晶			↑		—	—				
ThI_4	碘化钍	739.80	黄	晶	具放射性	6.000	556	839	//					
TeI_4	四碘化碲	635.22	暗灰	晶		8.403	280		÷	//	// Cl	×		+HI;×NH_4Cl
TiI_4	四碘化钛	555.52	红	六或立		4.400	155	379.5	++	×			//	+HI
TlI	一碘化铊	331.27	黄	斜	毒　2.78	7.09^{15}	441	833	6.4^{20}	120mg	+N，+王水		÷	÷丙酮，吡啶
TlI_3	三碘化铊	585.15	棕黑	针	剧毒				+		//S		+	+乙醚
TmI_3	碘化铥	549.65	嫩黄	晶			1015	1260						
UI_3	三碘化铀	618.74	黑	斜	～	6.380	680	1750	×					
UI_4	四碘化铀	745.65	黑	针	～	5.60^{15}	506	762	+	+//				
WI_2	二碘化钨	437.76	褐	粉		6.90^{18}			—	//		$-CS_2$	–	+碳酸碱金属溶液
WI_4	四碘化钨	691.47	黑	晶		5.200			—				+	一乙醚，氯仿
ZnI_2	碘化锌	319.22	白	立、粉	～	4.67^{14}	446	624	表12.6.1		+		+	⑪
ZrI_4	碘化锆	598.90	黄	晶、粉					+	+	+		+纯	÷CS_2，苯

① 溶于浓KI、热$HgNO_3$、KCN、$Na_2S_2O_3$、液氨531^0；易溶于HI；微溶于浓氨水；不溶于冷稀硝酸；于146℃转化为β体。
② 溶于KI、HI、CS_2、甲醇、乙醚、苯、甲苯，微溶或难溶于氨水。
③ 微溶于丙酮；溶于甲醇（176^{20}）、乙醚。
④ 溶于硫代硫酸钠、氰化钾、碘的醇液、热浓盐酸。
⑤ 不溶于二硫化碳，微溶于氯仿、四氯化碳，溶于热水则分解，溶于浓氢碘酸。在氨溶液中就生成亚胺锗。在真空中于240℃升华。在干燥空气中稳定。遇湿空气即水解。
⑥ 不溶于乙酸；溶于铵盐、氯化汞、硝酸汞、硫代硫酸钠、可溶性碘化物溶液、甲醇3.2^{20}、丙酮2.1^{25}、乙醚、苯、二噁烷、吡啶、氯仿。
⑦ 不溶于乙醚，溶于KI、$Hg(NO_3)_2$和热NH_4Cl。
⑧ 微溶于热苯胺；溶于碱和碱土金属、碘化碱、浓乙酸钠溶液和$Na_2S_2O_3$；易溶于硫代硫酸钠溶液。
⑨ 不溶于乙醚、丙酮；溶于HI、Na_2SO_3、乙胺。
⑩ 微溶于CS_2、苯、热氯仿；溶于CS_2、苯、氯仿、氯化或碘化碱金属。
⑪ 微溶于甘油、液氨0.1^0；溶于乙醚、NaOH、吡啶12.9^{18}和含水$(NH_4)_2CO_3$。

12.1.2　碘酸盐的一般特性

表12.1.2　碘酸盐的一般特性

分子式	名称	分子量	颜色	晶形	特性或折射率	密度/(g/cm³)	熔点/℃	沸点/℃	溶解度/(g/100g溶剂)或溶解情况 冷水	热水	酸	碱	乙醇	其他溶剂
$AgIO_3$	碘酸银	282.78	白	粉	高温//	5.525^{16}	>200/		0.0044^{20}	÷÷	//S,+N	+氨水		+KI′;—NH_3
$Ba(IO_3)_2$	碘酸钡	487.20	白	晶、粉		5.00^{15}	476//		0.008	0.197	÷N*;—S;+Cl		—	一丙酮;+HNO_2
$Ba(IO_3)_2·H_2O$	碘酸钡·1水	505.16	白	单		5.230	$-H_2O$ 130		÷	+	÷N*;—S;++Cl		—	一丙酮
$Bi(IO_3)_2$	碘酸铋	733.70	白	粉	受热//				—		—S;+N;++Cl		—	
$Ca(IO_3)_2$	碘酸钙	389.92	白	晶或粉	无臭	4.519^{15}	540//		0.12^5	0.67^{90}	+N			一醇
$Ca(IO_3)_2·6H_2O$	碘酸钙·6水	497.99		斜	易风化				表12.6.8		+N，—S;//Cl		—	
$Cd(IO_3)_2$	碘酸镉	462.22	白	晶、粉	受热//	6.500			÷	÷	++N	+氨水		
$Cd(IO_3)_2·H_2O$	碘酸镉·1水	480.27		单		6.43^{20}	└160		+		+N			

续表

分子式	名称	分子量	颜色	晶形	特性或折射率	密度/(g/cm³)	熔点/℃	沸点/℃	溶解度/(g/100g溶剂)或溶解情况 冷水	热水	酸	碱	乙醇	其他溶剂
$Co(IO_3)_2$	碘酸钴	408.78	紫	针		5.008^{18}			0.4^{15}	1.33				
$Co(IO_3)_2 \cdot H_2O$	碘酸钴·1水	426.76	紫	晶			$-H_2O$ 200	高温 //	1^{18}	0.7		+氨水		
$Co(IO_3)_2 \cdot 6H_2O$	碘酸钴·6水	516.88	红	晶		3.689^{21}	61 //		+					
$CsIO_3$	碘酸铯	307.83	白	单		4.850			2.6^{24}					
$CsIO_4$	高碘酸铯	323.83		正、片		4.259^{15}			2.15^{15}	＞2.15				
$Cu(IO_3)_2$	碘酸铜	413.38	绿	单		5.241^{15}	//		0.136^{25}	—	+S			
$Cu(IO_3)_2 \cdot H_2O$	碘酸铜·1水	431.38	蓝	三		4.876^{15}	$-H_2O$ 240	// 290	0.15^{20}	0.65	−N;+S;+//Cl	+氨水	—	
$Cu(OH)IO_3$	碘酸羟铜	255.47	绿	正		4.878^{15}	// 290		—	—	+S			
Cu_2HIO_6	高碘酸铜	351.01	绿	粉			// 110		—	—	+N			
$Fe(IO_3)_3$	碘酸铁	580.55	黄绿	粉		4.80^{20}	130 //		1.44^{20}		−稀N			
$Fe(IO_3)_2 \cdot H_2O$	碘酸亚铁·1水	423.68	红	粉				// 高温	÷					+硫酸亚铁溶液
$Fe_2O_3 2I_2O_5 \cdot 8H_2O$	碘酸亚铁·8水	971.45	黄白	粉			受热 //		—		÷N			+氯化铁溶液
$Hg(IO_3)_2$	碘酸汞	550.40	白	粉					—		÷N;++Cl	①		++HBr、HI
$Hg_2(IO_3)_2$	碘酸亚汞	750.99	珍珠白	粉			// 250		+++	+++	−N*;++Cl			$+NaS_2O_3$,$MnCl_2$,$ZnCl_2$
$In(IO_3)_3$	碘酸铟	639.52	白	晶				//	0.067^{20}		+S, N			
$KAuI_4$	碘金酸钾	743.69	黑	晶			// 150		//					
$KH(IO_3)_2$	碘酸氢钾	389.94	无	正、单					1.33^{15}				—	
KIO_3	碘酸钾	214.00	白	立	毒 1.62	3.890	560 //		表12.6.8		+S*	−液氨	—	②
KIO_4	高碘酸钾	230.00	无	四	1.6205	3.618^{15}	582	−O 300	表12.6.8			÷KOH	—	
K_2PtI_6	碘铂酸钾	1034.9		立		5.180			+					
$LiIO_3 \cdot {}^1/_2H_2O$	碘酸锂·$^1/_2$水	190.86	珠光	针	～	3.300			80^{18}				—	
$Mg(IO_3)_2 \cdot 4H_2O$	碘酸镁·4水	446.18		单		3.30^{14}	$-4H_2O$ 290 //		表12.6.8		++S			
$Mn(IO_3)_2 \cdot 2H_2O$	碘酸锰2水	440.78	红	晶、粉			受热 //		÷÷		−N	−氨水		
$NaIO_3$	碘酸钠	197.90	白	正、粉		4.400		//	表12.6.8					
$NaICH_2COO$	碘乙酸钠	207.93	白-浅黄	晶	毒腐蚀 ～		208-10		+				—	−醚和丙酮
$NaIO_4$	高碘酸钠	213.92	无	晶		3.865^{16}	// 300		4^{6}	37^{50}				
$NaIO_4 \cdot 3H_2O$	高碘酸钠·3水	267.97		棱		3.219^{18}	// 175		+	+				
NH_4IO_3	碘酸铵	192.95	无	棱		3.309^{21}	// 150		2.6^{15}	14.5				
NH_4IO_4	偏高碘酸铵	208.96	无	四		3.056^{18}			2.7^{16}					
$Ni(IO_3)_2$	碘酸镍	408.53	黄	针		5.070			1.1^{30}	1.0^{90}				
$Ni(IO_3)_2 \cdot H_2O$	碘酸镍·1水	426.53	绿	晶、粉			$-H_2O$ 100	// 高温	÷		+N,N′,S	+氨水		

续表

分子式	名称	分子量	颜色	晶形	特性或折射率	密度/(g/cm³)	熔点/℃	沸点/℃	溶解度/(g/100g溶剂)或溶解情况 冷水	热水	酸	碱	乙醇	其他溶剂
$Ni(IO_3)_2\cdot 4H_2O$	碘酸镍·4水	480.56		六			// 100		1.4^{30}	1.1^{90}				
$Pb(IO_3)_2$	碘酸铅	557.01	白	粉		6.160	// 300		0.0012^{2}	0.0023^{25}	÷N; //			一液氨
$RbIO_3$	碘酸铷	260.40		立		4.33^{20}	//		2.1^{23}		+Cl			
$RbIO_4$	高碘酸铷	276.40	无	四		3.918^{16}			0.65^{12}					
$Sn(IO_3)_2$	碘酸亚锡	468.50		淀								一碘酸钠		+氯化亚锡
$Sr(IO_3)_2\cdot 6H_2O$	碘酸锶·6水	545.53		晶、粉		5.00			÷		$÷Cl^{*}$			
$Sr(IO_3)_2$	碘酸锶	437.47		三		5.045^{15}			0.03^{15}	0.8				
$UO_2(IO_3)_2$	碘酸双氧铀	619.91	黄	正		5.200	// 250		+	+	一N			
$UO_2(IO_3)_2\cdot H_2O$	碘酸双氧铀·1水	637.93		正		5.05^{18}			0.1214^{18}	0.237	÷N			
$Zn(IO_3)_2$	碘酸锌	415.22	白	晶、粉		4.98^{20}	//		0.9	1.3				
$Zn(IO_3)_2\cdot 2H_2O$	碘酸锌·2水	451.22	白	晶、粉		4.900	$-2H_2O$ 200		1.0	1.4	+N,N'	+氨水		

① 不溶于 KOH、NaOH 和碱的氯（溴、碘）酸盐溶液；易溶于碱的氯（溴、碘、氰）化物和氰酸盐溶液。

② 溶于稀酸、乙二胺、乙醇胺、KI_4；微溶于液体二氧化硫。

12.1.3 碘化物的危险品特性

表 12.1.3 碘化物的危险品特性

名称	CAS 号	危险品编号	饱和蒸气压/kPa①	燃烧性	闪点/℃	自燃温度/℃	建规火险分级	爆炸下/上限体积分数/%	灭火方法	危险物品分类代号	风险性代号	安全措施号
三碘化砷	7784-45-4	61014	—	不	※	※		※	T,G	6.1		
三碘化锑	64013-16-7	81527	0.13(163.6)	不	※	※		※	W,P,R,G,T	8.1		
三碘化碘	7789-58-4	81526		不	※	※		※	P,R,G,T	8.1		
四碘化锡	7790-47-8	81520		不	※	※		※	P,R,G,T	8.1		
碘化亚铊	7790-30-9	61023		不	※	※		※	R,G,T	6.1		
碘化汞	7774-29-0	61030	0.13(157)	不	※	※	—	※	K	6.1		
碘化银	7783-96-2			不	※	※		※	P,R,G,T			S22; S24/25
碘化氰	506-78-5			不	※	※		※	K			
碘化镉	7790-80-9			不	※	※		※	P,R,G,T			

① 括号内为饱和蒸气压对应温度。

12.1.4 碘酸盐的危险品特性

表 12.1.4 碘酸盐的危险品特性

名称	CAS 号	危险品编号	饱和蒸气压/kPa	燃烧性	闪点/℃	自燃温度/℃	建规火险分级	爆炸下/上限体积分数/%	灭火方法	危险物品分类代号	风险性代号	安全措施号
高碘酸钠	7790-28-5	51513	—	助	※	※	乙	※	W,T	5.1	R20/21/22; R36/37/38; R8	S17; S26; S36/37/38
高碘酸钾	7790-21-8	51513	—	助	※	※	乙	※	W,T	5.1	R36/37/38; R8	S17; S26; S37/39
碘酸氢钾	13455-24-8	51517		助	※	※	乙	※	W,T	5.1		
碘酸钙	7789-80-2	51517		助	※	※	乙	※	W,T	5.1	R36/37/38; R8	S17; S26; S37/39
碘酸钠	7681-55-2	51517	—	助	※	※	乙	※	W,T	5.1	R22; R36/37/38; R8	S17; S26; S37/39
碘酸钡	10567-69-8	51517		助	※	※	乙	※	W,T	5.1		
碘酸钾	7758-5-6	51517	—	助	※	※	乙	※	W,T	5.1		
碘酸铁	29515-61-5	51517		助	※	※	乙	※	W,T	5.1		
碘酸铅	25659-31-8	51517		助	※	※	乙	※	W,T	5.1		
碘酸铵	13446-09-8	51517		助	※	※	乙	※	W,T	5.1		
碘酸银	7783-97-3	51517	—	助	※	※	乙	※	W,T	5.1		
碘酸锂	13765-03-2	51517		助	※	※	乙	※	W,T	5.1		
碘酸锌	7790-37-6	51517		助	※	※	乙	※	W,T	5.1		
碘酸锶	13470-01-4	51517		助	※	※	乙	※	W,T	5.1		
碘酸镉	7790-81-0	51517		助	※	※	乙	※	W,T	5.1	R20/21/22; R50/53	S60; S61

12.2　密度

12.2.1　碘化物的密度

表12.2.1　碘化物水溶液的密度　　　单位：g/cm³

名称	温度/℃	浓度（质量分数）/%										
		1	2	4	6	8	10	12	14	16	18	20
BaI_2	20		1.015	1.033	1.051	1.070	1.090	1.110	1.131	1.152	1.175	1.198
CaI_2	20		1.015	1.032	1.050	1.068	1.087	1.107	1.127	1.149	1.170	1.193
CdI_2	20		1.015	1.033	1.051	1.069	1.088	1.108	1.128	1.149	1.171	1.194
CsI	20	1.006	1.014	1.030	1.047	1.064	1.082	1.101	1.120	1.140	1.160	1.181
KI	20	1.005	1.013	1.028	1.044	1.060	1.076	1.093	1.110	1.128	1.147	1.166
LiI	20	1.006	1.013	1.028	1.044	1.060	1.077	1.094	1.112	1.130	1.149	1.169
MgI_2	20		1.015	1.032	1.050	1.068	1.087	1.106	1.127	1.148	1.170	1.192
NaI	20	1.006	1.014	1.030	1.046	1.063	1.081	1.099	1.117	1.137	1.156	1.177
NH_4I	18	1.005	1.011	1.024	1.038	1.051	1.065	1.080	1.094	1.109	1.125	1.141
RbI	20	1.006	1.014	1.030	1.046	1.063	1.080	1.098	1.117	1.136	1.156	1.177
SrI_2	20		1.015	1.033	1.051	1.070	1.090	1.110	1.131	1.153	1.175	1.199
ZnI_2	20		1.016	1.034	1.053	1.072	1.091	1.111	1.131	1.152	1.174	1.197

名称	温度/℃	浓度（质量分数）/%										
		22	24	26	28	30	35	40	45	50	55	60
BaI_2	20	1.222	1.248	1.274	1.301	1.329	1.404	1.490	1.587	1.698		1.970
CaI_2	20	1.216	1.241	1.266	1.292	1.320	1.393	1.473				
CdI_2	20	1.218	1.242	1.268	1.294	1.322	1.397	1.480	1.573			
CsI	20	1.203	1.226	1.250	1.274	1.299	1.368	1.444	1.528	1.623		
KI	20	1.186	1.206	1.227	1.249	1.271	1.331	1.396	1.467	1.546		1.731
LiI	20	1.189	1.210	1.232	1.255	1.277	1.339	1.408	1.484	1.569		1.775
MgI_2	20	1.215	1.240	1.265	1.291	1.318	1.391	1.473		1.660	1.776	
NaI	20	1.198	1.220	1.243	1.266	1.291	1.356	1.427	1.506	1.594	1.693	1.804
NH_4I	18	1.157	1.174	1.191	1.208	1.226	1.275	1.326	1.382	1.442		
RbI	20	1.198	1.220	1.243	1.266	1.291	1.356	1.428	1.508	1.597		1.809
SrI_2	20	1.223	1.248	1.274	1.301	1.330	1.406	1.490	1.584			
ZnI_2	20	1.221	1.245	1.271	1.297	1.325	1.398	1.478	1.566	1.663		1.893

表12.2.2　碘化锌的水溶液密度　　　单位：g/cm³

浓度（质量分数）/%	温度/℃						浓度（质量分数）/%	温度/℃					
	0	20	40	60	80	100		0	20	40	60	80	100
20	1.204	1.197	1.187	1.174	1.159	1.142	50	1.680	1.663	1.643	1.621	1.598	1.574
25	1.266	1.258	1.247	1.233	1.216	1.198	55	1.791	1.770	1.749	1.725	1.701	1.675
30	1.335	1.325	1.312	1.297	1.279	1.260	60	1.916	1.893	1.870	1.844	1.818	1.790
35	1.410	1.398	1.383	1.367	1.348	1.327	65	2.061	2.036	2.010	1.982	1.954	1.925
40	1.491	1.478	1.461	1.443	1.423	1.401	70	2.230	2.202	2.173	2.143	2.113	2.082
45	1.581	1.566	1.547	1.527	1.506	1.483	75	2.424	2.393	2.361	2.328	2.296	2.263

N（算图 12.1、算图 12.2）
碘化锌水溶液的密度（第 640 页）

12.2.2　碘酸盐的密度

表 12.2.3　碘酸钾固体的密度

温度/℃	32	17.5	15	−78	−194	−273
密度/(g/cm³)	3.930	3.979	3.990	4.025	4.068	4.085

表 12.2.4　碘酸钾水溶液的密度

浓度(质量分数)/%	1	2	3	4	5	6	7	8	9	10
密度/(g/cm³)	1.010	1.019	1.027	1.035	1.044	1.052	1.061	1.071	1.080	1.090

表 12.2.5　不同温度下碘酸钾水溶液的密度

温度/℃	碘酸钾浓度(质量分数)/%			温度/℃	碘酸钾浓度(质量分数)/%			温度/℃	碘酸钾浓度(质量分数)/%		
	1	2	3		1	2	3		1	2	3
0	1.0082	1.0167	1.0254	30	1.0043	1.0131	1.0220	70	0.9868	0.9958	1.0050
10	1.0081	1.0166	1.0253	40	1.0010	1.0098	1.0188	80	0.9808	0.9899	0.9992
20	1.0068	1.0155	1.0243	50	0.9969	1.0058	1.0148	90	0.9744	0.9835	0.9828
25	1.0057	1.0144	1.0232	60	0.9921	1.0011	1.0102	100	0.9674	0.9764	0.9856

表 12.2.6　碘酸钠水溶液的密度 (20℃)

浓度(质量分数)/%	1	2	3	4	5	6	7	8	9	10
密度/(g/cm³)	1.008	1.017	1.026	1.034	1.042	1.052	1.061	1.073	1.083	1.093

12.3　沸点

表 12.3.1　碘化钾水溶液及饱和溶液的沸点

分子式	名称	下列浓度(g/100g 水)时溶液的沸点/℃				饱和溶液	
		25	50	75	100	沸点/℃	浓度/(g/100g)
KI	碘化钾	101.3	103.3	105.0	107.1	118.5	220.0

12.4　黏度

表 12.4.1　碘化物的黏度　　单位：mPa·s

分子式	名称	温度/℃						
		600	650	700	750	800	850	900
AgI	碘化银	306.6	267.9	232.3	199.7	170.2	143.9	
KI	碘化钾		153.0	155.8	137.0	121.0	107.9	97.6

12.5　表面张力

表 12.5.1　碘化钾的表面张力　　单位：mN/m

浓度/(mol/L)	0.5	1.0	1.5	2.0	2.5	3.0	3.5	4.0	4.5	5.0	5.5	6.2
KI	73.2	73.6	74.0	74.4	74.9	75.3	75.7	76.1	76.5	76.9	77.3	78.0

注：溶液温度为 20℃。

表 12.5.2　其他碘化物的表面张力　　单位：mN/m

温度/℃	650	700	800	900	1000	温度/℃	600	650	700	800	900	1000
CsI	73.2	69.9	63.7	58.0	52.7	PI_3	56.5^{75}	51.4^{150}				
KI①		77.8	69.1	60.4		RbI			77.6	70.2	63.1	56.5
KI①		79.2	70.0	65.9		SrI_2	111	110.5	110	104		

① 界面为氮气，其他为空气。

表 12.5.3　碘化物－有机溶液的表面张力　　单位：mN/m

溶液	温度	质量分数(%)及其对应的表面张力						
KI-甲醇	14℃	质量分数/%	0.81	1.52	2.68			
		σ	23.76	24.11	24.71			
LiI-乙醇	14℃	质量分数/%	1.43	2.87	5.08	10.21	19.47	26.92
		σ	23.11	23.56	24.39	26.03	28.87	31.95

续表

溶液	温度	质量分数(%)及其对应的表面张力						
NaI-甲醇	14℃	质量分数/%	0.76	1.48	4.33	8.55	12.53	
		σ	22.83	23.29	24.85	27.41	29.75	
NaI-乙醇	24℃	质量分数/%	0.45	1.80	3.63	4.54	6.02	10.46
		σ	22.47	22.82	23.41	23.52	24.00	25.07
NaI-丙酮	14℃	质量分数/%	0.93	2.08	5.07	6.53		
		σ	24.22	24.40	25.04	25.12		
ZnI_2-甲醇	22℃	质量分数/%	0.90	2.79	5.07			
		σ	22.97	24.23	25.84			
ZnI_2-乙醇	24℃	质量分数/%	0.41	1.72	3.42	6.90		
		σ	22.70	22.90	23.71	25.49		

12.6　溶解度

12.6.1　在水中的溶解度

表 12.6.1　碘化物在水中的溶解度（Ⅰ）

分子式	名称	下列温度(℃)时无水碘化物在水中的最大溶解度/(g/100g水)													
		0	10	20	25	30	40	50	60	70	80	90	100	120	200
BaI_2	碘化钡	167	184	204		224	229	234	241	247			271		
$BaI_2·2H_2O$	碘化钡·2水						224	234	241	247	257	270	285		
$BaI_2·6H_2O$	碘化钡·6水	170	186	203		220									
$BaI_2·7½H_2O$	碘化钡·7½水	167	184	203		220									
CaI_2	碘化钙	182	194	209		223	242		285		354		426		
$CaI_2·6H_2O$	碘化钙·6水			204			228					430			
CdI_2	碘化镉	78.7	81.5	84.8	86.6	88.6	92.3		101		113		128		255
CoI_2	碘化钴	58		65							80				
$CoI_2·6H_2O$	碘化钴·6水	138	160	187	197	233	300	376			400		420		
CsI	碘化铯	44.1	60.5	77.0	85.6	92.8	108	123	138	171^{75}					
CuI_2	碘化铜			1.11											
KI	碘化钾	127	136	145	149	153	160		176		191		207	247^{150}	292
LiI	碘化锂	151		165						263^{75}					
$LiI·H_2O$	碘化锂·1水										435		481		
$LiI·3H_2O$	碘化锂·3水	151	157	165		171	179	187	202	230					
MgI_2	碘化镁	121		140			173				188			189	
$MgI·8H_2O$	碘化镁·8水	121		140			173				186				
NaI	碘化钠	160		179	184	190	205	227	257		296		302	310	320^{140}
$NaI·2H_2O$	碘化钠·2水	159	167	179		190	205	228	257						
NH_4I	碘化铵	154	163	172	177	181	190	200	209	219	229		250		
NiI_2	碘化镍	124	135	148		161	174	183	184	186	187	188			
PbI_2	碘化铅	44.2		68.0	76	90	125	164	197		302		436	(mg)	
RbI	碘化铷	125			169				219				281		
SnI_2	碘化锡			1.0		1.2	1.4	1.7	2.1	2.5	3.0	3.4	4.0		
SrI_2	碘化锶	164		179		196			217		277		370	421	
$SrI_2·2H_2O$	碘化锶·2水											365	383		
$SrI_2·6H_2O$	碘化锶·6水	165		178			192		218		270				
TlI	碘化铊	0.002		6.4									120	(mg)	
ZnI	碘化亚锌	429					445		467		490		510		
$ZnI·2H_2O$	碘化亚锌·2水	431	457	485											
ZnI_2	碘化锌	431		432^{18}			446		468		488		510		

表12.6.2　碘化物在水中的溶解度（Ⅱ）

温度/℃	−27.5	−20	10	0	10	15	20	25	30
碘化银/(mg/m^3)							34		
碘化钾（质量分数）/%				56.1	57.7		59.1	59.8	60.5
碘化钠（质量分数）/%				61.5	62.6	63.3	64.0	64.8	65.6
碘化钙/(g/100g溶液)				64.6	66.0		67.6		69.0
碘化铵（质量分数）/%	55.6	57.6	59.2	60.7	62.0	62.7	63.3	63.9	64.5
温度/℃	40	50	60	70	80	90	100	120	140
碘化银/(mg/m^3)	60		94		137				
碘化钾（质量分数）/%	61.8	62.8	63.8	64.8	65.6	66.5	67.3		
碘化钠（质量分数）/%	67.4	69.4	71.8	74.8	74.8	75.0	75.1		
碘化钙/(g/100g溶液)	70.8		74.0		78.0		81.0		
碘化铵（质量分数）/%	65.6	66.6	67.6	68.6	69.6	70.5	71.4	73.2	74.9

12.6.2　在其他溶剂中的溶解度

表12.6.3　碘化钾在一些溶剂中的溶解度

（1）在甲醇中

温度/℃	溶解度（质量分数）/%	温度/℃	溶解度（质量分数）/%	温度/℃	溶解度（质量分数）/%	温度/℃	溶解度（质量分数）/%
15	12.6	100	20.0	180	23.5	245	18.5
30	13.9	120	21.4	200	22.5	247	17.3
50	15.9	140	22.6	220	21.6	250	12.1
80	18.4	160	23.4	240	19.9	252.5	7.1

（2）在其他溶剂中

溶剂	温度/℃	S（质量分数）/%	溶剂	温度/℃	S（质量分数）/%	溶剂	温度/℃	S（质量分数）/%
液氨	0	64.8	丙酮	−2.5	2.98	甘油	15.5	28.6
	25	64.5		22	2.32	乙醇	0	1.5g/100g乙醇
SO_2	0	29.2		25	2.84		25	18.8g/L乙醇
乙二醇	20	50		56	1.19	吡啶	20	0.3

表12.6.4　碘化钠在有机溶剂中的溶解度　　单位：%（质量分数）

温度/℃	−70	−60	−50	−40	−30	−20	−10	0	10
甲醇									39.39
乙醇									30.44
丁醇	6.8	9.1	12.3	17.2	21.9	20.0	18.6	16.7	14.8
丙酮						5.2	7.2	10.5	15.4
温度/℃	20	25	30	40	50	60	70	80	100
甲醇	42.16	43.82	44.87	44.66	44.47	44.26			
乙醇	30.57	30.61	30.67	30.74	30.79	30.85	30.91	31.03	31.08
丁醇	13.0		12.1	9.6	8.2	6.9	5.8		
丙酮	23.1	25.6	28.2	26.3	24.2	22.2	20.0	17.9	
温度/℃	120	140	160	180	200	220	240	260	
乙醇	31.13	31.08	31.03	30.70	29.73	27.80	24.64	9.74	

表12.6.5　碘化钙在一些溶剂中的溶解度　　单位：g/100g溶剂

（1）在甲醇和丙酮中

温度/℃	0	10	15	20	30	40	50	60
甲醇	116.4	121.1	123.7	126.1	131.2	136.8	142.2	148.8
丙酮	72.6	80.5		88.8	97.2	105.6	112.9	119.6

（2）和氢氧化钙水溶液的互溶度（25℃）

CaI_2/(g/100g溶液)	CaO/(g/100g溶液)	固相	CaI_2/(g/100g溶液)	CaO/(g/100g溶液)	固相	CaI_2/(g/100g溶液)	CaO/(g/100g溶液)	固相
0.0	0.118	$Ca(OH)_2$	17.42	0.089	$Ca(OH)_2$	25.80	0.087	$Ca(OH)_2$
9.14	0.076	$Ca(OH)_2$	25.44	0.097	$Ca(OH)_2+CaI_2\cdot 3CaO\cdot 16H_2O$	31.33	0.089	$CaI_2\cdot 3CaO\cdot 16H_2O$

续表

CaI_2/(g/100g溶液)	CaO/(g/100g溶液)	固相	CaI_2/(g/100g溶液)	CaO/(g/100g溶液)	固相	CaI_2/(g/100g溶液)	CaO/(g/100g溶液)	固相
40.30	0.064	$CaI_2 \cdot 3CaO \cdot 16H_2O$	49.70	0.047	$CaI_2 \cdot 3CaO \cdot 16H_2O$	66.72	0.587	$CaI_2 \cdot 3CaO \cdot 16H_2O + CaI_2 \cdot 6H_2O$
46.37	0.054	$CaI_2 \cdot 3CaO \cdot 16H_2O$	51.34	0.139	$CaI_2 \cdot 3CaO \cdot 16H_2O$	66.80	0.0	$CaI_2 \cdot 6H_2O$
47.09	0.055	$CaI_2 \cdot 3CaO \cdot 16H_2O$	66.65	0.553	$CaI_2 \cdot 3CaO \cdot 16H_2O$			

表12.6.6 碘化银在一些溶剂中的溶解度

（1）在氨水中

温度/℃	氨水浓度/%	氨水密度/(g/cm³)	AgI在氨水中溶解度		温度/℃	氨水浓度/%	氨水密度/(g/cm³)	AgI在氨水中溶解度	
			（质量分数）/%	/(g/L)				（质量分数）/%	/(g/L)
0	—	—	84.1	—	16	7	0.971	—	0.045
12	10	0.960	—	0.035	25	—	—	67.4	—

（2）在硝酸银溶液中(25℃)

硝酸银/(mol/L)	AgI溶解度		固相	硝酸银/(mol/L)	AgI溶解度		固相
	/(mol/L)	/(g/L)			/(mol/L)	/(g/L)	
0.20	0.000289	0.068	AgI	2.04	0.0458	10.9	$AgI \cdot 2AgNO_3$
0.35	0.000532	0.121	AgI	2.54	0.0678	16.1	$AgI \cdot 2AgNO_3$
0.50	0.00127	0.299	AgI	3.75	0.141	33.2	$AgI \cdot 2AgNO_3$
0.70	0.00362	0.850	AgI	4.69	0.227	53.2	$AgI \cdot 2AgNO_3$
1.215	0.0131	3.08	$AgI \cdot AgNO_3$	5.90	0.362	85	$AgI \cdot 2AgNO_3$
1.63	0.0267	6.26	$AgI \cdot AgNO_3$				$AgI \cdot 2AgNO_3$

注：沸点时,100g饱和硝酸银溶液溶解12.3g碘化银。

（3）在碘化钾溶液中溶解度(25℃)

KI/(mol/L)	AgI溶解度		KI/(mol/L)	AgI溶解度		KI/(mol/L)	AgI溶解度	
	/(mol/L)	/(g/L)		/(mol/L)	/(g/L)		/(mol/L)	/(g/L)
0.335	0.000363	0.0853	1.008	0.0141	3.32	1.486	0.0658	15.46
0.586	0.00218	0.512	1.018	0.0148	3.47	1.6304	0.102	24.01
0.734	0.0044	1.032	1.406	0.0535	12.55	1.937	0.198	16.42

（4）在碘化钠溶液中

（a）25℃

NaI/(g/100g水)	AgI/(g/100g水)	固相	NaI/(g/100g水)	AgI/(g/100g水)	固相	NaI/(g/100g水)	AgI/(g/100g水)	固相
59.29	21.21	AgI	179.8	150.0	$AgI + AgI \cdot NaI \cdot 3\frac{1}{2}H_2O$	222.7	112.1	NaI
64.47	28.52	AgI	196.3	134.8	$AgI \cdot NaI \cdot 3\frac{1}{2}H_2O$	214.7	90.84	NaI
134.1	99.54	AgI	223.7	122.0	$AgI \cdot NaI \cdot 3\frac{1}{2}H_2O$	203.9	59.48	NaI
156.9	124.6	AgI	226.0	120.9	$AgI \cdot NaI \cdot 3\frac{1}{2}H_2O + NaI$	194.5	31.10	NaI
						185.52	0	NaI

(b) 20℃

NaI/(mol/L)	0.043	0.17	0.50	1.07
AgI/(mol/L)	0.00001	0.0001	0.001	0.01

(5) 在一些盐溶液中

名称	浓度/(mol/L)	溶解度/(mol/L)
KCN(25℃)	0.01837	0.00866
	0.03676	0.01778
	0.05521	0.02668
	0.07337	0.03549
	0.0836	0.0391
	0.0146	0.0684
	0.195	0.0913
	0.261	0.1217

名称	浓度/(mol/L)	溶解度/(mol/L)
KCN(20℃)	0.318	0.1474
	0.398	0.1840

名称	浓度（质量分数）/%	溶解度/(g/100g溶剂)
NH_4CNS(20℃)	4.76(5:100)	0.02
	9.09(10:100)	0.08
	13.05(15:100)	0.13

名称	浓度/(mol/L)	溶解度/(mol/L)
KCNS(25℃)	0.202	0.00002
	0.315	0.000014
	0.425	0.000067
	0.500	0.000051
	0.608	0.000040
	0.710	0.000097
	0.765	0.000146
	1.009	0.000163

表12.6.7　其他碘化物在有机溶剂中的溶解度　　单位：g/100g溶剂

分子式	名称	甲醇	乙醇	丙酮	甘油	吡啶	乙醚	乙二醇	氯仿	其他溶剂
BaI_2	碘化钡		77			8.2				
BiI_3	碘化铋		3.5							
CdI_2	碘化镉	223	113	42.8		0.45	0.2			
CuI_2	碘化铜					1.74				
HgI_2	碘化汞	3.8	2.2^{25}	3.4		31	0.7		0.07	
LiI	碘化锂	343	250	43				39		
MgI_2	碘化镁									液氨0.16
NH_4I	碘化铵		26.3							
PbI_2	碘化铅			0.02	0.002^{59}	0.21				
SrI_2	碘化锶		4.0							
ZnI_2	碘化锌				40	12.6				

注：右上角数字为与其相对应的温度；未注明时则为18～25℃。

12.6.3　碘酸盐在水中的溶解度

表12.6.8　碘酸盐在水中的溶解度

分子式	名称	无水碘酸盐在下列温度时的溶解度/(g/100g水)													
		0	10	20	25	30	40	50	60	70	80	90	100	150	200
$Ca(IO_3)_2\cdot H_2O$	碘酸钙·1水						0.52	0.59	0.65	0.72	0.80	0.88	0.95		
$Ca(IO_3)_2\cdot 6H_2O$	碘酸钙·6水	0.10	0.17	0.28	0.35	0.42	0.61	0.90	1.38						
$Co(IO_3)_2\cdot 2H_2O$	碘酸钴·2水			0.45	0.48	0.52	0.59	0.67	0.76	0.87	0.99	1.15	1.33		
$CsIO_3$	碘酸铯				2.6^{24}										
$CsIO_4$	高碘酸铯			2.15^{15}											
KIO_3	碘酸钾	4.6	6.3	8.1	9.2	10.3	12.6	15.2	18.3	21.5	24.8	28.4	32.3	47.5	70.9
KIO_4	高碘酸钾	0.17	0.30	0.42	0.50	0.61	0.93	1.43	2.16	3.16	4.44	6.02	7.87		
$Mg(IO_3)_2\cdot 4H_2O$	碘酸镁·4水	3.0	6.7	10.0	11	13	15	17	18		18.5		19		
$NaIO_3$	碘酸钠	2.48	4.59	7.96	9.50	10.8	13.3	16.2	19.8	23.3	26.6	29.9	33.0		
$NaIO_3\cdot H_2O$	碘酸钠·1水	2.5	4.6	9.0		11.0	13.3	16.3	19.8		23.5				
$TlIO_3$	碘酸铊			0.06											

12.6.4　碘酸钾在一些溶剂中的溶解度

表12.6.9　碘酸钾在碘酸水溶液中的溶解度

浓度/(g/100g)	溶解度/(g/100g饱和溶液)	固相	溶解度/(g/100g饱和溶液)		固相	溶解度/(g/100g饱和溶液)		固相
HIO_3	KIO_3		HIO_3	KIO_3		HIO_3	KIO_3	
0	9.51	KIO_3	3.34	2.10	$KIO_3\cdot HIO_3$	9.35	0.64	$KIO_3\cdot 2HIO_3$
0.65	9.49	$KIO_3+KIO_3\cdot HIO_3$	5.00	1.32	$KIO_3\cdot HIO_3$	12.04	0.44	$KIO_3\cdot 2HIO_3$
0.65	8.90	$KIO_3\cdot HIO_3$	7.09	1.00	$KIO_3\cdot HIO_3$	17.50	0.30	$KIO_3\cdot 2HIO_3$
0.67	6.60	$KIO_3\cdot HIO_3$	8.04	0.85	$KIO_3\cdot HIO_3+KIO_3\cdot 2HIO_3$	31.20	0.52	$KIO_3\cdot 2HIO_3$
1.14	4.57	$KIO_3\cdot HIO_3$	3.47	3.59	$KIO_3\cdot 2HIO_3$（不稳定）	53.64	0.68	$KIO_3\cdot 2HIO_3$
1.69	3.63	$KIO_3\cdot HIO_3$	4.80	2.90	$KIO_3\cdot 2HIO_3$（不稳定）	62.52	0.72	$KIO_3\cdot 2HIO_3$
2.02	3.10	$KIO_3\cdot HIO_3$	6.45	1.35	$KIO_3\cdot 2HIO_3$（不稳定）	76.40	0.80	$KIO_3\cdot 2HIO_3+HIO$
3.34	2.10	$KIO_3\cdot HIO_3$	9.35	0.64	$KIO_3\cdot 2HIO_3$	76.70	0	HIO_3

表 12.6.10 碘酸钾在硝酸钾水溶液中的溶解度

(1) 5℃

相对密度	溶解度/(g/100g饱和溶液)		固相	相对密度	溶解度/(g/100g饱和溶液)		固相	相对密度	溶解度/(g/100g饱和溶液)		固相
	KNO_3	KIO_3			KNO_3	KIO_3			KNO_3	KIO_3	
1.043	0.00	5.25	KIO_3	1.110	13.53	2.89	KIO_3	1.097	14.43	0.00	KNO_3
1.060	5.36	3.29	KIO_3	1.120	12.14	2.87	KIO_3+KNO_3				
1.090	10.53	2.93	KIO_3	1.100	14.26	1.08	KNO_3				

(2) 25℃

相对密度	溶解度/(g/100g饱和溶液)		固相	相对密度	溶解度/(g/100g饱和溶液)		固相	相对密度	溶解度/(g/100g饱和溶液)		固相
	KNO_3	KIO_3			KNO_3	KIO_3			KNO_3	KIO_3	
1.072	0.0	8.46	KIO_3	1.156	16.77	4.57	KIO_3	1.215	27.25	2.65	KNO_3
1.084	5.48	5.92	KIO_3	1.160	18.19	4.48	KIO_3	1.210	27.30	2.06	KNO_3
1.110	8.51	5.25	KIO_3	1.232	26.84	4.24	KIO_3+KNO_3	1.192	27.79	0.00	KNO_3

(3) 50.4℃

相对密度	溶解度/(g/100g饱和溶液)		固相	相对密度	溶解度/(g/100g饱和溶液)		固相	相对密度	溶解度/(g/100g饱和溶液)		固相
	KNO_3	KIO_3			KNO_3	KIO_3			KNO_3	KIO_3	
1.110	0.0	13.35	KIO_3	1.33	39.17	5.17	KIO_3	1.340	45.44	2.44	KNO_3
1.167	17.42	7.32	KIO_3	1.35	42.42	4.91	KIO_3	1.326	46.57	0.00	KIO_3
1.259	31.43	5.79	KIO_3	1.37	44.23	4.75	KIO_3+KNO_3				

表12.6.11 碘酸钾在氢氧化钾水溶液中的溶解度(20℃)

单位：mol/L

KOH	KIO_3	KOH	KIO_3	KOH	KIO_3	KOH	KIO_3
4.71	0.0390	7.95	0.0176	11.10	0.0128	14.02	0.0154
5.06	0.0362	9.41	0.0144	12.19	0.0131	14.85	0.0194
6.35	0.0256	10.95	0.0130	12.92	0.0135		

表 12.6.12 碘酸钾在碘酸钠中的溶解度

t=5℃				t=25℃				t=50℃			
相对密度	溶解度/(g/100g饱和溶液)		固相	相对密度	溶解度/(g/100g饱和溶液)		固相	相对密度	溶解度/(g/100g饱和溶液)		固相
	$NaIO_3$	KIO_3			$NaIO_3$	KIO_3			$NaIO_3$	KIO_3	
1.043	0.00	5.16	KIO_3	1.071	0.0	8.45	KIO_3	—	0.0	13.21	KIO_3
1.051	1.41	4.71	KIO_3	1.098	4.26	7.09	KIO_3	—	3.92	11.92	KIO_3
1.060	2.17	4.72	$KIO_3+NaIO_3\cdot 5H_2O$	1.126	7.13	6.73	$KIO_3+NaIO_3\cdot H_2O$	—	7.70	11.14	KIO_3
1.046	2.48	3.19	$NaIO_3\cdot 5H_2O$	1.103	7.79	3.79	$NaIO_3\cdot H_2O$	—	10.92	10.61	$KIO_3+NaIO_3\cdot H_2O$
1.028	3.28	0.00	$NaIO_3\cdot 5H_2O$	1.074	8.57	0.00	$NaIO_3\cdot H_2O$	—	11.41	7.93	$NaIO_3\cdot H_2O$
								—	12.55	4.24	$NaIO_3\cdot H_2O$
								—	13.49	0.0	$NaIO_3\cdot H_2O$

表 12.6.13 碘酸钾在硫酸钾水溶液中的溶解度

t=5℃				t=25℃				t=50℃			
相对密度	溶解度/(g/100g饱和溶液)		固相	相对密度	溶解度/(g/100g饱和溶液)		固相	相对密度	溶解度/(g/100g饱和溶液)		固相
	K_2SO_3	KIO_3			K_2SO_3	KIO_3			K_2SO_3	KIO_3	
1.043	0.0	5.16	KIO_3	1.071	0.00	8.45	KIO_3	—	0.00	13.21	KIO_3
1.060	4.07	3.14	KIO_3	1.085	4.75	5.66	KIO_3	—	7.90	8.68	KIO_3
1.081	7.08	2.57	$KIO_3+K_2SO_4$	1.103	7.74	4.72	KIO_3	—	11.43	7.39	KIO_3
1.077	7.25	1.80	K_2SO_4	1.117	9.65	4.30	$KIO_3+K_2SO_4$	—	12.0	7.06	$KIO_3+K_2SO_4$
1.062	7.64	0.00	K_2SO_4	1.103	10.10	2.44	K_2SO_4	—	13.0	3.78	K_2SO_4
				1.083	10.76			—	12.18	0.00	

12.7 热导率

表12.7.1 碘化钾水溶液的热导率 单位：W/(m·K)

温度/℃	浓度（质量分数）/%			
	0	5	10	12
25	0.210	0.207	0.206	0.203
40	0.204	0.203	0.202	0.201
60	0.199	0.199	0.199	0.199

表12.7.2 碘化钠水溶液的热导率 单位：W/(m·K)

温度/℃	浓度（质量分数）/%			
	0	20	40	60
25	0.209	0.209	0.209	0.209
40	0.203	0.206	0.207	0.208
60	0.199	0.202	0.205	0.206

表12.7.3 其他碘化物水溶液的热导率 单位：W/(m·K)

名称	溶液浓度（质量分数）/%					
	0	10	20	30	40	50
BaI_2	0.598	0.580	0.559	0.533	0.502	0.462
KI	0.598	0.575	0.550	0.518	0.481	0.436
LiI	0.598	0.572	0.537	0.505	0.468	0.426
NaI	0.598	0.579	0.555	0.528	0.494	0.452

表12.7.4 碘化铯晶体的热导率 单位：W/(m·K)

温度/K	230	240	250	260	270	280	290	300	310	320	330	340	350	360
λ	1.386	1.357	1.332	1.285	1.212	1.133	1.071	1.049	1.049	1.040	1.010	0.980	0.950	0.950

注：试件为 ϕ=20mm、t=10mm 的圆形晶片。

12.8 蒸气压

表 12.8.1 碘化物的蒸气压（Ⅰ）

名称	0.1	0.2	0.4	0.7	1.0	2	4	7	10	20	40	70	101.3	熔点/℃
	相应于上述蒸气压强(kPa)的温度/℃													
碘化银	803	846	892	931	959	1019	1082	1138	1177	1259	1356	1443	1506	552
三碘化铝	173.5	185.0	197.7	208.9	218.1	236.1	255.8	273.1	284.6	310	340	367	386	
碘化铍	277	292	309	323	333	352	373	390	401	424	450	472	48.7	488
碘化镉	406	431	459	483	498	531	566	600	621	666	718	763	796	385
碘化氰	22.1	30.2	39.6	47.8	53.1	63.6	74.8	85.0	91.7	104.7	119.5	132.3	141.4	
碘化铯	724	760	798	831	853	902	952	998	1029	1093	1167	1232	1280	621
碘化亚铜	—	—	—	613	636	691	755	819	867	970	1098	1231	1336	605
碘化汞	152.6	165.0	178.5	190.2	198.0	213.1	230.1	244.9	254.1	277.9	310	337	354	259
碘化氢	−124.9	−120.3	−114.5	−109.2	−105.7	−98.2	−89.9	−82.2	−76.9	−66.2	−53.8	−42.9	−35.1	−50.9
碘化钾	730	768	809	843	867	916	969	1018	1051	1120	1201	1272	1324	723
碘化锂	711	742	776	805	824	865	907	945	971	1024	1083	1134	1171	446
碘化钠	753	789	827	860	883	931	981	1027	1058	1120	1192	1257	1304	651
碘化铵	205.3	219.5	234.9	248.1	256.5	274.3	293.9	311	322	345	370	391	405	
碘化铅	470	493	519	542	557	590	626	660	682	728	782	833	872	402
碘化磷	−27.3	−21.6	−14.7	−8.5	−4.6	3.3	11.9	19.5	24.6	34.5	46.2	55.9	62.3	
碘化铷	734	770	809	842	864	913	966	1014	1046	1110	1187	1255	1304	642
三碘化锑	157.2	173.2	190.4	205.1	215.1	235.5	257.7	277.2	291.2	320	354	382	401	167
四碘化锡	—	—	—	157.3	167.4	187.2	208.8	228.6	242.4	270.3	302	329	348	144.5
碘化铊	431	455	481	504	518	552	588	623	644	690	740	786	823	440
四碘化锆	260.1	271.3	285.3	297.8	304	321	336	351	361	379	399	416	431	499

表 12.8.2 碘化物的蒸气压（Ⅱ）

名称	相应于上述蒸气压强(Pa)的温度/℃													
	10	20	40	70	100	200	400	700	1000	2000	4000	7000	10000	20000
碘化镉					464	503	535	563	581	615				
碘化钠	585	620	660	695	718	765	815	856	881	935	990	1035	1062	1120
碘化铅	395	417	440	460	470	498	522	540	558	592	630	660	685	730
三碘化磷									75	91	110	127	137	160
碘化铷	632	660	690	715	732	768	806	840	865	915	968	1015	1045	1107
碘化铊	360	377	397	414	423	448	470	484	496	543	555	635	755	920
三碘化铀					955	988	1046	1090	1120	1185	1260	1322	1363	1450
四碘化铀					470	484	500	515	529	550	582	610	627	667

12.9 比热容

表12.9.1 碘化钾的比热容 单位：J/(mol·K)

形态	固体									液体
温度/K	298.2	300	400	500	600	700	800	900	954	954～1618
c_p	53.003	52.987	53.478	55.258	57.546	60.073	62.728	65.457	66.952	72.383

形态	气体								
温度/K	300	400	500	600	700	800	900	1000	1100
c_p	37.204	37.495	37.677	37.816	37.935	38.043	38.144	38.242	38.337
形态	气体								
温度/K	1200	1300	1400	1500	1600	1700	1800	1900	2000
c_p	38.431	38.523	38.614	38.705	38.795	38.885	38.974	39.064	39.153

表12.9.2 碘化钾水溶液的比热容 单位：kJ/(kg·℃)

浓度/%	温度/℃									
	15	20	30	40	50	60	70	80	90	100
0	3.542	3.555	3.574	3.592	3.613	3.638	3.665	3.693	3.724	3.756
20	3.170	3.178	3.194	3.211	3.228	3.245	3.261	3.278	3.301	3.337
30	2.696	2.705	2.725	2.747	2.768	2.788	2.807	2.826	2.847	2.872

表12.9.3 碘化钠的比热容 单位：J/(mol·K)

温度/K	298.2	300	400	500	600	700	800	900	933	933～1577（液体）
c_p	52.460	52.484	53.689	54.894	56.099	57.304	58.509	59.714	60.112	64.852

表12.9.4 碘化银和碘化硼的比热容 单位：J/(mol·K)

（1）碘化银

形态	固体(α)				固体(β)	液体	气体
温度/K	298	300	400	420	420～831	831～1778	1778～2200
c_p	54.4	54.601	64.685	66.701	56.484	58.576	39.748

（2）碘化硼气体

温度/K	300	400	500	600	700	800	900	1000	1100
一碘化硼	33.524	35.157	35.949	36.409	36.714	36.935	37.107	37.250	37.373
二碘化硼	48.919	52.512	54.216	55.176	55.785	56.206	56.519	56.764	56.965
三碘化硼	70.637	75.549	77.873	79.177	79.999	80.566	80.983	81.307	81.571
温度/K	1200	1300	1400	1500	1600	1700	1800	1900	2000
一碘化硼	37.482	37.582	37.675	37.763	37.848	37.929	38.008	38.085	38.16
二碘化硼	57.136	57.286	57.420	57.543	57.657	57.765	57.867	57.965	58.060
三碘化硼	81.794	81.988	82.161	82.318	82.464	82.600	82.729	82.852	82.971

表12.9.5 碘化汞的比热容 单位：J/(mol·K)

温度/K	298～403（固体α）	403～523（固体β）	523～627（液体）	627①	700	800	900
c_p	77.404	84.517	104.6	61.876	61.91	61.956	62.002

温度/K	1000	1100	1200	1300	1400	1500	1600	1700	1800	1900	2000
c_p	62.048	62.094	62.14	62.186	62.232	62.278	62.324	62.37	62.416	62.462	62.508

① 高于627K时为气体。

表12.9.6 碘化铯晶体的比热容 单位：kJ/(kg·K)

温度/K	10	20	30	40	50	60	70	80	90	100
c_p	0.0126	0.0697	0.1162	0.1434	0.1590	0.1692	0.1756	0.1806	0.1842	0.1863

续表

温度/K	120	140	160	180	200	220	240	260	280	300
c_p	0.1901	0.1930	0.1950	0.1965	0.1982	0.1991	0.2003	0.2104	0.2021	0.2019
温度/K	370	400	500	600	700	800	900	1000	1100	1172
c_p	0.1990	0.2022	0.2131	0.2243	0.2355	0.2468	0.2582	0.2612	0.2952	0.3197

注：300K 前试件成分为99.989%CsI、0.001～0.01%Ca 和 Na、0.0001～0.001%Al 和 K。从水中重新结晶若干小时，在260～300℃下进行真空干燥数小时。

12.10　熔解热和汽化热

表12.10.1　碘化物的熔解热和汽化热　　单位：kJ/mol

分子式	熔解热	汽化热	分子式	熔解热	汽化热	分子式	熔解热	汽化热	分子式	熔解热	汽化热
AgI	9.42	144.2	CdI_2	15.32	106.3	LiI	5.94		ThI_4	33.50	131.9
AlI_3	16.66	77.4	CoI_2		192.6①	MgI_2	(22.19)	104.7	TiI_2		202.6①
AsI_3	9.21	80.4	CrI_2	(25.12)	(100.5)	NaI	21.94		TiI_4	(12.56)	585.5
BI_3	(4.19)	(41.9)	CsI		150.4	PI_3		(44.0)	TlI	13.08	104.8
BaI_2	(28.47)	(188.4)	CuI		181.3①	PbI_2	25.16	104.0	UI_4	62.80	128.5
BeI_2	(18.84)	(79.6)	FeI_2	221.9①	153.9	PuI_3	(50.24)		VI_2		184.2①
BiI_3		20.9	HI	2.87	19.8	RbI	12.14	150.6	ZnI_2	18.84	96.3
CI_4	(4.82)	(50.2)	HfI_4		204.7①	SbI_3		97.1	ZrI_4		121.4①
CNI	59.46①	58.5	HgI_2	18.84	59.7	SnI_2	(12.56)	100.5			
CuI_2	(20.9)	(146.5)	KI	17.17	145.2	TaI_5	6.70	75.8			

注：括号内数值供参考。
① 升华热。

12.11　其他物性

表12.11.1　碘化物的线胀系数　　单位：10^{-6}/℃

温度/℃	−250	−200	−150	−100	−50	0	20	100	200	300	400	500	600	700	800
CsI	16.8	37.1	42.2	44.4	46.3	48.2	49.0								
KI	7.4	27.7	33.8	36.4	38.4	40.1	40.8	43.3	46.7	50.7	56.0	62.8	71.5		
LiI			43.8	50.4	54.9	58.2	59.4								
NaI	6.5	29.2	36.1	39.7	42.4	44.6	45.5								
LiF		4.4	14.8	23.4	29.0	32.3	33.2	36.4	40.4	44.6	49.2	54.3	60.0	66.4	73.5
NaF	0.3	7.9	19.0	26.0	28.9	31.1	31.7	33.8	36.2	38.3	40.5	42.7	45.0		

表12.11.2　碘化物的临界值和其他物性

物料名	临界温度/K	临界压力/MPa	临界体积/(cm^3/mol)	临界压缩因子	偏心因子
碘化钾	3610	9.730	660	0.214	−0.419793
碘化钠	3950	13.900	505	0.214	−0.575022
三碘化铝	983.0		408		
三碘化硼	773.0		356		
碘化汞	1078	10.00			
四碘硅烷	944.0		558		
四碘化钛	1040		505		

物料名	三相点温度/K	三相点压力/Pa	25℃时理想气体标准生成焓/(kJ/kmol)	25℃时物质的绝对熵/[kJ/(K·kmol)]
碘化钾	954	35.6555	−125520	258.17
碘化钠	933	19.5469	−84767	248.93

第 13 章
碳化物和碳酸盐

目 录

13.1 物性总览 …… 403
13.1.1 碳化物的一般特性 …… 403
13.1.2 碳酸盐的一般特性 …… 404
13.1.3 碳化物的危险品特性 …… 406
13.1.4 碳酸盐的危险品特性 …… 406
13.2 密度 …… 407
13.2.1 碳酸钾水溶液的密度 …… 407
13.2.2 碳酸氢钾水溶液的密度 …… 408
13.2.3 碳酸钾 - 氢氧化钾水溶液的密度 …… 408
13.2.4 碳酸钾 - 氢氧化钾 (46.3%) 水溶液的密度 …… 408
13.2.5 碳酸钠溶液的密度 …… 408
13.2.6 碳酸氢铵溶液的密度 …… 409
13.2.7 碳酸氢钠水溶液的密度 …… 410
13.2.8 碳酸锰水溶液的密度 …… 410
13.2.9 碳酸铵水溶液的密度 …… 410
13.3 沸点 …… 410
13.4 黏度 …… 410
13.4.1 碳酸钾水溶液的黏度 …… 410
13.4.2 碳酸钠水溶液的黏度 …… 411
13.4.3 碳酸钾 - 氢氧化钾水溶液的黏度 …… 411
13.4.4 碳酸钾 - 氢氧化钾 (46.3%) 水溶液的黏度 …… 411
13.4.5 碳酸氢钾 - 碳酸氢钠水溶液的黏度 …… 411
13.4.6 K_2CO_3，Li_2CO_3 和 Na_2CO_3 的黏度 …… 411
13.5 表面张力 …… 412
13.6 溶解度 …… 412
13.6.1 碳酸盐在水中的溶解度 …… 412
13.6.2 碳酸盐在其他溶剂中的溶解度 413
13.7 热导率 …… 414
13.7.1 碳化物的热导率 …… 414
13.7.2 碳酸钙、碳酸镁的热导率 …… 414
13.7.3 碳酸钾和碳酸钠水溶液的热导率 (20℃) …… 414
13.8 蒸气压 …… 415
13.8.1 重质碳酸钙的 CO_2 分压 …… 415
13.8.2 碳酸铵的蒸气压 …… 415
13.8.3 干燥的碳酸铵的蒸气压 …… 415
13.8.4 碳酸钠的分解压和蒸气压 …… 415
13.8.5 碳酸钠水溶液中的 H_2O 分压… 416
13.9 比热容 …… 416
13.9.1 碳化物的比热容 …… 416
13.9.2 碳酸盐的比热容 …… 416
13.10 比焓和比熵 …… 418
13.10.1 碳酸钡的比焓 …… 418
13.10.2 碳酸钡的比熵 …… 418

13.1 物性总览

13.1.1 碳化物的一般特性

表 13.1.1 碳化物的一般特性

分子式	名称	分子量	颜色	晶形	特性或折射率	密度/(g/cm^3)	熔点/℃	沸点/℃	溶解度/(g/100g溶剂)或溶解情况 冷水	热水	酸	碱	乙醇	其他溶剂
Ag_2C	一碳化二银	227.75	黄	粉							+N			
Ag_2C_2	二碳化二银	239.76	白	粉			炸		—		+N;×Cl		÷	
Al_4C_3	碳化铝	143.96	黄或绿	六	2.700	2.360	// 2100	>2200	//→CH_4		//发烟冷硝酸	// KOH(100℃)		一丙酮;+熔融铝
AsC_3	三碳化亚砷	110.95	棕	非、淀			受热或摩擦即爆炸而分解							
B_4C	一碳化四硼	55.25	黑	晶	2.66	2.54[25]	2400	>3500	—	—	—	+熔融液		//硫酸、硝酸、氢氟酸混合液
BaC_2	碳化钡	161.35	灰黑	四		3.750			→C_2H_2		//			
Be_2C	一碳化二铍	30.04	黄	六		1.90[15]	//>2100		//	//	+			
CaC_2	碳化钙	64.10	白或无	四或立	1.75	2.22[18]	≈2300	//	→C_2H_2		//	+熔融液		①
CeC_2	二碳化铈	164.15	红	四		5.230			//		+			
Cr_3C_2	二碳化三铬	180.01	灰	斜		6.680	1890 //	3800	—	—	—N,N′Cl′	—熔融液		—王水;+KNO_3**
Cr_5C_2	二碳化五铬	284.02	银	晶		6.920	1665							—王水
CrC	一碳化铬	64.01	红棕	针		6.750								
CSi_2	一碳化二硅	68.13	灰	晶		2.500			//		+N、S		—	—乙醚
Cu_2C_2	二碳化二亚铜	151.12	红棕				炸	//	—	÷÷	+H_2S,N,Cl	—氢氧化物		//热盐酸;热硝酸
Fe_3C	一碳化三铁	179.55	黑	立		7.690	1837		—	—	+			+热浓硫酸
$Hg_2C_2 \cdot H_2O$	二碳化二亚汞·1水	443.22	白灰				// 100		—				—醇	
HgC_2	二碳化汞	224.61	白	粉或淀		5.300	// 100		—		+Cl,N		—醇	—醚;×硫酸
$HgC_2 \cdot {}^1/_3H_2O$	二碳化汞·$^1/_3$水	230.61	白	粉		5.300	炸		—				—	
K_2C_2	二碳化二钾	102.22	白	粉或晶					—		—	—	—	
Li_2C_2	二碳化二锂	37.90	无	晶		1.65[18]			//		—浓			+熔化的氧化剂
MgC_2	碳化镁	48.32	白	单	无毒无味				→C_2H_2和$Mg(OH)_2$		+			
Mn_3C	一碳化三锰	176.83	黑	针		6.89[17]	1520	高温 //	//		//			—浓硫酸、硝酸

续表

分子式	名称	分子量	颜色	晶形	特性或折射率	密度/(g/cm³)	熔点/℃	沸点/℃	溶解度/(g/100g溶剂)或溶解情况 冷水	热水	酸	碱	乙醇	其他溶剂
MoC	一碳化钼	107.95	灰黑	六或立		8.48^{20}	2692		—	—	÷N, Cl, S*	—		÷HF
Mo_2C	一碳化二钼	203.89	灰白	斜或六		8.900	2519	∟1190	—		÷N, Cl, S*	—		÷HF
Na_2C_2	二碳化二钠	70.00	白棕	晶、粉		1.575^{15}			—	—	—	—	— //	
NbC	碳化铌	104.92	灰	立		7.970	3500	4300	—		+N			+HF
NdC_2	二碳化钕	168.29	黄	六		5.150	//		//		+			—浓HNO_3
PrC_2	二碳化镨	164.94	黄	晶		5.100	//		//		+			
SiC	碳化硅	40.10	蓝-黑	三	2.654	3.220	2830 //	↑2200	—	—	—	×熔融液		
TaC	碳化钽	192.96	金黄	立		14.40	3820	5500	—		÷S			+HF; ×HNO_3
ThC_2	碳化钍	256.06	黄	四		8.96^{18}	2773燃	5000	//		÷÷浓			
TiC	碳化钛	59.90	灰	立、粉		4.920	3140	4300	—		—Cl, S	×熔融液		+HF; ×HNO_3
U_2C_3	碳化铀	512.14		晶		11.280	2400		//		//			
VC	碳化钒	62.95	银灰	立		5.770	2180	3900	—	÷	×N'；—Cl, S		×KNO_3**	×KNO_3**, $KClO_3$**
W_2C	碳化二钨	379.71	铁灰	立或六		17.300	2800	6000	—	—	÷Cl, S;+N*		×王水	×(HNO_3+HF)
WC	碳化钨	195.86	灰蓝	六		15.70^{18}	3140 //	6000	—	—	—		+F_2	+HNO_3, HF, 王水
ZrC	碳化锆	103.23	暗灰	立		6.730	≈3540	≈5100	—	—	×	×熔融液	+HF	÷浓硫酸

① 不溶于发烟硝酸、浓硫酸和冷盐酸以及强冷矿物酸；溶于冷冰乙酸；与溴、氯、碘、氟起反应。

13.1.2 碳酸盐的一般特性

表 13.1.2 碳酸盐的一般特性

分子式	名称	分子量	颜色	晶形	特性或折射率	密度/(g/cm³)	熔点/℃	沸点/℃	溶解度/(g/100g溶剂)或溶解情况 冷水	热水	酸	碱	乙醇	其他溶剂
Ag_2CO_3	碳酸银	275.77	黄	粉	刺激	6.077	210	218 //	0.003^{20}	0.05	+N;//Cl	+氨水	—	+$Na_2S_2O_3$、KCN
$BaCO_3$	碳酸钡	197.35	白或无	斜	1.676	4.430	1740	// 1450	表13.6.3		×		—	①
$BeCO_3·4H_2O$	碳酸铍·4水	141.08	白	六			// 100		0.36^{0} //				—	—液氨

续表

分子式	名称	分子量	颜色	晶形	特性或折射率	密度/(g/cm³)	熔点/℃	沸点/℃	溶解度/(g/100g溶剂)或溶解情况					
									冷水	热水	酸	碱	乙醇	其他溶剂
$(BiO)_2CO_3 \cdot 0.5H_2O$	碱式碳酸铋·0.5水	518.98	淡黄	粉	无臭 无味	6.860	—H_2O 100	// 308	—		++Cl; N		—	÷ 碱金属碳酸盐液
$Bi_2O_3 \cdot CO_3 \cdot H_2O$	碱式碳酸铋·1水	528.03	白	粉	无味	6.860	//		—		+		—	–碳酸铵,浓乙酸
$CaCO_3$	碳酸钙(文石)	100.09	无	斜	1.681	2.930	520→方解石	// 825			×Cl; N		÷NH_4OH	+碳酸铵溶液
$CaCO_3$	碳酸钙(方解石)	100.09	无	三	1.550	2.71^{25}	$1339^{10.3k}$	// 900			×Cl; N	+NH_4Cl	—	//硫酸,+乙酸
$Ca(HCO_3)_2$	碳酸氢钙	162.12	无或白	晶或粉	1.514		遇热//		++					+CO_2水溶液
$CaMg(CO_3)_2$	碳酸镁钙	184.40	无	三	1.682	2.862	// >730		0.032^{18}		×			
$CdCO_3$	碳酸镉	172.42	白	三	稳定	4.258^{4}	// 400		—	—	++//	—液氨	—	+铵盐,KCN溶液
$CoCO_3$	碳酸钴	118.94	浅玫瑰	单、粉		4.130	// >7427		—	—	+	—NH_3	—	—乙酸甲酯
$CrCO_3 \cdot H_2O$	碳酸亚铬·1水	112.01	灰白或蓝绿	非、无					÷			—乙醚		÷ 碳酸水溶液
$CsHCO_3$	碳酸氢铯	193.92		正			—½CO_2 175		210^{15}	++			+	
Cs_2CO_3	碳酸铯	325.82	无	晶	～		// 610		260^{15}	++	×		11.1^{19}; 20.1^{79}	+乙醚
Cu_2CO_3	碳酸亚铜	187.15	黄	固		4.400		//	—	—	+	+氨水		
$FeCO_3$	碳酸亚铁	115.86	灰白	三、粉	1.875	3.850	// >490		0.0067		+			+碳酸、CO_2水溶液
$FeCO_3 \cdot H_2O$	碳酸亚铁·1水	133.88	绿白	无		3.800	//		÷÷		+			+CO_2水溶液
$HgCO_3 \cdot 2HgO$	碱式碳酸汞·2水	693.78	棕-红	粉					—					+CO_2水溶液;NH_4Cl
Hg_2CO_3	碳酸亚汞	461.23	黄	粉	有毒		// 130		—	//	+//			+NH_4Cl*
$3HgO \cdot CO_2$	酸式碳酸汞	693.78	暗棕	非、粉					—		+碳酸或硫酸钾溶液			+NH_4Cl;CO_2水溶液
K_2CO_3	碳酸钾	138.21	白	粉	≈1.531	2.43^{19}	891	//		表13.6.3			—	—丙酮;乙醚
$K_2CO_3 \cdot 2H_2O$	碳酸钾·2水	174.23	无		1.432	2.043	—H_2O 130			表13.6.3			—	—浓NH_4OH
K_2CS_3	硫化碳酸钾	186.40	红褐	晶			//		+++				÷	
$KHCO_3$	碳酸氢钾	100.12	无	晶	～ 1.482	2.170	// 100	200→K_2CO_3		表13.6.3			÷÷	+K_2CO_3溶液
$KNaCO_3 \cdot 6H_2O$	碳酸钠钾·6水	230.20	无	单		1.630	—$6H_2O$ 100		133^{12}	185^{15}				
$La_2(CO_3)_3 \cdot 8H_2O$	碳酸镧·8水	602.00	白	晶		2.650			—		+	—乙酸		+CO_2水溶液
Li_2CO_3	碳酸锂	73.89	白	单、粉	1.567	2.11^{0}	618	// 1390		表13.6.3	+		—	—丙酮;液氨
$MgCO_3$	碳酸镁	84.31	白	三	1.700	3.050	// 350	—CO_2 900	0.0106	×	×	—乙酸	+含水CO_2	—丙酮;液氨
$MgCO_3 \cdot 3H_2O$	碳酸镁·3水	138.38	无	斜	1.501	1.852	165	—H_2O 100	0.152^{19}	//	×			+CO_2水溶液1.4
$MgCO_3 \cdot 5H_2O$	碳酸镁·5水	174.40	白	单	1.476	1.730	空气//		0.18^{8}	0.38^{20}	+Cl			+$MgSO_4$溶液
$MnCO_3$	碳酸锰	114.94	玫瑰	棱	1.817	3.125	//		0.11^{18}	6.5^{25}mg/100g水	+		—	—液氨;+CO_2水溶液
Na_2CO_3	碳酸钠	105.99	白	粉	～ 1.535	2.533	852	//		表13.6.3	×	—丙酮	÷÷	—CS_2,乙醚;++甘油
$Na_2CO_3 \cdot H_2O$	碳酸钠·1水	124.00	白	斜	1.508	2.250	—H_2O 100			表13.6.3			—	—乙醚;+甘油14^{25}
$Na_2CO_3 \cdot 7H_2O$	碳酸钠·7水	232.10		斜或三		1.510	// 35.1		16.9	33.9^{35}				
$Na_2CO_3 \cdot 10H_2O$	碳酸钠·10水	286.14	白	单	1.425	1.446	34			表13.6.3			—	
$NaHCO_3$	碳酸氢钠	84.01	白	单、粉	味咸1.500	2.160	// 65	—CO_2 270		表13.6.1		÷÷	+甘油	

续表

分子式	名称	分子量	颜色	晶形	特性或折射率	密度/(g/cm³)	熔点/℃	沸点/℃	溶解度/(g/100溶剂)或溶解情况 冷水	热水	酸	碱	乙醇	其他溶剂
$NaHCO_3 \cdot 2H_2O$	碳酸氢钠·2水	120.03	白	单	1.507	2.112	//		13					
$Na_2CO_3.NaHCO_3 \cdot 2H_2O$	碳酸氢三钠·2水	226.04	白	晶、粉	1.507	2.112	//		13	42				
NH_4HCO_3	碳酸氢铵	79.06	白	单	氨味 1.536	1.586	// 105	333.6	表13.6.3				—	一丙酮，乙醇
$(NH_4)_2CO_3$	碳酸铵	96.09	无	斜、晶、粉	氨气味		// 58		100^{15}	×			—	一CS_2及浓氨水
$(NH_4)_2CO_3 \cdot H_2O$	碳酸铵·1水	114.10	无	斜	氨味不稳定		// 58		100^{15}	//		+稀甲醇	—	一CS_2、液氨
$NiCO_3$	碳酸镍	118.71	微绿	正			//		0.009^{25}	—	+			+铵盐溶液
$PbCO_3$	碳酸铅	267.20	无	正	2.076	6.600	// 315		0.00011^{20}	//	++	+	—	②
$2PbCO_3 \cdot Pb(OH)_2$	碱式碳酸铅	775.60	白	六	有毒2.09	6.140	//400		—	—	+N	+NH_4Cl(冷稀)	—	+乙酸；÷CO_2水溶液
$Pr_2(CO_3)_3 \cdot 8H_2O$	碳酸镨·8水	606.00	绿	片			—6H_2O 100		—		+			+碳酸钾水溶液
Rb_2CO_3	碳酸铷	230.94	无	晶	强碱性≈		835		223^{20}	+	×		÷÷	
$RbHCO_3$	碳酸氢铷	146.50	白	正			// 175		110^{20}				+	
$SrCO_3$	碳酸锶	147.63	白或无	正	1.664	3.850	1497^{6k}	—CO_2	0.0011^{18}	0.065	×Cl,N		—	③
Tl_2CO_3	碳酸亚铊	468.75	无	单	有毒	7.200	269	—CO_2 360	5.2^{18}	27.2			—	一乙醚，丙酮
$ZnCO_3$	碳酸锌	125.39	白	三	1.818	4.420	—$CO_2$300		0.001^{15}	+铵盐溶液	+	+	一吡啶	一丙酮，液氨；+铵盐÷氨水
$ZnCO_3 \cdot 2Zn(OH)_2 \cdot H_2O$	碱式碳酸锌	342.19	白	无	无臭无味				—		+Cl	+NaOH	—	

① 微溶于氯化铵、硝酸铵和碳酸溶液；溶于乙酸。
② 不溶于液氨；溶于乙酸、乙酸铵和氯化铵。
③ 微溶于氯化铵溶液、氨水、含水CO_2；溶于硝酸铵溶液和碳酸。

13.1.3 碳化物的危险品特性

表13.1.3 碳化物的危险品特性

名称	CAS号	危险品编号	饱和蒸气压/kPa	燃烧性	闪点/℃	自燃温度/℃	建规火险分级	爆炸下/上限体积分数/%	灭火方法	危险物品分类号	风险性代号	安全措施号
碳化铝	1299-86-1	43026		不	※	※		※	G,T,JS,JP	4.3		

13.1.4 碳酸盐的危险品特性

表13.1.4 碳酸盐的危险品特性

名称	CAS号	危险品编号	饱和蒸气压/kPa	燃烧性	闪点/℃	自燃温度/℃	建规火险分级	爆炸下/上限体积分数/%	灭火方法	危险物品分类号	风险性代号	安全措施号
碳酸钡	513-77-9	61021	—	不	※	※	—	※	K	6.1	R22	S24/25
碳酸钾	584-08-7			不	※	※		※	W,P,R,G,T		R22; R36/37/38	S26; S37/39
碳酸镍	3333-67-3			不	※	※		※	W,P,R,G,T		R22; R40; R43	S22; S36/37

13.2　密度

13.2.1　碳酸钾水溶液的密度

表 13.2.1　碳酸钾水溶液的浓度和密度

（1）0～20℃

浓度			密度	浓度			密度	浓度			密度
(质量分数)/%	/(mol/L)	/(g/L)	/(g/cm³)	(质量分数)/%	/(mol/L)	/(g/L)	/(g/cm³)	(质量分数)/%	/(mol/L)	/(g/L)	/(g/cm³)
1	0.0729	10.07	1.007	14	1.1438	158.0	1.129	28	2.5844	357.1	1.276
2	0.1471	20.32	1.016	16	1.3302	183.8	1.149	30	2.8130	389.4	1.298
4	0.2994	41.38	1.034	18	1.5528	210.4	1.169	35	3.4311	474.1	1.355
6	0.4571	63.17	1.053	20	1.7129	237.9	1.190	40	4.0929	565.6	1.414
8	0.6203	85.72	1.071	22	1.9265	266.4	1.211	45	4.8058	664.1	1.476
10	0.7890	109.0	1.090	24	2.1395	295.6	1.232	50	5.5731	770.2	1.540
12	0.9635	133.1	1.110	26	2.3570	325.9	1.254	53	6.0106	830.6	1.567

（2）0～120℃

温度/℃	浓度(质量分数)/%										
	1	2	4	8	12	16	20	24	28	32	36
0	1.0094	1.0189	1.0381	1.0768	1.1162	1.1562	1.1977	1.2405	1.2846	1.3299	1.3764
10	1.0089	1.0182	1.0369	1.0746	1.1131	1.1530	1.1941	1.2366	1.2804	1.3255	1.3717
20	1.0073	1.0164	1.0347	1.0718	1.1097	1.1492	1.1911	1.2446	1.2766	1.3224	1.3677
30	1.0047	1.0136	1.0316	1.0683	1.1058	1.1446	1.1873	1.2372	1.2721	1.3179	1.3626
40	1.0010	1.0098	1.0276	1.0640	1.1013	1.1389	1.1810	1.2234	1.2660	1.3094	1.3548
50	0.9964	1.0051	1.0228	1.0589	1.0960	1.1320	1.1708	1.2119	1.2573	1.2941	1.3426
60	0.9919	1.0005	1.0180	1.5338	1.0906	1.1278	1.1560	1.2082	1.2500	1.2939	1.3374
70	0.9861	0.9970	1.0145	1.0503	1.0846	1.1225	1.1613	1.2005	1.2453	1.2894	1.3328
80	0.9803	0.9889	1.0063	1.0418	1.0786	1.1154	1.1942	1.1954	1.2419	1.2904	1.3278
90	0.9736	0.9822	0.9997	1.0354	1.0724	1.1101	1.1479	1.1925	1.2320	1.2760	1.3225
100	0.9670	0.9756	0.9931	1.0291	1.0663	1.033	1.1443	1.1887	1.2276	1.2691	1.3163

温度/℃	浓度(质量分数)/%									
	40	44	48	50	52	54	56	58	60	62
0	1.4244	1.4740	1.5254	1.5517						
10	1.4195	1.4689	1.5200	1.5462						
20	1.4222	1.4590	1.5147	1.5404						
30	1.4205	1.4483	1.5088	1.5340						
40	1.4020	1.4406	1.5018	1.5266						
50	1.3547	1.4398	1.4930	1.5180						
60	1.3850	1.4350	1.4842	1.5094	1.5358	1.5637				
70	1.3822	1.4288	1.4788	1.5046	1.5312	1.5583				
80	1.3752	1.4230	1.4735	1.4999	1.5266	1.5529	1.5780	1.6009		
90	1.3681	1.4164	1.4661	1.4928	1.5192	1.5454	1.5719	1.5946		
100	1.3639	1.4138	1.4623	1.4856	1.5118	1.5379	1.5657	1.5882	1.6110	
120①		1.4133	1.441	1.4757	1.5024	1.5250	1.5543	1.5753	1.6057	1.6215

① 浓度为 64% 时的密度为 1.6570g/L。

N（算图 13.1）

碳酸钾水溶液密度的温度修正及其相应的物性（第 641 页左）

13.2.2 碳酸氢钾水溶液的密度

表13.2.2 碳酸氢钾水溶液的浓度和密度 单位：g/cm^3

温度/℃	浓度(质量分数)/%						温度/℃	浓度(质量分数)/%		
	1	2	4	6	8	10		1	2	4
0	1.0086	1.0184	1.0270				40	0.9990	1.0058	1.0195
10	1.0064	1.0132	1.0268				50	0.9949	1.0017	1.0154
15	1.0058	1.0125	1.0260	1.0396	1.0534	1.0674	60	0.9901	0.9969	1.0106
18	1.0060	1.0130	1.0280	1.0430	1.0580		80	0.9786	0.9855	0.9993
20	1.0049	1.0117	1.0252				100	0.9653	0.9722	0.9860
30	1.0024	1.0092	1.0228							

13.2.3 碳酸钾－氢氧化钾水溶液的密度

表13.2.3 碳酸钾－氢氧化钾水溶液的密度

KOH(质量分数)/%	K_2CO_3(质量分数)/%	ρ^{20}/(g/cm^3)	ρ^{50}/(g/cm^3)	KOH(质量分数)/%	K_2CO_3(质量分数)/%	ρ^{20}/(g/cm^3)	ρ^{50}/(g/cm^3)
28.58	0	1.279	1.264	31.45	0	1.308	1.296
	2	1.292	1.278		2	1.320	1.306
	5	1.311	1.298		5	1.339	1.322
	10	1.342	1.328		10	1.372	1.350
	15	1.371	1.351		15	1.404	1.382
	20	1.410	1.395		20	1.430	1.419

13.2.4 碳酸钾－氢氧化钾(46.3%)水溶液的密度

表13.2.4 碳酸钾－氢氧化钾(46.3%)水溶液的密度(ρ^{20})

浓度/(mol/L)	1.0	1.5	2.0	2.5	3.0	3.5	4.0
密度/(g/cm^3)	1.053	1.083	1.106	1.127	1.149	1.172	1.195
浓度/(mol/L)	4.5	5.0	5.5	6.0	6.5	7.0	7.5
密度/(g/cm^3)	1.217	1.239	1.260	1.281	1.301	1.321	1.340

13.2.5 碳酸钠溶液的密度

表13.2.5 碳酸钠水溶液浓度和密度

(1) 密度为主变量

溶液密度ρ^{20}/(g/mL)	Na_2CO_3浓度(质量分数)/%	Na_2CO_3浓度/(mol/L)	Na_2CO_3密度ρ/(g/cm^3)	溶液密度ρ^{20}/(g/mL)	Na_2CO_3浓度(质量分数)/%	Na_2CO_3浓度/(mol/L)	Na_2CO_3密度ρ/(g/cm^3)
1.00	0.19	0.018	1.91	1.10	9.75	1.012	107.3
1.005	0.67	0.064	6.70	1.11	10.68	1.118	118.5
1.01	1.14	0.109	11.6	1.12	11.60	1.226	130.0
1.02	2.10	0.202	21.4	1.13	12.52	1.335	141.5
1.03	3.05	0.296	31.4	1.14	13.45	1.446	153.3
1.04	4.03	0.395	41.9	1.15	14.35	1.557	165.1
1.05	4.98	0.493	52.3	1.16	15.20	1.663	176.3
1.06	5.95	0.595	63.9	1.17	16.03	1.769	187.5
1.07	6.90	0.696	73.8	1.18	16.87	1.878	199.1
1.08	7.85	0.800	84.8	1.19	17.70	1.987	210.6
1.09	8.80	0.905	95.9				

(2) 浓度为主变量 单位 :g/cm³

浓度/%	温度/℃									
	0	10	15.6	20	30	40	50	60	70	80
1	1.012	1.011	1.010	1.010	1.007	1.004	1.000	0.995	0.990	0.954
2	1.023	1.042	1.021	1.020	1.017	1.014	1.010	1.005	0.999	0.994
4	1.045	1.043	1.043	1.041	1.038	1.034	1.030	1.025	1.019	1.014
6	1.067	1.065	1.063	1.062	1.058	1.054	1.050	1.044	1.039	1.033
8		1.086	1.084	1.083	1.079	1.075	1.070	1.065	1.059	1.053
10		1.107	1.106	1.104	1.100	1.096	1.091	1.085	1.080	1.074
12			1.127	1.126	1.122	1.117	1.112	1.106	1.101	1.094
14			1.149	1.148	1.143	1.138	1.133	1.128	1.122	1.116
16				1.170	1.165	1.160	1.154	1.148	1.143	1.137
18				1.192	1.188	1.182	1.176	1.170	1.164	1.158
20					1.210	1.204	1.198	1.193	1.187	1.181
22					1.233	1.227	1.220	1.215	1.210	1.203
24					1.257	1.250	1.243	1.238	1.232	1.226
26					1.281	1.273	1.266	1.262	1.255	1.249
28					1.305	1.297	1.290	1.285	1.279	1.272

N（算图 13.2、算图 13.3）
碳酸钠水溶液的密度
（第 641 页右、第 642 页左）

N（算图 13.4）
碳酸钠水溶液密度的温度修正及其相应的物性
（第 642 页右）

13.2.6 碳酸氢铵溶液的密度

表13.2.6　碳酸氢铵溶液的浓度和密度　　单位：g/cm³

浓度(质量分数)/%	温度/℃								
	15	20	25	30	35	40	45	50	55
2	1.0086	1.0077	1.0069	1.0062	1.0058	1.0054	1.0051	1.0048	1.0044
4	1.0182	1.0172	1.0168	1.0164	1.0161	1.0158	1.0156	1.0152	1.0149
6	1.0278	1.0267	1.0261	1.0256	1.0254	1.0251	1.0248	1.0244	1.0242
8	1.0373	1.0362	1.0353	1.0348	1.0343	1.0340	1.0338	1.0335	1.0332
10	1.0467	1.0454	1.0445	1.0438	1.0433	1.0430	1.0427	1.0423	1.0420
12	1.0568	1.0552	1.0538	1.0529	1.0522	1.0518	1.0516	1.0512	1.0508
14	1.0680	1.0651	1.0632	1.0619	1.0611	1.0605	1.0604	1.0601	1.0598
16		1.0759	1.0729	1.0712	1.0700	1.0694	1.0692	1.0690	1.0686
18			1.0851	1.0811	1.0790	1.0782	1.0781	1.0778	1.0775
20				1.0919	1.0882	1.0872	1.0869	1.0865	1.0862
22					1.0982	1.0968	1.0955		
24						1.1077	1.1045		
26							1.1143		
饱和溶液密度 ρ/(g/cm³)	1.0876	1.0929	1.0982	1.104	1.110	1.116	1.122		
饱和溶液浓度(质量分数)/%	15.75	17.56	19.35	21.50	23.71	25.93	28.30		

浓度(质量分数)/%	温度/℃								
	60	65	70	75	80	85	90	95	100
2	1.0042	1.0040	1.0036	1.0034	1.0030	1.0028	1.0024	1.0022	1.0018
4	1.0145	1.0142	1.0138	1.0136	1.0132	1.0128	1.0125	1.0122	1.0118
6	1.0238	1.0234	1.0232	1.0228	1.0224	1.0220	1.0218	1.0214	1.0210
8	1.0328	1.0325	1.0322	1.0318	1.0316	1.0312	1.0308	1.0304	1.0302
10	1.0416	1.0414	1.0410	1.0406	1.0403	1.0400	1.0396	1.0392	1.0390
12	1.0504	1.0502	1.0498	1.0494	1.0490	1.0486	1.0483	1.0480	1.0476
14	1.0595	1.0591	1.0588	1.0584	1.0581	1.0577	1.0574	1.0571	1.0668
16	1.0683	1.0680	1.0676	1.0673	1.0670	1.0666	1.0663	1.0659	1.0656
18	1.0772	1.0770	1.0766	1.0764	1.0760	1.0757	1.0754	1.0751	1.0748
20	1.0859	1.0856	1.0852	1.0849	1.0846	1.0843	1.0840	1.0836	1.0833

13.2.7 碳酸氢钠水溶液的密度

表13.2.7 碳酸氢钠水溶液的浓度和密度(18℃) 单位：g/cm³

浓度(质量分数)/%	1	2	3	4	5	6	7	8
密度/(g/cm³)	1.0059	1.0132	1.0206	1.0280	1.0354	1.0429	1.0505	1.0581

13.2.8 碳酸锰水溶液的密度

表13.2.8 碳酸锰水溶液的浓度和密度 单位：g/cm³

浓度(质量分数)/%	0	1	5	10	15	20	30	40	50	60	70	80	90	95
ρ	2.715	2.723	2.790	2.857	2.855	2.838	2.957	3.124	3.239	3.354	3.458	3.553	3.649	3702

13.2.9 碳酸铵水溶液的密度

表13.2.9 碳酸铵水溶液的浓度和密度(15℃)

浓度(质量分数)/%	1	2	4	6	8	10	12	14	16	18
密度/(g/cm³)	1003	1006	1013	1020	1027	1034	1040	1047	1054	1061
浓度(质量分数)/%	20	22	24	26	28	30	35	40	45	
密度/(g/cm³)	1068	1074	1081	1087	1094	1101	1116	1129	1142	

13.3 沸点

表13.3.1 碳酸盐水溶液和饱和溶液的沸点 单位：℃

(1) 浓度为变量

溶液名称	下列浓度(g/100g水)溶液的沸点							饱和溶液		
	10	25	50	75	100	500	1000	沸点	浓度	固相组成
K_2CO_3		102.2	105.2	108.4	113.1					
Na_2CO_3	1.010	102.4	104.9					105.0	51.2	$Na_2CO_3 \cdot H_2O$
$Na_2CO_3 \cdot 10H_2O$			101.3	101.9	102.3	104.3	104.9			

(2) 沸点为变量

溶液名称	101	102	103	104	105	107	110	115	120	125
	相应于上列沸点(℃)的溶液浓度(质量分数)/%									
K_2CO_3	10.31	18.37	24.24	28.57	32.24	37.69	43.97	50.86	56.04	60.40
Na_2CO_3	9.42	17.72	23.72	29.18	33.86					

13.4 黏度

13.4.1 碳酸钾水溶液的黏度

表13.4.1 碳酸钾水溶液的黏度 单位：mPa·s

浓度(质量分数)/%	温度/℃						
	4	20	40	60	80	100	120
20	3.32	1.90	1.12	0.82	0.68	0.53	0.47
30	4.70	2.90	1.76	1.20	0.80	0.60	0.58
40	9.13	5.35	2.85	1.85	1.20	0.90	0.84

13.4.2　碳酸钠水溶液的黏度

表13.4.2　碳酸钠水溶液的黏度　　单位：mPa·s

浓度（质量分数）/%	温度/℃ 20	30	40
0	1.01	0.81	0.66
2	1.08	0.93	0.73
4	1.20	1.00	0.80
6	1.36	1.09	0.88
8	1.54	1.22	0.97
10	1.75	1.36	1.10
12	2.00	1.50	1.26
14	2.34	1.81	1.45
16	2.77	2.10	1.64
18	3.32	2.47	1.90
20	4.00	2.94	2.23
22	4.91	3.53	2.63
24	6.10	4.30	3.13
26	7.67	5.33	3.75
28	9.88	6.54	4.52
30	12.72	8.24	5.57

N（算图 13.5）
碳酸钾水溶液的黏度（第 643 页左）

N（算图 13.6、算图 13.7）
碳酸钠水溶液的黏度（第 643 页右、第 644 页左）

13.4.3　碳酸钾－氢氧化钾水溶液的黏度

表13.4.3　碳酸钾－氢氧化钾水溶液的黏度　　单位：mPa·s

KOH（质量分数）/%	K_2CO_3（质量分数）/%	η_{25}	η_{50}
28.58	0	2.098	1.296
	2	2.199	1.344
	5	2.383	1.449
	10	2.720	1.638
	15	3.134	1.842
	20	3.843	2.202
31.45	0	2.279	1.395
	2	2.448	1.489
	5	2.702	1.623
	10	3.144	1.848
	15	3.632	2.095
	20	4.197	2.392

13.4.4　碳酸钾－氢氧化钾 (46.3%) 水溶液的黏度

表13.4.4　碳酸钾－氢氧化钾(46.3%)水溶液的黏度(20℃)

浓度/(mol/L)	1.0	1.5	20	2.5	3.0	3.5	4.0
η/(mPa·s)	1.134	1.208	1.292	1.386	1.487	1.600	1.729
浓度/(mol/L)	4.5	5.0	5.5	6.0	6.5	7.0	7.5
η/(mPa·s)	1.868	2.011	2.165	2.352	2.574	2.806	3.045

13.4.5　碳酸氢钾－碳酸氢钠水溶液的黏度

表13.4.5　碳酸氢钾－碳酸氢钠水溶液的黏度　　单位：mPa·s

浓度/(mol/kg水)	0.25	0.5	1.0	2.0
碳酸氢钾	1.029	1.059	1.123	1.261
碳酸氢钠	1.057	1.118	1.253	

13.4.6　K_2CO_3，Li_2CO_3 和 Na_2CO_3 的黏度

表13.4.6　K_2CO_3，Li_2CO_3和Na_2CO_3碳酸盐的黏度　　单位：mPa·s

温度/℃	780	820	850	890	920	930	970	980
K_2CO_3					2.96			1.59
Li_2CO_3	4.66	3.35	2.78					
Na_2CO_3				3.32		2.24	1.58	

13.5 表面张力

表13.5.1 碳酸盐的表面张力 单位：mN/m

温度/℃	750	800	850	900	950	1000
K_2CO_3				169	166	163
Li_2CO_3	243	241	239			
Na_2CO_3			211	201	207	205

表13.5.2 碳酸盐水溶液的表面张力(20℃)

浓度/(mol/L)	0.25	0.5	1.0	1.5	2	3	4	5	6	7	8.3
K_2CO_3		74.2	75.7	77.4	79.1	82.8	87.2	91.9	97.0	103	111
Na_2CO_3	73.45	74.05	75.45	76.75							

表13.5.3 碳酸钾水溶液的表面张力(20℃) 单位：mN/m

(1) 水的质量分数为变量

水(质量分数)/%	浓度/(mol/L)	σ	水(质量分数)/%	浓度/(mol/L)	σ	水(质量分数)/%	浓度/(mol/L)	σ
50	42.8	103.8	65	49.0	87.3	90	54.6	75.1
55	45.1	96.6	70	50.5	83.8	100	55.4	72.75
60	47.2	91.4	80	52.9	78.6			

(2) 浓度为变量

浓度/(mol/kg)	σ	浓度/(mol/kg)	σ	浓度/(mol/kg)	σ	浓度/(mol/kg)	σ
0.50	1.46±0.2	2.0	6.32±0.3	5.0	19.1±0.6	8.3	38.0±2.0
0.75	2.20±0.2	2.5	8.14±0.4	6.0	24.2±1.0		
1.00	2.98±0.2	3.0	10.1±0.5	7.0	29.8±1.5		
1.50	2.58±0.2	4.0	14.4±0.6	7.5	32.6±1.5		

注：温度为0℃，浓度为0.25mol/kg时，其表面张力为(0.7±0.4)mN/m。

13.6 溶解度

13.6.1 碳酸盐在水中的溶解度

表13.6.1 $NaHCO_3$在水中的溶解度 单位：g/100g H_2O

t/℃	$NaHCO_3$	t/℃	$NaHCO_3$	t/℃	$NaHCO_3$	t/℃	$NaHCO_3$	t/℃	$NaHCO_3$	t/℃	$NaHCO_3$
0	6.90	11	8.25	22	9.90	33	11.55	44	13.40	55	15.40
1	7.00	12	8.40	23	10.05	34	11.70	45	13.55	55	15.40
2	7.10	13	8.55	24	10.20	35	11.90	46	13.75	56	15.60
3	7.20	14	8.70	25	10.35	36	12.05	47	13.90	57	15.80
4	7.35	15	8.85	26	10.50	37	12.20	48	14.10	58	16.00
5	7.45	16	9.00	27	10.65	38	12.35	49	14.30	59	16.20
6	7.60	17	9.15	28	10.80	39	12.50	50	14.45	60	16.40
7	7.70	18	9.30	29	10.95	40	12.70	51	14.65	80	20.2
8	7.85	19	9.45	30	11.10	41	12.90	52	14.85	100	24.3
9	8.00	20	9.60	31	11.25	42	13.05	53	15.00		
10	8.15	21	9.75	32	11.40	43	13.20	54	15.30		

表13.6.2 碳酸锰在水中的溶解度(CO_2+H_2O的总压强为101.3kPa时) 单位：g/100g饱和溶液

CO_2分压/kPa	溶解度				
	5℃	15℃	40℃	50℃	80℃
0.0005	0.0011	0.0009	0.0003	0.0002	0.0001
0.005	0.0026	0.0022	0.0008	0.0006	0.0002
0.05	0.0061	0.0052	0.0019	0.0014	0.0005
0.10	0.0078	0.0068	0.0025	0.0018	0.007
1.0		0.04(18℃)			
5.6		0.08(18℃)			

表13.6.3 其他碳酸盐在水中的溶解度

分子式	名称	无水碳酸盐在下列温度(℃)时的溶解度/(g/100g 水)														
		0	10	20	25	30	40	50	60	70	80	90	100	120	140	200
$BaCO_3$	碳酸钡①		1.7^{8}	2.3	2.4								6.5	(mg)		
$CaCO_3$	碳酸钙	8.1	7.0	6.5		5.2	4.4	3.8	(mg)							
$Ca(HCO_3)_2$	碳酸氢钙	162		166			170		175		180		184	(mg)		
K_2CO_3	碳酸钾	107	109	111	112	114	117		126		139		156		274	274
$K_2CO_3·1.5H_2O$	碳酸钾·1.5水	105	108	110		114	117	121	127	134	140	148	156			
$K_2CO_3·2H_2O$	碳酸钾·2水	106	108	110		114	117	121	127	133	140	148	156			
$KHCO_3$	碳酸氢钾	22.7	27.9	33.3	36.5	39.1	45.3	52.0	60.0	68.3						
Li_2CO_3	碳酸锂	1.54	1.43	1.33	1.27	1.25	1.17	1.08	1.01		0.85		0.72			
$MgCO_3$	轻质碳酸镁		0.015		0.025								0.5			
Na_2CO_3	碳酸钠	7.0	12.2	21.8	29.4	39.7	48.8	47.3	46.4		45.1		44.7	42.7	39.3	
$Na_2CO_3·H_2O$	碳酸钠·1水					50.5	48.5		46.4	46.2	45.8	45.7	45.5			
$Na_2CO_3·10H_2O$	碳酸钠·10水	7.0	12.5	21.5		38.8										
$SrCO_3$	碳酸锶		1.1				10.4						65	(mg)		
$(NH_4)_2CO_3·H_2O$	碳酸铵·1水			100^{15}												
NH_4HCO_3	碳酸氢铵	11.9	16.1	21.7	24.8	28.4	36.6		59.2		109					

① 在 CO_2 压强为 101.3 和 2530kPa 时，其溶解度分别为 0.27 和 0.59g/100g 水。

N（算图 13.8）

碳酸盐在水中的溶解度（第 644 页右）

13.6.2 碳酸盐在其他溶剂中的溶解度

表13.6.4 碳酸钾在LiCl、NaCl及KCl溶液中的溶解度 单位：%(质量分数)

溶剂	浓度/(10^{-4}mol/kg 水)						溶剂	浓度/(10^{-4}mol/kg 水)					
	0.02	0.05	0.10	0.20	0.30	0.40		0.02	0.05	0.10	0.20	0.30	0.40
25℃ LiCl	0.957	1.203	1.455	1.750	1.925	2.040	40℃ NaCl	0.888	1.140	1.505	2.195	2.780	3.280
40℃ LiCl	1.164	1.494	1.854	2.260	2.525	2.717	25℃ KCl	0.672	0.835	1.055	1.375	1.570	1.685
25℃ NaCl	0.777	0.965	1.320	1.965	2.485	2.915	40℃ KCl	0.972	1.190	1.415	1.690	1.870	1.960

表 13.6.5 碳酸氢钾在 K_2CO_3 水溶液中的溶解度

溶解度/(mol/L 溶液)		密度/(g/cm³)	溶解度/(g/100 溶液)		溶解度/(mol/L 溶液)		密度/(g/cm³)	溶解度/(g/100 溶液)	
K_2CO_3	$KHCO_3$		K_2CO_3	$KHCO_3$	K_2CO_3	$KHCO_3$		K_2CO_3	$KHCO_3$
0.0	21.15	1.133	0.0	21.2	62.14	5.86	1.350	43.0	5.9
17.14	15.28	1.182	11.8	15.3	74.60	4.90	1.398	51.6	4.9
24.10	12.65	1.200	16.7	12.6	87.50	3.75	1.448	60.5	3.8
34.50	10.25	1.241	23.8	10.3	117.75	0.0	1.542	81.4	0.0
49.20	7.35	1.298	34.0	7.6					

表13.6.6 碳酸钙在NaCl溶液中的溶解度(25℃) 单位：%(质量分数)

正常大气压下		无 CO_2 空气条件下		CO_2 气氛下	
NaCl	$CaCO_3$	NaCl	$CaCO_3$	NaCl	$CaCO_3$
1	0.0112	1.60	0.0079	1.49	0.150
4	0.0140	5.18	0.0086	5.69	0.160
8	0.0137	9.25	0.0094	11.06	0.174
10	0.134	11.48	0.0104	15.83	0.172
15	0.0119	16.66	0.0106	19.62	0.159
20	0.0106	22.04	0.0115	29.89	0.123
25	0.0085	30.50	0.0119	35.88	0.103

表13.6.7　重质碳酸钙在NH_4Cl水溶液中的溶解度（饱和溶液）　　单位：g/L

12～18℃，混合98d后		25℃，搅动24h		60℃时			
NH_4Cl	$CaCO_3$	NH_4Cl	$CaCO_3$	NH_4Cl	$CaCO_3$	NH_4Cl	$CaCO_3$
50	0.405	5	0.260	0	0.028	20	0.525
100	0.609	15	0.391	1	0.157	50	0.880
200	0.645	30	0.526	5	0.330	100	1.131
		50	0.655	10	0.423	160	1.208

表13.6.8　碳酸铵在氨水溶液中的溶解度　　单位：g/100g氨水

浓度（质量分数）/%		10	20	30	40	60	70	80	90
温度/℃	−30	–	1	1	1	1	1	1	1
	−10	9	3	1.5	1.5	1.5	1.5	1.5	1.5
	0	22	15	10	7.5	6.5	7.5	7	4
	20	29.5	23	13.5	9	8	3.5	0.5	–

表13.6.9　碳酸盐在有机溶剂中的溶解度　　单位：g/100g溶剂

分子式	名称	溶剂			分子式	名称	溶剂		
		甲醇	甘油	糠醛			乙醇	甘油	糠醛
Na_2CO_3	碳酸钠			98	$(NH_4)_2CO_3$	碳酸铵		20^{20}	
$NaHCO_3$	碳酸氢钠	0.36^{20}	1.2^{16}	7.9^{20}	$(NH_4)_2CO_3\cdot H_2O$	碳酸铵·1水	21.2^{25}	16.7^{15}	1.7^{25}

注：右上角数字是与其相对应的温度（℃）。

13.7　热导率

13.7.1　碳化物的热导率

表13.7.1　碳化物的热导率　　单位：W/(m·K)

温度/K	10	20	40	60	80	100	120	140	160	180	200	230	270
SiC	11.03	48.40	111.7	116.8	95.06	89.50	102.4	102.3	91.11	83.05	93.09	77.32	65.50
温度/K	400	450	500	550	600	650	700	750	800	850	900	950	1000
B_4C	16.10	14.67	13.69	13.62	12.81	10.95	12.17	12.32	11.48	9.196	9.903	10.21	8.434
SiC①	42.50	39.96	38.14	36.17	33.82	31.68	29.92	28.27	26.63	25.10	24.00	23.23	22.03
TC_2		23.84	22.74	21.19	20.69	19.64							

① 试件是从SiC结晶块上切下来的立方体，总孔率为21.7%，以烧结氧化铝作为对比材料；温度为1100K时，其热导率为18.22W/(m·K)。

13.7.2　碳酸钙、碳酸镁的热导率

表13.7.2　碳酸钙、碳酸镁的热导率　　单位：W/(m·K)

温度/K	80	90	100	120	140	160	180	200	250	300	350	400
$CaCO_3$	16.29	14.78	13.40	11.02	9.097	7.584	6.429	5.582	4.478	4.187	3.918	2.878
$MgCO_3$		1.405	1.550	1.896	2.242	2.548	2.822	3.100	4.000	4.650		

注：材质状态如下。$CaCO_3$试件为单晶体，所列数据是在垂直于主轴的方向的测量值。
$MgCO_3$试件为粉末状，堆积密度为0.22g/cm^3。

13.7.3　碳酸钾和碳酸钠水溶液的热导率（20℃）

表13.7.3　碳酸钾和碳酸钠水溶液的热导率（20℃）　　单位：W/(m·K)

溶液浓度/%	0	5	10	15	20	25	30	40	50
K_2CO_3	0.599	0.595	0.592	0.588	0.582	0.573	0.564	0.539	0.509
Na_2CO_3	0.599	0.607							

13.8 蒸气压

13.8.1 重质碳酸钙的 CO_2 分压

表13.8.1　重质碳酸钙的 CO_2 分压

温度/℃	600	620	640	660	680	700	720	740	760	780	800	820
p/kPa	0.268	0.418	0.674	1.235	2.106	2.922	5.023	7.506	11.48	13.79	24.40	32.38
温度/℃	840	860	880	900	920	940	960	980	1000	1020	1040	1060
p/kPa	41.46	58.55	80.00	106.5	150.4	184.7	195.6	239.3	310.8	410.3	537.6	692.6
温度/℃	1080	1100	1120	1140	1160	1180	1200	1220	1240	1260	1280	1300
p/kPa	881.4	1062	1298	1590	1936	2338	2794	3306	3884	4634	7120	14400

13.8.2 碳酸铵的蒸气压

表13.8.2　碳酸铵的蒸气压　　单位：kPa

(1) t=20℃

质量分数/%	3	6	9	12	12	18	21	24
水分压	2.24	2.16	2.07	2.04	1.94	1.87	1.82	1.72
氨分压	0.26	0.50	0.73	1.01	1.25	1.50	1.74	2.05
CO_2分压	0.36	0.47	0.60	0.66	0.71	0.72	0.69	0.82

(2) t=40℃

质量分数/%	3	6	9	12	15	18	21	24
水分压	7.40	4.32	7.20	7.04	6.89	6.76	6.65	6.49
氨分压	0.70	1.37	2.06	2.76	3.47	4.19	4.91	5.58
CO_2分压	1.48	2.45	3.00	3.24	3.43	3.60	3.69	3.78

(3) t=60℃

质量分数/%	3	6	9	12	15	18	21	24
水分压	20.4	20.4	20.4	20.3	20.1	19.9	19.8	19.7
氨分压	1.58	3.83	5.62	7.15	8.64	10.3	12.3	14.9
CO_2分压	7.05	11.4	14.6	16.15	17.5	18.8	20.5	23.1

13.8.3 干燥的碳酸铵的蒸气压

表13.8.3　干燥的碳酸铵的蒸气压

温度/℃	25	30	35	40	45	50	52	54	56	58	60
p/kPa	7.568	11.76	17.02	25.28	37.00	52.66	60.89	68.59	83.89	102.0	113.5

13.8.4 碳酸钠的分解压和蒸气压

表13.8.4　碳酸钠的分解压和蒸气压

温度/℃	900	950	1000	1050	1100	1150	1200	1500
p'/kPa	0.978	1.086	1.736	2.552	2.800	3.733	5.466	101.3

13.8.5 碳酸钠水溶液中的 H_2O 分压

表13.8.5 碳酸钠水溶液中的H_2O分压 单位：kPa

t/℃	浓度(质量分数)/%						
	0	5	10	15	20	25	30
0	0.600	0.600					
10	1.23	1.20	1.17				
20	2.33	2.29	2.24	2.17			
30	4.24	4.16	4.05	3.95	3.84	3.71	3.52
40	7.37	7.23	7.07	7.68	6.69	6.45	6.15
50	12.33	12.09	11.83	11.53	11.21	10.82	10.33
60	19.93	19.53	19.13	18.65	18.14	17.54	16.76
70	31.97	31.33	30.73	30.00	29.20	28.20	27.00
80	47.40	46.40	45.60	44.53	43.33	42.00	40.13
90	70.13	68.79	67.46	65.86	64.26	62.26	59.9
100	101.3	99.46	97.46	95.33	92.93	90.12	86.39

N（算图 13.9）碳酸钠水溶液的蒸气压（第 645 页左）

N（算图 13.10）碳酸钠－碳酸氢钠水溶液中的二氧化碳分压（第 645 页右）

13.9 比热容

13.9.1 碳化物的比热容

表13.9.1 碳化钙的比热容 单位：J/(mol·K)

温度/K	300	400	500	600	700	720	720	800	900	1000	1100	1200	1300
c_p	62.56	67.96	71.10	73.34	75.17	75.50	70.46	71.13	71.96	72.80	73.64	74.48	75.31
温度/K	1400	1500	1600	1700	1800	1900	2000	2100	2200	2300	2400	2500	2573
c_p	76.149	76.986	77.823	78.66	79.496	80.333	81.17	82.007	82.844	83.68	84.52	85.35	85.96

13.9.2 碳酸盐的比热容

表13.9.2 碳酸钾的比热容 单位：J/(mol·K)

温度/K	300	400	500	600	700	800	900	1000	1100	1174	1174～1200
c_p	114.55	128.55	140.00	150.39	160.32	170.00	179.53	188.97	198.34	205.25	209.20

注：1174K 为其液化点。

表13.9.3 碳酸钠的比热容 单位：kJ/(kg·K)

(1) 热力学温度

温度/K	60	80	100	120	140	160	180	200	220	240	260	280	300
c_p	0.316	0.461	0.579	0.373	0.748	0.807	0.886	0.896	0.932	0.964	0.994	1.022	1.048
温度/K	350	400	450	500	550	600	650	700	800	900	1000	1100	1200
c_p	1.102	1.141	1.167	1.183	1.198	1.217	1.250	1.299	1.437	1.574	1.716	1.856	1.868

(2) 摄氏度

温度/℃	−200	−150	−100	−50	0	20	50	100
c_p	0.4145	0.6734	0.8374	0.9430	1.017	1.043	1.077	1.130

表13.9.4　碳酸钠水溶液的比热容　　单位：kJ/(kg·K)

浓度 (质量分数)/%	温度/℃						
	20	30	40	50	60	70	76.6
0	4.183	4.174	4.166	4.166	4.170	4.183	4.191
2	4.086	4.095	4.103	4.111	4.124	4.137	4.145
4	3.990	4.011	4.028	4.049	4.065	4.086	4.099
6	3.910	3.936	3.931	3.986	4.011	4.036	4.053
8	3.843	3.864	3.890	3.915	3.948	3.986	4.007
10	3.781	3.810	3.843	3.873	3.906	3.940	3.961
12	3.735	3.760	3.789	3.818	3.852	3.890	3.915
14	3.701	3.714	3.747	3.781	3.814	3.848	3.869
16	3.655	3.676	3.701	3.735	3.768	3.797	3.823
18	3.626	3.643	3.668	3.697	3.726	3.76	3.776
20	3.601	3.613	3.630	3.651	3.676	3.705	3.730

表13.9.5　碳酸钡的比热容

(1) 热力学温度　　单位 :J/(mol·K)

温度/K	300	400	500	600	700	800	900	1000	1079	1100	1200	1241	1300	1400
c_p	88.35	99.07	106.7	113	118.8	124.3	129.6	134.7	138.8	154.9	154.9	154.9	163.3	163.3

(2) 摄氏度　　单位 :kJ/(kg·℃)

温度/℃	0	100	200	300	400	500	600	700	800
c_p	0.418	0.460	0.485	0.501	0.514	0.527	0.539	0.547	0.544

表13.9.6　其他碳酸盐的比热容　　单位：kJ/ (kg·K)

温度/K	60	80	100	120	140	160	180	200	220	240	260	280	300
Ag_2CO_3	0.183	0.224	0.257	0.284	0.306	0.325	0.340	0.353	0.365	0.378	0.390	0.400	0.407
$CaCO_3$	0.225	0.324	0.397	0.468	0.532	0.587	0.626	0.677	0.706	0.738	0.780	0.807	0.834
$MgCa(CO_3)_2$	0.152	0.256	0.351	0.435	0.507	0.569	0.623	0.671	0.714	0.753	0.792	0.827	0.857
$MnCO_3$	0.146	0.234	0.315	0.385	0.444	0.492	0.533	0.569	0.604	0.633	0.658	0.680	0.703
$NaHCO_3$	0.294	0.436	0.549	0.640	0.713	0.770	0.815	0.858	0.901	0.946	0.986	1.021	1.049
$SrCO_3$	0.158	0.237	0.301	0.352	0.389	0.415	0.435	0.456	0.479	0.505	0.529	0.545	0.550

温度/K	350	400	450	500	550	600	650	700	800	900	1000	1100	1200
$CaCO_3$		0.558	0.647	0.698	0.729	0.753	0.774						
K_2CO_3							1.078^{630}	1.134	1.213	1.292	1.371	1.450	1.522^{1250}
Li_2CO_3						1.670	1.791	1.912	2.154	2.397	2.516	2.519	2.524^{1150}
$MnCO_3$	0.780	0.831	0.871	0.905	0.934	0.958	0.980	0.984^{660}					
$SrCO_3$			0.670	0.690	0.709	0.726	0.743	0.758	0.787	0.814	0.841		0.888^{1186}

注：材质状态如下。Ag_2CO_3：试件为 99.96% 的 Ag_2CO_3, 由纯银箔和化学纯 HNO_3 制备（再结晶若干次）。

$CaCO_3$：试件成分为 98.656%$CaCO_3$、0.725%$Ca(OH)_2$ 以及 0.618%H_2O。

$MgCa(CO_3)_2$：试件成分为 47.38%CO_2、30.77%CaO、21.54%MgO、0.017%SrO 和 0.08%FeO。挤压成型。

$MnCO_3$：试件成分中杂质为 2.0%$CaCO_3$、0.1%SiO_2 和 0.1%$FeCO_3$。

$NaHCO_3$：试件成分为 >99.8%$NaHCO_3$、0.1%H_2O 和 0.1%Na_2CO_3。

$SrCO_3$：试件成分为 93.0%$SrCO_3$ 和 7.0%$CaCO_3$。

13.10 比焓和比熵

13.10.1 碳酸钡的比焓

表13.10.1 碳酸钡的比焓 单位：J/mol

温度/K	300	400	500	600	700	800	900	1000	1079	1100	1200	1241	1300	1400
h	–1217	–1208	–1197	–1186	–1175	–1162	–1150	–1137	–1126	–1107	–1104	–1088	–1069	–1053

13.10.2 碳酸钡的比熵

表13.10.2 碳酸钡的比熵 单位：J/(mol·K)

温度/K	300	400	500	600	700	800	900	1000	1079	1100	1200	1241	1300	1400
s	1130	139.8	162.7	182.7	200.6	216.8	231.8	245.7	256.1	273.6	276.5	290.1	305.2	317.3

第 14 章
硫化物和硫酸盐

目录

14.1 物性总览 …… 420
14.1.1 硫化物的一般特性 …… 420
14.1.2 硫氰化物的一般特性 …… 422
14.1.3 硫酸盐的一般特性 …… 423
14.1.4 硫代硫酸盐的一般特性 …… 429
14.1.5 硫氰酸盐的一般特性 …… 430
14.1.6 硫酸复合盐的一般特性 …… 430
14.1.7 硫化物的危险品特性 …… 431
14.1.8 硫酸盐的危险品特性 …… 432

14.2 密度 …… 433
14.2.1 硫化物的密度 …… 433
14.2.2 硫酸盐水溶液的密度 …… 434
14.2.3 硫氰酸盐水溶液的密度 …… 436

14.3 三相点、沸点、共沸点 …… 436
14.3.1 三相点 …… 436
14.3.2 沸点 …… 437
14.3.3 共沸点 …… 438

14.4 黏度 …… 439
14.4.1 硫化物的黏度 …… 439
14.4.2 硫酸盐的黏度 …… 439

14.5 表面张力 …… 440
14.5.1 硫化物的表面张力 …… 440
14.5.2 硫酸盐的表面张力 …… 440

14.6 溶解度 …… 441
14.6.1 硫化物在水中的溶解度 …… 441
14.6.2 硫化物和有机溶剂的互溶度 …… 441
14.6.3 硫酸盐在水中的溶解度 …… 443
14.6.4 硫酸盐在无机酸中的溶解度 …… 446
14.6.5 硫酸盐在盐和碱溶液中的溶解度 …… 447
14.6.6 硫酸盐在有机溶剂中的溶解度 …… 448

14.7 热导率 …… 449
14.7.1 硫化物的热导率 …… 449
14.7.2 硫酸盐的热导率 …… 449

14.8 蒸气压 …… 450
14.8.1 硫化物的蒸气压 …… 450
14.8.2 硫酸盐的蒸气压 …… 451

14.9 比热容 …… 451
14.9.1 硫化物的比热容 …… 451
14.9.2 硫酸盐的比热容 …… 453
14.9.3 硫酸盐水溶液的比热容 …… 456

14.10 其他物性 …… 456
14.10.1 比焓和比熵 …… 456
14.10.2 熔融热 …… 457
14.10.3 汽化热 …… 457
14.10.4 临界值和偏心因子 …… 457
14.10.5 硫酸盐水溶液的固定湿度 …… 457

14.1 物性总览

14.1.1 硫化物的一般特性

表 14.1.1 硫化物的一般特性

分子式	名称	分子量	颜色	晶形	特性或折射率	密度/(g/cm³)	熔点/℃	沸点/℃	溶解度/(g/100g溶剂)或溶解情况：冷水	热水	酸	碱	乙醇	其他溶剂
Ag_2S	硫化银	247.80	蓝灰	非、晶	沉淀	7.234	845	//	—	÷	// Cl; ×N*、S′	$-NH_4OH$		$-Na_2S_2O_3$; ×KCN
Ag_4S	一硫化四银	463.54	深黑	非、粉			干燥时分解		—		+S′、N*			+KCN′
As_2S_2	二硫化二砷	213.96	橙红或暗紫	单	2.68	(α)3.506 (β)3.254	267 307	565	—	//	×N	+//	÷碳酸碱	$+K_2S$、$NaHCO_3$
As_2S_3	三硫化二砷	246.02	黄	单	>2.72	3.430	310	723	0.00005^{18}	÷	−(// N)	×	—	−苯，CS_2；×Na_2CO_3
As_2S_5	五硫化二砷	310.17	黄	粉				// 500	0.14^{0}mg	—	×N	×		×碳酸盐、硫化碱
As_4S_4	四硫化四砷	427.93	棕红	单	2.68	3.506^{19}	→β 267	565	—	//				$+K_2S$、$NaHCO_3$
Au_2S	硫化亚金	426.00	棕黑	粉			// 240		—		—			+KCN、王水
Au_2S_3	硫化金	490.13	棕黑	粉		8.754	// 197		—		// N′			−乙醚；$+Na_2S$
BaS	硫化钡	169.40	灰白	立	有毒 2.155	4.25^{15}	（见日光炸）				+Cl		—	
$BaS\cdot6H_2O$	硫化钡·6水	277.49		固			// 100～350		÷	//			// 沸	
BaS_3	三硫化钡	233.53	黄-绿	晶			// 400		+	+				
$BaS_4\cdot2H_2O$	四硫化钡·2水	301.60	红	正		2.988^{20}	// 200		41^{15}	++				$-CS_2$
$Ba(SH)_2\cdot4H_2O$	氢硫化钡·4水	275.67	白	正			// 50		+	+			—	
Bi_2S_3	硫化铋	514.16	暗棕	正		7.700	685	//		—		+Cl*, N		−硫化铵液
$Ca(HS)_2\cdot6H_2O$	氢硫化钙·6水	214.32	无	棱			// 15		+++	+++			+	
CaS	硫化钙	72.14	白	立	2.137	2.6	>2000		0.02^{15}//	//	//	+		
CdS	硫化镉	144.46	黄橙	立	2.506	4.820	1750^{10kPa}	1382	0. 01mg	胶态	×浓热	$++NH_4OH$	—	−硫化铵
Ce_2S_3	硫化铈	376.43	红	粉		5.02^{11}			—		+			
CoS	硫化钴	90.99	棕黑	针		5.45^{18}	>1100		0.38^{18}mg		+			+王水
CoS_2	二硫化钴	123.05	黑	立		4.269			—		+N			×王水
CrS	硫化亚铬	84.06	黑	粉	热空气中//	3.970	1550		—		++			−硫化钾溶液
Cr_2S_3	硫化铬	200.17	棕-黑	非、粉		3.77^{19}	981		—	//	+N*, 王水			−碱式硫化物溶液
Cr_3S_4	四硫化三铬	284.24	灰黑	粉					—		+N; −Cl,S			

续表

分子式	名称	分子量	颜色	晶形	特性或折射率	密度/(g/cm³)	熔点/℃	沸点/℃	溶解度/(g/100g溶剂)或溶解情况 冷水	热水	酸	碱	乙醇	其他溶剂
CS	一硫化碳	44.08	红	粉、晶	无臭无味	1.660	//		—		—松节油	—苯	—	+乙醚、CS_2
CS_2	二硫化碳	76.13	无	液	易燃 有毒 1.630	1.263^{20}	−108.6	46.2	表14.6.1				¥	¥乙醚
$CSCl_2$	硫光气	114.97	红	液	有刺激性	1.508^{15}		73.5	//		$\div Cl^{*}$		//	+乙醚
$CSSe$	硫硒化碳	123.04	黄	液		1.980	−85	84.5	—	—			÷	$+CS_2$
Cs_2S_2	二硫化二铯	329.95	深红	无	～		460	>800	+	+				
CuS	硫化铜	95.60	黑	六或单	1.450	4.600	220 //		0.033^{10}mg/100g溶剂		$++N^{*};\times S'$	—	—	
$CuS\cdot H_2O$	硫化铜·1水	113.62	黑褐	无、粉					—		+N, S, Cl′*			①
Cu_2S	硫化亚铜	159.16	灰黑	立	毒 光泽	5.650	(α)1130 (β)1100		0.5^{18} mg/100g溶剂		//S;÷S*,+N	$+NH_4OH$	—丙酮	+KCN溶液
FeS	硫化亚铁	87.91	黄棕或绿黑	固或粉		4.840	1193	//	0.6^{18} mg/100g溶剂	//	×			−液氨
FeS_2	二硫化铁(白铁矿)	119.97	黄	正		4.870	∟450	//	0.49 mg/100g溶剂		// N			
FeS_2	二硫化铁(黄铁矿)	119.97	暗黄或黄铜	粉或立	无磁性	5.000	1170	//	0.5 mg/100g溶剂		//	//王水		+浓盐酸
Fe_2S_3	硫化铁	207.88	绿灰或黄	粉	无磁性	4.300	//		—		// Cl、S			
GeS	一硫化锗	104.65	红棕	斜		4.1	665		0.25 mg/100g溶剂	÷	+Cl	+		$\div NH_4OH$;+多硫化物
GeS_2	二硫化锗	136.71	白	立	不稳定	2.94^{14}	800	850	0.45 mg/100g溶剂	÷	—	+	—	②
P_4S_3	三硫化四磷	220.08	黄	正		2.03^{17}	173	408	—	//	−Cl、S;+N	CS_2 100^{17}		$+PCl_3$、苯
P_2S_3	三硫化二磷	158.14	浅黄	晶、粉			290	490	//			+	+	$\div CS_2$;+乙醚
PtS	一硫化铂	227.30	黑	四		8.847	//		—	—	—	+王水		$+(NH_4)_2Si$溶液
PtS_2	二硫化铂	259.37	黑或灰	针		5.270	//		—	—		+王水		$+(NH_4)_2Si$溶液
Pt_2S_3	三硫化二铂	486.36	灰			5.520	//		—		—			+王水(缓慢)
$Rb_2S\cdot 4H_2O$	硫化铷·4水	275.09		晶	～		$-4H_2O$ 200		+++	+++				
Rb_2S_5	五硫化二铷	331.29	红	正	～	2.618^{15}	225		//				+70%乙醇	−乙醚、氯仿
Sb_2S_3	三硫化(二)锑	339.68	黑	正	4.046	4640	550	1160	0.17^{18} mg/100g溶剂	//	//N′;×Cl′	×	+	③
Sb_2S_5	五硫化二锑	403.80	金橙	棱或粉		4.12^{20}	// 75		—	—	+Cl	×	—	④
SeS	硫化硒	111.03	橙黄			3.056^{0}	//		—					−乙醚;$+CS_2$
SiS	一硫化硅	60.13	黄	针		1.853^{15}		$\uparrow 940^{2.7}$	//			+	//	
SnS	一硫化锡	150.76	褐黑	正		5.080^{0}	880	1230	0.002^{18}mg/100g溶剂	—	+Cl	//		⑤
SnS_2	二硫化锡	182.81	金黄	三		4.510		// 600	0.02 mg/100g溶剂	—	×Cl′,N′	$-NH_4CO_3'$	$\times KCO_3$*	$\times (NH_4)_2S$、王水
SrS	硫化锶	119.68	灰白	立、粉		3.70^{15}	2000		÷//	//	×	+	+	−丙酮
$SrS_4\cdot 6H_2O$	四硫化锶·6水	323.99	浅红	晶			25		+			×KOH	+	

续表

分子式	名称	分子量	颜色	晶形	特性或折射率	密度/(g/cm³)	熔点/℃	沸点/℃	溶解度/(g/100g溶剂)或溶解情况 冷水	热水	酸	碱	乙醇	其他溶剂
Ta_2S_4	四硫化二钽	490.02	深灰				// >1300		—		÷Cl, N			÷HF
ThS_2	二硫化钍	296.25	黄褐	晶		6.800	//		—		÷			+热王水
Tl_2S	一硫化二铊	440.80	蓝黑	三		8.400	448	//	0.022^{20}	÷	×	—		—丙酮；÷$(NH_4)_2S$
Tl_2S_3	三硫化二铊	504.92	黑	粉			260	//	—	—	×S*			—CS_2
UO_2S	硫化双氧铀	302.14	黑	四			// 40～50		÷	+//	+	//	+;—纯	
US_2	二硫化铀	302.20	灰				>1100	氧化	//		+Cl′, //N			
U_2S_3	三硫化二铀	572.34	灰黑				着火				—Cl、N			+王水
VS	一硫化钒	88.01	黑、有黄铜色光辉	片		4.200	//				+N、S*	—		÷KHS
V_2S_3	三硫化二钒	198.10	黑	片		4.70^{21}	//				+S′*	÷		
V_2S_5	五硫化二钒	262.23	暗绿	粉		3.00	//			—	+N	+		+硫化碱
ZnS	硫化锌	97.44	白-微黄	粒		4.040	1850^{15}		—	—	++	—	—乙酸	—碱性氧化物溶液
ZnS	硫化锌（钎锌矿）	97.44	白	六	2.356	4.087	1850^{15}	↑1185	0.69^{18} mg/100g溶剂	—	++			—乙酸
ZnS	硫化锌（闪锌矿）	97.44	白	立	2.210	4.102^{25}	∟1020		—	—	++			

① 溶于氰化钠溶液；微溶于硫化铵溶液；不溶于水和硫化钠溶液。
② 不溶于乙醚；溶于 NH_4OH、$(NH_4)_2S$ 和碱金属硫化物；在王水中分解。
③ 不溶于乙酸；与 K_2S、NH_4HS、$(NH_4)_2Sn$ 溶液和王水起反应；溶于醇、硫化钾溶液。
④ 与 NH_4HS、K_2S、K_2CO_3 和 $(NH_4)_2Sn$ 溶液起反应。
⑤ 不溶于 NH_4CO_3、$(NH_4)_2S$；与 $(NH_4)_2Sn$ 溶液起反应。

14.1.2　硫氰化物的一般特性

表 14.1.2　硫氰化物的一般特性

分子式	名称	分子量	颜色	晶形	特性或折射率	密度/(g/cm³)	熔点/℃	沸点/℃	溶解度/(g/100g溶剂)或溶解情况 冷水	热水	酸	碱	乙醇	其他溶剂
AgSCN	硫氰化银	165.95	白	淀					—		+S′, N			①
$Ba(SCN)_2 \cdot 2H_2O$	硫氰化钡·2水	289.52	黄白	晶、粉	～		在空气中受热分解		+++				+++	
$Cu(SCN)_2$	硫氰化铜	179.71	黑	晶、粉			// >100		//		×			+硫氰化钾溶液
$Cu_2(SCN)_2$	硫氰化亚铜	243.26	白或灰白	非、粉			受热//		—			×		—硫氰化钾溶液
$Fe(SCN)_2$	硫氰化亚铁	172.01	绿	斜			受热时//		++				++	
$Hg(SCN)_2$	硫氰化汞	316.75	白或灰白	粉			受热时//		÷÷	+	+Cl*		++	②
KSCN	硫氰化钾	97.18	白	棱	～	1.890	173.2	500 //	表14.6.4		+		+	+丙醇20.8^{22}
$Mn(SCN)_2 \cdot 3H_2O$	硫氰化锰.3水	225.15		晶			—$3H_2O$	160～170	++				++	

续表

分子式	名称	分子量	颜色	晶形	特性或折射率	密度/(g/cm³)	熔点/℃	沸点/℃	溶解度/(g/100g溶剂)或溶解情况					
									冷水	热水	酸	碱	乙醇	其他溶剂
NaSCN	硫氰化钠	81.06	无	斜	≈		287		+++				+++	
NH_4SCN	硫氰化铵	76.12	无或灰白	晶		1.305	159 //	189～190	表14.6.4				++	
$Ni(SCN)_2\cdot{}^1/_2H_2O$	硫氰化镍·1/2水	183.87	黄	晶、粉			−1/2H₂O	150	+				+	
$P(SCN)_2$	硫氰化磷	205.23		液		1.625^{18}	<−20	265	//		×N		+	$+CS_2$、苯、乙醚
$Pb(SCN)_2$	硫氰化铅	323.36	黄	单					÷÷	//				

① 不溶于硝酸银和硫氰化铵；溶于氰化钾溶液。

② 溶于 $HgCl_2$、硫氰化钾、$Hg(NO_3)_2$、氰化铵；易溶于其他硫氰化合物。

14.1.3 硫酸盐的一般特性

表 14.1.3 硫酸盐的一般特性

分子式	名称	分子量	颜色	晶形	特性或折射率	密度/(g/cm³)	熔点/℃	沸点/℃	溶解度/(g/100g溶剂)或溶解情况					
									冷水	热水	酸	碱	乙醇	其他溶剂
Ag_2SO_3	亚硫酸银	295.80	白	晶或淀			// 100		÷÷		//强酸	++氨水	$-H_2SO_3$	++亚硫酸盐溶液
Ag_2SO_4	硫酸银	311.80	白	斜或六	1.775	5.45^{30}	652	// 1085	表14.6.5		+N、S′	+氨水	−	$+NH_4CO_3$
$Al_2(SO_4)_3$	硫酸铝	342.14	白	晶	1.47	2.710	// 770		表14.6.5		+		÷÷	
$Al_2(SO_4)_3\cdot9H_2O$	硫酸铝·9水	504.28	白											
$Al_2(SO_4)_3\cdot18H_2O$	硫酸铝·18水	666.40	白或黄白	晶	苦味	1.69^{17}	// 86	−18H₂O 250	表14.6.5		−S′		−	①
$Au_2(SO_4)_3\cdot H_2O$	硫酸金·1水	700.13	红紫		～				+	//	+Cl、S			
$BaSO_3$	亚硫酸钡	217.39	白	四或六			//		0.02^{20}	0.0018^{80}	+Cl		+	$+H_2SO_3$
$BaSO_4$	硫酸钡	233.40	无	斜	1.636	4.499^{15}	1149	1580 //			+S*′ 发烟硫酸;−Cl,N			+3%盐酸0.006
$BaS_2O_6\cdot2H_2O$	连二硫酸钡·2水	333.52	无	正、单	1.595	4.536^{14}			24.8^{18}	90.9			−	
$BeSO_4$	硫酸铍	105.07	无	四	1.440	2.443	550 //	// >550	表14.6.5				−	
$BeSO_4\cdot4H_2O$	硫酸铍·4水	177.15	无	正	高毒1.472	1.713^{10}	−4H₂O	270 // 580	100^{25}	537			−	−丙酮
$Bi_2(SO_4)_3$	硫酸铋	706.14	白	针、粉	≈	6.820	710		×	//	+		//	+稀盐酸或稀硝酸
$CaSO_3\cdot2H_2O$	亚硫酸钙·2水	156.17	白	晶	1.595		−2H₂O 100	// 650	表14.6.5		$+H_2SO_3$			
$CaSO_4$	硫酸钙	136.14	无	单	1.500	2.960	−1420 //	└ 1193→斜	表14.6.5		÷Cl,N;+S′*	+甘油	−	$+Na_2S_2O_3$;铵盐
$CaSO_4\cdot{}^1/_2H_2O$	硫酸钙·½水	145.15	白	单或三		≈2.690	−½H₂O 103		0.3^{20}	÷	+			②

续表

分子式	名称	分子量	颜色	晶形	特性或折射率	密度/(g/cm³)	熔点/℃	沸点/℃	溶解度/(g/100g溶剂)或溶解情况 冷水	热水	酸	碱	乙醇	其他溶剂
$CaSO_4 \cdot 2H_2O$	硫酸钙·2水	172.17	白	单	1.523	2.320	$-1.5H_2O$ 128	$-2H_2O$ 163	表14.6.5		+	+甘油		$+Na_2S_2O_3$;铵盐
$CaS_2O_6 \cdot 4H_2O$	连二硫酸钙·4水	272.27		晶	1.552	2.180	$-4H_2O$ 78 // 110		16	30^{30}			—	—丙酮
$CdSO_3$	亚硫酸镉	192.47	白	晶、团、非、粉			受热 //		÷		+		—	+氨水
$CdSO_4$	硫酸镉	208.46	无	斜	～	4.691^{24}	1130		表14.6.5				—甲、乙	—丙酮、液氨
$CdSO_4 \cdot H_2O$	硫酸镉·1水	226.49	无	单		3.786^{20}	∟108		表14.6.5				—	
$CdSO_4 \cdot {}^8/_3H_2O$	硫酸镉·$^8/_3$水	256.50	无	单	1.565	3.090	∟41.5	$-{}^8/_3H_2O$低红热					—	
$CdSO_4 \cdot 4H_2O$	硫酸镉·4水	280.53	无			3.050			+	+			—	
$CdSO_4 \cdot 7H_2O$	硫酸镉·7水	334.58	无	单		2.480	∟4.0		0.0035				—	
$Ce(SO_4)_2$	硫酸高铈	332.24	黄	晶		3.910^{18}		// 195	+/		+S			
$Ce(SO_4)_2 \cdot 4H_2O$	硫酸高铈·4水	404.30	黄	正		3.910			+//		+S			
$Ce_2(SO_4)_3$	硫酸铈	568.40	白	单、正	～	3.910	// 1000		19.0	0.43				
$Ce_2(SO_4)_3 \cdot 8H_2O$	硫酸铈·8水	712.53	无	三或单		2.886^{17}	$-8H_2O$ 630		25.0	7.6^{40}				
$Ce_2(SO_4)_3 \cdot 9H_2O$	硫酸铈·9水	730.58	白	六、针		2.831			11.9^{15}					
$CoSO_4$	硫酸钴	155.00	红	粉	～	③	// 880		表14.6.5		+亚硫酸			
$CoSO_4 \cdot H_2O$	硫酸钴·1水	173.02	红	粉	1.639	3.130	//		73.8^{80}	83.9				—液氨;+甲醇1.04^{18}
$CoSO_4 \cdot 6H_2O$	硫酸钴·6水	263.09	红	单	1.531	2.015^{15}	$-2H_2O$ 95			55^{60}				
$CoSO_4 \cdot 7H_2O$	硫酸钴·7水	281.10	桃红	单	1.483	1.948^{25}	96.8	$-7H_2O$ 420	表14.6.5				2.5^{3}	+甲醇54.5^{15}
$Co_2(SO_4)_3$	硫酸高钴	406.06	蓝	晶					//	//	+S			
$Co_2(SO_4)_3 \cdot 18H_2O$	硫酸高钴·18水	730.33	蓝绿	晶、粉					+//	//	+			+乙酸
$Cr_2(SO_4)_3$	硫酸铬	392.18	玫瑰	粉		3.012			—		—	//沸	÷	—王水,氨水
$Cr_2(SO_4)_3 \cdot 15H_2O$	硫酸铬·15水	662.40	紫	无		1.867^{17}	100	$-10H_2O$ 100	+	// 67			÷	
$Cr_2(SO_4)_3 \cdot 18H_2O$	硫酸铬·18水	716.44	蓝紫	立	1.564	1.70^{22}		$-12H_2O$ 100	120^{20}	+//			+	
Cs_2SO_4	硫酸铯	361.87	无	单或六	1.566	4.24^{20}	1010		表14.6.5				—	—丙酮
$Cu(NH_3)_4SO_4 \cdot H_2O$	硫酸四氨合铜·1水	245.74	蓝	正	易燃易爆	1.810	// 150		18.5^{22}		//		—	—
$CuSO_4$	硫酸铜	159.58	灰白	正	1.733	3.605^{15}	// >600	→CuO 650	表14.6.5			+	—	+甲醇1.0^{18}

续表

分子式	名称	分子量	颜色	晶形	特性或折射率	密度/(g/cm³)	熔点/℃	沸点/℃	溶解度/(g/100g溶剂)或溶解情况					
									冷水	热水	酸	碱	乙醇	其他溶剂
$CuSO_4\cdot5H_2O$	硫酸铜·5水	249.68	蓝	三	1.537	2.286^{16}	$-4H_2O$ 110	$-5H_2O$ 250	表14.6.5		+Cl;÷S′		1.1^{0}	−乙醚;+甲醇15.6^{18}
$Cu_2SO_3\cdot H_2O$	亚硫酸亚铜·1水	225.18	砖红	长方棱晶		3.830^{15}			÷	−	+Cl	+氨水	−	−乙醚
$Cu_2SO_3\cdot CuSO_3\cdot2H_2O$	亚硫酸亚铜·2水	386.80	洋红或暗红	晶			高温时 //		−	//	+Cl	+氨水		+亚硫酸
$Cu_2SO_3\cdot CuSO_3\cdot5H_2O$	亚硫酸铜·5水	440.85	浅黄	淀					−	×	+S;//Cl	+氨水		+乙酸
Cu_2SO_4	硫酸亚铜	223.16	灰	粉	1.733				//		+浓			×液氨
$Er_2(SO_4)_3\cdot8H_2O$	硫酸铒·8水	766.73	红	单		3.217			+	+				
$Eu_2(SO_4)_3\cdot8H_2O$	硫酸铕·8水	736.30	红	晶			$-8H_2O$ 375		2.56^{20}	1.93^{40}				
$FeSO_3\cdot3H_2O$	亚硫酸亚铁·3水	189.96	绿白	晶			// 250		÷÷		+亚硫酸		−	
$FeSO_4\cdot H_2O$	硫酸亚铁·1水	169.92	灰白	单		2.97^{25}			÷	+				
$FeSO_4\cdot4H_2O$	硫酸亚铁·4水	223.94	绿	晶	1.536	2.260			+	+			−	
$FeSO_4\cdot5H_2O$	硫酸亚铁·5水	241.99	绿	三	1.536	2.200		$-5H_2O$ 300	+	+			−	
$FeSO_4\cdot7H_2O$	硫酸亚铁·7水	278.02	蓝绿	单	风化 1.478	1.90^{15}	64	$-7H_2O$ 300	表14.6.5			+无水甲醇	÷÷	+其热结晶水
$Fe(SO_4)_3$	硫酸铁	399.88	灰白或浅黄	正	～1.814	3.097^{18}	// 480		÷	//×	−S	−丙酮	÷	−液氨、乙酸乙酯
$Fe(SO_4)_3\cdot9H_2O$	硫酸铁·9水	562.02	黄	三	～1.552	2.100	$-7H_2O$ 175		440	//			+纯	
$Ga_2(SO_4)_3$	硫酸镓	427.63	无	六				// >520	++	++			+	−乙醚
$HgSO_4$	硫酸汞	296.65	白	斜、粉	无气味	6.470	//		//		+	+NaCl	−	−丙酮 液氨
$HgSO_4\cdot2HgO$	碱式硫酸汞	729.83	柠檬黄	四	有毒	6.440			0.005	0.167	+		−	
Hg_2SO_4	硫酸亚汞	497.24	白-微黄	单		7.560	//	//	0.055^{16}	0.092	+S、N	+		+KCN;亚硫酸
$In_2(SO_4)_3$	硫酸铟	517.81	亮灰	单	～	3.438		// >600	117^{20}	++				
$KCr(SO_4)_2\cdot12H_2O$	硫酸铬钾12水	499.41	紫-紫红	八	～	1.826^{25}	89	$-10H_2O$100	+		+稀		−	
$KHSO_3$	亚硫酸氢钾	120.16	白	单、粉	SO_2气味腐蚀		// 190		45.5^{15}	91.5^{75}			−纯	
$KHSO_4$	硫酸氢钾	136.16	无	单	～1.480	2.350	214	//	表14.6.5				//	−丙酮
$K_2SbS_4\cdot{}^9/_2H_2O$	硫代锑酸钾·$^9/_2$水	448.37	黄	晶					300^{0}		400^{80}			−
$K_2SnS_3\cdot3H_2O$	三硫代锡酸钾·3水	347.14	深褐	油		1.847^{18}	$-3H_2O$ 100		+					−
$K_2SO_3\cdot2H_2O$	亚硫酸钾·2水	194.28	白	单			//		表14.6.5				÷	−液氨
K_2SO_4	硫酸钾	174.25	无	斜	1.495	2.662	1074	1670	表14.6.5				−	−丙酮、CS_2
K_2SO_5	焦亚硫酸钾	222.31	无	单		2.340		//	27.5	133			÷	−乙醚
$K_2S_2O_6$	连二硫酸钾	238.32	无	六	1.455	2.278	//		6.06^{16}	63.3			−	
$K_2S_2O_7$	焦硫酸钾	254.31	无	针		2.277	300 //	//	+	//				

续表

分子式	名称	分子量	颜色	晶形	特性或折射率	密度/(g/cm³)	熔点/℃	沸点/℃	溶解度/(g/100g溶剂)或溶解情况 冷水	热水	酸	碱	乙醇	其他溶剂
$K_2S_2O_8$	过二硫酸钾	270.31	白	三	1.467	2.480	// <100		表14.6.5				—	
$La_2(SO_4)_3$	硫酸镧	565.98	白	粉		3.600^{15}		// 1150	表14.6.5				÷	一乙醚、丙酮
$La_2(SO_4)_3 \cdot 9H_2O$	硫酸镧·9水	728.18	白	六	1.564	2.821	//		3.9	0.9	÷Cl			
$LiHSO_4$	硫酸氢锂	104.01	白	棱	～	2.123^{13}	170.5		//					
Li_2SO_4	硫酸锂	109.94	白	单	1.465	2.220	860		表14.6.5				一80%乙醇	一丙酮
$Li_2SO_4 \cdot H_2O$	硫酸锂·1水	127.96	白	单	1.477	2.060	$-H_2O$ 130		表14.6.5				一80%乙醇	
$Lu_2(SO_4)_3 \cdot 8H_2O$	硫酸镥·8水	782.31	白		易轻微吸潮		//		66^{20}	22^{40}	＋强无机酸			
$MgSO_3 \cdot 6H_2O$	亚硫酸镁·6水	212.46	无或白	六、棱		1.725	$-6H_2O$ 200	//	1.25	0.833	++H_2SO_3		—	一液氨
$MgSO_4$	硫酸镁	120.36	灰白	正	≈1.560	2.660	1127 //		表14.6.5		＋	＋甘油	÷甲、乙	＋乙醚116^{18}；一丙酮
$MgSO_4 \cdot 7H_2O$	硫酸镁·7水	246.47	无	单	味苦 1.455	1.680	70 //	$-7H_2O$ 280	表14.6.5				＋甲、乙	＋甘油
$MgSO_4 \cdot H_2O$	硫酸镁·1水	138.39	无	单	1.530	2.445			＋	68.4				
$Mn_2(SO_4)_3$	硫酸锰	398.06	暗绿	非、粉	≈	3.240	// 160		++//	//	+S,Cl;一N′		//纯	一浓硝酸
$MnSO_4$	硫酸亚锰	151.00	红-白	晶或粉	～	3.235	700	// 850	52^{5},73^{50},70^{70}		＋		0.014^{15}	一乙醚
$MnSO_4 \cdot H_2O$	硫酸亚锰·1水	169.01	淡红	单	1.595	2.870	57～117℃稳定		表14.6.5				—	
$MnSO_4 \cdot 2H_2O$	硫酸亚锰·2水	187.02	淡红	晶		2.526^{15}	40～57℃稳定		85.3^{35}	106.8^{55}				
$MnSO_4 \cdot 3H_2O$	硫酸亚锰·3水	205.04	淡红	晶		2.356^{15}	30～40℃稳定		74.2^{5}	99.3^{57}				
$MnSO_4 \cdot 4H_2O$	硫酸亚锰·4水	223.05	淡红	单	1.518	2.107	18～30℃稳定		表14.6.5					
$MnSO_4 \cdot 5H_2O$	硫酸亚锰·5水	241.07	淡红	三	1.508	2.103^{15}	8～18℃稳定		表14.6.5				—	
$MnSO_4 \cdot 7H_2O$	硫酸亚锰·7水	277.10	淡红	单或正		2.092	−10～−5℃稳定		表14.6.5				一(100%)	
$NaHSO_3$	亚硫酸氢钠	104.06	白	单、粉	1.526	1.480	//		÷++	++			÷÷	一丙酮
$NaHSO_4$	硫酸氢钠	120.06	无	单	危3	2.742^{25}	＞315	//$-H_2O$	表14.6.5				//	一液氨
$NaHSO_4 \cdot H_2O$	硫酸氢钠·1水	138.07	无	单	～1.46	2.103^{12}	58.5	//	100	+++			//	
$Na_2S_2O_4 \cdot 2H_2O$	次硫酸钠·2水	210.15	无或白	晶、粉			//52		22.0^{20}	//	//	＋	—	
$Na_2S_2O_5$	焦亚硫酸钠	190.10	白-微黄	粉		1.400	// 150		45.5	88.7^{80}			÷	＋甘油
$Na_2S_2O_6 \cdot 2H_2O$	连二硫酸钠·2水	242.12	无	正	1.4953	2.189	$-H_2O$ 110		47.6^{16}	90.9	一Cl′		—	

续表

分子式	名称	分子量	颜色	晶形	特性或折射率	密度/(g/cm³)	熔点/℃	沸点/℃	溶解度/(g/100g溶剂)或溶解情况 冷水	热水	酸	碱	乙醇	其他溶剂
$Na_2S_2O_7$	焦硫酸钠	222.10	无	晶	～	2.660	400.9	//460	++		+发烟硫酸			
Na_2SO_3	亚硫酸钠	126.04	白	六	1.565	2.633[15]	//	//	表14.6.5		×		÷÷	÷÷液氨；－液氯
$Na_2SO_3 \cdot 7H_2O$	亚硫酸钠·7水	252.16	无	单	碱性、风化	1.561	－$7H_2O$ 150	//	表14.6.5				÷÷	+30份甘油
Na_2SO_4	硫酸钠	142.04	无	正	苦咸 无臭 无毒 1.477	2.698	884	1700	表14.6.5				÷	+甘油、HI溶液
Na_2SO_4	硫酸钠	142.05	无	单			∟ 500	→正方	表14.6.5		+S			// HI溶液
$Na_2SO_4 \cdot 7H_2O$	硫酸钠·7水	268.17	白	四、斜			－$7H_2O$ 24.4		表14.6.5				－	
$Na_2SO_4 \cdot 10H_2O$	硫酸钠·10水	322.19	无	单	1.396	1.464	32.4 //	－$10H_2O$100	表14.6.5				－	+烯醇
$(NH_2OH)_2 \cdot H_2SO_4$	硫酸羟胺	164.15	无	单	腐蚀、易爆		170 //		表14.6.5		// N′		÷÷	－乙醚、甲醇
NH_4HSO_3	亚硫酸氢铵	99.11	白	正	≈	2.03[12]	↑ 150	//	71.8	84.7[60]			+	
NH_4HSO_4	硫酸氢铵	115.11	无	正	≈1.480	1.78[25]	146.9	490	100	++			÷÷	－丙酮、吡啶
$NH_4FeS_2O_4 \cdot 12H_2O$	硫酸高铁铵·12水	482.20	无-淡紫	八	无气味	1.71	37	－$12H_2O$ 230	++				－	
$(NH_4)_2SO_3 \cdot H_2O$	亚硫酸铵·1水	134.16	无	单	1.515	1.410	// 50	150 ↑	100[12]				－	－丙酮
$(NH_4)_2SO_4$	硫酸铵	132.13	无	斜	1.521	1.769	513 //		表14.6.5			－NH_3	－	－丙酮、CS_2
$(NH_4)_2S_2O_6 \cdot {}^1/_2H_2O$	连二硫酸铵·1/2水	205.22	无	单		1.704	// 130		178.5[19]				－	
$(NH_4)_2S_2O_8$	过硫酸铵	228.20	白	单	腐蚀 1.502	1.980	// 120		58.2	//				
$NiSO_3 \cdot 6H_2O$	亚硫酸镍·6水	246.86	绿	晶					－		+Cl、S			+H_2SO_3
$NiSO_4$	硫酸镍	154.75	黄绿	斜	～	3.680		－SO_3 840	表14.6.5				÷÷	－乙醚、丙酮
$Ni(SO_4)_2 \cdot 6H_2O$	硫酸镍·6水	262.86	(α)蓝 (β)绿	四 单Ⓐ	1.492 有毒		－$6H_2O$103		+				++	++氨水
$NiSO_4 \cdot (NH_4)_2SO_4 \cdot 6H_2O$	硫酸镍铵·6水	395.00	浅绿	单	1.5007	1.923			2.5[4]	310.2[85]				+硫酸铵水溶液
$NiSO_4 \cdot 6H_2O$	硫酸镍·6水	262.85	蓝或绿	四或单	1.511	2.070	∟ 53.3	－$6H_2O$280	表14.6.5			++氨水	++	+甲醇12.5
$NiSO_4 \cdot 7H_2O$	硫酸镍·7水	280.86	翠绿	斜	甜味 1.489	1.948	99	－$7H_2O$279	表14.6.5				+	+甲醇
$Pb(HS_4O)_2 \cdot H_2O$	硫酸氢铅·1水	419.36	白	晶、粉			//		0.0001[18]	//	÷S			
$PbSO_3$	亚硫酸铅	287.26	白	非、粉					－	－	×			÷亚硝酸
$PbSO_4$	硫酸铅	303.26	白	单	味甜 1.882	6.200	1170	// 1000	表14.6.5		÷浓	+	－	－乙酸；+铵盐

续表

分子式	名称	分子量	颜色	晶形	特性或折射率	密度/(g/cm³)	熔点/℃	沸点/℃	溶解度/(g/100g溶剂)或溶解情况 冷水	热水	酸	碱	乙醇	其他溶剂
$PbS_2O_6\cdot4H_2O$	连二硫酸铅·4水	439.40	无	晶	1.6351	3.240	//		115^{20}	+++				
$Pr_2(SO_4)_3$	硫酸镨	570.04	浅绿			3.72^{16}			19.7	0.77				
$Pr_2(SO_4)_3\cdot8H_2O$	硫酸镨·8水	714.17	绿	单	1.5494	2.82^{13}			+	÷				
Rb_2SO_4	硫酸铷	26 7.00	无	正	1.5133	3.61^{20}	1074	≈1700	表14.6.5				÷	
$(SbO)_2SO_4$	硫酸氧锑	371.58	白	粉		4.890			//	//				
$(SbO)_2SO_4\cdot Sb_2(OH)_4$	碱式硫酸氧锑	683.13	白	粉					—	//				+甘油5.15^{15}
$Sb_2(SO_4)_3$	硫酸亚锑	531.72	白	粉	有毒≈	3.620^{4}	//		//	//	+稀			
$Sc_2(SO_4)_3$	硫酸钪	378.40	无	晶		2.579	//		39.9^{25}	+++			—	
$Sm_2(SO_4)_3\cdot8H_2O$	硫酸钐·8水	733.19		单		2.930	$-8H_2O$ 450		2.67^{20}	1.99^{40}				
$Sn(SO_4)_2$	硫酸锡	310.81	白	粉	≈				+		+S、Cl		//	
$Sn(SO_4)_2\cdot2H_2O$	硫酸锡·2水	346.85	无	六	～				++	//	+S、Cl		//纯	
$SnSO_4$	硫酸亚锡	214.76	白	晶			$-SO_2$ 360		19.0^{19}	18.0	—			
$Sr(HSO_4)_2$	硫酸氢锶	281.77	无	粒			//		//		+S 14^{70}			
$Sr(HSO_4)_2\cdot H_2O$	硫酸氢锶·1水	299.77		平			//		//					
$SrSO_3$	亚硫酸锶	167.68	白	晶、粉	慢氧化		//		0.0033^{17}		++S			$+H_2SO_3$
$SrSO_4$	硫酸锶	183.69	无	斜	1.624	3.960	1580 //		表14.6.5		÷N′；+S′	÷乙酸	—	—氯化铵，丙酮
$SrS_2O_6\cdot4H_2O$	连二硫酸锶·4水	319.82		晶	1.5296	2.373	//	$-4H_2O$ 78	22^{16}	67			—	
$Th(SO_4)_2$	硫酸钍	424.15	无	晶		4.370		//>400	表14.6.5					
$Th(SO_4)_2\cdot9H_2O$	硫酸钍·9水	586.38		单或棱		2.770	$-9H_2O$ 400		表14.6.5					
$Ti(SO_4)_2$	硫酸钛	240.02	半	晶	透明≈				—		+稀		—	—乙醚
$Ti_2(SO_4)_3$	硫酸钛(Ⅲ)	383.95	绿	粉	～				—	—	+		—	—乙醚
Tl_2SO_3	亚硫酸亚铊	488.85	苍黄	晶		6.427			3.34^{15}	+			—	
Tl_2SO_4	硫酸亚铊	504.80	无或白	斜	1.867	6.675	632	//	表14.6.5		++S			
$Tl_2S_2O_6$	连二硫酸亚铊	568.91		单		5.57^{20}	//		41.8^{18}					
$Tl_2(SO_4)_3\cdot7H_2O$	硫酸铊·7水	823.07					$-6H_2O$ 200	//	//	//	+S			
$UO_2SO_4\cdot3H_2O$	硫酸双氧铀·3水	420.13	淡黄	晶		3.28^{16}	// 100		表14.6.5		+		4	

续表

分子式	名称	分子量	颜色	晶形	特性或折射率	密度/(g/cm³)	熔点/℃	沸点/℃	溶解度/(g/100g溶剂)或溶解情况 冷水	热水	酸	碱	乙醇	其他溶剂
$U(SO_4)_2\cdot 4H_2O$	硫酸亚铀·4水	502.25	绿	正			$-4H_2O$ 300		23^{11}	9^{63}	+			
$Yb_2(SO_4)_3$	硫酸镱	634.28	无			3.793	// 900		34.8^{20}	22.9^{40}				
$Y_2(SO_4)_3$	硫酸钇	466.04	无			2.52	// 1000		8^{20}	1.6				$+K_2SO_4$水溶液
$Y_2(SO_4)_3\cdot 8H_2O$	硫酸钇·8水	610.17	无	单	1.5490	2.558	$-8H_2O$ 120	// 700	13.4^{40}	6.6^{60}	÷S		—	
$Zn(HSO_4)_2\cdot 8H_2O$	硫酸氢锌·8水	403.64		单					÷	+//				
$ZnSO_4\cdot 6H_2O$	硫酸锌·6水	269.54	无	单、匹		2.072^{15}	$-5H_2O$ 70		表14.6.5				÷	−丙酮、液氨
$ZnSO_3\cdot 2^1/_2H_2O$	亚硫酸锌·2¹/2水	190.48		单			$-2.5H_2O$ 100	// 200	0.16	//	+S	+氨水	—	
$ZnSO_4$	硫酸锌	161.44	白	斜、粉	1.669	3.74^{15}	// 600		表14.6.5				0.04^{15}	÷甘油;+甲醇
$ZnSO_4\cdot H_2O$	硫酸锌·1水	179.46	无			3.28^{15}	// 238		表14.6.5					
$ZnSO_4\cdot 7H_2O$	硫酸锌·7水	287.55	无或白	斜	风化 1.480	1.966^{16}	$-6H_2O$ 100	$-7H_2O$ 280	表14.6.5		−乙酸	−液氨	÷÷	−丙酮;÷甘油
$Zr(SO_4)_2\cdot 4H_2O$	硫酸锆·4水	355.41	白	正		3.22^{16}	$-3H_2O$ 150		64^{18}	79^{40}	+S		—	

① 溶于其热结晶水；易溶于乙醇或冷稀矿物酸。
② 不溶于乙酸；微溶于氯化铵；溶于硝酸铵、Na_2SO_3、甘油。
③ 无水物密度为 3.531g/cm³，二水合物 2.712g/cm³，四水合物 2.327g/cm³ (ρ^{25})，五水合物 2.134g/cm³，八面晶 3.650g/cm³。

14.1.4 硫代硫酸盐的一般特性

表 14.1.4 硫代硫酸盐的一般特性

分子式	名称	分子量	颜色	晶形	特性或折射率	密度/(g/cm³)	熔点/℃	沸点/℃	溶解度/(g/100g溶剂)或溶解情况 冷水	热水	酸	碱	乙醇	其他溶剂
$Ag_2S_2O_3$	硫代硫酸银	327.88	灰白或雪白	淀、非、粉			//		÷ //			+氨水		+硫代硫酸盐溶液
$BaS_2O_3\cdot H_2O$	硫代硫酸钡·1水	267.47	白	粉		3.450^{18}	$-H_2O$ 170	红热 //	0.208^{20}		//	—	—	
$CaS_2O_3\cdot 6H_2O$	硫代硫酸钙·6水	260.30	白	三	风化 1.560	1.873^{16}	//		71.2	//			—	
$FeS_2O_3\cdot 5H_2O$	硫代硫酸亚铁·5水	258.05	绿蓝	晶	≈		易氧化		++	//			++	
$K_2S_2O_3\cdot {}^1/_3H_2O$	硫代硫酸钾·¹/₃水	196.32	无	单	≈	2.230	$-H_2O$ 180	//	++	+++			—	
$MgS_2O_3\cdot 6H_2O$	硫代硫酸镁·6水	244.52	白或无	斜		1.818^{24}	$-3H_2O$ 170	//	++	+++		—	—	
NaS_2O_3	硫代硫酸钠	158.10	无	单	33℃时风化	1.667	// 220		表14.6.7				—	+其48℃结晶水
$Na_2S_2O_3\cdot 5H_2O$	硫代硫酸钠·5水	248.18	无或白	单	1.508	1.715	// 48	$-5H_2O$ 100	表14.6.7				÷÷	+液氨
$(NH_4)_2S_2O_3$	硫代硫酸铵	148.20	无	棱	≈	1.679		// 150	2.15^{15}	103.3			—	−CS、丙酮
PbS_2O_3	硫代硫酸铅	319.32	灰或白	粉或固		5.180		//	0.03		+N			+硫代硫酸碱溶液
$SrS_2O_3\cdot 5H_2O$	硫代硫酸锶·5水	289.82		针、单	风化	2.170^{17}	$-5H_2O$ 100	$-5H_2O$ 180	9.5	57			—	

14.1.5 硫氰酸盐的一般特性

表 14.1.5 硫氰酸盐的一般特性

分子式	名称	分子量	颜色	晶形	特性或折射率	密度/(g/cm³)	熔点/℃	沸点/℃	溶解度/(g/100g溶剂)或溶解情况					
									冷水	热水	酸	碱	乙醇	其他溶剂
$Ca(CNS)_2·3H_2O$	硫氰酸钙 ·3 水	210.28	白	晶	~				+	++			++	
$Cu(CNS)$	硫氰酸亚铜	121.62	白	粉		2.486	1084//		0.0005^{18}		—	+氨水		+乙醚
$Cu(CNS)_2$	硫氰酸铜	179.70	黑				// 100		//		+			
$Fe(CNS)_2·3H_2O$	硫氰酸亚铁 ·3 水	226.06	绿	正			//		++				+	+乙醚、丙酮
$Fe(CNS)_3·3H_2O$	硫氰酸铁 ·3 水	284.15	红	立	~		//		++	+++			++	+乙醚
HgCNS	硫氰酸亚汞	258.70	白				//		—		+Cl			+KCNS、$Hg(NO_3)_2$
$Hg(CNS)_2$	硫氰酸汞	316.78	无				//		0.07^{25}	÷			÷	$+NH_3$、盐、NH_4
KCNS	硫氰酸钾	97.18	无	单	≈1.660	1.886^{14}	173.2	// 500	177	21820	$++NH_3$	戊醇 0.1813	+	+丙酮 20.8^{22}
$Mn(CSN)_2·3H_2O$	硫氰酸锰 ·3 水	225.14	无		~		$-3H_2O$ 160		+	+++			+	
NaCNS	硫氰酸钠	81.08	无	斜	~ 1.625	1.295^{20}	287		110^{10}	225			++	++丙酮
NH_4CNS	硫氰酸铵	76.12	无	单	极毒 ≈1.685	1.305	159	// 170					++	①
$Pb(CNS)_2$	硫氰酸铅	323.36	无	单		3.820	// 190		0.05^{20}	+	+N			+KCNS
$Si(CNS)_4$	硫氰酸硅	260.39	黄	晶			142	314.2	//			//乙醚	//	$-CS_2$、苯

① 不溶于乙酸乙酯、氯仿；溶于 SO_2、NH_3、甲醇、丙酮。

14.1.6 硫酸复合盐的一般特性

表 14.1.6 硫酸复合盐的一般特性

分子式	名称	分子量	颜色	晶形	特性或折射率	密度/(g/cm³)	熔点/℃	沸点/℃	溶解度/(g/100g溶剂)或溶解情况					
									冷水	热水	酸	碱	乙醇	其他溶剂
$AlCs(SO_4)_2·12H_2O$	硫酸铝铯 ·12 水	568.20	无	晶		1.970	117		0.21	5.49^{80}				
$AlK(SO_4)_2$	硫酸铝钾	258.20	白	粉	~	2.750			2.96^{0}	109^{90}			—	
$AlK(SO_4)_2·12H_2O$	硫酸铝钾 ·12 水	474.39	无	立	微甜涩 1.456	1.760^{26}	92	$-11H_2O$ 180	表 14.6.6		+稀	—丙酮	—	++甘油
$AlNa(SO_4)_2·12H_2O$	硫酸铝钠 ·12 水	458.29	无	八	风化 1.439	1.675	61	$-12H_2O$ 45	表 14.6.6				—	
$AlNH_4(SO_4)_2·12H_2O$	硫酸铝铵 ·12 水	453.33	无	立	味涩 1.459	1.640	94.0	$-12H_2O$ 200			+稀		—	++甘油
$AlRb(SO_4)_2·12H_2O$	硫酸铝铷 ·12 水	520.77	无	晶	1.457	1.890	99		0.72	43.3^{80}				
$AlTl(SO_4)_2·12H_2O$	硫酸铝亚铊 ·12 水	639.68	无	晶		2.320	91		3.15	35.3^{80}				
$CaK_2(SO_4)_2·H_2O$	硫酸钙钾 ·1 水	328.42		单	1.5170	2.600	1004		0.25	//	+			
$CaSO_4·2NaSO_4·2H_2O$	硫酸钙钠 ·2 水	456.30	无				$-2H_2O$ 80			//				
$Cd(NH_4)_2(SO_4)_2·6H_2O$	硫酸镉铵 ·6 水	448.71		单			$-6H_2O$ 100	// 高温	+		遇硫酸风化			
$Co(NH_4)_2(SO_4)_2·6H_2O$	硫酸钴铵 ·6 水	395.23	红	单	1.4953	1.901							—	

续表

分子式	名称	分子量	颜色	晶形	特性或折射率	密度/(g/cm³)	熔点/℃	沸点/℃	溶解度/(g/100g溶剂)或溶解情况 冷水	热水	酸	碱	乙醇	其他溶剂
$CrK(SO_4)_2\cdot 12H_2O$	硫酸铬钾·12水	499.40	绿紫	立	风化 1.481	1.830	89	$-12H_2O$ 400			+稀		—	
$Cr_2(NH_4)_2(SO_4)_4\cdot 24H_2O$	硫酸铬铵·24水	956.73	绿或紫	立	风化 1.484	1.720	94	$-18H_2O$ 100	21.2^{25}				—	
$CuK_2(SO_4)_2\cdot 6H_2O$	硫酸铜钾·6水	441.97	淡蓝	单			$-3H_2O$ 100	$-6H_2O$ 150	++	//(沸)				
$Cu(NH_3)_4SO_4\cdot H_2O$	硫酸四氨合铜·1水	319.84	蓝	正		1.810	// 150		18.1^{22}	//			—	
$FeK_2(SO_4)_2\cdot 6H_2O$	硫酸亚铁钾·6水	434.27	蓝绿	单	1.482	1.830	33		表14.6.6				—	
$Fe(NH_4)(SO_4)_2\cdot 12H_2O$	硫酸铁铵·12水	482.09	紫	八	1.485	1.710	40	$-12H_2O$ 230	124^{25}	400	+		—	
$Fe(NH_4)_2(SO_4)_2\cdot 6H_2O$	硫酸亚铁铵·6水	392.14	淡蓝绿	单或粉	1.492	1.864	// 100						—	
$Fe_2K_2(SO_4)_4\cdot 24H_2O$	硫酸铁钾·24水	1006.52	无或淡紫	八		1.830	// 空气中	// 80	20^{12}	++			—	+其热结晶水
$KAl(SO_4)_2\cdot 12H_2O$	硫酸铝钾·12水	474.38	无	立	1.456	1.757^{18}	92.5	$-12H_2O$ 200	11.4^{20}		+		—	—丙酮
$KCr(SO_4)_2\cdot 12H_2O$	硫酸铬钾·12水	499.41	紫红	八	1.481	1.826^{25}	89	$-10H_2O$ 100	24.4^{25}		+		—	
$MgK_2(SO_4)_2\cdot 6H_2O$	硫酸钾镁·6水	402.73		单	1.463	2.150	//72		19.3	81.7^{15}				
$MgSO_4\cdot(NH_4)_2SO_4\cdot 6H_2O$	硫酸镁铵·6水	360.63	无	单	1.4730	1.720	> 120		16.9	130				
$Mn(NH_4)_2(SO_4)_2\cdot 6H_2O$	硫酸锰铵·6水	391.24	玫瑰红	单	≈ 1.484	1.831			51.3^{25}	++				
$NiK_2(SO_4)_2\cdot 6H_2O$	硫酸镍钾·6水	437.12	蓝绿	单	1.492	2.237	// <100		7	60.8^{75}				
$Ni(NH_4)_2(SO_4)_2\cdot 6H_2O$	硫酸镍铵·6水	394.99	蓝-绿	单	1.501	1.923							—	÷÷$(NH_4)_2SO_4$
$Zn(NH_4)_2(SO_4)_2\cdot 6H_2O$	硫酸锌铵·6水	401.68	白	单	1.4930	1.931	//							

14.1.7 硫化物的危险品特性

表 14.1.7 硫化物的危险品特性

名称	CAS号	危险品编号	饱和蒸气压/kPa①	燃烧性	闪点/℃	自燃温度/℃	建规火险分级	爆炸下/上限体积分数/%	灭火方法	危险物品分类号	风险性代号	安全措施号
二硫化碳	75-15-0	31050	53.32(28)	易	–30	90	甲	1.0/60.0	W,R,T	3.1	R11; R36/38; R48/23; R62; R63	S16; S33; S36/37; S45
三硫化二磷	12165-69-4	41002		易	—	—	甲	—	R,G,T,JS,JP	4.1		
三硫化四磷	1314-85-8	41003		易	—	100	甲	—	G,T,JS,JP	4.1		
三硫化锑	1345-04-6	61506		易	—	—	甲	—	S,P,R,G,T	6.1	R36/37/38	S36/37/39
五硫化二磷	1314-80-3	43041	0.13(300)	易	—	141	甲	—	P,R,G,T	4.3	R11; R20/22; R29; R50	S61
五硫化锑	1315-04-4			易	—	—	甲	—	S,T,G,P,R			
七硫化四磷	12037-82-0	41004		易	—	—	甲	—	R,G,T,JS,JP	4.1		

续表

名称	CAS号	危险品编号	饱和蒸气压/kPa①	燃烧性	闪点/℃	自燃温度/℃	建规火险分级	爆炸下/上限体积分数/%	灭火方法	危险物品分类号	风险性代号	安全措施号
硫化钠	7757-83-7	82011	—	可	—	—	—	—	W,T	8.2	R22; R36/37/38	S24/25
硫氢化钠	16721-80-5	42011		可	90	—	甲	—	W,R,G,T	4.2	R31; R34	S25; S36/37/39; S45; S50
硫氰化钾	333-20-0			不	※	※		※	K		R20/21/22; R32; R52/53	S13; S61
硫化钡	21109-95-5	82013		可	—	—	乙	—	R,G,T,JS,JP	8.2	R20/22; R31; R50	S28; S61
硫化钾	1312-73-8	82012	—	可	—	—	—	—	W,T	8.2	R31	S26
硫化镉	1306-23-6			助	※	※	乙	※	P,R,G,T		R22; R45; R48/23/25; R53; R62; R63; R68	S45; S53; S61
硫化铅	1314-87-0			助	※	※		※	W,P,R,G,T		R20/22; R33; R61; R62	S45; S53
硫化碳	463-58-1	23033	1204.23(21)	易	—	—	甲	12/28.5	QQ	2.3		

① 括号内为饱和蒸气压对应的温度（℃）。

14.1.8 硫酸盐的危险品特性

表 14.1.8 硫酸盐的危险品特性

名称	CAS号	危险品编号	饱和蒸气压/kPa	燃烧性	闪点/℃	自燃温度/℃	建规火险分级	爆炸下/上限体积分数/%	灭火方法	危险品类别	风险性代号	安全代号
过硫酸铵	7727-54-0	51504	—	助	※	※	乙	※	W,T	5.1	R22; R36/37/38; R42/43; R8	S22; S24; S26; S37
过硫酸钾	7727-21-1	51504	—	助	※	※	乙	※	W,T,P	5.1	R22; R36/37/38; R42/43; R8	S22; S24; S26; S37
过硫酸钠	7775-27-1	51504	—	助	※	※	乙	※	W,T,P	5.1	R22; R36/37/38; R42/43; R8	S17; S26; S36/37/39; S45
连二亚硫酸钠	7775-14-6	42012	—	易	—	250	甲	—	R,T,G,JS	4.2	R22; R31; R7	S26; S28A; S43; S7/8
硫氰酸钙	2092-16-2	61501	—	不	※	※	—	※	W	6.1		
硫酸钡	7727-43-7			不	※	※	乙	※	K			S24/25
硫酸铅	7446-14-2	81062		不	※	※		※	K	8.1		
硫酸铜	7758-98-7			不	※	※		※	K		R22; R36/38; R50/53	S22; S60; S61
硫酸镉	10124-36-4	610504		不	※	※	丙	※	P,R,G,T	6.1	R25; R26; R45; R46; R48/23/25; R50/53; R60; R61	S45; S53; S60; S61
硫酸镍	10101-97-0			不	※	※		※	K		R22; R40; R42/43; R50/53	S22; S36/37; S60; S61

14.2　密度

14.2.1　硫化物的密度

表14.2.1　二硫化碳的密度

温度/℃	-110	-100	-90	-80	-70	-60	-50	-40	-30	-20	-15
液体/(g/cm³)	1.432	1.420	1.408	1.396	1.383	1.370	1.357	1.344	1.331	1.318	1.311
蒸气/(kg/m³)										0.282	0.3252
温度/℃	-10	-5	0	5	10	15	20	25	30	35	40
液体/(g/cm³)	1.304	1.298	1.291	1.284	1.277	1.270	1.262	1.255	1.248	1.241	1.234
蒸气/(kg/m³)	0.409	0.4798	0.5688	0.6925	0.7721	0.8688	1.142	1.437	1.785	2.058	2.374
温度/℃	45	50	60	70	80	90	100	110	120	130	140
液体/(g/cm³)	1.226	1.219	1.203	1.188	1.172	1.156	1.139	1.122	1.105	1.087	1.068
蒸气/(kg/m³)	2.942	3.149									
温度/℃	150	160	170	180	190	200	210	220	230	240	250
液体/(g/cm³)	1.049	1.029	1.009	0.987	0.964	0.940	0.915	0.887	0.856	0.823	0.784
温度/℃	260	262	264	266	268	270	272	274	276		
液体/(g/cm³)	0.736	0.725	0.713	0.700	0.686	0.670	0.652	0.630	0.601		

表14.2.2　硫化物水溶液的密度　　单位：g/cm³

名称	温度/℃	浓度(质量分数)/%									
		1	2	4	6	8	10	12	14	16	18
BaS	15		1.010	1.024	1.042	1.056	1.072	1.087	1.102	1.118	1.137
KHS	18	1.005	1.010	1.022	1.034	1.046	1.058	1.070	1.083	1.095	1.107
K_2S	18	1.009	1.017	1.033	1.049	1.066	1.083	1.100	1.018	1.036	1.054
Na_2S	18	1.010	1.021	1.044	1.067	1.091	1.115	1.139	1.163	1.188	1.214
Na_2S	20						1.101	1.122	1.142	1.162	$1.168^{16.6}$
Na_2S①	30						1.098	1.118	1.139	1.159	1.179
Na_2S②	40						1.095	1.115	1.135	1.155	1.176
名称	温度/℃	浓度(质量分数)/%									
		20	22	24	26	28	30	35	40	45	50
BaS	15	1.149	1.162	1.176	1.191	1.206	1.219				
KHS	18	1.120	1.133	1.145	1.157	1.170	1.183	1.215	1.248	1.281	1.314
K_2S	18	1.073	1.159	1.211	1.238	1.250	1.270	1.320	1.372	1.432	

注：右上角数字为与其相对应的饱和溶液的浓度。

① 温度为19.8℃时，其密度值为1.197g/cm³。

② 温度为20℃时，其密度值为1.216g/cm³。

表14.2.3　硫氰化物水溶液的密度　　单位：g/cm³

分子式	浓度(质量分数)/%									
	1	2	4	6	8	10	12	14	16	18
KCNS	1.004	1.009	1.019	1.029	1.039	1.050	1.060	1.071	1.082	1.093
NH_4CNS	1.001	1.003	1.008	1.012	1.017	1022	1.026	1.031	1.036	1.040
分子式	浓度(质量分数)/%									
	20	22	24	26	28	30	35	40	45	50
KCNS①	1.103	1.115	1.127	1.138	1.050	1.162	1.190	1.220	1.252	1.285
NH_4CNS	1.045	1.050	1.054	1.059	1.063	1.065	1.078	1.088	1.099	1.111

注：水溶液温度18℃。

① 质量分数为60%、70%时，其密度分别为1335和1431kg/m³。

14.2.2 硫酸盐水溶液的密度

表14.2.4 硫酸盐水溶液的密度 单位：g/cm^3

名称	温度/℃	浓度(质量分数)/%									
		1	2	4	6	8	10	12	14	16	18
$Al_2(SO_4)_3$	15	1.009	1.020	1.040	1.062	1.084	1.106	1.129	1.153	1.177	1.202
$CdSO_4$	18	1.009	1.018	1.038	1.059	1.080	1.102	1.125	1.148	1.173	1.198
$Ce_2(SO_4)_3$	15	1.009	1.019	1.040	1.061	1.082	1.105	1.128	1.152	1.177	1.203
$CoSO_4$	0	1.011	1.022	1.044	1.066	1.089					
$CoSO_4$	25	1.007	1.017	1.038	1.059	1.080					
$Cr_2(SO_4)_3$(紫)	15	1.009	1.019	1.040	1.060	1.082	1.103	1.126	1.149	1.172	1.197
$Cr_2(SO_4)_3$(绿)	15	1.008	1.017	1.036	1.055	1.075	1.096	1.117	1.139	1.162	1.185
Cs_2SO_4	20	1.006	1.014	1.032	1.049	1.068	1.087	1.107	1.128	1.148	1.170
$CuSO_4$	0	1.001		1.043		1.089		1.138			
$CuSO_4$	20	1.009	1.019	1.040	1.062	1.084	1.107	1.131	1.154	1.180	1.206
$CuSO_4$	40	1.002		1.033		1.076		1.122			
$CuSO_4\cdot 5H_2O$	18	1.006	1.013	1.025	1.038	1.052	1.065	1.078	1.092	1.106	1.121
$FeSO_4$	18	1.008	1.018	1.038	1.058	1.078	1.100	1.122	1.145	1.168	1.190
$FeSO_4\cdot 7H_2O$	15	1.005	1.010	1.021	1.033	1.044	1.054	1.065	1.076	1.088	1.100
$Fe_2(SO_4)_3$	18	1.007	1.016	1.033	1.050	1.067	1.084	1.103	1.122	1.141	1.161
$KAl(SO_4)_2$	18	1.004	1.009	1.019	1.030	1.040	1.051	1.062	1.068		
$KCr(SO_4)_2$(紫)	15	1.009	1.018	1.038	1.057	1.077					
$KCr(SO_4)_2\cdot 12H_2O$(紫)①	18			1.016			1.034				
$KCr(SO_4)_2$(绿)	15	1.007	1.016	1.034	1.052	1.070	1.089	1.109	1.129	1.150	1.171
$KCr(SO_4)_2\cdot 12H_2O$(绿)②	15			1.037	1.039	1.043	1.050	1.059	1.069	1.080	1.091
$KHSO_4$	20	1.005	1.012	1.026	1.040	1.055	1.070	1.085	1.100	1.116	1.134
K_2SO_3	15	1.007	1.016	1.032	1.049	1.067	1.085	1.103	1.121	1.140	1.160
K_2SO_4	20	1.006	1.014	1.031	1.048	1.065	1.082				
Li_2SO_4	20	1.007	1.016	1.033	1.050	1.068	1.086	1.104	1.123	1.141	1.160
$MgSO_4$	20		1.019	1.039	1.060	1.082	1.103	1.126	1.148	1.172	1.196
$MgSO_4$	0		1.021	1.042		1.086		1.131		1.178	
$MgSO_4$	30		1.016	1.036		1.078		1.122		1.168	
$MgSO_4$	40		1.012	1.033		1.074		1.118		1.164	
$MgSO_4$	50		1.008	1.028		1.070		1.114		1.159	
$MgSO_4$	60		1.003	1.023		1.065		1.108			
$MgSO_4$	80		0.992	1.012		1.053		1.097			
$MnSO_4$	20	1.008	1.018	1.038	1.058	1.079	1.101	1.124	1.146	1.170	1.195
$NaHSO_3$	15	1.007	1.017	1.044	1.063	1.084	1.104	1.124	1.144	1.165	1.185
$NaHSO_4$	20	1.006	1.014	1.029	1.045	1.061	1.077	1.094	1.110	1.127	1.144
Na_2SO_3	19	1.008	1.017	1.036	1.056	1.075	1.095	1.115	1.135	1.155	1.176
Na_2SO_4	10	1.009	1.018	1.037	1.056						
Na_2SO_4	20	1.007	1.016	1.035	1.054	1.072	1.092	1.111	1.131	1.151	1.171
Na_2SO_4	25	1.006	1.015	1.033	1.052	1.070	1.089	1.108	1.128	1.148	1.168
Na_2SO_3	20	1.006	1.015	1.032	1.048	1.065	1.083	1.100	1.118	1.136	1.155
$Na_2S_2O_3\cdot 5H_2O$	19	1.005	1.010	1.021		1.042		1.064		1.086	
$(NH_4)_2Fe(SO_4)_2$	25	1.005	1.013	1.029	1.045	1.062	1.080	1.098	1.116		
$(NH_4)_2Fe_2(SO_4)_4$	15	1.007	1.016	1.032	1.050	1.068	1.086	1.104	1.122	1.141	1.161
$(NH_4)_2SO_4$	0	1.006	1.012	1.025		1.050		1.074		1.098	
$(NH_4)_2SO_4$	20	1.004	1.010	1.022	1.034	1.046	1.057	1.069	1.081	1.092	1.104
$(NH_4)_2SO_4$	40	0.998	1.004	1.016		1.039		1.062		1.085	
$(NH_4)_2SO_4$	80	0.978	0.984	0.995		1.019		1.042		1.065	
$(NH_4)_2SO_4$	100	0.964	0.970	0.983		1.007		1.030		1.054	
$(NH_4)_2S_2O_8$		1.006		1.020		1.046					
$NiSO_4$	18	1.009	1.020	1.042	1.063	1.085	1.109	1.133	1.158	1.183	1.209
$RbSO_4$	20	1.007	1.015	1.032	1.050	1.068	1.086	1.105	1.125	1.145	1.165
$ZnSO_4$	20		1.019	1.040	1.062	1.084	1.107	1.131	1.155	1.181	1.205
$ZnSO_4\cdot 7H_2O$③	15	1.006	1.013	1.024	1.035	1.047	1.059	1.073	1.085	1.097	1.110

续表

名称	温度/℃	浓度(质量分数)/%									
		20	22	24	26	28	30	35	40	45	50
$Al_2(SO_4)_3$	15	1.227	1.253	1.280	1.306	1.307	1.308				
$CdSO_4$	18	1.224	1.250	1.280	1.310	1.338	1.371	1.455	1.547		
$Ce_2(SO_4)_3$	15	1.230	1.258	1.288							
$Cr_2(SO_4)_3$(紫)	15	1.222	1.248	1.275	1.303	1.333					
$Cr_2(SO_4)_3$(绿)	15	1.209	1.234	1.259	1.286	1.313	1.340	1.412	1.489		
Cs_2SO_4	20	1.191	1.214	1.238	1.264						
$CuSO_4·5H_2O$	18	1.135	1.150	1.166	1.182	1.198	1.215				
$FeSO_4$	18	1.214		1.228^{25}							
$FeSO_4·7H_2O$	15	1.112	1124	1.137	1.149	1.162	1.174	1.206	1.239		
$Fe_2(SO_4)_3$	18	1.181		1.241^{25}							
$KAl(SO_4)_2$	18						1.127		1.190		1.289
$KCr(SO_4)_2·12H_2O$(紫)①	18	1.075									
$KCr(SO_4)_2$(绿)	15	1.193	1.216	1.239	1.263	1.289	1.315	1.383	1.456	1.533	1.615
$KCr(SO_4)_2·12H_2O$(绿)②	15	1.103	1.115	1.126	1.138	1.149	1.161	1.192	1.225	1.259	1.295
$KHSO_4$	20	1.151	1.167	1.184	1.202						
K_2SO_3	15	1.179	1.199	1.220	1.240						
Li_2SO_4	20	1.179	1.198	1.218							
$MgSO_4$	20	1.220	1.245	1.270	1.296						
$MgSO_4$	0	1.226			1.303						
$MgSO_4$	30	1.216			1.292						
$MgSO_4$	40	1.212			1.288						
$MgSO_4$	50	1.207			1.284						
$MnSO_4$	20	1.220	1.246	1.272	1.300	1.328	1.356				
$NaHSO_3$	15	1.202	1.218	1.235	1.252	1.268	1.284	1.331			
$NaHSO_4$	20	1.161	1.179								
Na_2SO_4	20	1.192	1.212	1.234							
Na_2SO_4	25	1.189	1.210								
Na_2SO_3	20	1.174	1.193	1.213		1.253	1.274	1.327	1.383		
$Na_2S_2O_3·5H_2O$	19	1.109		1.132		1.156	1.168		1.230		1.295
$(NH_4)_2Fe_2(SO_4)_4$	15	1.181							1.380		
$(NH_4)_2SO_4$	0	1.122		1.145		1.168		1.207	1.235		1.290
$(NH_4)_2SO_4$	20	1.115	1.127	1.138		1.161	1.172	1.200	1.228	1.255	1.283
$(NH_4)_2SO_4$	40	1.108		1.130		1.153		1.192	1.220		1.275
$(NH_4)_2SO_4$	80	1.088		1.111		1.134		1.173	1.201		1.257
$(NH_4)_2SO_4$	100	1.077		1.103		1.123		1.163	1.191		1.247
$RbSO_4$	20	1.186	1.208	1.231			1.303				
$ZnSO_4$	20	1.232	1.260	1.289	1.319	1.349	1.378				
$ZnSO_4·7H_2O$③	15	1.124	1.137	1.150	1.164	1.179	1.193	1.231	1.271	1.310	1.353

① 质量分数为 60%、70% 时，其密度分别为 1.457 和 1.636g/cm^3。

② 质量分数为 60%、70%、80%、90% 时，其密度分别为 1.371、1.453、1.541 和 1.635g/cm^3。

③ 质量分数为 55% 和 60% 时，其密度分别为 1.399 和 1.445g/cm^3。

表 14.2.5 硫酸钙水溶液的密度

温度/℃	0	10	30	35	40	55	75
ρ/(g/cm^3)	1.0020	1.0017	0.9979	0.9961	0.9944	0.9880	0.9777

表14.2.6 硫酸铝钾和亚硫酸铵饱和水溶液的密度 单位：g/cm³

温度/℃	0	10	20	25	30	40	50	60	70	80
$AlK(SO_4)_2$	1.026	1.035	1.046	1.052	1.070	1.096	1.130	1.179	1.241	1.331
$(NH_4)_2SO_3$	1.179	1.190	1.200		1.210	1.220	1.231	1.243	1.256	1.272

（算图14.1）
硫酸铵和硫酸镁水溶液的密度
（第646页左）

（算图14.2、算图14.3）
明矾水溶液的密度
（第646页右、第647页左）

表14.2.7 硫酸铬水溶液的密度 单位：g/cm³

温度/℃		0	10	20	30	40	50
浓度/(g/L)	40	1.0393	1.0390	1.0368	1.0846	1.0291	1.0241
	60	1.0584	1.0571	1.0555	1.0584	1.0483	1.0433
	80			1.0730	1.0715	1.0650	1.0598
	100			1.0906	1.0991	1.0814	1.0759
	120			1.1096	1.1166	1.0997	1.0938

14.2.3 硫氰酸盐水溶液的密度

表14.2.8 硫氰酸盐水溶液的密度 单位：g/cm³

浓度(质量分数)/%	1	2	4	6	8	10	12	14	16	18	22
硫氰酸钾	1.0035	1.0085	1.0186	1.0288	1.0391	1.0495	1.0601	1.0728	1.0817	1.0927	1.1152
硫氰酸钠	1.0038	1.0090	1.0196	1.0303	1.0411	1.0520	1.0630	1.0741	1.0853	1.0966	1.1197
硫氰酸铵	1.0009	1.0032	1.0078	1.0124	1.0170	1.0216	1.0233	1.0309	1.0400	1.0456	1.0495
浓度(质量分数)/%	26	30	35	40	45	50	55	60	65	70	
硫氰酸钾	1.1382	1.1618	1.1899	1.2200	1.2517	1.2849	1.3195	1.3354	1.3925	1.4307	
硫氰酸钠	1.1433	1.1677	1.196	1.228	1.265						
硫氰酸铵	1.0589	1.0645	1.0752	1.0863	1.0982	1.1108	1.1214	1.1432			

14.3 三相点、沸点、共沸点

14.3.1 三相点

表14.3.1 硫化物的三相点

物料名	二硫化碳	氧硫化碳	硫化钠	五硫化二磷
三相点温度/K	161.11	134.3	1223	561.15
三相点压力/Pa	1.4944	59.321	—	415.46

表14.3.2 硫酸盐的三相点

物料名	硫酸铝	硫酸钙	硫酸铜	硫酸氢钠	硫酸氢铵
三相点温度/K	1043.2	1723.15	473.15	459.15	420.05
三相点压力/Pa	141211	—	—	—	—
物料名	硫酸镁	硫酸钠	连二亚硫酸钠	硫酸锌	
三相点温度/K	1400	1157	327.59	953	
三相点压力/Pa	—	0.00210414	—	—	

14.3.2　沸点

表 14.3.3　硫酸盐饱和水溶液的沸点

名称	下列浓度时溶液的沸点/℃					饱和溶液		
	10	25	50	75	100	沸点/℃	浓度/(g/100g 水)	固相组成
$AlK(SO_4)_2$		100.8	101.9	103.4	105.2			
$CuSO_4$		100.6	101.6	103.5		104.2	82.2	
$FeSO_4$		100.7	101.5					$CuSO_4 \cdot 5H_2O$
K_2SO_4		101.7				102.1	31.6	
$MgSO_4$		101.6	104.3	108.0		108.0	75.0	K_2SO_4
$MgSO_4 \cdot 7H_2O$	100.7		101.2	101.7	102.3			$MgSO_4 \cdot 6H_2O$
$MnSO_4$	100.6	100.8	101.8			102.4	68.4	
Na_2SO_4		101.6				103.2	46.7	Na_2SO_4
$Na_2S_2O_3$		101.8	104.1	106.8	109.6	126.0	348.0	$Na_2SO_4 \cdot 5H_2O$
$(NH_4)_2SO_4$	100.6	101.6	104.4	105.6	107.1	108.2	115.3	$(NH_4)_2SO_4$
$ZnSO_4$		101.6	102.3			105.0	85.7	

表 14.3.4　硫酸盐水溶液的沸点和浓度

名称	对应于下列沸点(℃)的溶液浓度(质量分数)/%					
	101	102	103	104	105	107
$CuSO_4$	26.95	39.98	40.83	44.47		
$MgSO_4$	14.31	22.78	28.31	32.23	35.32	42.86
Na_2SO_4	15.26	24.80	30.73			
$(NH_4)_2SO_4$	13.34	23.14	30.65	26.71	41.79	49.73
$ZnSO_4$	20.00	31.22	37.89	42.92	46.15	

表 14.3.5　硫酸钴水溶液的沸点和浓度

(1) 沸点升高

浓度/(g/100g 水)	5	10	15	20	25	30
沸点升高/℃	0.127	0.273	0.408	0.550	0.714	0.916

(2) 冰点下降

浓度/(g/100g 水)	10	14
冰点下降/℃	0.252	1.580

表 14.3.6　硫酸铜水溶液的沸点和浓度

(1) 沸点升高

浓度/(mol/L)	0.2	0.4	0.7	1.0	2.0	3.0	4.0	5.0
沸点升高/℃	0.432	0.401	0.373	0.370	0.428	0.547	0.707	0.884

(2) 冰点下降

浓度/(mol/L)	0.0003	0.003	0.03	0.05	0.1	0.2	0.4	0.75
冰点下降/℃	0.0009	0.0095	0.0535	0.1224	0.2208	0.3912	0.7287	1.3347

表 14.3.7　硫酸亚铁水溶液的沸点和浓度

(1) 溶液沸点

浓度/(g/100g 水)	15	20	30	40	50	53.4
沸点/℃	100.4	100.6	100.9	101.2	101.5	101.6

(2) 溶液沸点升高

浓度/(g/100g 水)	3	10	20	30	35
沸点升高/℃	0.085	0.276	0.515	0.841	1.080

(3) 溶液冰点下降

浓度/(g/100g 水)	1	2	3	4	5
冰点下降/℃	0.154	0.310	0.435	0.544	0.651

表14.3.8　三水合硫酸镍水溶液的沸点和浓度

(1) 沸点升高

浓度(g/100g水)	3	6	10	20	30	40
沸点升高/℃	0.101	0.177	0.298	0.626	1.060	2.032

(2) 冰点下降

浓度(g/100g水)	0.005	0.05	0.1	0.2	0.5	1	2	5	10	15
冰点下降/℃	0.001187	0.01026	0.01935	0.03543	0.08154	0.1958	0.3062	0.678	1.423	1.733

表14.3.9　七水合硫酸锌溶液的沸点和浓度

(1) 溶液沸点

沸点/℃	浓度(g/100g水)	沸点/℃	浓度(g/100g水)
100.5	13.1	102.5	53.9
101.0	25.0	103.0	61.0
101.5	37.7	104.0	74.9
102.0	45.4	105.0	85.7

(2) 溶液沸点升高(压强99kPa)

浓度/(g/100g水)	5	10	15	20	25	30	35	40	45
沸点升高/℃	0.137	0.263	0.387	0.524	0.689	0.879	1.112	1.390	1.706

(3) 冰点下降

浓度/(mol/100mol水)	0.0001	0.001	0.01	0.05	0.1	1.0
冰点下降值/℃	0.0002	0.0083	0.0298	0.092	0.190	1.733
冰点下降值/(℃/mol)	3.990	2.124	2.831	1.846	1.891	1.757

14.3.3　共沸点

表14.3.10　二硫化碳与其他组分的二元共沸点

CS_2质量分数/%	第二组分(其余)	共沸点/℃	CS_2质量分数/%	第二组分(其余)	共沸点/℃
11	戊烷	35.7	1	乙醚	34.5
2	异戊烷	27.85	18	甲基丙基醚	37.8
67	环戊烷	44	75	氯甲基甲基醚	43.1
35	二氯甲烷	35.7	33	甲酸甲酯	24.75
62	2-氯-2-甲基丙烷	43.3	63	甲酸乙酯	39.35
72	1,2-二氯甲烷	44.75	82	甲酸异丙酯	43
72	1,1-二氯乙烷	44.75	70	乙酸甲酯	40.15
20	2-氯丙烷	33.5	92.7	乙酸乙酯	46.02
40	碘甲烷	41.6	5	亚硝酸乙酯	16.5
90	硝基甲烷	44.25	62	亚硝酸丙酯	40.15
55.5	氯丙烷	42.05	86	亚硝酸异丁酯	45.45
20	2-氯丙烷	33.5	42	亚硝酸异丙酯	34.5
36	溴乙烷	37.85	84	硼酸三甲酯	44.0
67	丙酮	39.25,	86	甲醇	37.65
84.7	丁酮	45.85	91	乙醇	42.4
92.0	异丙酮	44.6	94.5	丙醇	40.65
17	2-甲基2-丁烯	36.5	92.4	2-丙醇	44.22
98.0	水	43.6	92	异丙醇	44.6
83	甲酸	42.55;	93	叔丁醇	44.9
46	甲缩醛	37.25	94.0	α-甲基-2-丙醇	45.3
86	异丁醛	44.7	62	叔丁基氯	43.5

表 14.3.11　二硫化碳与其他组分的三元共沸点

第一组分	质量分数/%	第二组分	质量分数/%	第三组分	质量分数/%	共沸点/℃
二硫化碳	40	甲醇	10	溴乙烷	50	33.92
	55	甲醇	7	甲缩醛	38	35.45
	93.4	乙醇	5.0	水	1.6	41.3
	18	甲酸甲酯	60	溴乙烷	22	24.7
	75.21	丙酮	24.98	水	0.71	38.04

14.4　黏度

14.4.1　硫化物的黏度

表14.4.1　二硫化碳的黏度　　单位：μPa·s

气体

温度/K	200	250	300	350	400	450	500	550	600
η	5.836	7.778	9.605	11.35	13.03	14.65	16.23	17.78	19.29
温度/K	650	700	750	800	850	900	950	1000	临界黏度为40.4μPa·s
η	20.77	22.23	23.66	25.07	26.46	27.83	29.19	30.53	

液体

温度/℃	−100	−80	−60	−40	−20	0	20	40	60	80
η	1640	1120	826	641	517	431	368	321	284	255
温度/℃	100	120	140	160	180	200	220	240	260	270
η	232	213	197	184	160	139	119	101	84	76

N（算图 14.4）
液态二氧化硫的黏度（第 647 页右）

表14.4.2　硫化钠水溶液与水的相对黏度

温度/℃		10	20	35	50	65	80	100	120	145
浓度（质量分数）/%	9.65	1.74	1.66	1.67	1.55	1.53	1.24			
	20.3		4.31	3.77	3.14	2.88	2.59	0.921		
	24.4				4.94	—	3.44	2.81		
	29.0					6.12	4.86	4.08		
	45.0							8.68	5.93	4.34

14.4.2　硫酸盐的黏度

表14.4.3　硫酸钠水溶液的黏度（20℃）　　单位：mPa·s

浓度/%	4	6	8	10	12	14	16	18	20
黏度	112.6	120.5	125.4	129.0	132.9	138.8	148.3	163.2	185.0

表14.4.4　硫酸铬水溶液的黏度　　单位：mPa·s

浓度/(g/L)		20	40	60	80	100	120
温度/℃	10	1.574	1.593	1.779	1.989	2.207	2.541
	20	1.196	1.199	1.327	1.503	1.705	1.965
	25	1.061	1.065	1.175	1.357	1.570	1.773
	30	0.953	0.953	1.055	1.182	1.320	1.525
	40	0.775	0.774	0.857	0.956	1.061	1.223
	50	0.636	0.642	0.772	0.803	0.753	0.887

表14.4.5 硫酸钴水溶液的黏度 单位：mPa·s

温度/℃	15	25	35	45	温度/℃	15	25	35	45
浓度7%	0.8489	0.6739	0.5396	0.4431	浓度21%	1.9232	1.4527	1.1230	0.8941

表14.4.6 硫酸盐及其水溶液的比黏度($\eta/\eta_{水}$,25℃)

浓度/(mol/L)	1.0	0.5	0.25	0.125	浓度/(mol/L)	5.0	2.0	1.0	0.5	0.25	0.125
$Al_2(SO_4)_3$	1.4064	1.1782	1.0825	1.0381	$MgSO_4$①			1.3673	1.1639	1.0784	1.0320
$BeSO_4$	1.3600	1.1620	1.0749	1.0151	$MnSO_4$			1.3640	1.1690	1.0761	1.0366
$CdSO_4$	1.3476	1.1574	1.0780	1.0335	Na_2SO_4			1.2291	1.1058	1.0522	1.0235
$CoSO_4$	1.3543	1.1598	1.0766	1.0402	$NaHSO_4$②			1.2450	1.1140	1.0560	
$CuSO_4$	1.3580	1.1603	1.0802	1.0384	$(NH_4)_2SO_4$③			1.1114	1.0552	1.0302	1.0148
K_2SO_4	1.1051	1.0486	1.0206	1.0078	$NiSO_4$	2.874	1.550	1.3615	1.1615	1.0751	1.0323
Li_2SO_4	1.2905	1.1372	1.0655	1.0320	$ZnSO_4$			1.3671	1.1726	1.0824	1.0358

① 含 $7H_2O$。

② 18℃。

③ 物质的量的浓度为 2、3、4、5、6、7、8mol/L 时，其比黏度值分别为 1.242、1.396、1.568、1.794、2.087、2.390、2.797。

N（算图 14.5）
一些硫酸盐水溶液的黏度（第 648 页左）

14.5 表面张力

14.5.1 硫化物的表面张力

表14.5.1 二硫化碳的表面张力 单位：mN/m

温度/℃	–100	–80	–60	–40	–20	0	20	40	60	80
σ	51.03	47.81	44.63	41.49	38.39	35.32	32.31	29.33	26.41	23.54
温度/℃	100	120	140	160	180	200	220	240	260	270
σ	20.73	17.98	15.30	12.69	10.18	7.759	6.594	4.368	2.322	0.562

表14.5.2 其他硫化物的表面张力 单位：mN/m

温度/℃	0	20	50	60	500	600	700	温度/℃	20
CS_2-空气	35.4	32.4	27.8	26.5				CS_2-水	48.4
Tl_2S-空气					214	210	206	CS_2-汞	336

14.5.2 硫酸盐的表面张力

表14.5.3 硫酸盐的表面张力 单位：mN/m

温度/℃	900	950	1000	1100	1200	1300	1400	1500	1600
Cs_2SO_4			112	106	99	92	87	85	
$K_2SO_4$①			148	142	136	129	123	116	110
Li_2SO_4	222		215	209					
$Na_2SO_4$①	195	190	188	184					
$RbSO_4$				131	124	118			

① 界面为氮气或空气时，其值十分接近。

表14.5.4 硫酸盐水溶液的表面张力(20℃) 单位：mN/m

浓度/(mol/L)	0.25	0.5	1.0	1.5	2.0	2.5	3	4	5	6	8	10	11.2
$CuSO_4$	73.2	73.7	74.6	$75.0^{1.2}$									
$MgSO_4$①	73.3	73.8	74.8	76.0	77.3	78.8	$79.3^{2.7}$						
$Na_2S_2O_3$②		71.2	72.4	73.8	75.4	77.1	78.9	82.5	85.8	88.5	92.8	97.1	98.4
$(NH_4)_2SO_4$		73.8	74.9	76.0	77.1	78.2	710.2	81.4	$83.1^{4.8}$				
$ZnSO_4$	73.2	73.7	74.7	75.9	77.1	78.4	79.9	83.3	84.9				

① 浓度为 0.025、0.05 和 0.1mol/L 时，其表面引力分别为 72.8、72.9 和 73.0mN/m。
② 温度为 40℃。

表14.5.5 硫酸盐水溶液的表面张力(温度变化) 单位：mN/m

分子式	温度/℃	浓度(质量分数)/%									
		0	2	4	7	10	15	20	25	30	38.8
$Al_2(SO_4)_3$	25		72.02	72.90	73.28	73.62	74.81	76.34	79.34	$79.73^{25.5}$	
$FeSO_4$	16	72.52	70.10	68.46	67.38	68.00	73.88	76.618			
$MgSO_4$	20		73.14	73.48	74.04	74.68	75.96	77.5			
Na_2SO_4	20		73.07	73.54	74.23	74.91	$75.4^{12.4}$				
$(NH_4)_2SO_4$	15		75.71	76.44	77.38	78.12	78.93	79.31	79.50	79.93	83.07

注：右上角的数字为与其相对应的浓度。

表14.5.6 硫酸铜水溶液的表面张力

浓度(质量分数)/%	0	5	10	12.5	15	20
σ/(mN/m)	77.1	75.1	71.8	70.8	75.9	81.1

14.6 溶解度

14.6.1 硫化物在水中的溶解度

表14.6.1 硫化物在水中的溶解度

(1) 硫化钡、硫化钠、硫化铵锑

分子式	名称	在下列温度时硫化物的溶解度/(g/100g水)											
		0	10	20	25	30	40	50	60	70	80	90	100
BaS	硫化钡	2.88	4.89	7.86	8.95	10.4	14.9	21.4	27.7		49.9		60.3
Na_2S	硫化钠	12.4	15.4	18.6			29.0		310.1		49.2	57.3	
$Na_2S·5.5H_2O$	硫化钠·5.5水							39.8	42.7	45.7	51.4	59.2	
$Na_2S·6H_2O$	硫化钠·6水							36.4	310.1	43.3	49.2	57.2	
$Na_2S·9H_2O$	硫化钠·9水		15.4	18.8		22.6	28.5						
$(NH_4)_3SbS_4·4H_2O$	硫化铵锑·4水	71.2		91.2		119.8							

(2) 二硫化碳 单位:%(质量分数)

温度/℃	0	6	10	15	20	25	30	35	40	45	49
CS_2	0.204	0.199	0.194	0.187	0.179	0.169	0.155	0.137	0.111	0.070	0.014

14.6.2 硫化物和有机溶剂的互溶度

表14.6.2 二硫化碳和有机溶剂的互溶度 单位：%(质量分数)

(1) 二硫化碳-甲醇

温度/℃	–18.85	6.45	26.50	28.00	30.58	31.08	33.80	34.82
二硫化碳	99.64	98.47	95.27	94.74	93.55	93.00	90.22	88.43
甲醇	0.36	1.53	4.73	5.26	6.45	7.00	9.78	11.57

续表

温度/℃	35.7	35.75	35.63	35.30	34.09	33.35	30.70	28.60
二硫化碳 甲醇	85.0 15.0	84.7 15.27	83.89 16.11	77.65 22.35	72.85 27.15	70.13 29.87	64.12 35.88	61.03 38.97
温度/℃	27.34	13.80	−4.43	−38.37	−73.60	−100.7		
二硫化碳 甲醇	60.53 39.47	49.93 50.07	41.29 58.71	28.78 71.22	18.70 81.30	6.39 93.61		

(2) 二硫化碳 - 乙醇

温度/℃	−20	−17.7	−16.1	−15.9	−14.4	−18.4
二硫化碳 乙醇	59.58 40.42	65.11 34.89	79.96 20.04	84.89 15.11	89.54 10.46	94.94 5.06

(3) 二硫化碳 - 乙腈

温度/℃	3.2	20.0	22.0	38.0	48.5	51.5	51.5	51.5	51.5	49.0	30.0	12.5
二硫化碳 乙腈	26.9 73.1	29.0 71.0	30.3 69.7	35.6 64.4	42.5 57.5	57.8 42.2	62.5 37.5	71.5 28.5	75.2 24.8	83.7 16.3	94.3 5.7	97.5 2.5

(4) 二硫化碳 - 丙酮

温度/℃	−72	−52	−43.5	−42.5	−42.5	−45.0	−55
二硫化碳 丙酮	78.4 21.6	61.8 38.2	51.4 48.6	46.0 54.0	41.2 58.8	28.7 71.3	14.8 85.2

(5) 二硫化碳 - 硝基甲烷

温度/℃	18.5	19.5	26.5	33.6	58.5	63.4	63.5	63.5	61.5	57.7	43.0	22.5
二硫化碳 硝基甲烷	14.5 85.5	15.0 85.0	16.0 84.0	17.0 83.0	27.5 72.5	42.4 57.6	55.0 45.0	62.7 37.3	78.4 21.6	84.1 15.9	92.2 7.8	95.5 4.5

表14.6.3 三硫化四磷和五硫化二磷在一些溶剂中的溶解度 单位：%(质量分数)

溶剂	二硫化碳			苯		甲苯	
温度/℃	−20	0	17	17	80	17	110
三硫化四磷 五硫化二磷	10.0 0.083	21.2 0.182	50.0 0.222	2.4	10.0	3.0	13.4

表14.6.4 硫氰化物在水和有机溶剂中的溶解度

(1) 在水中

名称	在下列温度时的溶解度/(g/100g水)											
	0	10	20	25	30	40	50	60	70	80	90	100
硫氰化钾	177	196	218	239	255	290	325	372	420	488	575	674
硫氰化铵	120	144	170	190	208		235		347			

(2) 在有机溶剂中（18 ～ 25℃）

名称	溶剂			
	乙醇	甲醇	丙酮	吡啶
硫氰化钾			20.8	6.15
硫氰化钠	20	35	7	
硫氰化铵	23.5	59.0		

14.6.3　硫酸盐在水中的溶解度

表 14.6.5　硫酸盐在水中的溶解度

分子式	名称	在下列温度(℃)时无水硫酸盐的溶解度/(g/100g水)												
		0	10	20	25	30	40	50	60	70	80	90	100	150
Ag_2SO_4	硫酸银	0.57	0.69	0.80	0.84	0.89	0.98	1.08	1.15	1.22	1.30	1.36	1.41	
$Al(NO_3)_3 \cdot 9H_2O$	硝酸铝·9水			62.6	65.3	68.1	75.4	85.2	94.2	122	132	143	160	
$Al_2(SO_4)_3$	硫酸铝	37.9	38.1	38.3	38.5	38.9	40.4	42.4	44.9	48.8	55.7	68.0	89.0	
$Al_2(SO_4)_3 \cdot 18H_2O$	硫酸铝·18水	31.2	33.8	36.4		40.4	45.7	52.2	59.2	66.2	73.1	86.8	89.0	
$Al_2(SO_4)_3 \cdot 18H_2O$①	硫酸铝·18水	23.8	25.1	26.7		28.8	31.4	34.3	37.2	39.8	42.2	44.7	47.1	
$BaSO_4$	硫酸钡	0.12	0.20	0.24		0.29	0.31	0.42	0.46	0.43	0.40	0.40	0.41	mg
$BeSO_4$	硫酸铍	36.2	37.9	40.0	41.2	42.5	45.8	49.7	54.3	62.5	60.0		42.9	
$BeSO_4 \cdot 2H_2O$	硫酸铍·2水										84.8	98	110	
$BeSO_4 \cdot 4H_2O$	硫酸铍·4水			41.1		43.8	46.7	50.6	55.5	62.0	70.8	83	100	
$BeSO_4 \cdot 6H_2O$	硫酸铍·6水					52.0		60.7						
$CaSO_4$	硫酸钙	0.176	0.193			0.209	0.210	0.204	0.200				0.16	
$CaSO_3 \cdot 2H_2O$	亚硫酸钙·2水			4.3		5.4	6.3	6.5	5.8	4.5	3.1	2.7	1.1	mg
$CaSO_4 \cdot 2H_2O$	硫酸钙·2水	0.18	0.19	0.20		0.21	0.21		0.205	0.20	0.197		0.162	
$CdSO_4$	硫酸镉	75.6	75.9	76.4	77.0	77.5	78.6	77.0	73.9		67.2		50.8	23.6
$CdSO_4 \cdot H_2O$	硫酸镉·1水							77.1		70.3	67.6	64.5	58.4	
$CdSO_4 \cdot 2H_2O$	硫酸镉·2水	75.4	76.1			77.7	78.6						61.0	
$Ce_2(SO_3)_3 \cdot 4H_2O$	硫酸铈·4水						6.1	3.4	2.4		1.0		0.41	
$Ce_2(SO_3)_3 \cdot 5H_2O$	硫酸铈·5水								3.3		1.2		0.46	
$Ce_2(SO_3)_3 \cdot 8H_2O$	硫酸铈·8水	16.4		9.7			5.8		2.2		0.93		0.43	
$Ce_2(SO_3)_3 \cdot 9H_2O$	硫酸铈·9水	21.0		10.1		6.8		4.7	3.9					
$CoSO_4$	硫酸钴	24.7	30.8	35.5	37.6		48.8	51.1		54.8	49.3		38.5	
$CoSO_4 \cdot 7H_2O$	硫酸钴·7水	25.5	30.4	36.3		42.9	49.9	57.0	63.8	70.2	75.7	80.1	83.0	
Cs_2SO_4	硫酸铯	167	173	179		184	190	195	200	205	210	215	220	
$CuSO_4$	硫酸铜	14.3	17.2	20.5	22.3	24.4	28.7	33.7	39.5		55.5		77.0	82.5
$CuSO_4 \cdot 5H_2O$	硫酸铜·5水	14.3	17.4	20.7		25.0	28.5	33.3	40.0	47.1	55	64.2	75.4	
$FeSO_4 \cdot H_2O$	硫酸亚铁·1水									50.9	43.6	37.3		
$FeSO_4 \cdot 7H_2O$	硫酸亚铁·7水	15.8	20.8	26.3		32.8	40.1	48.4	52.4	50.9	43.7			
$KHSO_4$	硫酸氢钾	36.3	43.7	51.4		510.2	67.3	75.6	84.2	93.1	102	112	122	
K_2SO_3	亚硫酸钾	106	107	106			109		110		111	122		
$K_2SO_3 \cdot 2H_2O$	亚硫酸钾·2水	106		107			108	109	110	111	112	113	114	
$K_2SO_4$②	硫酸钾	7.4	10.2	11.1		13.0	14.8	16.6	18.2	19.8	21.4	22.4	24.1	30.6
$K_2SO_4 \cdot Al_2(SO_4)_3 \cdot 24H_2O$	硫酸铝钾·24水	3.0	4.0	5.0		8.4	11.7	17.0	24.8	40.0	71.0	109	—	
$La_2(SO_4)_3$	硫酸镧	3.00	2.73	2.37	2.14	1.90	1.56	1.50	1.44	1.19	0.82	0.62	0.69	
$La_2(SO_4)_3 \cdot 9H_2O$	硫酸镧·9水	3.0				1.9		1.5					0.69	
Li_2SO_4	硫酸锂	36.0	35.4	34.7	34.4	34.1	33.6	33.1	32.7	32.2	31.7	31.2	30.9	29.3
$Li_2SO_4 \cdot H_2O$	硫酸锂·1水	35.3	35.0	34.2		33.5	32.8	32.5	31.9	31.3	30.7	30.3	29.9	
$MgSO_4$	硫酸镁	25.5	30.4	35.1	37.4	39.7	44.7	50.4	54.8	510.2	54.8		50.2	24.1
$MgSO_4$③	硫酸镁	18.0	22.0	25.2	26.7	28.0	30.8	33.4	35.3	37.0	35.8	34.6	33.5	
$MgSO_4 \cdot H_2O$	硫酸镁·1水										62.9		68.3	
$MgSO_4 \cdot 6H_2O$	硫酸镁·6水	28.0	29.7	30.8		31.2		33.5	35.5	37.3	39.1	40.8	42.5	
$MgSO_4 \cdot 7H_2O$	硫酸镁·7水	28.3	30.9	35.5		40.8	45.6		47.4				56.7	
$MnSO_4$④	硫酸亚锰	52.9		62.9	64.5	62.9	60.0		53.6		45.6	36.4	28.8	7.2^{140}
$MnSO_4 \cdot H_2O$	硫酸亚锰·1水							58.2	55.0	52.0	48.0	42.5	34.0	

续表

分子式	名称	在下列温度(℃)时无水硫酸盐的溶解度/(g/100g 水)												
		0	10	20	25	30	40	50	60	70	80	90	100	150
$MnSO_4·4H_2O$	硫酸亚锰 ·4 水			64.5		66.4	68.8	72.6						
$MnSO_4·5H_2O$	硫酸亚锰 ·5 水		59.5	62.9		67.8								
$MnSO_4·7H_2O$	硫酸亚锰 ·7 水	53.2	60.0		64.0								30.0	
Na_2SO_3	亚硫酸钠	14.4		26.1			37.4		33.2		29.0		26.6	
$NaHSO_4$	硫酸氢钠	50			28.6								100	
$NaHSO_3·7H_2O$	硫酸氢钠 ·7 水	13.9	20.0	26.9		36.0								
Na_2SO_4	硫酸钠	4.5	9.6	19.4	27.9	40.8	48.4	46.7	45.3	44.1	43.7	42.9	42.3	
$Na_2SO_4·7H_2O$	硫酸钠 ·7 水	19.5	30	44										
$Na_2SO_4·10H_2O$	硫酸钠 ·10 水	5.0	9.0	19.4		40.8							42.0	
$Na_2S_2O_3$	硫代硫酸钠	52.5	61.0	70		84.7	103	170	207		249	254	266	
$Na_2S_2O_4·2H_2O$	连二亚硫酸钠 ·2 水	11.5	15.6	18.2										
$Na_2S_2O_5$	焦亚硫酸钠			65.3			71.1		79.9		88.7		100	
$Na_2S_2O_5·7H_2O$	焦亚硫酸钠 ·7 水	45.5												
$Nd_2(SO_4)_2·8H_2O$	硫酸钕 ·8 水	9.6		7.1		5.3	4.1	3.3	2.8	2.5		1.2	1.2	
$NH_2OH·{}^1/_2H_2SO_4$	硫酸羟胺	32.9	36.6	41.3		44.1	48.2	52.2	56.0			68.5		
$(NH_4)_2Fe(SO_4)_2$	硫酸铁铵	12.5	17.2				33.0	40.0		52.0				
$(NH_4)_2SO_4·Al_2(SO_4)_3·24H_2O$	硫酸铝铵 ·24 水	2.10	4.99	7.74		10.9	14.9	20.1	26.7					
$N_2H_4·H_2SO_4$	硫酸联铵			2.87	3.41	3.89	4.16	7.00	9.07		14.4			
$(NH_4)_2SO_4$⑤	硫酸铵	70.1	72.7	75.4	76.9	78.1	81.2	84.3	87.4		94.1		102	108^{106}
$NiSO_4$	硫酸镍	28.1	33.0	38.4	41.2	44.1	48.2	52.8	56.9		66.7		69.0	123
$NiSO_4·6H_2O$	硫酸镍 ·6 水							50.2	54.8	59.4	63.2		76.7	
$NiSO_4·7H_2O$	硫酸镍 ·7 水	27.2	32.0	35.1	39.8	42.5								43^{98}
$PbSO_4$	硫酸铅	2.8	3.5	4.1		4.9	5.6	5.7	(mg)					
Rb_2SO_4	硫酸铷	36.4	42.6	48.2		53.5	58.5	63.1	67.4		75.0		81.8	
$SrSO_4$	硫酸锶	11.3		11.4		11.4	(mg)							
$Th(SO_4)_2$	硫酸钍	0.75		1.38		1.99	3.00	3.35	1.63		0.81		0.70	
$Th(SO_4)_2·4H_2O$	硫酸钍 ·4 水						4.04	2.54	1.63	1.09				
$Th(SO_4)_2·6H_2O$	硫酸钍 ·6 水	1.50		1.90		2.45			6.64					
$Th(SO_4)_2·8H_2O$	硫酸钍 ·8 水	1.00	1.25	1.62										
$Th(SO_4)_2·9H_2O$	硫酸钍 ·9 水	0.74	0.98	1.38		2.00	3.00	5.22						
$TlSO_4$	硫酸亚铊	2.70	3.70	4.87		6.16		10.21	10.9	12.7	14.6	16.5	18.5	
$UO_2SO_4·3H_2O$	硫酸双氧铀 ·3 水					151		160					238	
$Yb_2(SO_4)_3·8H_2O$	硫酸镱 ·8 水	44.2		38.4			21.0		10.4	7.2	6.9	5.8	4.7	
$ZnSO_4$	硫酸锌										46.4	45.5	44.7	
$ZnSO_4·H_2O$	硫酸锌 ·1 水	41.9		54.2				74.0			86.6	83.5	80.8	
$ZnSO_4·6H_2O$	硫酸锌 ·6 水						41.2	43.5						
$ZnSO_4·7H_2O$	硫酸锌 ·7 水	41.9	47.0	54.4	58.0								81	

① 单位为 g/100mL 饱和溶液。

② 温度为 120 和 200℃时，其溶解度分别为 26.7 和 36.3g/100g 水。

③ 温度为 120、140、160、170、180、190、200、220 和 240℃时，其溶解度分别为 30.0、24.0、13.0、8.0、5.0、2.5、1.5、0.8 和 0.5g/100g 水。

④ 在重水中的溶解度：温度为 100、110 和 120℃时，其溶解度分别为 14.4、29.0 和 29.0g/100g 水。

⑤ 温度为 −20、−15、−10 和 −5℃，其溶解度分别为 20、57、63 和 68.5g/100g 水。

N（算图 14.6）
硫酸盐在水中的溶解度（第 648 页右）

N（算图 14.7）
硫酸钠在乙二醇水溶液中的溶解度（第 649 页左）

表14.6.6　硫酸复合盐在水中的溶解度

分子式	名称	在下列温度(℃)时无水硫酸盐的溶解度/(g/100g水)											
		0	10	20	25	30	40	50	60	70	80	90	100
$AlCs(SO_4)_2 \cdot 12H_2O$	硫酸铝铯·12水	0.34		0.46			0.89		2.00		5.49		42.5
$AlK(SO_4)_2 \cdot 12H_2O$	硫酸铝钾·12水	3.0	4.0	5.9	7.2	8.4	11.7	17.0	24.8	40.0	71.0	109	154
$AlNa(SO_4)_2 \cdot 12H_2O$	硫酸铝钠·12水	106											
$AlRb(SO_4)_2 \cdot 12H_2O$	硫酸铝铷·12水	0.72		2.59			3.52		7.39		43.2		69.0
$CrK(SO_4)_2$	硫酸铬钾		20		25			50					
$FeK_2(SO_4)_2 \cdot 6H_2O$	硫酸亚铁钾·6水	20			36					64			
$(NH_4)Al(SO_4)_2 \cdot 12H_2O$	硫酸铝铵·12水	2.4	5.0	7.4	10.2	10.5	14.6	19.6	26.7	37.7	53.9	98.2	121
$NH_4Ce(SO_4)_2 \cdot 4H_2O$	硫酸铝铈·4水			5.33			3.29					1.05	
$(NH_4)_2Co(SO_4)_2 \cdot 6H_2O$	硫酸钴铵·6水	6.0	9.5	13.0		17.0	22.0	27.0	33.5	40.0	49.0		
$NH_4Cr(SO_4)_2 \cdot 12H_2O$	硫酸铬铵·12水	3.9			10.8	19.0	32.8						
$(NH_4)_2Fe(SO_4)_2$	硫酸亚铁铵	12.5	17.2				33	40		52			
$(NH_4)_2Fe(SO_4)_2 \cdot 6H_2O$	硫酸亚铁铵·6水	17.8		26.9			38.5		53.4		73.0		
NH_4LiSO_4	硫酸锂铵		55.2			55.9		56.2		56.7			
$(NH_4)_2Ni(SO_4)_2 \cdot 6H_2O$	硫酸镍铵·6水		3.2	5.9		7.8	11.5	14.4	17.0	19.8	25.5		
$(NH_4)_2Zn(SO_4)_2 \cdot 6H_2O$	硫酸锌铵·6水	7		12.5							42		

表14.6.7　硫代硫酸盐在水中的溶解度

分子式	名称	在下列温度(℃)时无水硫酸盐的溶解度/(g/100g水)											
		0	10	20	25	30	40	50	60	70	80	90	100
$Na_2S_2O_3$	硫代硫酸钠	50.2	59.7	70.1	75.9	82.2	105	142	191		231		245
$Na_2S_2O_3 \cdot 2H_2O$	硫代硫酸钠·2水								207				
$Na_2S_2O_3 \cdot 5H_2O$	硫代硫酸钠·5水	52.5	61.0	70.0		84.7	103	170	207		249	254	266

表14.6.8　硫酸铝在水中的液相组成和状态

温度/℃	液相组成 $Al_2(SO_4)_3$/%	固相组成	温度/℃	液相组成 $Al_2(SO_4)_3$/%	固相组成
−2.0	14.98	冰	10.0	27.95	$Al_2(SO_4)_3 \cdot 16H_2O$
−7.0	24.22	冰+$Al_2(SO_4)_3 \cdot 27H_2O$	20.0	28.27	
−9.1	25.73	冰+m	25.0	28.29	
−1.9	26.01	冰+$Al_2(SO_4)_3 \cdot 16H_2O$+m′	30.0	28.46	
−4.3	24.44	$Al_2(SO_4)_3 \cdot 27H_2O$+m	35.0	28.42	$Al_2(SO_4)_3 \cdot 16H_2O$
−2.0	25.16		40.0	28.98	
5.0	27.02		50.0	30.20	
10.0	28.42	$Al_2(SO_4)_3 \cdot 27H_2O$+m	60.0	31.28	
−14.0	27.98	$Al_2(SO_4)_3 \cdot 16H_2O$	70.0	33.54	
−10.0	28.10		80.0	36.46	
−5.0	27.85		90.2	40.80	
0.0	27.82		95.0	42.91	

注：m表示处于介稳状态的$Al_2(SO_4)_3 \cdot 27H_2O$；m′表示处于介稳状态的$Al_2(SO_4)_3 \cdot 16H_2O$。

表14.6.9　硫氰酸盐在水中的溶解度

单位：g/100g水

浓度/℃	0	10	20	30	40	50	60	80	100
硫氰酸钠		111.5	134.9	169.1	173.7	179.7	185.3	200.8	222.5
硫氰酸钾	177		217						

14.6.4 硫酸盐在无机酸中的溶解度

表14.6.10 硫酸钡在无机酸中的溶解度 单位：mg/L

浓度/(mol/L)	0.05	0.10	0.3	0.5	1.0	2.0
盐酸	4.3	10	29	47	67	146
硝酸	14	26	76	124	234	393

表14.6.11 硫酸钙在无机酸中的溶解度 单位：g/g溶剂

(1) 在盐酸、硝酸中

名称	盐酸				硝酸			
浓度/(mol/L)	0.1	0.5	1.0	2.0	0.1	0.5	1.0	2.0
S	22.96	15.75	11.51	7.61	23.36	20.37	13.09	10.27

(2) 在硫酸中

浓度/(g/L溶液)	0	0.5	5	50	75	100	150	300
25℃	2.126	2.128	2.144	2.744	2.841	2.766	2.562	1.475
35℃		2.210	2.458	3.404	3.507	3.616	3.090	
43℃	2.145	2.239	2.449	3.851	4.146	4.139	4.125	2.403

表14.6.12 硫酸锰在硫酸中的溶解度(12.6℃)

饱和溶液的密度/(g/cm³)	溶解度/(g/100g饱和溶液)		固相	饱和溶液的密度/(g/cm³)	溶解度/(g/100g饱和溶液)		固相
	H_2SO_4	$MnSO_4$			H_2SO_4	$MnSO_4$	
1.4817	0.0	36.98	$MnSO_4·5H_2O$	1.3782	47.64	2.10	$MnSO_4·H_2O+MnSO_4$
1.4312	10.06	29.65	$MnSO_4·4H_2O$	1.4640	52.21	0.61	$MnSO_4$
1.4181	17.45	24.93	$MnSO_4·4H_2O$	1.4618	67.42	0.41	$MnSO_4·H_2SO_4·H_2O$
1.3862	23.82	18.07	$MnSO_4·4H_2O$	1.6579	75.76	0.21	$MnSO_4·H_2SO_4·H_2O$
1.3628	32.21	8.03	$MnSO_4·4H_2O+MnSO_4·H_2O$	1.7748	85.52	0.11	$MnSO_4·H_2SO_4$
1.3561	40.51	4.00	$MnSO_4·H_2O$	1.8442	99.12	0.05	$MnSO_4·3H_2O$

表14.6.13 硫酸铅在无机酸中的溶解度

(1) 盐酸 单位：g/100L HCl

温度/℃	H_2O	浓度			
		0.1	0.2	0.3	0.4
18	2.60	19.00	35.70	55.37	75.27
25	3.00	22.18	42.88	65.15	84.04
37	3.80	28.04	54.50	84.04	111.90

(2) 硫酸(0℃) 单位：%（质量分数）

溶液		不溶物		固相	溶液		不溶物		固相
H_2SO_4	$PbSO_4$	H_2SO_4	$PbSO_4$		H_2SO_4	$PbSO_4$	H_2SO_4	$PbSO_4$	
97.2	0.3	81.1	15.6	$PbSO_4+H_2SO_4$	89.0	0.0	86.9	—	$H_2SO_4·H_2O$
97.0	0.0	—	—	H_2SO_4	79.6	0.0	—	—	$PbSO_4+H_2SO_4$
95.8	0.0	39.6	59.1	$PbSO_4$	79.7	0.0	—	—	$H_2SO_4·H_2O$
89.4	0.0	29.1	67.3	$PbSO_4$	76.8	0.0	38.7	50.6	$PbSO_4$
89.0	0.0	—	—	$PbSO_4+H_2SO_4·H_2O$	51.2	0.0	18.2	63.7	$PbSO_4$

(3) 硫酸(18℃)

浓度/(g/L)	0	0.005	0.01	0.02	0.04	0.049	0.04904
S/(g/L)	0.0382	0.0332	0.0305	0.0241	0.0155	0.0130	0.0052

(4) 浓硫酸

浓度/%	98	99	100
S/(g/100g酸)	0.53	1.45	4.17

(5) 发烟硫酸

浓度SO_3/%	5	15
S/(g/100g酸)	3.54	8.23

(6) 硝酸(18℃)

硝酸浓度/(mol/L)	H_2O	0.1	0.2	0.3	0.4
溶解度/(g/100L HNO_3)	2.60	10.48	17.48	23.41	29.84

14.6.5 硫酸盐在盐和碱溶液中的溶解度

表14.6.14 硫酸锰在几种盐溶液中的溶解度

(1)$(NH_4)_2SO_4$ 溶液

溶解度/(g/100g饱和溶液) $(NH_4)_2SO_4$	溶解度/(g/100g饱和溶液) $MnSO_4$	固相
t=12.5℃		
3.17	36.90	$MnSO_4\cdot 5H_2O$+1∶1∶6①
3.24	34.91	1∶1∶6①
21.23	3.29	1∶1∶6①
41.75	1.20	1∶1∶6①+$(NH_4)_2SO_4$
t=25℃		
0	39.30	$MnSO_4\cdot 5H_2O$
3.64	38.49	$MnSO_4\cdot 5H_2O$+1∶1∶6①
9.65	22.06	1∶1∶6①
20.36	9.02	1∶1∶6①
42.58	1.75	1∶1∶6①+$(NH_4)_2SO_4$
43.40	0	$(NH_4)_2SO_4$
t=40℃		
1.76	37.39	$MnSO_4\cdot H_2O$
7.60	31.32	2∶1②
29.70	7.99	1∶1∶6①
40.75	4.26	1∶1∶6①
41.81	3.80	1∶1∶6①+$(NH_4)_2SO_4$
t=50℃		
0	36.26	$MnSO_4\cdot H_2O$
5.14	30.57	2∶1②
35.98	6.92	2∶1②
43.24	5.70	2∶1②+$(NH_4)_2SO_4$
45.70	0	$(NH_4)_2SO_4$
t=100℃		
3.45	25.96	$MnSO_4\cdot H_2O$+2∶1②
5.49	18.47	2∶1②
10.62	10.04	2∶1②
39.19	2.83	2∶1②
50.15	1.66	2∶1②+$(NH_4)_2SO_4$

① 1∶1∶6 表示 $MnSO_4\cdot(NH_4)_2SO_4\cdot 6H_2O$。

② 2∶1 表示 $2MnSO_4\cdot(NH_4)_2SO_4$。

(2)Na_2SO_4 溶液

a)t =11 ～ 50℃

温度/℃	溶解度/(g/100g饱和溶液) Na_2SO_4	溶解度/(g/100g饱和溶液) $MnSO_4$	固相
11	7.52	33.50	$MnSO_4\cdot 5H_2O$+1∶1∶2①
11	10.42	29.00	$Na_2SO_4\cdot 10H_2O$+1∶1∶2①
25	28.64	8.62	1∶3②
30	27.64	6.40	1∶3②+$Na_2SO_4\cdot 10H_2O$
41	7.52	32.28	$MnSO_4\cdot H_2O$+1∶1∶2①
41	18.09	17.13	1∶3②+1∶1∶2①
41	24.73	7.93	1∶3②
41	34.38	2.50	1∶3②+Na_2SO_4
50	0.0	37.30	$MnSO_4\cdot H_2O$
50	4.70	33.22	$MnSO_4\cdot H_2O$
50	7.09	31.60	$MnSO_4\cdot H_2O$
50	8.57	30.95	$MnSO_4\cdot H_2O$
50	9.95	210.25	1∶1∶2①
50	12.45	24.89	1∶1∶2①
50	13.59	22.42	1∶1∶2①
50	16.42	18.33	1∶1∶2①
50	17.17	17.53	1∶1∶2①+1∶3②
50	18.62	14.91	1∶3②
50	20.78	11.59	1∶3②
50	23.04	7.84	1∶3②
50	25.99	5.16	1∶3②
50	27.76	3.09	1∶3②
50	30.20	2.68	1∶1∶32①+Na_2SO_4
50	31.80	0.0	Na_2SO_4

① 表中 1∶1∶2 表示 $MnSO_4\cdot Na_2SO_4\cdot 2H_2O$。

② 1∶3 表示 $MnSO_4\cdot 3NaSO_4$。

b) t =70℃

饱和溶液的密度/(g/cm³)	溶解度/(g/100g饱和溶液) Na_2SO_4	溶解度/(g/100g饱和溶液) $MnSO_4$	固相
1.216	0.0	28.49	$MnSO_4\cdot H_2O$
1.244	2.16	26.48	$MnSO_4\cdot H_2O$
1.275	4.91	24.60	$MnSO_4\cdot H_2O$
—	11.42	22.84	$MnSO_4\cdot H_2O$
—	11.94	22.81	$MnSO_4\cdot H_2O$+1∶1∶2①
1.326	12.64	22.09	$Na_2SO_4\cdot H_2O$+1∶1∶2①
1.317	13.13	21.41	1∶1∶2①
1.329	13.70	20.49	1∶1∶2①
1.339	14.72	110.25	1∶1∶2①+1∶3②
1.304	14.89	18.54	1∶3②
1.263	15.93	14.77	1∶3②
1.249	16.87	12.48	1∶3②
1.241	17.90	10.42	1∶3②
1.216	19.43	6.79	1∶3②
1.215	23.53	2.58	1∶3②
—	25.38	1.41	1∶3②
1.230	29.54	0.69	1∶3②+Na_2SO_4
1.237	29.85	0.0	Na_2SO_4

① 1∶1∶2 表示 $MnSO_4\cdot Na_2SO_4\cdot 2H_2O$。

② 1∶3 表示 $MnSO_4\cdot 3NaSO_4$。

表14.6.15　连二亚硫酸钠在氯化钠溶液中的溶解度　　单位：g/L

溶剂浓度（质量分数）/%	0	5	10	15	20	25
溶解度	274.0	229.6	179.6	138.0	102.0	72.0

表14.6.16　连二亚硫酸钠在氢氧化钠溶液中的溶解度　　单位：g/L

溶剂浓度（质量分数）/%	0	1	2.5	5	10	20	30	40
溶解度	274.0	194.8	166.3	133.1	87.4	31.1	5.2	1.5

表14.6.17　硫酸铅在氯化钠和乙酸铵溶液中的溶解度

(1) 氯化钠溶液

氯化钠浓度/(mol/L)	0	0.1	0.2	0.3	0.4
溶解度/(g/100L NaCl)	2.60	11.19	18.73	26.51	33.76

(2) 乙酸铵溶液

温度/℃	25							100						
CH_3COONH_4/(g/L)	0	7.96	15.91	31.70	53.4	106.8	213.7	280	300	320	350	370	400	450
$PbSO_4$/(g/L)	0.041	0.636	1.37	3.04	5.6	16.8	38.9	71.2	83.6	98.8	102.6	105.8	107.8	111.0

14.6.6　硫酸盐在有机溶剂中的溶解度

表14.6.18　硫酸钠在有机溶剂中的溶解度　　单位：%（摩尔分数）

温度/℃	20	30	40	50
甲醇	0.00555	0.00544	0.00523	0.00514
乙醇	0.00143	0.00154	0.00156	0.00114
2-丙醇	0.00089	0.00094	0.00093	0.00074

表14.6.19　硫酸锰在有机溶剂中的溶解度　　单位：%（质量分数）

温度/℃	15	20	25	35	45	55
甲醇	0.190		0.114	0.064	0.043	0.029
乙醇	0.012		0.014	0.021		
乙二醇		0.5				

表14.6.20　连二亚硫酸钠在乙醇中的溶解度　　单位：g/L

溶剂浓度（质量分数）/%	1	2.5	20	30	40	50	60	70	≥85
溶解度	194.8	166.3	98.80	52.70	28.60	15.70	5.46	1.16	0.15

表14.6.21　硫酸钡在乙醇中的溶解度

浓度（质量分数）/%	0	10	20	30	40
S/(mg/L)	3.82	1.46	0.446	0.193	0.0553

表14.6.22　硫酸钴在甲醇和乙醇中的溶解度　　单位：g/100g醇

名称	硫酸钴				七水合硫酸钴
温度/℃	15	25	45	55	18～25
甲醇	0.300	0.418	0.373	0.267	5.5
乙醇	0.017	0.018	0.023	0.026	2.5

表14.6.23　其他硫酸盐在有机溶剂中的溶解度　　单位：g/100g溶剂

溶剂	甲醇					乙醇	甘油	乙醚	乙二醇	吡啶	液氨
温度/℃	15	18～25	35	45	55	18～25		常温			
$Al_2(SO_4)_3$									16.8	0.83	
$CaSO_4$		0.052									

续表

溶剂	甲醇					乙醇	甘油	乙醚	乙二醇	吡啶	液氨
温度/℃	15	18～25	35	45	55	18～25		常温			
$CdSO_4$		0.035				0.03					
$CuSO_4$		10.5				—					
$CuSO_4.5H_2O$		15.6				1.1					
$Fe_2(SO_4)_3.9H_2O$						12.7					
$MgSO_4$	0.276	0.224^{25}	0.180	0.153	0.123	0.025	26	1.16			
$MgSO_4·7H_2O$		1.8				43					
$NiSO_4$		4.0				0.02			10	12.9	0.5^{0}
$NiSO_4·7H_2O$		20				2.2					
$ZnSO_4$		0.6				0.03					
$ZnSO_4·7H_2O$		5.9					35				

14.7 热导率

14.7.1 硫化物的热导率

表14.7.1 二硫化碳的热导率 单位：mW/(m·K)

气体

温度/K	200	250	300	350	400	450	500	550	600
λ	5.021	6.569	8.284	10.04	11.88	13.77	15.69	17.66	19.66
温度/K	650	700	750	800	850	900	950	1000	
λ	21.59	23.47	25.31	27.07	28.79	30.42	32.01	33.56	

液体

温度/℃	−100	−80	−60	−40	−20	0	20	40	60	80
λ	170.7	165.7	160.2	155.2	149.8	144.3	138.5	132.6	126.8	120.5
温度/℃	100	120	140	160	180	200	220	240	260	270
λ	114.2	107.9	100.8	93.72	86.19	77.82	69.04	58.99	46.86	39.29

表14.7.2 硫化钸和硫化镧的热导率 单位：mW/(m·K)

（1）硫化钸

温度/K	950	1000	1050	1100	1150	1200	1250	1300	1350	1400	1450	1500	1550
λ	2.022	1.976	1.909	1.807	1.648	1.465	1.779	1.929	1.634	1.118	1.007	1.307	1.565

（2）硫化镧

温度/K	80	90	100	120	140	160	180	200	250	300	350	400	450
λ	20.28	20.80	21.24	22.11	22.86	23.90	24.05	25.51	26.59	27.87	27.73	29.84	29.69

注：硫化镧试件为具有离子 - 金属型结合键的 NaCl 型化合物。这种化合物粉末在 800MPa 压力下压成型，在低于 1.3MPa 的真空中、1600～1800℃下烧结 1～2h。电阻率为 1.70～5.29μΩ。测试是在真空中进行。

14.7.2 硫酸盐的热导率

表14.7.3 硫酸盐的热导率 单位：W/(m·K)

温度/K	1.5	2.0	2.5	3.0	3.5	4.0	4.5	5.0	5.5	6.0	6.5	7.0	7.5
$CrK(SO_4)_2·12H_2O$	6.847	14.251	23.642	21.294	27.498	23.820							
$ZnSO_4·7H_2O$				60.32	83.52	93.69	99.07	113.17	119.13	123.27	125.17	126.88	127.80
温度/K	8.0	8.5	9.0	9.5	10	11	12	13	14	16	18	20	22
$ZnSO_4·7H_2O$	115.13	101.66	91.45	86.95	87.55	85.00	59.40	57.57	52.97	40.68	31.85	27.08	24.17

续表

温度/K	400	410	420	430	440	450	460	470	480	490	500	510	520
KCNS			0.317	0.338	0.312	0.285	0.285	0.308	0.320	0.274			
$KHSO_4$					0.415	0.390	0.376	0.364	0.354	0.354	0.368	0.385	0.384
$NaHSO_4$					0.593	0.604	0482	0.500	0.628	0.690	0.559	0.481	0.517
NH_4HSO_4		0.494	0.424	0.400	0.395	0.392	0.381	0.364	0.355	0.350			

注：材质状态：$CrK(SO_4)_2 \cdot 12H_2O$: 试件成分为10.46%Cr、0.007%Fe以及极微量的Al和Mn。试件是从一块八面晶体上割下的，能看到某些小污点和小气泡。用氮冷却。

KCNS、$KHSO_4$、$NaHSO_4$、NH_4HSO_4：试件为分析纯，在熔融状态下进行测试。

$ZnSO_4 \cdot 7H_2O$：试件中含0.25%$FeSO_4 \cdot 7H_2O$；其基本材料为经过伦琴射线光谱分析的纯单晶体，尺寸为0.4cm×0.4cm×3cm。

表14.7.4　硫酸盐水溶液的热导率　　单位：W/(m·K)

溶质	温度/℃	水溶液浓度(质量分数)/%							
		0	5	10	15	20	25	30	40
$Al_2(SO_4)_3$	20	0.598		0.566		0.531			
$CuSO_4$	20	0.598		0.587					
K_2SO_4	20	0.598	0.594	0.589					
Li_2SO_4	20	0.598		0.593					
$MgSO_4$	20	0.598		0.592		0.587			
Na_2SO_3	20	0.598	0.579	0.596		0.582			
Na_2SO_4	20	0.598	0.599	0.600	0.595	0.593			
Na_2SO_4	30	0.617	0.617	0.618					
$Na_2S_2O_3$	20	0.598	0.596	0.593					
$ZnSO_4$	20	0.598		0.587	0.589	0.584	0.578	0.569	0.544
$ZnSO_4$	30	0.617	0.610	0.603		0.574		0.559	

14.8 蒸气压

14.8.1 硫化物的蒸气压

表14.8.1　硫化物的蒸气压

名称	分子式	0.1	0.2	0.4	0.7	1.0	2	4
		相应于上述蒸气压强(kPa)的温度/℃						
过硫化氢	H_2S_2	–45.8	–39.0	–31.0	–23.8	–19.2	–9.8	0.8
二硫化三碳	C_3S_2	9.9	20.4	32.0	42.1	49.0	62.8	78.2
二硫化碳	CS_2	–76.5	–69.4	–61.1	–53.7	–48.9	–310.1	–28.0
硫化汞	HgS	328	343	360	375	385	408	433
硫化氢	H_2S	–135.6	–131.8	–126.8	–122.1	–119.0	–112.9	–106.0
硫化镉	CdS	864	905	940	970	992	1040	1088
硫化铅	PbS	840	870	903	931	955	992	1028
硫代三氯化磷	$PSCl_3$	–21.6	–13.0	–3.3	5.3	11.1	23.2	36.4
硫代三溴化磷	$PSBr_3$	46.8	55.1	64.7	73.1	78.8	90.1	102.2
硫化锌①	ZnS	1012	1105	1140	1176	1203	1255	

名称	分子式	7	10	20	40	70	101.3	熔点/℃
		相应于上述蒸气压强(kPa)的温度/℃						
过硫化氢	H_2S_2	10.1	16.3	28.8	43.2	55.5	64.0	–89.7
二硫化三碳	C_3S_2	92.1	101.6	121.1				0.4
二硫化碳	CS_2	–18.2	–11.3	3.0	20.2	35.6	46.5	–110.8
硫化汞	HgS	457	472	502				
硫化氢	H_2S	–99.8	–95.6	–87.2	–76.7	–67.2	–60.4	–85.5
硫化镉	CdS	1130	1159	1215				
硫化铅	PbS	1065	1088	1136	1194	1244	1281	1114
硫代三氯化磷	$PSCl_3$	48.3	56.5	73.4	93.4	111.3	124.0	–36.2
硫代三溴化磷	$PSBr_3$	112.9	120.0	134.4	150.7	164.9	175.0	38

续表

名称	分子式	101.3	200	400	700	1000	1500	2000	2500
		相应于上述蒸气压强(kPa)的温度/℃							
二硫化碳	CS_2	46.5	69.0	95.6	119.5	135.7	158.5	174.8	189.0
名称	分子式	3000	3500	4000	5000	6000	临界值		
		相应于上述蒸气压强(kPa)的温度/℃					t_c/℃		p_c/MPa
二硫化碳	CS_2	200.7	212.0	221.8	239.0	254.9	273.0		7.38

① 表中数值分别对应的蒸气压为0.01kPa、0.02kPa、0.04kPa、0.07kPa、0.1kPa和0.2kPa。

表14.8.2　二硫化碳的蒸气压

温度/℃	−40	−20	0	20	40	60	80	100	120
p/kPa	1.854	6.189	16.92	39.67	82.39	155.3	276.1	454.9	709.4
温度/℃	140	160	180	200	220	240	260	270	
p/kPa	1057	1515	2104	2849	3774	4914	6308	7118	

14.8.2　硫酸盐的蒸气压

表14.8.3　硫酸盐的蒸气压　　单位：kPa

温度/℃	10	15	20	25	30	40	50
$(NH_4)_2SO_4$	0.9719	1.3546	1.8958	2.5998	3.3624	5.7755	9.5900
$MgSO_4·7H_2O$		0.6666	0.9733	1.5332	2.4265	5.0262	9.3325[48]

14.9　比热容

14.9.1　硫化物的比热容

表14.9.1　一硫化碳气体的比热容　　单位：J/(mol·K)

温度/K	300	400	500	600	700	800	900	1000	1100
c_p	29.697	31.287	32.349	33.173	33.861	34.453	34.97	35.422	35.815
温度/K	1200	1300	1400	1500	1600	1700	1800	1900	2000
c_p	36.153	36.437	36.67	36.852	36.985	37.068	37.102	37.087	37.024

表14.9.2　二硫化碳的比热容　　单位：J/(mol·K)

气体									
温度/K	200	250	300	350	400	450	500	550	600
c_p	40.85	43.38	45.64	47.65	49.4	50.91	52.25	53.38	54.39
温度/K	650	700	750	800	850	900	950	1000	
c_p	55.22	55.94	56.56	57.07	57.57	57.99	58.36	58.78	

液体													
温度/℃	−100	−90	−80	−70	−60	−50	−40	−30	−20	−10	0	10	20
c_p	75.36	75.36	75.36	75.40	75.45	75.53	75.66	79.93	75.82	75.91	75.95	75.99	76.07

表14.9.3　硫化银的比热容　　单位：J/(mol·K)

形态	固体(α)				固体(β)		
温度/K	298	300	400	449	449	500	600
c_p	76.508	76.588	80.584	82.542	82.652	82.802	83.094
形态	固体(β)			固体(γ)		液体	
温度/K	700	800	859	859	1103	1103	1300
c_p	83.387	83.68	83.853	82.718	82.718	93.094	93.094

表14.9.4 硫化钡和硫化钾的比热容 单位：J/(mol·K)

温度/K	300	400	500	600	700	800	900	1000	1100	1100	1200
硫化钡	49.455	50.041	50.627	51.213	51.799	52.384	52.97	53.556	54.142		54.728
硫化钾	76.158	78.141	80.124	82.107	84.09	86.074	88.057	90.04	92.023	142.34	142.34
温度/K	1221	1251	1251	1300	1400	1500	1600	1700	1800	1900	2000
硫化钡		←固体	液体→	55.313	55.899	56.485	57.071	57.657	58.242	58.828	59.414
硫化钾	液体→	100.96	100.96	100.96	100.96	100.96					

表14.9.5 一硫化钠、硫化钠、二硫化钠、三硫化二钠的比热容 单位：J/(mol·K)

（1）一硫化钠（NaS）

温度/K	298	300	400	500	600	700	753	753～1500（液体）
c_p	49.307	49.362	52.149	54.935	57.722	60.508	61.985	62.342

（2）硫化钠（Na_2S）

温度/K	300	400	500	600	700	800	900	1000	1100	1200	1251
硫化钠	84.944	85.63	86.316	87.002	87.688	88.375	89.061	89.747	90.433	91.119	91.469
温度/K	1251	1300	1400	1500	1600	1700	1800	1900	2000	2100	2200
硫化钠	92.048	92.048	92.048	92.048	92.048	92.048	92.048	92.048	92.048	92.048	92.048

注：相同温度下的比热容不同是因为物质形态不同。

（3）二硫化钠（NaS_2）

温度/K	298	300	400	458	458～1000（液体）
c_p	76.074	76.128	78.827	80.392	93.722

（4）三硫化二钠（Na_2S_3）

温度/K	298	300	400	500	600	626	626～1000（液体）
c_p	125.326	125.436	130.917	136.398	141.879	143.304	155.645

表14.9.6 硫化亚铁和二硫化铁的比热容 单位：J/(mol·K)

（1）硫化亚铁

温度/K	20	40	60	80	100	150	200	250	298.2
c_p	1.10	6.69	14.20	20.90	26.63	36.12	43.01	47.11	50.54

（2）二硫化铁

温度/K	300	400	500	600	700	800	900	1000	1016
c_p	62.282	69.032	72.456	74.571	76.068	77.235	78.21	79.067	79.196

表14.9.7 硫化锰的比热容 单位：J/(mol·K)

温度/K	298	300	400	500	600	700	800	900	1000	1100
一硫化锰	49.942	49.957	50.71	51.464	52.217	52.97	53.723	54.476	55.229	55.982
二硫化锰	70.067	70.167	74.048	76.793	79.090	81.176				
温度/K	1200	1300	1400	1500	1600	1700	1800	1803	1803	2200
一硫化锰	56.735	57.488	58.241	58.995	59.748	60.501	61.254	61.276	66.944	66.944

表14.9.8 硫化铅和硫化锌的比热容 单位：J/(mol·K)

（1）硫化铅

温度/K	298	300	400	500	600	700	800	900
c_p	49.478	49.496	50.417	51.337	52.258	53.178	54.099	55.02
温度/K	1000	1100	1200	1300	1392	1392	1609	1609
c_p	55.94	56.861	57.781	58.701	59.548	61.923	61.923	34.023
温度/K	1700	1800	1900	2000	2100	2200	2300	2400
c_p	33.836	33.631	33.426	33.221	33.016	32.811	32.606	32.401

（2）硫化锌

温度/K	300	400	500	600	700	800	900	1000	1100
闪锌矿	45.435	48.322	49.941	51.061	51.946	52.705	53.392	54.033	54.644

续表

温度/K	300	400	500	600	700	800	900	1000	1100
纤维锌矿	45.951	48.51	49.932	50.907	51.672	52.323	52.909	53.455	53.974
硫化锌气体	35.18	36.115	36.551	36.792	36.939	37.038	37.107	37.159	37.199
温度/K	1200	1300	1400	1500	1600	1700	1800	1900	2000
闪锌矿	55.235	55.772^{1293}							
纤维锌矿	54.475	54.963	55.442						
硫化锌气体	37.232	37.258	37.281	37.301	37.318	37.334	37.348	37.361	37.373

表14.9.9 硫化砷和硫化硼的比热容 单位：J/(mol·K)

（1）硫化砷

形态	固体					液体					
温度/K	298	300	400	500	585	585	600	700	800	900	996
闪锌矿	116.506	116.579	120.223	123.868	126.965	187.726	187.979	189.665	191.352	193.038	194.657

（2）硫化硼

温度/K	298	300	400	500	600	700	800	836	836～1100（液体）
c_p	117.107	117.236	123.637	130.038	136.44	142.841	149.243	151.548	151.67

表14.9.10 其他硫化物的比热容 单位：kJ/(kg·K)

温度/K	50	60	70	80	90	100	110	120	130	140	150	160	170
硫化铜		0.1937	0.2242	0.2428	0.2734	0.2994	0.3172	0.3352	0.3541	0.3767	0.4080	0.4108	0.4272
二硫化三镍①	0.0779	0.1125	0.1464	0.1802	0.2118	0.2421	0.2696	0.2948	0.3177	0.3382	0.3565	0.3731	0.3877
硫化铈②	0.1134	0.1352	0.1545	0.1707	0.1852	0.1986	0.2100	0.2199	0.2291	0.2370	0.2441	0.2501	0.2551
温度/K	180	190	200	210	220	230	240	250	260	270	280	290	300
硫化铜	0.4436	0.5068	0.4618	0.4417	0.4601	0.4623	0.4669	0.4826	0.5083	0.5234	0.5098	0.4861	0.5388
二硫化三镍	0.4007	0.4123	0.4228	0.4330	0.4415	0.4493	0.4570	0.4636	0.4693	0.4764	0.4828	0.4854	0.4923
硫化铈	0.2597	0.2637	0.2673	0.2707	0.2736	0.2764	0.2789	0.2812	0.2834	0.2853	0.2868	0.2889	0.2925
硫化汞													0.1997
温度/K	400	450	500	550	600	650	700	750	800	900	1000	1100	1200
硫化铈	0.3076	0.3153	0.3229	0.3305	0.3380	0.3456	0.3533	0.3610	0.3687	0.3837	0.3991	0.4141	0.4296
硫化汞	0.2062		0.2128		0.2194		0.2259		0.2325				

① 试件成分为73.14%Ni，其制备过程是，将纯的氧化镍与硫黄混合，在200～525℃下反复加热，直到硫黄含量稍低于理论值为止。

② 300K之前试件成分为81.40%Ce、18.56%S。300K之后试件中有微量Cd和Mg。

14.9.2 硫酸盐的比热容

表14.9.11 硫酸盐的比热容 单位：kJ/(kg·K)

温度/K	1	2	3	4	6	8	10	12	14	16	18	20
$BeSO_4$							0.0015	0.0044	0.0077	0.0112	0.0151	0.0192
$CoSO_4 \cdot 2H_2O$											0.0130	0.0227
$CoSO_4$	0.0036	0.0048	0.0051	0.0059	0.0151	0.0323	0.0550	0.1005				
$FeSO_4 \cdot 7H_2O$									0.0342	0.0440	0.0542	0.0648
Hg_2SO_4				0.0008	0.0016	0.0057	0.0115	0.0179	0.0246	0.0311	0.0369	0.0427
Na_2SO_4									0.0060	0.0137	0.0219	0.0304
$NaSO_4 \cdot 10H_2O$										0.0078		0.0130
温度/K	30	40	60	80	100	120	140	160	180	200	250	300
$Al_2(SO_4)_3$			0.1250	0.1971	0.2676	0.3342	0.3965	0.4539	0.5079	0.5584	0.6685	0.7620
$BaSO_4$	0.0656	0.0991	0.1584	0.2075	0.2462	0.2759	0.2998	0.3206	0.3402	0.3592	0.4008	0.4339
$BeSO_4$	0.0436	0.0728	0.1406	0.2118	0.2799	0.3437	0.4045	0.4635	0.5214	0.5778	0.7058	0.8200
$CaSO_4$			0.1718	0.2618	0.3370	0.4008	0.4562	0.5048	0.5481	0.5870	0.6662	0.7525
$CdSO_4$											0.816^{273}	0.850

续表

温度/K	30	40	60	80	100	120	140	160	180	200	250	300
$CaSO_4·2H_2O$	0.0737	0.1293	0.2476	0.3639	0.4675	0.5550	0.6312	0.7008	0.7671	0.8312	0.9712	1.0937
$FeSO_4·7H_2O$	0.1227	0.1863	0.3218	0.4490	0.5608	0.6614	0.7573	0.8507	0.9410	1.0274	1.2309	1.4299
K_2SO_3												0.7049
K_2SO_4			0.2982	0.3881	0.4541	0.5030	0.5411	0.5728	0.6014	0.6290	0.6965	0.7476
$MgSO_4$	3.3400	3.5000	3.6600	3.6500	3.5400	3.5600	3.6300	3.7300	3.8600	4.0000		
$MnSO_4$			0.1721	0.2472	0.3112	0.3610	0.4107	0.4543	0.4918	0.5292	0.6052	0.6623
Na_2SO_3				0.4230	0.5259	0.5939	0.6620	0.7182	0.7625	0.8069	0.8902	0.9560
Na_2SO_4	0.0784	0.1329	0.2522	0.3694	0.4688	0.5456	0.6052	0.6548	0.6997	0.7427	0.8322	0.9002
$Na_2SO_4·10H_2O$	0.0327	0.0543	0.1005	0.1410	0.1744	0.2046	0.2331	0.2597	0.2841	0.3078	0.3687	0.4361
$(NH_4)_2SO_4$			0.3335	0.4673	0.5988	0.7117	0.7955	0.9838	1.2560	1.3816	1.2979	1.4235
温度/K	350	400	450	500	550	600	650	700	750	800	850	900
$BaSO_4$	0.4821	0.5118	0.5318	0.5458	0.5563	0.5643	0.5705	0.5755	0.5795	0.5827	0.5853	0.5876
$BeSO_4$	0.9089	0.9743	1.0395	1.1062	1.1689	1.2297	1.2895	1.3485	1.4071	1.4654	1.5234	1.5814
K_2SO_3		0.7572		0.8095		0.8619		0.9142		0.9666		1.0189
K_2SO_4		0.8554		0.9356		1.0052		1.0699		1.1319		1.0963
$MnSO_4$	0.7252	0.7881	0.8222	0.8563	0.8805	0.9046	0.9230	0.9414	0.9597	0.9781	0.9932	1.0083
$(NH_4)_2SO_4$	1.5019	1.5607	1.6640	1.8493	1.9810	2.0624						
温度/K	950	1000	1050	1100	1150	1200	1250	1300	1400	1500	1600	1623
$BaSO_4$	0.5900	0.5920	0.5929	0.5938	0.5948	0.5958	0.5966	0.5974	0.5986	0.5996	0.6004	0.6006
K_2SO_3	1.0571		（973～1200K为液体）1.0570									
K_2SO_4		1.1285		1.1607		1.1928		1.2250		（1342～1700K为液体）1.1477		
$MnSO_4$	1.0233	1.0384										

注：材质状态：$Al_2(SO_4)_3$ 试件成分为 99.41%$Al_2(SO_4)_3$、0.32%H_2O 和 0.26%Al_2O_3。

$BaSO_4$：试件为化学纯，两次结晶。

$BeSO_4$：试件成分为 >99.889%$BeSO_4$、0.01%～0.10%Mg、0.001%～0.01%Al、0.001%～0.01%Fe 和 0.0001%～0.001%Mn。磨成细粉在 538℃下迅速加热成型。

$CaSO_4$：试样中有 0.09%$CaSO_4·2H_2O$。$CaSO_4·2H_2O$：试件含 20.85%H_2O，为化学纯的小结晶体，在 520℃下烘烤。

$CoSO_4·2H_2O$：试样含 44.76%H_2O，为粉末状的结晶体。

$FeSO_4·7H_2O$：试件为分析试剂纯晶体，杂质有 0.01%Mn、0.005%Ni、0.004%Co 和 0.003%Cu。

Hg_2SO_4：试件 SO_4^{2-} 与 Hg_2SO_4 分子量比为 0.19316。

K_2SO_4：试件为试剂级纯度，99.7%K_2SO_4，在 140℃下烘烤几小时。

Na_2SO_4：杂质 <0.10%。

$(NH_4)_2SO_4$：试件纯度 99.96%，在 75℃下烘干。

表14.9.12　硫酸铁、硫酸亚铁的比热容

单位：J/(mol·K)

温度/K	298	300	400	500	600	700	800
硫酸铁	263.41	264.66	310.73	339.60	360.75	377.42	390.96
硫酸亚铁	100.48	100.78	116.80	129.25	137.95	144.19	148.85
温度/K	900	1000	1100	1200	1300	1400	1451
硫酸铁	402.03	410.96	417.94	423.10	426.50	428.20	428.42
硫酸亚铁	152.49	153.85^{944}					

表14.9.13　硫酸锰的比热容

单位：J/(mol·K)

温度/K	298	300	400	500	600	700	800	900	973
c_p	100.38	100.89	118.94	129.30	136.64	142.54	147.68	152.38	155.63

表14.9.14　硫酸银的比热容

单位：J/(mol·K)

温度/K	300	400	500	600	700	703	703	800	900	933	933～1200(液体)
c_p	131.67	143.34	155.02	166.69	178.36	178.71	178.71	190.04	201.71	205.56	205.02

表14.9.15　硫酸铜、硫酸亚铜的比热容　　单位：J/(mol·K)

温度/K	298	300	400	500	600	700	800	900	1000	1078
硫酸铜	98.725	99.129	115.38	126.99	135.90	142.79	147.92	151.44	153.41	153.90
硫酸亚铜	120.28	120.42	127.36	134.31	141.25	148.20	155.14	162.09	169.03	
硫酸铜·H_2O	130.95	131.37	147.51	158.78	168.15					
硫酸铜·$3H_2O$	204.97	205.39	221.52	232.84	242.27					

表14.9.16　硫酸铬的比热容　　单位：J/(mol·K)

温度/K	300	400	500	600	700	800	900	1000	1100	1200
c_p	282.20	333.77	361.92	380.84	395.40	407.64	418.53	428.59	438.10	447.23

表14.9.17　硫酸镍的比热容　　单位：J/(mol·K)

温度/K	298	300	400	500	600	700	800	900	1000	1100	1200
c_p	138.31	138.39	142.54	146.69	150.84	154.99	159.14	163.29	167.44	171.59	175.74

表14.9.18　硫酸铝钾的比热容　　单位：J/(mol·K)

温度/K	298	300	364	364①	400	500	600	700	800	900	1000
硫酸铝钾	192.86	193.90			230.53	251.90	267.28	279.81	290.84	300.99	310.60
硫酸铝钾·12水	651.23	659.90	937.42	979.06	979.06	979.06					

① 液化点。

表14.9.19　亚硫酸钠的比热容　　单位：J/(mol·K)

温度/K	298	300	400	500	600	700	800	900	1000	1000～2000(液体)
c_p	120.08	120.16	124.52	128.87	133.22	137.57	141.92	146.27	150.62	182.00

表14.9.20　硫酸铅的比热容　　单位：J/(mol·K)

形态	固体(α)										固体(β)
温度/K	300	400	500	600	700	800	900	1000	1100	1139	1139～1363
c_p	104.29	108.72	117.74	128.56	140.24	152.37	164.76	177.32	189.98	194.94	184.10

表14.9.21　硫酸锌的比热容　　单位：J/(mol·K)

温度/K	298	300	400	500	600	700	800	900
c_p	99.05	99.203	106.818	114.433	122.047	129.662	137.277	144.892
温度/K	1000	1027	1027	1100	1200	1300	1400	1500
c_p	152.507	154.563	154.563	160.122	167.737	175.352	182.967	190.582

表14.9.22　水合硫酸锌的比热容　　单位：J/(mol·K)

温度/K	298	300	400	500	600	700	800
一水硫酸锌	153.546	153.72	162.423	171.125	179.828	188.531	197.234
二水硫酸锌	198.723	198.928	205.605[365]				
六水硫酸锌	357.945	358.226	372.267	386.308	400.35	414.392	428.433
七水硫酸锌	379.128	379.43	394.542	409.655	424.768	439.88	454.993

14.9.3 硫酸盐水溶液的比热容

表14.9.23 硫酸钠水溶液的比热容 单位：kJ/(kg·℃)

温度/℃		15	20	40	60	70	80	90	92	94	96	98
浓度/%	1.5	3.814	3.818	3.856	4.015	4.191	4.480	4.886	4.962	5.024		
	3	3.710	3.710	3.734	3.806	3.940	4.179	4.509				
	6	3.630	3.630	3.638	3.705	3.768	3.890	4.195	4.195	4.438		
	9	3.542	3.546	3.567	3.605	3.656	3.772	4.003	4.70	4.145	4.229	4.354
	12	3.517	3.517	3.521	3.576							
	15	3.492	3.496	3.496	3.517	3.576	3.680	3.894	3.961	4.020	4.082	

表14.9.24 硫酸铵水溶液的比热容（10～15℃） 单位：kJ/(kg·℃)

$(NH_4)_2SO_4+nH_2O$（n为水的分子数）					
水分子数n	密度/(g/cm^3)	c_p	水分子数n	密度/(g/cm^3)	c_p
30	1.1148	3.433	100	1.0420	3.869
50	1.0074	3.647	200	1.0214	4.015

表14.9.25 硫酸亚铁和硫酸钾水溶液的比热容 单位：kJ/(kg·K)

浓度(质量分数)/%	1	5	10	20	25	35	45	55	65
硫酸亚铁	4.183	3.957	3.810	3.601	3.517	3.358	3.211	3.065	2.939
硫酸钾①		3.962	3.776						

① 两个数值对应的质量分数分别为4.6%和8.8%。

表14.9.26 五水合硫代硫酸钠水溶液的比热容

浓度/(g/100g水)	25	50	75	100	120	130	135	140	145.8
c_p/[kJ/(kg·K)]	3.701	3.450	3.312	3.220	3.174	3.157	3.140	3.132	3.115

14.10 其他物性

14.10.1 比焓和比熵

表14.10.1 二硫化碳的比焓 单位：kJ/kg

温度/℃	−20	−15	−10	−5	0	5	10	15	20	25	30	35	40	45	50
液体	−23.2	−16.33	−10.52	−5.263	0	5.291	9.855	16.03	21.73	25.92	30.01	34.79	39.65	43.85	47.13
蒸气	361.9	367.5	370.6	373.3	376.7	379.7	381.8	386.3	389.8	391.5	392.9	395.0	397.4	3910.1	399.9

表14.10.2 硫酸钡的比焓和比熵

温度/K	300	350	400	450	500	550	600	650	700	750	800
比焓/(kJ/mol)	−1466	−1460.6	−1454.8	−1448.7	−1442.4	−1436	−1429.5	−1422.8	−1416.1	−1409.4	−1402.6
比熵/[J/(mol·K)]	132.9	149.6	165.1	179.4	192.7	204.9	216.3	226.9	236.8	246.1	254.9
温度/K	850	900	950	1000	1100	1200	1300	1400	1500	1600	1623
比焓/(kJ/mol)	−1395.8	−1389.0	−1382.1	−1375.2	−1361.4	−1347.5	−1333.6	−1319.6	−1305.6	−1291.6	−1288.4
比熵/[J/(mol·K)]	263.1	271	278.4	285.5	298.7	310.7	321.9	332.2	341.9	350.9	352.9

N（算图14.8）
硫酸镁系统的比焓（第649页右）

14.10.2　熔融热

表14.10.3　硫化物的熔融热　　单位：kJ/mol

名称	熔融热	名称	熔融热	名称	熔融热	名称	熔融热
CS_2	4.392	H_2S	2.377	Na_2S	66.944	PbS	17.38
COS	4.728	H_2S_2	7.558	NiS	12.48	ZnS	(37.68)
Cu_2S	23.03	FeS	20.94	P_2S_5	41.10		

表14.10.4　硫酸盐的熔融热

分子式	熔融热/(kJ/mol)	分子式	熔融热/(kJ/mol)	分子式	熔融热/(kJ/mol)
Ag_2SO_4	(18.00)	$HgSO_4$	6.03	NH_4HSO_4	14.32
$BaSO_4$	40.61	K_2SO_4	33.91	Na_2SO_4	24.41
$CaSO_4$	28.05	Li_2SO_4	12.73	$PbSO_4$	40.20
$CdSO_4$	20.06	$MgSO_4$	14.65	Tl_2SO_4	23.03

14.10.3　汽化热

表14.10.5　二硫化碳的汽化热　　单位：kJ/mol

温度/℃	−100	−80	−60	−40	−20	0	20	40	60	80	100	120
汽化热	32.13	31.48	30.81	30.11	29.39	28.64	27.85	27.02	26.15	25.23	24.24	23.19
温度/℃	140	160	180	200	210	220	230	240	250	260	270	276
汽化热	22.05	20.80	19.41	17.83	16.95	15.98	14.90	13.67	12.23	10.43	7.854	5.133

表14.10.6　其他硫化物的汽化热　　单位：kJ/mol

名称	汽化热	名称	汽化热	名称	汽化热
H_2S	18.69	H_2S_2	31.39	PbS	(209.4)

注：括号内为参考值。

14.10.4　临界值和偏心因子

表14.10.7　硫化物的临界值和偏心因子

物料名	临界温度/K	临界压力/MPa	临界体积/(cm^3/mol)	临界压缩因子	偏心因子
硫化氢	373.1	9.00	99	0.287	0.083
二硫化碳	552.2	7.900	173	0.293	0.1107
氧硫化碳	378.8	6.349	135.1	0.272	0.0970
三氟硫化磷	346.0	3.82	—	—	0.187
五硫化二磷	1291	23.20	—	—	0.59356

14.10.5　硫酸盐水溶液的固定湿度

表14.10.8　硫酸盐水溶液的固定湿度

固相	温度/℃	湿度/%	水蒸气分压/kPa	固相	温度/℃	湿度/%	水蒸气分压/kPa
$CaSO_4·5H_2O$	20	98	2.266	$(NH_4)_2SO_4$	20	81	1.880
$KHSO_4$	20	86	1.986	$(NH_4)_2SO_4$	25	81.1	2.546
$Na_2S_2O_3·5H_2O$	20	78	1.800	$(NH_4)_2SO_4$	30	81.1	3.412
$Na_2S_2O_3·7H_2O$	20	95	2.200	Tl_2SO_4	108	75	100.5
$NaHSO_4·H_2O$	20	52	1.204	$ZnSO_4$	104.7	84.8	102.4
$Na_2SO_4·10H_2O$	20	93	2.146	$ZnSO_4$	5	94.7	0.813
				$ZnSO_4$	20	90	2.079

第 15 章
磷化物和磷酸盐

目 录

15.1 物性总览 ………………………… 459
15.1.1 磷化物的一般特性 ………… 459
15.1.2 磷酸盐的一般特性 ………… 460
15.1.3 磷酸盐的危险品特性 ……… 467
15.2 密度 ………………………… 467
15.3 黏度和表面张力 …………… 467
15.4 溶解度 ……………………… 468
15.4.1 磷酸盐在水中的溶解度 …… 468
15.4.2 磷酸盐在其他溶剂中的溶解度 … 469
15.5 热导率 ……………………… 471
15.6 蒸气压 ……………………… 471
15.7 比热容 ……………………… 472
15.7.1 磷化物的比热容 …………… 472
15.7.2 磷酸盐的比热容 …………… 472
15.8 其他物性 …………………… 473
15.8.1 磷酸盐的熔融热 …………… 473
15.8.2 磷酸盐水溶液的固定湿度 …… 473

15.1 物性总览

15.1.1 磷化物的一般特性

表 15.1.1 磷化物的一般特性

分子式	名称	分子量	颜色	晶形	特性或折射率	密度/(g/cm³)	熔点/℃	沸点/℃	溶解度/(g/100g 溶剂)或溶解情况					
									冷水	热水	酸	碱	乙醇	其他溶剂
AlP	磷化铝	57.96	黄	晶		2.42			×					
AsP	一磷化砷	105.89	红	粉			↑ //		//	//	+Cl、S			−乙醚、氯仿；÷CS_2
Au_2P_3	三磷化二金	486.86	灰			6.670					−Cl			
BP	一磷化硼	41.79	棕	粉	极稳定		着火 200		−	−	−	−		−大多数溶剂
Ca_3P_2	二磷化三钙	182.20	红	晶		2.238^{25}	> 1600		//		+		−	−乙醚
Cd_3P_2	磷化镉	399.18	绿	四		5.600	700				×Cl、N′		−	−乙醚
Co_2P	一磷化二钴	148.86	灰	针		6.40^{15}	1386		−	−	+N			+王水
$Co_3(PO_4)_2\cdot 8H_2O$	磷酸钴·8水	510.88	红	无、粉		2.769	$-8H_2O$200		÷		+		−	
CrP	一磷化铬	82.99	灰黑			5.70^{15}			−		−			+HNO_3; +HF
Cu_2P	一磷化二铜	158.07	灰(金属光泽)			6.400	//		−	−				
Cu_3P_2	二磷化三铜	252.67	黑			6.350	//		−		−Cl;+N			
Cu_6P_2	磷化亚铜	443.38	灰黑	六		6.4～6.8	1023		−		−Cl;+N			
FeP	一磷化铁	86.82	灰	正		6.070			−					
Fe_2P	一磷化二铁	142.68	灰蓝	晶		6.560	1290		−	−	−	+王水		
Fe_3P	磷化三铁	198.51	灰	四		7.110	1100		−					+HNO_3; +HF
GaP	磷化镓	100.70	橙	晶	透明	4.130	1477				−Cl、N			
H_3P	磷化氢	34.00	无	液	剧毒易燃	1.379	−132.8	−87.7	÷					
MnP	一磷化锰	85.91	灰			5.390^{21}	1190		−	−	−Cl;+N			
Mo_2P_2	一磷化钼	253.94	灰	晶		6.170	//		−		+N*			
Ni_2P	一磷化二镍	148.36	灰	晶		6.30^{15}	1112		−		−			+HNO_3; +HF
Ni_3P_2	二磷化三镍	238.03	灰			5.990			−	−	−Cl;+N			
$(PH_2)_2$	二磷化四氢	65.99		液		1.012	<−10	58	−				+	+松节油
$(P_4H_2)_3$	四磷化二氢	377.81	黄	粉		1.83^{19}		炸 200	−	−			−	+P_2H_4
SnP	一磷化锡	149.68	银白-白		有光泽	6.560	→Sn_4P_3 415		−		+Cl;−N			
TiP	一磷化钛	78.88	灰			3.95^{20}			−	−	−			
WP	一磷化钨	214.90	灰	棱		8.500	在空气中着火		−		−Cl	−		+(HNO_3+HF)
WP_2	二磷化钨	245.88	黑	晶		5.800	//		−	−	−Cl	+王水	−乙醚	−HF; +(HNO_3+HF)
W_4P_2	二磷化四钨	797.64	深灰			5.210	//				−	−王水	−	+($NaNO_3$+Na_2CO_3)*
Zn_3P_2	二磷化三锌	258.09	深灰	立	毒	4.550^{13}	>420	1100	//		+稀		−	÷苯

15.1.2 磷酸盐的一般特性

表 15.1.2 磷酸盐的一般特性

分子式	名称	分子量	颜色	晶形	特性或折射率	密度/(g/cm³)	熔点/℃	沸点/℃	溶解度/(g/100g溶剂)或溶解情况 冷水	热水	酸	碱	乙醇	其他溶剂
Ag_2HPO_4	酸式磷酸银	311.72	白	晶或粉	1.804		// 110		//					+磷酸
$Ag_2(PO_3)_2$	偏磷酸银	373.68	无	晶、粉		6.370	482		—		+N			
Ag_3PO_4	磷酸银	418.58	黄	立或粉		6.37^{25}	849		0.00065^{20}		+	+氨水		①
$Ag_4P_2O_7$	焦磷酸银	605.48	白	粉		5.306^{8}	585		—		+N; // N,S,Cl	+氨水	+KCN	—乙酸和焦磷酸钠
$Al_2(H_2PO_2)_6$	磷酸二氢铝	443.84	白	粉或块	~	1.455			++	→ $AlPO_4$				
$AlPO_3$	亚磷酸铝	105.95	白	非、粉					÷					
$Al(PO_3)_3$	偏磷酸铝	263.90	白	粉		2.779	1537		—			+浓沸		
$AlPO_4$	磷酸铝	121.95	无	六	1.556	2.590	>1500		—		+N′,Cl′	+	+	
$AlPO_4·2H_2O$	磷酸铝·2水	157.98		正	1.558	2.540	>1500		—		+	+	—	
$Al_2(PO_4)_2·xH_2O$	磷酸铝		白	非、粉			不熔				+	—乙酸		+Na_2CO_3**
$Al_4(P_2O_7)_3·10H_2O$	焦磷酸铝·10水	809.92	白	非、粉					—			+		②
$BaHPO_3$	亚磷酸一氢钡	217.31	白	晶、粉					÷÷	//	+Cl			+亚磷酸、氯化铵
$BaHPO_4$	磷酸一氢钡	233.35	白	正、针	1.635	4.165^{15}	410		0.015		+	÷乙酸		+磷酸铵盐
$Ba(H_2PO_2)_2·H_2O$	次磷酸钡·1水	285.31	白	单	风化	2.90^{17}	—H_2O 100	//	29	33.3			—	
$Ba(H_2PO_4)_2$	磷酸二氢钡	331.35	白	三		2.90^{4}			//		+			+磷酸
$Ba(PO_3)_2$	偏磷酸钡	295.28	白	粉							—；//S′			
$Ba_2P_2O_7$	焦磷酸钡	448.61	白	正		3.90^{20}			0.01		+			+铵盐
$Ba_2P_2O_7·H_2O$	焦磷酸钡·1水	466.62	白	非、粉			—H_2O 100		÷		+Cl,N			③
$Ba_3(PO_4)_2$	磷酸钡	601.96	白	立		4.10^{16}			—		+			
$Ba_3(PO_4)_2·2H_2O$	磷酸钡·2水	637.97	白	粉					—		+Cl; //S			
$BiPO_4$	磷酸铋	303.95	白	淀		6.323	//		÷÷	÷	—N;+Cl			+NH_4Cl
$CaHPO_3·{}^3/_2H_2O$	亚磷酸一氢钙·³/₂水	147.49	白	晶、粉			—H_2O 100	—${}^3/_2H_2O$ 250	÷	//				+NH_4Cl
$CaHPO_4$	磷酸一氢钙	136.06	白	粉					—	//	+Cl、N	÷乙酸	—	+H_2SO_3
$CaHPO_4·2H_2O$	磷酸氢钙·2水	172.10	白	单	无臭 无味 1.546	2.306^{16}	—H_2O 109		表15.4.1		+Cl、N		—	÷稀乙酸

续表

分子式	名称	分子量	颜色	晶形	特性或折射率	密度/(g/cm³)	熔点/℃	沸点/℃	溶解度/(g/100g溶剂)或溶解情况 冷水	热水	酸	碱	乙醇	其他溶剂
$Ca(H_2PO_2)_2$	磷酸二氢钙	170.06	无	单				高温 //	表15.4.3			—	—无水乙醇	÷ 烯醇
$Ca(H_2PO_4)_2 \cdot H_2O$	磷酸二氢钙 ·1水	252.09	白	三、斜	≈ 1.518	2.22^{16}	$-H_2O$ 109	// 200	1.8^{30}	//	+			
$CaNH_4PO_4 \cdot 7H_2O$	磷酸钙铵	279.24		单		1.561^{15}	//		—	//	+			
$Ca(PO_3)_2$	偏磷酸钙	198.04	白	四、粉	1.588	2.820	975		—		—;//S			
$Ca_2P_2O_6 \cdot 2H_2O$	连二磷酸钙 ·2水	274.15		粒			$-2H_2O$ 200		—		+Cl			$+H_4P_2O_6$
$Ca_2P_2O_7$	焦磷酸钙	254.10	无	双轴	1.600	3.090	1230		—		+			
$Ca_2P_2O_7 \cdot 5H_2O$	焦磷酸钙 ·5水	344.20	白	单		2.250			÷		+			$-NH_4Cl$
$Ca_3(PO_4)_2$	磷酸钙	310..18	白	非、粉	1.628	3.140	1670		0.0025	//	+Cl,N;//S	+乙酸	—	④
$Cd(H_2PO_2)_2$	次磷酸镉	400.34		晶、粒				受热 //	+					
$Cd(H_2PO_4)_2 \cdot 2H_2O$	磷酸二氢镉 ·2水	342.43		棱		2.742^{15}	// 100				+Cl		—	—乙醚
$Cd_2P_2O_7 \cdot 2H_2O$	焦磷酸镉 ·2水	434.80	白	粉		4.965^{15}	900(无水物)		—		+	—		+焦磷酸钠、NH_4OH
$Cd_3(PO_4)_2$	磷酸镉	527.18		非、淀			1500		—		+			+镉盐、铵盐溶液
$Cd_3(PO_4)_2 \cdot CdHPO_4 \cdot 2H_2O$	酸式磷酸镉 ·2水	771.64	无或白	单或粉		4.060			—	—	—			
$CePO_4$	磷酸铈	235.11		正、单	1.788	5.220			—	—	+			
$CoHPO_4 \cdot 3H_2O$	磷酸一氢钴 ·3水	208.96	紫红	团					—					+磷酸溶液
$Co(H_2PO_2)_2 \cdot 6H_2O$	次磷酸钴 ·6水	297.00	红	八	风化		受热 //		++					
$Co(PO_3)_2$	偏磷酸钴	216.88	蓝	非、团				+(经硫酸处理)		—S'*	+氨水'			
$Co_2P_2O_7$	焦磷酸钴	291.81		非、粉								+氨水		+焦磷酸钠溶液
$Co_3(PO_4)_2$	磷酸钴	366.78	红	晶		2.587^{25}		—	—		+氨水			$+H_3PO_4$
$Co_3(PO_4)_2 \cdot 2H_2O$	磷酸钴 ·2水	402.77	粉红或紫蓝	非、粉					—	+	+氨水			+钴盐溶液
$Co_3(PO_4)_2 \cdot 8H_2O$	磷酸钴 ·8水	510.91	红	粉		2.760^{25}	$-8H_2O$ 200	—	—					$+H_3PO_4$
$CrH_2(HPO_4)_4 \cdot 16H_2O$	酸式磷酸铬 ·16水	726.20		晶					+					
$CrPO_4 \cdot 3H_2O$	磷酸铬 ·3水	201.04	蓝绿						÷		+	+		—乙酸
$CrPO_4 \cdot 6H_2O$	磷酸铬 ·6水	255.09	紫	三		2.121	$-3^1/_2H_2O$ 100		÷		+	+		—乙酸
$Cr_2(PO_4)_2 \cdot 6H_2O$	磷酸铬 ·6水	402.04	绿	非、粉						÷	+	+		—乙酸
$Cr_4(P_2O_7)_3$	焦磷酸铬	729.84	红绿	非、粉						—	—			

续表

分子式	名称	分子量	颜色	晶形	特性或折射率	密度/(g/cm³)	熔点/℃	沸点/℃	溶解度/(g/100g溶剂)或溶解情况 冷水	热水	酸	碱	乙醇	其他溶剂
$CuHPO_4$	酸式磷酸铜	159.52		非、粉					—			$-NH_4Cl$		+磷酸、乙酸
$Cu(H_2PO_2)_2$	次磷酸铜	193.54		晶、粉			//		++					
$Cu(PO_3)_2$	偏磷酸铜	221.50	蓝白	粉					—		+浓	+		$-NH_4OH$
$Cu_2P_2O_7$	焦磷酸铜	301.05	绿白	非、粉					—		+			+氨水
$Cu_3(PO_4)_2\cdot3H_2O$	磷酸铜·3水	431.61	蓝绿	正			//		—	÷	++	+氨水	$-NH_3$	+磷酸，乙酸，亚硫酸
$DyPO_4\cdot5H_2O$	磷酸镝·5水	347.52	黄				$-5H_2O$ 200		—		+			
$Fe(H_2PO_2)_3$	次磷酸铁	250.83	灰白	粉			//		0.043^{25}	0.083	÷			+柠檬酸钾(钠)
$FePO_4\cdot2H_2O$	磷酸铁·2水	186.86	桃红	单、正	1.70	2.870	//		—	0.67	+			−乙酸
$FePO_4\cdot4H_2O$	磷酸铁·4水	222.89	浅黄						—	÷	+			−乙酸
$Fe_2P_2O_7$	焦磷酸亚铁	285.65	白	非、粉					—					+过量的焦磷酸或硫酸亚铁溶液
$Fe_2(PO_3)_6$	偏磷酸铁	585.54	白或淡黄	粉或斜					—		—			+浓硫酸
$Fe_2(PO_4)_2\cdot8H_2O$	磷酸铁·8水	445.78	黄白或灰白	非、晶或粉					—		−磷酸	−乙酸		+稀矿物酸
$Fe_3(PO_4)_2\cdot8H_2O$	磷酸亚铁·8水	501.55	浅蓝	单	1.592	2.580			—	—	+	−乙酸		+稀矿物酸
$Fe_4(P_2O_7)_3\cdot9H_2O$	焦磷酸铁·9水	907.39	黄白	粉					—		+		$+FeCl_3$	+焦磷酸钠
HgP_6O_{18}	六偏磷酸汞	674.42	白	粉					—	—				
$Hg_2P_2O_7$	焦磷酸汞	575.13	白	淀					—		+	//		−焦磷酸钠
Hg_3PO_4	磷酸亚汞	696.74	白	非、粉			//		—	//沸	+N	−磷酸		+硝酸亚汞
$Hg_3(PO_4)_2$	磷酸汞	791.72	黄白	晶、粉或针			//		—	÷	×Cl、N		—	$+NH_4Cl$
$Hg_4P_2O_7\cdot H_2O$	焦磷酸亚汞·1水	994.32	白	粉					—		+N;//Cl			−100℃的焦磷酸钠
$Hg_6(PO_3)_6$	偏磷酸亚汞	1677.38	白	粉					—		÷			
KH_2PO_2	次磷酸钾	104.08	白	六	≈		着火		2.00^{25}	330			14.8^{25}	÷液氨；−乙醚
KH_2PO_3	亚磷酸二氢钾	120.08		单					+	++				
KH_2PO_4	磷酸二氢钾	136.08	无	四	～1.510	2.338	256 //		表15.4.1				—	
KPO_3	偏磷酸钾	118.08	白	粉		2.258	798	1320	÷	+			—	−乙酸；乙醚
K_2HPO_3	亚磷酸氢二钾	158.18	白	浆	～		//		++	++			—	
K_2HPO_4	磷酸氢二钾	174.18	白	粉	～		//		表15.4.1				÷	
K_3PO_4	磷酸三钾	212.27	白	正	腐蚀～	2.564^{17}	1340	//	表15.4.2				—	
$K_4P_2O_7$	焦磷酸钾	384.38	白	粉或块状		2.534	1109		187^{25}	+			—	
$K_4P_2O_7\cdot3H_2O$	焦磷酸钾·3水	384.39	白	团	发光≈	2.330	$-2H_2O$ 180	$-3H_2O$ 300	+	++			—	

续表

分子式	名称	分子量	颜色	晶形	特性或折射率	密度/(g/cm³)	熔点/℃	沸点/℃	溶解度/(g/100g溶剂)或溶解情况 冷水	热水	酸	碱	乙醇	其他溶剂
$K_4P_4O_{12}\cdot 2H_2O$	偏磷酸钾·2水	508.34		非、晶		2.264^{15}	$-2H_2O$ 100	//	+	83	+			
LiH_2PO_3	亚磷酸二氢锂	87.92		晶				>100 //	++	+++				
LiH_2PO_4	磷酸二氢锂	103.94	无	晶	～	2.461	>100		++	+++				
Li_3PO_4	磷酸锂	115.80	白	正		2.537^{18}	837		0.034^{18}	÷÷	+	+氨水		−丙酮;+NH_4Cl
$Li_3PO_4\cdot \frac{1}{2}H_2O$	磷酸锂·½水	124.81	白	粉、粒			不熔		÷		++			+铵盐溶液
$Li_3PO_4\cdot 12H_2O$	磷酸锂·12水	331.99	白	三		1.645	100		÷÷	÷÷				
$MgHPO_4\cdot 3H_2O$	磷酸一氢镁·3水	174.33	白	斜	1.520	2.130	$-H_2O$ 170		0.025		+			
$MgHPO_4\cdot 7H_2O$	磷酸一氢镁·7水	246.42	白	晶			//		0.31	0.20	+		—	
$Mg(H_2PO_4)_2.2H_2O$	磷酸二氢镁·2水	254.31	无或白	晶或粉		1.560^{20}	$-H_2O$ 100	//	++		++		—	
$Mg(H_2PO_2)_2\cdot 6H_2O$	次磷酸镁·6水	262.38	白	正	风化	1.59^{18}	// 100		20^{25}		// N		÷	
$MgNH_4PO_4\cdot 6H_2O$	磷酸镁铵·6水	245.44	无	正	1.496	1.715	// 100		表15.4.1		+		—	⑤
$Mg_2P_2O_7$	焦磷酸镁	222.60	无	单	1.604	2.598^{22}	1383		—	—	+	—		
$Mg_2P_2O_7\cdot 3H_2O$	焦磷酸镁·3水	276.65	白	非		2.560	$-3H_2O$ 100		—	÷	++Cl、N		—	+亚硫酸和焦磷酸钠
$Mg_3(PO_4)_2\cdot 4H_2O$	磷酸镁·4水	334.98	白	单		1.64^{15}			0.02		+	—		$-NH_3$、铵盐溶液
$Mg_3(PO_4)_2\cdot 7H_2O$	磷酸镁·7水	388.96	白	非、粉					—		++		—	−乙酸
$Mg_3(PO_4)_2\cdot 8H_2O$	磷酸镁·8水	407.05		单、棱		2.410	$-5H_2O$ 120	$-8H_2O$ 400	—		+N			+柠檬酸铵
$MnHPO_3\cdot H_2O$	亚磷酸氢锰·1水	152.93	浅红				$-H_2O$ 200		÷					+$MnCl_2$、$MnSO_4$水溶液
$MnNH_4PO_4\cdot H_2O$	磷酸锰铵·1水	185.97	白	晶					0.0031	0.05	—			+铵盐溶液
$MnHPO_3\cdot \frac{1}{2}H_2O$	酸式亚磷酸锰·1/2水	143.93	红白	粉			$-\frac{1}{2}H_2O$ 200		÷					+氯化锰、硫酸锰溶液
$MnHPO_4\cdot 3H_2O$	磷酸一氢锰·3水	204.97	淡红	斜			$-3H_2O$ 200	//	÷	//	++浓	÷乙酸	—	
$Mn(H_2PO_2)_2\cdot H_2O$	次磷酸锰·1水	202.94	玫瑰红	单			$-H_2O$ >150	//	12.5	16.6			—	
$Mn(H_2PO_4)_2\cdot 2H_2O$	磷酸二氢锰·2水	284.94	白	四、棱	毒 ≈		$-H_2O$ 100		++ //				—	
$MnPO_4\cdot H_2O$	磷酸三价锰·1水	167.93	绿灰	晶、粉			$-H_2O$ 300	//	—		+Cl′, S*′			
$Mn(PO_3)_2$	偏磷酸锰	212.89	红白	非、粉					—		—			+浓硫酸
$Mn(PO_3)_3$	偏磷酸三价锰	291.86							—		+	//		

续表

分子式	名称	分子量	颜色	晶形	特性或折射率	密度/(g/cm^3)	熔点/℃	沸点/℃	溶解度/(g/100g溶剂)或溶解情况					
									冷水	热水	酸	碱	乙醇	其他溶剂
$Mn_2P_2O_7$	焦磷酸锰	283.82	玫瑰棕	单	1.704	3.707^{25}	1196		—	+				
$Mn_2P_2O_7 \cdot 3H_2O$	焦磷酸锰·3水	337.88	白	无、粉					—		+S	—丙酮		+焦磷酸钠溶液
$Mn_3(PO_4)_2 \cdot 7H_2O$	磷酸锰·7水	480.88	淡红	无、粉					÷÷		++		÷÷	++乙酸
$Na_2HPO_3 \cdot 5H_2O$	亚磷酸氢二钠·5水	216.04	白	正	～		53	>200 //	400	1100^{48}			—	
$NaH_2PO_2 \cdot H_2O$	亚磷酸二氢钠·1水	106.04	无	单			$-H_2O$ 200		100^{25}	667			+++	÷氨水
$NaH_2PO_2 \cdot 2H_2O$	次磷酸钠·2水	124.02	无	片	≈		$-H_2O$ 200	//	+	++			÷纯	++甘油、热乙醇
$NaH_2PO_3 \cdot {}^5/_2H_2O$	亚磷酸二氢钠·$^5/_2$水	149.01		单			42	130 //	56	193^{42}				
$NaH_2PO_4 \cdot H_2O$	磷酸二氢钠·1水	138.00	无	正	1.485	2.040	$-H_2O$ 100	// 200	表15.4.1				—	÷甲苯，乙醚，氯仿
$NaH_2PO_4 \cdot 2H_2O$	磷酸二氢钠·2水	156.01	无	正	1.463	1.910	60		表15.4.1				—	
$NaH_2PO_4 \cdot 12H_2O$	磷酸二氢钠·12水	358.14	无	单	1.436	1.520	$-5H_2O$ 35	$-12H_2O$ 95	21.8^{20}				—	
$NaNH_4HPO_4 \cdot 4H_2O$	磷酸氢铵钠·4水	209.08	无	单	易风化 1.442	1.574	79 //		16.7	100			—	
Na_2HPO_4	磷酸氢二钠	141.98	白		～			//	1.63	104.1			—	
$Na_2HPO_4 \cdot 2H_2O$	磷酸氢二钠·2水	177.99		斜	1.463	2.066^{16}	$-2H_2O$ 95		100^{50}	117^{80}				
$Na_2HPO_4 \cdot 7H_2O$	磷酸氢二钠·7水	268.09	无	单	1.442	1.679	$-5H_2O$ 48.1		185^{40}	2000			—	
$Na_2HPO_4 \cdot 12H_2O$	磷酸氢二钠·12水	358.17	无	单	1.436	1.520	34.6	$-12H_2O$ 180	表15.4.1				—	
$Na_2H_2P_2O_6 \cdot 6H_2O$	连二磷酸二氢钠·6水	314.07	无	单	1.490	1.849	$-6H_2O$ 100		2.2	20		+氨水	—	
$Na_2H_2P_2O_7$	焦磷酸二氢二钠	221.97	无	单	1.510	1.862	// 220		4.5	21^{40}				
$Na_2H_2P_2O_7 \cdot 6H_2O$	焦磷酸二氢二钠·6水	330.07	无	单	1.465	1.848	220 //		6.9	36^{40}				
NaH_2PO_2	次亚磷酸钠	87.98	无	晶	珍珠光泽^⑥				+			—乙醚	÷纯	++热乙醇和甘油
$NaPO_3$	偏磷酸钠(玻璃状)	101.96	无	粉	1.485	2.484^{20}	结晶 >300		14.5^{25}	32.5	+	+		
$NaPO_3$	偏磷酸钠(可溶)	101.96	无		1.478	2.476	628		21					
$NaPO_3$	偏磷酸钠(不溶)	101.96	无		1.510	2.181	└ 500		—					
$(NaPO_3)_6$	六偏磷酸钠	611.77	无或白	固或粉		2.484	616//		在温水，酸或碱溶液中易水解为正磷酸盐					—有机溶剂

续表

分子式	名称	分子量	颜色	晶形	特性或折射率	密度/(g/cm³)	熔点/℃	沸点/℃	溶解度/(g/100g溶剂)或溶解情况 冷水	热水	酸	碱	乙醇	其他溶剂
Na_3PO_4	磷酸三钠	163.94	白	晶		2.536^{18}	1340		表15.4.1					
$Na_3PO_4\cdot12H_2O$	磷酸钠·12水	380.12	无	三	1.446	1.640	73.4	$-12H_2O$ 100	表15.4.1				—	$-CS_2$
$Na_3PO_4\cdot12WO_3\cdot18H_2O$	磷钨酸铂·18水	3270.39	白	晶					++		//		//	
$Na_4P_2O_7$	焦磷酸钠	265.90	白	晶、粉	1.425	2.370	880		表15.4.1					
$(NaPO_3)_6$	六聚偏磷酸钠	611.77	无	玻	1.482		640		++					
$Na_4P_2O_6\cdot10H_2O$	连二磷酸钠·10水	430.11		单	1.482	1.823			1.5^{25}	6^{50}				
$Na_4P_2O_7$	焦磷酸钠	265.9	白	晶、粉		2.530	880		++(6.23^{20})				—	
$Na_4P_4O_{12}$	四聚偏磷酸钠	407.91	无			2.476	616 //		+	+	+	+		
$Na_6P_6O_{18}$	六聚偏磷酸钠	611.86	无	玻		2.484^{20}			>50					
$NH_4H_2PO_2$	次磷酸铵	83.02	无		≈	2.515	200	// 240	+	++			++沸	—丙酮
$NH_4H_2PO_3$	亚磷酸二氢铵	99.02	无	单	≈		123	150 //	表15.4.1					80～100℃时生成亚磷酸铵
$NH_4H_2PO_4$	磷酸二氢铵	115.04	无	四	1.525	1.803^{19}	190		表15.4.1				÷	—乙酸、丙酮
$NH_4MgPO_4\cdot6H_2O$	磷酸镁铵·6水	245.41	无	正	1.496	1.711	//		0.023		++			
$(NH_4)_2HPO_3\cdot H_2O$	亚磷酸氢二铵·水	134.08	无	四、棱	≈		→HPO_3	100	+	++			—	
$(NH_4)_2HPO_4$	磷酸一氢铵	132.06	无	单	1.530	1.619	// 155	$-(NH_4)_2$					—	—丙酮、NH_3
$(NH_4)_3PO_4\cdot2H_2O$	磷酸铵·2水	185.13		棱					÷			—		
$(NH_4)_3PO_4\cdot3H_2O$	磷酸铵·3水	203.14	无	棱					26.1^{25}			÷氨水	—	—丙酮、醚
$(NH_4)_3PO_4\cdot12MnO_3$	钼磷酸铵	1876.50	黄				//		0.03^{15}	—	—N	+	—	
$(NH_4)_4P_2O_7$	焦磷酸铵	246.11	白	粉、粒					+	++				
$(NH_4)_4P_4O_{12}$	四聚偏磷酸铵	388.08	无	单		2.210			÷	+				
$NiHPO_3\cdot{}^7/_2H_2O$	酸式亚磷酸镍·7/2水	201.74	绿	非、粉					—					
$Ni(H_2PO_2)_2\cdot6H_2O$	次磷酸镍·6水	296.78	绿	等轴晶	易风化	1.824	// 100		+					
$Ni(PO_3)_2$	偏磷酸镍	216.65	绿黄	晶、团					—		—			+浓硫酸
$Ni_2P_2O_7\cdot6H_2O$	焦磷酸镍·6水	399.44	绿	粉		3.93^{25}(无水物)			—	// 300	+	+氨水		+焦磷酸铂
$Ni_3(PO_4)_2\cdot8H_2O$	磷酸镍·8水	510.24	绿	粉					—	—	+	—乙酸甲酯和乙酸乙酯		+铵盐溶液
$Ni_3(PO_4)_2\cdot7H_2O$	磷酸镍·7水	492.16	苹果绿				(加热时→黄→棕)		—		+			+镍盐溶液
$PbHPO_3$	亚磷酸氢铅	287.18	白	晶、粉			//		—	—	++N;×S			÷亚磷酸
$PbHPO_4$	酸式磷酸铅	303.18	白	正、粉		5.66^{15}	//		—		+N;//S	+		—乙酸;+NH_4Cl、盐酸
$Pb(H_2PO_2)_2$	次磷酸铅	337.18	白	晶、粉			高温	//	÷	+			—	

续表

分子式	名称	分子量	颜色	晶形	特性或折射率	密度/(g/cm³)	熔点/℃	沸点/℃	冷水	热水	酸	碱	乙醇	其他溶剂
									溶解度/(g/100g溶剂)或溶解情况					
$PbH_2(HPO_2)_2$	次磷酸四氢铅	337.18							//					
$4PbO·2PbHPO_3·H_2O$	亚磷酸二氢铅	1485.20	白	针、晶、粉		6.100	200℃→灰黑，450℃→黄色		—					—多数有机溶剂
$xPbO·yP_2O_3·zH_2O$	碱性亚磷酸铅·z水		白	粉					—					+温热稀亚磷酸
$Pb_2P_2O_7$	焦磷酸铅	588.35	白或无	晶、粉、正		5.800^{20}	815//		—	//沸	+N	+KOH	$+Na_2P_2O_7$	—氢氧化铵、乙酸
$Pb_2P_2O_7·H_2O$	焦磷酸铅·1水	606.40		正					—	//	+N	+		$+Na_4P_2O_7$
$Pb_3(PO_4)_2$	磷酸铅	811.55	无-白	六、粉	1.970	6.9～7.3	1014		0.000014^{20}	—	+N	+	—	—乙酸
PtP_2O_7	焦磷酸铂	369.19	黄绿			4.856^{20}	// 600		÷÷					
$SnO_2·{}^1/_2P_2O_5·5H_2O$	磷酸锡·5水	311.69		八		3.980			—	—	–N			+其他无机酸
$Sn_2P_2O_7$	焦磷酸锡	411.32	白	正、粉		4.009^{16}					+浓			
$SrHPO_3·H_2O$	亚磷酸一氢锶	185.62	白	晶、粉					÷÷	//				
$SrHPO_4$	磷酸一氢锶	183.60	白	正、粉	1.620	3.544^{15}			—	—	+Cl、N	+磷酸		+氯化铵、硝酸铵溶液
$Sr(H_2PO_2)_2$	次磷酸锶	217.61		平				受热//	++				—	
$Sr(PO_3)_2$	偏磷酸锶	245.57	白	粉					—		—			
$SrP_2O_7·H_2O$	焦磷酸锶·1水	279.58	白	粉					+		+Cl、N			—乙酸、焦磷酸
$Sr_3(PO_4)_2$	磷酸锶	452.81	白	粉				//1536	—		+Cl			+磷酸、硝酸盐溶液
Tl_3PO_4	磷酸亚铊	708.19	白	针		6.89^{10}			0.5^{15}	0.67			—	÷铵盐溶液
$Tl_4P_2O_7$	焦磷酸亚铊	991.52		单		6.786^{20}	>120		40					
$Zn(H_2PO_4)_2·2H_2O$	磷酸二氢锌·2水	295.30		三			100 //		//		+Cl			
$Zn(PO_3)_2·4H_2O$	偏磷酸锌·4水	295.38	无	晶			$-4H_2O$ 高温时	—	//	//				
$Zn_2P_2O_7$	焦磷酸锌	304.71	白	晶、粉		3.756^{23}			—	—	+	+		⑦
$Zn_3(PO_4)_2$	磷酸锌	386.09	无	正		3.998^{15}	900		—	—	+	+氨水	—	$-NH_3$
$Zn_3(PO_4)_2·4H_2O$	磷酸锌·4水	458.15	白	正	无气味 1.591	3.04^{15}	(α)>105⑧		—	—	++	++氨水	—乙酸	++铵盐溶液
$Zn_3(PO_4)_2·8H_2O$	磷酸锌·8水	530.20	无	正、片		3.11^{15}			—		+	+		

① 不溶于 NH_3、酸式磷酸钠溶液；溶于乙酸、磷酸、碳酸铵溶液。
② 不溶于乙酸；溶于矿物酸、焦磷酸钠溶液；KOH 或 NH_4OH 溶液。
③ 不溶于乙酸、NH_4Cl、焦磷酸钠溶液；溶于焦磷酸溶液。
④ 不溶于丙酮，溶于亚硫酸、磷酸和铵盐溶液。
⑤ 不溶于磷酸铵或磷酸铵钠水溶液。
⑥ 或白色粒状粉末，易潮解，强热会爆炸。与氯酸钾或其他氯化剂相混，也会爆炸。
⑦ 不溶于乙酸；溶于 NH_4OH 和重磷酸钠溶液。
⑧ β 体的熔点高于 140℃。

15.1.3 磷酸盐的危险品特性

表 15.1.3 磷酸盐的危险品特性

名称	CAS 号	危险品编号	饱和蒸气压/kPa	燃烧性	闪点/℃	自燃温度/℃	建规火险分级	爆炸下/上限体积分数/%	灭火方法	危险物品分类号	风险性代号	安全措施号
亚磷酸二氢铅	16038-76-9	41005	无资料	易	—	—	甲	—	S,P,R,G,T	4.1		
磷酸钠	10101-89-0		无资料	不	※	※		※	K		R35	S26; S36/37/39; S45

15.2 密度

表15.2.1 磷酸盐的密度　　单位：g/cm^3

温度/℃	16	100	152	温度/℃	16	100	152
磷酸氢钙	2.892	2.886	2.881	磷酸二氢钙	2.546	2.461	2.420
二水合磷酸氢钙	2.306			一水合磷酸二氢钙	2.220	2.147	2.120

表15.2.2 磷酸盐水溶液的密度　　单位：g/cm^3

名称	温度/℃	质量分数/%							
		1	2	4	6	8	10	12	14
KH_2PO_4	10	1.007	1.014	1.028	1.043	1.057	1.071	1.086	1.103
KH_2PO_4	20	1.005	1.012	1.026	1.04	1.054	1.068	1.083	1.1
NaH_2PO_4	25	1.004	1.012	1.027	1.042	1.058	1.073		
Na_2HPO_4	18	1.009	1.02	1.043	1.067				
$Na_2HPO_4 \cdot 12H_2O$	15	1.004	1.008	1.017	1.025	1.033	1.042	1.05	
$NaPO_3$	15	1.009	1.019	1.03	1.062	1.085	1.108		
$NaPO_3$	20	1.006	1.015	1.03	1.046	1.061			
$Na_4P_2O_7$	20	1.009	1.019	1.037					
$NH_4H_2PO_4$ ①	23					1.044	1.055	1.07	1.076

① 温度为16、18、20、22、24、26和28℃时，其密度分别为1.087、1.100、1.112、1.124、1.137、1.149和1.160kg/m^3。

15.3 黏度和表面张力

表15.3.1 偏磷酸钠的黏度　　单位：mPa·s

温度/℃	650	700	750	800	850
η	1250	700	440	300	210

表15.3.2　偏磷酸钠的表面张力　　单位：mN/m

温度/℃	660	700	800	900	980
η	192	190	186	182	179

15.4　溶解度

15.4.1　磷酸盐在水中的溶解度

表15.4.1　磷酸盐在水中的溶解度

分子式	名称	在下列温度(℃)下无水磷酸盐在水中的溶解度/(g/100g)											
		0	10	20	25	30	40	50	60	70	80	90	100
$CaHPO_4 \cdot 2H_2O$	磷酸氢钙·2水				0.02	0.03	0.04	0.07	0.11				
$Ca(H_2PO_4)_2$	磷酸二氢钙				15.4								12.5
$Ca_3(PO_4)_2$	磷酸三钙				0.0025								
KH_2PO_4	磷酸二氢钾	14.8	18.3	22.6	25.1	28.0	33.5	40.7	50.1	60.5	70.4	78.5	83.5
K_2HPO_4	磷酸氢二钾	85.6	120	160	168	179	211	239	262				
K_3PO_4	磷酸三钾	79.4	88.1	98.5	106	113	135		178				
$K_3PO_4 \cdot 8H_2O$	磷酸钾·8水	43.7		49.1			57.1						
$K_4P_2O_7$	焦磷酸钾				184.7			205			240^{75}		
$MgNH_4PO_4 \cdot 6H_2O$	磷酸镁铵·6水	23	49	52	49	46	40	40	40	37.6	19	(mg)	
$NaH_2PO_2 \cdot 2.5H_2O$	次磷酸钠	56					190						
NaH_2PO_4	磷酸二氢钠	36.7	41.1	46		51.5	58	61.3	64.2	65.5	67.5	69.3	71.2
$NaH_2PO_4 \cdot H_2O$	磷酸二氢钠·1水	71						159			390^{83}		
$NaH_2PO_4 \cdot 2H_2O$	磷酸二氢钠·2水	57.7	69.9	85.2	94.6	106	138	159	179		207		248
Na_2HPO_4	磷酸氢二钠												102
$Na_2HPO_4 \cdot 2H_2O$	磷酸氢二钠·2水							80.2	82.9	88.1	92.4	103	
$Na_2HPO_4 \cdot 12H_2O$	磷酸氢二钠·12水	1.63	3.90	7.66	12.1	24.2	55.1	80.2	82.9		92.4		104
Na_3PO_4	磷酸三钠	5.4	13.4	14.1	14.5	15.1	23.3	38.4	54.3	64.7	68.0	74.8	94.6
$Na_3PO_4 \cdot 12H_2O$	磷酸钠·12水	1.5	4.1	11		20	31	43	55		81		108
$Na_4P_2O_7$	焦磷酸钠	2.29		5.50	7.09	7.57	9.80	16.3	24.6	37.4	51.9	55.4	40.2
$Na_4P_2O_7 \cdot 10H_2O$	焦磷酸钠·10水	3.16	3.95	6.23		9.95	13.5	17.5	21.8		30.0		40.3
$Na_5P_3O_{10}$	三聚磷酸钠		14.5	14.6		15.0	15.7	16.6	18.2	20.6	23.7		
$NH_4H_2PO_3$	亚磷酸二氢铵	171	178	208	231	260							
$NH_4H_2PO_4$	磷酸二氢铵	22.6	28.0	35.3	39.5	43.9	57.0	69.0	82.5	98.6	118.3	142.8	173.2
$(NH_4)_2HPO_4$①	磷酸一氢铵	42.9	62.8	69.0	72.1	75.2	81.8	89.2	97.6	106	110	112	121
$NH_4MgPO_4 \cdot 6H_2O$	磷酸镁铵·6水	23		52			36	30	40	16	19	(mg)	
$NH_4MnPO_4 \cdot 7H_2O$	磷酸锰铵·7水									5	7	(mg)	
$(NH_4)_3PO_4 \cdot 3H_2O$	磷酸三铵.3水	9.40		20.3	23.8			37.7					

① 温度为120和160℃时，其值为184和297g/100g。

表 15.4.2　磷酸三钾在水中的溶解度

t/℃	K_3PO_4质量分数/%	摩尔分数/%	固相
−1.18	4.54	0.40	冰
−2.60	9.75	0.91	
−4.6	15.43	1.52	
−7.7	21.74	2.30	
−12.0	27.34	3.09	
−15.8	31.53	3.76	
−20.0	35.12	4.39	
−24.0	38.33	5.00	冰+$K_3PO_4·9H_2O$
−28.2	40.25	5.40	冰+$K_3PO_4·7H_2O$
−8.8	42.92	6.00	$K_3PO_4·7H_2O$
0	44.26	6.31	
10.0	46.83	6.95	
20.0	49.62	7.71	
25.0	51.42	8.23	
30.0	53.08	8.75	
35.0	55.43	9.54	
40.0	57.51	10.30	
42.6	59.46	11.06	
44.5	60.84	11.64	$K_3PO_4·7H_2O$
45.4	61.94	12.13	
45.6	62.51	12.39	
45.6	63.12	12.68	$PK_3PO_4·7H_2O$
45.4	—	—	$K_3PO_4·7H_2O$+$K_3PO_4·3H_2O$
25.0①	63.17	12.70	$K_3PO_4·3H_2O$
30.0①	63.19	12.71	
35.0①	63.33	12.77	
40.0①	63.41	12.81	
45.0①	63.56	12.89	
50.0	63.80	13.00	
60.0	64.08	13.14	
−7.7①	43.85	6.21	$K_3PO_4·9H_2O$
0①	47.62	7.16	
5.0①	49.80	7.76	
8.8①	52.23	8.49	
12.3①	57.72	10.00	

① 介稳态。

表 15.4.3　磷酸二氢钙在水溶液中的水解率

浓度(质量分数)/%	饱和溶液中的含量/%		水解率/%		
	P_2O_5	CaO	20℃	25℃	80℃
1.0	0.60	0.24	0	0	37.63
1.5	0.90	0.35	5.77	17.27	43.06
2.0	1.21	0.48	8.45	18.93	48.22
2.5	1.48	0.58	13.68	19.18	46.65
5.0	2.89	1.14	17.18	25.93	56.84
10.0	5.51	2.17	25.23	20.68	62.56
15.0	7.92	3.12	31.62	36.10	64.02
25.0	12.13	4.79	40.51	43.59	67.30
40.0	17.40	6.85	45.97	49.06	68.00
50.0	20.22	7.98	48.67	51.48	68.70
60.0	22.75	8.98	51.22	52.90	68.97
63.0	23.44	9.26	51.62	53.45	69.00
70.0	24.98	9.86	52.57	54.10	65.57
76.0	26.21	10.35	53.29		70.50
120.0	33.03	13.02			73.00
160.0	37.27	14.70			73.50
193.0	39.86	15.72			74.75
206.0	40.80	16.09			75.15
229.0	42.18	16.63			61.50
287.5	44.96	17.73			36.40
467.6	49.92	19.69			14.04
975	54.96	21.67			2.35
1300	56.28	22.20			0

15.4.2　磷酸盐在其他溶剂中的溶解度

表 15.4.4　磷酸氢钾在磷酸中的溶解度

温度/℃	40	50	60	70	80	90	100	110	120	130
溶解度(质量分数)/%	11.30	16.95	22.40	27.56	32.30	36.40	41.01	45.08	49.14	53.46

表 15.4.5　磷酸二氢钾在几种盐溶液中的溶解度(25℃)

盐溶液	盐的浓度/(mol/L)	KH_2PO_4溶解度/(g/100g饱和溶液)
—	0	20.15
K_2SO_4	1.39	19.46
K_2SO_4	3.13	18.24
K_2SO_4	6.27	17.70
K_2SO_4	6.79	17.02
K_2SO_4	6.07	16.74
KNO_3	5.56	16.33
KNO_3	12.03	14.03
CH_3COOK	4.91	17.43
CH_3COOK	9.62	14.43
K_2CO_3	1.66	23.01
K_2CO_3	5.74	31.85

表 15.4.6　磷酸二氢钾在氨基甲酸乙酯溶液中的溶解度（25℃）

名称	浓度 /（mol/L H_2O）			
KH_2PO_4	1.82	1.29	0.75	0.139
$NH_2COOC_2H_5$	0.0	1.1225	5.401	22.25

表 15.4.7　磷酸二氢钾在过氧化氢（0℃）和糠醛溶液中的溶解度　　单位：g/100g 饱和溶液

溶液	过氧化氢（0℃）					糠醛（25℃）
H_2O_2	0	2	4	6	8	
KH_2PO_4	9.28	12.60	13.37	15.31	18.25	0.02

表 15.4.8　磷酸二氢钠在硫酸钠溶液中的溶解度（25℃）

溶解度 /（g/100g 饱和溶液）		溶解度 /（g/100g 饱和溶液）	
NaH_2PO_4	Na_2SO_4	NaH_2PO_4	Na_2SO_4
48.6	0.0	43.0	6.39
47.0	1.56	39.2	10.1
45.8	3.69		

表 15.4.9　磷酸三钠在 NaOH 溶液中的溶解度　　单位：g/100g 水

温度 /℃	150			250				350			
NaOH	0.0	8.2	20.0	0.0	8.2	20.6	29.5	0.0	8.0	21.9	21.3
Na_3PO_4	82	49	20.6	8.6	7.0	5.5	5.7	0.15	0.44	2.0	2.2

表 15.4.10　二水合磷酸氢钙在一些溶液中的溶解度

溶剂组成	饱和溶液组成 Ca /(mmol/L)	饱和溶液组成 P_2O_5 /(mmol/L)	饱和溶液组成 Ca/P_2O_5	pH	总离子浓度 /(mmol/L)
0.001mol/L CH_3COOH	1.398	0.704	1.980	6.46	0.0028
0.003mol/L CH_3COOH	2.993	1.550	1.930	5.71	0.0060
0.005mol/L CH_3COOH	3.890	2.110	1.850	5.40	0.008
0.010mol/L CH_3COOH	7.083	3.591	1.970	4.95	0.014
0.005mol/L H_3PO_4	5.340	5.490	0.970	5.00	0.016
0.025mol/L H_3PO_4	2.690	2.890	0.956	5.60	0.008
0.003mol/L 丁二酸	4.690	2.465	1.870	5.42	0.010
0.004mol/L HCl	3.990	2.324	1.720	5.41	0.013
0.004mol/L HCl+0.044mol/L NaCl	4.390	2.395	1.840	5.62	0.10
0.004mol/L HCl+0.044mol/L NaCl	4.190	2.392	1.750	5.67	0.10
0.016mol/L HCl+0.026mol/L NaCl	5.960	8.591	1.860	4.53	0.10
0.016mol/L HCl+0.026mol/L NaCl	5.760	8.591	1.840	4.57	0.10
0.008mol/L HCl+0.038mol/L NaCl	8.180	4.295	1.920	5.07	0.10
0.008mol/L HCl+0.038mol/L NaCl	7.981	4.295	1.860	5.13	0.10
0.05mol/L NaCl	1.400	0.732	1.910	7.24	0.10
0.10mol/L NaCl	1.600	0.916	1.750	7.22	0.20
0.034mol/L $CaCl_2$	34.70	0.672	51.60	5.71	0.10
0.005mol/L KH_2PO_4	0.648	5.920	0.110	5.89	0.017
0.005mol/L KH_2PO_4	1.100	24.00	0.045	5.30	0.10
0.0025mol/L (A+B)①	0.299	2.250	0.133	6.86	0.008
0.005mol/L (A+B)①	0.249	3.940	0.063	6.80	0.015

① A 表示 $0.6Na_2HPO_4$，B 表示 $0.6NaH_2PO_4$。

表 15.4.11　二水合磷酸氢钙在盐溶液中的溶解度（40℃）

盐溶液	溶解度 /(mol/L) 盐	Ca	总磷	盐溶液	溶解度 /(mol/L) 盐	Ca	总磷	盐溶液	溶解度 /(mol/L) 盐	Ca	总磷
水	0	0.00241	0.005	NaCl	0.04	0.00252	0.0049	Na_2SO_4	0.095	0.00492	0.00977
		0.0025	0.00672		0.1	0.00311	0.0055		0.19	0.00597	0.0111
		0.00332	0.00852		0.2	0.00388	0.00645		0.38	0.00769	0.0129
KCl	0.1	0.00401	0.00826		0.4	0.00516	0.00772	$MgSO_4$	0.018	0.00507	0.00476
	0.4	0.00548	0.00904		0.8	0.00641	0.00908		0.045	0.0078	0.0063
	1	0.00688	0.0116		1	0.00711	0.00992		0.089	0.0135	0.00778

注：溶液中的 pH=5.36～6.06。

表 15.4.12 磷酸三钙在各种盐溶液中的溶解度

盐类	溶解度 /(g/100g 水)	$Ca_3(PO_4)_2$ /(g/L)	盐类	溶解度 /(g/100g 水)	$Ca_3(PO_4)_2$ /(g/L)
水	—	0.228	$MgCl_2\cdot KCl\cdot 6H_2O$	浓	1.154
NH_4Cl	45.74	1.371	$MgSO_4\cdot K_2SO_4\cdot MgCL_2\cdot 6H_2O$	70.95	1.777
NH_4Cl	浓	1.293	$MgSO_4\cdot K_2SO_4\cdot MgCl_2\cdot 6H_2O$	浓	2.491
$(NH_4)_2SO_4$	56.5	2.413	K_2SO_4	74.5	4.904
$(NH_4)_2SO_4$	浓	5.885	K_2SO_4	浓	4.765
$MgCl_2\cdot 6H_2O$	86.9	1.287	NaCl	50	1.321
$MgCl_2\cdot 6H_2O$	浓	2.892	NaCl	浓	0.641
$MgSO_4\cdot 7H_2O$	105.3	1.973	$NaNO_3$	72.7	1.583
$MgSO_4\cdot 7H_2O$	浓	3.600	$NaNO_3$	浓	0.864
$MgCl_2\cdot KCl\cdot 6H_2O$	79.2	1.577	$Na_2SO_4\cdot 10H_2O$	137.7	2.491
$MgCl_2\cdot KCl\cdot 6H_2O$	浓	1.154	$Na_2SO_4\cdot 10H_2O$	浓	3.227

注：温度 14℃，总压强 (含氨、CO_2) 为 200kPa。

表15.4.13 磷酸盐在酸碱溶液中的溶解度 单位：g/100L 溶液

名称	浓度			名称	浓度		
	0.5mol/L 乙酸	2.0mol/L H_2SO_4	0.25mol/L NaOH		0.5mol/L 乙酸	2.0mol/L H_2SO_4	0.25mol/L NaOH
磷酸氢钙	>4	>4	0.6	磷酸三钙	>3.7	>4	0.06
磷酸二氢钙	>4	>4	1.4	磷酸铝	1.9	3.0	1.3

15.5 热导率

表15.5.1 磷酸盐的热导率 单位：W/(m·K)

温度 /K	5	10	15	20	25	30	35	40	45	50	60	70
KD_2PO_4	348.1	497.7	233.8	105.7	64.51	36.79	31.08	20.88	16.70	14.93	9.740	8.247
KH_2PO_4	36.40	47.51	42.93	37.90	30.48	23.60	18.77	14.19	9.933	9.281	9.383	6.809
温度 /K	80	100	120	140	160	180	200	220	240	260	280	30
KD_2PO_4	6.945	5.583	4.517	3.788	3.340	2.951	2.284	1.819	1.779	1.883	1.883	1.883
KH_2PO_4	5.652	3.152	1.744	1.612	1.601	1.716	1.636	1.752	1.996	2.290	2.434	2.090

注：KD_2PO_4：试件为四方形单晶体，尺寸为 2.1mm×2.7mm×11.6mm，长度方向平行于 C 轴方向。
KH_2PO_4：试件为四方形单晶体，尺寸为 2.3mm×2.4mm×11.7mm，长度方向平行于 C 轴方向，热流方向为 C 轴方向。

15.6 蒸气压

表 15.6.1 磷酸－铵饱和溶液蒸气分压及在相平衡时空气的相对湿度

温度 /℃	10	15	20	30	40	50
饱和蒸气压 /kPa	1.192	1.658	2.146	3.890	6.673	10.87
相对湿度 /%	97.80	97.00	91.70	91.60	90.30	88.20

表15.6.2 磷酸盐水溶液面上的蒸气压下降值(100℃时，水的蒸气压为101.1kPa) 单位：kPa

浓度 /(mol/L)	0.5	1	2	3	4	5	6	8	10
$NaH_2PO_4\cdot 2H_2O$	10.5	20.0	36.5	51.7	66.8	82.0	96.5	126.7	157.1
Na_2HPO_4	1.61	3.13	5.73	8.00	10.5	13.3	16.3		
Na_3PO_4	2.20	4.00	7.0						
$Na_4P_2O_7$	1.76	2.93							

15.7 比热容

15.7.1 磷化物的比热容

表15.7.1 磷化铝的比热容 单位：J/(mol·K)

温度/K	300	400	500	600	700	800	900	1000	1100
c_p	42.049	42.676	43.304	43.932	44.559	45.187	45.814	46.442	47.07
温度/K	1200	1300	1400	1500	1600	1700	1800	1900	2000
c_p	47.697	48.325	48.952	49.58	50.208	50.835	51.463	52.09	52.718

表15.7.2 磷化硼的比热容 单位：J/(mol·K)

温度/K	298	300	400	500	600	700	800	900	1000	1100
c_p	30.32	30.376	33.179	35.983	38.786	41.589	44.392	47.196	49.999	52.802

表15.7.3 二磷化铜的比热容 单位：J/(mol·K)

温度/K	298	300	400	500	600	700	800	900	1000	1100
c_p	71.08	71.124	73.354	75.584	77.815	80.045	82.275	84.505	86.735	88.965

表15.7.4 二磷化三钙的比热容 单位：J/(mol·K)

温度/K	298	300	400	500	600	700	800	900	1000	1100
c_p	116.301	116.357	119.16	121.964	124.767	127.57	130.373	133.177	135.98	138.783

表15.7.5 二磷化三锌的比热容 单位：J/(mol·K)

温度/K	300	400	500	600	700	800	900	1000
c_p	117.129	127.139	133.172	137.64	141.369	144.704	147.81	150.774
温度/K	1100	1200	1300	1400	1500	1513	1513	1600
c_p	153.645	156.453	159.216	161.946	164.653	165.004	155.645	155.645

15.7.2 磷酸盐的比热容

表15.7.6 磷酸钙的比热容 单位：J/(mol·K)

温度/K	298	300	400	500	600	700	800	900	1000	1100	1200
c_p	227.75	228.40	255.17	276.48	295.64	313.78	331.38	348.67	365.77	382.73	399.61
温度/K	1300	1373①	1373②	1400	1500	1600	1700	1800	1900	2000	2003
c_p	416.43	428.67	330.54	330.54	330.54	330.54	330.54	330.54	330.54	330.54	330.54

① 前面是α型固体。
② 后面是β型固体。

表15.7.7 焦磷酸钙和磷酸一氢钙的比热容 单位：J/(mol·K)

温度/K	298	300	400	500	600	700	800	900	1000	1100
焦磷酸钙	187.70	188.52	217.40	234.08	245.96	255.58	263.99	271.69	278.97	285.95
磷酸一氢钙	109.36	110.08	135.21	149.81	160.25	168.74	176.18	183.02	189.47	
温度/K	1200	1300	1400	1413①	1413②	1500	1600	1626	1626～1700（液体）	
焦磷酸钙	292.74	299.40	305.95	306.80	318.61	318.61	318.61	318.61	405.01	

① 前面是α型固体。
② 后面是β型固体。

表15.7.8 磷酸三钙的比热容 单位：J/(mol·K)

温度/K	20	40	60	80	100	150	200	250	298.15	400	500	600	800	1000	1500
α-$Ca_3(PO_4)_2$	3.85	25.10	50.14	76.61	99.91	146.8	181.3	208.2	231.6	255.2	276.5	295.6	331.4	365.8	
β-$Ca_3(PO_4)_2$	3.47	21.34	48.61	75.14	98.41	144.6	178.6	205.4	228.2						330.5

表15.7.9 磷酸氢钾和磷酸二氢钾的比热容 单位：J/(mol·K)

温度/K	298	300	400	500	600	700	800	900	1000	1100
磷酸氢钾	116.12	116.73	137.90	149.78	158.02	164.53	170.13	175.19	179.92	184.43
磷酸二氢钾	129.37	130.09	154.76	168.40	177.71	184.97	191.13	196.66		

表15.7.10 磷酸铝的比热容 单位：J/(mol·K)

温度/K	298	300	400	500	600	700	800	853	853～1200（液体）
c_p	92.982	93.261	107.19	121.13	135.06	148.99	162.92	170.31	167.36

15.8 其他物性

15.8.1 磷酸盐的熔融热

表15.8.1 磷酸盐的熔融热 单位：kJ/mol

名称	KPO_3	K_3PO_4	$K_4P_2O_7$	$NaPO_3$	$Na_4P_2O_7$
γ_m	8.834	37.26	58.62	20.93	57.36

15.8.2 磷酸盐水溶液的固定湿度

表15.8.2 磷酸盐水溶液的固定湿度

固相	温度/℃	湿度/%	水蒸气分压/kPa	固相	温度/℃	湿度/%	水蒸气分压/kPa
$H_3PO_4 \cdot {}^1/_2H_2O$	24	9	0.265		20	93.1	2.160
K_2HPO_4	20	92	2.133	$NH_4H_2PO_4$	25	93	2.919
$Na_2HPO_4 \cdot 12H_2O$	20	95	2.200		30	92.9	3.906

第16章
多金属含氧酸盐

目录

16.1 物性总览 …… 475
16.1.1 铬酸盐的一般特性 …… 475
16.1.2 钼酸盐的一般特性 …… 477
16.1.3 钨酸盐的一般特性 …… 478
16.1.4 锰酸盐的一般特性 …… 479
16.1.5 其他金属含氧酸盐的一般特性 … 480
16.1.6 多金属含氧酸盐的危险品特性 … 483
16.2 密度 …… 483
16.2.1 铬酸盐水溶液的密度 …… 483
16.2.2 铝酸钠水溶液的密度 …… 484
16.2.3 钼酸钠水溶液的密度（15℃）… 484
16.2.4 钨酸钠水溶液的密度(20℃）… 485
16.2.5 高锰酸钾水溶液的密度（15℃）485
16.3 冰点 …… 485
16.4 黏度 …… 485
16.4.1 铬酸盐水溶液的黏度 …… 485
16.4.2 铬酸盐水溶液的比黏度 …… 486
16.4.3 重铬酸钾的黏度 …… 486
16.4.4 铝酸钠水溶液的黏度 …… 486
16.5 表面张力 …… 487
16.5.1 铬酸钠水溶液的表面张力 …… 487
16.5.2 钼酸钠的表面张力 …… 487
16.5.3 铝酸钠水溶液的表面张力 …… 487
16.6 溶解度 …… 488
16.6.1 多金属含氧酸盐在水中的溶解度 …… 488
16.6.2 多金属含氧酸盐在其他溶液中的溶解度 …… 489
16.7 热导率 …… 491
16.7.1 重铬酸钠水溶液的热导率 …… 491
16.7.2 其他多金属含氧酸盐的热导率… 491
16.8 蒸气压 …… 492
16.9 比热容 …… 492
16.9.1 铬酸盐的比热容 …… 492
16.9.2 钼酸盐的比热容 …… 492
16.9.3 钨酸盐的比热容 …… 493
16.9.4 铝酸盐的比热容 …… 493
16.9.5 钛酸盐的比热容 …… 494
16.9.6 铁酸盐的比热容 …… 494
16.10 比焓和比熵 …… 494

16.1 物性总览

16.1.1 铬酸盐的一般特性

表 16.1.1 铬酸盐的一般特性

分子式	名称	分子量	颜色	晶形	特性或折射率	密度/(g/cm³)	熔点/℃	沸点/℃	溶解度/(g/100g溶剂)或溶解情况 冷水	热水	酸	碱	乙醇	其他溶剂
Ag_2CrO_4	铬酸银	331.74	暗红或棕红	晶或粉		5.626[25]			0.0014	0.011	+	+氨水		+铬酸碱、KCN
$Ag_2Cr_2O_7$	重铬酸银	431.74	红	三		4.770	//		0.0083[15]	//	+N	+氨水		+KCN
$Al_2O_3\cdot CrO_3\cdot 7H_2O$	碱式铬酸铝·7水	328.07	黄	粉					—	//	+	+氨水	$-NH_4Cl$	+乙酸
$BaCrO_4$	铬酸钡	253.33	黄	斜		4.498[15]			表16.6.1		+Cl、N			+铬酸;—乙酸
$BaCr_2O_7$	重铬酸钡	353.33	红	单					÷ //		+S′*			
$BaCr_2O_7\cdot 2H_2O$	重铬酸钡·2水	389.36	黄	针			$-2H_2O$ 120		→$BaCrO_4$					+铬酸
$(BiO)_2Cr_2O_7$	重铬酸氧铋	666.02	橙红	晶					—	—	+	—		
$CaCrO_4\cdot 2H_2O$	铬酸钙·2水	192.11	柠檬黄	单	助燃 有毒 致癌 腐蚀	2.500	$-2H_2O$ 200		22.2	18.2[45]	+		—纯	+铬酸溶液
$CaCr_2O_7$	重铬酸钙	256.07	橘黄	单	无臭无味		＞100		+				×联胺、金属、还原剂	
$CaCr_2O_7\cdot 3H_2O$	重铬酸钙·3水	310.13	红	晶	≈	2.37			+					
$CdO\times CrO_3\cdot {}^1/_2H_2O$	碱式铬酸镉·$^1/_2$水	237.42	黄	粉					÷		+	÷氨水		
$CoCrO_4$	铬酸钴	174.95	黄棕	晶			//		—	//	+			+氨水
$CoCrO_4\cdot CoO\cdot 2H_2O$	碱式铬酸钴·2水	285.89	棕	粉					//		+			
Cs_2CrO_4	铬酸铯	381.83	黄	单		4.237			71.4[13]	88.7[30]				
$CuCrO_4\cdot 2CuO\cdot 2H_2O$	碱式铬酸铜·2水	374.75	浅棕	粉	～		$-2H_2O$ 260		—		+N	//		+氨水
$CuCr_2O_7\cdot 2H_2O$	重铬酸铜·2水	315.62	棕黑	三、斜	～	2.286[18]	$-2H_2O$ 100		÷	//	+	+氨水	+	
$Dg_2(CrO_4)_3\cdot 10H_2O$	铬酸镝·10水	853.11	黄	晶			$-3^1/_2H_2O$ 150	//	1.0[25]					
$FeCr_2O_4$	铬铁矿	223.84	棕黑	立		4.970[20]			—		÷÷			
$Fe_2(CrO_7)_3$	重铬酸铁	759.70	红棕		有毒				+		+			
$HgCrO_4$	铬酸汞	316.59	暗红	棱或粉			//		÷	//	+			—丙酮;+铵盐
$HgCr_2O_7$	重铬酸汞	416.58	橘红	晶	无臭无味	2.155			—		+Cl、N			
Hg_2CrO_4	铬酸亚汞	517.18	红	粉			//		÷÷	÷	+N			—丙酮;+KCN

续表

分子式	名称	分子量	颜色	晶形	特性或折射率	密度/(g/cm³)	熔点/℃	沸点/℃	溶解度/(g/100g 溶剂)或溶解情况 冷水	热水	酸	碱	乙醇	其他溶剂
$KOClCrO_2$	氯基铬酸钾	174.56	红	单		2.497^{39}	//		+//					+丙酮
K_2CrO_4	铬酸钾	194.20	黄	斜	1.726	2.732^{18}	975		表16.6.1				—	
$K_2Cr_2O_7$	重铬酸钾	294.20	橙红	三、毒	1.738	2.676	398	//>610	表16.6.1				—	
K_3CrO_8	过铬酸钾	297.30	棕	立			// 170		÷				—	—乙醚
$KSm(CrO_4)_2\cdot 3H_2O$	铬酸钐钾·3水	475.49	黄	粉					—	—			+	
Li_2CrO_4	铬酸锂	129.88	黄	固		2.150	495	//900	48.6^{20}					+甲醇
$Li_2CrO_4\cdot 2H_2O$	铬酸锂·2水	165.92	黄	正			$-2H_2O$ 150		141^{18}	128^{30}				
$Li_2Cr_2O_7\cdot 2H_2O$	重铬酸锂·2水	265.91	暗灰或棕黑	粉	～	2.340^{30}	$-2H_2O$ 130		124	188				
$MgCrO_4\cdot 7H_2O$	铬酸镁·7水	266.41	橙黄	正	1.550	1.695	$-6H_2O$ 100		211.5^{18}	++				—丙酮;+KCN
$MgCrO_4\cdot (NH_4)_2CrO_4\cdot 6H_2O$	铬酸镁铵·6水	400.52	黄	单		1.840^{16}	//		+++	+++				
Na_2CrO_4	铬酸钠	161.98	黄	正		2.723	792		表16.6.1				÷	+甲醇
$Na_2CrO_4\cdot 10H_2O$	铬酸钠·10水	342.14	黄	单	～风化	1.483	19.9		表16.6.1				÷	+甲醇
$Na_2Cr_2O_7\cdot 2H_2O$	重铬酸钠·2水	298.00	红	单	1.699	2.520^{13}	320	// 400	表16.6.1				÷÷	
Na_3CrO_8	过铬酸钠	248.97	橙	片			// 115		+	+		—		—乙醚
$(NH_4)_2CrO_4$	铬酸铵	152.08	黄	单	有毒	1.917^{12}	// 180		表16.6.1				—	÷液氨、丙酮
$(NH_4)_2Mg(CrO_4)_2\cdot 6H_2O$	铬酸镁铵·6水	400.51	黄	单	1.637	1.840	//		++					
$(NH_4)_3CrO_8$	过铬酸铵	234.13	红	晶			//	炸 50	÷			—		—乙醚；÷液氨
$(NH_4)_2Cr_2O_7$	重铬酸铵	252.08	橙红	单	毒 刺激	2.150^{25}	// 185	自燃 225	表16.6.1				+	—丙酮
$NiCrO_4\cdot 2NiO\cdot 3H_2O$	碱式铬酸镍·3水	378.15	红棕	粉					—	—	+	+氨水		+液氨、乙酸
$PbCrO_4$	铬酸铅	323.19	亮黄	单	毒 2.420	6.120^{15}	844	//	—	—	÷N;+S;//Cl*	+强	$+K_2Cr_2O_7$	—液氨、乙酸、油
$PbCr_2O_7$	重铬酸铅	423.20	砖红	晶					//		+	+		
Rb_2CrO_4	铬酸铷	286.97	黄	正	1.71	3.125(三)3.020(单)			62	96				
$Rb_2Cr_2O_7$	重铬酸铷	386.98	红	三		3.125			4.96^{28}	27.3^{60}				
$SrCrO_4$	铬酸锶	203.62	黄	单、粉		3.900^{15}			0.088^{15}	0.043^{100}	+Cl、N		+铵盐	+铬酸、乙酸
$SrC_2O_7\cdot 3H_2O$	重铬酸锶·3水	357.67	棕红	单	1.717		$-3H_2O$ 260	// 110	+					
Tl_2CrO_4	铬酸亚铊	524.73	黄	斜		6.910	633		表16.6.1		÷	÷		—乙酸
$Tl_2Cr_2O_7$	重铬酸亚铊	624.80	红	晶					—		//			$//Na_2S_2O_3$
$ZnCrO_4$	铬酸锌	181.38	柠檬黄	棱		5.300			÷		+			
$ZnCr_2O_7\cdot 3H_2O$	重铬酸锌·3水	335.4	橙黄	晶、粉					+++	//	+		—	—乙醚

16.1.2 钼酸盐的一般特性

表 16.1.2 钼酸盐的一般特性

分子式	名称	分子量	颜色	晶形	特性或折射率	密度/(g/cm³)	熔点/℃	沸点/℃	溶解度/(g/100g溶剂)或溶解情况 冷水	热水	酸	碱	乙醇	其他溶剂
Ag_2MoO_4	钼酸银	375.68	黄	非、粉					—		+N	+		+KCN
$BaMoO_4$	钼酸钡	297.27	白	晶、粉		4.650	1480		0.0058^{23}		÷Cl、N		—	÷酸
$Bi_2(MoO_4)_3$	钼酸铋	897.78	黄	粉					÷		÷N			++酸
$CaMoO_4$	钼酸钙	200.02	无	四、粉	1.974	4.380			—	//	+		—	—乙酸、乙醚
$CdMoO_4$	钼酸镉	272.35	黄	四		5.350	1250		—		+	+氨水		+KCN溶液
$Cr_2(MoO_4)_3$	钼酸铬	583.82		非、粉					—		+			+钼酸铵
$CuMoO_4$	钼酸铜	223.49	黄绿	非、粉					÷		//	//		
$Fe_2(MoO_4)_3\cdot 7H_2O\cdot 4MoO_3\cdot 7H_2O$	钼酸铁·7水	717.68	黄	淀					—		+Cl、N； //			+氯化铁、钼酸铵
K_2MoO_4	钼酸钾	238.14	白	晶、粉	～	2.910^{18}	919	// 1400	184.6^{25}	+++			—	
$La_2(MoO_4)_3$	钼酸镧	757.69	白	四		4.770^{16}	1181		0.0018^{25}	0.0033^{85}	++Cl			
$LiMoO_4$	钼酸锂	173.82	白	晶		2.260	705		+++					
$MgMoO_4\cdot 5H_2O$	钼酸镁·5水	274.32		角			$-2.5H_2O$ 100		++	+++				
$MnMoO_4\cdot H_2O$	钼酸锰·1水	232.90	白	粉			>350		+			+	//	
Na_2MoO_4	钼酸钠	205.92	白	晶		3.280^{18}	687		表16.6.2					
$Na_2MoO_4\cdot 2H_2O$	钼酸钠·2水	241.95	白	片		3.280	$-2H_2O$ 100		表16.6.2					—甲基丙酮
$Na_2Mo_2O_7$	二钼酸钠	349.89		针			612		÷	÷				
$Na_2Mo_3O_{10}\cdot 7H_2O$	三钼酸钠·7水	619.96		针			$-6H_2O$ 120		3.88^{20}	13.7				
$Na_2Mo_4O_{13}\cdot 6H_2O$	四钼酸钠·6水	745.89		针					39.8^{21}	+++				
$Nd_2(MoO_4)_3$	钼酸钕	768.39	桃红	四		5.133^{10}	1176		—					
$(NH_4)_2MoO_4$	钼酸铵	196.04	无	四、棱	风化	2.270^{25}	612		+//	//	+	+稀氯化铵	—	—液氨、丙酮
$(NH_4)_3Mo_{12}PO_4$	磷钼酸铵	1876.34	黄	粉					÷	+		+		
$(NH_4)_6Mo_7O_{24}\cdot 4H_2O$	七钼酸铵·4水	1235.86	无	单		2.498	$-H_2O$ 90	// 190	44^{25}	//	+	+	—	
$PbMoO_4$	钼酸铅	367.14	白或黄	四	2.40	6.700^{18}	1068		—		+N、Cl; //S	+湿碱		—乙酸
$SrMoO_4$	钼酸锶	247.58	无	四		4.540			0.0104^{17}		+			—乙酸
$ZnMoO_4\cdot H_2O$	钼酸锌·1水	243.34		针					÷		++			

16.1.3 钨酸盐的一般特性

表 16.1.3 钨酸盐的一般特性

分子式	名称	分子量	颜色	晶形	特性或折射率	密度/(g/cm³)	熔点/℃	沸点/℃	溶解度/(g/100g 溶剂)或溶解情况 冷水	热水	酸	碱	乙醇	其他溶剂
Ag_2WO_4	钨酸银	463.59	淡黄	非、淀					0.05^{15}		++N	++氨水		+KCN 溶液
$Al_2(WO_4)_3\cdot 8H_2O$	钨酸铝·8水	941.64		淀							++酒石酸			++磷酸，乙二酸
$BaWO_4$	钨酸钡	385.18	白	粉或八		5.040	难熔解		÷		//热			++硝酸铵
$Bi_2(WO_4)_3$	钨酸铋	1161.51	白	粉			易分解				+N			
$CaWO_4$	钨酸钙	287.93	白	四	1.926	6.062			0.2^{18}		−；//热		$+NH_4Cl$	
$CdWO_4$	钨酸镉	360.26	无或黄	晶或粉					0.05		+乙二酸	+氨水		+KCN，热磷酸
$CoWO_4\cdot 2H_2O$	钨酸钴·2水	342.81	紫	粉					−		−N	+磷酸	÷乙二酸	+温热乙二酸
$Cr_2(WO_4)_3\cdot 20H_2O$	钨酸铬·20水	1207.87	绿	非、粉			$-13H_2O$ 100		−		+酒石酸	+磷酸	+乙二酸	+氯酸铬溶液
$CuWO_4\cdot 2H_2O$	钨酸铜·2水	347.43	绿黄	粉			红热		−			+氨水	−乙二酸	+磷酸，乙酸
$Fe_2O_3\cdot 4WO_3\cdot 4H_2O$	钨酸铁·4水	1159.16							+					
$FeWO_4\cdot 3H_2O$	钨酸亚铁·3水	357.75	棕	非、粉					−		//沸酸		+乙二酸*	+沸磷酸
Hg_2WO_4	钨酸亚汞	649.03	黄	淀			极易分解		−					
$K_2WO_4\cdot 2H_2O$	钨酸钾·2水	362.08	白或无	三或单		3.113			51.5	151.5	+		−	
$K_2W_4O_{13}\cdot 8H_2O$	四钨酸钾·8水	1166.00		立			930		+	++				
$K_6W_7O_{24}\cdot 6H_2O$	七钨酸钾·6水	2014.11		正			//		2.15	6.6			−	
Li_2WO_4	钨酸锂	261.73	无	斜或八					++		//		−	
$MgWO_4$	钨酸镁	272.15	无	晶或八					−		//热			
$MnWO_4\cdot 2H_2O$	钨酸锰·2水	338.82	棕	针					−		−Cl	÷乙酸		+温热磷酸，酒石酸
Na_2WO_4	钨酸钠	293.83	白	斜		4.179	696		表 16.6.3					
$Na_2WO_4\cdot 2H_2O$	钨酸钠·2水	329.96	无	正	毒 风化 1.553	3.245	$-2H_2O$ 100		表 16.6.3		−		−	÷液氨；$+NH_4Cl$；//强酸
$Na_6W_7O_{24}\cdot 16H_2O$	仲钨酸钠·16水	2097.15	白	三		3.987^{14}	$-16H_2O$ 300		8	//				
$(NH_4)_2W_4O_{13}\cdot 8H_2O$	偏钨酸铵·8水	1123.89	无	晶			$-7H_2O$ 100		120^{15}	+++				
$H_{26}N_6O_{40}W_{12}$	钨酸铵	2956.30	白	单					+				−	
$(NH_4)_2WO_4$	仲钨酸铵	283.91	白	晶		2.300	3410	5660	+				−	
$(NH_4)_6W_7O_{24}\cdot 6H_2O$	仲钨酸铵·6水	1887.78		正			$-4H_2O$ 100		2.8^{15}	4.5^{22}			−	
$NiWO_4\cdot 6H_2O$	钨酸镍·6水	414.65	绿	非、粉					−		+乙酸	+氨水	−乙二酸	+温热磷酸
$PbWO_4$	钨酸铅	455.05	无	四	2.269	8.230			−		−N	+KOH		
$SnWO_4$	钨酸亚锡	366.54	黄	淀					−			+		+乙二酸
$SrWO_4$	钨酸锶	335.55	白	四		6.181	//		0.14^{15}		//热			

16.1.4 锰酸盐的一般特性

表 16.1.4 锰酸盐的一般特性

分子式	名称	分子量	颜色	晶形	特性或折射率	密度 /(g/cm^3)	熔点 /℃	沸点 /℃	溶解度 /(g/100g 溶剂) 或溶解情况 冷水	热水	酸	碱	乙醇	其他溶剂
$AgMnO_4$	高锰酸银	226.81	暗紫	单			//		0.55	++	// 沸			
$Ba(MnO_4)_2$	高锰酸钡	375.21	深红	斜		3.770	// 220		62.5^{11}	72.4^{25}			//	
$Bi(MnO_4)_3$	高锰酸铋	565.80	黑	粉					+					
$Ca(MnO_4)_2 \cdot 5H_2O$	高锰酸钙 ·5 水	368.04	棕	棱	～	2.400	//		331^{14}	388^{25}			//	
$Cd(MnO_4)_2 \cdot 6H_2O$	高锰酸镉 ·6 水	419.40				2.810	// 95		++	++				
$CsMnO_4$	高锰酸铯	251.84	紫	正		3.597^{10}	// 320		0.093	1.31^{60}				
$KMnO_4$	高锰酸钾	158.04	暗紫	斜	甜涩 1.59	2.703	//<240		表 16.6.4		+S		//	①
K_2MnO_4	锰酸钾	197.13	暗绿	斜			// 190		//	//		+KOH		
$K_3Mn(CN)_6$	氰锰酸钾	328.33	红	晶	1.5547				+					
$LiMnO_4 \cdot 3H_2O$	高锰酸锂 ·3 水	179.93	暗紫	针		2.060	104-107//		71.4^{16}			//		
$Mg(MnO_4)_2 \cdot 6H_2O$	高锰酸镁 ·6 水	370.29	红紫	针	≈		//		++	//				+乙酸、甲醇
$NaMnO_4$	高锰酸钠	141.93	红	晶	～		//		++	++				
$NaMnO_4 \cdot 3H_2O$	高锰酸钠 ·3 水	195.97	红紫	粉、粒	～	2.460	// 170		144^{20}	733^{70}			//	+乙醚、液氨
$Na_2MnO_4 \cdot 10H_2O$	锰酸钠 ·10 水	345.08	绿	单			17		+	//				+液氨
NH_4MnO_4	高锰酸铵	136.98		晶		2.208	炸 60		8^{15}	//				
$PbMnO_4 \cdot 2H_2O$	锰酸铅 ·2 水	362.17	棕	非、粉					—					
$RbMnO_4$	高锰酸铷	201.41		晶		3.235^{10}	// 295		0.46^{2}	4.7^{60}				
$Sr(MnO_4)_2 \cdot 4H_2O$	高锰酸锶 ·4 水	397.56		团、晶	～				+					
$Zn(MnO_4)_2 \cdot 6H_2O$	高锰酸锌 ·6 水	411.34	紫棕	针		2.470	$-5H_2O$ 100	//	++		//		//	
$Sr(MnO_4)_2 \cdot 3H_2O$	高锰酸锶 ·3 水	379.54	红紫	立		2.750	// 175		270^{0}	291^{18}				

① 溶于甲醇、丙酮、吡啶、液氨、冰乙酸；分解于 H_2O_2。

16.1.5 其他金属含氧酸盐的一般特性

表 16.1.5 其他金属含氧酸盐的一般特性

分子式	名称	分子量	颜色	晶形	特性或折射率	密度/(g/cm³)	熔点/℃	沸点/℃	溶解度/(g/100g 溶剂)或溶解情况					
									冷水	热水	酸	碱	乙醇	其他溶剂
$Ba(AuO_2)_2\cdot5H_2O$	金酸钡·5水	685.35	绿						÷	÷				
$BaFeO_4$	铁酸钡	257.18	紫	粉					÷				÷	÷乙醚
$BaPtCl_4\cdot3H_2O$	氯亚铂酸钡·3水	528.47				2.868				+			+++93%	
$BaPtCl_5\cdot6H_2O$	氯铂酸钡·6水	653.43	红	单		2.860			+		//			
$Be_3Al_2(SiO_3)_6$	铝硅酸铍	537.51	无	晶		2.660	1410		—	—	—			
$Bi_2(SnO_3)_3$	锡酸铋	918.03	白	粉					—		−Cl,S			//硝酸
$Ca(AlO_2)_2$	偏铝酸钙	158.02	无	正或单		3.670	1600		//		+Cl			
Ca_2PbO_4	原铅酸钙	351.35	红棕	晶		5.710	//		—	//	+			
$Hg(CNO)_3$	雷酸汞	422.59	白	立		4.420	炸		÷	+		+氨水	+	
$KAuO_2\cdot3H_2O$	金酸钾·3水	322.40	苍黄				//		+	//			+	
$KC_7H_5O_2\cdot3H_2O$	苯甲酸钾·3水	214.25	白	粉			$-3H_2O$ 110	//	52^{25}	112			+	
$K_2PbO_3\cdot3H_2O$	偏铅酸钾·3水	387.45	无	晶			//		//			+KOH	//	
$K_2PtO_3\cdot3H_2O$	铂酸钾·3水	375.47	黄	正			//		+				—	
$K_2Pt(NO_2)_4$	四硝基铂(II)酸钾	457.30	白	晶	空气中稳定				+				—	—有机试剂
$KReO_4$	高铼酸钾	289.41	白	四	刺激1.643	4.887	550	1370(↑)	1.01^{25}	10.4			÷	
$K_2RhCl_6\cdot3H_2O$	氯铑酸钾·3水	486.99	红	三		3.300	//		÷	//			—	
$KRuO_4$	高钌酸钾	204. 17	黑	四	＞200℃不稳定	44			÷			→钌酸钾		
$KSbO_2$	偏锑酸钾	208.86	褐	晶					—	÷		+KOH*		$-CS_2$
KSO_3F	氟磺酸钾	138.17	白				311.1		+	+			+甲醇	
KVO_3	偏钒酸钾	138.04	白-略淡黄	晶		2.840	520		1.42	10.7^{25}			—	
$K_2RuO_4\cdot H_2O$	钌酸钾·1水	261.92	黑(或金属光泽Δ)				$-H_2O$ 200		+++	//	//		//	
$K_2SnO_3\cdot3H_2O$	偏锡酸钾·3水	298.94	白或无	粉或晶油		2.197	$-3H_2O$ 140		106.7^{10}	110.5^{20}		÷KOH	—	—丙酮

续表

分子式	名称	分子量	颜色	晶形	特性或折射率	密度/(g/cm^3)	熔点	沸点	溶解度/(g/100g溶剂)或溶解情况					
							/℃		冷水	热水	酸	碱	乙醇	其他溶剂
$K_2SO_4\cdot Fe(SO_4)_3\cdot 2H_2O$	硫酸铁钾	536.34	无	晶		1.830	33		+				—	
K_2UO_4	铀酸钾	380.26	橙黄	正					—	—	+++			
$LiSO_3F$	氟磺酸锂	106.01	白				360		+	+			+	+乙醚
Li_2GeO_3	偏锗酸锂	134.47		单		3.510^{21}	1239	÷			+			
$Mg(AlO_2)_2$	偏铝酸镁	142.26	无	立	1.718	3.600	2135		—		—N; ÷Cl			
$MgFeO_4$	铁酸镁	144.15	黑	八		4.44～ 4.6	1750				—稀	—		+浓盐酸
$MgO\cdot Al_2O_3$	铝酸镁	142.26	无	立	1.718～2.30	3.600	2135		—		—N; ++Cl			
$MgPtCl_6\cdot 6H_2O$	氯铂酸镁·6水	540.39		晶		2.437	//							
$NaAlO_2$	铝酸钠	81.97	白	单、无	≈		1650		+	++	//		—	
$NaAuCl_4\cdot 2H_2O$	氯金酸钠·2水	398.10	橙黄	正	1.5		//		150^{10}	990^{60}			+++纯	
$Na_2Fe_2O_4$	铁酸钠	221.69	黄						//		+++Cl			
Na_2SnO_3	锡酸钠	212.69	无或白	六或粉			140		+				—	—丙酮
$Na_2SnO_3\cdot 3H_2O$	锡酸钠·3水	266.72	无	六、片	吸CO_2		$-3H_2O$ 140		50^0,67^{50}, 59^{100}				—	—丙酮
Na_2UO_4	铀酸钠	348.01	黄灰	斜					—	—	+	+		+碳酸盐
$Na_3VO_4\cdot 16H_2O$	钒酸钠·16水	472.20	无	针			866(无水物)		++	//			—	
$Na_4V_2O_7$	焦钒酸钠	305.89		六			654		+				—	$-NH_4Cl$, 乙醚
$NaO_3SCH_3\cdot 2H_2O$	甲基磺酸钠·2水	154.13	白	晶			65	//	+		//		+++	+++甘油
$NaReO_4$	高铼酸钠	273.31	无	片			300		25^{20}	+			+	
$NaSbO_2\cdot 3H_2O$	偏亚锑酸钠·3水	230.81	无	正		2.864	//		//					
$NaSbO_2\cdot 3.5H_2O$	偏锑酸钠·3.5水	255.82	白	立			$-2H_2O$200		0.031^{22}	—乙酸	—	—	÷	÷铵盐;+ 酒石酸, 浓硫酸

续表

分子式	名称	分子量	颜色	晶形	特性或折射率	密度/(g/cm³)	熔点	沸点	溶解度/(g/100g溶剂)或溶解情况					
							/℃		冷水	热水	酸	碱	乙醇	其他溶剂
$Na_2PtCl_6·6H_2O$	氯铂酸钠·6水	562.06	红	三			250	$-6H_2O$ 100	+++	+++			+	一乙醚；+氯水
$Na_2PtO_3·3H_2O$	铂酸钠·3水	343.27	黄				$-3H_2O$ 150		+					
Na_2UO_4	铀酸钠	348.06	黄						—	—	+			+碳酸盐溶液
$Na_2UO_5·5H_2O$	过铀酸钠·5水	454.14	红	晶			// 100		//		// Cl			
$Na_3SbS_4·9H_2O$	四硫代锑酸钠·9水	481.16	黄	立		1.839			21.6	600^{80}			—	
$Na_3VO_4·16H_2O$	钒酸钠·16水	472.20	无	针			866(无水物)		+++	//			—	(Δ-无水物)
$Na_4V_2O_7$	焦钒酸钠	305.89		六			654		+				—	
NH_4ReO_4	高铼酸铵	268.24	白	六		3.970	// >200		÷	+				
NH_4SO_3F	氟基磺酸铵	117.11	白				244.7		+	+		// 氨水		+甲醇
$NH_4·SO_3·NH_2$	氨基磺酸铵	114.12	无	片			125	// 160						
NH_4VO_3	偏钒酸铵	116.98	白-淡黄	晶	毒	2.326	// 200	0.52^{15}	7.0^{96}//				+热	+热乙醚
NH_4ReO_4	高铼酸铵	268.24	白	片、晶	不燃	3.970	//		÷	+++				
$(NH_4)_2SnCl_6$	六氯锡酸铵	367.52	玫瑰	立		2.400	//		33.3^{15}					
$(NH_4)_4CdCl_6$	氯镉酸铵	397.31		正	1.6038	2.01^{20}	∟−20		+					
$[(NH_4)AuCl_4]_4·5H_2O$	四氯金酸铵·5水	1517.35	黄	单			$-5H_2O$ 100		+				+	
$PbTiO_3$	钛酸铅	303.09	黄	正		7.520			—					
$BaTiO_3$	钛酸钡	233.26	浅灰	正	毒	6.020			—	—	+S			+氢氟酸
$TlVO_3$	偏钒酸亚铊	303.34	深红	晶		6.09^{17}	424		0.087^{11}	0.21				
$ZnFe_2O_4$	铁酸锌	241.08	黑	立		5.33^{20}	1590				+Cl′		—	

16.1.6 多金属含氧酸盐的危险品特性

表 16.1.6 多金属含氧酸盐的危险品特性

名称	CAS 号	危险品编号	饱和蒸气压 /kPa	燃烧性	闪点 /℃	自燃温度 /℃	建规火险分级	爆炸下 / 上限体积分数 /%	灭火方法	危险物品分类号	风险性代号	安全措施号
高锰酸钙	10118-76-0	51049	—	助	※	※	乙	※	W,T	5.1		
高锰酸钠	10101-50-5	51047	—	助	※	※	乙	※	W,T	5.1		
重铬酸钠	10588-01-9	51520	—	助	※	※	乙	※	W,T	5.1		
重铬酸钾	7778-50-9	51520	—	助	※	※	乙	※	W,T	5.1	R8; R21; R25; R26; R34; R42/43; R45; R46; R48/23; R50/53; R60; R61	S45; S53; S60; S61
重铬酸铵	7789-09-5	51520	—	助	※	※	乙	※	W,T	5.1		
高铼酸钾	10466-65-6	51508		助	※	※	乙	※	W,R,T	5.1	R8; R36/37/38	S17; S26; S36
高铼酸铵	13598-65-7	51507		助	※	※	乙	※	W,R,T	5.1	R36/37/38; R8	S24/25
高锰酸钾	7722-64-7	51048	—	助	※	※	乙	※	W,T	5.1	R22; R50/53; R8	S60; S61
铬酸铅	7758-97-6			助	※	※	乙	※	K		R33; R40; R50/53; R61; R62	S13; S20/21
锰酸钾	10294-64-1	51506	—	助	※	※	乙	※	W,T	5.1		

16.2 密度

16.2.1 铬酸盐水溶液的密度

表16.2.1 铬酸盐水溶液的密度　　单位：g/cm^3

名称	温度 /℃	浓度 (质量分数)/ %									
		1	2	4	6	8	10	12	14	16	18
K_2CrO_4	15	1.007	1.016	1.032	1.049	1.066	1.083	1.101			
K_2CrO_4	18	1.007	1.015	1.031	1.048	1.065	1.082	1.100	1.118	1.137	1.156
$K_2Cr_2O_7$	15	1.005	1.012	1.026	1.041	1.055	1.072	1.086	1.101	1.109^{15}	
Na_2CrO_4	18	1.007	1.016	1.034	1.053	1.072	1.091	1.111	1.311	1.152	1.173
$Na_2Cr_2O_7$	15	1.006	1.013	1.027	1.041	1.056	1.070	1.084	1.098	1.112	1.126
$Na_2Cr_2O_7$	15	1.008	1.015	1.028	1.045	1.061	1.077	1.095	1.112	1.130	1.147
$(NH_4)_2CrO_4$				1.023^{20}			1.059^{13}				
$(NH_4)_2Cr_2O_7$	12	1.005	1.011	1.022	1.034	1.046	1.059	1.072	1.085	1.098	1.112

续表

名称	温度/℃	浓度(质量分数)%									
		20	22	24	26	28	30	35	40	45	50
K_2CrO_4	18	1.175	1.195	1.215	1.235	1.256	1.278	1.235	1.396		
Na_2CrO_4	18	1.194	1.216	1.238	1.261						
$Na_2Cr_2O_7$	15	1.140	1.153	1.166	1.179	1.193	1.207	1.244	1.279	1.312	1.342
$Na_2Cr_2O_7$	15	1.166	1.184	1.204	1.220	1.235	1.248	1.283	1.323	1.383	1.447
$(NH_4)_2CrO_4$		1.120^{14}				1.171^{20}					
$(NH_4)_2Cr_2O_7$	12	1.126	1.137								

16.2.2 铝酸钠水溶液的密度

表 16.2.2 铝酸钠水溶液的密度

Al_2O_3 /(g/L)	Na_2O /(g/L)	温度/℃	密度/(g/cm³)
28.5	62.04	80	1.07
29.65	29.67	80	1.03
34.9	31.76	30	1.13
		40	1.12
		50	1.12
		60	1.11
		80	1.10
54.00	61.64	80	1.10
59.30	59.34	80	1.10
85.50	186.1	80	1.22
88.95	89.01	80	1.15
104.7	95.28	30	1.25
		40	1.24
		50	1.23
		60	1.23
		80	1.23
111.5	216.0	80	1.27
114.0	248.2	80	1.29
127.4	246.9	70	1.32
128.2	279.2	30	1.36
		40	1.35
		50	1.34
		60	1.34
		80	1.33
134.0	208.0	80	1.33
135.0	154.1	80	1.25
139.6	127.0	80	1.27
142.5	310.2	30	1.48
		40	1.47
		50	1.46
		60	1.45
		80	1.44
143.4	277.7	80	1.35
159.3	308.6	80	1.39
177.9	178.0	80	1.29
207.6	207.7	80	1.35
237.20	237.36	30	1.40
		40	1.40
		50	1.38
		60	1.37
243.0	277.4	80	1.37
266.85	267.43	80	1.42
		30	1.46
		40	1.45
		50	1.44
		60	1.43
		80	1.42

16.2.3 钼酸钠水溶液的密度(15℃)

表16.2.3 钼酸钠水溶液的密度(15℃)

浓度(质量分数)/%	1	2	4	6	8	10	12	14	16	18	20	22
ρ/(g/cm³)	1008	1016	1034	1053	1071	1091	1110	1130	1151	1172	1194	1217

16.2.4 钨酸钠水溶液的密度（20℃）

表 16.2.4 钨酸钠水溶液的密度（20℃）

浓度（质量分数）/%	1	2	4	6	8	10	12	14
ρ /(g/cm^3)	1.0074	1.0166	1.0354	1.0546	1.0742	1.0944	1.1154	1.1372
浓度（质量分数）/%	16	18	20	22	24	30	40	
ρ /(g/cm^3)	1.1598	1.1833	1.2076	1.2328	1.2590	1.3444	1.5156	

16.2.5 高锰酸钾水溶液的密度（15℃）

表 16.2.5 高锰酸钾水溶液的密度（15℃）

浓 度（质量分数）/%	1	2	3	4	5	6
ρ/(g/cm^3)	1.0060	1.0130	1.0200	1.0271	1.0342	1.0414

16.3 冰点

表 16.3.1 高锰酸钠的冰点

温度/℃	2	4	6	8	10	12	14	16	18	20
t_i	−0.5	−0.9	−1.4	−2.0	−2.5	−3.2	−3.8	−4.6	−5.3	−6.1
温度/℃	22	24	26	28	30	32	34	36	38	40
t_i	−7.0	−7.7	−8.5	−9.5	−10.3	−11.2	−12.2	−13.2	−14.1	−15.0
温度/℃	41.4	42	44	46	48	50	52	54	56	58
t_i	−15.8①	−14.7	−10.7	−6.2	−2.0	2.2	6.6	10.8	15.0	18.9
温度/℃	60	62	64	66	68	70	72	74	75	75.2
t_i	22.5	25.8	30.7	31.3	33.7	35.3	36.0②	35.3	34	33.7③
温度/℃	76	78	80	82	83	84	86	88	90	90.7
t_i	36.4	45.6	51.5	59.0	62.5	65.2	67.7	68.7④	68.0	66.2⑤

注：2～40℃时固相为冰；41.4～75℃时固相为三水合锰酸钠；75.2～90.7℃时固相为水合锰酸钠。

① 固相冰 +$NaMnO_4 \cdot 3H_2O$。

② 三水物的熔点。

③ 固相 $NaMnO_4 \cdot 3H_2O + NaMnO_4 \cdot H_2O$。

④ 水物的熔点。

⑤ 固相可能为 $NaMnO_4 \cdot H_2O + NaMnO_4 \cdot \frac{1}{2} H_2O$。

16.4 黏度

16.4.1 铬酸盐水溶液的黏度

表16.4.1 铬酸盐水溶液的黏度　　单位：mPa·s

(1) $K_2Cr_2O_7$

浓度(质量分数)/%	温度/℃		
	25	40	75
4.78	0.87	0.65	0.35
9.06	0.89	0.68	0.36
14.92		0.70	0.39
25.0			0.48
35.0			0.62

(2) Na_2CrO_4

浓度(质量分数)/%	温度/℃		
	25	40	75
8.98	1.06	0.85	0.42
16.23	1.38	1.06	0.58
22.96	1.88	1.40	0.78
28.79	2.62	1.88	1.08
34.55	3.75	2.61	1.43
39.12	5.54	3.58	1.88

(3) $Na_2Cr_2O_7 \cdot 2H_2O$

浓度(质量分数)/%	温度/℃			浓度(质量分数)/%	温度/℃		
	25	40	75		25	40	75
10	0.96	0.70	0.42	50	2.41	1.75	1.12
20	1.08	0.80	0.50	55	3.01	2.15	1.32
30	1.30	0.98	0.64	60	3.94	2.76	1.60
40	1.70	1.24	0.83	65	5.38	3.67	1.94
45	2.00	1.46	0.97	70	8.26	5.23	2.44

(4) $(NH_4)_2Cr_2O_7$

浓度(质量分数)/%	温度/℃			浓度(质量分数)/%	温度/℃		
	25	40	75		25	40	75
5.16	0.86	0.66	0.34	23.22	0.94	0.74	0.44
9.76	0.86	0.68	0.35	29.6	—	0.81	0.51
17.57	0.90	0.72	0.39	43.3	—	—	0.69

16.4.2 铬酸盐水溶液的比黏度

表 16.4.2 铬酸盐水溶液的比黏度 ($\eta/\eta_{水}$,25℃)

浓度/(mol/L)	1.0	0.5	0.25	0.125
铬酸钾	1.1133	1.0528	1.0224	1.0116
重铬酸钾		1.0061	1.0034	0.9999

16.4.3 重铬酸钾的黏度

表16.4.3 重铬酸钾的黏度

单位：mPa·s

温度/℃	400	450	500
η	13.2	9.8	7.0

16.4.4 铝酸钠水溶液的黏度

表 16.4.4 铝酸钠水溶液的黏度

Al_2O_3浓度/(g/L)	Na_2O浓度/(g/L)	温度/℃	黏度/(mP·s)
28.5	62.04	80	1.86
29.65	29.67	80	0.77
34.9	31.76	30	1.13
		40	1.01
		50	0.89
		60	0.89
		80	0.77
54.00	61.64	80	0.88
59.30	59.34	80	0.88
85.50	186.1	80	1.38
88.95	89.01	80	1.09
104.7	95.28	30	2.64
		40	2.23
		50	1.69
		60	1.65
		80	1.10

Al_2O_3浓度/(g/L)	Na_2O浓度/(g/L)	温度/℃	黏度/(mPa·s)
134.0	208.0	80	1.99
135.0	154.1	80	1.48
139.6	127.0	80	1.56
142.5	310.2	30	14.2
		40	9.70
		50	6.71
		60	5.07
		80	3.15
143.4	277.7	80	2.56
159.3	308.6	80	3.76
177.9	178.0	80	1.94
207.6	207.7	80	3.38
237.20	237.36	30	18.5
		40	11.9
		50	8.28
		60	5.61

续表

Al_2O_3浓度 /(g/L)	Na_2O浓度 /(g/L)	温度 /℃	黏度 /(mPa·s)	Al_2O_3浓度 /(g/L)	Na_2O浓度 /(g/L)	温度 /℃	黏度 /(mP·s)
111.5	216.0	80	2.03	243.0	277.4	80	3.42
114.0	248.2	80	2.06				
127.4	246.9	70	2.58	266.85	267.43	80	4.69
128.2	279.2	30	9.93			30	30.1
		40	7.29			40	18.1
		50	5.09			50	11.8
		60	4.03			60	8.58
		80	2.66			80	4.69

16.5　表面张力

16.5.1　铬酸钠水溶液的表面张力

表16.5.1　铬酸钠水溶液的表面张力(30℃)　　单位：mN/m

浓度/(mol/L)	0.5	1.0	1.5	2.0	2.5	3	4	5	6	7
σ	72.6	74.1	75.7	77.5	79.5	81.4	85.4	90.4	95.9	98.6
浓度(质量分数)/%	5	10	15	20	25	30	35	40	45	50
σ	71.75	72.77	73.86	75.17	76.97	79.39	81.56	84.49	89.43	95.55

16.5.2　钼酸钠的表面张力

表16.5.2　钼酸钠的表面张力

温度/℃	700	800	900	1000	1100	1200
σ/(mN/m)	214	204	195	187	181	175

16.5.3　铝酸钠水溶液的表面张力

表16.5.3　铝酸钠水溶液的表面张力

Al_2O_3浓度 /(g/L)	Na_2O浓度 /(g/L)	温度 /℃	表面张力 /(mN/m)	Al_2O_3浓度 /(g/L)	Na_2O浓度 /(g/L)	温度 /℃	表面张力 /(mN/m)
28.5	62.04	80	66	134.0	208.0	80	80
29.65	29.67	80	69	135.0	154.1	80	79
34.9	31.76	30	78	139.6	127.0	80	82
		40	76	142.5	310.2	30	94
		50	75			40	93
		60	75			50	90
		80	75			60	90
54.00	61.64	80	70			80	88
59.30	59.34	80	72	143.4	277.7	80	88
85.50	186.1	80	73	159.3	308.6	80	88
88.95	89.01	80	75	177.9	178.0	80	82
104.7	95.28	30	80	207.6	207.7	80	90
		40	80	237.20	237.36	30	95
		50	80			40	95
		60	78			50	93
		80	78			60	91

续表

Al_2O_3 浓度	Na_2O 浓度	温度	表面张力
/(g/L)		/℃	/(mN/m)
111.5	216.0	80	77
114.0	248.2	80	80
127.4	246.9	70	80
128.2	279.2	30	88
		40	86
		50	84
		60	86
		80	78
243.0	277.4	80	90
266.85	267.43	80	87
		30	97
		40	97
		50	95
		60	95
		80	93

16.6 溶解度

16.6.1 多金属含氧酸盐在水中的溶解度

表 16.6.1 铬酸盐在水中的溶解度

分子式	名称	铬酸盐在下列温度（℃）时的溶解度 /(g/100g 水)												
		0	10	20	25	30	40	50	60	70	80	90	100	150
$BaCrO_4$	铬酸钡	0.2	0.28	0.37		0.46	mg							
$CaCrO_4$	铬酸钙	4.13	3.12	2.5	2.19	1.89	1.48	1.12	0.91	0.7	0.56	0.5	0.44	
$K_2Cr_2O_4$	铬酸钾	59	61	63		65	67	69	71	73	75	77	79	
K_2CrO_7	重铬酸钾	5	8.5	13.1		18.2	29.2	37	50.5	61.5	73	96.2	102	
Na_2CrO_4	铬酸钠	31.8	48.2	75	84.5	89.9	95.3	103	115	122	125	126	127	133
$Na_2CrO_4·4H_2O$	铬酸钠 ·4 水					88.7	95.9	104	115					
$Na_2CrO_4·10H_2O$	铬酸钠 ·10 水	31.7	50.2	88.7									∞	
Na_2CrO_7	重铬酸钠	62		6418									8198	
$Na_2CrO_7·2H_2O$	重铬酸钠 ·2 水	164	170	180	187	194	211	233	260		355		418	
$(NH_4)_2CrO_4$	铬酸铵	25	26.5	33	36.8	40.4	46.6	51.9	58.6	71.2	81.875			
$(NH_4)_2Cr_2O_7$	重铬酸铵	18.3		35.6		46.5	58.4	71.4	86		115		156	
Tl_2CrO_4	铬酸亚铊			4	5	7	12	19	30	46	67	108	200	

表 16.6.2 钼酸盐在水中的溶解度

分子式	名称	在下列温度（℃）下的溶解度 /(g/100g 水)											
		0	10	20	25	30	40	50	60	70	80	90	100
Na_2MoO_4	钼酸钠	44	60	68	70	70	70	69	70	74	79	83	84
$Na_2MoO_4·2H_2O$	钼酸钠 ·2 水	56.2		65.0	65.4	66.1	68.4	70.7	72.6	74.0	75.5	78.2	83.8
$Na_2MoO_4·10H_2O$	钼酸钠 ·10 水	44.3	64.7										

表 16.6.3 钨酸盐在水中的溶解度

分子式	名称	下列温度（℃）钨酸盐的溶解度 /(g/100g 水)											
		0	10	20	25	30	40	50	60	70	80	90	100
Na_2WO_4	钨酸钠	57.5	72.1	73.0	74.4	75.5	77.9	80.9	84.2	87.4	90.1	93.2	96.8
$Na_2WO_4·2H_2O$	钨酸钠 ·2 水	71.6	72.0	72.4	73.5	74.9	77.9	81.2	84.5	87.9	91.2	94.3	97.2
$Na_2WO_4·10H_2O$	钨酸钠 ·10 水	57.6											
$Na_{10}W_{12}O_{41}$	重钨酸钠①	2.1	4.2	7.5	9.0	11.4	18.0	26.5	35.0	43.0	52.0	61.0	70.0

① 单位为 %（质量分数）。

表 16.6.4　高锰酸钾在水中的溶解度

（1）在水中

温度/℃	0	10	15	20	25	30	35	40	45	50	55	60
浓度(质量分数)/%	2.75	4.01	4.95	6.00	7.00	8.28	8.30	11.09	12.73	14.35	16.2	20.02

（2）在重水中

温度/℃	D_2O摩尔分数/%	$KMnO_4$与H_2O+D_2O的摩尔比($\times10^2$)	温度/℃	D_2O摩尔分数/%	$KMnO_4$与H_2O+D_2O的摩尔比($\times10^2$)
5	0.0	0.4002	25	0.0	0.8696
	91.59	0.302		90.88	0.7000
	100.0	0.293		100.0	0.6815
15	0.0	0.600	35	0.0	1.1224
	90.86	0.471		90.86	1.1010
	100.0	0.458		100.0	0.989

表 16.6.5　其他一些多金属含氧酸盐在水中的溶解度　　单位：g/L

温度/℃	−5	0	10	18	20	25	30	35
$NaSnO_3\cdot3H_2O$	2.46	2.44	2.40	2.34	2.32	2.27	2.21	2.13
$NaVO_3$						211	230	246
$NaVO_3\cdot2H_2O$						153	190	242
NH_4VO_3				4.35	4.80	6.08	8.40	10.77
温度/℃	40	45	50	55	60	70	80	
$NaSnO_3\cdot3H_2O$	2.05	1.98	1.91					
$NaVO_3$	262	277	294	312	330	369	406	
$NaVO_3\cdot2H_2O$	302	376	467	568	684			
NH_4VO_3	13.2	15.71	17.8	19.97		30.5		

16.6.2　多金属含氧酸盐在其他溶液中的溶解度

表 16.6.6　铬酸钾在一些溶液中的溶解度

(1) NaCl 溶液

NaCl浓度/(mol/L)	0	0.42	0.86	1.73	2.59	3.30	3.40	4.25
溶解度/(mol/L)	4.17	4.05	3.85	3.25	2.73	2.39	2.28	2.24

(2) KCl 溶液

KCl浓度/(mol/L)	0.40	0.46	1.31	1.72	2.18	2.70
溶解度/(mol/L)	3.86	3.84	3.24	2.94	2.62	2.38

(3) $MgCl_2$ 溶液

$MgCl_2$浓度/(mol/L)	0.42	0.86	1.73	2.27	2.76	3.26
溶解度/(mol/L)	3.79	3.05	2.15	1.37	0.65	0.52

(4) KBr 溶液

KBr浓度/(mol/L)	0.41	0.82	1.24	1.78	2.19	2.70
溶解度/(mol/L)	3.78	3.45	3.13	2.75	2.50	2.19

(5) NH_4Cl 溶液

NH_4Cl浓度/(mol/L)	0.45	0.83	1.81	2.34	2.73	3.76	4.51
溶解度/(mol/L)	3.84	3.46	2.79	2.50	2.21	1.74	1.43

表 16.6.7　重铬酸钾在一些溶液中的溶解度

(1) LiCl 溶液

LiCl浓度/(mol/L)	0	0.49	0.92	1.78	2.78	3.61	4.49
溶解度/(mol/L)	0.482	0.463	0.425	0.377	0.308	0.228	0.220

(2) NaCl 溶液

NaCl浓度/(mol/L)	0.47	0.94	1.91	2.84	3.80	4.21	5.63
溶解度/(mol/L)	0.485	0.497	0.465	0.437	0.388	0.373	0.343

(3) NH_4Cl 溶液

NH_4Cl浓度/(mol/L)	0.73	1.79	2.59	3.10	4.00	5.32
溶解度/(mol/L)	0.470	0.423	0.387	0.360	0.305	0.152

(4) $MgCl_2$ 溶液

$MgCl_2$浓度/(mol/L)	0.245	0.465	0.921	1.155	1.370	1.575
溶解度/(mol/L)	0.463	0.440	0.373	0.345	0.318	0.293

(5) $CaCl_2$ 溶液

$CaCl_2$浓度/(mol/L)	0.120	0.225	0.460	0.705	0.820	0.935	5.71
溶解度/(mol/L)	0.480	0.485	0.473	0.448	0.437	0.427	0.313

(6) $SrCl_2$ 溶液

$SrCl_2$浓度/(mol/L)	0.255	0.500	1.010	1.140	1.420	1.735
溶解度/(mol/L)	0.482	0.485	0.455	0.448	0.437	0.397

表16.6.8 高锰酸钾在氯化钾溶液中的溶解度

单位：mol/L

温度/℃	KCl	0.1	0.36	0.5	0.61	1.0	1.65	2.0	2.32	2.89	4.06
0		0.1395		0.076		0.053		0.038			
25	$KMnO_4$	0.4315	0.312	0.306	0.260	0.220	0.148	0.1432	0.116	0.102	0.080
40		0.738		0.584		0.444		0.288			

表16.6.9 高锰酸钾在KOH溶液中的溶解度

单位：mol/L

温度/℃	H_2O	KOH水溶液浓度/(mol/L)					
		1	2	4	6	8	10
0	0.176	0.050	0.031	0.027	0.023	0.017	0.012
10	0.278	0.112	0.068	0.048	0.042	0.028	0.016
20	0.411	0.179	0.119	0.079①	0.074②	0.032	0.029
30	0.573	0.316①	0.213①	0.149	0.114	0.062①	0.040
40	0.792	0.439	0.306	0.211	0.161	0.084	0.052
50	1.154③	0.638	0.462	0.304	0.219	0.111	—
70	1.812	1.172	0.869	0.572	0.390	0.188	0.082
80	—	1.513	1.190	—	0.500	0.231	—
90	—	—	—	—	0.649	0.297	—

① 32℃。
② 19℃。
③ 53℃。

表16.6.10 高锰酸钾在K_2CO_3溶液中的溶解度

单位：mol/L

温度/℃	0.05mol/L	0.5mol/L	1mol/L	2mol/L	3mol/L
0	0.1462	0.0629	0.0446	0.027	0.0156
25	0.4375	0.2589	—	0.093	—
40	0.7380	0.5007	0.3519	—	—

表16.6.11 高锰酸钾在一些盐溶液中的溶解度(25℃)

单位：mol/L

（1）LiCl 溶液

LiCl	0.0	0.50	1.0	2.0	3.0	5.0
$KMnO_4$	0.450	0.436	0.409	0.340	0.278	0.164

（2）NaCl 溶液

NaCl	0.50	1.0	2.0	3.0	4.0	5.0
$KMnO_4$	0.464	0.456	0.434	0.384	0.353	0.301

（3）$MgCl_2$ 溶液

$MgCl_2$	0.5	1.0	2.0	3.0	4.0	5.0
$KMnO_4$	0.401	0.350	0.224	0.140	0.084	0.016

（4）$CaCl_2$ 溶液

$CaCl_2$	0.0	0.5	1.0	2.0	3.0	4.0
$KMnO_4$	0.450	0.436	0.382	0.298	0.206	0.161

（5）NH_4Cl 溶液

NH_4Cl	0.5	1.0	2.0	3.0	4.0	5.0
$KMnO_4$	0.394	0.338	0.254	0.196	0.168	0.148

（6）$SrCl_2$ 溶液

$SrCl_2$	0.0	0.25	0.5	1.0	2.0	3.0
$KMnO_4$	0.450	0.454	0.446	0.406	0.324	0.270

表16.6.12　高锰酸钾在丙酮溶液中的溶解度　　单位：g /100mL 饱和溶液

mL 丙酮 /100mL 溶剂	0	10	20	30	40	50	60	70	80	90	100
溶解度	4.70	5.13	5.61	6.59	8.14	9.16	10.02	10.38	9.89	7.18	2.14

16.7　热导率

16.7.1　重铬酸钠水溶液的热导率

表16.7.1　重铬酸钠水溶液的热导率（20℃）　　单位：W/(m·K)

浓度（质量分数）/%	0	10	20	30	40	50
$Na_2Cr_2O_7$	0.598	0.593	0.585	0.576	0.567	0.558

16.7.2　其他多金属含氧酸盐的热导率

表16.7.2　其他多金属含氧酸盐的热导率　　单位：W/(m·K)

温度 /K	2	3	4	5	6	8	10	12	14	16	18	20	25
铁酸锌	0.032	0.069	0.104	0.158	0.211	0.353	0.539	0.712	0.966	0.124	0.151	0.175	2.594
铁酸锌钴	0.061	0.109	0.180	0.248	0.298	0.493	0.597	0.765	0.830	0.966	1.102	1.281	1.404
钛酸铜				4.200	5.400	7.500	9.700	11.80	13.70	15.60	17.30	18.90	22.20
温度 /K	30	35	40	45	50	60	70	80	90	100	110	120	130
铁酸锌									3.971	3.971	3.973	3.989	4.08
钛酸铜	24.00	24.80	25.00	24.20	22.99	20.30	17.80	15.50	13.60	12.00	10.80	9.849	9.073
温度 /K	140	150	160	170	180	190	200	210	220	240	260	280	300
铁酸锌	4.024	4.030	4.030	4.025	4.020	4.017	4.017	4.020	4.087	4.143	4.046	3.998	4.000
钛酸铜	8.30	7.70	7.10	6.65	6.20	5.85	5.50	5.25	5.00	4.65	4.50	4.55	4.80
温度 /K	320	340	360	380	400	450	500	550	600	650	700	750	800
铁酸锌	4.040	4.098	4.062	4.063	4.061	4.104							
钛酸铅	4.065	3.621	3.415	3.355	3.378	3.331	3.003	2.556	3.090	3.118	2.755	3.021	3.116
偏钛酸钙	4.638	4.391	4.448	4.269	4.150								
锆酸铅	1.356	1.356	1.342	1.308	1.301	1.336	1.472	1.491^{530}					
锡酸镁	8.091	7.861	7.571	7.302	7.012								

注：材质状态：

铁酸锌钴：试件的主要金属成分为55.8%Fe、11.6%Co 和 6.46%Zn，试件长 4.37cm，截面积为 0.329cm^2。

钛酸钡：试件为多晶体，尺寸为 1mm×1mm×7mm。

铁酸锌：试件由 66.24% 分析纯 Fe_2O_3 和 33.76%ZnO 研磨后的混合物经过加热处理而成。

钛酸铅：试件制备过程是，化学纯 PbO 和专门品位的 TiO_2 的粗粉料掺水混合，压成圆饼，在硅碳炉中烘烤。然后将其粉碎过筛，再压制成圆饼（直径 2.235cm，厚度 0.395cm）。再在 1250℃下烧结 2h。密度为 6.86g/cm^3，总孔率 14.6%。

锆酸铅：试件制备过程是，特定品位的 PbO 和化学纯品位的 ZrO_2 的粗粉掺水混合，压成圆饼，在硅碳炉中烘烤。然后将其粉碎过筛，再压制成圆饼（直径 2.12cm，厚度 0.3274cm）。再在 1200℃下烧结 2h。密度为 6.05g/cm^3，总孔率 25.5%。

锡酸镁：试件 25℃时的密度为 5.18g/cm^3，吸水率 0.25%。

16.8 蒸气压

表 16.8.1 钼酸钠水溶液的蒸气压降低值

浓度 /(mol/L)	0.5	1.0	2	3	4
压降 / kPa	1.9732	4.4796	9.5459	15.425	21.678

16.9 比热容

16.9.1 铬酸盐的比热容

表16.9.1 铬酸钾的比热容　　单位：J/(mol·K)

温度 /K	298	300	400	500	600	700	800	900
c_p	146.039	146.189	153.679	161.168	168.657	176.147	183.636	191.126
温度 /K	939①	939②	1000	1100	1200	1244	1244～1600（液体）	
c_p	194.046	195.677	198.74	203.761	208.782	210.991	209.2	

① 其前是 α 型固体。
② 其后是 β 型固体。

表16.9.2 铬酸铁的比热容　　单位：J/(mol·K)

温度 /K	300	400	500	600	700	800	900	1000	1100
c_p	134.287	152.02	161.428	167.559	172.143	175.902	179.182	182.164	184.951
温度 /K	1200	1300	1400	1500	1600	1700	1800	1900	2000
c_p	187.607	190.168	192.663	195.107	197.512	199.889	202.242	204.578	206.898

表16.9.3 铬酸镍的比热容　　单位：J/(mol·K)

温度 /K	300	400	500	600	700	800	900	1000	1100
c_p	132.036	149.32	158.574	164.667	169.268	173.074	176.417	179.473	182.341
温度 /K	1200	1300	1400	1500	1600	1700	1800	1900	2000
c_p	185.082	187.732	190.318	192.855	195.355	197.827	200.276	202.708	205.126

表16.9.4 重铬酸铵的比热容　　单位：kJ/(kg·℃)

温度 /℃	5	10	15	20	25	30
比热容	3.975	3.783	3.592	3.427	3.280	3.141

表16.9.5 其他铬酸盐水溶液的比热容　　单位：kJ/(kg·K)

质量分数 /%	2	5	10	20	30	40	50	60	70
K_2CrO_4				3.271		2.542			
$K_2Cr_2O_7$	4.042	3.936	3.730	3.64[12]					
Na_2CrO_4		3.890	3.647	3.481	3.397	2.987			
$Na_2Cr_2O_7$			3.820	3.495	3.246	2.978	2.721	2.497	2.280

16.9.2 钼酸盐的比热容

表16.9.6 钼酸钡的比热容　　单位：J/(mol·K)

温度 /K	298	300	400	500	600	700	800	900	1000	1100	1200
c_p	114.66	115.07	129.49	137.72	143.52	148.17	152.20	155.88	159.34	162.66	165.88

表16.9.7　钼酸铁的比热容　　单位：J/(mol·K)

温度/K	298	300	400	500	600	700	800
c_p	113.746	114.084	126.237	133.637	139.167	143.814	147.989
温度/K	900	1000	1100	1200	1300	1400	1500
c_p	151.892	155.624	159.245	162.791	166.283	169.737	173.162

16.9.3　钨酸盐的比热容

表16.9.8　钨酸钡的比热容　　单位：J/(mol·K)

温度/K	298	300	400	500	600	700	800	900	1000	1100	1200
c_p	114.66	115.07	129.49	137.72	143.52	148.17	152.20	155.89	159.34	162.66	165.88

表16.9.9　钨酸钙的比热容　　单位：kJ/(kg·K)

温度/K	50	60	70	80	90	100	120	140	160	180	200
c_p	0.0735	0.0955	0.1188	0.1413	0.1624	0.1828	0.2203	0.2520	0.2795	0.3032	0.3229
温度/K	220	240	260	280	300	320	350	400	450	500	550
c_p	0.3411	0.3578	0.3728	0.3852	0.4002	0.4329	0.4409	0.4488	0.4568	0.4647	0.4727
温度/K	600	650	700	750	800	850	900	950	1000	1050	1073
c_p	0.4806	0.4886	0.4966	0.5045	0.5125	0.5204	0.5284	0.5363	0.5443	0.5523	0.5560

注：前段(50～300K)试件成分为80.59%WO_3、19.49%CaO。

16.9.4　铝酸盐的比热容

表16.9.10　铝酸铁的比热容　　单位：J/(mol·K)

温度/K	298	300	400	500	600	700	800	900	1000	1100
c_p	127.90	128.42	146.27	155.93	162.38	167.30	171.42	175.06	178.41	181.57
温度/K	1200	1300	1400	1500	1600	1700	1800	1900	2000	2053
c_p	184.60	187.54	190.40	193.23	196.01	198.76	201.50	204.21	206.91	208.34

表16.9.11　铝酸钠的比热容　　单位：J/(mol·K)

温度/K	298	300	400	500	600	700	740	740	800	900
c_p	73.583	73.859	84.117	89.681	93.403	96.259	97.255	97.255	98.645	100.76
温度/K	1000	1100	1200	1300	1400	1500	1600	1700	1800	1900
c_p	102.71	104.56	106.32	108.04	109.72	111.36	112.99	114.60	116.20	117.79

注：740K前为固体，其后为液体。

表16.9.12　铝酸钠水溶液的比热容

温度/℃	溶液组成(体积比)	c_p/[kJ/(kg·K)]	温度/℃	溶液组成(体积比)	c_p/[kJ/(kg·K)]
	Al_2O_3：Na_2O			Al_2O_3：Na_2O	
25	50：69	3.785	25	171：210	3.437
25	23：158	3.647	84	283：253	3.433
25	120：150	3.550	92	245：208	3.684
25	130：380	3.354	95	0：222	3.559

16.9.5 钛酸盐的比热容

表16.9.13 钛酸铝的比热容 单位：J/(mol·K)

温度/K	300	400	500	600	700	800	900	1000
c_p	137.09	162.10	174.87	182.82	188.50	192.96	196.72	200.03
温度/K	1100	1200	1300	1400	1500	1600	1700	1800
c_p	203.06	205.90	208.60	211.20	213.73	216.20	218.62	221.02

表16.9.14 钛酸钡的比热容 单位：J/(mol·K)

温度/K	300	393①	393①	400	500	600	700	800	900	1000	1100
钛酸钡	146.08			163.99	172.81	178.05	181.60	184.26	186.38	188.19	189.78
偏钛酸钡	98.08	110.88	110.88	111.51	118.02	121.81	124.32	126.14	127.56	128.73	129.74
温度/K	1200	1300	1400	1500	1600	1700	1800	1900	2000	2100	2133
钛酸钡	191.23	192.57	193.84	195.06	196.23	197.38	198.49	199.59	200.67	201.74	202.09
偏钛酸钡	130.64	131.47	132.24	132.96	133.66	134.33	134.98	135.62	136.1[1978]		

① 393K 是偏钛酸钡的 α 型和 β 型的转变温度。

表16.9.15 偏钛酸钙的比热容 单位：kJ/(kg·K)

温度/K	300	400	500	600	700	800	900	1000	1100	1200	1300	1400	1500	1530	>1530
c_p	0.377	0.431	0.458	0.473	0.483	0.491	0.496	0.501	0.505	0.509	0.512	0.515	0.518	0.519	0.515

注：试件成分中含 0.69%CaO 及 0.05%CO_2，在 1530K 时 α 型向 β 型转变。

16.9.6 铁酸盐的比热容

表16.9.16 铁酸锌的比热容 单位：kJ/(kg·K)

温度/K	5	6	8	10	12	14	16	18	20	25	30	35
c_p	0.0015	0.0168	0.0381	0.1200	0.0519	0.0448	0.0389	0.0351	0.0322	0.0299	0.0326	0.0390
温度/K	40	45	50	60	70	80	90	100	110	120	130	140
c_p	0.0480	0.0585	0.0706									
c_p^*			0.730	0.976	0.1255	0.1534	0.1805	0.2089	0.2373	0.2648	0.2914	0.3172
温度/K	150	160	170	180	190	200	210	220	240	260	280	300
c_p^*	0.3425	0.3659	0.3876	0.4018	0.4272	0.4459	0.4631	0.4784	0.5072	0.5330	0.5537	0.5733

注：c_p 所对应的试件材质：46.24%Fe、27.2%Zn、<0.1% 硝酸亚铁、0.01%～0.1%Al、0.01%～0.1%Mn、其他（包括 CO、Mg、Ni 及 S 均为 0.001%～0.01%）加压后在空气烧至 1100℃共 14h，过 30 目筛后制为棒，再在 1100℃下烧 12h，然后在炉中冷却 16 小时。

c_p^* 所对应的试件材质：成分为 66.11%Fe_2O_3、33.89%ZnO，在 940～1280℃加热 18 天，边加热边研磨和混合。

16.10 比焓和比熵

表16.10.1 铝酸钠的比焓和比熵

温度/K	298	300	400	500	600	700	740	740	800	900
比焓/(kJ/mol)	1133.8	1133.6	1125.7	1117.0	1107.8	1098.3	1094.5	1093.2	1087.3	1077.3
比熵/[J/(mol·K)]	70.338	70.795	93.625	113.04	129.74	144.37	149.74	151.50	159.13	170.87
温度/K	1000	1100	1200	1300	1400	1500	1600	1700	1800	1900
比焓/(kJ/mol)	1067.1	1056.8	1046.2	1035.5	1024.6	1013.6	1002.3	990.96	979.42	967.72
比熵/[J/(mol·K)]	181.59	191.47	200.64	209.22	217.29	224.91	232.15	239.05	245.65	251.97

注：740K 前为固体，其后为液体。

第 17 章
其他无机物料

目 录

17.1 物性总览 ………………………… 496
17.1.1 其他无机物料的一般特性 …… 496
17.1.2 其他无机酸盐的一般特性 …… 501
17.1.3 其他无机化合物的危险品特性 … 507
17.1.4 其他无机盐危险品特性 ……… 508

17.2 密度 ………………………… 509
17.2.1 硅酸盐水溶液的密度 ………… 509
17.2.2 硅酸钠的玻美度 …………… 509
17.2.3 砷酸盐水溶液的密度 ………… 509
17.2.4 硼酸盐水溶液的密度 ………… 510

17.3 沸点和冰点 ………………………… 510
17.3.1 硼酸盐水溶液及饱和溶液的沸点 ………………………… 510
17.3.2 偏硅酸钠沸点升高(101.3kPa) ………………… 510
17.3.3 硅酸钠冰点下降 …………… 511

17.4 黏度和表面张力 ………………… 511
17.4.1 硅酸钠的黏度 ……………… 511
17.4.2 硼酸盐的表面张力 ………… 512

17.5 溶解度 ………………………… 512
17.5.1 无机化合物的溶解度 ………… 512
17.5.2 无机盐的溶解度 …………… 512

17.6 蒸气压 ………………………… 514

17.7 热导率 ………………………… 516
17.7.1 钾盐的热导率 ……………… 516
17.7.2 钠盐和镁盐的热导率 ………… 516

17.8 比热容 ………………………… 516
17.8.1 无机化合物的比热容 ………… 516
17.8.2 无机盐的比热容 …………… 517

17.9 焓、熵和熔融热 ………………… 519
17.9.1 十水合四硼酸钠的焓和熵 …… 519
17.9.2 硅酸盐的熔融热 …………… 519

17.1 物性总览

17.1.1 其他无机物料的一般特性

（1）硅化物

表 17.1.1 硅化物的一般特性

分子式	名称	分子量	颜色	晶形	密度 /(g/cm³)	熔点 /℃	溶解度 /(g/100g 溶剂) 或溶解情况					
							冷水	热水	酸	碱	乙醇	其他溶剂
$CaSi_2$	二硅化钙	96.25	灰	片	2.50	1020	–	//	+	+		
$CeSi_2$	二硅化铈	196.25		粉	5.67^{17}	1620	–					
CoSi	一硅化钴	87.00	立		6.30^{20}	1395			+Cl;–N, S			
Co_2Si	硅化二钴	145.94	灰	正	7.10^{17}	1327			//			
Cr_3Si_2	二硅化三铬	212.17	灰	四、棱	5.500	1475	–		+Cl;–S			+HF
Cu_4Si	一硅化四铜	282.22	白	固	7.53^{20}	850			//N;–Cl			
FeSi	硅化铁	83.93	黄灰	八	6.10^{20}		–		+			–王水
Li_6Si_2	二硅化六锂	97.81	蓝	晶	1.120	// 600	//		//			
Mg_2Si	一硅化二镁	76.70	蓝	立	1.940	1102	//		// C			
MnSi	一硅化锰	80.99		立	5.90^{15}	1280	–		÷ ÷			+HF
$MnSi_2$	二硅化锰	111.05	灰	八	5.24^{15}		–		–N, S	+		+HF
Mn_2Si	一硅化二锰	137.92	灰	棱	6.20^{15}	1316	–		+Cl	+		
Ni_2Si	硅化二镍	145.46		粉	7.20^{17}	1309	–		–			, ,(HF+HNO₃)*
RuSi	一硅化钌	129.16	白	粉	5.40^{4}		–		–			
PtSi	一硅化铂	223.29			1.163^{20}	1100	–					+王水
V_2Si	一硅化二钒	129.97	银白	棱	5.48^{17}		–		–		–	–乙醚；+HF
VSi_2	二硅化钒	107.07		棱	4.420	1655	–		–	–	–	–乙醚；+HF
W_2Si_3	三硅化二钨	452.02	灰		1.090		–		–			//Cl_2

（2）硼化物

表 17.1.2 硼化物的一般特性

分子式	名称	分子量	颜色	晶形	特性或折射率	密度 /(g/cm³)	熔点 /℃	沸点 /℃	溶解度 /(g/100g 溶剂) 或溶解情况 冷水	热水	酸	碱	乙醇	其他溶剂
BaB_6	六硼化钡	202.28	黑	立		4.360^{15}			—	—	+N			
CaB_6	六硼化钙	105.00	黑	立		2.330^{15}	2235		—	—	+N			
CeB_6	六硼化铈	204.98	蓝	六			2190		—		–Cl			
CoB	一硼化钴	69.76		棱		7.250^{18}			//		+N			
CrB	一硼化铬	62.81	银白	斜		5.400^{17}	2100		—	—				$+Na_2O_2^{**}$;//F_2
FeB	一硼化铁	66.67	黄灰			7.150^{18}			—		+N, S*			
KBH_4	硼氢化钾	53.94	白	粉或晶粉	1.490	1.175	真空中500℃分解		//		//	+液氨	÷	–苯、醚类
$LiBH_4$	硼氢化锂	27.1	白-灰白	粉	~	6.60	275//		①					+乙醚、四氢呋喃、脂肪胺类
MnB_2	二硼化锰	76.57	灰紫			6.900			//		+			
$NaBH_4$	硼氢化钠	37.83	白	立	1.542	1.074	400 //		55^{25}		–乙醚	–苯，烃	4	+甲醇(6.4)，液氨，胺类
NH_4BF_4	硼氟化铵	104.86	白	正		1.85^{17}	↑		25^{16}	97	//S′	$+NH_4OH$		
NiB	一硼化镍	69.51		棱		7.39^{18}			//		+N			+王水
SiB_3	三硼化硅	60.52	黑	正		2.520	2200		—		÷N;//S	//KOH		
SiB_6	六硼化硅	92.98	黑	晶		2.470			—		+N;//S	–KOH		
SrB_6	硼化锶	152.55	黑	晶		3.300			—	—	+N			
ThB_4	四硼化钍	275.40	黄	晶		7.50^{15}			—	—	+Cl,N,S*			
ThB_6	六硼化钍	297.04	紫	无		6.40^{15}			—	—	–Cl,S;+N	—		–HF
WB_2	二硼化钨	205.56	黑	晶		10.80			—	—				+王水

① 在 pH > 7 时，能溶于水，且水溶液缓慢分解；在 pH < 7 时，则迅速反应。

（3）砷化物

表 17.1.3 砷化物的一般特性

分子式	名称	分子量	颜色	晶形	密度 /(g/cm³)	熔点 /℃	沸点 /℃	溶解度 /(g/100g 溶剂) 或溶解情况 冷水	热水	酸	其他溶剂
As_2O_3	砷华	197.89	无、白		3.900						
As_2S_2	砷红	213.97	棕红	无	3.550	307	565	—		+	+碱
Ba_3As_2	砷化钡	561.90	棕		4.10^{15}						//Cl_2、F_2、Br_2
Ca_3As_2	砷化钙	270.06	红	晶	3.03^{25}	//		//		+	

续表

分子式	名称	分子量	颜色	晶形	密度/(g/cm^3)	熔点	沸点	溶解度/(g/100g 溶剂)或溶解情况			
						/℃		冷水	热水	酸	其他溶剂
$CdAs_2$	二砷化镉	487.05	深灰	立	6.21^{15}	721		—		+Cl、N	
$CrAs$	一砷化铬	126.92	灰	六	6.35^{16}			—	—	—	
Cu_3As	一砷化三铜	265.53	蓝	六	8.00^{20}	830		—	—	+	+氨水
Cu_5As_2	二砷化五铜	467.52	蓝	八	7.560	//		—	—	+	$+NH_4OH$
$FeAs_2$	二砷化铁	205.67	银白	立	7.380	990		—		−Cl;÷N	
$InAs$	砷化铟	189.71		斜	5.67^{27}	$943^{0.001}$					
$MnAs$	砷化锰	129.86	黑	六	6.17～6.2			—		+Cl	
$NiAs$	一砷化镍	133.60		六	7.570^{0}			—			+王水
WAs_2	二砷化钨	333.74	黑	晶	6.90^{18}			—		//S*、N*	
$ZnAs$	砷化锌	345.95	灰	立	5.530	1015		—		//	

（4）硒化物

表 17.1.4　硒化物的一般特性

分子式	名称	分子量	颜色	晶形	特性	密度/(g/cm^3)	熔点	沸点	溶解度/(g/100g 溶剂)或溶解情况					
							/℃		冷水	热水	酸	碱	乙醇	其他溶剂
Ag_2Se	硒化银	294.70	灰	立		8.000	860	//	—		+N*			
As_2Se_3	三硒化二砷	386.72	深棕	单		4.750	360	707	—	//		+		$+Na_2CO_3$溶液
$BaSe$	硒化钡	216.29	白	立	赤热则爆炸	5.020			//	//	//Cl			
Bi_2Se_3	三硒化二铋	654.84	黑	正		6.820	710	//	—			—		
$CdSe$	硒化镉	191.37	灰棕或红	六		5.810^{15}	>1350				//			
$CuSe$	硒化铜	142.51	黑	四(<110℃)立(>110℃)		6.000	550							×硝酸、王水等
Cu_2Se	硒化亚铜	206.05	黑	立		6.749^{30}	1113				//Cl、S	+KCN		
$HgSe$	硒化汞	279.55	灰黑	立	有毒	8.266	↑		—		−Cl			+王水、硒氢酸铵
$IrSe_2$	二硒化铱	350.04	深灰	晶、粉			// >600(CO_2)				—			÷王水
Ir_2Se_3	三硒化二铱	621.32	黑	无、粉							−N			÷÷王水
$MnSe$	一硒化锰	133.89	灰	立		5.59^{15}			—	//	//			
Na_2Se	硒化钠	124.95		晶	～	2.625^{10}	>875		//					−液氨
$NiSe$	硒化镍	137.65	银白-白	立		8.460			—		−Cl; +N			+王水
$PbSe$	硒化铅	286.16	灰	立		8.10^{15}	1065		—	—	+N、Cl′*			
$PdSe$	一硒化钯	185.36	暗灰				<960		—					+王水

续表

分子式	名称	分子量	颜色	晶形	特性	密度 /(g/cm³)	熔点 /℃	沸点 /℃	溶解度 /(g/100g 溶剂）或溶解情况 冷水	热水	酸	碱	乙醇	其他溶剂
P_2Se	一硒化二磷	140.91	红						//				—	−乙醚；+++CS_2
P_2Se_3	三硒化二磷	298.84	深红				//			//		+		−CS_2
P_2Se_5	五硒化二磷	456.76	红	针			//		//			+CCl_4		−−CS_2
P_4Se	一硒化四磷	202.88	黄	液			−12	↑	//		—			+CS_2；−乙醚
$PtSe_2$	二硒化铂	353.01	灰褐	无或晶		7.650	干燥时 //				÷S、N*	+硫化碱		+王水、HBr
$RuSe_2$	二硒化钌	259.00	灰黑	立							—			÷热王水
Sb_2Se_3	三硒化二锑	480.40	灰	粉			611		÷					
Sb_2Se_5	五硒化二锑	637.9	灰	晶	金属光泽	5.81	611～617							+王水
$SnSe$	一硒化锡	197.66	钢灰	晶		6.180^{0}	861		—		+Cl、N		+王水	+硫化物和碱金属溶液
$SnSe_2$	二硒化锡	276.62	白或褐			5.133	650		—		−稀；+S*	+		
Tl_2Se	一硒化二铊	487.70	灰	片			340		—		—			
$ZnSe$	硒化锌	144.34	黄	六		5.42^{15}	>1100		—		//N			

（5）碲化物

表 17.1.5 碲化物的一般特性

分子式	名称	分子量	颜色	晶形	特性或折射率	密度 /(g/cm³)	熔点 /℃	沸点 /℃	溶解度 /(g/100g 溶剂）或溶解情况 冷水	热水	酸	碱	其他溶剂
Ag_2Te	碲化银	343.34	灰	立		8.50	955		—		+N		+KCN 溶液
Bi_2Te_3	三碲化二铋	800.76	灰	棱		7.70^{20}	573				//N		
$CdTe$	碲化镉	240.02	棕黑	立	2.5	6.20^{15}	1041		—		−；//N		
Cu_2Te	碲化亚铜	254.70	蓝黑	晶、八		7.270	≈900				−Cl、S		+溴水
$IrTe_2$	二碲化铱	447.42	深灰	晶		9.50^{25}					—		+热王水
$PbTe$	碲化铅	334.80	白	立		8.16^{20}	917		—		—		
$PtTe_2$	二碲化铂	450.45	浅灰	六				>1200			+Na_2Te	+$(NH_4)_2S$	÷Na_2S 溶液
$RuTe_2$	二碲化钌	356.27	灰蓝	立			400～600				—		+++热王水
$SnTe$	一碲化锡	246.30	灰	晶		6.48	780			—	−Cl		
Tl_2Te	一碲化二铊	536.34					412		—		//		
$ZnTe$	碲化锌	192.96	棕红	立	3.56	5.54^{12}	1238		—		//Cl,N		

（6）其他无机化合物

表 17.1.6　其他无机化合物的一般特性

分子式	名称	分子量	颜色	晶形	特性或折射率	密度 /(g/cm³)	熔点 /℃	沸点 /℃	溶解度 /(g/100g 溶剂) 或溶解情况 冷水	热水	酸	碱	乙醇	其他溶剂
$Ba(NH_2)_2$	氨基钡	169.41	灰白				280		//	//				
$Be(BH_4)_2$	硼氢化铍	38.70	白	晶			↑ 91.3	//123	×					+苯
Cl_4O_3P	焦磷酰氯	251.38	无	液	发烟，腐蚀	1.82^{15}		90～$100^{1.6}$						
$Co(CO)_4$	四羰络钴	170.98	橙	晶		1.73^{18}	51	// 52	—	//	+苯	×	+	+ CS_2, 乙醚, 氯仿
$Co(NH_3)_3Cl_3·H_2O$	三氯三氨络钴 ·1 水	234.43							+		+		+	
$Co(NH_3)_4Cl_2·Cl·H_2O$	氯化二氯四氨络高钴 ·1 水	251.46	绿	正		1.847			+++		+		—	
$[Co(NH_3)_5·H_2O]Cl_2$	氯化一水五氨络钴	268.49	砖红			1.70^{25}	// 100		16.12	24.87^{16}	÷Cl			
$Co(NH_3)_6Cl_3$	氯化六氨络高钴	267.50	橙	单		1.702^{20}			4.26	12.74^{46}		−NH_4OH	—	
$Cr(CO)_6$	六羰基铬	220.06	无	斜		1.770	↑ // 150	炸 210			−苯	−乙醚	—	÷CCl_4，氯仿
$Cu(NH_3)_2(N_3)_2$	氨络叠氮化铜	181.64	暗绿	晶			// 100	炸 200	—		+			
$[Cu(NH_3)_4](NO_3)_2$	二硝酸四氨合铜	255.67	暗蓝	八		1.910	炸 210		+					
$Fe_2(CO)_9$	九羰基铁	363.79	黄	六		2.090	// 100		—		+N			
$GeHCl_3$	三氯氢化锗	179.98	无	液		1.930	−71	75.2	—	//				
$HgSiF_6·HgO·3H_2O$	氧氟硅化汞 ·3 水	613.33	黄	针					//		+			
$[Ir(CO)_3]_n$	多聚三羰铱		黄	晶			↑ $250^{Δ}$					−CCl_4		(Δ-CO 中)
$[Ir(CO)_4]_n$	多聚四羰铱		黄	晶			↑ $160^{Δ}$					+CCl_4		(Δ-CO 中)
K_3Sb	锑化三钾	239.5	黄绿	六			812						÷	
$MoO(OH)_3$	三羟氧化钼	162.97	褐				→$Mo_2O_5^{Δ}$		0.2		÷Cl、S	÷NH_3		(Δ-在 CO_2 中)
$Mo_3Cl_4(OH)_2·2H_2O$	四氯二羟化三钼 ·2 水	499.71	黄	无					—		+		—	
NH_3NI_3	氨合三碘化氮	411.80	红	正		3.500	// >20	炸	//		+Cl	+KCN	−纯	+Na_2SO_3 水溶液
$Ni(CO)_4$	四羰络镍	170.73		液		1.31^{17}	−25	43^{100}	0.018^{10}	—	+N		+	+乙醚、王水
$NiI_2·9NiO·15H_2O$	二碘九氧化十镍 ·15 水	1254.98	红棕						—		+N	−NH_4OH		
$NiSb$	锑化镍	180.45		六		7.70^{0}	1158	// 1400						

续表

分子式	名称	分子量	颜色	晶形	特性或折射率	密度/(g/cm³)	熔点/℃	沸点/℃	溶解度/(g/100g溶剂)或溶解情况 冷水	热水	酸	碱	乙醇	其他溶剂
NO_2NH_2	硝酰氨	62.03	无	晶			//		+				+	+乙醚
$P_3O_8I_6$	六碘八氧化三磷	982.46	红	晶			140	//	+				+	+乙醚
$Pt_2(CO)_2I_4$	四碘二羰络二铂	954.16	红	晶		5.257^{25}	// 150	//	÷					//KCN水溶液
$Rh(HS)_3$	三氢硫化铑	202.13	褐-黑				//		−	//	−	−Na_2S溶液		+王水、Br_2水溶液
$Ru(CO)_2$	二羰络钌	157.72	棕	无					+++				+++	−苯
$Ru(CO)_4$	四羰络钌	213.11	红绿	晶							+Cl			+HBr
$Ru(CO)_5$	五羰络钌	241.12	无	晶					−		+苯	+汽油	+++	+++CCl_4、氯仿
$Ru(NO)_5$	五氧氮络钌	251.10	红	立			//		−	−	+S;//N	// 丙酮	÷	−苯、乙醚
$Ru_2(CO)_9$	九羰络二钌	454.23	橙黄	单			// 150	↑ //		−NH_4OH		+丙酮	+氯仿	+苯、二甲苯
$NaBH_4$	硼氢化钠	37.83	无	立	～	1.070		// > 500	55^{20}	×	×			+液氨、吡啶
Na_3Sb	锑化三钠	190.75	深蓝				856		//					
NH_2OH	羟氨	33.03	无	液或斜	～	1.216	10	56.5^{3}	∞	//	+			++甲醇
$SO_3·SO_2Cl_2$	五氧二氯化二硫	215.06	无	液		1.837	−37.5	153^{100}	//		// HBr			// HI
$UO_2(NH_4)_3F_5$	五氟化双氧铀三胺	419.19		四	1.495	3.186^{20}	↑		+					

17.1.2 其他无机酸盐的一般特性

（1）硅酸盐

表 17.1.7 硅酸盐的一般特性

分子式	名称	分子量	颜色	形态	特性或折射点	密度/(g/cm³)	熔点/℃	沸点/℃	溶解度/(g/100g溶剂)或溶解情况 冷水	热水	酸	碱	乙醇	其他溶剂
$Al_2O_3·SiO_2$	硅酸铝	162.00	白	正	1.660	3.230	1860		−		−			
$Al_2O_3·CaO·2SiO_2$	铝硅酸钙	278.14	无	三	1.583	2.765	1551		−		+(80～100)℃强酸强碱		−	−有机溶剂
$Al_2O_3·Na_2O·6SiO_2$	铝硅酸钠	524.44	无	三	1.529	2.610	1100			−	//			
$Al_2(SiF_6)_3$	氟硅酸铝	480.18	白	粉	1.620	3.580			÷	+				
Al_2SiO_5	硅酸铝	162.05	白	正	1.660	3.247	∟1545	>1545	−	−	−Cl	+熔态		// HF
$BaSiF_6$	氟硅酸钡	279.40	白	棱、粉		4.279^{15}			表17.5.3		÷Cl、N			÷NH_4Cl溶液

续表

分子式	名称	分子量	颜色	形态	特性或折射点	密度/(g/cm³)	熔点	沸点	溶解度/(g/100g溶剂)或溶解情况					
							/℃		冷水	热水	酸	碱	乙醇	其他溶剂
$BaSiO_3$	硅酸钡	213.42	白	单、粉	1.674	4.400^{4}	1604		–	÷	+Cl			
$BaSiO_3·6H_2O$	硅酸钡·6水	321.52		正	1.547	2.590			0.17 //	//				
$Be_3Al_2(SiO_3)_2$	硅酸铝铍	537.51	无	六	1.580	2.660	1410		–	–				
$CaO·MgO·2SiO_2$	硅酸镁钙	216.52	白	单	1.672	3.280	1390		–	–	–			
$2CaO·Al_2O_3·SiO_2$	硅酸铝钙	274.21	无	四	1.658	3.048	1590				//			
$CaSiO_3$	硅酸钙(α)	116.16	无	单	1.615	2.905	1540		9.5mg		+Cl			
$CaSiO_3$	硅酸钙(β)	116.16	无	单	1.629	2.915	1190→α							
$CoSiF_6·6H_2O$	氟硅酸钴·6水	309.10	红	棱		2.113^{19}			118.1^{22}	+				
Co_2SiO_4	原硅酸钴	209.95	紫红	胶状沉淀		4.630			–		与热盐酸作用析出胶状硅酸			
Cs_2SiF_6	氟硅酸铯	407.88		立		3.376^{18}			60^{17}	<60			–	
$CuSiF_6·6H_2O$	氟硅酸铜.6水	313.72	蓝	单、正	～	2.207	$-2H_2O$ 60	//140	233.6^{17}				0.16^{2}(92%乙醇)	
$FeSiO_3$	硅酸亚铁	131.94	灰绿	单、正	1.697	3.500	1550							
Fe_2SiO_4	原硅酸亚铁	203.78	红棕	正、粉		4.340	1500		–		与盐酸煮沸析出胶状硅酸			
K_2SiF_6	氟硅酸钾	220.27	白	棱		2.600	暗红热时	//	0.12^{18}	0.95	+Cl		÷÷	–氨水
K_2SiO_3	硅酸钾	154.29	无	黏	～1.521	＞1.362	976		++		++	–	–	
$Li_2SiF_6·2H_2O$	氟硅酸锂·2水	191.97		单		2.30^{12}	$-2H_2O$ 100	//	52.6^{17}				+	–乙醚；丙酮
Li_2SiO_3	硅酸锂	89.97	无	正	1.548	2.52^{25}	1201		+	+//	+Cl			
Li_4SiO_4	原硅酸锂	119.82	无	正	1.600	2.280	1256		–		//			
$MgSiF_6·6H_2O$	氟硅酸锰·6水	274.48	无	三	1.344	1.788^{18}			64.8^{18}	+	//HF			
$MgSiO_3$	硅酸镁	100.39	白	单、粉	1.651	3.192	//1557		–	+				
$Mg_3Si_4O_{11}·H_2O$	四硅酸镁·1水	379.22	白	单、正	1.589	2.700			–	–				
$MnSiF_6·6H_2O$	氟硅酸锰·6水	305.10	玫瑰	正	1.357	1.904^{18}	//		140^{18}	+++			+	
$MnSiO_3$	硅酸锰	131.02	玫瑰	三	1.735	3.720^{25}	1323		–	–Cl				
Na_2SiF_6	氟硅酸钠	188.05	白	六	1.312	2.679	//		0.43	2.45			–	
Na_2SiO_3	硅酸钠	122.07	白	斜	1.520	2.400	1018		表17.5.3		–乙醇		–钠盐，钾盐溶液	
$Na_2SiO_3·5H_2O$	硅酸钠·5水	212.14	白	三	1.456	1.749	72.2	$-5H_2O$ 100	++		–		–	+稀NaOH
$Na_2O·Al_2O_3·4SiO_4$	偏硅酸铝钠	404.28	无	斜		3.300	1000		—	—	// Cl*			

续表

分子式	名称	分子量	颜色	形态	特性或折射点	密度/(g/cm³)	熔点/℃	沸点/℃	溶解度/(g/100g溶剂)或溶解情况					
									冷水	热水	酸	碱	乙醇	其他溶剂
$NiSiF_6 \cdot 6H_2O$	氟硅酸镍·6水	308.87	绿	斜或六	1.391	2.134	//	//	+++					
$PbSiO_3$	硅酸铅	283.28	白	单	1.961	6.490	766		–		//			
Rb_2SiF_6	氟硅酸铷	313.02		立		3.332			0.16^{20}	1.35^{100}	+		–	
$SrSiF_6 \cdot 2H_2O$	氟硅酸锶·2水	265.73	白	粉		2.900			//		//	+	+	+稀氟硅酸
$SrSiF_6 \cdot 2H_2O$	氟硅酸锶·2水	265.72		单		2.990	//		3.2^{15}	+			0.0615^{Δ}	(Δ-50%)
$SrSiO_3$	硅酸锶	163.71	白	非、粉	1.599	3.65^{25}	1580		÷÷	÷÷	+			
$ZnSiF_6 \cdot 6H_2O$	氟硅酸锌·6水	315.54	无	六		2.104^{20}	//		50^{0}	72^{100}				
$ZnSiO_3$	硅酸锌	141.47	玻	六、正	1.650	3.520	1437		–					

（2）硼酸盐

表 17.1.8 硼酸盐的一般特性

分子式	名称	分子量	颜色	晶形	特性或折射率	密度/(g/cm³)	熔点/℃	沸点/℃	溶解度/(g/100g溶剂)或溶解情况					
									冷水	热水	酸	碱	乙醇	其他溶剂
$Ba(BO_2)_2 \cdot 10H_2O$	偏硼酸钡·10水	403.11	白	团	1.575	3.300	1060		÷	+				–甲醇
KBF_4	氟硼酸钾	125.92	无	立、正	1.325	2.50^{20}	529.5	//	0.44^{20}	6.27		+	÷热	
$K_2B_4O_7 \cdot 4H_2O$	四硼酸钾·4水	305.50	白	晶		1.740	850		+				÷	
$Mg(BO_2)_2 \cdot 8H_2O$	偏硼酸镁·8水	254.05	无	针		2.300			–	–	++Cl;//Cl′			
MnB_4O_7	四硼酸锰	210.18	白	粉	~	2.500			÷		+		–	÷油
$NaBF_4$	氟硼酸钠	109.82	白	正		2.47^{20}	384 //	//	108^{26}	210	//S		÷	
$NaBO_2$	偏硼酸钠	65.80	无	三		2.400	966	1434	表17.5.4			÷NaOH	–	–乙醚
$Na_2B_4O_7$	四硼酸钠	201.22	白	粉	碱性	2.367	741	1575 //	表17.5.4					
$Na_2B_4O_7 \cdot 5H_2O$	四硼酸钠·5水	291.30	无	正	≈1.461	1.815	$-H_2O$ 120		表17.5.4					
$Na_2B_4O_7 \cdot 10H_2O$	四硼酸钠·10水	381.38	无	单	味咸 1.469	1.730	75	$-10H_2O$ 200	表17.5.4		–	÷CCl_4	–甲，乙	++甘油
$Na_2B_8O_{13} \cdot 4H_2O$	八硼酸钠·4水	415.52	百	细粉		1.740	75		++			（性质同其他硼酸盐）		
$NH_4B_5O_8 \cdot 4H_2O$	五硼酸铵·4水	272.18	无	斜		1.58	// 90		10				–	
NH_4BF_4	氟硼酸铵	104.86	白	正		1.851^{17}	↑		25^{16}	97	//S′	+氨水		
$NH_4HB_4O_7 \cdot 3H_2O$	四硼酸氢铵·3水	228.37	无	晶		2.600	//		10	+				
$Pb(BO_2)_2 \cdot H_2O$	偏硼酸铅·1水	310.84	白	晶、粉	毒	5.598		$-H_2O$ 160	÷	–	++N; //S,Cl	//沸	–	++沸乙酸，–NaOH

（3）砷酸盐

表 17.1.9 砷酸盐的一般特性

分子式	名称	分子量	颜色	晶形	特性或折射率	密度/(g/cm³)	熔点/℃	沸点/℃	溶解度/(g/100g溶剂)或溶解情况 冷水	热水	酸	碱	乙醇	其他溶剂
Ag_3AsO_4	砷酸银	462.52	黑色或暗红色	晶或淀		6.657	//		0.00085^{20}		//Cl;+N	+氨水	+乙酸	+碳酸铵
$BaHAsO_4\cdot H_2O$	砷酸氢钡·1水	295.29		正或单		3.93^{15}	$-H_2O$ 150	$-1.5H_2O$ 225	0.055					//砷酸(氢)钡
$Ba_3(AsO_4)_2$	砷酸钡	689.83	白	粉		5.100	1605				+		+乙酸	$+NH_4Cl$溶液
$BaHAsO_4\cdot H_2O$	砷酸一氢钡	295.27	无	斜		1.930^{15}			÷	//	+Cl			
$BiAsO_4$	砷酸铋	347.91		单		7.14^{15}			÷		÷			
$Ca_3(AsO_4)_2$	砷酸钙	398.08	白	粉		3.620	1455		0.013^{25}	—	+			
$Ca_3(AsO_4)_2\cdot Ca(OH)_2$	碱式砷酸钙	472.17	无	粉		2.850	$-H_2O$ 200		÷		+Cl			
$CaNH_4AsO_4\cdot 6H_2O$	砷酸钙铵·6水	305.13		单、片		1.905^{15}	//		0.02	+		—氨水		$+NH_4Cl$
$Cu_3(AsO_3)_2$	亚砷酸铜	436.49	绿黄	粉					÷			+		
$FeAsO_4\cdot 2H_2O$	砷酸铁·2水	230.79	白	正		3.180	//		—	—	+Cl;—N			
$FeAsO_4\cdot 4H_2O$	砷酸铁·4水	266.83	黄白	粉					—		+Cl、N			—乙酸；+亚硫酸
$4Fe_2O_3\cdot As_2O_3\cdot 5H_2O$	亚砷酸铁·5水	926.72	黄	粉					—		+			+乙酸
$Fe_3(AsO_3)_2$	亚砷酸亚铁	413.39	绿白	粉					—		+	+氨水		—铵盐溶液
$Fe_3(AsO_3)_2\cdot 6H_2O$	亚砷酸亚铁·6水	521.49	白	粉					—		+			—铵盐溶液
Hg_2HAsO_4	砷酸氢二亚汞	541.14	黄红				//		—		+N	—氨水		—乙酸
Hg_3AsO_3	亚砷酸亚汞	724.69	白、灰黄	粉	不稳定						+N			
Hg_3AsO_4	砷酸亚汞	740.69	黄白	正			//		—		//Cl;+N			—乙酸
$Hg_3(AsO_3)_2$	亚砷酸汞	847.61	白	粉							+N			+亚砷酸钾溶液
$Hg_3(AsO_4)_2$	砷酸汞	879.61	黄	单、粉			//			÷	++Cl;÷N			÷砷酸
$KAsO_2$	偏砷酸钾	146.01	白	粉	毒				+				÷	
$KAsO_2\cdot H_3AsO_3$	酸式亚砷酸钾	271.96	白	粉					+				—甲、乙	
$KH(AsO_2)_2\cdot H_2O$	偏砷酸氢钾·1水	271.94	白	粉					+				÷	
KH_2AsO_4	砷酸二氢钾	180.04	无	四	1.567	2.867^{25}	288		18.9	+++			—	

续表

分子式	名称	分子量	颜色	晶形	特性或折射率	密度/(g/cm³)	熔点	沸点	溶解度/(g/100g 溶剂)或溶解情况					
							/℃		冷水	热水	酸	碱	乙醇	其他溶剂
$K_2HAsO_4 \cdot H_2O$	砷酸氢二钾·1水	236.13		晶			$-H_2O$ 110		+					
K_3AsO_4	砷酸钾	256.22	无	晶	～				18.8	+++			4	
K_3AsS_4	硫代砷酸钾	320.46		晶	～		//		+++				—	
Li_3AsO_4	砷酸锂	159.73	白	正		3.070			+	+				
$Li_3AsO_4 \cdot {}^1/_2H_2O$	砷酸锂·$^1/_2$水	168.75	白	粉					—		+			+乙酸
$MgHAsO_4 \cdot 7H_2O$	砷酸氢镁·7水	290.35		单		3.155^{15}	$-5H_2O$ 100		//					
$Mg_3(AsO_4)_2 \cdot 8H_2O$	砷酸镁·8水	494.88	白	粉		2.600			—		+			$+NH_4Cl$
$MnHAsO_4$	酸式砷酸锰	194.87	红白	粉	～				÷		+			
$MnNH_4AsO_4 \cdot 6H_2O$	砷酸镁铵·6水	289.37	白	正、四		1.932^{15}	//		0.0339	0.0237^{80}	+		—	
$MnNH_4AsO_4 \cdot 6H_2O$	砷酸锰铵·6水	319.98	红	粉			//		—		+		—	
$NaAsO_2$	亚砷酸钠	129.91	灰白	粉	吸收CO_2	3.450			+	÷			÷	+乙二醇28,丙二醇20
$NaH_2AsO_4 \cdot H_2O$	砷酸二氢钠·1水	181.94	白	正	1.554	2.535	// 100		++					
Na_2HAsO_3	亚砷酸氢二钠	169.91	无			1.870			++					
$Na_2HAsO_4 \cdot 7H_2O$	砷酸氢二钠·7水	312.02	无	单	1.466	1.880	125	$-7H_2O$ 100	+				÷	
$Na_2HAsO_4 \cdot 12H_2O$	砷酸氢二钠·12水	402.10		单	1.450	1.720	28	$-12H_2O$ 100	表17.5.5				÷	
$Na_3AsO_4 \cdot 12H_2O$	砷酸钠·12水	424.08	无	三、六	1.459	1.759	86.3		26.7^{17}	23^{30}		—乙醚	1.67	+甘油50^{18}
NH_4AsO_2	亚砷酸铵	124.96	白	棱或粉					++			+		—丙酮
$NH_4H_2AsO_4$	砷酸二氢铵	158.98	无	四	1.577	2.311^9	300//		+	++				
$(NH_4)_2HAsO_4$	砷酸氢二铵	176.00	百	单、棱	毒	1.989	风化—$2NH_4$		33.7	122.4^{90}			—	—丙酮、吡啶
$Ni_3(AsO_4)_2$	砷酸镍	453.89	黄	无		4.982			—		+			
$Pb(AsO_3)_2$	偏砷酸铅	453.04		六		6.42^{15}			//		+N			
$Pb(H_2AsO_4)_2$	砷酸二氢铅	489.06		三	1.82	4.46^{15}	// 140		//		+N			
$Pb_2As_2O_7$	焦砷酸铅	676.22		正	2.030	6.850	802		—	//	+Cl、N			—乙酸
$Pb_3(AsO_3)_2$	砷酸铅	867.44	白	淀		7.800			÷		++N	—氨水		++乙酸

续表

分子式	名称	分子量	颜色	晶形	特性或折射率	密度/(g/cm³)	熔点/℃	沸点/℃	溶解度/(g/100g溶剂)或溶解情况 冷水	热水	酸	碱	乙醇	其他溶剂
$Pb_3(AsO_4)_2$	砷酸铅	899.44	白	粉		7.300	1042		—		+	一氨水		一铵盐溶液
$PbH_4(AsO_4)_2$	砷酸氢铅	489.08		三	1.820	4.460	// 140		//		+N			
$PbHAsO_4$	砷酸一氢铅	347.13	白	单	1.910	5.940	// > 200	$-H_2O$280	—	÷	+N	+氨水		
$SrHAsO_4 \cdot H_2O$	砷酸氢锶·1水	245.56		正、针		3.606^{15}	$-H_2O$ 125		0.284^{25}		+			
$Zn_3(AsO_4)_2 \cdot 8H_2O$	砷酸锌·8水	618.09	无	单	1.683	3.309^{15}	$-2H_2O$100		—		+N、P	+		$+H_3AsO_4$

（4）硒酸盐

表 17.1.10 硒酸盐的一般特性

分子式	名称	分子量	颜色	晶形	特性或折射率	密度/(g/cm³)	熔点/℃	沸点/℃	溶解度/(g/100g溶剂)或溶解情况 冷水	热水	酸	碱	乙醇	其他溶剂
Ag_2SeO_4	硒酸银	358.73	白	斜		5.720			0.12^{20}					
$BaSeO_3$	亚硒酸钡	264.57	粉红	粉					—		+			+亚硒酸
$BaSeO_4$	硒酸钡	280.30	白	正	有毒	4.750	//		0.0118	0.0138^{100}	−N;+Cl			
$BeSeO_4 \cdot 4H_2O$	硒酸铍·4水	224.03		正	1.5007	2.030	// 100		+					
$CaSeO_4$	硒酸钙	183.04	无			2.880			7.9^{4}					
$CaSeO_4 \cdot 2H_2O$	硒酸钙·2水	219.07		单		2.676			9.4	6.1^{70}				
$CdSeO_4 \cdot 2H_2O$	硒酸镉·2水	291.40		正		3.632	// 100		+++					
$Ce_2(SeO_4)_3$	硒酸铈	709.12		正		4.456			39.5	2.51				
$Cr_2(SeO_3)_3$	亚硒酸铬	484.87	绿	无、粉					÷		+热浓盐酸			+亚硒酸
$CuSeO_3$	亚硒酸铜	190.5	淡绿	晶					—		+			
$CuSeO_3 \cdot 2H_2O$	亚硒酸铜·2水	226.53	蓝绿	斜		3.31[25)]			—		+			
$CuSeO_4 \cdot 5H_2O$	硒酸铜·5水	296.58	浅蓝	晶	1.56	2.560			25.7^{15}	//			—	
$Dy_2(SeO_4)_3 \cdot 8H_2O$	硒酸镝·8水	896.01	黄	针			$-8H_2O$ 200		+++				—	
$Gd_2(SeO_4)_3 \cdot 8H_2O$	硒酸钆·8水	887.51		单		3.309	$-8H_2O$ 130		+	+				
K_2SeO_3	亚硒酸钾	205.16	白	晶	剧毒～	2.851	875//		+				÷	
K_2SeO_4	硒酸钾	221.16		正	1.5390	3.066^{20}			110.5	122.2				
$MgSeO_4 \cdot 6H_2O$	硒酸镁·6水	275.36	无	单	1.4892	1.928			+	+				
$MnSeO_4 \cdot 2H_2O$	硒酸锰·2水	233.93		正		2.950			+		+			
$NaSeO_3 \cdot H_2O$	亚硒酸钠·1水	263.01	白	晶					+++				—	

续表

分子式	名称	分子量	颜色	晶形	特性或折射率	密度 /(g/cm³)	熔点 /℃	沸点 /℃	溶解度 /(g/100g 溶剂) 或溶解情况 冷水	热水	酸	碱	乙醇	其他溶剂
Na_2SeO_4	硒酸钠	188.94		正		3.098			83.5^{85}	72.8				
$Na_2SeO_4\cdot10H_2O$	硒酸钠 ·10 水	369.10		单		1.610			29.8	340				
$(NH_4)_2SeO_4$	硒酸铵	179.04	白	单	1.5630	2.194^{20}	//	↑	117^{7}	197			—	—NH_3、丙酮
$PbSeO_4$	硒酸铅	350.16	白	正		6.37^{20}	//		—	—		+浓		
Rb_2SeO_4	硒酸铷	313.90		正		3.900			158.9^{12}					
$SrSeO_4$	硒酸锶	230.58		正		4.250			—	—	—N; +Cl*			
Tl_2SeO_4	硒酸亚铊	551.70		正	1.9592	6.875	>400		2.13^{10}	10.86				
$ZnSeO_3\cdot2H_2O$	亚硒酸锌 ·2 水	228.37	白	晶	有毒				—		+			
$ZnSeO_4\cdot5H_2O$	硒酸锌 ·5 水	298.42		三		2.59^{20}	// >50		+					

（5）碲酸盐

表 17.1.11　碲酸盐的一般特性

分子式	名称	分子量	颜色	晶形	特性	密度 /(g/dm³)	熔点 /℃	沸点 /℃	溶解度 /(g/100g 溶剂) 或溶解情况 冷水	热水	酸	碱	乙醇	其他溶剂
$BaTeO_4$	碲酸钡	328.93	白			4.48^{16}			÷	÷				
K_2TeO_3	亚碲酸钾	253.80	白	粉	毒～	3.053	460～470		+++	+++				
$K_2TeO_4\cdot5H_2O$	碲酸钾 ·5 水	359.88	正		～		$-H_2O$ 200	—O 200	0.32	6.95		÷KOH	—	
$K_2H_4TeO_6\cdot3H_2O$	碲酸四氢钾 ·3 水	359.88	无	斜					÷				—	
$Na_2H_4TeO_6$	正碲酸四氢钠	273.61	无	六					÷		+N*			
$(NH_4)_2TeO_4$	碲酸铵	227.67	白	粉		3.01^{25}	//		÷	÷				

17.1.3　其他无机化合物的危险品特性

表 17.1.12　其他无机化合物危险品特性

名称	CAS 号	危险品编号	饱和蒸气压 /kPa	燃烧性	闪点 /℃	自燃温度 /℃	建规火险分级	爆炸下 / 上限体积分数 /%	灭火方法	危险物品分类代号	风险性代号	安全措施号
硼氢化钾	13762-51-1	43045	—	易	—	—	甲	—	G,T,JP,JS	4.3	R14/15; R24/25; R34	S28A; S36/37/39; S45; S7/8
硼氢化锂	16949-15-8	43043	—	易	−18	—	乙	—	G,T,JP,JS	4.3	R14/15; R23/24/25; R34	S26; S36/37/39; S43; S45

续表

名称	CAS号	危险品编号	饱和蒸气压/kPa	燃烧性	闪点/℃	自燃温度/℃	建规火险分级	爆炸下/上限体积分数/%	灭火方法	危险物品分类代号	风险性代号	安全措施号
硼氟化铵	13826-83-0			不	※	※		※	K		R34	S26; S36/37/39; S45
硒化镉	1306-24-7	61018		可	—	—	乙	—	R,G,T	6.1		
碲化氢	7783-09-7			易	—	—	甲	—	W,P,R,G,T			
磷化铝	20859-73-8	43036		易	—	—	甲	—	G,S,SJ,JS	4.3		

17.1.4 其他无机盐危险品特性

表 17.1.13 其他无机盐危险品特性

名称	CAS号	危险品编号	燃烧性	闪点/℃	自燃温度/℃	爆炸下/上限体积分数/%	灭火方法	危险品类别	风险性代号	安全措施号
碲酸钠	26006-71-3	61510	不	※	※	※	P,R,G,T			
一氢砷酸钠	15120-17-9	61012	不	※	※	※	W,P,T	6.1		
亚砷酸钙	27152-57-4	61009	不	※	※	※	S,T,G	6.1		
亚砷酸钠	7784-46-5	61009	不	※	※	※	W,P,T	6.1		
亚砷酸钾	10124-50-2	61009	不	※	※	※	W,P,T	6.1		
砷酸钙	7778-44-1	61012	不	※	※	※	W,P,T	6.1		
砷酸铅	3687-31-8	61012	不	※	※	※	W,P,T	6.1		
硅酸钠	10213-79-3	61514	不	※	※	※	W,P,R,G,T		R34; R37	S26; S36/37/39; S45
硅酸铅	11120-22-2	61507	不	※	※	※	K	6.1		
氰酸钠	917-61-3		不	※	※	※	W,P,R,G,T		R22; R52/53	S24/25; S61
氟硅酸钡	17125-80-3	61514	不	※	※	※	S,P,R,G,T	6.1	R20/22	S28
氟硅酸钠	16893-85-9	61514	不	※	※	※	S,P,R,G,T	6.1	R23/24/25	S26; S45
氟硅酸钙	16925-39-6	61514	不	※	※	※	W,P,R,G,T	6.1		
氰酸钾	590-28-3	无	不	※	※	※	W,P,T,JSJ	6.1	R22	S24/25
硫氰酸钠	540-72-7		助	※	※	※	P,R,G,T		R20/21/22; R32; R52/53	S13; S61
硫氰酸铵	1762-95-4	61501	不	※	※	※	W,P,R,G,T		R20/21/22; R32; R52/53	S13; S61

17.2　密度

17.2.1　硅酸盐水溶液的密度

表17.2.1　硅酸盐水溶液的密度　　单位：g/cm^3

名称	浓度（质量分数）/%								
	1	2	4	6	8	10	12	14	16
K_2SiO_3(20℃)	1.007	1.016	1.035	1.054	1.073	1.092	1.112	1.133	1.153
Na_2SiO_3(18℃)	1.009	1.020	1.043	1.065	1.088	1.112	1.136	1.161	1.187
$Na_2O/3.90SiO_2$	1.006	1.014	1.030	1.046	1.062	1.080	1.098	1.116	1.134
$Na_2O/3.36SiO_2$	1.006	1.014	1.030	1.047	1.065	1.083	1.101	1.120	1.139
$Na_2O/2.40SiO_2$	1.007	1.016	1.034	1.052	1.071	1.090	1.110	1.130	
$Na_2O/2.06SiO_2$	1.007	1.016	1.035	1.054	1.073	1.093	1.113	1.134	1.155
$Na_2O/1.69SiO_2$	1.007	1.017	1.036	1.056	1.077	1.098	1.119	1.141	1.163
名称	浓度（质量分数）/%								
	18	20	22	24	26	30	35	40	45
K_2SiO_3(20℃)	1.175	1.196							
Na_2SiO_3(18℃)	1.212	1.238	1.265	1.293	1.32				
$Na_2O/3.90SiO_2$	1.153	1.172	1.191	1.211	1.231	1.275			
$Na_2O/3.36SiO_2$	1.159	1.179	1.2	1.222	1.244	1.29	1.352		
$Na_2O/2.44SiO_2$						1.309	1.373	1.445	0
$Na_2O/2.06SiO_2$	1.177	1.2	1.223	1.247	1.271	1.321	1.384	1.45	1.52
$Na_2O/1.69SiO_2$	1.186	1.21	1.234	1.259	1.284	1.337	1.409		

17.2.2　硅酸钠的玻美度

表17.2.2　硅酸钠的玻美度　　单位：°Bé

模数	温度/℃										
	0	5	10	15	20	25	30	35	40	45	50
2.06								49.6	49.4	49.2	49.0
3.34	42.0	41.7	41.5	41.2	41.0	40.9	40.7	40.5	40.2	40.1	40.0
模数	温度/℃										
	55	60	65	70	75	80	85	90	95	100	
2.06	48.8	48.6	48.4	48.2	47.7	47.5	47.3	47.2	47.1		
3.34	39.7	39.4	39.2	39.0	38.8	38.6	38.4	38.2	37.9	37.8	

17.2.3　砷酸盐水溶液的密度

表17.2.3　砷酸盐水溶液的密度　　单位：kg/m^3

名称	温度/℃	浓度（质量分数）/%								
		1	2	4	6	8	10	12	14	16
Na_2HAsO_4	14	1008	1018	1036	1056	1076	1098	1120	1142	1164
Na_3AsO_4	17	1010	1021	1043	1066	1089	1113	1137		

17.2.4　硼酸盐水溶液的密度

表17.2.4　硼酸盐水溶液的密度(15℃)　　单位：kg/m^3

浓度(质量分数)/%	0.5	1.0	1.5	2.0	2.5	3.0	3.5	4.0	5.0	6.0
$Na_2B_4O_7$	1004.2	1008.2	1013.1	1017.9	1022.6	1027.4	1032.1			
$Na_2B_4O_2\cdot 10H_2O$		1005		1010		1015		1020	1025	1030

17.3　沸点和冰点

17.3.1　硼酸盐水溶液及饱和溶液的沸点

表17.3.1　硼酸盐水溶液及饱和溶液的沸点　　单位：℃

名称	下列浓度(g/100g)时溶液的沸点									饱和溶液		
	10	25	50	75	100	500	1000	1500	3000	沸点	浓度	固相组成
$Na_2B_4O_7$	100.6	101.6	102.6	103.5	104.3							
$Na_2B_4O_7\cdot 10H_2O$			101.3	101.6	102.0	103.5	104.1	104.3	104.4	104.5	5555	$NaB_4O_7\cdot 5H_2O$

17.3.2　偏硅酸钠沸点升高(101.3kPa)

表17.3.2　偏硅酸钠沸点升高(101.3kPa)

(1) 模数:1.68

浓度分数/%	0.556	0.685	0.708	0.823	0.897	0.933	1.046	1.100
Δt/℃	0.086	0.124	0.025	0.160	0.073	0.137	0.141	0.189
浓度分数/%	1.204	1.900	3.010	4.039	5.490	6.650	8.390	9.752
Δt/℃	0.258	0.345	0.495	0.678	0.835	0.991	1.269	1.475

(2) 模数:2.06

浓度分数/%	0.316	0.421	0.946	0.947	1.136	1.170	1.888	1.933
Δt/℃	0.1276	0.1567	0.2463	0.2453	0.2723	0.2531	0.3819	0.3936
浓度分数/%	3.553	4.874	5.467	7.486	7.508	9.516	9.540	
Δt/℃	0.4122	0.7334	0.5970	1.0578	1.0721	1.3617	1.3480	

(3) 模数:2.55

浓度分数/%	0.476	0.849	1.074	1.463	3.479	7.359	8.054	8.293
Δt/℃	0.097	0.177	0.199	0.236	0.4223	0.897	0.854	0.961

(4) 模数:2.96

浓度分数/%	0.109	0.223	0.495	0.809	1.241	1.253	2.466	2.472
Δt/℃	0.0639	0.0993	0.1230	0.1743	0.2272	0.2246	0.3550	0.3625

(5) 模数:3.25

浓度分数/%	0.307	0.309	0.610	0.637	1.122	1.122	2.433	2.455
Δt/℃	0.0707	0.0627	0.1071	0.1207	0.1960	0.1902	0.3027	0.3051

(6) 模数:3.87

浓度分数/%	0.143	0.143	0.497	0.498	0.762	0.778	1.495	1.512
Δt/℃	0.1013	0.0937	0.1629	0.1490	0.1986	0.1932	0.2830	0.2828

17.3.3　硅酸钠冰点下降

表17.3.3　硅酸钠冰点下降

模数：2.01		模数：2.21		模数：2.25	
浓度/(mol/L)	$-\Delta t$/℃	浓度/(mol/L)	$-\Delta t$/℃	浓度/(mol/L)	$-\Delta t$/℃
1.685	3.31	1.326	2.59	1.614	2.93
1.391	2.74	1.296	2.59	1.540	2.82
1.321	2.67	0.695	1.56	0.807	1.63
0.842	1.80	0.662	1.52	0.770	1.63
0.834	1.79	0.648	1.56	0.538	1.245
0.421	1.15	0.332	1.03	0.403	1.07
0.348	1.03	0.327	0.99	0.390	1.04
0.330	1.06	0.300	1.00	0.375	1.04
0.211	0.75	0.150	0.66	0.192	0.68

17.4　黏度和表面张力

17.4.1　硅酸钠的黏度

表17.4.1　硅酸钠的黏度　　单位：mPa·s

(1) 模数：1.58、2.00

模数	温度/℃						
	10	15	20	25	30	35	40
1.58	49.0	48.8	48.4	48.2	47.7	47.5	47.3
2.00	40.0	39.7	39.2	39.0	38.8	38.6	38.4

(2) 模数：2.63

密度/(g/cm^3)	1.03	1.07	1.10	1.13	1.16	1.20	1.25	1.30	1.35	1.40	1.45
玻美度/°Bé	3.7	10.0	13.0	16.3	19.8	24.0	28.8	33.3	37.3	41.6	49.4
黏度/(mPa·s)	2.6	3.0	3.1	3.3	3.7	4.7	6.7	11.4	23.6	64	186

(3) 模数：3.25

玻美度/°Bé	温度/℃												
	2	5	8	11	14	17	20	23	26	29	32	35	38
39.7	488	370	319	270	229	205	176	172	148	130	117	105	91
40.0	742	518	449	407	282	253	216	193	173	170	134	129	106
41.0		857	583	517	419	373	331	283	243	219	192	176	164
41.3		1257	958	746	621	496	430	349	310	273	237	210	190

(4) 模数：3.86

玻美度/°Bé	温度/℃													
	12	14	16	18	20	22	24	26	28	30	32	34	36	38
33.8	461	324	243	193	165	153	118	101	87	78	73	66	57	50
34.4	2734	1323	723	479	322	231	197	172	149	126	104	101	98	77
34.6	1115	690	440	304	231	188	158	137	125	118	111	102	91	82

表17.4.2　四硼酸钠熔盐的黏度　　单位：Pa·s

温度/℃	615	621	648	653	683	688	714	718	752	805	888
η	1682	1040	255	208	47.4	40.6	15.7	13.8	0.49	0.15	0.05

17.4.2 硼酸盐的表面张力

表17.4.3 硼酸盐的表面张力 单位：mN/m

名称	分子式	温度/℃				
		1000	1020	1100	1200	1400
偏硼酸钠	$NaBO_2$		193	180	164	131
四硼酸钠·10水	$Na_2B_4O_7\cdot10H_2O$	212				

17.5 溶解度

17.5.1 无机化合物的溶解度

表17.5.1 硼氢化钾在一些溶剂中的溶解度 单位：g/100g溶剂

溶剂(沸点/℃)	温度/℃	溶解度	溶剂(沸点/℃)	温度/℃	溶解度
水(100)	25	19	三甘醇-二甲醚(216)	0	0.1
液氨(−33.3)	25	20	甲醇(64.7)	20	0.7
乙二胺-1,2(118)	75	3.9	二甲基甲酰胺(153)	20	15.0

表17.5.2 硼氢化钠在一些溶剂中的溶解度 单位：g/100g溶剂

溶剂(沸点/℃)	温度/℃	溶解度	溶剂(沸点/℃)	温度/℃	溶解度
水(100)	0	25	甲醇(64.7)	20	16.4(反应)
	25	55	乙醇(78.5)	20	4.0(缓慢反应)
	60	88.5	异丙醇(82.5)	20	0.25
液氨(−33.5)	25	104		60	0.88
甲胺(−6.5)	−20	27.6	二甲基-二丙醇(82.9)	25	0.11
乙胺(16.6)	17	20.9	四氢呋喃(65)	20	0.1
正丙基胺(48.7)	28	9.7	乙二醇-二甲醚(85)	0	2.6
异丙基胺(34.0)	28	6.0		20	0.8
正丁胺(77.8)	28	4.9	二甘醇-二甲醚(162)	0	1.9
1,2-乙二胺(118)	75	2.2		20	6.5
环已胺(134)	28	1.8	三甘醇-二甲醚(216)	0	8.4
苯胺(184)	75	0.6		50	8.5
吡啶(115.3)	25	3.1	四甘醇-二甲醚(275)	0	8.7
乙腈(82)	28	0.9		50	8.4

17.5.2 无机盐的溶解度

表17.5.3 硅酸盐在水中的溶解度

名称	分子式	下列温度时硅酸盐的溶解度/(g/100g水)										
		0	10	20	30	40	50	60	70	80	90	100
氟硅酸钡	$BaSiF_6$	0.015	0.021	0.026	0.030	0.032	0.033	0.032	0.030	0.025	0.018	0.09
硅酸钠	Na_2SiO_3			18.8	27.5	44.3	68.0	93.5	125	161	//	

表17.5.4 硼酸盐在水中的溶解度

分子式	名称	无水硼酸盐在下列温度(℃)时的溶解度/(g/100g水)											
		0	10	20	25	30	40	50	60	70	80	90	100
$Mn(H_2BO_3)_2\cdot H_2O$	硼酸锰·1水		0.94^{14}				0.50^{44}	0.69			0.08		
$NaBO_2$	偏硼酸钠	16.4	20.8	25.4	28.2	31.4	40.4		63.9		84.5		125

续表

分子式	名称	无水硼酸盐在下列温度(℃)时的溶解度/(g/100g水)											
		0	10	20	25	30	40	50	60	70	80	90	100
$Na_2B_4O_7$	四硼酸钠	1.3					8.8						52.5
$Na_2B_4O_7 \cdot 5H_2O$	四硼酸钠·5水									22.4	31.5	41.0	52.5
$Na_2B_4O_7 \cdot 10H_2O$	四硼酸钠·10水	1.6		2.5	3.2	3.9	6.4	10.5	17.4		24.3		39.1
$NH_4B_5O_8 \cdot 4H_2O$	五硼酸铵·4水	4.00	5.38	7.07	8.03	9.10	11.4	14.4	18.2	22.4	26.4	30.3	

表17.5.5　砷酸氢二钠在水中的溶解度

分子式	名称	在下列温度(℃)下无水盐的溶解度/(g/100g水)										
		0	10	20	30	40	50	60	70	80	90	100
Na_2HAsO_4	砷酸氢二钠	5.46		67.2								100
$Na_2HAsO_4 \cdot 12H_2O$	砷酸氢二钠·$12H_2O$	5.9	16.4	33.9	49.3	69.5	99.4	144	184	186	189	193

表17.5.6　硒酸盐在水中的溶解度

名称	分子式	在下列温度(℃)下无水盐的溶解度/(g/100g水)										
		0	10	20	30	40	50	60	70	80	90	100
硒酸钠	Na_2SeO_4						80.2					72.8
硒酸钠·10水	$Na_2SeO_4 \cdot 10H_2O$	13.3			78.7							
硒酸铊	$TlSeO_4$		2.13	2.8	3.6	4.5	5.4	6.4	7.4	8.5	9.6	10.9
硒酸铵	$(NH_4)_2SeO_4$		1.22^{12}									
硒酸钍	$Th(SeO_4)_2$		0.5									

表17.5.7　铁合氰酸盐在水中的溶解度　　单位：g/100g氨

名称	分子式	温度/℃				
		0	10	20	30	40
六氰合铁(Ⅲ)酸钾	$K_3[Fe(CN)_6]$	29.9	38.3	46.0	52.7	59.5
六氰合铁(Ⅱ)酸钾·3水	$K_4[Fe(CN)_6] \cdot 3H_2O$	14.9	21.2	28.9	36.8	42.7
六氰合铁(Ⅱ)酸钾·10水	$Na_4[Fe(CN)_6] \cdot 10H_2O$			17.9		

名称	分子式	温度/℃				
		60	70	80	90	100
六氰合铁(Ⅲ)酸钾	$K_3[Fe(CN)_6]$	70.9		81.8		91.6
六氰合铁(Ⅱ)酸钾·3水	$K_4[Fe(CN)_6] \cdot 3H_2O$	55.9	57.5	68.6	74.8	77.8
六氰合铁(Ⅱ)酸钾·10水	$Na_4[Fe(CN)_6] \cdot 10H_2O$			59		63

表17.5.8　五硼酸铵在NaCl中的溶解度

温度/℃	NaCl浓度/(g/100g饱和溶液)	$NH_4B_5O_8$溶解度/(g/100g饱和溶液)	温度/℃	NaCl浓度/(g/100g饱和溶液)	$NH_4B_5O_8$溶解度/(g/100g饱和溶液)	温度/℃	NaCl浓度/(g/100g饱和溶液)	$NH_4B_5O_8$溶解度/(g/100g饱和溶液)
0	26.28	3.95	35	—	10.02	70	27.27	—
10	26.29	5.39	40	—	11.40	75	—	24.40
20	26.37	7.07	45	—	12.81	80	27.54	—
25	26.43	—	50	26.83	—	90	27.8	30.29
30	26.49	9.10	60	—	18.25	100	28.12	—

17.6 蒸气压

表 17.6.1 其他无机化合物的蒸气压

分子式	名称	0.1	0.2	0.4	0.7	1.0	2	4	7	10	20	40	70	101.3	熔点/℃
		相应于上述蒸气压强(kPa)的温度/℃													
$Al(BH_4)_3$	三氢硼化铝				-51.6	-47.0	-37.5	-26.3	-16.4	-9.7	3.9	20.6	35.4	45.9	-64
BH_3CO	羰基乙硼烷	-140.5	-136.7	-131.7	-127.0	-123.9	-117.5	-110.3	-103.9	-99.5	-90.6	7.8	15.7	-64.0	-137.0
B_2H_5Br	溴氢乙硼烷	-95.7	-89.3	-81.6	-74.8	-70.2	-61.0	-50.6	-41.1	-34.7	-22.0	-6.9	6.7	16.3	-104.2
$B_3N_3H_6$	三硼三胺	-65.4	-59.0	-51.3	-44.4	-39.5	-29.8	-18.7	-8.7	-2.0	11.5	27.2	41.0	50.6	-58.2
$Co(CO)_3NO$	三羰基亚硝酰钴						-1.3	5.3	15.5	22.6	37.0	54.2	69.4	80.0	-11
$COCl_2$	光气(碳酰氯)	-94.9	-89.4	-82.6	-76.6	-72.7	-64.5	-55.0	-46.6	-40.8	-28.8	-14.2	-1.1	8.3	-104.0
$COSe$	氧硒化碳	-118.9	-113.9	-107.6	-101.9	-98.2	-90.4	-80.9	-72.6	-67.0	-55.7	-42.0	-30.0	-21.9	
$Cr(CO)_6$	六羰基铬	32.9	41.0	50.4	58.6	63.8	74.4	85.7	95.5	102.0	115.1	130.3	142.9	151.0	
CrO_2Cl_2	氧氯化铬	-21.5	-13.5	-4.3	3.8	9.2	20.3	32.6	43.5	51.1	67.1	86.4	104.3	117.1	
$CSeS$	硒硫化碳	-50.2	-42.6	-33.7	-25.9	-20.6	-9.7	2.6	13.7	21.4	37.5	56.6	73.7	85.6	-75.2
$Fe(CO)_5$	五羰基铁				-5.8	0.1	11.2	24.1	35.7	43.5	59.7	78.1	93.9	105.0	-21
$Ru(CO)_5$	五羰基钌														
$GeHCl_3$	三氯甲锗烷	-43.9	-37.0	-28.9	-21.7	-17.1	-7.6	3.3	13.3	20.2	34.3	50.9	65.2	75.0	-71.1
NH_4HS	硫氢化铵	-53.0	-47.8	-41.4	-35.6	-31.9	-24.6	-16.4	-9.2	-4.4	5.1	16.6	26.5	33.3	
$N_2H_6CO_2$	氨基甲酸铵	-28.1	-22.6	-16.0	-10.0	-6.2	1.4	9.8	17.3	22.2	31.8	43.0	52.2	58.3	
$Ni(CO)_4$	四羰基镍								-18.7	-12.1	1.7	18.2	32.7	42.5	-25
$NOCl$	亚硝酰氯								-56.7	-51.2	-40.1	-26.5	-14.6	-6.4	-64.5
NOF	亚硝酰氟	-133.3	-129.6	-124.6	-120.0	-117.0	-111.0	-104.0	-97.7	-93.2	-84.2	-73.3	-63.2	-56.0	-134.0
$POCl_3$	磷酰氯						8.3	21.0	32.5	40.4	56.7	75.8	92.9	105.1	2.0
$SeOCl_2$	氧氯化硒	31.1	40.6	51.3	60.6	66.7	78.6	91.7	103.2	111.0	126.7	144.1	158.4	168.0	8.5
$(SiCl_3)_2O$	六氯甲硅醚	-8.3	0.2	10	18.5	24.4	36.0	48.9	60.5	68.4	84.4	104.3	122.7	135.6	-33.2
SiF_2Cl_2	二氯二氟甲硅烷	-126.4	-121.6	-115.6	-110.1	-106.3	-98.5	-89.5	-81.2	-75.5	-64.1	-50.9	-39.6	-31.8	-139.7

续表

分子式	名称	0.1	0.2	0.4	0.7	1.0	2	4	7	10	20	40	70	101.3	熔点/℃
		相应于上述蒸气压强(kPa)的温度/℃													
SiF_3Br	三氟溴甲硅烷											-62.2	-50.1	-41.7	-70.5
SiF_3Cl	三氟氯甲硅烷	-145.2	-141.7	-137.1	-132.7	-129.7	-123.7	-116.6	-110.2	-105.9	-96.9	-85.9	-76.5	-70.0	-142
$SiFCl_2Br$	二氯氟溴甲硅烷	-88.9	-82.4	-74.7	-67.8	-63.1	-53.5	-42.5	-32.1	-25.3	-11.0	7.2	23.7	35.4	-112.3
$SiFClBr_2$	二溴氟氯甲硅烷	-67.9	-60.7	-52.3	-44.9	-39.9	-29.6	-17.8	-7.6	-0.4	15.1	34.2	49.8	59.5	-99.3
SiH_2Br_2	二溴甲硅烷	-63.8	-56.1	-47.2	-39.4	-34.0	-23.2	-11.1	-0.1	7.5	23.3	42.3	58.9	70.5	-70.2
SiH_2F_2	二氟四硅烷	-147.8	-144.5	-140.0	-135.7	-132.9	-127.3	-121.0	-115.2	-111.2	-103.0	-92.5	-83.6	-77.8	
SiH_2I_2	二碘甲硅烷				4.7	11.9	26.9	44.3	59.8	70.2	91.5	115.2	135.5	149.5	-1.0
$SiHCl_3$	三氯甲硅烷	-83.1	-76.6	-68.9	-62.0	-57.4	-48.3	-38.0	-28.6	-22.2	-8.9	7.2	21.6	31.8	-126.6
$SiHF_3$	三氟甲硅烷	-152.9	-150.2	-146.3	-142.5	-140.3	-135.6	-130.2	-125.4	-122.0	-115.4	-106.8	-99.7	-95.0	-131.4
$(SiH_3)_2O$	甲硅醚	-114.7	-108.8	-101.7	-95.4	-91.6	-83.8	-74.9	-66.7	-61.1	-49.6	-35.7	-23.6	-15.4	-144.2
$(SiH_3)_3N$	三甲三烷基胺	-71.3	-64.5	-56.5	-49.3	-44.5	-34.8	-23.9	-14.0	-7.2	6.7	23.4	38.3	48.7	-105.7
$SiFBr_3$	三溴氟代甲硅烷	-49.0	-41.4	-32.6	-24.8	-19.6	-8.9	3.3	14.2	21.8	37.6	56.3	72.5	83.8	-82.5
$SiFCl_3$	三氯氟甲硅烷	-94.7	-89.0	-82.1	-75.9	-71.9	-63.4	-53.6	-44.9	-38.8	-26.1	-10.8	2.7	12.2	-120.8
SiH_3Br	溴代甲硅烷				-85.2	-81.0	-72.5	-62.8	-53.8	-47.8	-35.3	-20.1	-6.8	2.4	-93.9
SiH_3Cl	氯代甲硅烷	-119.4	-114.9	-109.2	-103.9	-100.6	-93.8	-85.8	-78.4	-73.2	-62.8	-50.2	-38.7	-30.4	
SiH_3F	氟代甲硅烷	-153.5	-151.6	-148.5	-145.3	-143.2	-138.8	-133.7	-128.9	-125.6	-119.2	-110.8	-103.3	-98.0	
SiH_3I	碘代甲硅烷				-52.7	-50.1	-39.8	-27.2	-17.3	-10.5	3.4	20.3	35.1	45.4	-57.0
$SiHBr_3$	三溴甲硅烷	-33.7	-25.3	-15.7	-7.3	-1.5	10.3	23.6	35.7	44.1	61.5	81.4	99.2	111.8	-73.5
$SOBr_2$	亚硫酰溴	-10.4	-0.9	9.8	19.2	25.6	38.2	52.1	64.7	73.2	90.4	110.3	127.6	139.5	-52.2
$SOCl_2$	亚硫酰氯	-55.8	-48.2	-39.5	-31.8	-26.5	-15.7	-3.7	7.2	14.7	30.1	48.3	64.3	75.4	-104.5
SO_2Cl_2	硫酰氯				-34.5	-29.3	-18.6	-6.7	4.0	11.3	26.1	43.5	58.7	69.2	-54.1

17.7 热导率

17.7.1 钾盐的热导率

表17.7.1 砷酸二氢钾的热导率 单位：W/(m·K)

温度/K	5	10	15	20	30	40	50	60	70	80	90
λ	14.53	23.01	20.19	19.28	13.73	9.590	7.382	5.799	4.768	3.874	2.441
温度/K	100	120	140	160	180	200	220	246	260	280	300
λ	1.464	1.488	1.534	1.569	2.324	1.707	1.741	1.748	1.783	1.851	1.980

注：试件为四方形单晶体，尺寸为1.8mm×2mm×11mm，长度方向平行于 c 轴；热流方向为 c 轴方向。

表17.7.2 氰铁酸钾水溶液的热导率(20℃) 单位：W/(m·K)

浓度/%	0	5	10	15	20
热导率	0.598	0.591	0.583	0.575	0.567

表17.7.3 六氰铁(Ⅲ)酸钾水溶液的热导率

(1) 热力学温度 单位：J/(mol·K)

温度/K	20	40	60	80	100	150	200	250	298.2
λ	18.3	68.4	113.2	150.5	179.3	232.2	271.0	296.8	316.0

(2) 20℃ 单位：W/(m·℃)

浓度/%	0	5	10	15	20
热导率	0.598	0.591	0.583	0.575	0.567

17.7.2 钠盐和镁盐的热导率

表17.7.4 硅酸钠水溶液的热导率(20℃) 单位：W/(m·K)

浓度/%	0	5	10	15	20
λ	0.595	0.601	0.607	0.612	0.617

表17.7.5 硅酸镁的热导率 单位：W/(m·K)

温度/℃	100	200	300	400	500	600	700	800	900	1000	1100	1200
λ	3.680	3.100	2.740	2.470	2.235	2.050	1.923	1.840	1.756	1.670	1618	1.629

注：1. 试件成分为含59%MgO、41%SiO_2的多晶体。由化学纯碳酸镁和硅酸煅烧制备。
2. 堆积密度为2.22g/cm^3，总孔率为31.1%。

17.8 比热容

17.8.1 无机化合物的比热容

表17.8.1 二硼化铝的比热容 单位：J/(mol·K)

温度/K	298	300	400	500	600	700	800	900	1000	1100	1200	1300
c_p	43.62	43.89	53.61	59.65	64.24	68.15	71.69	75.01	78.21	81.32	84.37	87.39

表17.8.2 十二硼化铝的比热容 单位：J/(mol·K)

温度/K	298	300	400	500	600	700	800	900	1000	1100	1200	1300
c_p	149.47	150.97	203.97	234.68	256.62	274.42	290.00	304.31	317.82	330.80	343.44	355.82

续表

温度/K	1400	1500	1600	1700	1800	1900	2000	2100	2200	2300	2400	2473
c_p	368.02	380.09	392.05	403.94	415.77	427.54	439.28	450.98	462.66	474.32	485.95	494.44

表17.8.3 硼氢化钾的比热容 单位：J/(mol·K)

温度/K	298.2	400	500	600
c_p	96.57	101.0	102.1	106.0

表17.8.4 硼氢化钠的比热容 单位：J/(mol·K)

温度/K	20	40	60	80	100	150
c_p	1.59	10.54	21.88	31.71	40.21	57.86
温度/K	200	250	298.2	400	500	600
c_p	71.42	80.00	86.90	94.56	101.8	108.6

表17.8.5 磷化铝的比热容 单位：J/(mol·K)

温度/K	300	400	500	600	700	800	900	1000	1100
c_p	42.049	42.676	43.304	43.932	44.559	45.187	45.814	46.442	47.07
温度/K	1200	1300	1400	1500	1600	1700	1800	1900	2000
c_p	47.697	48.325	48.952	49.58	50.208	50.835	51.463	52.09	52.718

表17.8.6 磷化硼的比热容 单位：J/(mol· K)

温度/K	298	300	400	500	600	700	800	900	1000	1100
c_p	30.32	30.376	33.179	35.983	38.786	41.589	44.392	47.196	49.999	52.802

表17.8.7 二磷化铜的比热容 单位：J/(mol· K)

温度/K	298	300	400	500	600	700	800	900	1000	1100
c_p	71.08	71.124	73.354	75.584	77.815	80.045	82.275	84.505	86.735	88.965

表17.8.8 二磷化三钙的比热容 单位：J/(mol·K)

温度/K	298	300	400	500	600	700	800	900	1000	1100
c_p	116.301	116.357	119.16	121.964	124.767	127.57	130.373	133.177	135.98	138.783

表17.8.9 二磷化三锌的比热容 单位：J/(mol·K)

温度/K	300	400	500	600	700	800	900	1000
c_p	117.129	127.139	133.172	137.64	141.369	144.704	147.81	150.774
温度/K	1100	1200	1300	1400	1500	1513	1513	1600
c_p	153.645	156.453	159.216	161.946	164.653	165.004	155.645	155.645

17.8.2 无机盐的比热容

表17.8.10 四硼酸钠的比热容 单位：J/(mol·K)

温度/K	20	40	60	80	100	150	200	250	298.2	300
结晶体	3.97	21.07	41.30	60.04	76.53	111.0	139.7	165.0	186.8	
非晶体	4.51	20.64	39.74	57.66	73.64	107.9	137.3	163.5	185.9	187.7
温度/K	400	500	600	700	800	900	1000	1016	1016	>1100
结晶体	213.6	229.8	242.1	252.6	262.1	271.0	279.6	281.0	445.2	445.2

注：竖粗线为固体和液体的分界线。

表17.8.11　硼酸钙的比热容

单位：J/(mol·K)

温度/K	298	300	400	500	600	700	800	900
c_p	103.935	104.522	125.019	136.700	144.910	151.482	157.181	162.372
温度/K	1000	1100	1200	1300	1400	1433	1433	2000
c_p	167.248	171.917	176.446	180.877	185.236	186.662	258.153	258.153

表17.8.12　硅酸铝的比热容

单位：J/(mol·K)

温度/K	300	400	500	600	700	800	900	1000	1100
c_p	122.863	151.121	165.515	174.452	180.812	185.8	189.988	193.681	197.051
温度/K	1200	1300	1400	1500	1600	1700	1800	1900	2000
c_p	200.199	203.192	206.072	208.869	211.603	214.287	216.933	219.549	222.14

表17.8.13　硅酸钠的比热容

单位：J/(mol·K)

温度/K	300	400	500	600	700	800	900
硅酸钠	112.262	129.438	139.545	146.87	152.882	158.193	163.097
原硅酸钠	184.857	192.28	199.702	207.124	214.547	221.969	229.392
温度/K	1000	1100	1200	1300			
硅酸钠	167.749	172.235	176.609	180.904	183.537^{1362}	$177.318^{1362\sim2000}$（液体）	
原硅酸钠	236.814	244.236	251.659	259.081	265.984^{1393}	$259.408^{1393\sim2000}$（液体）	

表17.8.14　原硅酸钙(β)的比热容

单位：J/(mol·K)

温度/K	300	400	500	600	700	800	900	970	970	1000
c_p	129.02	145.83	155.80	163.07	169.08	174.41	179.34	182.64	179.28	180.67
温度/K	1100	1200	1300	1400	1500	1600	1700	1710	1710	2403
c_p	185.28	189.89	194.50	199.11	203.72	208.33	212.94	213.40	205.02	205.02

表17.8.15　原硅酸钙(γ)的比热容

单位：J/(mol·K)

温度/K	298	300	400	500	600	700	800	900	1000	1100
c_p	126.80	127.20	141.79	151.31	158.84	165.42	171.51	177.30	182.91	188.40

表17.8.16　偏硅酸钙(硅灰石)的比热容

单位：J/(mol·K)

温度/K	298	300	400	500	600	700	800	900	1000
c_p	85.231	85.669	100.437	108.081	112.921	116.438	119.249	121.65	123.796
温度/K	1100	1200	1300	1400	1463①	1463～1817(β型固体)		18172200(液体)	
c_p	125.776	127.642	129.428	131.157	132.223	133.888		150.624	

① 低于此温度为α型固体。

表17.8.17　偏硅酸钙(伪硅灰石)的比热容

单位：J/(mol·K)

温度/K	298	300	400	500	600	700	800	900	1000	1100
c_p	86.448	86.835	99.975	106.943	111.48	114.871	117.65	120.074	122.277	124.336
温度/K	1200	1300	1400	1500	1600	1700	1800	1817	1817	2200
c_p	126.296	128.188	130.029	131.833	133.609	135.363	137.099	137.393	146.44	146.44

表17.8.18　硅酸铁的比热容

单位：J/(mol·K)

温度/K	298	300	400	500	600	700	800	900
硅酸铁	89.432	89.728	100.850	108.29	114.282	119.588	124.530	129.261
原硅酸铁	132.861	133.359	150.902	161.126	168.468	174.450	179.707	184.543
温度/K	1000	1100	1200	1300	1400	1493	1493～1700(液体)	
硅酸铁	133.859	138.371	142.825	147.238	151.620	152.188^{1413}		
原硅酸铁	189.117	193.519	197.806	202.01	206.155	209.969	240.58	

表17.8.19　硅酸锰的比热容　　单位：J/(mol·K)

温度/K	300	400	500	600	700	800	900	1000
硅酸锰（蔷薇辉石）	86.775	100.926	108.349	113.122	116.645	119.501	121.97	124.198
原硅酸锰（锰橄榄石）	130.337	147.419	156.373	162.127	166.371	169.81	172.78	175.46
温度/K	1100	1200	1300	1400	1500	1564		
硅酸锰（蔷薇辉石）	126.268	128.232	130.12	131.954	133.747	134.877	$151.670^{1564\sim3000}$	
原硅酸锰（锰橄榄石）	177.95	180.311	182.58	184.784	186.938	189.055^{1600}	$243.090^{1618\sim3000}$	

17.9　焓、熵和熔融热

17.9.1　十水合四硼酸钠的焓和熵

表17.9.1　十水合四硼酸钠的焓和熵

	温度/℃	200	300	400	500	600	700	800	900	950	1000	1016
固相	焓/(J/mol)	−3279	−3279	−3258	−3236	−3213	−3188	−3162	−3135	−3119	−3103	−3108
	熵/[J/(mol·K)]	189.6	190.8	248.7	298.2	341.2	379.4	413.7	445.1	461.8	478.5	474.1
	温度/℃	1016	1100	1200	1300	1400	1500	1600	1700	1800	1900	2000
液相	焓/(J/mol)	−3022	−2985	−2940	−2896	−2851	−2807	−2762	−2718	−2673	−2629	−2584
	熵/[J/(mol·K)]	558.4	594.0	632.7	668.3	701.3	732.0	760.8	787.8	813.2	837.3	860.1

17.9.2　硅酸盐的熔融热

表17.9.2　硅酸盐的熔融热　　单位：kJ/mol

名称	$CaSiO_3$	$MgSiO_3$	Na_2SiO_3	Na_2SiO_5
r_m	56.10	61.54	43.12	35.42

算图

目录

第 1 章

1.1 过热水蒸气的密度 …… 524
1.2 水蒸气的黏度（Ⅰ）…… 524
1.3 水蒸气的黏度（Ⅱ）…… 525
1.4 过热水蒸气的黏度（低压）…… 525
1.5 过热水蒸气的黏度（中、高压）…… 526
1.6 水在碳氢化合物中的溶解度 …… 526
1.7 水在烃中的溶解度 …… 527
1.8 水蒸气的热导率 …… 527
1.9 过热水蒸气的热导率 …… 528
1.10 水和水蒸气的比热容 …… 528
1.11 过热水蒸气的比热容 …… 529
1.12 水蒸气与空气混合物的比焓 …… 529
1.13 水蒸气的压缩因子 …… 530
1.14 过热水蒸气的普朗特数 …… 530

第 2 章

2.1 空气在低、中压下的密度 …… 531
2.2 空气在高压下的密度 …… 531
2.3 常压下湿空气的密度 …… 532
2.4 干空气和湿空气的密度（Ⅰ）…… 532
2.5 干空气和湿空气的密度（Ⅱ）…… 533
2.6 空气的密度、湿度和露点 …… 533
2.7 液态氧在压力下的密度 …… 534
2.8 氢气在低温和压力下的密度 …… 534
2.9 液态氮在压力下的密度 …… 535
2.10 气态氨的密度、饱和温度和焓 …… 535
2.11 液态氨的密度 …… 536
2.12 一些气体的密度 …… 536
2.13 氨水溶液密度的温度修正及氨的组分 …… 537
2.14 氨水的气液组成 …… 537
2.15 氨水溶液蒸气中的水气浓度 …… 538
2.16 压力下二氧化碳气体的密度 …… 538
2.17 氯化氢气体的密度 …… 539
2.18 气体在低压下的密度 …… 539
2.19 气体在低压下的对比密度 …… 540
2.20 标准状态和工作状态下的气体密度 …… 540
2.21 空气的黏度（Ⅰ）…… 541
2.22 空气的黏度（Ⅱ）…… 541
2.23 氮气的黏度 …… 542
2.24 常压下气体的黏度（Ⅰ）…… 542
2.25 常压下气体的黏度（Ⅱ）…… 543
2.26 常压下气体的黏度（Ⅲ）…… 543
2.27 常压下气体的黏度（Ⅳ）…… 544
2.28 常压下气体的黏度（Ⅴ）…… 544
2.29 常压下气体的黏度（Ⅵ）…… 545
2.30 常压下气体的黏度（Ⅶ）…… 545
2.31 低压下纯气体的黏度 …… 546
2.32 中压下轻质气体的黏度 …… 546
2.33 中压下重质气体的黏度 …… 547
2.34 极性气体的黏度 …… 547
2.35 非极性气体的黏度 …… 548
2.36 混合气体的黏度 …… 548
2.37 气体黏度与压强的关系 …… 549
2.38 常压高温下气体的黏度 …… 549
2.39 温度和压强对气体黏度的影响 …… 550
2.40 压强对气体和液体黏度的影响 …… 550
2.41 某些气体的黏度和温度、压强的关系 …… 551
2.42 根据标准沸点求气体的黏度 …… 551
2.43 根据临界值求气体的黏度（Ⅰ）…… 552
2.44 根据临界值求气体的黏度（Ⅱ）…… 552
2.45 根据临界温度和压强求气体的黏度 …… 553
2.46 气体的对比黏度（通用）…… 553
2.47 氢在水中的溶解度 …… 554

2.48 氧在水中的溶解度 …… 554
2.49 氯在水中的溶解度 …… 555
2.50 二氧化碳在水中的溶解度 …… 555
2.51 二氧化碳在水和苯中的溶解度 …… 556
2.52 二氧化硫在水中的溶解度（Ⅰ）…… 556
2.53 二氧化硫在水中的溶解度（Ⅱ）…… 557
2.54 二氧化硫在水中的溶解度（Ⅲ）…… 557
2.55 二氧化硫和三氧化硫在水中的溶解度 … 558
2.56 氨在水中的溶解度 …… 558
2.57 一氧化二氯在水中的溶解度 …… 559
2.58 氮在液氨中的溶解度 …… 559
2.59 氢在液氨中的溶解度 …… 560
2.60 氢在钢铁中的溶解度 …… 560
2.61 空气的热导率 …… 561
2.62 一氧化氮气体的热导率 …… 561
2.63 无机气体的热导率（Ⅰ）…… 562
2.64 无机气体的热导率（Ⅱ）…… 562
2.65 根据气体的比热容求热导率 …… 563
2.66 根据气体的温度和压强求热导率 …… 563
2.67 根据气体的比热容和黏度求热导率 … 564
2.68 根据电解质水溶液的浓度求热导率（20℃）…… 564
2.69 电解质水溶液热导率的修正 …… 565
2.70 空气的定压比热容 …… 565
2.71 空气在高温下的定压比热容 …… 566
2.72 一些气体在常压下的比热容 …… 566
2.73 湿空气的焓和湿度 …… 567
2.74 氨气的比焓 …… 567
2.75 二氧化碳气体的比焓 …… 568
2.76 混合气体的临界温度 …… 568
2.77 根据标准沸点求化合物的临界温度（Ⅰ）…… 569
2.78 根据标准沸点求化合物的临界温度（Ⅱ）…… 569
2.79 混合气体的临界压强 …… 570
2.80 根据混合液体的密度和平均沸点求其临界温度（$\rho<0.6g/cm^3$）…… 570
2.81 根据混合液体的密度和平均沸点求其临界温度（$\rho>0.6g/cm^3$）…… 571
2.82 一些无机气体的普朗特数（Ⅰ）…… 571
2.83 一些无机气体的普朗特数（Ⅱ）…… 572
2.84 氯气的液化温度 …… 572
2.85 空气的压缩因子 …… 573
2.86 氢气、氦气、氖气、氩气的压缩因子（低压）…… 573
2.87 氢气、氦气、氖气、氩气的压缩因子（高压）…… 574
2.88 二氧化碳的压缩因子 …… 574
2.89 一氧化二氮的压缩因子 …… 575
2.90 二氧化硫的压缩因子 …… 575
2.91 氯气的液化效率（Ⅰ）…… 576
2.92 氯气的液化效率（Ⅱ）…… 576

第3章

3.1 盐酸在不同温度和浓度时的密度 …… 577
3.2 盐酸密度的温度修正及相应浓度 …… 577
3.3 硫酸在不同温度和浓度时的密度（Ⅰ）… 578
3.4 硫酸在不同温度和浓度时的密度（Ⅱ） 578
3.5 硫酸在不同温度和浓度时的密度（Ⅲ） 579
3.6 硫酸密度的温度修正及相应浓度 …… 579
3.7 发烟硫酸的密度 …… 580
3.8 25% 发烟硫酸的密度 …… 580
3.9 发烟硫酸密度的温度修正及其相应的物性 …… 581
3.10 硫酸和发烟硫酸混合物的计算 …… 582
3.11 用硫酸与发烟硫酸混合法求硫酸的浓度 …… 582
3.12 硝酸在不同温度和浓度时的密度（Ⅰ）…… 583
3.13 硝酸在不同温度和浓度时的密度（Ⅱ）…… 583
3.14 硝酸密度的温度修正及其相应的物性 … 584
3.15 含四氧化二氮的发烟浓硝酸的密度 …… 585
3.16 硝酸、硫酸和水混合液的密度 …… 585
3.17 硫酸和磷酸水溶液的密度 …… 586
3.18 磷酸密度的温度修正及其相应的物性 … 586
3.19 氢氰酸的浓度和密度 …… 587
3.20 盐酸和氢氟酸水溶液的沸点 …… 587
3.21 硫酸、发烟硫酸和硝酸水溶液的沸点 … 588
3.22 硝酸和磷酸水溶液的沸点 …… 588

3.23 硫酸及硝酸水溶液混合物的沸点 …… 589
3.24 无机酸及盐水溶液的沸点升高值 …… 589
3.25 硫酸水溶液的黏度（Ⅰ）…… 590
3.26 硫酸水溶液的黏度（Ⅱ）…… 590
3.27 硝酸水溶液的黏度（Ⅰ）…… 591
3.28 硝酸水溶液的黏度（Ⅱ）…… 591
3.29 含四氧化二氮的发烟浓硝酸的黏度 … 592
3.30 无机酸等水溶液的黏度 …… 592
3.31 硫酸水溶液的热导率 …… 593
3.32 硝酸水溶液的热导率 …… 593
3.33 盐酸、磷酸和铬酸水溶液的热导率 … 594
3.34 盐酸水溶液的水蒸气分压 …… 594
3.35 盐酸水溶液的氯化氢分压 …… 595
3.36 盐酸及氢氰酸水溶液的蒸气压 …… 595
3.37 硫酸水溶液的水蒸气分压 …… 596
3.38 硫酸水溶液的蒸气总压 …… 596
3.39 发烟硫酸的三氧化硫分压 …… 597
3.40 硝酸水溶液的水蒸气分压 …… 597
3.41 硝酸水溶液的硝酸分压 …… 598
3.42 硝酸水溶液的蒸气总压（Ⅰ）…… 598
3.43 硝酸水溶液的蒸气总压（Ⅱ）…… 599
3.44 磷酸水溶液的水蒸气分压 …… 599
3.45 磷酸水溶液的蒸气压 …… 600
3.46 氢氟酸水溶液的氟化氢分压 …… 600
3.47 氢氟酸水溶液的水蒸气分压 …… 601
3.48 氢溴酸水溶液的溴化氢分压 …… 601
3.49 硫酸水溶液的比热容 …… 602
3.50 硝酸水溶液的比热容 …… 602
3.51 磷酸水溶液的比热容 …… 603
3.52 盐酸水溶液的比焓 …… 603
3.53 硫酸水溶液的比焓 …… 604
3.54 硝酸、硫酸和水混合物的相对比焓 … 604
3.55 硝酸、硫酸和水混合物的比焓 …… 605
3.56 饱和无机酸的普朗特数 …… 607
3.57 高氯酸的折射率 …… 607

第 4 章

4.1 金属单质的蒸气压（Ⅰ）…… 608
4.2 金属单质的蒸气压（Ⅱ）…… 608

第 6 章

6.1 氢氧化钾水溶液的密度 …… 609
6.2 氢氧化钠水溶液的密度 …… 609
6.3 氢氧化钠水溶液的稀释 …… 610
6.4 氢氧化钠水溶液密度的温度修正及其相应的物性 …… 610
6.5 氢氧化钠水溶液的沸点（Ⅰ）…… 611
6.6 氢氧化钠水溶液的沸点（Ⅱ）…… 611
6.7 氢氧化钠水溶液的沸点（Ⅲ）…… 612
6.8 液氨及其水溶液的黏度 …… 612
6.9 氢氧化钾水溶液的黏度 …… 613
6.10 氢氧化钠水溶液的黏度 …… 613
6.11 氢氧化钾和碳酸钾水溶液混合物的黏度 …… 614
6.12 氢氧化钠和碳酸钠水溶液混合物的黏度 …… 614
6.13 液氨的热导率 …… 615
6.14 气氨、液氨及其水溶液的热导率 …… 615
6.15 氢氧化钠和氢氧化钾的热导率 …… 616
6.16 氨水溶液的蒸气压 …… 616
6.17 氨水溶液的氨蒸气分压（0~50℃）…… 617
6.18 氨水溶液的蒸气压及组成（0~160℃）… 617
6.19 过氧化氢水溶液的蒸气压 …… 618
6.20 氢氧化钠水溶液的蒸气压（Ⅰ）…… 618
6.21 氢氧化钠水溶液的蒸气压（Ⅱ）…… 619
6.22 根据水的沸点求氢氧化钠水溶液的蒸气压 …… 619
6.23 氢氧化钠水溶液的比焓 …… 620
6.24 氨水溶液的比焓 …… 620

第 7 章

7.1 硝酸铵水溶液的密度 …… 621
7.2 硝酸盐水溶液的沸点（Ⅰ）…… 621
7.3 硝酸盐水溶液的沸点（Ⅱ）…… 622
7.4 硝酸盐水溶液的黏度 …… 622
7.5 硝酸盐在水中的溶解度 …… 623
7.6 硝酸铵水溶液的蒸气压 …… 623
7.7 硝酸铵和氨水溶液的蒸气压 …… 624
7.8 一氧化氮气体的热导率 …… 624

第10章

10.1 氯化钾水溶液的密度 …… 625
10.2 氯化钙水溶液的密度和冰点 …… 625
10.3 氯化锌水溶液的密度 …… 626
10.4 氯化镉水溶液的密度 …… 626
10.5 氯化铵水溶液的密度 …… 627
10.6 氯化锂水溶液的密度 …… 627
10.7 三氯硅烷和四氯硅烷混合物的密度 …… 628
10.8 氯化钠水溶液的沸点 …… 628
10.9 氯化物水溶液的沸点（Ⅰ） …… 629
10.10 氯化物水溶液的沸点（Ⅱ） …… 629
10.11 一些水溶液的沸点升高值 …… 630
10.12 氯化钠水溶液的黏度（Ⅰ） …… 630
10.13 氯化钠水溶液的黏度（Ⅱ） …… 631
10.14 氯化钙水溶液的黏度（Ⅰ） …… 631
10.15 氯化钙水溶液的黏度（Ⅱ） …… 632
10.16 氯化锂水溶液的黏度 …… 632
10.17 氯化物水溶液的黏度 …… 633
10.18 氯在氯化钠水溶液中的溶解度 …… 633
10.19 氯化物在水中的溶解度 …… 634
10.20 氯化钠在二甘醇和三甘醇中的溶解度 634
10.21 氯化物水溶液的热导率 …… 635
10.22 氯化钠、氯化钾、氯化铷晶体的蒸气压 …… 635
10.23 氯化钾、氯化钠和氯化铯水溶液的蒸气压 …… 636
10.24 氯化锂水溶液的蒸气压 …… 636
10.25 氯化钙水溶液的比热容 …… 637

第11章

11.1 溴化锌水溶液的密度 …… 638
11.2 溴化钠、溴化钾、溴化铷晶体的蒸气压 …… 638
11.3 溴化锂水溶液的比焓 …… 639

第12章

12.1 碘化锌水溶液的密度（Ⅰ） …… 640
12.2 碘化锌水溶液的密度（Ⅱ） …… 640

第13章

13.1 碳酸钾水溶液密度的温度修正及其相应的物性 …… 641
13.2 碳酸钠水溶液的密度（Ⅰ） …… 641
13.3 碳酸钠水溶液的密度（Ⅱ） …… 642
13.4 碳酸钠水溶液密度的温度修正及其相应的物性 …… 642
13.5 碳酸钾水溶液的黏度 …… 643
13.6 碳酸钠水溶液的黏度（Ⅰ） …… 643
13.7 碳酸钠水溶液的黏度（Ⅱ） …… 644
13.8 碳酸盐在水中的溶解度 …… 644
13.9 碳酸钠水溶液的蒸气压 …… 645
13.10 碳酸钠－碳酸氢钠水溶液中的二氧化碳分压 …… 645

第14章

14.1 硫酸铵和硫酸镁水溶液的密度 …… 646
14.2 明矾水溶液的密度（Ⅰ） …… 646
14.3 明矾水溶液的密度（Ⅱ） …… 647
14.4 液态二氧化硫的黏度 …… 647
14.5 一些硫酸盐水溶液的黏度 …… 648
14.6 硫酸盐在水中的溶解度 …… 648
14.7 硫酸钠在乙二醇水溶液中的溶解度 …… 649
14.8 硫酸镁系统的比焓 …… 649

第1章

1.1 过热水蒸气的密度

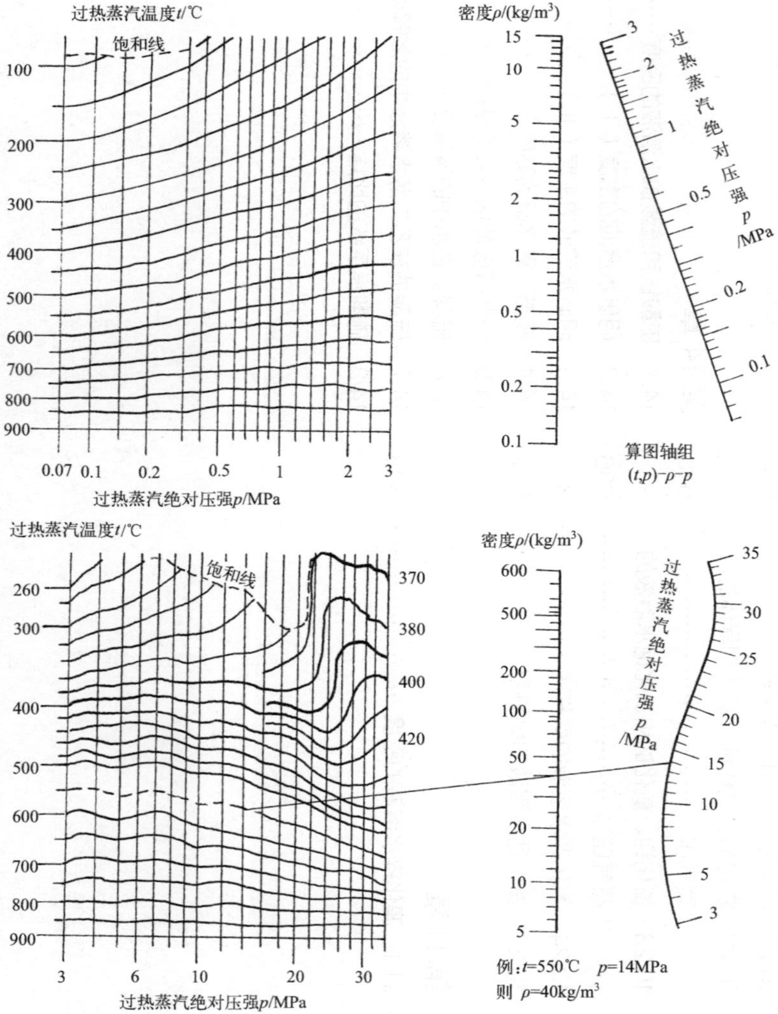

1.2 水蒸气的黏度（Ⅰ）

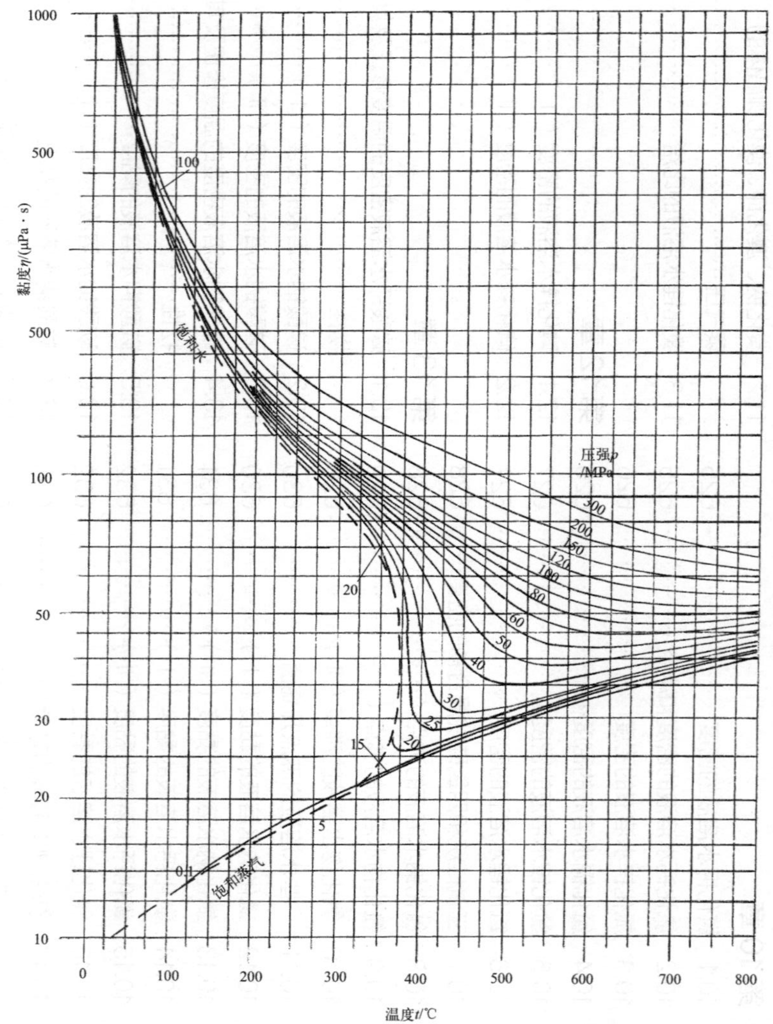

1.3 水蒸气的黏度（Ⅱ）

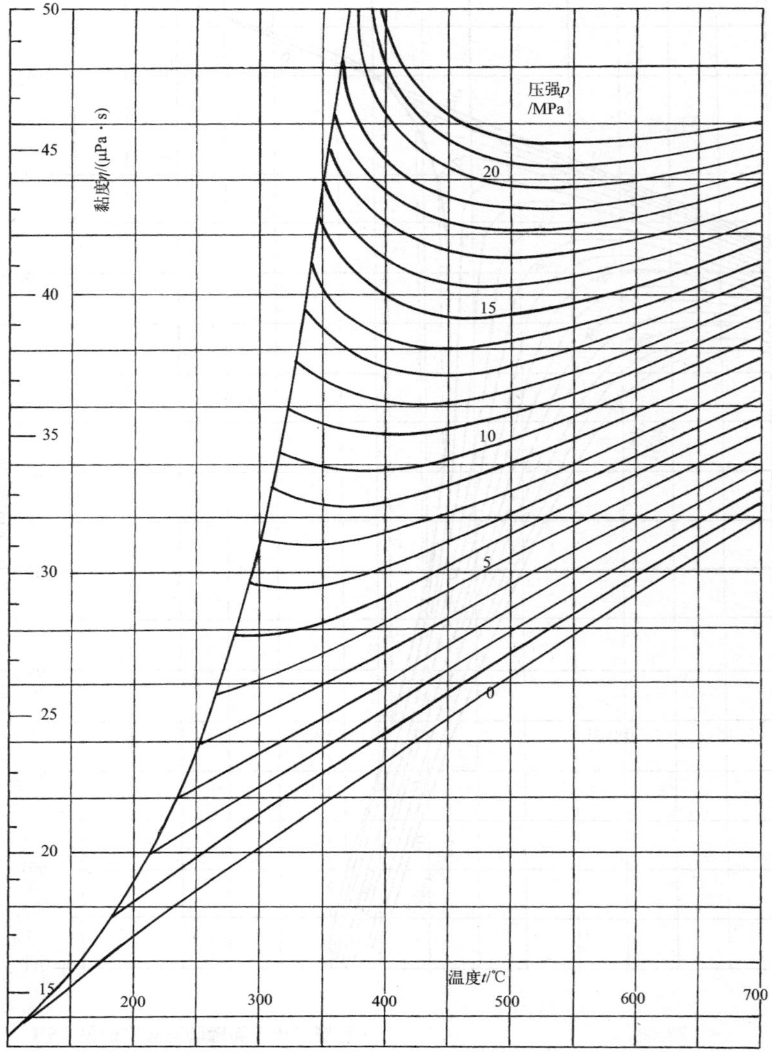

1.4 过热水蒸气的黏度（低压）

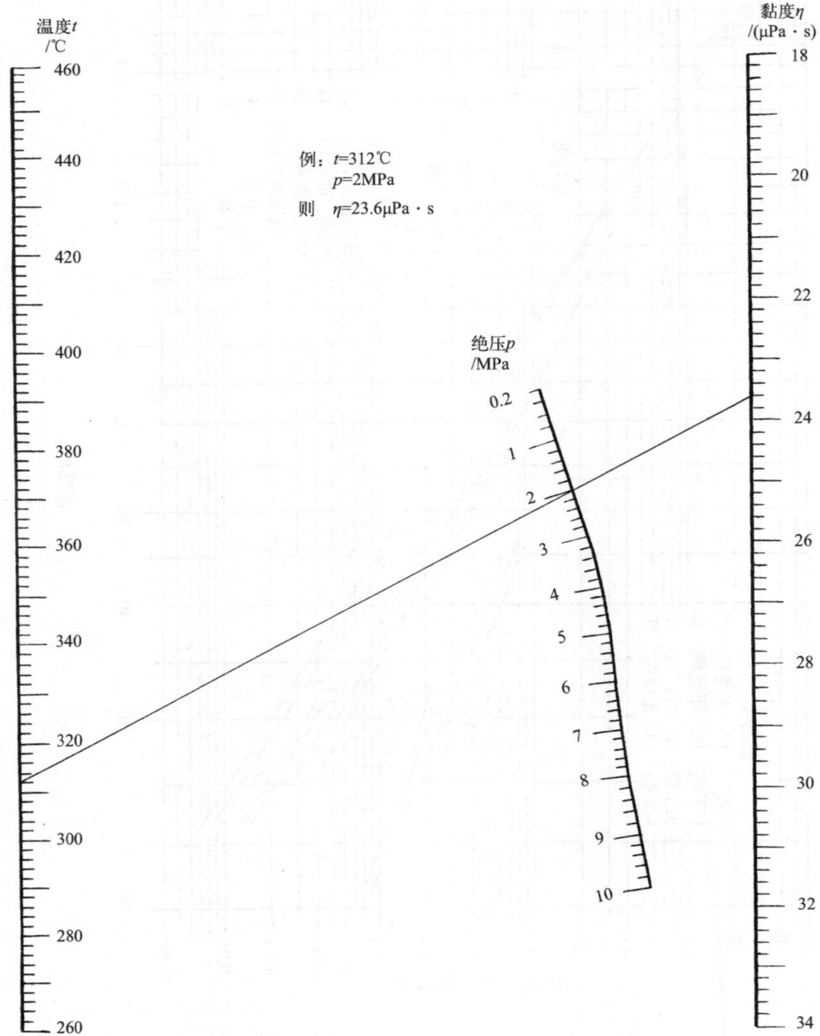

1.5 过热水蒸气的黏度（中、高压）

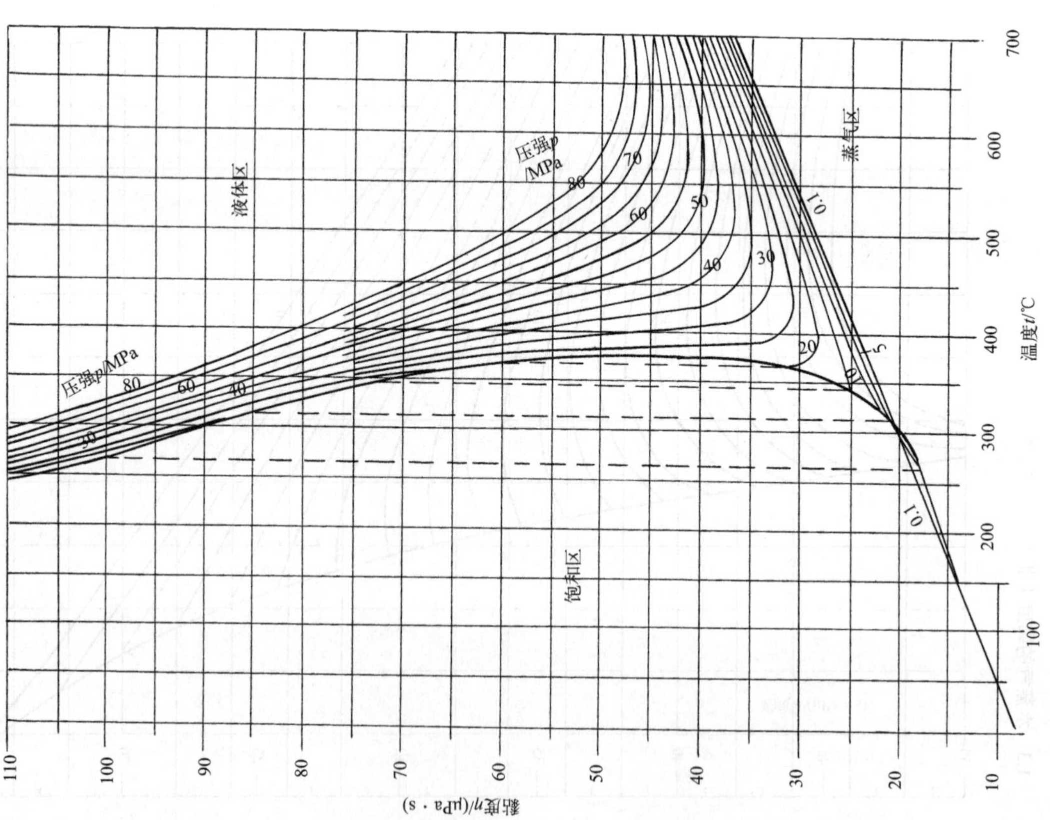

1.6 水在碳氢化合物中的溶解度

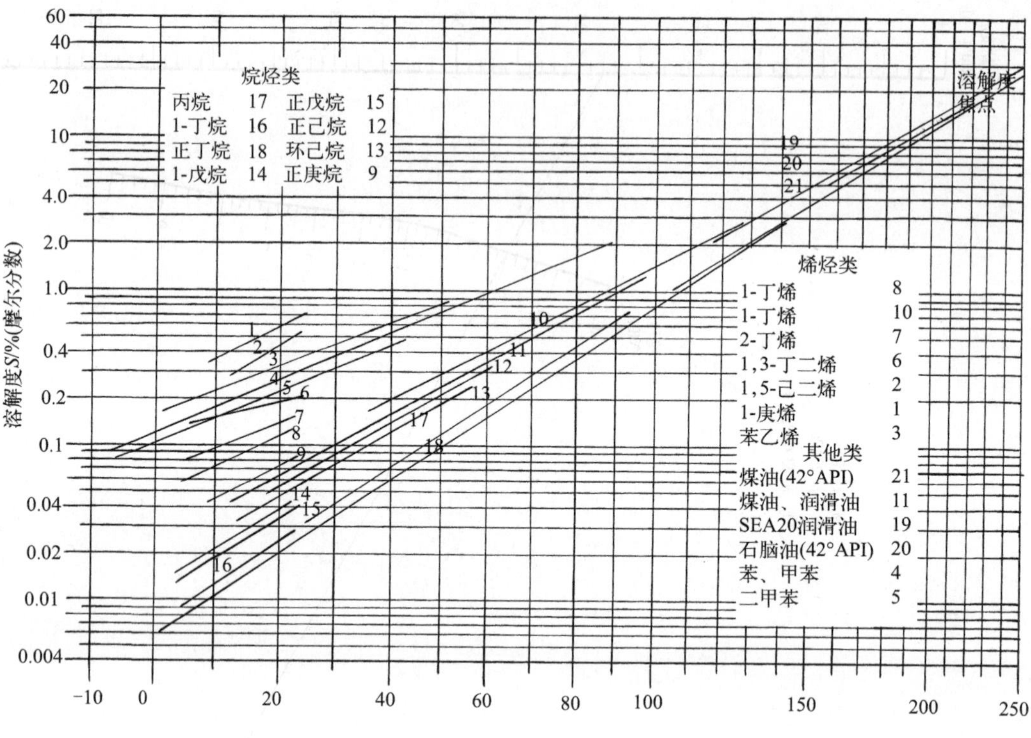

1.7 水在烃中的溶解度

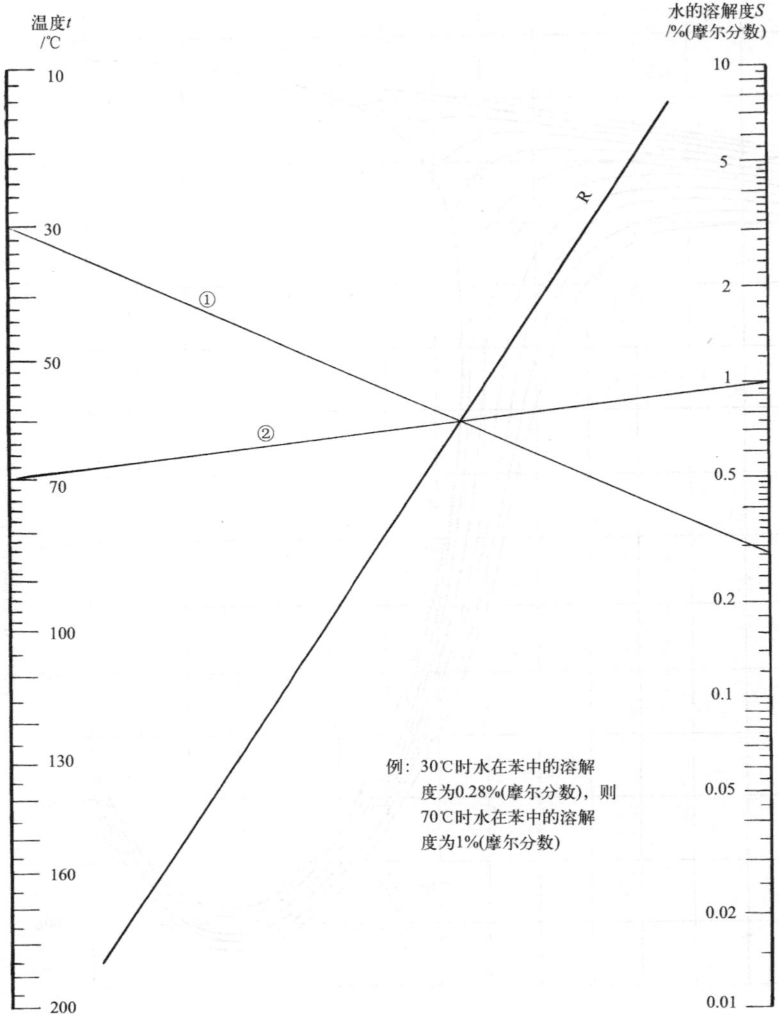

例：30℃时水在苯中的溶解度为0.28%(摩尔分数)，则70℃时水在苯中的溶解度为1%(摩尔分数)

1.8 水蒸气的热导率

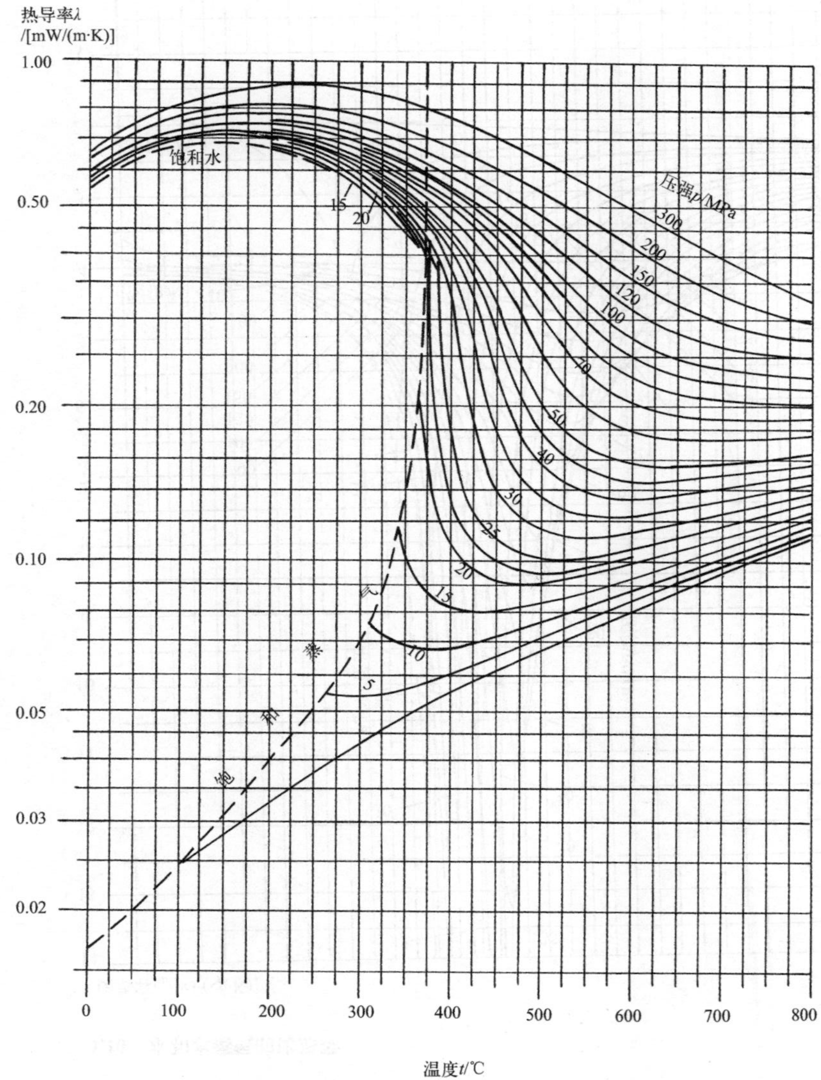

1.9 过热水蒸气的热导率

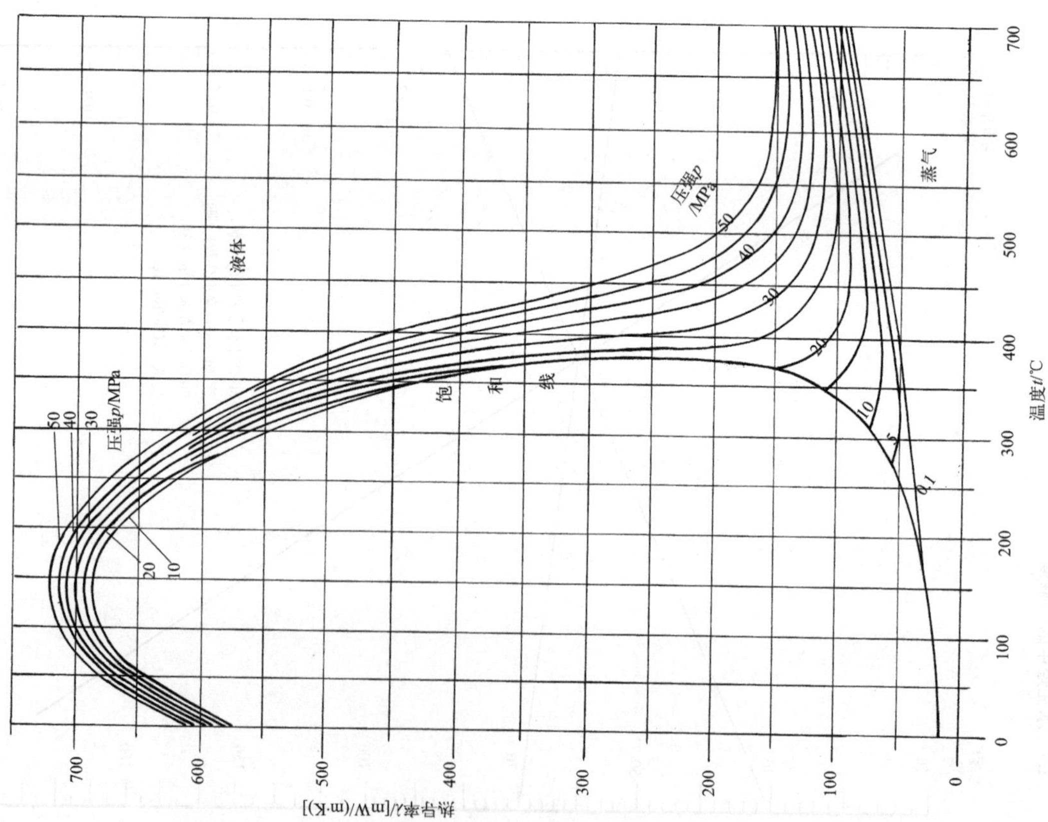

1.10 水和水蒸气的比热容

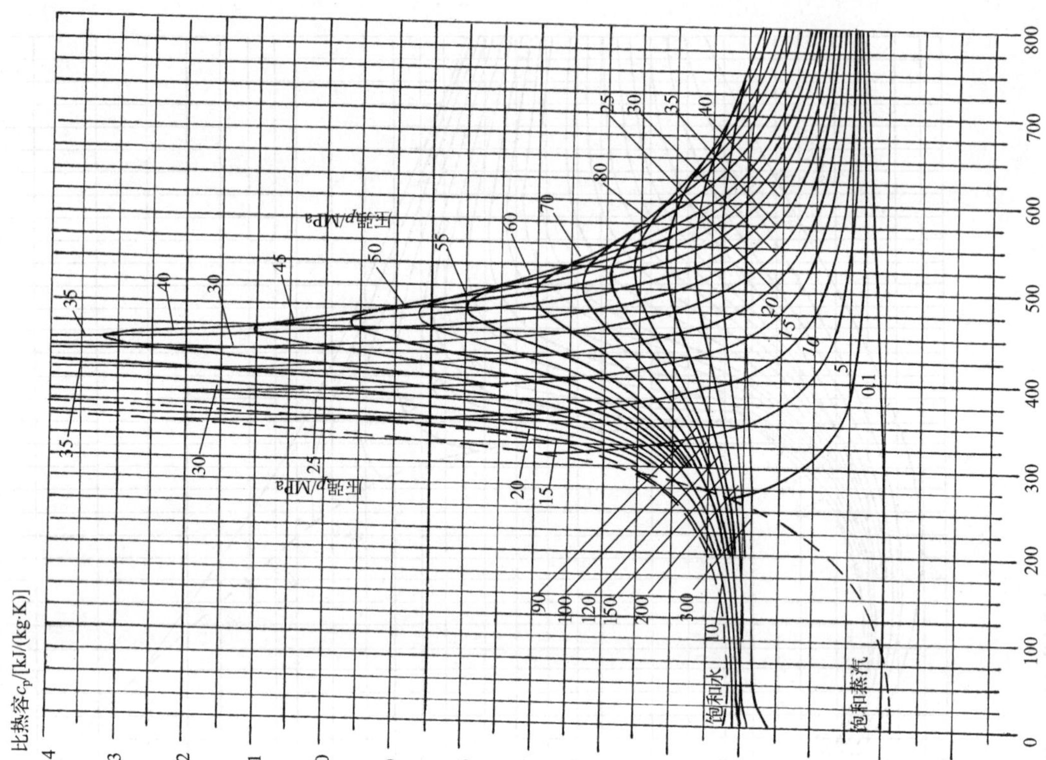

1.11 过热水蒸气的比热容

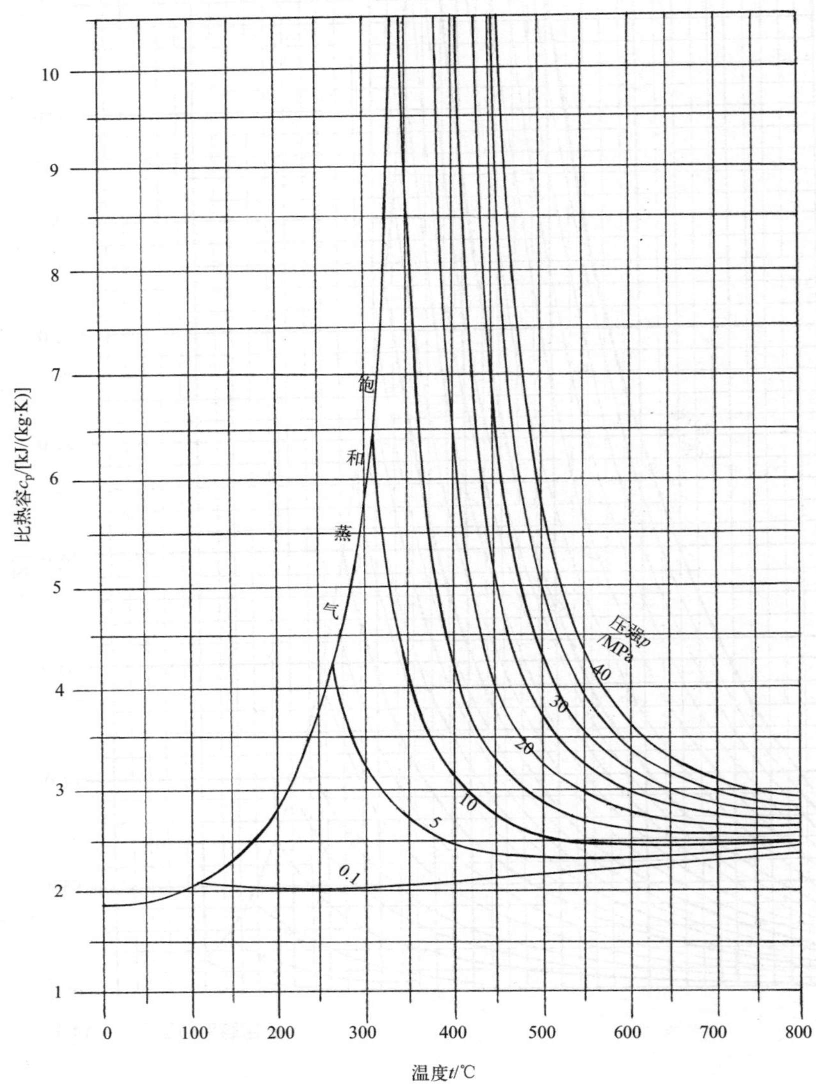

1.12 水蒸气与空气混合物的比焓

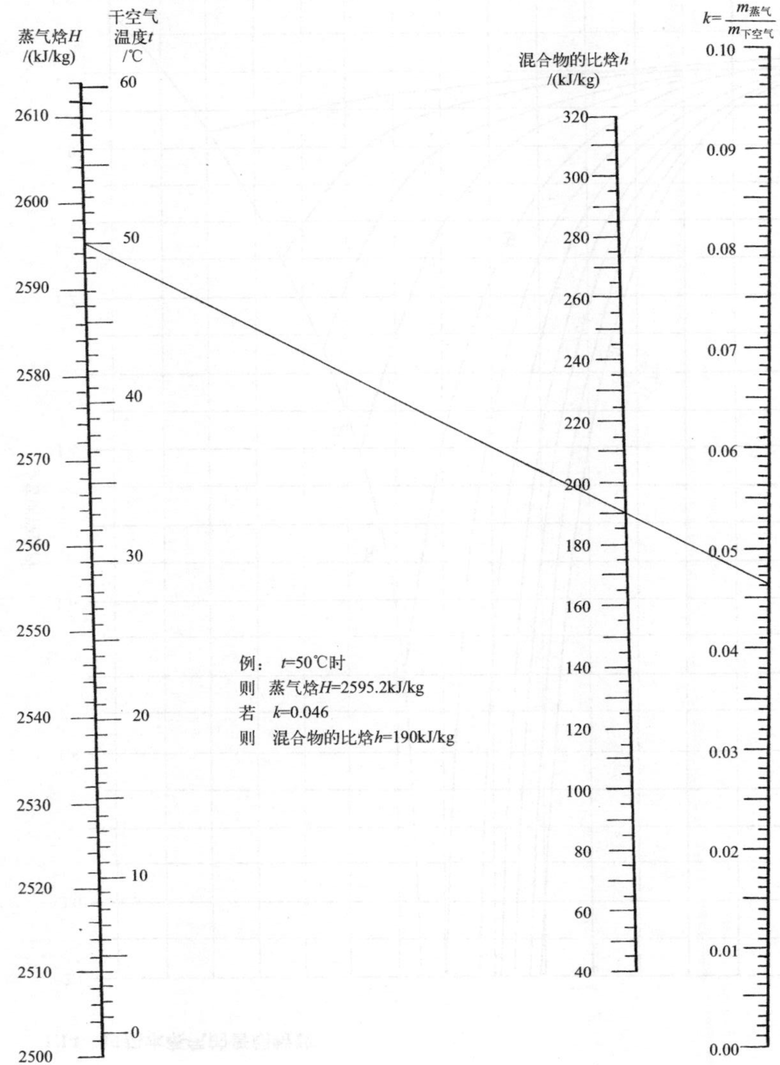

1.13 水蒸气的压缩因子

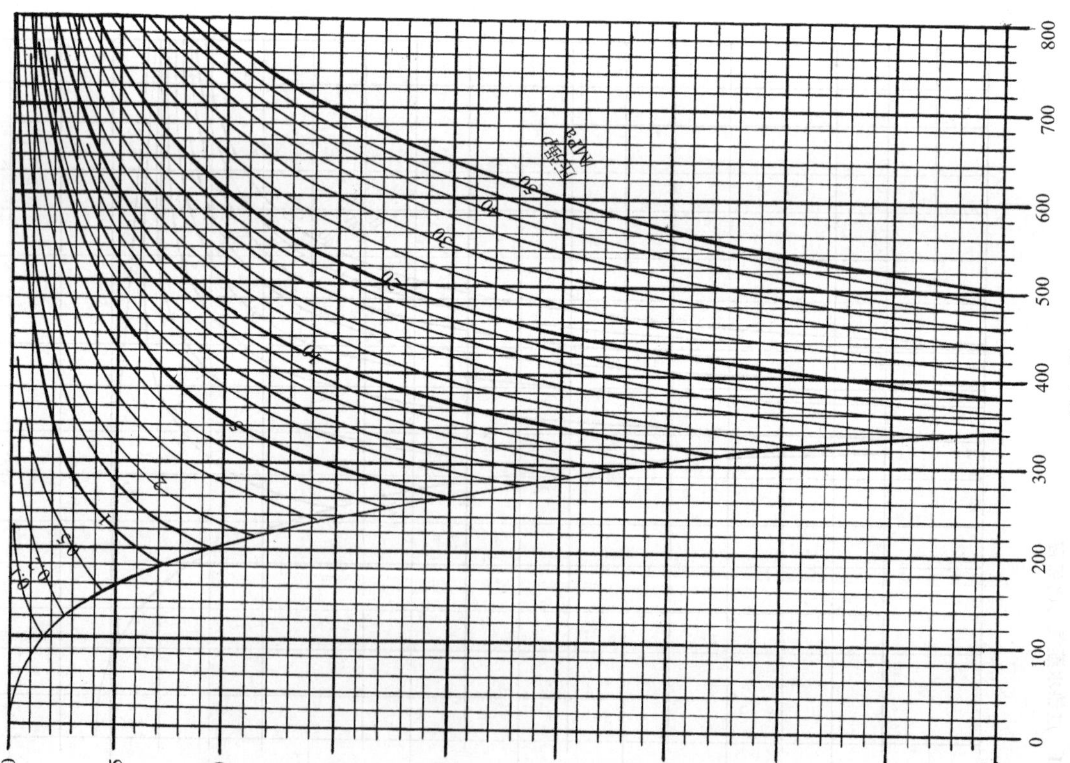

1.14 过热水蒸气的普朗特数

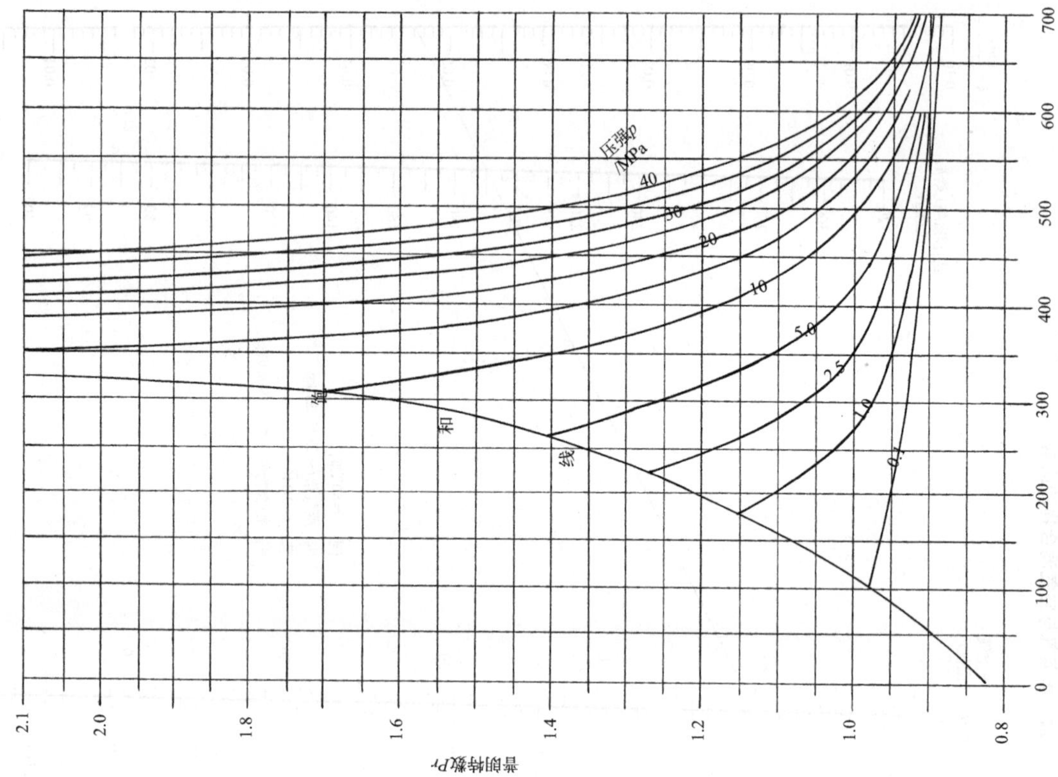

第 2 章

2.1 空气在低、中压下的密度

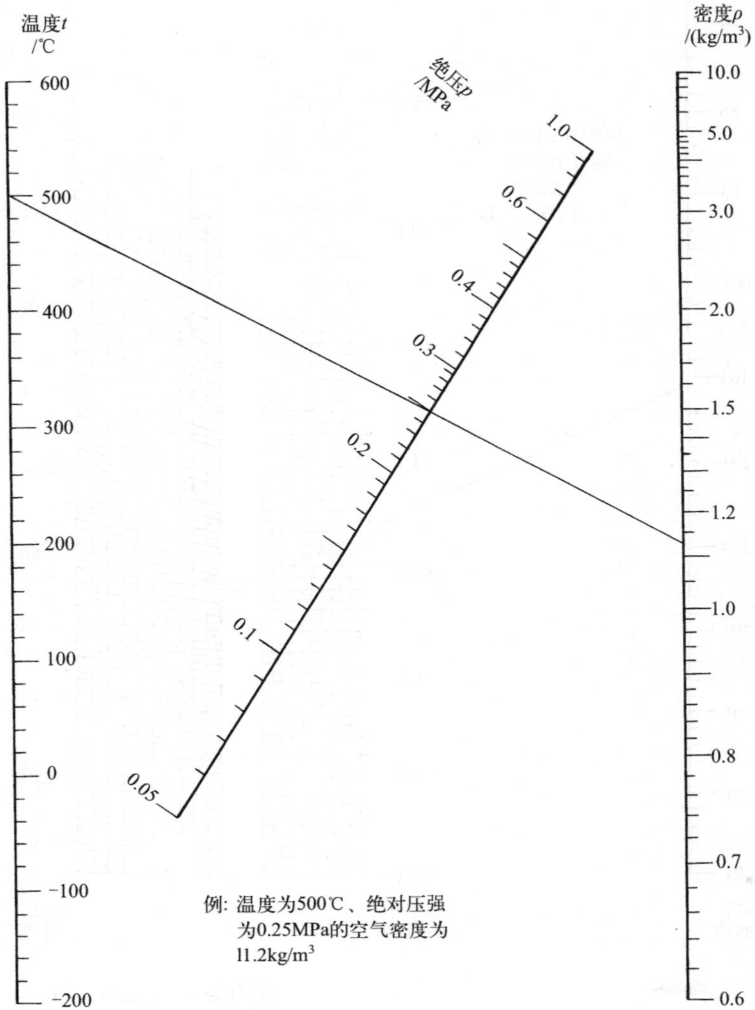

2.2 空气在高压下的密度

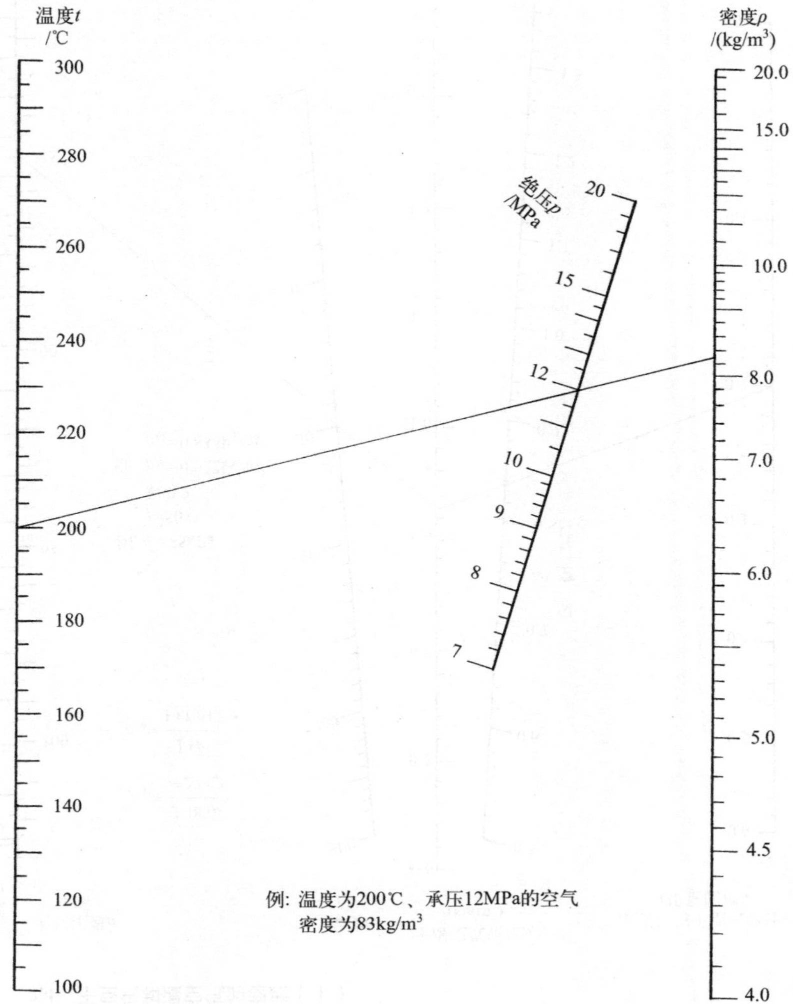

2.3 常压下湿空气的密度

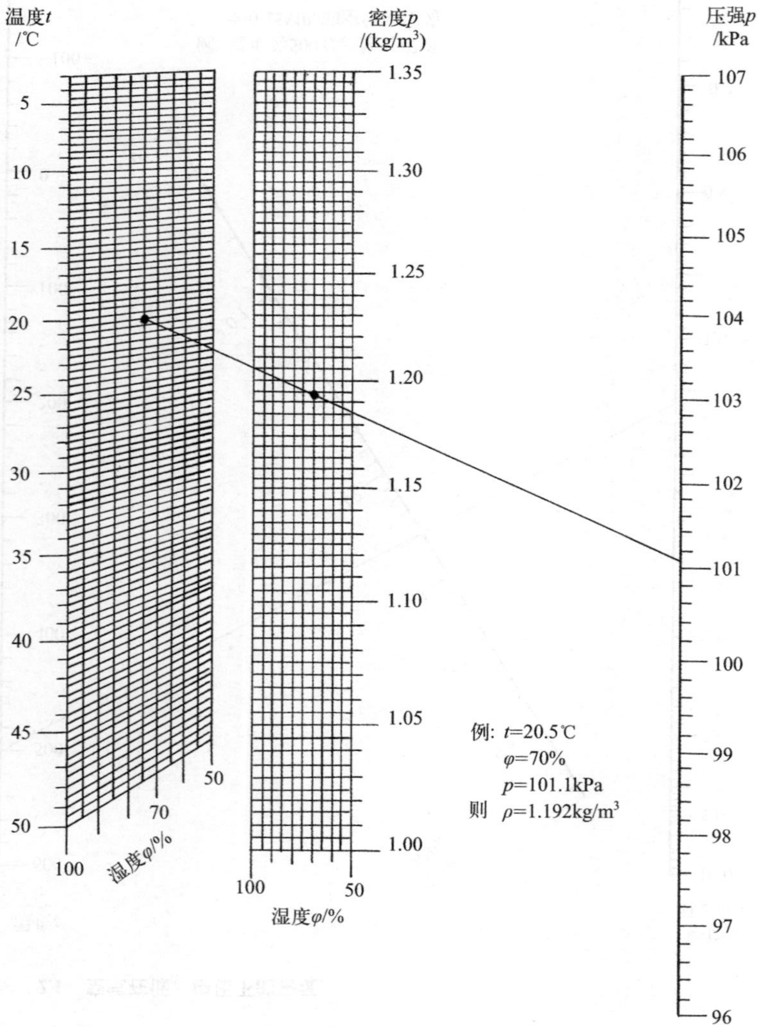

2.4 干空气和湿空气的密度（Ⅰ）

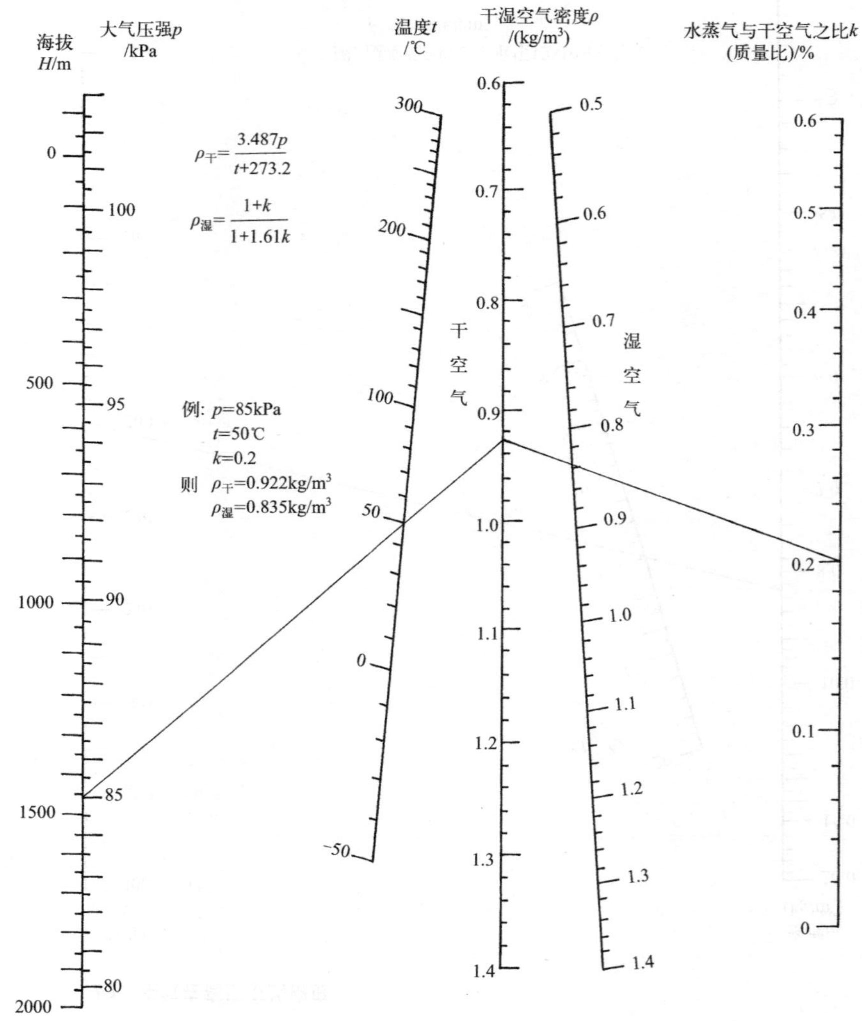

2.5 干空气和湿空气的密度（Ⅱ）

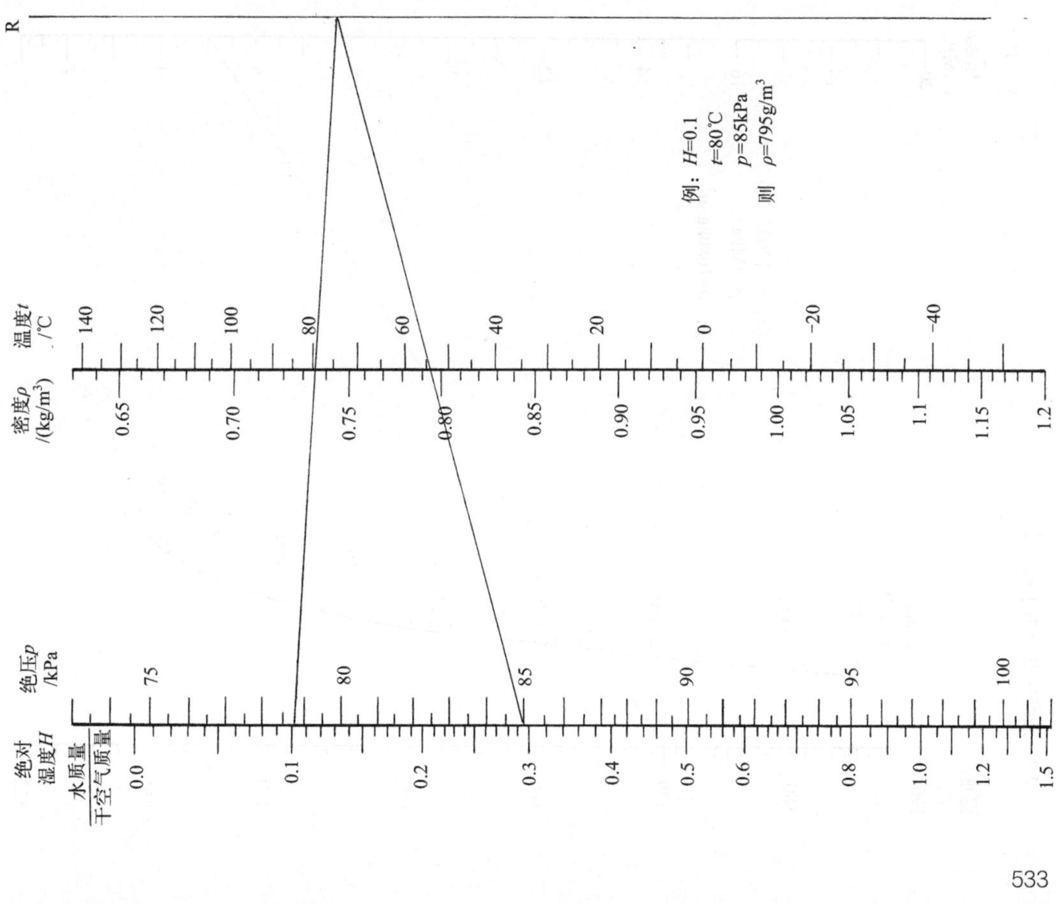

2.6 空气的密度、湿度和露点

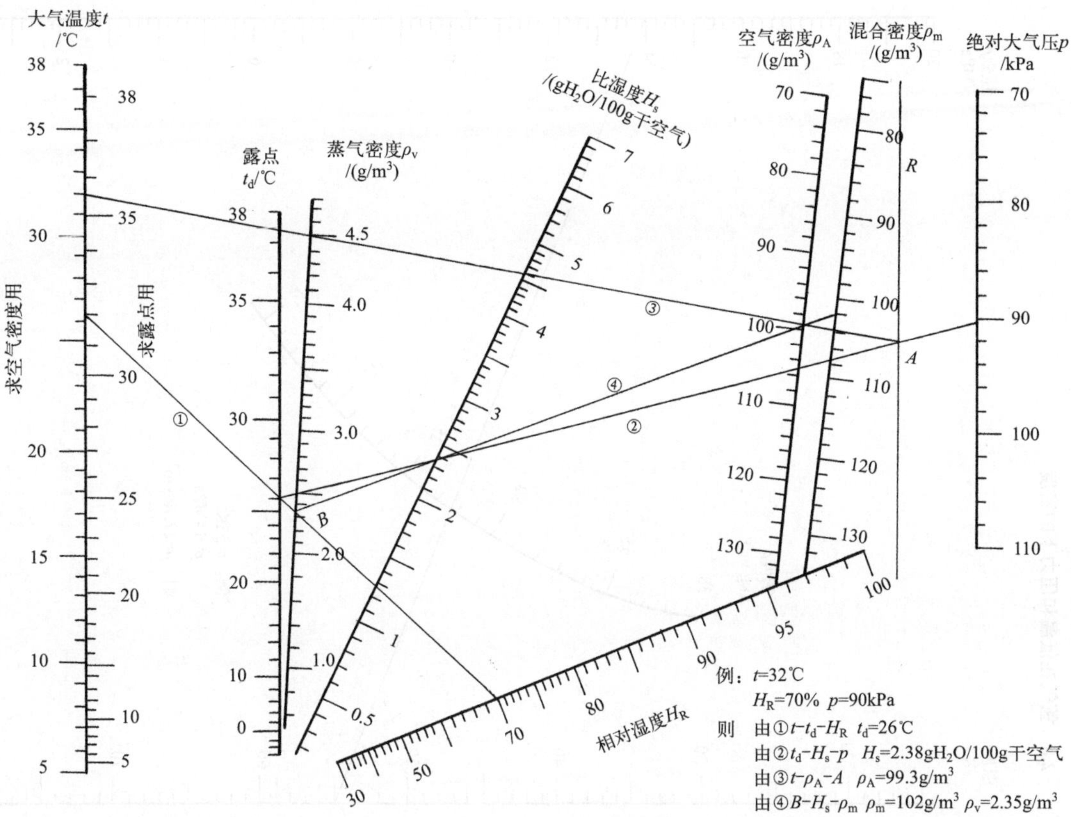

2.7 液态氧在压力下的密度

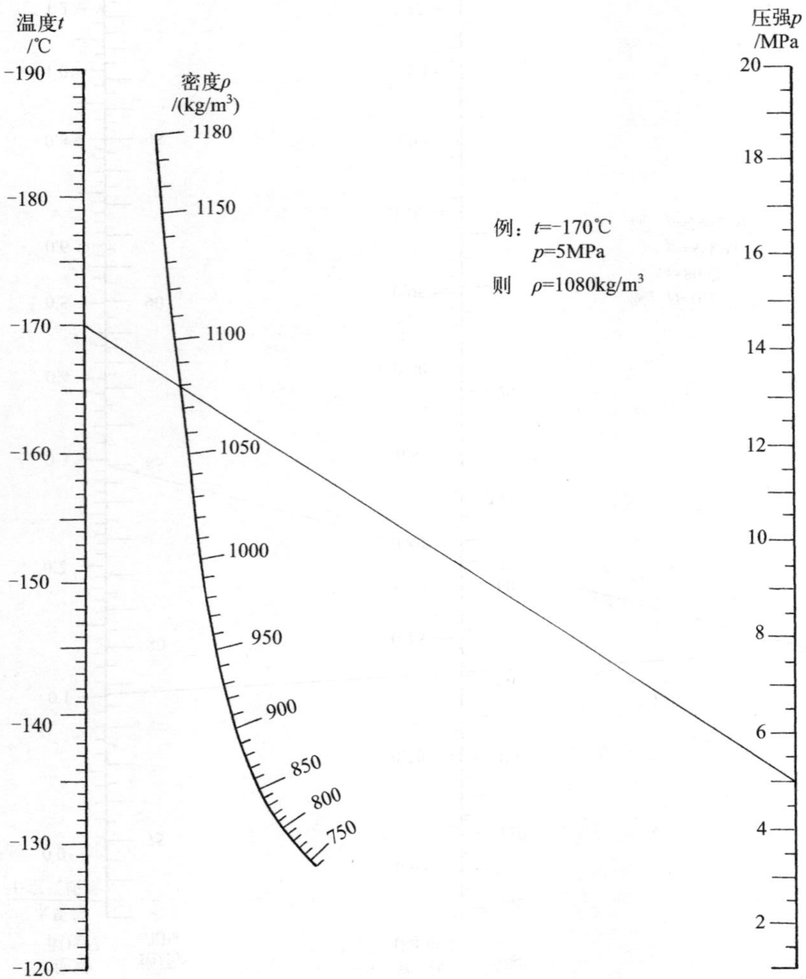

2.8 氢气在低温和压力下的密度

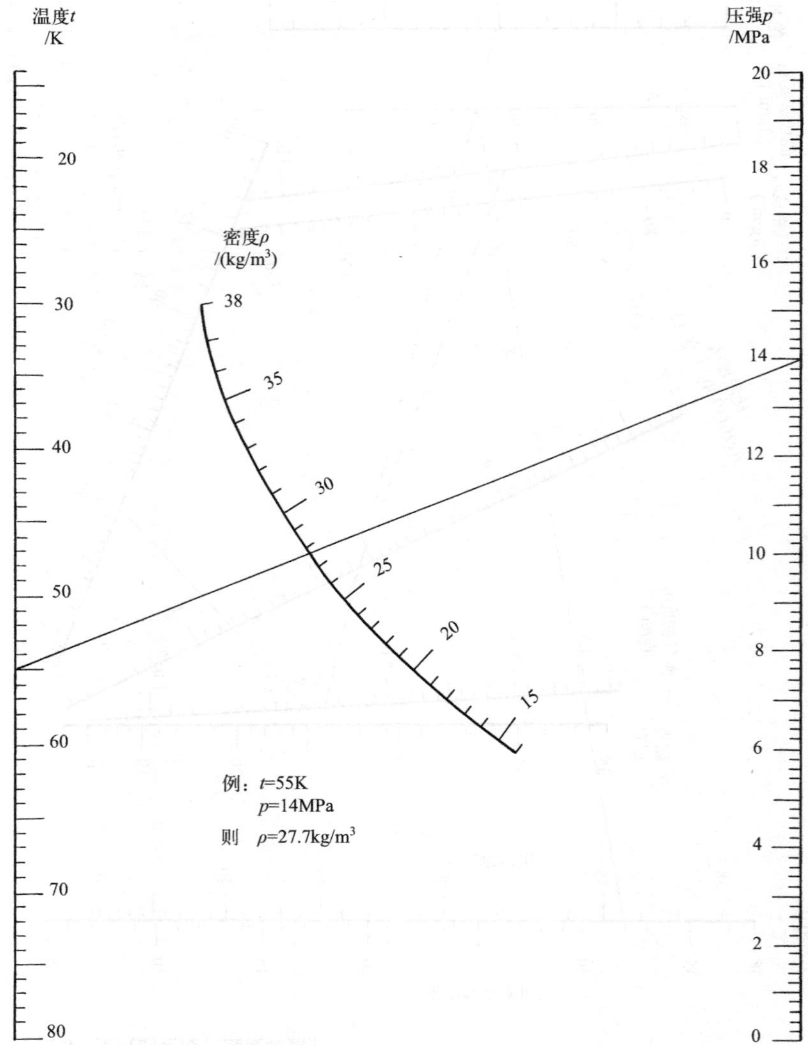

2.9 液态氮在压力下的密度

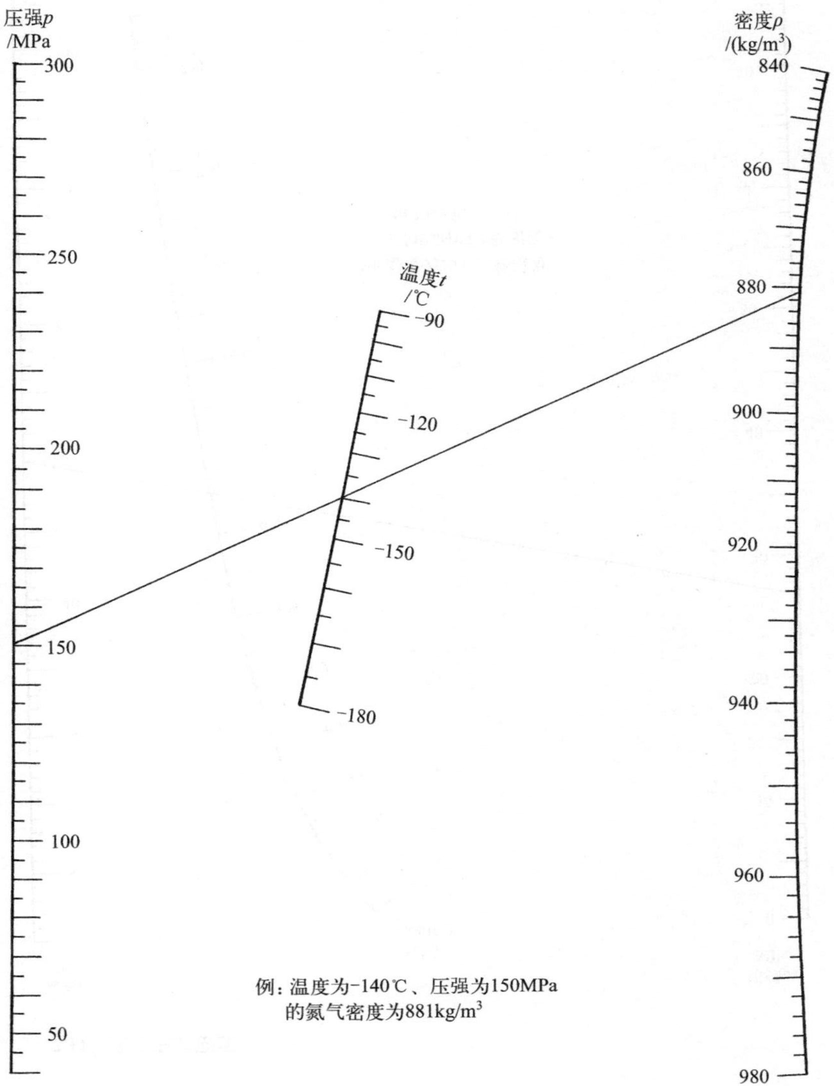

例：温度为−140℃、压强为150MPa的氮气密度为881kg/m^3

2.10 气态氨的密度、饱和温度和焓

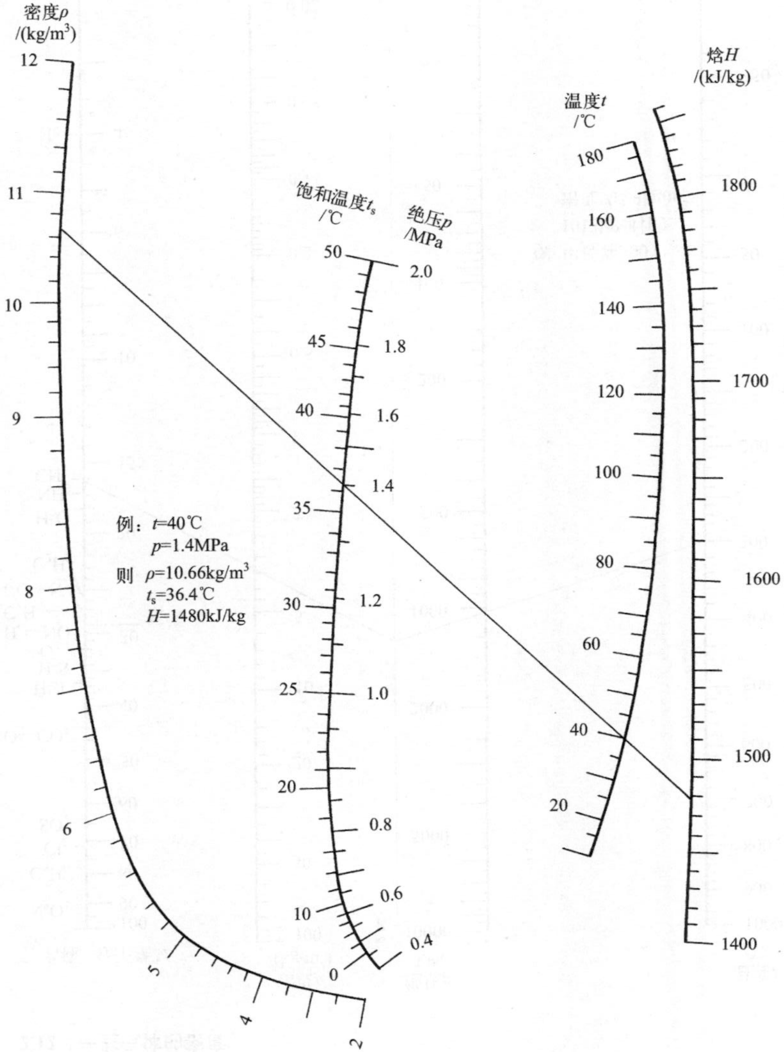

例：t=40℃
p=1.4MPa
则 ρ=10.66kg/m^3
t_s=36.4℃
H=1480kJ/kg

2.11 液态氨的密度

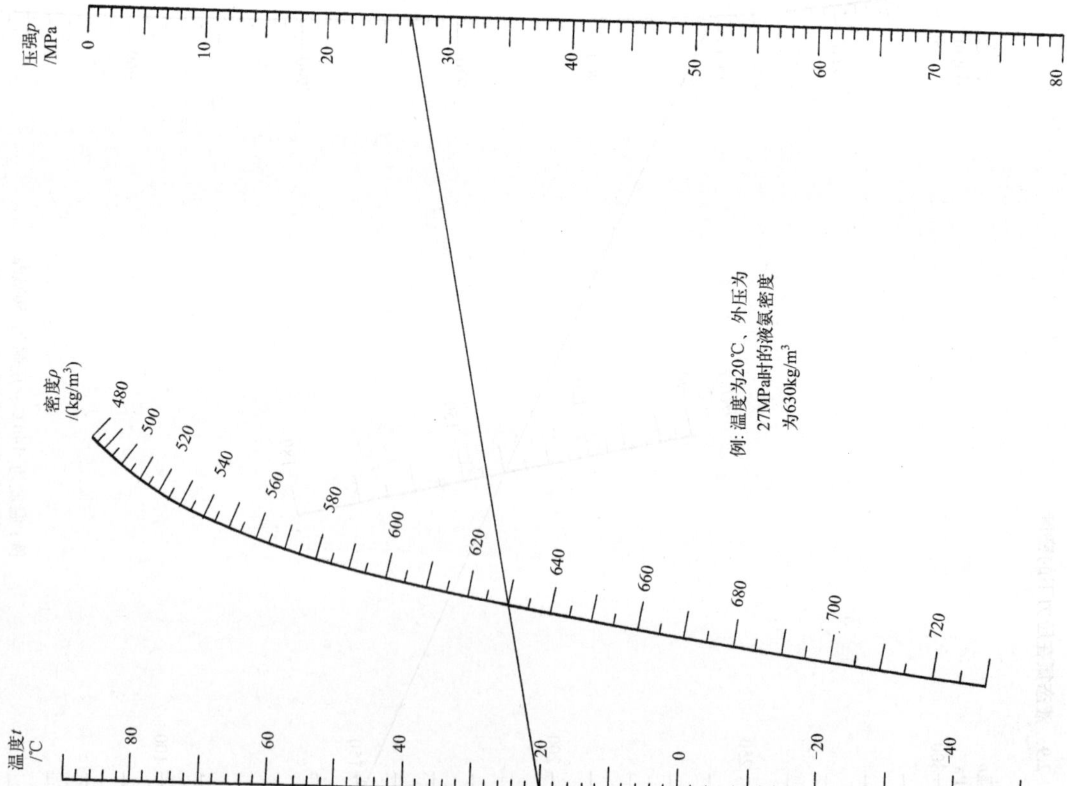

2.12 一些气体的密度

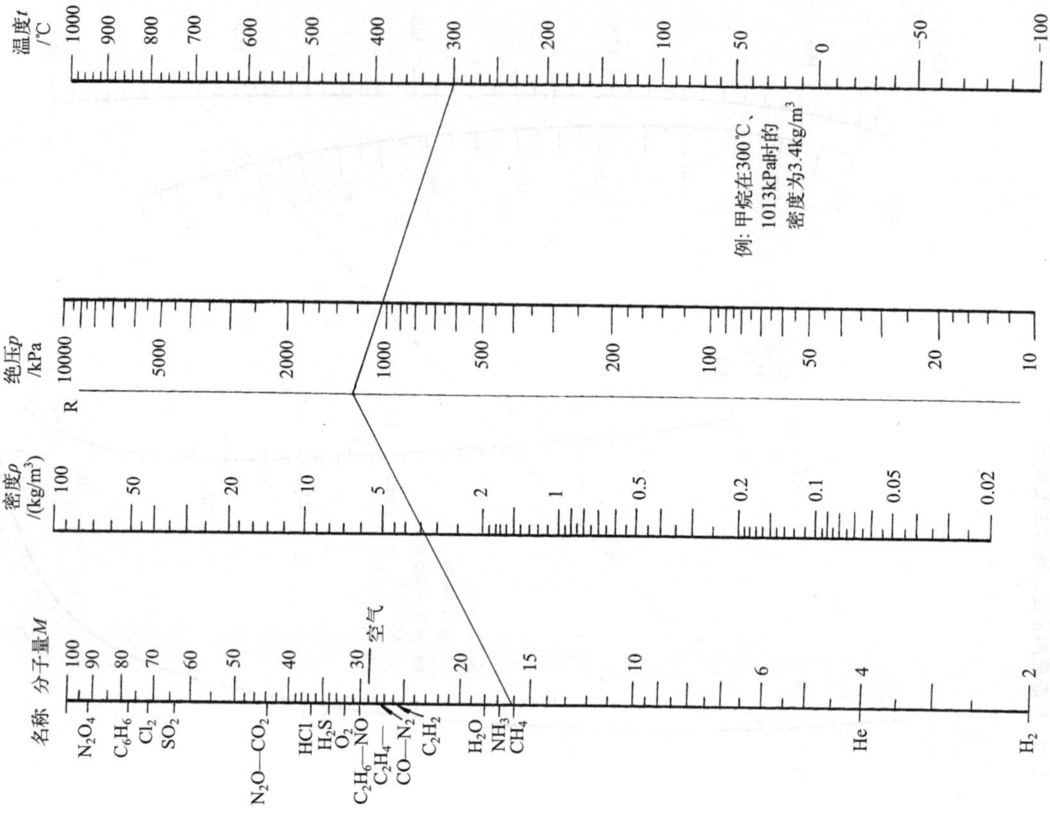

2.13 氨水溶液密度的温度修正及氨的组分

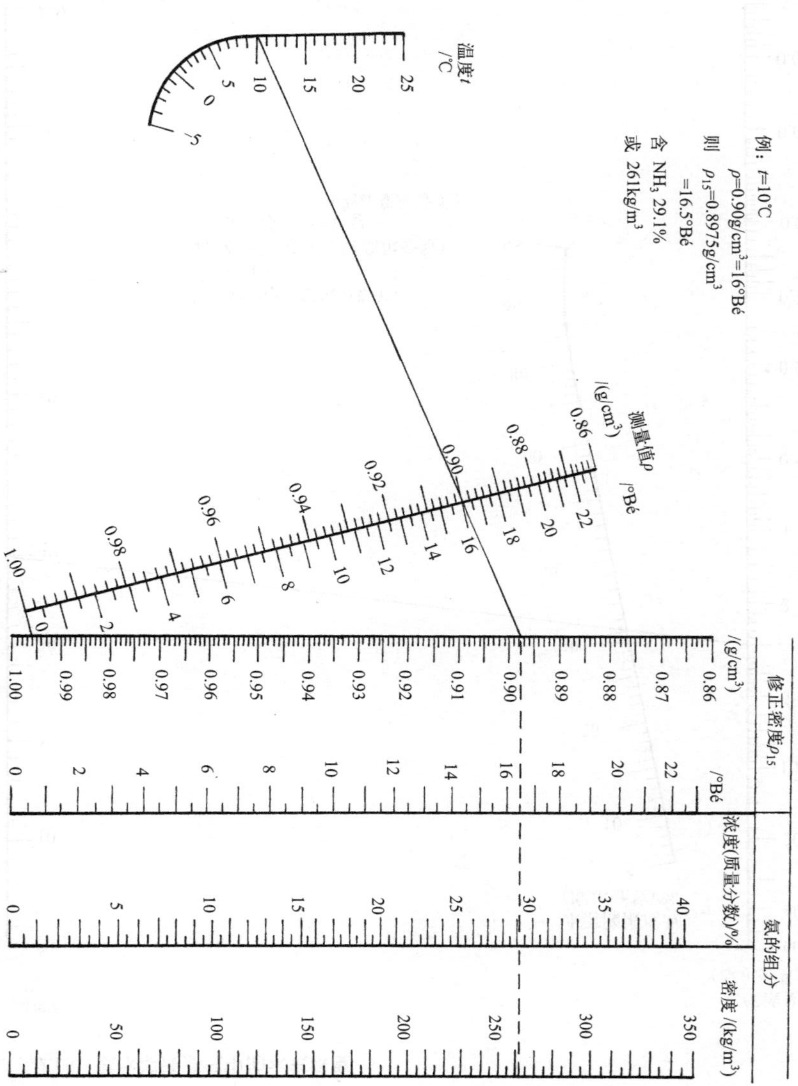

2.14 氨水的气液组成

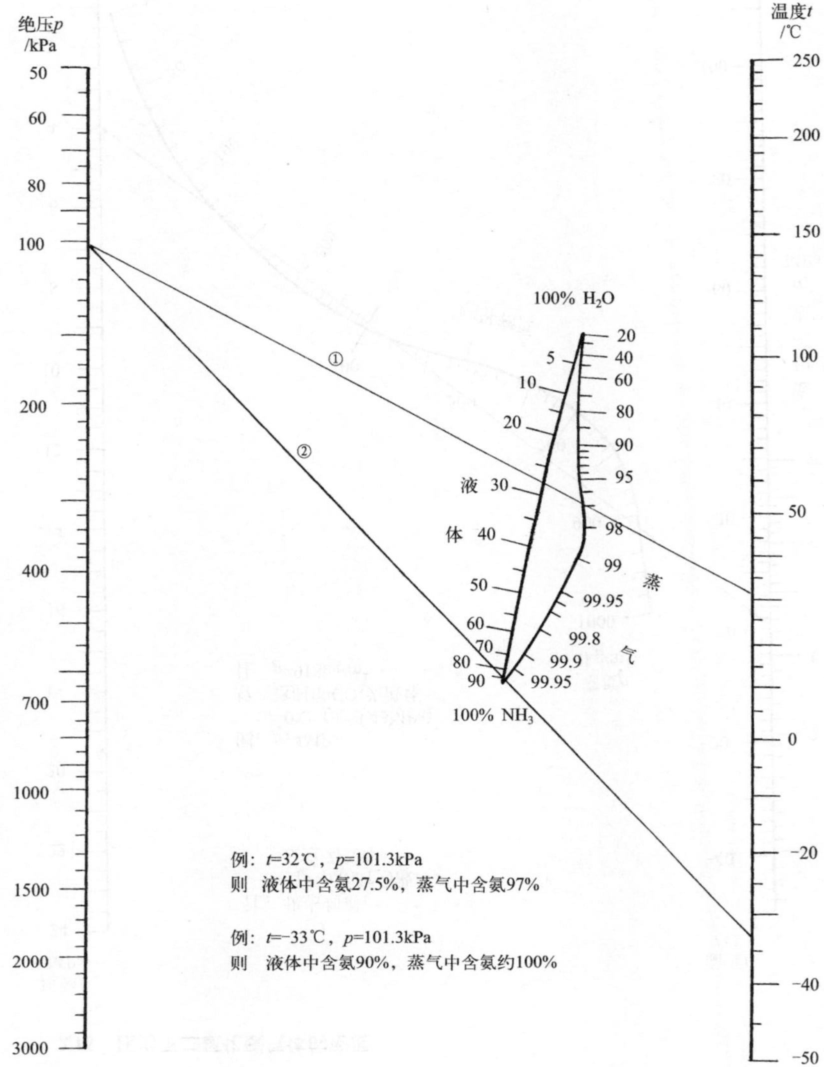

2.15 氨水溶液蒸气中的水气浓度

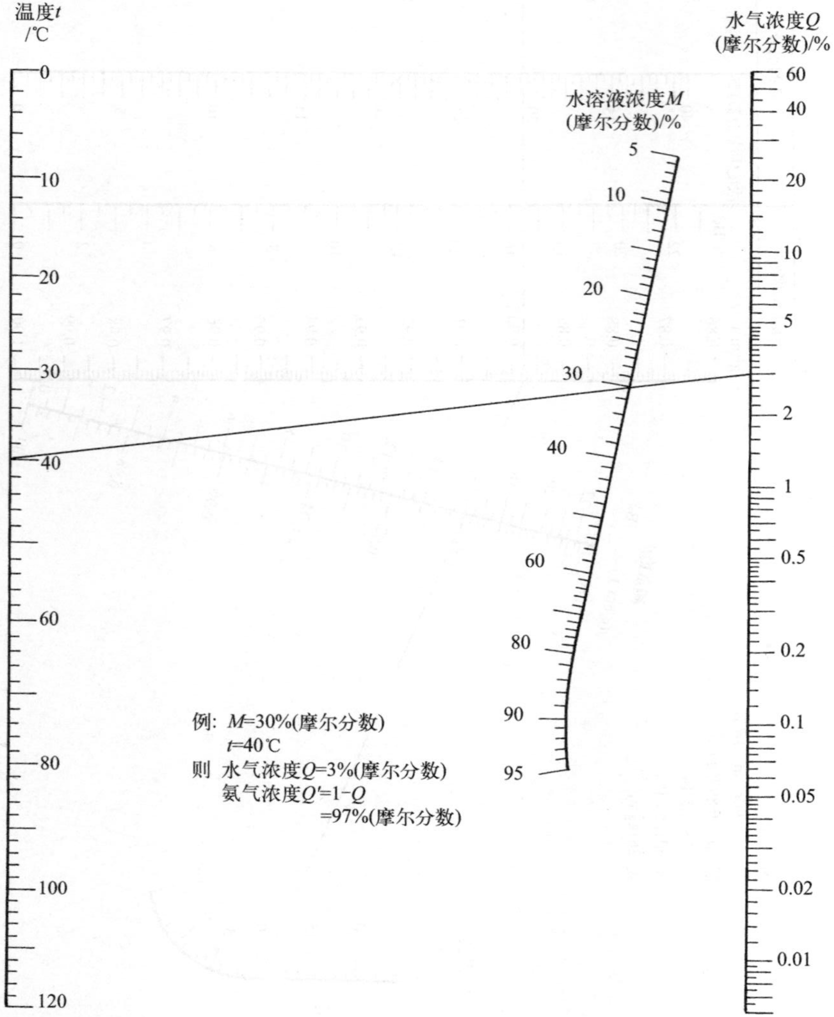

例：M=30%(摩尔分数)
t=40℃
则 水气浓度Q=3%(摩尔分数)
氨气浓度Q'=1−Q
=97%(摩尔分数)

2.16 压力下二氧化碳气体的密度

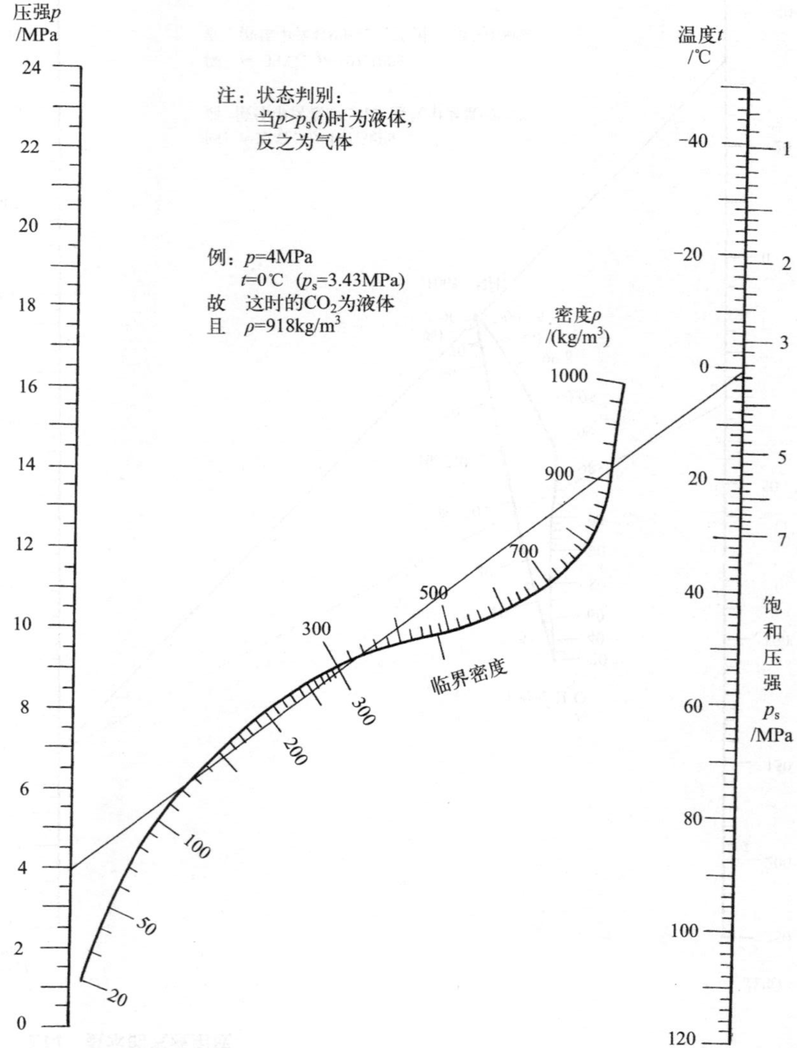

注：状态判别：
当$p>p_s(t)$时为液体，
反之为气体

例：p=4MPa
t=0℃ (p_s=3.43MPa)
故 这时的CO_2为液体
且 ρ=918kg/m^3

2.17 氯化氢气体的密度

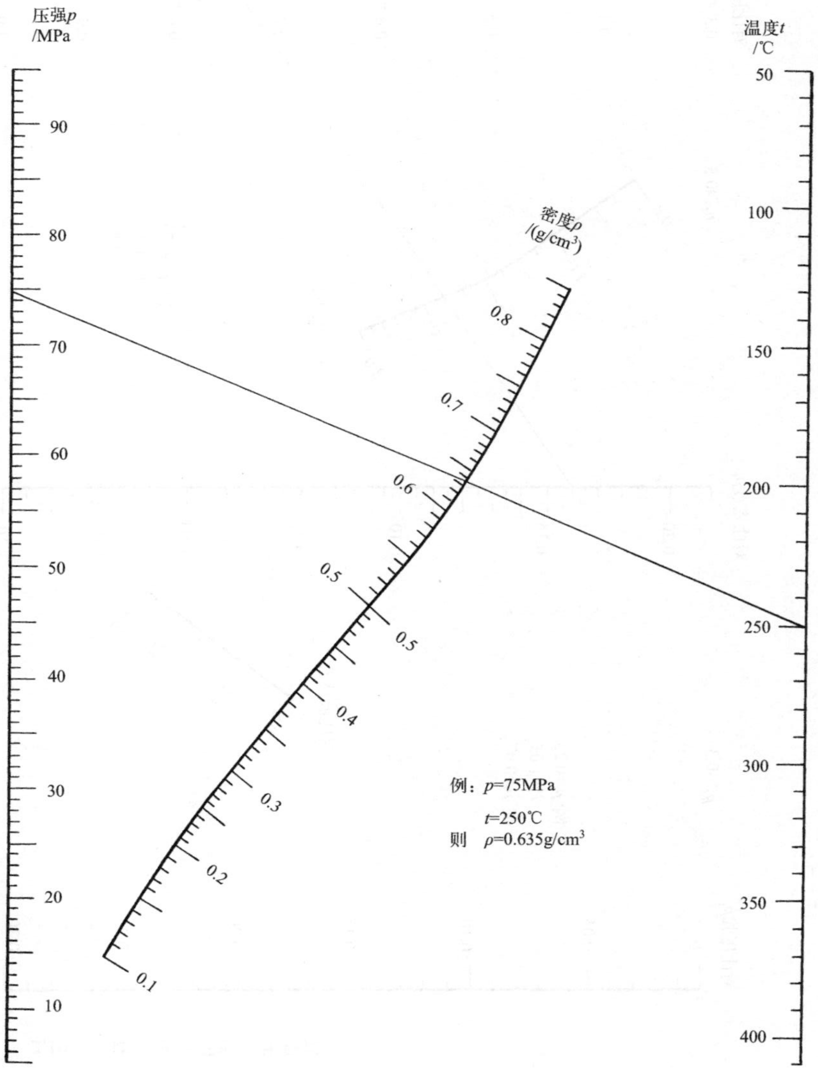

2.18 气体在低压下的密度

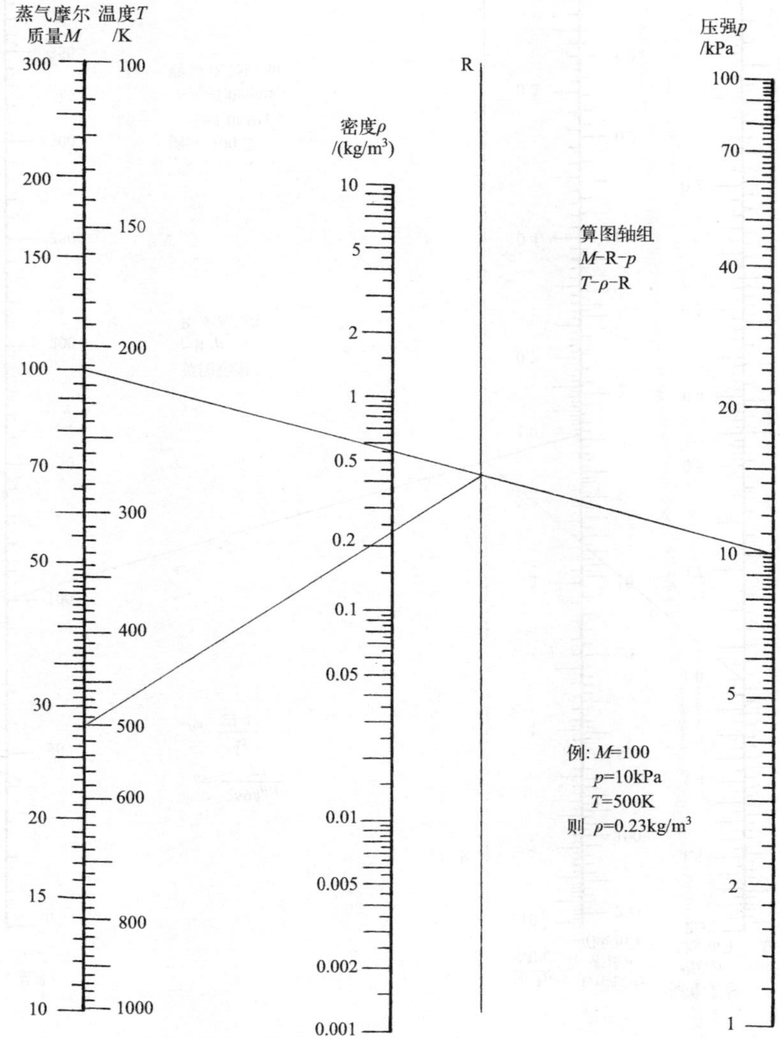

2.19 气体在低压下的对比密度

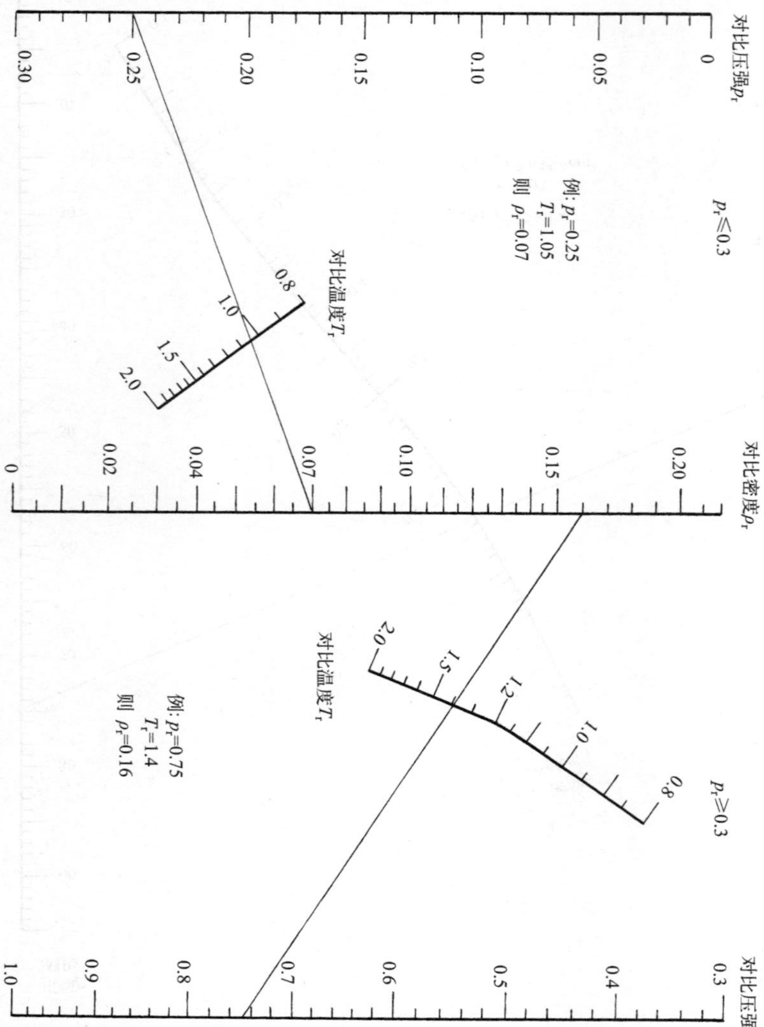

2.20 标准状态和工作状态下的气体密度

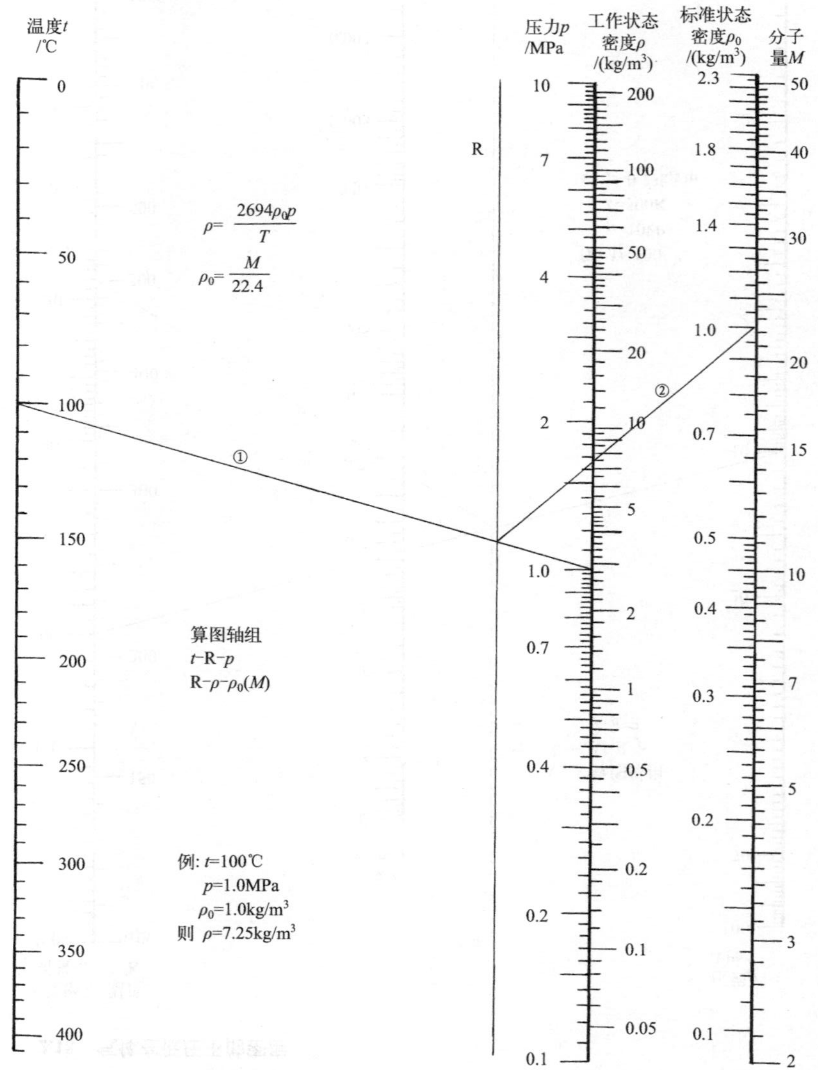

2.22 空气的黏度（Ⅱ）

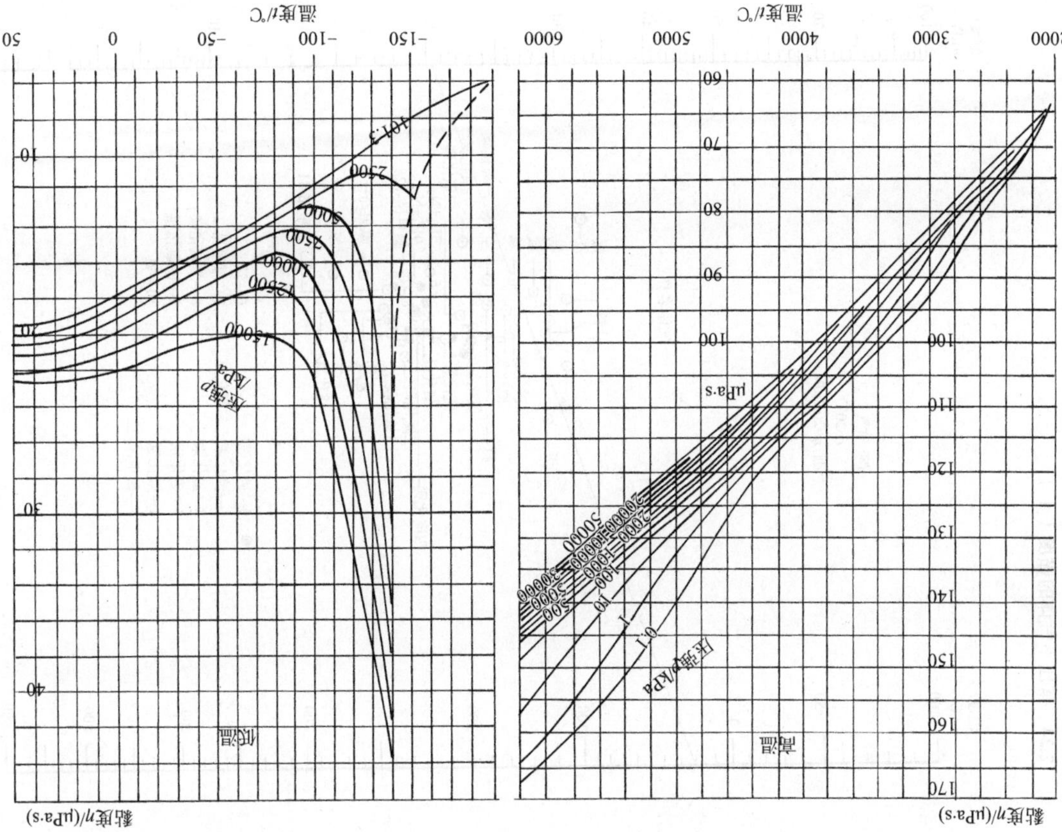

2.21 空气的黏度（Ⅰ）

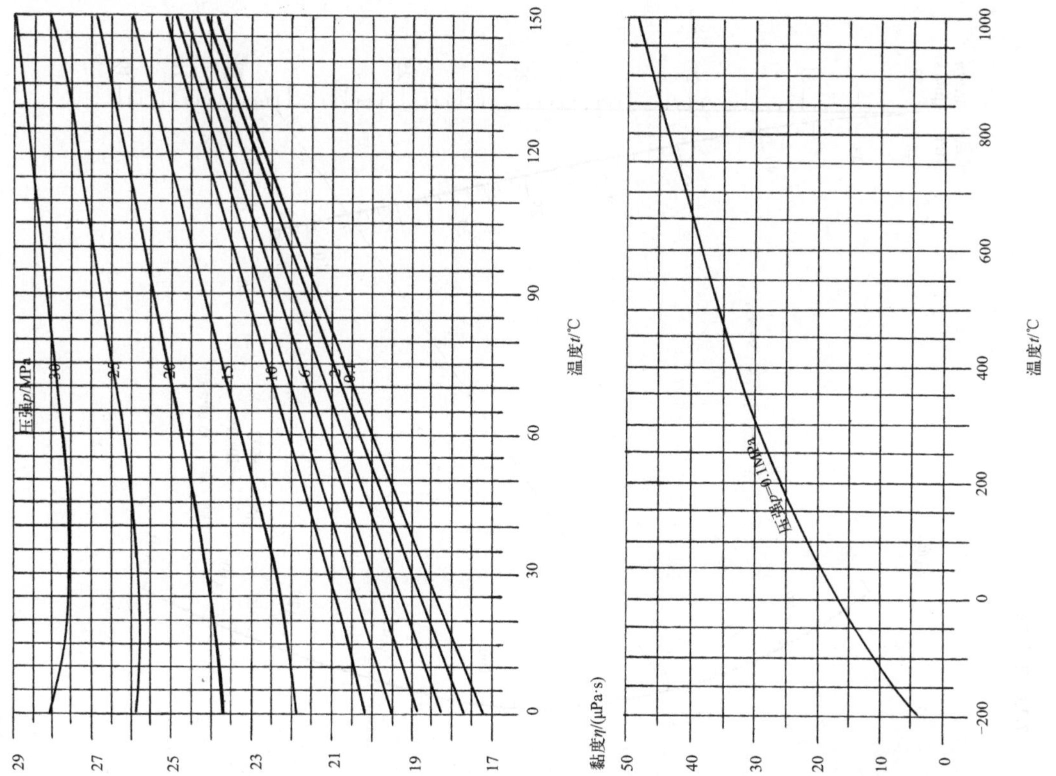

2.23 氮气的黏度

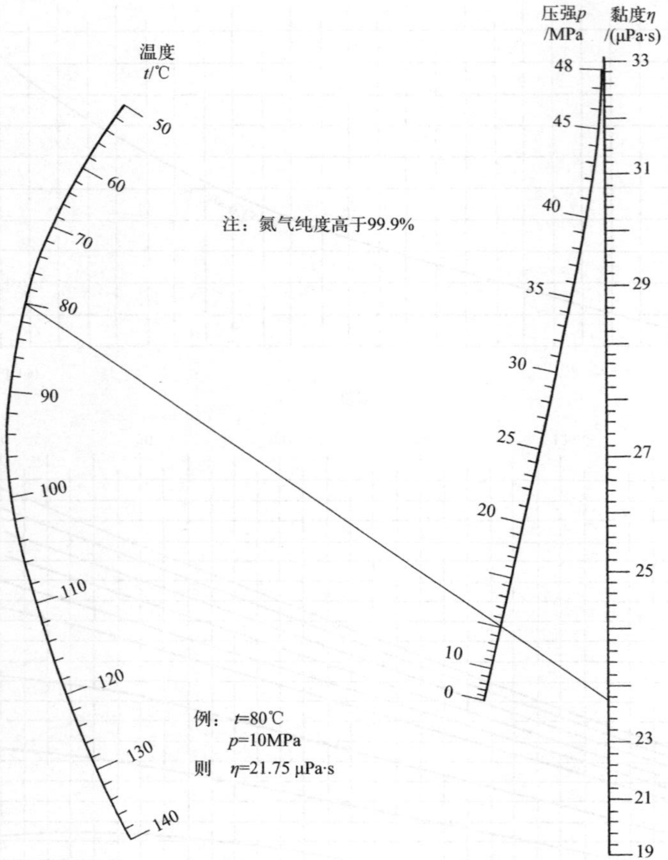

2.24 常压下气体的黏度（Ⅰ）

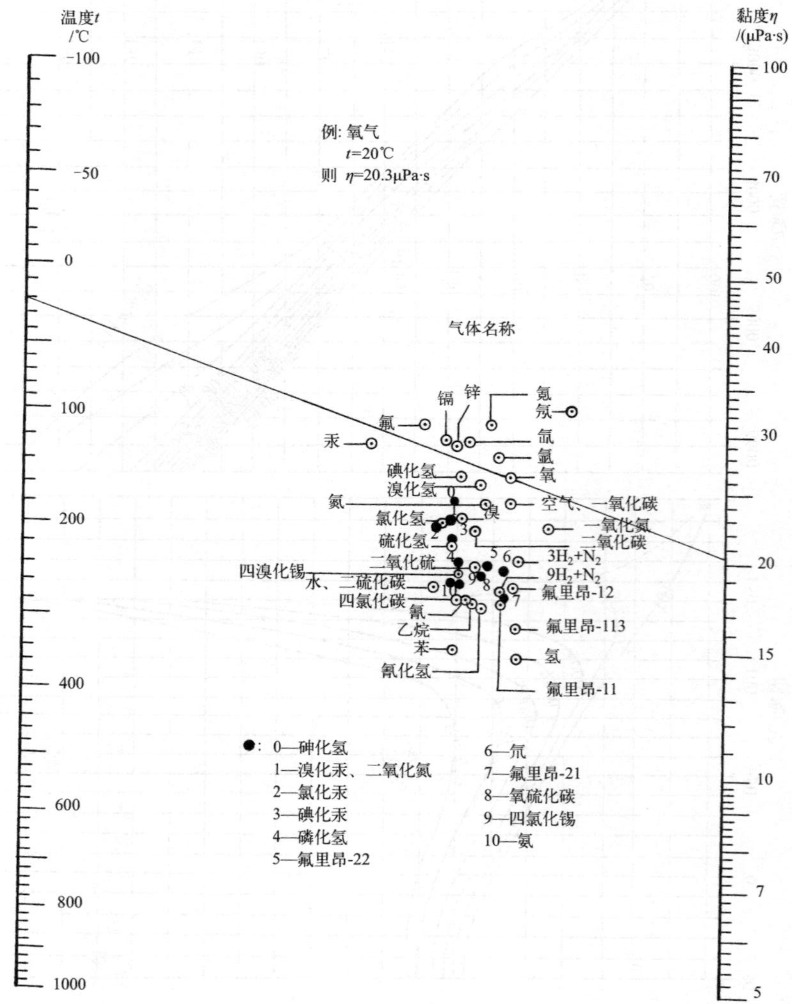

2.25 常压下气体的黏度（Ⅱ）

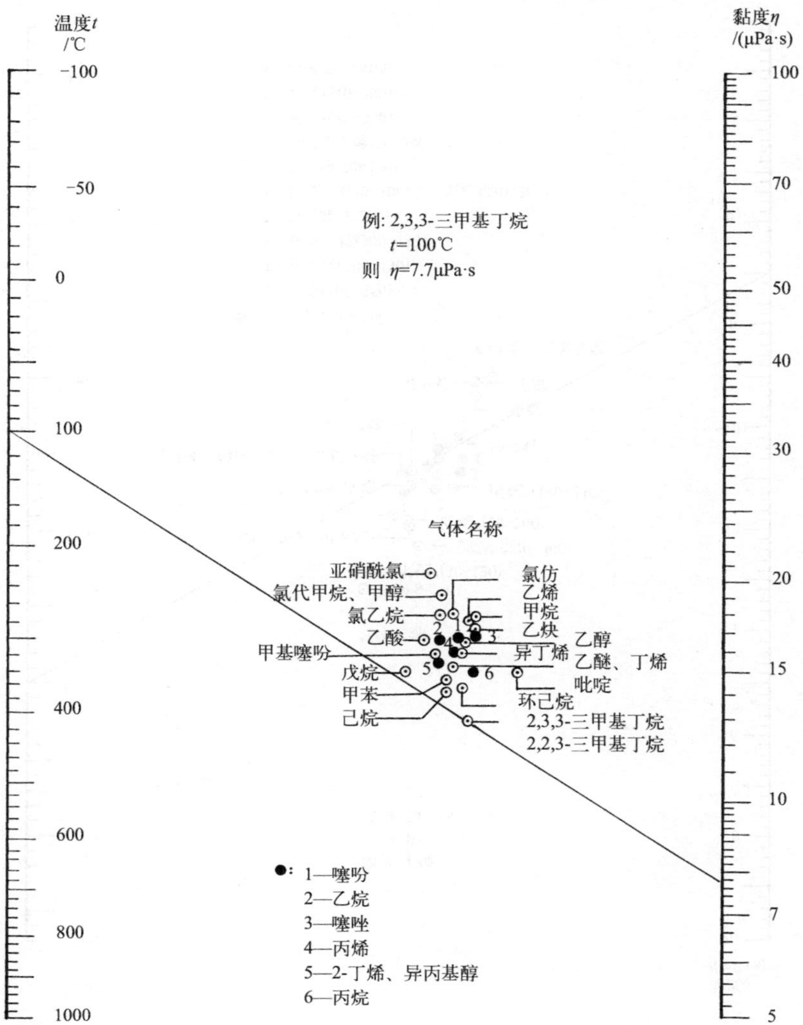

2.26 常压下气体的黏度（Ⅲ）

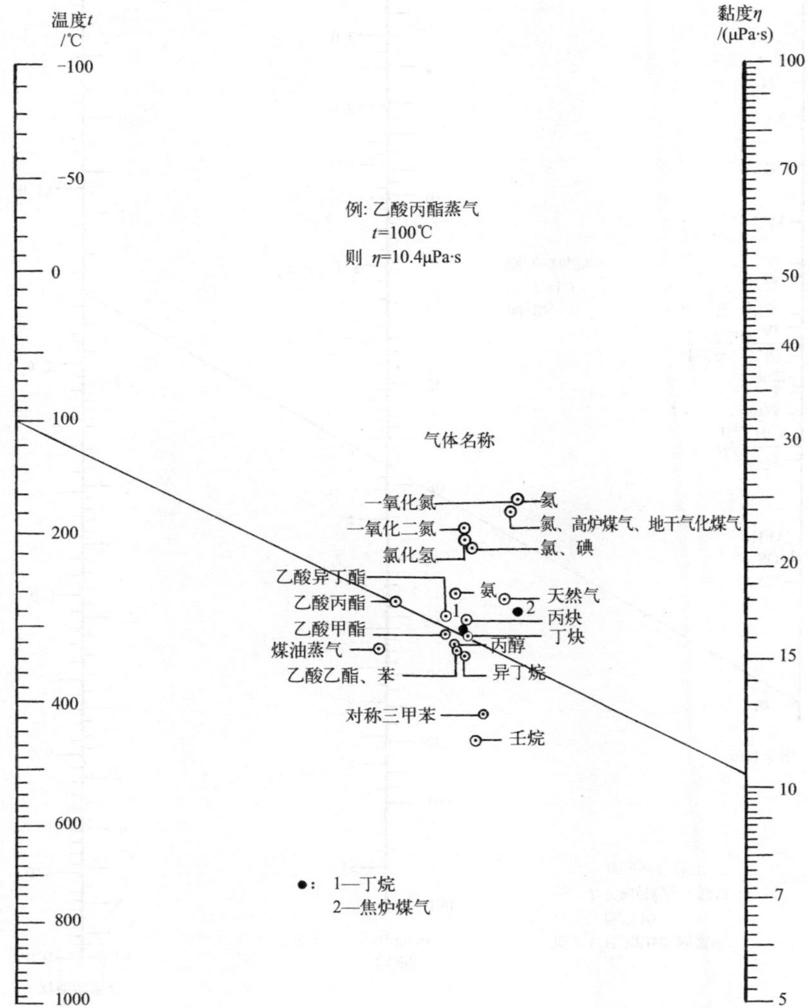

2.27 常压下气体的黏度（Ⅳ）

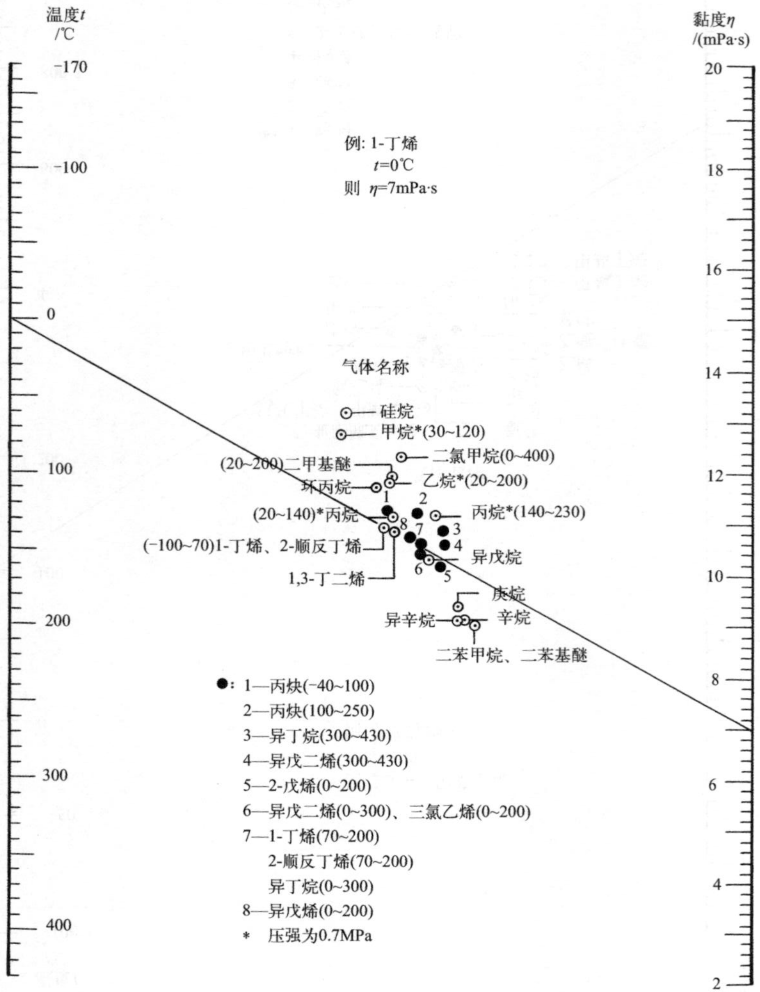

2.28 常压下气体的黏度（Ⅴ）

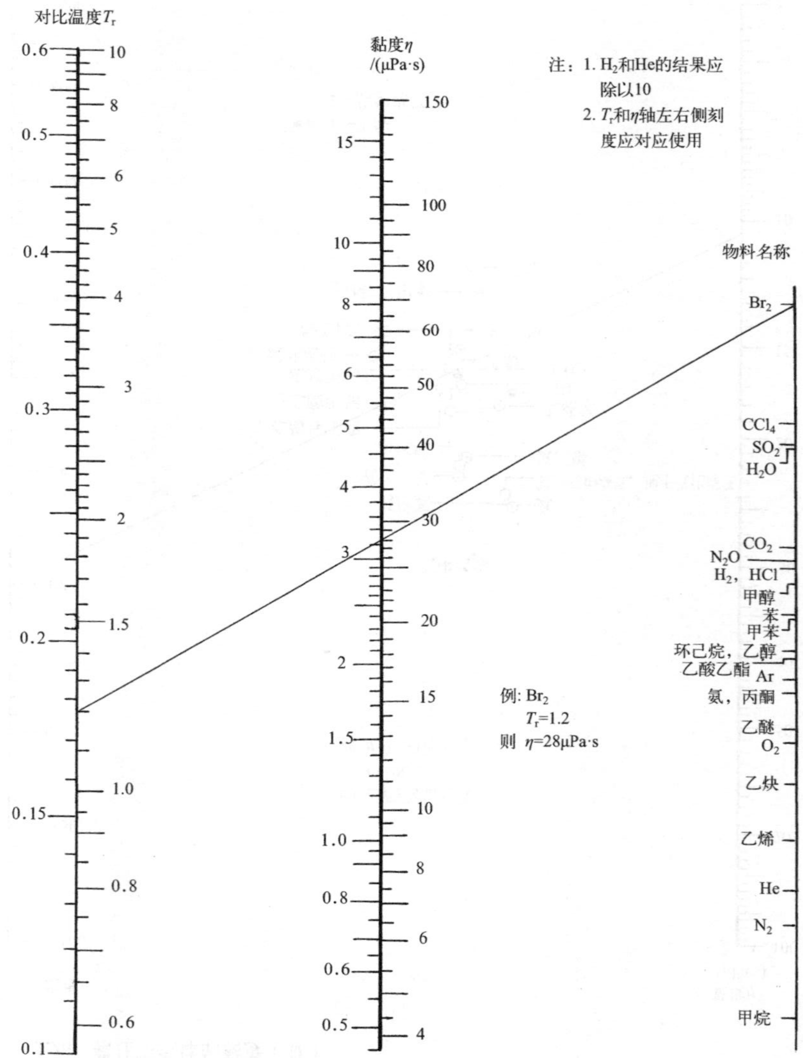

2.29 常压下气体的黏度（Ⅵ）

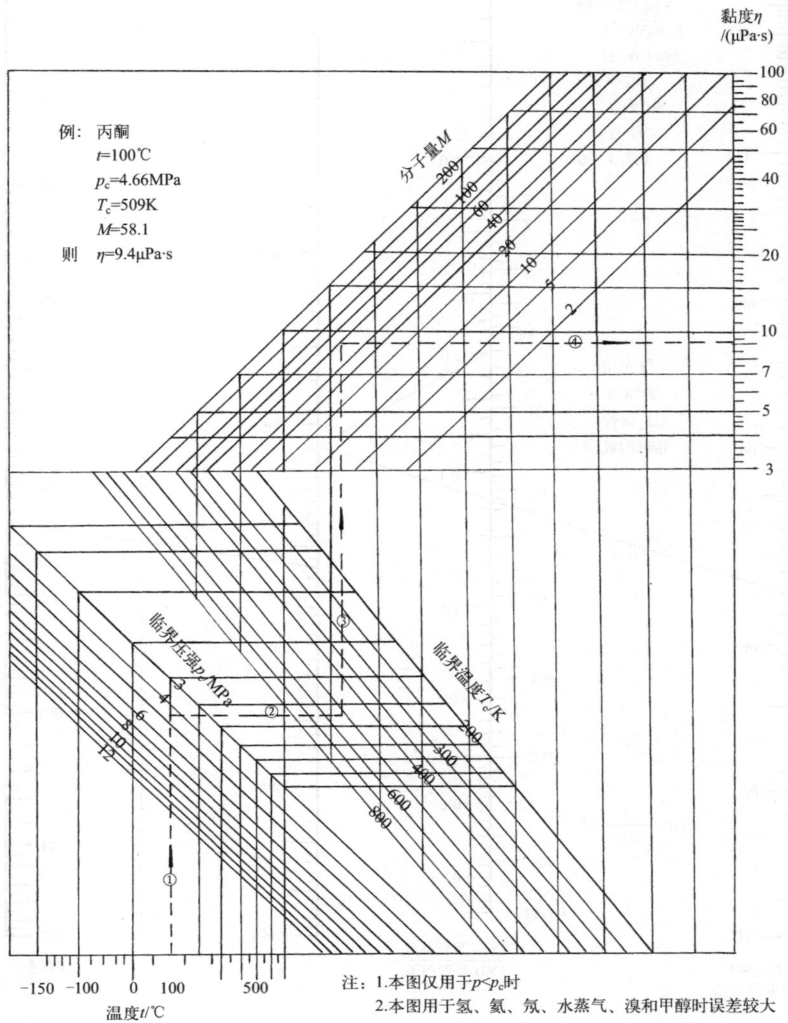

注：1.本图仅用于$p<p_c$时
2.本图用于氢、氦、氖、水蒸气、溴和甲醇时误差较大

2.30 常压下气体的黏度（Ⅶ）

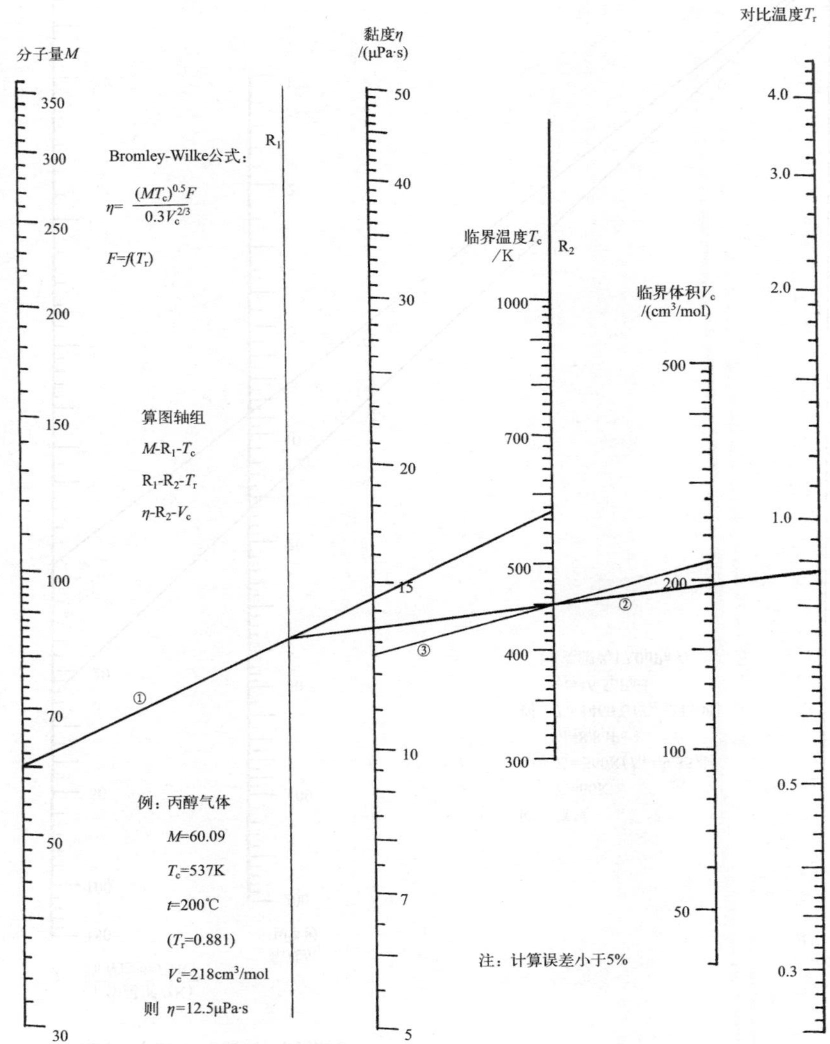

注：计算误差小于5%

2.31 低压下纯气体的黏度

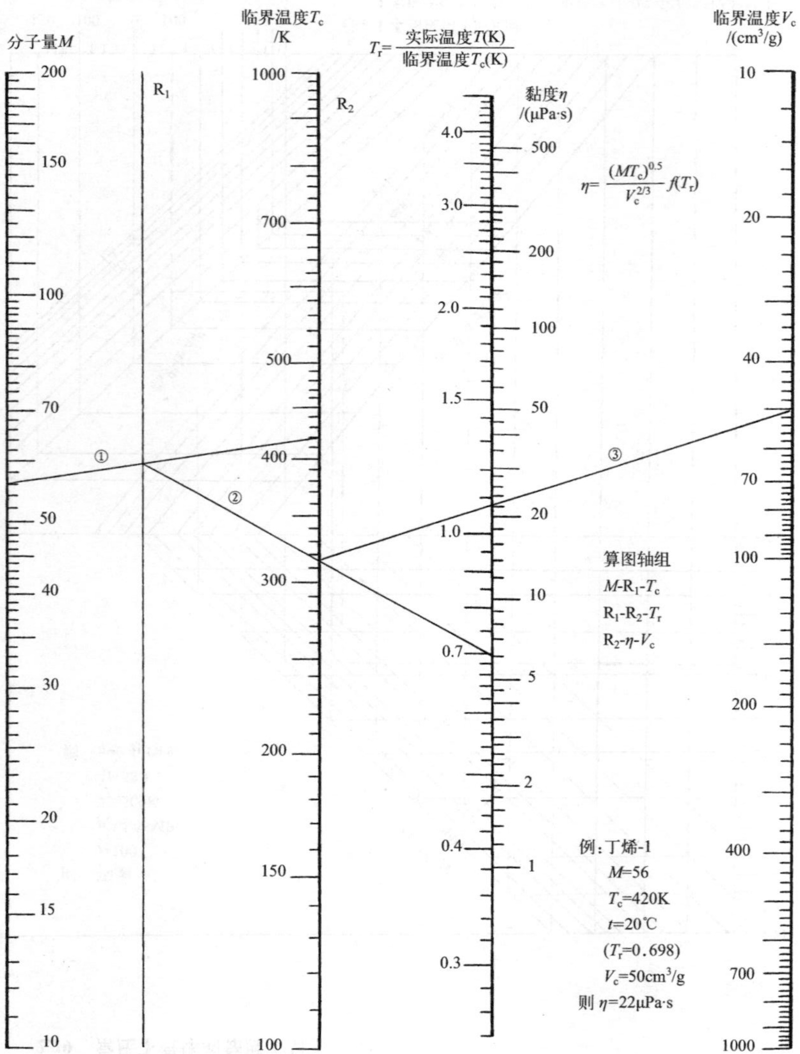

2.32 中压下轻质气体的黏度

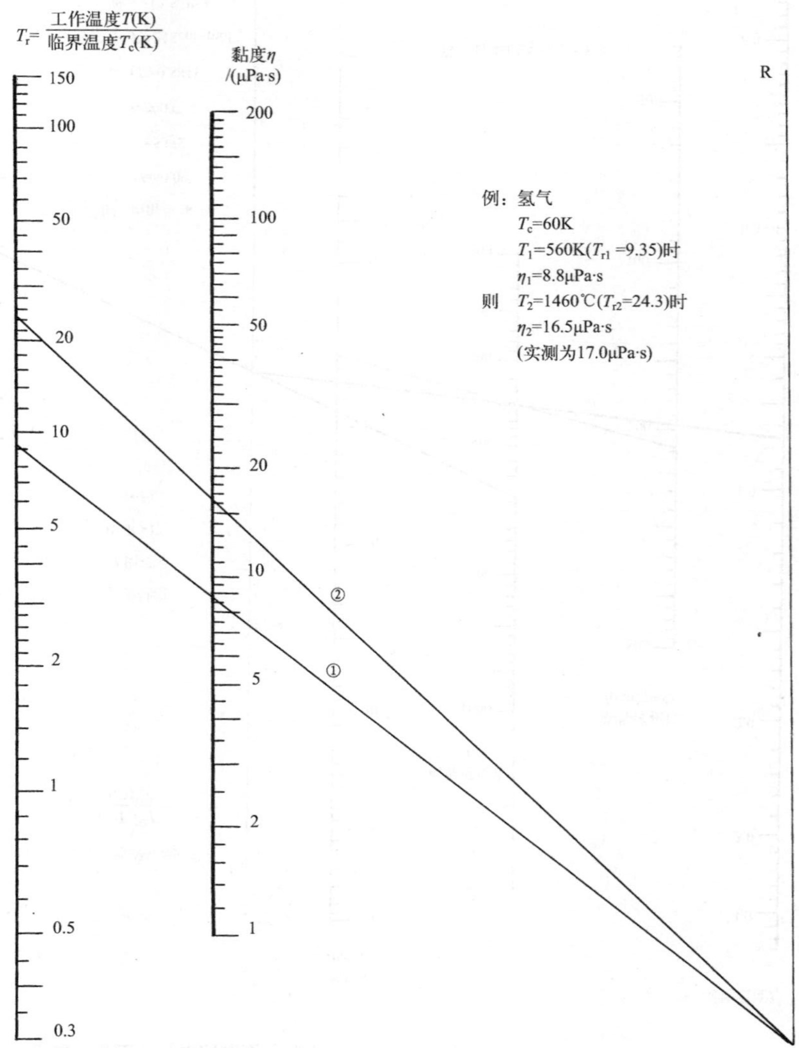

2.33 中压下重质气体的黏度

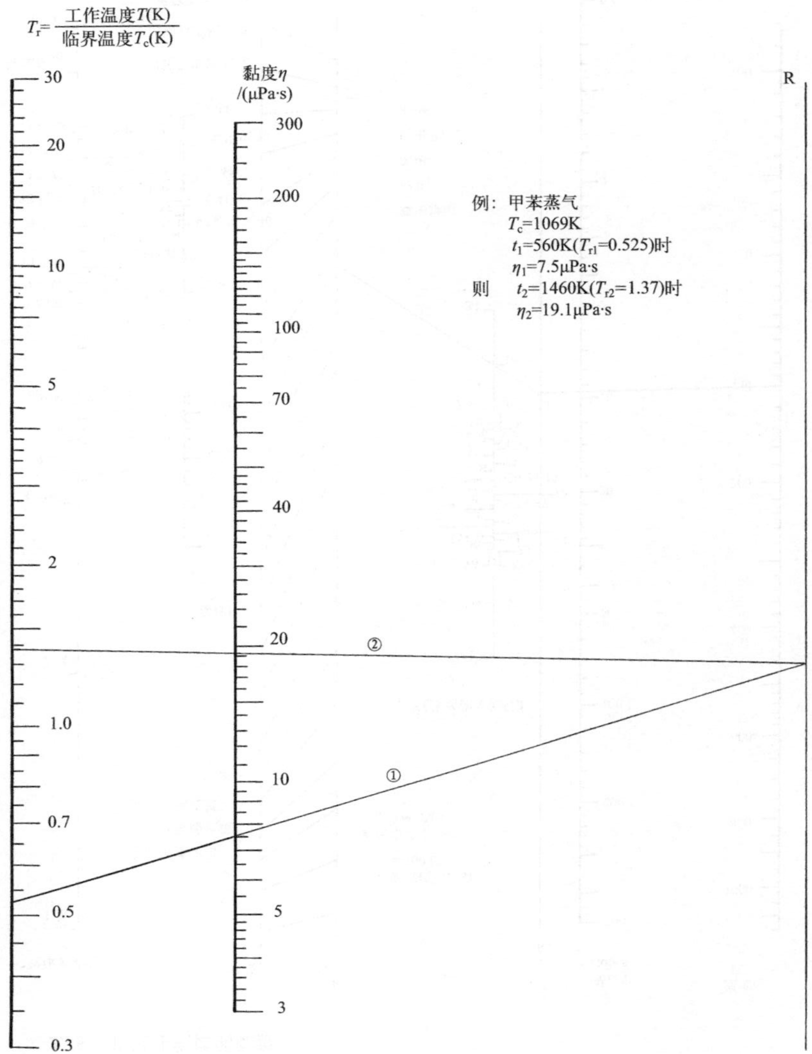

2.34 极性气体的黏度

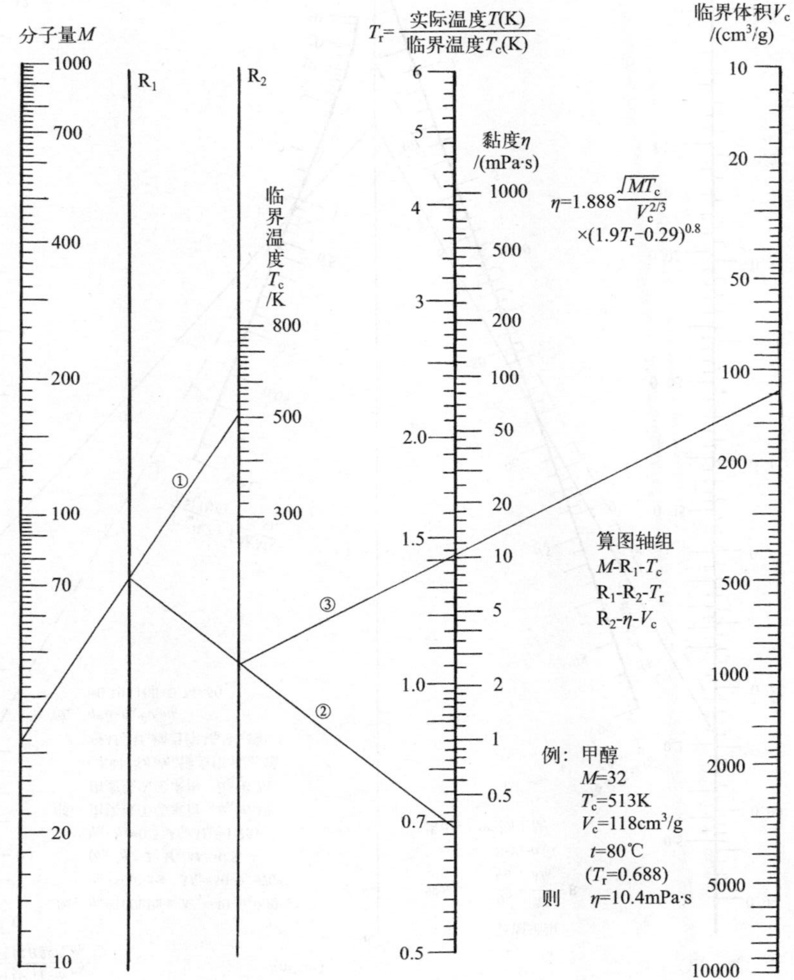

注：本图适用于不生成氢键的化合物和极性不很强的气体，压强p=20～500kPa

2.35 非极性气体的黏度

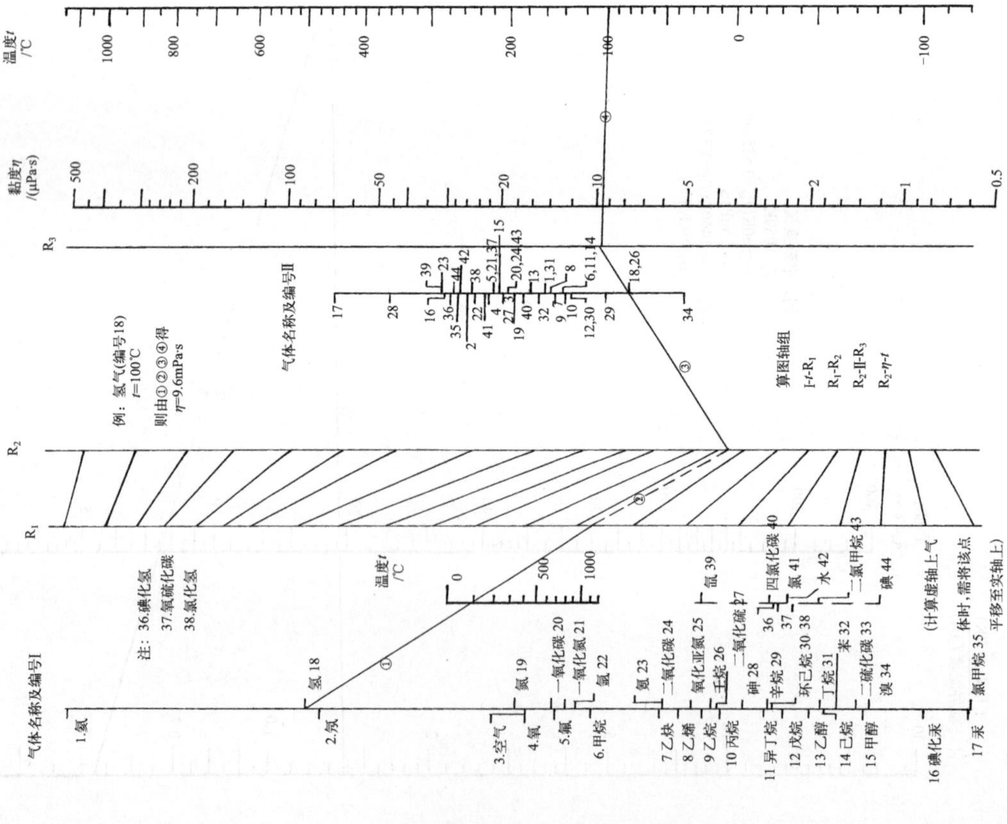

2.36 混合气体的黏度

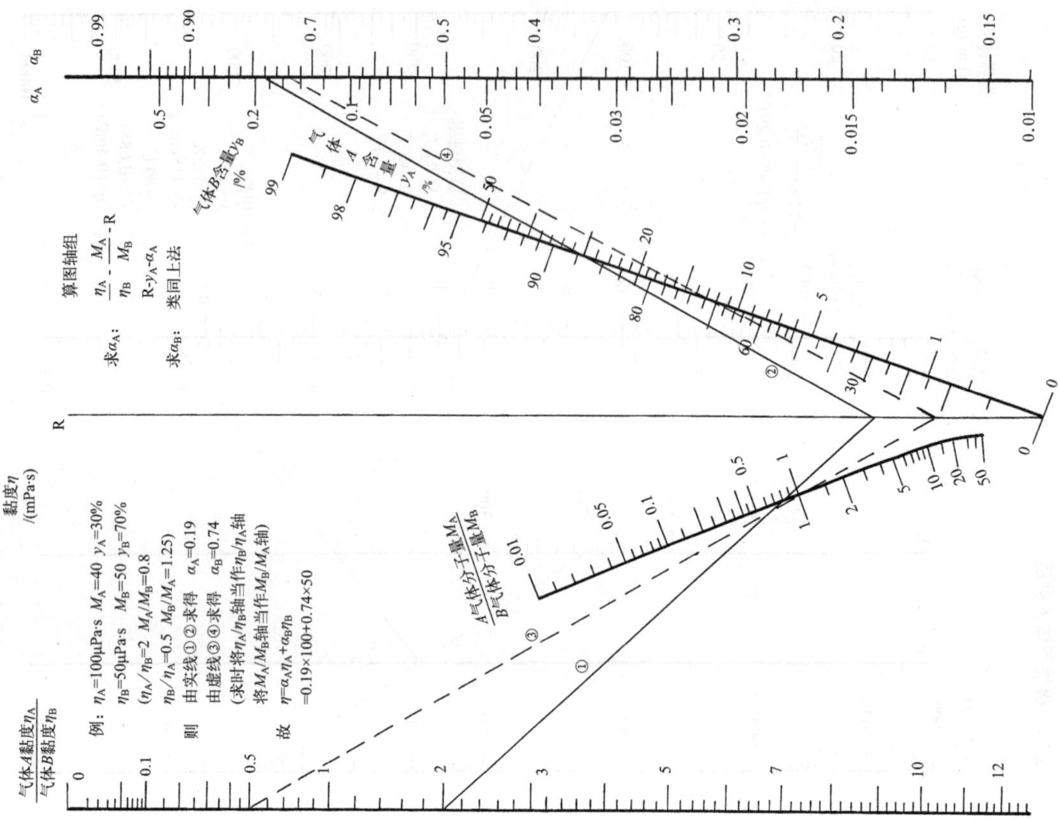

2.37 气体黏度与压强的关系

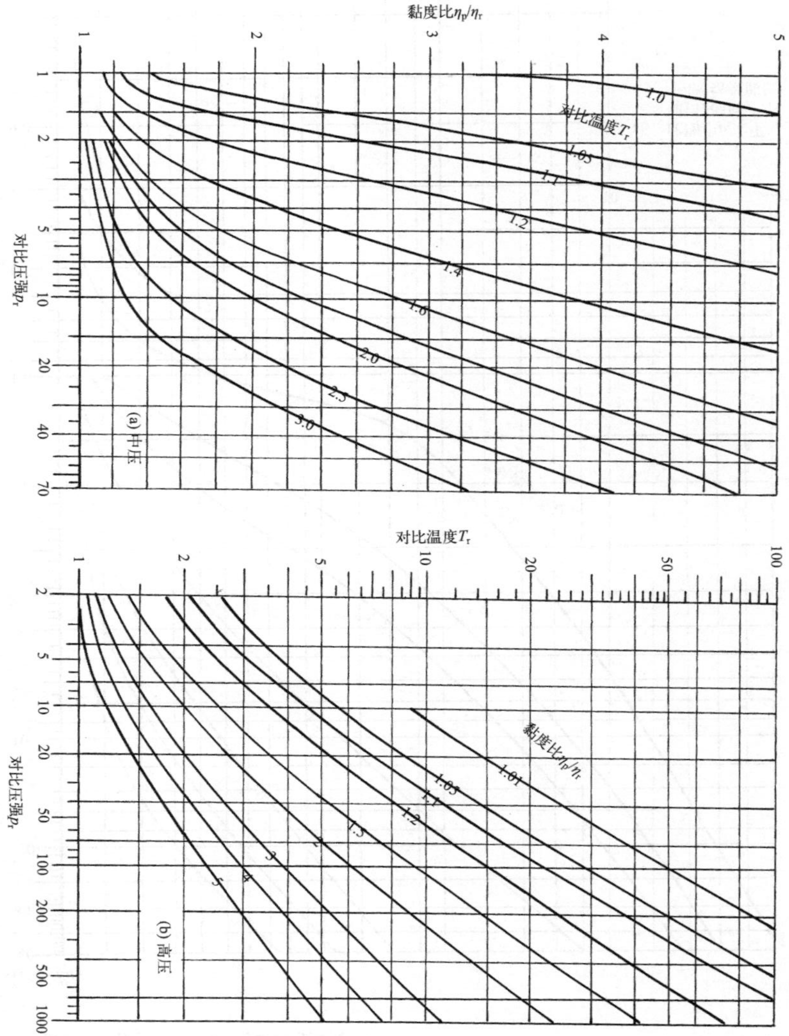

2.38 常压高温下气体的黏度

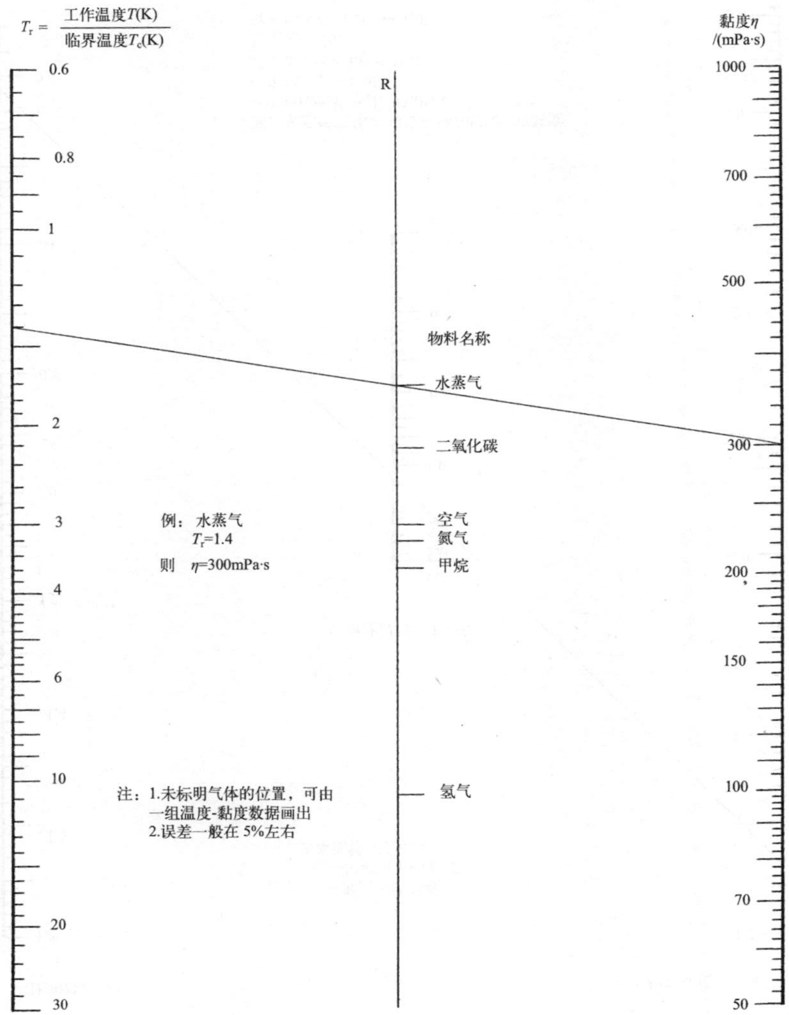

2.39 温度和压强对气体黏度的影响

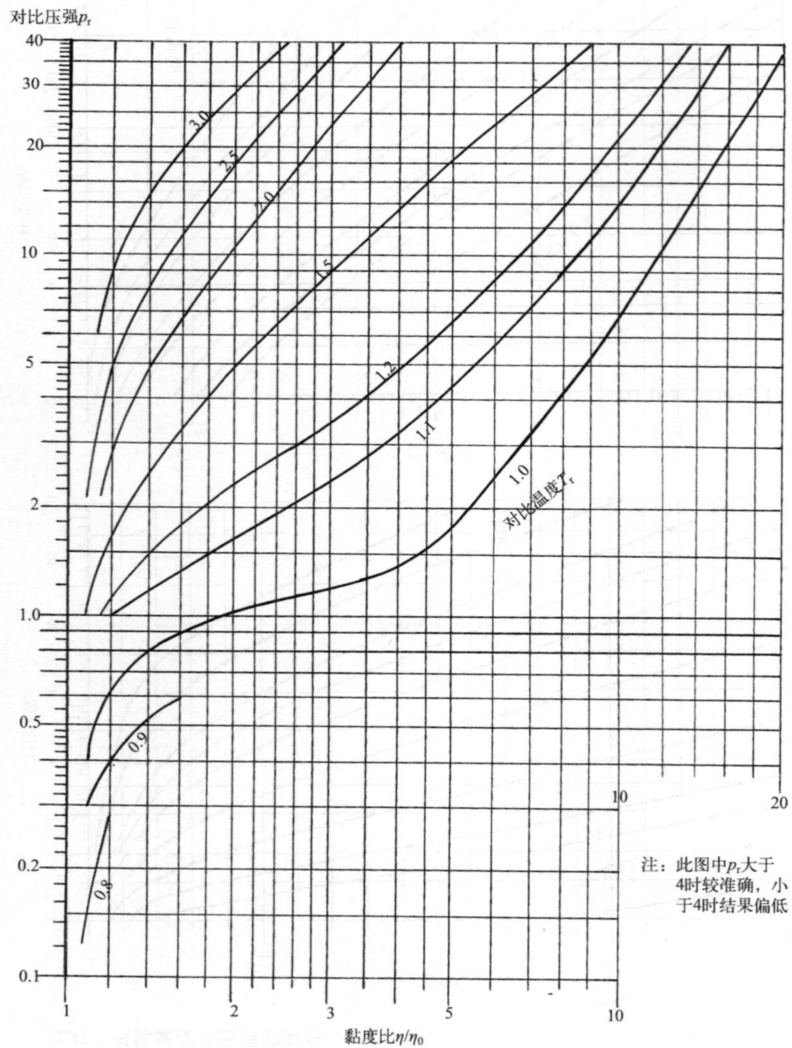

2.40 压强对气体和液体黏度的影响

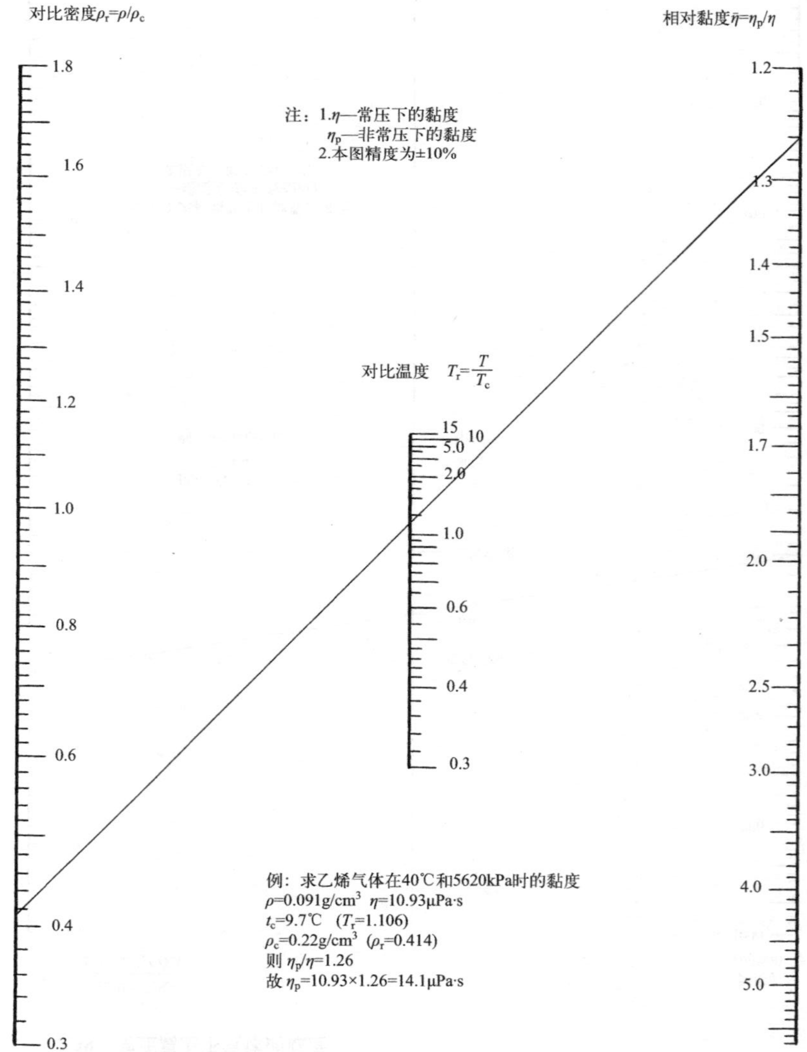

2.41 某些气体的黏度和温度、压强的关系

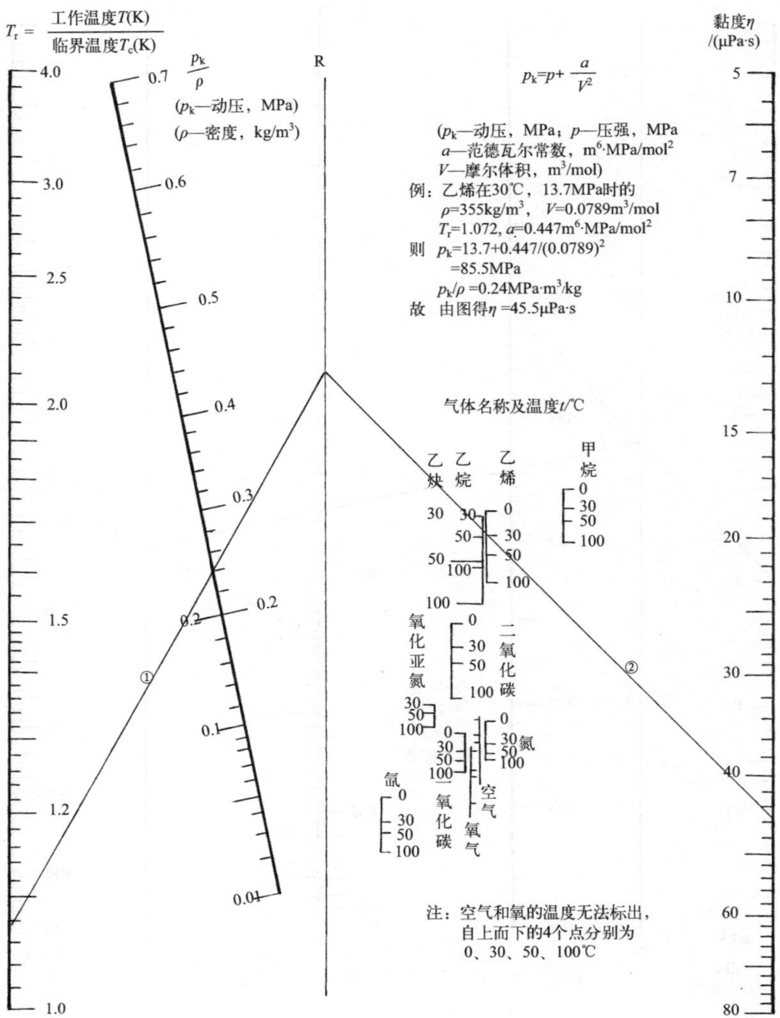

$$p_k=p+\frac{a}{V^2}$$

(p_k—动压，MPa；p—压强，MPa
a—范德瓦尔常数，m⁶·MPa/mol²
V—摩尔体积，m³/mol)

例：乙烯在30℃，13.7MPa时的
ρ=355kg/m³，V=0.0789m³/mol
T_r=1.072，a=0.447m⁶·MPa/mol²

则 p_k=13.7+0.447/(0.0789)²
=85.5MPa
p_k/ρ=0.24MPa·m³/kg

故 由图得η=45.5μPa·s

注：空气和氧的温度无法标出，自上而下的4个点分别为0、30、50、100℃

2.42 根据标准沸点求气体的黏度

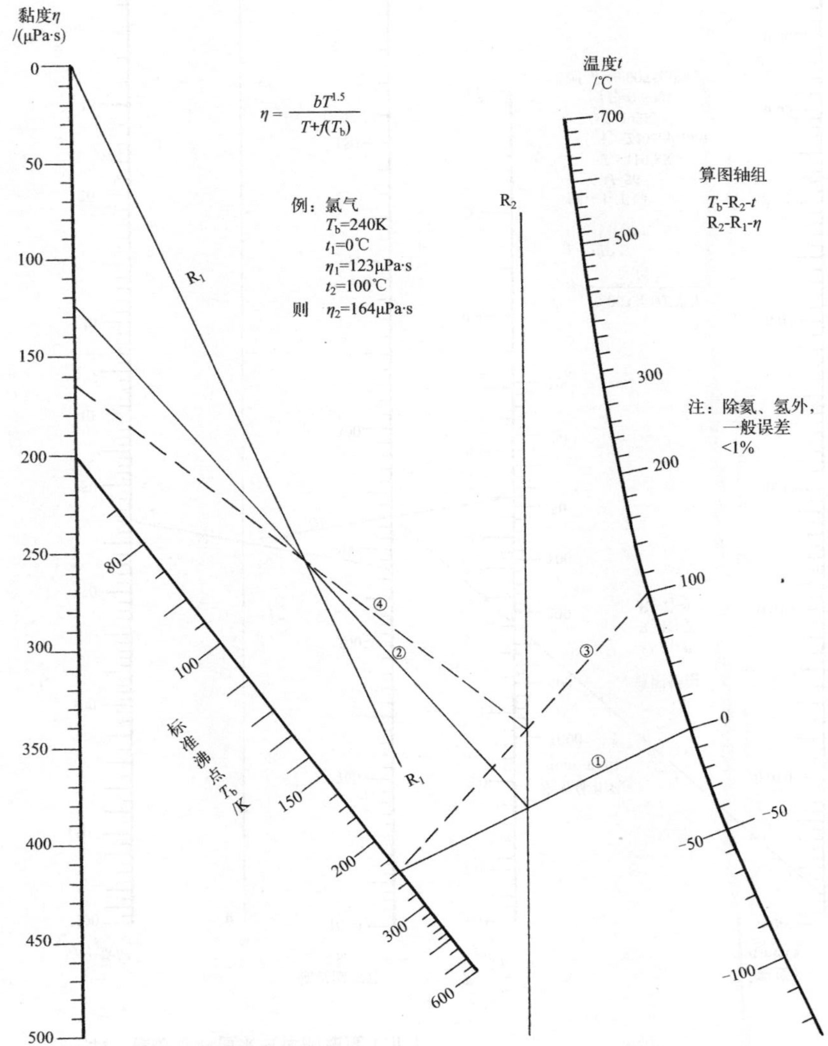

$$\eta=\frac{bT^{1.5}}{T+f(T_b)}$$

例：氯气
T_b=240K
t_1=0℃
η_1=123μPa·s
t_2=100℃

则 η_2=164μPa·s

算图轴组
T_b-R₂-t
R₂-R₁-η

注：除氦、氢外，一般误差<1%

2.43 根据临界值求气体的黏度（Ⅰ）

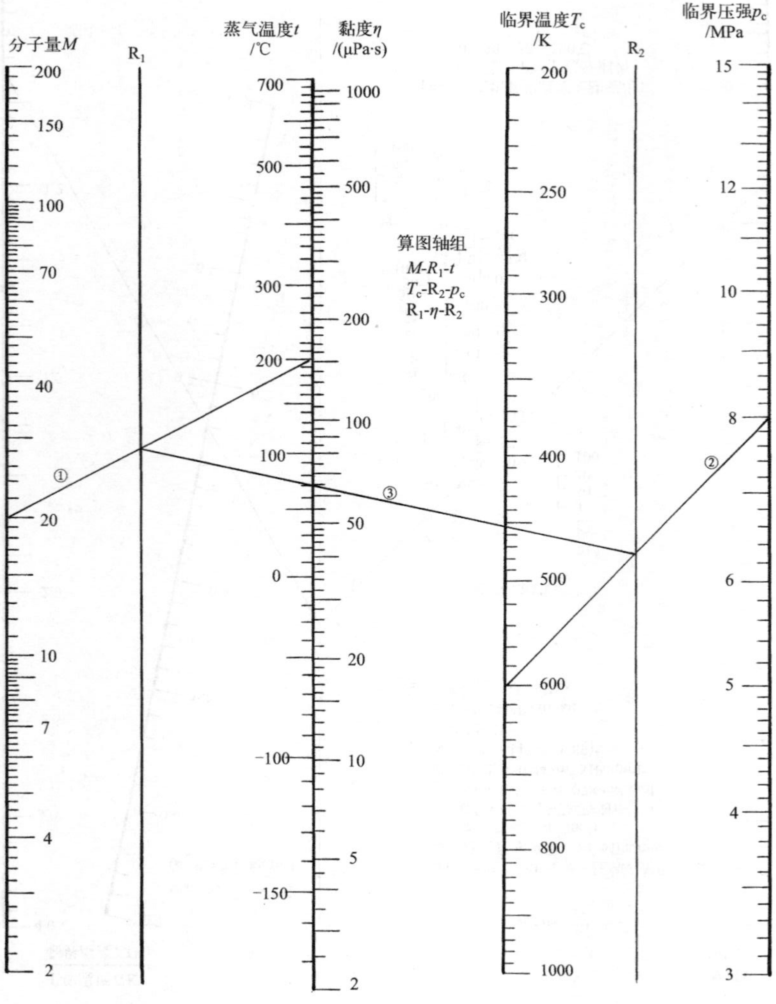

例：M=20　t=200℃　T_c=600K　p_c=8MPa　则 η=65μPa·s

2.44 根据临界值求气体的黏度（Ⅱ）

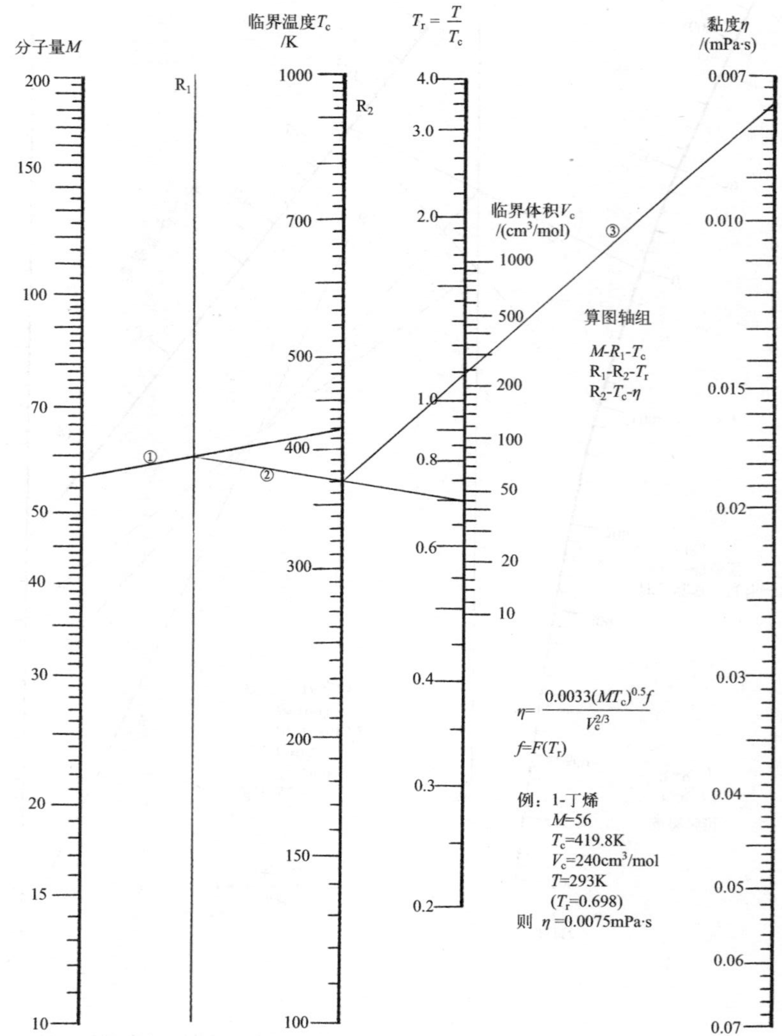

2.45 根据临界温度和压强求气体的黏度

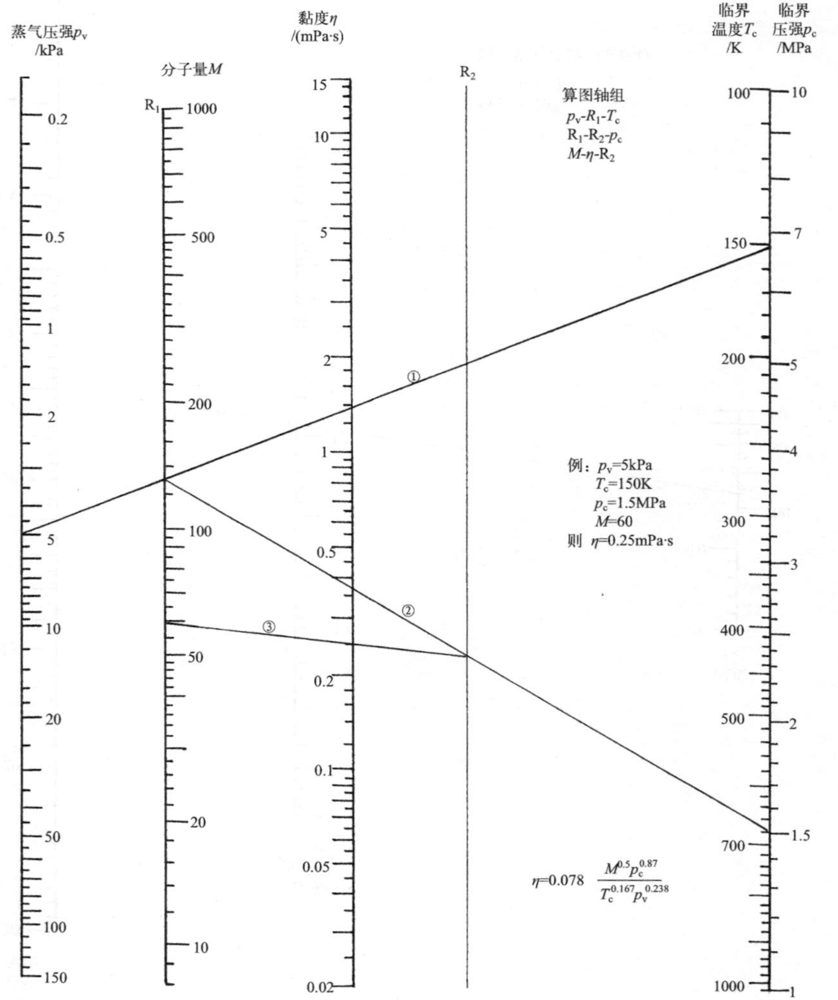

2.46 气体的对比黏度（通用）

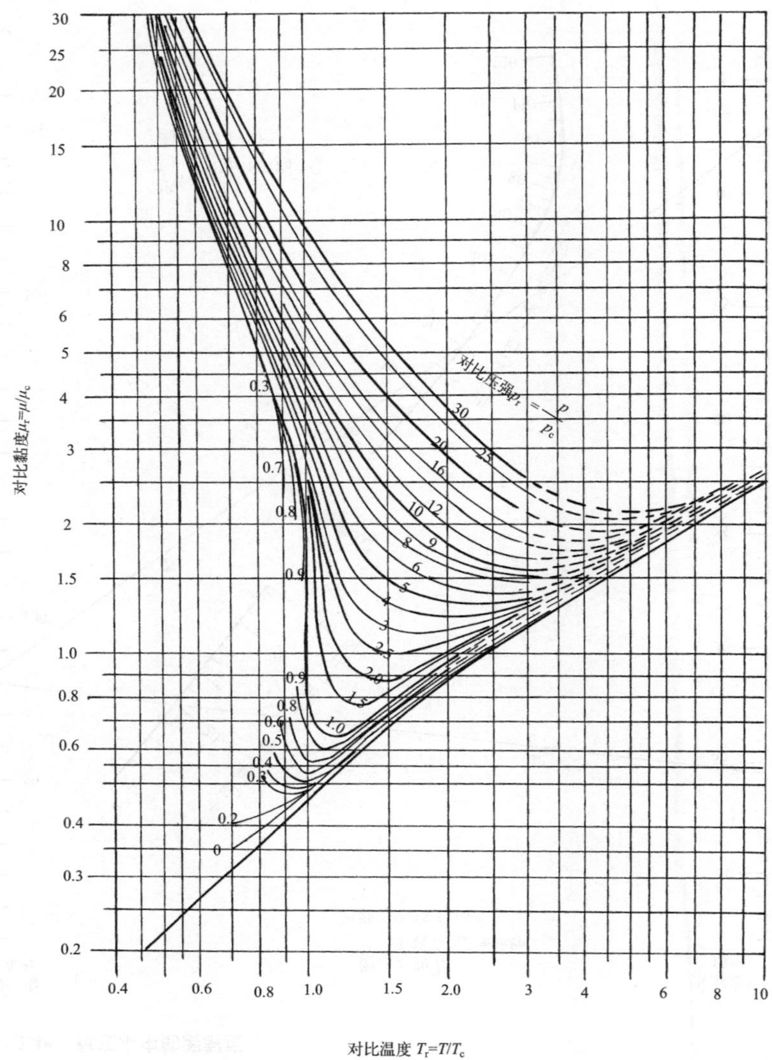

2.47 氢在水中的溶解度

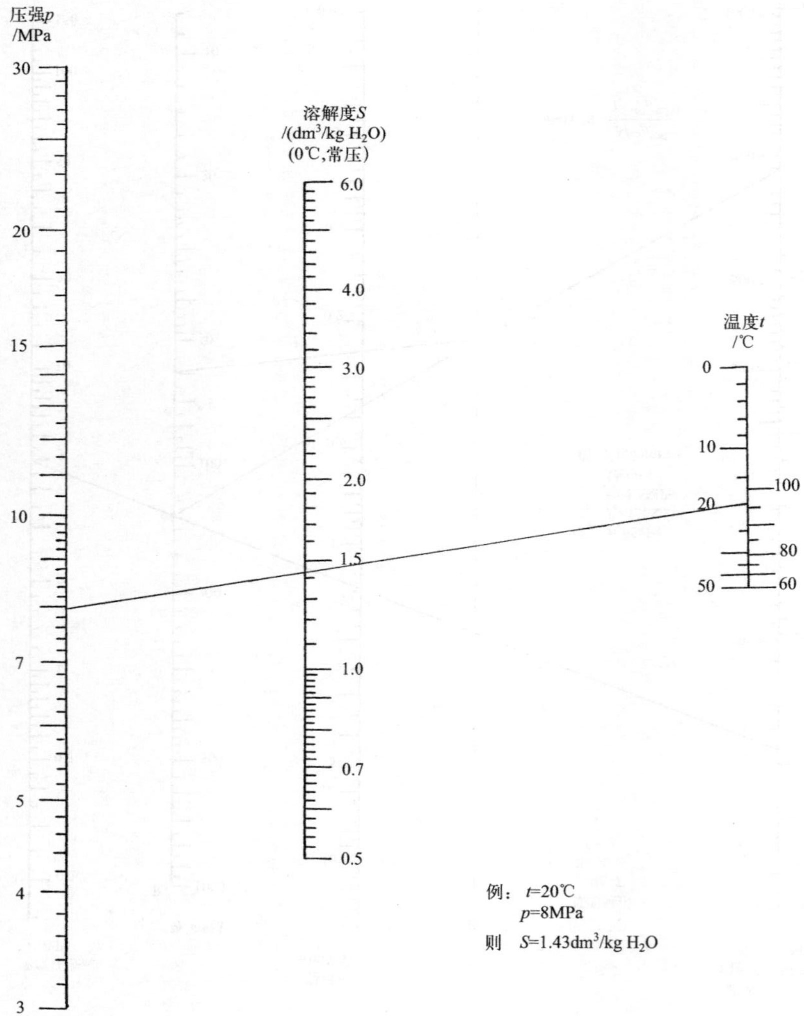

2.48 氧在水中的溶解度

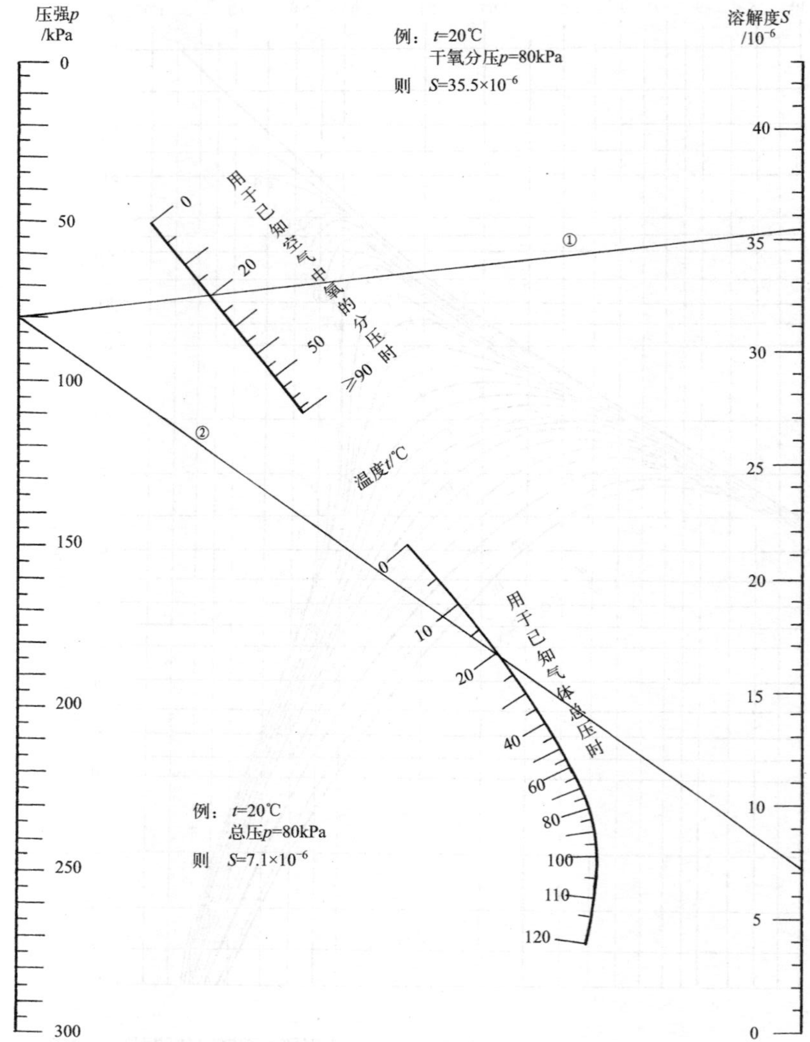

2.49　氯在水中的溶解度

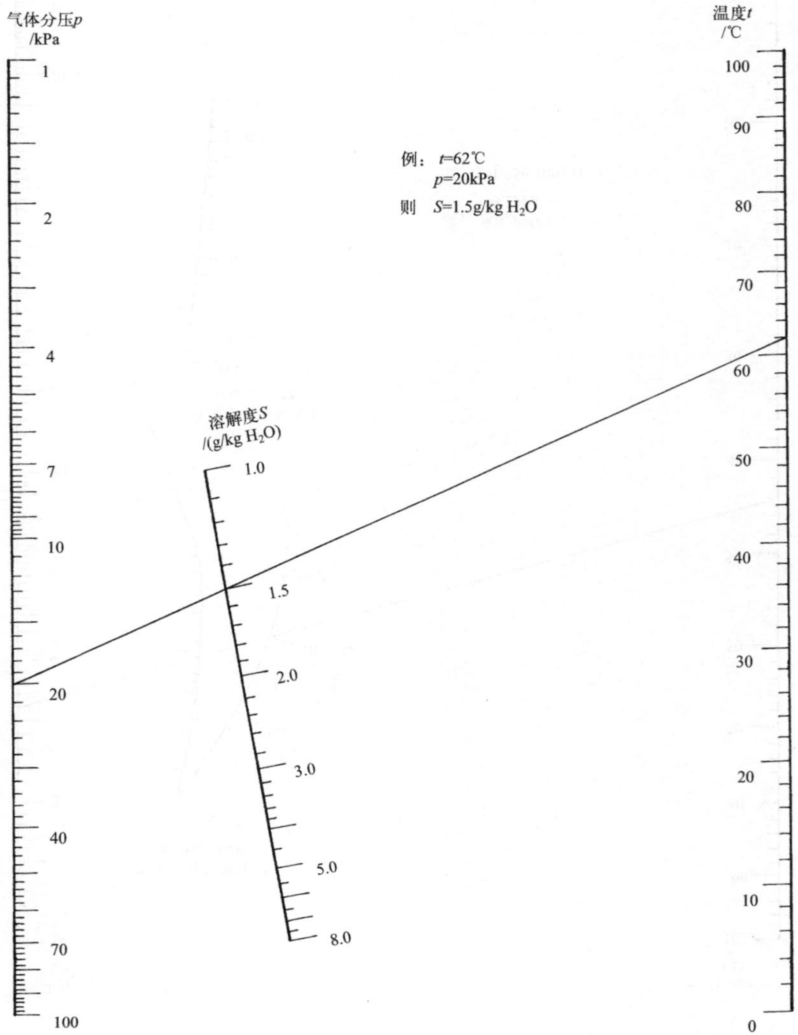

例：t=62℃
p=20kPa
则　S=1.5g/kg H_2O

2.50　二氧化碳在水中的溶解度

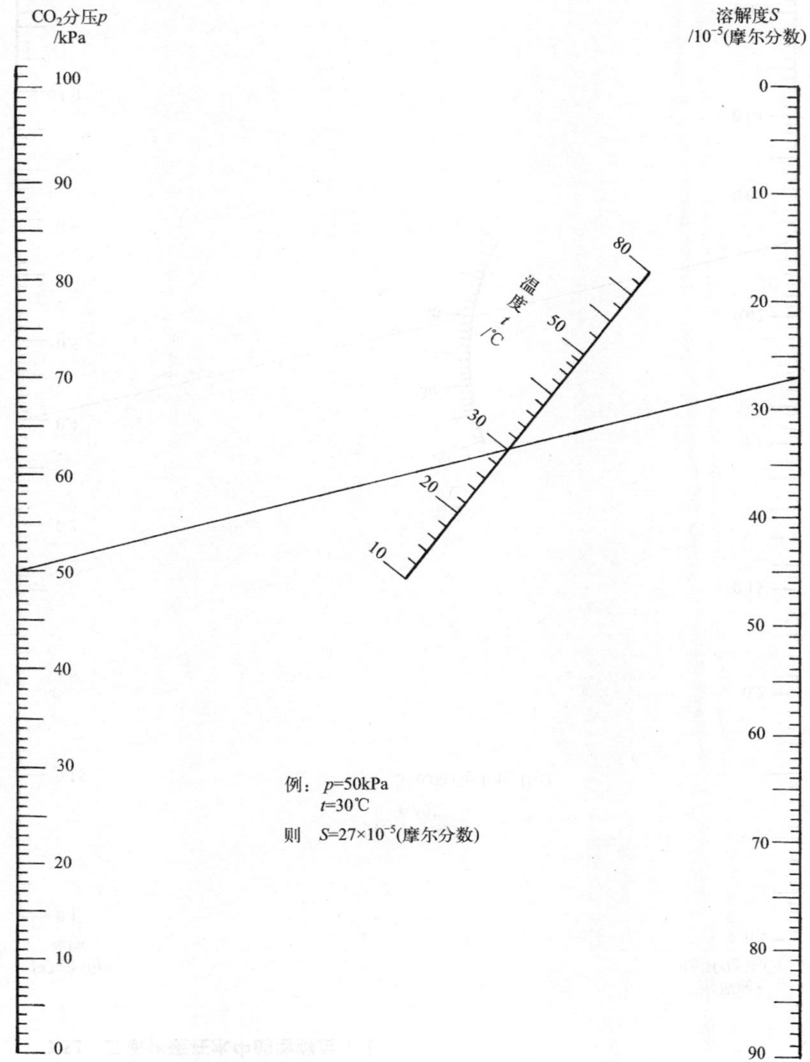

例：p=50kPa
t=30℃
则　S=27×10^{-5}(摩尔分数)

2.51 二氧化碳在水和苯中的溶解度

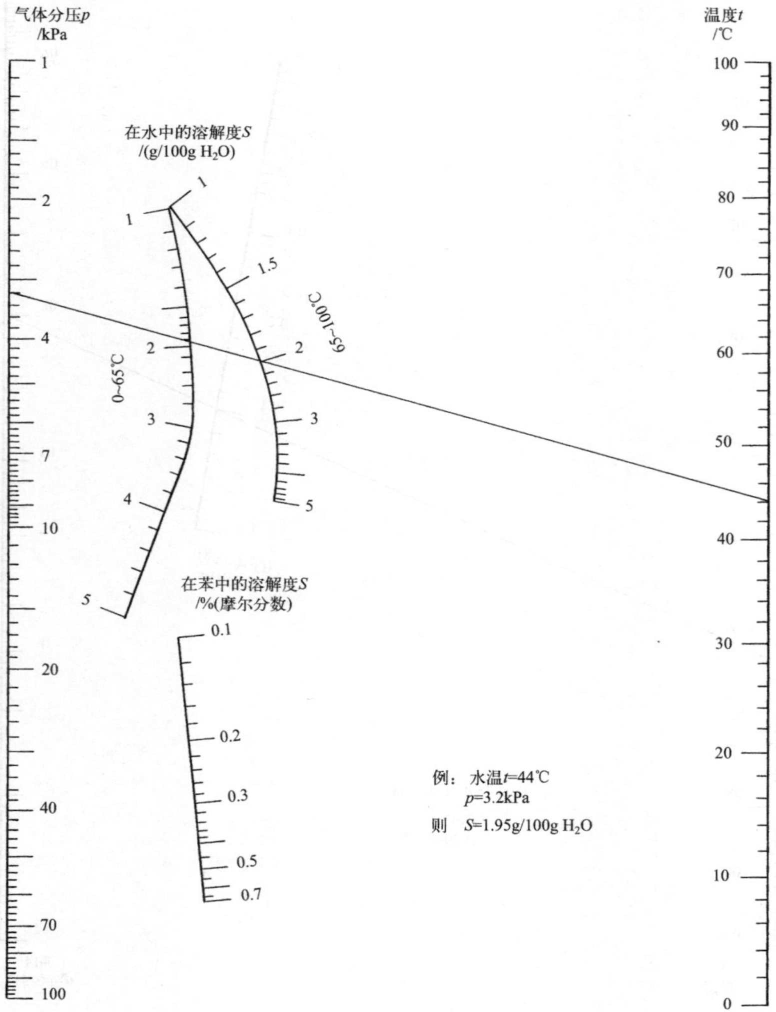

2.52 二氧化硫在水中的溶解度（Ⅰ）

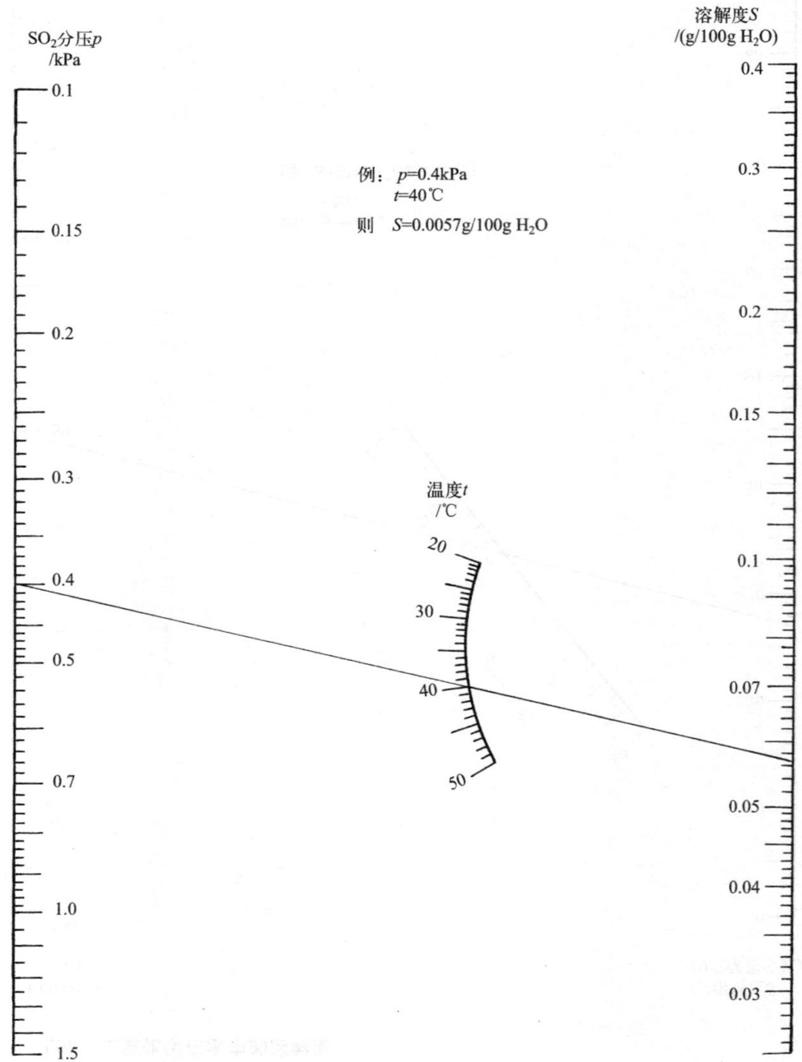

2.53 二氧化硫在水中的溶解度（Ⅱ）

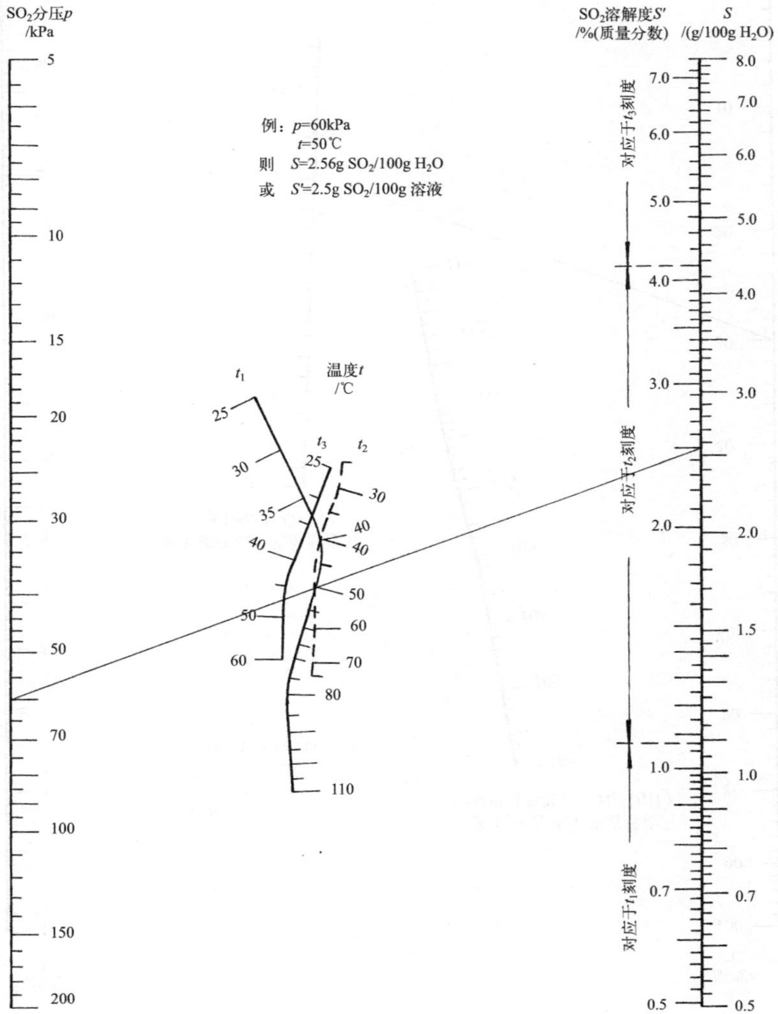

2.54 二氧化硫在水中的溶解度（Ⅲ）

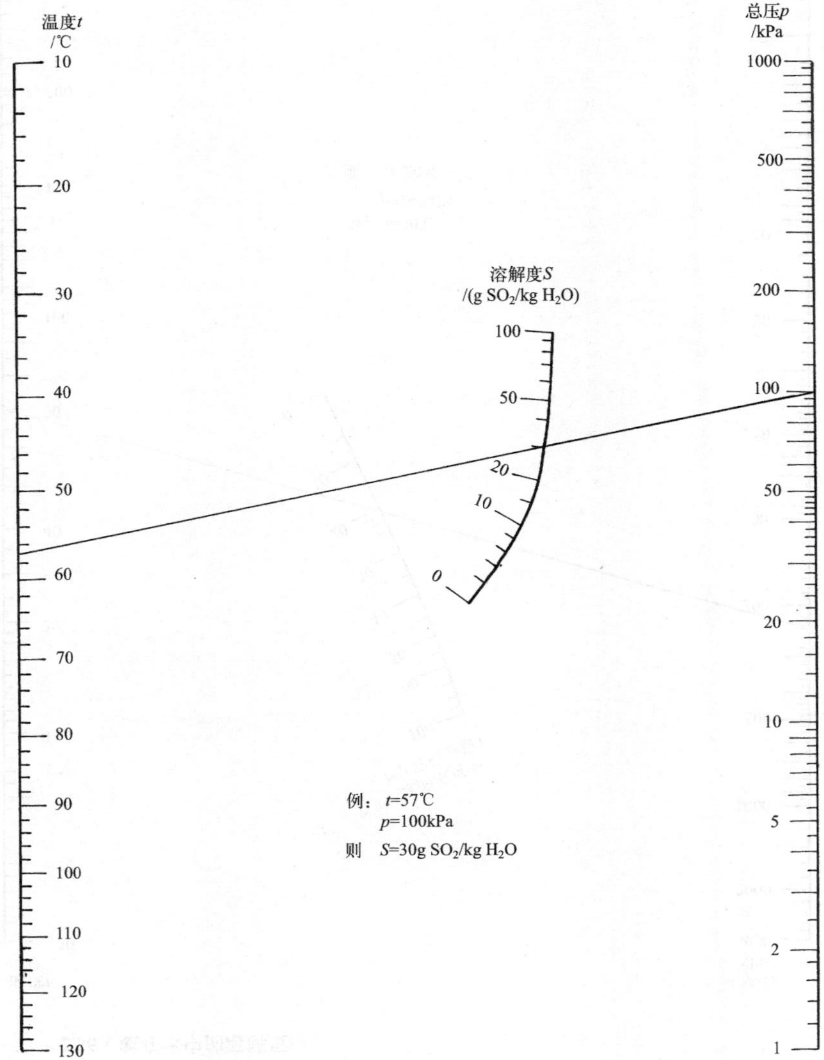

2.55 二氧化硫和三氧化硫在水中的溶解度

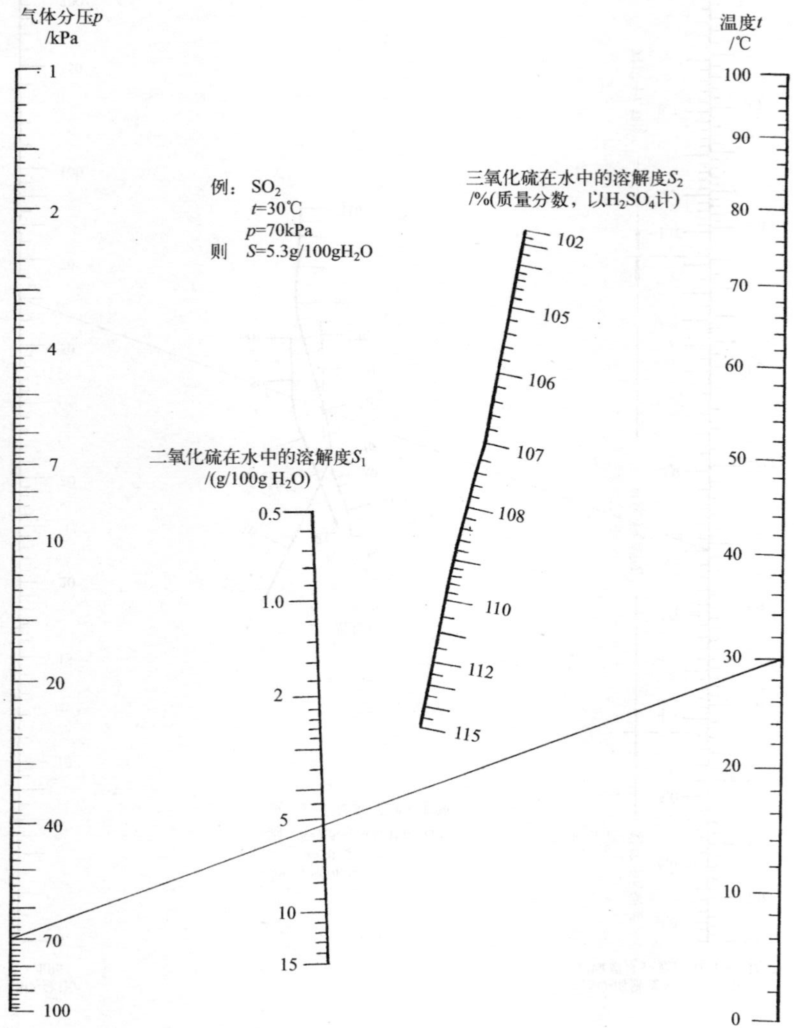

2.56 氨在水中的溶解度

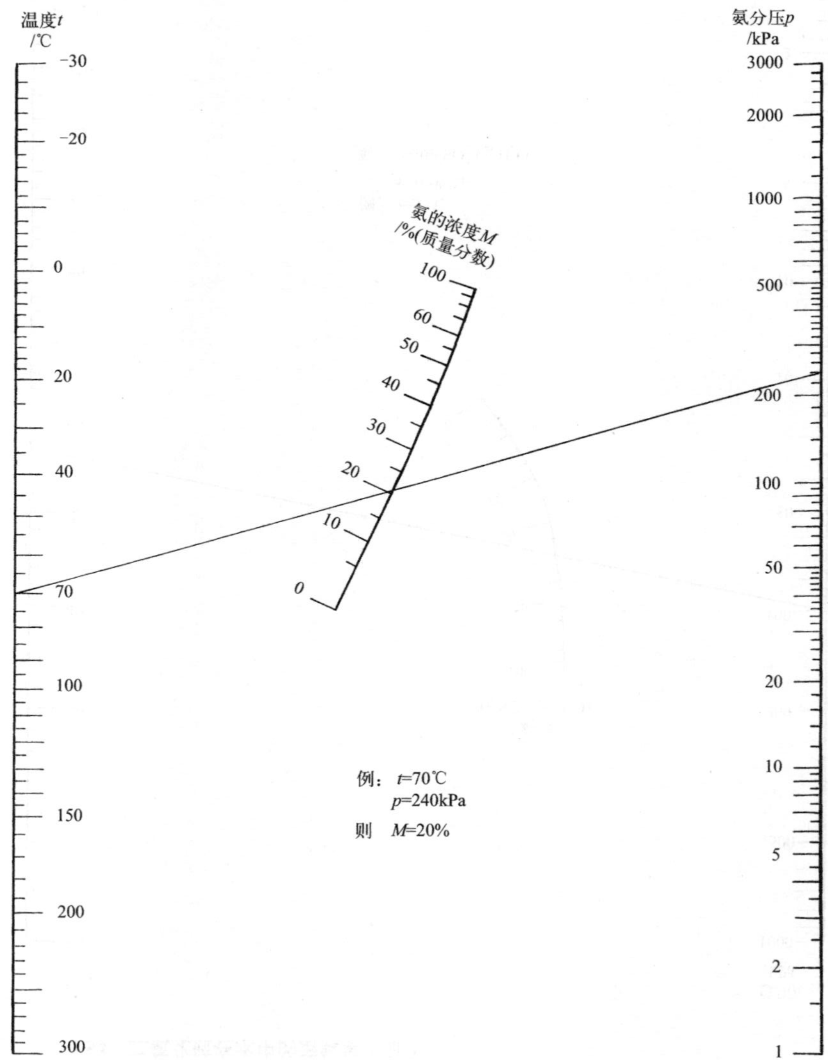

2.57 一氧化二氯在水中的溶解度

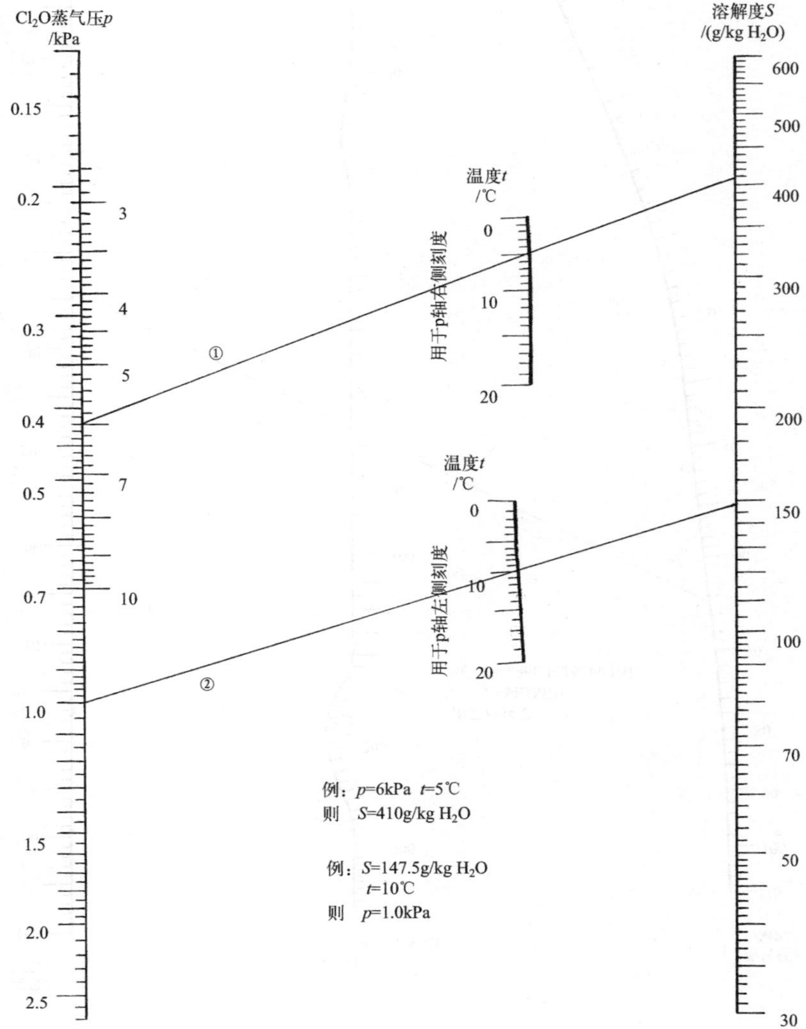

例：p=6kPa　t=5℃
则　S=410g/kg H_2O

例：S=147.5g/kg H_2O
t=10℃
则　p=1.0kPa

2.58 氮在液氨中的溶解度

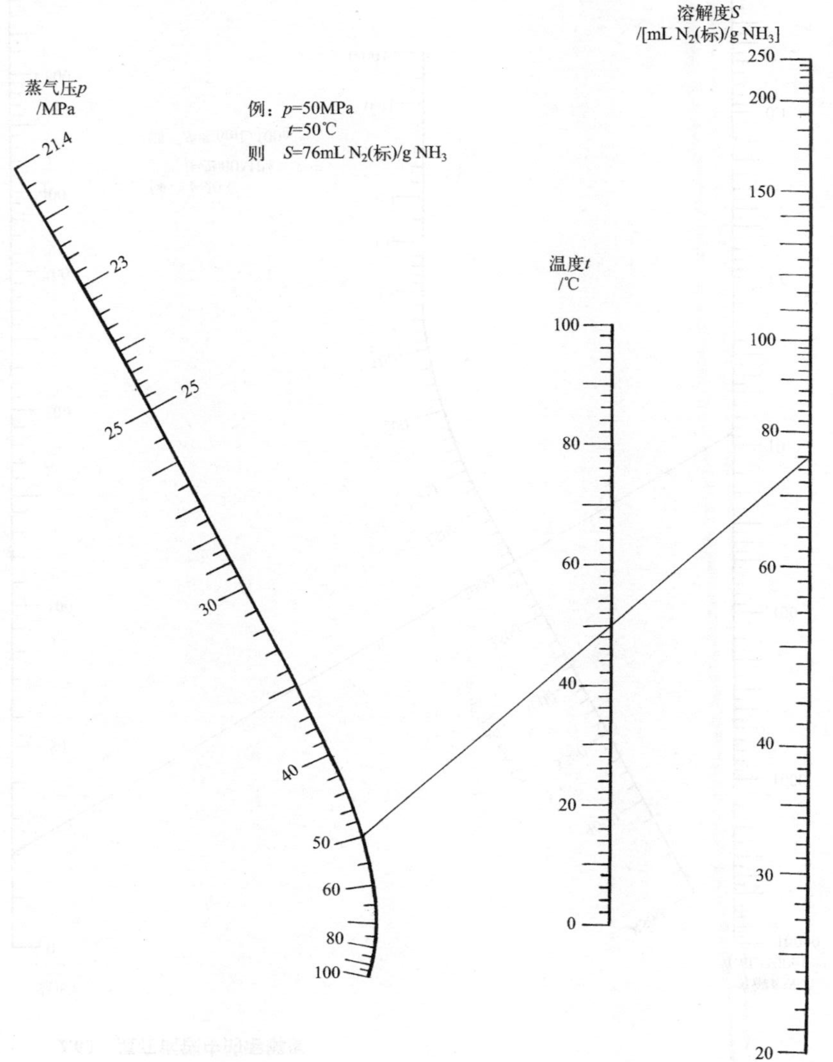

例：p=50MPa
t=50℃
则　S=76mL N_2(标)/g NH_3

2.59 氢在液氨中的溶解度

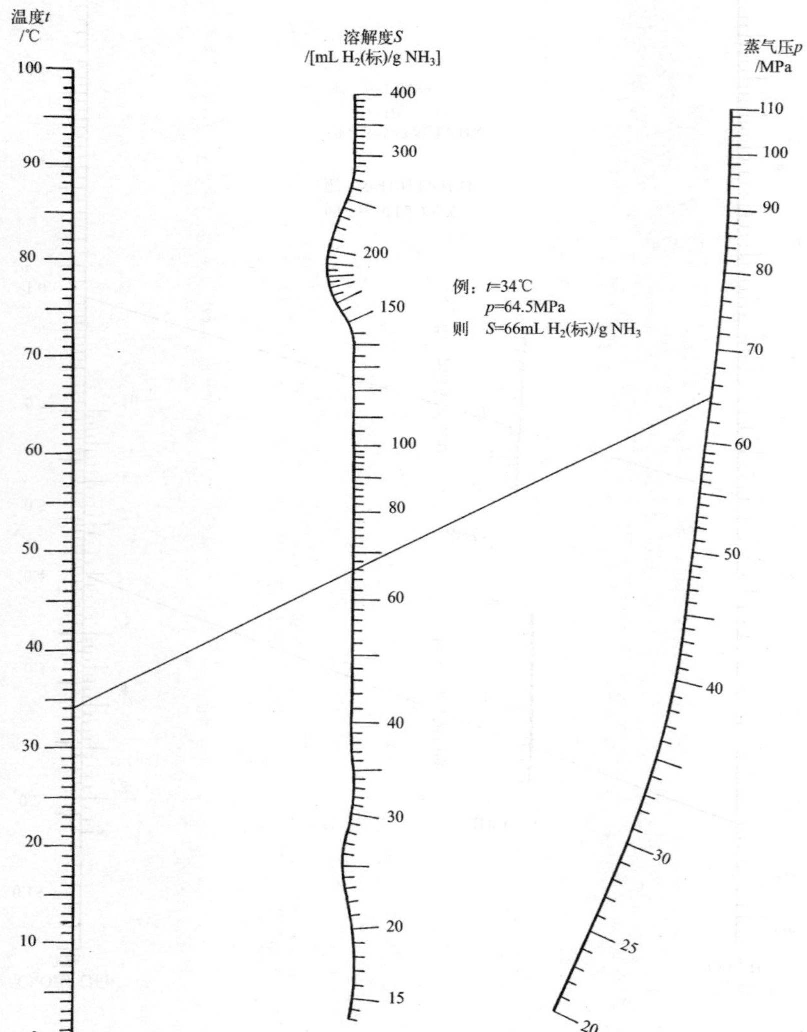

2.60 氢在钢铁中的溶解度

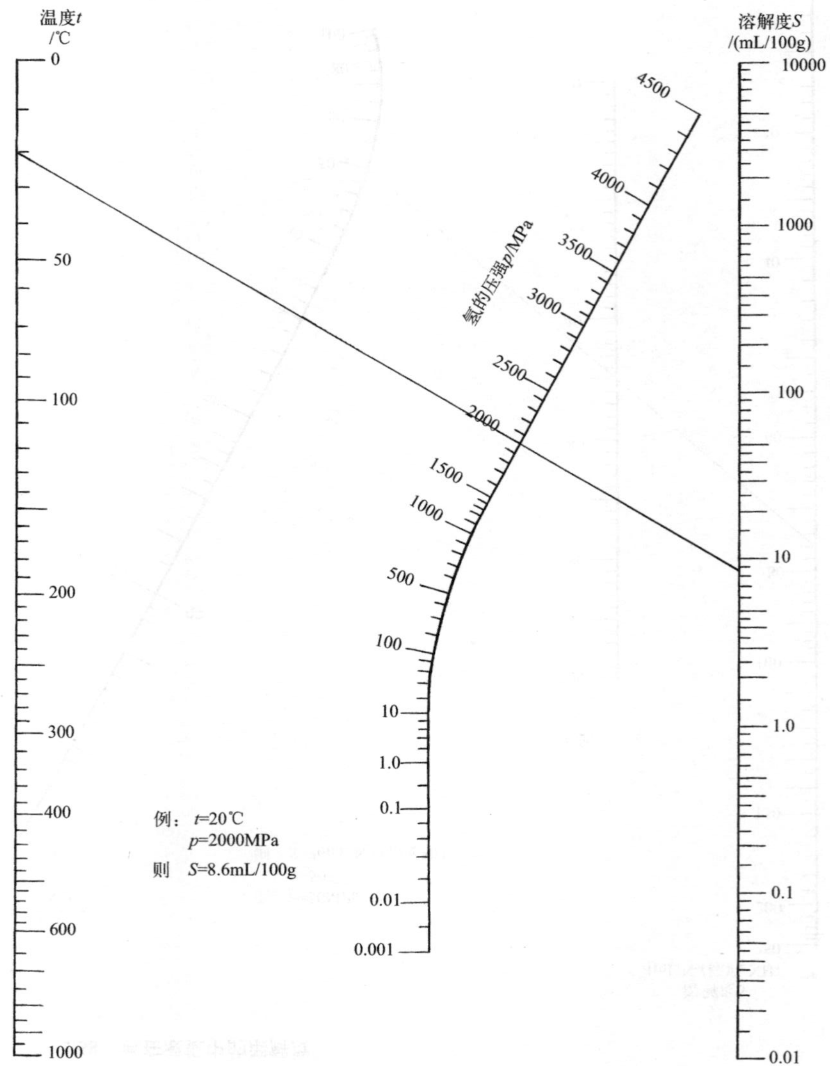

2.61 空气的热导率

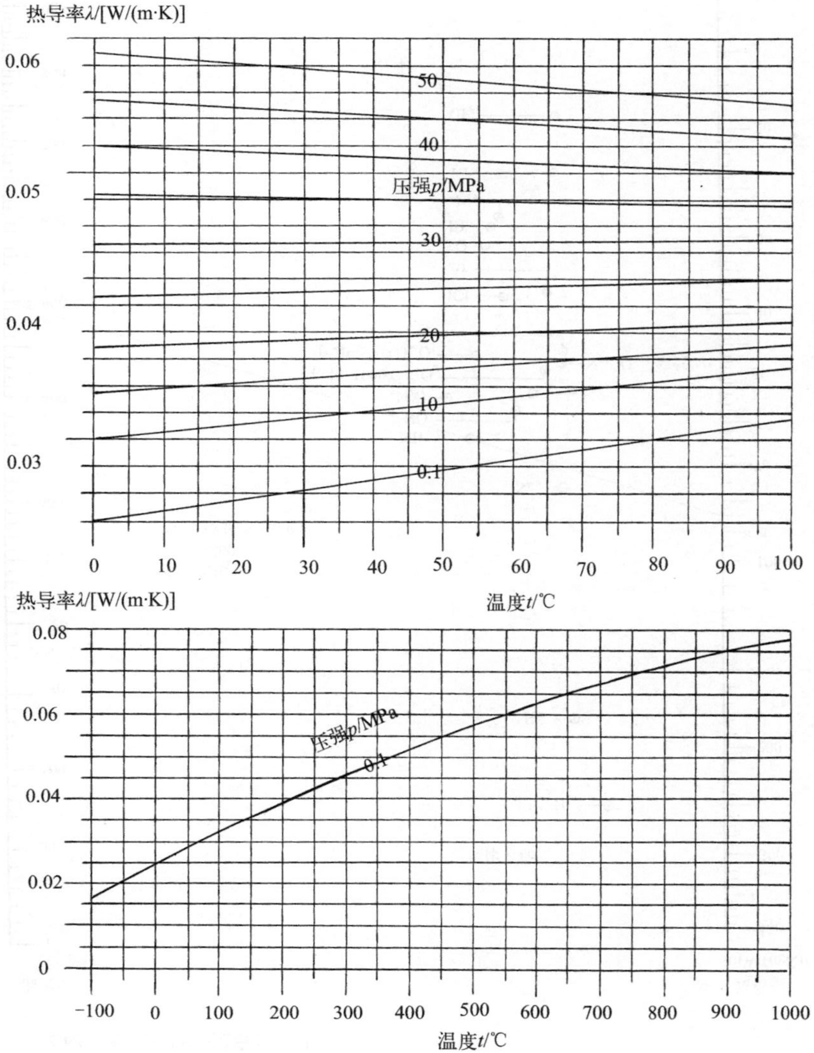

2.62 一氧化氮气体的热导率

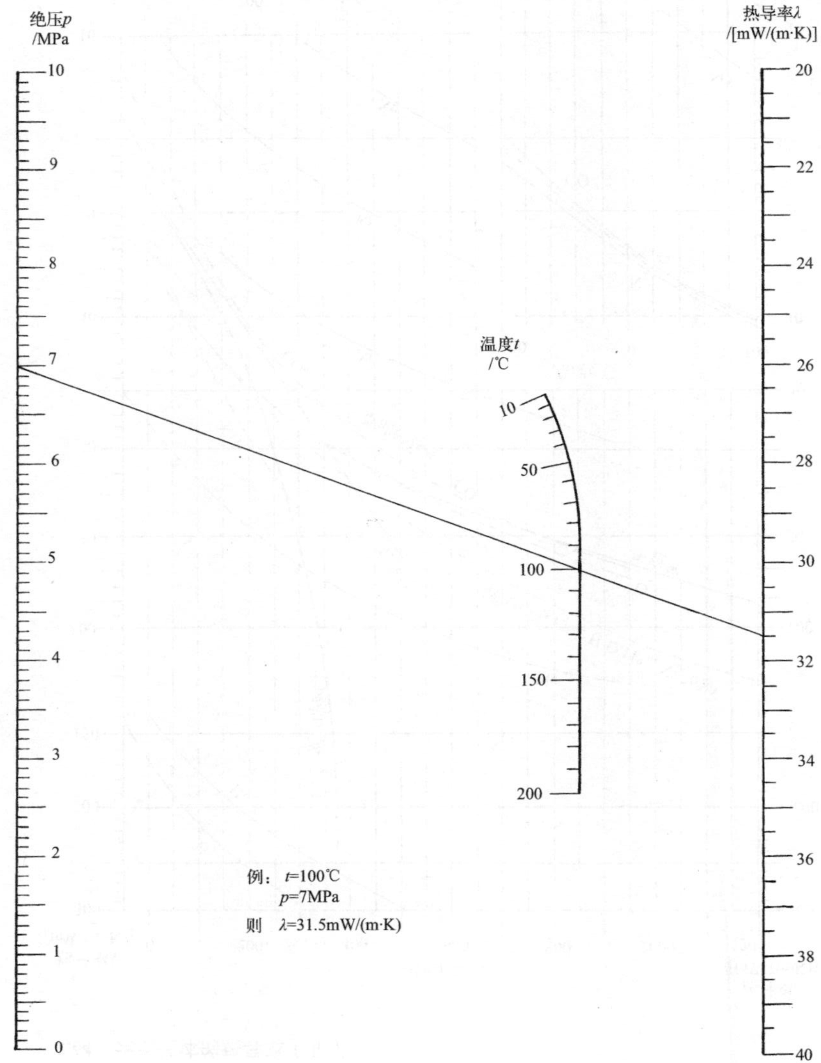

2.63 无机气体的热导率（Ⅰ）

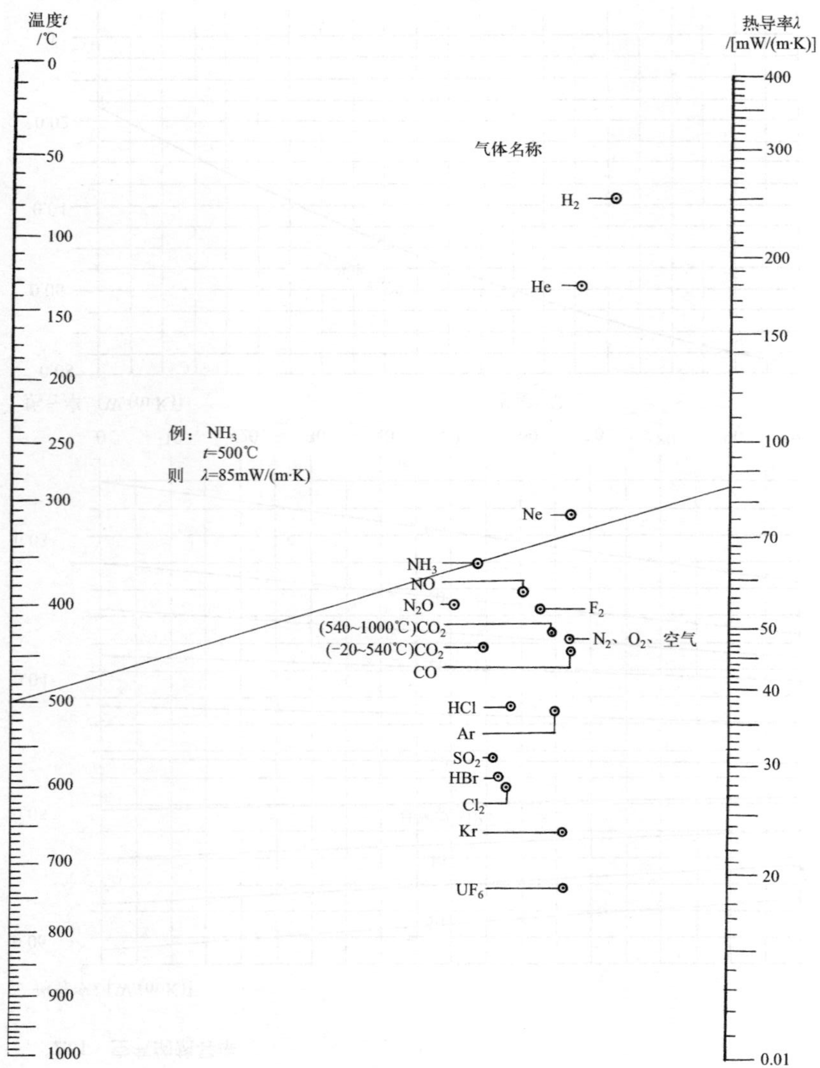

2.64 无机气体的热导率（Ⅱ）

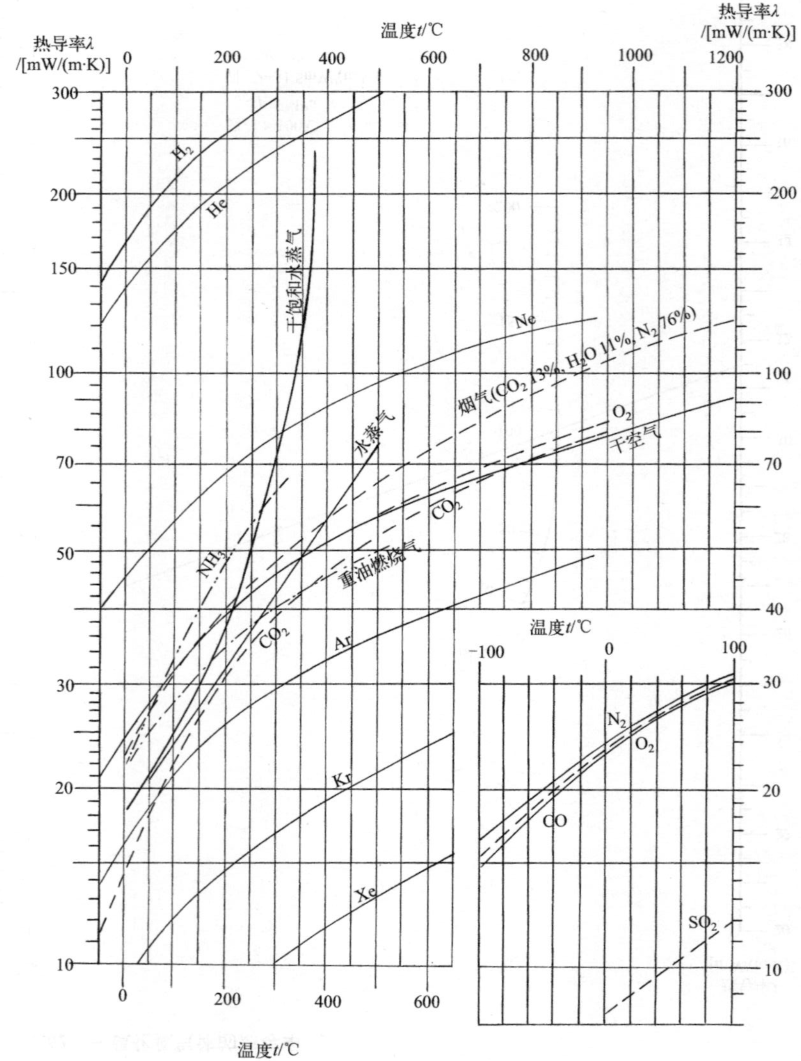

2.65 根据气体的比热容求热导率

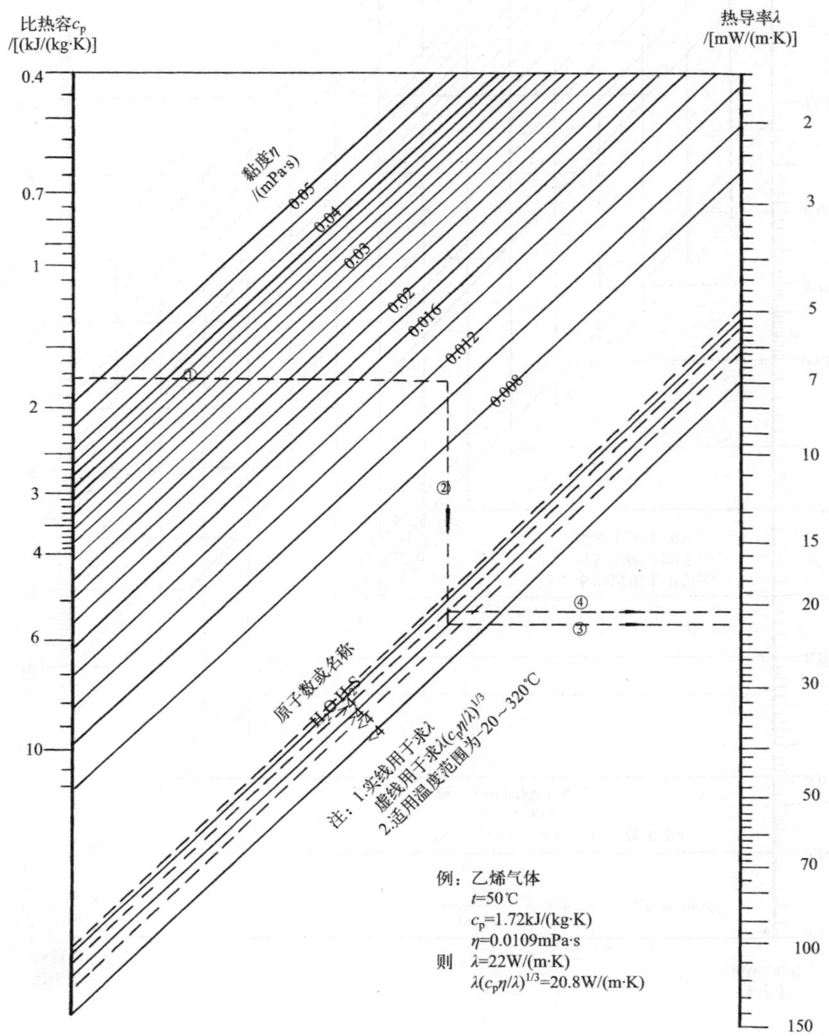

2.66 根据气体的温度和压强求热导率

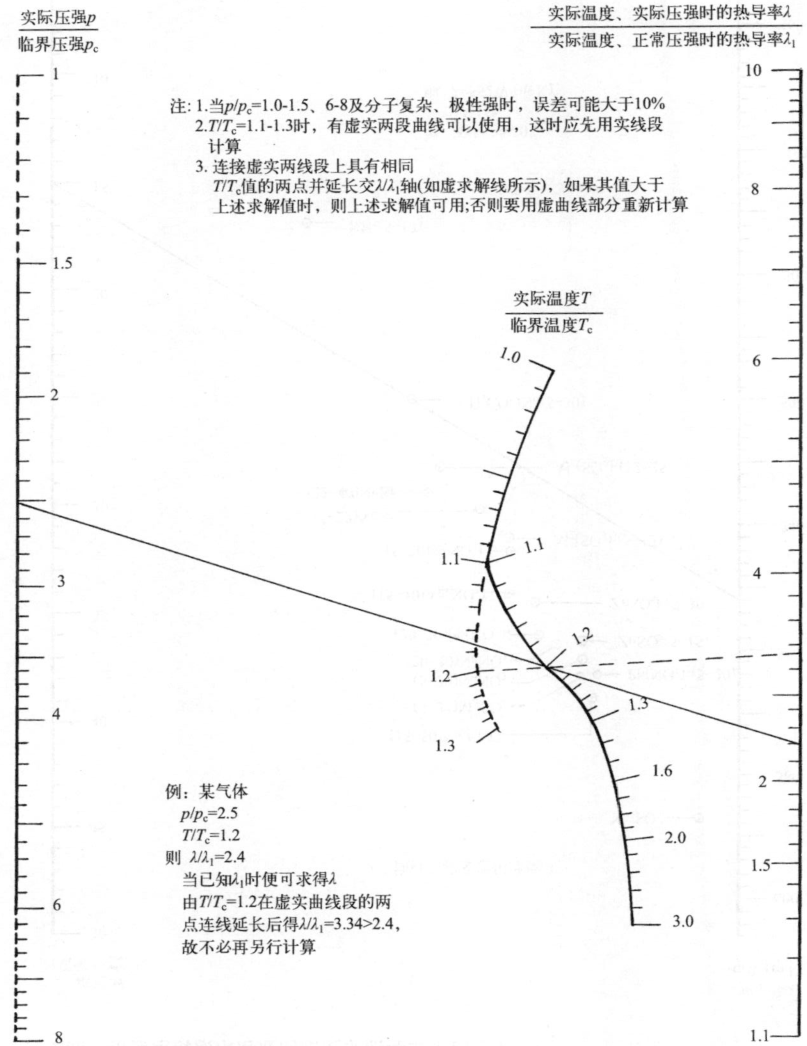

2.67 根据气体的比热容和黏度求热导率

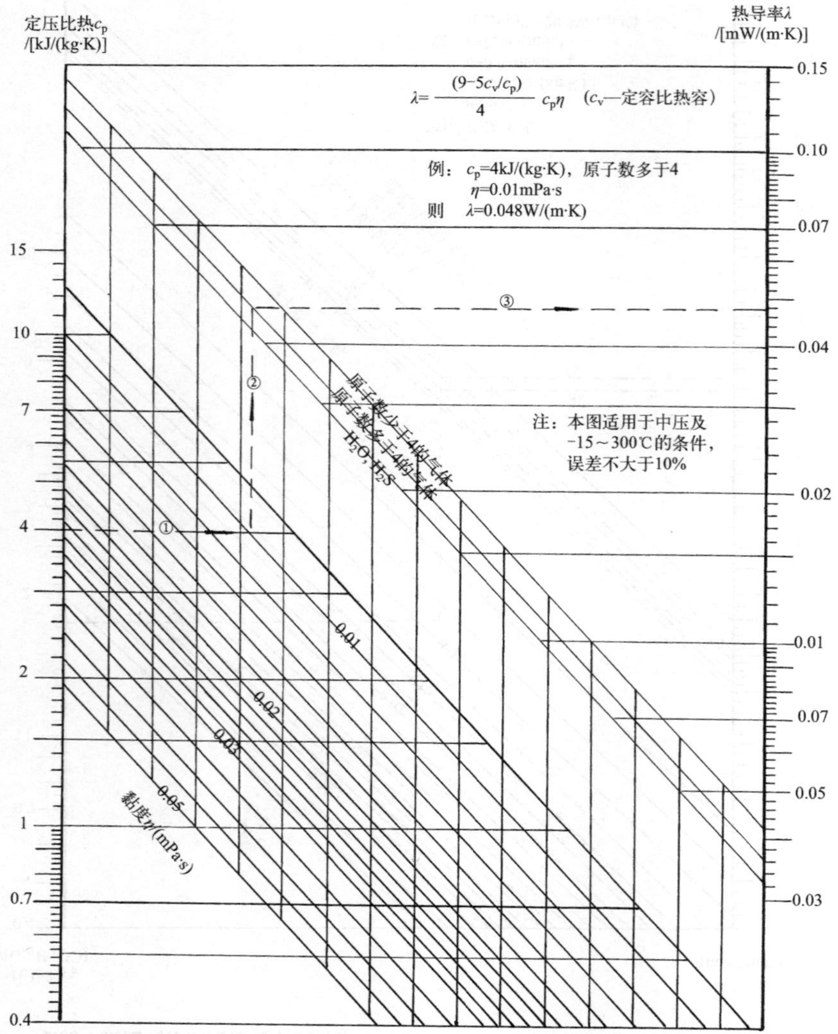

2.68 根据电解质水溶液的浓度求热导率（20℃）

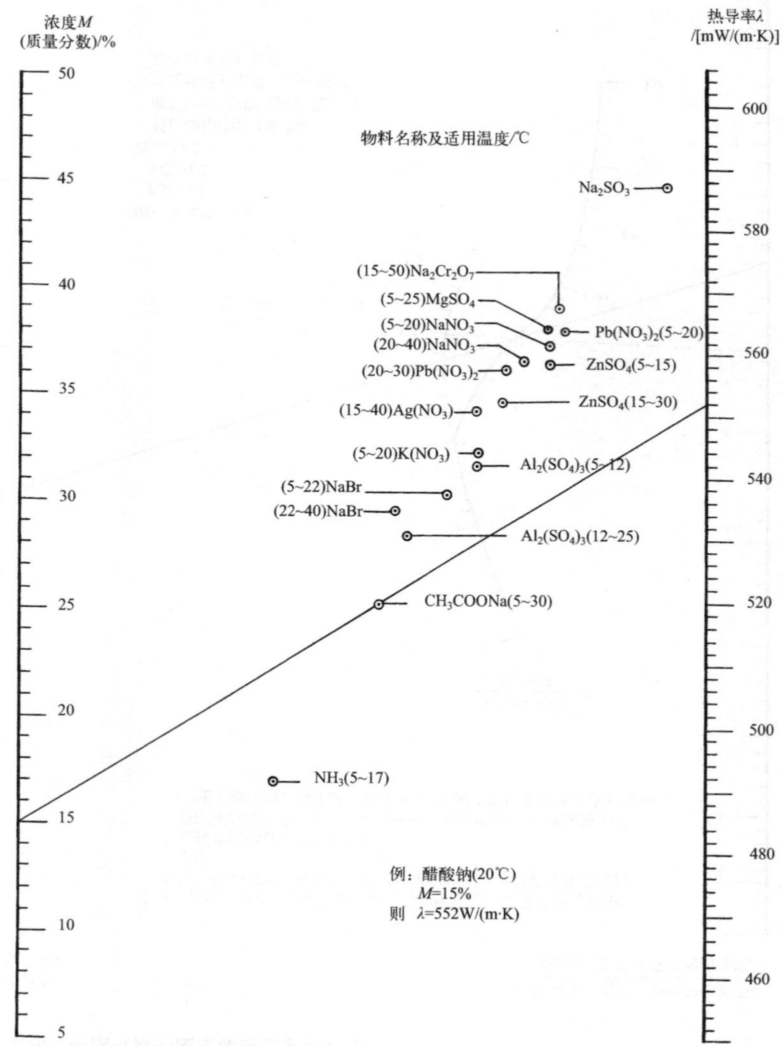

2.69 电解质水溶液热导率的修正

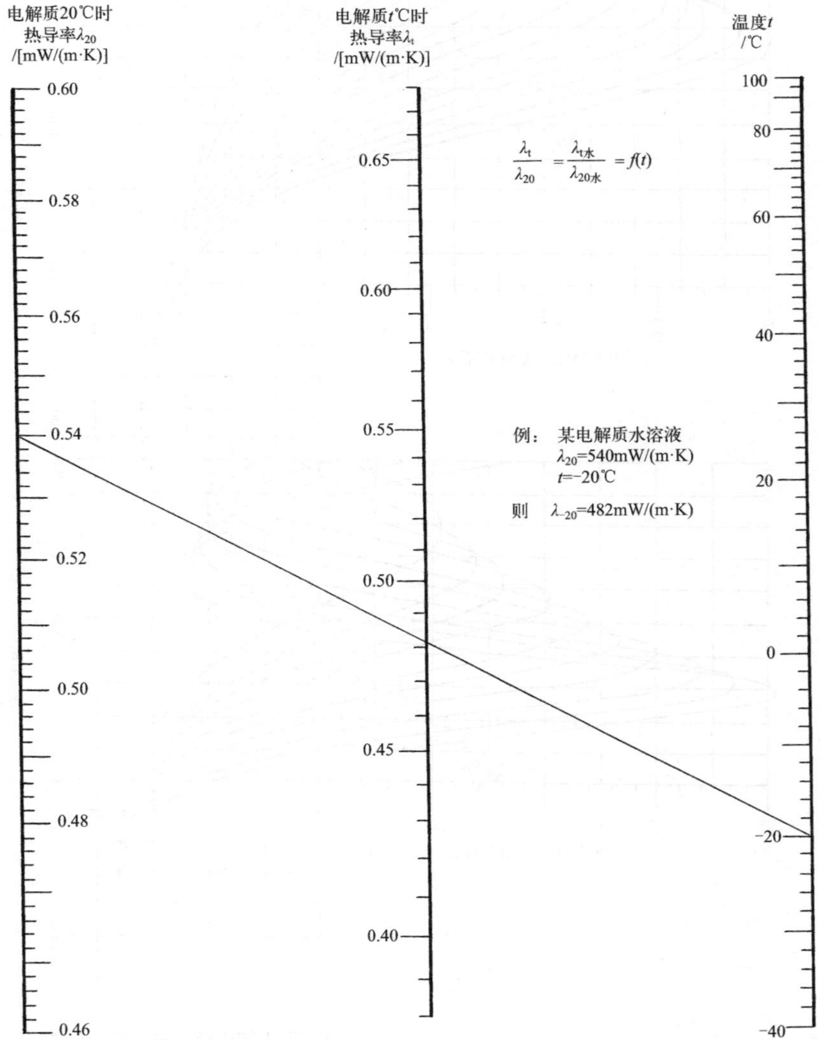

$$\frac{\lambda_t}{\lambda_{20}}=\frac{\lambda_{t水}}{\lambda_{20水}}=f(t)$$

例：某电解质水溶液
λ_{20}=540mW/(m·K)
t=-20℃
则 λ_{-20}=482mW/(m·K)

2.70 空气的定压比热容

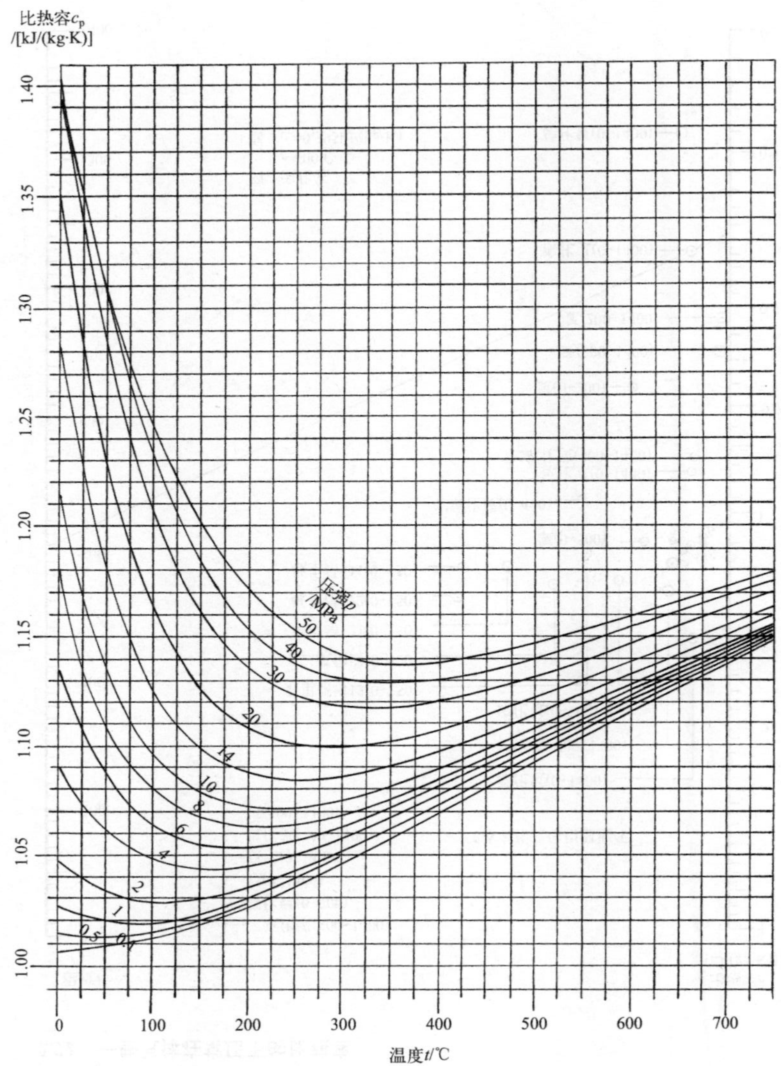

2.71 空气在高温下的定压比热容

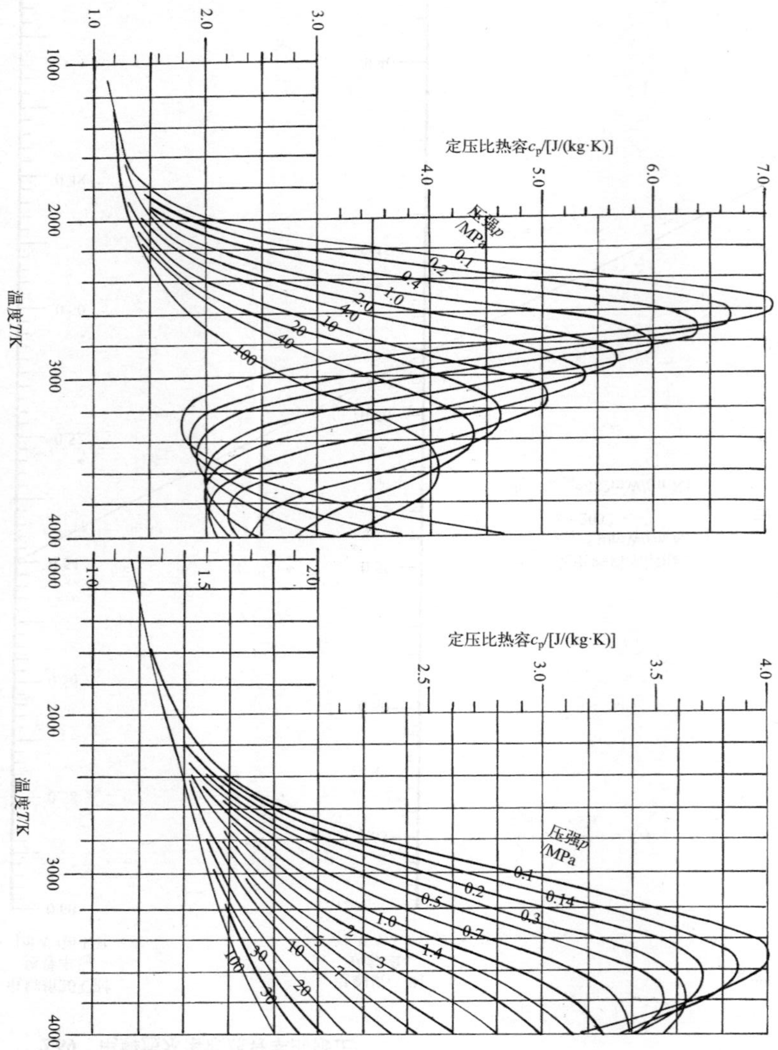

2.72 一些气体在常压下的比热容

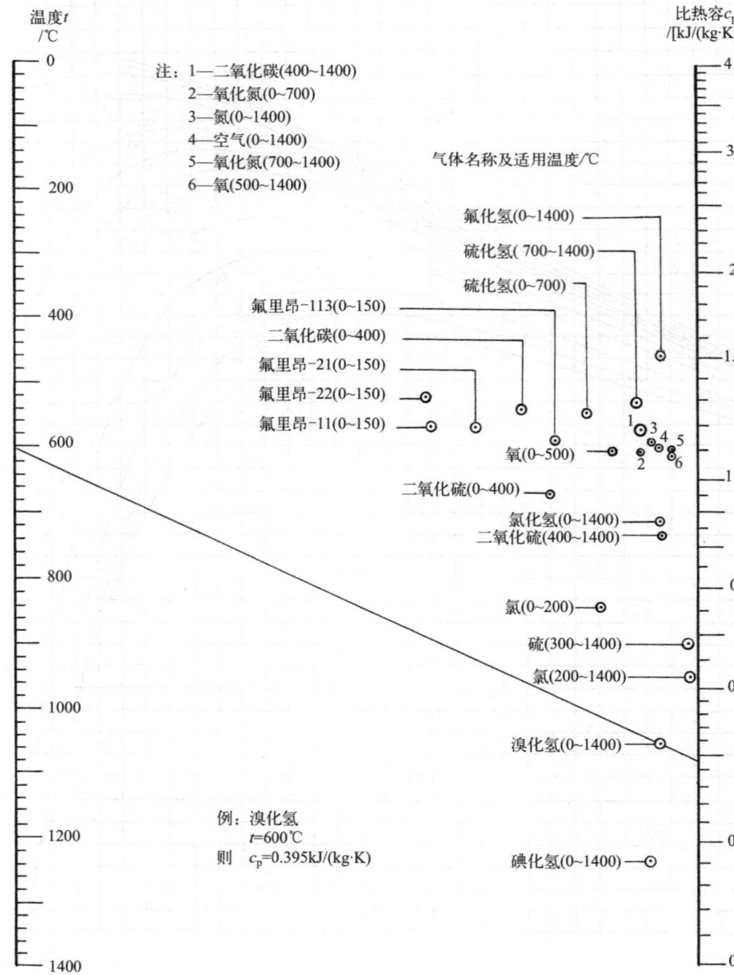

2.73 湿空气的焓和湿度

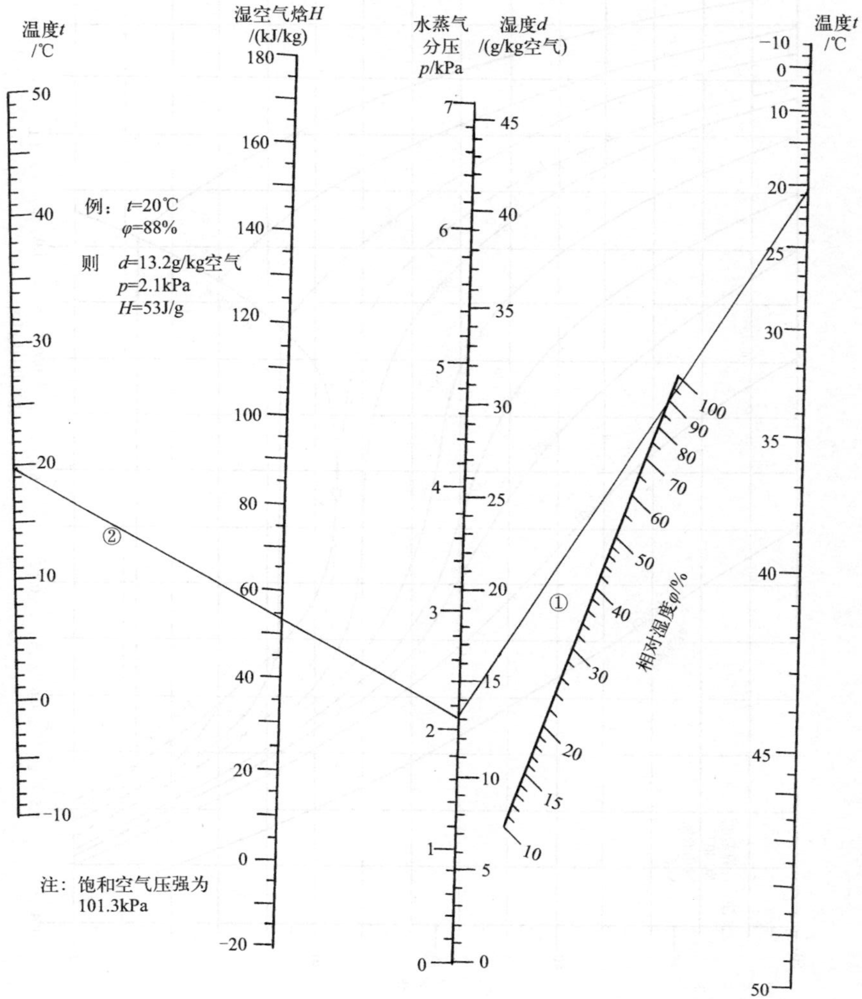

2.74 氦气的比焓

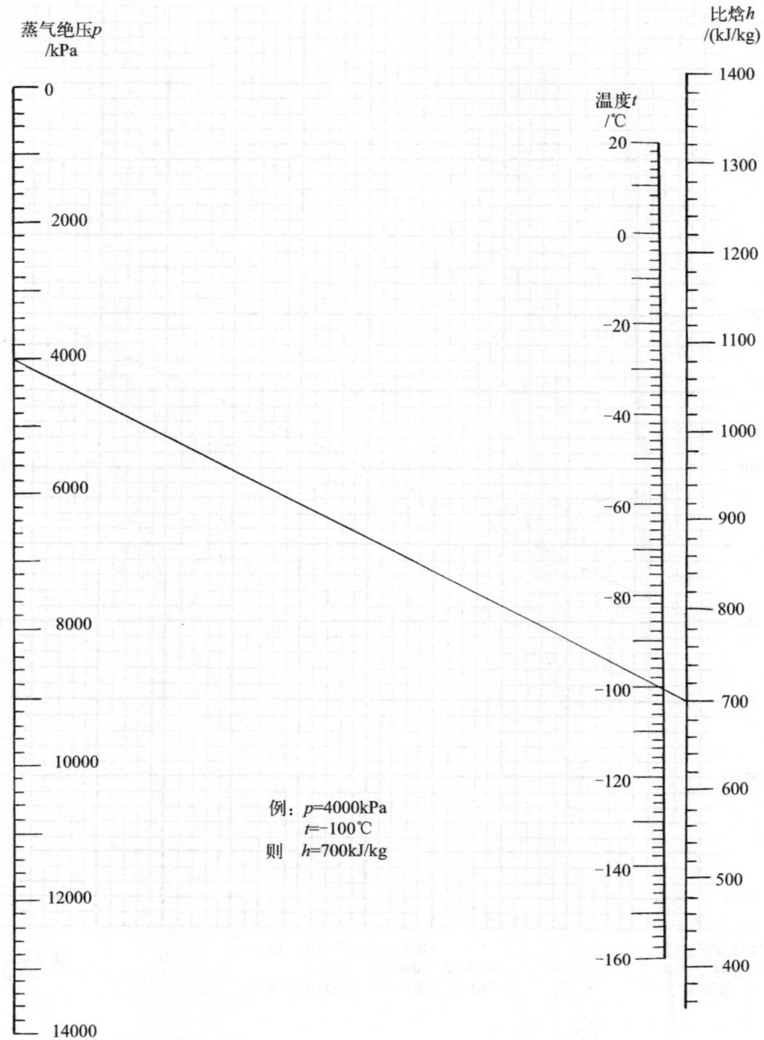

2.75 二氧化碳气体的比焓

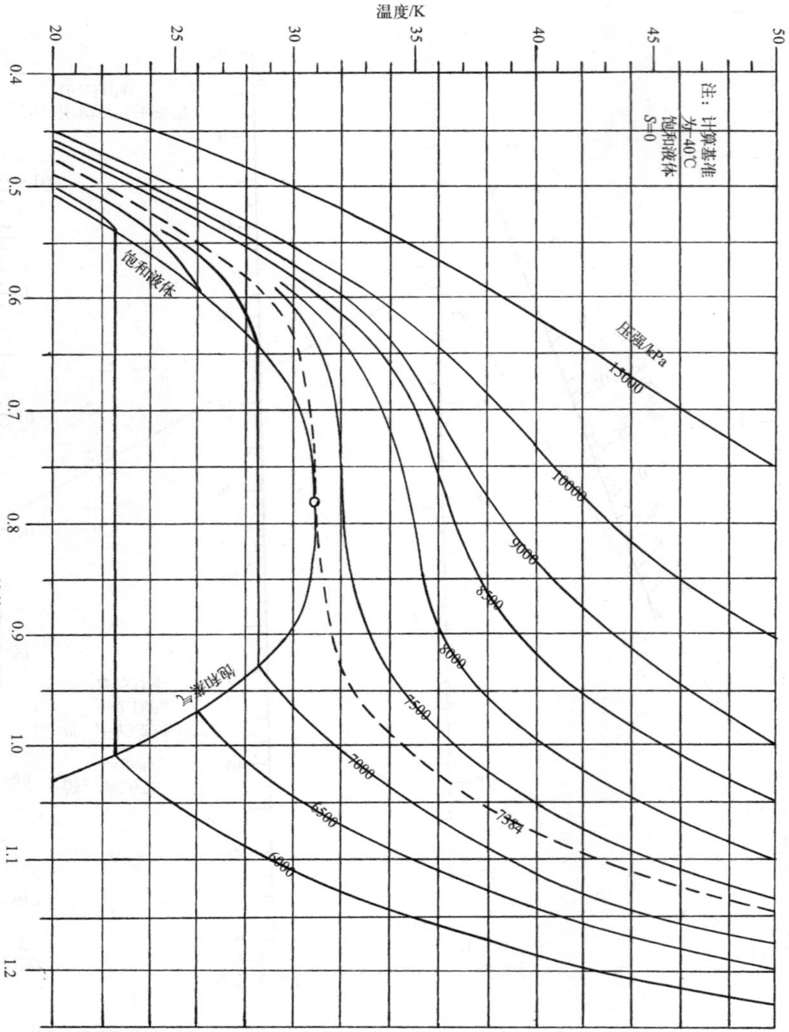

2.76 混合气体的临界温度

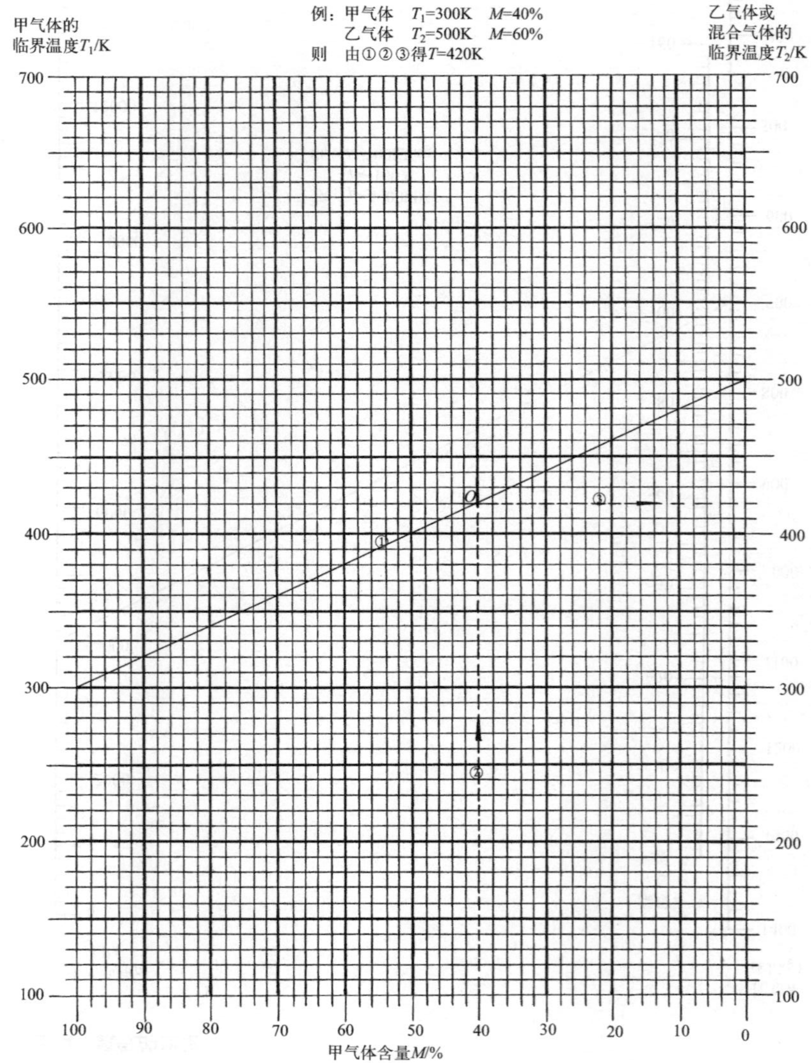

2.77 根据标准沸点求化合物的临界温度（Ⅰ）

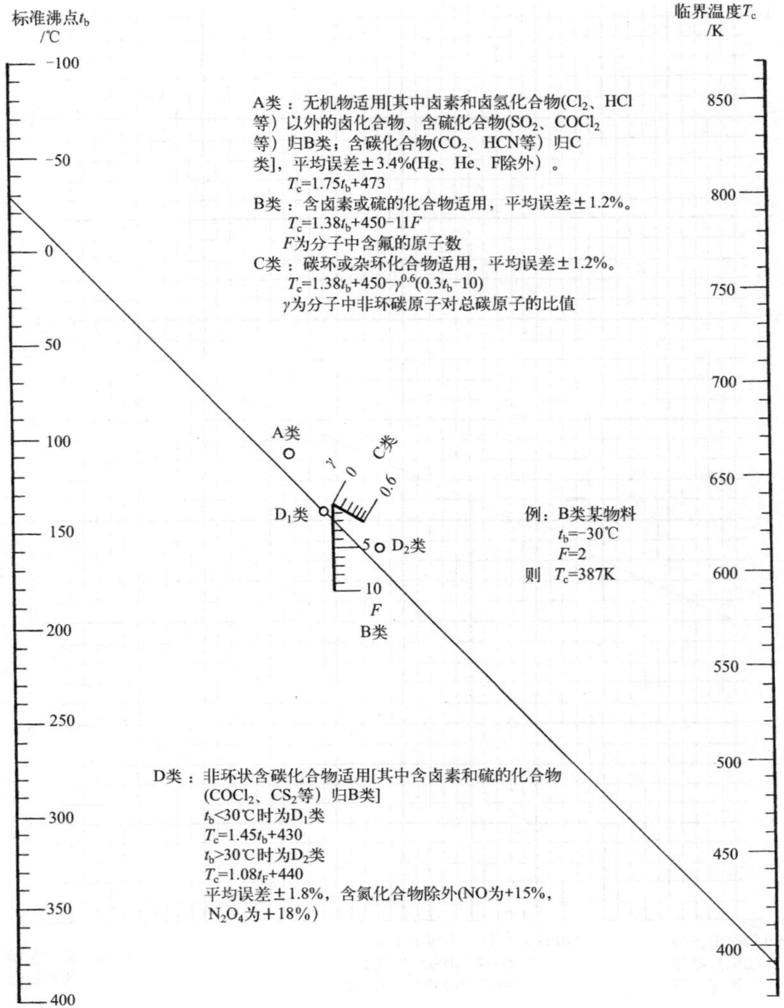

A类：无机物适用[其中卤素和卤氢化合物(Cl_2、HCl等）以外的卤化合物、含硫化合物(SO_2、$COCl_2$等）归B类；含碳化合物(CO_2、HCN等）归C类]，平均误差±3.4%(Hg、He、F除外）。

$T_c=1.75t_b+473$

B类：含卤素或硫的化合物适用，平均误差±1.2%。

$T_c=1.38t_b+450-11F$

F为分子中含氟的原子数

C类：碳环或杂环化合物适用，平均误差±1.2%。

$T_c=1.38t_b+450-\gamma^{0.6}(0.3t_b-10)$

γ为分子中非环碳原子对总碳原子的比值

D类：非环状含碳化合物适用[其中含卤素和硫的化合物($COCl_2$、CS_2等）归B类]

t_b<30℃时为D_1类

$T_c=1.45t_b+430$

t_b>30℃时为D_2类

$T_c=1.08t_F+440$

平均误差±1.8%，含氮化合物除外(NO为+15%，N_2O_4为+18%）

例：B类某物料

$t_b=-30$℃

$F=2$

则　$T_c=387K$

2.78 根据标准沸点求化合物的临界温度（Ⅱ）

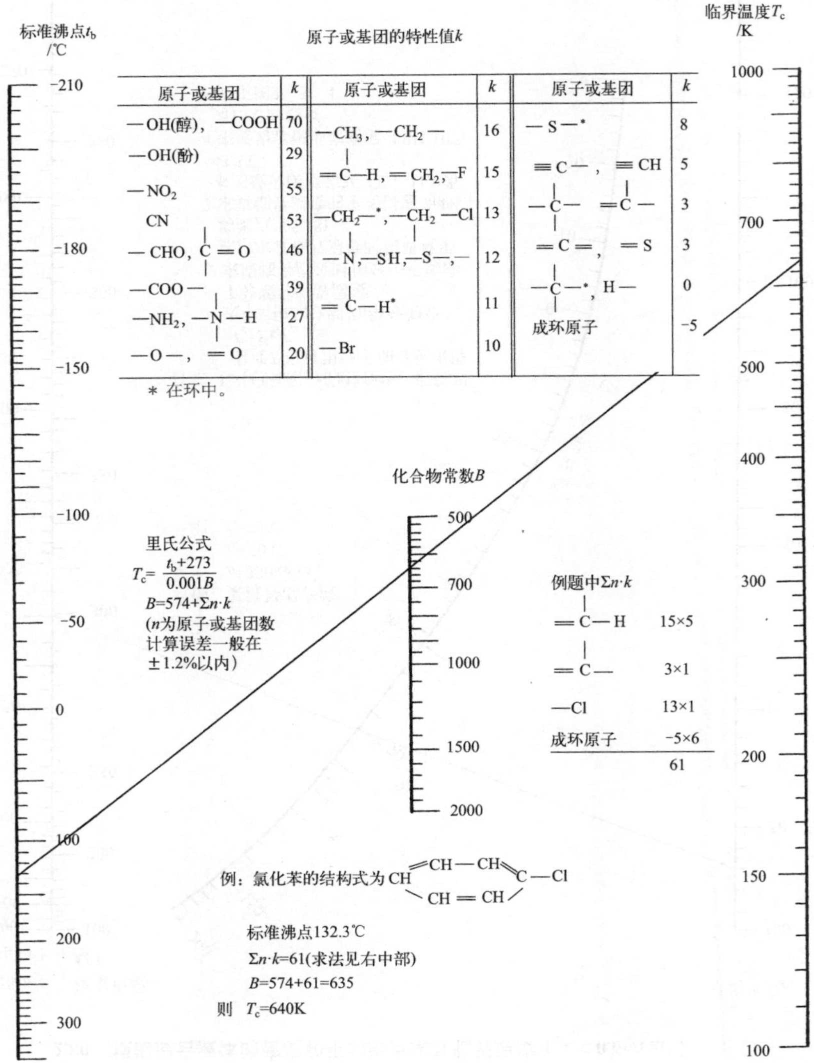

原子或基团的特性值k

原子或基团	k	原子或基团	k	原子或基团	k
—OH(醇)，—COOH	70	—CH_3，—CH_2—	16	—S—*	8
—OH(酚)	29	=CH—H，=CH_2，—F	15	≡C—，≡CH	5
—NO_2	55	—CH_2—*，>CH—Cl	13	>C<，=C<	3
CN	53	>N—，—SH，—S—，—	12	=C=，=S	3
—CHO，>C=O	46	=C—H*	11	>C<*，H—	0
—COO—	39	—Br	10	成环原子	-5
—NH_2，>N—H	27				
—O—，=O	20				

＊在环中。

里氏公式

$$T_c=\frac{t_b+273}{0.001B}$$

$B=574+\Sigma n\cdot k$

(n为原子或基团数

计算误差一般在

±1.2%以内）

例题中$\Sigma n\cdot k$

=C—H	15×5
=C—	3×1
—Cl	13×1
成环原子	-5×6
	61

例：氯化苯的结构式为 CH=CH—CH=C—Cl（CH=CH，环状）

标准沸点132.3℃

$\Sigma n\cdot k=61$(求法见右中部)

$B=574+61=635$

则　$T_c=640K$

2.79　混合气体的临界压强

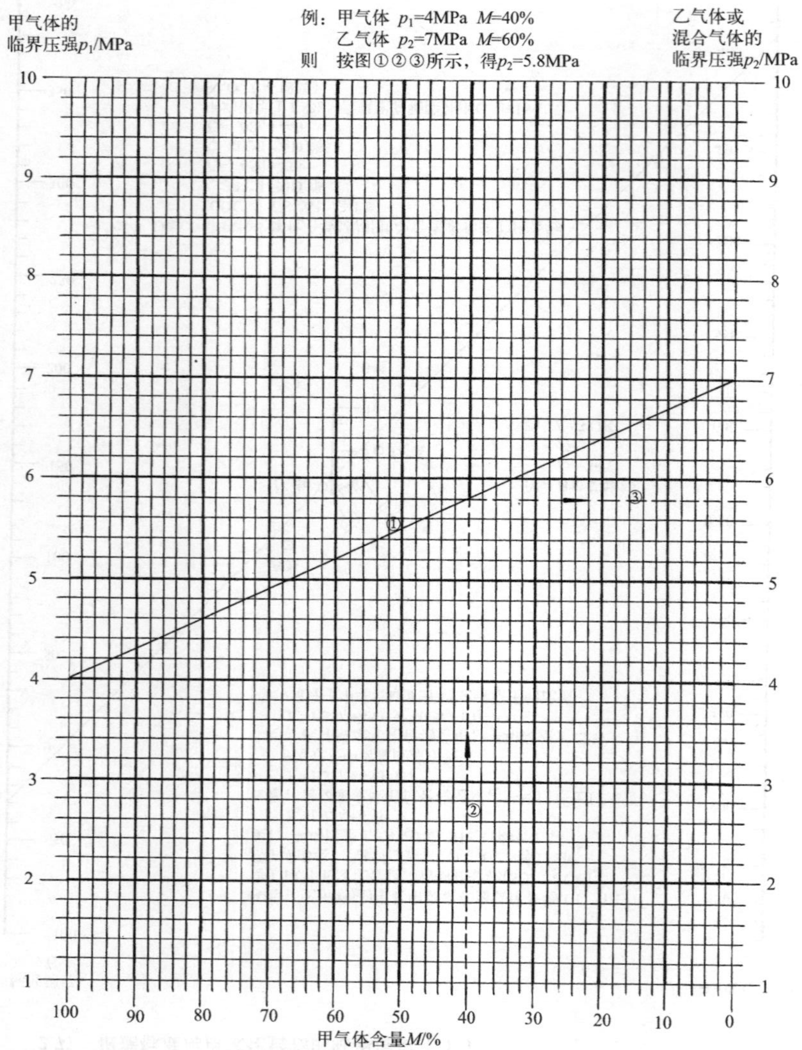

2.80　根据混合液体的密度和平均沸点求其临界温度（ρ ＜0.6g/cm³）

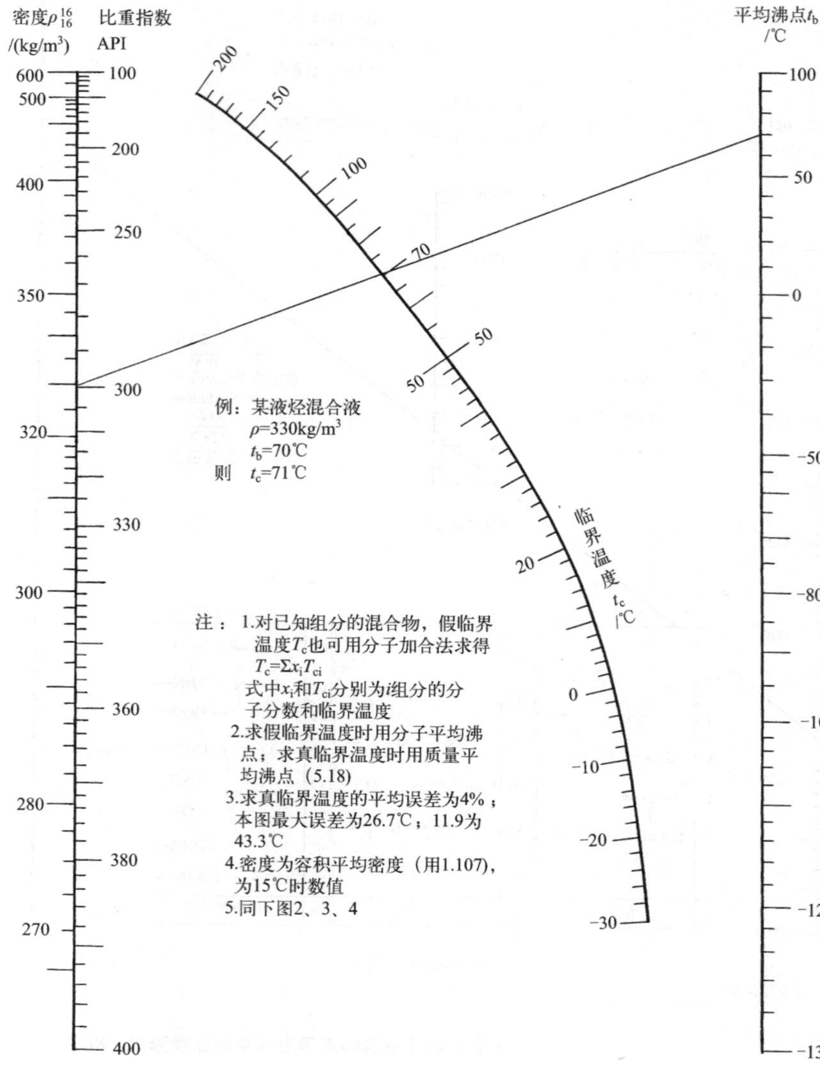

2.81 根据混合液体的密度和平均沸点求其临界温度（$\rho > 0.6g/cm^3$）

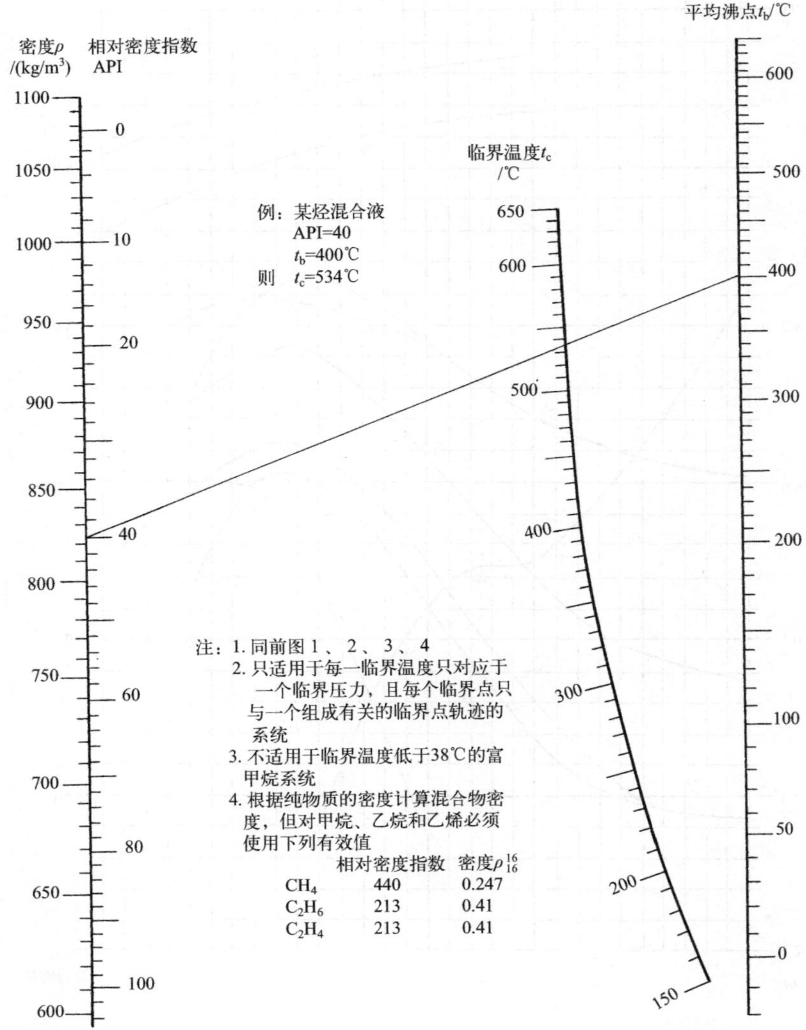

例：某烃混合液
API=40
t_b=400℃
则 t_c=534℃

注：1. 同前图 1、2、3、4
2. 只适用于每一临界温度只对应于一个临界压力，且每个临界点只与一个组成有关的临界点轨迹的系统
3. 不适用于临界温度低于38℃的富甲烷系统
4. 根据纯物质的密度计算混合物密度，但对甲烷、乙烷和乙烯必须使用下列有效值

	相对密度指数	密度ρ^{16}_{16}
CH_4	440	0.247
C_2H_6	213	0.41
C_2H_4	213	0.41

2.82 一些无机气体的普朗特数（Ⅰ）

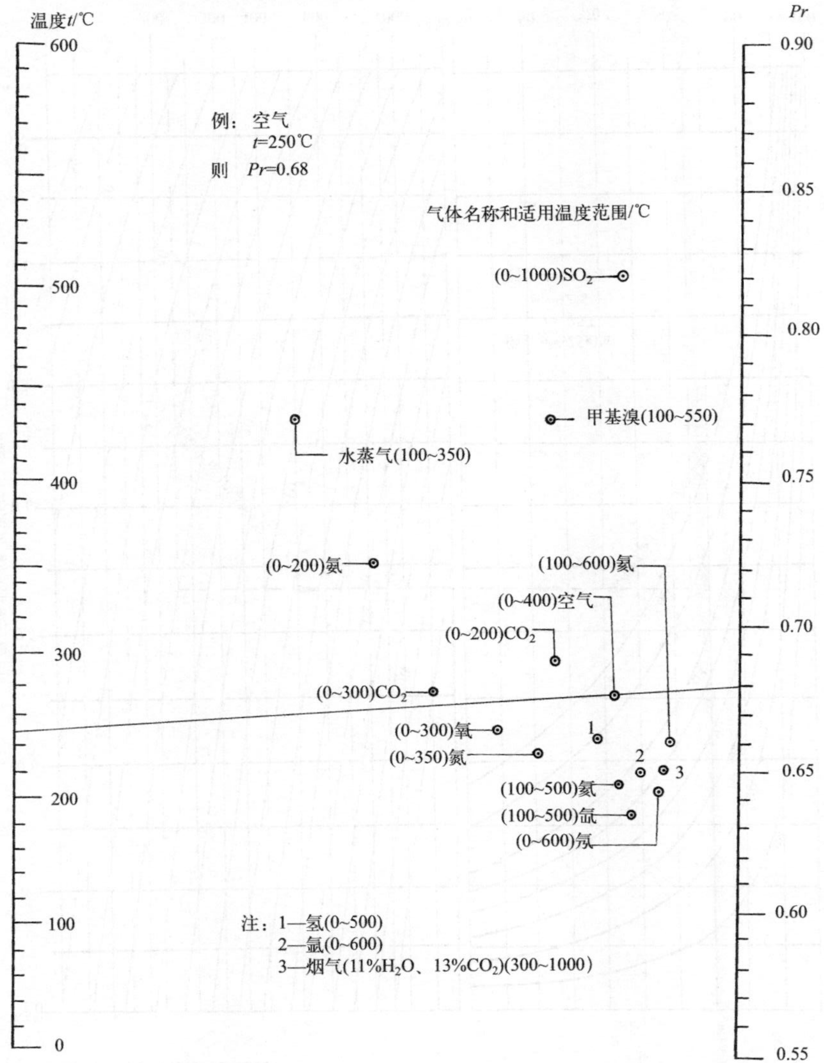

例：空气
t=250℃
则 Pr=0.68

注：1—氢(0~500)
2—氩(0~600)
3—烟气(11%H_2O、13%CO_2)(300~1000)

2.83 一些无机气体的普朗特数（Ⅱ）

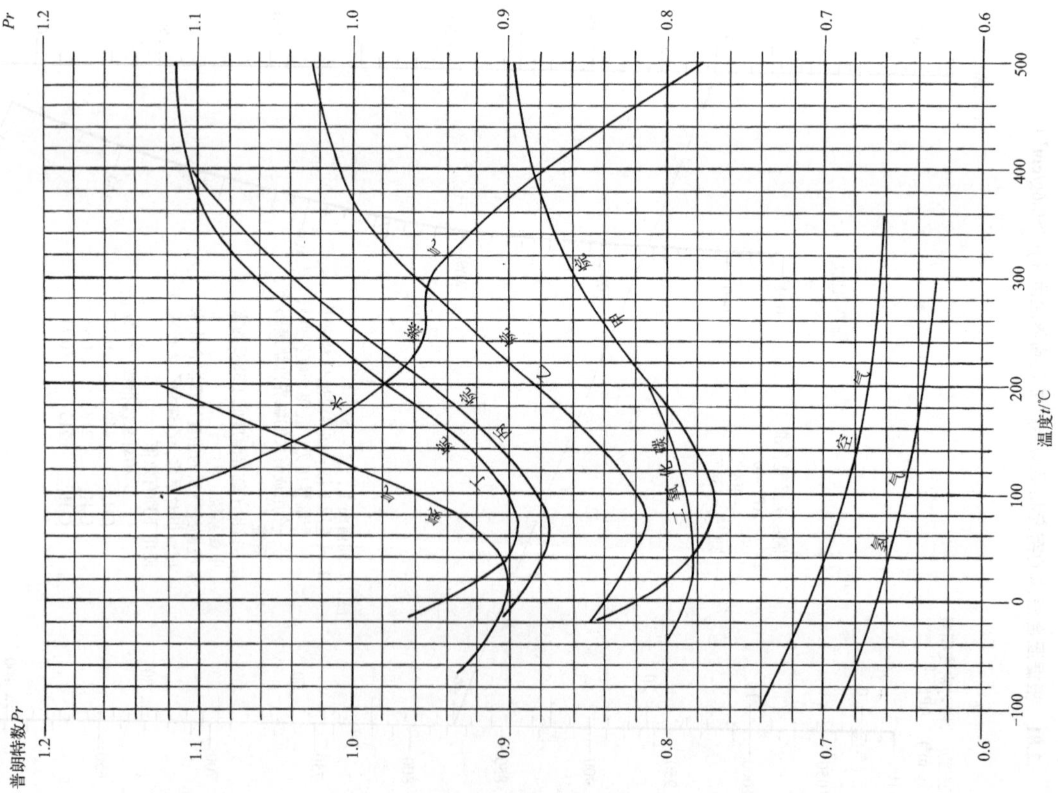

2.84 氯气的液化温度

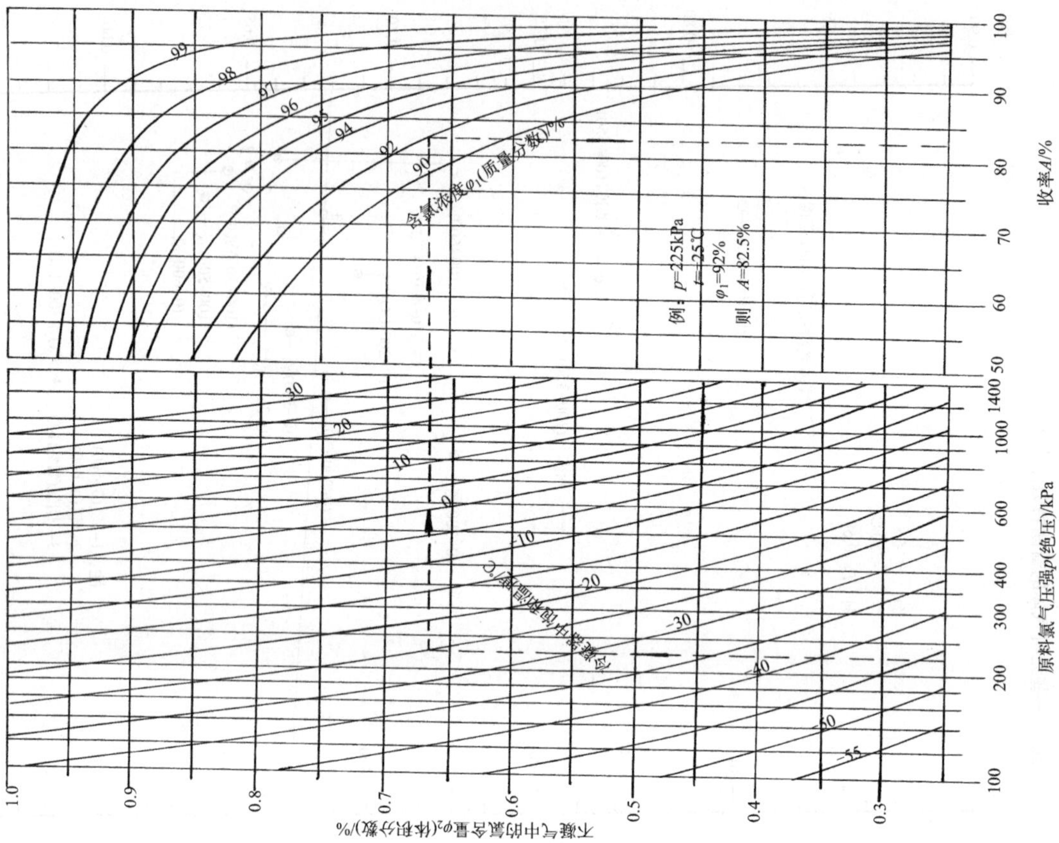

2.85 空气的压缩因子

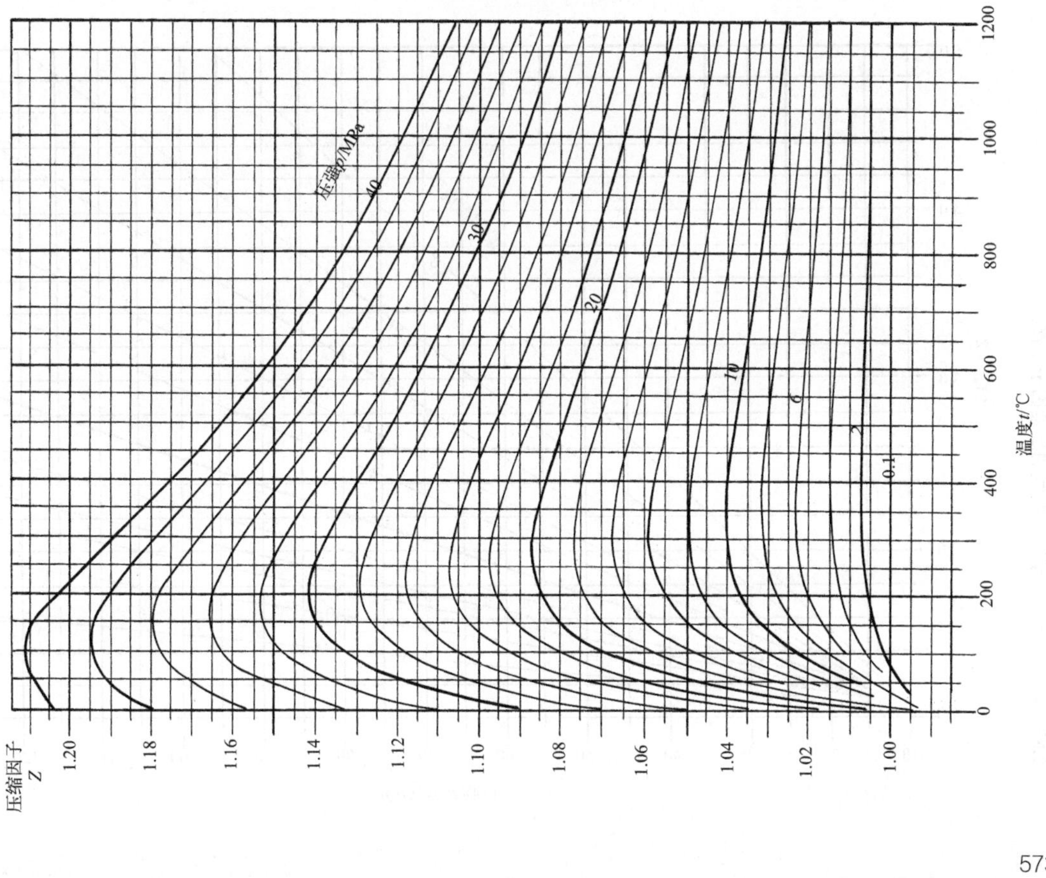

2.86 氢气、氦气、氖气、氩气的压缩因子（低压）

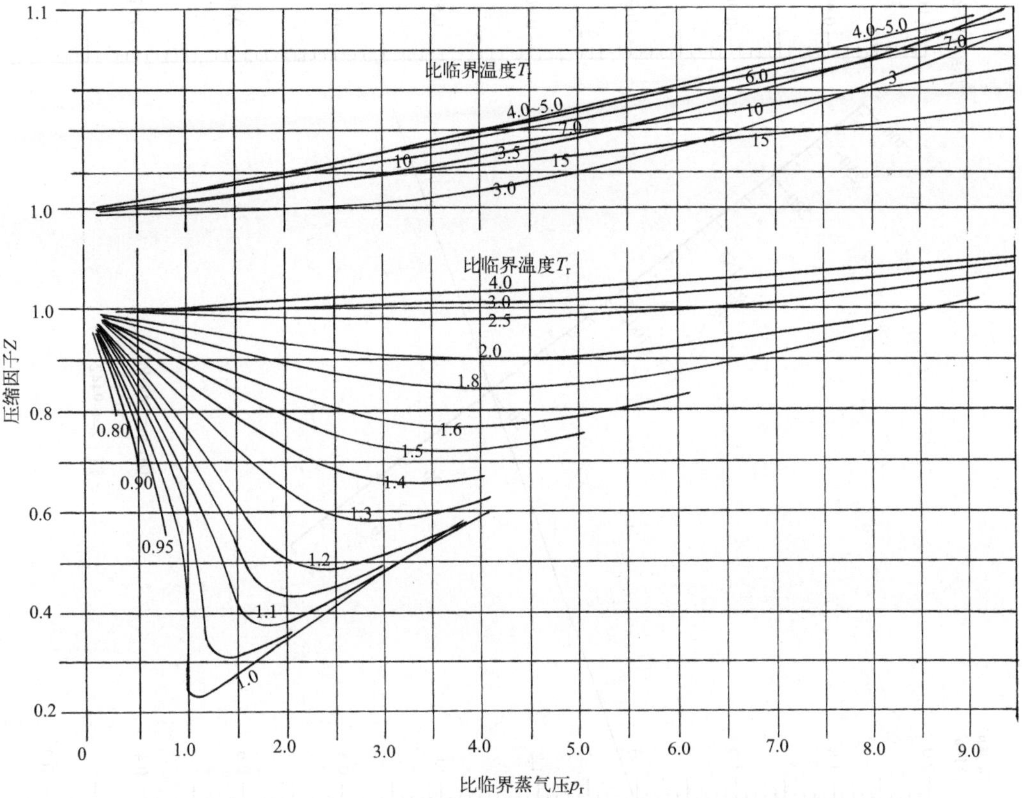

2.87 氢气、氦气、氖气、氩气的压缩因子（高压）

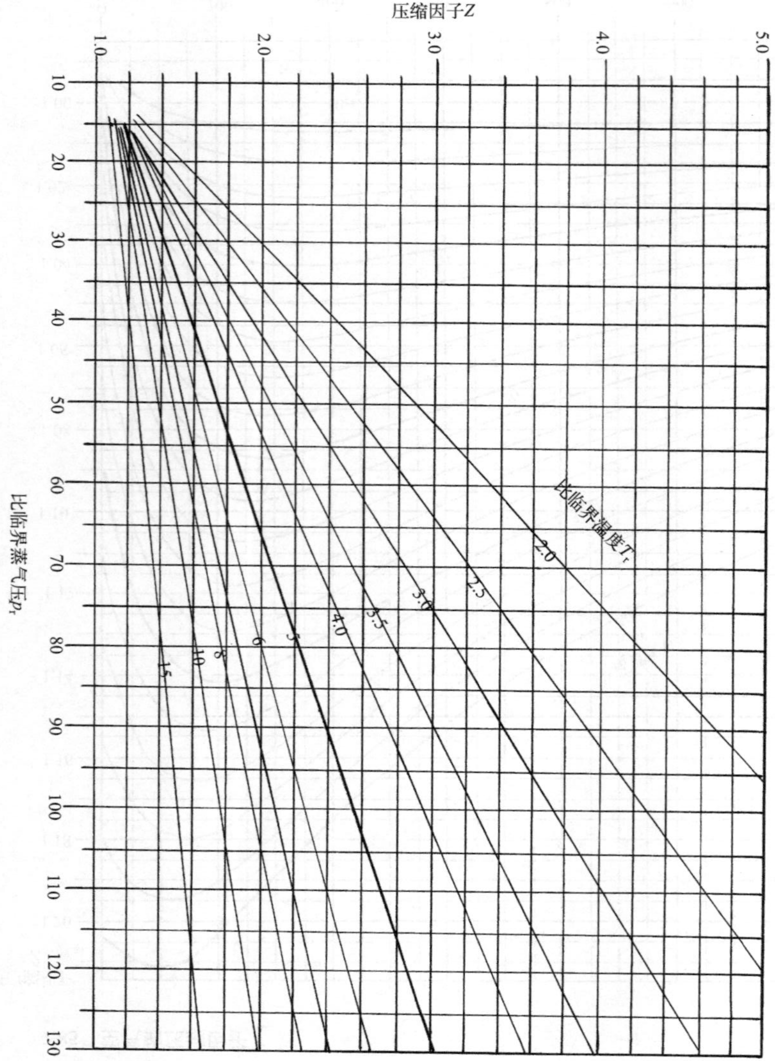

2.88 二氧化碳的压缩因子

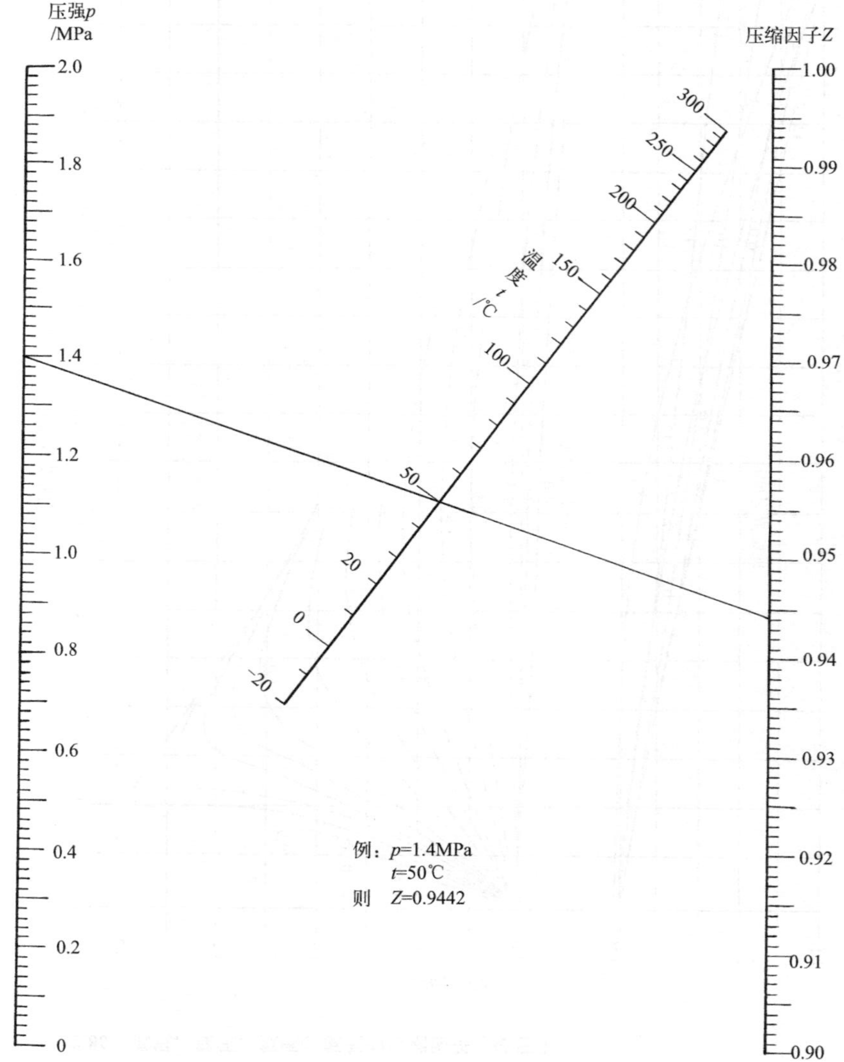

2.89 一氧化二氮的压缩因子

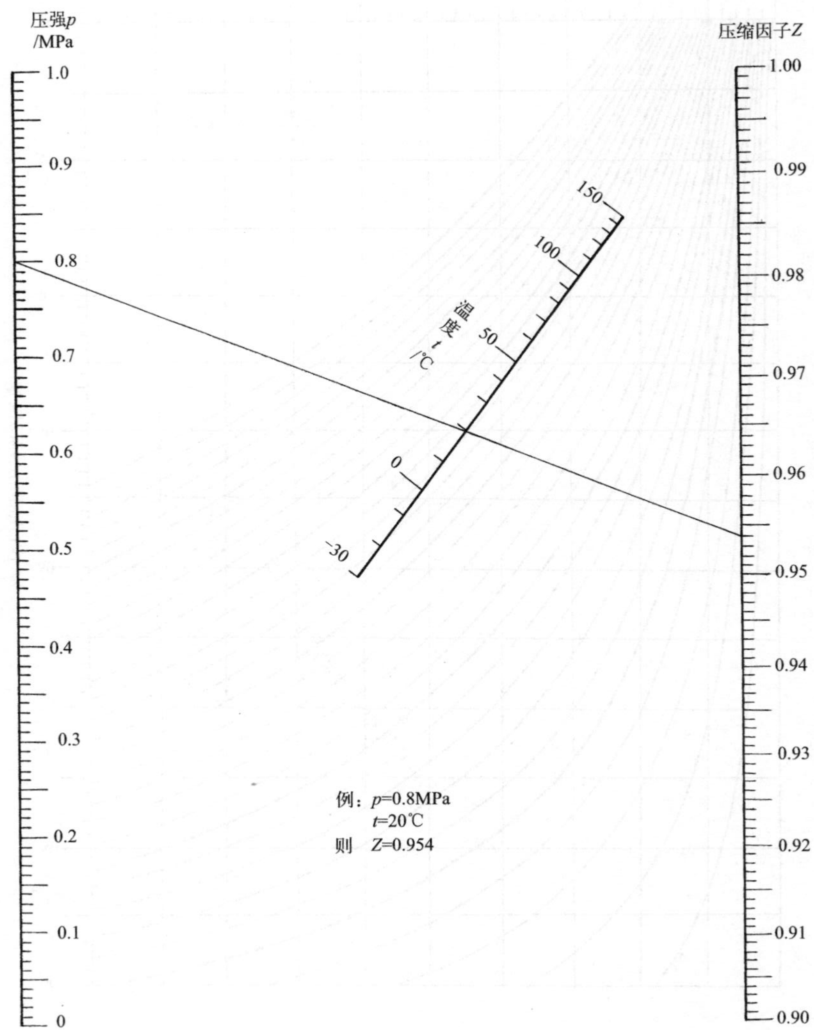

2.90 二氧化硫的压缩因子

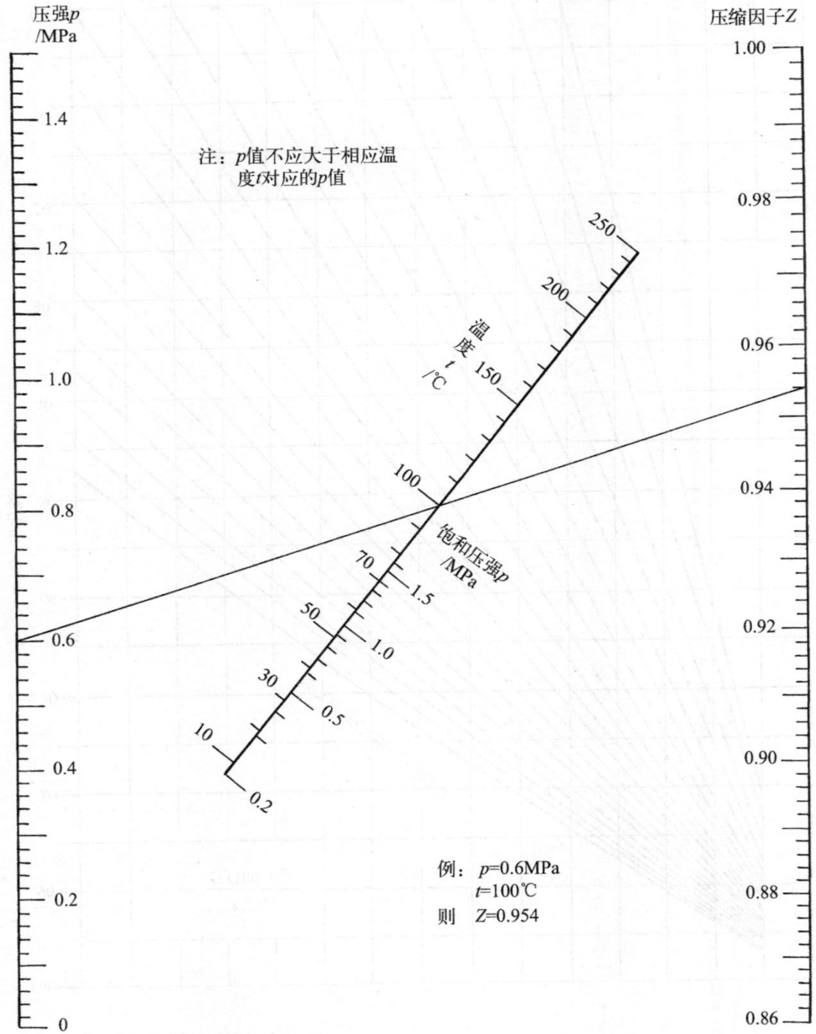

2.91 氯气的液化效率（Ⅰ）

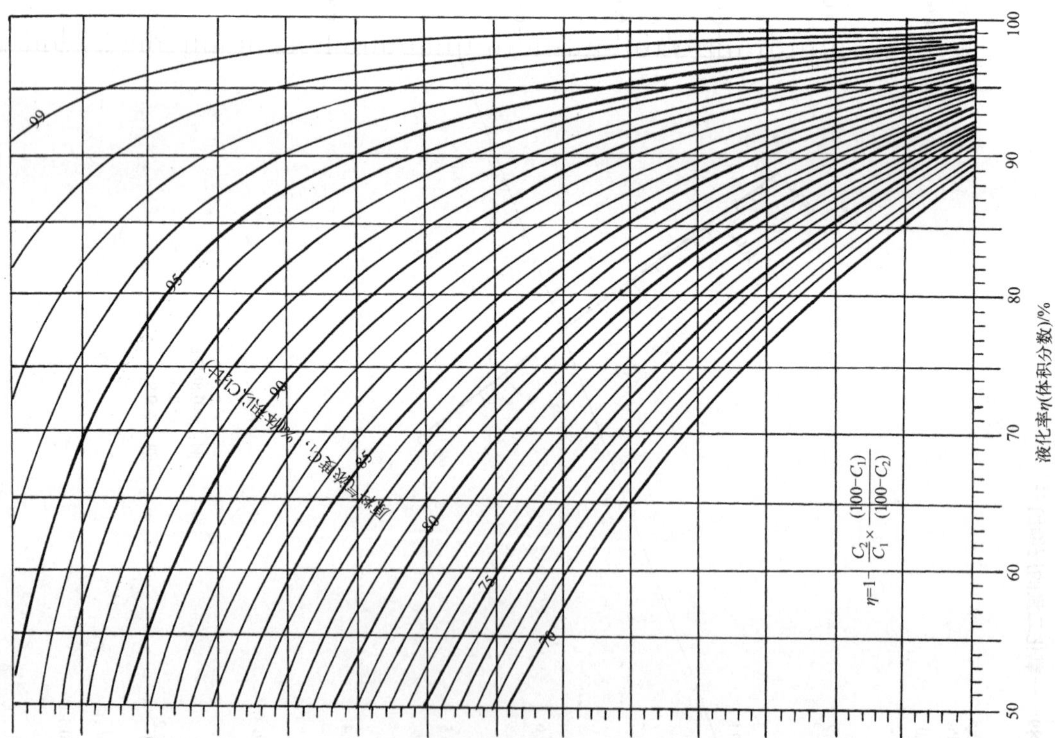

2.92 氯气的液化效率（Ⅱ）

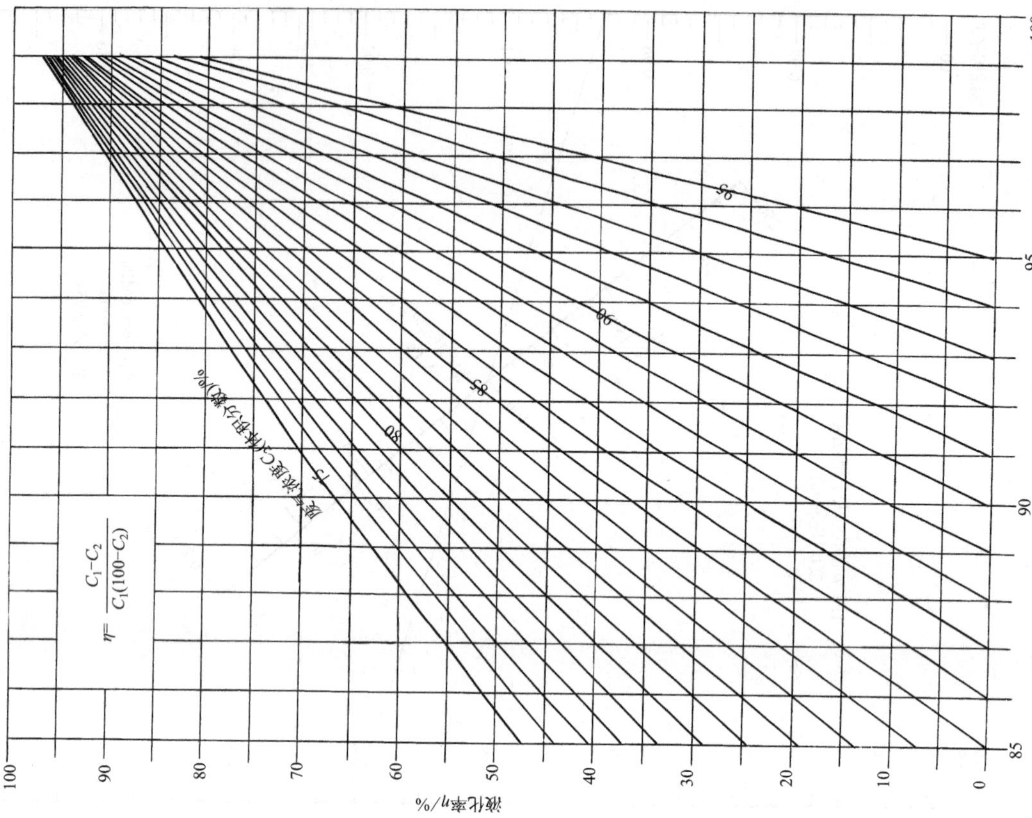

第3章

3.1 盐酸在不同温度和浓度时的密度

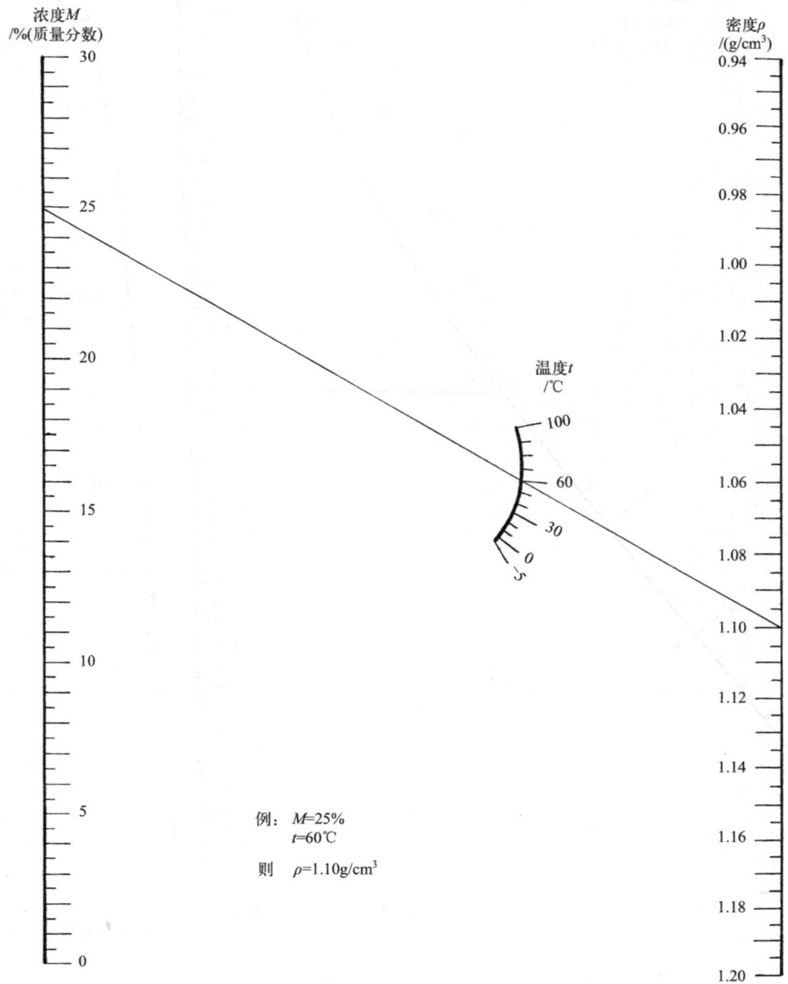

3.2 盐酸密度的温度修正及相应浓度

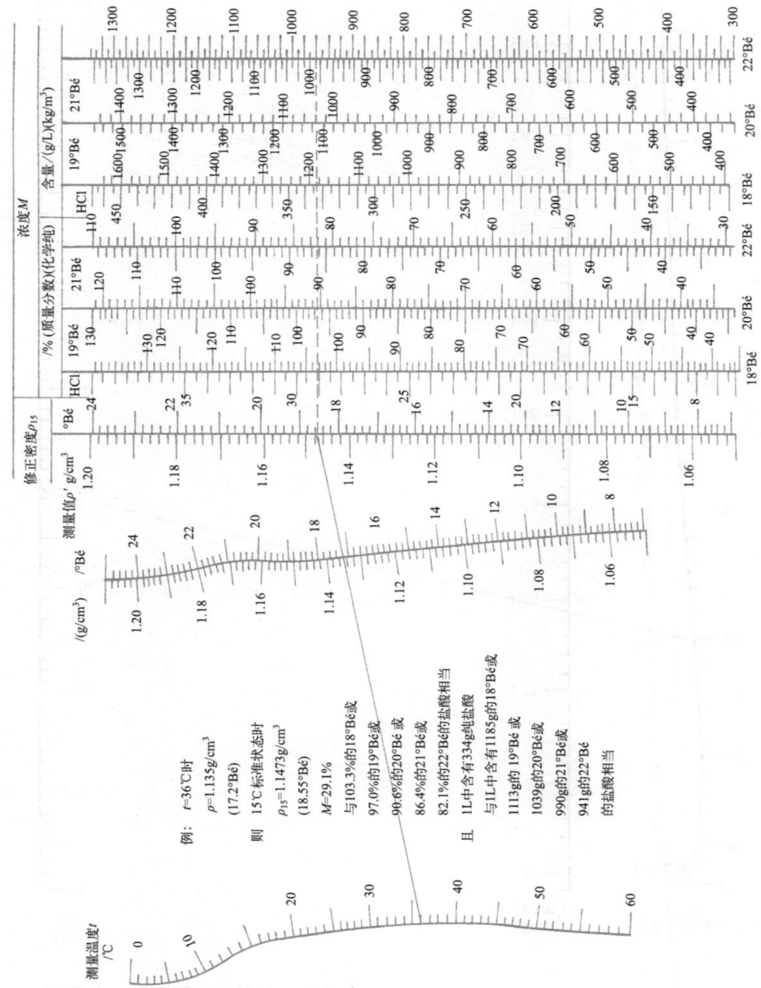

3.3 硫酸在不同温度和浓度时的密度（Ⅰ）

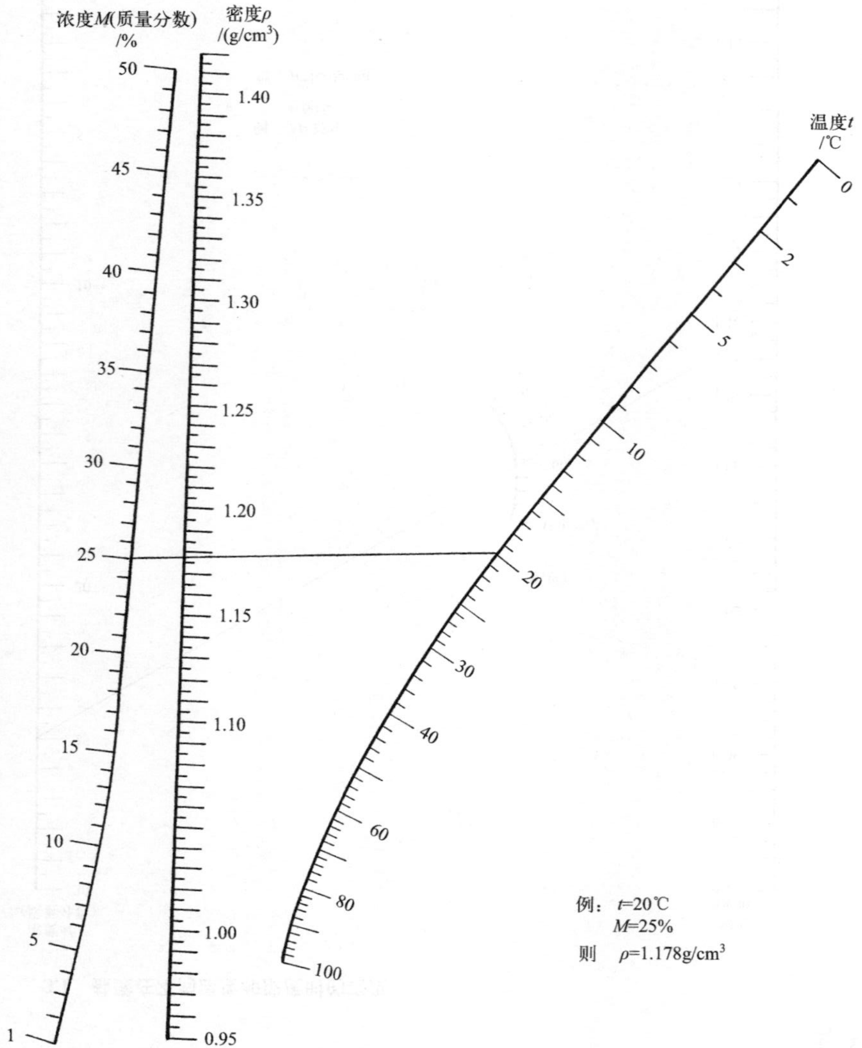

例：t=20℃
M=25%
则 ρ=1.178g/cm³

3.4 硫酸在不同温度和浓度时的密度（Ⅱ）

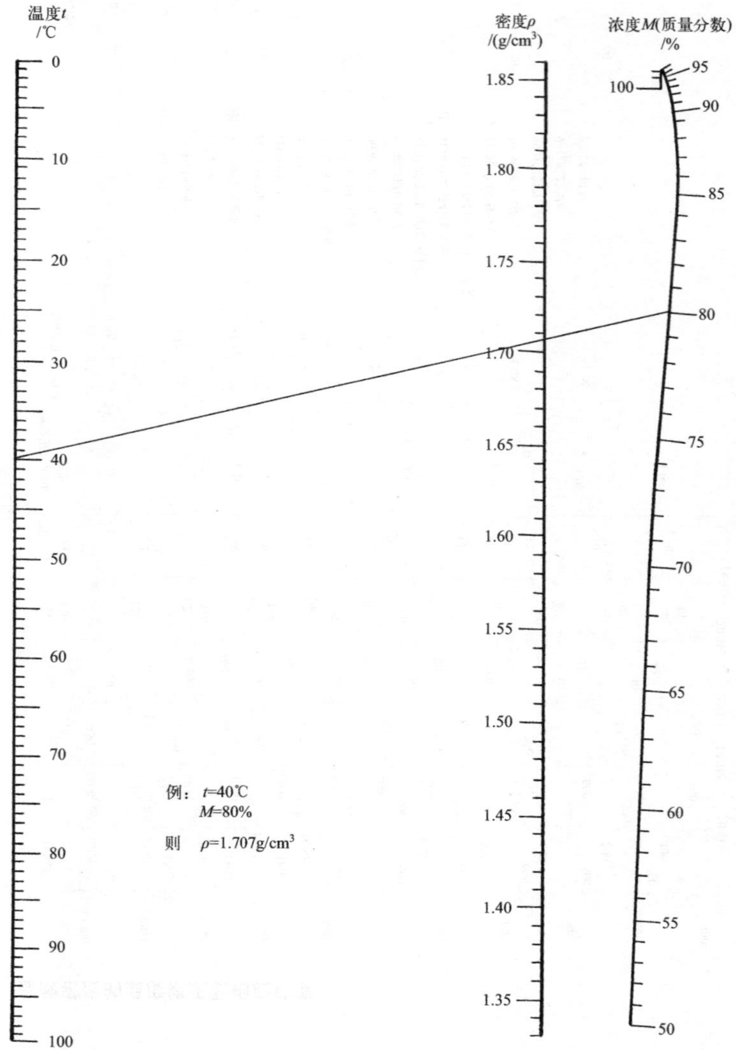

例：t=40℃
M=80%
则 ρ=1.707g/cm³

3.5 硫酸在不同温度和浓度时的密度（Ⅲ）

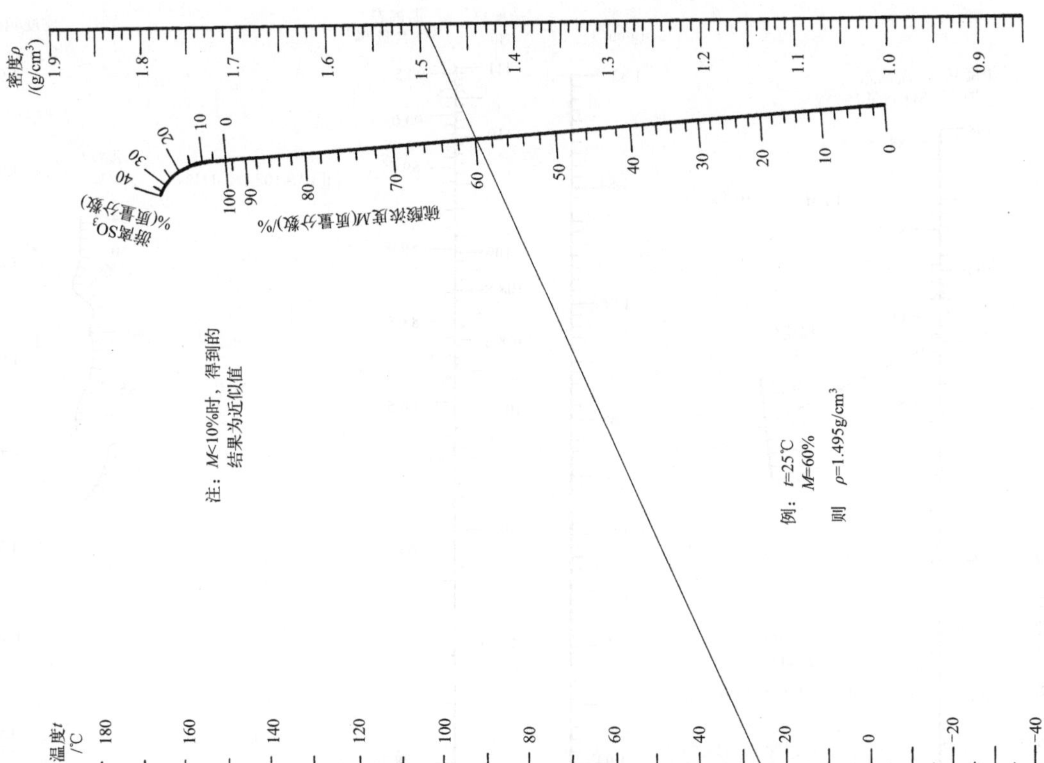

3.6 硫酸密度的温度修正及相应浓度

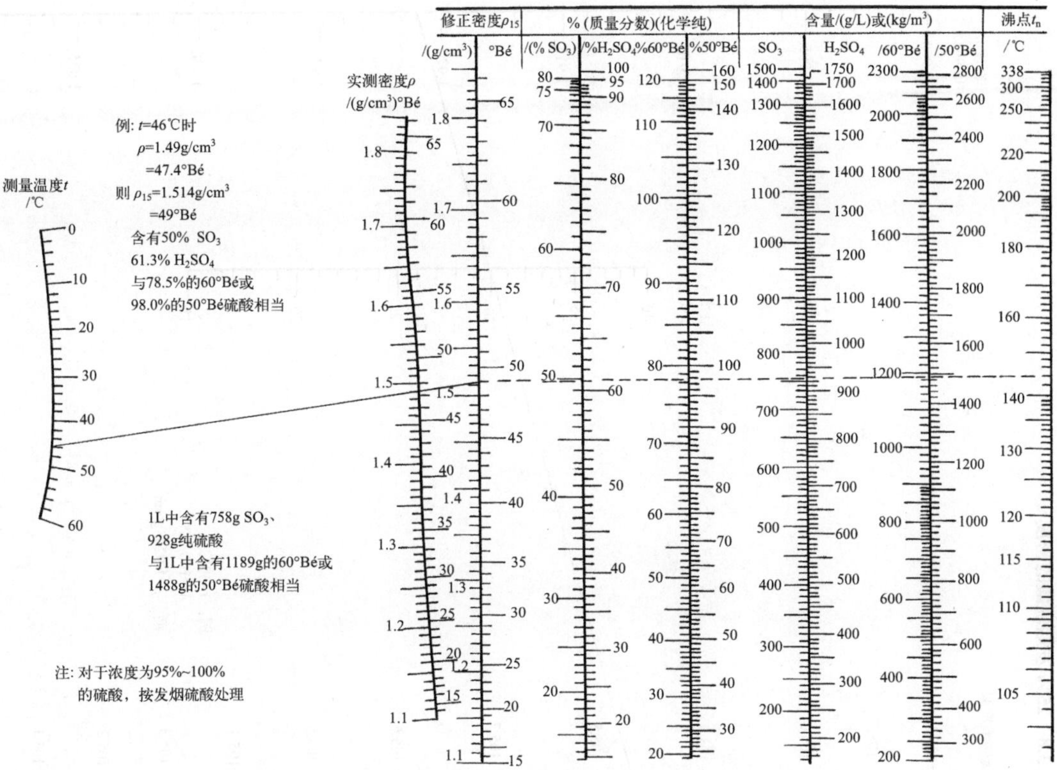

3.7 发烟硫酸的密度

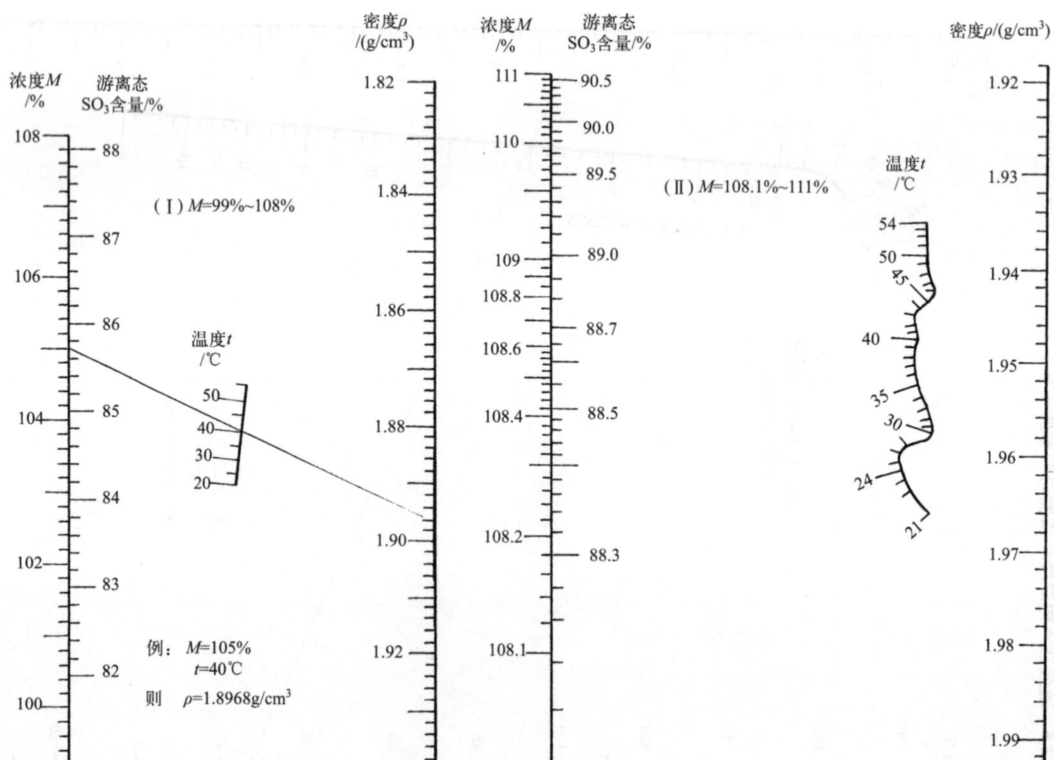

3.8 25% 发烟硫酸的密度

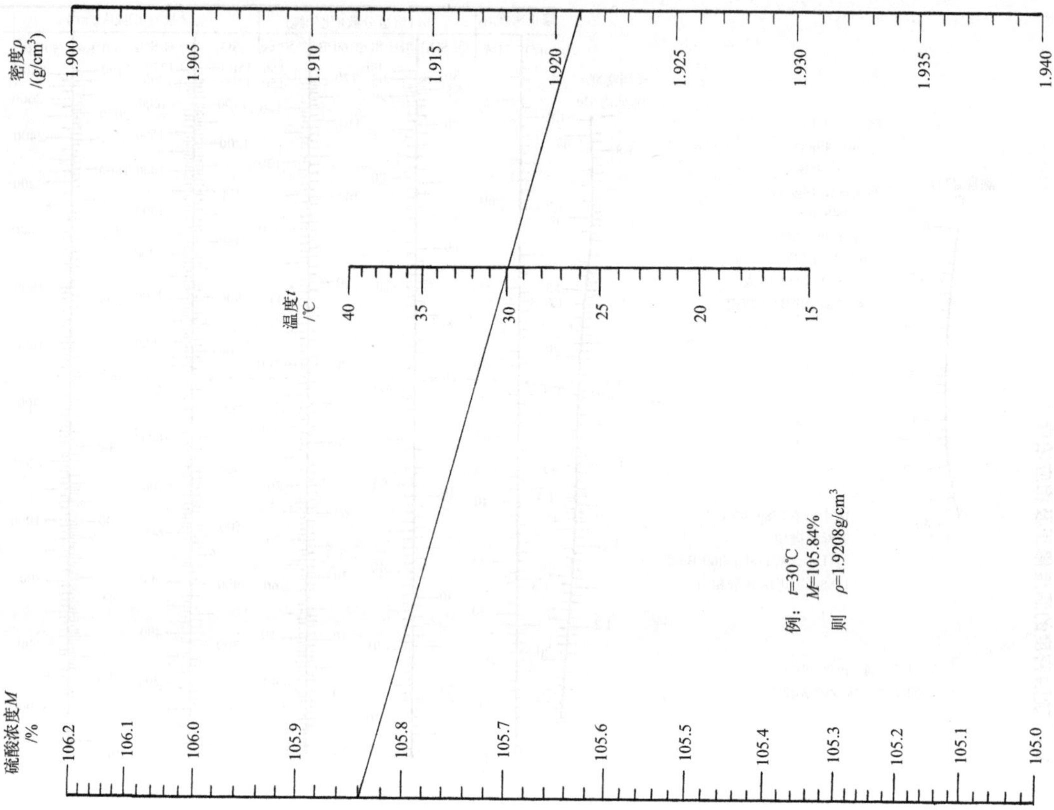

3.9 发烟硫酸密度的温度修正及其相应的物性

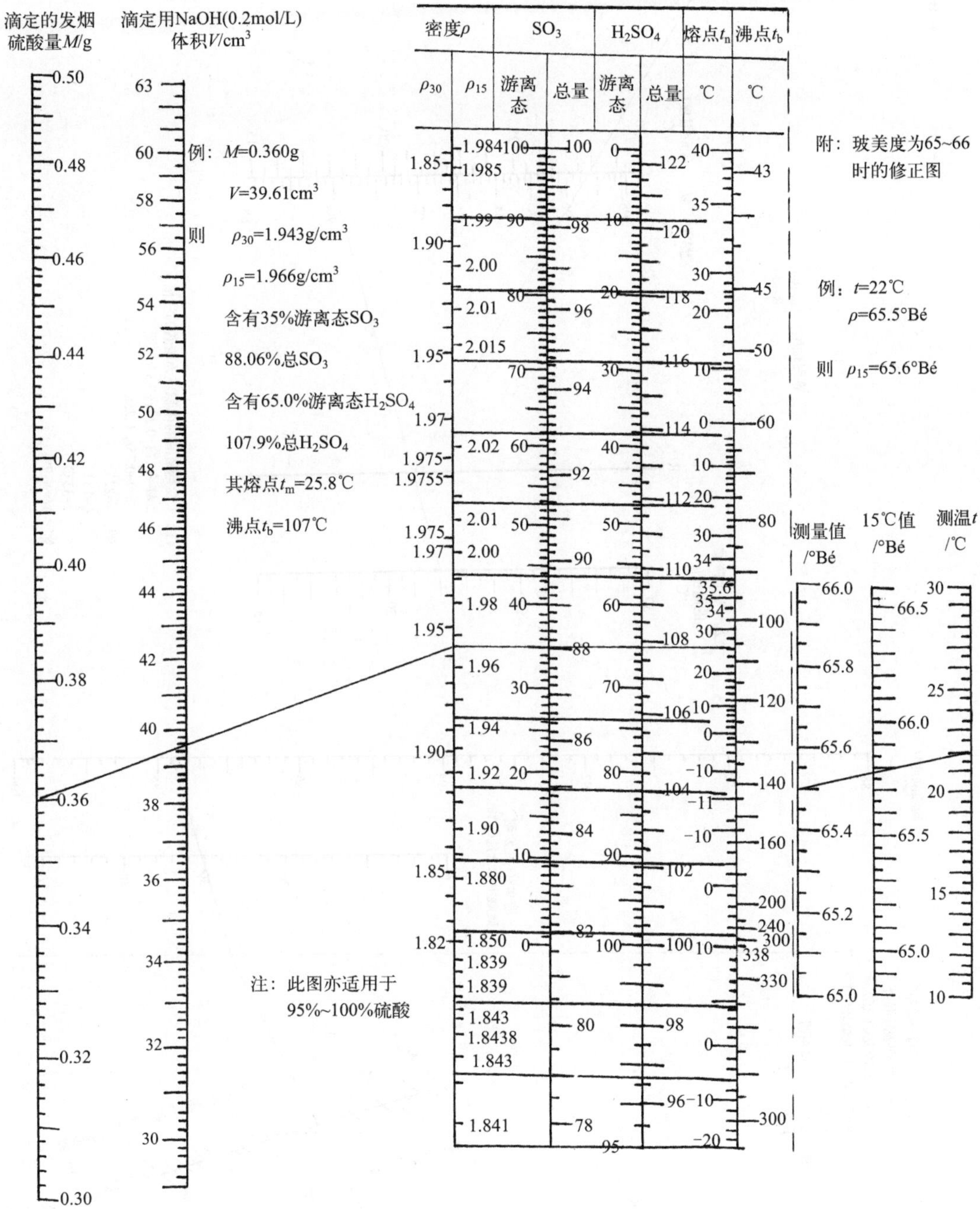

3.10 硫酸和发烟硫酸混合物的计算

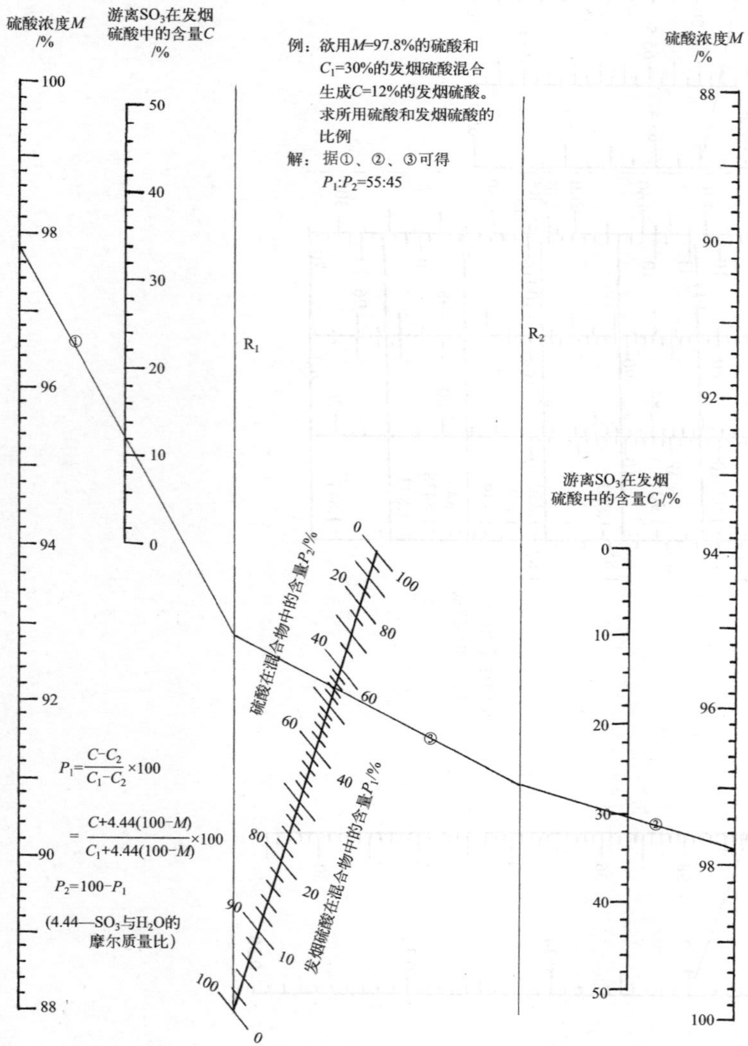

例：欲用M=97.8%的硫酸和C_1=30%的发烟硫酸混合生成C=12%的发烟硫酸。求所用硫酸和发烟硫酸的比例

解：据①、②、③可得

P_1:P_2=55:45

$$P_1=\frac{C-C_2}{C_1-C_2}\times 100=\frac{C+4.44(100-M)}{C_1+4.44(100-M)}\times 100$$

P_2=100−P_1

（4.44—SO_3与H_2O的摩尔质量比）

3.11 用硫酸与发烟硫酸混合法求硫酸的浓度

算图轴组：t_0-R-t_s R-M-t

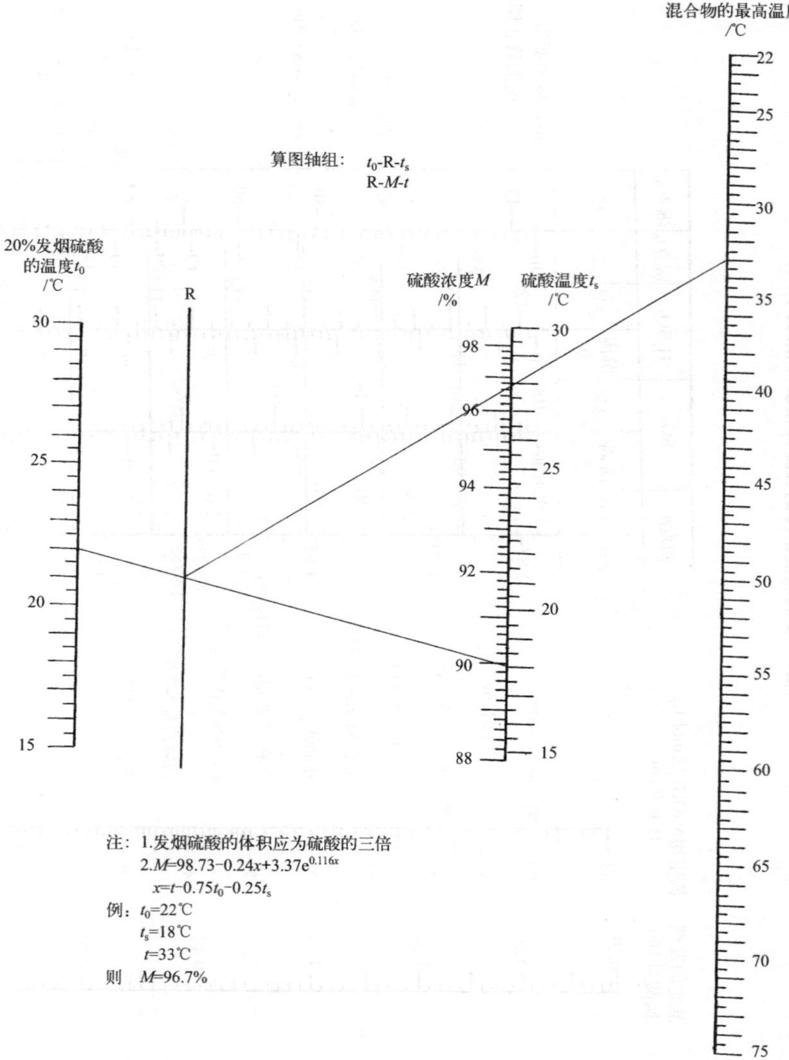

注：1.发烟硫酸的体积应为硫酸的三倍

2.M=98.73−0.24x+3.37e$^{0.116x}$

x=t−0.75t_0−0.25t_s

例：t_0=22℃

t_s=18℃

t=33℃

则 M=96.7%

3.12 硝酸在不同温度和浓度时的密度（Ⅰ）

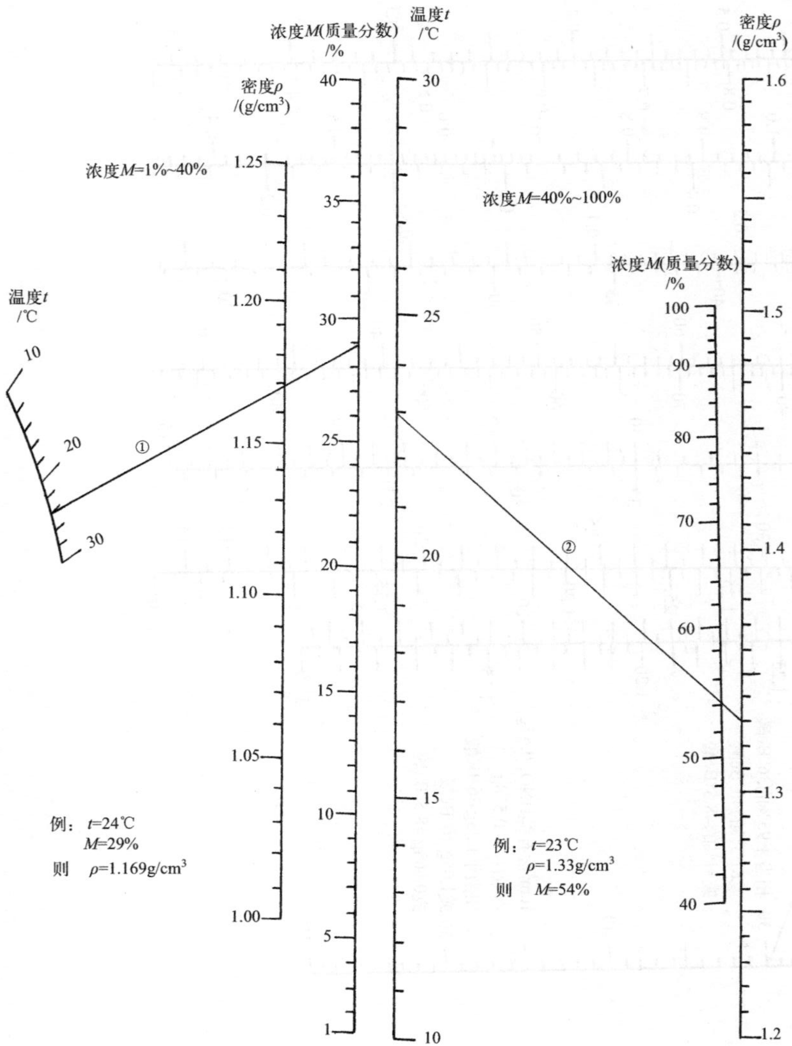

3.13 硝酸在不同温度和浓度时的密度（Ⅱ）

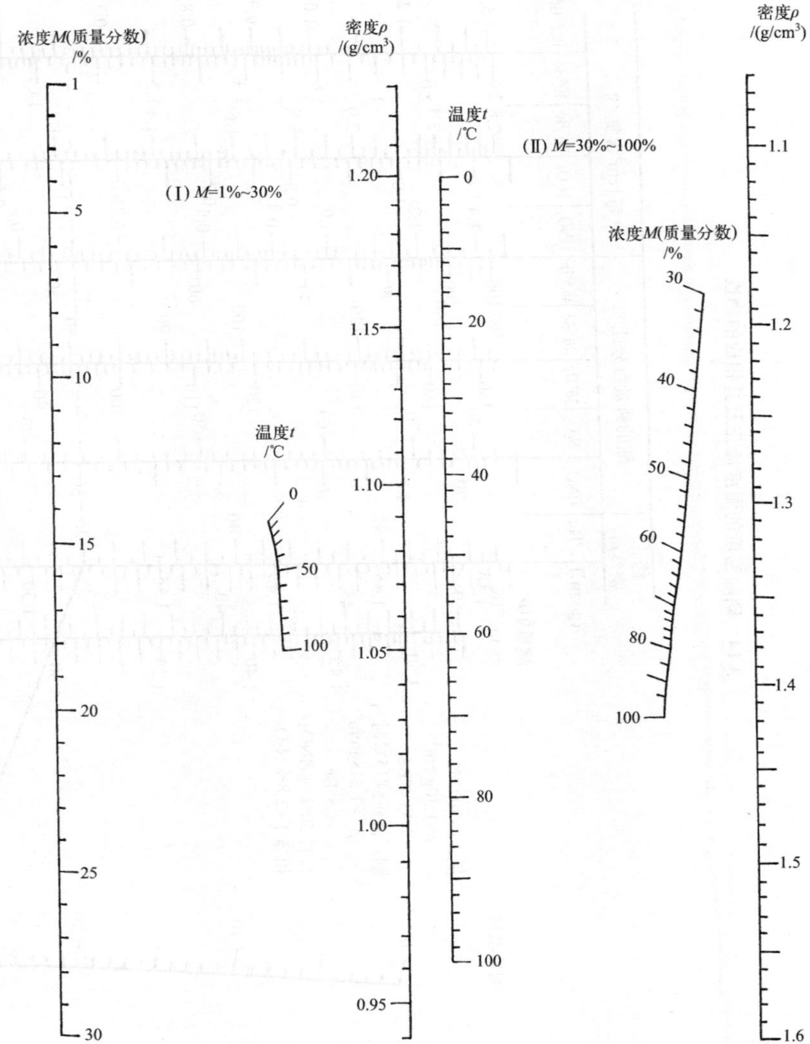

3.14 硝酸密度的温度修正及其相应的物性

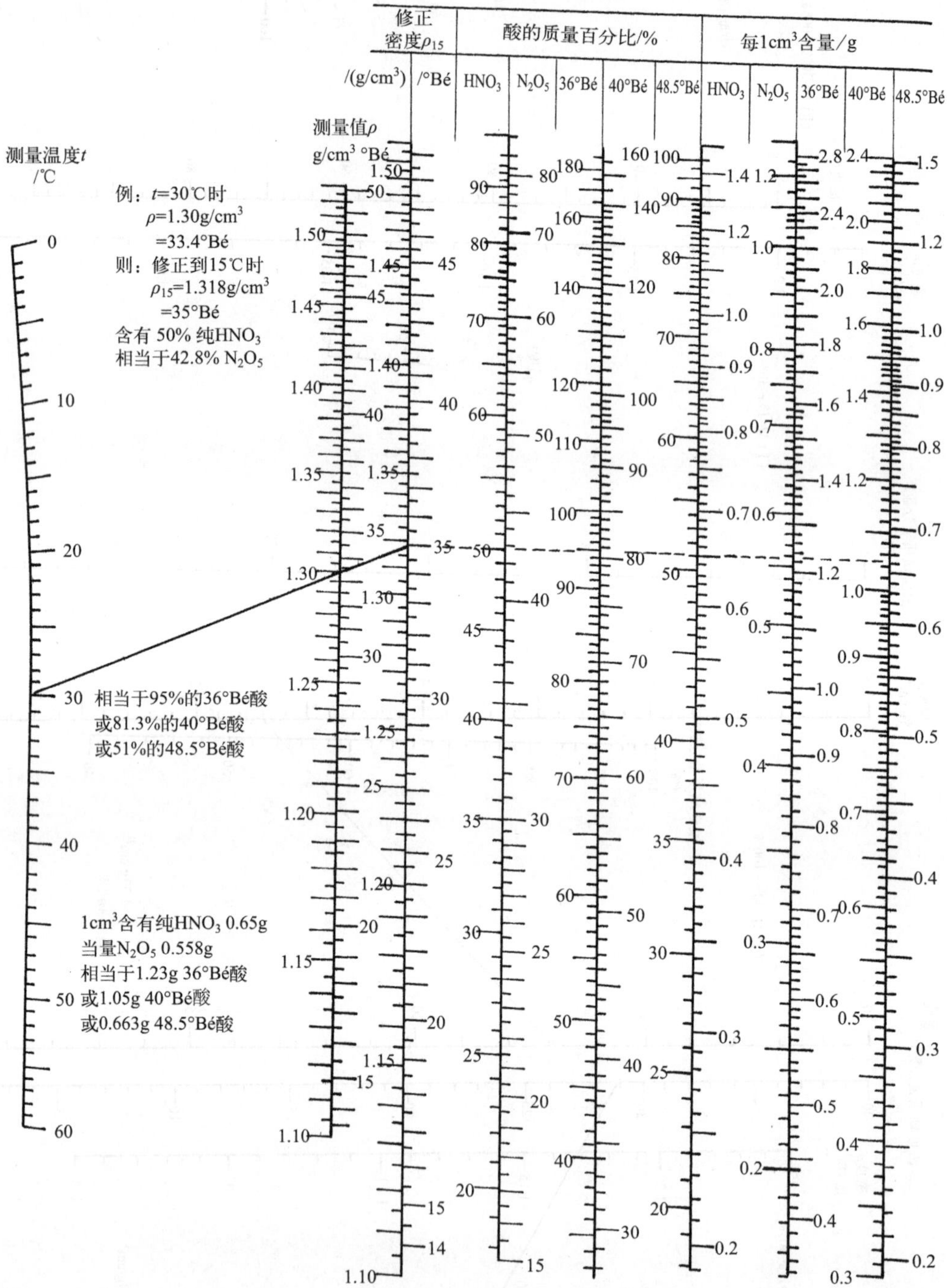

3.15 含四氧化二氮的发烟浓硝酸的密度

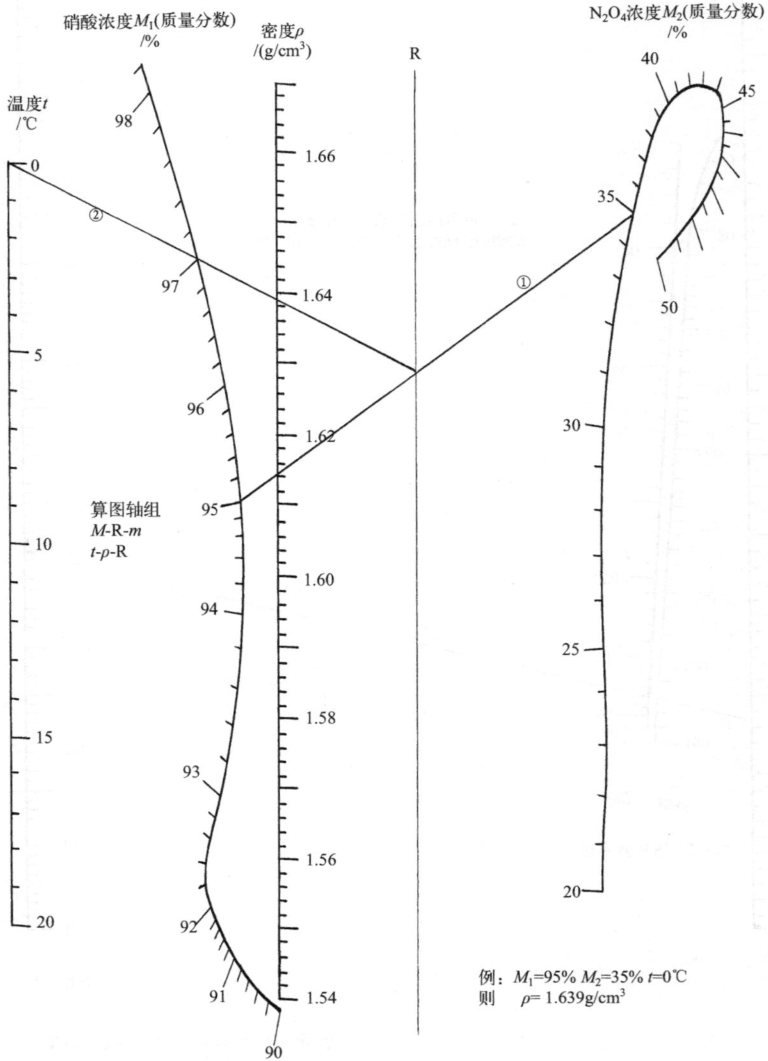

例：M_1=95% M_2=35% t=0℃
则　ρ= 1.639g/cm^3

3.16 硝酸、硫酸和水混合液的密度

(密度：硝酸1502，硫酸1835，水1000)

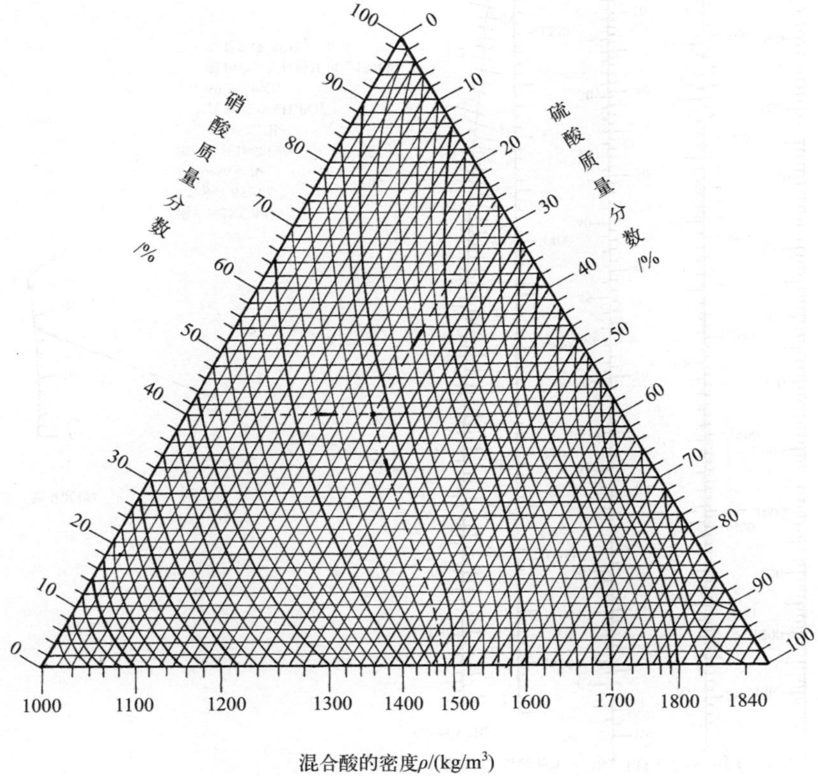

例：40%的硝酸、26%的硫酸(其余34%质量为水)的混合酸的密度为1480kg/m^3

3.17 硫酸和磷酸水溶液的密度

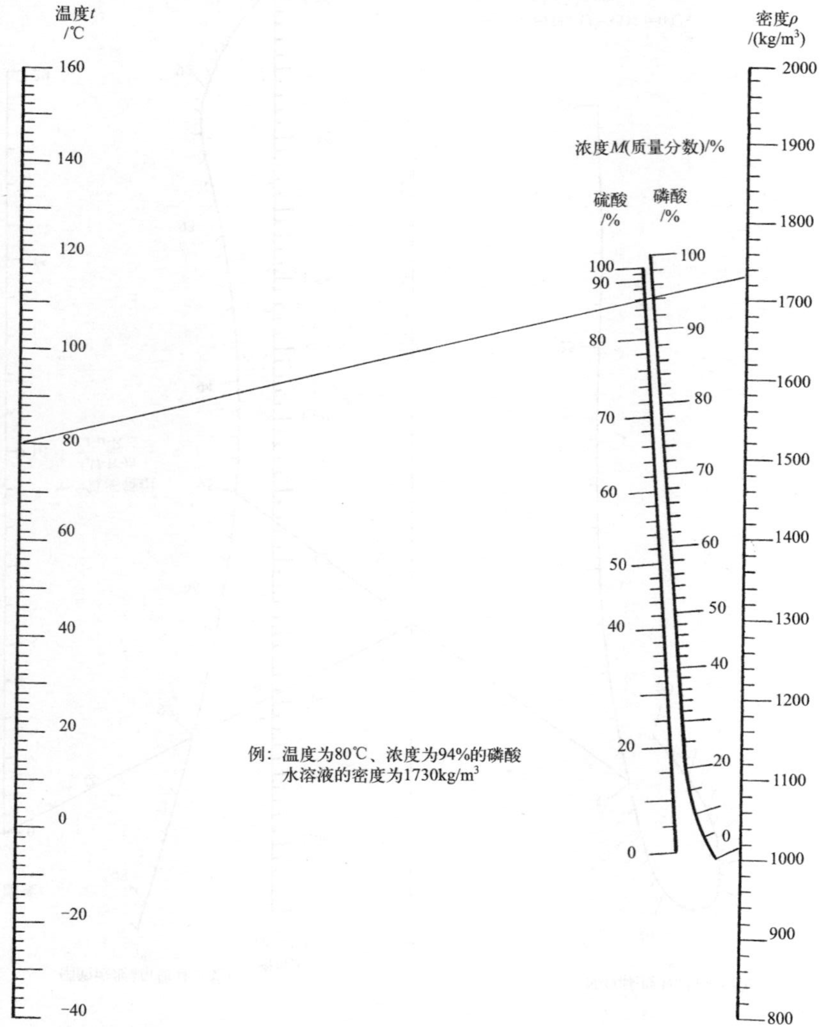

例：温度为80℃、浓度为94%的磷酸水溶液的密度为1730kg/m^3

3.18 磷酸密度的温度修正及其相应的物性

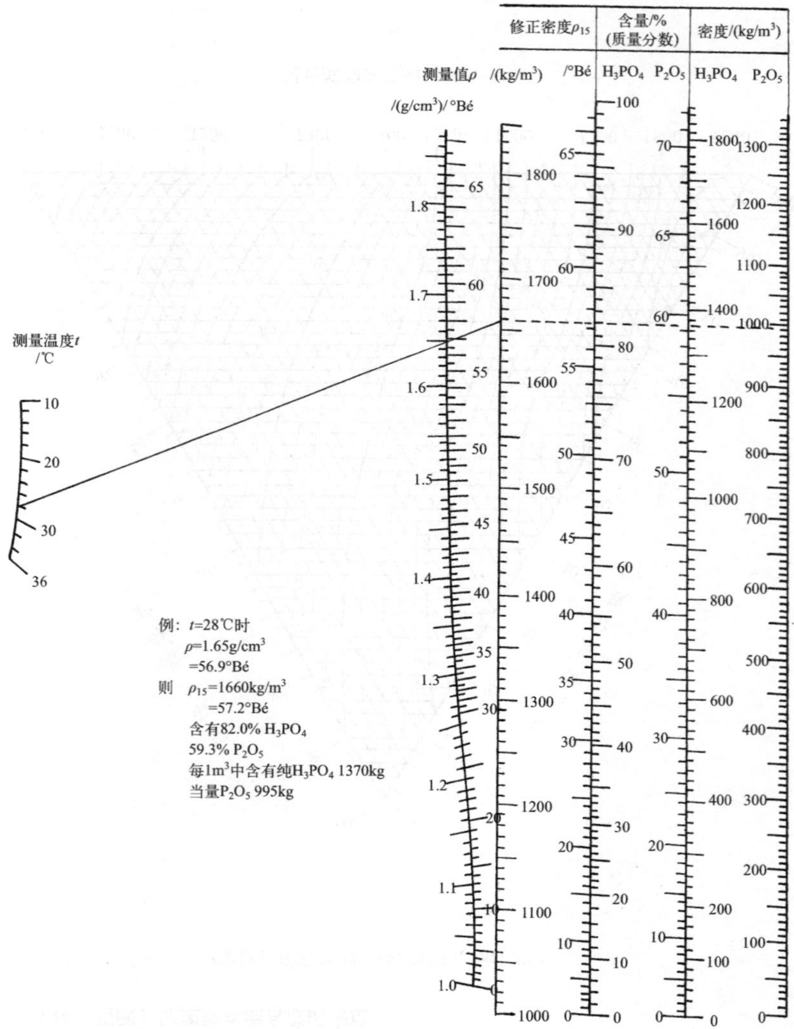

例：t=28℃时
ρ=1.65g/cm^3
=56.9°Bé
则 ρ_{15}=1660kg/m^3
=57.2°Bé
含有82.0% H_3PO_4
59.3% P_2O_5
每1m^{3}中含有纯H_3PO_4 1370kg
当量P_2O_5 995kg

3.19 氢氰酸的浓度和密度

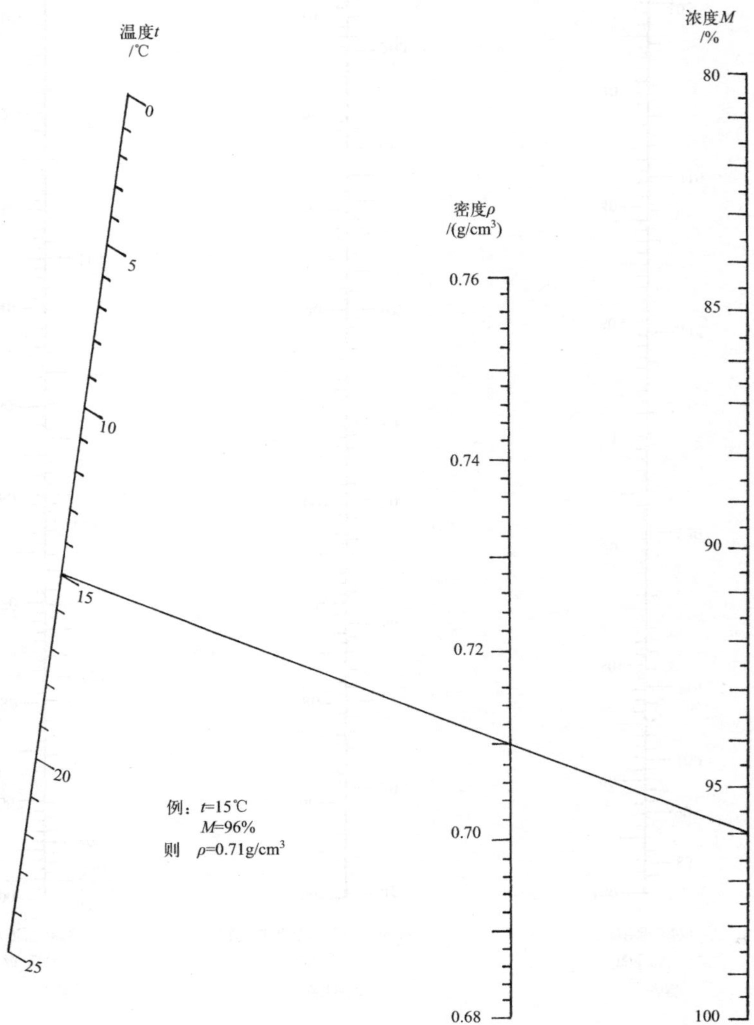

3.20 盐酸和氢氟酸水溶液的沸点

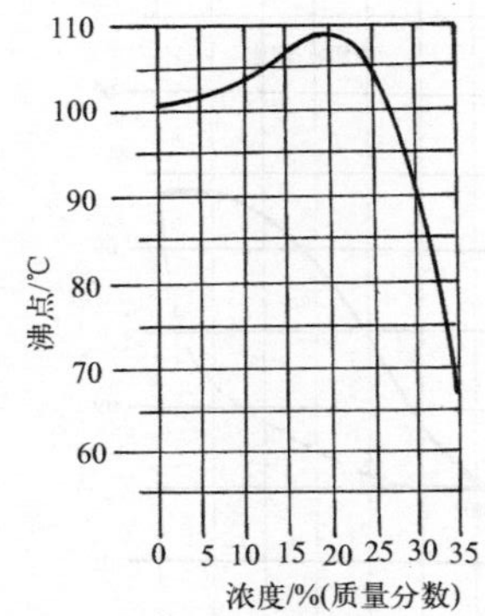

绝热吸收条件下盐酸的沸点

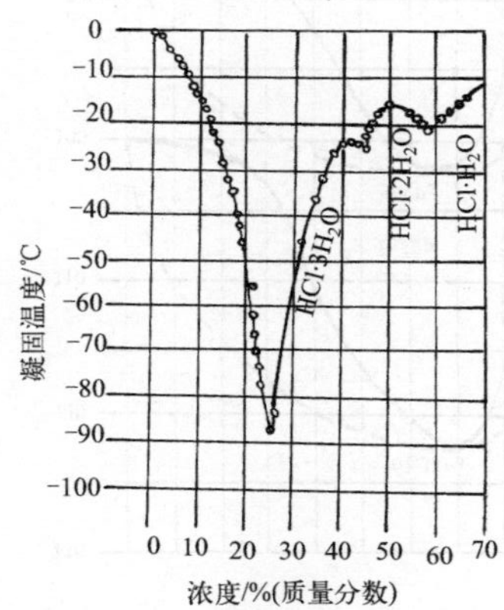

盐酸溶液的凝点

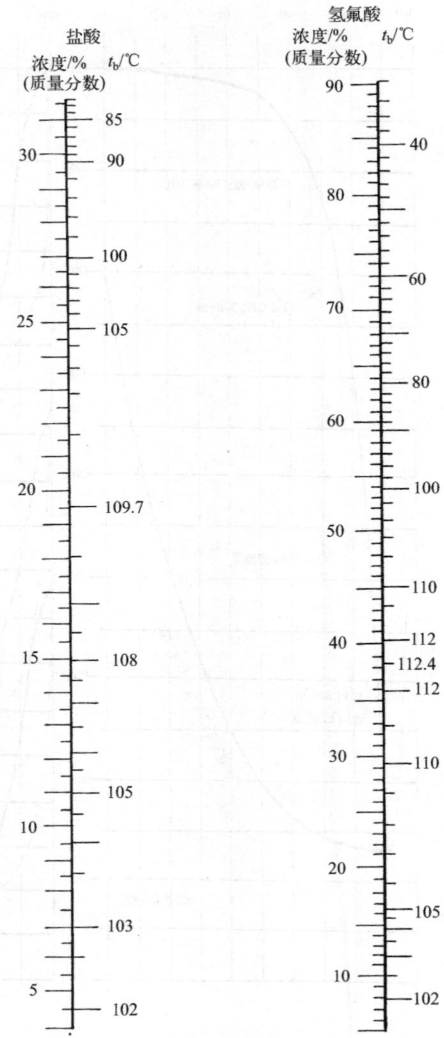

3.21 硫酸、发烟硫酸和硝酸水溶液的沸点

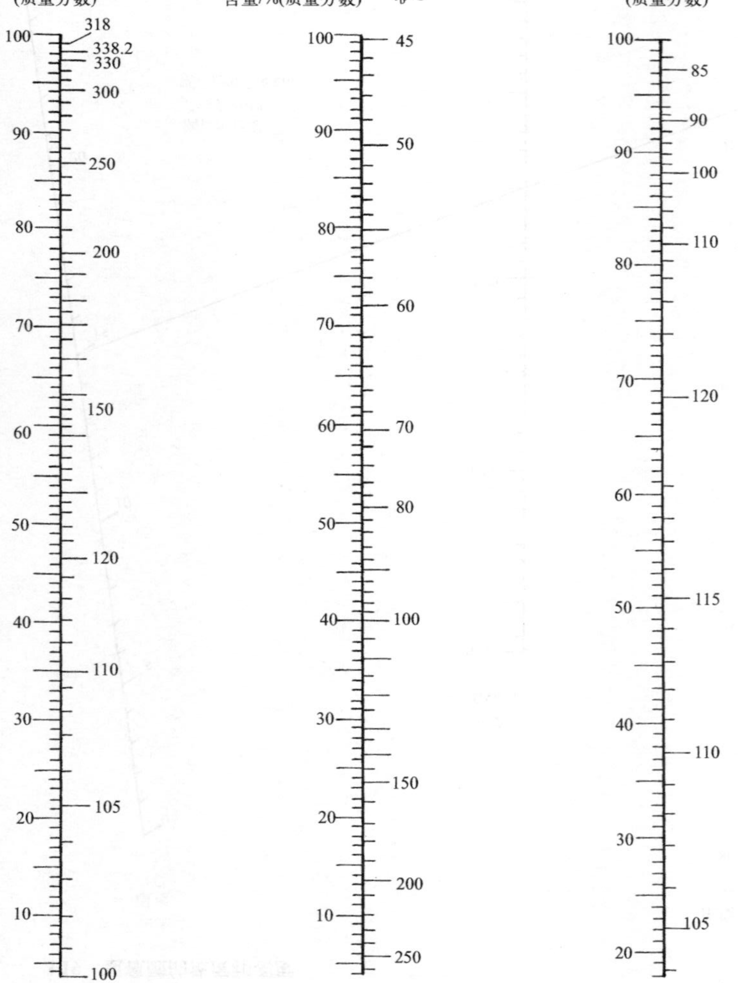

3.22 硝酸和磷酸水溶液的沸点

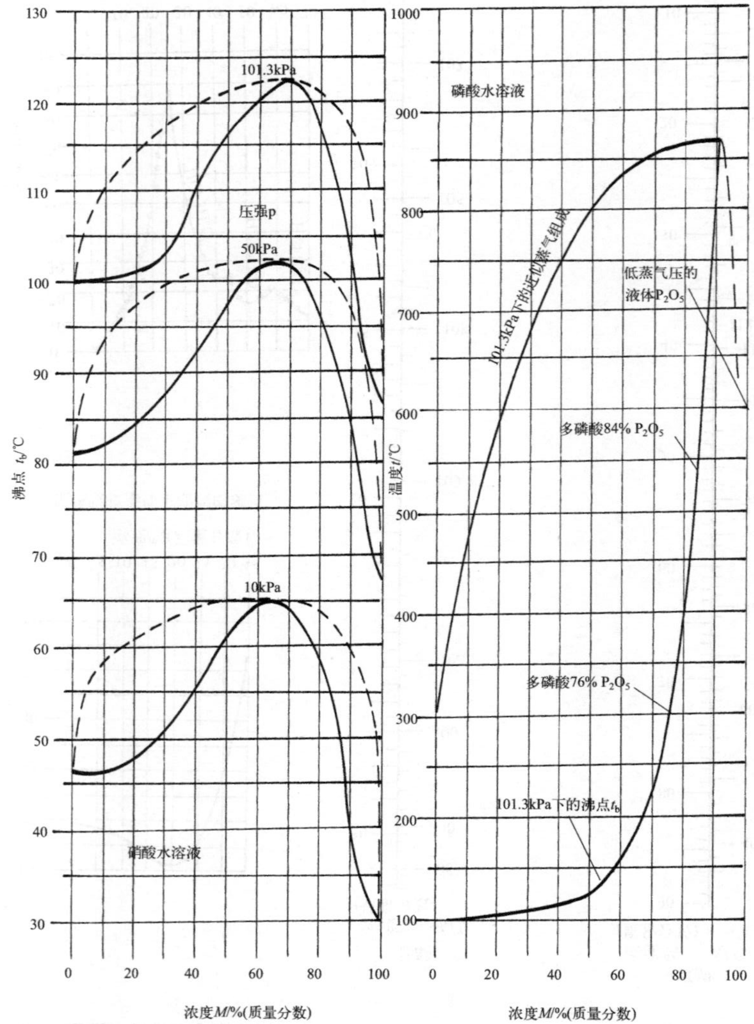

3.23 硫酸及硝酸水溶液混合物的沸点

混合酸的沸点

图内数字为温度/℃

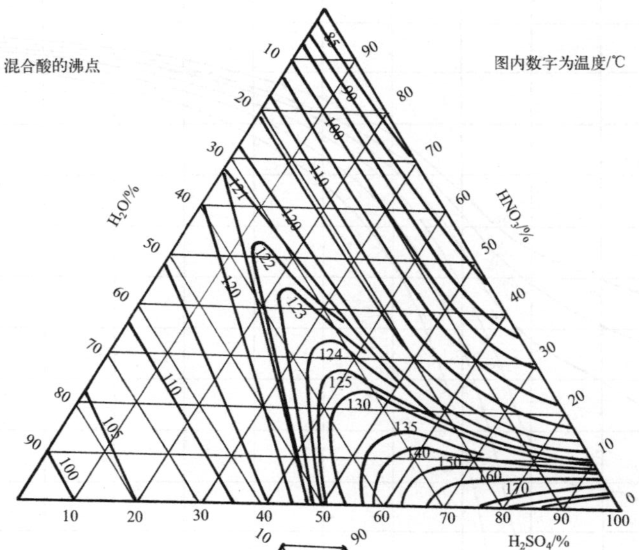

混合酸液面蒸气中硝酸的平衡浓度

图内数字为硝酸浓度/%(质量分数)

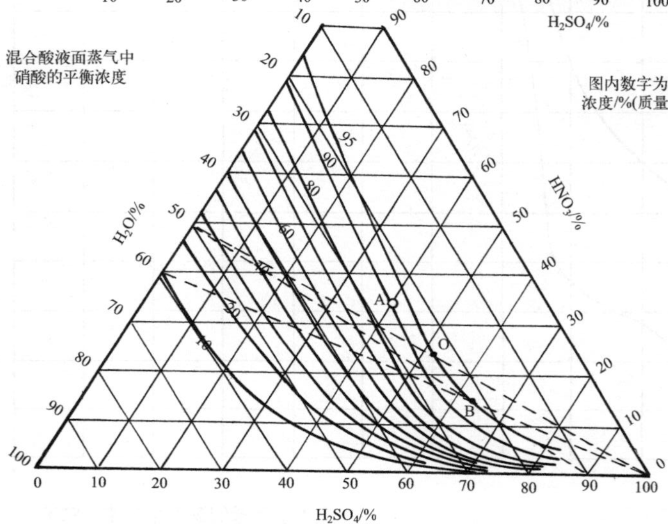

3.24 无机酸及盐水溶液的沸点升高值

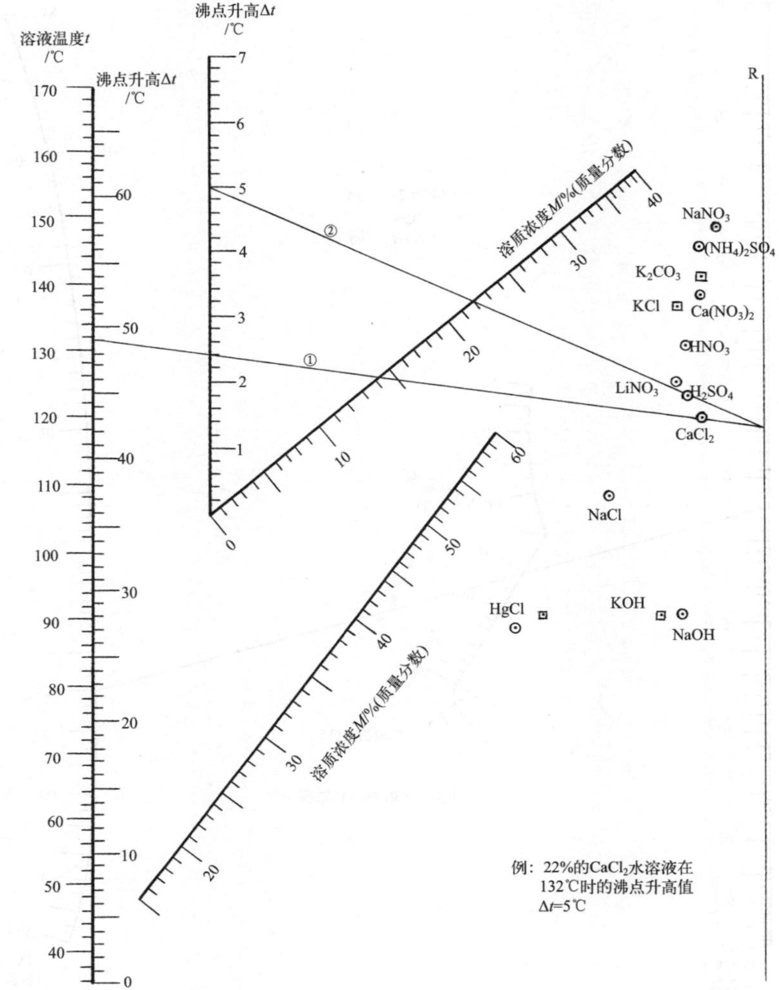

3.25 硫酸水溶液的黏度（Ⅰ）

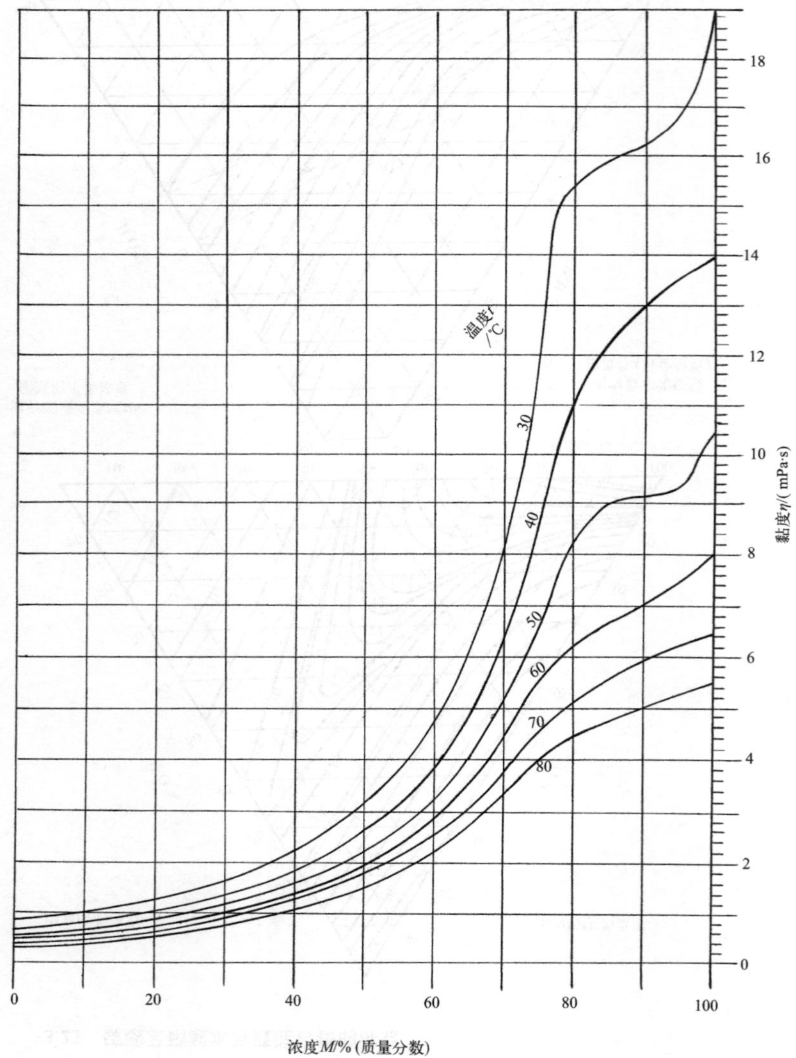

3.26 硫酸水溶液的黏度（Ⅱ）

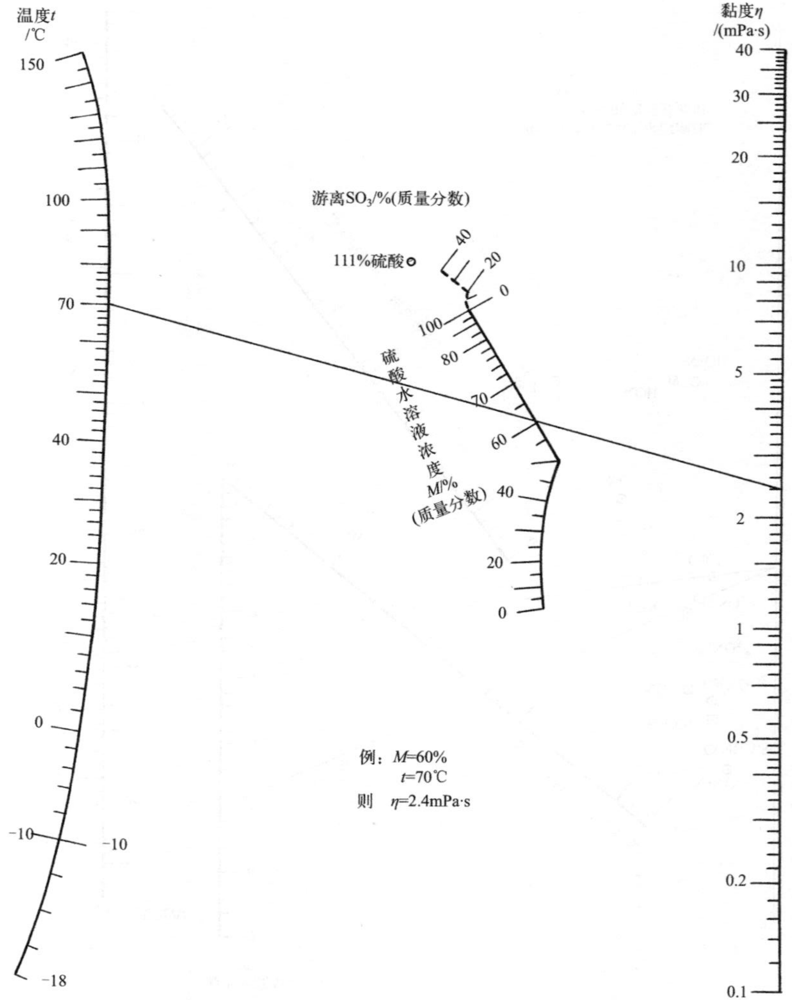

3.27 硝酸水溶液的黏度（Ⅰ）

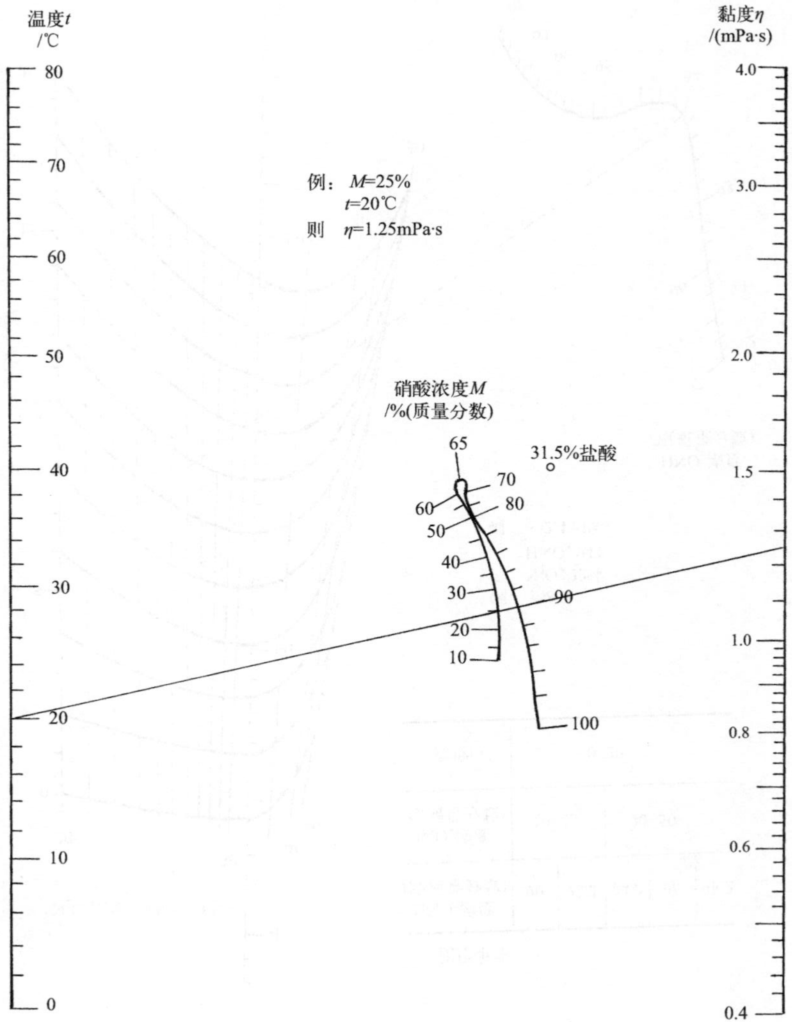

3.28 硝酸水溶液的黏度（Ⅱ）

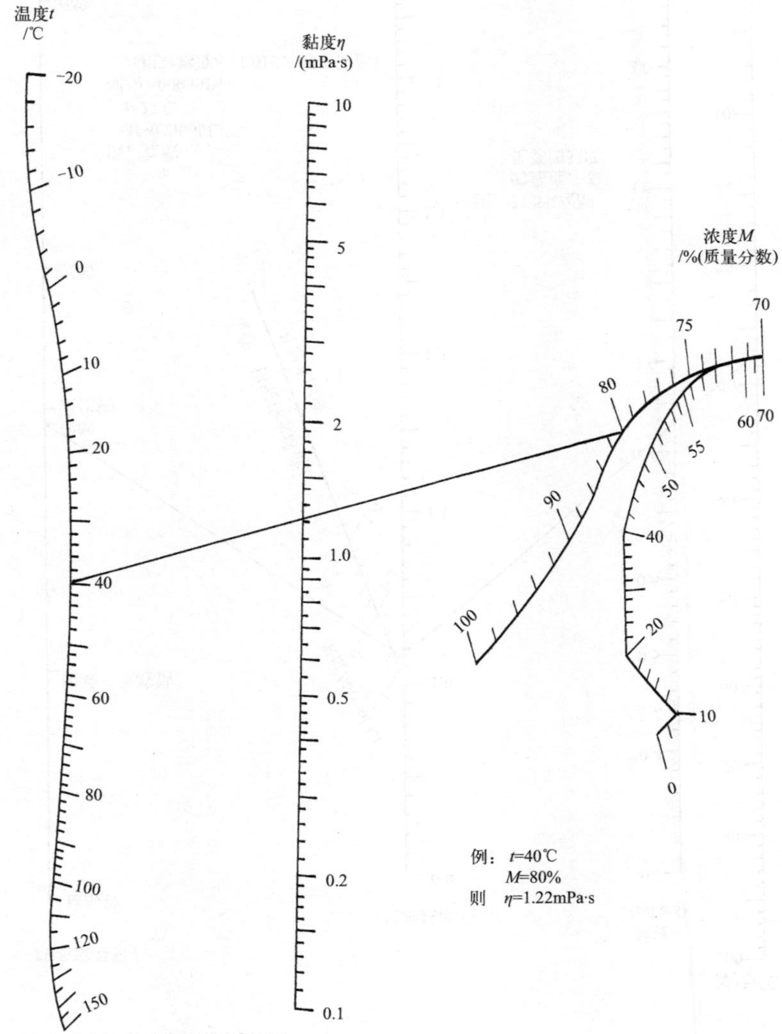

3.29　含四氧化二氮的发烟浓硝酸的黏度

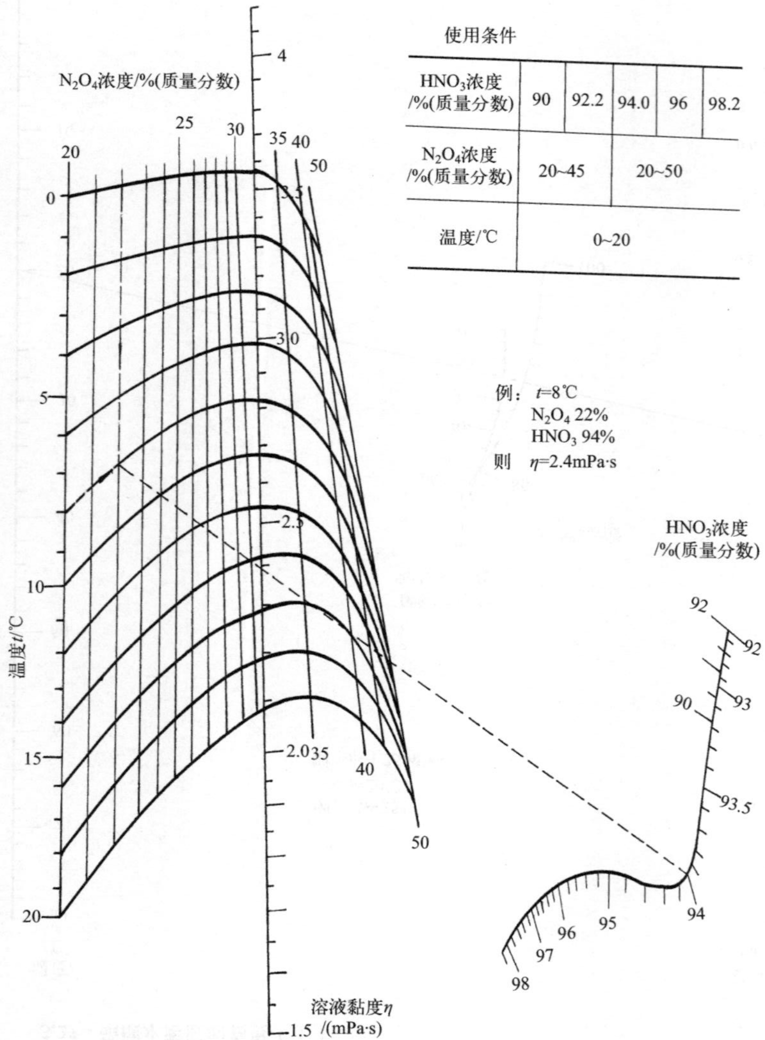

使用条件

HNO$_3$浓度 /%(质量分数)	90	92.2	94.0	96	98.2
N$_2$O$_4$浓度 /%(质量分数)	20~45		20~50		
温度/℃	0~20				

例：t=8℃
N$_2$O$_4$ 22%
HNO$_3$ 94%
则　η=2.4mPa·s

3.30　无机酸等水溶液的黏度

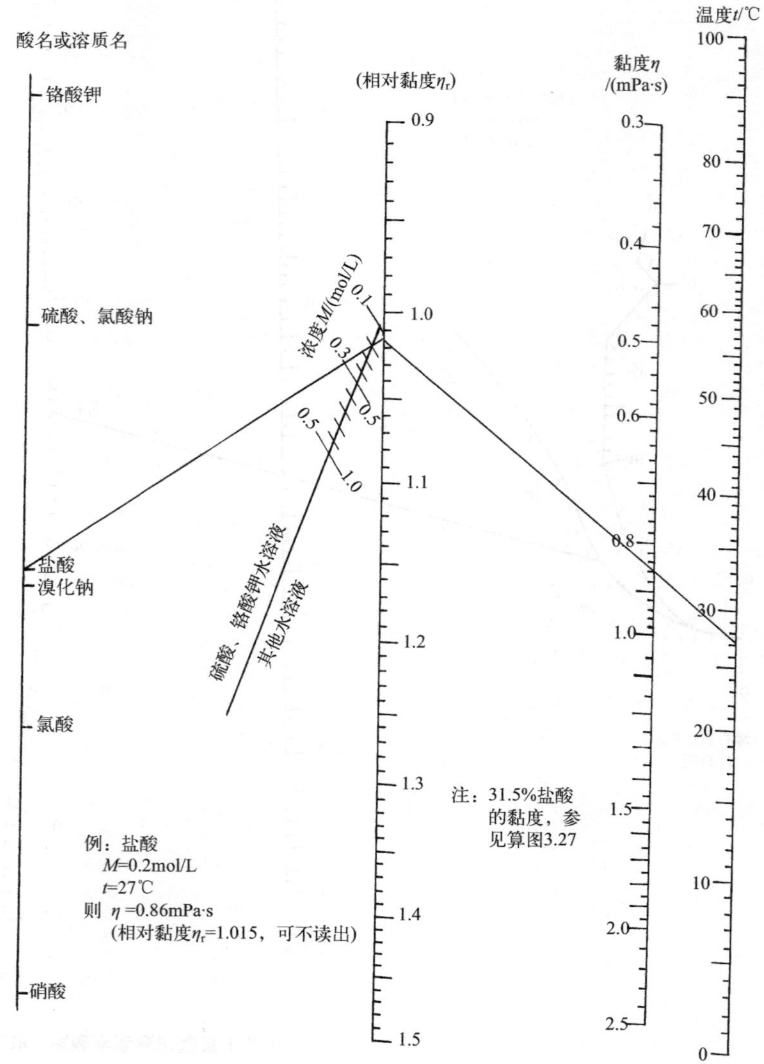

例：盐酸
M=0.2mol/L
t=27℃
则 η =0.86mPa·s
(相对黏度η_r=1.015，可不读出)

注：31.5%盐酸的黏度，参见算图3.27

3.31 硫酸水溶液的热导率

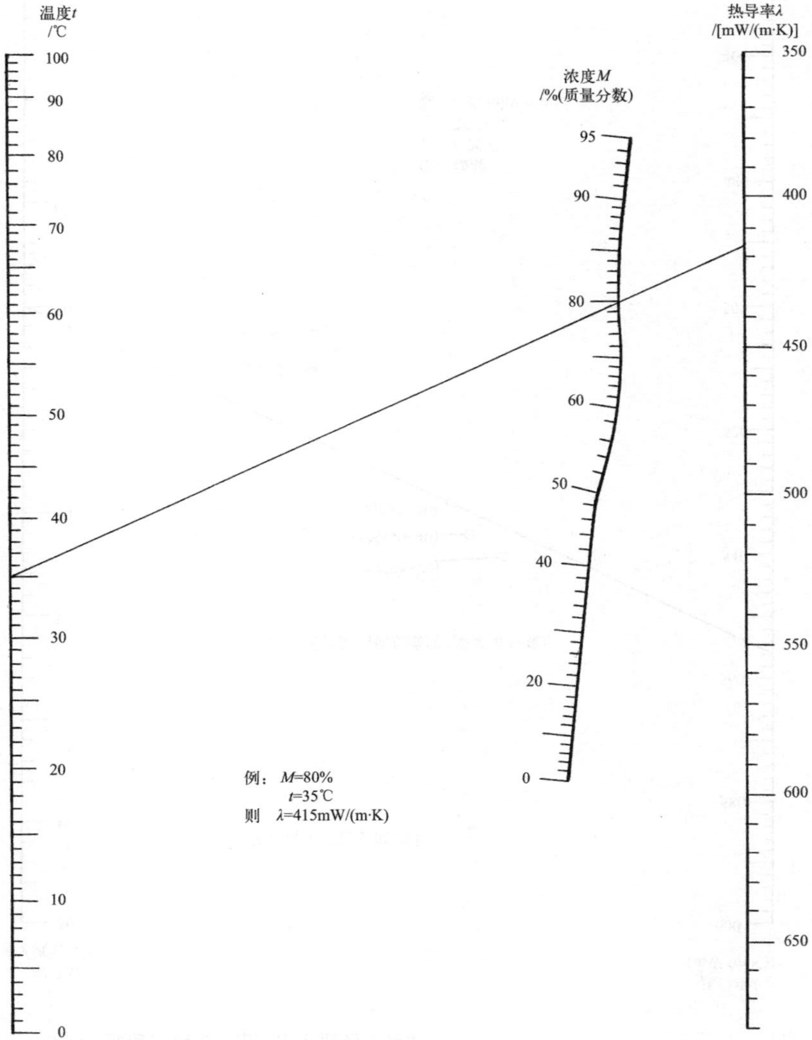

3.32 硝酸水溶液的热导率

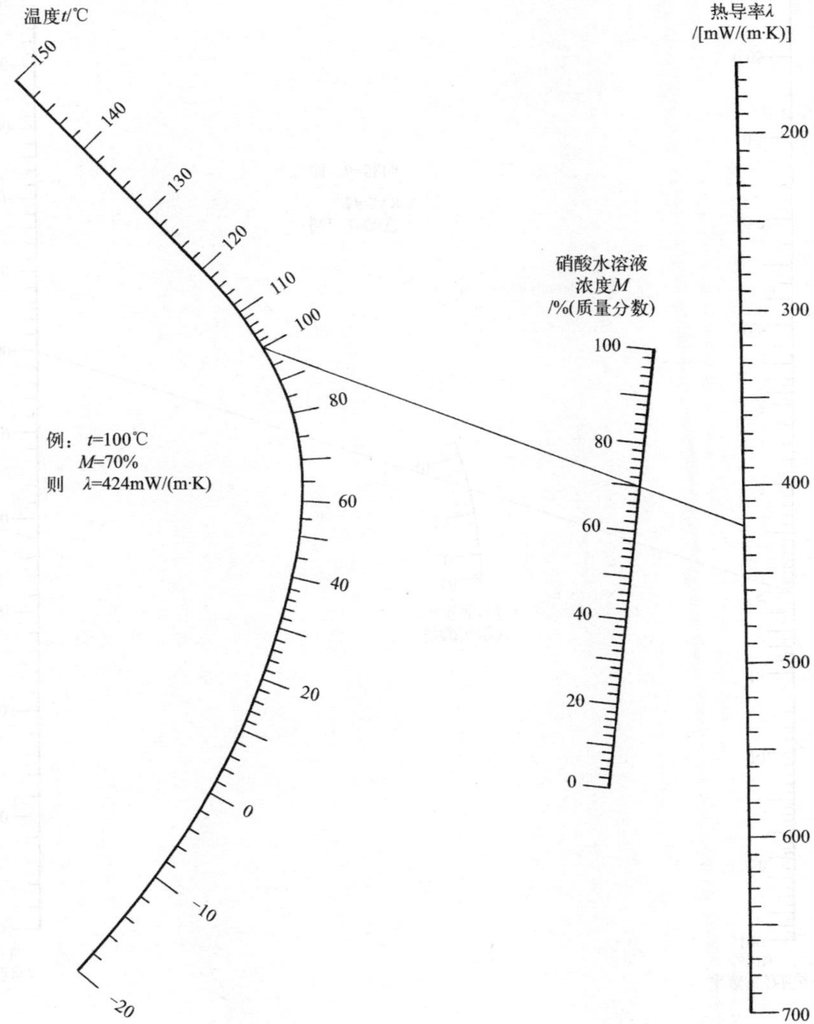

3.33 盐酸、磷酸和铬酸水溶液的热导率

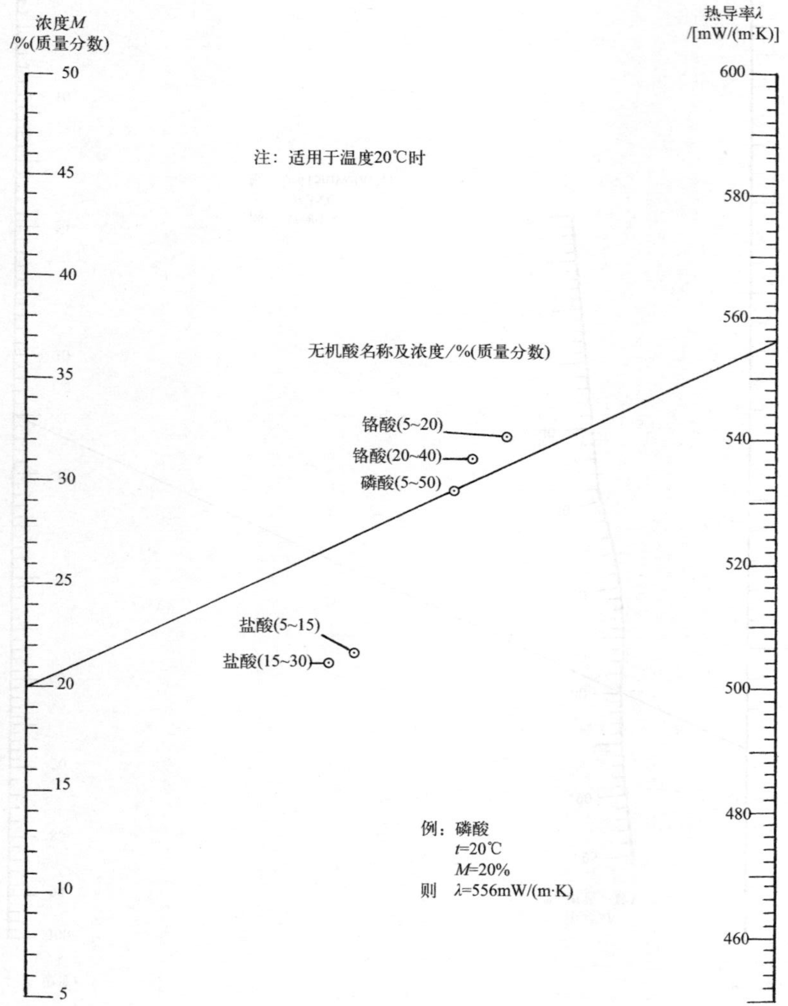

3.34 盐酸水溶液的水蒸气分压

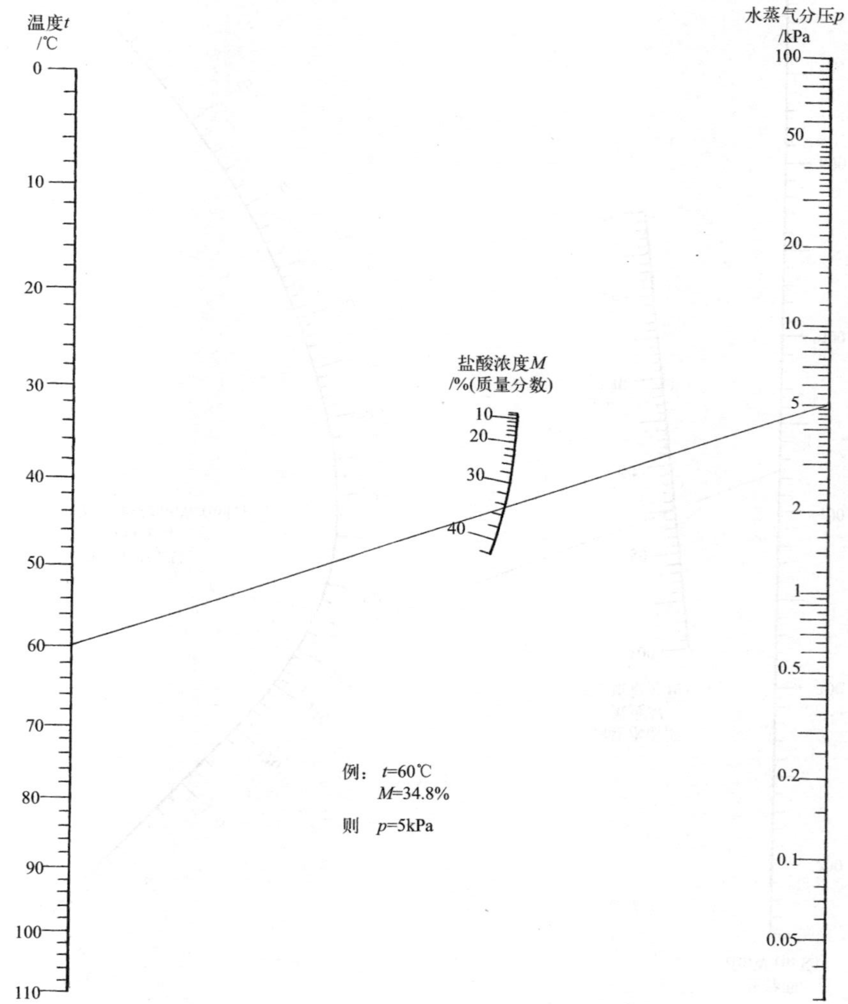

3.35 盐酸水溶液的氯化氢分压

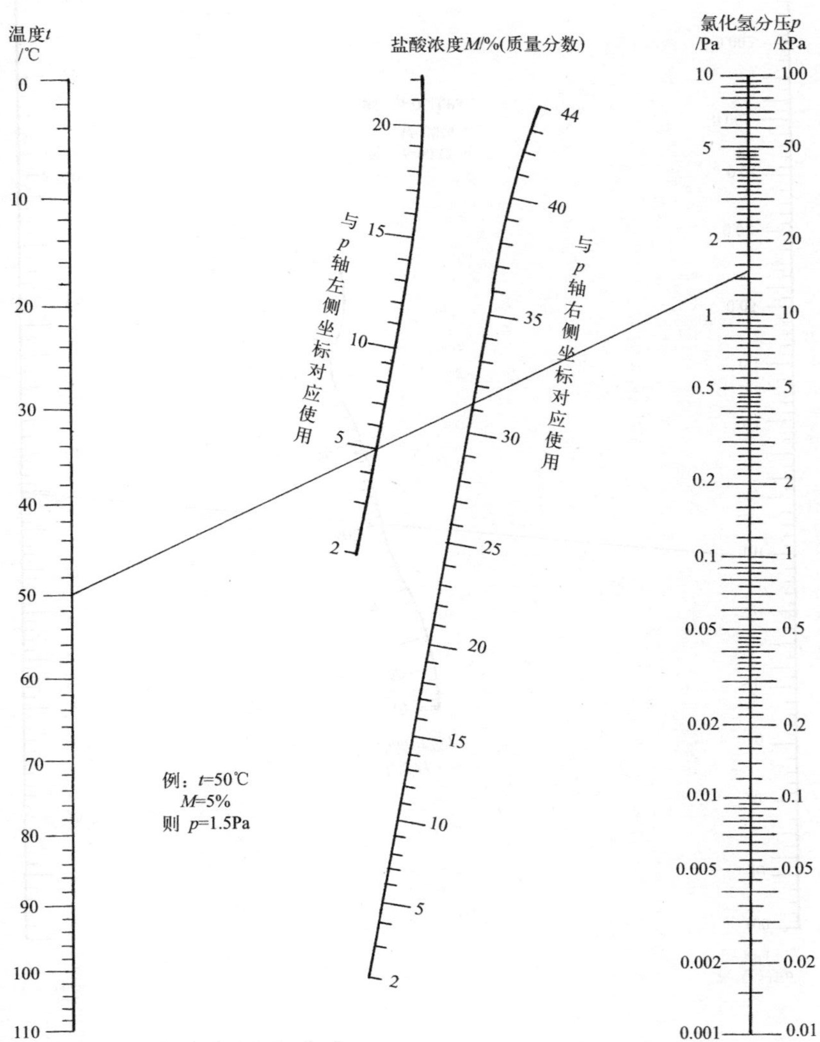

3.36 盐酸及氢氰酸水溶液的蒸气压

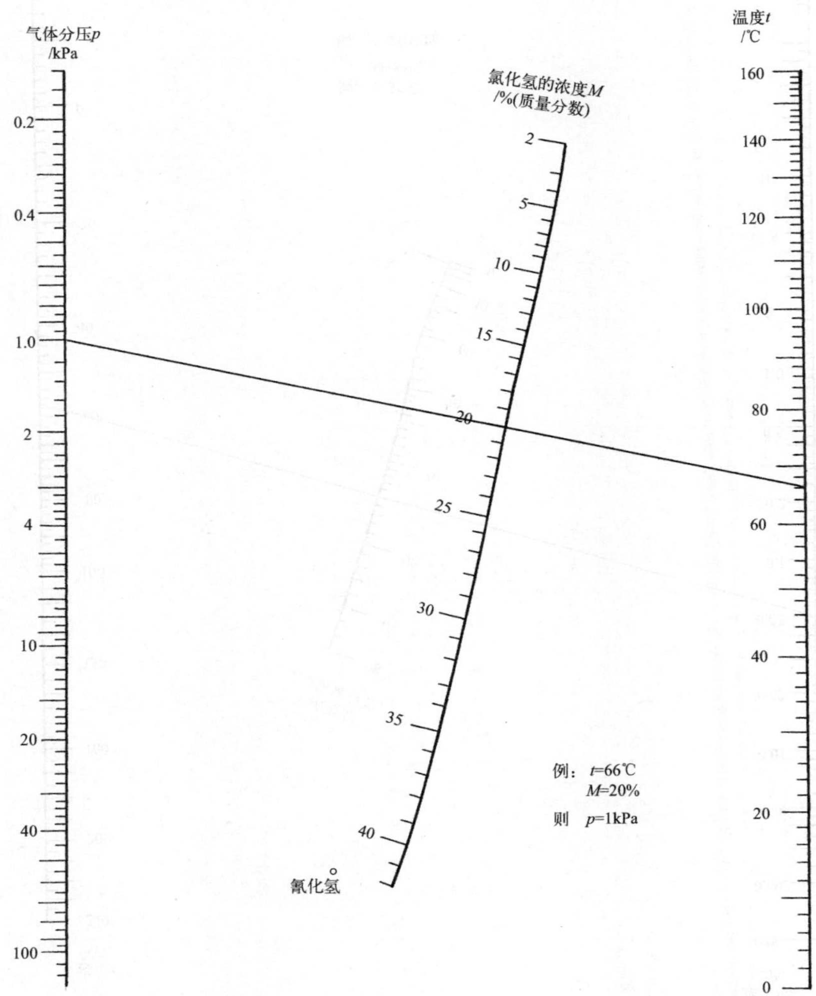

3.37 硫酸水溶液的水蒸气分压

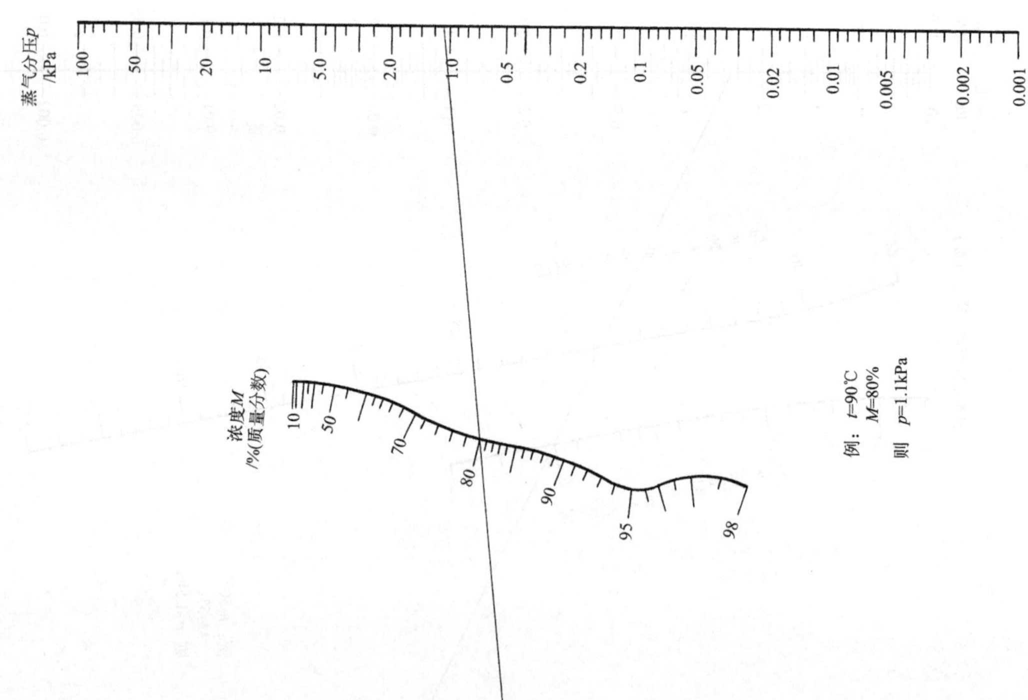

3.38 硫酸水溶液的蒸气总压

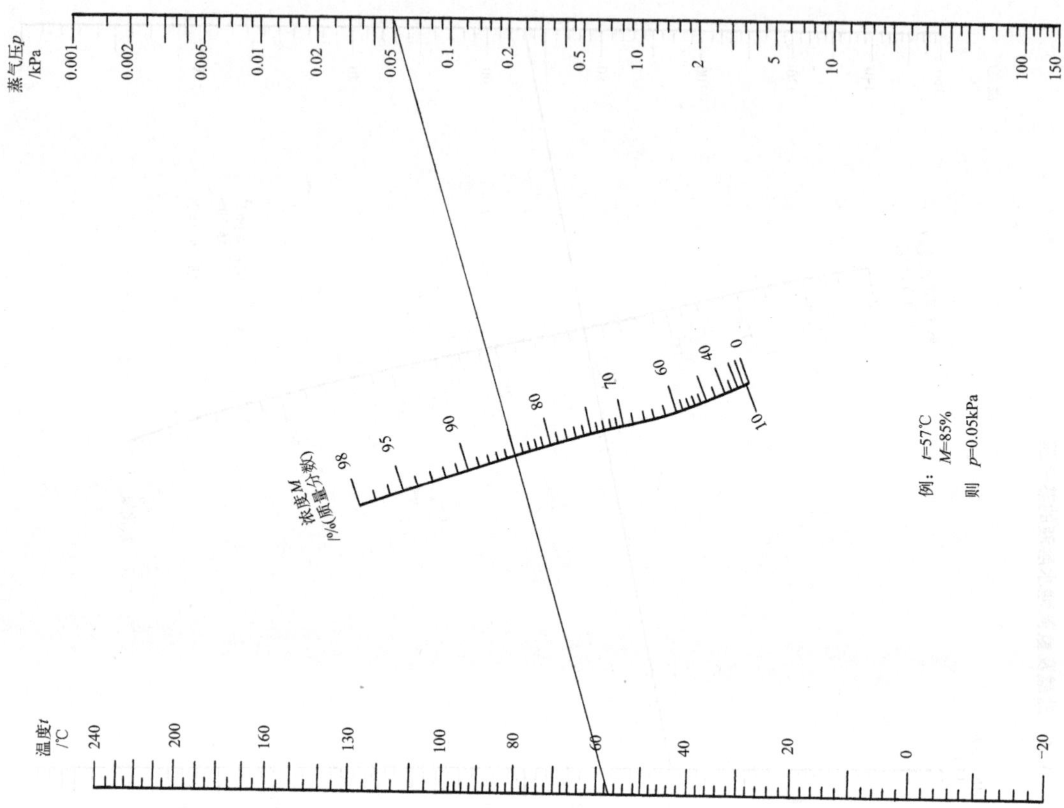

3.39 发烟硫酸的三氧化硫分压

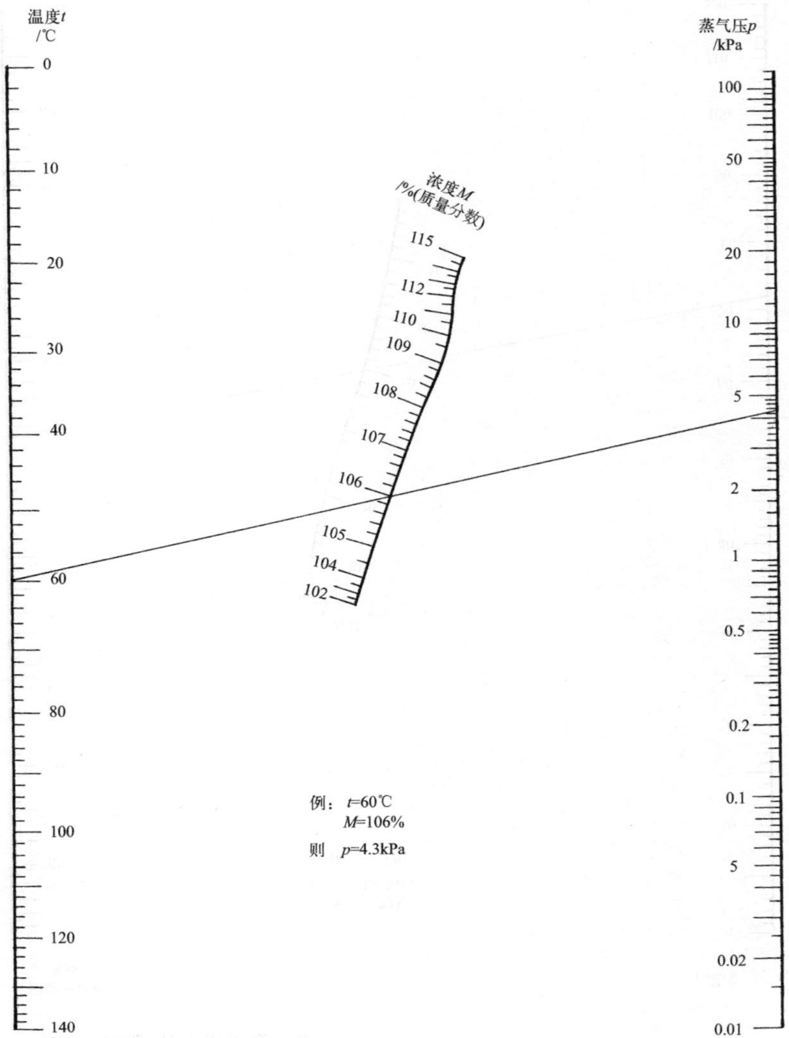

3.40 硝酸水溶液的水蒸气分压

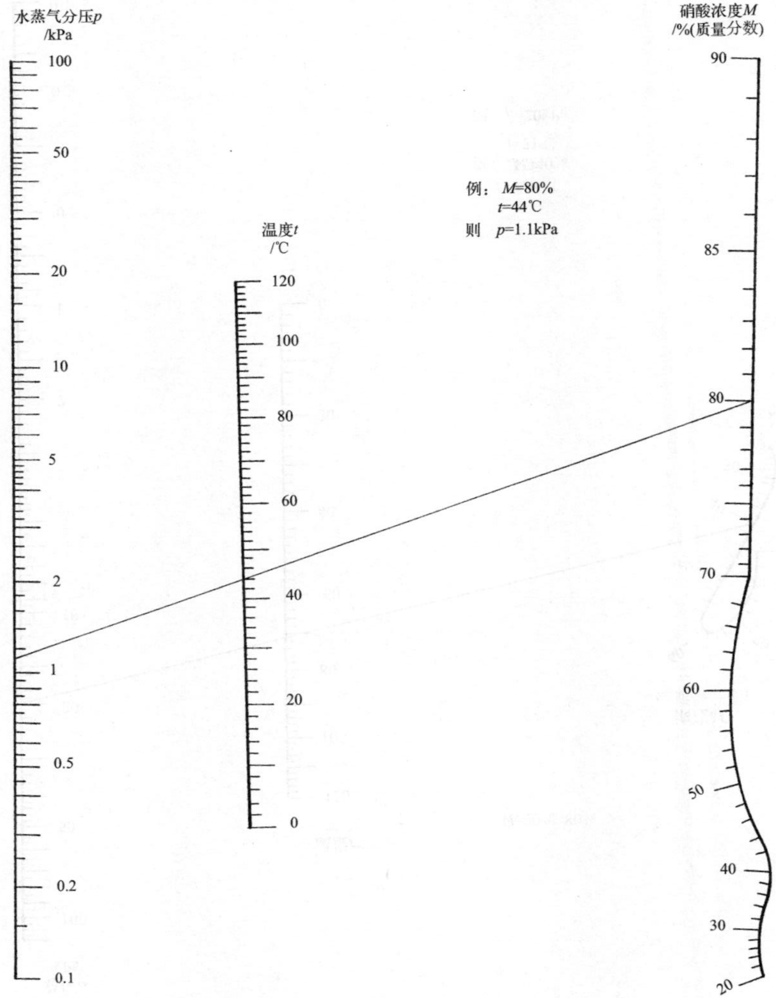

3.41 硝酸水溶液的硝酸分压

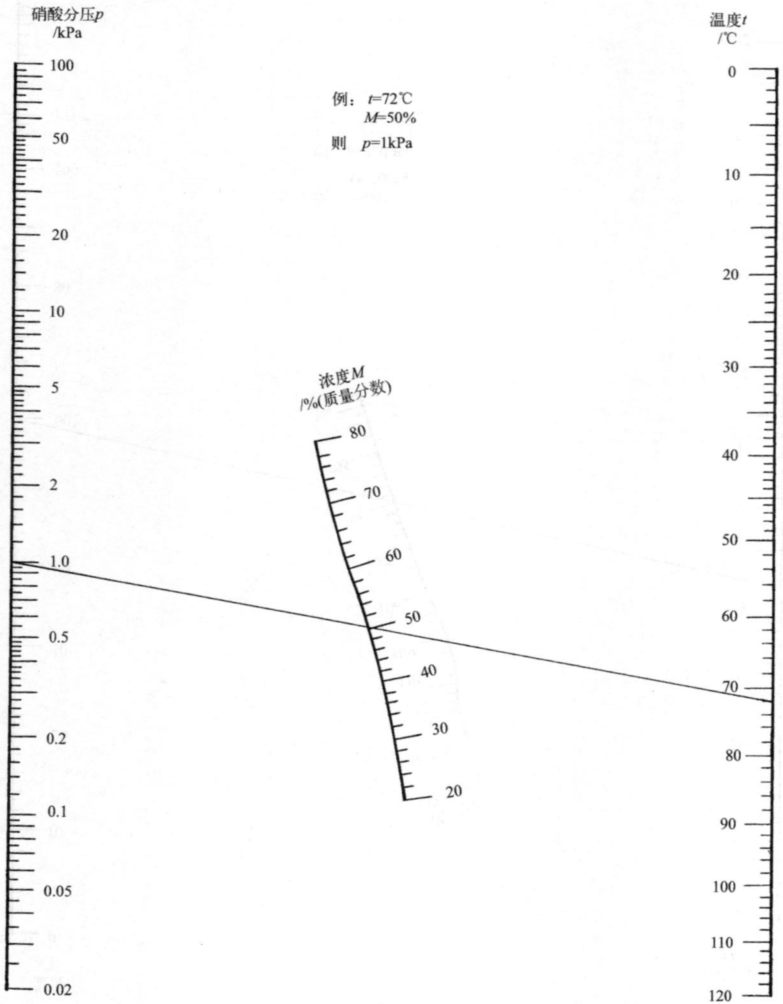

3.42 硝酸水溶液的蒸气总压（Ⅰ）

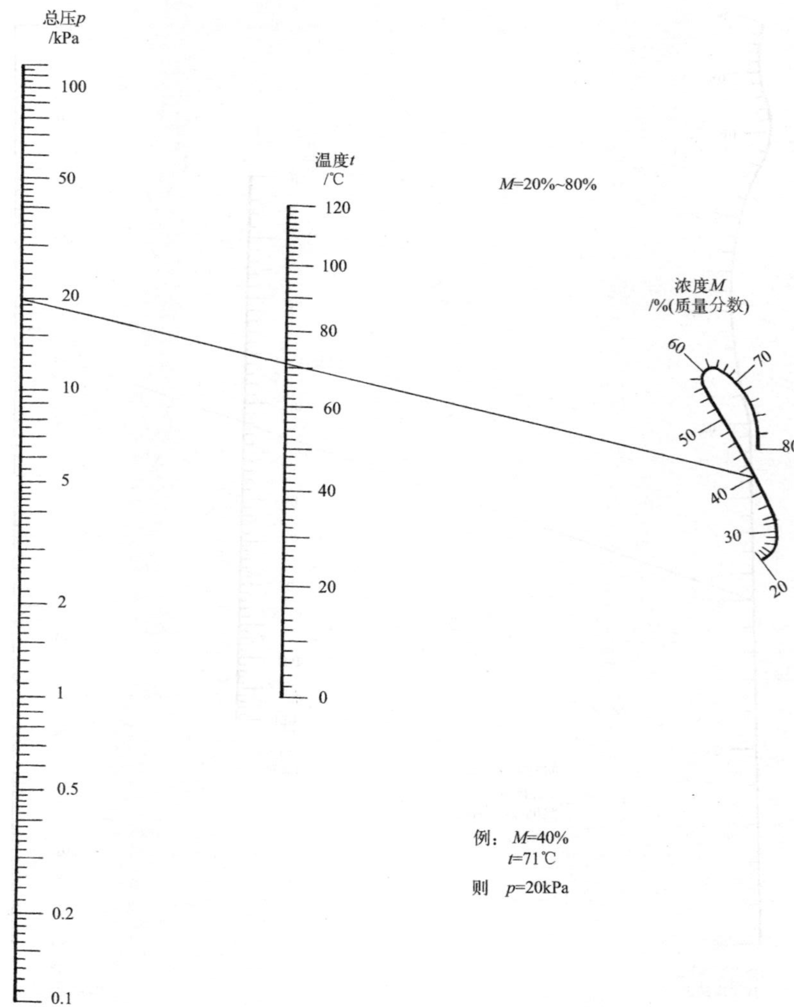

3.43 硝酸水溶液的蒸气总压（Ⅱ）

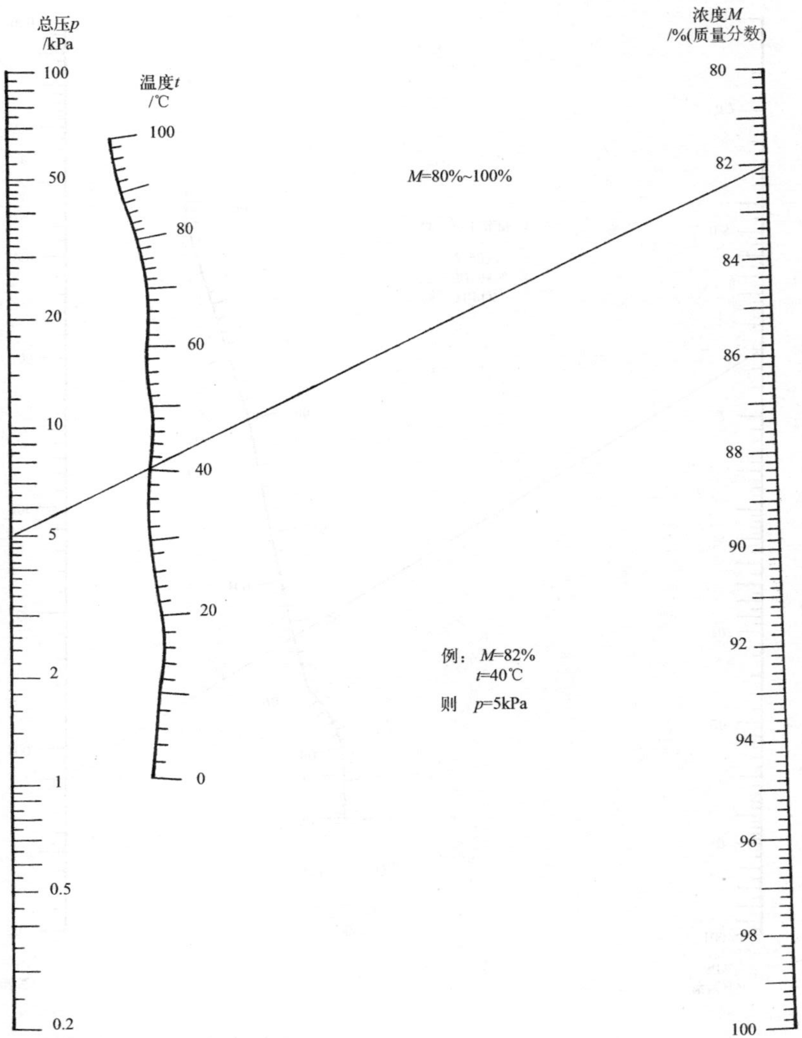

3.44 磷酸水溶液的水蒸气分压

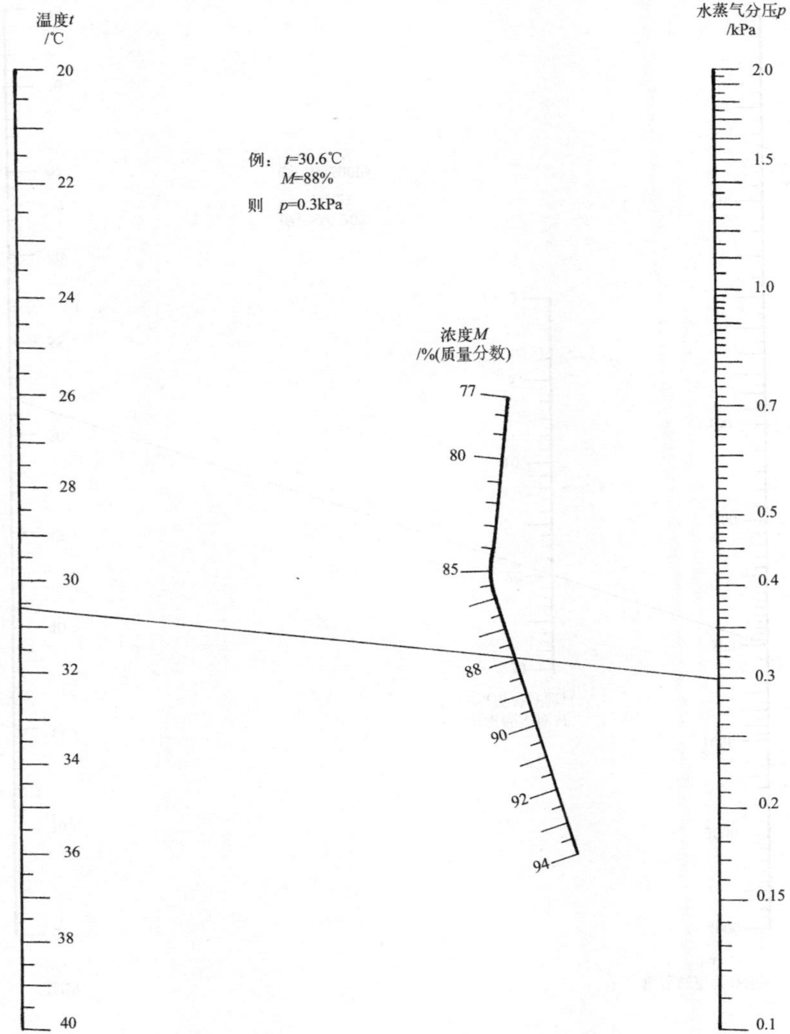

3.45 磷酸水溶液的蒸气压

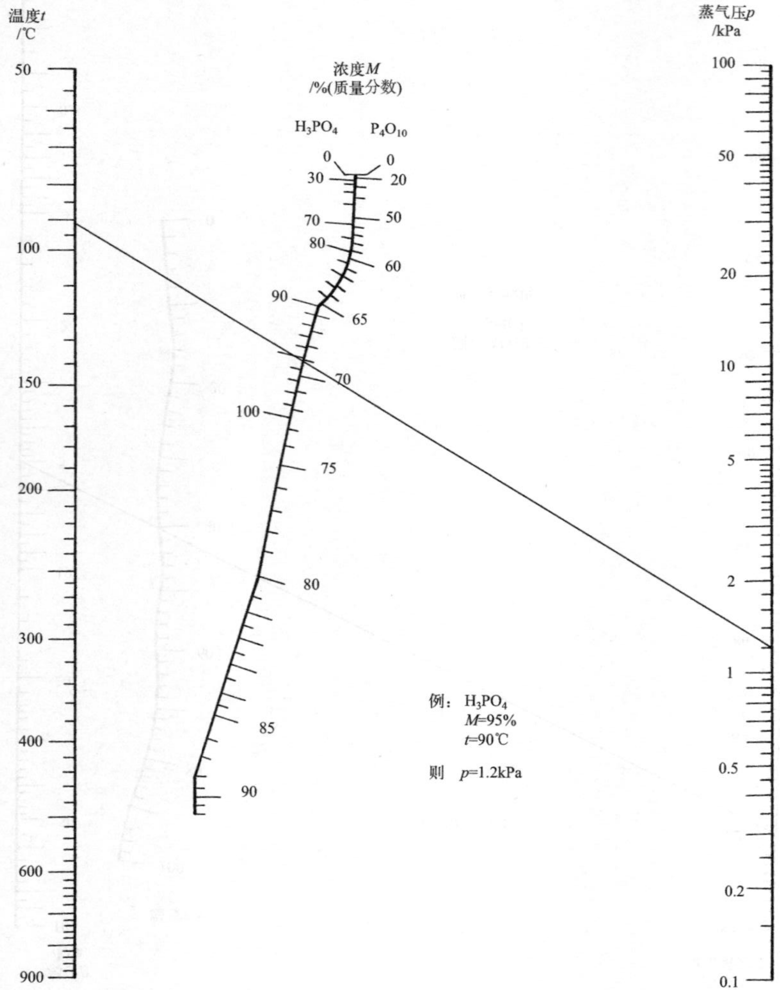

3.46 氢氟酸水溶液的氟化氢分压

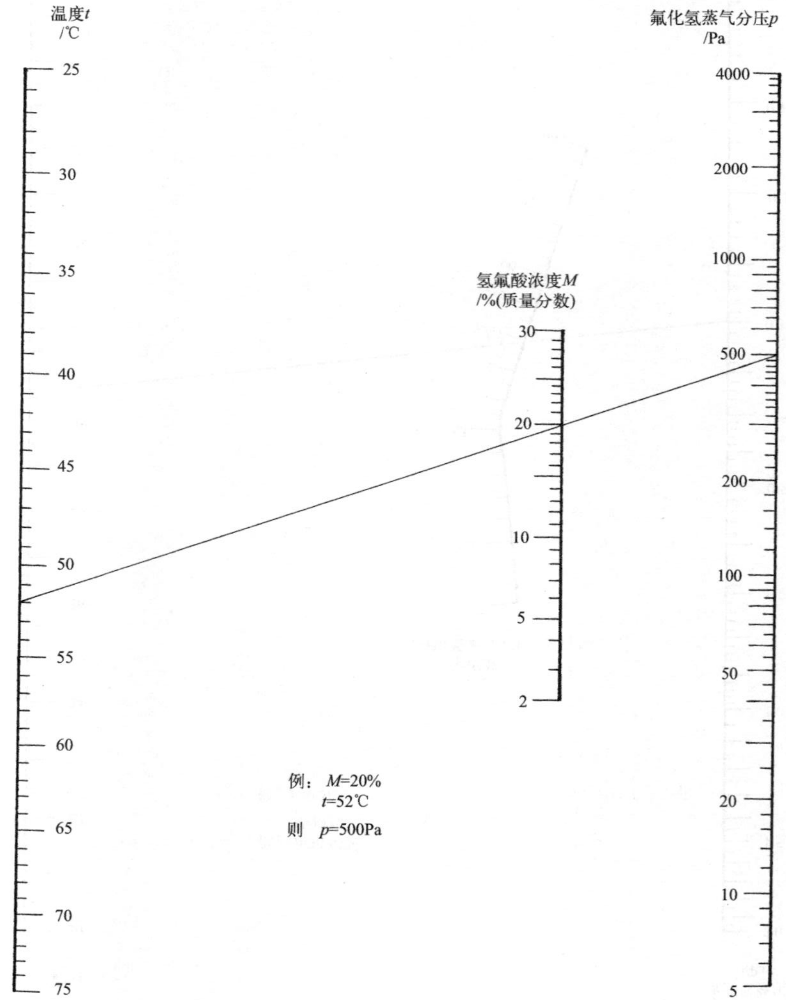

3.47 氢氟酸水溶液的水蒸气分压

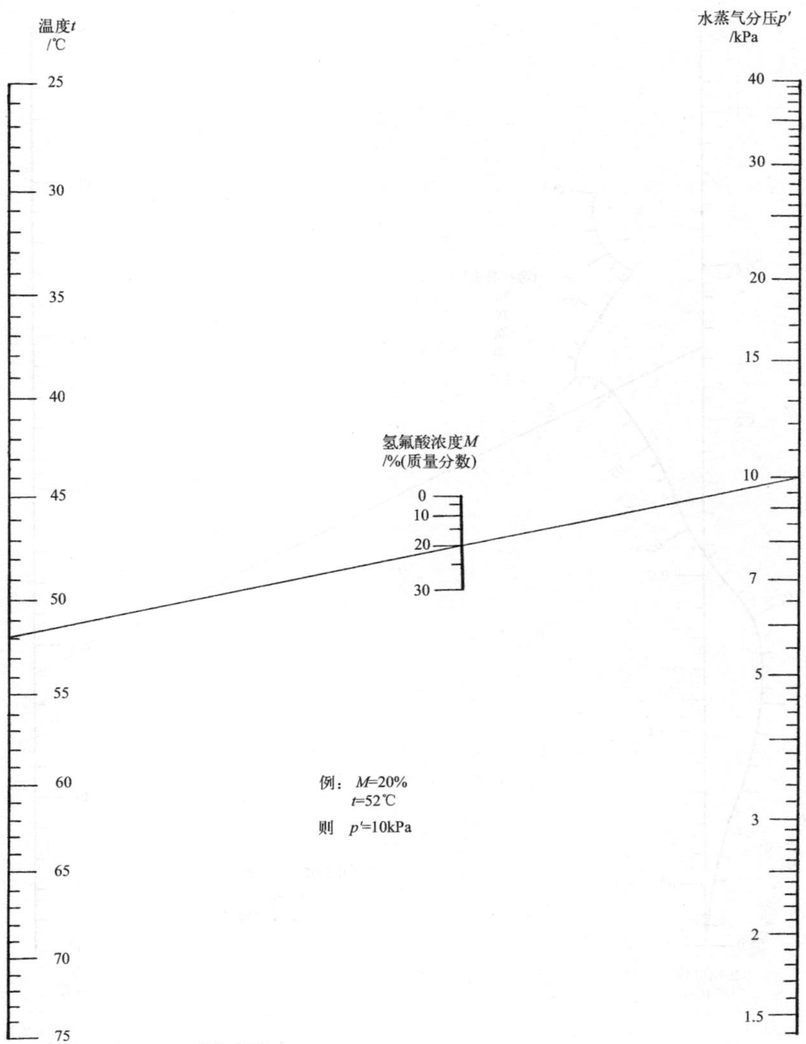

3.48 氢溴酸水溶液的溴化氢分压

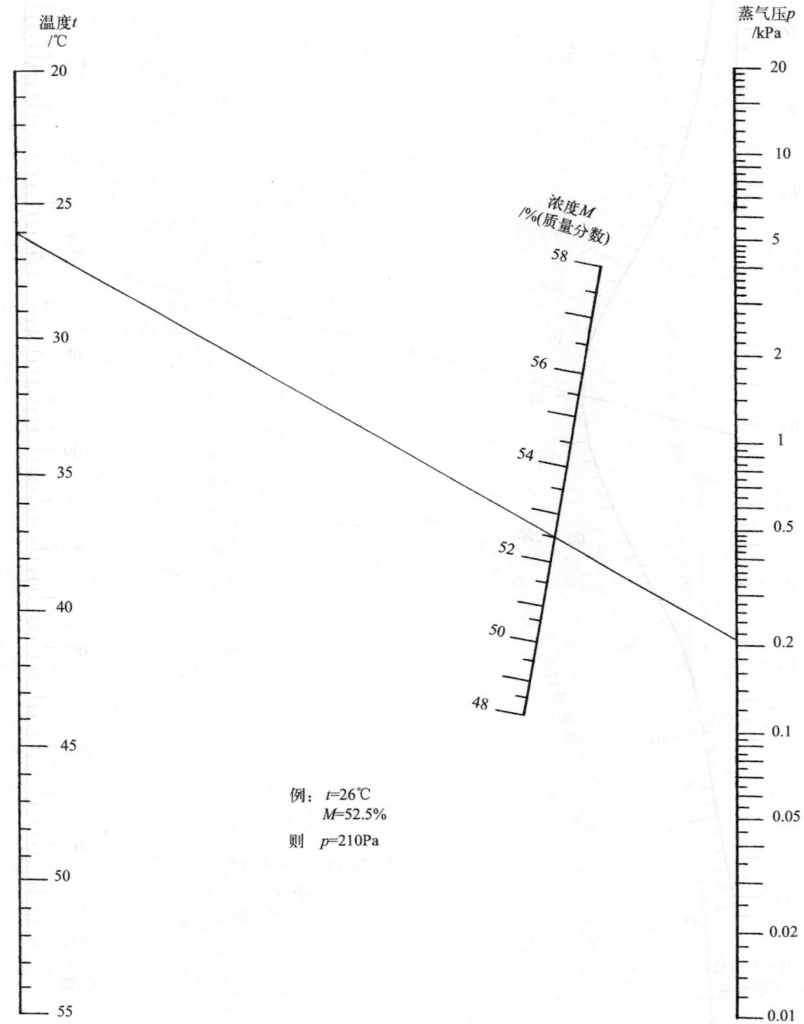

3.49 硫酸水溶液的比热容

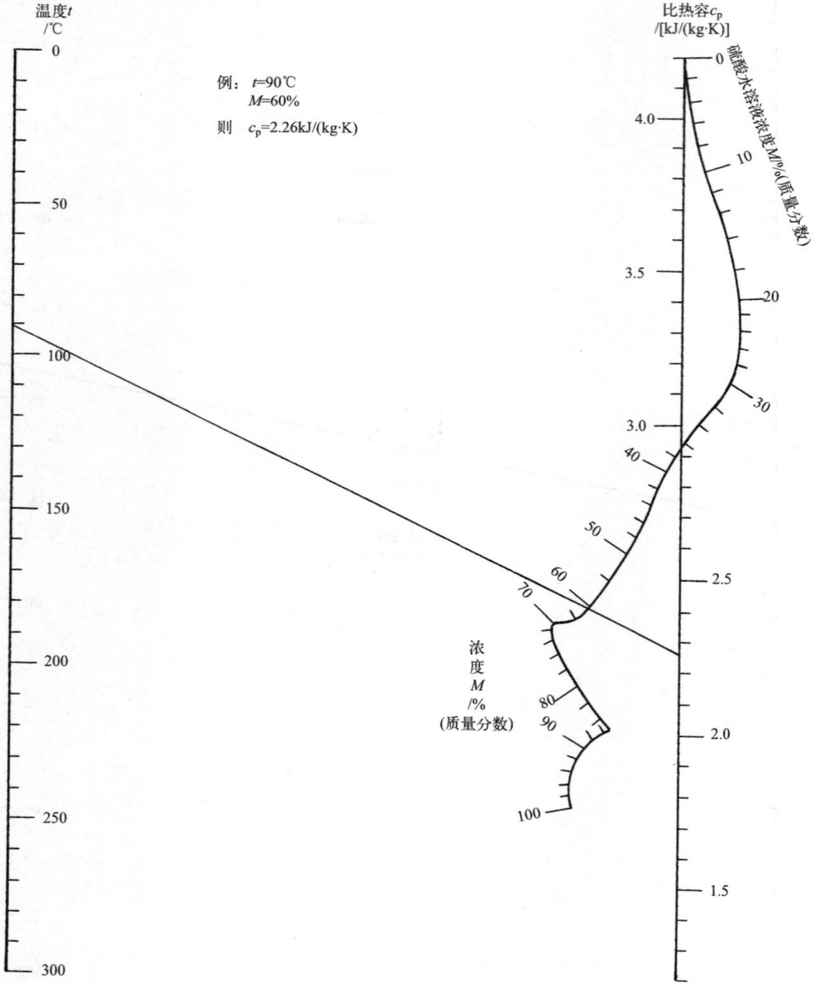

例：t=90℃
M=60%
则 c_p=2.26kJ/(kg·K)

3.50 硝酸水溶液的比热容

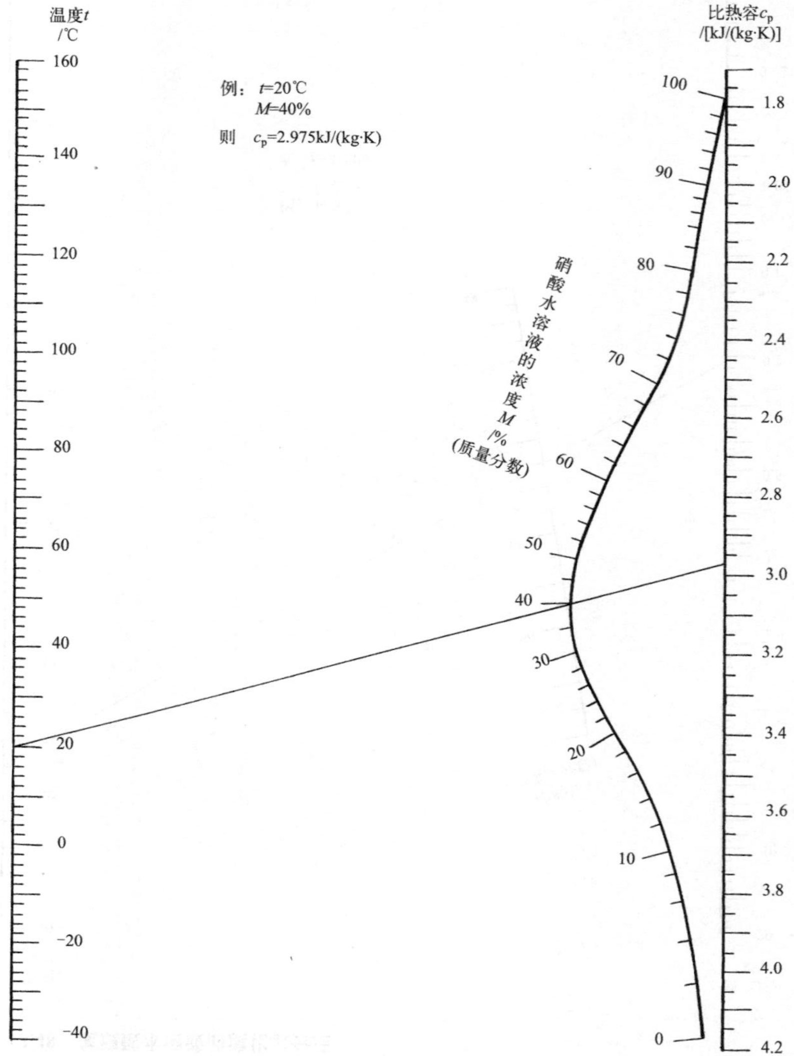

例：t=20℃
M=40%
则 c_p=2.975kJ/(kg·K)

3.51 磷酸水溶液的比热容

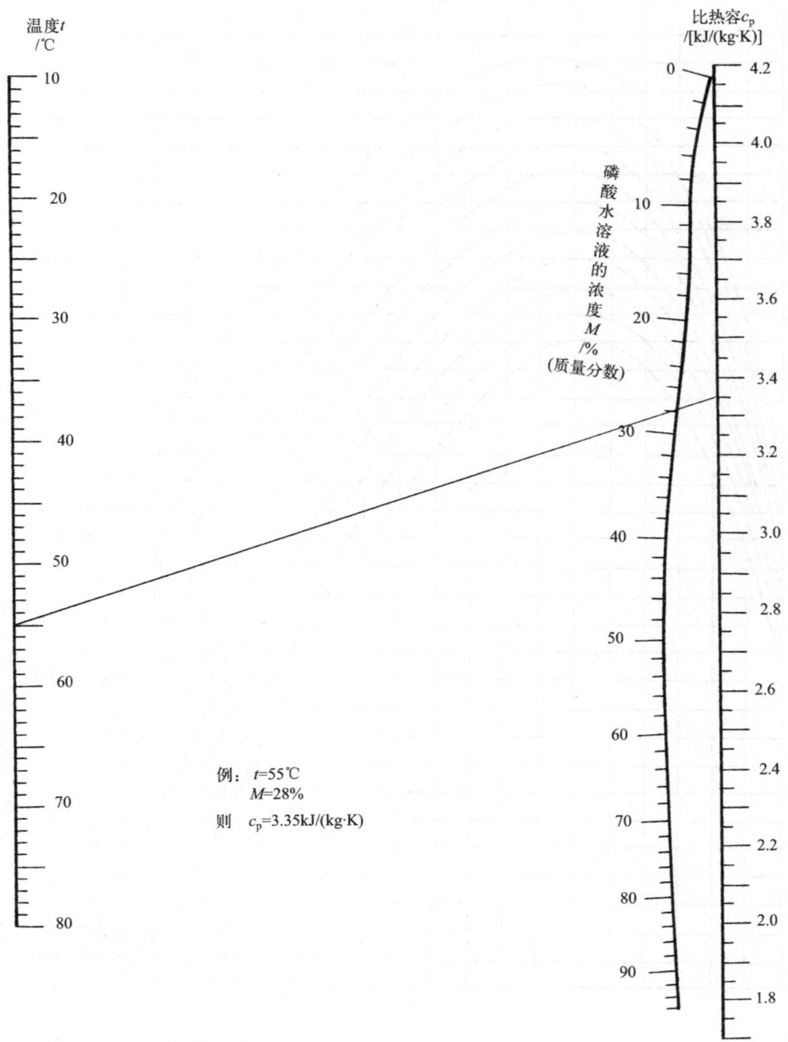

3.52 盐酸水溶液的比焓

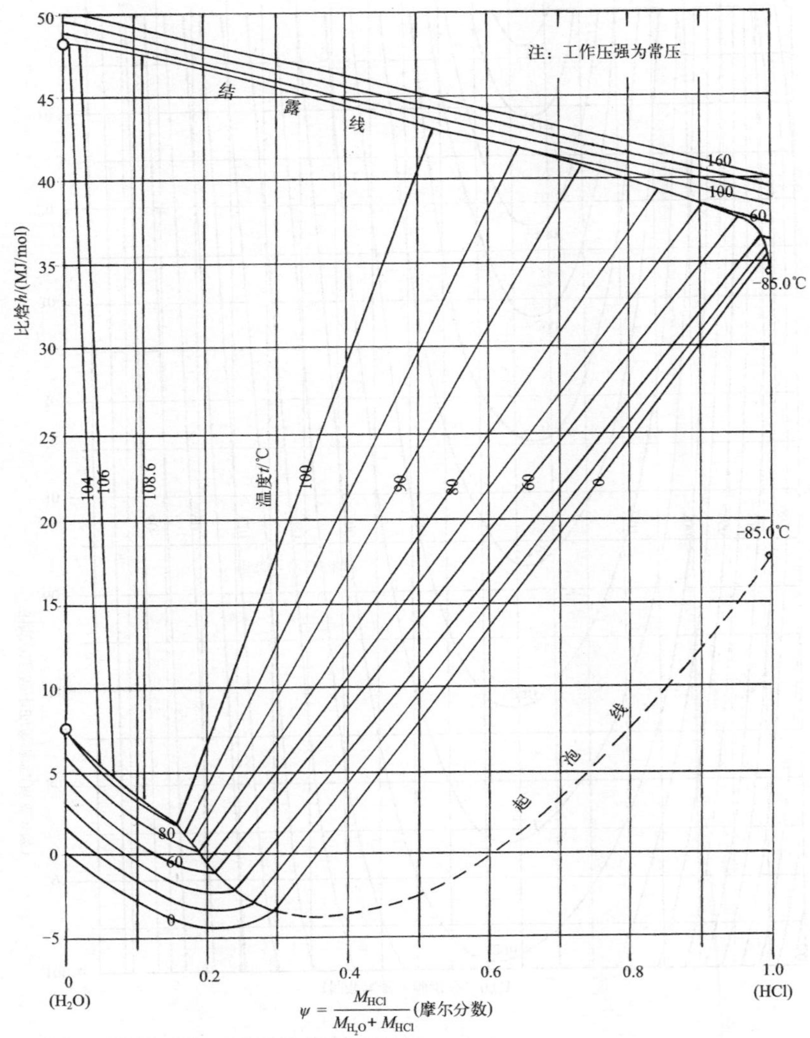

3.53 硫酸水溶液的比焓

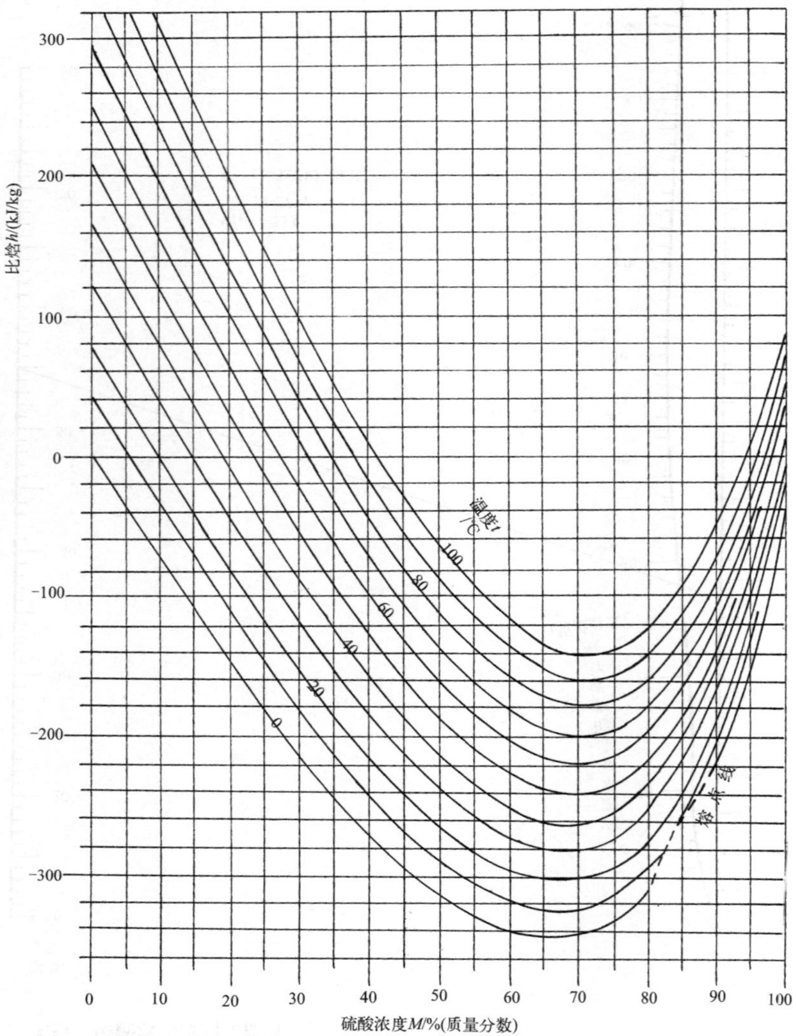

3.54 硝酸、硫酸和水混合物的相对比焓

(标准状态，纯组分，0℃)

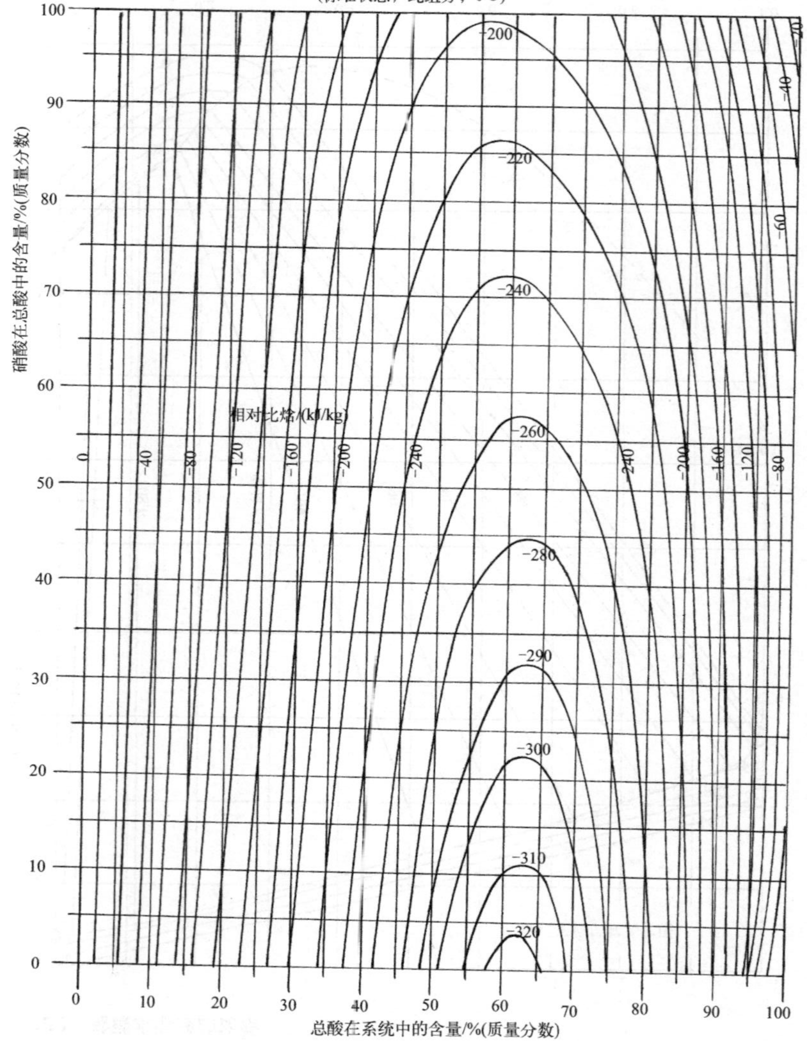

3.55 硝酸、硫酸和水混合物的比焓

在硝化工艺的准备和硝化反应过程中，温度和系统的热平衡是至关重要的。

算图 3.54 和算图 3.55 正是为硝酸 - 硫酸 - 水这个三元系统的温度和热平衡计算而绘制的。

算图 3.55 是用于计算该系统的比焓随温度的增减而变化的相对值；算图 3.54 则是表示该系统在 0℃时的相对比焓（设各纯组分在 0℃时的比焓为 0）。使用这两张算图，即可先确定该系统在相对于基准温度 0℃时的某温度的相对比焓，继而确定其实际比焓。此外还可用此图进行该系统的热平衡计算。

现以实例来说明这两张算图的使用方法。

一、设混合系统的组成是 60% 硫酸、20% 硝酸和 20% 水。若要计算 1kg 混合物在 38℃时的相对比焓，必须根据算图 3.54 求出 0℃时的相对比焓，再由算图 3.55 求出温度从 0℃变成 38℃时比焓的变化，然后将它们相加。具体步骤如下

（1）求出总酸在系统中的含量：20% + 60% = 80%；

（2）求出硝酸在总酸中的含量：20/(60 + 20)×100% = 25%；

（3）根据算图 3.54，80% 总酸量和 25% 硝酸含量溶液在 0℃时的相对比焓是 − 251kJ/kg；

（4）根据算图 3.55，在左边的曲线图上，将 80% 总酸量和 25% 硝酸所对应的点水平移至 R 轴上，连结这一点和温度 t 轴上的 38 并延长交 Δh 轴，得 Δh = 76kJ/kg，故该系统在 38℃时的相对比焓为

$$76 - 251 = -175\text{kJ/kg}$$

二、下面举一个硝化工艺中常用的热平衡计算例子。设需配制含 55% 硫酸，10% 硝酸和 35% 的水的混合酸系统，要求其温度为 32℃。所用原料为 21℃的 30% 硝酸，85% 的硫酸和 16℃的纯水。这就必须从该系统中放热，使其达到终温 32℃。

所需去除的热量的计算方法如下

先根据算图 3.55 和算图 3.53 求出总相对比焓

名称	从 0℃至 t℃比焓的变化（10.28）	0℃时的相对比焓（10.27）	总相对比焓 /(kJ/kg)
21℃的 30% 硝酸	65.3	− 139.5	− 74.2
16℃的水	65.0	0	65.0
21℃的 85% 硫酸	38.4	− 232.6	− 194.2
32℃的混合酸	70.9	− 304.6	− 233.7

因为 100kg 的混合酸中含有 33.3kg 的 30% 硝酸，64.7kg 的 85% 硫酸和 2kg 的水，故热平衡计算结果为

1. 所有参与混合物料的焓

30% 硝酸（2℃）　　$33.3\times(-74.2) = -2471\text{kJ}$

85% 硫酸（21℃）　　$64.7\times(-194.2) = -12565\text{kJ}$

100% 纯水（16℃）　　$2\times65.0 = +130\text{kJ}$

$\Sigma = -14906\text{kJ}$

2. 混合酸的焓

混合酸（32℃）　　$100\times(-233.7) = -23370\text{kJ}$

3. 需去除的热量

每 100kg 混合酸 8464kJ 即每 1kg 混合酸 84.64kJ

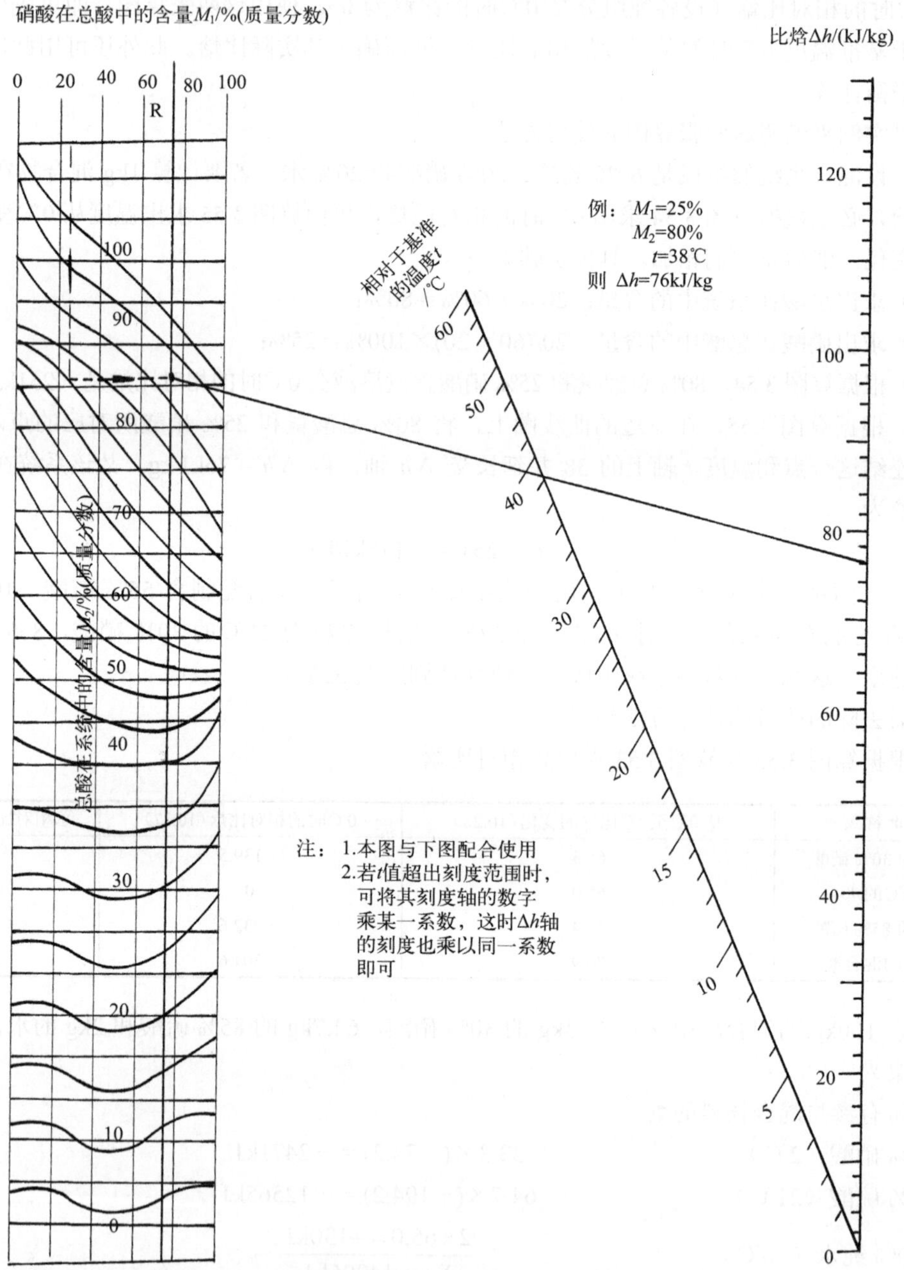
硝酸在总酸中的含量M_1/%(质量分数)
0 20 40 60 80 100
R
总酸在系统中的含量M_2/%(质量分数)
100 90 80 70 60 50 40 30 20 10 0
相对于基准的温度t/℃
60 50 40 30 20 15 10 5
比焓Δh/(kJ/kg)
120 100 80 60 40 20 0
例：M_1=25%
M_2=80%
t=38℃
则 Δh=76kJ/kg
注：1.本图与下图配合使用
2.若t值超出刻度范围时，可将其刻度轴的数字乘某一系数，这时Δh轴的刻度也乘以同一系数即可

3.56 饱和无机酸的普朗特数

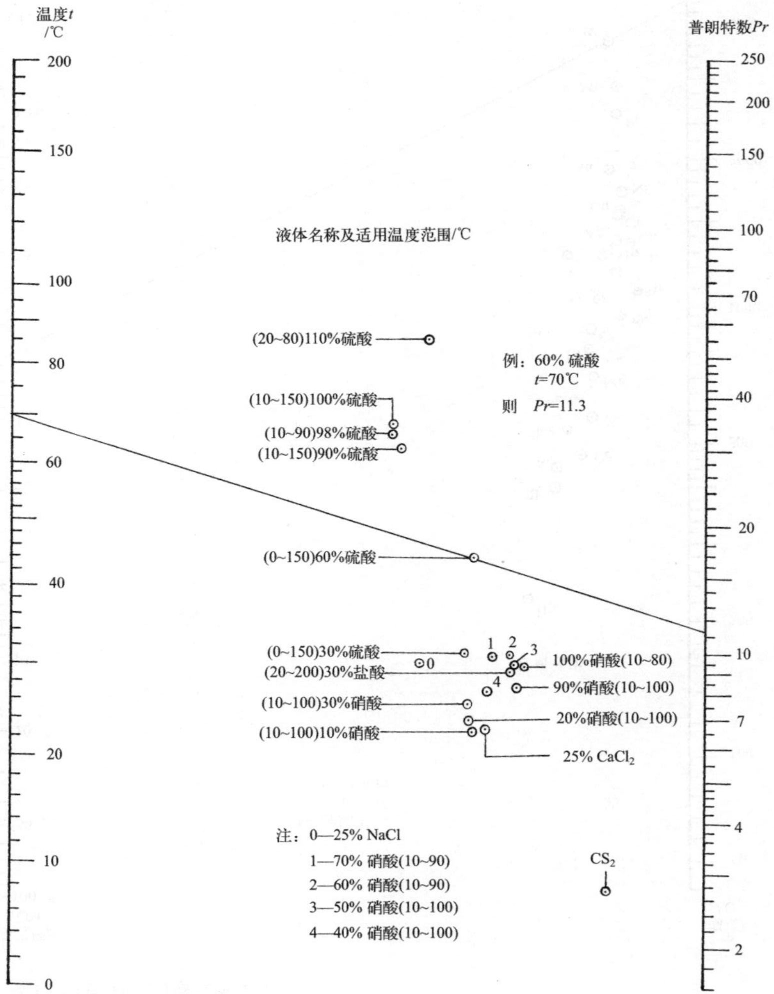

3.57 高氯酸的折射率

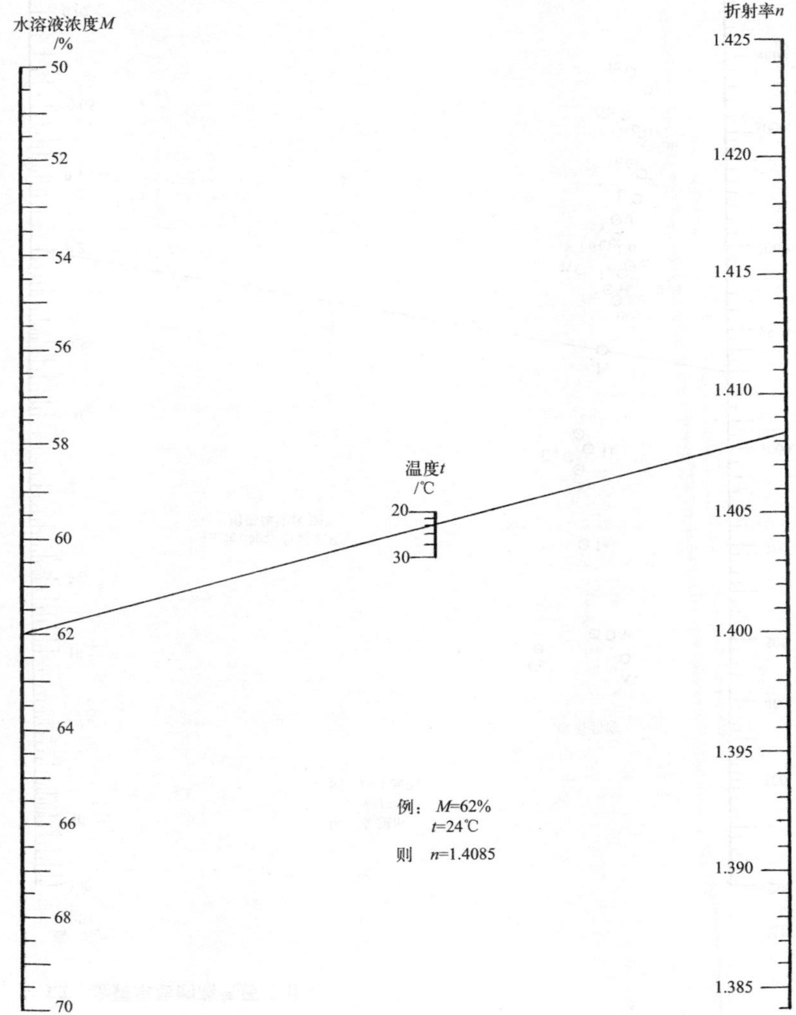

第 4 章

4.1 金属单质的蒸气压（Ⅰ）

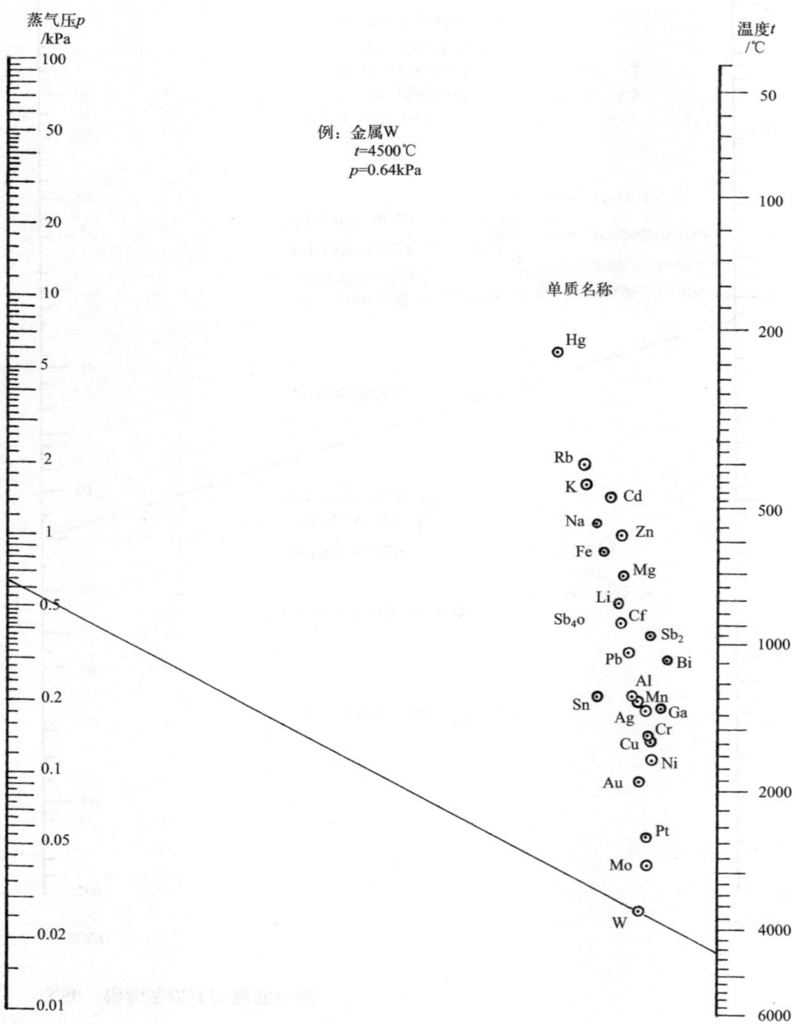

4.2 金属单质的蒸气压（Ⅱ）

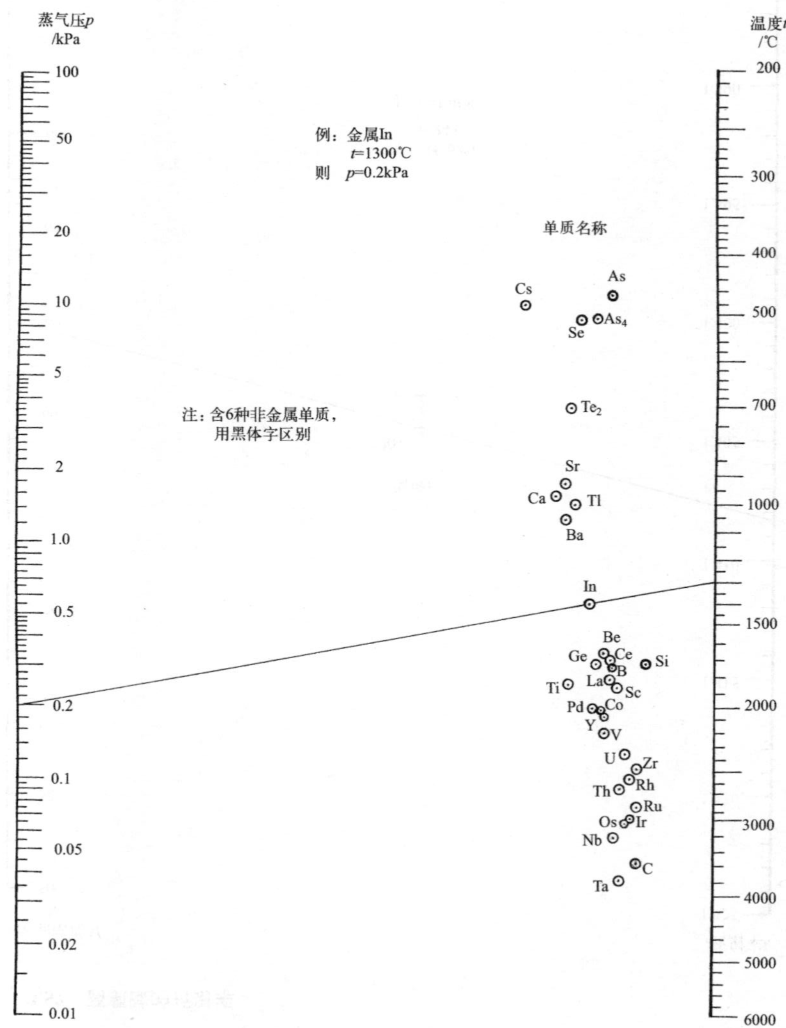

第 6 章

6.1 氢氧化钾水溶液的密度

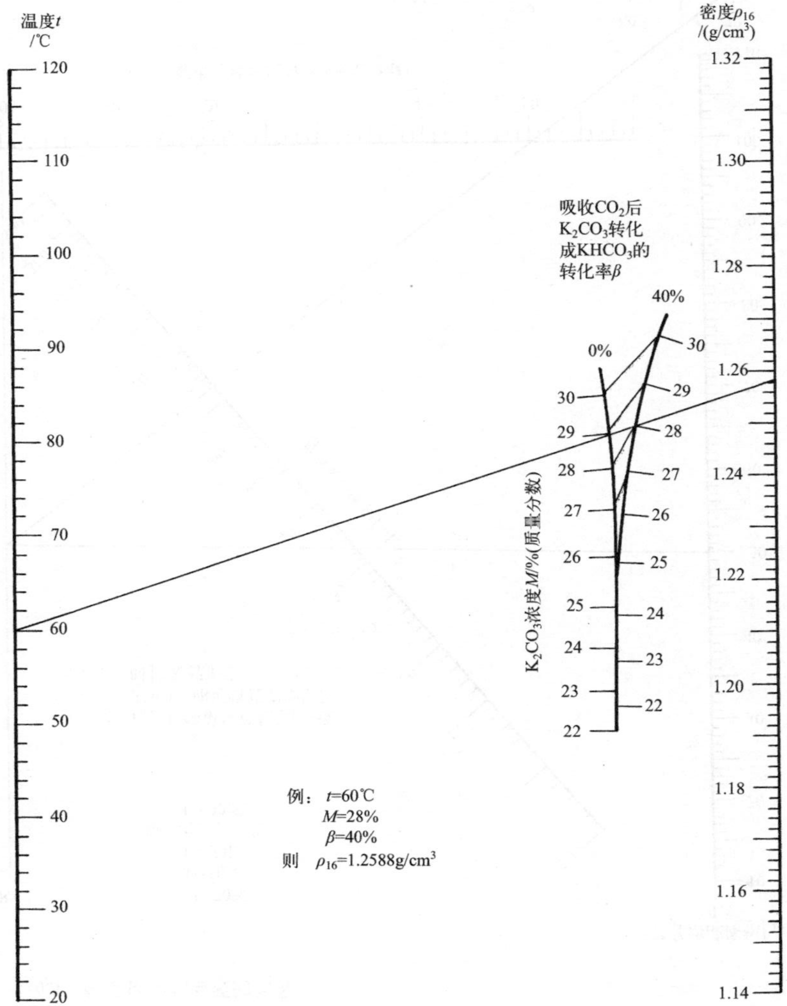

6.2 氢氧化钠水溶液的密度

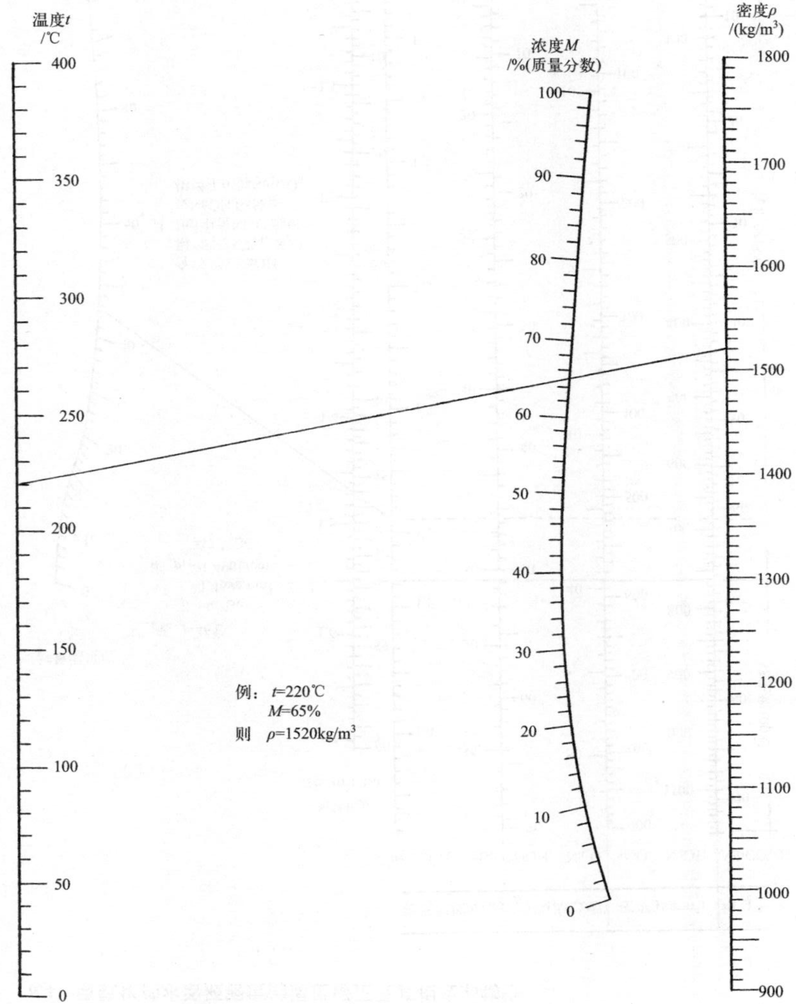

6.3 氢氧化钠水溶液的稀释

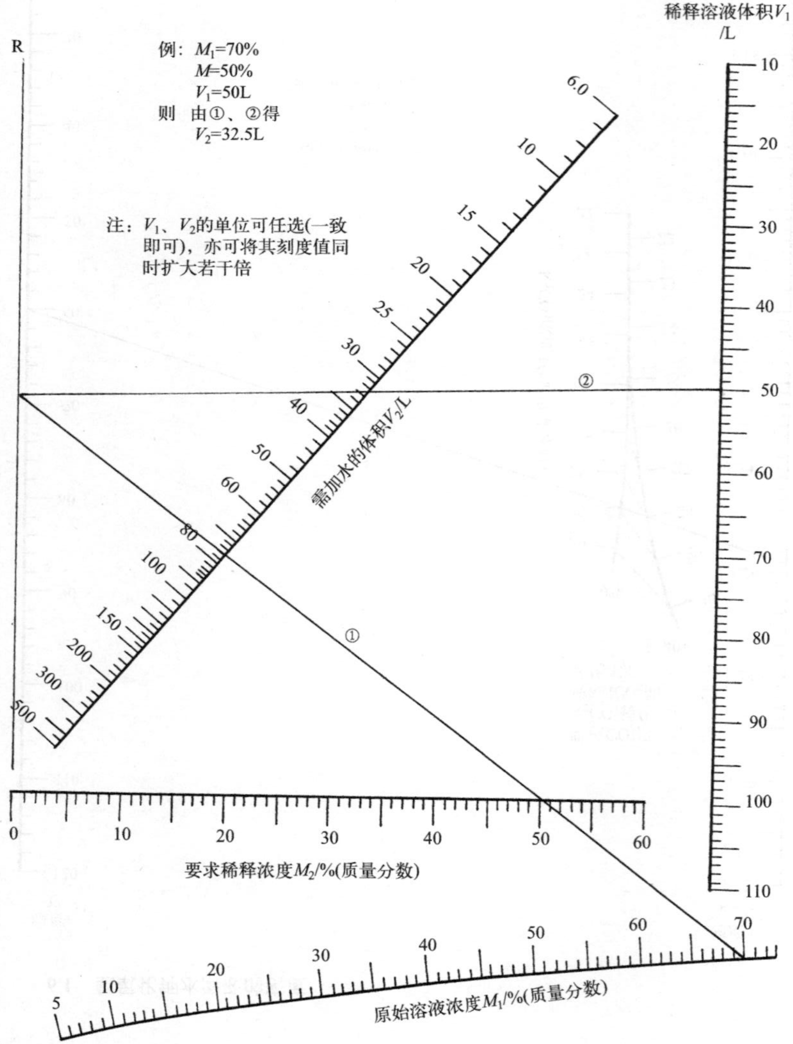

6.4 氢氧化钠水溶液密度的温度修正及其相应的物性

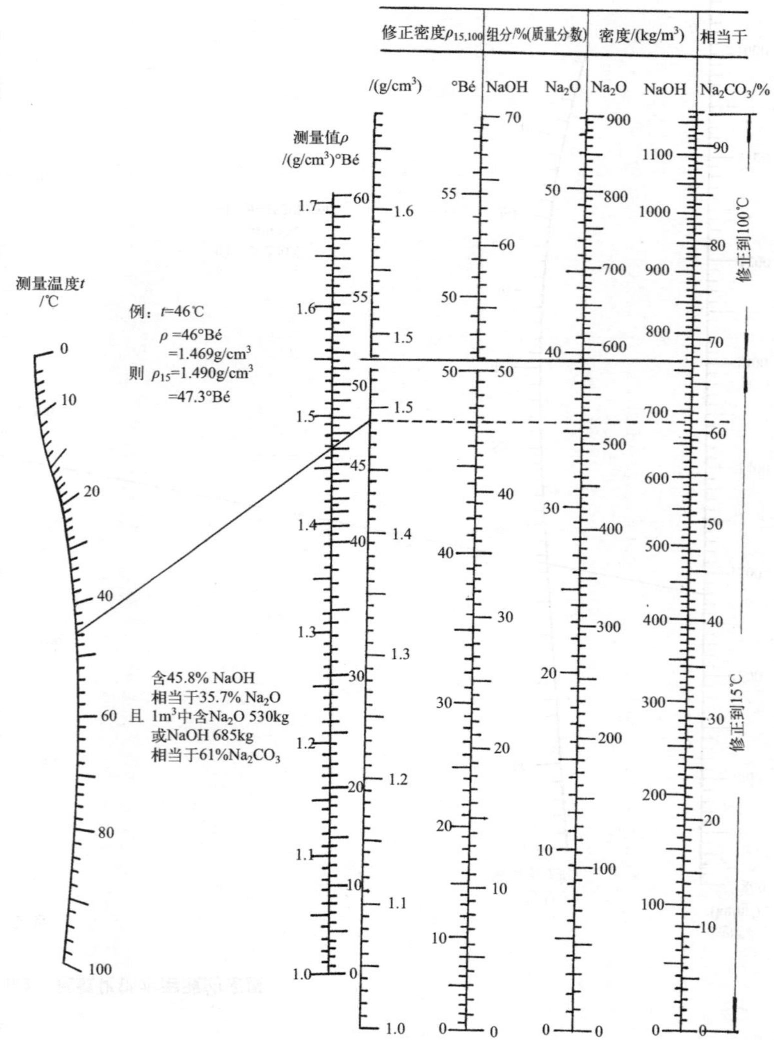

6.5 氢氧化钠水溶液的沸点（Ⅰ）

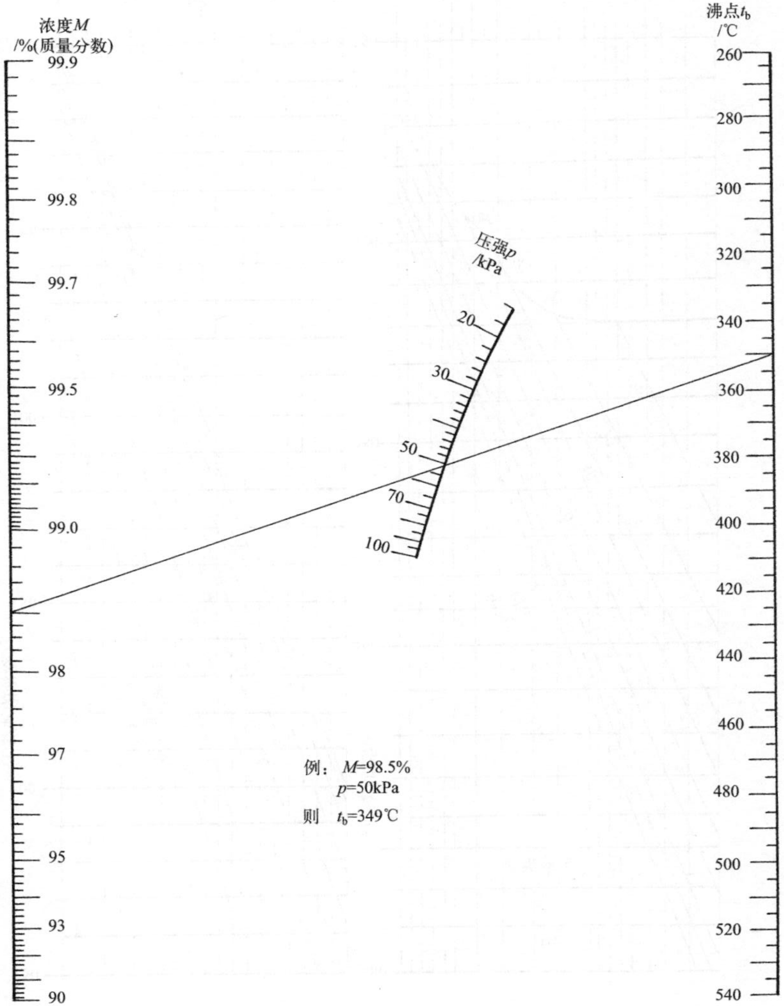

6.6 氢氧化钠水溶液的沸点（Ⅱ）

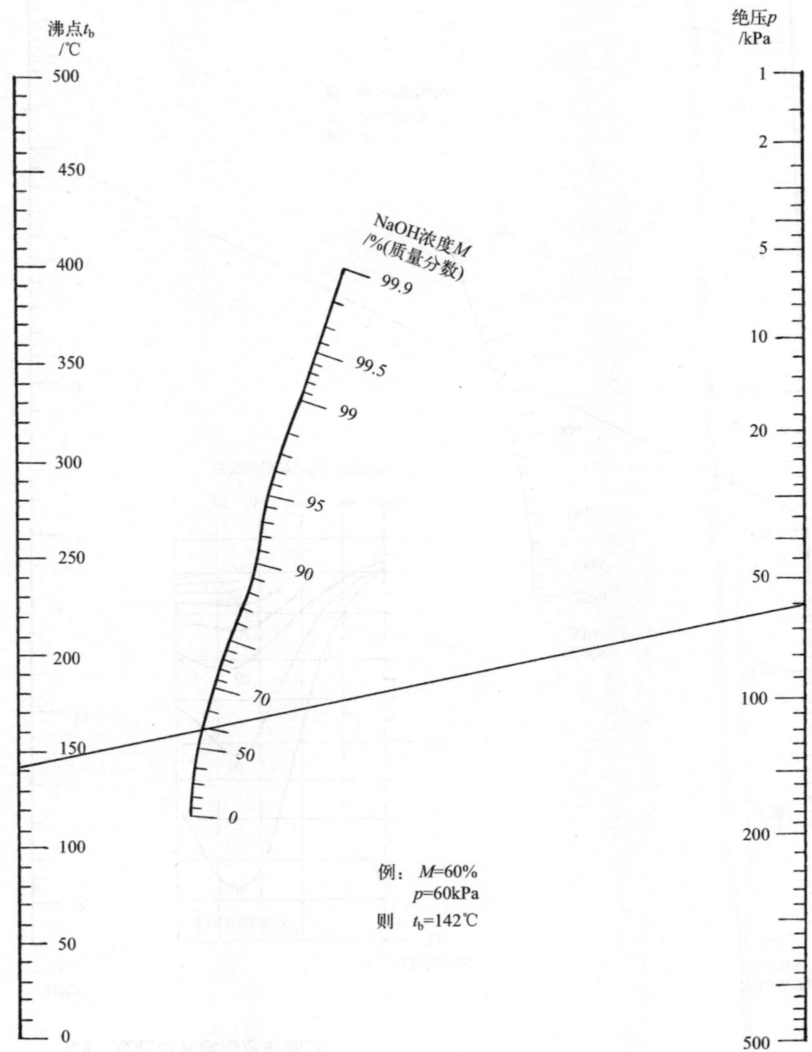

6.7 氢氧化钠水溶液的沸点（Ⅲ）

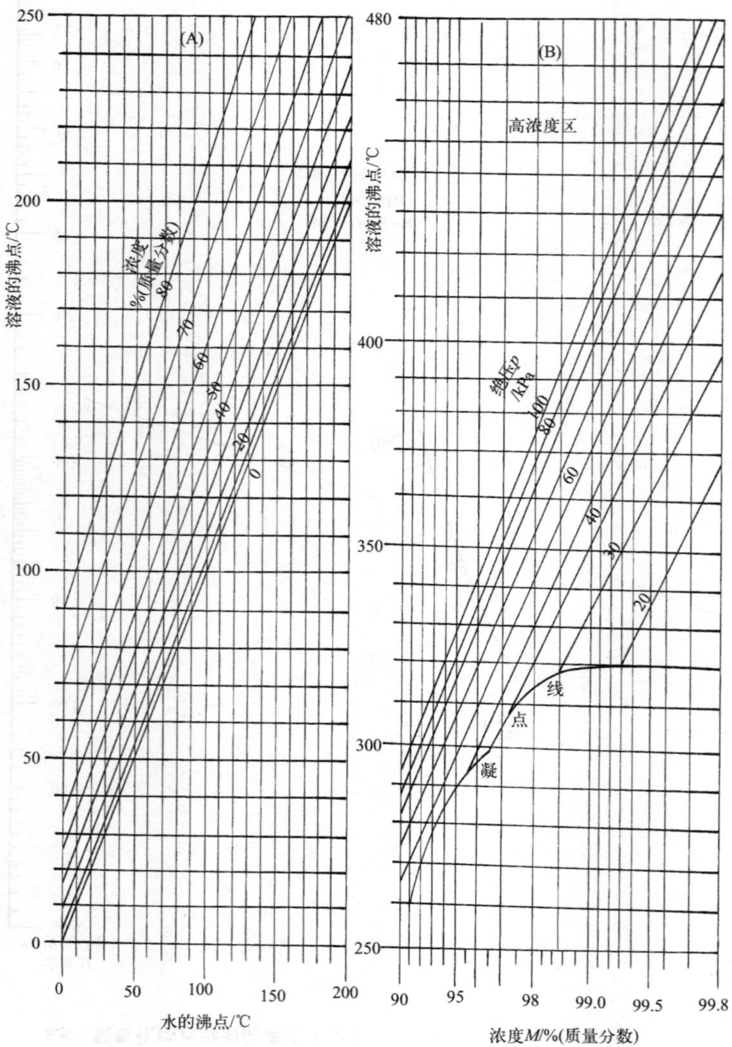

6.8 液氨及其水溶液的黏度

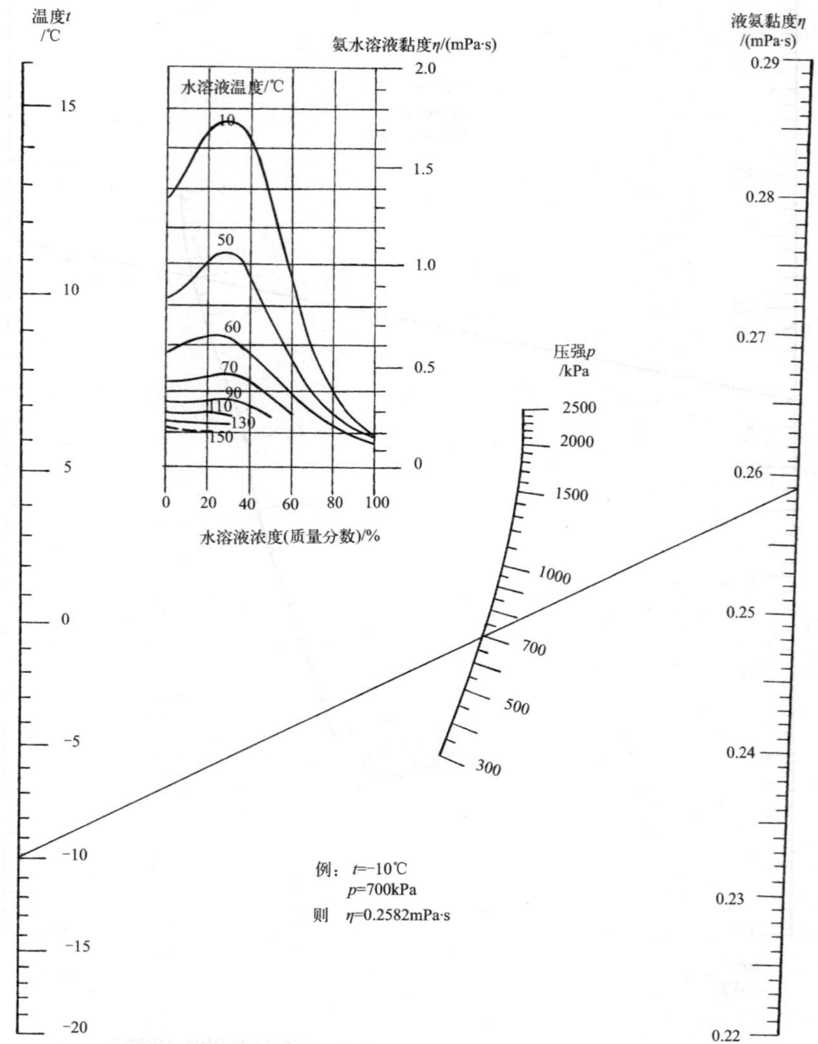

6.9 氢氧化钾水溶液的黏度

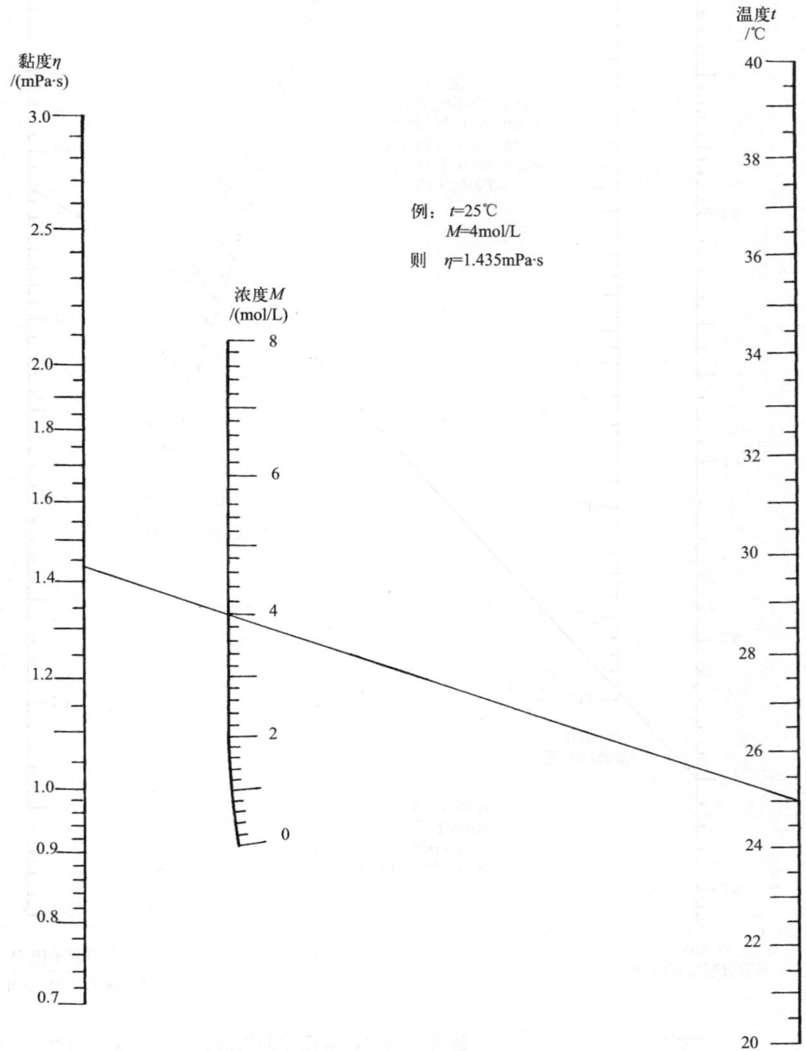

6.10 氢氧化钠水溶液的黏度

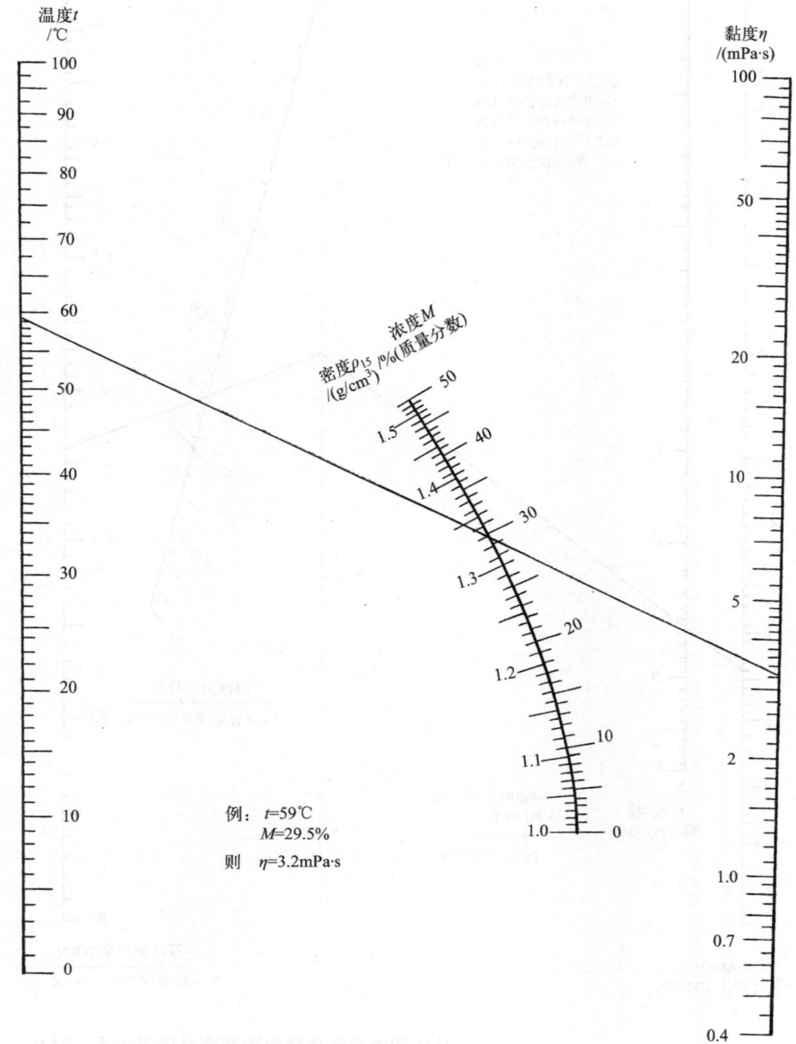

6.11 氢氧化钾和碳酸钾水溶液混合物的黏度

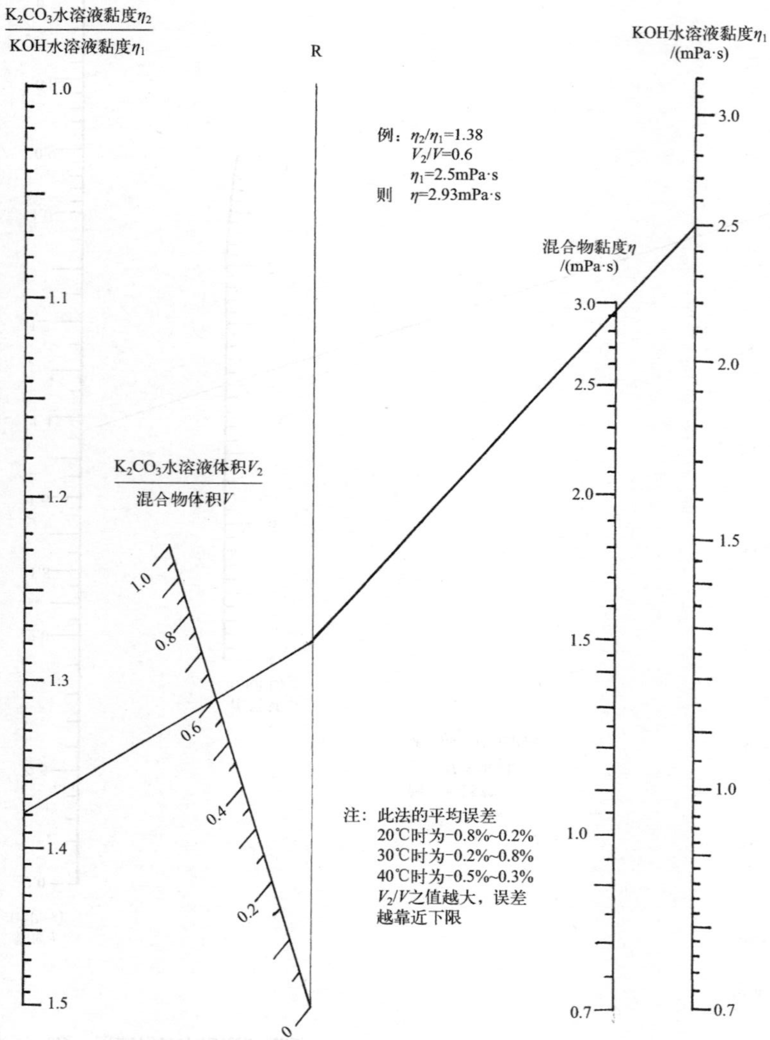

6.12 氢氧化钠和碳酸钠水溶液混合物的黏度

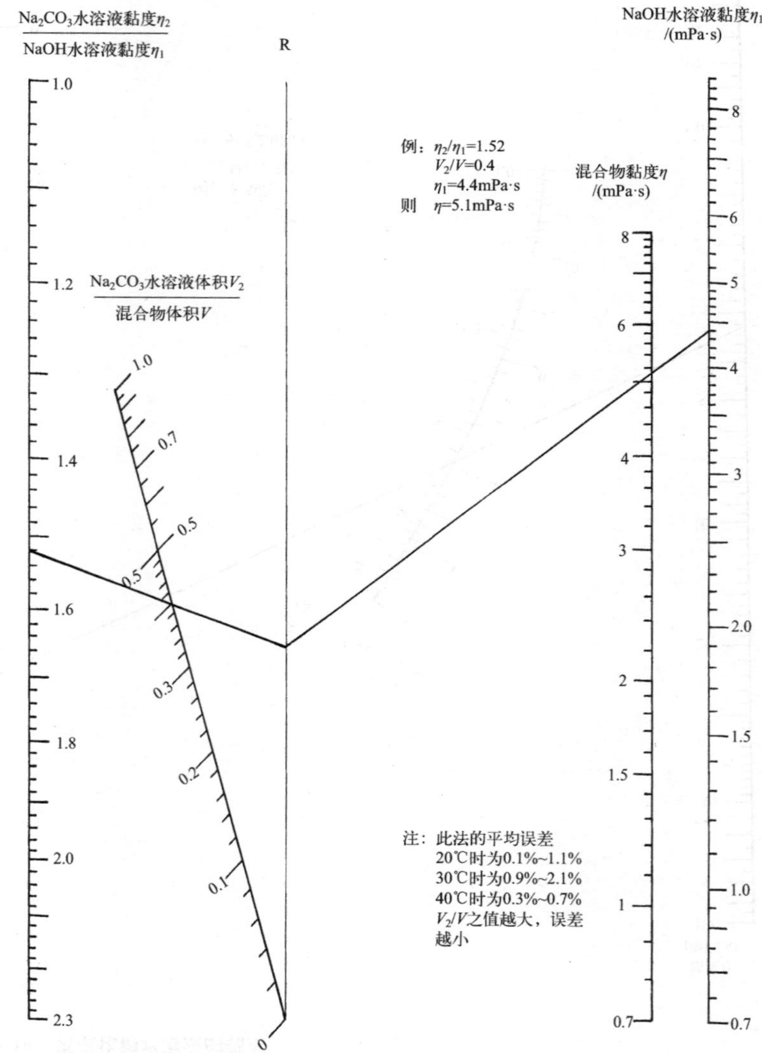

6.13 液氨的热导率

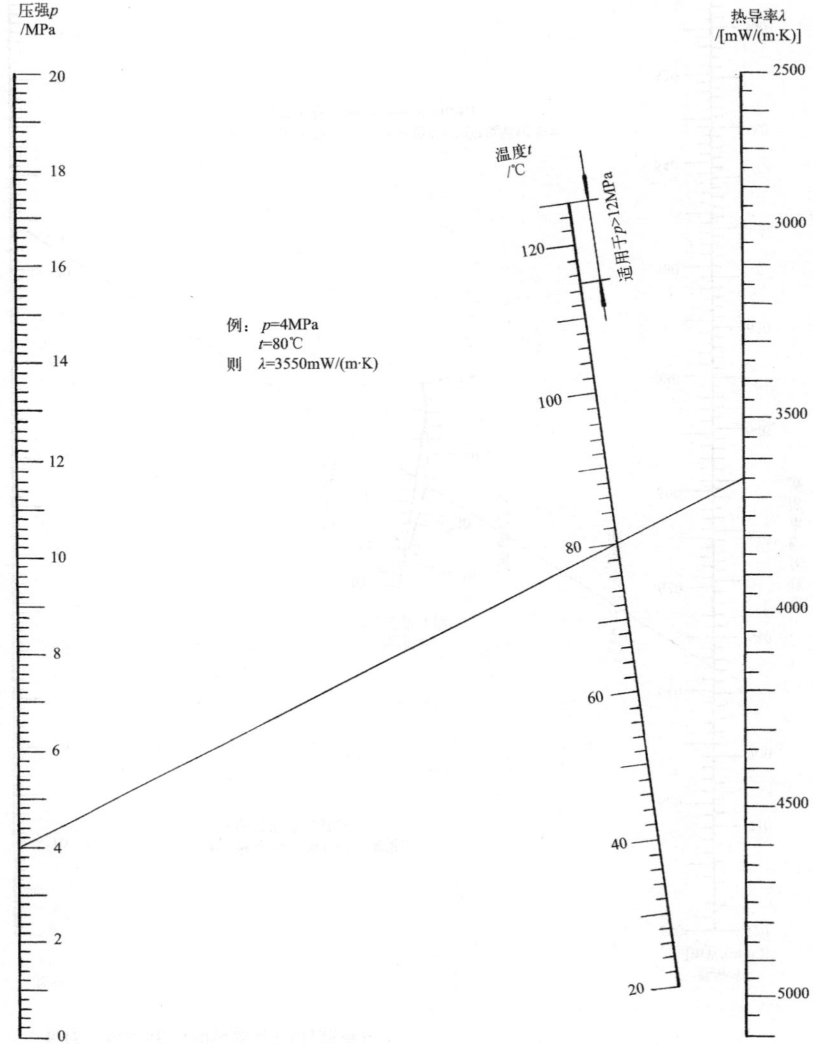

6.14 气氨、液氨及其水溶液的热导率

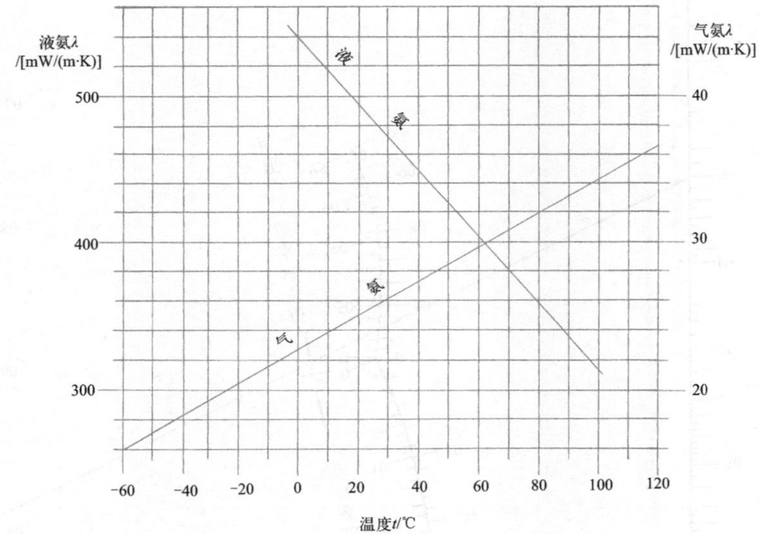

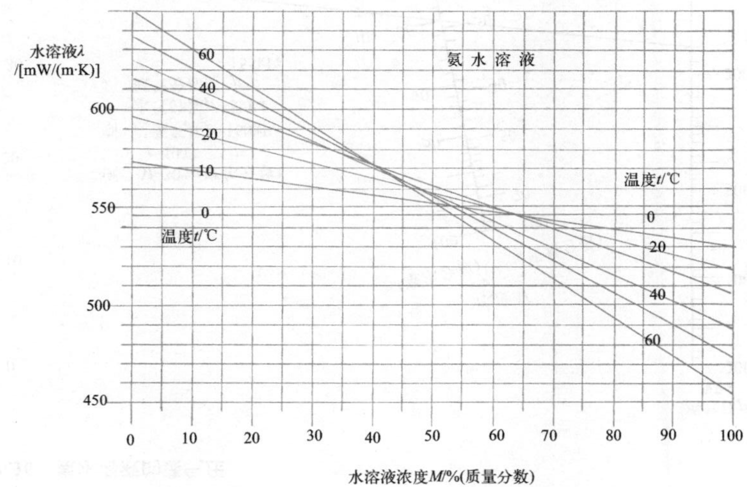

6.15 氢氧化钠和氢氧化钾的热导率

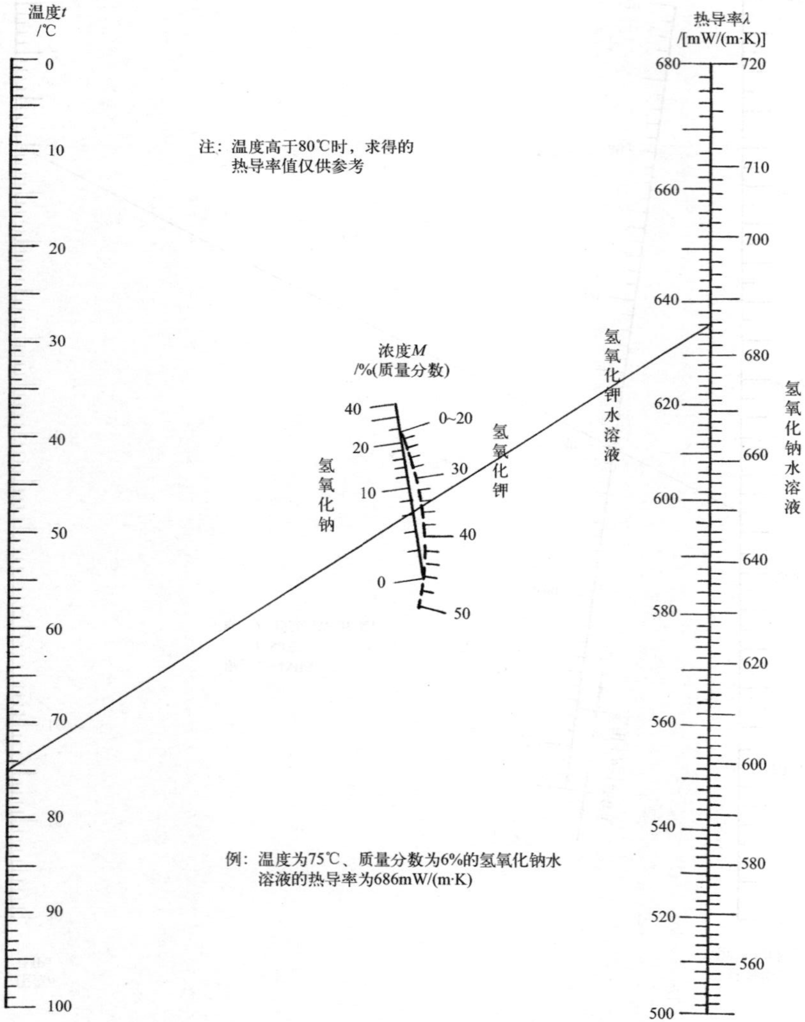

注：温度高于80℃时，求得的热导率值仅供参考

例：温度为75℃、质量分数为6%的氢氧化钠水溶液的热导率为686mW/(m·K)

6.16 氨水溶液的蒸气压

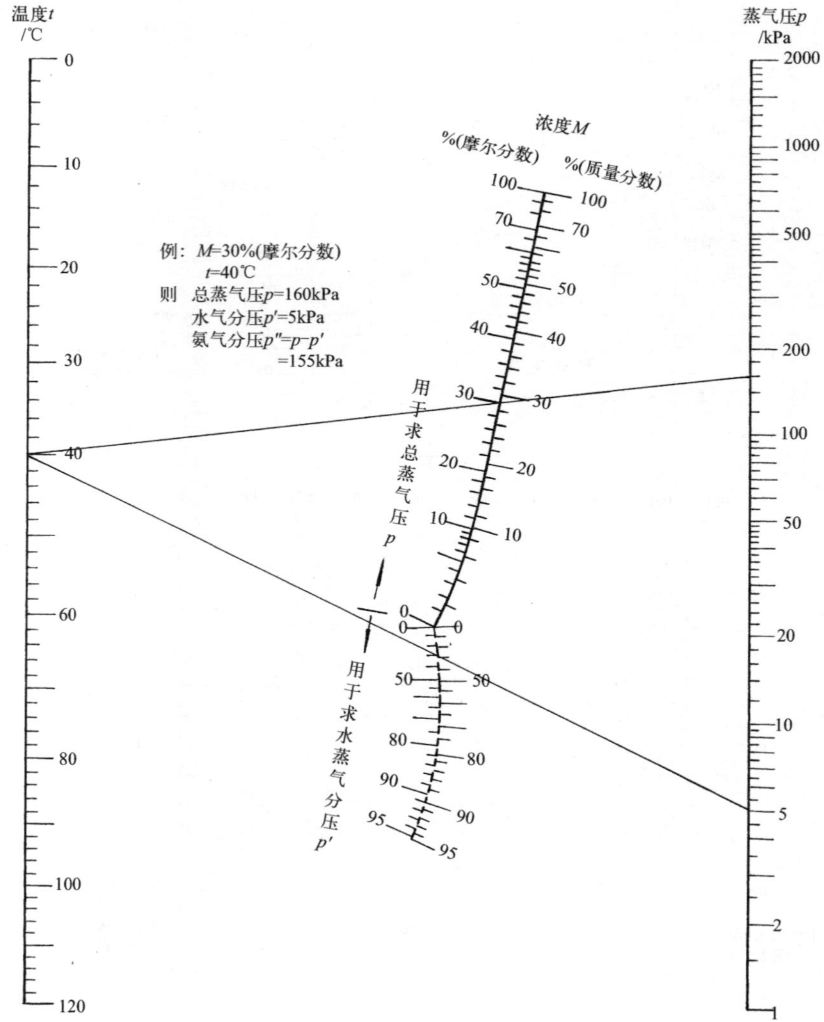

例：M=30%(摩尔分数)

t=40℃

则 总蒸气压p=160kPa

水气分压p'=5kPa

氨气分压$p''=p-p'$

=155kPa

6.17 氨水溶液的氨蒸气分压（0~50℃）

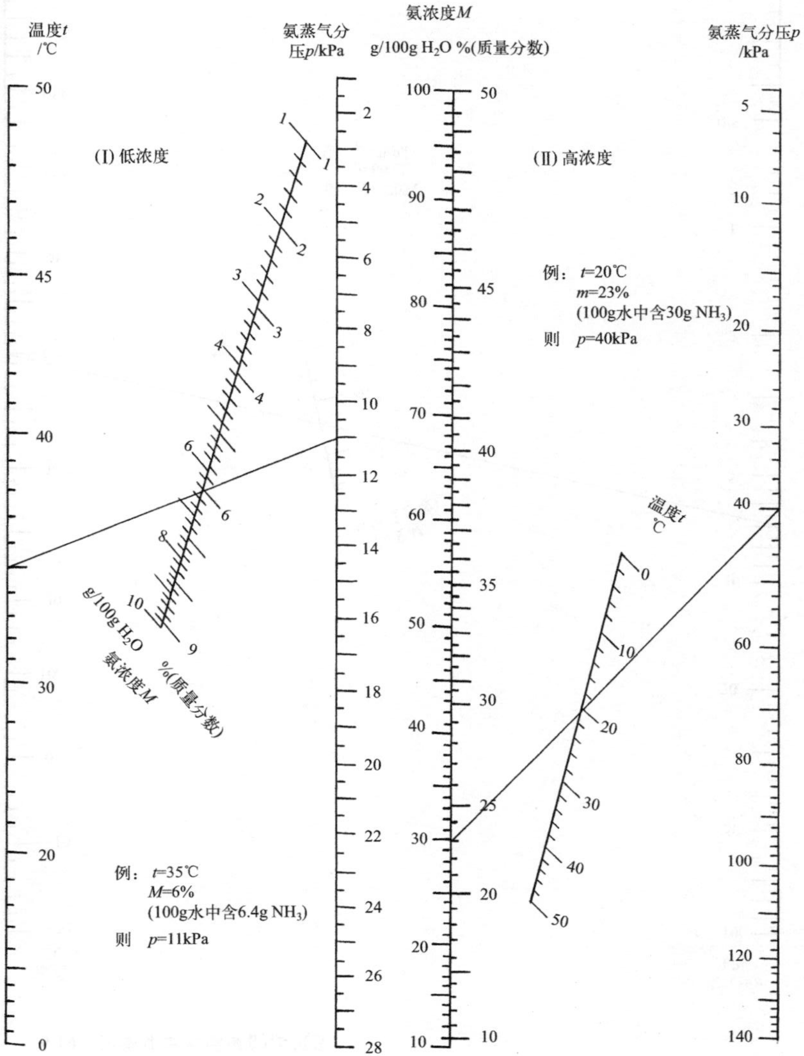

6.18 氨水溶液的蒸气压及组成（0~160℃）

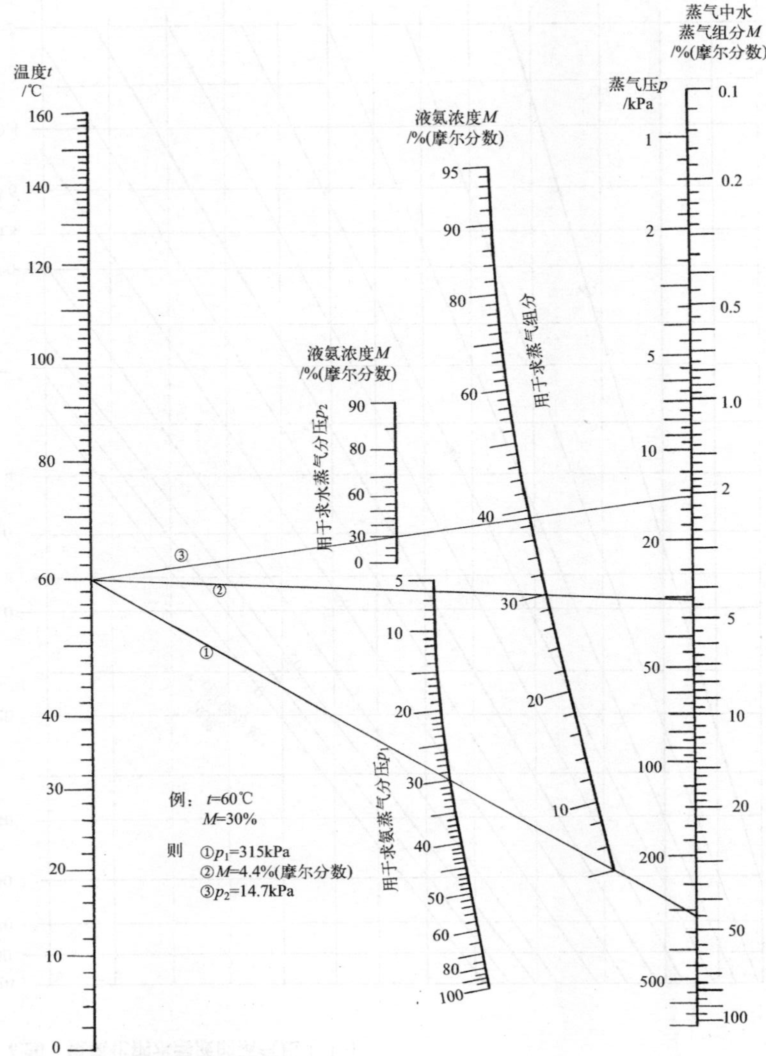

6.19 过氧化氢水溶液的蒸气压

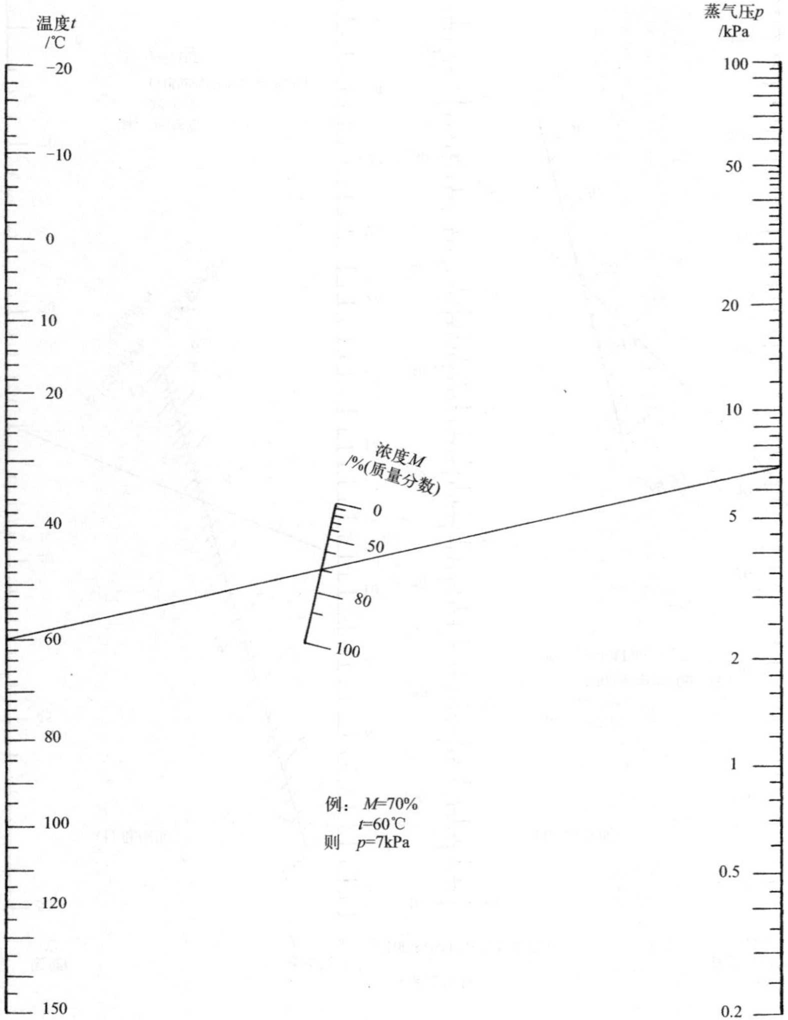

6.20 氢氧化钠水溶液的蒸气压（Ⅰ）

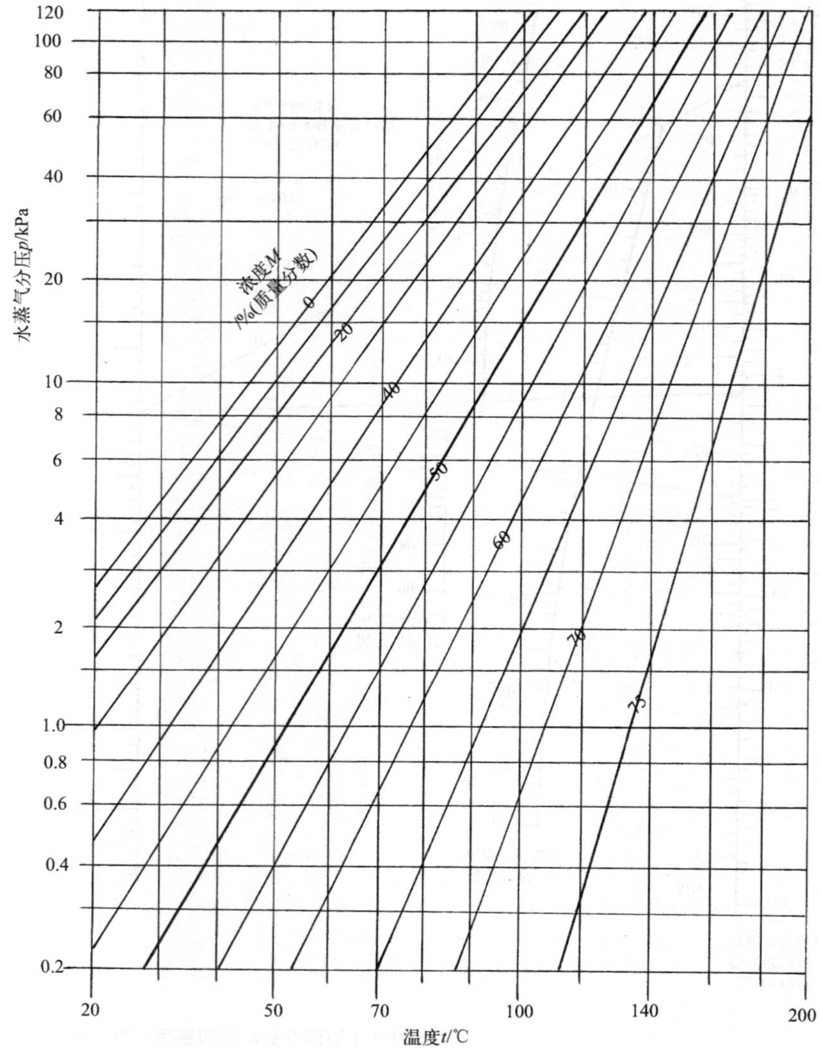

6.21 氢氧化钠水溶液的蒸气压（Ⅱ）

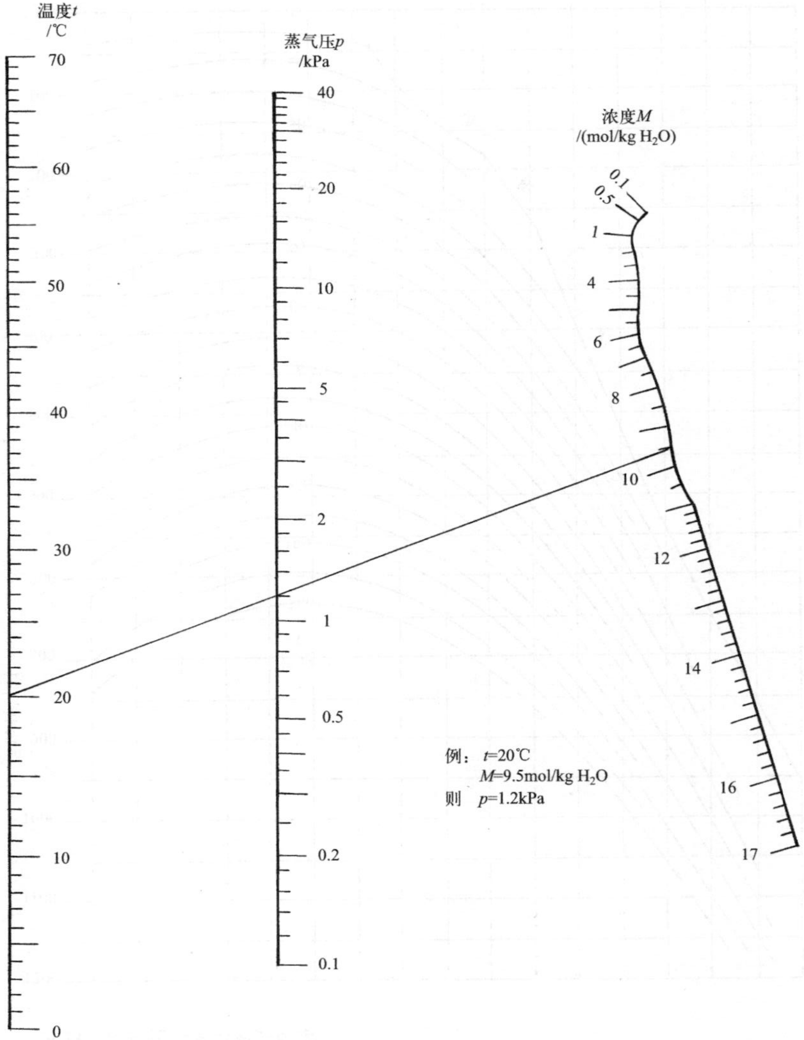

6.22 根据水的沸点求氢氧化钠水溶液的蒸气压

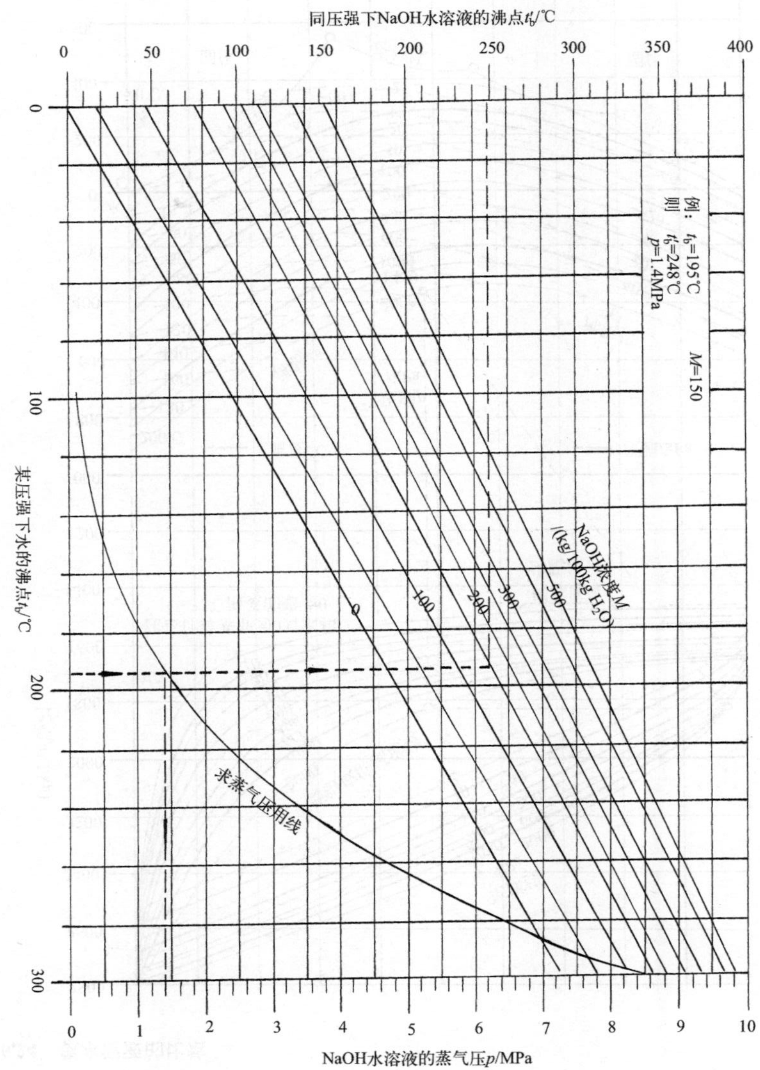

6.24 氨水溶液的比焓

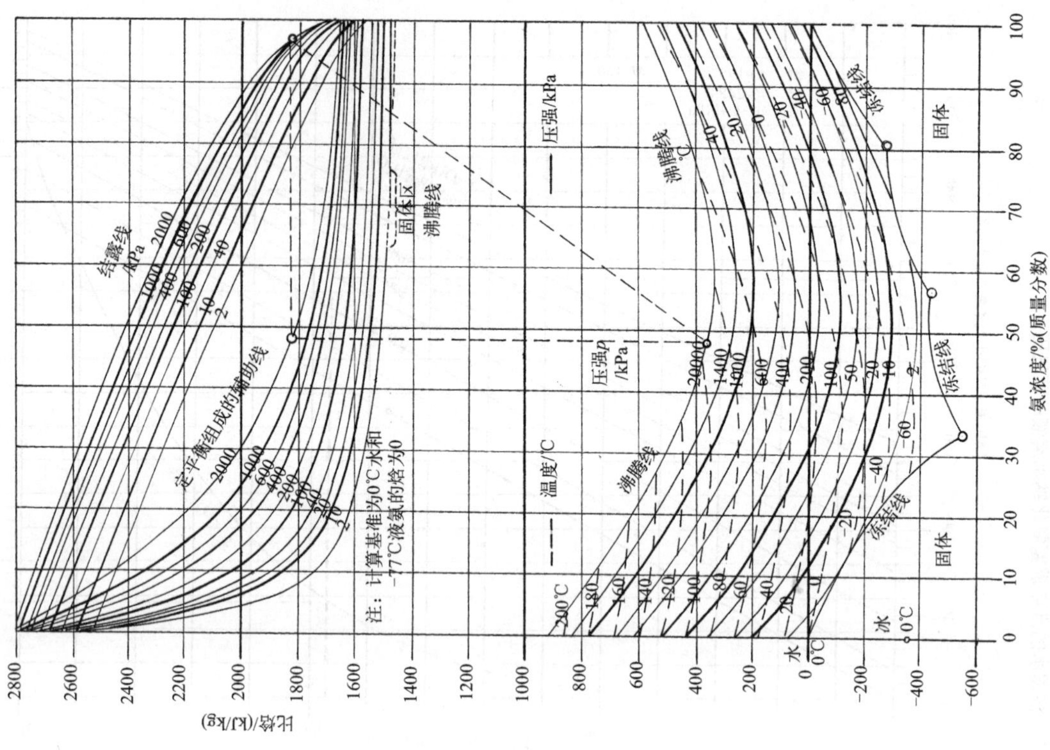

6.23 氢氧化钠水溶液的比焓

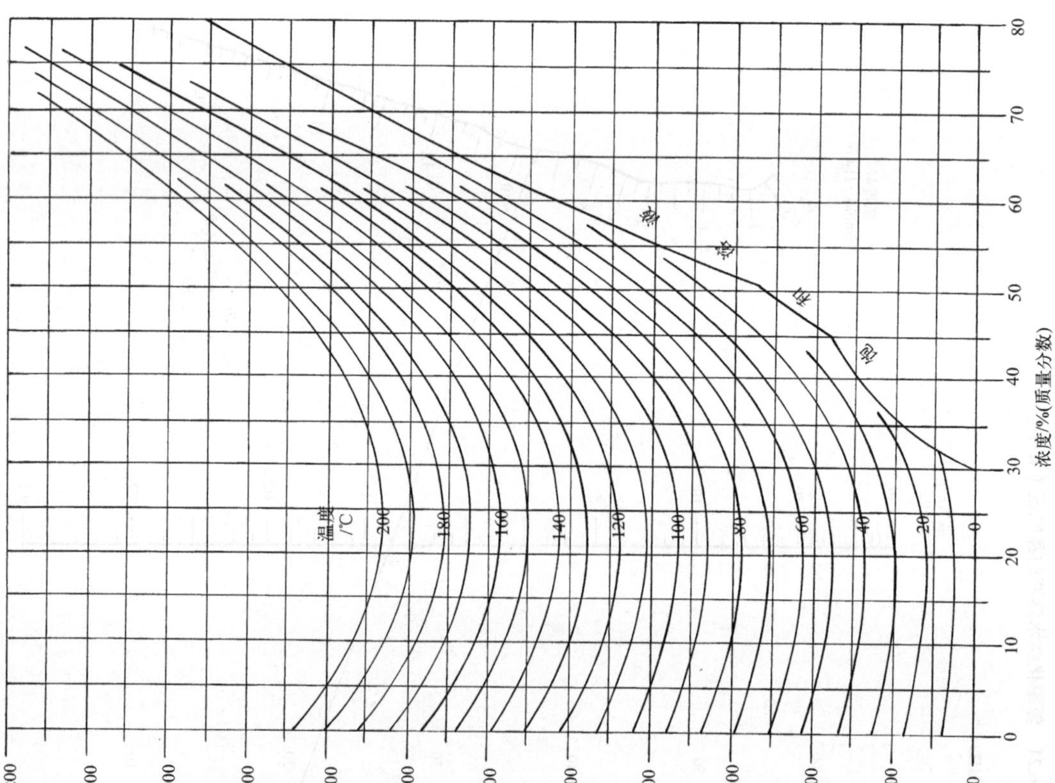

第 7 章

7.1 硝酸铵水溶液的密度

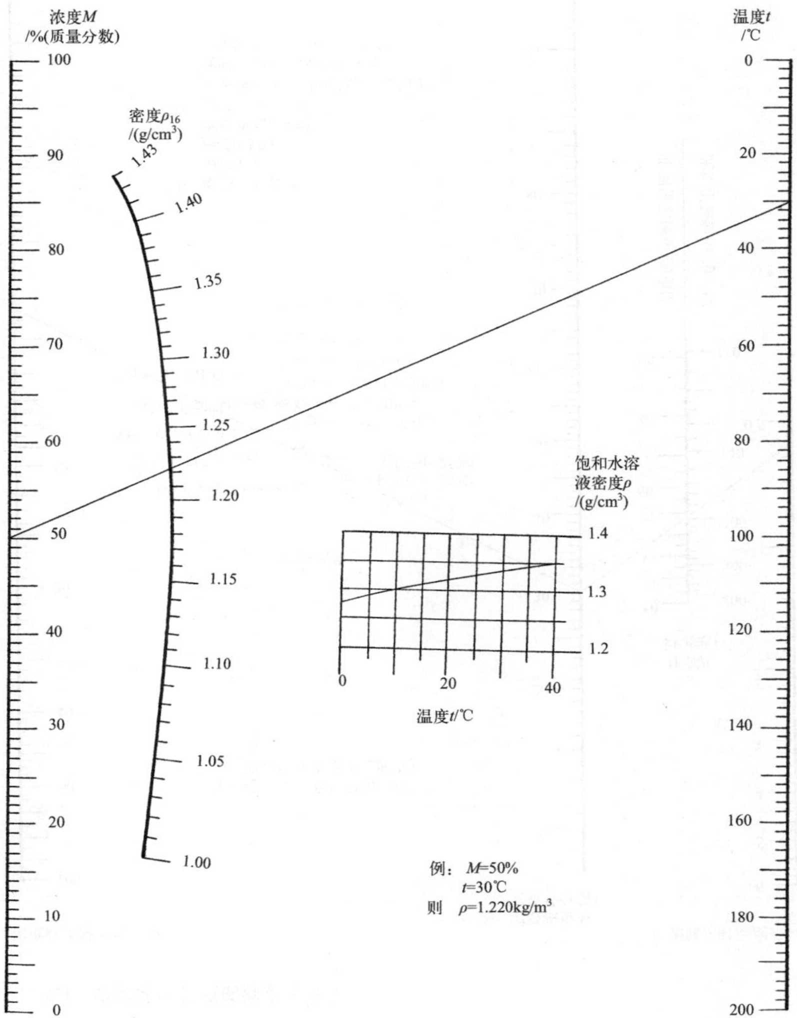

7.2 硝酸盐水溶液的沸点（Ⅰ）

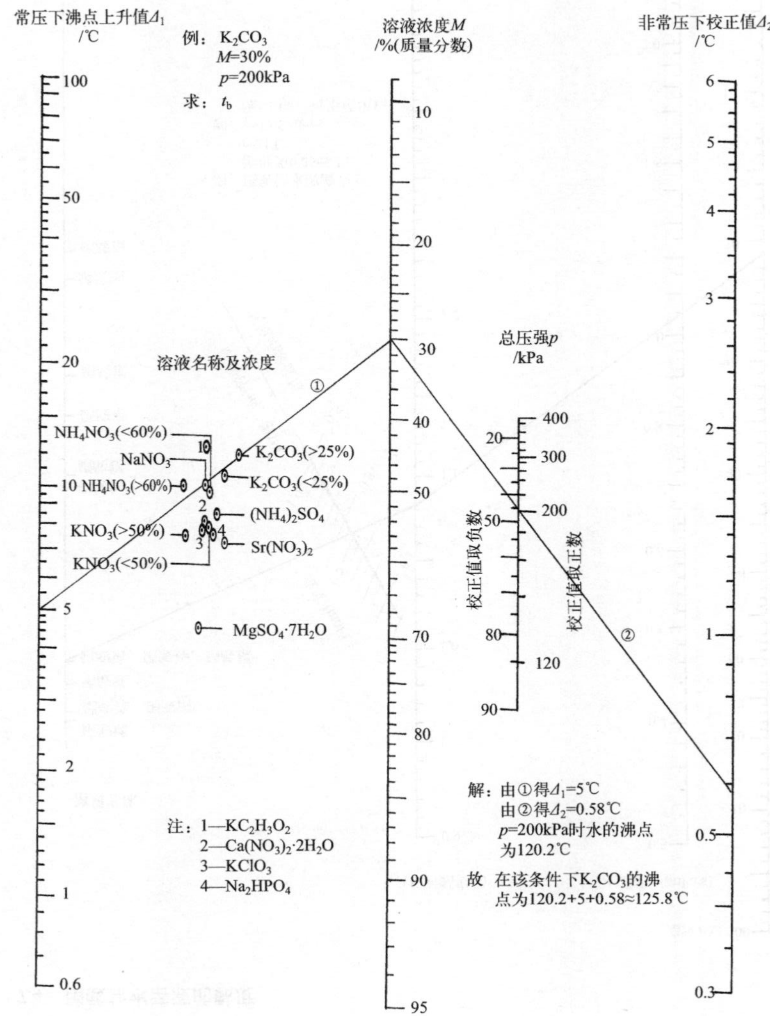

7.3 硝酸盐水溶液的沸点（Ⅱ）

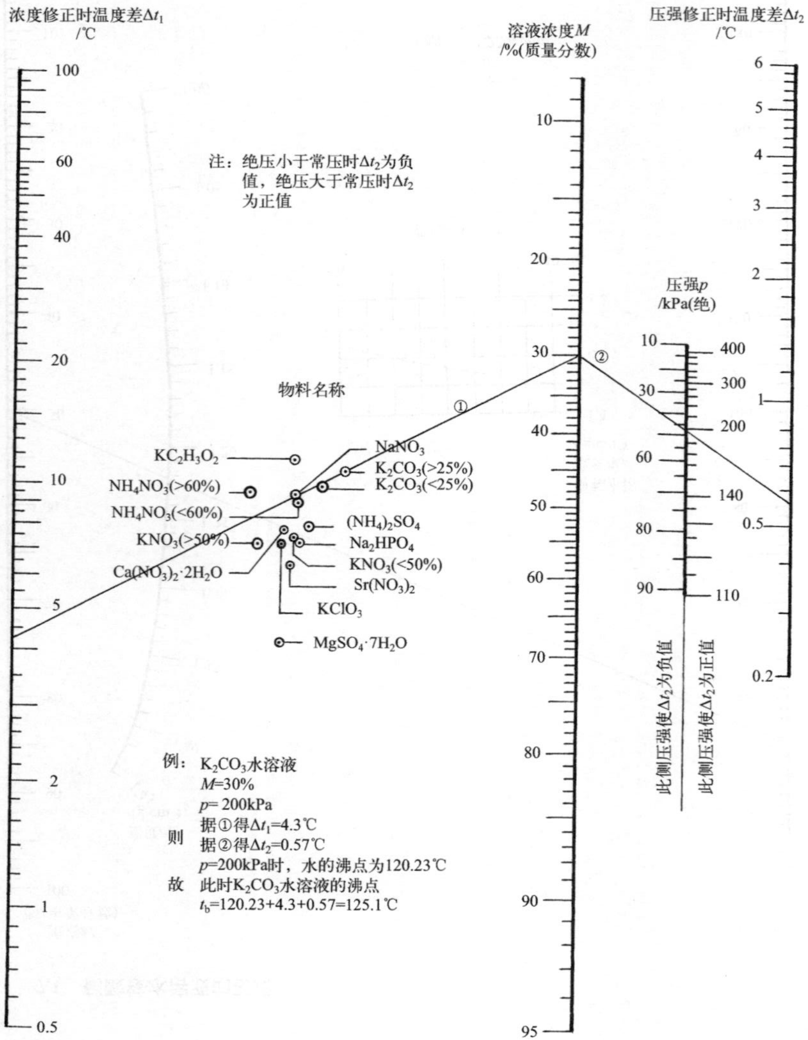

注：绝压小于常压时Δt_2为负值，绝压大于常压时Δt_2为正值

例：K_2CO_3水溶液
M=30%
p= 200kPa
则 据①得Δt_1=4.3℃
据②得Δt_2=0.57℃
p=200kPa时，水的沸点为120.23℃
故 此时K_2CO_3水溶液的沸点
t_b=120.23+4.3+0.57=125.1℃

7.4 硝酸盐水溶液的黏度

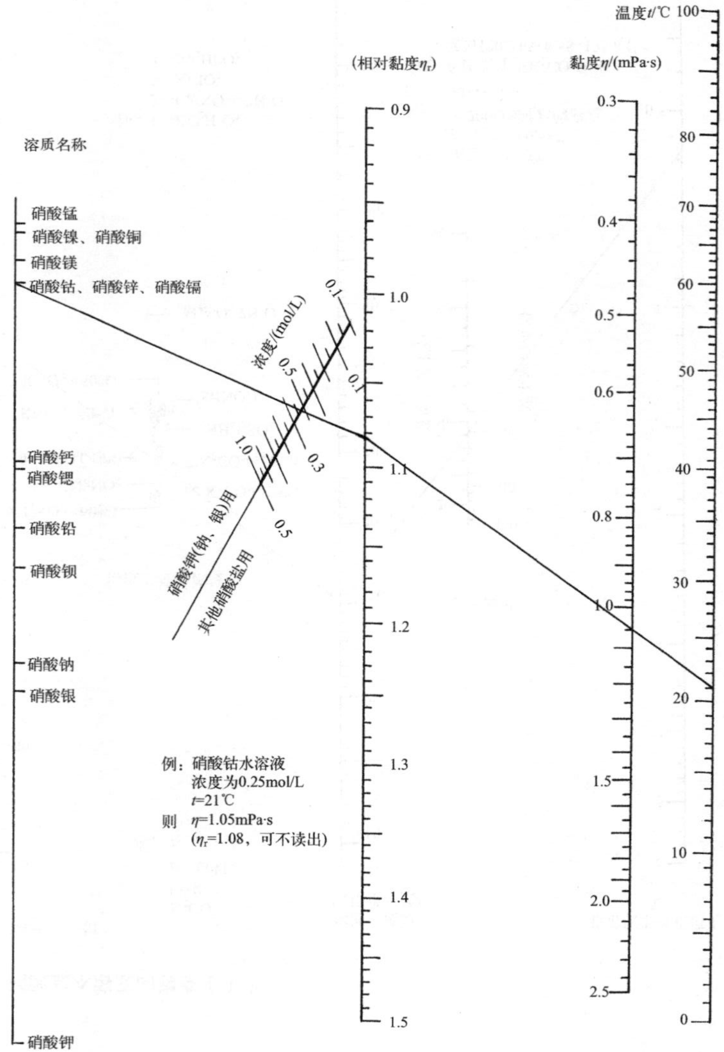

例：硝酸钴水溶液
浓度为0.25mol/L
t=21℃
则 η=1.05mPa·s
(η_r=1.08，可不读出)

7.5 硝酸盐在水中的溶解度

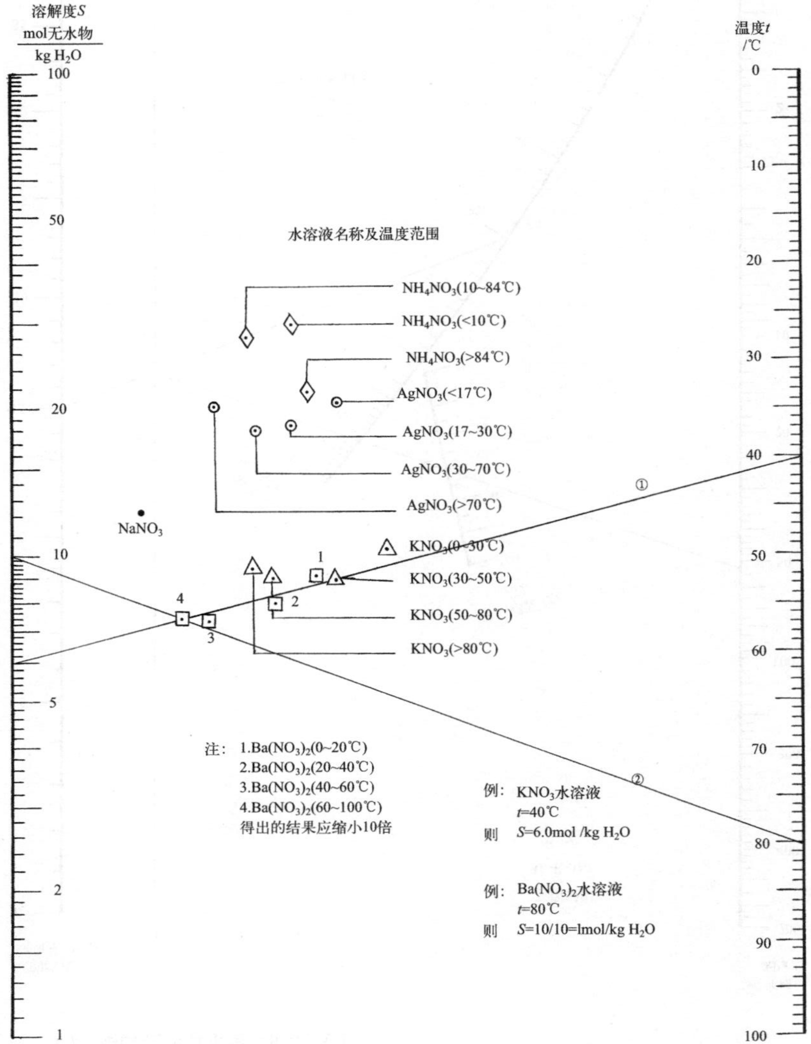

7.6 硝酸铵水溶液的蒸气压

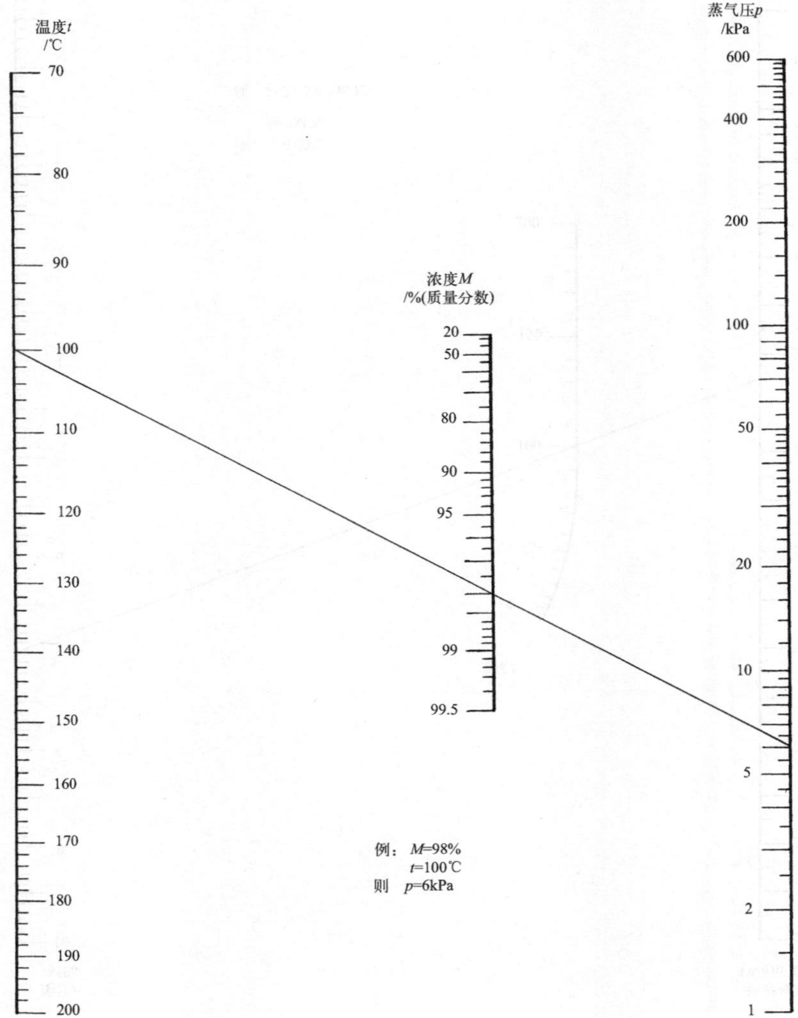

7.7 硝酸铵和氨水溶液的蒸气压

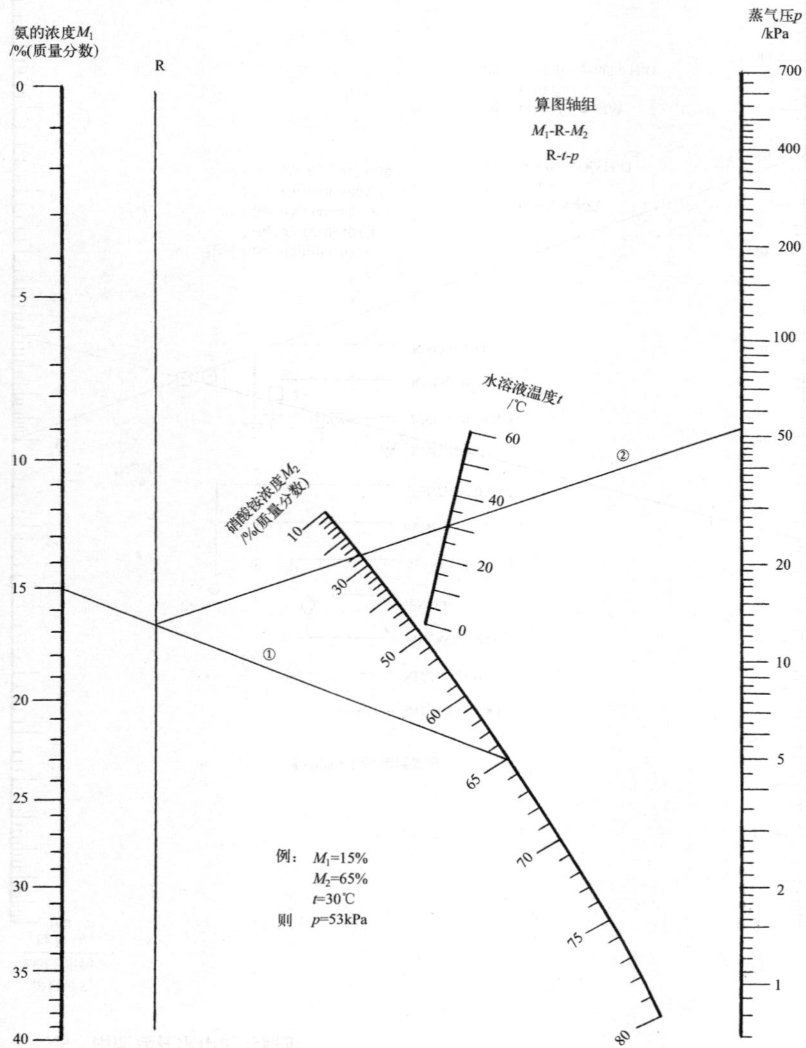

7.8 一氧化氮气体的热导率

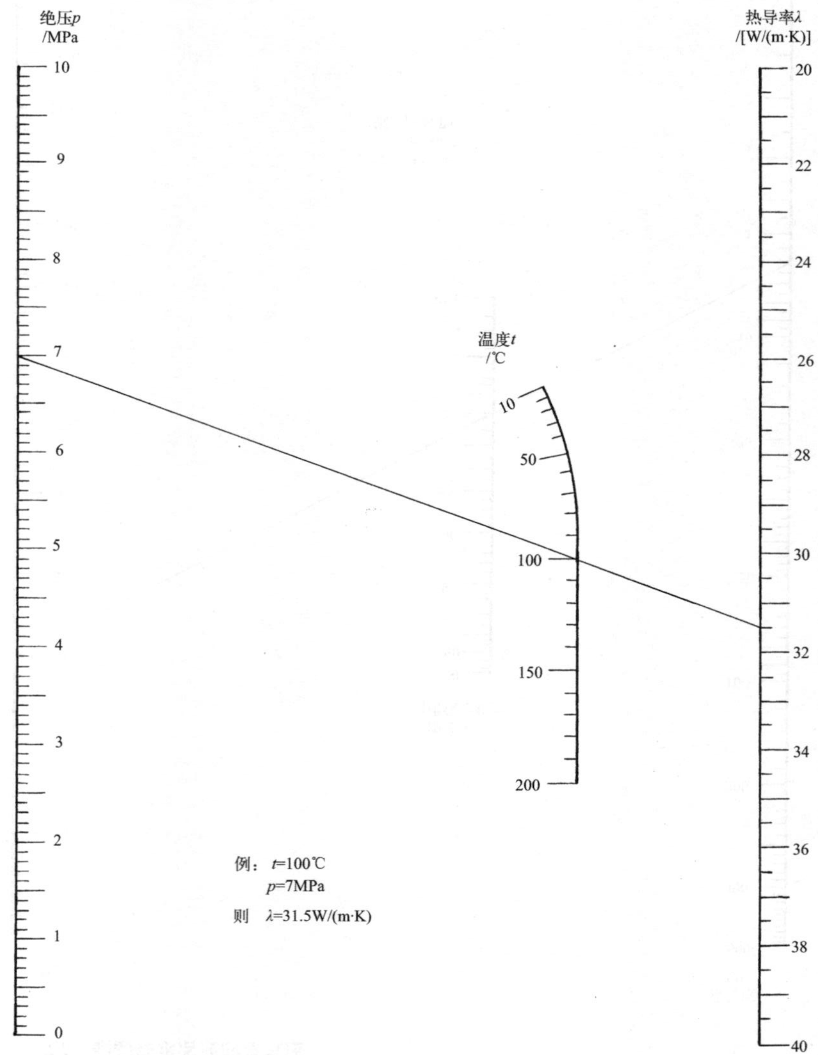

第 10 章

10.1 氯化钾水溶液的密度

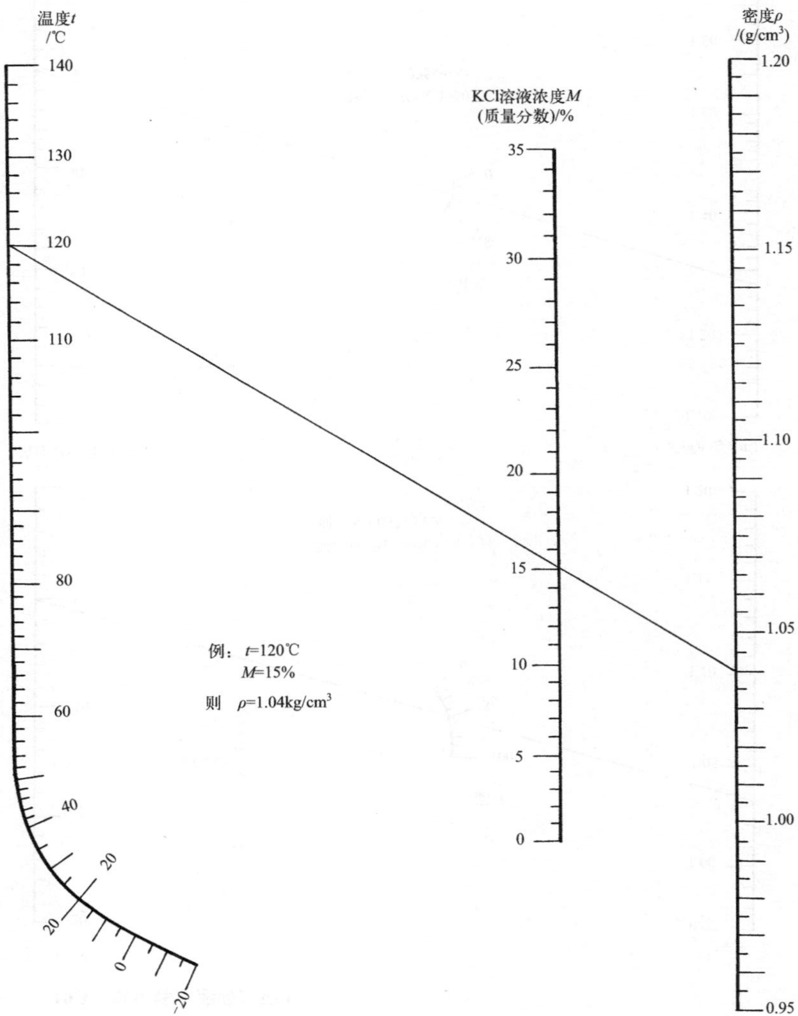

10.2 氯化钙水溶液的密度和冰点

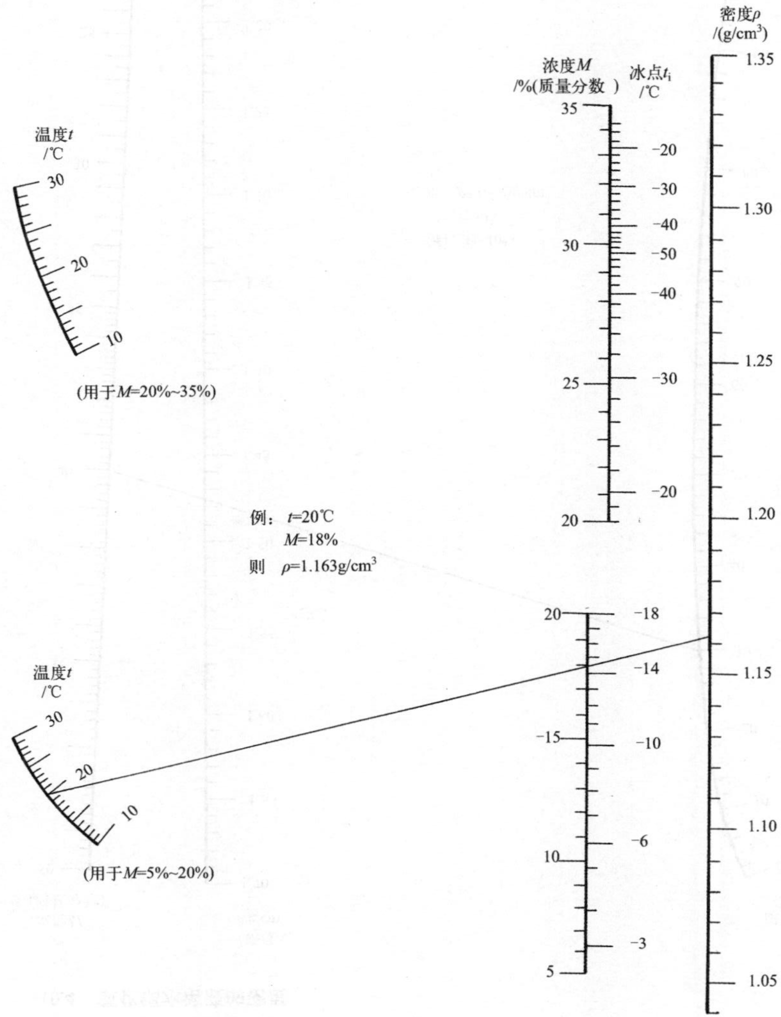

10.3 氯化锌水溶液的密度

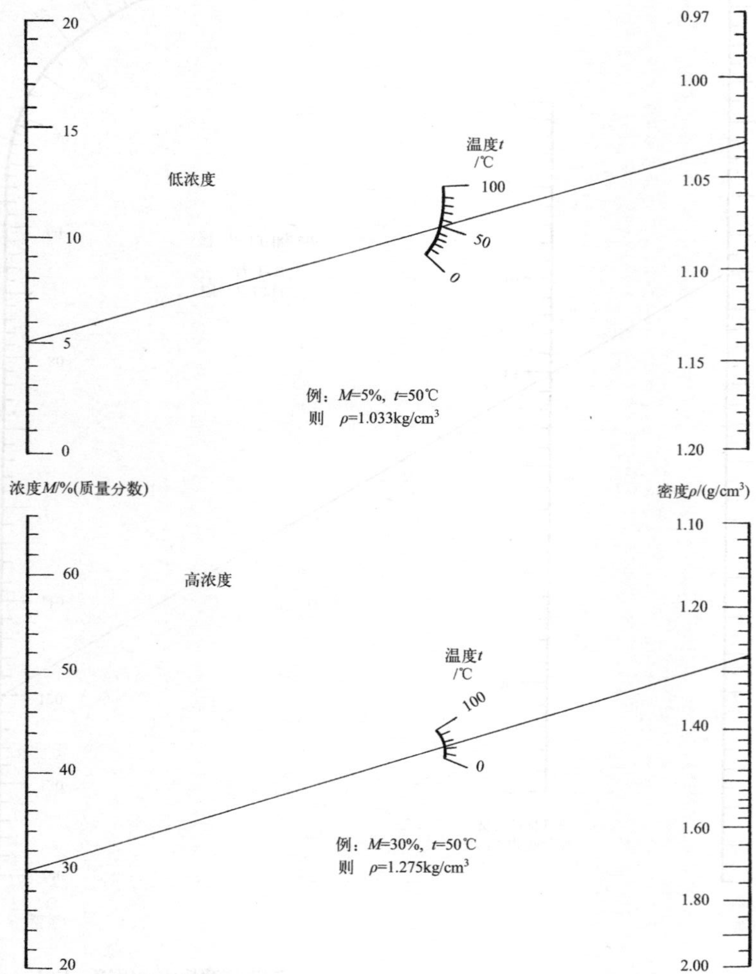

10.4 氯化镉水溶液的密度

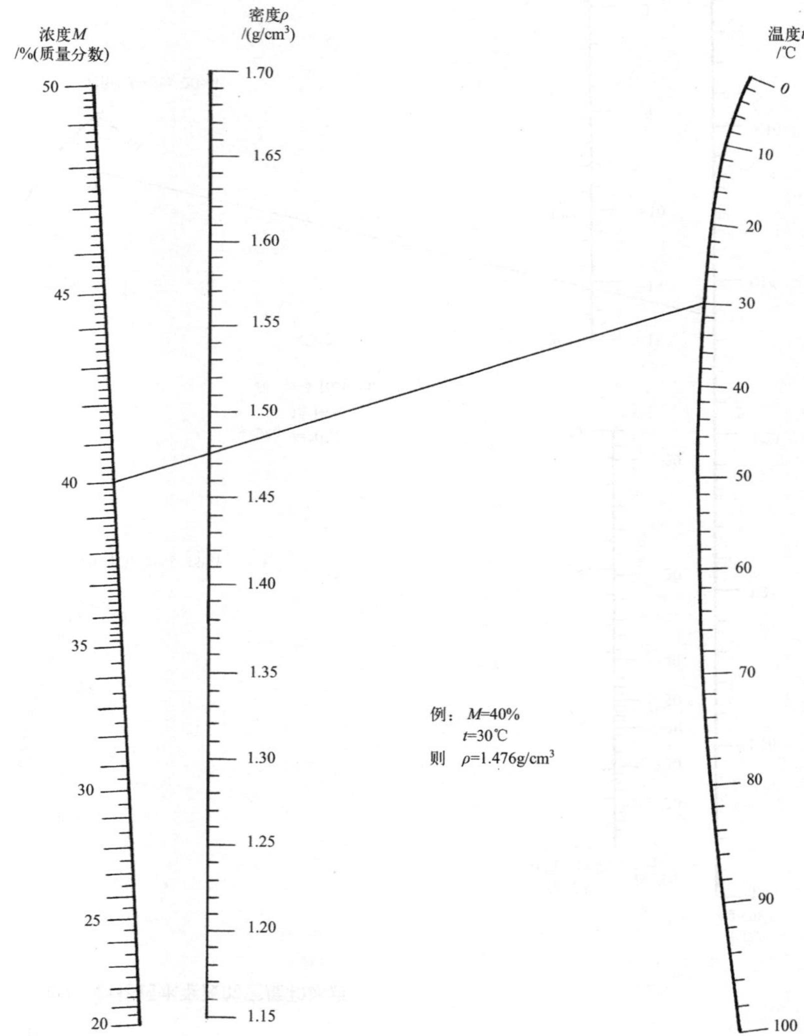

10.5 氯化铵水溶液的密度

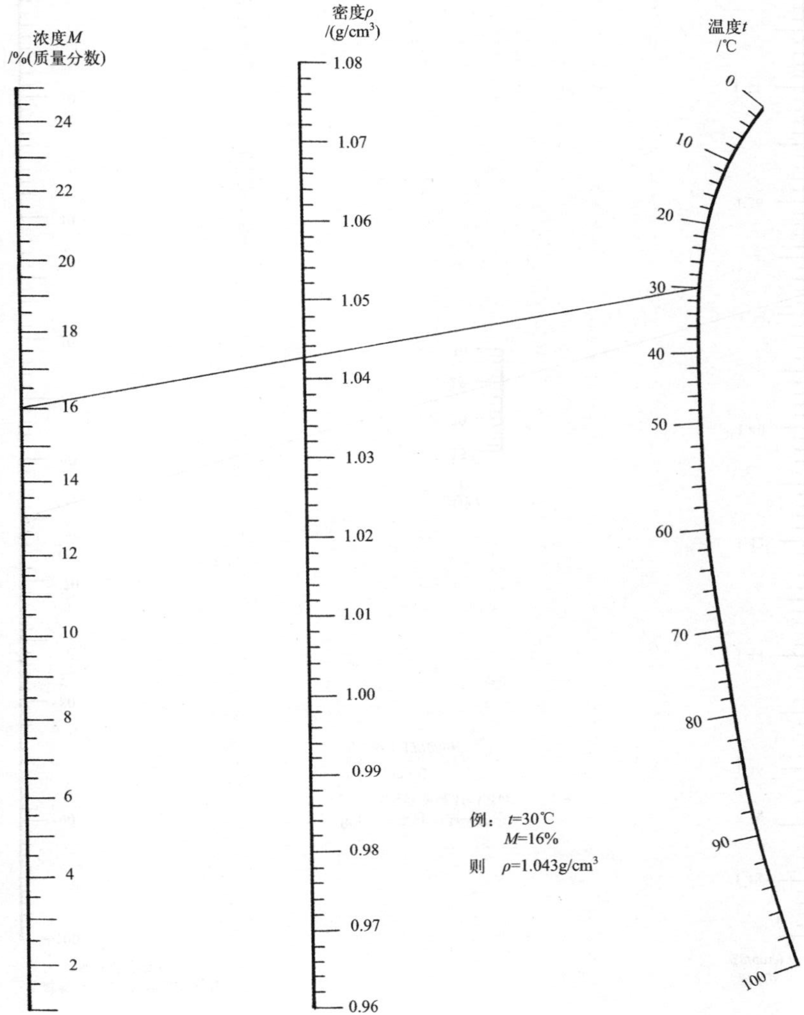

例：t=30℃
M=16%
则 ρ=1.043g/cm^3

10.6 氯化锂水溶液的密度

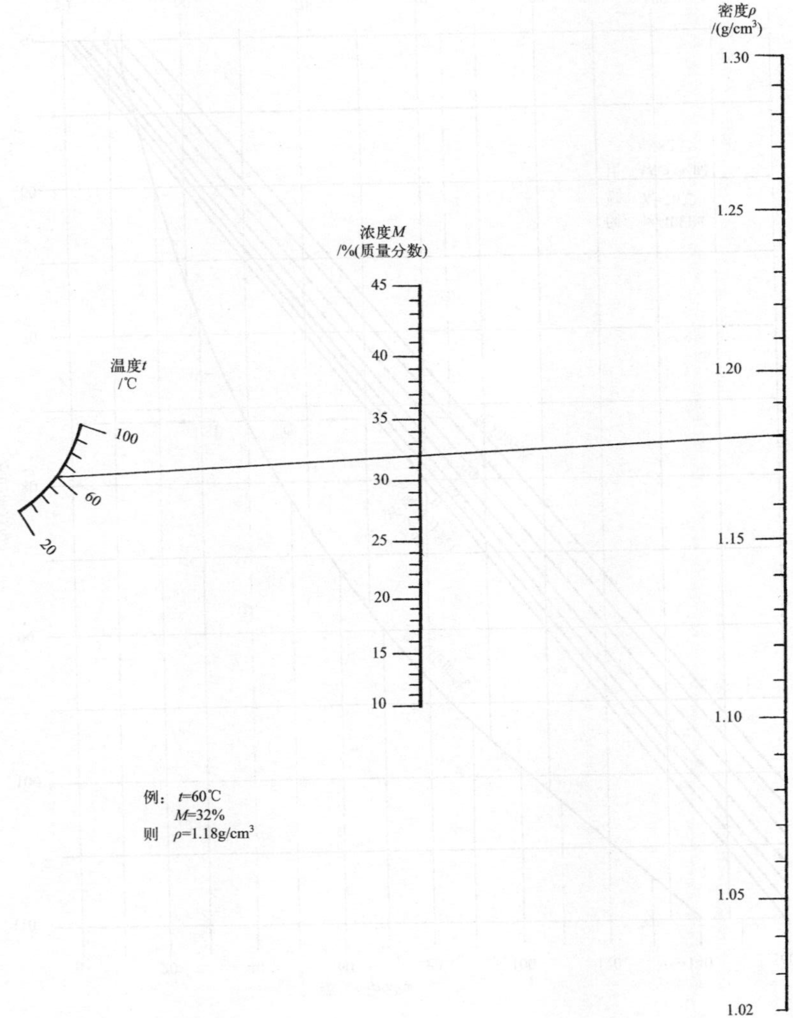

例：t=60℃
M=32%
则 ρ=1.18g/cm^3

10.7 三氯硅烷和四氯硅烷混合物的密度

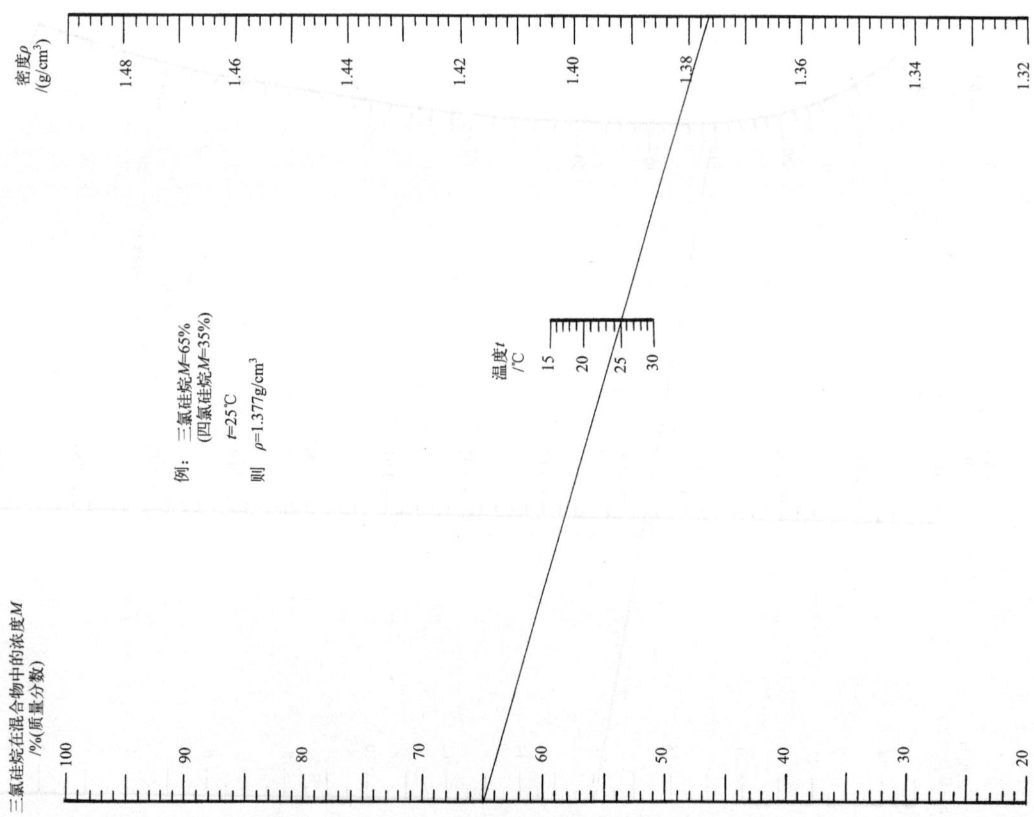

10.8 氯化钠水溶液的沸点

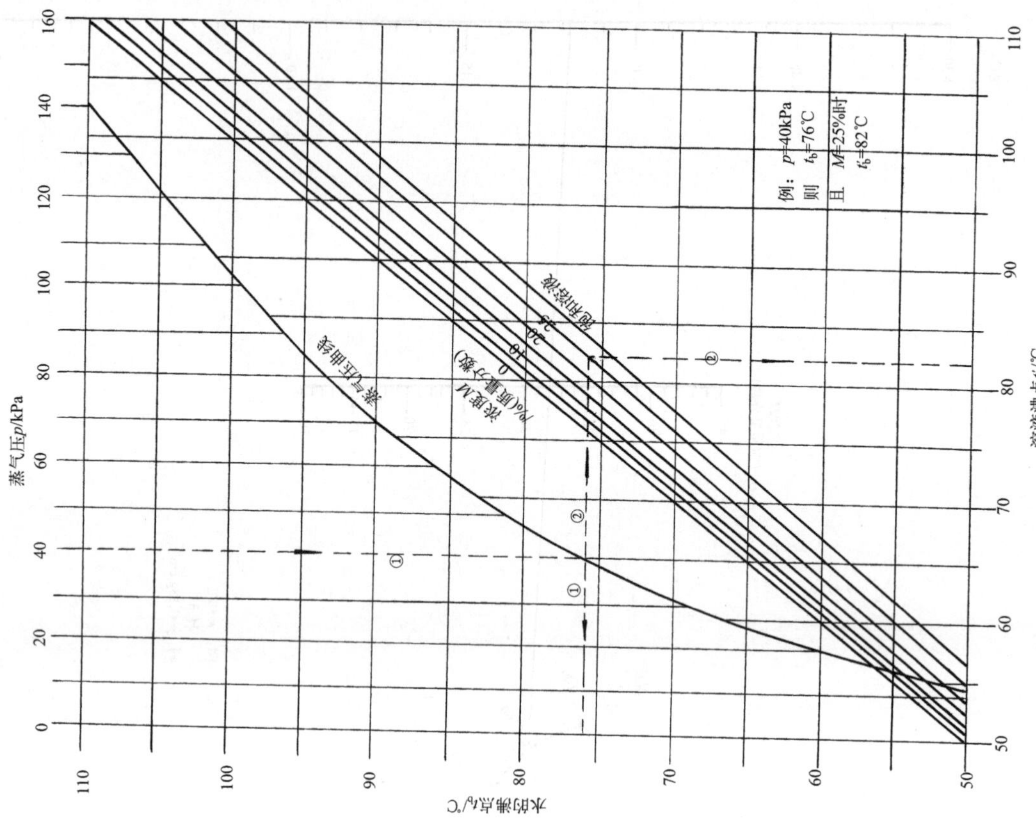

10.9 氯化物水溶液的沸点（Ⅰ）

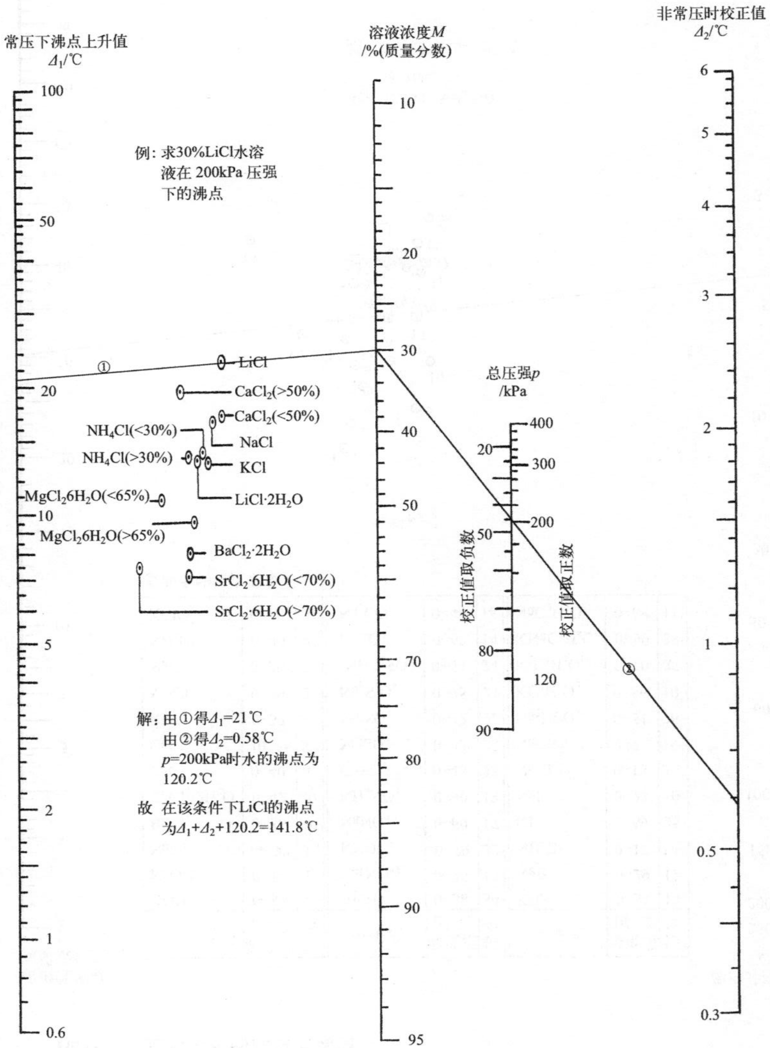

10.10 氯化物水溶液的沸点（Ⅱ）

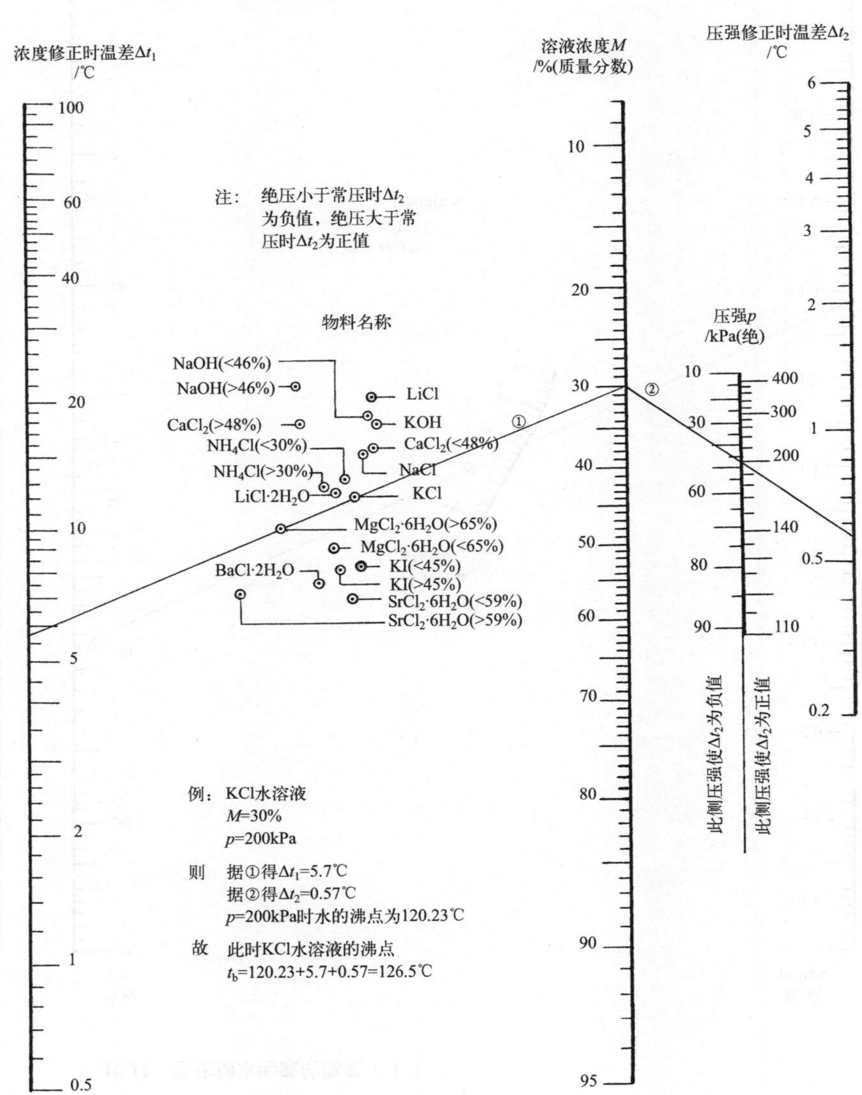

10.11 一些水溶液的沸点升高值

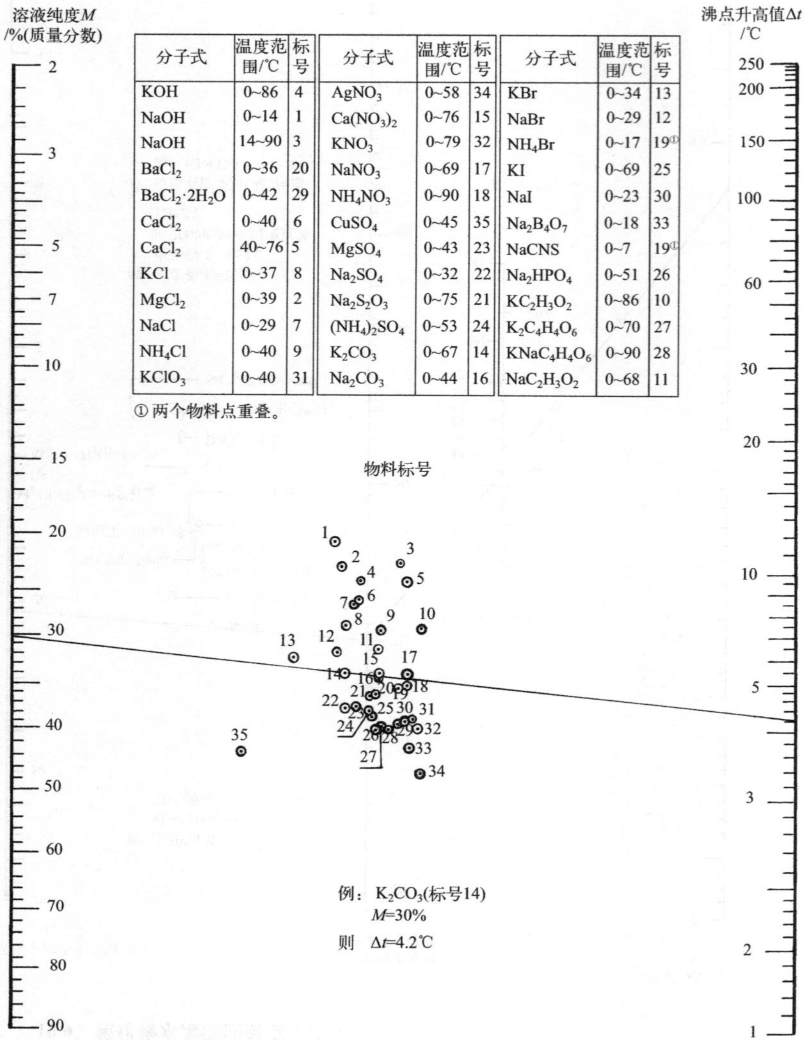

分子式	温度范围/℃	标号	分子式	温度范围/℃	标号	分子式	温度范围/℃	标号
KOH	0~86	4	$AgNO_3$	0~58	34	KBr	0~34	13
NaOH	0~14	1	$Ca(NO_3)_2$	0~76	15	NaBr	0~29	12
NaOH	14~90	3	KNO_3	0~79	32	NH_4Br	0~17	19①
$BaCl_2$	0~36	20	$NaNO_3$	0~69	17	KI	0~69	25
$BaCl_2·2H_2O$	0~42	29	NH_4NO_3	0~90	18	NaI	0~23	30
$CaCl_2$	0~40	6	$CuSO_4$	0~45	35	$Na_2B_4O_7$	0~18	33
$CaCl_2$	40~76	5	$MgSO_4$	0~43	23	NaCNS	0~7	19①
KCl	0~37	8	Na_2SO_4	0~32	22	Na_2HPO_4	0~51	26
$MgCl_2$	0~39	2	$Na_2S_2O_3$	0~75	21	$KC_2H_3O_2$	0~86	10
NaCl	0~29	7	$(NH_4)_2SO_4$	0~53	24	$K_2C_4H_4O_6$	0~70	27
NH_4Cl	0~40	9	K_2CO_3	0~67	14	$KNaC_4H_4O_6$	0~90	28
$KClO_3$	0~40	31	Na_2CO_3	0~44	16	$NaC_2H_3O_2$	0~68	11

① 两个物料点重叠。

例：K_2CO_3(标号14)
M=30%
则 Δt=4.2℃

10.12 氯化钠水溶液的黏度（Ⅰ）

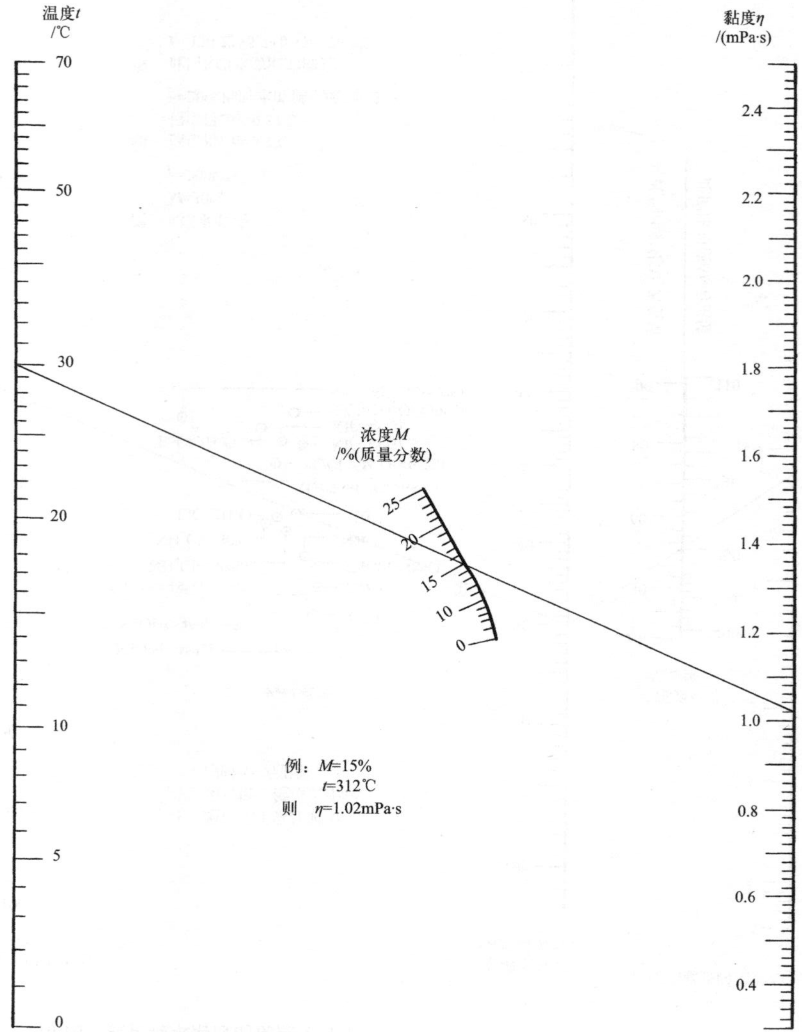

例：M=15%
t=312℃
则 η=1.02mPa·s

10.13 氯化钠水溶液的黏度（Ⅱ）

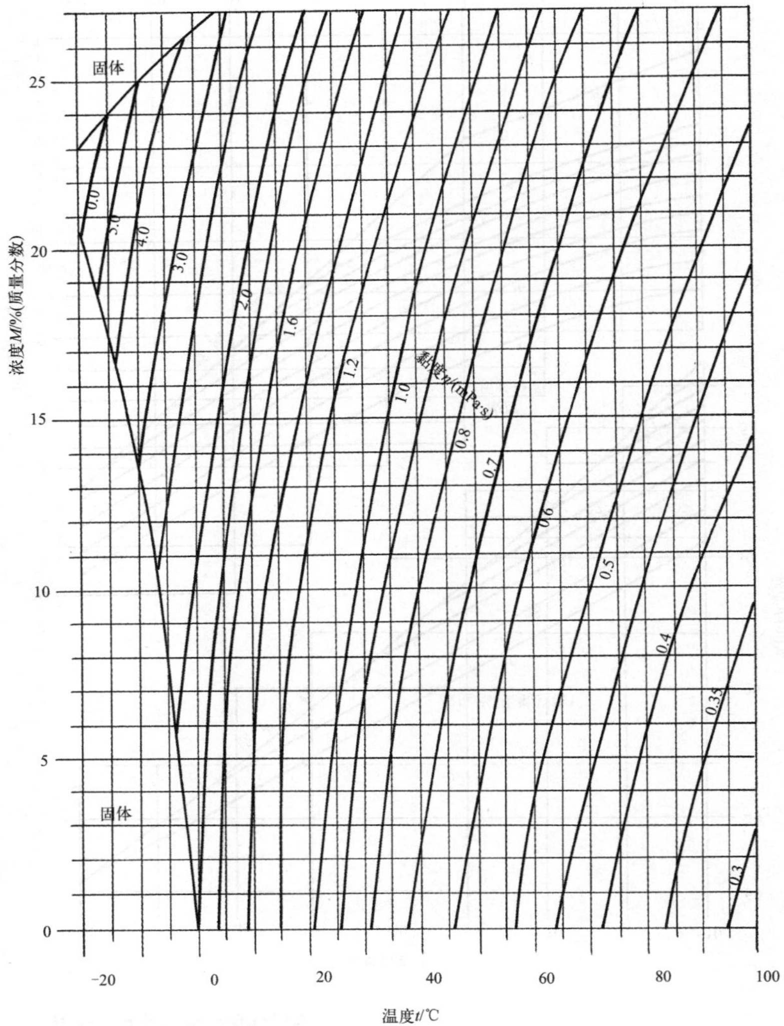

10.14 氯化钙水溶液的黏度（Ⅰ）

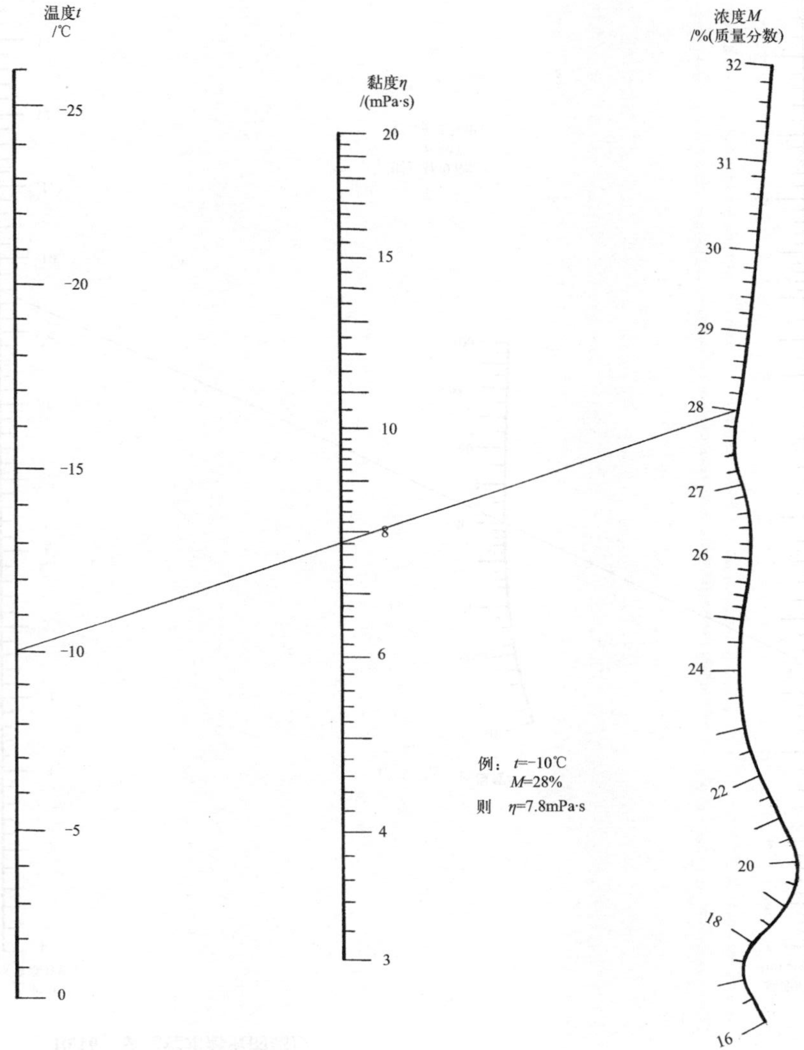

10.15 氯化钙水溶液的黏度（Ⅱ）

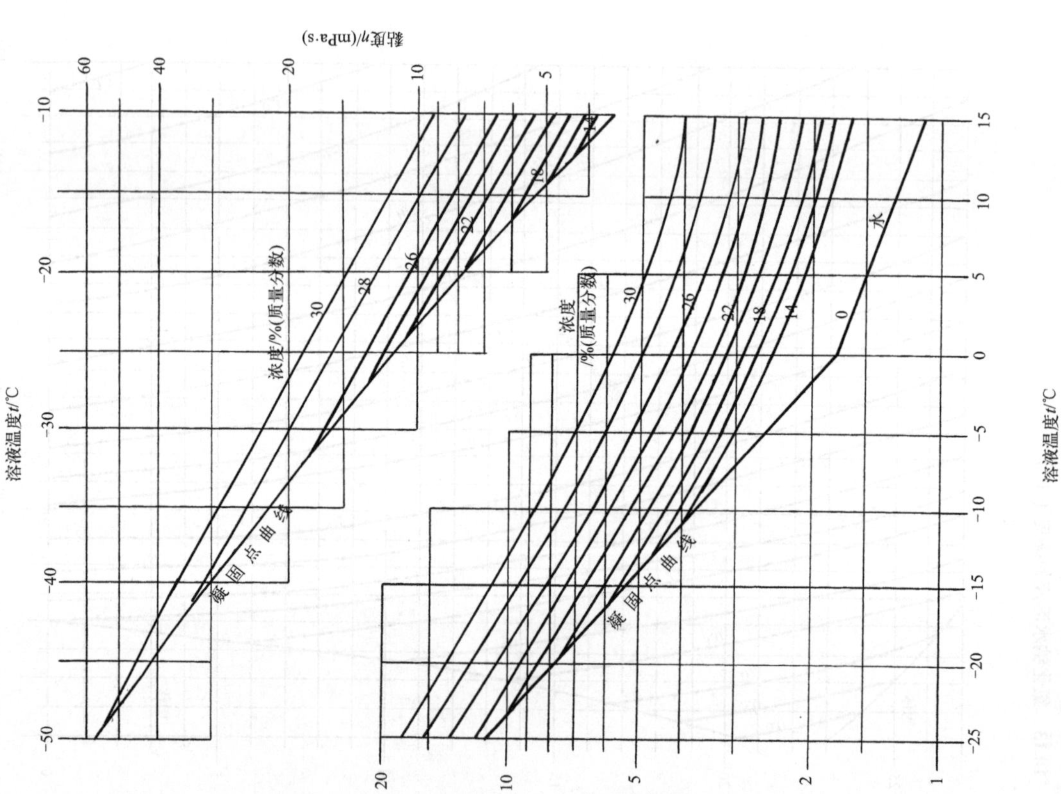

10.16 氯化锂水溶液的黏度

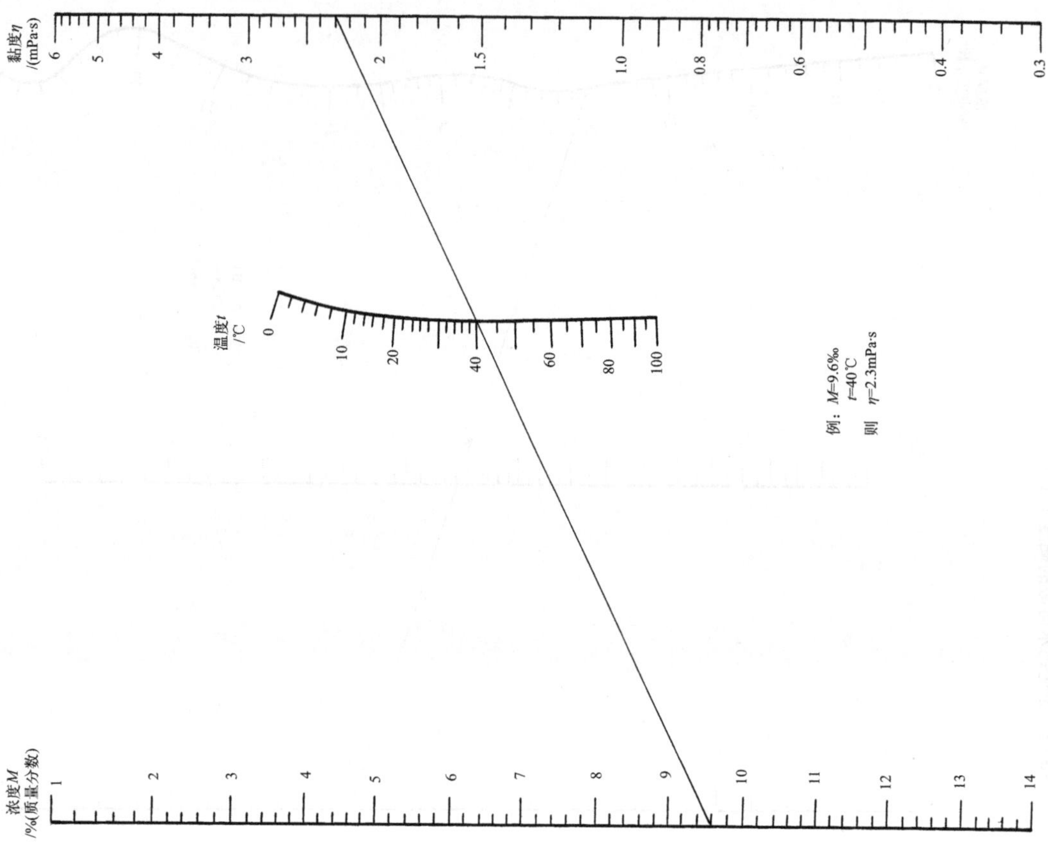

10.17 氯化物水溶液的黏度

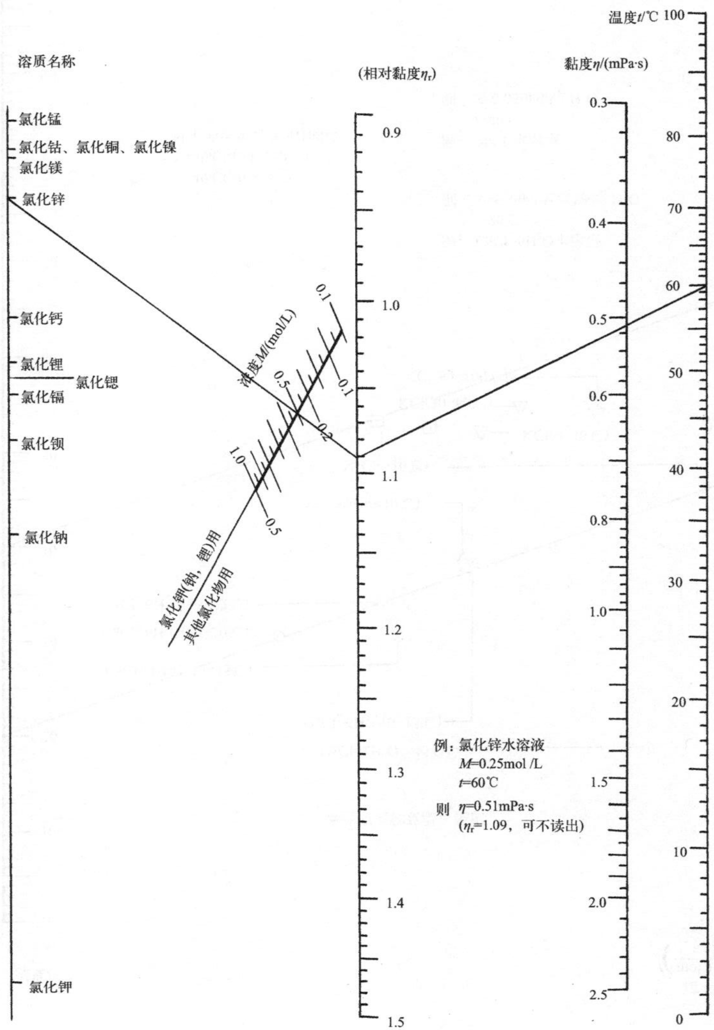

10.18 氯在氯化钠水溶液中的溶解度

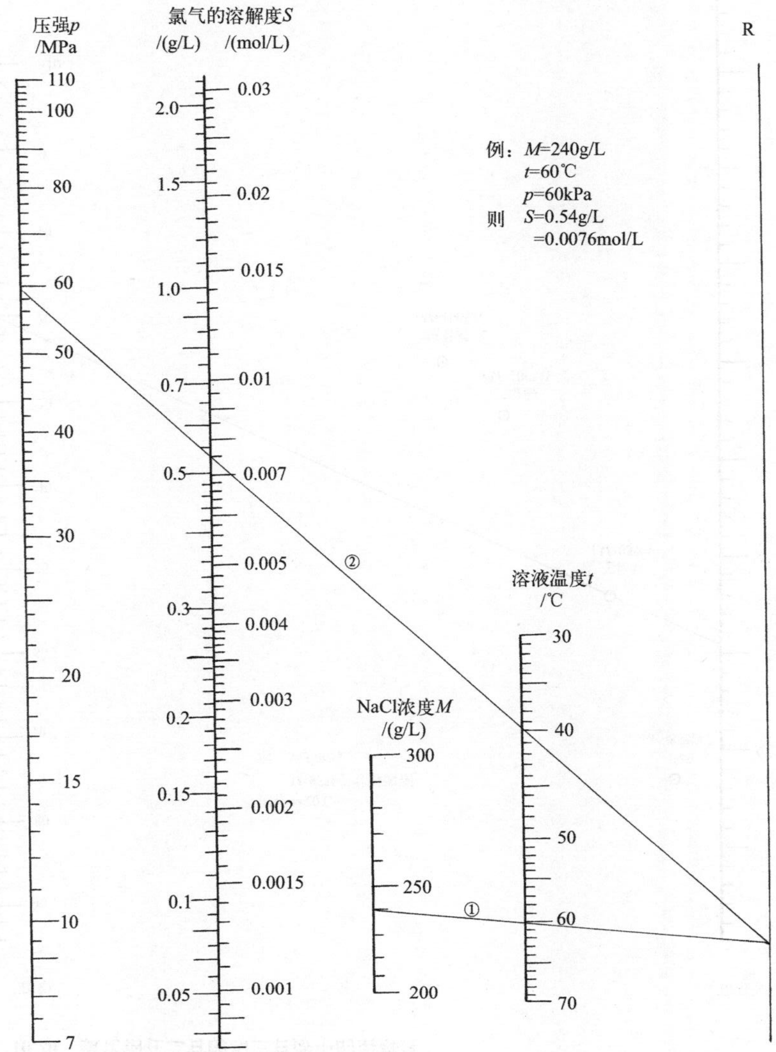

10.19 氯化物在水中的溶解度

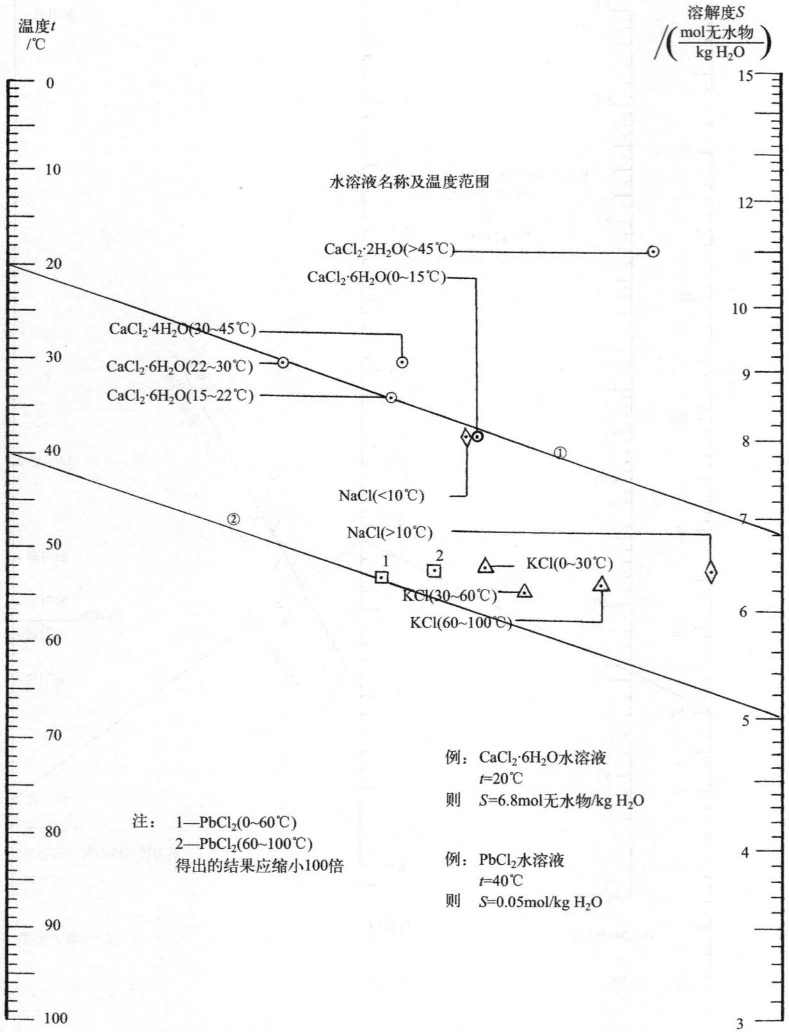

10.20 氯化钠在二甘醇和三甘醇中的溶解度

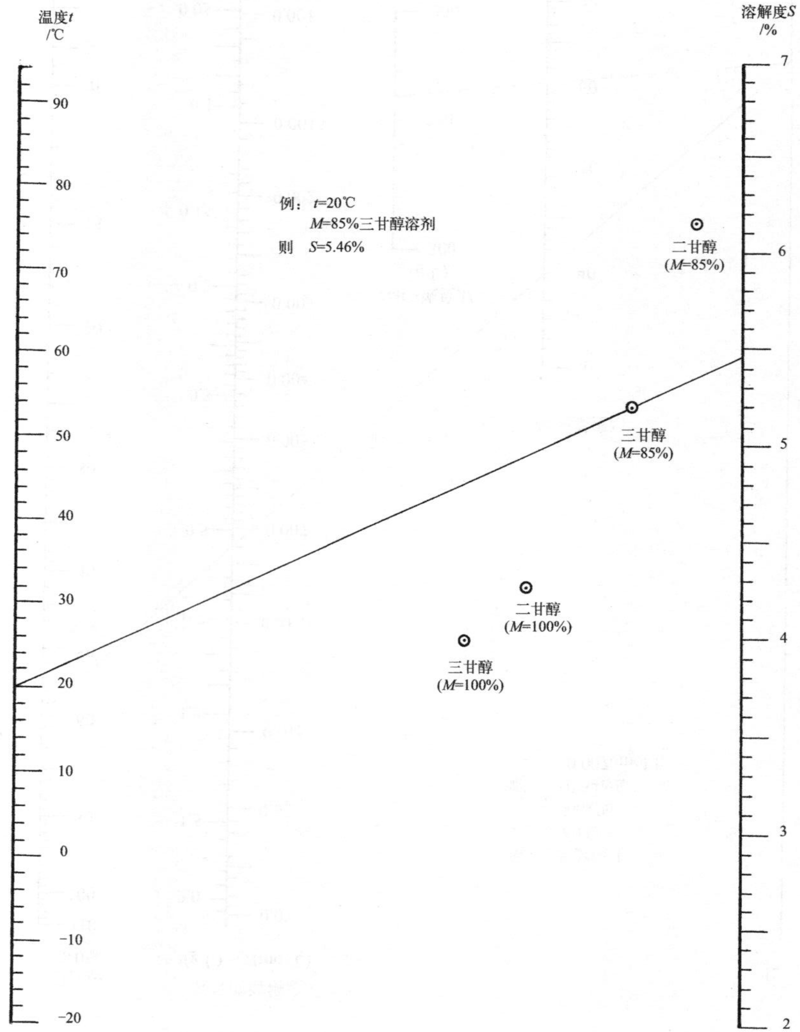

10.21 氯化物水溶液的热导率

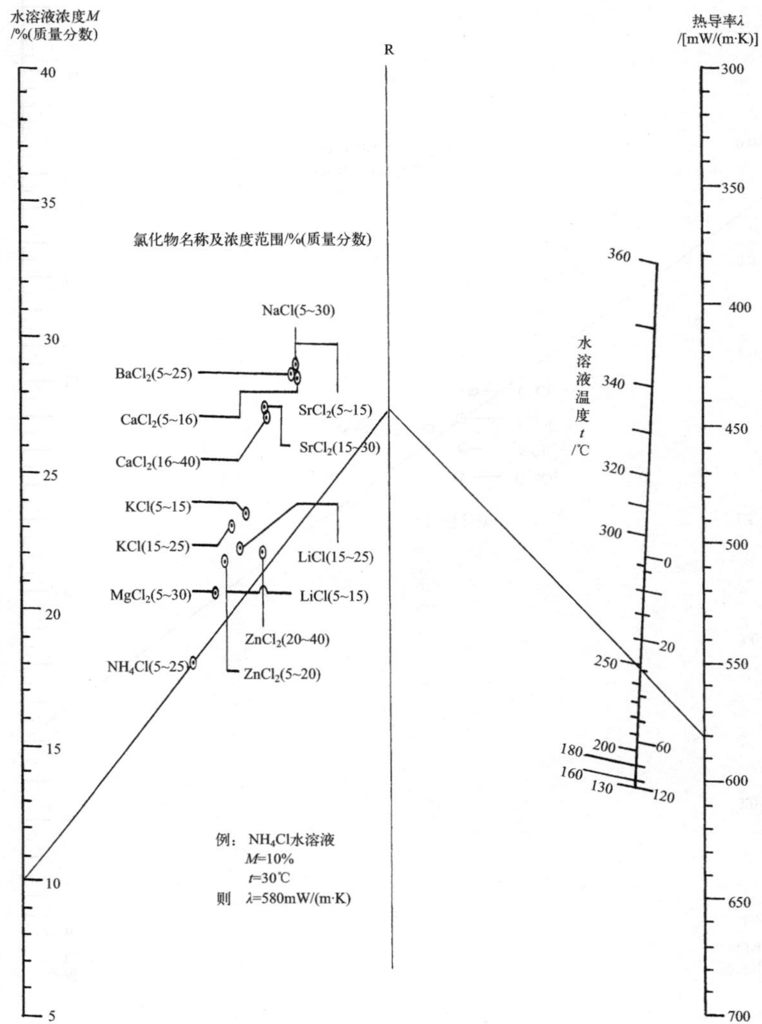

10.22 氯化钠、氯化钾、氯化铷晶体的蒸气压

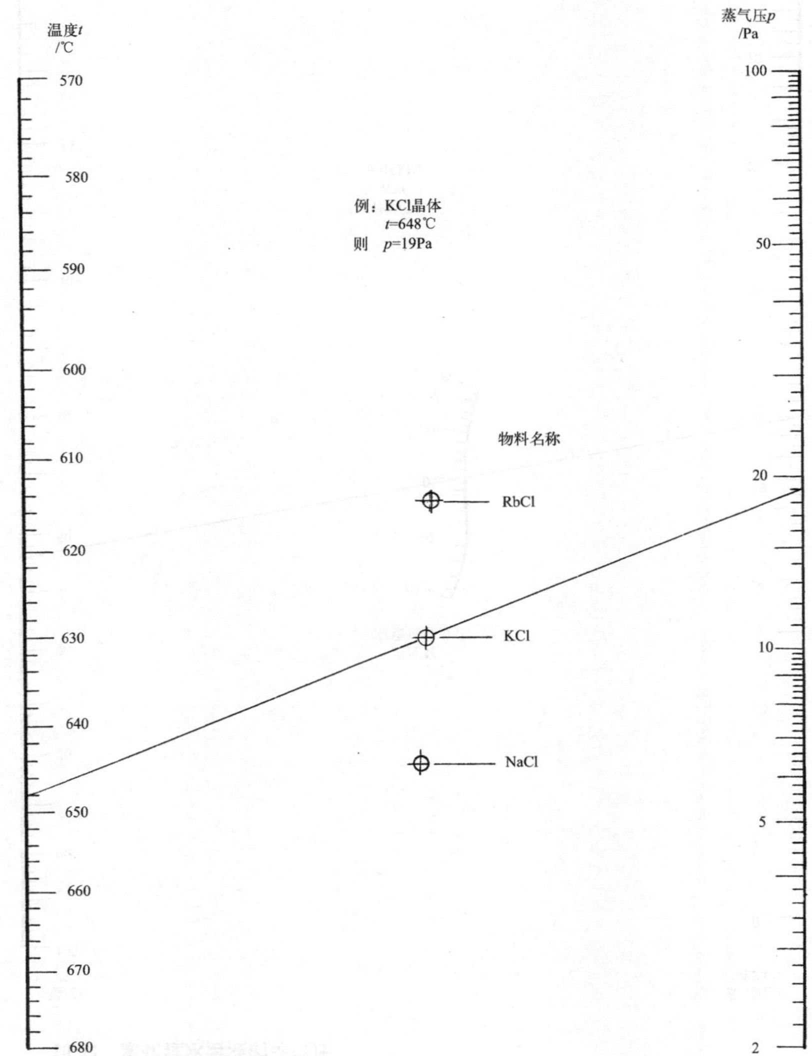

10.23 氯化钾、氯化钠和氯化铯水溶液的蒸气压

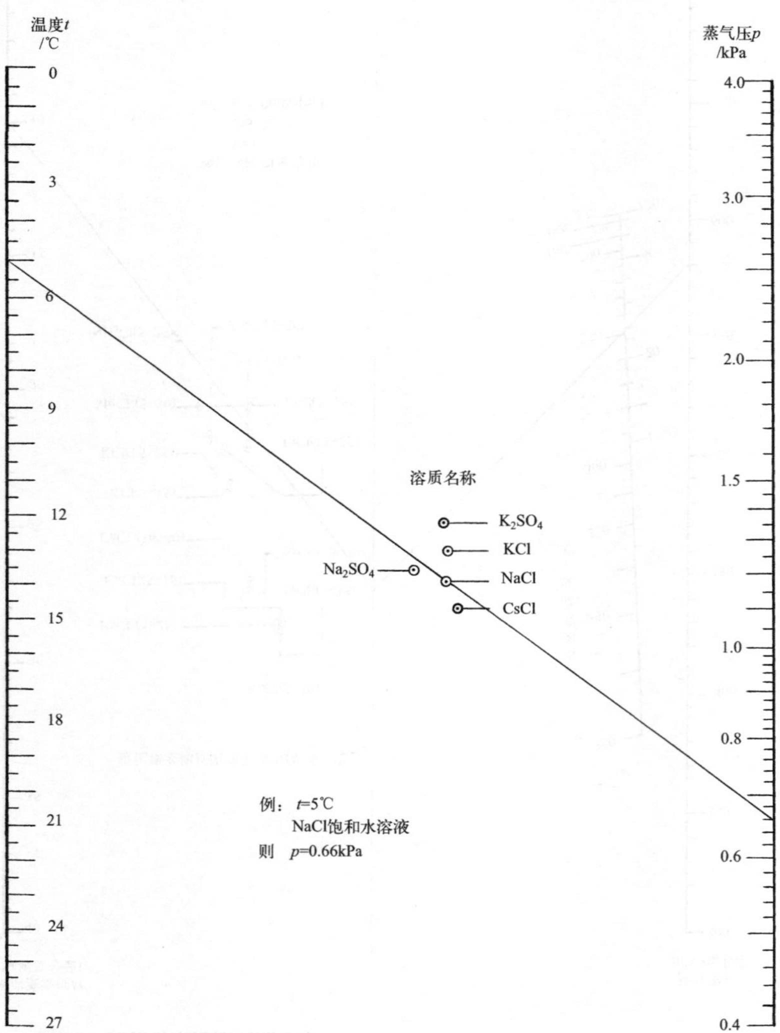

10.24 氯化锂水溶液的蒸气压

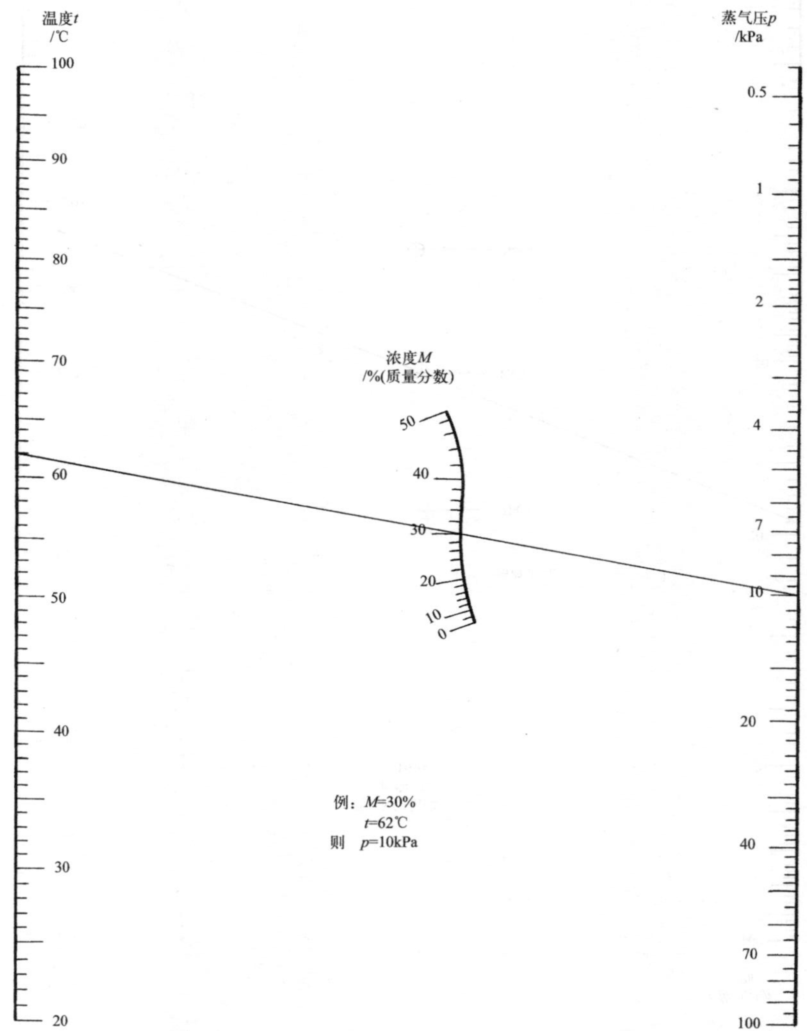

10.25 氯化钙水溶液的比热容

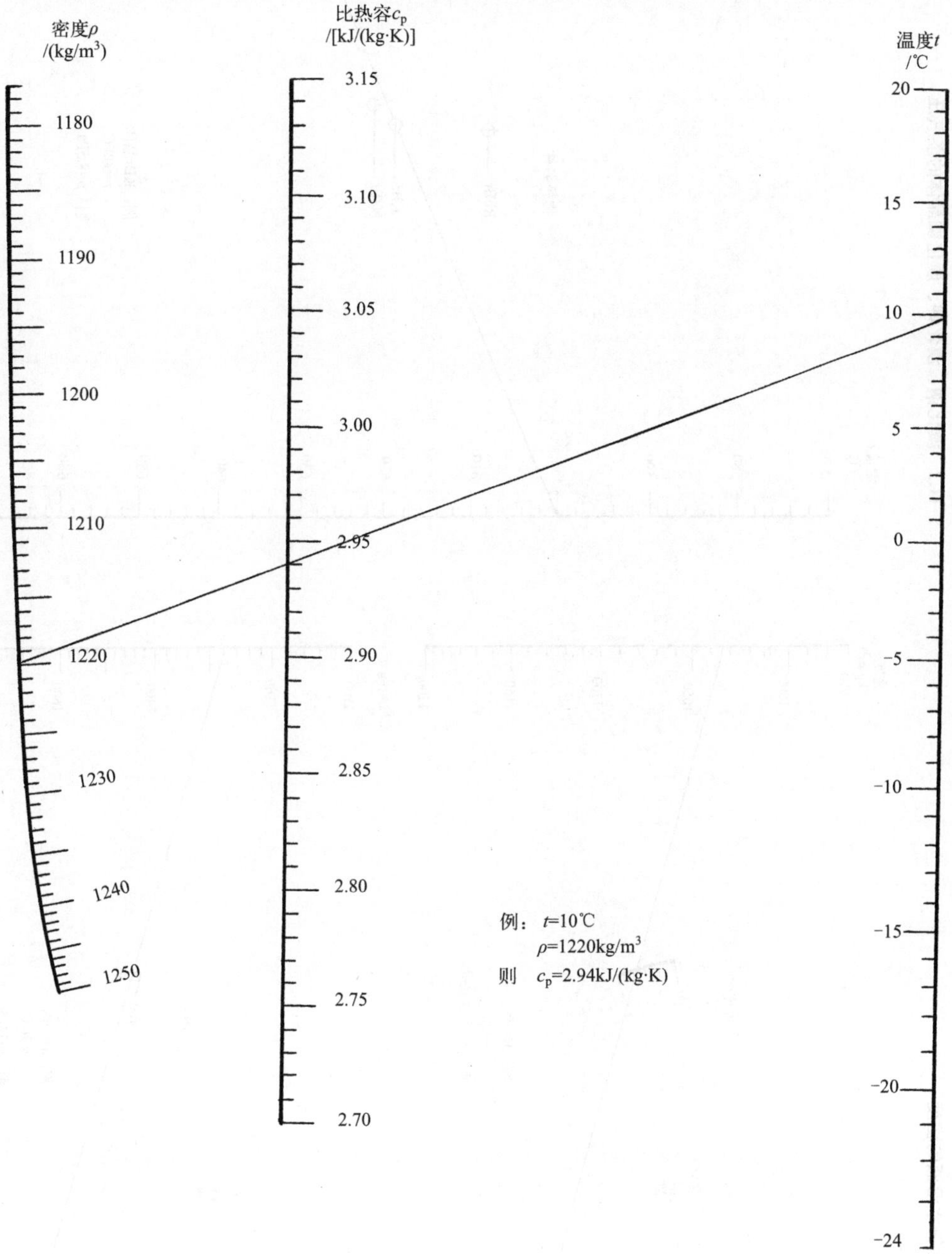

第 11 章

11.1 溴化锌水溶液的密度

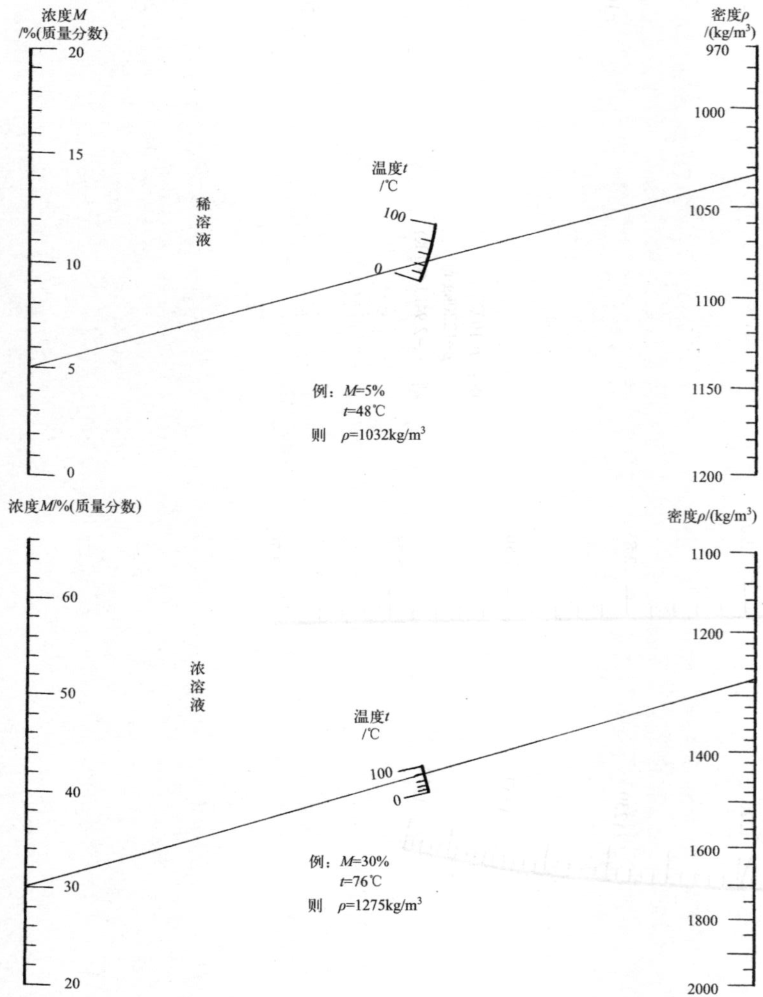

11.2 溴化钠、溴化钾、溴化铷晶体的蒸气压

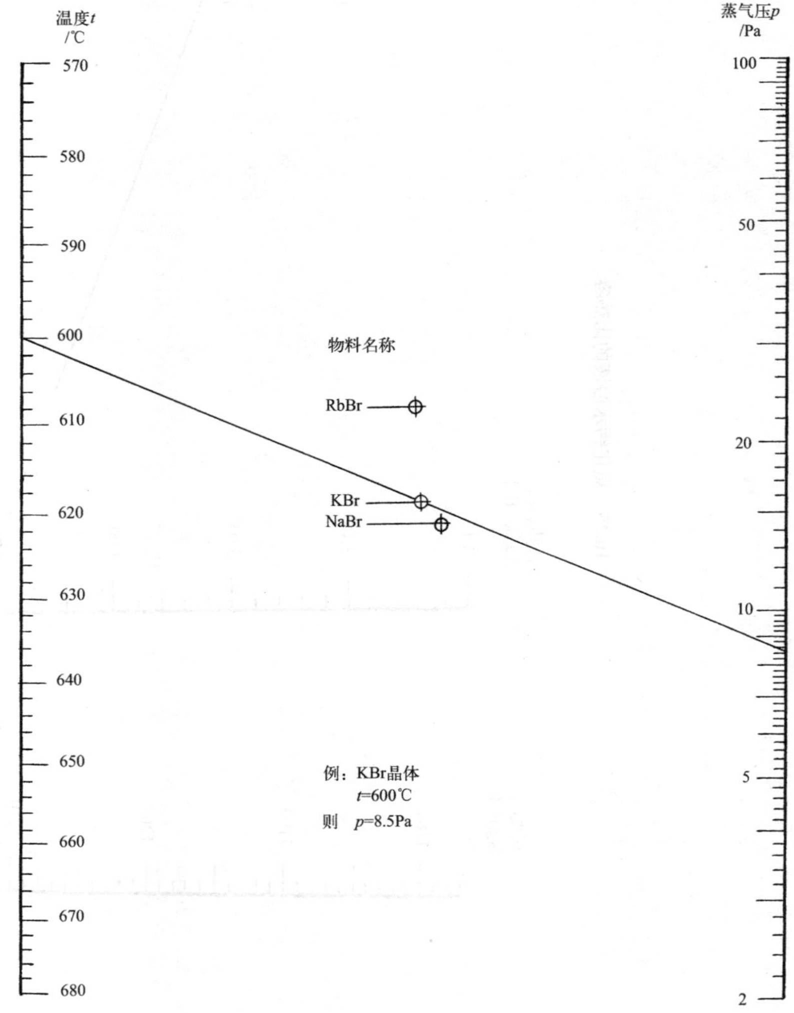

11.3 溴化锂水溶液的比焓

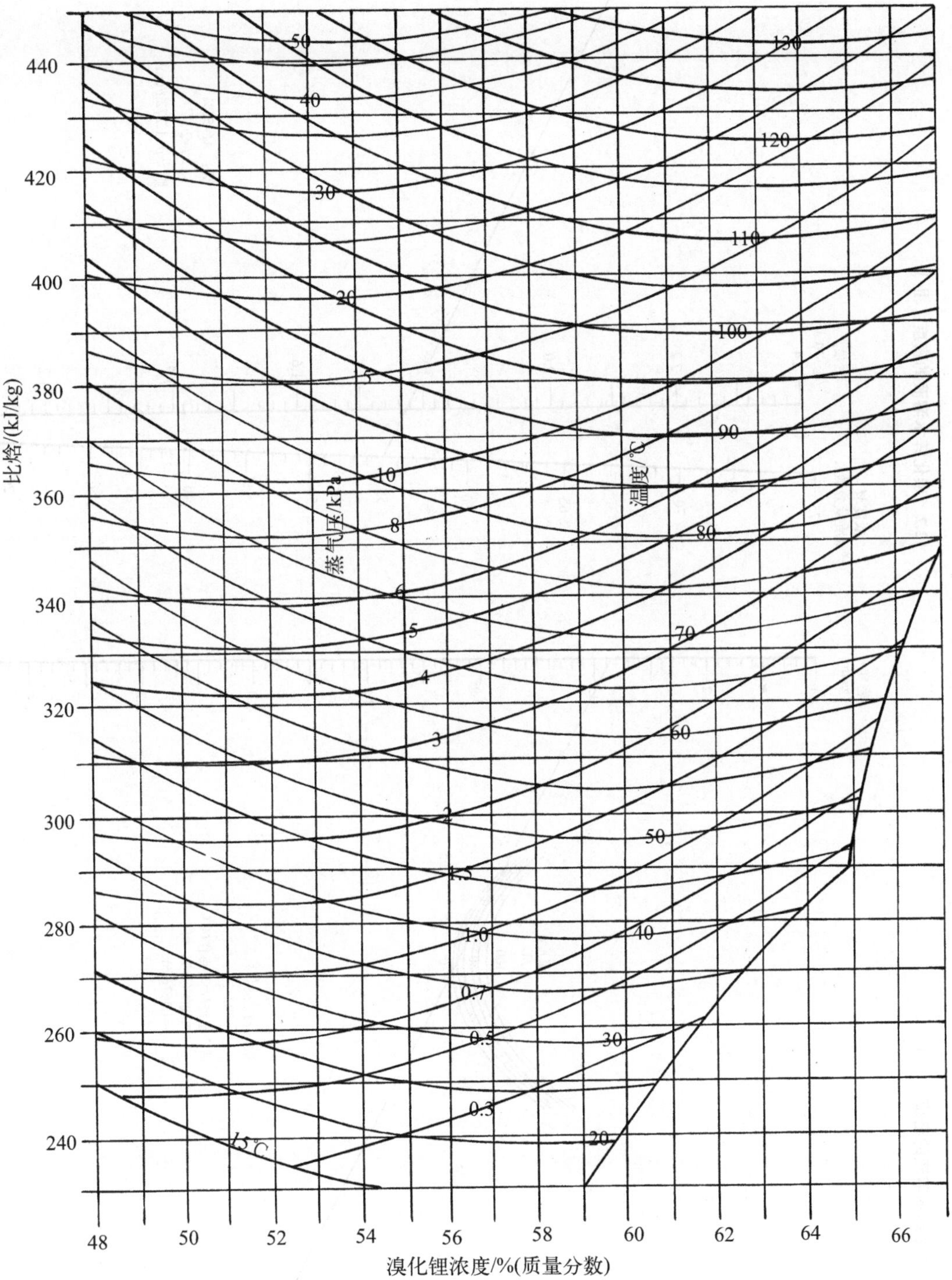

第 12 章

12.1　碘化锌水溶液的密度（Ⅰ）

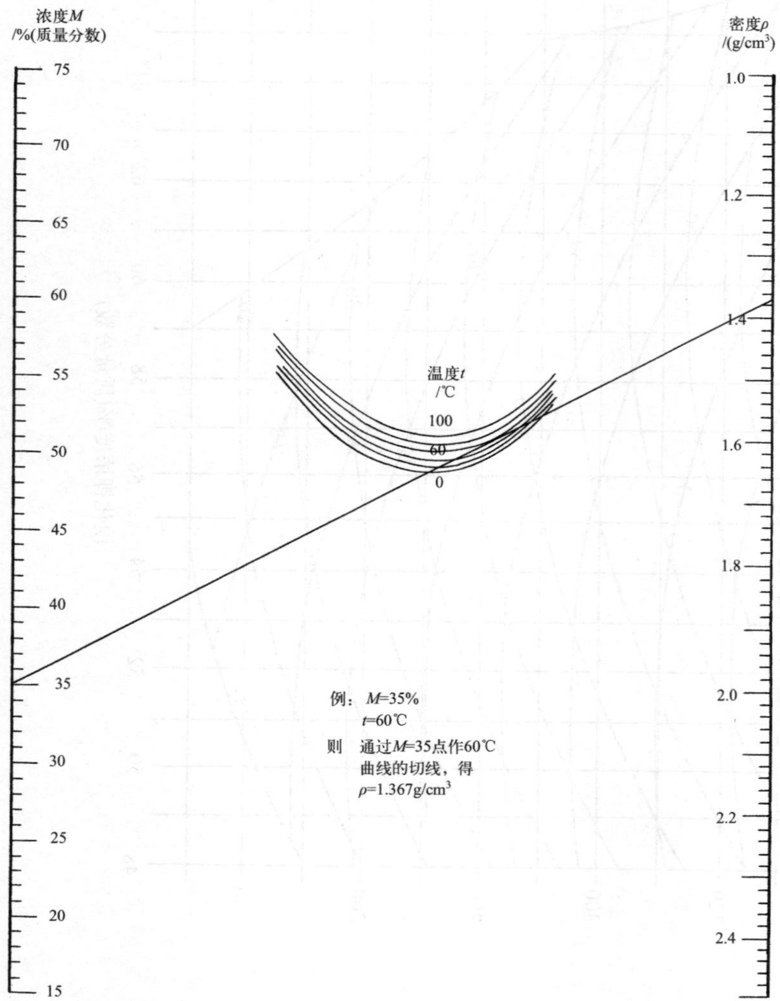

12.2　碘化锌水溶液的密度（Ⅱ）

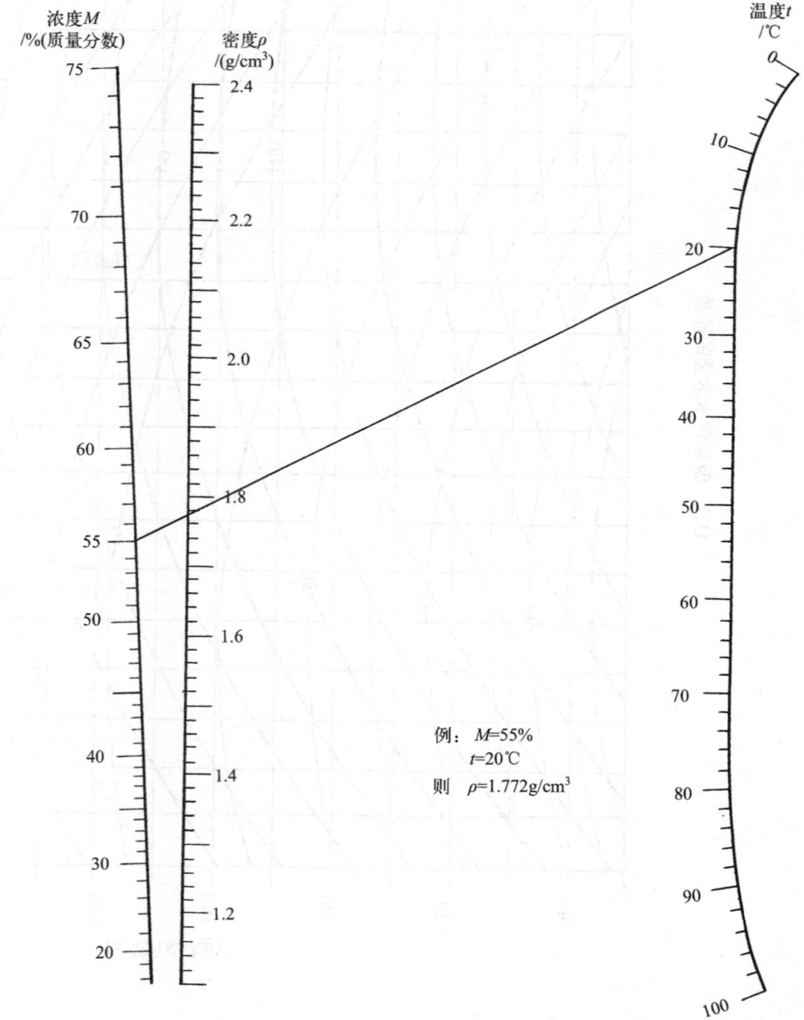

第 13 章

13.1 碳酸钾水溶液密度的温度修正及其相应的物性

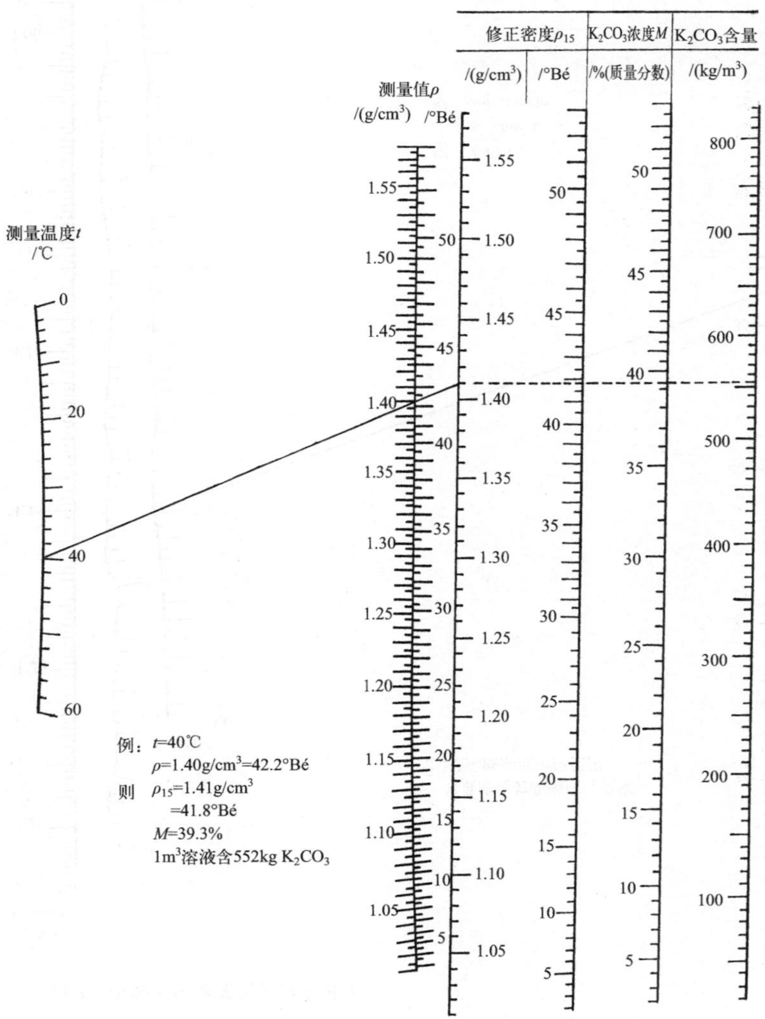

13.2 碳酸钠水溶液的密度（Ⅰ）

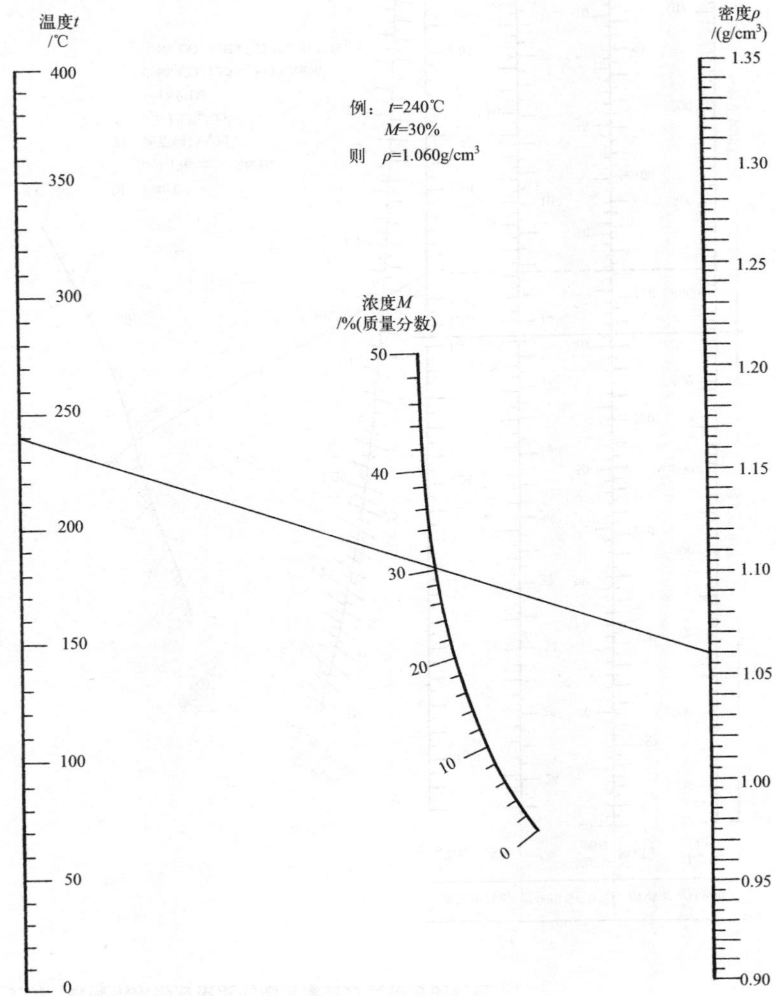

13.3 碳酸钠水溶液的密度（Ⅱ）

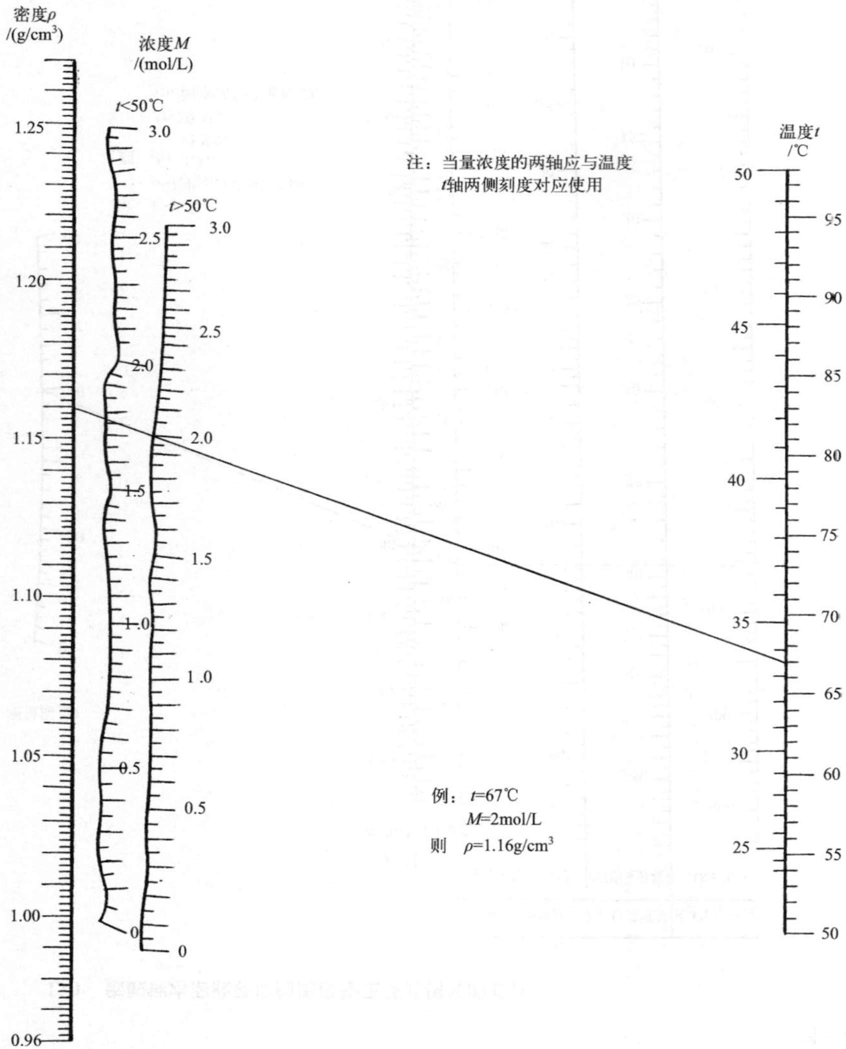

13.4 碳酸钠水溶液密度的温度修正及其相应的物性

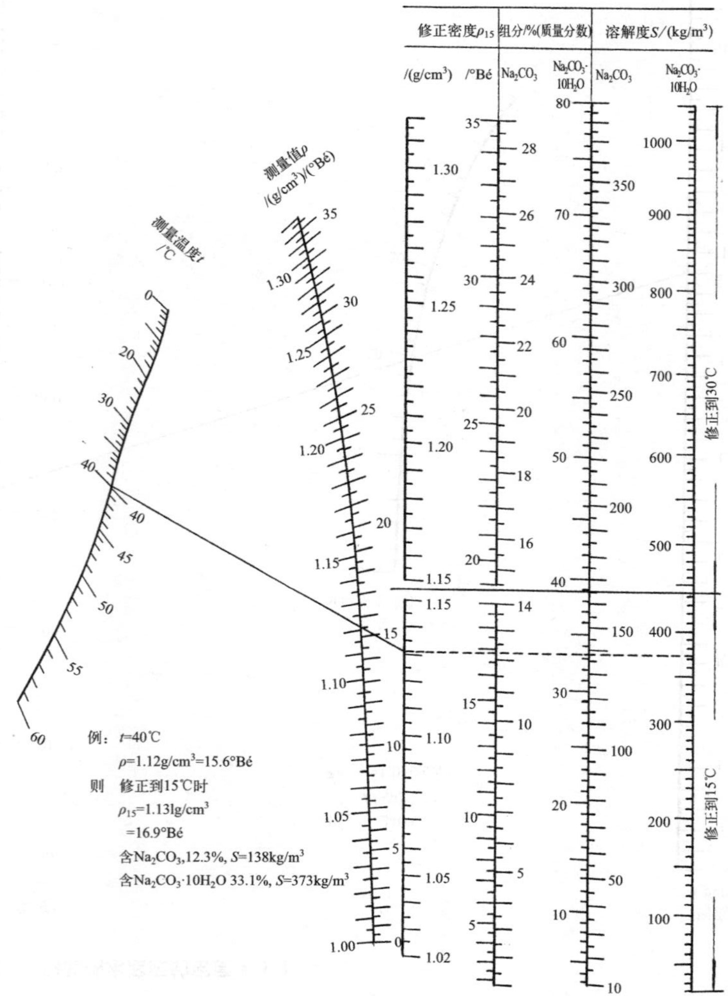

13.5 碳酸钾水溶液的黏度

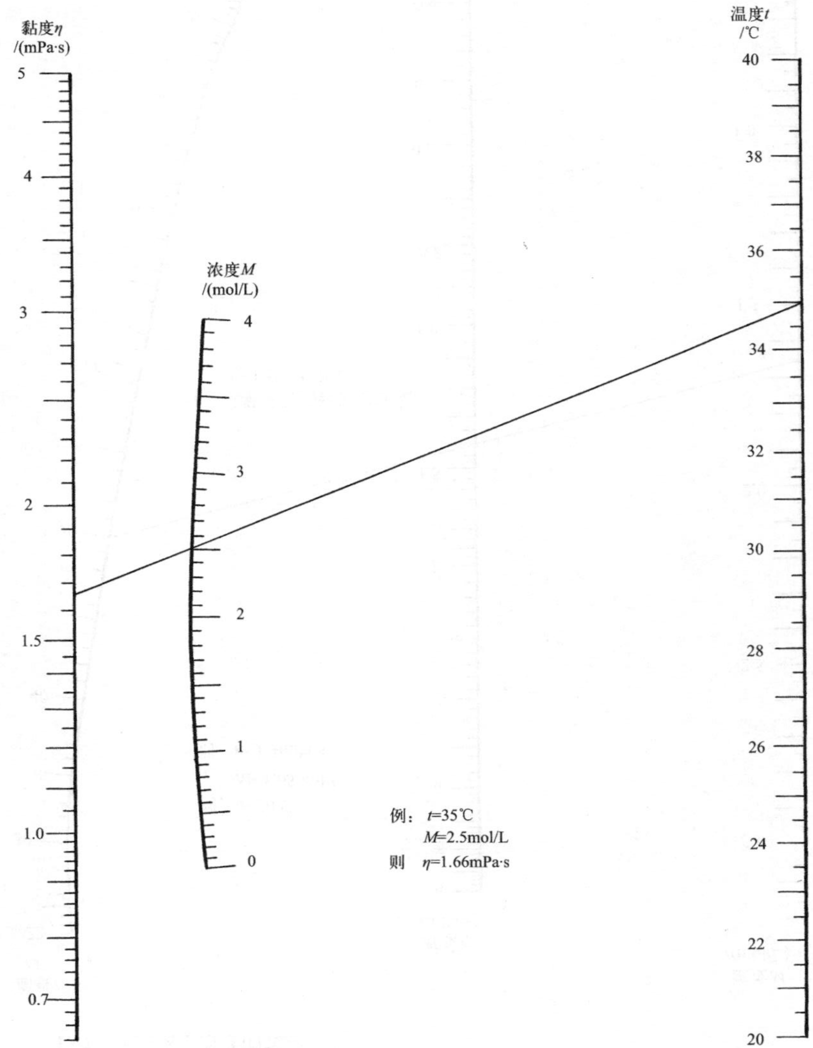

13.6 碳酸钠水溶液的黏度（Ⅰ）

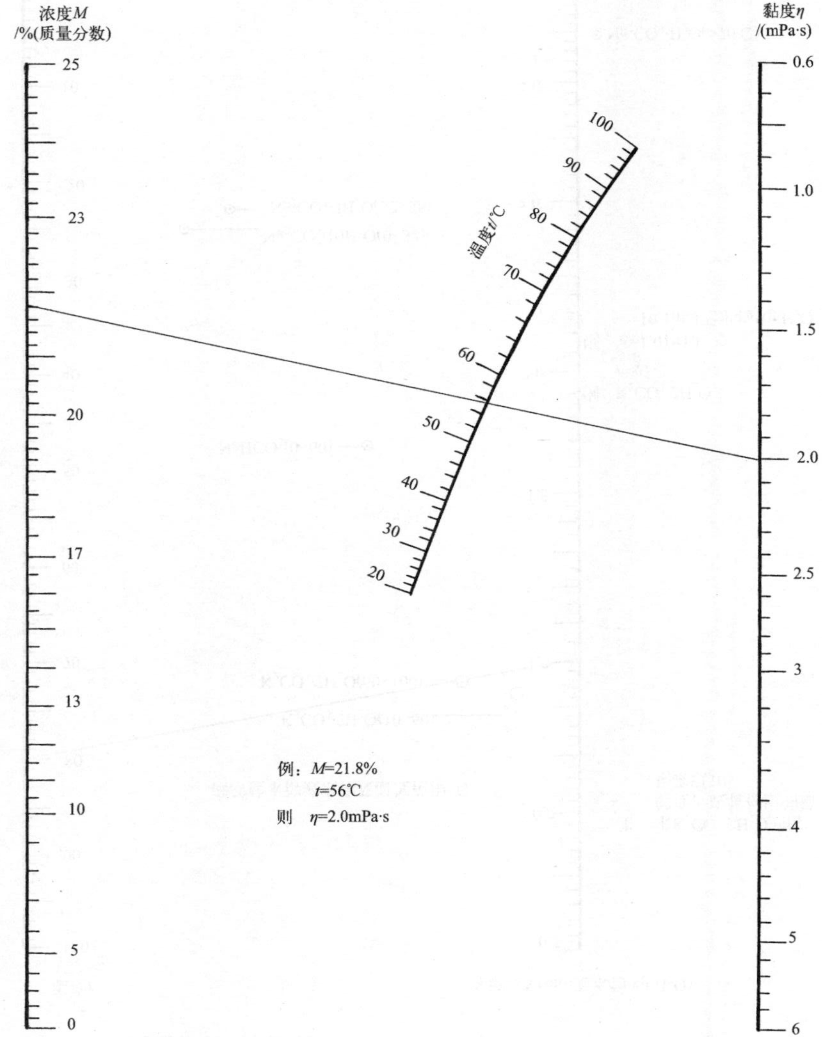

13.7 碳酸钠水溶液的黏度（Ⅱ）

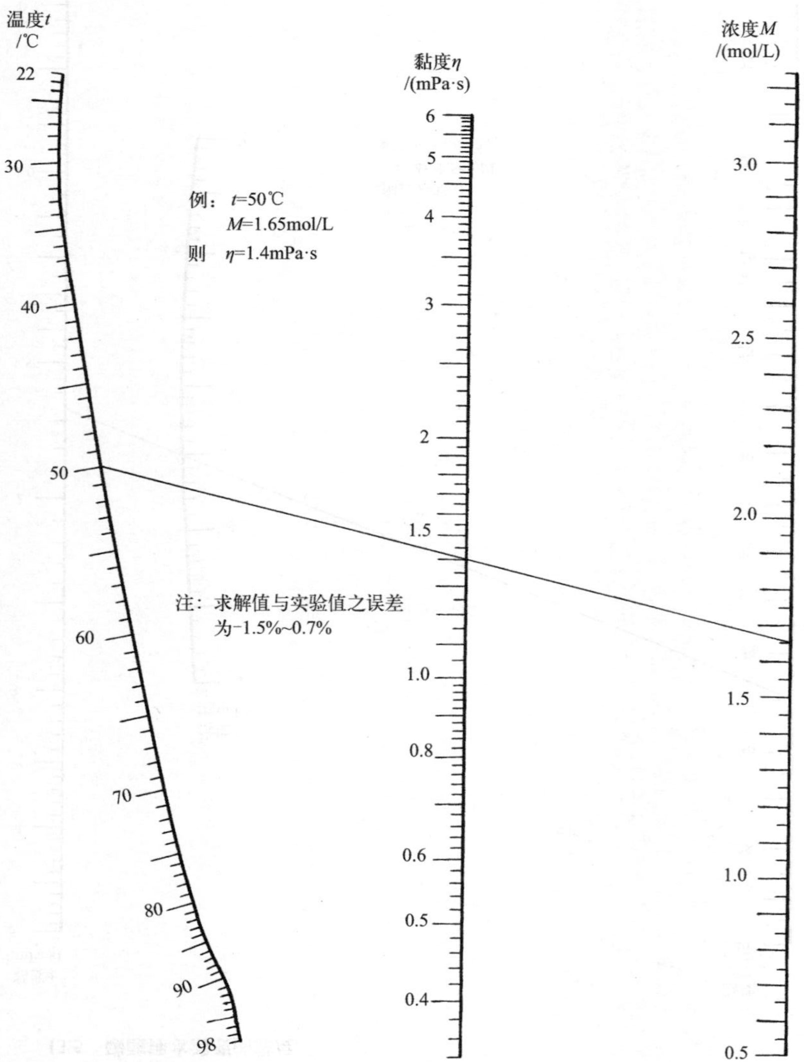

13.8 碳酸盐在水中的溶解度

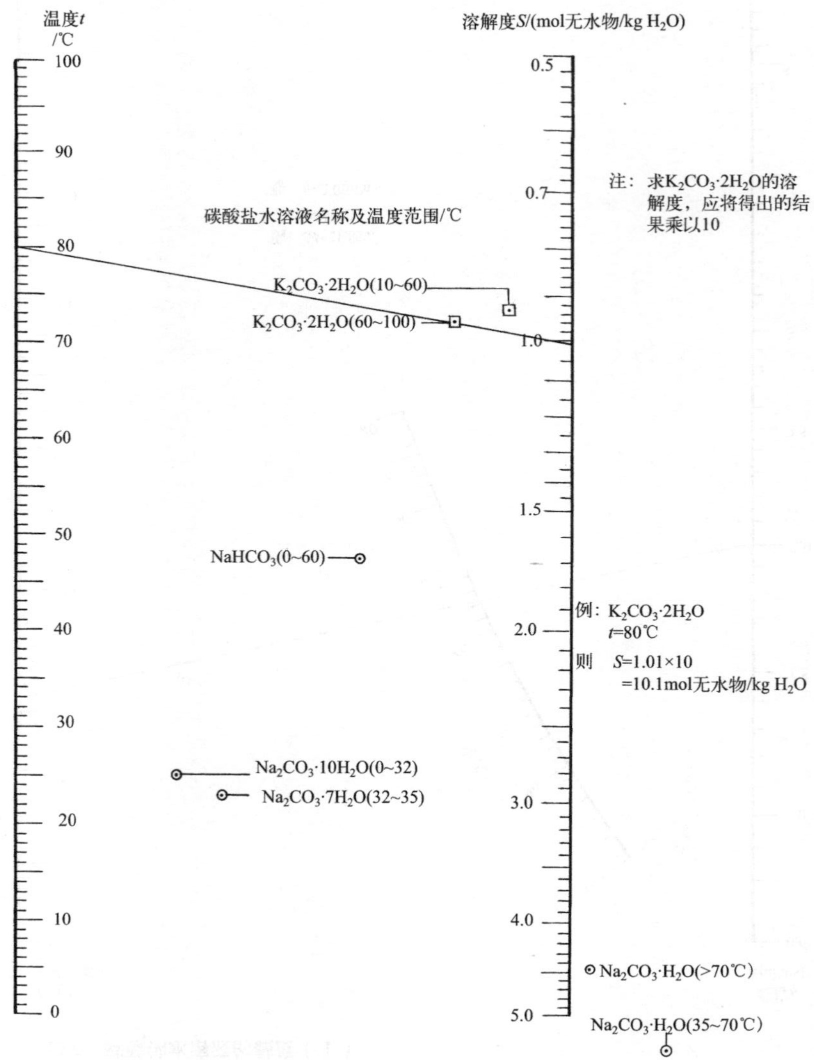

13.9 碳酸钠水溶液的蒸气压

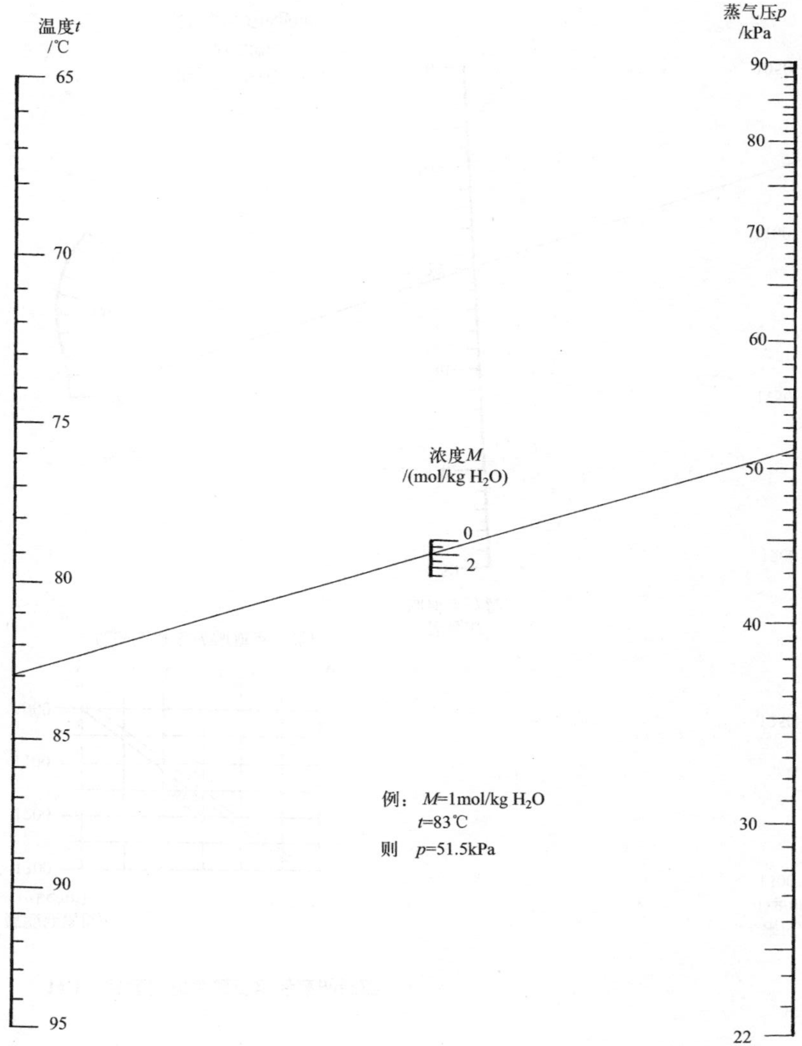

13.10 碳酸钠 - 碳酸氢钠水溶液中的二氧化碳分压

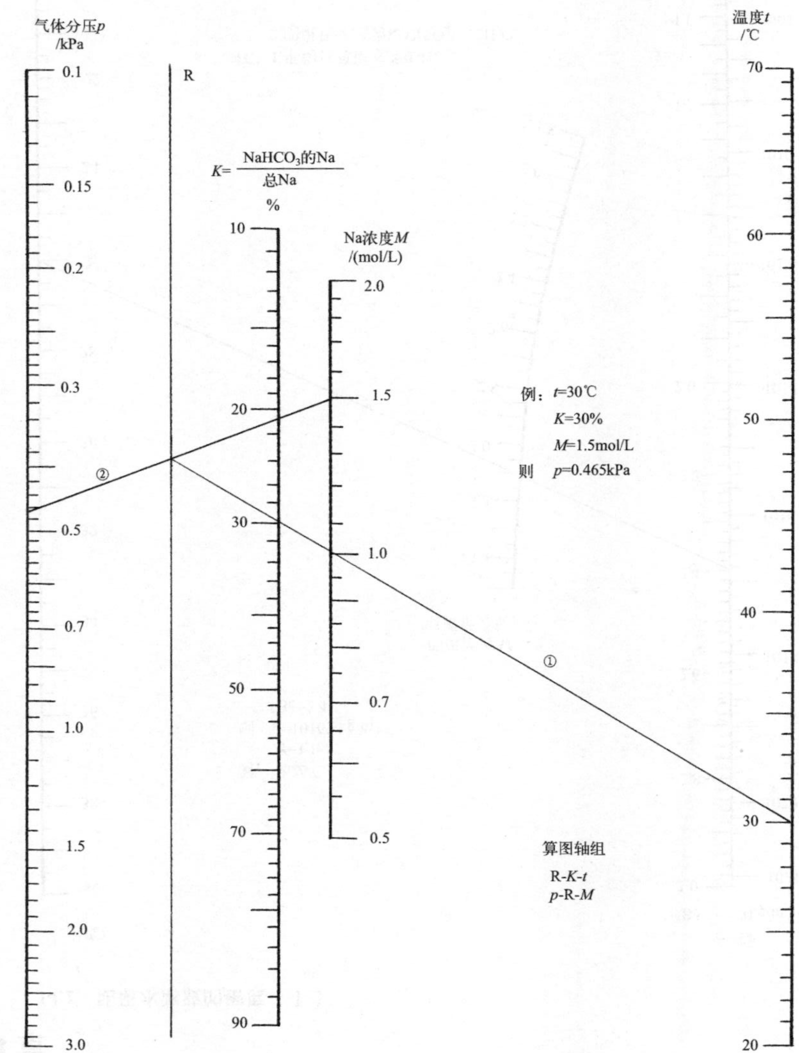

第 14 章

14.1 硫酸铵和硫酸镁水溶液的密度

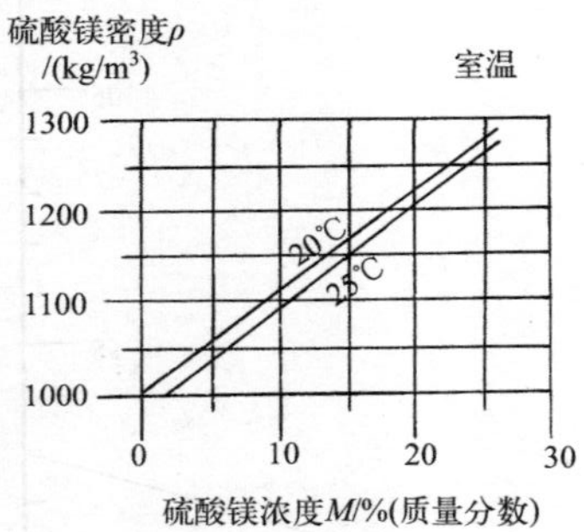

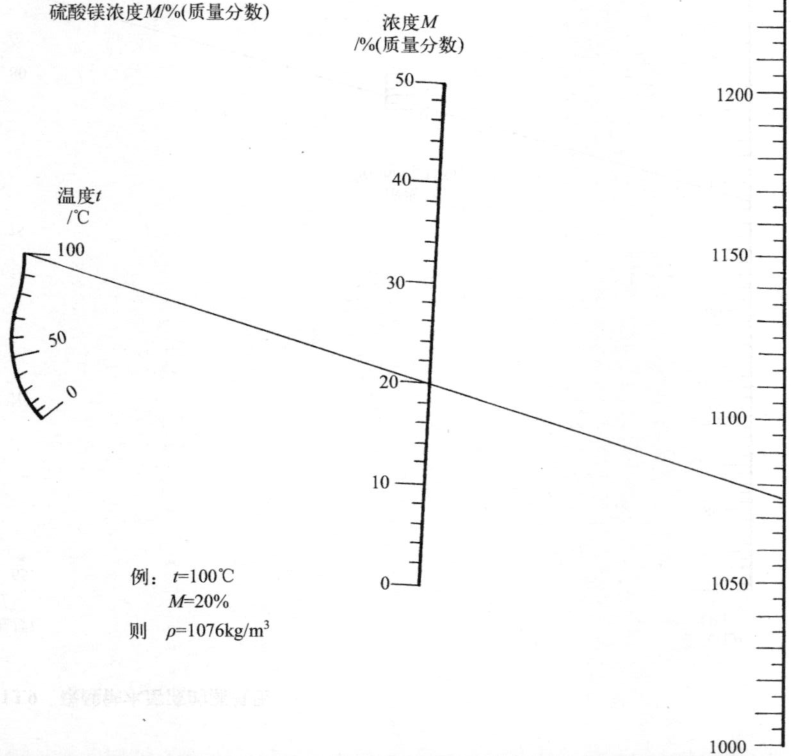

例：t=100℃
M=20%
则　ρ=1076kg/m³

14.2 明矾水溶液的密度（Ⅰ）

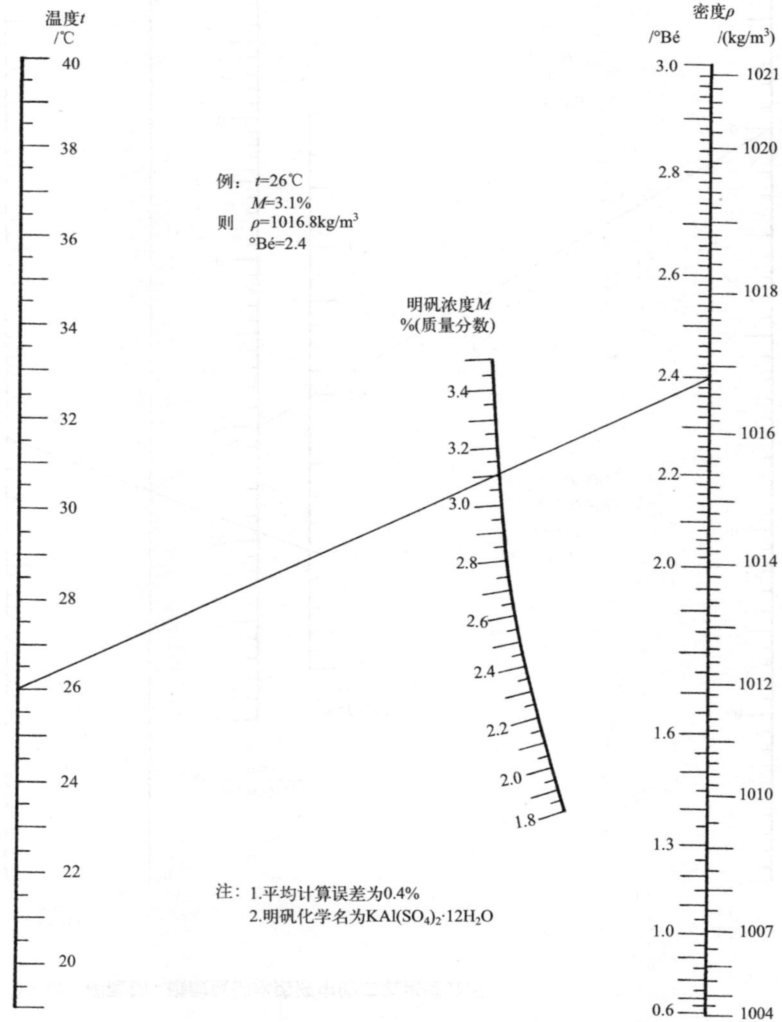

例：t=26℃
M=3.1%
则　ρ=1016.8kg/m³
°Bé=2.4

注：1.平均计算误差为0.4%
2.明矾化学名为$KAl(SO_4)_2 \cdot 12H_2O$

14.3 明矾水溶液的密度（Ⅱ）

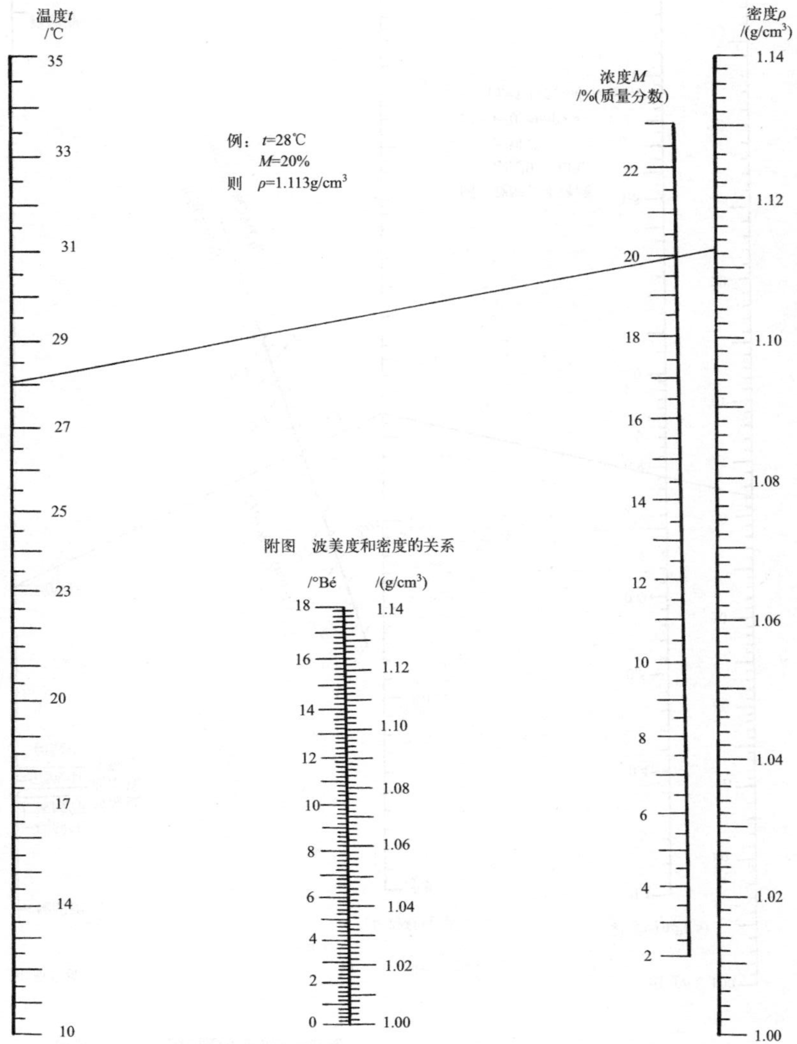

14.4 液态二氧化硫的黏度

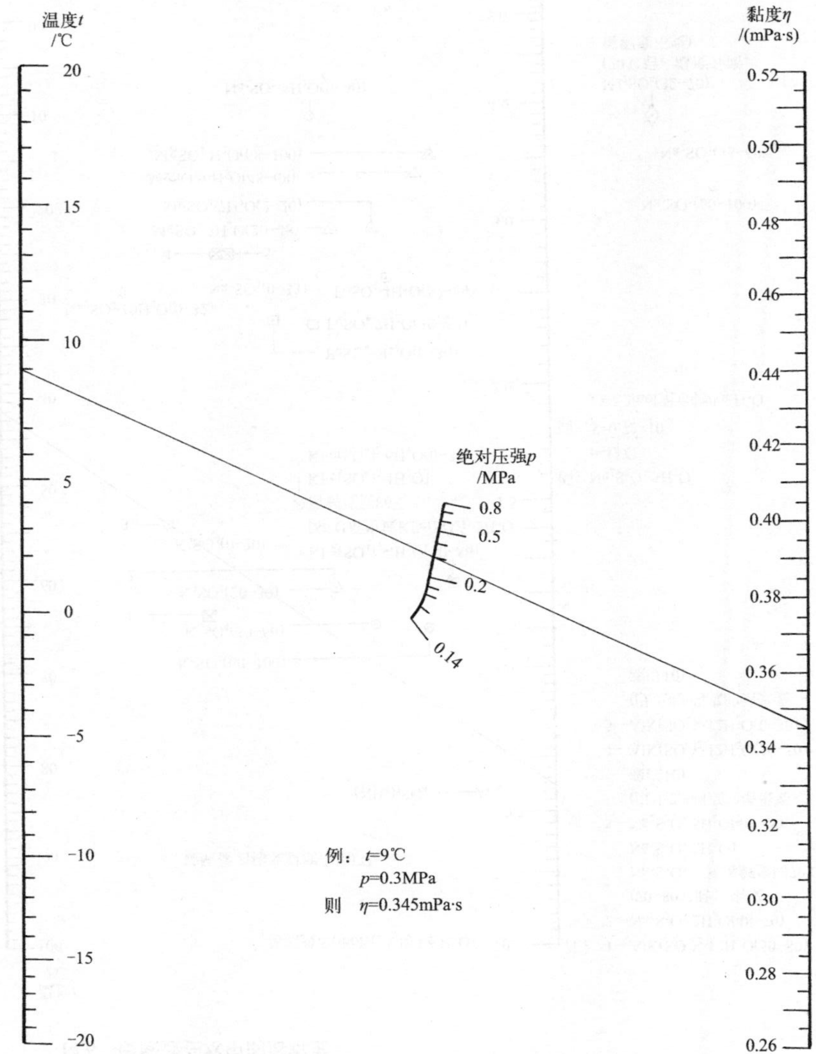

14.5 一些硫酸盐水溶液的黏度

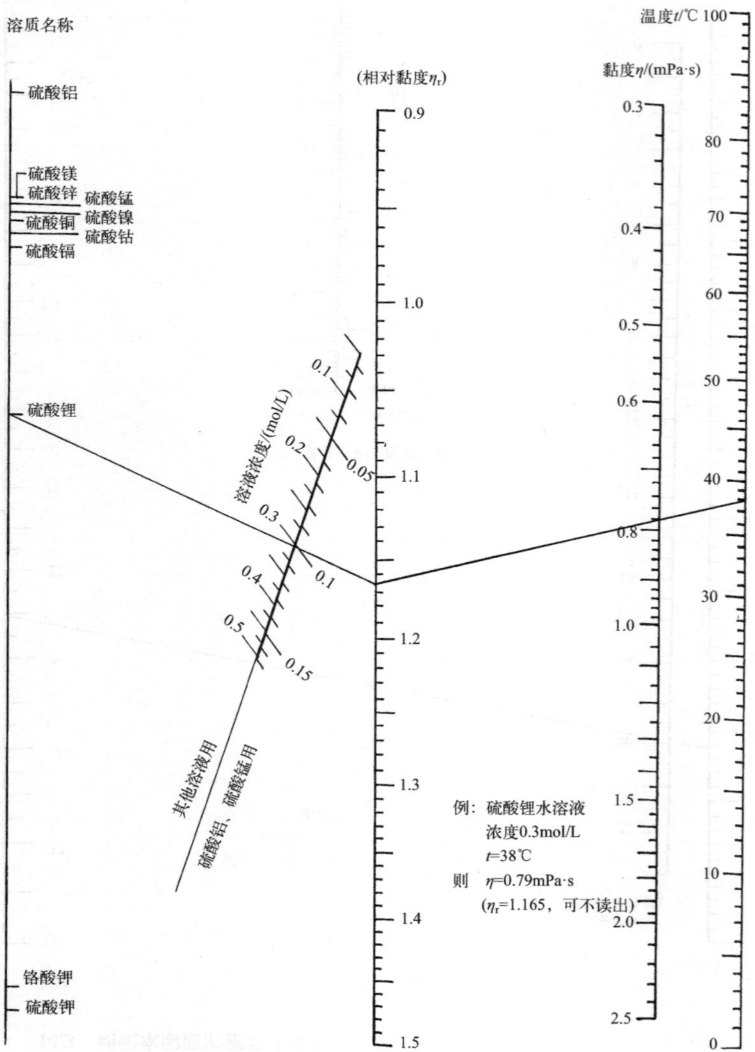

14.6 硫酸盐在水中的溶解度

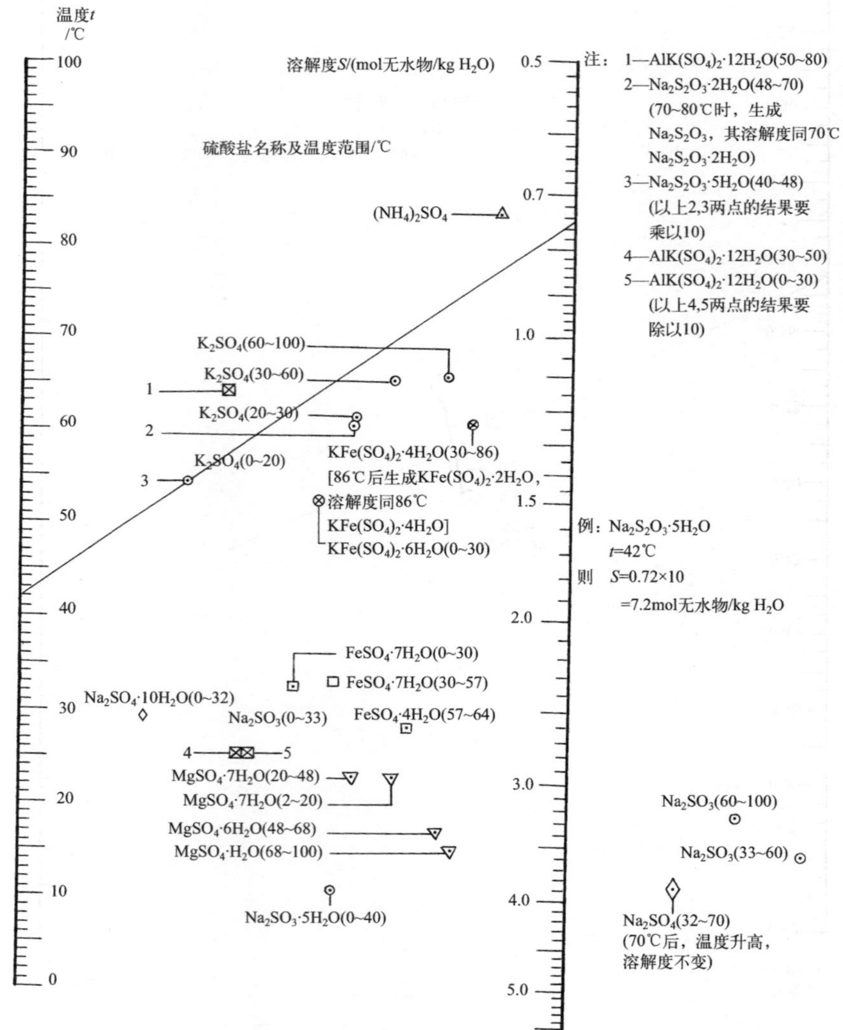

注：( ) 内的数字表示适用的摄氏温度范围。

14.7 硫酸钠在乙二醇水溶液中的溶解度

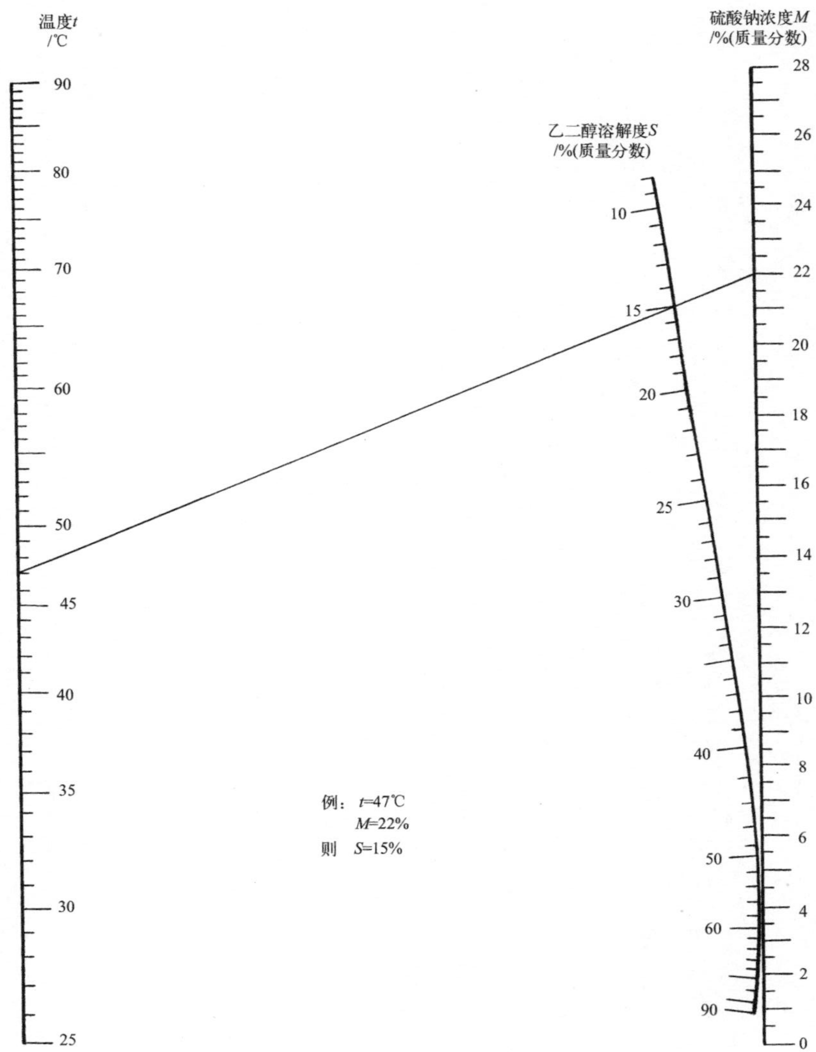

14.8 硫酸镁系统的比焓

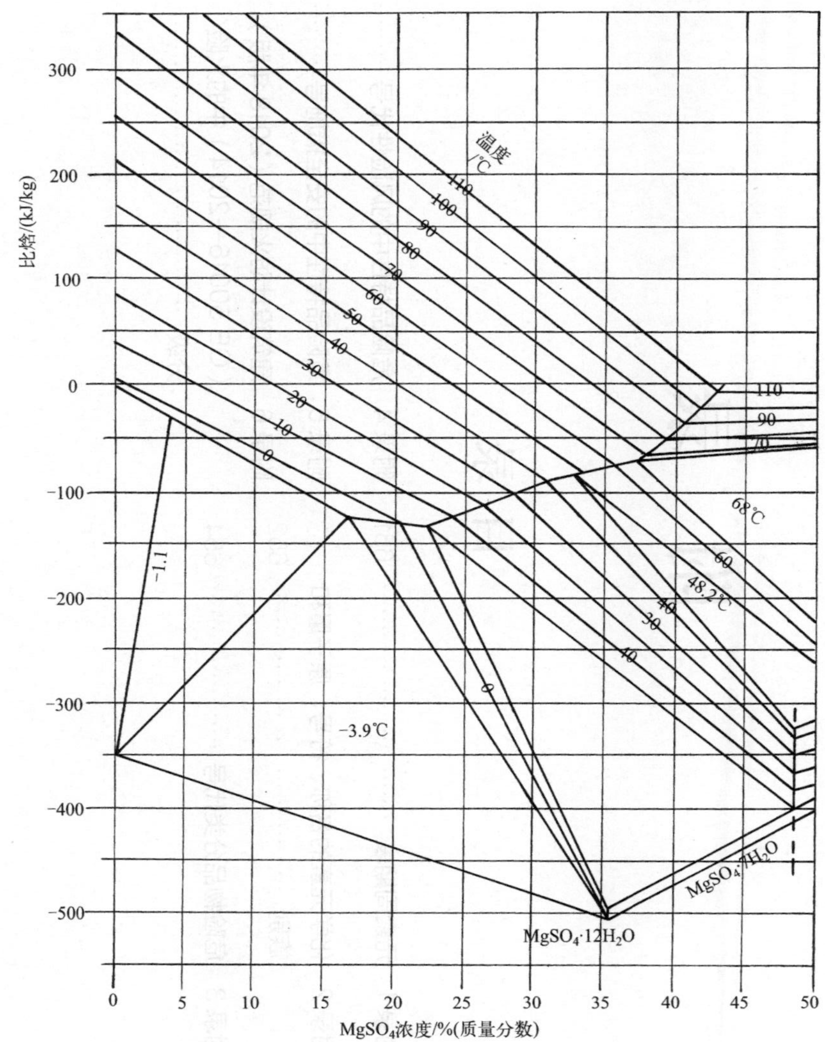

附　录

目录

附录 1　元素周期表 …………………………… 651

附录 2　化学元素的名称、符号、原子量和族别 …………………………………… 652

附录 3　危险物品分类代号 …………………… 654

附录 4　危险品特性中的风险性代号 ……… 655

附录 5　危险品特性中的安全措施号 ……… 656

附录 6　建筑设计防火规范（2018 年版）（GB 50016—2014）中的火险分级 ……………………………………… 657

附录1　元素周期表

- 原子序数 — 43
- 放射性元素 — ※
- 人造元素 — △
- 元素符号 — Tc
- 元素中文名称 — 锝
- 元素英文名称 — technetium
- 惯用原子量 — 97.907

1	2	3	4	5	6	7	8	9	10	11	12	13	14	15	16	17	18
1 H 氢 hydrogen 1.0079																	2 He 氦 helium 4.0026
3 Li 锂 lithium 6.9410	4 Be 铍 beryllium 9.0122											5 B 硼 boron 10.811	6 C 碳 carbon 12.011	7 N 氮 nitrogen 14.007	8 O 氧 oxygen 15.900	9 F 氟 fluorine 18.998	10 Ne 氖 neon 20.180
11 Na 钠 sodium 22.990	12 Mg 镁 magnesium 24.305											13 Al 铝 aluminium 26.982	14 Si 硅 silicon 28.086	15 P 磷 phosphorus 30.974	16 S 硫 sulfur 32.066	17 Cl 氯 chlorine 36.45	18 Ar 氩 argon 39.95
19 K 钾 potassium 39.098	20 Ca 钙 calcium 40.078	21 Sc 钪 scandium 44.956	22 Ti 钛 titanium 47.867	23 V 钒 vanadium 50.942	24 Cr 铬 chromium 51.996	25 Mn 锰 manganese 54.938	26 Fe 铁 iron 55.845	27 Co 钴 cobalt 58.933	28 Ni 镍 nickel 58.693	29 Cu 铜 copper 63.546	30 Zn 锌 zinc 65.38	31 Ga 镓 gallium 69.723	32 Ge 锗 germanium 72.630	33 As 砷 arsenic 74.922	34 Se 硒 selenium 78.971	35 Br 溴 bromine 79.904	36 Kr 氪 krypton 83.798
37 Rb 铷 rubidium 85.458	38 Sr 锶 strontium 87.62	39 Y 钇 yttrium 88.906	40 Zr 锆 zirconium 91.224	41 Nb 铌 niobium 92.906	42 Mo 钼 molybdenum 95.98	43 Tc ※锝 technetium △ 97.907	44 Ru 钌 ruthenium 101.07	45 Rh 铑 rhodium 102.91	46 Pd 钯 palladium 106.42	47 Ag 银 silver 107.87	48 Cd 镉 cadmium 112.41	49 In 铟 indium 114.82	50 Sn 锡 tin 118.71	51 Sb 锑 antimony 121.76	52 Te 碲 tellurium 127.60	53 I 碘 iodine 126.90	54 Xe 氙 xenon 131.29
55 Cs 铯 caesium 132.91	56 Ba 钡 barium 137.33	57-71 镧系 lanthanoids	72 Hf 铪 hafnium 178.49	73 Ta 钽 tantalum 180.95	74 W 钨 tungsten 183.84	75 Re 铼 rhenium 186.21	76 Os 锇 osmium 190.23(3)	77 Ir 铱 iridium 192.22	78 Pt 铂 platinum 195.08	79 Au 金 gold 196.97	80 Hg 汞 mercury 200.59	81 Tl 铊 thallium 204.38	82 Pb 铅 lead 207.2	83 Bi 铋 bismuth 208.98	84 Po ※钋 polonium 208.98	85 At ※砹 astatine 209.99	86 Rn ※氡 radon 222.02
87 Fr ※钫 francium 223.02	88 Ra ※镭 radium 226.03	89-103 ※锕系 actinoids	104 Rf ※𬬻 rutherfordium △ 261.11	105 Db ※𬭊 dubnium △ 262.11	106 Sg ※𬭳 seaborgium △ 263.12	107 Bh ※𬭛 bohrium △ 264.12	108 Hs ※𬭶 hassium △ 265.13	109 Mt ※鿏 meitnerium △ (268)	110 Ds ※𫟼 darmstadtium △ (271)	111 Rg ※𬬭 roentgenium △ (272)	112 Cn ※鿔 copernicium △ (277)	113 Nh ※鿭 nihonium △ (284)	114 Fl ※𫓧 flerovium △ (289)	115 Mc ※镆 moscovium △ (288)	116 Lv ※𫟷 livermorium △ (269)	117 Ts ※鿬 tennessine △	118 Og ※鿫 oganesson △

57 La 镧 lanthanum 138.91	58 Ce 铈 cerium 140.12	59 Pr 镨 praseodymium 140.91	60 Nd 钕 neodymium 144.24	61 Pm ※钷 promethium 144.91	62 Sm 钐 samarium 150.36	63 Eu 铕 europium 151.96	64 Gd 钆 gadolinium 157.25	65 Tb 铽 terbium 158.93	66 Dy 镝 dysprosium 162.50	67 Ho 钬 holmium 164.93	68 Er 铒 erbium 167.26	69 Tm 铥 thulium 168.93	70 Yb 镱 ytterbium 173.05	71 Lu 镥 lutetium 174.97
89 Ac ※锕 actinium (227)	90 Th ※钍 thorium 232.04	91 Pa ※镤 protactinium 231.04	92 U ※铀 uranium 238.03	93 Np ※镎 neptunium 237.05	94 Pu ※钚 plutonium 244.06	95 Am ※镅 americium △ 243.06	96 Cm ※锔 curium △ 247.07	97 Bk ※锫 berkelium △ 247.07	98 Cf ※锎 californium △ 251.08	99 Es ※锿 einsteinium △ 252.08	100 Fm ※镄 fermium △ 257.10	101 Md ※钔 mendelevium △ 258.10	102 No ※锘 nobelium △ 259.10	103 Lr ※铹 lawrencium △ 262.11

附录 2 化学元素的名称、符号、原子量和族别

（1）按原子序数排列

原子序数	名称	符号	原子量	族别	原子序数	名称	符号	原子量	族别
1	氢	H	1.0079	ⅠA	48	镉	Cd	112.41	ⅡB
2	氦	He	4.0026	ⅧA	49	铟	In	114.82	ⅢA
3	锂	Li	6.941	ⅠA	50	锡	Sn	118.71	ⅣA
4	铍	Be	9.0122	ⅡA	51	锑	Sb	121.76	ⅤA
5	硼	B	10.811	ⅢA	52	碲	Te	127.60	ⅥA
6	碳	C	12.011	ⅣA	53	碘	I	126.90	ⅦA
7	氮	N	14.007	ⅤA	54	氙	Xe	131.29	ⅧA
8	氧	O	15.999	ⅥA	55	铯	Cs	132.91	ⅠA
9	氟	F	18.998	ⅦA	56	钡	Ba	137.33	ⅡA
10	氖	Ne	20.180	ⅧA	57	镧	La	138.91	ⅢB
11	钠	Na	22.990	ⅠA	58	铈	Ce	140.12	ⅢB
12	镁	Mg	24.305	ⅡA	59	镨	Pr	140.91	ⅢB
13	铝	Al	26.982	ⅢA	60	钕	Nd	144.24	ⅢB
14	硅	Si	28.086	ⅣA	61	钷	Pm	144.91	ⅢB
15	磷	P	30.974	ⅤA	62	钐	Sm	150.36	ⅢB
16	硫	S	32.066	ⅥA	63	铕	Eu	151.96	ⅢB
17	氯	Cl	35.453	ⅦA	64	钆	Gd	157.25	ⅢB
18	氩	Ar	39.948	ⅧA	65	铽	Tb	158.93	ⅢB
19	钾	K	39.098	ⅠA	66	镝	Dy	162.50	ⅢB
20	钙	Ca	40.078	ⅡA	67	钬	Ho	164.93	ⅢB
21	钪	Sc	44.956	ⅢB	68	铒	Er	167.26	ⅢB
22	钛	Ti	47.867	ⅣB	69	铥	Tm	168.93	ⅢB
23	钒	V	50.942	ⅤB	70	镱	Yb	173.04	ⅢB
24	铬	Cr	51.996	ⅥB	71	镥	Lu	174.97	ⅢB
25	锰	Mn	54.938	ⅦB	72	铪	Hf	178.49	ⅣB
26	铁	Fe	55.845	ⅧB	73	钽	Ta	180.95	ⅤB
27	钴	Co	58.933	ⅧB	74	钨	W	183.84	ⅥB
28	镍	Ni	58.693	ⅧB	75	铼	Re	186.21	ⅦB
29	铜	Cu	63.546	ⅠB	76	锇	Os	190.23	ⅧB
30	锌	Zn	65.39	ⅡA	77	铱	Ir	192.22	ⅧB
31	镓	Ga	69.723	ⅢB	78	铂	Pt	195.08	ⅧB
32	锗	Ge	72.61	ⅣA	79	金	Au	196.97	ⅠB
33	砷	As	74.922	ⅤA	80	汞	Hg	200.59	ⅡB
34	硒	Se	78.96	ⅥA	81	铊	Tl	204.38	ⅢA
35	溴	Br	79.904	ⅦA	82	铅	Pb	207.2	ⅣA
36	氪	Kr	83.80	ⅧA	83	铋	Bi	208.98	ⅤA
37	铷	Rb	85.468	ⅠA	84	钋	Po	208.98	ⅥA
38	锶	Sr	87.62	ⅡA	85	砹	At	209.99	ⅦA
39	钇	Y	88.906	ⅢB	86	氡	Rn	222.02	ⅧA
40	锆	Zr	91.224	ⅣB	87	钫	Fr	223.02	ⅠA
41	铌	Nb	92.906	ⅤB	88	镭	Ra	226.03	ⅡA
42	钼	Mo	95.94	ⅥB	89	锕	Ac	227.03	ⅢB
43	锝	Tc	97.907	ⅦB	90	钍	Th	232.04	ⅢB
44	钌	Ru	101.07	ⅧB	91	镤	Pa	231.04	ⅢB
45	铑	Rh	102.91	ⅧB	92	铀	U	238.03	ⅢB
46	钯	Pd	106.42	ⅧB	93	镎	Np	237.05	ⅢB
47	银	Ag	107.87	ⅠB	94	钚	Pu	244.06	ⅢB

续表

原子序数	名称	符号	原子量	族别	原子序数	名称	符号	原子量	族别
95	镅	Am	243.06	ⅢB	107	𬭛	Bh	264.12	ⅦB
96	锔	Cm	247.07	ⅢB	108	𬭶	Hs	265.13	ⅧB
97	锫	Bk	247.07	ⅢB	109	鿏	Mt	(268)①	ⅧB
98	锎	Cf	251.08	ⅢB	110	𫟼	Ds	(271)	ⅧB
99	锿	Es	252.08	ⅢB	111	𬬭	Rg	(272)	ⅠB
100	镄	Fm	257.10	ⅢB	112	鿔	Cn	(277)	ⅡB
101	钔	Md	258.10	ⅢB	113	鿭	Nh	(284)	ⅢA
102	锘	No	259.10	ⅢB	114	𫓧	Fl	(289)	ⅣA
103	铹	Lr	262.11	ⅢB	115	镆	Mc	(288)	ⅤA
104	𬬻	Rf	261.11	ⅣB	116	𫟷	Lv	(269)	ⅥA
105	𬭊	Db	262.11	ⅤB	117	石田	Ts		ⅦA
106	𬭳	Sq	263.12	ⅥB	118	气奥	Og		ⅧA

注：1. 本表根据IUPAC1995年提供的5位有效数字原子量数据，以 ^{12}C 的原子量=12为基准。对于原子序数87至118的元素，表中列的原子量是基半衰期最长的同位素（或最稳定的同位之一）的原子量，（）内数字为最稳定的同位素的原子量。

2. 原子序数为1、3、11、19、37、55、87的元素分别为周期表中第1、2、3、4、5、6、7周期中的第1个元素；原子序数为43、61、62及84～112的元素为放射性元素（43、61及95～118为人造元素），原子序数为57～71的元素为镧系元素；原子序数为89～103的元素为锕系元素。

① 已发现质量数为259、260、261和263的四种同位素。半衰期最长的同位素是263.106。所以（268）存疑。

(2)按元素字母顺序排列

符号	名称	原子量	原子序数	族别	符号	名称	原子量	原子序数	族别
Ac	锕	227.03	89	ⅢB	Er	铒	167.26	68	ⅢB
Ag	银	107.87	47	ⅠB	Es	锿	252.08	99	ⅢB
Al	铝	26.982	13	ⅢA	Eu	铕	151.96	63	ⅢB
Am	镅	243.06	95	ⅢB	F	氟	18.998	9	ⅦA
Ar	氩	39.948	18	ⅧA	Fe	铁	55.845	26	ⅧB
As	砷	74.922	33	ⅤA	Fm	镄	258.10	100	ⅢB
At	砹	209.99	85	ⅦA	Fl	𫓧	(289)	114	ⅣA
Au	金	196.97	79	ⅠB	Fr	钫	223.02	87	ⅠA
B	硼	10.811	5	ⅢA	Ga	镓	69.723	31	ⅢB
Ba	钡	137.33	56	ⅡA	Gd	钆	157.25	64	ⅢB
Be	铍	9.0122	4	ⅡA	Ge	锗	72.61	32	ⅣA
Bh	𬭛	264.12	107	ⅦB	H	氢	1.0079	1	ⅠA
Bi	铋	208.98	83	ⅤA	He	氦	4.0026	2	ⅧA
Bk	锫	247.07	97	ⅢB	Hf	铪	178.49	72	ⅣB
Br	溴	79.904	35	ⅦA	Hg	汞	200.59	80	ⅡB
C	碳	12.011	6	ⅣA	Ho	钬	164.93	67	ⅢB
Ca	钙	40.078	20	ⅡA	Hs	𬭶	265.13	108	ⅧB
Cd	镉	112.41	48	ⅡB	I	碘	126.90	53	ⅦA
Ce	铈	140.12	58	ⅢB	In	铟	114.82	49	ⅢA
Cf	锎	251.08	98	ⅢB	Ir	铱	192.22	77	ⅧB
Cl	氯	35.453	17	ⅦA	K	钾	39.098	19	ⅠA
Cm	锔	247.07	96	ⅢB	Kr	氪	83.80	36	ⅧA
Cn	鿔	(277)	112	ⅣB	La	镧	138.91	57	ⅢB
Co	钴	58.933	27	ⅧB	Li	锂	6.941	3	ⅠA
Cr	铬	51.996	24	ⅥB	Lr	铹	262.11	103	ⅢB
Cs	铯	132.91	55	ⅠA	Lu	镥	174.97	71	ⅢB
Cu	铜	63.546	29	ⅠB	Lv	𫟷	(269)	116	ⅧB
Db	𬭊	262.11	105	ⅤB	Mc	镆	(288)	115	ⅤA
Ds	𫟼	(271)	110	ⅧB	Md	钔	258.10	101	ⅢB
Dy	镝	162.50	66	ⅢB	Mg	镁	24.305	12	ⅡA

续表

符号	名称	原子量	原子序数	族别	符号	名称	原子量	原子序数	族别
Mn	锰	54.938	25	ⅦB	Rh	铑	102.91	45	ⅧB
Mo	钼	95.94	42	ⅥB	Rn	氡	222.02	86	ⅧA
Mt	鿏	(268)	109	ⅧB	Ru	钌	101.07	44	ⅧB
Nb	铌	92.906	41	ⅤB	S	硫	32.066	16	ⅥA
Nd	钕	144.24	60	ⅢB	Sq	𬭳	(266)*	106	ⅥB
N	氮	14.007	7	ⅤA	Sb	锑	121.76	51	ⅤA
Na	钠	22.990	11	ⅠA	Sc	钪	44.956	21	ⅢB
Ne	氖	20.180	10	ⅧA	Se	硒	78.96	34	ⅥA
Nh	鉨	(284)	113	ⅢA	Si	硅	28.086	14	ⅣA
Ni	镍	58.693	28	ⅧB	Sm	钐	150.36	62	ⅢB
No	锘	259.10	102	ⅢB	Sn	锡	118.71	50	ⅣA
Np	镎	237.05	93	ⅢB	Sr	锶	87.62	38	ⅡA
O	氧	15.999	8	ⅥA	Ta	钽	180.95	73	ⅤB
Og	鿫		118	ⅧA	Tb	铽	158.93	65	ⅢB
Os	锇	190.23	76	ⅧB	Tc	锝	97.907	43	ⅦB
P	磷	30.974	15	ⅤA	Te	碲	127.60	52	ⅥA
Pa	镤	231.04	91	ⅢB	Th	钍	232.04	90	ⅢB
Pb	铅	207.2	82	ⅣA	Ti	钛	47.867	22	ⅣB
Pd	钯	106.42	46	ⅧB	Tl	铊	204.38	81	ⅢA
Pm	钷	144.91	61	ⅢB	Tm	铥	168.93	69	ⅢB
Po	钋	208.98	84	ⅥA	Ts	石田		117	ⅦA
Pr	镨	140.91	59	ⅢB	U	铀	238.03	92	ⅢB
Pt	铂	195.08	78	ⅧB	V	钒	50.942	23	ⅤB
Pu	钚	244.06	94	ⅢB	W	钨	183.84	74	ⅥB
Ra	镭	226.03	88	ⅡA	Xe	氙	131.29	54	ⅧA
Rb	铷	85.468	37	ⅠA	Y	钇	88.906	39	ⅢB
Re	铼	186.21	75	ⅦB	Yb	镱	173.04	70	ⅢB
Rf	𬬻	261.11	104	ⅣB	Zn	锌	65.39	30	ⅡA
Rg	𬬭	(272)	111	ⅠB	Zr	锆	91.224	40	ⅣB

注：同（1）表。

附录3　危险物品分类代号

第一类　爆炸物质和物品		
1.1　有整体爆炸危险的物质和物品 1.2　1.1类之外的有喷射危险性物品 1.3　1.1类之外的有燃烧危险和较小爆炸或(和)较小喷射危险的物品	1.4　无重大危险的爆炸物质和物品 1.5　有整体爆炸危险性且敏感度极低的物质	1.6　无整体爆炸危险性且敏感度极低的物质
第二类　压缩气体和液化气体		
2.1　易燃气体	2.2　非易燃且无毒气体	2.3　有毒气体
第三类　易燃液体		
3.1　低闪点液体	3.2　中闪点液体	3.3　高闪点液体
第四类　易燃固体、自燃物品和遇湿易燃物品		
4.1　易燃固体	4.2　易自燃物质	4.3　遇水放出易燃气体的物质
第五类　氧化剂和有机过氧化物		
5.1　氧化剂(物质)	5.2　有机过氧化物	
第六类　有毒物质和感染性物品		
6.1　有毒物质	6.2　感染性物质	

续表

第七类　放射性物质(强制性要求:放射性物质标注“放射性”、品名和强度)		
i 级 ii 级	iii级	裂变性物质
第八类　腐蚀性物质		
8.1　酸性腐蚀品	8.2　碱性腐蚀品	8.3　其他腐蚀品
第九类　杂类危险物质和物品		

附录4　危险品特性中的风险性代号

风险代号	风险性特征	风险代号	风险性特征
R1	干燥时易爆	R36	刺激眼睛
R2	受冲击、摩擦、着火或其他引燃源有爆炸危险	R37	刺激呼吸系统
R3	受冲击、摩擦、着火或其他引燃源有极高爆炸危险	R38	刺激皮肤
R4	生成极敏感的爆炸性金属化合物	R39	有极严重的不可逆后果的危险品
R5	受热可能引起爆炸	R40	少数报道有致癌后果
R6	极容易爆炸	R41	对眼睛有严重伤害
R7	可能引起火灾	R42	吸入可能致敏
R8	与可燃物料接触可能引起火灾	R43	与皮肤接触可能致敏
R9	与可燃物料混合有爆炸性	R44	密闭加热有爆炸危险
R10	易燃	R45	可能致癌
R11	高度易燃	R46	可能引起遗传性基因损害
R12	极度易燃	R47	可能引起胎儿缺陷
R13	极度易燃的液化气体	R48	长期接触严重危害健康
R14	遇水反应剧烈	R49	吸入可能致癌
R15	遇水释放极易燃烧的气体	R50	对水生生物有极高毒性
R16	与氧化性物质混合有爆炸性	R51	对水生生物有毒
R17	在空气中可自燃	R52	对水生生物有害
R18	使用时可能产生易燃易爆的蒸气-空气混合物	R53	可能对水体环境产生长期不良影响
R19	可能生成爆炸性过氧化物	R54	对植物有毒
R20	吸入有害	R55	对动物有毒
R21	与皮肤接触有害	R56	对土壤生物有毒
R22	吞食有害	R57	对蜂类有毒
R23	吸入有毒	R58	可能对环境产生长期不良影响
R24	与皮肤接触有毒	R59	对臭氧层有危害
R25	吞食有毒	R60	可能损害生育能力
R26	吸入有极高毒性	R61	可能对胎儿造成伤害
R27	与皮肤接触有极高毒性	R62	有损害生育能力的危险
R28	吞食有极高毒性	R63	可能有对胎儿造成伤害的危险
R29	遇水释放有毒气体	R64	可能对哺乳期婴儿造成伤害
R30	使用中高度易燃	R65	吞食可能造成肺部损伤
R31	遇酸释放有毒气体	R66	长期接触可能引起皮肤干裂
R32	与酸接触释放极高毒性气体	R67	蒸气可能引起困倦和眩晕
R33	有累积效应的危险品	R68	可能有不可逆后果的危险
R34	引起灼伤	R20/21	吸入及皮肤接触有害
R35	引起严重灼伤	R20/21/22	吸入、皮肤接触及吞食有害

续表

风险代号	风险性特征	风险代号	风险性特征
R20/22	吸入及吞食有害	R36/38	刺激眼睛和皮肤
R21/22	皮肤接触及吞食有害	R37/38	刺激呼吸系统和皮肤
R23/24/25	吸入、皮肤接触及吞食有毒	R42/43	吸入及皮肤接触可能致敏
R23/25	吸入及吞食有毒	R48/22	吞食长期接触严重危害健康
R26/27/28	吸入、皮肤接触及吞食有极高毒性	R50/53	对水生生物有极高毒性，可能对水体环境产生长期不良影响
R26/28	吸入及吞食有极高毒性	R51/53	对水生生物有毒，可能对水体环境产生长期不良影响
R36/37	刺激眼睛和呼吸系统	R52/53	对水生生物有害，可能对水体环境产生长期不良影响
R36/37/38	刺激眼睛、呼吸系统和皮肤		

附录 5　危险品特性中的安全措施号

安全措施号	安全措施	安全措施号	安全措施
S1	上锁保存	S38	通风不良时，须佩戴适当的呼吸器
S2	避免儿童触及	S39	戴护目镜或面具
S3	保存在阴凉处	S40	使用（适当的清洁物质）清理被污染的地面及其他所有物品
S4	远离生活区		
S5	内容物需保存在（某种液体）下面	S41	一旦发生火灾或爆炸，切勿吸入烟雾
S6	需保存在（某种惰性液体）下面	S42	熏蒸喷洒时，须佩戴适当的呼吸器
S7	保持容器密封	S43	一旦起火，用灭火设备灭火
S8	保持容器干燥	S45	若发生事故或感不适，立即就医（可能的话，出示其标签）
S9	保持容器置于良好通风处		
S12	勿将容器密封	S46	若不慎吞食，立即求医并出示其容器或标签
S13	远离食品、饮料和动物饲料保存	S47	保持温度不超过……
S14	远离（不相容物质）保存	S48	用（某种物质）保湿
S15	远离热源	S49	只能由原容器保存
S16	远离火源	S50	切勿与×××混合
S17	远离可燃性物质	S51	仅在通风良好的场所使用
S18	小心处理及开启容器	S52	不宜在表面积大的区域内部使用
S20	使用时不得进食、饮水	S53	避免接触，使用前须获得特别指示说明
S21	使用时禁止吸烟	S56	在危险或特殊性废料收集点处置该物质及其容器
S22	切勿吸入粉尘		
S23	切勿吸入蒸气	S57	使用适当容器避免环境污染
S24	避免皮肤接触	S59	参考制造商供货商提供的回收再利用信息
S25	避免眼睛接触	S60	该物质及其容器须作为危险性废料处置
S26	不慎与眼睛接触后，请立即用大量清水冲洗并征求医生意见	S61	避免释放至环境中参考特别说明安全数据说明书
S27	一旦衣物受到污染，请立即脱去	S62	若吞食，切勿自行采用催吐措施；应立即求医，并出示其容器或标签由医生处置
S28	不慎与皮肤接触后，立即用大量肥皂水冲洗		
S29	切勿倒入下水道	S1/2	上锁保存，并避免儿童触及
S30	切勿将水加入该产品中	S24/25	避免与皮肤和眼睛接触
S33	采取措施，预防静电发生	S36/37	穿戴适当的防护服和手套
S35	请小心处理该物质及其容器	S36/37/39	穿戴适当的防护服、手套和护目镜或面具
S36	穿戴适当的防护服	S37/39	戴适当的手套和护目镜或面具
S37	戴适当手套		

附录 6　建筑设计防火规范（2018 年版）（GB 50016—2014）中的火险分级

类别	火灾危险性特征
甲	1. 闪点小于 28℃的液体 2. 爆炸下限小于 10% 的气体，受到水或空气中水蒸气的作用能产生爆炸下限小于 10% 气体的固体物质 3. 常温下能自行分解或在空气中氧化能导致迅速自燃或爆炸的物质 4. 常温下受到水或空气中水蒸气的作用，能产生可燃气体并引起燃烧或爆炸的物质 5. 遇酸、受热、撞击、摩擦、催化以及遇有机物或硫磺等易燃的无机物，极易引起燃烧或爆炸的强氧化剂 6. 受撞击、摩擦或与氧化剂、有机物接触时能引起燃烧或爆炸的物质
乙	1. 闪点不小于 28℃，但小于 60℃的液体 2. 爆炸下限不小于 10% 的气体 3. 不属于甲类的氧化剂 4. 不属于甲类的化学易燃危险固体 5. 助燃气体 6. 常温下与空气接触能缓慢氧化，积热不散引起自燃的物品
丙	1. 闪点不小于 60℃的液体； 2. 可燃固体
丁	难燃烧物品
戊	不燃烧物品

主要参考文献

[1] 叶大伦, 胡建华. 实用无机物热力学数据手册[M]. 2版. 北京: 冶金工业出版社, 1981.

[2] 袁渭康, 王静康, 费维扬. 等. 化学工程手册·第1卷[M]. 3版. 北京 : 化学工业出版社, 2019.

[3] 王光建. 化工产品手册. 无机化工原料[M]. 6版. 北京: 化学工业出版社, 2016.

[4] 王子宗. 石油化工设计手册（修订版）. 第1卷 石油化工基础数据[M]. 修订版. 北京: 化学工业出版社, 2015.

[5] 张向宇. 实用化学手册[M]. 2版. 北京: 国防工业出版社, 2011.

[6] 上海化工设计院医药农药工业设计建设组编. 化工工艺设计手册[M]. 上海: 上海科技出版社, 1974.

[7] 甘肃师范大学化学系《简明化学手册》编写组. 简明化学手册[M]. 兰州: 甘肃人民出版社, 1980.

[8] 北京师范大学化学系无机化学教研室. 简明化学手册[M]. 北京: 北京出版社, 1980.

[9] 马建隆, 宋之平. 实用热工手册[M]. 北京: 水利电力出版社, 1988.

[10] 天津大学化工原理教研室. 化工原理(上) [M]. 天津: 天津科学技术出版社, 1987.

[11] 马庆芳, 方荣生, 项立成, 等. 实用热物理性质手册[M]. 北京: 中国农业机械出版社, 1986.

[12] 张受谦. 化工手册[M]. 济南: 山东科学技术出版社, 1986.

[13] 顾庆超, 楼中聪, 戴庆平, 等. 化工用表[M]. 南京: 江苏科学技术出版社, 1979.

[14] 天津化工研究院. 无机盐工业手册[M]. 北京: 化学工业出版社, 1979.

[15] 刘光启, 马连湘, 邢志有. 化工物性算图手册. 北京: 化学工业出版社, 2002.